LE

MONDE PHYSIQUE

PARIS. — IMPRIMERIE A. LAHURE
Rue de Fleurus, 9

LE

MONDE PHYSIQUE

PAR

AMÉDÉE GUILLEMIN

TOME TROISIÈME

LE MAGNÉTISME ET L'ÉLECTRICITÉ

CONTENANT

20 GRANDES PLANCHES TIRÉES A PART DONT 5 EN COULEUR

ET 577 VIGNETTES INSÉRÉES DANS LE TEXTE

PARIS

LIBRAIRIE HACHETTE ET Cie

79, BOULEVARD SAINT-GERMAIN, 79

1883

LE MAGNÉTISME

ET

L'ÉLECTRICITÉ

LE

MONDE PHYSIQUE

LE MAGNÉTISME

ET

L'ÉLECTRICITÉ

PREMIÈRE PARTIE

LES PHÉNOMÈNES ET LEURS LOIS

Il y a trois siècles, les phénomènes dont la description va faire l'objet de ce troisième volume du MONDE PHYSIQUE, étaient ignorés ou à peu près. Deux faits isolés, l'attraction de la pierre d'aimant pour le fer, celle de l'ambre frotté pour le corps léger qu'on en approche, voilà tout ce que les Anciens avaient soupçonné de ce qui constitue aujourd'hui deux des plus importantes branches de la science physique, le *Magnétisme* et l'*Électricité*. La boussole, il est vrai, venue de l'extrême Orient, avait fait son apparition dans la navigation occidentale vers le onzième ou le douzième siècle de notre ère : c'est à peu près tout le progrès réalisé, en ce qui concerne le magnétisme, pendant les vingt-deux siècles qui séparent Thalès de William Gilbert. En vain, dans les orages, une puissance mystérieuse nous éblouissait des feux de l'éclair et nous épouvantait du fracas du tonnerre ou des coups de la foudre : nous ne savions rien de l'électricité.

La force qui est l'agent de la multitude des phénomènes électriques et magnétiques, et qui se manifeste sous tant de formes aussi curieuses que variées, cette force qu'on sait maintenant jouer dans la nature un rôle si important et quelquefois si redoutable, n'avait pas plus été soupçonnée des philosophes de l'antiquité que des théologiens du moyen âge. Ceux-là la mettaient entre les mains de Jupiter tonnant; pour ceux-ci, elle n'était qu'un objet de terreur religieuse. Grâce à la science, grâce à mille efforts de génie, d'observations patientes et d'expériences ingénieuses, la force électrique est devenue entre les mains de l'homme un instrument docile, qu'il manie à sa guise. Tantôt il s'en sert pour transmettre au loin sa pensée avec la rapidité de la foudre; tantôt il l'emploie à argenter, à dorer les métaux, à reproduire les plus délicates ciselures avec la précision du mouleur; tantôt enfin elle lui donne une vive lumière dont l'éclat rivalise avec celui du soleil, ou bien elle devient une source de chaleur si intense, qu'elle fond et volatilise les métaux les plus denses, les plus durs, ou les substances les plus réfractaires.

Celui qui a visité cette année le Palais de l'Industrie où étaient pour la première fois rassemblées, dans une Exposition sans rivale au monde, toutes les merveilles de l'Électricité, celui qui a pu étudier les appareils du savant comme les machines de l'ingénieur, et constater les résultats de la théorie aussi bien que ceux de l'application pratique, celui-là, dis-je, s'il compare ces résultats, d'une part avec les humbles faits d'où la science est partie il y a trois cents ans à peine, de l'autre avec les espérances de progrès nouveaux et prochains qu'elle peut prophétiser à coup sûr, ne pourra se défendre d'un sentiment d'admiration profonde pour la fécondité de la physique moderne. Mais s'il tient à se rendre compte de la puissance des moyens qui ont servi à réaliser tant de choses qui eussent passé, il n'y a pas longtemps, pour autant de prodiges, qu'il veuille bien réfléchir : il reconnaîtra que tout le secret de cette puissance peut se résumer en trois mots : ces trois mots, la formule magique, le *Sésame ouvre-toi* de la science contemporaine, sont ceux-ci : Observation, Expérience, Calcul mathématique !

Sous les noms différents d'*Électricité* et de *Magnétisme* se rangent, on le sait, deux séries de phénomènes qu'on a pu croire longtemps étrangères l'une à l'autre, mais qu'on peut aujourd'hui concevoir ramenées à une même cause. Du moins l'expérience prouve déjà que, dans certaines circonstances, les phénomènes magnétiques et les phénomènes électriques s'influencent réciproquement et que les forces qui les produisent sont convertibles les unes dans les autres. De là une branche nouvelle de la science, qui, participant des deux premières, a reçu pour cette raison le nom d'*Électromagnétisme*. Depuis soixante ans que cette science spéciale a été révélée au monde savant par le génie des Œrstedt et des Ampère et développée par les Arago, les Faraday et cent autres physiciens, ses progrès ont été si rapides, qu'ils égalent peut-être en importance ceux des sciences particulières d'où elle dérive elle-même. On pourra bientôt se convaincre de la vérité de cette assertion, par la place que prendront dans ce volume les chapitres consacrés à l'électromagnétisme et à ses applications.

Bien que la théorie du Magnétisme et de l'Électricité ait fait, dans ce siècle surtout, de grands pas, elle est loin encore d'avoir atteint le degré de précision et de rigueur que nous avons constaté déjà dans les théories de la Pesanteur, de la Gravitation et de la Lumière, et que nous retrouverons dans la théorie de la Chaleur. Faut-il s'en étonner? N'est-il pas déjà surprenant de voir la prodigieuse accumulation de découvertes faites depuis trois cents ans dans un domaine jusqu'alors complètement inconnu et inexploré. Néanmoins dès maintenant, outre qu'il est à peu près démontré que le Magnétisme n'est qu'un cas particulier de l'Électricité, comme la Pesanteur est un cas singulier de la Gravitation universelle, on entrevoit la possibilité de rattacher la force électrique aux autres forces physiques. La conversion de l'électricité en chaleur, en lumière, en attraction moléculaire et en affinité chimique ouvre les vues du théoricien sur des horizons nouveaux, d'où jaillira, espérons-le, la lumière, aussitôt que se présentera un de ces génies puissants qui transforment la science, quand toutefois le moment est venu de la possibilité de cette transformation. Avant Newton, le théoricien de la gravitation, avaient paru Képler et Galilée; avant Young et Fresnel, les fondateurs de la théorie des ondulations lumineuses, Newton lui-même et Huygens avaient découvert les lois de l'Optique; avant Mayer, Rumford, Gay-Lussac et Fourier avaient déblayé le terrain et découvert les lois sur lesquelles devait s'élever plus tard la théorie de la Chaleur. L'Électricité est aujourd'hui dans cette phase de transformation qui fait passer une science purement expérimentale à l'état de science mathématique, dont tous les faits peuvent se soumettre au calcul, et l'on peut prévoir qu'une théorie positive de cette branche de la physique n'est pas éloignée.

En attendant, la description des phénomènes et de leurs lois, l'exposé des mille applications utiles qu'on a su en tirer, suffisent amplement dès aujourd'hui à satisfaire la curiosité du public ami de la science. C'est la tâche que nous nous efforcerons de remplir en ce troisième volume du Monde physique, dans la mesure du cadre que nous nous sommes tracé pour l'ensemble de cet ouvrage.

LIVRE PREMIER

LE MAGNÉTISME

CHAPITRE PREMIER

LES AIMANTS

§ 1. PHÉNOMÈNES GÉNÉRAUX DU MAGNÉTISME.

Les minéralogistes donnent le nom de *fer oxydulé* ou de *fer magnétique* à un minerai de ce métal qu'on rencontre dans un assez grand nombre de mines des deux mondes. Comme l'indique la formule chimique $FeO + Fe^2O^3$, ce minerai est formé de protoxyde et de sesquioxyde de fer et cristallise sous la forme d'octaèdres ou encore de dodécaèdres rhomboïdaux. Certains échantillons de fer oxydulé jouissent de la propriété d'attirer à eux, en certains de leurs points, les parcelles de fer ou d'acier qu'on leur présente, et, en raison de ce phénomène, on les nomme *pierres d'aimant* ou simplement *aimants naturels*, pour les distinguer des morceaux d'acier auxquels on parvient à communiquer la même vertu attractive et qu'on désigne sous le nom d'*aimants artificiels*.

Les plus importants gisements de fer magnétique existent en Suède et en Norvège, sous la forme de masses compactes douées de l'éclat métallique, et aussi dans l'île d'Elbe, au sein de l'amas de minerai qu'on exploite au cap Calamita. Mais on en trouve encore en Auvergne, en Allemagne, aux États-Unis, à Bône en Algérie. La pierre d'aimant a une teinte ordinairement noirâtre ou brune, quelquefois grisâtre; elle a un aspect métallique, comme on vient de le dire; sa densité est 5,10. C'est le meilleur de tous les minerais de fer.

Rien n'est plus facile que de mettre en évidence l'attraction des aimants, naturels ou artificiels, pour le fer. Il suffit de les plonger dans un amas de limaille ou de battiture de ce métal; en les retirant, on voit qu'ils retiennent à certains points de leur surface une multitude de parcelles métalliques groupées sous forme de houppes plus ou moins denses (fig. 1). Des morceaux de fer ou d'acier, des clous, des aiguilles sont entraînés vers les mêmes points des aimants et s'y précipitent, quand la distance qui les en sépare est suffisamment petite.

Fig. 1. — Attraction du fer par les aimants.

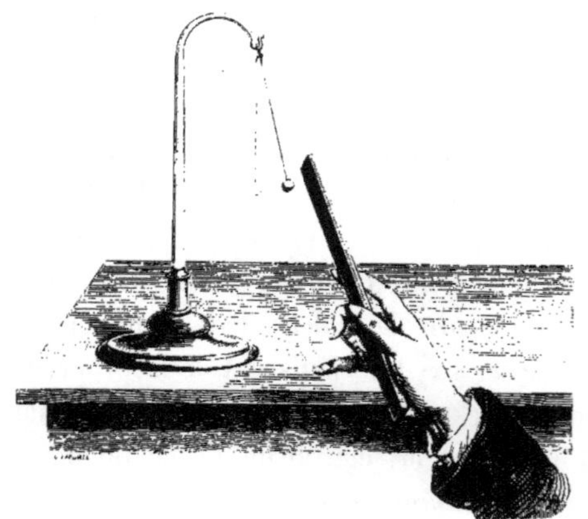
Fig. 2. — Pendule magnétique.

On constate encore la même propriété en se servant d'un

petit appareil auquel on donne le nom de *pendule magnétique* : il consiste simplement en une balle de fer suspendue à un fil (fig. 2). Si l'on approche latéralement l'aimant de la balle, celle-ci en s'approchant fait dévier le fil de sa direction verticale. L'attraction est d'autant plus forte que la distance de l'aimant est moindre. D'ailleurs, comme permet de le prévoir le principe d'égalité de l'action et de la réaction, si l'aimant attire le fer, le fer lui-même attire l'aimant. Ainsi, un aimant rendu mobile par le mode de suspension que représente la figure 3, se meut

Fig. 3. — Attraction d'un aimant par le fer.

quand on l'approche suffisamment d'un cylindre de fer immobile, et tourne autour de l'axe de supension de manière à rendre minimum la distance qui les sépare.

L'attraction magnétique, comme le montrent les expériences qui précèdent, s'exerce non seulement au contact, mais à distance ; nous verrons plus loin que son intensité va en croissant si la distance diminue, et nous dirons suivant quelle loi. Mais elle s'exerce aussi quand des corps étrangers, solides ou liquides, sont interposés entre l'aimant et le fer, et l'épaisseur de ces corps ne change point l'intensité de l'attraction ou du moins celle-ci n'est modifiée qu'en raison de la distance. Que sur un plateau de bois, sur un disque de carton, de porcelaine ou de cuivre, on projette de la limaille de fer, des aiguilles, des clous, puis qu'on promène un aimant au-dessous, on verra les parcelles et fragments métalliques se mouvoir, se déplacer et suivre tous les mouvements de l'aimant. L'attraction magnétique a lieu aussi dans le vide comme dans l'air.

Pendant longtemps on a cru que le fer était la seule substance attirable à l'aimant, la seule *substance magnétique* pour employer l'expression qui sert en physique à désigner cette propriété. Cependant, avant que l'on connût les procédés d'aimantation, c'est-à-dire les moyens de transformer en aimant un barreau d'acier, quand les seuls aimants connus étaient les aimants naturels, on savait déjà que les morceaux de minerai qui n'attiraient pas le fer, étaient cependant eux-mêmes magnétiques, c'est-à-dire attirables aux aimants. Plusieurs autres minerais de fer le sont également.

Depuis, on a reconnu que divers métaux jouissent de la même propriété que le fer : tels sont le nickel, le cobalt, le chrome. Le cobalt n'est magnétique qu'à la condition d'être bien exempt d'arsenic ; quant au chrome, il ne l'est point à la température ordinaire, mais, selon Wöhler, il le devient quand on abaisse sa température à 15° ou 20° au-dessous de zéro. On avait rangé le manganèse parmi les substances magnétiques; mais il paraît certain qu'il ne doit cette propriété qu'au fer qu'il contient; il la perd s'il est complètement purifié.

Il faut bien se garder de confondre les substances magnétiques avec les aimants. Si, comme nous venons de le voir, les aimants naturels ou artificiels et les substances magnétiques s'attirent réciproquement, cela ne veut point dire que les propriétés des uns et des autres soient les mêmes. Il y a une différence capitale, que nous devons dès maintenant signaler : c'est que les substances simplement magnétiques ne s'attirent pas entre elles : un morceau de fer, qui attire un aimant, est sans action sur du fer, du moins s'il n'est pas dans le voisinage d'un aimant.

Il y a encore une autre différence sur laquelle nous devons nous étendre : c'est qu'un morceau de fer subit l'attraction en tous ses points, tandis que dans un aimant la propriété attractive est inégalement distribuée : elle est nulle en certains points et maximum en d'autres. Les expériences qui suivent vont mettre en évidence cette différence caractéristique entre les substances magnétiques et les aimants.

En examinant un aimant qu'on a plongé dans la limaille de fer (fig. 1), on voit que cette limaille, non seulement s'est attachée plus particulièrement en deux régions opposées, mais en outre affecte dans l'arrangement de ses parcelles une direction spéciale, comme si, dans chaque région où l'attraction est la plus forte, il y avait un centre d'attraction. Vers le milieu du barreau, au contraire, on remarque une région où aucune parcelle de fer ne s'est attachée. On nomme *pôles* de l'aimant les deux points extrêmes dont nous parlons, *ligne neutre* la section moyenne de l'aimant. Voici un procédé qui montre d'une façon plus saisissante encore l'existence des pôles et de la ligne neutre. On place sur le barreau qui constitue l'aimant une feuille de carton qu'on saupoudre, avec un tamis, de limaille de fer très fine. On voit alors les parcelles se disposer d'une façon régulière autour des points p et p', qui correspondent aux pôles de l'aimant, et former des files convergentes et symétriques par rapport à la ligne neutre mm'[1] (fig. 4).

1. Pour étudier la disposition de ces files de limailles, de ces *lignes de force* comme il les appelait, Faraday employait la méthode suivante, dont nous empruntons la description à l'ouvrage de Gordon, *Traité expérimental d'Électricité et de Magnétisme :*

« Prenez une planchette d'épaisseur égale ou supérieure à celle de l'aimant, et incrustez l'aimant dans le bois, de telle sorte que sa surface supérieure se confonde avec la surface supérieure de la planchette. Posez sur le tout une feuille de papier lisse que vous fixez. Puis, avec un tamis ou une passoire, saupoudrez tout le papier de limaille de fer bien fine.

« Lorsqu'une parcelle de limaille tombe près de l'aimant, elle est aimantée par induction, et elle tourne sur elle-même, de telle sorte que son diamètre le plus long coïncide avec la ligne de force qui passe par le point où elle se trouve. Chacun de ces petits aimants attire la parcelle voisine jusqu'à ce qu'il se forme une chaîne continue de limaille, tout le long de chacune des lignes de force. On frappe de temps en temps sur la planchette pour empêcher le frottement de la limaille sur le papier.

« Si l'on veut conserver les courbes obtenues, on pose au-dessus une feuille de carton dont la surface inférieure est gommée. Quand la gomme se sèche, la limaille se colle au

Quelquefois un aimant possède plus de deux pôles : outre les pôles extrêmes dont nous venons de constater l'existence, ils présentent des points intermédiaires où la limaille vient s'attacher, et qui sont d'ailleurs séparés les uns des autres par des lignes neutres, comme on le voit dans le spectre magnétique que représente la figure 4. On les nomme des *points conséquents*. Il est facile maintenant d'exprimer la différence qui existe entre les aimants et les substances magnétiques. Ces dernières n'ont

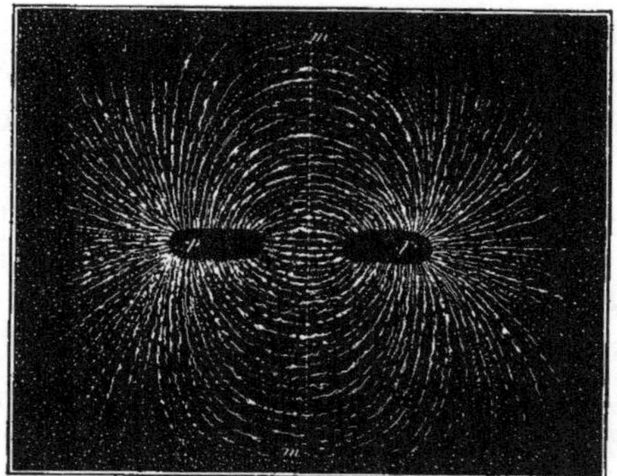

Fig. 4. — Spectre magnétique. Distribution de la limaille de fer sur un aimant.

ni pôles, ni lignes neutres : quels que soient ceux de leurs points qu'on présente aux pôles d'un aimant, il y a toujours réciprocité d'attraction, tandis qu'un aimant ne peut agir que par ses pôles.

Pour distinguer les aimants des substances simplement magnétiques, on dit qu'ils sont doués du *magnétisme polaire*.

carton. Au lieu d'employer du papier, on peut, de préférence, placer l'aimant sous une plaque de verre, et alors il est inutile d'encastrer l'aimant dans une planchette.

« Un bon moyen de préparer ces courbes, pour les projeter à l'aide d'une lanterne magique, consiste à recouvrir une plaque de verre de quelque mastic transparent, qui fond quand on le chauffe. Quand il est tout à fait durci, on place un aimant sous le verre, et on saupoudre de limaille. La plaque de verre est ensuite soigneusement portée dans une étuve, et chauffée jusqu'à ce que le mastic se ramollisse ; la limaille pénètre alors dans ce dernier.

« En éloignant la plaque de verre et en la laissant refroidir, les parcelles sont toutes fixées dans leur position. » (*Traduction J. Raynaud.*)

Nous décrirons plus loin, quand nous traiterons de l'action des aimants sur les aimants, d'autres phénomènes qui achèveront de préciser cette distinction.

Bornons-nous en ce moment à dire que, parmi les substances magnétiques, il en est auxquelles on peut communiquer d'une manière durable, permanente, le magnétisme polaire. C'est ce qui arrive pour le fer trempé, pour l'acier, pour le cobalt et le nickel. Mais généralement ces corps, une fois aimantés, perdent leur propriété quand ils sont exposés à une température plus ou moins élevée. Le nickel perd son magnétisme polaire à la température de 350°, le cobalt à celle du rouge blanc. Cette influence de la chaleur s'exerce aussi sur les corps simplement

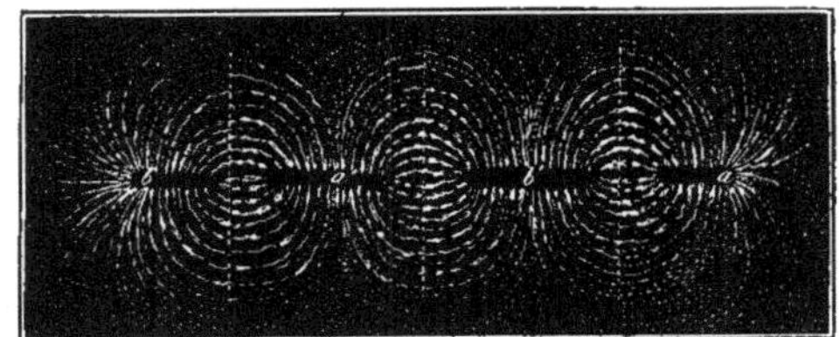

Fig. 5. — Points conséquents, ou pôles secondaires des aimants.

magnétiques. On doit à Newton d'avoir le premier constaté que le fer cesse d'être attirable à l'aimant quand on le porte au rouge; Barlow a fait voir qu'il en est de même de la fonte chauffée au rouge blanc, et nous avons vu que le chrome n'est pas magnétique à la température ordinaire.

Faut-il conclure de ces faits, comme le pensait Pouillet, que tous les corps deviendraient magnétiques si l'on pouvait abaisser suffisamment leur température? C'est l'expérience qui pourra seule prononcer sur la légitimité de cette hypothèse. Nous verrons plus tard que tous les corps deviennent magnétiques lorsqu'ils sont soumis, dans certaines conditions, à l'action d'aimants d'une grande puissance.

Avant de continuer la description des phénomènes particuliers aux aimants et aux substances magnétiques, dont la cause inconnue a reçue le nom de *magnétisme*, jetons un coup d'œil rapide sur l'histoire de l'aimant depuis l'antiquité jusqu'à nos jours.

§ 2. LE MAGNÉTISME CHEZ LES ANCIENS.

La propriété fondamentale de l'aimant, celle d'attirer le fer, était déjà connue des Grecs vers le septième siècle avant notre ère, puisque Thalès en fait mention : le nom grec de l'aimant naturel était λίθος ἡράκλεια, *pierre d'Hercule*, ou, selon d'autres, *pierre d'Héraclée*. Plus tard, à partir de Platon, un autre nom fut donné à l'aimant, μαγνῆτις λίθος, *pierre de Magnésie*, ce qui a fait supposer qu'il se trouvait en abondance dans les environs de l'une et de l'autre des deux villes de Lydie qui portaient le nom de Magnésie [1]; mais les auteurs anciens ne s'accordent point sur le lieu d'origine de l'aimant : les uns disent la Lydie, d'autres la Troade, d'autres encore l'Inde ou des îles situées entre la Taprobane et la Chersonèse d'Or.

Jusqu'au moyen âge, les connaissances des anciens sur les propriétés de l'aimant naturel étaient fort bornées. On savait que cette pierre attire et retient le fer au contact; mais le fait qu'un aimant libre est semblablement attiré par le fer était ignoré; plusieurs philosophes prirent même la peine d'expliquer pourquoi cela n'a point lieu. Aucune notion sur la polarité magnétique des aimants; quelques faits qui semblent dus à cette propriété ont été recueillis, mais sans être compris. Ainsi,

1. Cette opinion semblait corroborée par la dénomination de ἡράκλεια λίθος, puisqu'il existait également sur les confins de la Lydie une ville du nom d'Héraclée. Il paraît, d'après M. Th. H. Martin, que cette opinion, déjà répandue du temps de Platon, provenait d'un malentendu, d'une confusion qui fit aussi donner à l'aimant le nom de *Pierre de Lydie*, λίθος λυδία. Enfin les Grecs employaient encore la dénomination de *pierre de fer*, σιδηρῖτις λίθος. Aristote nomme simplement l'aimant ἡ λίθος, c'est-à-dire la *pierre par excellence*. Les Latins le nommèrent *magnes*, d'où dérive notre mot moderne *magnétisme*. Au moyen âge, outre le nom de *magnète*, on se servit pour désigner l'aimant naturel du mot *adamas*, qui était aussi celui du diamant. De là le nom d'*aymant*, puis enfin d'*aimant*. Du reste, les commentaires n'ont pas manqué sur la signification comme sur l'étymologie de ces dénominations diverses. Voyez sur ce sujet l'ouvrage de M. Th. H. Martin, *La foudre, l'électricité et le magnétisme chez les anciens*.

d'après Pline, il existait une espèce d'aimant *éthiopien*, qui attirait les autres aimants. Il appelait *théamède* une autre pierre ayant la propriété de repousser le fer; ce n'était sans doute qu'un aimant ordinaire, auquel on présentait un morceau de fer aimanté. Les anciens ne savaient point que l'on pût communiquer d'une manière permanente au fer la propriété de la pierre d'aimant. Cependant ils connaissaient l'aimantation au contact, et ils formaient une chaîne magnétique en suspendant des anneaux de fer les uns aux autres à la suite d'un premier anneau en contact avec l'aimant; ils avaient constaté que ce pouvoir du fer cesse aussitôt que cesse le contact. Enfin Claudien dit que l'aimant se fortifie par le contact du fer.

On lit dans le chant VI de *La nature des choses*, de Lucrèce, ce passage : « Il arrive aussi que le fer fuie loin de l'aimant, car on le voit le fuir et le chercher alternativement. » Il semble d'abord que le poète ait eu en vue les phénomènes d'attraction et de répulsion magnétiques ; mais la suite prouve que ce qu'il prenait pour de la répulsion n'était autre que l'attraction du fer à distance au travers de corps étrangers. « J'ai vu, dit-il, tressaillir du fer de Samothrace, et de la limaille s'agiter dans des vases d'airain, lorsqu'on mettait dessous la pierre d'aimant : tant il semble que le *fer fuie le contact de la pierre*. » Si Lucrèce avait retourné le vase sans cesser de présenter l'aimant au côté opposé, il aurait vu à sa grande surprise les parcelles de fer rester suspendues malgré la pesanteur, et il aurait compris qu'il y avait toujours là un phénomène d'attraction.

La force des aimants, leur puissance portative était parfaitement connue de l'antiquité. C'était cette propriété surtout qui frappait l'imagination : aussi en exagéra-t-on démesurément les effets, et, chez les anciens comme au moyen âge, les fables les plus invraisemblables eurent-elles cours pendant des siècles. Citons-en quelques-unes. D'après Pline, Ptolémée Philadelphe et son architecte Dinocharès avaient dressé pour la reine Arsinoé le plan d'un temple dont la voûte devait être construite en pierres d'aimant, de façon que la statue de fer de la nouvelle déesse y restât suspendue par le simple contact; Ausone donne le projet comme réalisé. Saint Augustin rapporte que des prêtres païens, pour tromper les peuples, avaient dissimulé des aimants dans la voûte et dans le pavé d'un temple, et la force de ces aimants était calculée de manière à maintenir en l'air et en équilibre une statue de fer qui, ne pouvant ainsi ni monter ni descendre, donnait aux fidèles l'apparence d'un perpétuel miracle. Nombre d'historiens de l'antiquité et du moyen âge ont rapporté des faits semblables, parmi lesquels le plus fameux est celui de la suspension du tombeau de Mahomet à la voûte de la mosquée qui le renfermait.

Des fables d'un autre genre montrent combien les anciens avaient été frappés par cette vertu mystérieuse de l'attraction magnétique. « Le célèbre astronome et géographe Ptolémée répète, d'après un bruit public, dont au reste il ne garantit pas la véracité, que les vaisseaux qui vont aux îles Manioles y sont retenus par une force mystérieuse, si, dans leur construction, l'on n'a pas eu la précaution de remplacer les clous de fer par des chevilles de bois. Ptolémée se demande si ce phénomène ne serait pas causé par de grandes mines d'aimant situées dans ces îles. » D'après la position assignée aux îles Manioles par Ptolémée, entre Taprobane et la Chersonèse d'Or (Ceylan et la presqu'île de Malacca), elles étaient sans doute comprises parmi les archipels d'Andaman ou de Nicobar. « Suivant Pline, il y a près de l'Indus deux montagnes dont l'une attire le fer et l'autre le repousse, à tel point que si un voyageur a des clous de fer sous ses souliers, sur l'une de ces deux montagnes il ne peut pas poser le pied à terre, tandis que sur l'autre ses pieds restent attachés au sol[1]. »

Nous avons vu que les anciens ignoraient les procédés d'aimantation et ne connaissaient point dès lors les aimants artificiels. Cependant Pline fait observer que le fer, après avoir reçu, au contact de l'aimant, le pouvoir d'attirer le fer, peut

1. Th. Henri Martin, *loc. cit.*

le conserver pendant un temps assez long après que le contact a cessé lui-même. Il ajoute que les armes fabriquées avec ce fer, qu'on nommait *fer vivant*, causaient des blessures plus dangereuses que les autres.

En résumé, les connaissances des savants et des philosophes de l'antiquité ou du moyen âge sur l'aimant se bornaient à la propriété attractive de l'aimant naturel pour le fer; la répulsion magnétique ne leur était pas tout à fait inconnue, mais ils l'attribuaient à une espèce particulière d'aimant, ce qui s'explique par leur ignorance absolue de la polarité magnétique. Enfin ils avaient les idées les plus exagérées et aussi les plus absurdes sur la puissance des aimants naturels.

Nous verrons bientôt que la connaissance d'une autre propriété importante se répandit en Europe vers le onzième ou le douzième siècle de notre ère : c'est celle de la fixité de la direction d'un aimant libre par rapport à l'horizon d'un lieu quelconque. L'usage de la boussole, dont la construction repose sur cette propriété fondamentale, ne fut pas seulement d'un grand secours pour la navigation, pour l'extension des découvertes géographiques, il rendit bientôt possible l'étude plus complète des propriétés de l'aimant, étude qui ne put porter, il est vrai, tous ses fruits qu'après l'introduction de la méthode scientifique d'observation expérimentale. Les Anciens, on le voit par tout ce qui nous reste de leurs écrits, se bornaient à l'observation pure; partant de quelques faits simples qu'elle leur révélait, et que le plus souvent ils acceptaient sur ouï-dire sans les contrôler, ils dissertaient, ingénieusement il est vrai, mais très infructueusement sur leurs causes. Ainsi s'explique le peu de progrès qu'ils firent dans les sciences physiques, et en particulier la pauvreté des données qu'ils avaient recueillies sur l'aimant.

§ 3. MAGNÉTISME POLAIRE ; ATTRACTIONS ET RÉPULSIONS MAGNÉTIQUES.

Revenons sur les phénomènes de magnétisme polaire que présentent les aimants, soit naturels, soit artificiels. Dans les aimants naturels, les points où l'attraction est prépondérante, autrement dits les pôles, sont en général fort irrégulièrement distribués, ce qui tient vraisemblablement au défaut d'homogénéité de la matière qui les forme. Aussi, pour les expériences propres à mettre en évidence les lois du magnétisme, les physiciens se servent-ils de préférence des aimants artificiels. Ce sont le plus souvent des barreaux prismatiques ou des tiges cylindriques d'acier. Si les précautions convenables ont été prises lorsque ces masses ont été soumises à l'aimantation, ces aimants artificiels ne possèdent que deux pôles situés à peu de distance de leurs extrémités. On leur donne encore fréquemment la forme de lames minces d'acier, découpées en losanges très allongés; une petite cavité pratiquée à leur milieu permet de les poser sur une tige verticale, sur un pivot, de sorte que ces *aiguilles aimantées* peuvent se mouvoir librement autour du point de suspension, qui est leur centre de gravité.

Prenons une de ces aiguilles ainsi suspendues et abandonnons-la à elle-même. Après un certain nombre d'oscillations d'amplitude décroissante, nous allons la voir se fixer dans une position d'équilibre telle, que l'axe de l'aiguille aura toujours la même direction dans le même lieu, c'est-à-dire fera avec le méridien un angle constant.

Quand nous disons que cette direction sera *toujours* la même, que l'angle de l'axe de l'aiguille aimantée avec le méridien est constant pour un même lieu, nous faisons volontairement abstraction des variations périodiques qu'elle subit, soit dans la même journée, soit dans la suite des temps. Nous n'avons en vue que la direction moyenne dans une période de temps limitée. D'autres aiguilles suspendues de la même manière, et lacées à des distances mutuelles assez grandes (fig. 6) pour qu'elles n'agissent pas les unes sur les autres, prendront toutes cette direction unique : leurs axes resteront parallèles, et si

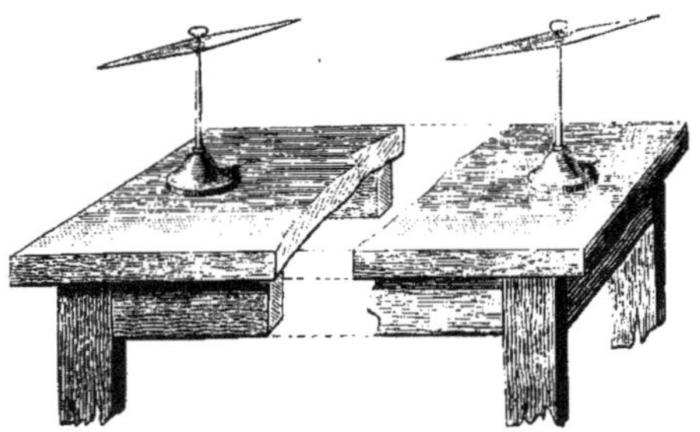

Fig. 6. — Direction magnétique de l'aiguille aimantée.

on les écarte de leur position d'équilibre, elles y reviendront naturellement dès que la cause perturbatrice aura cessé d'agir.

Fig. 7. — Direction magnétique d'un aimant flottant.

On peut faire l'expérience d'une autre façon avec un barreau aimanté suspendu par une chape en carton ou en cuivre à un fil sans torsion. Une troisième manière consiste à poser le barreau ou l'aiguille sur un flotteur en liège à la surface d'un vase plein d'eau (fig. 7). L'aimant, après avoir tourné sur lui-même et effectué quelques oscillations autour de son centre de gravité, prendra la direction constante signalée dans notre première expérience.

Cette propriété fondamentale est celle qui sert de fondement à la construction et à l'usage de la boussole : on verra plus loin qu'elle est due à l'action magnétique du globe terrestre, et nous dirons alors ce qu'on sait de l'histoire de sa découverte.

Pour le moment, elle va nous servir à faire une première distinction entre les deux pôles d'un aimant. En effet, non seulement la direction de l'axe d'une aiguille ou d'un barreau aimanté est constante, mais c'est toujours la même extrémité qui se dirige vers le même point de l'horizon. Si l'on fait accomplir à l'aiguille une rotation de 180° autour du point de suspension, de manière que la direction de son axe n'ait pas changé, puis qu'on l'abandonne à elle-même, aussitôt on la voit retourner à sa position première et s'y fixer après une série d'oscillations. Si, comme c'est l'usage, on marque d'un N le pôle qui se tourne vers le nord et d'un S celui qui se dirige au sud, on voit ces deux pôles se placer toujours invariablement de la même manière.

Ainsi, quelle que soit la force directrice qui fait prendre aux aimants libres une orientation constante, elle permet de distinguer entre leurs deux pôles. Nous allons retrouver cette même distinction en étudiant l'action des aimants les uns sur les autres.

C'est au savant anglais Gilbert[1] qu'on doit les premières expériences sur ce point important. Il faisait, pour cela, flotter sur l'eau des aimants dont il avait à l'avance déterminé les pôles, puis il les approchait les uns des autres et il les voyait tantôt se fuir, tantôt se rapprocher, selon les pôles qu'il mettait en présence. On fait aujourd'hui ces expériences de la même façon, ou plus commodément, en employant soit une série

1. Célèbre médecin de la reine Élisabeth d'Angleterre, à qui la science est redevable des premières recherches expérimentales sur les propriétés physiques de l'aimant. Il consigna le résultat de ses études et de ses travaux dans un ouvrage qu'il publia à Londres, en 1600, sous ce titre : *De magnete, magneticisque corporibus*.

d'aiguilles aimantées mobiles sur autant de pivots, soit un certain nombre de barreaux suspendus par des fils. Répétons ces expériences par l'un ou l'autre de ces moyens.

Prenons deux barreaux aimantés et suspendons-les à l'aide de fils passant par leurs centres de gravité. S'ils sont d'abord suffisamment éloignés l'un de l'autre, la force directrice dont il vient d'être question les maintiendra parallèles. Approchons maintenant l'un des aimants de l'autre, et présentons en regard les deux pôles qui se dirigeaient vers le nord : on les verra aussitôt s'écarter mutuellement.

Le même phénomène de répulsion aura lieu si ce sont les deux pôles tournés au sud qu'on met en présence. Au contraire, approchons le pôle nord du premier barreau du pôle sud du second; abandonnés à eux-mêmes, ces pôles s'attirent. La même expérience se répète plus aisément avec deux aiguilles aimantées suspendues sur leurs pivots.

On peut encore constater les mêmes faits sans avoir préalablement distingué les pôles par la similitude de direction magnétique. Supposons qu'on prenne un certain nombre de barreaux aimantés, et que l'un d'eux MN serve de barreau d'épreuve : en présentant un pôle donné de l'un quelconque des premiers aux deux pôles de celui-ci, il y aura attraction pour l'un, répulsion pour l'autre; le même phénomène aura lieu pour les pôles de tous les autres aimants. Tous les pôles attirés par le pôle M du barreau d'épreuve sont dits *pôles de même nom;* marquons-les de la lettre A. Tous les pôles repoussés par le même pôle M sont aussi des pôles de même nom, puisque sur eux l'action est de même sens dans les mêmes circonstances; marquons-les de la lettre R. Si maintenant on présente le pôle opposé N de l'aimant d'épreuve à chacun des pôles des autres barreaux aimantés, on trouve qu'il repousse précisément tous les pôles A et qu'il attire les pôles R;

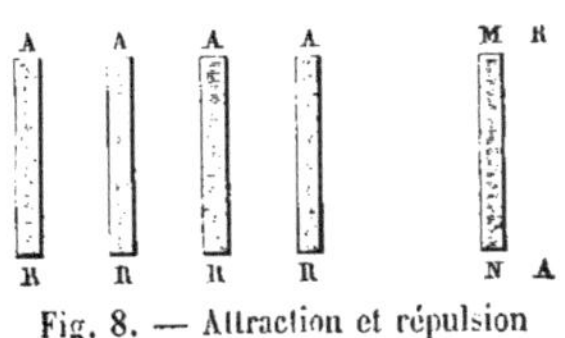

Fig. 8. — Attraction et répulsion des pôles des aimants.

ainsi, de toute façon, les deux pôles opposés d'un même aimant sont des pôles de noms contraires.

Voyons maintenant comment agissent l'un sur l'autre deux pôles de même nom. Approchons l'un de l'autre deux quelconques des pôles A, ou encore deux quelconques des pôles B; dans les deux cas, nous trouverons qu'ils se repoussent. Si, au contraire, on met en présence deux pôles de noms contraires, un pôle A et un pôle B, on remarquera qu'ils s'attirent : ce qui prouve que, dans l'expérience précédente, le pôle M du barreau d'épreuve est de même nom que les pôles B, et le pôle N de même nom que les pôles A.

Résumons tout cela dans un seul énoncé :

Les pôles opposés d'un même aimant sont de noms contraires : si l'action de l'un des deux sur un pôle donné d'un aimant est *attractive*, l'action du second est *répulsive ;*

Les pôles de même nom de deux aimants quelconques se repoussent; les pôles de noms contraires s'attirent.

§ 4. PHÉNOMÈNES D'INDUCTION MAGNÉTIQUE. — AIMANTATION PAR INFLUENCE.

Si l'on place un morceau de fer au contact d'un aimant, au voisinage de l'un de ses pôles, il acquiert aussitôt le magnétisme polaire, c'est-à-dire devient un aimant lui-même, avec ses deux pôles et sa ligne neutre. Un second morceau de fer mis en contact avec le premier s'aimante à son tour, et ainsi de suite. On donne le nom d'*influence* ou d'*induction magnétique* aux phénomènes d'aimantation temporaire qui se manifestent de la sorte. Une suite de morceaux de fer qui se supportent ainsi mutuellement au-dessous de l'un des pôles d'un barreau aimanté, forme ce que l'on appelle une *chaîne magnétique*. Nous avons vu que les anciens connaissaient ce mode d'aimantation, cette communication momentanée de la vertu magnétique.

Chaque élément de la chaîne magnétique forme un aimant

complet, ayant ses deux pôles et sa ligne neutre ; dans deux éléments successifs les extrémités en contact sont des pôles de noms contraires. Ainsi s'explique la disposition des parcelles de limaille dans les spectres. Si nous nous reportons en effet aux figures 4 et 5 qui représentent des spectres magnétiques, nous voyons que les parcelles de limaille s'y trouvent disposées en files dont chacune peut être considérée comme une chaîne magnétique : les parcelles en contact avec l'aimant deviennent elles-mêmes autant d'aimants qui attirent les parcelles voisines, leur communiquent le magnétisme polaire et ainsi, de proche en proche, déterminent des attractions nouvelles. On se rend compte par là de

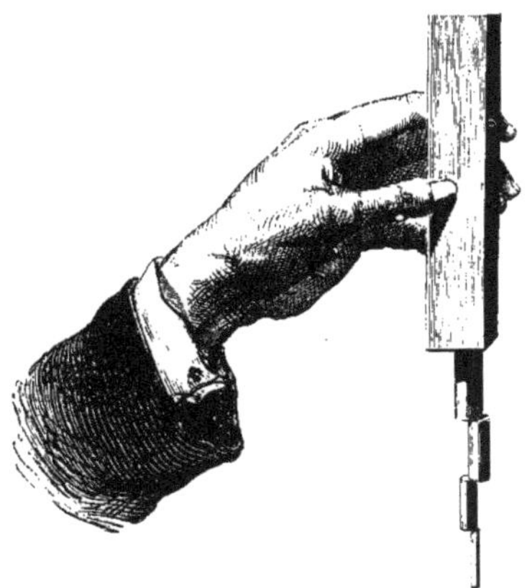

Fig. 9. — Aimantation par influence au contact. Chaîne magnétique.

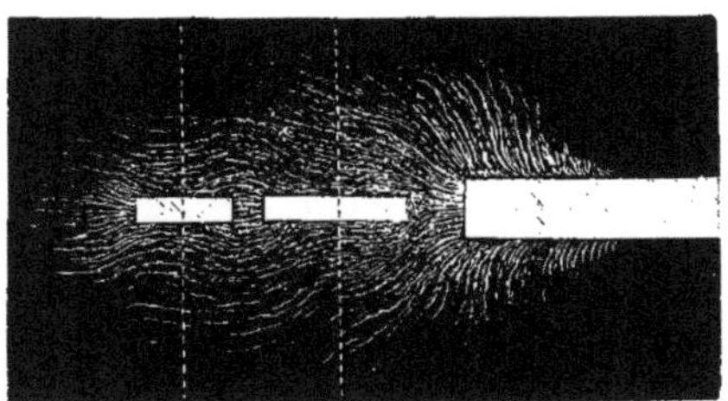

Fig. 10. — Spectres magnétiques dans les barreaux aimantés par influence.

la formation de cette série de lignes que Faraday, nous l'avons vu plus haut, appelait des *lignes de force*.

Quand la chaîne est formée, il est aisé de mettre en évidence l'état magnétique de ses éléments successifs en les plongeant dans la limaille, ou même en obtenant leur spectre. On distingue très bien alors (fig. 10) les aimants temporaires par leurs pôles et leurs lignes neutres.

L'aimantation par influence n'a pas lieu seulement au con-

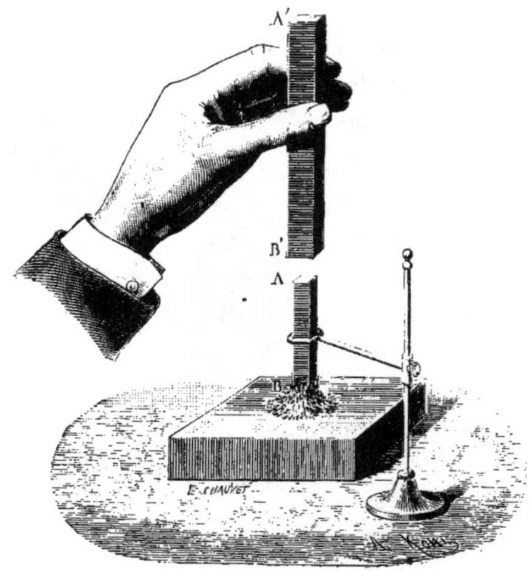

Fig. 11. — Aimantation par influence à distance.

tact; elle se produit encore à distance (fig. 11 et 12), mais avec d'autant moins d'énergie que cette distance est plus

Fig. 12. — Aimantation par influence à distance.

grande; d'ailleurs la limite d'action dépend de la puissance de l'aimant. Dans la succession des éléments de la chaîne magnétique, c'est le premier morceau de fer, celui qui est en contact avec l'aimant, qui reçoit le magnétisme le plus énergique; l'action aimantée s'affaiblit ensuite à mesure qu'on s'éloigne; un morceau quelconque de la chaîne ne peut pas supporter le morceau de même poids que le morceau qui le précède.

Nous avons dit que l'aimantation par influence est temporaire : cela suppose que le fer approché de l'aimant est du *fer doux;* dans ce cas, ses propriétés magnétiques s'affaiblissent et disparaissent dès qu'on l'éloigne assez pour qu'il se trouve hors du champ de l'action de l'aimant ou, comme on dit, hors du *champ magnétique*. Si, au lieu de fer doux, on se servait d'acier trempé ou même de fer martelé, laminé, passé à la filière, on verrait qu'il s'aimante par influence avec plus de difficulté; mais en revanche on constaterait qu'il conserve au moins une partie de ses propriétés magnétiques lorsqu'il est éloigné du champ; l'aimantation devient dans ce cas permanente. Le nickel et le cobalt, quand ils sont combinés avec une petite quantité de charbon, de soufre, de phosphore, d'arsenic, d'étain, jouissent de la même propriété que l'acier : ils conservent le magnétisme polaire acquis par influence. En décrivant les procédés d'aimantation, nous entrerons sur ce point dans les détails nécessaires.

CHAPITRE II

THÉORIE DU MAGNÉTISME

§ 1. HYPOTHÈSE DES DEUX FLUIDES.

Dès que les phénomènes d'attraction et de répulsion magnétiques que nous venons de décrire furent connus et analysés, on chercha à les lier entre eux par une hypothèse propre à donner l'explication des propriétés des aimants et des substances magnétiques, de leurs actions réciproques, de l'existence des pôles et de la ligne neutre, etc. Les Anciens, qui, comme nous l'avons vu, ne connaissaient guère que l'attraction de l'aimant naturel sur le fer, dont les notions en physique étaient d'ailleurs si bornées, ne pouvaient émettre sur la cause de ce phénomène que des opinions confuses[1]. Depuis Thalès, qui supposait l'aimant doué d'une âme capable de mouvoir le fer, et Claudien, qui regardait le fer comme la nourriture de l'aimant, jusqu'à Lucrèce, qui attribue l'attraction du fer au vide produit, en avant de l'aimant, par les émanations que ce dernier envoie de tous côtés, il n'y a rien qui mérite d'attirer l'attention. Depuis Gilbert, deux ou trois théories du

1. « Plutarque raconte que, suivant Manéthon, les Égyptiens donnaient à l'aimant le nom d'*os d'Horus* et au fer le nom d'*os de Typhon*, pour représenter la lutte du bon principe et du mauvais, lutte dans laquelle tantôt le bien force le mal à céder, tantôt le mal reprend son cours. En effet, ajoute Plutarque, tantôt l'aimant force le fer à s'approcher de lui et le traîne à sa suite, tantôt le fer s'écarte de l'aimant et semble repoussé en sens contraire. » (H. Martin, *loc. cit.*) Comme le prouve ce passage, les Anciens ont connu certains phénomènes de répulsion magnétique, mais sans se douter qu'ils se produisaient entre un aimant et un autre aimant, c'est-à-dire entre l'aimant naturel et le fer aimanté.

magnétisme ont été présentées, puis abandonnées : celle d'Æpinus, qui admettait l'existence dans les substances magnétiques d'un fluide particulier, agissant sur leurs molécules, celle d'Euler, basée sur les mouvements d'une matière subtile, différente de l'éther, qui circulait d'un pôle à l'autre de chaque aimant, toujours dans le même sens, entrant par l'un des pôles et sortant par l'autre pour revenir sur lui-même : c'est par les actions de ces tourbillons et leurs réactions mutuelles que le célèbre géomètre rendait compte des phénomènes principaux du magnétisme.

L'hypothèse de Coulomb, que nous allons exposer maintenant avec quelques détails, a prévalu. Mais nous devons prévenir le lecteur que cette théorie n'est rien de plus qu'une manière commode de relier un grand nombre de faits qui, sans cela, resteraient en apparence isolés. Elle n'apprend rien sur la cause des phénomènes, cause qui probablement est la même que celle des phénomènes électriques. Si, comme on est porté à le croire, l'électricité n'est qu'un mode particulier des mouvements de l'éther, et si l'on parvient à définir nettement ce mode, le magnétisme lui-même, on le verra plus loin, se trouvera rattaché à toutes les autres forces physiques ; sa théorie ne formera qu'un cas particulier de la théorie universelle.

Coulomb expliquait tous les phénomènes magnétiques par l'existence de deux fluides jouissant de propriétés opposées. Ces fluides sont, suivant lui, distincts de la matière pondérable ; ce qui le prouve, c'est qu'un aimant acquiert ou perd ses propriétés spéciales sans que la matière dont il est formé soit modifiée dans aucune de ses propriétés physiques ou chimiques distinctes de la propriété magnétique. Ainsi, un morceau de fer conserve rigoureusement le même poids, la même constitution chimique avant ou après son aimantation ; il en est de même de son volume, si toutefois la température est restée la même.

Les fluides magnétiques sont donc impondérables. Ils existent en quantités égales dans tous les corps magnétiques et s'y neutralisent ou s'y trouvent combinés quand la vertu magnétique ne se manifeste point; au contraire, ils sont séparés lorsque ces corps se trouvent à l'état d'aimantation temporaire ou permanente. Pour expliquer les phénomènes d'attraction et de répulsion, l'existence des pôles, etc., on admet que ces deux fluides s'attirent mutuellement, tandis qu'ils repoussent leurs propres molécules. Pour cette raison, nous désignerons l'un des fluides par le nom de *fluide positif*, et l'autre par celui de *fluide négatif*.

Dans un aimant naturel ou artificiel, c'est-à-dire dans tout corps doué du magnétisme polaire, les fluides se trouvent séparés, et l'action de chacun d'eux est prépondérante à l'un ou à l'autre pôle, tandis qu'elle est de plus en plus faible quand on s'éloigne de ces points, pour devenir nulle là où existe la ligne neutre. On verra plus loin comment s'explique cette distribution de l'action des fluides. Quand on approche de l'un des pôles d'un aimant un morceau d'une substance magnétique, mais non aimantée, un morceau de fer doux par exemple, le fluide neutre qui se trouve répandu dans toute sa masse subit l'influence du fluide de l'aimant accumulé à ce pôle; ce fluide repousse le fluide de même nom et attire celui de nom contraire. Il y a donc décomposition de fluide neutre et le morceau de fer doux devient ainsi un aimant temporaire, ayant un pôle négatif à l'extrémité en contact avec le pôle positif de l'aimant, un pôle positif à l'extrémité opposée. Le contraire aurait lieu si le fer était mis en contact avec le pôle négatif de l'aimant. Voyons ce qui se passe dans le premier cas. Le fluide accumulé au pôle positif de l'aimant repousse le fluide semblable du fer dans toute la longueur de ce dernier, et en même temps le fluide positif du fer est attiré par le pôle négatif de l'aimant; mais cette répulsion s'exerce à une distance plus petite que ne le fait l'attraction, et c'est pourquoi c'est la répulsion qui l'emporte, déterminant la formation d'un pôle négatif à l'extrémité du fer qui est en contact avec le pôle positif. Pour une raison toute semblable, il se forme un pôle positif à l'extrémité opposée.

Il résulte de là que, si l'on aimante par influence un morceau de fer doux, puis qu'on approche peu à peu du pôle en contact avec lui un second aimant de même force que le premier, mais disposé en sens contraire, on verra l'aimantation disparaître et le fer se détacher du pôle qui le supportait. L'expérience très simple (fig. 13) qui permet de vérifier cette conséquence de la théorie, se nomme le *paradoxe magnétique*. Cette neutralisation de l'attraction d'un pôle positif par la répulsion d'un pôle négatif peut être mise en évidence avec les deux pôles d'un même aimant, ce qui prouve en outre que l'intensité magnétique est la même à chacun de ces pôles. On prend un ruban d'acier, un ressort de montre aimanté, on le courbe de manière à rapprocher les deux pôles (fig. 14), et, en les approchant simultanément d'une aiguille aimantée, on constate qu'il n'y a plus aucun effet ni d'attraction ni de répulsion.

Fig. 13. — Paradoxe magnétique.

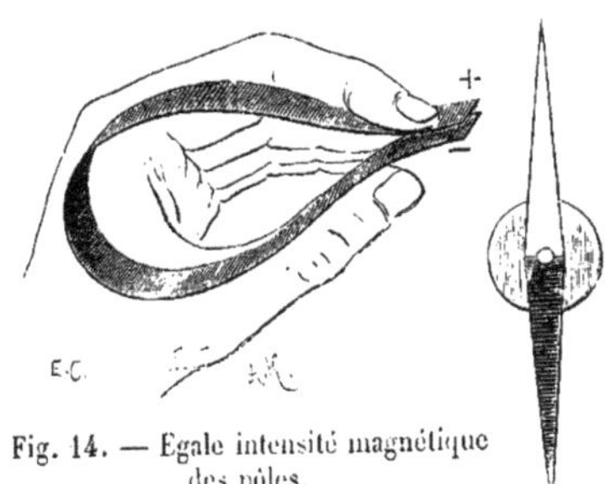

Fig. 14. — Égale intensité magnétique des pôles.

Deux morceaux de fer de même poids et de même dimension suspendus parallèlement de façon qu'ils se touchent latéralement, s'écartent l'un de l'autre dès qu'on approche de l'une ou l'autre de leurs extrémités communes le pôle d'un barreau aimanté. Tous deux sont à la fois aimantés par influence ; mais comme leurs pôles de même nom sont en regard, il y a répulsion des fluides de même nom et, par suite, éloignement des parties voisines des deux lames métalliques.

L'hypothèse des deux fluides doués de propriétés opposées étant admise, il reste à savoir comment a lieu leur distribution dans les substances magnétiques.

Quand un aimant est constitué avec ses deux pôles et sa ligne neutre, on peut faire deux suppositions sur la manière dont les deux fluides séparés se trouvent répartis dans la masse. Avant la théorie de Coulomb, on admettait que chaque fluide se trouve accumulé dans l'une et dans l'autre moitié de l'aimant, avec une tension d'autant plus forte que la région considérée est plus voisine de chaque pôle. S'il en était ainsi, en séparant l'une de l'autre ces deux moitiés, chaque partie ne renfermerait plus qu'une espèce de fluide. Or cela est incompatible avec le

Fig. 15. — Division d'un barreau aimanté ; disposition des pôles dans les fragments.

fait découvert par Gilbert, que si l'on brise en deux un aimant, chaque fragment devient à son tour un aimant complet, ayant sa ligne neutre et ses deux pôles et renfermant par conséquent en égale quantité chacun des deux fluides, positif et négatif. Prenons un fil de fer aimanté et, à l'aide d'une pince, coupons ce fil en autant de morceaux que nous voudrons : chaque morceau restera un aimant distinct, dont les pôles auront même intensité que les pôles de l'aimant primitif.

De plus, si l'on examine comment sont disposés les pôles dans les fragments, on trouve que les pôles de noms contraires sont situés en regard, c'est-à-dire aux extrémités qui, avant la rupture, se trouvaient en contact, de sorte que tous les pôles positifs *a*, *a*... et tous les pôles négatifs *b*, *b*... sont placés du même côté que les pôles semblables de l'aimant primitif.

Il faut donc admettre avec Coulomb que les deux fluides, dans un aimant, se trouvent également distribués dans les plus petites parties de la substance qui le forme. Ces derniers éléments, qui contiennent chacun en égale quantité l'un et l'autre fluide, sont ce qu'on nomme les *éléments magnétiques*. Il reste à expliquer en quoi les aimants diffèrent des substances magnétiques non aimantées, et aussi à faire voir comment se produisent les pôles, la ligne neutre, les points conséquents.

Pour expliquer, par l'existence des éléments magnétiques, en quoi les aimants peuvent différer des substances simplement magnétiques, il faut admettre que, dans le premier cas, les fluides opposés de chaque élément restent séparés sous l'influence d'une force particulière, à laquelle on a donné le nom de *force coercitive*. Dans les substances non douées du magnétisme polaire, comme le fer doux, la force coercitive n'existe pas; aussi l'aimantation par influence ne subsiste-t-elle que pendant le temps où l'aimant se trouve à proximité ou au contact du fer : alors la séparation des fluides ou leur décomposition dans chaque élément magnétique est due uniquement à l'action des pôles de l'aimant. Aussitôt qu'on éloigne celui-ci, ces fluides se recomposent.

La force coercitive s'oppose, venons-nous de dire, à la réunion des fluides; en général, elle s'oppose à leur mouvement, et par conséquent aussi bien à leur séparation qu'à leur réunion. En effet, les corps susceptibles, comme l'acier trempé, d'acquérir le magnétisme polaire *permanent*, sont à la fois ceux qui s'aimantent le plus difficilement et ceux qui, une fois aimantés, conservent le plus longtemps leur aimantation. Aussi un morceau d'acier trempé subit-il faiblement l'action attractive d'un aimant : la force coercitive qui unit les éléments magnétiques s'oppose à leur séparation.

Voyons maintenant comment la théorie rend compte de la constitution d'un aimant, c'est-à-dire d'un corps magnétique dont toutes les molécules sont, comme l'aimant tout entier, polarisées, la force coercitive maintenant séparés les deux fluides aux deux extrémités opposées de chaque molécule.

Soit (fig. 16) une série de particules 1, 2, 3, 4, 5, 6, 7,...

présentant l'une à l'autre leurs pôles opposés, c'est-à-dire orientées dans le sens de la ligne des pôles de l'aimant.

La force coercitive tend à séparer les fluides dans chaque élément. Mais, en outre, chaque particule exerce sur celle qui la précède et sur celle qui la suit une action que nous allons analyser.

Considérons l'élément 1. Le pôle a' de 2 repousse a et attire b; donc il agit dans le même sens que la force coercitive; b' agit évidemment en sens contraire, mais à une plus grande distance : dès lors la première action reste prépondérante. L'élément 3 agit de même sur 1, mais avec une intensité moindre que 2, et ainsi de suite : l'action d'un élément sur l'un quelconque de ceux qui le précèdent produit le même effet que si la force coercitive de ces derniers était augmentée. Il est clair que l'on trouverait le même résultat, si l'on analysait l'influence de chaque élément sur ceux qui le suivent. Dans les deux cas, cette influence tend à accroître la force coercitive de chaque élément, mais elle est d'autant moindre que la distance à laquelle elle s'exerce est plus considérable.

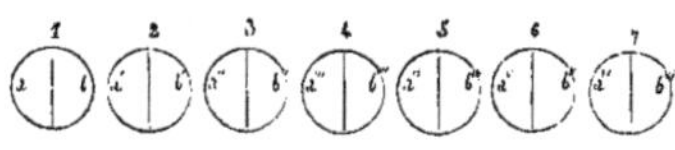

Fig. 16. — Actions réciproques des éléments magnétiques.

Il reste à comparer maintenant les éléments d'une même file ou série, au point de vue de l'intensité totale résultant, pour chacune, de ces influences mutuelles. Supposons que la série 1, 2,..., 7 s'étende du pôle positif du barreau à son pôle négatif, ou mieux de l'une des extrémités à l'autre du barreau. L'élément 1 subit l'action de six éléments situés à des distances croissantes : appelons f_1, f_2, f_3, f_4, f_5, f_6 les forces, de valeurs décroissantes, qui mesurent les influences de ces six éléments. Leur résultante F sera $F = f_1 + f_2 + f_3 + f_4 + f_5 + f_6$. Passons à l'élément 2, et soit F' la résultante correspondante; on aura $F' = 2f_1 + f_2 + f_3 + f_4 + f_5$; pour l'élément 3, on aura $F'' = 2f_1 + 2f_2 + f_3 + f_4$, et enfin l'élément du milieu ou 4 donnera $F''' = 2f_1 + 2f_2 + 2f_3$. De l'autre côté, les résultantes auraient les mêmes valeurs en sens inverse.

Or la simple comparaison de ces diverses résultantes prouve qu'elles croissent jusqu'au milieu de la série.

Ainsi dans un barreau aimanté, c'est au milieu que l'aimantation des éléments est la plus énergique, et cette aimantation va en diminuant progressivement du milieu vers chaque extrémité.

Cette conséquence de la théorie semble au premier abord singulière, paradoxale, puisque l'expérience prouve que c'est vers les extrémités que l'action d'un aimant est la plus forte. On va voir aisément que la contradiction n'est qu'apparente.

Pour cela, cherchons à nous rendre compte de l'action d'une file d'éléments magnétiques sur un point extérieur α, que nous supposerons renfermer un fluide magnétique de même nom que celui des pôles a, a', a''... des éléments. a et α se repoussent, b et a' agissent sur α en sens contraire; mais, d'après ce que nous avons vu, a' est plus grand que b; donc c'est la force répulsive qui l'emportera; même chose arrivera pour b' et a'' des deux éléments suivants. Seulement, la différence d'un élément à l'autre allant en diminuant jusqu'au milieu, la force répulsive elle-même ira en diminuant jusqu'à ce point. La résultante de toutes ces forces répulsives décroissantes aura par conséquent son point d'application voisin de l'extrémité de la série. C'est ce point qui sera le pôle du barreau aimanté relativement au point extérieur.

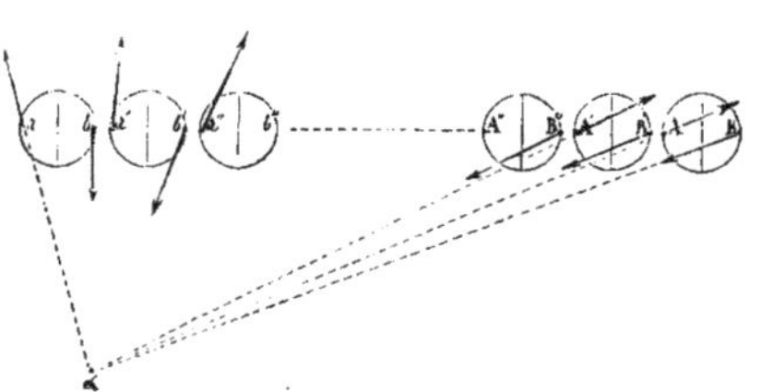

Fig. 17. — Action d'une file d'éléments magnétiques sur un point extérieur.

De même, on trouverait que les éléments de la seconde moitié exercent sur α des actions attractives d'autant plus grandes que l'on considèrera des éléments plus proches de l'extrémité opposée du barreau qui aura, en un point voisin de cette extrémité, un pôle de nom contraire au premier.

Ainsi s'explique l'existence des pôles des aimants, dont chacun est le point d'application de forces opposées; ces pôles sont relatifs au point extérieur que l'on considère, et changent quand le point s'approche ou s'éloigne. Quand la distance de ce dernier est infinie, ou peut être considérée comme telle, les résultantes des forces magnétiques deviennent parallèles, et les pôles correspondants sont dits proprement les *pôles* de l'aimant. Nous allons voir que ce cas se réalise pour un aimant libre abandonné à lui-même, c'est-à-dire influencé seulement par le magnétisme de la Terre.

§ 2. L'ACTION DE LA TERRE SUR L'AIGUILLE AIMANTÉE PEUT ÊTRE CONSIDÉRÉE COMME CELLE D'UN AIMANT.

La théorie des deux fluides magnétiques de Coulomb rend compte des phénomènes d'attraction des aimants, de leurs actions réciproques, de l'aimantation par influence à distance ou au contact; ou pour mieux dire, elle est la traduction fidèle de ces phénomènes et des circonstances dans lesquelles ils se manifestent. Il reste à faire voir comment elle explique la direction magnétique.

On a vu qu'un barreau aimanté librement suspendu, qu'une aiguille aimantée qui a la liberté de se mouvoir autour de son centre de gravité, se place, après un petit nombre d'oscillations, dans une direction fixe, constante pour un même lieu, ou du moins ne subissant que de lentes variations séculaires ou de légères variations périodiques. Laissons de côté pour le moment ces variations, et voyons quelle peut être l'explication de cette direction constante des aimants.

Mais auparavant revenons sur les faits pour les préciser.

Considérons une *aiguille aimantée* ou un losange d'acier doué de la propriété commune aux aimants, c'est-à-dire ayant un pôle à chaque extrémité et en son centre sa ligne neutre. Un aimant de ce genre suspendu horizontalement par un étrier de papier à un fil sans torsion, ou bien monté sur un pivot à l'aide d'une chape d'agate (fig. 18), de façon à pouvoir tourner librement dans toutes les directions, finit toujours, après quelques oscillations, par prendre dans le plan horizontal une direction déterminée, à peu près invariable, ou du moins qui n'est soumise qu'à des variations de faible amplitude.

Fig. 18. — Aiguille aimantée.

Cette propriété de l'aiguille aimantée de tourner l'un de ses pôles vers l'horizon du nord est utilisée depuis des siècles par les navigateurs. Toutefois ce n'est pas vers le nord même que se tourne l'aiguille, de sorte que le plan vertical passant par ses pôles ne coïncide pas avec le plan méridien du lieu. L'angle de ces deux plans est ce qu'on nomme la *déclinaison de l'aiguille aimantée* ou simplement la *déclinaison*. Nous verrons, dans le chapitre consacré au *Magnétisme terrestre*, que la déclinaison n'est pas la même pour tous les lieux de la Terre, qu'en certaines régions elle est nulle, qu'en d'autres régions elle est orientale et dans d'autres enfin occidentale ; de plus, dans le même lieu, elle varie avec les siècles. Aujourd'hui, à Paris, la déclinaison est occidentale, et égale environ à 16°56′, c'est-à-dire que le plan vertical passant par les pôles de l'aiguille aimantée, — plan qu'on nomme *méridien magnétique*, — fait avec le plan méridien géographique un angle de près de 17 degrés. L'un des pôles de l'aiguille est à peu de chose près tourné au N.-N.-O.

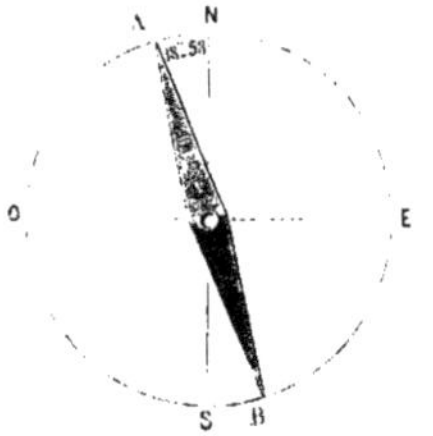

Fig. 19. — Déclinaison magnétique à Paris en octobre 1864 : NS, méridienne de Paris ; AB, trace du méridien magnétique sur l'horizon.

Cette constance dans la direction des aimants librement suspendus dans un plan horizontal peut se constater très simplement à l'aide d'une aiguille à coudre aimantée. En la posant sur un petit flotteur de liège qu'on place sur une eau bien calme, l'aiguille, sans se déplacer horizontalement, tourne sur elle-même et prend la direction que nous venons d'indiquer. Il y a d'ailleurs, rappelons-le, entre les deux pôles de l'aiguille une différence très caractérisée; car si, quand l'aiguille est en équilibre, on la retourne bout pour bout, elle ne conserve pas sa position nouvelle, quand même la direction qu'on lui a donnée est identique avec la première; on la voit alors tourner sur elle-même, décrire une demi-circonférence et reprendre sa position primitive, de sorte que c'est toujours le même pôle qui se tourne du côté du nord.

Si, au lieu de placer l'aiguille aimantée de façon qu'elle puisse tourner librement dans un plan horizontal, on la suspend par son centre de gravité autour d'un axe horizontal, elle pourra tourner ainsi librement dans un plan vertical. Supposons que ce plan soit le méridien magnétique. Alors celui des deux pôles qui se tournait vers le nord s'incline, et plonge au-dessous de l'horizon, faisant avec ce plan un angle qu'on nomme l'*inclinaison magnétique*. En certaines régions de la Terre voisines de l'équateur, l'inclinaison est nulle; elle augmente ordinairement à mesure qu'augmente la latitude, et il y a dans les régions polaires des points où cet angle est droit, l'aiguille aimantée s'y maintenant dans une position verticale. Si l'on passe dans l'hémisphère sud, on reconnaît de même qu'à partir des points où l'inclinaison est nulle, elle va en croissant avec la latitude; mais alors ce n'est plus la même pointe de l'aiguille qui s'abaisse vers le sol : c'est l'extrémité tournée au sud qui s'incline à mesure qu'on se rapproche du pôle austral de la Terre.

Fig. 20. — Inclinaison de l'aiguille aimantée à Paris en octobre 1864 : HZH'N, plan du méridien magnétique; HH', trace de l'horizon sur le méridien magnétique ; ZN, verticale.

On peut disposer une aiguille aimantée de façon qu'elle se place d'elle-même dans le méridien magnétique, et s'incline à l'horizon comme nous venons de le dire. La figure 21 montre quelle est cette disposition; l'aiguille aimantée peut, comme on voit, tourner autour d'un axe horizontal passant par son centre, axe qui s'appuie lui-même sur une fourchette suspendue par un fil sans torsion. Le système commence par osciller jusqu'à ce que l'aiguille soit dans le plan magnétique, et là elle reste inclinée d'une quantité constante, formant avec la verticale un angle égal à l'inclinaison du lieu. Nous aurons bientôt l'occasion de décrire les instruments qui permettent de mesurer avec précision l'inclinaison et la déclinaison de l'aiguille aimantée. C'est à ces instruments qu'on donne le nom de *boussoles*.

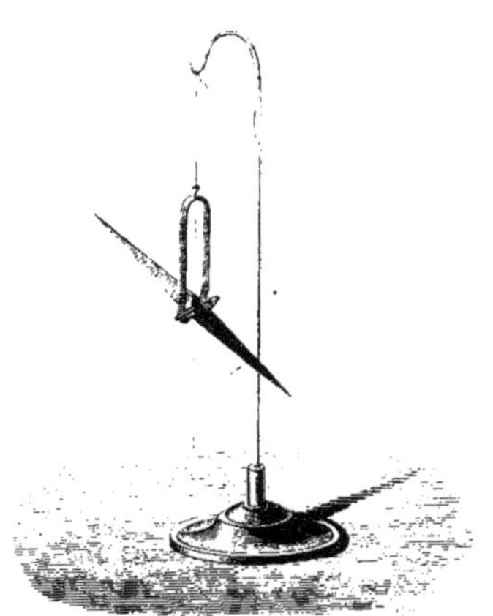

Fig. 21. — Aiguille aimantée donnant à la fois l'inclinaison et la déclinaison.

On voit par ce qui précède qu'un aimant librement suspendu par son centre de gravité, c'est-à-dire soustrait à l'influence de la pesanteur, prend dans l'espace une direction fixe, particulière à chaque lieu, direction qui d'ailleurs, comme nous l'avons dit déjà, peut varier avec le temps.

Quelle est la cause de cette fixité dans la direction de l'aiguille aimantée? On la chercha d'abord hors de la Terre, et Cardan imagina que la force directrice avait son siège dans une étoile de la Grande Ourse; mais à son époque les phénomènes magnétiques n'étaient que très imparfaitement connus. Gilbert formula le premier l'hypothèse, admise encore aujourd'hui, qui assimile le globe terrestre entier à un aimant dont la ligne neutre est aux points où l'inclinaison est nulle, et dont les pôles sont situés dans l'une et dans l'autre des régions polaires de la Terre.

Voici sur quelle série d'expériences est basée cette analogie.

Prenons une aiguille aimantée que nous placerons successivement aux divers points de l'axe ou de la ligne des pôles d'un fort barreau aimanté (fig. 23) : dans toutes ces positions, l'axe de l'aiguille et celui de l'aimant fixe se trouveront dans le même plan, les pôles de noms contraires tournés du même côté. Si l'aiguille était seule, elle se tournerait dans le méridien magnétique. L'action directrice du barreau l'emporte donc dans ce cas sur l'action directrice de la Terre, en raison de la faible distance des pôles de l'aimant fixe comparée à celle de l'aimant terrestre.

Fig. 22. — Direction magnétique par un aimant.

On constate en outre que l'aiguille, si elle est mobile autour d'un axe horizontal, reste parallèle à l'axe du barreau, lorsque son centre est au-dessus de la ligne neutre ; qu'elle s'incline vers celui des pôles dont on l'approche, en abaissant vers ce pôle son pôle de nom contraire et que l'angle d'inclinaison est d'autant plus grand que l'aiguille est plus voisine de l'un ou de l'autre pôle.

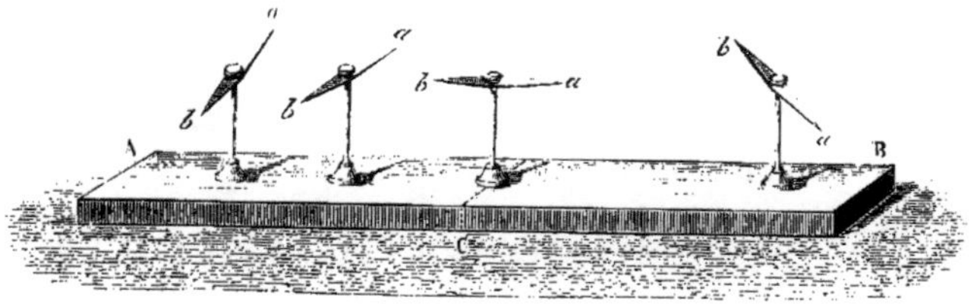

Fig. 23. — Action d'un aimant sur l'aiguille aimantée.

La même expérience peut être faite sous la forme que représente la figure 24. Une petite boussole est placée aux divers points d'une circonférence qui simule un méridien terrestre, et un aimant AB placé sur le diamètre de cette circonférence figure l'aimant terrestre. Or, dans ses positions successives, l'aiguille incline toujours l'une de ses extrémités vers le pôle contraire le plus voisin, et l'inclinaison va en croissant du point milieu, c'est-à-dire de l'équateur E, où elle est nulle, jusqu'aux extrémités boréale et australe P et P′ du méridien, c'est-à-dire en des points voisins des pôles terrestres. Les expériences que nous venons de décrire montrent que l'aiguille aimantée se comporte vis-à-vis du globe terrestre considéré comme un aimant de la même manière que cette aiguille se comporte elle-même en présence d'un aimant assez puissant et assez voisin pour contrebalancer l'action de la Terre.

Voici d'autres faits qui militent encore en faveur de cette analogie. Un aimant agit sur le fer doux en décomposant par influence le fluide neutre qu'il renferme. L'aimant terrestre a une action semblable sur les barres de fer qu'on place verticalement, et cette aimantation temporaire est la plus forte, si

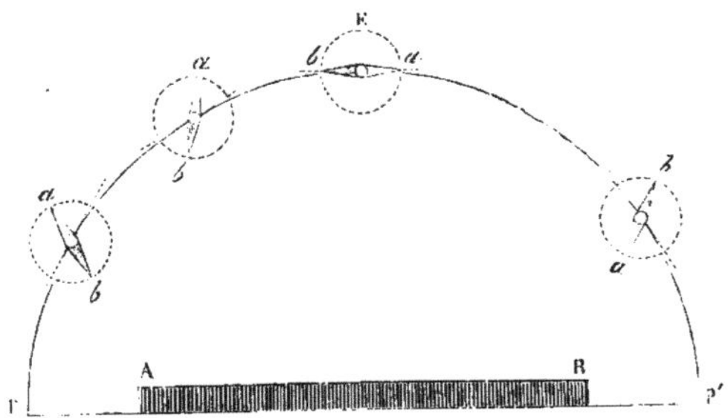

Fig. 24. — Assimilation du globe terrestre à un aimant.

la barre, au lieu d'être verticale, est placée dans le méridien magnétique, parallèlement à l'aiguille d'inclinaison. Nous verrons plus loin comment on peut rendre permanent le magnétisme temporaire que développe cette influence de l'aimant terrestre sur une substance magnétique.

L'action de la Terre sur les aimants est simplement *directrice*; elle ne peut leur imprimer, et ne leur imprime en effet, aucun mouvement de translation. C'est ce qu'il est aisé de constater en plaçant une aiguille aimantée sur un liège qu'on fait flotter. On a déjà vu que l'aiguille se tourne alors dans la direction constante du méridien magnétique du lieu, mais qu'elle n'est entraînée ni dans un sens, ni dans l'autre. Si l'action de la Terre était une force unique, cette expérience prouverait déjà que cette force n'a pas de composante *horizontale*. Elle n'a pas davantage de composante *verticale*, car alors cette composante agirait dans le sens de la gravité et par conséquent altèrerait le poids. Or si l'on pèse avec soin un barreau d'acier, puis qu'on l'aimante, on trouvera, après l'aimantation, que le poids n'a ni augmenté ni diminué. Cette expérience, qui réussit dans quelque direction qu'on place l'aiguille, remonte à Gilbert.

L'action directrice de la Terre ne peut dès lors être assimilée qu'à celle de deux forces opposées, parallèles et égales; c'est ce qu'on nomme un *couple*. L'hypothèse du globe terrestre identifié avec un aimant gigantesque dont les deux pôles seraient situés dans les régions polaires et voisins des pôles astronomiques se trouve ainsi justifiée. Et, en effet, une aiguille aimantée

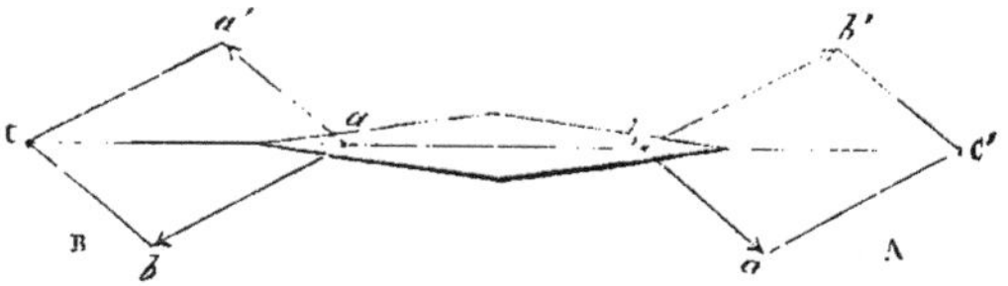

Fig. 25. — Action des pôles magnétiques terrestres sur une aiguille aimantée; couple directeur.

librement suspendue en un point de la surface de la Terre subit les actions opposées des pôles de l'aimant terrestre, en chacun de ses pôles; le pôle sud *b* de l'aiguille est attiré et son pôle nord *a* repoussé par la force magnétique du pôle austral terrestre; et comme les dimensions de l'aiguille sont infiniment petites par rapport à la distance de ce dernier, ces deux forces de sens contraires *ba*, *aa'*, sont égales. De même, le pôle boréal terrestre B attire le pôle nord *a* de l'aiguille et repousse son pôle sud par deux forces *ab* et *bb'* égales et opposées. Les résultantes *a*C et *b*C' de ces deux couples de forces seront donc pareillement égales et opposées. Elles tendent à faire tourner l'aiguille autour de son centre de gravité, jusqu'à ce que son axe vienne coïncider avec leur direction : c'est cette position d'équilibre que représente la figure 25.

Le couple directeur varie en intensité et en direction, suivant la position géographique du lieu où se trouve l'aiguille aimantée, c'est-à-dire selon la position que cette aiguille occupe relativement aux pôles de l'aimant terrestre. Ainsi s'expliquent les variations des angles de déclinaison et d'inclinaison que l'observateur constate à mesure qu'il se déplace à la surface du globe.

§ 3. LOI DES ATTRACTIONS ET DES RÉPULSIONS MAGNÉTIQUES.

Les aimants agissent les uns sur les autres, soit par répulsion quand on met en présence leurs pôles de même nom, soit par attraction quand ce sont leurs pôles de noms contraires. Le sens des mouvements est donc indiqué par cette première loi des répulsions et des attractions magnétiques ; mais cette loi ne dit point comment varient les intensités des forces quand on fait varier la distance qui sépare leurs points d'application, c'est-à-dire les pôles des aimants en présence.

Coulomb a réussi à déterminer expérimentalement la loi de ces variations, loi qui avait été d'abord formulée par Lambert, et qui peut s'énoncer ainsi :

Les attractions ou les répulsions que les pôles de deux aimants exercent l'un sur l'autre sont en raison inverse des carrés des distances qui séparent ces pôles.

Pour vérifier l'exactitude de cette formule, Coulomb a employé un appareil analogue à la balance de torsion qui lui avait servi à mesurer les forces électriques et que nous retrouverons plus loin : c'est la balance magnétique, que représente la figure 26.

Elle se compose d'une cage de verre rectangulaire ou cylindrique, portant sur la surface extérieure une bande divisée, dont les divisions représentent des degrés, et servent à mesurer les angles que décrirait une ligne tracée dans son plan et passant par son centre. Un long barreau aimanté se trouve suspendu par un fil dans le plan de ces divisions, de manière que son centre de gravité coïncide avec celui de la circonférence. Le fil de suspension s'engage extérieurement dans un cylindre de verre qui surmonte la cage, et vient s'enrouler dans un petit treuil horizontal supporté par une plaque mobile. Cette plaque elle-même repose à frottement doux sur un micromètre dont les divisions servent à mesurer l'angle de torsion du fil, quand on le fait tourner sur lui-même au moyen de la plaque mobile.

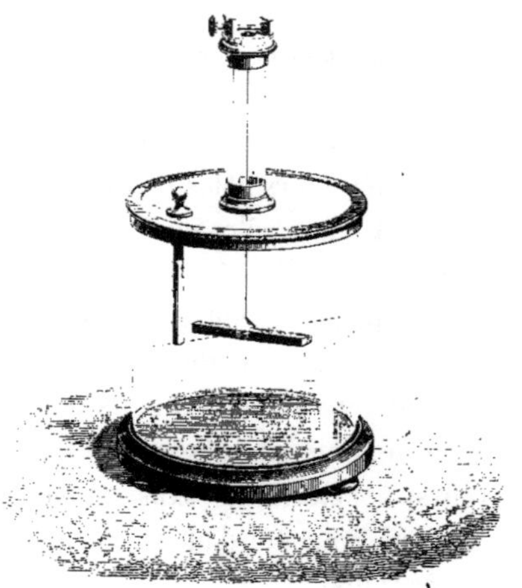

Fig. 26. — Balance magnétique de Coulomb.

Voici comment on se sert de l'appareil de Coulomb pour vérifier la loi des répulsions magnétiques :

On commence par déterminer la position d'équilibre du fil, celle pour laquelle il n'éprouve aucun effet de torsion. On obtient ce résultat en substituant provisoirement au barreau aimanté un barreau non aimanté de même poids, et en constatant la division du cercle à laquelle il s'arrête. On remet alors en place l'aimant qui, sous l'influence de la force directrice de la Terre, se dispose de lui-même dans le méridien magnétique ; cette nouvelle direction fait avec la première un certain angle. Il est clair que si l'on tourne le micromètre de cet angle même, en sens contraire du mouvement qu'a effectué l'aimant, ce dernier reste dans le méridien magnétique, mais le fil a été ramené à sa position d'équilibre, et en ce moment la torsion est nulle.

Cela fait, par un mouvement imprimé au micromètre, on écarte l'aimant de cette position initiale, c'est-à-dire du méridien magnétique; supposons que cet écart soit de 2° et que le micromètre ait tourné de 72° : la différence 70° mesure la force de torsion du fil, laquelle fait équilibre à la force directrice de la Terre. Pour obtenir un écart double, de 4°, il faudrait tourner le micromètre de 144°; la force de torsion serait alors 140°, c'est-à-dire double de la première. En général, Coulomb a trouvé que la force de torsion est proportionnelle à l'angle de torsion[1], et que la force directrice de la Terre se mesure (dans ce cas particulier) par 35° degrés de torsion du fil pour chaque degré de déviation du barreau aimanté. Avec un barreau d'une autre puissance, ce dernier nombre changerait, sans que la proportionnalité cessât d'exister entre la force directrice et l'angle de torsion du fil.

Ces expériences préliminaires réalisées, Coulomb passa à l'étude des influences réciproques des aimants. Le barreau aimanté suspendu étant replacé dans le méridien magnétique, il introduisit, par une ouverture de la face supérieure de la cage, un second barreau aimanté qu'il descendit verticalement de manière à mettre en regard les pôles de mêmes noms des deux aimants. Aussitôt se manifesta la répulsion magnétique : le barreau mobile s'écarta du premier d'un certain angle, soit de 24°. En tournant le micromètre de deux circonférences, Coulomb ramena le barreau à une seconde position, soit à 17° du méridien magnétique; puis, en tournant de nouveau de cinq circonférences, il le ramèna à 12°.

Dans chacune de ces trois positions, la force répulsive des deux aimants faisait équilibre à deux forces : à la force directrice de la Terre, qu'on obtient en multipliant 35° par l'écart du

1. Plus rigoureusement, proportionnelle au sinus de cet angle; mais pour de petites déviations, au-dessous de 20° par exemple, les angles peuvent être pris pour les sinus.

barreau, et à la force de torsion que mesure la rotation micrométrique, augmentée de la déviation du barreau. On a donc, pour mesurer cette force répulsive dans les trois positions de l'expérience :

1re position.	$24 \times 35° + 24°$	ou	864°
2e position.	$17 \times 35° + 17° + 1080°$	ou	1692°
3e position.	$12 \times 35° + 12° + 2880°$	ou	3312°

Ces trois derniers nombres sont, à peu de chose près, en raison inverse des carrés des nombres **12**, **17** et **24**, c'est-à-dire des carrés des distances séparant les pôles des aimants en présence. On mesure de la même manière les forces attractives, en plaçant l'aimant vertical de manière que les pôles de noms contraires soient en présence. Seulement alors on doit tourner le micromètre en sens contraire, de façon à éloigner les pôles à diverses distances. La loi qu'on trouve pour les forces d'attraction est encore la même, de sorte qu'on peut donner aux deux lois qu'on vient de constater, cet énoncé commun :

Les attractions et les répulsions que manifestent l'un pour l'autre les pôles de deux aimants sont en raison inverse des carrés des distances qui séparent ces pôles.

Coulomb a encore vérifié par une autre méthode cette loi générale des attractions et répulsions magnétiques. La méthode dont nous parlons est celle des oscillations. Quand une aiguille aimantée est librement suspendue, si on l'écarte de sa position d'équilibre, c'est-à-dire du plan du méridien magnétique, puis qu'on l'abandonne à elle-même, elle oscille comme un pendule. Supposons que l'on compte le nombre des oscillations effectuées par seconde. Si maintenant on place verticalement, dans le méridien magnétique, un aimant dont l'un des pôles soit voisin du pôle de l'aiguille, et qui soit d'une longueur assez grande pour que l'autre pôle puisse être considéré comme n'agissant pas sur l'aiguille, les oscillations de celle-ci augmenteront en nombre. En comparant les carrés des nombres d'oscillations dans ces deux expériences, on aura le rapport des forces magnétiques qui agissent sur l'aiguille aimantée. On répètera l'expérience en plaçant successivement l'aimant à des distances doubles, triples, etc., et l'on comptera à nouveau les nombres d'oscillations. En éliminant la force magnétique terrestre, il restera le rapport entre les forces magnétiques de l'aimant aux distances expérimentées. Or on trouve encore la même loi du rapport inverse des carrés des distances.

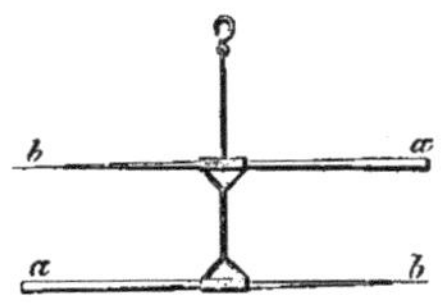

Fig. 27. — Aiguilles astatiques.

On arrive plus simplement au même résultat en se servant d'une aiguille aimantée *astatique*. On nomme ainsi un système de deux aiguilles égales, et possédant la même intensité magnétique, qui sont fixées parallèlement sur une même monture, les pôles semblables tournés en sens contraires. Un tel système est soustrait à l'action directrice de la Terre, qui agit en sens opposés sur les pôles en regard. Dès lors les carrés de ses oscillations en présence d'un aimant mesurent les forces magnétiques de celui-ci, sans qu'on ait besoin d'éliminer l'action de la Terre.

§ 4. DISTRIBUTION DU MAGNÉTISME DANS LES AIMANTS.

Les deux mêmes méthodes qui ont servi à Coulomb pour établir la loi générale des attractions et des répulsions magnétiques, lui ont permis d'étudier la distribution de la force magnétique d'un aimant, c'est-à-dire la variation de cette force d'un bout à l'autre du barreau aimanté. Soit AO l'une des moitiés d'un aimant prismatique, ayant de petites dimensions transversales comparativement à sa longueur, O est son milieu, ou sa ligne neutre, A l'extrémité voisine de l'un des pôles. Coulomb a reconnu que la force magnétique, nulle au milieu, va en croissant, d'abord très lentement, puis augmente ensuite avec d'autant plus de rapidité qu'on approche plus du pôle. En représentant les forces magnétiques par des ordonnées perpendiculaires à l'axe du barreau, on obtient, pour figurer la loi de la distribution, une courbe telle que M*m*M, dont l'ordonnée maximum correspond à l'extrémité du barreau. Pour un aimant entier, la courbe se composera de deux branches égales le plus

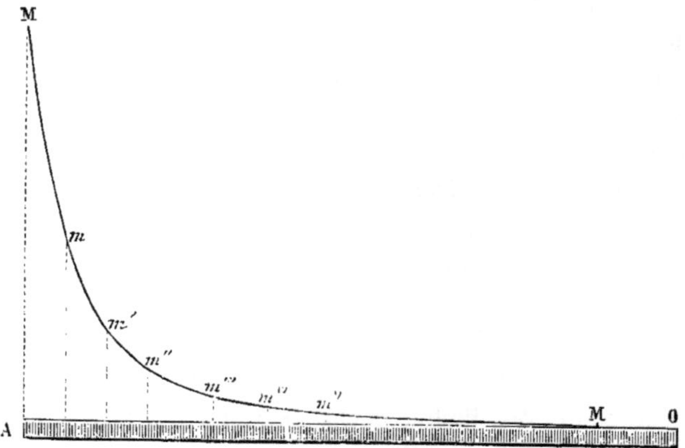

Fig. 28. — Distribution du magnétisme sur un aimant.

souvent, dont l'une devra être portée en sens inverse de l'autre (fig. 29), pour exprimer l'opposition des actions exercées de part et d'autre de la ligne neutre, ou, si l'on veut, la différence spécifique des deux fluides en liberté sur chaque moitié de l'aimant[1].

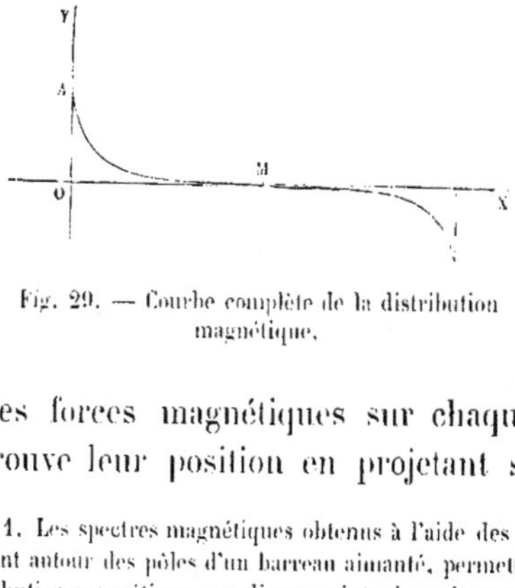

Fig. 29. — Courbe complète de la distribution magnétique.

Les pôles n'étant autre chose que les points d'application des résultantes des forces magnétiques sur chaque moitié du barreau, on trouve leur position en projetant sur l'axe le centre de gra-

1. Les spectres magnétiques obtenus à l'aide des parcelles de limaille de fer qui se groupent autour des pôles d'un barreau aimanté, permettent déjà de se faire une idée de la distribution magnétique aux divers points de ce barreau : la convergence des courbes indique nettement la position des pôles ou des points d'application des résultantes des forces magnétiques ; les longueurs des files aux divers points de la longueur du barreau sont en raison de l'intensité de ces forces. Mais aucune de ces indications n'a la précision qui résulte des mesures directes effectuées par la méthode de Coulomb ou par d'autres méthodes plus récentes.

vité de l'aire de chacune des courbes. Coulomb a trouvé que la courbe de distribution du magnétisme reste la même pour des aimants de longueur différente, pourvu que cette longueur dépasse 20 centimètres; mais l'espace neutre où l'intensité magnétique est sensiblement nulle, et qui forme le milieu du barreau entre les deux courbes, est plus ou moins grand : il l'est d'autant plus que la longueur de l'aimant dépasse elle-même davantage 20 centimètres. Il a constaté que, dans les aimants dépassant 20 centimètres, les pôles sont toujours à la même distance des extrémités, distance qu'il a trouvée de 4 centimètres environ. Pour des aimants plus courts, les courbes se réduisent à des lignes droites inclinées sur l'axe et coupant le milieu et alors les pôles sont situés à peu près au tiers de la moitié de la longueur du barreau.

Dans toutes ces recherches, il s'agit d'aimants cylindriques ou prismatiques aimantés régulièrement; quand les aimants ont des points conséquents ou sont de formes différentes, la distribution ne suit plus la même loi. Les aiguilles aimantées en forme de losange ont leurs pôles d'autant plus rapprochés du centre que le losange est moins allongé.

La distribution du magnétisme dans les aimants a été récemment, de la part d'un physicien français, M. Jamin, l'objet de recherches importantes : nous allons essayer d'en résumer les principaux résultats.

Pour mesurer la puissance d'un aimant, M. Jamin emploie une méthode qui « consiste à placer, sur le point qu'on veut étudier, un petit contact d'épreuve en fer doux et à mesurer la force d'arrachement, en grammes, au moyen d'un ressort gradué, que l'on tend peu à peu. Mais comme cette force dépend de la grosseur et de la forme de ce contact, il est nécessaire d'en fixer les dimensions, si l'on veut rapporter toutes les mesures à une unité définie et qui puisse être aisément reproduite. » M. Jamin prend pour unité la force correspondant à un fil de fer de 1 millimètre carré de section et d'une longueur indéfinie. Dans la pratique, il se sert d'une petite boule de fer doux suspendue au fléau d'une balance, et qui est mise en contact avec la surface de l'aimant. Sur l'autre bras du fléau agit le ressort que l'on tend, en l'enroulant autour d'un treuil qui porte un cercle gradué, jusqu'à ce qu'il y ait arrachement. On peut mesurer ainsi en chaque point de la surface de l'aimant la force nécessaire pour l'arrachement de la boule de fer doux. C'est ce procédé qui est connu sous le nom de méthode du *clou d'épreuve*. Il permet de construire les courbes de distribution du magnétisme sur un aimant[1]. En formant des faisceaux d'un nombre croissant de lames[2], M. Jamin a constaté qu'à mesure que le nombre des lames augmente, les courbes s'élèvent; mais leurs deux parties se rapprochent l'une de l'autre et du milieu de l'aimant. A un certain moment, elles se rejoignent au milieu. « A partir de ce moment, dit-il, le faisceau est arrivé à son maximum, un plus grand nombre de lames ne change rien à son intensité en chaque point; et si on le démonte pour étudier séparément chacune des assises qui le composaient, on trouve qu'elles ont perdu une partie d'autant plus grande de leur aimantation première qu'on en avait placé davantage. En résumé, toute addition au nombre limité des lames est en pure perte et ne fait que dépenser inutilement de l'acier. » M. Jamin donne le nom d'*aimant normal* au faisceau ainsi formé. Il possède cette remarquable propriété que la courbe des intensités magnétiques se réduit à une droite, et que ses pôles se trouvent au tiers de la demi-longueur. C'est le cas reconnu par Coulomb où les aimants, de 2 lignes (4^{mm},5) de diamètre, n'ont que 5 à 6 pouces (135 à 162 millimètres) de longueur.

Le nombre des lames de l'aimant normal va en croissant avec leur longueur : il est de 3 ou 4 lames pour 100 millimètres; de 6 à 8 pour 200; de 9 à 14 pour 300. Il est difficile de préciser

1. La force d'arrachement étant proportionnelle au carré de l'intensité magnétique, on passe aisément de l'une à l'autre.

2. Coulomb et Nobili avaient déjà étudié l'état magnétique des faisceaux formés de lames superposées, et reconnu qu'elles réagissent les unes sur les autres, de sorte que leur force magnétique est loin de croître avec le nombre des lames.

davantage, parce que la force, qui croît rapidement d'abord avec le nombre des lames, n'atteint ensuite que très lentement le maximum.

Comment se distribue la force magnétique à l'intérieur d'un aimant, d'un barreau prismatique par exemple? D'après des expériences de Coulomb, on était porté à penser que l'intensité de cette force va en diminuant de l'extérieur à l'intérieur. M. Jamin a prouvé, en effet, que l'aimantation pénètre dans l'acier à une profondeur finie; il a trouvé de plus la limite de cette profondeur et la loi du décroissement de l'intensité depuis la surface jusqu'à cette limite. Il regarde un barreau aimanté comme composé de filets, ou chaînes élémentaires, formés de petits aimants qui se succèdent et se joignent par leurs pôles contraires. Ces filets sont dès lors inactifs dans toute leur longueur, excepté à chaque extrémité, où se trouve un seul pôle libre. Dans les barreaux prismatiques, ils s'étendent parallèlement à l'axe jusqu'aux extrémités où ils s'épanouissent en divergeant. Des expériences faites sur des séries de lames d'acier d'épaisseurs croissantes lui ont montré que les filets élémentaires pénètrent à une profondeur de 3 à 4 millimètres : il en conclut que, dans une barre épaisse d'acier, il n'y a pas d'aimantation au centre; les filets élémentaires ne commencent à apparaître qu'à une distance de 3 ou 4 millimètres de sa surface, mais ils se multiplient et se resserrent de plus en plus contre sa surface libre.

Il résulte de là que, après une aimantation déterminée, les filets magnétiques dont l'ensemble constitue l'aimant, sont en nombre proportionnel à la profondeur où l'aimantation a pénétré et au périmètre de la section moyenne. « Si le périmètre augmente ou diminue, dit M. Jamin, ce nombre croît ou décroît proportionnellement; par conséquent la quantité de magnétisme de l'aimant est exclusivement réglée par la section moyenne et ne dépend aucunement de la forme et de l'étendue en longueur des aciers. A une condition pourtant : c'est que ces filets trouvent vers les extrémités des surfaces polaires suffisantes pour s'y épanouir. Si l'acier est très long, les pôles élémentaires sont confinés aux extrémités, et les deux courbes d'intensité magnétique sont très éloignées l'une de l'autre. Si la longueur décroît, ces courbes se rapprochent sans s'altérer et sans que la quantité de magnétisme change. L'acier diminuant toujours, elles finissent par se rencontrer. A partir de ce moment, elles se pénètrent, se transforment en deux droites opposées, et leur aire qui exprime la quantité de magnétisme diminue. J'explique ces faits en disant que, dans le premier cas, les filets magnétiques ont plus de place qu'il ne leur en faut pour s'épanouir. Quand les courbes se touchent, ils ont justement la place qui leur est nécessaire, et réciproquement le nombre des pôles élémentaires des filets que peuvent recevoir les surfaces polaires est justement égal à celui qui peut être contenu dans la ceinture moyenne. Dans ce cas, l'aimant est parfait : il est plein. Dans le précédent, la surface était imparfaitement remplie. Vient-on maintenant à diminuer encore la longueur, les filets les plus courts disparaissent, parce que leurs deux pôles se réunissent et la quantité de magnétisme décroît par insuffisance de place, pour la distribution des pôles élémentaires. Dans le premier cas, la ceinture moyenne était trop petite, dans le dernier elle est trop grande ; et le cas intermédiaire offre précisément la surface polaire qui convient à la surface d'épanouissement.

« Généralement le barreau n'est aimanté que superficiellement ; s'il était aimanté également dans toute sa masse jusqu'à son axe, le nombre des filets magnétiques serait proportionnel à la surface de la section moyenne. On en approche en divisant l'acier en lames minces qu'on aimante séparément et qu'on superpose ; le nombre des filets augmente alors proportionnellement au nombre des lames ; et comme les surfaces ne changent que par l'augmentation d'épaisseur, elles se trouvent bientôt remplies de magnétisme ; les courbes d'intensité se rejoignent au milieu, et l'aimant est plein dans toutes ses dimensions, puisque d'une part la section moyenne est aimantée à cœur, et que, de l'autre, les courbes d'intensité remplissent les surfaces extérieures. On voit ainsi pourquoi les faisceaux magnétiques sont supérieurs aux aimants formés avec une seule pièce qui aurait une épaisseur égale à la somme des épaisseurs des lames. »

Ces vues sont basées sur de très nombreuses expériences, et si nous les rapportons ici avec quelque détail, ce n'est pas seulement parce qu'elles sont intéressantes pour la théorie du magnétisme, mais aussi parce qu'elles ont conduit leur auteur à donner des règles nouvelles pour la construction de leurs *contacts* et *armatures*. Nous y reviendrons dans le chapitre suivant. Auparavant, terminons ce paragraphe par une citation empruntée encore à M. Jamin et où ce savant s'explique sur la force coercitive.

Pour lui, la définition habituelle de la force coercitive est vague et ne repose sur aucune expérience définie. Imaginée pour exprimer, au point de vue magnétique, la différence entre le fer et l'acier, la difficulté qu'offre le métal à l'aimantation et la résistance qu'il oppose aux causes de désaimantation, cette force est censée expliquer des propriétés qu'on peut, selon M. Jamin, « résumer d'une manière à la fois plus simple et plus claire, en disant que le fer doux est bon conducteur des tensions magnétiques et que l'acier l'est d'autant moins qu'il est plus dur... Je propose donc, dit-il, de renoncer au mot de force coercitive et de le remplacer par celui de conductibilité, qui, grande ou faible, constitue la propriété essentielle du fer et de l'acier et explique tous leurs effets. C'est parce qu'il est conducteur que le fer prend et perd le magnétisme aussitôt qu'une cause extérieure intervient ou cesse; c'est pour la même raison qu'il transporte à travers un contact les tensions opposées de deux pôles et qu'il ramène l'aimant à la neutralité; c'est encore pour cela qu'il sert, au moyen d'armatures soigneusement appliquées, à réunir et à transporter, sur des masses polaires voisines, le magnétisme épars sur les surfaces des aimants naturels. C'est au contraire à cause de son peu de conductibilité que l'acier retient séparées les tensions contraires aux extrémités d'un barreau et d'autant plus puissantes qu'il est plus long. On explique de même la nécessité des frictions dans l'aimantation afin d'agir sur chaque point et de suppléer à la conductibilité qui manque, l'impossibilité de faire des contacts avec l'acier, et enfin la différence de tension qui se maintient entre ce métal et un aimant qu'il touche. »

La théorie des deux fluides, dont ce chapitre vient de donner l'exposé élémentaire, a été conçue avant la découverte des faits qui ont définitivement rattaché les phénomènes du Magnétisme à ceux de l'Électricité. Elle suffit à rendre compte des principales propriétés des aimants, de leurs attractions et répulsions mutuelles, de leur action sur les substances simplement magnétiques, telles que le fer doux; elles expliquent pareillement ce qui se passe, quand on met en pratique les procédés d'aimantation artificielle dont la description va faire l'objet du chapitre suivant; en un mot, elle suffit à coordonner tous les faits décrits, en montrant qu'ils peuvent découler tous du même principe.

Mais il est bon d'insister sur un point, à savoir que la théorie des deux fluides, des éléments magnétiques, de la force coercitive, n'est en réalité qu'une hypothèse provisoire, qui aura besoin d'être modifiée et complétée pour expliquer les effets réciproques des courants électriques et des aimants. Lorsque, dans les chapitres consacrés à l'Électromagnétisme, nous aurons décrit ces effets, il sera temps de dire quelles hypothèses nouvelles ils ont suggérées.

CHAPITRE III

PROCÉDÉS D'AIMANTATION

§ 1. AIMANTATION PAR LES AIMANTS NATURELS OU ARTIFICIELS.

Les substances magnétiques mises en présence ou au contact des aimants acquièrent, par influence, les propriétés du magnétisme polaire. Nous avons décrit les expériences qui le prouvent. Par quels procédés parvient-on à rendre permanentes ces propriétés, qui ne subsistent ordinairement que pendant la durée du contact ou de la présence de l'aimant? C'est ce qu'il nous reste à dire.

Dans la théorie des deux fluides, on admet que la séparation des fluides exige l'action d'une force spéciale, la *force coercitive*, qui d'ailleurs s'oppose aussi bien à leur réunion quand ils sont une fois séparés, qu'à leur séparation quand ils sont à l'état neutre. Mais comment naît ou se développe la force coercitive? Parmi les substances magnétiques, c'est l'acier fortement trempé qui en est doué au degré le plus élevé; l'acier recuit perd sa force coercitive[1]. Le fer doux n'en a point ou n'en

1. Si l'on admet les vues de M. Jamin, exposées à la fin du chapitre qui précède, on doit remplacer partout l'expression de *force coercitive* par celle de *conductibilité magnétique*. Le fer doux, par exemple, qui n'a pas de force coercitive, est au contraire doué d'une grande conductibilité; l'acier trempé, qui a la force coercitive la plus énergique, est peu ou point conducteur du fluide magnétique. Quel que soit le langage qu'on adopte, il faut bien se garder de voir dans l'une ou l'autre de ces expressions autre chose qu'une manière de se représenter les faits. Tout l'avantage de la substitution proposée par M. Jamin vient de ce que les phénomènes magnétiques se trouvent ainsi rapprochés des phénomènes électriques, avec lesquels, ainsi qu'on le verra plus loin d'ailleurs, ils ont la plus grande analogie.

possède qu'une très faible; mais si l'on change sa structure par une action mécanique, comme la percussion, la torsion, l'écrouissage, la force coercitive s'y développe, et il peut acquérir un magnétisme polaire sensible. Il est donc probable que l'existence de cette propriété dépend plutôt de la structure du corps, de sa disposition moléculaire que de sa composition chimique.

Il résulte de là que, pour obtenir des aimants artificiels, on doit employer de préférence l'acier fortement trempé. En soumettant une barre de ce métal à l'influence d'un aimant, le magnétisme qui s'y développera persistera indéfiniment; mais aussi, précisément à cause de l'intensité de la force coercitive inhérente à l'acier, l'aimantation exigera des procédés spéciaux que nous allons maintenant décrire.

Mettons le barreau d'acier qu'il s'agit d'aimanter en contact, par une de ses extrémités, avec le pôle d'un aimant puissant. Aussitôt le magnétisme se développe : un pôle naît à chacune des deux extrémités du barreau; le premier, au contact de l'aimant, est de sens contraire à celui qu'il touche, l'autre est de même sens. Cette méthode, qu'on peut nommer du *simple contact* (fig. 50), est basée, comme on le voit, sur la décomposition du fluide neutre par l'influence de l'aimant.

Fig. 50. — Aimantation par le simple contact.

La méthode dite de la *simple touche* consiste à mettre le pôle de l'aimant A en contact avec l'une des extrémités *a* du barreau d'acier (fig. 51), puis à le faire glisser d'un bout à l'autre de celui-ci. On répète cette opération plusieurs fois, mais toujours avec le même pôle et dans le même sens. L'extrémité par laquelle on commence le mouvement de friction acquiert un pôle *a* de même nom que le pôle A de l'aimant qui est en contact avec le barreau d'acier.

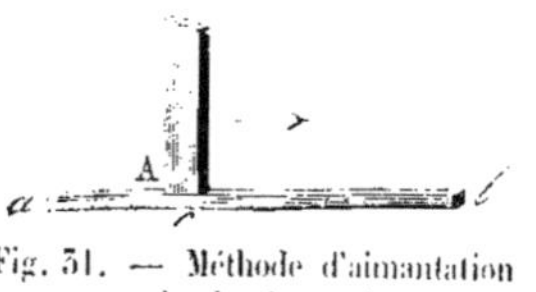

Fig. 51. — Méthode d'aimantation par la simple touche.

Que se passe-t-il dans cette opération, et comment peut-on rendre compte du résultat obtenu ?

En un point donné du parcours, le pôle A décompose par influence, mais en sens inverse, le fluide neutre du barreau : en face du point de contact se trouve un point conséquent chargé du fluide opposé à celui de A ; et de part et d'autre les éléments magnétiques se trouvent polarisés en sens inverse. Mais aussitôt que l'aimant est arrivé au bout de sa course, la distribution est partout la même : le barreau est aimanté de manière à avoir à gauche un pôle *a* de même nom que A. Une seconde, puis une troisième friction répètent le même effet en l'augmentant. L'aimantation devient de plus en plus forte jusqu'à saturation.

On dit qu'un barreau est *aimanté à saturation*, lorsque la quantité de fluide décomposé arrive à la limite que comporte la force coercitive du barreau. Il peut arriver qu'on dépasse cette limite dans l'opération ; mais alors peu à peu l'excès de puissance magnétique ainsi obtenu se perd.

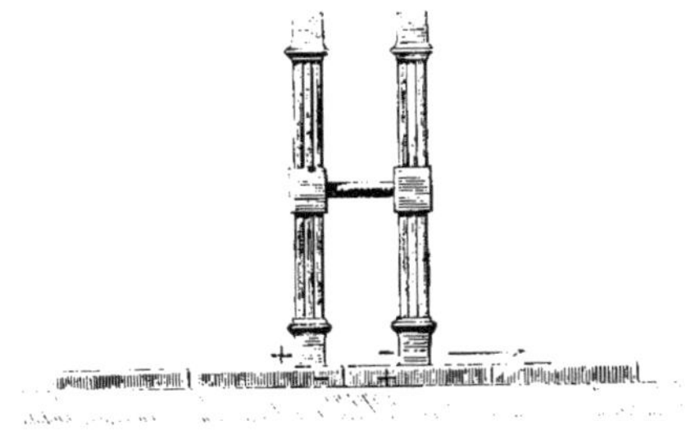

Fig. 32. — Aimantation par la double touche. Procédé Mitchell.

La méthode de la simple touche est bonne pour aimanter des aiguilles courtes et un peu épaisses ; mais elle est souvent irrégulière et donne des points conséquents. C'était la seule connue vers le milieu du siècle dernier. Divers physiciens, Knight, Mitchell, Duhamel, Æpinus lui substituèrent la méthode de la *double touche*, qui consiste à employer simultanément deux aimants pour obtenir l'aimantation du barreau d'acier.

Le procédé de Mitchell consistait à assembler les deux aimants par leurs pôles contraires tout en séparant ceux-ci par une cale non magnétique, puis à les promener sur le barreau à aimanter (fig. 32). En mettant plusieurs barreaux d'acier à la suite les uns des autres, ce sont les barreaux intermédiaires qui restent le plus fortement aimantés.

Dans le procédé de Duhamel, qu'on nomme aussi méthode de la *double touche séparée*, le barreau à aimanter MN est posé par ses deux extrémités sur les pôles contraires de deux aimants puissants, A', B'[1]. On prend alors deux autres aimants A, B, qu'on incline de 25 à 30 degrés sur le milieu du barreau, en mettant en regard leurs deux pôles contraires, et en ayant soin que chacun de ces pôles soit du côté du pôle de même nom appartenant aux aimants fixes A', B'. Si l'on fait alors glisser dans un sens opposé, et à plusieurs reprises, les aimants mobiles, sans changer leur inclinaison, on développe le magnétisme polaire dans le barreau d'acier, qui acquiert deux pôles M, N,

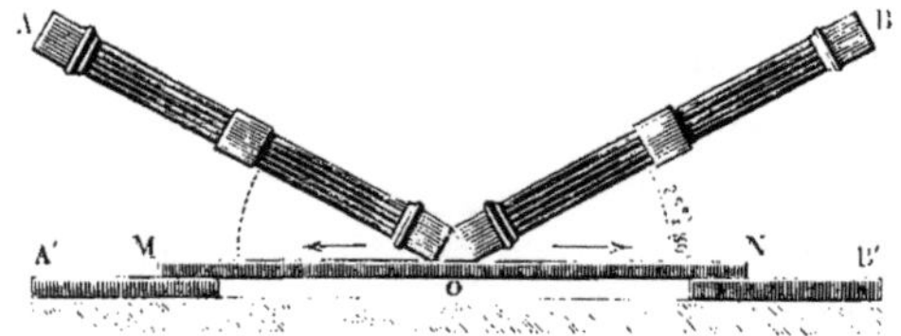

Fig. 35. — Aimantation par la méthode de la double touche séparée. Procédé de Duhamel.

de noms contraires aux pôles B, B', A, A' des aimants employés. Le procédé de Duhamel donne l'aimantation la plus complète et la plus régulière : aussi est-il employé de préférence pour aimanter les aiguilles de boussole et les lames dont l'épaisseur est inférieure à 5 millimètres.

La méthode d'Æpinus diffère de celle de Duhamel, en ce que les aimants mobiles sont fixés entre eux, comme ceux de Mitchell, mais maintenus inclinés sur la surface du barreau qu'on aimante. L'expérience a montré que le maximum d'effet s'obtient lorsque l'angle d'inclinaison des aimants est compris entre 15° et 20°. Le procédé d'Æpinus est le plus énergique de ceux que nous venons de décrire, mais il a l'inconvénient de

1. Au lieu de deux aimants, Duhamel mettait d'abord sous le barreau à aimanter deux barres de fer doux.

donner une aimantation irrégulière, et il arrive fréquemment qu'outre les pôles principaux, l'aimant obtenu a des pôles secondaires ou des points conséquents.

Tels étaient les procédés connus pour obtenir des aimants artificiels permanents, avant que les phénomènes du magnétisme eussent été rattachés à ceux de l'électricité dynamique.

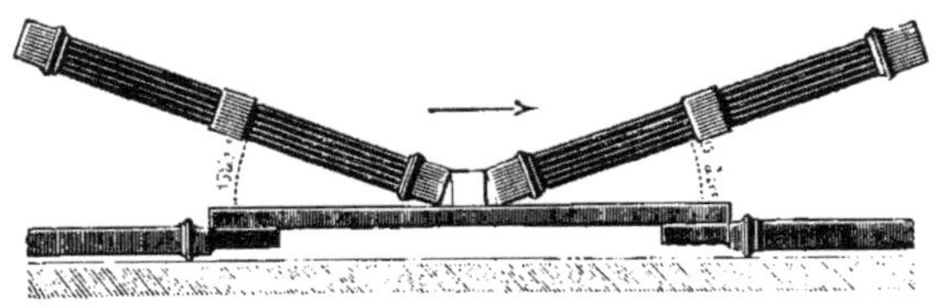

Fig. 34. — Aimantation par le procédé d'Æpinus.

Aujourd'hui on emploie presque toujours les courants électriques qui circulent dans des bobines en fil de cuivre pour produire l'aimantation permanente d'un barreau : le procédé d'Elias (de Harlem) est le plus employé. Nous le décrirons plus tard, quand nous aurons exposé les faits d'électromagnétisme sur lesquels il repose.

§ 2. CONSTRUCTION DES AIMANTS. — FAISCEAUX MAGNÉTIQUES. — ARMATURES.

La puissance des aimants n'est pas en proportion de leur grosseur ou de leur poids ; les plus petits ont la plus grande force relative. Mais si l'on réunit plusieurs barreaux aimantés, en mettant en regard les pôles de même nom, on obtient un aimant dont la force est supérieure ou tout au moins égale à la somme des énergies individuelles des aimants composants. Cet assemblage se nomme un *faisceau magnétique ;* c'est Knight qui en a eu le premier l'idée ; Coulomb, Scoresby ont étudié les conditions de la construction de ces faisceaux, conditions que M. Jamin, comme nous le verrons bientôt, a heureusement complétées, grâce à ses recherches sur la distribution magnétique.

Coulomb a fait voir que les lames dont se compose un faisceau magnétique réagissent les unes sur les autres; il en résulte une altération de l'état magnétique des lames intérieures, et l'énergie totale n'est pas proportionnelle à leur nombre; mais Nobili a trouvé le moyen d'atténuer cet inconvénient en donnant aux barreaux des longueurs différentes, de sorte que leurs extrémités sont disposées en gradins, ou en retraite les unes sur les autres. Enfin Scoresby a reconnu qu'il est avantageux de séparer les lames les unes des autres. La figure 55 montre comment on dispose les lames d'un faisceau magnétique construit d'après les données expérimentales que nous venons d'indiquer sommairement. Il existe à la Société royale de Londres un aimant construit par Knight, qui porte 50 kilogrammes; il se compose de 450 lames de 40 centimètres de longueur. A l'origine, ce faisceau était beaucoup plus puissant, mais il paraît qu'il a été altéré par la chaleur à laquelle il s'est trouvé accidentellement porté dans un incendie.

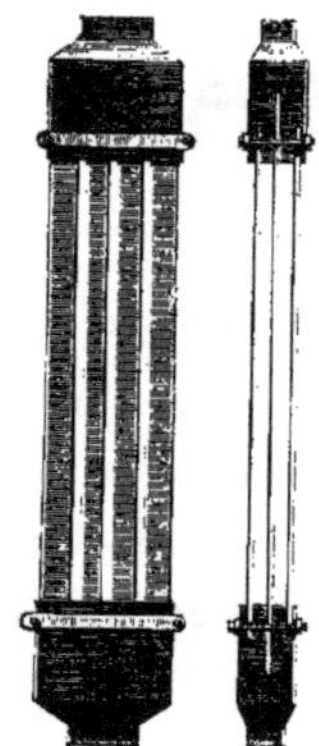

Fig. 55. — Faisceau magnétique formé de 12 barreaux aimantés.

On remarque, en examinant la figure 55, que les lames du faisceau ont leurs extrémités engagées dans deux masses de fer doux. Ce sont les *armatures* de l'aimant. Le rôle de ces masses est très important. L'action des pôles sur chaque armature est d'y développer par influence un magnétisme contraire, tout en formant à chaque extrémité un pôle de même nom. Par un effet de réaction, le magnétisme du fer doux tend à exciter dans l'aimant une nouvelle décomposition de fluide neutre. L'expérience prouve que les armatures donnent en réalité à l'aimant un magnétisme plus intense, et qui va en croissant jusqu'à une certaine limite.

S'appuyant sur cette propriété des armatures, Knight l'utilisait pour conserver à ses aimants leur force magnétique. Il les disposait par paires dans une boîte, en les plaçant à une certaine distance l'un de l'autre; les pôles contraires, en regard, s'appuyaient de chaque côté sur un morceau prismatique de fer doux, qui acquérait par influence deux pôles opposés, dont l'action était suffisante pour empêcher la recomposition des deux fluides dans les aimants.

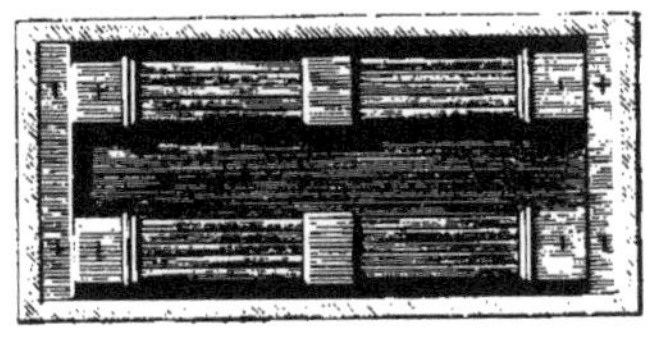

Fig. 36. — Aimants de Knight avec leurs armatures.

On emploie souvent des faisceaux magnétiques courbés de manière que leurs pôles opposés puissent être réunis par une même armature. Ce sont les *aimants en fer à cheval* (fig. 37). On peut aussi réunir deux faisceaux prismatiques en les plaçant parallèlement, de façon que les pôles de noms contraires A, B (fig. 38) touchent un contact de fer doux que maintiennent latéralement deux tiges de cuivre. Une autre pièce de fer doux munie d'un crochet et qui sert d'armature et de portant, réunit les deux autres pôles, comme dans les aimants en fer à cheval.

Fig. 37. — Aimant en fer à cheval avec son armature et sa charge.

L'armature, dans ces aimants, sert à mesurer la force portative des deux pôles réunis. On accroche au-dessous un poids, un plateau de balance, et on peut ainsi vérifier ce que nous avons dit plus haut de l'influence des armatures qui augmentent insensiblement la force de l'aimant dont elles unissent les pôles. Tous les jours, on peut ajouter un nouveau poids à celui que l'aimant portait la veille. Seulement, dès qu'on vient à dépasser la limite, l'armature se détachant, l'aimant reprend sa force magnétique primitive, s'il était saturé; dans le cas contraire il conserve seulement une partie du magnétisme qu'il avait acquis.

Jadis on employait fréquemment des aimants naturels, et alors on disposait leurs armatures et leurs contacts comme le montre la figure 39. *m*, *m'* sont des plaques de fer doux appliquées

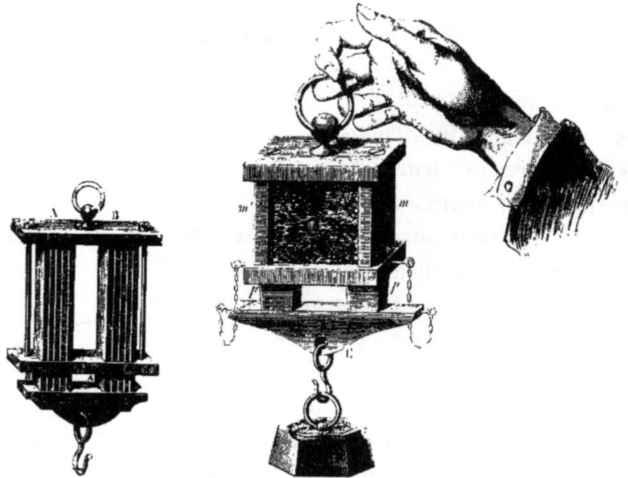

Fig. 38. — Aimant formé de deux faisceaux magnétiques.

Fig. 39. — Aimant naturel muni de ses armatures.

contre les pôles et que terminent des masses plus épaisses *p*, *p'*, qu'on nomme les pieds et où en réalité siègent les pôles. L'armature C s'appuie contre ceux-ci ; elle est terminée par un crochet et sert de portant. D'autres plaques en cuivre réunissent et maintiennent les plaques de fer doux *m*, *m'* autour de la masse d'oxyde magnétique.

§ 3. AIMANTS JAMIN. — FORCE PORTATIVE DES AIMANTS.

Nous avons donné, dans le précédent chapitre, un aperçu sommaire des recherches de M. Jamin sur la distribution du magnétisme dans les aimants, et nous avons dit qu'elles avaient conduit ce savant à de nouvelles règles pour leur construction. Entrons sur ce point dans quelques détails, et indiquons les principaux résultats acquis.

Ayant reconnu que la force d'une lame augmente avec son épaisseur, ainsi que nous l'avons dit déjà, mais moins rapidement que cette épaisseur, M. Jamin a choisi pour former ses faisceaux des lames minces, des rubans d'acier. En superposant ces lames en nombre suffisant, on arrive à construire des aimants normaux et à atteindre la limite de puissance tout en diminuant considérablement le poids total. C'est ainsi que M. Jamin est parvenu à obtenir des aimants portant vingt fois leur poids.

Fig. 40. — Aimant Jamin en fer à cheval.

Le rôle et l'influence des armatures et des contacts ont été étudiés avec soin. Supposons qu'on aimante séparément à saturation un certain nombre de lames, puis qu'on forme un faisceau par leur superposition. On trouvera que le magnétisme du faisceau va en croissant jusqu'à une limite qui est celle de l'aimant normal. Admettons qu'il faille pour cela dix lames. Maintenant, qu'on recommence la même expérience en appliquant les mêmes lames contre deux armatures en fer de grande surface; les intensités croîtront plus lentement; mais, pour arriver à la limite, on devra superposer un nombre plus grand de lames, vingt, trente, quarante, selon la grandeur des armatures. Ainsi la force totale augmente avec les armatures. M. Jamin cite le fait d'un faisceau composé de trois lames, et dont la force portative limite était de 4 kilogrammes environ, lorsqu'il n'avait point d'armatures. Les mêmes lames appliquées à deux armatures de 350 centimètres carrés atteignaient une force portative de 140 kilogrammes. Mais il est essentiel que, au lieu d'aimanter l'acier seul et de l'armer ensuite, on ne procède à l'aimantation qu'après avoir réuni l'ensemble de l'aimant et de ses armatures.

Voici les conditions qui doivent, selon M. Jamin, présider à la construction de l'aimant le meilleur qui puisse être fait avec des lames d'un acier et d'une longueur donnés :

« 1° Le contact devra dissimuler la totalité du magnétisme répandu sur la surface extérieure de l'aimant : pour cela il faudra lui donner une masse suffisante ;

« 2° Cette masse étant donnée, il faudra réduire la surface d'adhérence jusqu'au moment où l'on verra augmenter le peu de magnétisme libre que l'application du contact laisse sur l'aimant ;

« 3° Quand la longueur et la largeur des lames sont déterminées, il faut que leur nombre soit suffisant pour faire apparaître un peu de magnétisme libre sur l'aimant lorsque le contact est placé : si ce nombre est moindre, la limite de force permanente n'est pas atteinte; si on le dépasse, on ne gagne plus rien ;

« 4° Les armatures doivent être fortes, bien appliquées, très rapprochées; toutefois il ne faut pas exagérer leur poids. »

Un aimant présenté par M. Jamin à l'Académie des sciences, et construit d'après ces conditions, est ainsi décrit par son constructeur : « Deux armatures pesant chacune 16 kilogrammes, placées vis-à-vis l'une de l'autre, sont fixées solidairement par des brides de cuivre très résistantes; leur largeur est de 11 centimètres, leurs surfaces polaires horizontales et dirigées vers le bas sont à 12 centimètres de distance, leur épaisseur transverse est de 20 millimètres; elles sont bien dressées et reçoivent un contact cubique de fer doux qui pèse 15 kilogrammes. A partir de ces surfaces les armatures s'élèvent, en s'écartant l'une de l'autre et en s'amincissant, et se terminent par un bord tranchant.

« Elles sont réunies vers le haut par une lame d'acier de 1m,20 fixée par des vis sur leur surface extérieure, et qui se recourbe librement suivant la forme déterminée par son élasticité. Toutes les autres lames préalablement aimantées sont mises à l'intérieur de celle-ci, l'une après l'autre; abandonnées à elles-mêmes, elles se collent l'une à l'autre pendant que leurs extrémités appuient sur les armatures; à mesure que leur nombre augmente, la force portative croît comme il suit :

n Nombre des lames.	F Force portative après le premier arrachement.	F_1 Force portative permanente.	$F - F_1$ Différence.
	kilogr.	kilogr.	
20	175	154	21
30	316	280	46
40	460	376	84
45	558	460	98
50	600	475	125
55	680	498	185

« La force portative F que l'on mesure après le premier arrachement, est toujours plus grande que F_1 qui est la force permanente; la différence va croissant, d'abord peu rapidement jusqu'à 40 ou 45 lames. A ce moment on voit apparaître une notable quantité de magnétisme libre sur les extrémités de l'aimant et du contact. De 40 à 55, la force F va en augmentant comme nous l'avons expliqué, mais F_1 demeure à peu près constant et atteint environ la limite de 500 kilogrammes, limite que l'on ne peut dépasser dans les conditions d'armatures, de contact et d'acier que l'on s'est données; en s'arrêtant à 45 lames, le poids total est de 46 kilogrammes, et l'on voit que l'aimant porte 460 kilogrammes ou 16 fois son poids; mais la qualité relative de l'appareil diminue rapide-

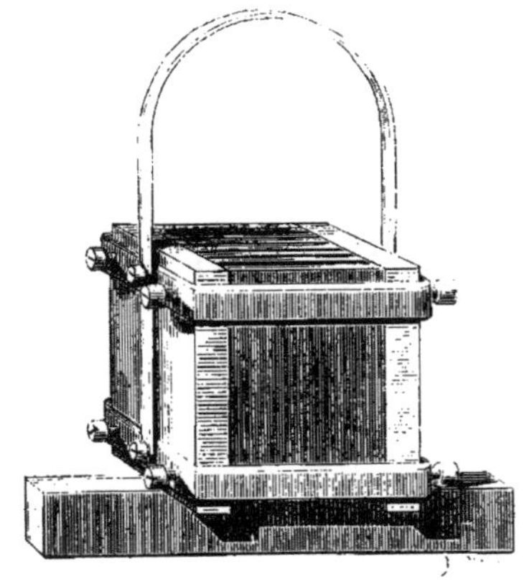

Fig. 41. — Autre forme de l'aimant Jamin.

ment quand on augmente le nombre des lames au delà, puisque son poids augmente plus rapidement que sa puissance. »

L'expérience et la théorie s'accordent à montrer qu'il faut donner aux contacts d'un aimant un grand périmètre et une petite longueur; la surface d'adhérence ne doit pas dépasser une certaine limite.

Enfin la qualité des aciers a aussi une grande importance au point de vue de leur puissance magnétique, ou de la limite de l'aimantation normale qui, nous l'avons vu, dépend aussi de la longueur des lames. L'expérience montre que les aciers recuits et courts prennent seulement une aimantation superficielle, tandis que les aciers trempés et longs s'aimantent à peu près uniformément dans toute leur épaisseur. On peut aussi distinguer les aciers trempés très carburés, qui sont difficiles à aimanter, mais sont très perméables à l'aimantation, des aciers recuits et peu carburés, qui s'aimantent beaucoup à la surface et sont très peu perméables dans le sens de la profondeur.

En terminant ce résumé fort incomplet des recherches de M. Jamin, nous donnons ici, dans les figures 40 et 41, deux spécimens des aimants que ce savant a construits selon les indications de la théorie et de l'expérience. Le premier a la forme du fer à cheval ordinaire. Les lames d'acier dont le faisceau est formé sont fortement recourbées et les pôles rapprochés; les armatures en fer doux séparées par une pièce en laiton sont fortement vissées entre elles et avec les lames.

Dans la seconde figure, on voit une série de lames rectangulaires s'appuyant par leurs pôles sur deux armatures épaisses de fer doux; le tout est maintenu fortement par des brides en laiton. Le contact est ici une barre prismatique en fer doux. Cet aimant peut porter deux ou trois fois son poids.

§ 4. AIMANTATION PAR LA TERRE.

Les méthodes d'aimantation qu'on vient de décrire sont toutes basées sur l'action d'un aimant ou barreau aimanté plus ou moins énergique sur des lames de substances magnétiques douées de force coercitive : plus celle-ci est grande, plus l'action de l'aimant doit l'être elle-même, plus elle doit être répétée ou prolongée pour produire dans le corps à aimanter un magnétisme polaire à la fois intense et durable.

On sait que la Terre est un aimant ou, ce qui revient au même, agit comme un aimant. On doit donc pouvoir s'en servir pour aimanter artificiellement des substances magnétiques. Comme ses pôles sont très éloignés et que leur influence est dès lors très faible, cette aimantation ne peut se produire que sur des substances douées d'une faible force coercitive. Ces prévisions se vérifient en effet, et l'expérience prouve que l'action de la Terre peut suffire à communiquer le magnétisme polaire à des masses de fer doux ou même à des barreaux d'acier non trempé.

Si l'on place une barre de fer dans la direction de l'aiguille d'inclinaison, ou même simplement dans le plan du méridien magnétique (si elle est verticale, la seconde condition sera nécessairement remplie), alors on pourra constater qu'elle acquiert ainsi un pôle austral à la partie inférieure et un pôle boréal à la partie supérieure. On vérifie le fait en approchant une aiguille aimantée de l'une, puis de l'autre extrémité de la barre ; le pôle austral de l'aiguille sera attiré par l'extrémité supérieure et repoussé par l'extrémité inférieure[1].

Cette aimantation cesse dès qu'on ôte la barre du méridien magnétique ; mais si, pendant qu'elle est verticale on frappe l'un des bouts à coups de marteau, son magnétisme devient permanent. Il en est de même toutes les fois qu'on fait subir au fer doux ainsi aimanté par la Terre l'une quelconque des opérations propres, comme les chocs, à développer sa vertu coercitive : la torsion, l'action de la lime, l'oxydation, etc. Ainsi s'explique ce fait bien connu que, dans les ateliers où l'on

1. On s'assure que la barre n'était pas préalablement aimantée, en la retournant bout pour bout tout en la laissant verticale, car alors c'est encore le pôle inférieur qui repousse le pôle austral de l'aiguille aimantée.

travaille le fer, un grand nombre d'outils deviennent des aimants. Si l'on tord, en les maintenant dans une position verticale, des morceaux de fil de fer d'égale longueur, chacun d'eux devient un aimant; en les réunissant tous en un faisceau par leurs pôles de même nom, on peut obtenir des aimants assez puissants. C'est à Gay-Lussac qu'on doit cette dernière observation.

Les barres de fer qui restent longtemps exposées à l'air dans une situation verticale deviennent de véritables aimants. Les pelles, les pincettes, les espagnolettes des fenêtres sont dans ce cas. C'est l'oxydation qui détermine cette aimantation, ou plutôt qui la rend permanente. On attribue à un chirurgien de Rimini, nommé Jules César, la première observation de ce genre, laquelle date de 1590. Les croix qui surmontent les clochers des églises sont dans d'excellentes conditions pour acquérir les propriétés de l'aimant. Gassendi reconnut en 1630 que la croix de l'église Saint-Jean d'Aix, dont le pied était entièrement oxydé et dont la vétusté avait causé la chute, était parfaitement aimantée. L'*Encyclopédie de D'Alembert et Diderot* mentionne comme étant devenues de parfaits aimants les croix des clochers de Delft, de Chartres, de Marseille, etc.

Nous aurons bientôt l'occasion de parler de l'aimantation obtenue par les courants électriques, mais il y a longtemps qu'on sait que la foudre peut communiquer au fer la vertu magnétique. On lit dans l'article *Aimant* de l'Encyclopédie : « Le tonnerre tomba un jour dans une chambre dans laquelle il y avoit une caisse de couteaux et de fourchettes d'acier destinés à aller sur mer; le tonnerre entra par l'angle méridional de la chambre justement où étoit la caisse; plusieurs couteaux et fourchettes furent fondus et brisés; d'autres, qui demeurèrent entiers, furent très vigoureusement aimantés, et devinrent capables de lever des gros clous et des anneaux de fer, et cette vertu magnétique leur fut si fortement imprimée, qu'elle ne se dissipa pas en les faisant rougir. »

CHAPITRE IV

LE MAGNÉTISME TERRESTRE

§ 1. LES PREMIÈRES IDÉES SUR LES PHÉNOMÈNES DE MAGNÉTISME TERRESTRE.

Les Anciens, on l'a vu, ne connaissaient guère de l'aimant que ses propriétés attractives : surtout ils ignoraient complètement l'action directrice de la Terre ou, ce qui revient au même, l'orientation fixe que prend un aimant libre. Les premières notions sur ce sujet, du moins pour le monde occidental, remontent à l'invention ou plutôt à l'importation de la boussole, depuis longtemps en usage dans l'extrême Orient.

Les Chinois se servaient, dès la plus haute antiquité[1], de ce qu'ils nommaient des chars *indicateurs du sud* (*tchi-nan*), pour se diriger dans leurs voyages terrestres ou maritimes. La partie antérieure de ces chars magnétiques était formée d'une aiguille flottant librement sur l'eau, et faisant mouvoir le bras d'une figurine montrant le sud. Comme beaucoup d'autres inventions de même origine, la boussole resta de longs siècles ignorée des peuples d'Occident, car il est établi que ni les Grecs, ni les Romains, ni les navigateurs phéniciens et étrusques n'en

1. Édouard Biot mentionne deux traditions rapportées par d'anciens auteurs chinois du quatrième siècle et du douzième siècle de notre ère. La première de ces traditions ferait remonter l'invention et l'usage des chars indicateurs du sud au souverain Hoang-ti, placé par la computation au vingt-septième siècle avant Jésus-Christ. D'après la seconde tradition, c'est au prince Tcheou-Kong, au onzième siècle avant notre ère. Ainsi, comme le remarque Humboldt, la propriété de l'aiguille aimantée de marquer le nord et le midi se trouve appliquée dans un temps qui précède peut-être l'invasion dorienne et le retour des Héraclides dans le Péloponèse.

firent usage. C'est sans doute par les Arabes des onzième et douzième siècles qu'elle fut peu à peu introduite dans les mers d'Europe, où elle conserva d'abord sa forme primitive d'aiguille flottant sur l'eau. La boussole à pivot ne commenca à être employée que dans la première moitié du quatorzième siècle.

Quant à la déclinaison, c'est aux Chinois qu'on en doit également la première mention. A la vérité, l'angle fait par l'aiguille avec le méridien était très petit dans les contrées de l'extrême Orient, et il y est resté sans variations sensibles pendant des siècles : de là le nom de chars indicateurs du sud. Dès lors, il était difficile de constater l'existence de cet angle avec des appareils aussi mobiles. Toutefois un passage d'un ancien auteur chinois, cité par E. Biot, montre clairement que la déclinaison fut découverte au plus tard vers la fin du onzième siècle; il en résulte aussi que c'est par le frottement que les anciens Chinois aimantaient leurs aiguilles : « Ceux qui font des prestiges frottent l'aiguille avec une pierre d'aimant; alors elle peut marquer le sud; cependant constamment elle décline un peu à l'est, elle n'indique pas exactement le sud. Lorsque cette aiguille flotte sur l'eau, elle est très agitée; si les ongles des doigts touchent le dessus des bords du bassin où elle flotte, ils peuvent faire qu'elle s'agite très fortement; seulement, elle continue à glisser et tombe aisément. Il vaut mieux la suspendre pour manifester sa vertu le mieux possible. Voici la méthode : On prend un fil isolé au milieu d'un écheveau neuf de coton; avec un peu de cire, gros comme un grain de moutarde, on l'attache au milieu exact de l'aiguille; et on la suspend dans un endroit où il n'y a pas de vent : alors l'aiguille constamment montre le midi. Parmi ces aiguilles il y en a qui, étant frottées, marquent le nord; nos faiseurs de prestiges en ont qui marquent le sud et d'autres qui marquent le nord[1]. »

1. Cette distinction curieuse entre *les aiguilles qui marquent le sud* et *celles qui marquent le nord* vient sans doute de l'ignorance où étaient les Chinois de l'existence des deux pôles contraires de l'aimant, et peut-être aussi de la manière dont ils opéraient l'aimantation par friction.

On voit aussi que les anciens Chinois avaient devancé Gilbert et Coulomb dans le mode de suspension de l'aiguille par son centre de gravité; seulement, il ne paraît pas qu'ils en aient tiré profit.

D'après ce qu'on a lu plus haut, l'introduction de la boussole dans la navigation européenne n'a guère précédé que de deux ou trois siècles les grandes expéditions, les grands voyages terrestres et maritimes, dont la conséquence fut l'agrandissement considérable du monde ancien et la découverte d'un monde nouveau. Cette introduction a dû favoriser singulièrement l'exploration du globe; on peut dire aussi qu'elle a été le point de départ des découvertes scientifiques dont l'ensemble constitue aujourd'hui une branche importante de la science de la physique du globe, celle qui étudie les phénomènes du magnétisme terrestre. C'est sans doute à Gilbert que l'on doit les premières notions qui assimilent la Terre à un gigantesque aimant ayant ses pôles et sa ligne neutre; mais bien avant lui Christophe Colomb avait constaté le fait important de la déclinaison magnétique et observé les variations qu'elle subit quand on transporte l'aiguille aimantée d'un lieu à un autre. Le grand navigateur reconnut aussi l'existence d'une ligne sans déclinaison magnétique située à l'est d'une des îles Açores. Peu à peu les faits de ce genre et beaucoup d'autres furent recueillis et ne tardèrent point, sous l'influence féconde de la méthode d'observation expérimentale, à être systématisés et coordonnés en lois. Les vagues conjectures[1] et les vues mystiques des premiers observateurs des phénomènes magnétiques ont ainsi cédé la place à des théories qui, pour ne pas être des vérités démontrées, ont au moins le caractère des hypothèses scientifiques.

1. D'après Maurolico, « si l'aiguille aimantée ne se dirige pas exactement vers le nord, la cause en est dans une attraction exercée sur elle par une île magnétique située au delà et par côté du pôle boréal. » (Henri Martin, *la Foudre, l'Électricité et le Magnétisme chez les anciens*.)

§ 2. LA DÉCLINAISON MAGNÉTIQUE.

L'influence qu'a eue l'invention de la boussole sur l'extension de la navigation au long cours et, par suite, sur les découvertes géographiques a été immense : c'est un fait qui n'a pas besoin de démonstration. Mais, au point de vue purement scientifique, son utilité n'aura pas été moindre, et nous allons voir comment, grâce à l'emploi de cet instrument convenablement perfectionné, on a pu acquérir de précieuses données sur l'état magnétique du globe terrestre.

Trois éléments principaux s'offrent à l'observation en chaque lieu : la déclinaison, l'inclinaison et l'intensité magnétique. Nous avons déjà défini les deux premiers de ces éléments et nous parlerons du troisième quand il s'agira de le mesurer. Le problème à résoudre était extrêmement complexe. Il fallait réunir et coordonner les résultats d'un grand nombre d'observations simultanées recueillies sur tous les points du globe, afin de pouvoir caractériser la distribution du magnétisme à la surface de la Terre à l'époque même où ces données étaient obtenues. D'autre part, il importait, en chaque lieu, de prolonger le plus possible les observations de ce genre, faites avec les mêmes instruments ou avec des instruments comparables, afin de constater les changements qui survenaient dans les éléments magnétiques du lieu, et d'étudier les lois de ces variations avec le temps. Grâce au concours des savants, des voyageurs et des marins de tous les pays, des missions scientifiques spéciales envoyées pour cet objet dans toutes les parties du monde, les données de ce problème sont assez considérables pour qu'on ait pu déjà esquisser la solution dans ses grandes lignes, représenter dans son ensemble la distribution du magnétisme terrestre et noter ses plus importantes variations.

Voyons d'abord comment on mesure les trois éléments de la déclinaison, de l'inclinaison et de l'intensité.

C'est la boussole de déclinaison que nous allons décrire la première.

Quand il s'agit d'une détermination scientifique nécessitant une grande précision, la boussole de déclinaison est construite comme l'indique la figure 42. L'aiguille aimantée suspendue sur un pivot d'agate est enfermée dans une boîte cylindrique MN, qui porte, à l'aide de deux montants métalliques, une lunette LL' munie de fils réticulaires à son foyer, et mobile elle-même autour d'un axe *aa'* parallèle au plan du limbe. Tout ce système peut aussi tourner horizontalement sur le plan d'un autre cercle divisé PQ.

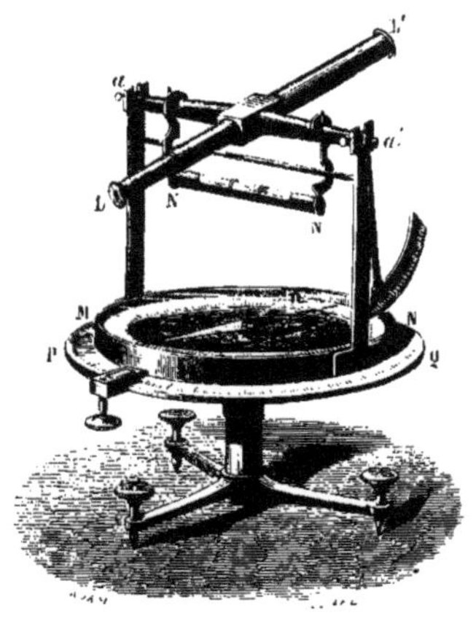

Fig. 42. — Boussole de déclinaison.

Pour mesurer la déclinaison, on place la boussole sur un plan à peu près horizontal, et l'on s'assure de la parfaite horizontalité des limbes MN et PQ, en observant le niveau à bulle d'air NN. Cela posé, on vise avec la lunette une étoile connue, et, d'après l'heure de l'observation, on peut calculer l'angle que fait le plan vertical de l'étoile, qui est celui de la lunette, avec la ligne méridienne : ce qu'on nomme son azimut. Dès lors, la direction de la méridienne sur le limbe PQ est fixée; on fait tourner la boîte MN sur le cercle PQ d'une quantité égale à cet angle : la ligne de visée *n s*, ou 0°-180°, est alors dans le méridien, et il ne reste plus qu'à lire, sur le limbe M, l'angle que fait avec elle la direction de l'aiguille aimantée. C'est la déclinaison magnétique du lieu, au moment de l'observation.

On emploie la même méthode quand on se sert, pour mesurer la déclinaison, de la boussole de Gambey (fig. 43). Seulement cet instrument permet d'obtenir l'élément en question avec une précision supérieure. L'aiguille est ici un barreau aimanté AB dont les extrémités sont munies de deux anneaux à fils croisés servant de repères. Ce barreau est suspendu par un faisceau f de fils de soie sans torsion à un treuil mobile. Le cadre soute-

Fig. 45. — Boussole de déclinaison de Gambey.

nant le treuil porte en même temps une lunette L, qui remplit le même office que celle de la boussole décrite plus haut. Le cadre qui la supporte, et qui supporte aussi le fil de suspension et le barreau, peut tourner sur le plan d'un limbe divisé CC, muni de verniers à l'aide desquels on lit les divisions qui correspondent, soit à la position de la lunette et par conséquent à celle du plan vertical de l'étoile observée, soit à la position du plan vertical qui contient l'axe du barreau aimanté. Pour éviter l'influence des agitations de l'air, le fil de soie est enfermé dans une boîte garnie de glaces, et une autre boîte MM renferme le barreau, dont on observe alors les extrémités par les ouvertures OO.

L'observation de la déclinaison absolue à l'aide d'un instrument aussi compliqué que celui qu'on vient de décrire, est une opération délicate et assez longue, de sorte que pendant sa durée l'aiguille peut éprouver dans sa direction des changements sensibles. Le résultat qu'on obtient n'est donc qu'une moyenne des valeurs vraies de la déclinaison dans cet intervalle. Dans les observatoires magnétiques, la déclinaison absolue n'est observée que rarement, tandis qu'on étudie et que l'on note régulièrement les variations qu'elle subit d'un jour à l'autre : on emploie alors un appareil construit dans ce but spécial et qui a reçu le nom de *boussole des variations*.

Voici la description de la boussole des variations de déclinaison de l'observatoire de Montsouris, telle que la donne l'*Annuaire* de cet établissement. « Elle se compose d'une caisse en cuivre rouge montée sur une plaque de marbre (fig. 44), et dont les deux grandes faces latérales sont formées par des glaces. La caisse est surmontée d'un tube de cuivre terminé à son extrémité supérieure par un tambour à pince, gradué sur son pourtour. Au centre du tambour se trouve une tige à crémaillère et vis de serrage; à la tige est suspendu le fil *f* de la boussole. L'aiguille aimantée est formée par un barreau d'acier de 96 millimètres de longueur, sur 10 millimètres de hauteur et 2 millimètres d'épaisseur. Ce barreau a été régulièrement et fortement aimanté par la pile électrique ; il est fixé parallèlement à un miroir M qui porte le crochet de suspension. Il se meut librement dans l'intérieur d'un anneau de cuivre rouge de 50 millimètres de hauteur et de 7 millimètres d'épaisseur, destiné à amortir les oscillations du barreau, en vertu des actions inductives que l'aimant en mouvement développe dans le cuivre; cet anneau porte un miroir fixe M' pour les repérages.

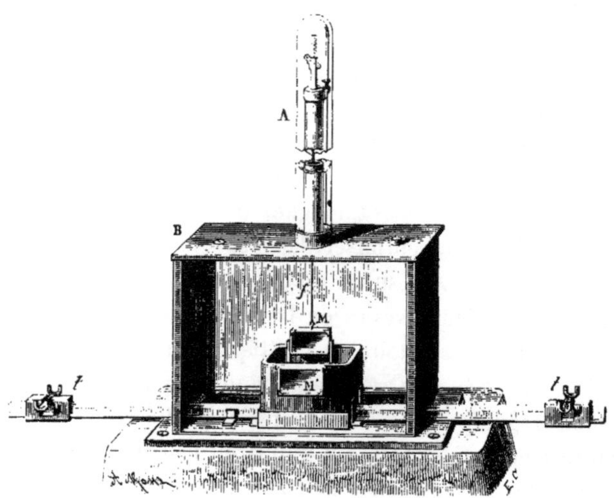

Fig. 44. — Boussole des variations en déclinaison de l'observatoire de Montsouris.

« La boussole des variations est scellée sur un pilier en pierre de taille dans l'intérieur du pavillon magnétique; en face, et à $1^m,719$ de distance, est un second pilier semblable au premier, et sur lequel est scellée une lunette, dont l'axe optique est dirigé sur le centre du miroir (fig. 45). Transversalement à la lunette et fixée à son pied, se trouve une règle horizontale divisée en millimètres. La lunette, munie en son foyer d'un fil vertical, donne l'image des divisions de la règle réfléchie par le miroir. Cette image, fixe quand le miroir est fixe, se déplace avec lui et d'un angle double de

Fig. 45. — Viseur de la boussole des variations.

celui dont le miroir est dévié. La distance de la règle au miroir, $1^m,719$, a été calculée de telle façon que l'image avance dans le champ de la lunette de 1 division de la règle quand le miroir est dévié de 1′ d'arc. On peut donc apprécier à l'œil les dixièmes de minute. »

§ 3. L'INCLINAISON ET L'INTENSITÉ MAGNÉTIQUES.

Quand une aiguille aimantée est suspendue par son centre de gravité, de sorte qu'elle puisse se mouvoir dans tous les sens autour de ce point, on sait qu'elle se place dans le méridien magnétique, et que, dans ce plan, elle fait avec l'horizontale un angle constant qui est l'*inclinaison magnétique* du lieu pour l'instant de l'observation. Si l'aiguille est disposée, comme c'est l'usage, de manière à pouvoir librement tourner autour d'un axe horizontal passant par son centre de gravité, elle prend généralement une position inclinée à l'horizon, mais qui varie avec l'azimut du plan vertical qui contient l'aiguille. L'angle qu'elle fait ainsi avec l'horizontale est *minimum* quand l'aiguille se trouve dans le plan du méridien magnétique. Il va en croissant à mesure que l'aiguille s'écarte de ce plan, et atteint 90° quand le plan où elle se trouve fait un angle droit avec ce méridien : en d'autres termes, l'aiguille est alors verticale. C'est le premier de ces angles qui est l'inclinaison magnétique du lieu où se fait l'observation.

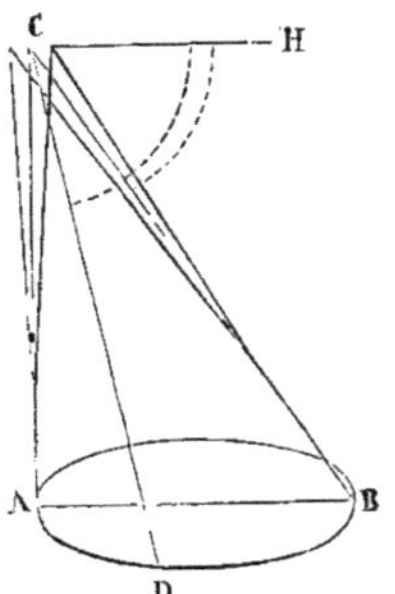

Fig. 46. — Angles maximum et minimum de l'aiguille aimantée avec l'horizon : HCC, angle minimum dans le méridien magnétique; HCA, angle maximum perpendiculairement à ce méridien.

Pour mesurer l'inclinaison, on emploie des instruments spéciaux, que nous allons décrire et qui portent le nom de *boussoles d'inclinaison*. La figure 47 représente une de ces boussoles.

Un cercle métallique divisé, vertical, porte à son centre

l'aiguille aimantée, mobile autour d'un axe horizontal parfaitement cylindrique et passant par le centre de gravité de l'aiguille. Cet axe roule sur la tranche de deux lames parallèles en agate, que supportent deux traverses horizontales dirigées suivant le diamètre du cercle divisé. Le tout, porté sur deux colonnes, peut tourner autour d'un axe vertical qui forme le pied de la boussole. Un second cercle horizontal et fixe permet de mesurer l'angle azimutal du premier cercle, c'est-à-dire du plan vertical qui contient l'aiguille de la boussole. Des vis calantes permettent, avec l'aide d'un niveau placé au-dessous du limbe, d'assurer l'horizontalité du cercle fixe et par suite la verticalité du plan de l'aiguille.

Fig. 47. — Boussole d'inclinaison.

Quand ces conditions sont remplies, on commence par déterminer la position du méridien magnétique. On le peut de deux manières : soit en cherchant la position pour laquelle l'aiguille forme un angle minimum avec l'horizontale; dans ce cas, elle se trouve précisément dans le méridien ; soit en cherchant la position pour laquelle l'aiguille en équilibre reste verticale; dans ce second cas, son plan est perpendiculaire au méridien magnétique, et il suffit de la faire tourner de 90° pour l'amener dans le méridien lui-même. Une fois cette position obtenue, la lecture de l'inclinaison se fait sur les divisions du limbe vertical, entre le 0° de ce limbe et l'une ou l'autre des deux pointes de l'aiguille aimantée.

Comme il se peut que l'aimantation de l'aiguille ne soit pas parfaitement régulière, et que les pôles ne soient pas sur l'axe de figure, on fait une seconde lecture en retournant l'aiguille de sorte que l'arête inférieure prenne la place de l'arête supérieure :

la moyenne des deux lectures donne l'inclinaison corrigée de cette cause d'erreur. Il y a une seconde cause d'erreur qui peut provenir du défaut de coïncidence de l'axe de rotation avec le centre de gravité de l'aiguille. Dans ce cas, l'action de la pesan-

Fig. 48. — Boussole d'inclinaison absolue de l'observatoire de Montsouris.

teur altère l'angle d'inclinaison. On corrige l'erreur résultant de cette altération en enlevant l'aiguille, puis en l'aimantant en sens contraire, de façon à changer ses pôles de place. On mesure de nouveau l'inclinaison avec l'aiguille ainsi modifiée, par deux lectures nouvelles. La moyenne des quatre lectures ou observations donne alors l'inclinaison vraie, pour l'époque et le lieu où elles sont effectuées.

Lorsqu'on veut suivre les variations de l'inclinaison aux différentes heures de la période diurne, on emploie des instruments spéciaux, qui reçoivent alors le nom de ***boussoles des variations en inclinaison***. Les figures 48, 49 et 50 représentent la boussole d'inclinaison absolue et celle des variations en inclinaison, telles qu'elles sont employées à l'observatoire de Montsouris, dans le pavillon magnétique de cet établissement.

Voici, d'après l'*Annuaire météorologique* la description de la boussole d'inclinaison absolue :

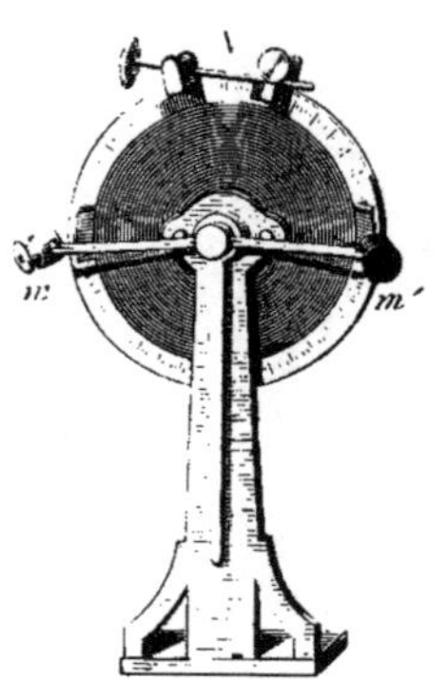

Fig. 49. — Cercle de la face postérieure de la boussole d'inclinaison absolue.

« Elle se compose d'un cerle gradué horizontal C porté par trois vis calantes, et sur l'axe duquel reposent le support de l'aiguille aimantée, la cage qui l'enveloppe et le cercle des microscopes *m*, *m'*, cercle dont on ne voit que l'ombre au travers du fond en verre dépoli de la caisse (fig. 48), mais que nous reproduisons vu de l'autre côté dans la figure 49.

« L'aiguille aimantée SN est taillée en forme de losange; sa longueur est de 402 millimètres, et son épaisseur de 1^{mm},5. Ses extrémités sont terminées par des pointes très fines qu'on vise directement au moyen de deux microscopes *m*, *m'* (fig. 48). Ses tourillons, dont le diamètre est de moins de 1 millimètre, ont été travaillés avec un très grand soin : il en est de même des plans d'agate sur lesquels ils reposent. Les microscopes sont mobiles autour de l'axe du cercle gradué vertical servant à mesurer leur inclinaison. Afin de permettre la visée sur l'aiguille pendant qu'elle oscille, les microscopes sont munis au foyer de l'objectif d'une lame de verre divisée en dixièmes de millimètre de chaque côté de la ligne centrale. Chaque intervalle de ce micromètre correspond à 2′20″, et peut être divisé à l'œil en dix parties ; le pointage de l'aiguille peut donc être fait à $\frac{2}{10}$ de minute environ. D'un autre côté, le cercle gradué vertical V (fig. 49) qui mesure l'inclinaison des microscopes donne lui-même les $\frac{2}{10}$ de minute, en sorte qu'il y a uniformité dans le degré de précision des deux lectures. »

La remarque que nous avons faite au sujet de la longueur des opérations que nécessite la mesure de la déclinaison absolue, s'applique également à celle de l'inclinaison absolue. Aussi,

Fig. 50. — Boussole des variations en inclinaison de l'observatoire de Montsouris.

dans les observations magnétiques, ces mesures ne se font-elles que de temps à autre. Les observations quotidiennes sont au contraire consacrées régulièrement à la mesure des variations de ces éléments, qui se fait beaucoup plus aisément et plus rapidement à l'aide des boussoles de variation.

Il est un troisième élément dont la détermination a une grande importance pour l'étude du magnétisme terrestre : c'est l'*intensité* de la force qui agit sur l'aiguille aimantée, c'est-à-dire de la résultante totale des actions magnétiques exercées sur cette aiguille par la Terre. La déclinaison et l'inclinaison indiquent bien la direction de l'action magnétique du couple terrestre, mais ne nous instruisent pas sur les variations que subit la force elle-même, suivant les lieux ou les époques des observations.

La méthode qu'on emploie pour mesurer l'intensité magnétique est basée sur l'assimilation des oscillations d'une aiguille aimantée, qu'on dérange infiniment peu de sa position d'équilibre, avec les oscillations d'un pendule. L'observation prouve en effet que ces oscillations sont isochrones. Dès lors, les forces magnétiques qui les produisent sont en raison inverse des carrés de leurs durées ou, ce qui revient au même, sont proportionnelles aux carrés des nombres d'oscillations que la même aiguille aimantée effectue en un même temps.

Supposons donc qu'on prenne une aiguille aimantée, qu'on la fasse osciller autour de sa position d'équilibre, et qu'on la transporte dans un autre lieu, en comptant dans chaque cas le nombre des oscillations qu'elle effectue dans un même temps donné. Les intensités magnétiques des deux stations seront comme les carrés de ces nombres. On emploie à volonté l'aiguille d'inclinaison ou l'aiguille de déclinaison. Si c'est la première, on a soin de la faire osciller dans le méridien magnétique; si c'est l'aiguille de déclinaison, on devra remarquer qu'elle n'est point, comme l'aiguille d'inclinaison, située dans la direction même de la force magnétique terrestre, et dès lors que ses oscillations sont dues seulement à l'action de la composante horizontale de cette force; mais, à l'aide d'une formule simple, on passe aisément du rapport des composantes à celui des forces elles-mêmes.

Les observations de ce genre se font avec des instruments spéciaux, auxquels on donne le nom de *boussoles des intensités*, de *magnétomètres*. Nous sortirions de notre cadre en décrivant ces appareils, ainsi que les opérations délicates qu'exige leur emploi. Qu'il nous suffise de dire qu'à l'aide du magnétomètre bifilaire de Gauss la composante horizontale de l'intensité magnétique terrestre peut être mesurée à moins de $\frac{1}{20000}$ de sa valeur.

Voici, du reste, d'après Humboldt, l'histoire des premières déterminations scientifiques de cet élément du magnétisme du globe. « Les oscillations, dit-il, dont la durée est la mesure de l'intensité magnétique, sont devenues pour la première fois, vers la fin du dix-huitième siècle, un objet d'expérimentation, et c'est seulement dans la première moitié du dix-neuvième qu'on en a fait la matière de recherches sérieuses et persévérantes. En 1723 Graham mesura les oscillations de son aiguille d'inclinaison, afin de s'assurer si elles étaient constantes, et de découvrir le rapport de la force qui les produit avec la pesanteur. La première tentative pour évaluer l'intensité du magnétisme sur des points très distants de la surface terrestre, d'après le nombre des oscillations accomplies dans un temps donné, fut faite par Mallet en 1769. Il trouva, avec des appareils fort imparfaits, que le nombre des oscillations était exactement le même à Pétersbourg par 59°56′ de latitude, et à Paris par 48°50′; d'où naquit le préjugé, qui se propagea jusqu'à Cavendish, que l'intensité de la force terrestre est égale sous toutes les zones. » Lemonnier, Borda évitèrent cette erreur, que les observations de Lamanon (1785-1787), puis celles de Humboldt (1798-1829) dans les régions équinoxiales du nouveau monde et dans l'Asie orientale, vinrent bientôt rectifier.

Depuis, des observations continues de l'intensité magnétique et des deux autres éléments du magnétisme terrestre ont été recueillies sur tous les points de la surface du globe. Grâce à la fondation d'observatoires spéciaux et à l'emploi d'instruments enregistreurs, on a pu embrasser l'ensemble des phénomènes, en même temps qu'étudier les lois de leurs variations. Entrons à cet égard dans quelques détails.

L'observation directe des éléments magnétiques à l'aide des appareils que nous venons de décrire exige beaucoup de temps et d'attention, et ne peut d'ailleurs donner les valeurs de ces éléments qu'à des intervalles de temps plus ou moins éloignés. Dans les observatoires spéciaux, on observe à des heures déterminées, par exemple à six heures du matin, à midi, à six heures du soir et à minuit.

Mais depuis quelque temps on a installé dans les principaux observatoires magnétiques des appareils enregistreurs, qui permettent de suivre d'une manière continue, de jour et de nuit, les variations de la déclinaison, de l'intensité horizontale et verticale et par suite de l'inclinaison. Donnons une idée, d'après Gordon, des appareils enregistreurs de l'observatoire de Kew. En voici le principe :

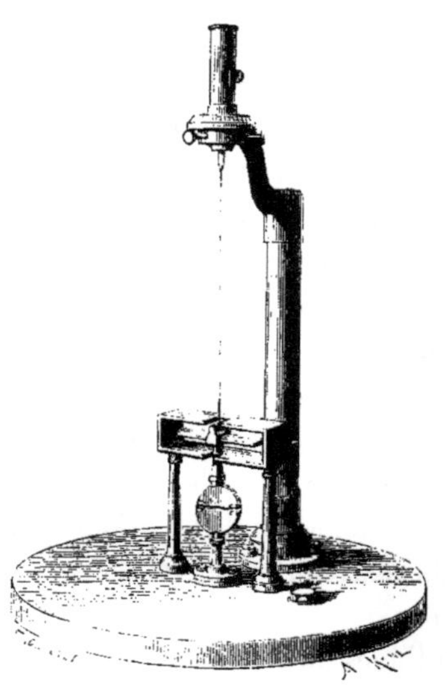

Fig. 51. — Appareil enregistreur de la déclinaison magnétique à l'observatoire de Kew.

« Un miroir fixé sur l'aimant mobile renvoie un rayon de lumière, venant d'une lampe, sur une bande de papier photographique sensible, mue d'une manière continue par un mouvement d'horlogerie.

« Si l'aimant reste en repos, la trace est une ligne droite ; une ligne en zigzag, s'il est en mouvement. On observe trois éléments, savoir : la déclinaison, la force horizontale, la force verticale. Du rapport des deux dernières on peut déduire l'inclinaison : aussi ne l'observe-t-on pas directement.

« Les figures 51, 52 et 53 donnent l'aspect des portions de l'appareil enregistreur qui servent à la déclinaison, à la force horizontale, ainsi que les cylindres mus par un mouvement d'horlogerie, où viennent s'inscrire photographiquement les sinuosités de la trace lumineuse réfléchie par les miroirs. »

Bornons-nous à décrire la partie de l'appareil qui enregistre la déclinaison. « Elle consiste en un aimant suspendu auquel est fixé un miroir; l'aimant est suspendu par un seul fil comme dans le magnétomètre unifilaire. L'appareil est placé

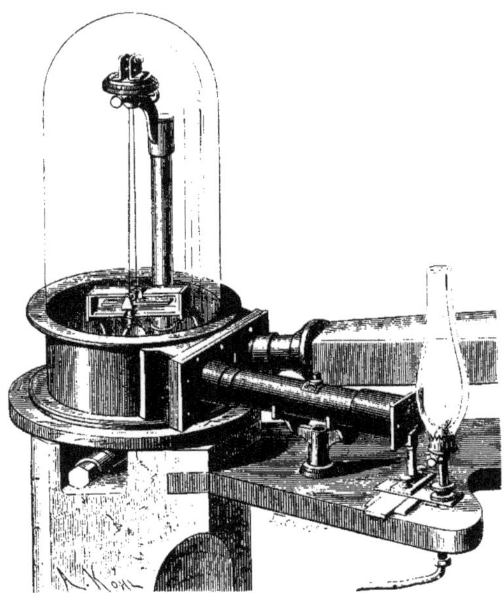

Fig. 52. — Enregistreur de la force horizontale.

sur un bloc de pierre massif. La lumière d'une lampe à gaz traverse la fente et la lentille d'un collimateur, tombe sur le

Fig. 53. — Cylindres et mouvement d'horlogerie de l'appareil enregistreur.

miroir, et s'y réfléchit à travers un tube de bois jusque dans la boîte qui contient les cylindres et le mouvement d'horlogerie représentés dans la figure 53. La lumière tombe sur un des cylindres horizontaux, sur la surface duquel est fixée une feuille de papier impressionnable. Si le cylindre était en repos et l'aimant en mouvement, il s'inscrirait sur le cylindre une ligne noire parallèle à son axe, dont la longueur correspondrait aux mouvements extrêmes de l'aimant. Si l'aimant restait fixe, tandis que le cylindre tourne, il s'inscrirait autour du cylindre une ligne droite perpendiculaire à l'axe. Mais si le mouvement d'horlogerie imprime au cylindre un mouvement de rotation continu, et si en même temps l'aimant oscille, la ligne inscrite autour du tambour est une ligne courbe irrégulière ou une ligne en zigzag : la distance d'un quelconque de ses points à la ligne de base donne la direction du méridien magnétique à l'instant correspondant. »

La figure 59 (p. 92) reproduit deux courbes d'enregistrement de la force horizontale obtenues pendant deux jours consécutifs à Kew, sur le cylindre de la portion de l'appareil enregistreur qui sert à inscrire les variations de cette force. Les aimants sont suspendus sous des cloches où l'on a fait le vide.

§ 4. VARIATIONS PÉRIODIQUES DES ÉLÉMENTS DU MAGNÉTISME TERRESTRE : INCLINAISON, DÉCLINAISON ET INTENSITÉ.

Pendant longtemps, malgré la découverte de la déclinaison, on a cru que l'aiguille aimantée se dirige au nord ; et, de fait, il y a un peu plus de deux siècles, la déclinaison était nulle dans l'Europe occidentale ; elle était nulle à Londres en 1657 et à Paris en 1666. Antérieurement à ces deux époques, la déclinaison était orientale en ces deux régions, et les observations prouvent qu'elle avait été en diminuant d'une manière constante.

Mais, à Paris comme à Londres, à partir des années 1666 ou 1657, l'aiguille déclina peu à peu vers l'ouest ; d'orientale qu'elle était, la déclinaison devint occidentale, et prit des valeurs successivement croissantes jusqu'en 1814 et 1815 où elle atteignit son maximum. Depuis, elle a repris une marche inverse et revient peu à peu vers le méridien astronomique. Ces variations sont mises en évidence dans le tracé graphique de la figure 54, ainsi que dans le tableau suivant :

DÉCLINAISON MAGNÉTIQUE

SES VARIATIONS A PARIS ET A LONDRES DEPUIS LE MILIEU DU SEIZIÈME SIÈCLE JUSQU'A NOS JOURS.

ANNÉES.	A PARIS.	A LONDRES.
1550.	8° 0' E	— —
1580.	11° 30' »	11° 17' E
1622.	6° 30' »	6° 12' »
1634.	4° 16' »	4° 5' »
1657.	— —	0° 0' »
1664.	0° 40' »	— —
1666.	0° 0' »	0° 34' O
1667.	0° 15' O	— —
1672.	— —	2° 30' »
1700.	8° 12' »	9° 40' »
1720.	13° 0' »	13° 0' »
1740.	15° 30' »	16° 0' »
1760.	18° 30' »	19° 30' »
1790.	22° 0' »	23° 39' »
1800.	— —	24° 36' »
1806.	21° 51' »	24° 8' »
1814.	22° 34' »	— —
1815.	— —	24° 27' »
1820.	— —	24° 11' »
1831.	— —	24° 0' »
1835.	22° 4' »	
1850.	20° 31' »	A KEW.
1858.	19° 36' »	21° 54' O
1863.	19° 0' »	21° 13' »
1868.	18° 24' »	20° 33' »
1873.	17° 35' »	19° 58' »
1878.	17° 6' »	19° 14' »
1879.	16° 56' [1]	19° 7' »

1. La diminution moyenne annuelle de la déclinaison occidentale, à Paris et dans le reste de la France, est actuellement de 9'. Comptée depuis le maximum de 1814, elle ne donne guère que 5' ; de 1580 à 1666 la diminution moyenne annuelle est de 8'. L'accroissement annuel entre 1666 et 1814 est aussi en moyenne de 9'. Il sera intéressant plus tard de rechercher la loi de cette lente oscillation de l'aiguille aimantée.

Ces variations séculaires de la déclinaison sont générales sur toute la surface du globe terrestre. Prenons un exemple dans l'hémisphère austral, au cap de Bonne-Espérance, où la déclinaison, en 1605, était orientale et égale à 0° 30' ; elle était nulle quelques années plus tard, et, à partir de **1609**, elle redevenait occidentale, pour atteindre vers **1791** le maximum de **25° 40′**. Mais suivant quelles lois s'accomplissent ces variations? leurs amplitudes sont-elles les mêmes en différents lieux, et leurs périodes ont-elles mêmes durées? Ce sont autant de questions auxquelles, dans l'état actuel de la science, on ne peut encore répondre.

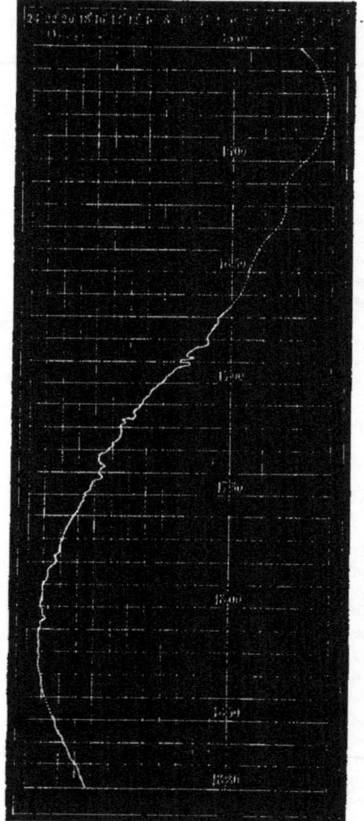

Fig. 54. — Variations séculaires de la déclinaison à Paris, depuis 1550 jusqu'à 1880.

Indépendamment des variations séculaires, l'aiguille éprouve dans sa direction des changements périodiques annuels, et aussi des variations diurnes. Entrons dans quelques détails sur ces deux points.

Les variations diurnes observées pour la première fois à Louvo (royaume de Siam) par Hellibrand et le père Tachard ont été étudiées par Graham dès **1722**. Voici, d'après Humboldt, quelle est la marche horaire de l'aiguille : « Dans les latitudes moyennes de l'hémisphère magnétique boréal, c'est à huit heures un quart du matin que l'extrémité nord de l'aiguille aimantée est le plus près d'être tournée vers le nord. De huit heures un quart du matin à une heure trois quarts du soir, l'aiguille se meut de l'est à l'ouest jusqu'à ce qu'elle ait atteint son point le plus occidental. Ce mouvement vers l'ouest est universel pour toutes les contrées de l'hémisphère septentrional, que la déclinaison soit occidentale comme

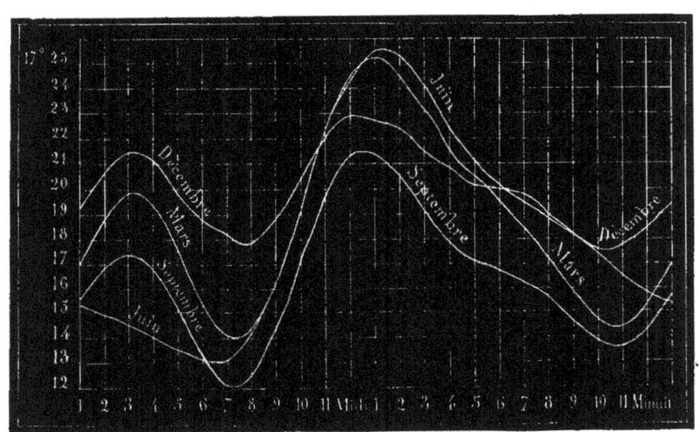

Fig. 55. — Variations diurnes de la déclinaison : moyennes horaires.

dans toute l'Europe, à Péking, à Nertschinsk et à Toronto dans le Canada, ou qu'elle soit orientale, comme à Kasan, à Sitka

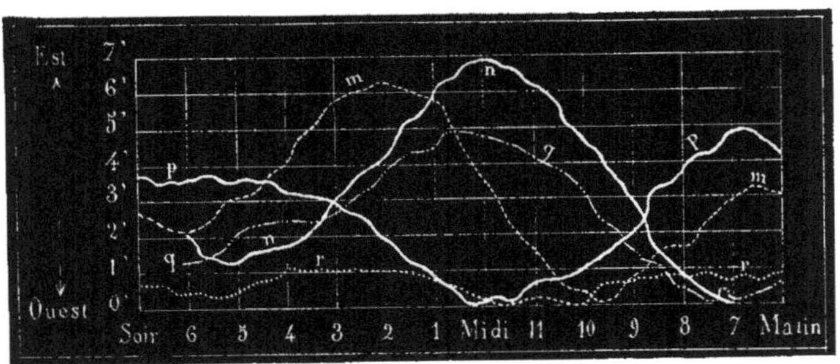

Fig. 56. — Variations diurnes en différents lieux : *nn*, à Sainte-Hélène ; *qq*, à l'Ascension ; *pp*, à Offak ; *mm*, à l'Ile de France ; *rr*, à Payta. D'après Duperrey.

dans l'Amérique russe, à Washington, à Marmato dans la Nouvelle-Grenade, et à Payta sur la côte du Pérou. A partir d'une heure un quart et du point le plus occidental, l'aiguille reprend sa marche vers l'est pendant le soir et une partie de la nuit jusqu'à minuit ou une heure du matin, en faisant souvent une petite pause vers six heures du soir. Dans la nuit, l'aiguille rétrograde faiblement vers l'ouest, jusqu'à ce qu'elle atteigne son minimum d'écartement, en d'autres termes son point d'arrêt oriental, de huit heures un quart. »

Ces heures ne sont pas du reste absolument les mêmes pour les divers pays, ni les amplitudes des oscillations égales. Des observations faites à Montsouris on a conclu que l'heure du maximum du milieu de la journée est un peu plus près de midi en hiver qu'en été; le minimum du matin est plus près de

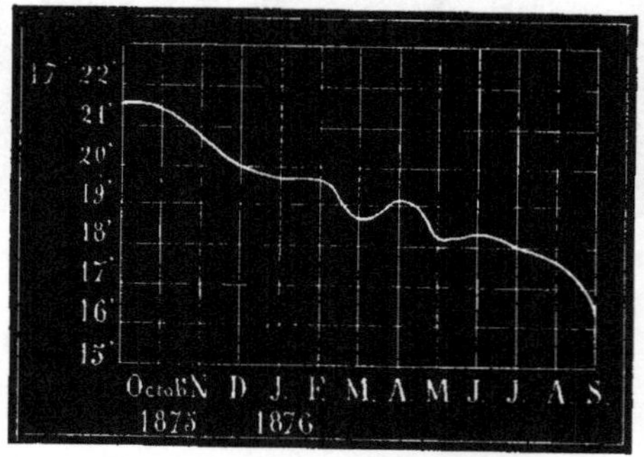

Fig. 57. — Variations mensuelles de la déclinaison.

huit heures du matin en hiver et de sept heures en été. Quant à l'amplitude de la variation diurne, elle atteint jusqu'à 15′ dans les hautes latitudes (en moyenne 10′ à Paris), pour descendre à 5′ et 4′ dans le voisinage de l'équateur magnétique. Enfin, on a aussi reconnu que les mouvements horaires de l'aiguille aimantée ont lieu dans l'hémisphère austral comme dans l'hémisphère boréal; les maxima et minima se font aux mêmes heures, mais avec cette différence fondamentale que si l'extrémité nord de l'aiguille marche à l'ouest dans l'hémisphère boréal, elle dévie vers l'est dans l'hémisphère austral, et réciproquement.

La déclinaison change aussi, pour un même lieu, selon

l'époque de l'année, ou selon les saisons. Pour constater ces variations, voici comment on procède : Des observations horaires de chaque jour on déduit la moyenne du jour (à Montsouris, on l'obtient par les observations de six heures du matin, de midi, de six heures du soir et de minuit); puis on prend la moyenne des déclinaisons des jours de chaque mois ainsi obtenues. La comparaison de ces moyennes mensuelles a fait voir que, dans les stations boréales, la déclinaison marche vers l'ouest de mai à septembre, tandis qu'elle rétrograde vers l'est

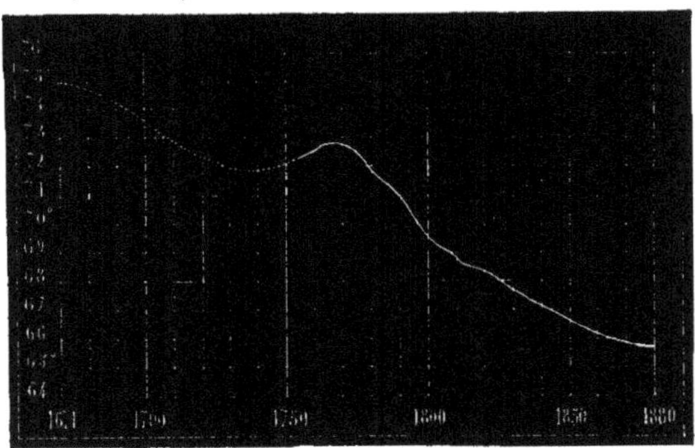

Fig. 58. — Variations séculaires de l'inclinaison.

les autres mois de l'année. C'est l'inverse qui a lieu dans les stations de l'hémisphère austral. Si l'on compare les amplitudes de la variation séculaire et celles de la variation annuelle, on trouve entre elles une concordance telle, qu'Arago en a conclu qu'elles croissent et diminuent en même temps.

Les variations annuelles de la déclinaison ont été reconnues et étudiées d'abord par Cassini, Gilpin, Beaufoy vers la fin du dix-huitième siècle et au commencement du dix-neuvième.

L'inclinaison subit, comme la déclinaison, des variations périodiques, séculaires, annuelles, diurnes. Le tableau que nous donnons ci-dessous des valeurs de cet élément à Paris et à

Londres, depuis les premières observations jusqu'à nos jours, suffit à mettre en évidence ses variations séculaires.

INCLINAISON DE L'AIGUILLE AIMANTÉE.

ANNÉES.	A PARIS.	A LONDRES.
1576.	— —	71° 50′
1600.	— —	72° 0′
1671.	75° —	— —
1676.	— —	73° 30′
1723.	— —	74° 42′
1754.	72° 15′	— —
1780.	71° 48′	72° 8′
1790.	— —	71° 33′
1791.	70° 52′	— —
1800.	— —	70° 35′
1810.	68° 50′	— —
1818.	68° 26′	70° 34′
1821.	— —	70° 3′
1822.	68° 19′	— —
1828.	— —	69° 49′
1829.	67° 45′	— —
1835.	67° 24′	— —
1838.	— —	69° 17′
1850.	66° 37′	— —
1854.	— —	68° 31′
1859.	66° 11′	A KEW.
1863.	66° 1′	68° 12′
1868.	65° 45′	68° 2′
1873.	— —	67° 52′
1875.	65° 37′	— —
1876.	65° 36′	— —
1879.	65° 33′	67° 42′

Les nombres qui précèdent accusent à Londres, aussi bien qu'à Paris, une diminution constante de l'inclinaison; à Londres, elle a paru augmenter d'abord entre **1576** et **1723**, mais il ne faut pas oublier qu'alors les procédés de mesure étaient peu exacts. La moyenne pour Paris, de **1671** à **1879**, donnerait **2′,7** par an; celle des dix dernières années **2′,1**. A Londres, si l'on compte la diminution depuis **1723** jusqu'à **1879**, la moyenne diminution est de **2′,7**, comme à Paris.

D'après Hansteen, la moyenne d'un grand nombre d'observations donnerait pour l'inclinaison une valeur plus grande en été qu'en hiver d'environ 15′. Le même savant a constaté qu'elle subit aussi des variations diurnes, et que l'inclinaison est le matin plus grande de 4′ à 5′ que dans l'après-midi.

L'intensité de la force magnétique varie-t-elle aussi avec le temps? C'est une question très délicate, difficile à résoudre par la comparaison des oscillations d'une même aiguille aimantée à différentes époques; on sait en effet que l'état d'aimantation est sujet à des variations qui ne permettent point d'assurer que l'aiguille conserve sa force magnétique pendant un grand nombre d'années. Cependant Poisson a indiqué une méthode que Gauss a perfectionnée, d'après laquelle l'intensité absolue du magnétisme terrestre peut être mesurée sans qu'on ait à tenir compte de la force magnétique des aiguilles employées: le résultat de ses observations, faites à Göttingen, a été négatif. D'autre part, Hansteen a trouvé des variations diurnes et mensuelles de l'intensité ou du moins de sa composante horizontale, qui paraissent en concordance avec les variations de l'inclinaison. Ce résultat ne prouve point qu'il y ait eu de réels changements dans l'intensité absolue. Enfin des observations faites à Kew et à Greenwich ont accusé l'existence d'une variation séculaire de cet élément. Tandis que la *force horizontale* va en croissant, la force totale va au contraire en diminuant d'année en année. Voici quelques nombres qui appuient cette conclusion :

Années.	Force horizontale.	Force totale.
1848.	1,716 à Greenwich.	4,791 à Greenwich.
1866.	» —	4,740 —
1867.	1,776 —	» —
1879.	1,797 à Kew.	4,756 à Kew.

§ 5. PERTURBATIONS ACCIDENTELLES DE L'AIGUILLE AIMANTÉE.

Indépendamment des variations périodiques que nous venons de décrire, l'aiguille aimantée éprouve accidentellement de brusques oscillations, des perturbations dont les causes sont encore inconnues, qui ne durent d'ailleurs que pendant un temps assez court, et qu'on caractérise en les appelant des *orages magnétiques*. « Par suite de l'extension donnée à la navigation, dit Humboldt, et de l'application de la boussole aux relevés géodésiques, on remarqua de très bonne heure des perturbations extraordinaires dans la direction de l'aiguille aimantée, accompagnées d'oscillations, de tremblements et de frissonnements. On prit l'habitude d'expliquer ce phénomène par un état particulier de l'aiguille, que l'on désigna d'une manière très caractéristique, dans le langage maritime français, en disant qu'elle était *affolée*. »

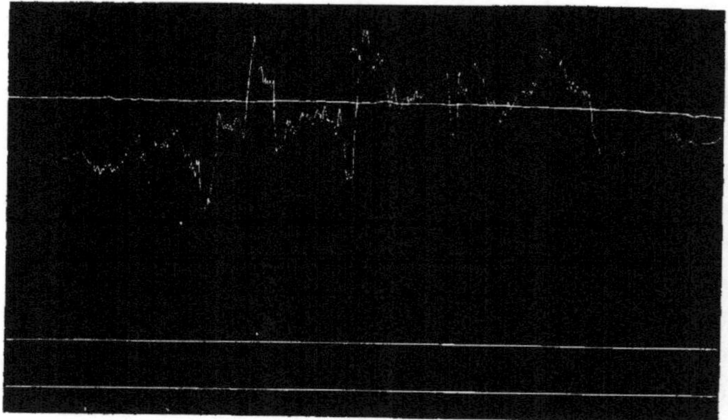

Fig. 59. — Variations de la force horizontale pendant une tempête magnétique.

On donne le nom d'*orages magnétiques* (*magnetic disturbances*, *magnetic storms*) à ces perturbations qui coïncident fréquemment, comme nous le dirons plus loin, avec les aurores polaires, ou encore avec les tremblements de terre, les éruptions volcaniques, les apparitions d'essaims d'étoiles filantes.

Ces variations accidentelles affectent plus particulièrement l'aiguille de déclinaison; plus rarement, on constate des mouvements de bascule dans le sens vertical, des oscillations de l'aiguille d'inclinaison. L'amplitude des oscillations est ordinairement moindre que 1°; Humboldt a observé des déviations de 14′ à 18′, la durée de chacune d'elles allant de 1 seconde et demie à 3 secondes. Mais souvent « l'amplitude et l'inégalité des oscillations qui dépassaient de beaucoup les divisions du signal (Humboldt observait l'aiguille à distance à l'aide d'un télescope portant au foyer un repère et des fils croisés) soit d'un seul côté, soit des deux côtés, rendaient toute observation impossible ».

Bien qu'il s'agisse là de phénomènes accidentels, on distingue cependant dans les orages magnétiques des retours périodiques, à des heures ou à des époques déterminées. Ils sont deux fois plus fréquents et plus forts la nuit que le jour, et aussi, pendant les mois d'été, d'avril à septembre, que pendant les mois d'hiver de l'hémisphère septentrional (observations de Sabine à Toronto). Dans l'hémisphère austral (Hobarton) la plus grande fréquence a lieu du mois de septembre au mois d'avril, c'est-à-dire aussi pendant l'hiver. A Berlin, Humboldt a remarqué que les plus nombreux et les plus violents orages magnétiques se produisaient vers trois heures du matin et cessaient vers cinq heures. A Sainte-Hélène et au Cap de Bonne-Espérance, c'est aux équinoxes qu'on observe les plus nombreuses perturbations de l'aiguille aimantée.

Un autre fait très remarquable, c'est la simultanéité des orages magnétiques dans toutes les régions du globe, en des points séparés par plusieurs milliers de lieues de distance. Tel est l'orage magnétique du 25 septembre 1841, qui fut observé à la fois au Canada, en Bohême, au Cap de Bonne-Espérance, dans la Terre de Diémen et à Macao. Humboldt, en rappelant ce fait, cite d'autres cas où les perturbations sont toutes locales, comme celles qu'il observa à Berlin en 1829, et qui ne purent se propager jusqu'à Paris, où Arago faisait, avec des instruments semblables aux siens, des observations simultanées. Elles ne purent même arriver jusqu'à Freiberg, où Reich poursuivait, dans un puits de mine, ses études de magnétisme souterrain.

Nous venons de résumer très sommairement ce qu'on sait

des variations périodiques des éléments magnétiques comme de leurs perturbations accidentelles. Il nous reste à dire quelles hypothèses se présentent pour en expliquer les causes.

En regardant le globe terrestre comme un aimant ayant deux pôles, selon l'hypothèse émise pour la première fois par Gilbert, on est obligé d'admettre que cet aimant n'est point fixe, et il se présente alors deux manières d'expliquer cette variabilité : celle d'Halley, qui supposait que le noyau magnétique interne était entraîné par une lente rotation, d'où les changements séculaires de déclinaison et d'inclinaison de l'aiguille aimantée ; celle d'Æpinus, qui considérait ce noyau comme fixe, mais comme ayant un état magnétique variable.

Ce qui est certain, c'est que les variations annuelles ou mensuelles et les variations diurnes sont liées aux périodes terrestres, aux deux mouvements de translation de la Terre autour du Soleil et de rotation sur son axe. Comme il en résulte des changements de même période pour la température de la surface ou de la croûte terrestre et que l'on sait d'ailleurs que l'aimantation ou la force magnétique dépend aussi de la température, Duperrey considérait les variations de l'aiguille aimantée comme dues à l'action calorifique du Soleil. Biot les attribuait à une action spécifique du Soleil considéré comme un corps magnétique ; notre globe se trouvait assimilé de la sorte à un corps soumis à un magnétisme passager par influence.

Ampère basait toute une théorie du magnétisme terrestre sur l'existence de courants électriques dissimulés sur la surface du globe et dirigés de l'est à l'ouest. Il expliquait à l'aide de cette hypothèse la direction générale de l'aiguille aimantée, ainsi que ses variations diurnes et annuelles aux divers points du globe ; la présence du Soleil au-dessous de l'horizon et sa hauteur aux diverses époques de l'année suffisaient à rendre compte des modifications subies par les courants et par suite des changements de l'aiguille aimantée.

Quant aux variations accidentelles ou perturbations, il ne paraît pas douteux qu'elles sont en connexion avec un phénomène que nous décrirons dans le chapitre suivant : nous voulons parler des aurores polaires. Il est généralement admis aujourd'hui que ce phénomène a une origine magnétique, et les perturbations de l'aiguille aimantée et les aurores semblent ainsi des effets d'une même cause, plutôt que des phénomènes qui s'engendrent réciproquement. Il reste à connaître cette cause.

Est-elle inhérente à la Terre, ou bien est-elle d'origine cosmique, ainsi que tendent à le faire croire les coïncidences reconnues entre les périodes de fréquence des aurores et des perturbations magnétiques et celles des taches et des protubérances du Soleil? Cette liaison des phénomènes magnétiques terrestres et des accidents de la surface solaire a été découverte en 1852 et presque simultanément par Sabine, Gautier et Wolf. Le tableau qui suit, dû à un savant américain, E. Loomis, met en évidence la coïncidence des époques de maxima et de minima pour ces divers ordres de phénomènes, et les observations de Respighi et de Tacchini confirment le fait que les protubérances hydrogénées du Soleil suivent, sous ce rapport, la même loi que les taches :

ÉPOQUES DES MAXIMA DES			ÉPOQUES DES MINIMA DES		
TACHES SOLAIRES.	AMPLITUDES DES VARIATIONS DIURNES.	AURORES BORÉALES.	TACHES SOLAIRES.	AMPLITUDES DES VARIATIONS DIURNES.	AURORES BORÉALES.
1778	1777	1778	1784	1784	1784
1788.5	1787	1787.5	1798	1799.5	1798
1804	1803	1804.5	1810	—	1811
1816.5	1817.5	1818	1723	1823.5	1823
1829.5	1829	1830	1833.5	—	1834.5
1837	1838	1840	1843.5	1844	1843.5
1846.5	1848.5	1850.5	1856.5	1856	1856
1860	1838.5	1859.5	1817	1867	1867
1870	1870.5	1870.5			

Secchi a établi la même coïncidence entre l'amplitude de la variation diurne et les taches solaires, pour la série des années

1859 à 1865. Gordon, dans son *Traité expérimental d'électricité et de magnétisme*, cite le fait suivant : « En 1859, une tempête magnétique, sans précédent par sa grandeur, dura du 28 août au 7 septembre. Le professeur Balfour Stewart a fait remarquer qu'elle coïncidait avec la période d'activité d'une des plus grandes taches solaires que l'on ait jamais observées. » Un membre de la Société royale de Londres a publié en 1875 un mémoire sur les variations de la moyenne diurne de la force horizontale du magnétisme, où il conclut que ces oscillations sont en rapport avec les trois périodes de 26, 29,5 et 27,3 jours, qui sont les durées respectives de la rotation du Soleil sur son axe et des révolutions synodiques et tropiques de la Lune.

Nous venons de rapporter, sans les apprécier, les diverses hypothèses qui ont été proposées pour expliquer les variations périodiques aussi bien que les perturbations accidentelles de l'aiguille aimantée. Avant qu'on puisse se prononcer en connaissance de cause sur le degré de confiance qu'elles méritent, il faut attendre, croyons-nous, que de nouvelles séries d'observations, recueillies avec les appareils perfectionnés dont se servent aujourd'hui les observatoires magnétiques, et faites simultanément en diverses régions du globe, puissent être comparées et discutées. D'ici là, on n'aura que des conjectures plus ou moins probables sur les causes qui produisent ces phénomènes d'un si haut intérêt pour la physique terrestre.

§ 6. DISTRIBUTION DU MAGNÉTISME A LA SURFACE DE LA TERRE. — LIGNES ISOGONES, ISOCLINES ET ISODYNAMIQUES.

Supposons que le nombre des stations où les éléments magnétiques peuvent être observés, déterminés avec précision, soit assez considérable à la surface de la Terre pour que tous les changements de quelque importance qu'ils subissent lorsqu'on passe d'un lieu à un autre, puissent être notés. Imaginons qu'après une année entière d'observations simultanées, on ait calculé et réduit toutes les moyennes horaires, diurnes et mensuelles, le résultat définitif sera, pour l'année, l'ensemble des valeurs de la déclinaison, de l'inclinaison et de l'intensité magnétiques, pour la surface entière du globe terrestre et en chacun de ses points.

Cet état, cette distribution du magnétisme sur notre planète seraient particuliers à l'époque considérée; mais il est clair que si l'on voulait suivre dans le temps, dans la suite des années et des siècles, les fluctuations qu'y apportent les variations dont nous avons parlé plus haut, variations séculaires, annuelles, diurnes et aussi perturbations accidentelles, le tableau de cette distribution magnétique serait dans une perpétuelle mobilité. L'étude en serait évidemment d'une complication extrême. Mais on peut se borner aux seules variations séculaires, lesquelles, s'effectuant avec une grande lenteur, permettent d'envisager d'un seul coup d'œil l'état magnétique du globe. A l'aide d'un système de lignes que nous allons définir, on obtient une représentation graphique de cet état qui en rend l'étude beaucoup plus aisée que ne le permettraient les nombreux tableaux numériques où les physiciens auraient consigné leurs observations.

On appelle *pôles magnétiques* les points du globe où l'inclinaison est égale à 90°, ou, ce qui revient au même, les points où la force horizontale est nulle. L'aiguille aimantée d'inclinaison est donc verticale en ces lieux, qu'il ne faut d'ailleurs pas confondre avec ceux de la plus grande intensité magnétique. Il y a deux pôles magnétiques, l'un situé dans l'hémisphère boréal, l'autre dans l'hémisphère austral; ils sont inégalement distants des pôles de rotation ou géographiques. Voici, d'après Humboldt, l'histoire de leur découverte : « C'est, dit-il, à la hardiesse et à l'activité scientifique d'un seul navigateur que l'on doit des notions précises sur la situation des deux pôles magnétiques. Sir James Ross a déterminé la place du pôle Nord, pendant la seconde expédition de son oncle sir John Ross, de 1829 à 1833; celle du pôle Sud, dans l'expédition antarctique qu'il commandait lui-même, de 1839 à 1843. Le pôle Nord magnétique, situé par 70°5′ de latitude et 99°5′ de longitude occidentale, est de 5 degrés plus éloigné du pôle de rotation de la Terre que le pôle Sud magnétique, situé par 75°5′ de latitude et 151°48′ de longitude orientale. La différence des longitudes entre les pôles magnétiques est de 109 degrés. Le pôle Nord

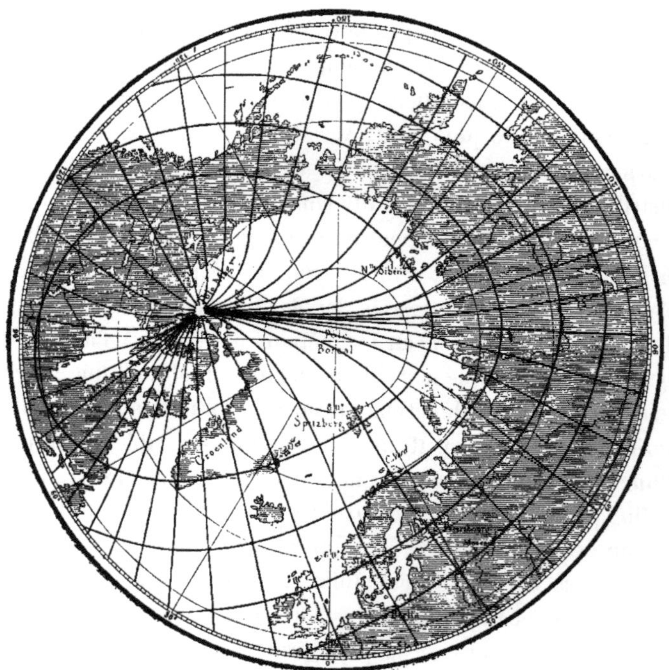

Fig. 60. — Carte des méridiens et des parallèles magnétiques du globe terrestre dans les régions polaires boréales, d'après Duperrey.

appartient à la grande île Boothia Felix (fig. 60), voisine du continent américain, et qui fait partie du pays nommé d'abord, par le capitaine Parry, North Somerset ; il est situé à peu de distance de la côte occidentale de l'île, non loin du promontoire Adélaïde qui s'avance entre King William's Sea et Victoria Street. Il n'a pas été possible d'atteindre directement le pôle Sud, comme on avait atteint le pôle Nord. Le 17 février 1841, l'*Erebus* se trouvait par 76°12′ de latitude australe et 161°40′ de longitude orientale. L'inclinaison n'était encore que de 88°40′; on en conclut qu'on était à 160 milles marins anglais du pôle magnétique austral. De nombreuses observations de déclinaison faites avec le plus grand soin et destinées à déterminer l'intersection des méridiens magnétiques font supposer avec beaucoup de vraisemblance que le pôle austral est situé dans la grande contrée polaire antarctique South Victoria Land, à l'ouest des Albert Mountains, qui se relient au volcan actif de l'Erebus, haut de plus de 11000 pieds. »

Des pôles magnétiques où l'inclinaison est de 90°, si l'on s'avance vers l'équateur, on trouve généralement qu'elle diminue jusqu'à des points où l'aiguille aimantée est parallèle à l'horizon, c'est-à-dire où l'inclinaison est nulle. Si l'on joint entre eux par une ligne continue les points dont nous parlons, on a la ligne connue sous le nom d'*Équateur magnétique*.

De même que les pôles magnétiques ne coïncident pas avec les pôles de rotation, l'équateur magnétique ne suit pas dans sa direction l'équateur terrestre qu'il coupe en deux points, l'un situé dans l'océan Pacifique vers 179° de longitude orientale, l'autre, près de l'île Saint-Thomas, vers la côte occidentale de l'Afrique, à 7° ou 8° de longitude orientale. A partir de ce second nœud et en se dirigeant vers l'est, l'équateur magnétique est tout entier compris dans l'hémisphère boréal; la courbe qu'il forme s'élève jusqu'au 15ᵉ degré de latitude N., traverse le golfe d'Aden et la mer d'Oman, la partie méridionale de l'Hindoustan, le golfe du Bengale, coupe la presqu'île de Malacca, puis, passant au nord de Bornéo et de la Nouvelle-Guinée, va, en s'infléchissant vers le sud, rejoindre le premier nœud un peu à l'est des îles Gilbert et à peu près sous le méridien de l'archipel des Fidji. De là, l'équateur magnétique entre dans l'hémisphère austral, mais sans s'éloigner d'abord beaucoup de l'équateur terrestre, laisse au sud les îles Marquises en un point où il est à peu près tangent à cet équateur; puis il s'incline vers des latitudes de plus en plus australes jusqu'au continent de l'Amérique du Sud, qu'il traverse depuis le 7e degré jusqu'au 15e degré de latitude australe. De la côte du Brésil, il s'avance dans l'océan Atlantique, où il ne tarde pas à remonter vers le nord pour aller se terminer, dans le golfe de Guinée, au nœud qui a servi de point de départ à cette description.

Des pôles magnétiques, où l'inclinaison atteint 90°, jusqu'à l'équateur magnétique, où l'inclinaison est nulle, cet élément varie en général d'une manière continue et décroît avec la latitude; mais cette diminution n'est pas régulière. Pour

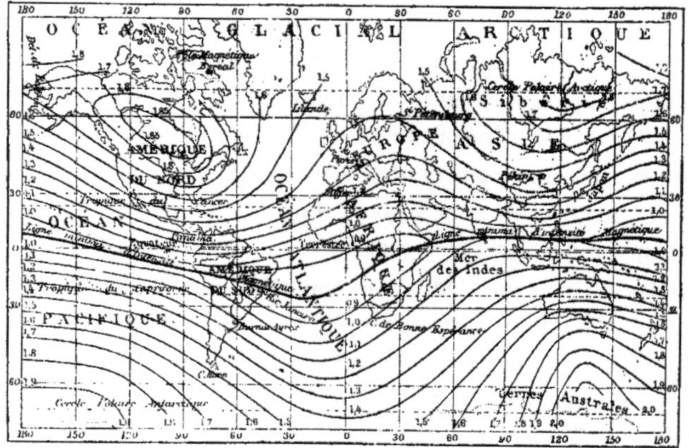

Fig. 61. — Lignes isodynamiques.

se rendre compte des changements de l'inclinaison avec les positions géographiques, on joint par un trait continu les points où l'inclinaison est égale : ce sont les *lignes isoclines* ou *isocliniques* que la planche I montre tracées de 5° en 5° ou de 10° en 10°. Il est aisé de voir qu'elles suivent à peu près dans leurs sinuosités les inflexions de l'équateur magnétique.

Si l'on applique le même mode de représentation à la déclinaison et à l'intensité magnétiques, on aura la distribution d'ensemble du magnétisme à la surface de la Terre. On nomme *lignes isodynamiques* celles qui joignent les points du globe où l'intensité est la même, et *lignes isogones* ou *isogoniques* celles qui unissent les points qui ont même déclinaison magnétique. Arrêtons-nous un instant sur ces deux systèmes de lignes.

On a vu déjà que l'intensité va en croissant avec la latitude ; la ligne où l'intensité est minimum est voisine de l'équateur magnétique, mais elle ne coïncide pas avec lui ; de même ce n'est pas aux pôles magnétiques que se trouvent les points d'intensité maximum. D'autre part, les lignes isodynamiques sont plus irrégulières que les isoclines. « Lorsqu'on suit attentivement, dit Humboldt, la direction des lignes isodynamiques qui s'enveloppent les unes les autres, et que l'on passe des lignes extérieures qui sont les plus faibles, aux lignes intérieures dont la force augmente graduellement, on reconnaît dans chaque hémisphère, à des distances très inégales des pôles de rotation et des pôles magnétiques, deux points ou foyers de la plus grande intensité, l'un plus fort et l'autre plus faible. De ces quatre points (qu'on pourrait nommer les *pôles d'intensité*), le plus fort, le foyer américain, est situé dans l'hémisphère du Nord par 52° 19′ de latitude et 94° 20′ de longitude occidentale ; on place généralement le plus faible, nommé aussi le foyer sibérien, par 70° de latitude et 114° 40′ de longitude orientale ; mais peut-être doit-il être rapproché vers l'ouest de quelques degrés. » Le premier foyer se trouve dans un ovale formé par les lignes isodynamiques, à l'ouest du lac Supérieur, entre l'extrémité méridionale de la baie d'Hudson et le lac canadien Winnipeg, ainsi qu'on peut le voir sur la carte des lignes magnétiques (pl. I). Les deux points de plus grande intensité de l'hémisphère austral sont déterminés avec moins de précision que les premiers ; d'après les observations de sir James Ross et les études de Sabine, l'un serait à 64° de latitude et 135° de longitude orientale, près de la terre Adélie ; l'autre par 60° de latitude et 127° de longitude occidentale (pl. I et fig. 61).

Parmi les lignes d'égale déclinaison, il importe de considérer celles où cet élément est nul, c'est-à-dire où le méridien magnétique coïncide avec le méridien astronomique. Ce sont les *lignes sans déclinaison*. Elles forment trois systèmes : le premier, qu'on peut appeler *australo-caspien*, part de la terre Adélie vers 130° de longitude orientale, s'incline au nord-nord-ouest jusqu'à l'Australie qu'il traverse dans sa partie occidentale, traverse Bornéo où il coupe l'équateur, puis s'infléchit en courant de l'est à l'ouest jusqu'à Ceylan et à la pointe de l'Indoustan, se courbe alors en sens contraire pour traverser la mer d'Oman et

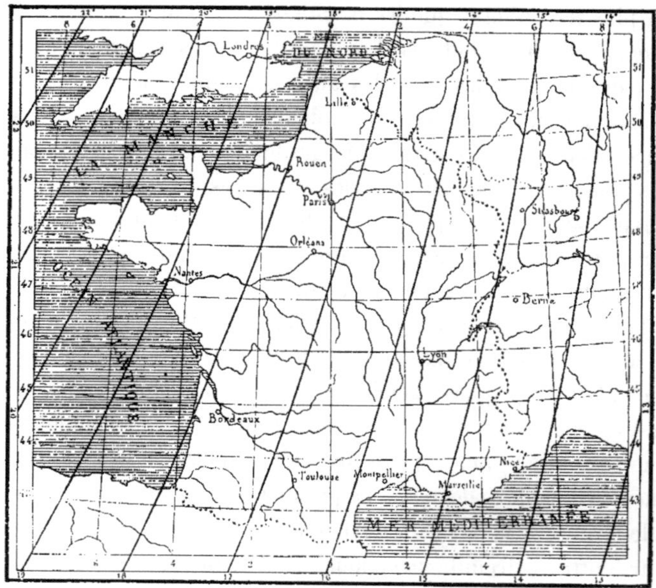

Fig. 62. — Carte des lignes d'égale déclinaison de la France pour le 1er janvier 1879.

le golfe Persique, puis remonte au nord depuis Kazan jusqu'à Arkangel pour pénétrer dans l'Océan glacial arctique à quelques degrés à l'ouest de la Nouvelle-Zemble.

La seconde ligne sans déclinaison, située à 100° environ de longitude à l'ouest de la première, lui est à peu de chose près parallèle, sauf que ses inflexions sont moins prononcées. Elle joint le pôle magnétique boréal au pôle austral en traversant les deux Amériques, celle du Sud entre Rio de Janeiro (à 5° environ)

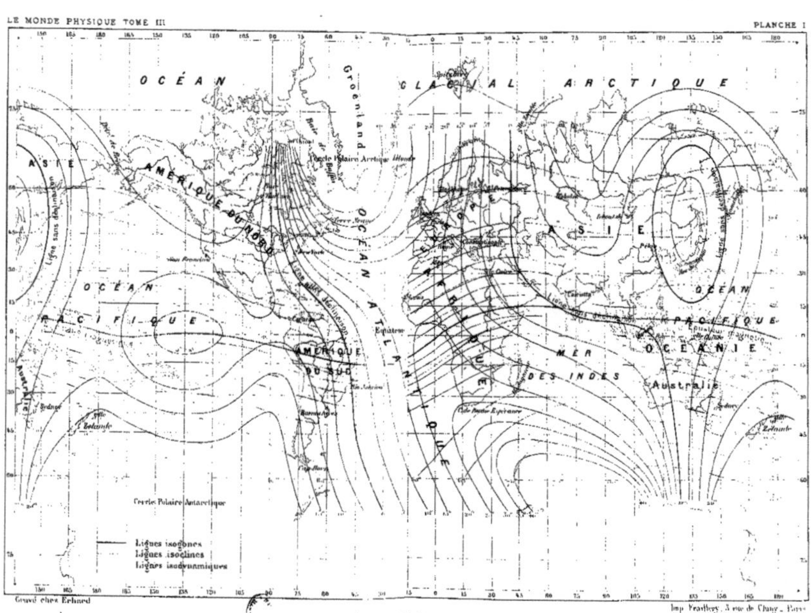

Gravé chez Erhard

Imp. Fraillery, 3 rue de Chaye, Paris

LE MAGNÉTISME DU GLOBE TERRESTRE

LIGNES ISOGONES, ISOCLINES ET ISODYNAMIQUES

et l'embouchure de l'Amazone, et celle du Nord entre la Caroline et la mer d'Hudson qu'elle traverse en son milieu.

La troisième ligne sans déclinaison, ou le troisième système, forme une courbe fermée, ovalaire, enveloppée par les zones concentriques des courbes isogones de l'extrême Asie. Le grand axe de cette ellipse coïncide à peu près avec le méridien qui a 135° de longitude orientale et le petit axe avec le parallèle de 50° de latitude boréale. La moitié septentrionale de la courbe, du N.-E. au S.-O., occupe le continent asiatique depuis Péking jusqu'au nord de la Chine, pour revenir à travers la Sibérie jusqu'à la pointe du Kamtschatka; l'autre moitié, la partie méridionale, est située dans l'océan Pacifique et enveloppe tout entier l'archipel du Japon.

Entre les deux premiers systèmes de lignes sans déclinaison, dans la partie qui comprend l'Europe, l'Afrique et deux fragments du continent américain, la déclinaison est occidentale : les isogones s'y divisent en deux séries de lignes; les unes suivent dans leurs sinuosités les deux lignes sans déclinaison; les autres se replient de chaque côté de l'équateur magnétique sur les deux pôles, et tournent leur concavité vers chacun d'eux. Au contraire, dans les régions du globe comprises entre les deux mêmes lignes sans déclinaison, et composées de l'Asie, de la plus grande partie de l'Océanie, ainsi que du grand continent américain, la déclinaison est orientale et les isogones y sont contournées d'une façon très irrégulière; c'est dans cet espace que se trouve la troisième ligne ovalaire sans déclinaison de l'Asie orientale. De plus, on y voit à l'opposé, à 180° de distance, un autre g oupe d'isogones concentriques s'enveloppant aussi sous la forme d'un ovale ayant son centre sur l'équateur magnétique et sur l'équateur terrestre, mais dont le grand axe est perpendiculaire aux méridiens.

Les lignes magnétiques que nous venons de définir et de décrire, isogones, isoclines et isodynamiques, tracées sur un globe ou une mappemonde, permettent de se figurer d'un coup d'œil la distribution du magnétisme terrestre, puisqu'elles donnent, dans sa direction et dans son intensité, la force qui agit sur l'aiguille aimantée; mais il est évident que cette distribution est particulière à une époque déterminée, puisque tous les éléments varient dans des périodes séculaires, annuelles, diurnes. Il faut donc se figurer les courbes magnétiques comme se déplaçant d'une manière lente et continue avec le cours des siècles, et en outre oscillant sans cesse autour d'une position moyenne, qui est celle de l'année, du jour et de l'heure[1]. Bien plus, il ne faut pas oublier que, de temps à autre, elles subissent des changements brusques correspondant aux perturbations ou aux orages magnétiques.

Quand on envisage à ce point de vue les phénomènes du magnétisme terrestre, on ne peut s'empêcher de comparer la Terre à un corps vivant dans lequel circule un flux nerveux, qu'impressionnent des causes encore inconnues, soit l'action variable de la chaleur solaire, soit celle d'un magnétisme propre au Soleil lui-même, soit enfin l'influence des corps étrangers, comme les essaims de météores cosmiques. On est porté, par analogie avec les lignes qui divisent astronomiquement ou géographiquement le globe terrestre, à assimiler les lignes isogoniques aux méridiens et les lignes isocliniques aux parallèles, la seule différence entre ces systèmes de lignes consistant dans l'irrégularité des lignes magnétiques. Mais cette analogie serait fausse, il importe d'y insister, puisque sur certaines cartes, celles de Duperrey par exemple, ce sont les méridiens et les parallèles magnétiques qui sont tracés, non les isogones et les isoclines, ainsi qu'on peut le voir dans la figure 60.

1. Par exemple, si l'on voulait revenir de la carte des lignes d'égale déclinaison de la France, que la figure 62 donne pour le 1er janvier 1879, à celle qui donnait les mêmes lignes pour janvier 1875, il faudrait transporter à peu près parallèlement à elles-mêmes les isogones tracées, en les déplaçant d'environ 25′ vers l'ouest. En 1875, la déclinaison magnétique pour Paris était de 17°21′; en 1879, elle n'était plus que de 16°56′ : elle avait donc diminué d'environ 25′. Ce changement est l'effet de la variation séculaire, qui est à peu près la même, en tous ses points, pour une région de l'étendue de la France.

Voici la définition que Duperrey a donnée du *méridien magnétique vrai :* c'est la ligne que l'on obtiendrait en transportant l'aiguille aimantée dans les diverses régions du globe, de part et d'autre de l'équateur magnétique, et en suivant constamment la route que marque sa direction. Ainsi défini, le méridien magnétique vrai qui passe par un lieu donné est une courbe à double courbure, tandis que le méridien magnétique ordinaire, étant l'intersection du plan vertical qui passe par l'aiguille avec l'horizon, n'est autre chose qu'un grand cercle. Quant aux *parallèles magnétiques*, ce sont des courbes tracées normalement aux méridiens vrais en chacun de leurs points : il ne faut donc pas non plus les confondre soit avec les isoclines, soit avec les isodynamiques.

CHAPITRE V

LE MAGNÉTISME TERRESTRE
LES AURORES POLAIRES

§ 1. AURORES BORÉALES ET AUSTRALES. — DESCRIPTION DES PHÉNOMÈNES AURORAUX.

A de rares intervalles dans les climats des zones tropicales et tempérées, mais très fréquemment dans les régions polaires, boréales et australes, on aperçoit dans le ciel, pendant la nuit, des phénomènes lumineux d'un aspect caractéristique, dont la production se rattache aux phénomènes du magnétisme terrestre. Ce sont les *aurores polaires*.

C'est surtout dans l'hémisphère nord de la Terre que ces splendides illuminations de l'atmosphère ont été observées, et pour cette raison on les a plus souvent nommées des *aurores boréales;* mais il est certain aujourd'hui qu'elles sont aussi communes dans les régions australes ; si l'on en croit même quelques observateurs modernes, les aurores australes et les aurores boréales seraient des phénomènes simultanés.

Dans nos climats, les aurores sont rarement visibles, comme nous venons de le dire, ou du moins leur éclat n'est qu'exceptionnellement assez intense pour qu'elles ne soient pas confondues avec les lueurs crépusculaires. Il est probable que nous ne voyons bien distinctement que les aurores boréales les plus brillantes et les plus étendues. Peut-être des observations plus attentives, si elles pouvaient être comparées à des observations simultanées faites dans les stations de la zone arctique, révèleraient un nombre bien plus grand d'apparitions d'aurores dans les nuits de la zone tempérée. Comme le fait remarquer avec raison un de nos savants physiciens et météorologistes, M. Charles Martins, les teintes de l'aurore boréale ressemblant à celles du crépuscule, un observateur inattentif ou mal orienté peut les confondre avec les reflets rougeâtres que présente l'horizon quelquefois assez longtemps après le coucher du Soleil. Elles ont aussi parfois l'aspect des lueurs que donne un grand incendie. C'est ce qui est arrivé notamment au début de l'aurore polaire du 24 octobre 1870, pendant le siège de Paris; la lueur rouge fut prise tout d'abord pour un incendie immense : illusion qu'explique d'ailleurs suffisamment la préoccupation des esprits à cette époque, mais qui fut promptement dissipée, quand le phénomène subit les variations d'aspect dont on va lire les détails. Voici, d'après nos propres observations[1], la description de cette aurore et de celle qui apparut la nuit suivante. On aura ainsi une idée de ce qu'est une aurore boréale observée à la latitude de Paris.

Le lundi 24 octobre, vers six heures du soir, une lueur rougeâtre se montra à l'horizon dans la direction du nord-nord-ouest. Peu à peu cette lueur s'étendit, s'éleva et se fit voir sous la forme d'un arc immense, embrassant de l'est à l'ouest toute la région boréale du ciel. Puis, subitement, quelques rayons d'une teinte plus éclatante et d'un rouge blanchâtre, sillonnant le fond plus sombre de la zone, ne laissèrent aucun doute sur la nature du phénomène, qui n'était autre chose qu'une magnifique aurore polaire. Pendant la journée, le ciel avait été couvert de nuages, qu'emportait un vent assez fort de la région ouest. Mais sur le soir il s'était dégagé, et, quand le phénomène commença, les étoiles brillaient à peu près dans toute l'étendue de la zone céleste qu'il embrassait. L'arc lumineux continua, jusqu'à huit heures

1. V. les *Comptes rendus de l'Académie des sciences*, 1870, t. II.

du soir, à augmenter d'intensité et d'amplitude jusqu'à atteindre et dépasser le zénith. La teinte de la lueur était surtout d'un rouge très prononcé à l'horizon, vers les régions de l'est et de l'ouest. Dans la direction du nord, son intensité était moindre, et l'on y remarquait le secteur obscur qui s'observe fréquemment au-dessous de la zone lumineuse dans les aurores polaires.

Sauf les rayons qui, çà et là et à intervalles irréguliers, sillonnaient le fond de l'arc, et dont la teinte était d'un blanc rougeâtre ou légèrement orangé, aucune des parties de l'arc n'affectait de couleur différente du rouge. Mais cette teinte variait assez souvent de ton : elle était tantôt rosée, tantôt d'un rouge sanglant, très éclatant et très lumineux, tantôt d'un rouge très sombre ; en aucun cas toutefois elle ne cessait d'être transparente et de laisser voir sur son fond les étoiles, même celles de troisième ou de quatrième grandeur ; on voyait très distinctement la Grande et la Petite Ourse, Cassiopée, Aldébaran, les Pléiades, etc. Au moment où l'arc atteignait le zénith, toute sa périphérie extérieure était bordée d'une teinte blanchâtre, d'un ton laiteux, analogue d'aspect à la Voie lactée, mais beaucoup plus régulière et plus uniforme. Le phénomène, tout en s'affaiblissant, était visible encore après onze heures du soir ; mais c'est entre huit heures et huit heures et demie qu'il paraît avoir atteint son maximum d'éclat.

La soirée suivante, du mardi 25 octobre, a été signalée par une nouvelle aurore ; je ne ferai qu'indiquer les caractères par lesquels elle m'a semblé se distinguer de la précédente. L'arc lumineux embrassait également tout le ciel de l'est à l'ouest, mais il dépassait le zénith, en le débordant du côté du sud. Au nord, on ne distinguait, à 30 degrés environ au-dessus de l'horizon, qu'une région assez peu étendue, ayant la teinte rougeâtre des autres parties de la zone. Entre le nord et l'ouest, on apercevait une région du ciel contrastant avec les régions environnantes par sa teinte très claire, d'un ton blanc-verdâtre et opalescent.

Comme dans l'aurore précédente, plusieurs rayons lumineux sillonnèrent, de temps à autre, le fond rougeâtre de sa lueur, mais sans apparence d'une convergence déterminée de leur direction. L'un de ces rayons, de forme allongée, rectiligne, assez large en son milieu, nous parut remarquable par la persistance de sa position et de sa durée : on l'eût pris pour un nuage. Entre sept et huit heures du soir, le phénomène de ces apparitions de rayons de lumière prit un caractère tout à fait singulier, qui mérite, croyons-nous, d'être signalé. A l'orient des constellations d'Andromède et de Pégase, en un point très voisin de deux étoiles de deuxième grandeur, μ et λ, qu'on voit à peu de distance du Carré, il se forma tout à coup deux, puis trois petites lueurs d'un blanc rosé, semblables à de petits nuages lumineux ou à des nébuleuses, qui, persistant d'abord sous leur première forme, peu à peu s'allongèrent comme autant de rayons rectilignes convergeant vers le point en question. D'autres rayons apparurent successivement dans toutes les directions et de toutes les grandeurs, mais ils présentèrent tous ce caractère de convergence vers le même point du ciel, de sorte qu'en cette région particulière le phénomène avait tout à fait l'apparence d'une gloire.

Nous aperçûmes à la même heure deux bolides assez brillants, mais nous ne pûmes en noter exactement ni le point de départ ni la direction.

Les aurores boréales aussi brillantes que celles dont on vient de lire la description, sont assez rares dans nos climats. Lorsque, de la zone tempérée, on s'avance vers les régions polaires, non seulement la fréquence des aurores devient beaucoup plus considérable, mais, ainsi que le dit un témoin oculaire, M. Martins, « le phénomène s'y montre avec un éclat et une magnificence tels, que rien ne saurait lui être comparé. Brillant et varié comme celui d'un feu d'artifice, le spectacle change à chaque instant. Le peintre n'a pas le temps de saisir les formes et les teintes de ces lueurs fugitives ; le poète doit renoncer à les décrire. Jamais une aurore boréale ne ressemble à l'autre ;

elles varient jusqu'à l'infini. » Avant de donner la description détaillée et méthodique des phénomènes multiples et complexes qu'offrent les aurores polaires, laissons encore la parole au savant que nous venons de citer. Voici en quels termes il esquisse le tableau de celles qu'il a eu l'occasion d'observer dans son voyage au Spitzberg et en Laponie :

« Tantôt les aurores, dit-il, sont de simples lueurs diffuses ou des plaques lumineuses ; tantôt des rayons frémissants d'une éclatante blancheur, qui parcourent tout le firmament en partant de l'horizon, comme si un pinceau invisible se promenait sur la voûte céleste. Quelquefois il s'arrête : les rayons inachevés n'atteignent pas le zénith, mais l'aurore se continue sur un autre point; un bouquet de rayons s'élance, s'élargit en éventail, puis pâlit et s'éteint. D'autres fois de longues draperies dorées flottent au-dessus de la tête du spectateur, se replient sur elles-mêmes de mille manières et ondulent comme si le vent les agitait. En apparence, elles semblent peu élevées dans l'atmosphère, et l'on s'étonne de ne pas entendre le frôlement des replis qui glissent l'un sur l'autre. Le plus souvent, un arc lumineux se dessine vers le nord; un segment noir le sépare de l'horizon, et contraste par sa couleur foncée avec l'arc d'un blanc éclatant ou d'un rouge brillant qui lance les rayons, s'étend, se divise et représente bientôt un éventail lumineux qui remplit le ciel boréal, monte peu à peu vers le zénith où les rayons, en se réunissant, forment une couronne qui, à son tour, darde des jets lumineux dans tous les sens. Alors le ciel semble une coupole de feu ; le bleu, le vert, le jaune, le rouge, le blanc se jouent dans les rayons palpitants de l'aurore. Mais ce brillant spectacle dure peu d'instants. La couronne cesse d'abord de lancer des jets lumineux, puis s'affaiblit peu à peu : une lueur diffuse remplit le ciel ; çà et là, quelques plaques lumineuses, semblables à de légers nuages, s'étendent et se resserrent avec une incroyable activité, comme un cœur qui palpite. Bientôt elles pâlissent à leur tour; tout se confond et s'efface ; l'aurore semble être à son agonie. Les

AURORE BORÉALE DANS LE SUD

observée à Bossekop; forme en crochet de l'arc auroral.

étoiles que sa lumière avait obscurcies, brillent d'un nouvel éclat, et la longue nuit polaire, sombre et profonde, règne de nouveau en souveraine sur les solitudes glacées de la terre et de l'Océan. » (*Du Spitzberg au Sahara.*)

§ 2. APERÇU HISTORIQUE SUR LES AURORES BORÉALES.

Il n'est pas aisé de distinguer, parmi les descriptions des météores lumineux de toute espèce que nous ont laissées les Anciens, les caractères qui pourraient s'appliquer aux apparitions d'aurores boréales. Depuis Aristote jusqu'à Pline, la confusion causée par l'ignorance où l'on était encore au sujet des phénomènes cosmiques et atmosphériques, faisait que les comètes, les apparitions d'étoiles filantes et de bolides, les lueurs électriques des orages, la lumière zodiacale, les aurores polaires étaient indistinctement rangées dans la même classe de phénomènes, bien que les auteurs ne se soient pas fait faute de leur donner vingt dénominations différentes. Est-ce d'une aurore boréale que parle Aristote, quand il compare le phénomène qu'il décrit « à une flamme mêlée de fumée, à la lumière d'une lampe qui s'éteint et à l'embrasement d'une campagne dont on brûle le chaume »? N'est-ce pas le segment obscur qu'on aperçoit au-dessous de l'arc auroral, que le même auteur a en vue, lorsqu'il dit : « Le *gouffre* (chasma), l'ouverture qu'on voit à cet endroit du ciel, à cause de l'interruption de la lumière qui frappe tout ce qui l'environne et de la couleur bleue et noirâtre dont il est peint, est ainsi appelé parce qu'il nous paraît avoir une sorte de profondeur. » (*Des Météores.*)

Voici une description de Sénèque, tirée du livre I de ses *Questions naturelles*, qui ressemble à celle d'Aristote, mais qui est plus précise et ne peut guère s'entendre que des aurores boréales :

« Les *bothynes* sont, dit-il, des cavités ignées du ciel, entourées intérieurement d'une espèce de couronne, et semblables à l'entrée d'une caverne circulaire. Les *pythies* ont la forme d'un immense tonneau de feu, tantôt mobile, tantôt se consumant sur place. On appelle *chasmata* ces flammes que le ciel, en s'entr'ouvrant, laisse apercevoir dans ses profondeurs. Les couleurs de ces feux sont aussi variées que leurs formes : c'est, par exemple, un rouge des plus vifs, ou une flamme légère prompte à s'évanouir ; quelquefois une lumière blanchâtre, quelquefois un éclat éblouissant, d'autres fois une lumière jaunâtre et uniforme qui ne scintille ni ne rayonne. » Plus loin, Sénèque parle de « ces phénomènes fréquemment cités dans l'histoire, tels qu'un ciel tout en feu, où l'embrasement parfois s'élève si haut qu'il semble se confondre avec les astres, et parfois s'abaisse tellement qu'il offre l'aspect d'un incendie lointain ». C'est bien là, en effet, le caractère distinctif des aurores observées dans nos climats, qui le plus souvent se réduisent à des lueurs vues à l'horizon et, par exception seulement, élèvent leurs feux jusqu'au zénith, ainsi que nous l'avons vu plus haut dans la double apparition des 24 et 25 octobre 1870. On les confondait jadis, comme aujourd'hui encore, avec des incendies : « Sous Tibère, des cohortes coururent au secours de la colonie d'Ostie, qu'elles croyaient en feu, trompées par un météore de cette sorte qui, pendant une grande partie de la nuit, jeta la lueur sombre d'une flamme épaisse et fuligineuse. »

Nous n'entrerons pas dans plus de détails sur l'histoire de l'aurore boréale dans l'antiquité et le moyen âge, les récits qu'ont laissés les auteurs de leurs apparitions se trouvant le plus souvent mêlés de fables, de descriptions fantastiques, que la crédulité superstitieuse des observateurs leur faisait imaginer sans doute de bonne foi, mais qui, par cela même, n'ont pas un grand intérêt scientifique[1]. Mairan, dans son *Traité de l'Aurore boréale*, en cite un grand nombre.

1. Voici, par exemple, en quels termes Cornelius Gemma parle de deux aurores boréales qui se montrèrent l'une en février, l'autre en septembre 1575 : « L'une, dit-il, parut vers les neuf heures du soir, le 13 février, l'autre peu de temps après le coucher du soleil, vers

Il faut arriver jusqu'aux premières années du quinzième siècle, à l'année 1621 notamment, pour trouver la première mention scientifique d'une aurore boréale : c'est celle qui eut pour témoin et pour historien Gassendi[1]. Déjà en 1615, La Mothe le Vayer, dans une lettre qu'il intitule *De la crédulité*, commence à protester contre les interprétations superstitieuses des phénomènes célestes. Citant le récit d'un contemporain qui prétendait avoir observé, le 26 octobre 1615, « des hommes de feu qui combattoient au ciel avec des lances et qui, par ce spectacle effrayant, pronostiquoient la fureur des guerres qui suivirent », il ajoute : « cependant j'étois aussi bien que lui dans la même ville, et je proteste, pour avoir contemplé assidûment jusque vers les onze heures de nuit le phénomène dont il s'agit, que je ne vis rien de tel qu'il le rapporte, mais seulement une impression céleste assez ordinaire, en forme de pavillons, qui paraissoient et s'enflammoient de fois à autre, selon qu'il arrive souvent en de tels météores. Infinies personnes qui sont vivantes peuvent témoigner ce que je dis. »

L'observation impartiale et froide se substituait peu à peu aux illusions de la crédulité. La science envahissait le domaine du surnaturel. A partir de cette époque, l'attention du monde savant est fixée sur ces phénomènes, et les observations précises se sont multipliées. Cassini, qui recueillait avec soin toutes les observations relatives aux lueurs atmosphériques, dans le but de distinguer celles qui se rapportaient à la lumière zodiacale,

les sept heures, la veille de Saint-Michel ou le 28 septembre de la même année. La première, par l'ordre, la nature et la variété des formes sous lesquelles elle se montra, nous mit devant les yeux un tableau fidèle des calamités, des vicissitudes, et de tous les coups de la fortune auxquels la Flandre se trouva bientôt exposée... Que signifioient donc ces deux grands arceaux admirables ! L'un, plus étendu vers le nord, sembloit puiser dans le gouffre ténébreux d'où il sortoit plusieurs autres arcs, et une vaste lumière ; l'autre, déclinant un peu plus vers le midi, et représentant parfaitement l'Iris par les diverses couleurs dont il étoit peint, s'étendoit du levant jusqu'au couchant en passant par la ceinture d'Orion. L'arc le plus austral se brisa d'abord auprès de la ceinture d'Orion, et il sortit de sa brèche quantité de rayons, de lances et de javelots enflammés ; ils partoient avec une rapidité incroyable : c'étoit l'image d'un sanglant combat. »

1. C'est à Gassendi qu'on doit le nom moderne du phénomène, *aurora borealis*. Cassini, à la fin du dix-septième siècle, emploie aussi la dénomination de *lumière septentrionale*.

cite en 1687 des apparitions d'une lumière fort blanche qui se montrait la nuit vers l'horizon du nord, et il la nomme *lumière septentrionale* : c'était, à n'en pas douter, l'aurore boréale. Il rapporte à ce sujet une relation d'un auteur cité par Gassendi, où se trouve nettement décrit le phénomène de l'aurore tel qu'on l'observe dans les régions polaires. Voici ce passage : « L'été du Groenland est toujours beau jour et nuit, si l'on doit appeler nuit ce crépuscule perpétuel qui occupe en été tout l'espace de la nuit. Comme les jours y sont très courts en hiver, les nuits, en récompense, y sont très longues et la nature y produit une merveille que je n'oserois vous écrire, si la *Chronique islandaise* ne l'avoit écrite comme un miracle. Il se lève en Groenland une lumière avec la nuit, lorsque la Lune est nouvelle ou sur le point de le devenir, qui éclaire tout le païs, comme si la Lune étoit en plein ; et plus la nuit est obscure, plus cette lumière luit. Elle fait son cours du côté du nord, à cause de quoi elle est appelée lumière septentrionale : elle a le regard d'un feu volant et s'étend en l'air comme une haute et longue palissade. Elle passe d'un lieu à l'autre, et laisse de la fumée aux lieux qu'elle quitte : elle dure toute la nuit, et s'évanoüit au Soleil levant. » Cet auteur ajoute que cette lumière septentrionale se voit clairement en Islande et Norvège, lorsque le ciel est serein, et que la nuit n'est troublée d'aucun nuage ; qu'elle n'éclaire pas seulement les peuples de ce monde arctique, mais qu'elle s'étend jusqu'à nos climats ; et il croit que cette lumière est la même qui a été observée par M. Gassendi le 15 septembre 1621 et décrite dans la vie de M. de Peireisc, et ailleurs appelée l'*aurore boréale*. » (Cassini, *Découverte de la lumière céleste qui paroist dans le Zodiaque*.)

Dans le dix-huitième siècle les aurores boréales furent étudiées par un grand nombre d'observateurs, parmi lesquels nous citerons Rœmer, Liebknecht, Halley, Maraldi, de Plantade, Godin, Muschenbroek. Des explications théoriques furent ébauchées et Mairan publia son *Traité de l'Aurore boréale*, qui eut un grand succès[1]. Nous dirons un mot des hypothèses proposées alors. Mais il faut remarquer que, jusqu'à nos jours, le phénomène ne fut que rarement étudié là où il se présentait dans tout son éclat, avec toutes ses variétés d'aspect, et avec une fréquence qui n'avait point été soupçonnée. C'est aux savants qui ont fait sur place et avec méthode les observations et les études des aurores boréales que nous devons maintenant passer pour achever de les décrire et pour exposer la théorie qui rattache ces intéressants phénomènes au magnétisme terrestre.

§ 3. CARACTÈRES PHYSIQUES DES AURORES BORÉALES : SEGMENT OBSCUR, HAUTEUR ET AMPLITUDE, PARALLAXE.

Une des plus remarquables séries d'observations de l'aurore boréale dans les régions polaires arctiques est due aux savants qui ont fait, de 1838 à 1840, sur la corvette *la Recherche*, une expédition scientifique en Scandinavie, en Laponie, au Spitzberg et aux îles Féroë. L'étude du magnétisme terrestre avait été confiée aux physiciens français Bravais et Lottin et aux suédois Lilliehöök et Siljeström. Bravais a résumé dans un dernier chapitre les résultats des observations qui ont eu les aurores polaires pour objet. Nous allons en donner l'analyse, que nous empruntons d'abord en partie à la plume d'Élie de Beaumont; puis nous la complèterons au fur et à mesure par quelques données tirées du mémoire de Bravais lui-même, ce mémoire, selon l'expression du savant secrétaire perpétuel de l'Académie

1. Mairan, dans le traité que nous venons de citer, donne le tableau des apparitions alors connues des aurores boréales, depuis l'an 583 jusqu'à l'année 1751. Il en trouve 1441, dont 150 seulement sont antérieures à 1621 ; elles se répartissent ainsi entre les mois de l'année :

Janvier, février, mars	456	Total : 1441.
Avril, mai, juin	191	
Juillet, août, septembre	278	
Octobre, novembre, décembre	516	

Le total des aurores qui ont paru dans les six mois de la période hivernale est de 972 ; celles de la période estivale sont seulement au nombre de 469. Ainsi les apparitions d'aurores paraissent avoir été moitié moins fréquentes en été qu'en hiver.

des sciences, étant de l'aveu des juges compétents « ce qui a été écrit de plus net à ce sujet ».

« Lorsque les premières clartés, encore douteuses, d'une aurore boréale commencent à se répandre dans le ciel, on aperçoit d'abord à l'horizon, un peu à l'ouest du nord, un segment obscur, qui, suivant les conjectures très vraisemblables de M. Bravais, ne serait autre chose que la masse compacte des brumes dont se couvrent presque constamment les eaux tempérées de la mer polaire. Au-dessus du segment obscur apparaissent bientôt des lueurs semblables à celle d'un

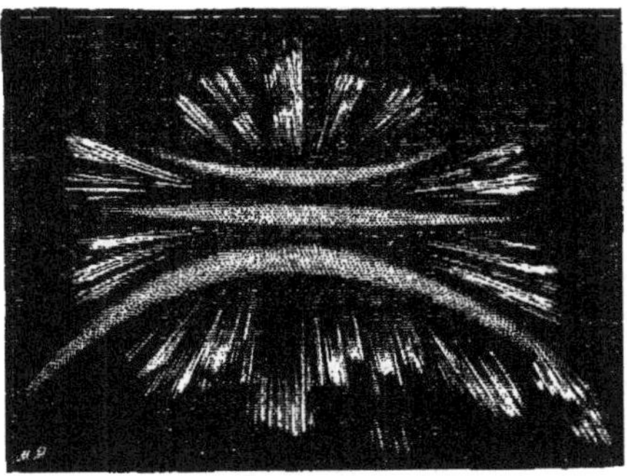

Fig. 65. — Aurore boréale du 10 décembre 1838, observée à Bossekop; arcs et rayons en forme de coupole.

incendie, résultant peut-être simplement des feux encore lointains de l'aurore boréale reflétés sur la surface des vapeurs marines. Quelque temps après, un arc lumineux se dessine au-dessus du segment obscur. Ses deux extrémités, ses deux pieds, s'appuient sur l'horizon, et son point culminant, qui le partage en deux parties égales et symétriques, est situé le plus souvent dans le voisinage du méridien magnétique. En moyenne il tombe un peu à l'ouest de ce méridien[1], dont il s'éloigne progressivement à mesure qu'il se trouve plus éloigné du bord

1. D'après Bravais, la déviation est d'environ 11° vers l'ouest pour les arcs situés au zénith; plus grande pour les arcs situés au sud. Argelander avait le premier constaté cette déviation à Åbo.

septentrional de l'horizon, surtout lorsque, dépassant le zénith, il se rapproche de l'horizon méridional, dont il est éloigné, dans certains cas, de quelques degrés seulement[1].

« Quelquefois plusieurs arcs différents se montrent en même temps : très souvent on en voit deux, plus rarement trois ; on en a compté jusqu'à neuf à la fois. Leur largeur, qui est moyennement de sept à huit degrés, excède quelquefois 25 degrés, notamment dans la partie culminante lorsqu'elle passe près du zénith. Par la combinaison des mesures, cette dernière remarque conduit à admettre que les arcs de l'aurore boréale

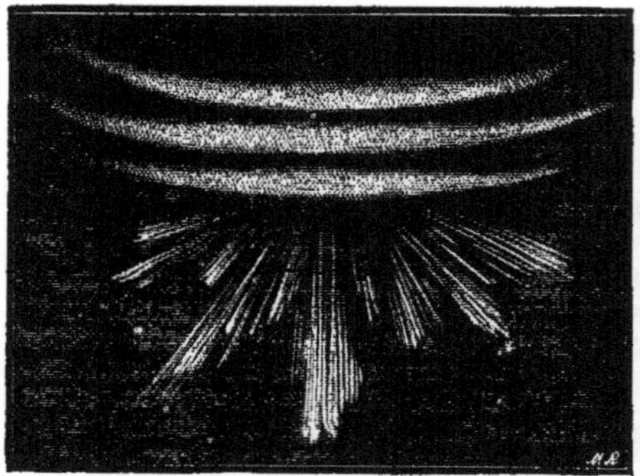

Fig. 64. — Aurore boréale du 17 octobre 1838, observée à Bossekop ; couronnes et arcs hyperboliques.

sont aplatis parallèlement à la surface de la terre ; et elle a

1. En décrivant le segment obscur, Bravais se pose cette série de questions qui ne sont pas toutes résolues : « Le segment obscur accompagne-t-il toujours l'aurore boréale ? Lorsqu'il se montre, est-il toujours suivi par elle ? Quelle est sa nature ? Est-il un simple effet de contraste ? Doit-on l'assimiler à un nuage ordinaire, ou faut-il admettre l'existence d'une matière spéciale, qui lui donne naissance ? » Il cite des exemples d'aurores dont l'apparition n'a point été précédée par celle du segment obscur : pendant une période de six semaines, remarquable par la sérénité du ciel, ce segment cessa complètement de paraître, bien que la même période ait été très riche en aurores boréales. Pendant un hiver entier passé à Talvig, le professeur Keilhau remarque expressément qu'il n'a point aperçu le segment obscur.

Toutes les fois que Bravais a pu observer ce segment, il était situé dans le méridien magnétique, dans la direction du nord ou du nord-ouest, quelquefois de l'ouest. Or il fait remarquer que c'est précisément dans cette direction que se trouvait la mer glaciale, à quelques myriamètres seulement de distance. « Un immense stratus de brume, dit-il, la recouvrait pendant une grande partie de l'hiver, et nos observations météorologiques indiquent suggéré à M. Bravais un des moyens propres à fournir la mesure de la hauteur à laquelle ils se trouvent au-dessus du sol[1].

« Depuis longtemps on s'était préoccupé de cette hauteur, et l'on avait pensé avec raison qu'on pourrait la calculer d'après la parallaxe résultant de deux observations d'un même arc, faites simultanément par deux observateurs placés à une distance connue. Afin de se ménager ce moyen de détermination, M. Bravais a été passer treize jours, du 9 au 22 janvier 1838, à Jupvig, lieu situé à 15 kilomètres vers le nord de Bossekop, pour y suivre de son côté les aurores boréales, que ses collaborateurs observaient aux mêmes instants dans l'endroit ordinaire. »

« Les formes d'un grand nombre d'arcs, et surtout celles des arcs les plus réguliers, ont été relevées par la commission avec un grand soin, et M. Bravais, en les discutant, au moyen de constructions géométriques élégantes et de formules trigonométriques très habilement réduites à une grande simplicité, a fait voir que tous ces arcs pouvaient être considérés, conformément à l'hypothèse de notre illustre correspondant M. Hansteen (de Christiania), comme les perspectives d'anneaux circulaires ayant leur centre sur le rayon terrestre dirigé vers le pôle magnétique et leur plan perpendiculaire à ce rayon.

« Ses formules lui ont donné, pour chaque cas, l'élévation de l'anneau à la surface de la Terre, et ce moyen de mesure,

que l'atmosphère était habituellement brumeuse de ce côté, aussi bien pendant les heures de jour que pendant les heures de nuit. Souvent cette brume, dirigée par un vent convenable, s'élevait vers nous, atteignait notre zénith et venait s'y résoudre en une neige floconneuse. » Les diverses circonstances du phénomène semblent s'expliquer fort bien par cette hypothèse. Cependant Bravais cite quelques cas peu nombreux où des arcs lumineux, des plaques aurorales paraissaient à l'intérieur du segment obscur.

1. De la discussion d'un grand nombre de mesures d'arcs auroraux, Bravais a déduit les hauteurs, amplitudes et largeurs moyennes suivantes (les hauteurs étant comptées au-dessus de l'horizon nord et dépassant dès lors 90° pour les arcs austraux) :

	Hauteurs.	Amplitudes.	Largeurs
Arcs boréaux..........	44°,2	152°,4	7°
— zénithaux........	90°,0	175°,4	25°
— austraux........	125°,0	184°,9	7°,8

La largeur de 25° est déduite d'arcs situés de part et d'autre du zénith, à 30° de distance au nord et au sud.

combiné avec les deux autres déjà indiqués, l'a conduit à conclure que les arcs d'aurore boréale sont placés à une élévation de 100 à 200 kilomètres, dans la région où les étoiles filantes et les bolides deviennent incandescents et lumineux, c'est-à-dire vers les limites extrêmes de l'atmosphère terrestre, dont on avait supposé pendant longtemps l'étendue moins considérable[1]. »

Avant Bravais, divers observateurs, physiciens et astronomes, avaient tenté de déterminer les éléments géométriques des aurores polaires, et notamment la hauteur des arcs au-dessus de la surface terrestre. Mais ces tentatives avaient donné des résultats fort divergents. Tandis que Christie et Hansteen déduisaient de leurs observations simultanées (aurore du 7 janvier 1831) des hauteurs variant entre 57 et 192 kilomètres, d'autres savants, Thienemann, Wrangel, Struve, Farquharson ne pensaient pas que l'élévation maximum de l'arc dépassât les régions des nuages. Mais leur opinion semble plutôt basée sur certains effets lumineux observés dans telle et telle aurore particulière que sur des mesures positives. Bravais, tout en reconnaissant la difficulté de viser convenablement à une limite aussi diffuse que l'est celle d'un arc d'aurore boréale, fait remarquer que les résultats qu'il a obtenus tirent un grand degré de vraisemblance de ce fait que la hauteur moyenne des arcs (de 100 à 150 ou 200 kilomètres) est du même ordre de grandeur « que celles déduites de la variation des amplitudes des arcs pendant leur rotation apparente autour de la perpendiculaire au méridien magnétique et de la comparaison des largeurs des bandes zénithales à leur sommet et à leurs pieds. »

Diverses apparences ont pu faire croire à la faible hauteur ou à la proximité de l'aurore boréale. Bravais les discute et démontre aisément qu'elles sont loin d'être concluantes. « L'illusion, dit-il, qui nous porte à juger l'aurore boréale très

1. Élie de Beaumont, *Éloge historique d'Auguste Bravais.*

rapprochée est due quelquefois, tout simplement, à l'apparence fumeuse de ses lueurs (fig. 65), principalement lorsque leur mouvement rappelle en outre le mouvement des bouffées de vapeur qui s'échappent d'une machine locomotive; on ne peut évidemment attacher aucune valeur à un tel indice. » L'aurore semble parfois comprise entre une montagne et l'observateur; le pied de ses rayons paraît se prolonger au-dessous du sommet. Une telle apparence s'est offerte à Bravais, qui l'explique par la réflexion de la lumière sur la neige cristallisée qui recouvrait la montagne.

Une opinion répandue, non seulement parmi les habitants des régions polaires, mais aussi chez un certain nombre de physiciens, attribue à l'aurore un bruit particulier, que les observateurs de Bossekop ne sont point parvenus à entendre, malgré l'attention soutenue qu'ils mirent à suivre les diverses phases d'un grand nombre d'aurores. Bravais pense que ceux qui croient avoir entendu ce bruit ont pu être trompés par plusieurs causes d'erreur. « Tels sont, dit-il, le sifflement du vent, le tourbillonnement de la neige, le murmure lointain de la mer, le craquement de la neige qui se congèle après un commencement de fusion, etc. » Sur le même sujet mentionnons l'opinion de Siljeström, qui concorde avec celle de Bravais.

« J'ai cherché, dit ce savant, à obtenir des habitants du Finmark quelques renseignements sur les aspects du météore et surtout sur le prétendu bruit de l'aurore boréale.

« La plupart des personnes auxquelles j'en parlai m'assurèrent en effet qu'elles avaient véritablement *entendu* l'aurore dans des occasions où ce phénomène s'était montré extraordinairement brillant. Plusieurs me dirent aussi qu'elles avaient vu l'aurore descendre sur la terre, et les entourer tout à fait de sa lumière; ceci leur était arrivé surtout quand elles avaient traversé en hiver le grand plateau montagneux qui sépare le Finmark de la Laponie proprement dite. Les Lapons croient généralement que l'on entend un certain bruit dans l'aurore boréale, et ils le comparent à celui qui se produit dans les articulations des jambes des rennes pendant leur marche, et qui ressemble à la décrépitation des étincelles électriques.

« Je crois que toutes ces assertions peuvent dépendre d'une illusion des sens. Et d'abord, quant à la descente de l'aurore sur la terre, il faut réfléchir à l'effet trompeur de la réflexion de la lumière sur une plaine indéfinie de neige, le ciel étant

Fig. 65. — Aurore boréale observée en février 1874 (expédition du *Tegetthoff*); apparence fumeuse de la lueur aurorale.

couvert de toutes parts de très fortes lueurs d'aurore. M. Thomas, ingénieur des mines à Kaafiord, prétendait avoir vu l'aurore entre lui et une montagne qu'il me désignait, mais il n'avait entendu aucun bruit. Quant à ce bruit prétendu de l'aurore, je ne saurais pas non plus le nier; mais du moins il y a lieu de soupçonner encore ici une illusion facile à expliquer. En effet, en voyant tout le ciel couvert de flammes, comme cela arrive dans les aurores les plus fortes, en regardant ces lueurs variables et douées de mouvements rapides, ou bien ces rayons formés en un instant, partant comme des fusées avec une vitesse effrayante et étincelants d'une très vive lumière, il me semble très naturel que le spectateur puisse être induit en erreur, de manière que, dans toutes ces apparences de feu, il s'imagine en entendre le pétillement, et rapporte au sens de l'ouïe ce qu'il n'a appris que par celui de la vue. D'un autre côté, la possibilité d'une première illusion étant admise, on sait combien facilement une erreur se propage par tradition, en dépit du témoignage des sens non prévenus.

« Parmi les personnes que j'interrogeai sur ce sujet, se trouvait un vieillard âgé de soixante-dix ans, auquel je dois beaucoup de notions sur d'autres questions relatives au Finmark. Eh bien, cet homme, qui s'était beaucoup occupé d'expériences d'agriculture et qui avait toujours suivi avec intérêt l'état du ciel et du vent, n'avait jamais entendu le prétendu bruit de l'aurore boréale. D'après ces motifs, le fait me paraît au moins fort douteux. » (*Voyages en Scandinavie, en Laponie, etc. Aurores boréales.*)

§ 4. CARACTÈRES PHYSIQUES DES AURORES BORÉALES : ÉCLAT, COULEURS, MOUVEMENTS DES ARCS ET DES RAYONS.

Des apparences géométriques des aurores et de leur distance probable au sol, passons à l'étude de leur aspect physique et de leur lumière.

La forme des arcs auroraux est souvent si bizarre et si irrégulière, qu'elle échappe à toute description. Le dessin seul en peut donner une idée. Les planches II, III et IV et les figures 65 à 69 suppléeront à cette insuffisance. Rappelons toutefois, d'après Bravais, qu'une des plus singulières et des plus constantes dispositions de l'arc auroral est celle qui lui donne l'apparence d'une *draperie ondulante* et rappelle les plis d'un drapeau ou

AURORE BORÉALE
observée à Noulato (Alaska), le 27 décembre 1868, par F. Whymper.

de la *flamme d'un navire de guerre* déployée horizontalement et agitée par le vent. « Ce n'est point sans doute, dit-il, une pure illusion d'optique qui porte l'observateur à voir dans la matière de l'arc des plis ondulants, des parties en creux et d'autres en relief, quoique, dans le plus grand nombre des cas, il ne puisse acquérir aucune certitude à cet égard. Ces formes en festons et en draperie ne se manifestent guère que dans les arcs formés de rayons juxtaposés ; elles sont rares dans les arcs à pâte complètement nébuleuse, et constituent l'un des traits les plus caractéristiques et les plus frappants de l'aurore boréale. » Bravais signale aussi la forme *en crochet* (voyez la planche II) qu'affecte souvent l'extrémité orientale de l'arc, lorsque celui-ci se recourbe en dessus pour se diriger vers le point de l'horizon situé au-dessus de son sommet ; plus rarement, le crochet se voit à la partie occidentale de l'arc auroral.

Un phénomène curieux est celui de la translation des arcs, qui, une fois formés, ne restent pas invariablement fixés au lieu de leur origine, mais peuvent se déplacer en se transportant parallèlement à eux-mêmes du nord au sud ou du sud au nord. « Un arc qui d'abord se sera montré près de l'horizon nord, peut s'élever graduellement, atteindre le zénith, descendre vers l'horizon austral, y rester quelque temps stationnaire, et puis revenir sur ses pas. Les pieds de l'arc, presque fixes à l'est ou à l'ouest de la boussole, paraissent alors tourner autour de ces points comme autour d'une charnière[1]. » Dans les arcs en crochet, on peut reconnaître un second genre de mouvements, ceux de l'ouest à l'est, ou de l'est à l'ouest. Enfin, il arrive aussi que, la hauteur de l'arc restant la même, ses pieds se déplacent en sens inverse l'un de l'autre : l'arc entier paraît alors tourner autour de la verticale, soit dans le sens du mouvement diurne, soit dans le sens opposé.

1. D'après le relevé de ses observations, Bravais constate que les arcs de l'aurore ont paru marcher soixante fois du nord vers le sud, trente-neuf fois du sud au nord. Il trouve vingt-cinq nuits où le premier de ces mouvements a été seul observé, onze nuits pendant lesquelles a eu lieu le mouvement inverse ; enfin pendant dix-sept nuits on a observé les deux mouvements antagonistes.

La vitesse du mouvement de translation des arcs atteint souvent 5° et exceptionnellement jusqu'à 17° par minute. Dans le premier cas, en admettant pour l'arc une hauteur verticale de 200 kilomètres dans l'atmosphère, la vitesse effective serait égale à 300 mètres par seconde, en admettant, bien entendu, qu'au mouvement apparent de l'arc correspondît un transport réel de matière pondérable.

La lumière des arcs de l'aurore est d'un blanc jaunâtre uniforme; le bord inférieur est mieux limité que le bord supérieur, ce qui peut s'expliquer en partie par le plus grand

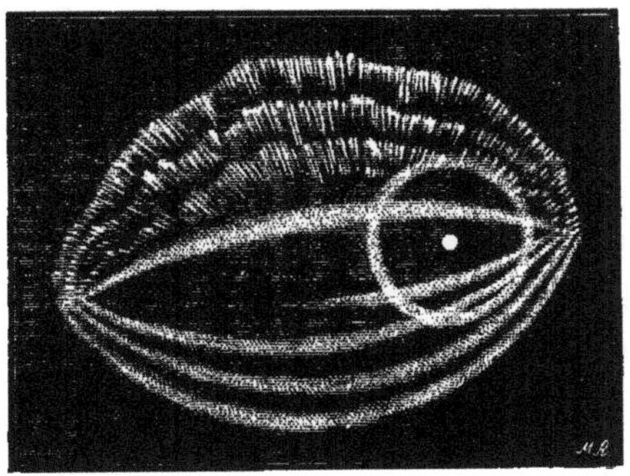

Fig. 66. — Aurore boréale et halo, observés à Bossekop le 2 novembre 1838[1].

éloignement où le premier de ces bords se trouve de l'observateur; mais il est possible que cette différence provienne de la plus grande condensation de la matière aurorale sur le bord de l'arc le plus septentrional. Quant à l'éclat des arcs auroraux, Bravais le compare à celui des étoiles de première grandeur pour les plus brillants; mais le plus souvent c'est aux étoiles de deuxième et surtout de troisième et de quatrième grandeur qu'il peut être comparé.

« Le phénomène le plus singulier que présentent les arcs de l'aurore est sans contredit leur tendance à se décomposer en

1. « Il y a une relation intime entre la lumière du halo et celle de l'aurore; car là où un rayon coupe le halo, *celui-ci est plus large* et sa lumière plus condensée. » (Lilliehöök.)

rayons courts, dirigés suivant le sens de la largeur de l'arc et convergeant vers le zénith magnétique. Aussi, très souvent, les arcs paraissent-ils formés de fibres transversales à leurs bords, coupées nettement à leurs extrémités suivant une courbe régulière qui forme le bord inférieur de l'arc. Les arcs à pâte entièrement nébuleuse et homogène ne sont peut-être pas les plus fréquents : les arcs composés de rayons, ou *arcs radiés*, se montrent extrêmement souvent. » Entre ces deux formes, on trouve d'ailleurs toutes les formes intermédiaires ; de plus, fréquemment un arc nébuleux se résout soit partiellement, soit

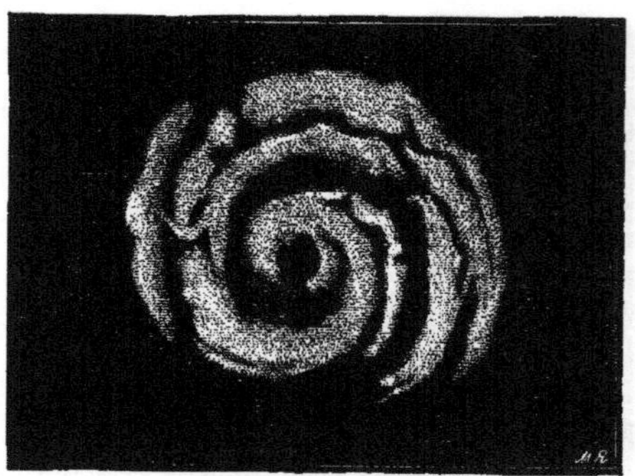

Fig. 67. — Aurore boréale du 28 septembre 1838. Forme spiraloïde et mouvement de rotation de la matière aurorale[1].

totalement, en arc radié. On voit dans les figures 63, 64 et 66 des exemples de cette décomposition partielle.

L'éclat des rayons, de ces colonnes lumineuses qui, selon l'expression de Bravais, forment le second type des lueurs de l'aurore boréale, est variable comme l'éclat des arcs, mais plus vif à égalité de surface. Néanmoins les étoiles sont souvent visibles au travers, et si elles disparaissent, c'est à cause de la clarté du fond sur lequel elles se projettent. Les rayons sont sujets à deux mouvements : l'un en vertu duquel le rayon s'allonge vers le zénith ou l'horizon ; l'autre qui le fait déplacer

1. « Vers le zénith il y eut, pendant quelque temps, un mouvement de rotation de la matière, représenté par la figure ci-dessus. » (*Voyages en Scandinavie, en Laponie*, etc.)

parallèlement à droite ou à gauche. Ces deux mouvements sont parfois excessivement rapides : Bravais cite un rayon qui en 27 secondes parcourut sur le ciel un espace angulaire de 90°. Selon cet observateur, le mouvement latéral n'a rien de réel ; il croit pouvoir affirmer que le plus souvent c'était un simple jeu de lumière, dû à l'éclairement successif des rayons immobiles ; aussi le caractérise-t-il par le nom de *mouvement ondulatoire* ou d'*apparence ondulatoire*. Le mouvement longitudinal ou *vibratile* offre certaines particularités intéressantes. Si le rayon, restant à peu près à la même place, s'allonge

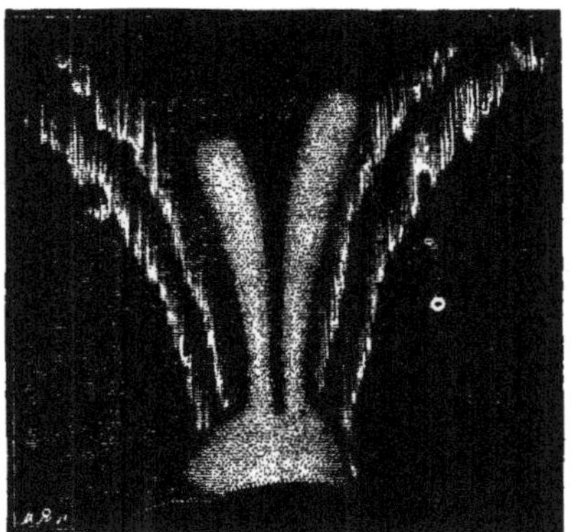

Fig. 68. — Aurore boréale du 25 décembre ; bandes aurorales.

rapidement vers le haut ou vers le bas, on dit qu'il *darde ;* il *joue* ou il *danse* quand il s'abaisse et remonte alternativement, sans que sa longueur change d'une manière notable. « C'est, dit Bravais, un accident des plus fréquents, et l'un de ceux qui caractérisent le mieux les aurores boréales. Ces rayons jouant et dansant sont les *capræ saltantes* des anciens auteurs, les *marionnettes* des habitants de Terre-Neuve et du Canada, les *merry dancers* des Anglais. »

Quelquefois les rayons auroraux sont disposés en grand nombre de manière à converger vers une même région du ciel dont la partie centrale reste obscure. L'ensemble a l'apparence assez grossière d'une couronne. La figure 63 présenterait cet aspect, si l'on faisait abstraction de la bande centrale et des deux arcs qu'on voit de chaque côté. Cette disposition est due à un effet de perspective aisé à expliquer. « Si la partie de l'atmosphère terrestre, dit Bravais, située au-dessus du plan de l'observateur est occupée par un grand nombre de rayons distincts, tous parallèles entre eux et à la direction de l'aiguille d'inclinaison, il se formera, d'après les règles de la perspective linéaire, un *point de fuite* vers lequel tous les rayons paraîtront converger, et qui sera déterminé par la rencontre de la sphère

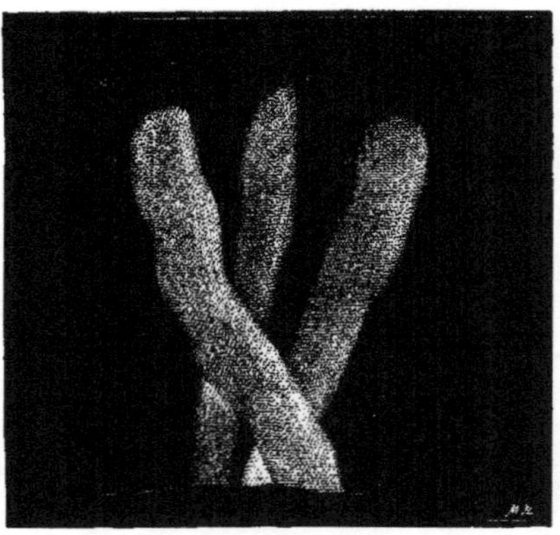

Fig. 69. — Aurore boréale du 5 janvier 1839 observée à Bossekop ; arcs convergents.

céleste avec la ligne visuelle menée de l'œil de l'observateur parallèlement à l'aiguille d'inclinaison ; c'est ce point de rencontre que nous désignons sous le nom de zénith magnétique. »

Ces couronnes boréales ne sont pas toujours complètes ; des secteurs plus ou moins étendus peuvent rester vides de lumière. Elles prennent parfois un aspect splendide ; les rayons qui les composent prennent un vif éclat ; ils entrent alors en mouvement et se dépouillent de leur teinte jaunâtre habituelle pour se colorer en rouge et en vert ; à ce moment, dit Bravais, « la couronne offre le plus haut degré de magnificence que puisse déployer l'aurore boréale ». Circonstance remarquable, pendant que ces brillantes couronnes resplendissent, les autres lueurs de l'aurore pâlissent, pour reparaître après la disparition du météore. Souvent alors il arrive que les rayons s'écartent, se portant vers le nord ou vers le sud, ou à la fois de ces deux côtés ; ils deviennent très pâles, acquièrent une longueur prodigieuse et vont former, tout autour de l'horizon, une immense ceinture lumineuse.

Il faudrait noter encore, pour décrire toutes les apparences variées que prennent les aurores polaires, les *plaques*, sortes de lueurs diffuses de forme ovale, analogues aux cirrus, puis les *lueurs vagues*, *nébuleuses*, les *vapeurs aurorales* qui, répandues sur une portion considérable du ciel, le recouvrent parfois presque en entier, et enfin les *bandes*, sorte de colonnes nébuleuses dont les figures 68 et 69 représentent deux cas singuliers. Peu intenses dans la région supérieure de la voûte céleste, les lueurs dont il vient d'être question, en s'accumulant à l'horizon, produisent une lumière assez vive pour imiter de vastes incendies. Elles subissent des mouvements irréguliers, sortes de palpitations qui affectent d'ordinaire tout leur ensemble, de sorte que les lueurs et plaques aurorales obéissent à la fois aux mêmes alternatives de défaillance ou de recrudescence de leur lumière. Elles envahissent le ciel à l'heure la plus avancée de la nuit, et leur entrée en scène est d'ordinaire l'annonce de la prochaine extinction de l'aurore.

Quelle que soit la nature de la matière qui compose l'aurore boréale, tout prouve qu'elle doit être d'une extrême ténuité. En effet, la lumière des étoiles, nous l'avons vu déjà, est à peine affaiblie par son passage au travers. En outre, Argelander, dans ses observations astronomiques d'Åbo, n'a pu constater aucune trace de réfraction produite par la lumière aurorale, et Bravais a vérifié l'exactitude de ce fait en déterminant la hauteur de l'étoile polaire.

La lumière de l'aurore est généralement inférieure en éclat à celle de la Pleine Lune. « Tout ce que j'ai pu faire, dit Bravais, à la lueur de la très brillante couronne du 10 janvier, a été de lire, *non sans peine*, quelques mots d'un caractère connu en imprimerie sous le nom de *petit texte*. La même lecture est aisée à la lumière de la Pleine Lune. » En aucun cas, l'éclat intrinsèque des arcs ou des rayons auroraux n'atteint celui de la lumière lunaire.

Terminons cette description des phénomènes qu'offrent les aurores boréales par quelques mots sur la couleur. Cette couleur est ordinairement blanche; mais elle peut tourner au jaune pâle et au rougeâtre. Quand l'éclat devient plus intense, et que se produisent ces mouvements rapides décrits plus haut, les rayons se colorent, la teinte jaune brillante reflue de leurs extrémités au centre et ces extrémités elles-mêmes deviennent l'une rouge, l'autre verte. Plus la zone de ces couleurs est brillante, plus l'autre l'est elle-même. Le rouge de l'aurore est teinté de violet, et le vert, assez franc, est légèrement bleuâtre.

La lumière de l'aurore boréale n'a pu être étudiée au spectroscope par Bravais, puisque à l'époque où ont été faites les nombreuses observations de ce savant en Laponie, la méthode d'analyse spectrale n'était point connue. Mais depuis on a reconnu que, parmi diverses raies variables dont se compose le spectre de la lumière aurorale, il en est une qui se voit d'une manière constante; c'est une raie verte dont la longueur d'onde est 0^{mm},000557 d'après Angström. Respighi, Winlock et Clarck, et d'autres savants qui ont observé à ce point de vue l'aurore boréale du 4 février 1872, ont tous constaté que la raie d'Angström était visible sur toute la surface du ciel. Voici ce qu'en dit Secchi : « On a cru observer les raies de l'hydrogène, mais on n'a pas déterminé leur position d'une manière satisfaisante. On a même vu des portions de spectre continu. Dans les moments où le phénomène était plus brillant, nous avons entrevu plusieurs raies, et, dans le vert, une partie du spectre nous a présenté l'apparence cannelée que possède celui de l'azote. On voit donc que la lumière de l'aurore polaire est très variable. » Zöllner attribue la raie principale de l'aurore à l'oxygène à basse température. Respighi a constaté la présence de la même raie dans le spectre de la lumière zodiacale, ce qui serait, selon lui, une preuve d'une communauté d'origine. Enfin, il paraît également certain que cette raie existe dans le spectre de la couronne solaire.

Après avoir décrit, dans tous ses détails, le phénomène de l'aurore boréale, et avant de dire quelles hypothèses ont été proposées pour l'expliquer, il nous reste à exposer ce qu'on sait de la fréquence de ses apparitions.

D'après les observations de Bravais, qui ont embrassé un peu plus de six mois de la période hivernale (du 19 septembre 1838 au 8 avril 1839), sur 201 journées, 151 ont offert des aurores boréales. Comme dans les 50 nuits restantes le plus souvent le ciel fut couvert, il en conclut que « les nuits sans aurore boréale sont décidément des nuits exceptionnelles ». Maintenant cette permanence des aurores se maintient-elle indéfiniment dans les régions polaires ? C'est une question à laquelle le savant observateur n'a pas cru pouvoir répondre, bien que rien dans les témoignages recueillis de la bouche des habitants du Finmark n'autorise à penser que les aurores aient été plus nombreuses dans l'hiver de 1839 que pendant les hivers précédents. Il croit en outre que le météore existe souvent en plein jour aussi bien que pendant la nuit, de sorte que « les aurores de deux ou plusieurs nuits consécutives peuvent n'être qu'un seul phénomène dont la durée se prolonge pendant plusieurs fois vingt-quatre heures ».

« Cette succession non interrompue, ajoute-t-il, n'empêche pas l'aurore boréale de rester soumise aux lois de sa période diurne, du moins relativement à quelques-unes de ses manifestations. Ainsi l'apparition des arcs, des rayons ou des plaques, l'heure où les lueurs se colorent, atteignent leur maximum d'éclat, ondulent ou palpitent, l'heure de leur disparition, etc., ne sont point réglées au hasard. La période diurne des phases successives est très évidente, et celle des perturbations magnétiques qui les accompagnent ne l'est pas moins. » C'est ordinaire-

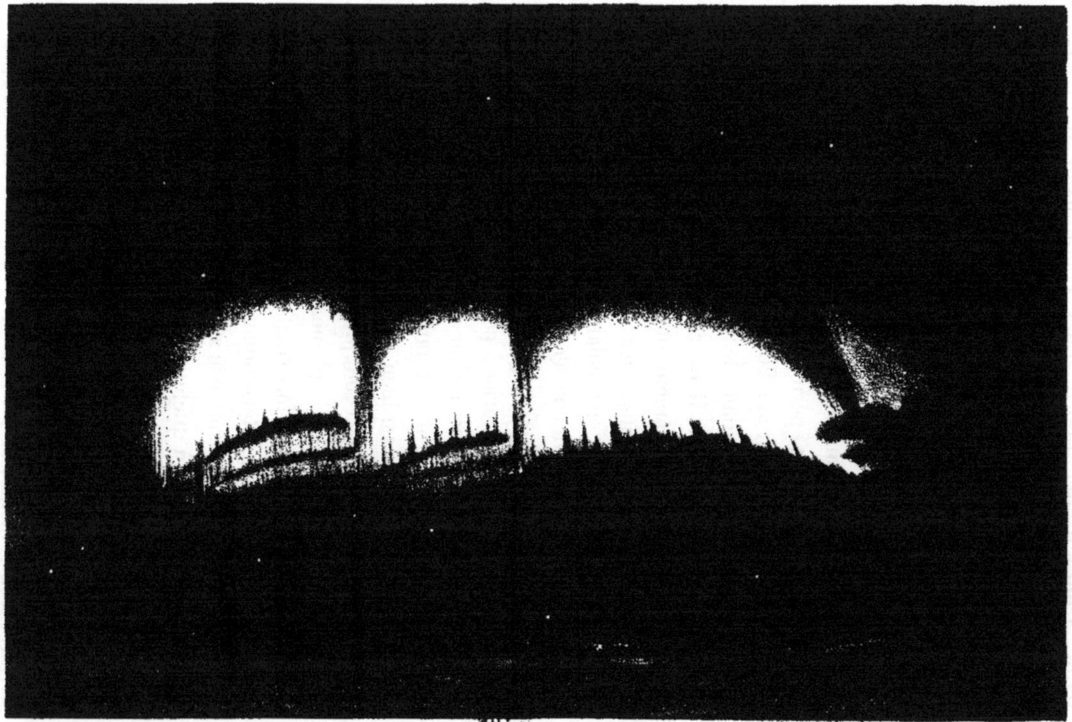

AURORE POLAIRE BORÉALE

ment vers dix et onze heures du soir que le phénomène est dans sa plus grande splendeur.

La discussion des observations a prouvé à Bravais que les mouvements observés dans les arcs et les rayons ne peuvent être attribués ni à la rotation ni à la translation de la Terre, ni au mouvement général qui entraîne le système solaire dans l'espace. La conclusion à tirer de là, c'est que l'aurore boréale est un phénomène terrestre, atmosphérique, non pas un phénomène cosmique originairement étranger à notre globe.

La presque continuité de l'aurore boréale dans les régions voisines du pôle a fait dire avec raison que sa lumière semble avoir été donnée comme un dédommagement à ces contrées déshéritées du Soleil. Il faut y joindre la clarté de la Lune, qui, se trouvant à l'époque de son plein à l'opposé du Soleil, reste alors presque constamment sur l'horizon.

« La double lumière de l'astre des nuits et de l'aurore boréale diminue beaucoup pour les régions polaires, dit Élie de Beaumont, l'obscurité de la nuit hivernale. Ces clartés irrégulières suffisent aux Lapons, aux Samoyèdes, aux Esquimaux, traînés par leurs rennes ou par leurs chiens, pour parcourir en traîneau les neiges sans limites qui couvrent leur pays; et, lorsque l'absence du Soleil tend à assombrir leurs idées, l'éclat capricieux des apparitions lumineuses leur présente des images fantastiques, bien propres à réveiller leur imagination, et sur lesquelles elle s'est merveilleusement exercée. »

Si le phénomène de l'aurore polaire paraît se manifester d'une manière à peu près continue dans les hautes latitudes, ce n'est pas à dire que sa fréquence ne soit pas soumise dans la suite des années et des siècles à une certaine périodicité. Un savant suédois du siècle dernier, Celsius, soupçonnait cette périodicité, qui a été mise en évidence par les recherches faites dans ces dernières années. D'ailleurs, même dans l'hypothèse où les pôles seraient le siège d'aurores perpétuelles, il suffirait, pour expliquer l'intermittence de leurs apparitions dans nos climats, d'admettre qu'elle sont sujettes, pour leur éclat et leur étendue, à des recrudescences périodiques.

Nous n'avons mentionné jusqu'ici que des aurores *boréales*, c'est-à-dire ayant leur siège près du pôle nord de la Terre; ce sont celles, en effet, qui ont été le plus fréquemment et le plus aisément observées. Mais il y a aussi des aurores *australes;* la rareté de la navigation dans les mers antarctiques, l'éloignement des terres du pôle austral en l'absence de postes fixes d'observation, enfin l'état généralement brumeux de l'atmosphère dans ces régions, sont probablement autant de causes du peu de données qu'on possède sur ces aurores. On en cite d'assez considérables pour avoir pu être observées jusque dans l'hémisphère nord; des aurores australes ont été visibles jusqu'en Écosse, de même que certaines aurores boréales ont été vues au Pérou. A la fin du mois d'août de l'année 1859, une aurore boréale d'un très grand éclat a été aperçue dans tout l'hémisphère nord; à la même époque, les habitants du Chili et d'Australie observaient une aurore australe. Cette coïncidence a été fort remarquée, et elle serait en effet très importante pour la théorie des aurores, si elle n'est pas un fait exceptionnel, et à plus forte raison si, comme le pensent divers physiciens, c'est un fait général.

§ 5. THÉORIE DES AURORES POLAIRES.

Toutes les hypothèses qui ont été proposées pour expliquer les aurores polaires, peuvent être rangées en deux catégories, selon que leurs auteurs ont considéré les aurores comme ayant la même cause que les autres phénomènes de magnétisme terrestre, ou comme étrangères à ces phénomènes. Nous ne ferons que mentionner très rapidement les hypothèses de cette seconde catégorie.

Muschenbroeck, Lemonnier pensaient qu'à certaines époques il s'exhale des entrailles de la Terre des nuées d'une matière assez légère pour s'évaporer, puis se rassembler dans les hautes régions, où cette matière s'enflamme, devient lumineuse et comme phosphorescente. « L'aurore boréale, selon les partisans de cette opinion, n'est pas une flamme comme celle de notre feu ordinaire ; mais elle ressemble au phosphore, qui ne luit pas d'abord, et qui jette ensuite une lumière faible. » Euler expliquait l'aurore par l'impulsion des rayons solaires qui projettent à distance les particules des hautes régions de l'atmosphère, et les rendent lumineuses par la réflexion des mêmes rayons à leur surface. Le grand géomètre opposait cette théorie à celle de Mairan, qui resta dominante jusqu'au milieu du dix-huitième siècle. Mairan ne voyait dans les aurores boréales, comme dans la Lumière zodiacale, que les effets produits par la pénétration de l'atmosphère du Soleil dans l'atmosphère de la Terre. Enfin quelques physiciens, comme l'abbé Hell, ne voyaient dans les aurores que des phénomènes optiques de réflexion ou de réfraction, analogues aux parhélies.

Il serait superflu de réfuter ces diverses explications, dont l'insuffisance s'explique par le peu de données précises qu'on possédait, il y a un siècle et demi, sur le phénomène lui-même et les circonstances de sa production.

Arrivons aux théories qui le rattachent au magnétisme ou à l'électricité terrestre.

Halley[1] a le premier soupçonné une relation entre l'aurore polaire et les perturbations de l'aiguille aimantée, mais c'est en 1741 seulement que deux savants suédois, Hiorter et Celsius d'Upsala, confirmèrent les vues de Halley par des observations

1. Halley a proposé pour expliquer les aurores boréales une hypothèse que Humboldt qualifie à bon droit de *fantaisiste*. D'après cette hypothèse, il existe à l'intérieur du globe, entre les couches sur lesquelles repose le sol et le noyau solide intérieur *également habité par des hommes*, un fluide lumineux, qui n'est autre que le fluide magnétique. C'est l'écoulement de ce fluide à travers les crevasses des roches et les fissures du sol qui, suivant Halley, produirait le phénomène des aurores polaires. L'écorce terrestre étant moins épaisse aux pôles, en raison de l'aplatissement, qu'à l'équateur, le fluide trouve plus naturellement un passage dans les régions polaires que partout ailleurs. Halley admettait, en outre, que la rotation du noyau interne était cause des variations diurnes et annuelles de la déclinaison.

positives. Wargentin, en 1750, puis Canton et Wilke, mirent hors de doute cette coïncidence. A partir de cette époque, c'est le magnétisme terrestre ou l'électricité qui sert de base aux hypothèses sur la nature de l'aurore.

Eberhart, physicien allemand, et P. Frisi de Pise assimilaient la lumière polaire à celle que produisent les décharges électriques, dans les gaz raréfiés. Dalton adopta à peu près les mêmes idées; il les compléta seulement en expliquant les rayons auroraux par l'existence, dans les hautes régions de l'air, de particules ferrugineuses douées de propriétés magnétiques. Biot, qui avait étudié les aurores boréales dans le voyage qu'il fit aux îles Shetland, les assimilait à de véritables nuées, formées d'éléments extrêmement ténus et lumineux, flottant dans les airs. Pour expliquer la nature évidemment magnétique du phénomène, Biot supposait que ces éléments sont des particules métalliques, par conséquent d'excellents conducteurs du fluide électrique. Les couches de l'atmosphère étant chargées inégalement d'électricité, des colonnes de ces matières ténues servaient à l'écoulement du fluide qui illuminait sa route, ainsi qu'on l'observe toutes les fois que l'électricité passe à travers des conducteurs discontinus. Il restait à expliquer l'existence de ces colonnes de matière, et Biot invoquait pour cela les éruptions des volcans situés dans le voisinage des pôles magnétiques. Cette théorie ingénieuse ne put résister à l'objection présentée par Becquerel et basée sur ce fait d'expérience, que les matières vomies par les volcans ne contiennent aucune parcelle métallique, mais seulement des substances dépourvues de toute conductibilité électrique.

Nous arrivons maintenant aux théories contemporaines des aurores polaires, parmi lesquelles nous analyserons celle qui a été proposée par M. de la Rive et qui est la plus généralement adoptée. Auparavant, citons encore la façon dont Humboldt envisage le phénomène dans son *Cosmos*. « L'aurore boréale, dit-il, ne doit pas être considérée comme la cause de la perturbation qui trouble l'équilibre du magnétisme terrestre, mais comme le résultat de l'activité du globe, exaltée jusqu'à la production de phénomènes lumineux, et qui se manifeste, d'un côté, par cette illumination polaire de la voûte céleste, de l'autre par les oscillations désordonnées de l'aiguille aimantée. On voit, d'après cela, que la lumière polaire est une sorte de décharge sans détonation, l'acte qui met fin à l'orage magnétique, de même que, dans les orages électriques, l'équilibre détruit se rétablit par un autre phénomène lumineux, l'éclair accompagné de tonnerre. » Il reste à savoir, si cette vue de Humboldt est vraie, comment on peut rendre compte de l'état magnétique orageux où se trouvent presque constamment les hautes régions de l'atmosphère dans le voisinage des deux pôles terrestres.

Voici quelle est, selon M. de la Rive, la solution de ce problème. Il considère d'abord que deux points généraux sont définitivement acquis à la science : le premier est la coïncidence des aurores boréales et des aurores australes ; le second point démontre que le phénomène des aurores se passe en général dans les plus hautes régions de l'atmosphère, mais non en dehors. Ces deux points admis, le savant physicien croit que les vents alizés portent jusqu'aux régions polaires l'électricité positive qui s'élève dans l'air avec les vapeurs des mers tropicales. Cette électricité, accumulée près des pôles, agit par influence sur l'électricité négative dont le globe terrestre est chargé. De là une condensation des électricités contraires et une neutralisation sous forme de décharges plus ou moins fréquentes, dès que la tension des deux fluides atteint sa limite. « Ces décharges, dit-il, doivent avoir lieu presque simultanément aux deux pôles, puisque, la conductibilité de la Terre étant parfaite, la tension électrique doit y être sensiblement la même, avec quelques légères différences seulement provenant des variations accidentelles de la couche d'air interposée entre les deux électricités. Il y a donc ainsi sur la Terre, pendant l'apparition des aurores, deux courants allant des pôles à l'équateur ; mais si la décharge n'a lieu qu'à l'un des pôles, au pôle austral par exemple, on n'a plus dans l'hémisphère boréal de courant dirigé du nord au sud, mais un courant dirigé du sud au nord, plus faible, il est vrai. Ce changement amène dans l'aiguille de la boussole une déclinaison orientale, au lieu d'une déclinaison occidentale qui avait lieu quand la décharge s'opérait au pôle boréal, le courant étant dirigé du nord au sud. »

M. de la Rive trouve une confirmation de ces vues dans les variations de sens et d'intensité qui ont été constatées dans les courants que manifestent les fils télégraphiques pendant la durée des aurores. MM. Walker et Loomis, qui ont fait, le premier en Angleterre, et le second en Amérique, une étude particulière de ces courants, ont trouvé que non seulement ils varient d'intensité, mais aussi de direction, cheminant alternativement du nord au sud et du sud au nord. Ces variations concorderaient avec celles que présente la lumière des aurores, soit au point de vue de son éclat, soit au point de vue de ses perpétuelles oscillations.

On doit à M. de la Rive une expérience intéressante, par laquelle il a essayé de reproduire, dans ses principales circonstances, le phénomène naturel des aurores. L'appareil qu'il a imaginé dans ce but (fig. 70) se compose d'une sphère en bois de 30 à 35 centimètres de diamètre représentant la Terre, et portant aux extrémités de son diamètre horizontal deux tiges AP, A′P′ en fer doux, de 8 à 10 centimètres de longueur et de 3 à 4 centimètres de diamètre. Ces tiges reposent sur deux cylindres verticaux de fer doux B, B′, qui servent également de support à la sphère. On peut aimanter les deux cylindres et par suite les tiges de fer doux qui terminent l'axe horizontal de la sphère, soit en les entourant d'une hélice traversée par un courant électrique, soit en les plaçant, comme le montre la figure, sur les deux pôles d'un électro-aimant CC′. Les tiges de fer doux sont enveloppées chacune d'un manchon de verre de 16 centimètres de diamètre et de 20 centimètres de longueur, dont elles occupent l'axe jusqu'à son milieu. Les manchons sont hermétiquement fermés par deux rondelles métalliques dont l'une est traversée à son centre par la tige de fer doux, et dont l'autre porte intérieurement, au moyen de deux branches métalliques, un anneau *cc*, *c'c'*, également métallique, ayant son centre sur l'axe horizontal de la sphère, au point extrême de la tige de fer doux qui prolonge cet axe. Des robinets R, R' permettent de faire le vide dans les manchons et d'y introduire différents gaz.

Pour mettre l'appareil en action, on recouvre la boule de

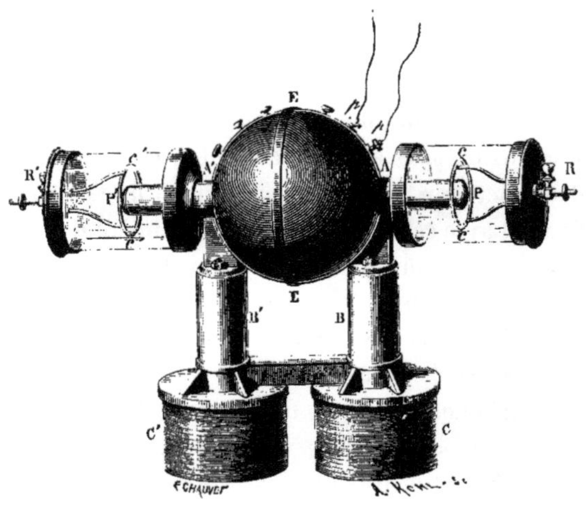

Fig. 70. — Appareil de la Rive pour la démonstration de sa théorie des aurores polaires.

bois de deux fortes bandes de papier buvard, que l'on colle, l'une EE tout autour de son équateur, l'autre AEA' d'un pôle à l'autre. Celle-ci traverse la première et a ses extrémités en contact, en A et A', avec les tiges de fer doux. Sur la seconde bande, on fixe à l'aide de vis une série de petites plaques de cuivre *ppp*... également espacées sur le même méridien. Le fil d'un galvanomètre placé à une distance de 10 à 12 mètres établit une communication métallique entre deux de ces plaques consécutives. « L'appareil ainsi disposé, on humecte avec de l'eau salée les bandes en papier buvard ; puis on met en communication la bande équatoriale avec l'électrode négative d'un appareil Ruhmkorff, dont l'électrode positive communique au moyen d'un conducteur qui se bifurque, avec les deux anneaux métalliques placés dans l'intérieur des manchons dans lesquels l'air est très raréfié. Aussitôt on voit la décharge partir sous forme d'un jet lumineux entre l'anneau et l'extrémité de la tige de fer doux ; mais c'est tantôt dans l'un des manchons, tantôt dans l'autre, rarement dans tous les deux à la fois, que le jet éclate, quoique les deux milieux soient placés dans des circonstances en apparence parfaitement identiques.

« Aussitôt qu'on vient à aimanter les fers doux, dit M. de la Rive, le jet s'épanouit et forme autour de la tige centrale un arc animé d'un mouvement de rotation dont le sens dépend de celui de l'aimantation. Un point important à noter, c'est que, si l'air n'est pas trop raréfié, on voit au moment où, la tige de fer doux étant aimantée, la rotation commence, le jet non seulement s'épanouir en arc, mais darder des rayons brillants qui, parfaitement distincts les uns des autres, tournent comme les rayons d'une roue avec une rapidité plus ou moins grande. On a là une représentation parfaitement exacte de ce qui se passe dans les aurores boréales, quand les arcs auroraux, tout en étant animés d'un mouvement de rotation de l'ouest à l'est, dardent des jets lumineux dans les hautes régions de l'atmosphère. La production de ces jets n'a lieu qu'autant que le fer doux est aimanté, et elle accompagne le mouvement de rotation; on peut la déterminer, si l'air est trop raréfié, en y introduisant goutte à goutte un liquide évaporable, de l'eau par exemple, qui se vaporise immédiatement. »

« Si nous nous transportons maintenant vers le galvanomètre, auquel aboutissent les deux fils partant de deux plaques voisines placées sur la bande humectée qui elle-même va, comme un méridien, de l'un des pôles à l'autre, nous observons un courant dérivé dont le sens et l'intensité varient suivant que la décharge a lieu au pôle qui appartient à l'hémisphère où sont placées les plaques, ou à l'autre pôle. Nous pouvons également étudier très nettement l'effet dû aux polarités secondaires qu'acquièrent ces plaques en transmettant le courant dérivé ; il suffit pour cela d'arrêter toute décharge. En variant ainsi les conditions de l'expérience, on peut reproduire dans la marche des galvanomètres placés dans le circuit des fils télégraphiques toutes les mêmes variations qui accompagnent fidèlement les différentes phases par lesquelles passent les décharges électriques des aurores boréales et australes[1]. »

On doit aussi à M. Gaston Planté de curieuses expériences où ce savant électricien, employant les puissantes batteries secondaires dont on lui doit l'invention et que nous décrirons dans le livre II de ce volume, reproduit quelques-uns des effets lumineux des aurores. Ces expériences lui ont suggéré une théorie qui diffère en plusieurs points de celle adoptée par M. de la Rive ; nous allons en dire quelques mots.

Fig. 71. — Expériences de M. Gaston Planté. Phénomènes lumineux des aurores polaires. — Couronne.

Voici, d'après M. Planté, en quoi consistent les expériences en question : « Si l'on met, dit-il, l'électrode positive de la puissante batterie secondaire dont je fais usage en contact avec les parois humides d'un vase d'eau salée où plonge d'avance l'électrode négative, on observe, suivant la distance plus ou moins grande du liquide, soit une couronne formée de particules lumineuses disposées en cercle autour de l'électrode (fig 71), soit un arc bordé d'une frange de rayons brillants (fig. 72), soit

1. *Description d'un appareil qui reproduit les aurores boréales et australes avec les phénomènes qui les accompagnent*, par M. A. de la Rive (*Comptes rendus de l'Académie des sciences* pour 1862).

une ligne sinueuse qui se plie et se replie sur elle-même avec rapidité (fig. 73). Ce mouvement ondulatoire, en particulier, offre une complète analogie avec celui qu'on a comparé, dans les aurores, aux plis et aux replis d'un serpent, ou à ceux d'une draperie agitée par le vent[1]. »

La lumière, à cause de l'emploi de l'eau salée, est jaune, mais on y observe des teintes pourpres et violacées, là où l'eau provenant de la vapeur condensée est moins chargée de sel.

D'après M. Planté, le segment obscur des aurores a son

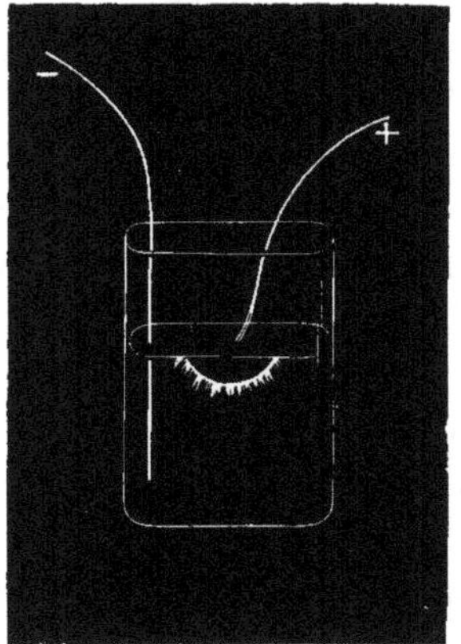

Fig. 72. — Arc bordé de rayons.

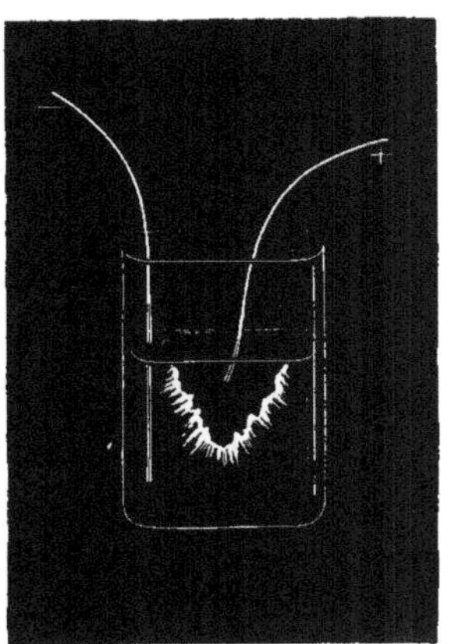

Fig. 73. — Arc sinueux.

analogue dans le segment humide environnant l'électrode et autour duquel s'épanouit le courant voltaïque. Plus cette électrode est immergée dans le liquide, plus ce dernier est agité par le flux électrique, et il en résulte une ébullition lumineuse qu'il compare aux fluctuations des aurores polaires. Le bruissement qui en résulte explique celui qu'ont cru entendre certains observateurs des aurores. Enfin les perturbations magnétiques qui accompagnent celles-ci, ont leurs ana-

1. *Recherches sur l'Électricité*, par Gaston Planté. Paris, 1879.

logues dans les agitations d'une aiguille aimantée qu'on place dans le voisinage du circuit.

« Il résulte encore de ces faits, dit M. Planté, que les aurores doivent être produites par un flux d'électricité *positive;* car les phénomènes lumineux sont les mêmes que ceux de l'électrode positive dans le voltamètre, et l'électrode négative n'offre rien de semblable. » C'est aussi ce qu'admet M. de la Rive; mais les aurores polaires sont-elles, comme le suppose ce dernier, une décharge entre l'électricité positive de l'atmosphère et celle de la Terre supposée négative? Ce n'est pas l'opinion de M. Planté, qui pense au contraire que l'électricité positive s'écoule vers les espaces planétaires et non vers le sol, à travers les brumes ou les nuages glacés qui flottent au-dessus des pôles. Enfin il ne regarde pas les régions équatoriales comme étant la source où se produit l'électricité positive qu'on suppose accumulée aux pôles, « elle proviendrait d'une charge primitive ou provision d'électricité propre à la Terre elle-même, emportée par elle à l'origine de sa formation, et qui tendrait à se dissiper, de même que la chaleur qu'elle possède, avec une lenteur extrême, en raison de sa masse considérable ».

Telles sont les théories proposées pour rendre compte de ce magnifique phénomène des aurores; telles sont les expériences ingénieuses à l'aide desquelles on a essayé d'en reproduire les circonstances. Nous nous bornons à les exposer, laissant aux physiciens la tâche de les discuter et de juger jusqu'à quel point elles paraissent fondées.

LIVRE DEUXIÈME

L'ÉLECTRICITÉ

CHAPITRE PREMIER

PHÉNOMÈNES GÉNÉRAUX DE L'ÉLECTRICITÉ

§ 1. ATTRACTIONS ET RÉPULSIONS ÉLECTRIQUES.

Un morceau de succin ou d'ambre jaune, vivement frotté avec une étoffe de laine, attire de petits corps légers, tels que des brins de paille, des barbes de plume, des fragments de paille, de liège, de moelle de sureau, de papier. On voit ces corps se précipiter vers les points de la surface de l'ambre qui ont subi la friction, comme entraînés par une force mystérieuse. Ce fait, connu dès la plus haute antiquité, s'il est vrai que Thalès de Milet, qui vivait 600 ans avant l'ère vulgaire, en ait fait mention, est le point de départ de la science de l'*Électricité*. Mais la propriété de l'ambre, comme celle de l'aimant, est restée pendant plus de deux mille ans une simple curiosité, une singularité de la nature ; jusqu'à William Gilbert (1600), personne n'avait songé à en faire l'objet d'aucune étude, d'aucune observation suivie ou méthodique. On dit cependant que quelques auteurs anciens avaient constaté la même vertu attractive dans le jais ou jayet, et aussi dans une substance sur la nature de laquelle on ne s'accorde pas bien, que les anciens nommaient le *lyncurium*, et qui, s'il n'est pas une variété de l'ambre, est sans doute une tourmaline[1]. Il ne faut donc pas demander aux Anciens d'explication de cette propriété attractive. Thalès donnait, dit-on, une âme au succin, tout comme il en donnait une à l'aimant. Pline le naturaliste se borne à dire que « le frottement donne à l'ambre la chaleur et la vie ».

Vers l'an 1600, Gilbert, à qui la science, comme nous l'avons vu dans le livre I, doit la découverte de plusieurs des propriétés de l'aimant, reconnut dans le verre, le soufre, les résines et diverses pierres précieuses la propriété attractive de l'ambre. Depuis cette époque, un grand nombre de physiciens étendirent les découvertes de Gilbert, mirent au jour une multitude de phénomènes des plus curieux, jusqu'alors entièrement ignorés, et contribuèrent ainsi à fonder cette branche de la physique qui, sous le nom d'*Électricité*, a pris de nos jours tant d'extension et d'importance. Ce mot d'*électricité* désigne plus particulièrement la cause, aujourd'hui encore inconnue, des phénomènes que nous allons décrire : il est tiré du nom grec de l'ambre jaune, *électron* (ἤλεκτρον)[2].

Rien n'est plus facile que de produire les phénomènes d'attraction dont nous venons de parler. On prend un bâton d'ambre, de résine ou de verre, et on le frotte vivement mais légèrement avec un morceau de drap. Si alors on présente les parties frottées à des fragments de paille ou de papier, distants

1. « Dioclès et Théophraste attribuent au *lyncurium* les mêmes propriétés attractives qu'au succin, » dit Th. H. Martin dans son ouvrage *la Foudre, l'Électricité et le Magnétisme chez les Anciens*. « Solin et Priscien, à propos des îles Britanniques, attribuent ces mêmes propriétés au *jayet* (*gagates*), signalé par eux comme un objet précieux qu'on trouve dans ces iles. » (*Ibid.*)

2. L'ambre jaune ou succin est une sorte de résine fossile qu'on trouve en grande abondance sur les côtes de la mer Baltique. Pendant longtemps on l'employa, à cause de la beauté de sa couleur et de sa transparence, comme objet d'ornement dans les parures et les bijoux de luxe.

du bâton de quelques centimètres, on voit ces fragments s'approcher de la surface de l'ambre ou du verre, à peu près comme la limaille de fer est attirée par l'aimant; lorsqu'il y a eu contact, certains d'entre eux restent adhérents au bâton; pour d'autres l'attraction se change en répulsion, et les corps légers s'éloignent. Quand on promène le bâton frotté à une faible distance du visage, on éprouve une sensation pareille à celle que donne le frôlement d'une toile d'araignée. Si le bâton de résine est un peu volumineux, et que le frottement soit énergique et prolongé, en approchant le doigt presque au

Fig. 74. — Attraction des corps légers.

contact, on entendra un pétillement sec; et, dans l'obscurité, on verra une étincelle jaillir entre le doigt et la partie la plus voisine du bâton. Tous ces phénomènes cessent si l'on vient à passer la main sur les parties frottées.

Un corps est dit *électrisé* tant qu'il manifeste, à un degré quelconque, les propriétés signalées dans ces expériences; il est à l'*état naturel* quand il ne donne aucun signe d'attraction ni de répulsion.

Ces définitions établies, nous allons reprendre, dans l'ordre où ils ont été découverts, les principaux phénomènes électriques, en insistant sur les circonstances de leur production, et en entrant dans quelques détails historiques sur la découverte de chacun d'eux.

Gilbert n'a connu ni le phénomène de la répulsion électrique qui se manifeste si aisément dès qu'il y a eu contact entre le corps électrisé et le corps léger qu'il attire d'abord[1], ni la réciprocité de l'attraction entre le corps frotté et celui qui a servi à la friction. Cela est d'autant plus surprenant que, pour l'étude de ces phénomènes, il se servait d'aiguilles suspendues sur un pivot comme les aiguilles aimantées. S'il eût suspendu de la sorte une baguette de verre ou de soufre préalablement frottée, il eût reconnu la réciprocité de l'attraction, comme on le fait pour vérifier que le fer doux attire l'aimant. Mais Gilbert a beaucoup étendu la liste des corps susceptibles, comme l'ambre, de s'électriser par le frottement; à ceux que nous avons déjà cités, il joignit la gomme laque, le sel gemme, l'alun de roche, le cristal de roche. Il reconnut également que l'attraction électrique n'agissait pas seulement sur les fragments de corps légers, mais sur des solides quelconques, sur des goutelettes liquides, sur les matières gazeuses telles que d'épaisses fumées. Enfin, il reconnut l'influence de l'état atmosphérique sur les phénomènes électriques, qui sont beaucoup plus marqués par les vents secs de la région nord-est (en Europe) que par les vents humides du sud et de l'ouest.

Boyle constata la réciprocité d'attraction des corps non électrisés pour ceux qui le sont. Une expérience fort simple met en évidence cette réciprocité, qui n'est autre chose qu'un cas particulier du principe de mécanique, que toute action est nécessairement accompagnée d'une réaction. On place sur un pivot vertical une petite aiguille de gomme laque, qu'on élec-

1. La forme des corps attirés influe sur le phénomène. Si l'on a soin d'employer de petits grains arrondis ou des disques, c'est-à-dire des corps dont la surface ne présente aucun angle saillant, aucune pointe, la répulsion a lieu aussitôt après le contact. Si, au contraire, les fragments sont anguleux, s'il s'agit de barbes de plume, de morceaux de papier découpés en pointe, la répulsion ne se produit pas. Nous verrons plus tard la raison de cette différence dans le mode de production du phénomène.

trise en la frottant avec de la peau de chat. En présentant le doigt à une certaine distance de l'une de ses extrémités, l'aiguille est attirée et déviée. Otto de Guericke, à qui l'on doit la première machine électrique à frottement, fut aussi le premier qui observa les phénomènes de répulsion, et qui fit jaillir du globe de soufre de sa machine des étincelles accompagnées d'un pétillement sec constituant le bruit de la décharge électrique. Il y avait loin, on en conviendra, de ces premières et bien modestes expériences à la production des vives lumières qui constituent l'arc voltaïque, le plus puissant des procédés artificiels d'éclairage. Les expériences du célèbre bourgmestre de Magdebourg datent du milieu du dix-septième siècle. Au commencement du dix-huitième siècle, qui devait voir se produire tant de brillantes découvertes en électricité, un physicien anglais, le docteur Wall, réussit à produire de plus vives étincelles et de plus forts craquements; aussi eut-il comme le pressentiment de la grande découverte qui illustra Franklin : « Cette lumière et ce craquement, dit-il, sont en quelque sorte la représentation du tonnerre et de l'éclair. » L'analogie, en effet, était frappante et ne tarda pas beaucoup d'être vérifiée et confirmée.

Outre des expériences fort intéressantes sur la lumière qui se produit dans le vide ou dans un milieu raréfié lorsqu'on y introduit des corps et qu'on développe à leur surface de l'électricité par le frottement, ou lorsqu'on frotte extérieurement le globe de verre à l'intérieur duquel on a fait le vide, on doit au physicien Hauksbee de nombreuses observations de phénomènes électriques. Il constata notamment l'influence de la chaleur sur le développement de la force attractive ou répulsive. Les attractions et les répulsions de morceaux de clinquant par un tube de verre fortement frotté avec du papier furent trouvées par lui d'autant plus énergiques que le tube avait été plus échauffé par la friction. L'influence de l'humidité de l'air et celle de sa température, que Gilbert avait déjà reconnues, furent mises hors de doute par les expériences d'Hauksbee, de Dufay, de Gray. On lit dans les *Expériences physico-mécaniques* du premier de ces savants : « Quand le tube est porté par le plus violent frottement à un degré de chaleur très considérable, la force des *effluvia* devient sensible au tact ; non seulement ils produisent alors, d'une manière plus remarquable, tous les effets dont nous avons parlé (les mouvements d'attraction et de répulsion), mais on peut encore sentir leur action sur le visage ou sur quelque autre partie délicate du corps, lorsqu'on en approche le tube frotté. Il semble qu'alors ces *effluvia* frappent de petits coups sur la peau, et qu'ils y produisent une sensation semblable à celle qu'exciteraient des cheveux très fins et très souples qu'on pousserait contre la peau. » On a comparé, nous l'avons dit plus haut, la sensation mentionnée par Hauksbee à l'impression d'une toile d'araignée, ou encore à celle d'un duvet de plume, ou d'une enveloppe de coton légèrement cardé.

§ 2. CONDUCTIBILITÉ ÉLECTRIQUE.

Les expériences que nous avons rapportées dans le précédent paragraphe semblèrent d'abord prouver que les corps doivent se ranger en deux classes distinctes, selon qu'ils sont ou non susceptibles de s'électriser par le frottement. La première classe, d'abord réduite à l'ambre et au jais, puis au soufre, etc., comprit bientôt, il est vrai, un assez grand nombre d'autres substances ; mais d'autres beaucoup plus nombreuses résistèrent longtemps aux tentatives que firent les physiciens pour en tirer des symptômes de la propriété électrique : les métaux, les pierres, la plupart des matières végétales et animales, le corps humain notamment, ne donnaient pas, quand on les soumettait au même genre de friction, les mêmes phénomènes d'attraction ou de répulsion que les corps de la première classe. Aussi donna-t-on le nom d'*idio-électriques* à ces derniers, tandis qu'on appelait *anélectriques* les corps qu'on n'avait pu réussir à électriser par le frottement. Cette distinction parut d'autant plus naturelle qu'elle fournissait une analogie frappante entre les phénomènes du magnétisme et ceux de l'électricité, et qu'elle correspondait à la division des corps en *magnétiques* et *non magnétiques*, selon qu'ils sont ou non susceptibles d'aimantation, soit temporaire, soit permanente.

Mais la découverte de la *conductibilité électrique*, faite au commencement du dix-huitième siècle par Stephen Gray, en donnant la raison de la différence qui existe entre les deux classes de substances, mit bientôt sur la voie de cette vérité

Fig. 75 — Expériences de Gray sur la conductibilité électrique.

générale, à savoir que tous les corps sans exception sont susceptibles d'être électrisés, et que la différence d'abord signalée tenait uniquement aux conditions particulières dans lesquelles les expériences étaient effectuées.

Décrivons rapidement les faits qui ont conduit Gray à cette découverte importante.

Ayant électrisé à la manière ordinaire un tube de verre dont les deux orifices étaient clos par des bouchons de liège, il remarqua avec surprise que le liège, qui n'avait pas été frotté, attirait, puis repoussait les corps légers, comme le faisait le tube lui-même. Ainsi la vertu électrique s'était communiquée du verre au liège. Gray poursuivit cette expérience, allongea les bouchons par des tiges d'ivoire, de bois, de métal et constata encore les mêmes phénomènes à l'extrémité de ces tiges qui se terminaient par une boule d'ivoire. Suspendue en dehors d'un balcon, par une longue ficelle enroulée autour du tube, la boule se montra pareillement électrisée. Il varia ces expériences de diverses manières et put constater que la vertu électrique se communique à des distances de plus en plus grandes : c'est ainsi qu'il la trouva sensiblement la même à l'extrémité d'une corde qui mesurait 765 pieds. Mais pour réussir Gray remarqua que certaines conditions devaient être remplies : la corde qui transmettait l'électricité devait être suspendue par des cordons de soie; elle ne donnait plus aucun

Fig. 76. — Conductibilité électrique du corps humain. Expérience de Gray.

signe d'électrisation dès qu'à la soie il substituait des fils métalliques. Une dernière expérience de Gray qu'on répéta bientôt dans tous les cabinets de physique, en lui prouvant que le corps humain conduit l'électricité, nous fournit l'explication de l'impossibilité où l'on avait été jusqu'alors d'électriser toute une série de corps, tels que les métaux. Ayant en effet suspendu un enfant à l'aide de cordes de crin, ainsi que le montre la figure 76, puis l'ayant touché avec son tube de verre électrisé, il constata que toutes les parties du corps de l'enfant, son visage, ses mains et même ses vêtements avaient acquis la propriété d'attirer, puis de repousser les corps légers qu'on en approchait. Les mêmes effets se produisaient quand, au lieu de suspendre le corps de l'enfant, on le plaçait sur un tabouret formé d'une substance *idio-électrique* (selon l'expression de l'époque), par exemple, si ses pieds reposaient sur un gâteau de résine (fig. 77).

De ces expériences, que les physiciens varièrent ensuite de toutes les façons, il résultait deux faits de la plus haute importance : le premier, que l'électricité développée par le frottement est susceptible de se transmettre à distance, pourvu que les corps intermédiaires chargés de la transmission soient du nombre de ceux qu'on ne pouvait électriser, lorsque en les frottant on les tenait à la main ; le second fait, corrélatif du premier, c'est que la transmission ne se fait pas ou se fait

Fig. 77. — Conductibilité électrique du corps humain.

difficilement par l'intermédiaire des corps qu'on était parvenu à électriser directement à l'aide des procédés adoptés jusqu'alors.

De là on conclut d'abord que tous les corps peuvent se ranger en deux catégories ou classes, selon qu'ils sont aptes ou non à transmettre ou à conduire l'électricité à distance. La première classe fut celle des corps *conducteurs*, la seconde celle des *non-conducteurs* ou *isolants*. Cette dernière dénomination est relative à la propriété des corps non-conducteurs de s'opposer à la déperdition rapide de l'électricité, lorsque le corps électrisé, étant conducteur lui-même, ne se trouve mis en communication avec le sol que par l'intermédiaire d'un corps non-conducteur.

La découverte de la *conductibilité électrique* et des conditions dans lesquelles elle a lieu, ainsi que la distinction à laquelle elle conduisit et que nous venons de mentionner, menèrent à d'importantes conséquences, que l'expérience justifia aussitôt. Entrons à ce sujet dans quelques détails.

Le verre, l'ambre, la résine, etc., étant des corps mauvais conducteurs, l'électricité ne doit se développer que dans les parties frottées, et c'est aussi ce que l'observation constate. Mais si on les touche avec la main, qui est, comme tout le reste du corps, un bon conducteur, l'électricité se répand dans ce dernier, puis dans le sol, et disparaît; toutefois seulement aux points où le contact a eu lieu. Nous avons vu qu'elle disparaît totalement si l'on passe la main sur toute la surface du bâton électrisé. Quand on frotte un cylindre métallique, on comprend donc pourquoi aucun signe d'électricité ne se manifeste; en effet, les métaux étant d'excellents conducteurs, s'il y a de l'électricité produite, elle se répand instantanément sur toute la surface du métal, et, par l'intermédiaire du corps de l'opérateur, dans le sol. Ce qui le prouve, c'est que si l'on adapte au cylindre métallique un manche formé d'un corps mauvais conducteur, de verre par exemple (fig. 78), et si l'on tient ce manche d'une main, pendant que de l'autre on frotte le métal, celui-ci s'électrise et acquiert les propriétés que nous avons décrites plus haut comme appartenant au verre, à la résine, à l'ambre. C'est pour cette raison qu'on donne le nom de *corps isolants* aux substances qui conduisent mal l'électricité. En isolant un corps quelconque, on reconnaît qu'il est susceptible de s'électriser par le frottement.

Fig. 78. — Électrisation d'un métal.

On peut répéter sous une multitude de formes ces dernières expériences. Une personne que l'on fait monter sur un tabouret soutenu par des pieds de verre, s'électrise quand on la frappe avec une peau de chat : en approchant le doigt d'une partie quelconque de son corps on peut en tirer des étincelles; et pendant tout le temps que dure l'électrisation, elle éprouve elle-même sur le visage la sensation singulière que cause l'approche d'un bâton électrisé. Nous avons cité plus haut la première expérience, due à Gray, qui ait établi la conductibilité électrique du corps humain. C'est un physicien français, Dufay, membre de l'Académie des sciences, qui en tira la première étincelle. « S'étant suspendu à des cordons de soie et s'étant fait électriser, il remarqua que, si une autre personne approchait la main à petite distance de son visage, il éprouvait une petite douleur semblable à une piqûre d'épingle, et que la personne qui avait approché la main recevait la même impression; qu'il se produisait en même temps un petit craquement et une lueur dans l'obscurité. »

Gray reprit les expériences de Dufay, et, à son tour, il reconnut que l'on peut tirer des étincelles d'autres corps isolés que l'on a électrisés par le contact d'un tube de verre : si ces corps sont terminés en pointe, on voit à l'extrémité un cône lumineux qu'accompagne un léger bruissement. A cette occasion, Gray répéta la comparaison déjà faite par Wall entre l'étincelle et le pétillement électrique et l'éclair suivi du coup de tonnerre.

L'eau est un corps bon conducteur. A l'état de vapeur, elle possède la même propriété. Voilà pourquoi on doit avoir grand soin, quand on cherche à développer l'électricité sur un corps, non seulement de l'isoler s'il est bon conducteur, mais d'essuyer et de sécher le manche ou les supports de verre, ou de tout autre isolant. Voilà pourquoi aussi l'électricité se produit avec plus de facilité par les temps secs que par les temps humides : la chambre où l'on opère doit donc, autant que possible, avoir été préalablement desséchée, de sorte que l'air qu'elle contient ne renferme que très peu de vapeur d'eau. Pour éviter la déperdition de l'électricité par les supports isolants en verre, qui sont généralement employés, on les recouvre d'une couche de vernis à la gomme laque, dont la surface n'est pas hygrométrique comme celle du verre.

En résumé, les diverses substances peuvent être rangées d'après leur ordre de conductibilité en deux classes, celle des bons et celle des mauvais conducteurs ou isolants; mais dans chacune d'elles la propriété conductrice affecte des degrés différents, de sorte qu'aucune substance n'en est absolument dépourvue et qu'on peut former une troisième classe, composée des corps dont la conductibilité est intermédiaire entre celle des extrêmes : ce sera celle des corps semi-conducteurs. Le tableau suivant donne un certain nombre de substances rangées dans l'ordre de leur conductibilité décroissante :

CORPS CONDUCTEURS[1].

Métaux usuels.	Dissolutions salines.	Végétaux vivants.
Charbon calciné.	Eau de mer.	Organes des animaux.
Graphite.	Eaux de source.	Sels solubles.
Acides concentrés.	Eau de pluie.	Toile.
Acides étendus.	Neige.	Coton.

CORPS SEMI-CONDUCTEURS.

Alcool.	Fleur de soufre.	Papier.
Éther.	Bois sec.	Paille.
Verre pulvérisé.	Marbre.	Glace à 0°.

ISOLANTS.

Oxydes métalliques secs.	Essences.	Pierres précieuses.
Huiles grasses.	Porcelaine.	Mica.
Cendres végétales et animales.	Végétaux desséchés.	Verre.
Glace à — 20°.	Cuir.	Agate.
Phosphore.	Parchemin.	Cire.
Chaux.	Papier sec.	Soufre.
Craie.	Poils.	Résines.
Poudre de lycopode.	Plumes.	Ambre.
Caoutchouc.	Laine.	Gomme laque.
Camphre.	Soie teinte ou écrue.	Air et gaz secs.

1. Ce tableau, que nous empruntons en grande partie à l'excellent *Traité d'Électricité statique* de M. Mascart, est tiré du volume *Electricity* de l'*Encyclopedia metropolitana* (London. 1850).

Le tableau qui précède, où nous venons de dire que les différents corps, solides, liquides, gazeux, se trouvent rangés dans l'ordre décroissant de leur conductibilité, prouve bien que cette propriété varie avec la nature des substances; mais il montre aussi qu'elle dépend d'autres conditions, dont nous allons dire un mot. Le charbon calciné, le graphite sont bons conducteurs; le diamant, qui est du carbone pur, est parmi les isolants : chimiquement cependant ce sont les mêmes substances. Une remarque analogue se peut faire pour la fleur de soufre et le soufre solide, pour le verre pulvérisé et le verre; pour les végétaux vivants qui sont conducteurs, le bois sec et les végétaux qui sont des conducteurs médiocres ou mauvais; pour l'eau qui est éminemment conductrice à l'état liquide, qui perd de sa vertu quand elle est à l'état solide à 0°, et qui, refroidie à 20 degrés au-dessous de zéro, devient un isolant.

Ainsi l'état moléculaire, la division plus ou moins grande des corps, leur état de sécheresse ou d'humidité, leur température enfin paraissent autant de conditions qui favorisent ou empêchent la facile transmission de l'électricité à travers la substance. L'eau étant un bon conducteur, on comprend, comme nous l'avons déjà dit plus haut, que les corps qui, parfaitement secs, seraient isolants, ne le sont plus dès qu'ils sont imprégnés d'humidité, ou même simplement recouverts d'une couche invisible de vapeur d'eau : de là la nécessité des précautions plus haut mentionnées pour les expériences d'électricité. La chaleur a aussi une certaine influence sur la conductibilité, qui s'accroît avec l'élévation de température. En chauffant le verre d'une bouteille, Canton constata que l'électricité passait à l'intérieur; à la température de 200 degrés centigrades, le verre, qui est un des meilleurs isolants lorsqu'il est sec et à la température ordinaire, devient aussi bon conducteur que les métaux. Il en est de même des vapeurs et des gaz. En plaçant un corps électrisé au-dessus et à une distance de 1 à 2 mètres de la flamme d'une lampe à alcool, en contact avec le sol, on voit tout signe d'électricité disparaître : l'électricité du corps a été conduite au sol par l'intermédiaire de la colonne d'air chaud dont la flamme était nécessairement surmontée. Si la lampe était isolée du sol, on constaterait que la flamme est devenue électrique et qu'elle attire les corps légers qu'on lui présente.

Nous pouvons compléter maintenant ce que nous avons dit de la faculté qu'ont tous les corps, quels qu'ils soient, de s'électriser par le frottement. Pour les solides, il n'y a rien à ajouter, la seule précaution à prendre pour qu'ils donnent les signes ordinaires de l'électrisation étant de les isoler s'ils sont conducteurs. Si l'on agite du mercure dans un tube de verre, on aperçoit une lueur à l'intérieur du verre qui est électrisé. Il en est de même si l'on déplace brusquement le niveau du mercure d'un baromètre, ou si l'on fait l'expérience de la pluie de mercure dans le vide. Nous verrons plus loin qu'on a construit une machine électrique où l'électricité se développe par le frottement de jets de vapeur condensée sur une lame de buis. Ces expériences prouvent que le frottement des liquides contre les solides détermine la production d'électricité. Il en est de même du frottement des gaz; ainsi une lame de verre, une vitre devient électrique, lorsqu'on dirige à sa surface le courant d'un soufflet. Il ne paraît pas douteux que le frottement des liquides ou des gaz les uns sur les autres ne les électrise également; mais on ne paraît pas avoir fait encore sur ce point d'expériences directes.

§ 3. ATTRACTIONS ET RÉPULSIONS ÉLECTRIQUES. — LES DEUX ÉLECTRICITÉS.

Revenons maintenant aux phénomènes d'attraction et de répulsion électriques, et étudions-les avec plus de détails.

Nous nous servirons pour cela d'un appareil fort simple, auquel on donne le nom de pendule électrique (fig. 79). C'est une petite balle de moelle de sureau, suspendue par un fil de soie à un support, et par conséquent isolée, puisque la soie est un corps mauvais conducteur.

En approchant de la balle un cylindre de résine électrisé, nous savons qu'il y aura d'abord attraction. Mais, aussitôt que le contact aura eu lieu, la balle s'éloignera de la résine : elle sera repoussée, alors même que le bâton de résine en serait approché de nouveau. En cet état, la balle de sureau est électrisée, ce qu'il est facile de constater en lui présentant le doigt, car alors elle est attirée ; ou en la touchant avec la main,

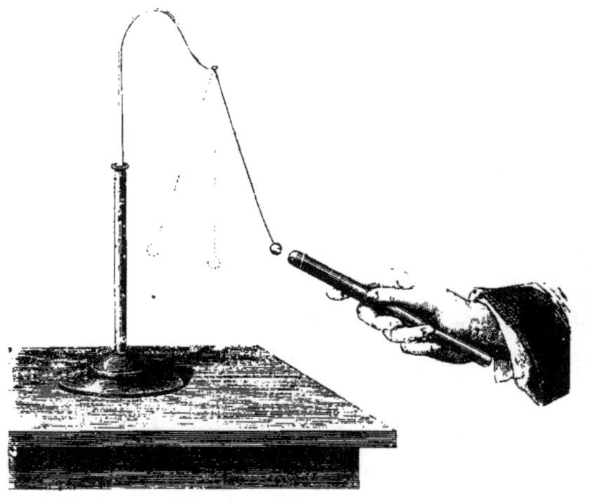

Fig. 79. — Pendule électrique. Phénomènes d'attraction et de répulsion.

car après ce contact elle n'est plus ni attirée par le doigt, ni repoussée par le bâton de résine : l'électricité qu'elle possédait s'est écoulée dans le sol par le corps de l'opérateur. Si, au lieu de se servir d'un bâton de résine, on emploie un cylindre de verre électrisé, les mêmes phénomènes se manifestent dans l'ordre où nous venons de les décrire : il y a attraction et contact, puis répulsion. Jusque-là, rien ne montre une différence entre l'électricité développée sur la résine et celle obtenue sur le verre, quand on frotte ces deux corps avec une étoffe de laine. Mais supposons qu'après avoir obtenu la répulsion de la balle de sureau à l'aide de la résine électrisée, on en approche un bâton de verre aussi électrisé. Alors a lieu une attraction de la balle au verre, attraction qui est même plus vive que si, au lieu d'avoir été préalablement électrisée par la résine, elle était restée à l'état naturel. Le même phénomène d'attraction se manifestera si, après avoir électrisé la balle au contact du verre, on lui présente un morceau de résine électrisé.

L'expérience qui précède peut être faite d'une façon qui rende plus saisissante la manière différente dont se comporte un corps électrisé, selon qu'on l'approche du bâton de verre ou du bâton de résine, tous deux électrisés séparément par le frottement d'un morceau de drap. On emploie pour cela deux pendules à balle de sureau, au lieu d'un seul.

De l'une de ces balles on approche le bâton de verre; elle est attirée, puis repoussée aussitôt que le contact a eu lieu. On agit de la même manière sur le second pendule à l'aide du bâton de résine : la balle de sureau est également attirée, puis repoussée. Si l'on présente alors la résine au premier pendule et le verre au second, on observe qu'il y a de nouveau attraction des balles; si l'on a eu soin, dans cette seconde partie de l'expérience, d'éviter qu'il y ait contact, on reconnaît aisément que l'attraction se change de nouveau en répulsion, en intervertissant une seconde fois l'ordre des bâtons présentés aux pendules. On peut encore procéder autrement, électriser les deux balles de sureau avec le même bâton, puis les approcher l'une de l'autre : on constatera toujours qu'elles se repoussent mutuellement. Cette expérience est plus simple si l'on se sert d'un double pendule (fig. 80) dont les deux balles sont électrisées en même temps : on les voit aussitôt se séparer et les fils diverger tant que les balles restent électrisées. On les verrait au contraire s'attirer, si la première, électrisée au contact du verre, était mise en présence de la seconde balle électrisée par la résine (fig. 81).

Ainsi l'électricité développée sur la résine et celle développée sur le verre par le frottement de la laine se comportent, dans les mêmes circonstances, d'une façon opposée : l'une attire le corps électrisé que l'autre repousse, et réciproquement. De là la distinction de deux espèces d'électricité, qui ont reçu des premiers observateurs les noms d'*électricité résineuse* et d'*électricité vitrée*. En répétant l'expérience précédente avec l'ambre, le soufre, la cire, le papier, la soie, etc...., on reconnaît que ces substances se comportent, les unes comme la résine, les autres comme le verre; et l'on dit alors qu'elles sont chargées soit d'électricité résineuse, soit d'électricité vitrée.

C'est à Dufay (1733) que sont dues les premières expé-

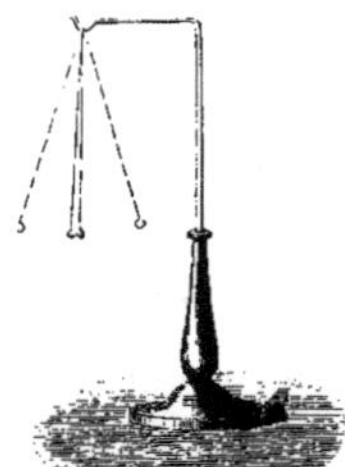

Fig. 80. — Répulsion des corps chargés de la même électricité.

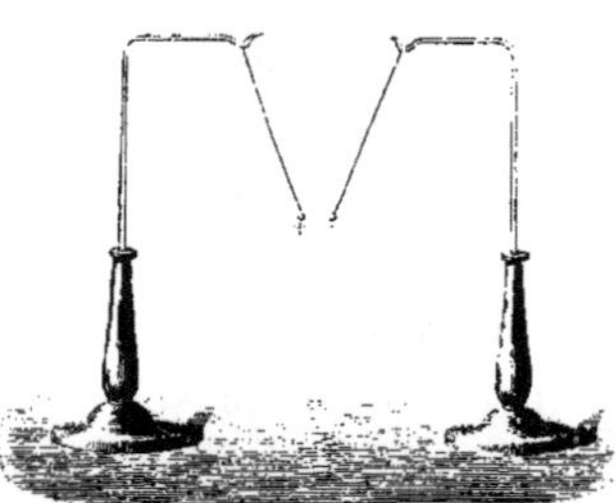

Fig. 81. — Attraction des corps chargés d'électricités contraires.

riences, faites d'ailleurs sous une autre forme, qui ont conduit à la distinction des deux électricités. Mais les dénominations que leur donna ce savant et que nous venons d'employer, sont abandonnées aujourd'hui, et voici pourquoi. Tous les corps étant susceptibles, comme nous venons de le voir, de s'électriser par le frottement, il est clair que si l'un des deux corps frotté s'électrise, l'autre doit s'électriser aussi : c'est ce que l'expérience a confirmé. Mais elle a fait voir, en outre, que l'électricité développée sur l'un des corps n'est pas la même que celle développée sur l'autre. Par exemple, si l'on prend deux disques, l'un de verre poli, l'autre de métal recouvert de drap, et munis chacun d'un manche isolant, si, après les avoir frottés l'un contre l'autre, on les sépare brusquement, le disque de verre se trouvera chargé d'électricité vitrée, le drap d'électricité résineuse (fig. 82) : on s'en assure aisément, en voyant quelle action chacun d'eux exerce sur un pendule électrique dont la balle a été préalablement électrisée. Ce n'est pas tout. On s'est aperçu que la nature de l'électricité développée sur un corps change, selon le corps avec lequel il est frotté. Ainsi le verre, comme nous l'avons dit, prend l'électricité vitrée quand on le frotte avec la laine; il prend au contraire l'électricité résineuse, si c'est une peau de chat qu'on emploie. La gomme laque se charge d'électricité résineuse, si on la frotte avec une peau de chat ou de la laine; elle prend l'électricité vitrée, si elle est frottée avec un morceau de verre dépoli. En conservant les dénominations dont nous venons de nous servir un instant, on avait donc à craindre une certaine confusion : cette raison a déterminé la substitution des noms d'*électricité positive* et d'*électricité négative* à ceux d'électricité vitrée et d'électricité résineuse. Il ne faut pas, du reste, attacher en ce moment à ces mots d'autre signification que celle-ci : l'électricité positive est celle qu'on développe sur le verre en le frottant avec de la laine; l'électricité négative celle qu'on obtient sur la résine en la frottant avec la même substance. Mais le mode d'action de ces deux espèces d'électricités peut se résumer en deux lois d'une grande simplicité :

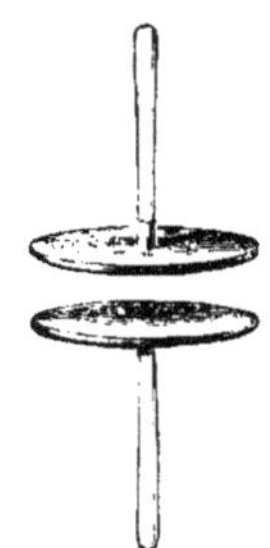
Fig. 82. — Production des deux électricités contraires par le frottement.

Tout corps électrisé, soit positivement, soit négativement, attire les corps à l'état naturel ;

Deux corps chargés d'électricités de noms contraires s'attirent; deux corps chargés d'électricités de même nom se repoussent.

Ces lois ne souffrent pas d'exception; mais les conditions de production de l'une ou de l'autre espèce d'électricité sont extrêmement complexes. La même substance, nous venons de le voir, s'électrise tantôt positivement, tantôt négativement, selon la nature du corps avec lequel elle est frottée. Bien plus, les moindres changements dans l'état physique des corps suffisent pour modifier le sens de l'électrisation : les différences de couleur, de poli de la surface, de température, etc., font que les mêmes corps frottés de la même manière prennent tantôt l'électricité positive, tantôt la négative. Le verre poli frotté avec du drap s'électrise positivement; il s'électrise négativement s'il est dépoli. Ces derniers résultats ont été constatés par Æpinus et par Canton. Deux rubans de soie, l'un blanc, l'autre noir, prennent, le premier l'électricité positive, le second l'électricité négative, quand, après les avoir posés l'un sur l'autre, on passe sur la surface de l'un d'eux une règle d'ivoire[1]. Deux rubans de soie identique frottés en croix ou transversalement prennent les deux électricités contraires. Le verre frotté avec du drap prend, on l'a vu, l'électricité positive. Mais si auparavant il a été frotté avec de la poudre fine d'émeri humide, puis lavé, il s'électrise négativement par une friction douce du drap ; une friction plus énergique fait réapparaître l'électricité négative. Cette expérience est due à Heintz.

La peau de chat, que l'on croyait positive pour tous les corps et spécialement pour le verre poli, se comporte tantôt d'une façon, tantôt de l'autre, selon qu'on emploie pour le frottement la partie de la peau qui correspond au cou ou aux pattes, ou celle du dos. On constate nombre d'autres irrégularités aussi bizarres qu'il est difficile d'expliquer. Deux disques de verre semblables, frottés l'un contre l'autre, s'électrisent tantôt d'une

1. Nous trouvons dans le *Traité d'Électricité statique* de M. Mascart un fait curieux relatif à l'électrisation de la soie, observé par un physicien anglais du dix-huitième siècle. « Symmer avait remarqué qu'en ôtant ses bas de soie, ils pétillaient et laissaient échapper dans l'obscurité des étincelles lumineuses. Ces phénomènes n'étaient jamais aussi intenses que lorsqu'il portait un bas de soie blanc et un noir sur la même jambe. Les bas ne donnaient pourtant que peu de signes d'électricité tant qu'ils étaient sur la jambe ou réunis ensemble, mais au moment où ils furent séparés, on les trouva fortement électrisés, le blanc positivement, le noir négativement. Quand on les tint séparés l'un de l'autre à une certaine distance, ils parurent gonflés à tel point qu'ils montraient la forme de la jambe. En les présentant les uns aux autres, on vit que deux bas de même couleur se repoussaient jusqu'à faire un angle de 30 ou 35 degrés, et deux bas de couleurs différentes s'attiraient violemment. »

façon, tantôt de l'autre. La chaleur a une grande influence ; la plupart des substances chauffées prennent l'électricité négative.

On a fait une foule d'expériences curieuses sur les conditions qui déterminent l'un ou l'autre mode d'électrisation ; mais on sait peu de chose encore sur les causes de ces singuliers phénomènes, et les théories qu'on a imaginées pour les expliquer n'ont guère d'autre avantage que de coordonner tous les faits et de les rendre plus aisés à fixer dans la mémoire. Ce qu'on pouvait prévoir avant toute expérience, c'est que, si l'on électrise un corps en le frottant avec un autre, ce dernier doit être électrisé lui-même, puisque les deux corps se comportent de la même manière l'un vis-à-vis de l'autre dans l'opération de la friction. Pour constater la production de l'électricité sur le morceau de drap ou de soie que l'on tenait à la main, quand on voulait électriser un tube de verre ou un bâton de résine, rien n'était plus aisé, puisque la laine et la soie ne sont pas des substances conductrices. Il en était autrement, si le corps servant à la friction était bon conducteur, car alors, au fur et à mesure du développement de l'électricité à sa surface, cette électricité s'écoulait dans le sol par l'intermédiaire du corps de l'opérateur. Voilà pourquoi, dans les expériences relatives aux recherches de cette nature, il faut avoir soin d'isoler les corps qu'on emploie, lorsqu'ils sont conducteurs.

Des nombreuses expériences qui ont été faites sur les différentes substances, au point de vue de la nature de l'électricité que développe le frottement de l'une de ces substances contre l'autre, on a pu déduire une classification spéciale des corps. Pour cela on les range en une série disposée de telle sorte que l'un quelconque d'entre eux prend l'électricité négative s'il est frotté avec un de ceux qui le précèdent, et l'électricité positive s'il est frotté avec l'un de ceux qui le suivent. L'expérience en effet a montré que si une substance, la laine par exemple, est négative quand on s'en sert pour frotter le verre, et positive pour frotter la résine, à fortiori les deux corps, verre et résine, frottés ensemble, prendront des électricités contraires, le premier l'électricité positive, le second l'électricité négative. Toutefois, en raison des modifications que nous avons signalées plus haut et qui changent le sens de l'électrisation des mêmes substances, il ne faut pas attacher à la classification dont nous parlons une signification absolue, et la liste suivante peut donner lieu, suivant les circonstances des expériences, à des interversions dans le sens de l'électrisation des corps qu'elle renferme :

CLASSIFICATION DES CORPS AU POINT DE VUE DE LA NATURE DE L'ÉLECTRICITÉ DÉVELOPPÉE PAR LEUR FROTTEMENT.

Verre poli.	Verre dépoli.	Antimoine.
Étoffes de laine.	Soufre.	Argent.
Plumes.	Aluminium.	Platine.
Bois.	Plomb.	Mercure.
Papier.	Cadmium. Zinc.	Or. Palladium.
Cire à cacheter.	Fer. Étain.	Coton-poudre.
Cire blanche.	Cuivre. Bismuth.	Sulfure de cuivre.

CHAPITRE II

LOIS DES ATTRACTIONS ET DES RÉPULSIONS ÉLECTRIQUES

§ 1. NEUTRALISATION DES ÉLECTRICITÉS CONTRAIRES.

Reprenons l'expérience des deux disques décrite dans le paragraphe précédent. Elle prouve que l'électricité produite par le frottement de deux corps de nature quelconque l'un contre l'autre se répartit sur chacun d'eux; mais si l'un des corps frottés acquiert l'électricité que nous avons nommée *positive*, l'autre contiendra de l'électricité *négative*, ce dont on s'assure en approchant isolément chacun des disques de la balle de sureau, préalablement électrisée, du pendule électrique. En effet, tandis que cette balle est repoussée par celui des disques qui lui a communiqué son électricité, elle est attirée au contraire par l'autre disque.

Il s'agit maintenant d'évaluer ou plus simplement de comparer les quantités d'électricité développées par le frottement sur chacun des disques. Pour cela, nous prendrons un pendule électrique dont la balle soit à l'état naturel et suspendue à un fil conducteur, à un fil de chanvre par exemple. Frottons les disques l'un contre l'autre, mais laissons-les en contact et approchons-les du pendule (fig. 85); nous verrons la balle rester immobile; il ne se produit aucun effet, absolument comme si les disques n'étaient pas électrisés. Ils le sont cependant, puisque si nous les approchons maintenant séparément du pendule sans les avoir frottés une seconde fois, nous verrons chacun d'eux attirer la balle de sureau (fig. 84).

Ainsi le frottement de deux corps non seulement produit deux espèces différentes d'électricité, mais encore ces électricités contraires se répartissent en quantités équivalentes l'une sur le premier corps, l'autre sur le second. Les deux forces, opposées et égales, se détruisent si on les fait agir simultanément sur un même point.

Une ancienne expérience d'Æpinus démontre à la fois la production simultanée et la neutralisation des deux électricités. Elle consiste à verser du soufre fondu au fond d'un vase métal-

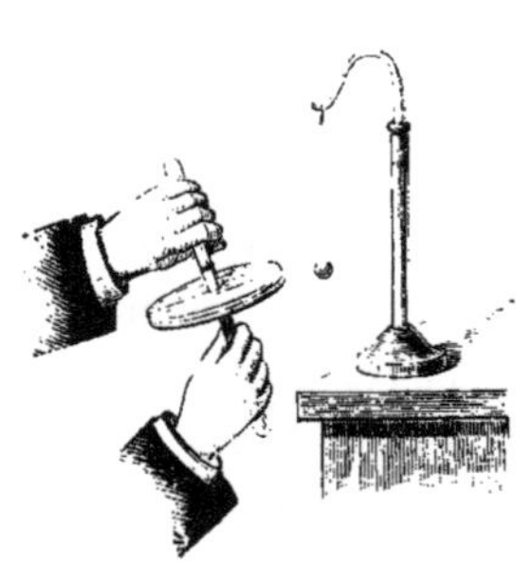

Fig. 83. — Neutralisation des électricités développées par le frottement. Première expérience.

Fig. 84. — Neutralisation des électricités contraires. Deuxième expérience.

lique muni d'un pied isolant. Après le refroidissement du soufre, on ne constate dans le tout aucun signe d'électrisation ; mais il n'en est plus ainsi quand on enlève le soufre à l'aide d'une tige qu'on y a fixée pendant qu'il était encore liquide. On trouve alors que le vase est électrisé négativement, le soufre positivement. Enfin si l'on replace le soufre dans le vase, toute trace d'électricité disparaît de nouveau.

L'expérience de Faraday, que représente la figure 83, démontre encore le même fait plus simplement. Elle consiste à électriser un bâton de gomme laque ou de cire d'Espagne à l'aide d'un petit capuchon de soie porté par un fil de même substance. Si l'on approche de la balle du pendule électrique le bâton de cire muni de son enveloppe, on ne constate aucune trace d'électricité. Si on les présente isolément, l'attraction a lieu et témoigne que la cire est électrisée, ainsi que la soie, mais les deux électricités développées sont de signes contraires.

Voici donc démontrée une vérité importante : Les quantités d'électricité développées par le frottement de deux corps l'un contre l'autre sont égales et de sens contraires : elles s'équiva-

Fig. 85. — Expérience de Faraday.

lent et se neutralisent, ce qui justifie les dénominations adoptées d'*Électricité positive* pour l'une et d'*Électricité négative* pour l'autre.

Ceci nous amène à définir les quantités d'électricité, ce que, dans le langage scientifique, on nomme les *masses électriques;* mais, pour cela, nous devons commencer par exposer les théories adoptées pour rendre compte des phénomènes électriques dont il a été question jusqu'ici.

§ 2. THÉORIE DES FLUIDES ÉLECTRIQUES.

Les Anciens, qui ne connaissaient des phénomènes électriques que l'attraction du succin pour les corps légers, ont émis pour expliquer ce fait unique les mêmes hypothèses à peu près que pour rendre compte des attractions magnétiques. Thalès, par exemple, donnait une âme au succin comme à l'aimant, c'est-à-dire admettait l'existence d'une force particulière à chacune de ces substances, idée fort naturelle après tout, mais nécessairement stérile. Il faut arriver aux physiciens expérimentateurs du dix-septième et du dix-huitième siècle pour rencontrer des ébauches théoriques d'un certain intérêt sur la nature de l'électricité.

On attribue à Gilbert l'hypothèse suivante : le frottement, en échauffant les corps, provoque l'émission de rayons d'une matière subtile, onctueuse, qui se refroidit au contact de l'air et, en s'agglutinant par l'effet de ce refroidissement, perd de sa force expansive, revient sur elle-même et entraîne ainsi avec elle les corps légers dont on approche le corps électrisé. C'est à peu de chose près l'hypothèse énoncée par Boyle, avec cette différence que, pour ce dernier, le retour des effluves matériels émanés du corps frotté est en partie déterminé par la réaction de l'air extérieur ; ou encore par la résistance de l'air sur le tourbillon de matière effluente. Pour Hauksbee, les émanations de la matière qui sort d'un corps électrique, « s'étendent en forme de rayons ou de lignes physiques, et toutes les parties qui les composent se touchent et sont continuées de manière que toutes celles qui sont sur la même ligne reçoivent l'impulsion de celles qui sont les plus voisines du corps ». L'air contigu au corps se trouve ainsi raréfié dans la direction des lignes divergentes des *effluvia;* il est pressé en sens contraire, c'est-à-dire suivant des lignes convergentes par l'air plus dense et plus éloigné; de là l'entraînement des corps légers vers le corps électrisé. L'abbé Nollet considérait les corps susceptibles de s'électriser par le frottement comme remplis d'une matière qui tendait à s'échapper par leur surface extérieure; c'est la pression due au frottement, la réaction de la matière électrique et du verre où elle est renfermée qui produit son expansion au dehors. « La résistance de l'air qu'elle a peine à pénétrer, fait qu'en sortant des pores du verre elle s'éparpille pour ainsi dire, et ses rayons divergents remplissent un cercle qui a plus ou moins d'étendue selon le degré d'activité du corps électrique et du fluide qu'il met en mouvement. Cette matière, qui sort du corps électrique, y laisse des vides qui se remplissent aussitôt par un fluide de la même espèce dont il est environné. Voilà donc la matière électrique qui se meut en deux sens opposés, et qui forme, pour ainsi dire, deux courants, dont l'un vient du corps par des lignes divergentes, tandis que l'autre y va par des directions convergentes. Appelons le premier de ces deux courants *matière effluente*, et nommons le dernier *matière affluente*. S'il se rencontre donc un corps léger et libre, dans le cercle d'activité dont tout l'espace est rempli par la matière tant effluente qu'affluente, l'un et l'autre mouvement étant progressifs, et les parties qu'il anime n'étant point assez subtiles pour passer librement et sans heurter le corps flottant, celui-ci obéit nécessairement au plus fort, il va au corps électrisé ou il s'en écarte. »

Ces hypothèses sont depuis longtemps abandonnées; elles suffisaient jusqu'à un certain point pour rendre compte des phénomènes d'attraction et de répulsion électriques; elles devinrent bientôt insuffisantes, quand les découvertes de faits nouveaux se multiplièrent. Deux théories principales leur ont été substituées et sont encore aujourd'hui adoptées par la plupart des physiciens, parce qu'elles sont l'expression des faits eux-mêmes et qu'elles les expliquent d'une façon commode pour la clarté du langage. Ces théories sont celle de Franklin, qui admet l'existence d'un fluide électrique unique, et celle de Symmer ou des deux fluides. Résumons-les dans leurs traits essentiels.

Voici en quels termes Franklin expose lui-même son opinion sur la nature de l'électricité[1] :

« 1. La matière électrique est composée de particules extrêmement subtiles, puisqu'elle peut traverser la matière com-

1. *Opinions et conjectures sur les propriétés et sur les effets de la matière électrique qui résultent des expériences et des observations faites à Philadelphie*, 1749. (V. *Lettres sur l'Électricité* de M. Benj. Franklin, de Philadelphie en Amérique, à M. P. Collinson, de la Société royale de Londres.)

mune, même les métaux les plus denses, avec tant de facilité et de liberté qu'elle n'éprouve aucune résistance sensible.

« 2. Si quelqu'un doutait que la matière électrique passât à travers la substance des corps, mais seulement sur et le long de leur surface, un choc d'un grand vase électrisé tiré à travers son propre corps suffiroit probablement pour le convaincre.

« 3. La matière électrique diffère de la matière commune, en ce que les parties de celle-ci s'attirent mutuellement, et que les parties de la première se repoussent mutuellement; de là la divergence apparente dans un courant d'écoulements électriques.

« 4. Mais quoique les particules de matière électrique se repoussent l'une l'autre, elles sont fortement attirées par toute autre matière.

« 5. De ces trois choses, savoir l'extrême subtilité de la matière électrique, la mutuelle répulsion de ses parties, et la forte attraction entre elles et une autre matière, il en résulte cet effet, que quand une quantité de matière électrique est appliquée à une masse de matière commune d'une grosseur et d'une longueur sensible (qui n'a pas déjà acquis sa quantité), elle est d'abord et également répandue dans la totalité.

« 6. Ainsi la matière commune est une espèce d'éponge pour le fluide électrique; une éponge ne recevroit pas l'eau, si les parties de l'eau n'étoient plus petites que les pores de l'éponge; elle ne la recevroit que bien lentement, s'il n'y avoit pas une attraction mutuelle entre ses parties et les parties de l'éponge: celle-ci s'en imbiberoit plus promptement, si l'attraction réciproque entre les parties de l'eau n'y mettoit pas obstacle, en ce qu'il doit y avoir quelque force employée pour les séparer; enfin l'imbibition seroit très rapide, si, au lieu d'attraction, il y avoit entre les parties de l'eau une répulsion mutuelle qui concourût avec l'attraction de l'éponge. C'est précisément le cas où se trouvent la matière électrique et la matière commune.

« 7. Mais dans la matière commune il y a (généralement parlant) autant de matière électrique qu'elle peut en contenir dans sa substance. Si l'on en ajoute davantage, le surplus reste sur la surface et forme ce que nous appelons une *atmosphère électrique*, et l'on dit alors que le corps est *électrisé*.

« 8. On suppose que toute sorte de matière commune n'attire pas ni ne retient pas la matière électrique avec une égale force et une égale activité, pour les raisons que nous donnerons dans la suite; et que les corps appelés originairement électriques, comme le verre, etc., l'attirent et la retiennent plus fortement, et en contiennent la plus grande quantité.

« 9. Nous savons que le fluide électrique est dans la matière commune, parce que nous pouvons le pomper et l'en faire sortir par le moyen du globe ou du tube[1]. Nous savons que la matière commune en a à peu près autant qu'elle en peut contenir, parce que quand nous en ajoutons un peu plus à une portion quelconque, cette quantité ajoutée n'entre point, mais forme une atmosphère électrique; et nous savons que la matière commune n'en a pas (généralement parlant) plus qu'elle n'en peut contenir; autrement toutes ses parties détachées se repousseroient l'une l'autre, comme elles font constamment lorsqu'elles ont des atmosphères électriques...

« 15. La forme de l'atmosphère électrique est celle du corps qu'elle environne. »

Telle est, dans sa forme primitive et ses parties essentielles, la théorie imaginée par Franklin pour rendre compte des phénomènes d'attraction et de répulsion électriques connus de son temps. Elle admet, comme on voit, l'existence d'un *fluide électrique unique* dont les molécules, attirées par la matière ordinaire, se repoussent mutuellement. A l'état naturel, les corps sont chargés d'une certaine quantité normale de fluide. Cette charge est-elle augmentée ou diminuée, le corps est électrisé : il l'est *en plus* ou *positivement*, si la quantité de fluide a été augmentée; il l'est *en moins* ou *négativement*, si elle a été diminuée. En complétant cette hypothèse par la loi que Coulomb a découverte et que nous exposerons prochaine-

1. Franklin fait allusion ici aux deux modes de production alors usités de l'électricité, le frottement d'un globe de soufre, de résine ou de verre, ou celui d'un tube de verre.

ment, à savoir que les répulsions et attractions électriques varient en raison inverse du carré de la distance qui sépare deux corps électrisés, on rend compte d'une manière satisfaisante des divers phénomènes. Cependant la théorie de Franklin est moins généralement adoptée que celle de Symmer ou des deux fluides, dont il va être maintenant question.

Au lieu d'un seul fluide, la théorie imaginée par Symmer suppose qu'il y en a deux, dont les propriétés sont opposées. Les molécules de chacun d'eux se repoussent, mais attirent celles du fluide contraire. Dans les corps à l'état naturel, ou non électrisés, le fluide électrique positif et le fluide électrique négatif existent en quantités égales; par le fait de leur attraction mutuelle, ils sont et restent combinés, et alors ils se neutralisent. Par le frottement ou par d'autres modes d'action que nous étudierons bientôt, on arrive à vaincre l'affinité spéciale en vertu de laquelle les deux fluides se combinent : le fluide positif passe dans l'un des corps et s'accumule à la surface; le fluide négatif passe dans l'autre et les deux corps frottés se trouvent ainsi chargés d'électricités contraires, si on les maintient séparés; mais si, après le frottement, on maintient les corps au contact, les électricités développées se neutralisent.

L'attraction des molécules des fluides contraires et la répulsion des molécules d'un même fluide expliquent les phénomènes d'attraction et de répulsion des corps électrisés les uns pour les autres; les mouvements des fluides entraînent ceux des molécules matérielles, soit par la pression du milieu ambiant dans l'hypothèse où les fluides n'auraient aucune action sur la matière pondérable, soit par l'action directe des fluides, si l'on admet que chaque fluide attire les molécules de cette matière.

Il y a entre la théorie des deux fluides électriques et celle des fluides magnétiques une analogie évidente; toutefois la séparation des fluides qui caractérise l'aimantation, ne s'opère que dans les molécules du corps magnétique, et chacune de ces molécules renferme toujours une égale quantité des fluides séparés. Au contraire les fluides électriques, en se séparant, peuvent passer d'un corps dans un autre.

Les deux théories de Symmer et de Franklin rendent compte d'une manière également satisfaisante des phénomènes. Laquelle des deux est la vraie? Y a-t-il deux fluides ou n'en existe-t-il qu'un seul? On peut même se demander s'il existe un fluide d'une nature spéciale auquel sont dus les phénomènes d'électricité. Les physiciens contemporains s'accordent à ne considérer ces hypothèses de fluides que comme un artifice de langage propre à exprimer les faits d'une façon claire et concise; au lieu de multiplier les causes des phénomènes, ils sont conduits à les rapporter à une cause unique; et cette cause ne serait autre que l'éther, le véhicule des ondes lumineuses et calorifiques. Voici ce que dit à ce sujet M. Briot dans son ouvrage sur la *Théorie mécanique de la chaleur:*

« Si l'on adopte comme plus probable l'hypothèse d'un seul fluide, il est naturel de supposer que ce fluide n'est autre chose que l'éther par les vibrations duquel on explique les phénomènes lumineux. Toutefois l'expérience apprend qu'il n'y a pas de phénomènes électriques dans le vide, c'est-à-dire en l'absence de toute matière pondérable. Il semble résulter de là que l'on doit appeler *fluide électrique* contenu dans un volume donné, non pas la quantité totale d'éther qu'il renferme, mais la somme des atmosphères d'éther qui entourent les molécules pondérables[1], c'est-à-dire l'excès de la quantité totale d'éther que contient le volume sur la quantité qu'il contiendrait sans la présence des molécules pondérables. Pour expliquer les phénomènes électriques, il suffira d'admettre que la matière pondérable attire l'éther en raison inverse du carré de la distance, et que l'action mutuelle des deux atmosphères d'éther est proportionnelle au produit de leurs masses et aussi en raison inverse du carré de la distance. »

1. En admettant que l'action de la matière pondérable sur l'éther soit attractive, chaque atome pondérable est entouré d'une atmosphère d'éther dont la densité est plus grande que dans le vide et décroît rapidement à partir du centre: l'excès d'éther accumulé autour de chaque atome est la masse de cette atmosphère.

Bien que la théorie d'un seul fluide paraisse la plus probable, la grande majorité des physiciens continue à se servir, pour l'explication élémentaire des phénomènes, de l'hypothèse des deux fluides, et nous nous conformerons à l'usage général.

§ 3. LOI DES ATTRACTIONS ET DES RÉPULSIONS ÉLECTRIQUES.

Quelle que soit l'idée qu'on se fasse de la nature de l'électricité, ce qui est hors de doute, c'est qu'elle est une force, puisqu'elle détermine des mouvements d'attraction et de répulsion. On a donc dû se demander quelles sont les lois de ces mouvements, en d'autres termes dans quelle proportion varient les attractions et les répulsions électriques, lorsqu'on fait varier, soit la distance des corps électrisés en présence, soit les quantités d'électricité dont ils sont respectivement chargés. L'exemple de Newton découvrant les lois de l'attraction universelle, démontrant qu'elle est proportionnelle aux masses et qu'elle varie en raison inverse du carré de la distance, poussa les physiciens du dix-huitième siècle à la recherche de la solution du même problème en ce qui concerne l'intensité des forces électriques. Du Fay, Hauksbee, Muschenbroek, Æpinus, Cavendish firent dans ce sens diverses tentatives plus ou moins infructueuses, et c'est à Coulomb qu'on doit la détermination expérimentale des lois en question, comme on lui doit celle des lois des attractions et des répulsions magnétiques.

Coulomb se servit, dans ce but, d'un appareil analogue à la balance magnétique, construit d'après les mêmes principes, ayant même disposition générale, et qui n'en diffère que par la nature des corps mis en présence, c'est-à-dire par la nature des forces dont il s'agissait de mesurer l'action. C'est la *balance électrique*, représentée dans la figure 86. Le fil de suspension fixé au micromètre de l'appareil est un fil d'argent très fin qui porte à sa partie inférieure une aiguille horizontale de gomme laque *f*, terminée à l'un de ses bouts par une boule conductrice ou un petit disque vertical en papier doré *g*, et à l'autre bout par un contrepoids. Le centre du disque est dans le plan du cercle divisé du cylindre en verre formant la cage de la balance; une seconde tige de gomme laque *f'* terminée par une boule conductrice *g'* descend verticalement dans la cage cylindrique, de façon que le centre de la boule soit dans le même plan horizontal que le centre du disque *g*, et que le plan vertical contenant la tige *f'* et le fil de suspension corresponde au zéro de la division du cylindre.

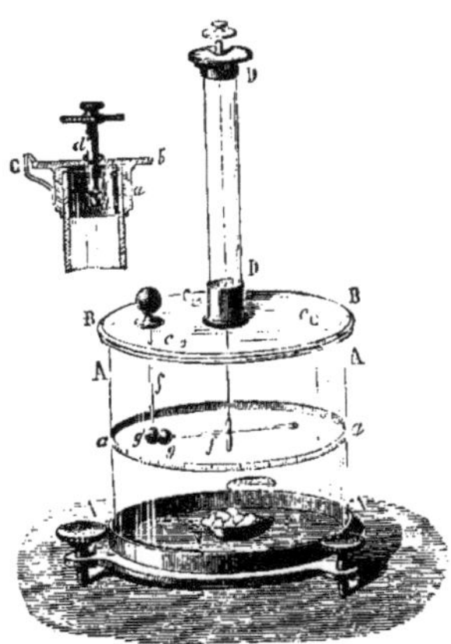

Fig. 86. — Balance électrique de Coulomb.

Voici maintenant comment on opère quand on veut trouver la loi de variation des actions électriques avec la distance. On commence par amener le disque au contact de la boule sans qu'il y ait torsion du fil, la boule *g'* n'étant pas encore électrisée. On sort la tige *f* et on électrise la boule qui la termine; on la replace dans la cage. Le disque de clinquant étant au contact de la boule se charge de la même électricité qu'elle; aussitôt la répulsion l'écarte jusqu'à une certaine distance, qu'on mesure sur l'échelle divisée, et qui est par exemple de 36 degrés. Mais le disque n'a pu être repoussé qu'en tordant le fil de suspension, et la force de torsion, qui fait équilibre à la force répulsive, est mesurée précisément par l'angle de 36°, puisque, comme nous l'avons vu dans la balance magnétique, la force de torsion croît proportionnellement avec l'angle de torsion lui-même. On tourne alors le tambour du micromètre de manière à ramener le disque à une distance moitié moindre, c'est-à-dire à 18°; on constate qu'il a fallu pour cela tourner le tambour d'un angle de 126°; la force totale de torsion ou, ce qui revient au même, la répulsion électrique qui lui fait équilibre, est donc mesurée par $126° + 18° = 144°$. Pour réduire au quart ou à 9° la distance de la boule et du disque, on est obligé de tourner le micromètre de 567° et la répulsion est alors mesurée par le nombre $567° + 9° = 576°$ [1].

En résumé, quand la distance de deux corps électrisés varie dans la proportion des nombres $1, \frac{1}{2}, \frac{1}{4}$, la force électrique suit le rapport des nombres 36, 144 et 576, ou des nombres 1, 4, 16. D'où cette loi :

Les répulsions entre deux corps chargés de la même électricité varient en raison inverse du carré des distances.

La loi des attractions se démontre par une expérience analogue à celle qu'on vient de décrire. Seulement, au début, il faut placer l'aiguille de gomme laque de façon que, sans qu'il y ait de torsion dans le fil suspenseur, la boule et le disque non encore électrisés soient à une certaine distance l'un de l'autre. On les électrise alors en sens contraire; d'où une attraction qui rapproche le disque de la boule jusqu'au point où la force de torsion qui en résulte fait équilibre à la force attractive. On répète l'expérience en faisant varier la distance et en mesurant à chaque fois l'angle dont il faut tourner le tambour du micromètre. Le résultat est le même que pour les actions répulsives, de sorte qu'on peut formuler la loi dans cet énoncé général :

Les attractions et les répulsions électriques varient en raison inverse des carrés des distances qui séparent les corps électrisés.

Coulomb a vérifié la loi des actions électriques par une seconde méthode, celle des oscillations, dont nous avons dit un mot (p. 44) en décrivant les expériences relatives aux attractions et répulsions magnétiques. Il faisait osciller une aiguille de

1. Les expériences réellement effectuées par Coulomb et par les physiciens qui ont depuis vérifié la loi, ne donnent pas de chiffres aussi rigoureusement proportionnels que ceux que nous mentionnons. Les très faibles différences observées tiennent à ce que, pendant la durée des expériences, les charges électriques de la boule et du disque diminuent un peu; la déperdition de l'électricité par l'air et l'imperfection des isolants en sont la cause. Coulomb diminuait cette cause d'erreur en plaçant dans la cage de la balance des fragments de chaux vive ou de chlorure de calcium qui absorbent l'humidité de l'air.

gomme laque terminée par un disque de clinquant, au devant d'une sphère conductrice chargée d'électricité, et qu'on éloignait à diverses distances. Puis il comptait les nombres des oscillations effectuées en un même temps et en déduisait leurs durées. Il a trouvé ainsi que les durées des oscillations sont proportionnelles aux distances. Mais, comme les forces sont en raison inverse des carrés de ces durées, il en résulte que les actions électriques sont en raison inverse des carrés des distances.

Dans tout ce qui précède nous avons supposé que la charge

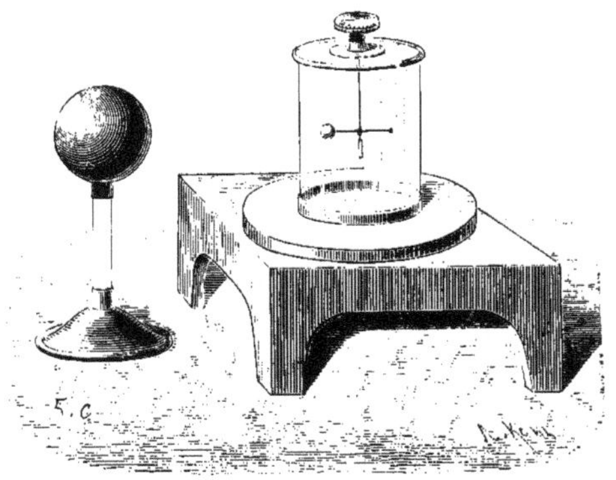

Fig. 87. — Loi des attractions électriques. Méthode des oscillations.

électrique des corps en présence était quelconque, mais restait constante. Il reste à savoir ce qui se produit quand on fait varier les quantités d'électricité libre dans les deux corps qui exercent l'un sur l'autre une action attractive ou répulsive. Mais pour cela nous devons définir ce qu'on entend par *charge* ou *quantité d'électricité*, ou encore, pour nous conformer au langage scientifique, ce qu'on entend par *masse électrique*.

En considérant l'électricité comme un fluide répandu dans les corps ou à la surface des corps électrisés, on admet que si l'on met en présence, au contact, deux sphères égales, identiques et par suite toutes deux également conductrices, dont l'une a été préalablement électrisée, il y a partage égal entre les deux sphères de la quantité primitive d'électricité[1]. Leurs masses électriques sont alors égales. Chacune d'elles n'est donc plus que la moitié de la masse électrique que renfermait la sphère électrisée avant le contact. Coulomb a fait voir que ce partage égal de l'électricité entre des conducteurs identiques a lieu également entre des conducteurs formés avec des corps de diverses natures. La définition de masses électriques doubles, triples, etc., est une conséquence de cette définition des masses égales. Or Coulomb, à l'aide de la balance électrique, a démontré expérimentalement que *les attractions et répulsions varient en raison du produit des quantités d'électricité libre, c'est-à-dire des masses électriques des deux corps en présence*[2].

Les lois que nous venons d'énoncer ne sont exactes que pour des corps dont les dimensions sont petites relativement aux distances qui les séparent.

La démonstration expérimentale des lois qui régissent les actions électriques, pour être complète et rigoureuse, suppose, ou bien que les quantités d'électricité libre que l'on met en présence restent invariables pendant toute la durée des expériences, ou bien, si elles varient, que l'on tienne compte de ces changements. En réalité, comme Coulomb l'a constaté, tout corps électrisé subit avec le temps un affaiblissement progressif de ses propriétés : l'électricité dont il est chargé diminue et finit par disparaître.

La raison de cette déperdition est aisée à comprendre. Les corps électrisés ont beau être isolés à l'aide de supports faits de matières non conductrices, l'air dans lequel ils sont plongés

1. D'après Coulomb, l'égalité de partage n'a pas lieu seulement entre deux sphères de même rayon, mais aussi entre deux corps conducteurs d'une forme quelconque. Seulement, dans ce cas, il est nécessaire que l'on mette en contact deux points tels, que la symétrie soit parfaite de chaque côté. Si les corps sont médiocres conducteurs, il faut en outre que la durée du contact soit assez longue.

2. Cette seconde loi serait évidente de soi, si l'on adoptait pour les masses électriques les définitions de la mécanique générale, c'est-à-dire si l'on considérait les quantités d'électricité ou les masses électriques comme proportionnelles aux forces; et alors la conséquence des expériences de Coulomb serait que le partage des électricités entre des conducteurs égaux ou identiques se fait bien comme l'admettait *à priori* ce savant physicien.

a beau être aussi parfaitement sec que possible, l'électricité se communique, se répand par ces deux intermédiaires sur les corps voisins, et par eux s'écoule dans le réservoir commun, qui est la terre.

En effet, aucune substance, nous l'avons vu quand nous avons classé les corps selon le degré de leur conductibilité, n'est un isolant parfait. Il y a donc déjà de ce chef une cause de déperdition de l'électricité qui, à la vérité, est d'autant moindre que la substance est moins conductrice. La gomme laque, surtout la brune, est le meilleur des isoloirs; mais il faut en outre que la surface en soit parfaitement desséchée. Or cela ne peut durer que pour un temps limité; cette surface est toujours un peu hygrométrique; la vapeur d'eau de l'air s'y condense et la revêt d'une couche d'humidité qui est, comme on sait, un bon conducteur de l'électricité. Voilà pourquoi, dans sa balance, Coulomb plaçait de la chaux vive ou du chlorure de calcium, afin que l'air emprisonné dans la cage de verre restât toujours sec.

Voilà pour la déperdition d'électricité qui provient des supports.

La perte qui se fait par l'air lui-même peut être également attribuée à deux causes. D'abord les gaz ont une conductibilité propre, très faible s'ils sont secs, beaucoup plus forte s'ils sont chargés d'humidité, mais qui n'est jamais absolument nulle[1]. D'autre part, les molécules de l'air voisines de la surface du corps électrisé sont attirées jusqu'au contact, puis sont repoussées parce que, par le contact, elles s'électrisent. D'autres les

1. Le fait que les machines électriques ont de la peine à fonctionner dans une atmosphère qui n'est pas sèche, que l'air humide favorise la déperdition de l'électricité, n'est pas douteux; mais est-il la conséquence de la conductibilité propre de l'air humide? C'est ce qu'on a longtemps cru et enseigné. Or il résulte d'expériences faites depuis une vingtaine d'années par M. du Moncel, puis plus tard par M. Gaugain et tout récemment par M. Marangoni, que l'interprétation admise jusqu'ici est inexacte. L'air humide n'est pas conducteur; les pertes que l'on constate, dans les fils télégraphiques par exemple, se font par la couche liquide qui se condense à la surface des fils et des supports isolants, non par une propagation directe de l'électricité à travers les couches d'air. (V. le numéro du journal *la Lumière électrique*, du 2 avril 1881.)

remplacent, et ainsi peu à peu l'électricité du corps se communique au milieu ambiant, c'est-à-dire s'affaiblit et finalement se perd.

On comprend donc quelle est l'importance des précautions à prendre pour éviter ces causes d'erreur toutes les fois qu'il s'agit d'expériences électriques un peu délicates, et à plus forte raison si ces expériences comportent des mesures précises des quantités d'électricité. Souvent on éprouve ainsi des échecs qui proviennent uniquement de l'oubli des précautions dont nous parlons. En tout cas, il faut savoir tenir compte des pertes d'électricité, ce qui exige qu'on connaisse les lois de cette déperdition. Coulomb et depuis divers physiciens contemporains, Matteucci, Gaugain, Riess, etc., ont étudié ces lois. Retenons les principaux résultats de leurs recherches.

En ce qui regarde les supports, Coulomb a trouvé qu'on peut isoler parfaitement une balle de sureau de 10 à 12 millimètres de diamètre, en la faisant porter par un cylindre de gomme laque de 1 millimètre de diamètre et de 4 à 5 centimètres de longueur. Il en est de même si on la suspend à un fil de soie très fin, ou de verre tiré à la lampe, à la condition de les revêtir d'une couche de gomme laque pure en faisant passer ces fils dans la gomme laque bouillante.

La température a une grande influence sur la conductibilité des corps ; par suite, telle substance qui est isolante à la température ordinaire, devient conductrice à mesure que cette température s'élève. Telle est, par exemple, la tourmaline, dont la conductibilité, nulle d'abord, devient notable quand on porte le corps à 400 ou 500 degrés, et Gaugain, qui a reconnu ce fait, a constaté qu'alors la tourmaline est devenue très hygrométrique et qu'elle conserve cette propriété ainsi que la conductibilité acquise, si on la fait refroidir. Il faut la laver ensuite et la sécher à moins de 150 degrés, pour qu'elle redevienne isolante.

En ce qui regarde l'air ou le milieu ambiant, Coulomb a trouvé que la déperdition électrique va en croissant avec le degré d'humidité de ce milieu ; puis qu'elle est d'autant plus grande que la charge ou que la tension électrique du corps est plus considérable. D'après Matteucci, la déperdition est moindre dans l'air agité que dans l'air tranquille, indépendante de la tension entre certaines limites quand on opère dans un gaz sec et pur, indépendante de la nature des gaz, indépendante enfin de la nature de l'électricité (positive ou négative) pour des tensions moyennes. La déperdition augmente avec la température dans l'air sec ; elle varie avec la pression et est d'autant plus lente que l'air où l'on place le corps électrisé est plus raréfié.

§ 4. DISTRIBUTION DE L'ÉLECTRICITÉ A LA SURFACE DES CORPS CONDUCTEURS.

Quand on électrise un corps non conducteur, un bâton de résine ou de verre, par exemple, les parties qui ont été frottées ou qu'on a mises en contact avec un autre corps chargé d'électricité, sont seules électrisées. Ce n'est que lentement, ainsi que nous venons de le voir, que l'électricité se répand sur le corps, et au contraire, s'il s'agit d'un corps conducteur, la diffusion du fluide se fait instantanément sur toute son étendue ; mais il y a lieu de se demander si la répartition de l'électricité développée ou communiquée a lieu à l'intérieur du corps comme à l'extérieur, et en quelle proportion elle se distribue dans toute l'étendue des portions électrisées.

Nous avons déjà vu que Coulomb, en mettant en contact deux boules ou sphères conductrices de même diamètre, a prouvé que la charge électrique se partage également entre les deux corps, quelle qu'en soit d'ailleurs la nature et la densité. Ainsi la communication ne se fait point en raison des masses des corps. L'électricité ne pénètre point à l'intérieur des corps ; elle reste distribuée à leur surface, comme le prouvent les expériences que nous allons décrire.

Une sphère métallique isolée sur un pied de verre est recouverte de deux minces calottes hémisphériques, qu'on maintient en contact avec elle à l'aide de deux manches isolants. On électrise alors le système entier; puis on retire vivement et à la fois les deux hémisphères (fig. 88). En présentant séparément à la balle d'un pendule électrique la sphère elle-même, puis chacune des calottes, on reconnaît que ces dernières sont seules électrisées. L'électricité ne s'était donc point répandue dans une épaisseur plus grande que celle des enveloppes.

Si sur un cylindre non conducteur, en verre par exemple, on enroule, à l'aide d'une manivelle, un ruban métallique

Fig. 88. — Distribution de l'électricité à la surface des corps conducteurs.

d'étain, de clinquant, qu'on électrise et auquel on suspend deux pendules conducteurs (fig. 89), on voit les pendules diverger quand le ruban reste enroulé. Ils se rapprochent au fur et à mesure qu'en tournant le treuil on déroule le ruban, ce qui prouve que la tension de l'électricité diminue en raison de l'extension de la surface, la quantité de l'électricité restant la même. Une expérience analogue consiste à poser sur le plateau d'un électroscope à feuilles d'or une chaîne métallique qu'on électrise (fig. 90). Les feuilles d'or divergent, puis se rapprochent si l'on soulève avec un bâton de gomme laque la chaîne métallique; alors, en effet, la surface électrisée augmente et la tension de l'électricité diminue, ce qui serait

Fig. 89. — Expérience relative à la distribution de l'électricité.

Fig. 90. — Expérience relative à la distribution de l'électricité.

inexplicable si l'électricité était répartie ailleurs qu'à la surface.

Une sphère creuse métallique, percée d'un orifice à sa partie

Fig. 91. — Distribution de l'électricité à la surface d'une sphère creuse, d'un vase métallique.

supérieure et isolée sur un pied (fig. 91), est chargée d'électricité. Pour reconnaître la façon dont cette électricité est distribuée, on se sert d'un petit disque de papier doré muni d'un manche isolant (c'est ce qu'on nomme un *plan d'épreuve*), et on l'applique sur un point quelconque de la surface extérieure de la sphère électrisée : on trouve alors qu'il attire la balle de sureau du pendule électrique. On touche le plan d'épreuve avec la main ; l'électricité dont il est chargé s'écoule, et il revient à l'état naturel. Si alors on l'applique à l'intérieur de la sphère, en ayant soin qu'il ne heurte pas les bords du trou, on constate qu'il ne donne aucun signe d'électricité. Le résultat serait le même, si l'on commençait par éprouver

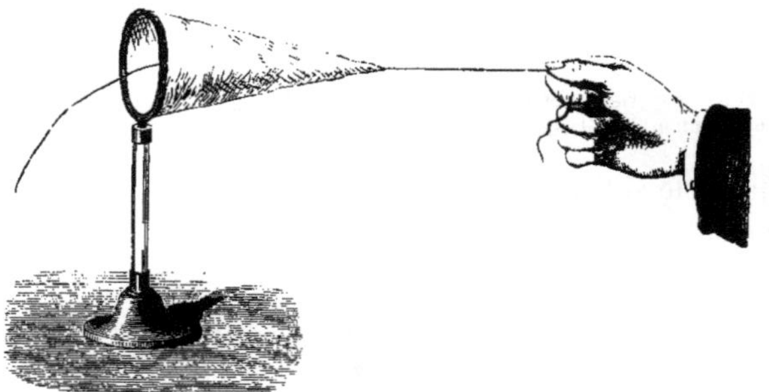

Fig. 92. — Expérience de Faraday prouvant que l'électricité se répand à la surface extérieure des corps.

l'intérieur de la sphère. Faraday faisait la même expérience en donnant au corps la forme d'un cylindre en treillis métallique (fig. 91) qu'il posait sur un disque de laiton isolé. Il électrisait le disque et constatait, à l'aide du plan d'épreuve, que la surface extérieure seule de cette espèce de vase était électrisée.

C'est aussi le même illustre physicien qui a imaginé l'expérience de la poche conique de mousseline, attachée à un cercle de métal isolé qu'on électrise. Un double fil de soie, fixé au sommet du cône, permet de retourner le sac, et l'on trouve toujours que c'est sur la surface extérieure que l'électricité s'est répandue, de sorte qu'elle passe alternativement d'une face de l'étoffe sur l'autre (fig. 92).

Faraday a mis en évidence, par une série de curieuses expériences, la propriété qu'ont les surfaces conductrices fermées de n'exercer aucune influence électrique sur les points intérieurs de l'espace qu'elles enveloppent. Il couvrait un électroscope à feuilles d'or d'une cloche en toile métallique, d'une cage en treillis fort large, d'un panier à salade, et il constatait que l'électroscope restait absolument insensible à l'action d'un corps électrisé extérieur, à celle de l'enveloppe elle-même, lorsqu'il l'électrisait avec les plus puissantes machines. L'illustre physicien fit construire une chambre cubique de $5^{m},60$ de côté dont les parois à jour étaient recouvertes de papier et d'un treillis métallique. Cette sorte de cage était isolée, suspendue à cet effet par des câbles en soie, puis était mise en communication avec une machine électrique. Fadaray s'y enferma muni d'électroscopes très sensibles. Or on eut beau électriser la chambre au point d'en tirer extérieurement de vives étincelles et de voir des aigrettes lumineuses s'échapper de toutes parts, il ne ressentit lui-même aucune commotion, aucune des impressions que cause le fluide à toute personne électrisée, et ses électroscopes ne donnèrent aucun signe d'électrisation.

Ainsi, c'est bien à la surface extérieure des corps conducteurs que l'électricité se trouve distribuée : ou du moins, si elle pénètre dans l'intérieur du corps, l'épaisseur de la couche électrisée est extrêmement faible. On prend deux sphères, l'une pleine et métallique, l'autre en gomme laque et dorée à la surface, toutes deux de même diamètre ; puis on électrise la première et l'on mesure la tension, ou mieux la charge, la *densité électrique*[1], à l'aide d'un instrument spécial qu'on nomme *électromètre*. Si l'on met alors les sphères en contact,

1. M. Mascart fait observer avec raison qu'il est préférable d'employer ici l'expression de *densité électrique*, au lieu de celle de tension, pour indiquer « la limite du rapport de la quantité d'électricité qui est répandue sur une petite surface comprenant le point considéré, à l'étendue de cette surface ». En effet, le mot *tension* est employé en électricité dans d'autres sens, par exemple pour exprimer la pression qu'un élément de la surface exerce sur le milieu ambiant, et dans ce cas la tension est proportionnelle au carré de la densité électrique, telle qu'elle vient d'être définie. Elle a enfin encore un autre sens, lorsqu'on l'emploie pour caractériser les courants électriques.

on trouve que la tension électrique est, sur chacune d'elles, moitié de ce qu'elle était d'abord sur la sphère métallique. Comme l'épaisseur de la couche électrique est égale, sur la sphère de gomme laque, à celle de la feuille d'or, on en conclut que cette épaisseur n'est pas plus grande sur la sphère massive.

La densité électrique n'est égale en tous les points de la surface d'un corps conducteur que dans le cas où ce corps a

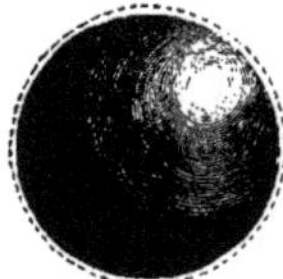

Fig. 93. — Densité de l'électricité aux différents points de la surface d'une sphère, d'un ellipsoïde.

la forme d'une sphère. C'est ce qu'on exprime en disant que l'épaisseur de la couche électrique y est uniforme (fig. 93). Dans un ellipsoïde allongé, cette couche est maximum aux extrémités du grand axe; dans un ellipsoïde aplati, elle est maximum sur toute la circonférence de l'équateur. Dans un disque plat, la densité électrique, presque nulle au centre, va en croissant vers les bords, où elle atteint la plus grande intensité. Dans un conducteur qui a la forme d'un cylindre terminé par deux hémisphères, c'est à la surface de ces derniers que la densité est la plus grande; elle est presque nulle partout ailleurs. Les lignes ponctuées qui entourent les solides représentés dans les figures 93 et 94, indiquent, par leurs distances plus ou moins grandes aux points voisins des surfaces, quelle est la densité électrique en chacun de ces points.

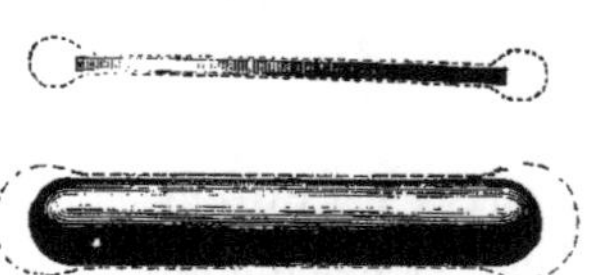

Fig. 94. — Densité de l'électricité sur un disque plat, sur un cylindre terminé par des hémisphères.

On voit donc combien la forme des corps a d'influence sur la distribution de l'électricité à leur surface. Mais nulle part cette influence n'est plus sensible que sur les parties des corps terminés par des arêtes vives, des angles aigus, des pointes coniques ou pyramidales. Dans ces parties, l'électricité s'accumule et acquiert une intensité assez grande pour s'écouler dans le milieu ambiant, alors même que ce milieu est très peu conducteur. On nomme *pouvoir des pointes* cette propriété, dont la découverte est due à B. Franklin, et date de plus d'un siècle[1]. Citons la première des expériences qu'il fit sur ce sujet :

« Placez, dit-il, un boulet de fer de 3 ou 4 pouces de diamètre sur l'orifice d'une bouteille de verre bien nette et bien sèche ; par un fil de soie attaché au lambris précisément au-dessus de

Fig. 93. — Expérience de Franklin sur le pouvoir des pointes.

l'orifice de la bouteille, suspendez une petite boule de liège environ de la grosseur d'une balle de mousquet ; que le fil soit de longueur convenable pour que la boule de liège vienne s'arrêter à côté du boulet ; électrisez le boulet, et le liège sera repoussé à la distance de 4 ou 5 pouces, plus ou moins, suivant la quantité d'électricité... (fig. 93 a'). Dans cet état, si vous présentez au boulet la pointe d'un poinçon long et délié, à 6 ou 8 pouces de distance, la répulsion sera détruite sur-le-

1. Dans une lettre écrite par le célèbre physicien américain à P. Collinson, et datée du 1er septembre 1747, sont décrites plusieurs expériences ayant pour objet de montrer « l'étonnant effet des corps pointus, tant pour *tirer* que pour pousser le feu électrique ». C'est en se basant sur ce pouvoir des pointes que Franklin, deux ans plus tard, conçut la première idée des paratonnerres.

champ, et le liège volera vers le boulet. Pour qu'un corps émoussé produise le même effet, il faut qu'il soit approché à un pouce de distance et qu'il tire une étincelle. Afin de prouver que le feu électrique est *tiré* par la pointe, si vous ôtez de son manche le côté aplati du poinçon, et que vous le fixiez sur un bâton de cire à cacheter, vous présenterez en vain le poinçon à la même distance, ou l'approcherez encore de plus près, le même effet n'en résultera point. Mais glissez le doigt le long de la cire, jusqu'à ce que vous touchiez le côté aplati, le liège alors volera sur-le-champ vers le boulet..... Si vous présentez cette pointe dans l'obscurité, vous y verrez quelquefois, à un pied de distance et plus, une lumière brillante, semblable à un feu follet, ou à un ver luisant[1]. Moins la pointe est aiguë, plus il faut l'approcher pour apercevoir la lumière, et à quelque distance que vous voyiez la lumière, vous pouvez *tirer* le feu électrique, et détruire la répulsion..... Si une boule de liège ainsi suspendue est repoussée par le tube, et que la pointe lui soit brusquement présentée, même à une distance considérable, vous serez étonné de voir avec quelle rapidité le liège revole vers le tube. Des pointes de bois feraient le même effet que celles de fer, pourvu que le bois ne fût pas sec; car un bois parfaitement sec n'est pas meilleur conducteur d'électricité que la cire d'Espagne. »

On a calculé qu'au sommet d'une pointe conique la tension électrique est infinie, de sorte qu'il doit être impossible de charger d'électricité un corps conducteur muni d'un tel prolongement; c'est ce que l'expérience confirme. A mesure que l'électricité se développe, elle s'écoule dans le milieu ambiant et disparaît. Quand on examine l'extrémité de la pointe dans l'obscurité, on aperçoit une aigrette lumineuse dont nous étudierons plus loin la forme et la couleur. Si, pendant que la pointe est en communication avec la source électrique, on place la main en avant ou au-dessus, on sent un souffle qui

1. « Quand l'électricité est forte et la pointe bien fine, la lumière paraît jusqu'à la distance d'une toise. »

indique un mouvement continu des particules d'air ; on rend ce mouvement très sensible en plaçant sur le prolongement de la pointe la flamme d'une bougie (fig. 96). Le *vent électrique* est assez intense pour courber la flamme ou même pour l'éteindre. Cette agitation de l'air, à l'extrémité des pointes des conducteurs électrisés, avait d'abord été attribuée à l'écoulement réel de l'électricité qu'on assimilait à un fluide ; mais l'explication suivante nous semble préférable, parce qu'elle n'exige aucune hypothèse sur la nature de l'électricité, et d'ailleurs

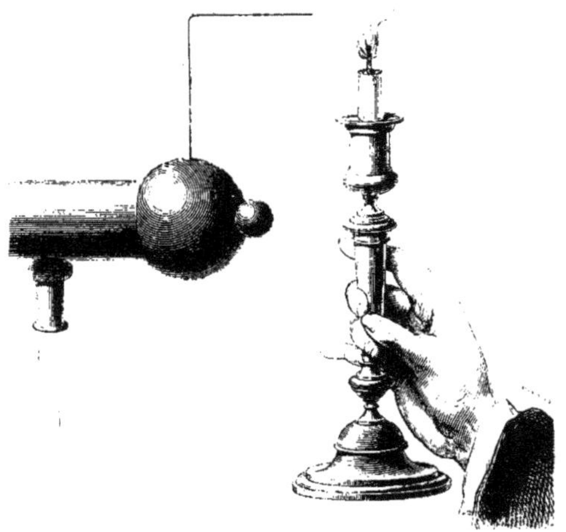

Fig. 96. — Pouvoir des pointes. Vent électrique.

se trouve d'accord avec les phénomènes connus. Les molécules d'air qui se trouvent en contact avec la pointe, électrisée à une tension considérable, se chargent d'électricité de même nom que celle du conducteur. Dès lors il y a répulsion, et les molécules, en s'éloignant, cèdent la place à d'autres qui s'électrisent à leur tour, et ainsi de suite. De là le courant d'air que l'observation constate, courant qui n'est continu qu'autant que la charge électrique est sans cesse renouvelée.

La force avec laquelle l'air est chassé au-devant d'une pointe, engendre une réaction qui doit pousser la pointe en sens contraire; et si cette pointe ne se meut pas, c'est qu'elle n'est pas libre. L'existence de cette réaction est mise en évidence dans un petit appareil qu'on nomme le *tourniquet électrique* (fig. 97). Sur un support métallique, on place un système de rayons divergents réunis au centre par une chape qui permet le mouvement du système dans un plan horizontal. Chaque rayon est recourbé en pointe aiguë dans le même sens. Dès qu'on charge le conducteur sur lequel le tourniquet est placé, on voit celui-ci prendre un mouvement de rotation dans une direction opposée à celle des pointes.

Nous avons donné une idée des expériences qui ont conduit Coulomb à formuler les lois des actions électriques, en raison directe des masses et en raison inverse du carré des distances. Cette démonstration expérimentale est délicate et difficile; avec quelque soin que l'on conduise les expériences, les erreurs sont inévitables et ne permettent d'arriver qu'à une vérification approximative. Il est donc intéressant de savoir que la loi du carré des distances se démontre indirectement en soumettant à l'analyse la question de la distribution de l'électricité à la surface des corps conducteurs. Les faits que nous venons d'exposer dans ce paragraphe s'expliquent tous en effet dans l'hypothèse de la loi du carré des distances. Alors, ainsi que Newton l'a du reste démontré pour la pesanteur, une enveloppe sphérique électrisée ne doit exercer aucune action sur un point situé à son intérieur. De même, toute couche sphérique uniformément électrisée en tous ses points agit sur un point extérieur comme si toutes les actions répulsives étaient réunies en son centre. Il résulte de là que, si l'on considère une sphère électrisée comme partagée en couches concentriques infiniment minces, toute molécule électrique située à la surface de l'une d'elles ne recevra aucune action de l'électricité des couches

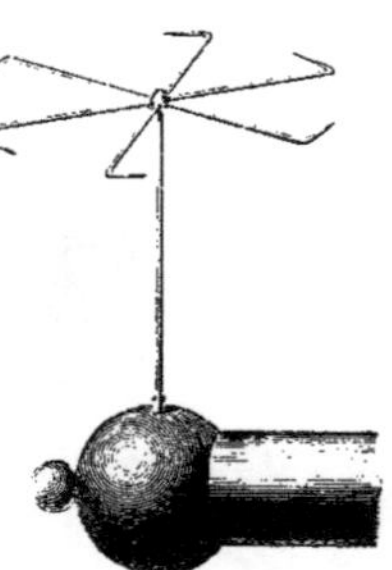

Fig. 97. — Tourniquet électrique.

extérieures, tandis qu'elle sera repoussée par le fluide que pourraient contenir les couches internes. Cette molécule sera donc forcée de s'éloigner du centre jusqu'à ce qu'elle arrive à la surface, où l'action du milieu ambiant, supposé mauvais conducteur, la maintiendra. C'est bien là ce que l'expérience constate. Toute autre hypothèse sur la loi de variation des actions électriques avec la distance serait incompatible avec la distribution du fluide à la surface des conducteurs.

Ainsi est confirmée l'exactitude de cette loi, dont l'importance théorique est d'autant plus grande qu'on voit l'électricité soumise, dans ses modes d'action, aux mêmes variations que la gravitation universelle.

CHAPITRE III

INFLUENCE OU INDUCTION ÉLECTRIQUE

§ 1. PHÉNOMÈNES D'INDUCTION ÉLECTRIQUE. — ÉLECTRISATION PAR INFLUENCE.

Quand un corps est à l'état naturel, nous venons de voir qu'il y a deux moyens de l'électriser : le frottement, ou le contact avec un corps préalablement électrisé. Les phénomènes que nous allons décrire maintenant prouvent que dans ce dernier cas le contact n'est pas nécessaire.

Prenons en effet (fig. 98) un corps électrisé C, — c'est ici une sphère métallique montée sur une colonne de verre, — et plaçons dans son voisinage, à une distance suffisamment petite, un conducteur cylindrique AB, d'une grande longueur et dont les extrémités sont terminées par des calottes hémisphériques d'un diamètre notablement moindre que celui de la sphère électrisée. Le conducteur AB est d'ailleurs isolé soit par un pied de verre qui le supporte, soit par des fils de soie enduits de gomme laque à l'aide desquels il est suspendu ; il est d'abord à l'état naturel. Les deux corps ne sont pas plutôt en présence, que le conducteur AB donne des signes manifestes d'électrisation. On peut s'en assurer en approchant de ses extrémités la balle de sureau d'un pendule électrique, et en constatant qu'elle est attirée par le conducteur ; ou mieux en observant de petits pendules *a*, *b*, fixés en différents points du cylindre, et formés de balles de sureau suspendues à des fils conducteurs. Ces balles se trouvent chargées au contact de la même électricité que les points qu'elles touchent : de là une répulsion qui se manifeste par la déviation de la verticale des fils des pendules. Ce mode de production de l'électricité, ainsi développée à distance par un corps électrisé sur un conducteur à l'état naturel, se nomme *électrisation par influence* ou *par induction*.

Les premiers phénomènes d'influence électrique qui aient été observés sont ceux de l'attraction des corps légers par l'ambre, c'est-à-dire remontent à l'origine même de la découverte de l'électricité ; nous allons voir en effet que les corps attirés sont électrisés eux-mêmes aussitôt que le morceau

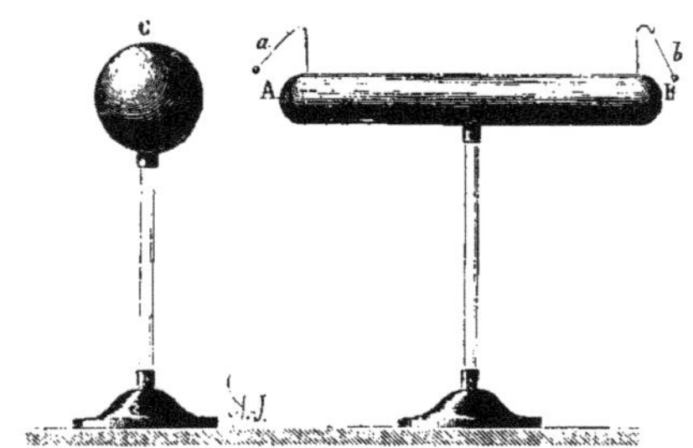

Fig. 98. — Électricité développée par influence ou induction.

d'ambre frotté se trouve en leur présence à une distance suffisamment petite : l'attraction n'est donc au fond qu'un phénomène d'influence. Mais ce n'est qu'au milieu du siècle dernier que l'interprétation dont il s'agit fut adoptée. Gray avait bien remarqué déjà qu'une corde isolée devient électrique lorsqu'on en approche, sans la toucher, un tube de verre électrisé ; antérieurement, Otto de Guericke avait observé que des fils suspendus à une faible distance du globe de soufre de sa machine éprouvaient une répulsion quand il en approchait le doigt. Mais ni l'un ni l'autre n'avaient compris l'importance de ces faits. C'est à Canton (1753) que revient l'honneur d'avoir signalé nettement l'électrisation par influence. Æpinus, quelques années plus tard, alla plus loin en distinguant la nature de l'électricité induite sur les diverses parties du corps soumis à l'influence. Décrivons maintenant les expériences qui montrent comment l'électricité ainsi développée se trouve distribuée sur le corps électrisé.

Si la sphère C (fig. 99) est chargée d'électricité *positive*, l'extrémité A du cylindre la plus voisine de la sphère est électrisée *négativement*, l'extrémité B l'est au contraire *positivement*. On s'assure de ce double fait, en présentant successivement aux deux extrémités un petit pendule isolé, dont la balle est chargée d'une électricité connue, d'électricité positive par exemple; approchée avec précaution de A, elle est attirée;

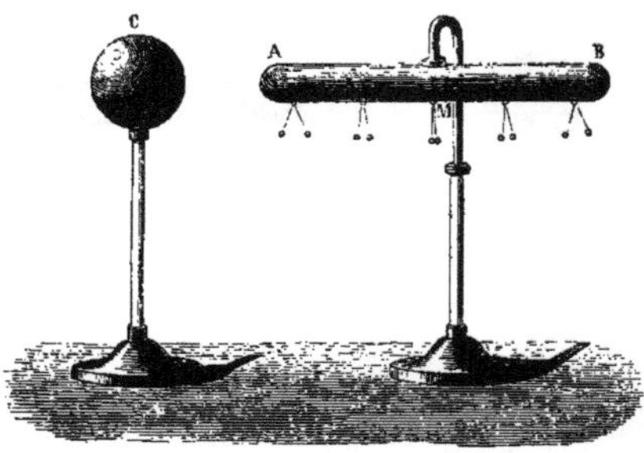

Fig. 99. — Distribution de l'électricité sur un conducteur isolé électrisé par influence.

de B, elle est repoussée. C'est l'inverse qui aurait lieu, si la sphère C eût été chargée d'électricité *négative*.

Pour étudier la distribution de ces deux électricités opposées sur le cylindre conducteur, on suspend à diverses distances des pendules doubles à fils conducteurs, et l'on observe la plus ou moins grande divergence des balles (fig. 99). On trouve alors que la tension électrique est maximum à chaque extrémité, et qu'elle diminue progressivement de chacun de ces points extrêmes vers une région moyenne M, où elle est nulle, et que pour cette raison on nomme *ligne neutre*. Mais cette section du cylindre, qui se trouve ainsi resée à l'état naturel, est plus rapprochée de l'extrémité voisine de la sphère que de l'autre : elle n'est pas au milieu du conducteur électrisé par influence.

Ajoutons que la tension électrique est aussi plus grande en A qu'en B. Les choses étant en cet état, éloignons graduellement la sphère. On voit alors les balles des pendules se rapprocher peu à peu, et revenir au contact quand la distance est suffisamment grande. Alors toute influence cesse : le cylindre conducteur revient à l'état naturel; il reprendrait aussi instantanément ce même état si, au lieu d'éloigner la sphère, on la déchargeait de son électricité en la mettant en communication avec le sol.

Il est à remarquer que l'action de la sphère inductrice sur le conducteur voisin est accompagnée d'une réaction de ce dernier sur la sphère. On constate en effet que la distribution de l'électricité n'y est plus uniforme, et que la densité électrique est plus grande à l'extrémité du diamètre la plus voisine du cylindre induit qu'à l'extrémité opposée. On s'en assure en touchant successivement ces deux extrémités avec un plan d'épreuve.

Dans l'expérience que nous venons de décrire, le conducteur électrisé par influence était isolé. Supposons qu'après l'avoir mis en présence de la sphère *inductrice*, — c'est ainsi qu'on nomme le corps électrisé qui agit par influence, — on fasse communiquer avec le sol l'extrémité la plus éloignée. Aussitôt toute l'électricité dont était chargée cette partie du cylindre disparaît, et ce dernier ne contient plus que l'électricité opposée à celle de la sphère, mais à une tension plus grande, comme le prouve l'écart plus considérable des pendules : le maximum de tension est toujours en A, et la ligne neutre a disparu. La nature de l'électricité restante, sa distribution sur le conducteur ou sa tension aux divers points seraient encore les mêmes si, au lieu de le toucher en B, on avait fait communiquer avec le sol tout autre point du cylindre, même l'extrémité A. Enfin si, après avoir établi cette communication, on la supprime, tout reste encore dans le même état, c'est-à-dire que le conducteur est toujours chargé de l'électricité opposée à celle de la sphère inductrice, inégalement distribuée. En éloignant alors cette sphère, l'électricité reste sur le conducteur ; seulement, elle se distribue également sur toutes les parties de sa surface, et l'on a un corps électrisé par influence et chargé d'électricité, comme s'il l'eût été directement par le frottement ou au contact.

Quand on met en présence d'une source telle que la sphère électrisée, non plus un seul conducteur, mais une série de conducteurs placés à la suite les uns des autres, AB, A'B', etc. (fig. 100), tous se trouvent simultanément électrisés par influence ; mais la tension électrique sur chacun des cylindres va en diminuant avec la distance, bien qu'elle soit plus forte

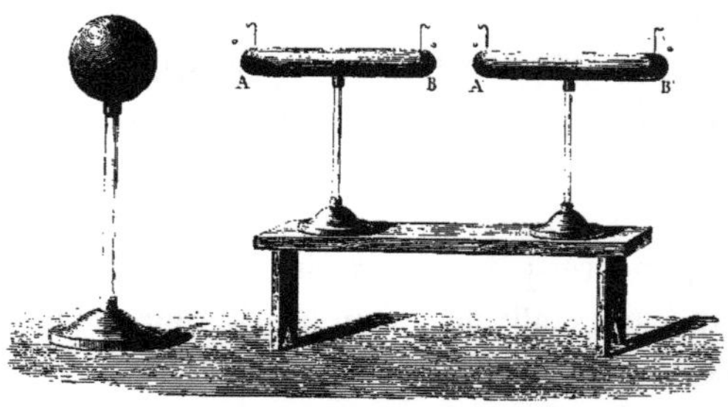

Fig. 100. — Électrisation par influence d'une série de conducteurs.

sur A'B' par exemple qu'elle ne serait si, le conducteur AB étant enlevé, l'influence n'était exercée que par la sphère inductrice. Cette dernière observation prouve que chaque conducteur agit par influence, et contribue à électriser celui qui le suit dans la série.

Les faits qui précèdent ont une grande importance. Ils sont la conséquence naturelle de l'hypothèse des deux fluides dont les molécules se repoussent ou s'attirent, selon qu'elles sont de même nature ou de nature contraire. Ils nous permettront en outre d'expliquer plus complètement les phénomènes d'attraction et de répulsion, d'électrisation au contact, etc.... Entrons dans quelques détails sur ces divers points.

On a vu qu'un corps, à l'état naturel, renferme à la fois les deux espèces d'électricités, l'électricité positive et l'électricité négative, en proportion telle qu'elles se neutralisent. Vient-on à le frotter à l'aide d'un second corps, on détermine sur chacun d'eux une séparation des deux électricités : l'une d'elles passe sur l'un des corps frottés et l'autre sur l'autre, où, se trouvant de chaque côté en excès quand on éloigne les corps (isolés s'ils sont bons conducteurs), elles manifestent leur présence par les phénomènes que nous avons décrits.

Voyons maintenant comment s'explique l'électrisation par influence, c'est-à-dire comment on rend compte des phénomènes que nous a présentés le cylindre conducteur placé dans le voisinage de la sphère électrisée. L'électricité positive de cette sphère attire l'électricité négative et repousse l'électricité positive du conducteur ; la première se porte vers l'extrémité A (fig. 98), la seconde est refoulée vers l'extrémité B. Mais l'attraction est plus forte en A que la répulsion en B, parce que la distance à la source est moindre pour la première région que pour la seconde : voilà pourquoi la ligne neutre est plus rapprochée de A que de B. Quand on met le conducteur en communication avec le sol, c'est comme si on allongeait indéfiniment ce corps, ce qui explique l'accroissement de tension de l'électricité négative en A ; la ligne neutre indéfiniment reculée n'est plus placée sur ce cylindre, de sorte que si l'on rompt brusquement la communication, on ne trouve plus sur le cylindre que de l'électricité négative inégalement distribuée sur sa surface, à cause de l'inégalité d'action de la sphère sur des points qui sont situés à des distances croissantes.

La même hypothèse va nous rendre compte des premiers phénomènes que nous avons étudiés, c'est-à-dire de l'attraction et de la répulsion des corps neutres, ou à l'état naturel, par un corps électrisé.

Quand on approche la balle de sureau du pendule électrique d'un cylindre de verre C, chargé d'électricité positive, qu'arrive-t-il ? L'électricité neutre de la balle est décomposée par influence ; la positive est repoussée en *b* si le fil est isolant, ou refoulée dans le sol s'il est conducteur ; la négative est attirée en *a*. Dans les deux cas, la tendance qu'ont à se rejoindre l'électricité positive de la balle et l'électricité négative du bâton fait dévier le pendule de la verticale : il y a attraction (fig. 101). S'il y a contact, les électricités se combinent, et la balle reste chargée d'électricité positive, pourvu toutefois qu'elle soit isolée. De là répulsion entre les deux électricités de même nature que contiennent en ce moment les deux corps en présence. Quand la balle n'est pas isolée, l'électricité positive est refoulée dans le sol, et le contact détermine la combinaison des deux électricités contraires ; la balle revient à l'état naturel, et il n'y a pas de répulsion. Tous ces faits, nous l'avons vu dans le chapitre précédent, sont ceux que l'observation constate.

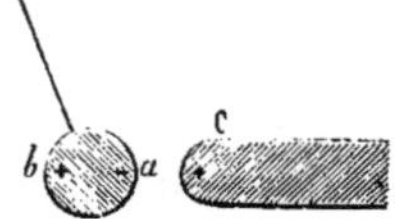

Fig. 101. — Cause de l'attraction des corps légers.

L'électrisation d'un corps conducteur isolé, par le contact d'un corps déjà électrisé, s'explique aussi aisément. Avant le contact, l'électricité neutre du conducteur est décomposée par influence : il y a attraction de l'électricité positive, par exemple, du corps préalablement électrisé, pour l'électricité négative du conducteur, et répulsion de l'électricité positive. Le contact détermine la combinaison, dans une certaine proportion des électricités qui s'attirent, et il reste sur le conducteur un excès d'électricité positive. De là une charge d'électricité de même nature que celle de la source électrique, ce qui fit croire d'abord que l'électrisation se faisait par une sorte d'écoulement de l'électricité qu'on assimilait à un fluide : et l'hypothèse paraissait d'autant mieux fondée que le contact diminuait la charge électrique de la source. En réalité, il n'y a pas de partage d'électricité entre les deux corps, mais bien une action de décomposition par influence, puis une combinaison partielle. Cette combinaison a lieu souvent à travers l'air un peu avant le contact, et elle est, comme nous l'avons vu, accompagnée d'une explosion et d'une étincelle.

Enfin, l'action des pointes trouve aussi dans l'hypothèse précédente une explication plus complète que celle que nous avions vaguement indiquée plus haut. Quand on présente à un corps électrisé un conducteur terminé par une pointe, l'électricité neutre de ce conducteur est décomposée par influence; et comme l'électricité opposée à celle du corps élec-

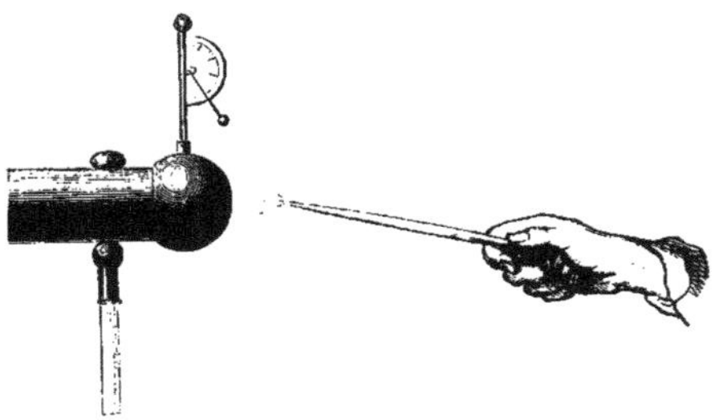

Fig. 102. — Explication du pouvoir des pointes.

trisé possède à l'extrémité de la pointe une tension infinie, il se fait une combinaison rapide des deux électricités de noms contraires : le corps électrisé se trouve déchargé. Franklin, en employant les expressions de « fluide ou de feu électrique *tiré* ou *poussé* par les pointes », traduisait en langage vulgaire et par des mots de sens opposés un phénomène identique dans les deux cas.

§ 2. PHÉNOMÈNES D'INFLUENCE ENTRE DES CORPS MAUVAIS CONDUCTEURS. L'ÉLECTROPHORE.

Dans ce qui précède, on a toujours supposé que le corps qui subit l'influence ou le corps induit est un bon conducteur de l'électricité, comme le corps influent ou électrisé l'est lui-même. Les phénomènes seraient les mêmes, au degré près, si ce dernier était mauvais conducteur. En ce cas, la réaction sur le corps influent serait en effet moindre, le fluide électrique ne se déplaçant qu'avec difficulté à la surface d'un mauvais conducteur. Alors, si l'on met en contact les surfaces des deux corps, inducteur et induit, il n'y a pas de recomposition brusque des électricités, il ne se produit point d'étincelle, et les deux surfaces restent chargées de fluides contraires. On va voir bientôt que cette propriété a été utilisée pour la construction de l'appareil connu sous le nom d'*Électrophore*. Avant de le décrire, examinons brièvement ce qui se passe quand on fait agir un corps électrisé sur un mauvais conducteur maintenu à une certaine distance.

Dans ce cas, l'influence électrique est très faible : on comprend même qu'elle serait nulle si l'on avait affaire à un corps dont la conductibilité soit nulle, à un isolant absolu. Dans la réalité, un tel corps n'existe point; nous avons vu que les substances isolantes les meilleures conduisent toujours quelque peu l'électricité, et une expérience très simple le prouve. Qu'on approche en effet une sphère électrisée d'un pendule formé d'une boule de gomme laque, ou d'une aiguille de même substance suspendue horizontalement par un fil de soie sans torsion. On observera une attraction ou une déviation sensible, quoique moindre que si la boule ou l'aiguille était conductrice. Il y a donc décomposition par influence de l'électricité neutre du corps non conducteur. Matteucci en effet a constaté que les deux extrémités de l'aiguille suspendue sont électrisées en sens contraire; et, si l'on enlève la sphère inductrice, l'aiguille induite revient aussitôt à l'état neutre.

Décrivons maintenant l'électrophore. Cet instrument, dont le principe repose sur la loi des phénomènes d'influence électrique, est dû à Volta, qui lui a donné le nom d'*Électrophore perpétuel*, à cause de sa propriété de conserver fort longtemps les charges d'électricité qu'il reçoit.

Il est formé d'un disque de matière isolante AA (fig. 103), résine, soufre, caoutchouc par exemple, coulé dans un moule en bois ou en laiton CC, et d'un plateau conducteur BB muni d'un manche isolant en verre, ou porté par des cordons de soie. Le plus souvent, le plateau BB, dont le diamètre est un peu moindre que celui du disque isolant, est en bois entièrement recouvert sur sa tranche et ses faces d'une feuille d'étain.

Pour se servir de l'électrophore, on enlève le plateau conducteur et l'on électrise le gâteau isolant en le frappant obliquement à l'aide d'une peau de chat. Cette friction développe à la surface de la résine de l'électricité négative, souvent si abondante qu'à l'approche du doigt il se produit des étincelles accompagnées de crépitations. Prenant alors le plateau par le manche isolant, on le pose sur le disque électrisé. Dans cet état, aucun signe d'électrisation ne se manifeste. Mais l'électricité négative

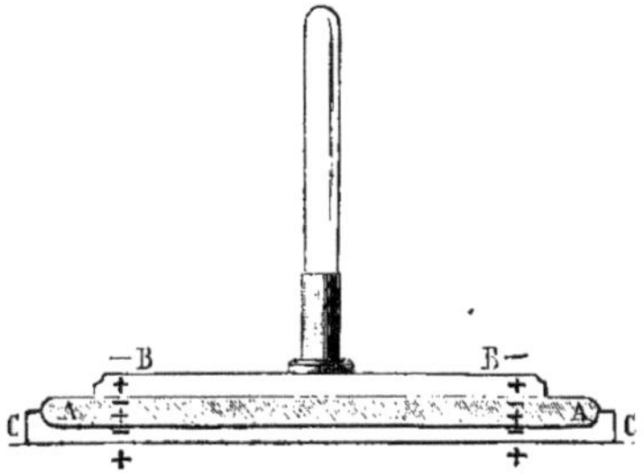

Fig. 103. — Électrophore.

de la résine agit par influence sur le fluide neutre du plateau, le décompose, attire à sa surface inférieure l'électricité positive et repousse sur la surface supérieure l'électricité négative. La présence de cette dernière pourrait aisément se reconnaître à l'aide d'un électroscope.

Si maintenant on touche avec le doigt la face supérieure du plateau (fig. 104), l'électricité négative dont elle est chargée s'écoule dans le sol; qu'on enlève alors le plateau à l'aide du manche de verre, on le trouvera chargé d'électricité positive répandue en tous les points de sa surface, et, en approchant la main, on en tire une étincelle dont la longueur dépend en général des dimensions de l'électrophore[1]. La production de

1. « Lichtenberg, dit M. Mascart dans son *Traité*, construisit un électrophore dont le gâteau avait 6 pieds de diamètre, le plateau 5 pieds, et il en tirait des étincelles de 14 à

l'étincelle est due à la recomposition de l'électricité positive avec la négative du corps et par conséquent ramène le plateau à l'état naturel. Mais le gâteau électrisé reste chargé comme auparavant, et l'on peut recommencer l'opération un grand nombre de fois, sans être obligé d'électriser à nouveau l'appareil, qui peut conserver sa charge pendant des mois entiers,

Fig. 104. — Manœuvre de l'électrophore.

si l'on prend la précaution de l'enfermer dans un endroit où l'air reste parfaitement sec.

Nous avons dit que le disque isolant de l'électrophore est formé de résine, de soufre ou de caoutchouc. Toute substance isolante est bonne en effet pour cet usage; mais on forme ordinairement divers mélanges de ces substances, afin de rendre le

16 doigts de longueur. » On cite aussi comme l'un des plus grands électrophores connus celui que Kleindworth exécuta pour l'université de Gœttingue, et dont le gâteau de résine avait un diamètre de $2^m,25$ et le plateau conducteur 2 mètres.

disque moins cassant. On voyait à l'Exposition internationale d'Électricité, dans la section italienne, deux électrophores dont l'un était formé de cire à cacheter très mince, et l'autre d'un mélange de 5 parties de térébenthine, de 2 de colophane et de 1 partie de cire avec quelques parcelles de minium. Voici le mélange le plus usité aujourd'hui :

Colophane.	250	grammes.
Térébenthine	60	—
Gomme arabique	500	—
Suif.	15	—

On fait aussi beaucoup d'électrophores en ébonite ou caoutchouc durci; toutefois les gâteaux de cette substance ont l'inconvénient de s'altérer à la surface sous l'influence des agents atmosphériques et aussi de se gauchir.

L'électrophore est, comme on vient de le voir, une sorte de réservoir d'électricité, réservoir très commode en ce qu'il ne nécessite, pour être rempli, qu'une manœuvre insignifiante et qu'il reste longtemps à la disposition du physicien pour ses expériences. Mais, pour s'en servir, il ne faut pas négliger certaines précautions dont nous allons parler et qui vont nous renseigner en outre sur la façon dont l'électricité est distribuée dans les corps mauvais conducteurs.

On comprend déjà que si, après avoir électrisé le gâteau isolant, et posé à sa surface le plateau conducteur, on retirait ce dernier sans le mettre en communication avec le sol, il reviendrait à l'état naturel. Alors en effet les deux fluides contraires, que l'influence de l'électricité de la résine sépare tant que les disques restent au contact, se combinent à nouveau quand on les éloigne. Mais un autre phénomène curieux est celui-ci : si le moule conducteur qui porte le gâteau est lui-même isolé, l'appareil cesse de fonctionner, ou du moins ne produit plus que de très faibles résultats. Comment explique-t-on ce phénomène? Le voici : On doit observer d'abord que lorsqu'on électrise le gâteau isolant, en même temps qu'il prend de l'électricité négative sur la face qui a subi le frottement de la peau de chat, sa face inférieure se charge d'électricité positive. Celle-ci agit par influence sur le moule métallique, décompose son fluide neutre, attire l'électricité négative et refoule dans le sol l'électricité positive si le moule n'est pas isolé. Dans cette hypothèse, cette seconde décomposition ne gêne en rien l'action de l'électricité négative du gâteau sur le plateau conducteur. Au contraire, si le moule est isolé, l'électricité positive du moule n'étant point refoulée dans le sol, contrebalance en partie l'action de cette électricité négative de la résine, qui se trouve affaiblie d'autant.

Les phénomènes d'induction ou d'influence électrique ont, avec ceux que nous avons étudiés dans le Livre Ier sous la dénomination de phénomènes d'induction magnétique, une analogie qu'il est impossible de méconnaître. Une file de conducteurs placés à la suite les uns des autres en présence d'un corps électrisé est comparable aux éléments d'une chaîne magnétique : de même que ceux-ci acquièrent deux pôles placés de telle sorte que les pôles de noms contraires sont tournés les uns vers les autres, de même les conducteurs de cette sorte de chaîne électrique que nous supposons, sont tous affectés des deux électricités opposées, ou, si l'on veut, sont polarisés dans un même sens. Cet état électrique est temporaire comme l'éta magnétique du fer doux : il disparaît aussitôt que le corps inducteur se trouve éloigné.

Cette polarisation existe de molécule à molécule dans tout corps électrisé, bon ou mauvais conducteur ; mais il y a entre ces deux classes de corps une différence essentielle. Tandis que, dans un corps bon conducteur, les fluides séparés passent rapidement et facilement d'une molécule à l'autre, par une série de compositions et de décompositions successives, de sorte que l'état de polarisation moléculaire est aussitôt détruit que produit, dans les substances isolantes la propagation de l'électricité se fait avec une lenteur relative, qui dépend à la fois de l'intensité de l'action exercée et du pouvoir isolant de chaque substance. On fait diverses expériences qui prouvent l'électrisation polaire des molécules dans les corps non conducteurs. Décrivons-en quelques-unes.

Dans un vase C rempli d'essence de térébenthine, on introduit au sein du liquide des fragments ténus de fils de verre ou de brins de soie. Le vase est percé latéralement de deux tubulures que traversent deux tiges métalliques A et B, terminées en pointe et placées en regard l'une de l'autre. On fait communiquer l'une de ces tiges A avec une source d'électricité, l'autre B avec le sol par une chaîne métallique. Alors on voit les fragments flottants se rassembler de toutes les parties du liquide et former entre les deux pointes une file matérielle continue. Cette sorte de chaîne électrique offre une certaine résistance, et si l'on vient à la rompre à l'aide d'une tige de verre, elle se

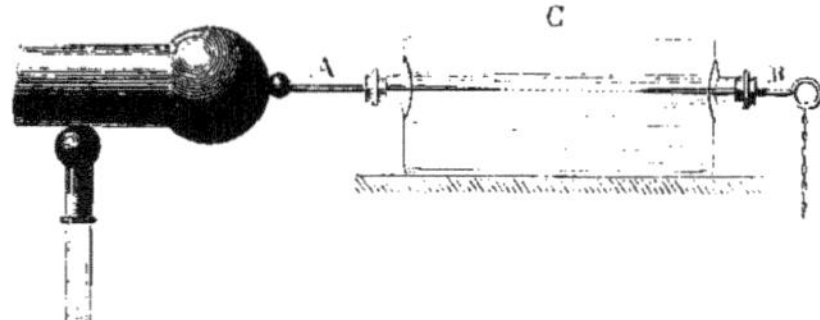

Fig. 105. — Expérience de Faraday sur l'électrisation polaire des mauvais conducteurs.

reforme aussitôt, indiquant ainsi l'état de polarisation électrique moléculaire du liquide qui en soutient les éléments. Si l'on remplace les fils isolants par de petits fragments d'un corps conducteur, des parcelles d'or par exemple, on aperçoit une série de petites étincelles jaillissant le long de la chaîne. Cette expérience est due à Faraday.

Matteucci ayant électrisé un faisceau de lames de mica très minces, puis l'ayant démonté en se servant de pinces de verre, reconnut que chaque lame était électrisée positivement sur l'une des faces et négativement sur l'autre; l'intensité allait en décroissant des lames extérieures à celle du milieu. Une expérience semblable a été faite par Buff sur un assemblage de disques de résine très minces.

Ces dernières expériences, outre qu'elles montrent comment

se distribue l'électricité dans les corps isolants, prouvent aussi qu'elle ne se propage pas seulement à la surface, qu'elle pénètre dans l'intérieur à une certaine profondeur. On vérifie encore l'exactitude de cette pénétration électrique de la manière suivante. On prend une bougie qu'on laisse en contact par sa base avec une machine électrique : cette base se charge d'électricité positive. On enlève la bougie, on la touche avec la main ou avec une plaque métallique, ou mieux encore on la fait fondre superficiellement. Quelque temps après, la base de la bougie, qui était d'abord revenue à l'état neutre, donne de nouveau des signes d'électricité positive. Cette électricité vient évidemment des couches intérieures. On doit à Matteucci d'intéressantes expériences sur la pénétration de l'électricité à l'intérieur des corps isolants. Il employait pour cela des plaques ou des cubes de *spermaceti* (blanc de baleine).

§ 3. FIGURES DE LEICHTENBERG.

La propriété qu'ont les mauvais conducteurs de conserver fort longtemps l'électricité développée sur leur surface, n'est pas la seule que l'électrophore permette de mettre en évidence. On peut aussi, à l'aide de cet appareil, faire de curieuses expériences sur le mode de propagation ou de distribution de chaque espèce d'électricité autour des points de la surface isolante électrisée.

Par exemple, si, après avoir enlevé le plateau conducteur de l'électrophore chargé d'électricité positive, on le met en contact avec le gâteau par un point de sa tranche, une étincelle se produit. L'électricité positive du plateau s'est brusquement combinée avec l'électricité négative du gâteau, au point de contact ; mais on peut s'assurer qu'un excès d'électricité positive s'est répandu sur la résine, où elle forme une plage circulaire d'une certaine largeur qui environne le point de contact. Pour cela, on prend un mélange de minium et de soufre réduits l'un et l'autre en poudre très fine, et, à l'aide d'un soufflet, on projette le mélange sur le gâteau de l'électrophore. En passant par la tuyère du soufflet, les deux poudres (qu'on peut aussi agiter auparavant) s'électrisent : le soufre prend l'électricité négative, et le minium la négative. La première poudre est attirée par tous les points de la surface du

Fig. 106. — Figures de Leichtenberg. Répartition des deux électricités.

gâteau qui ont gardé l'électricité positive; le minium, par ceux qui ont l'électricité négative. On aperçoit alors une plage jaune autour du point de contact; une zone neutre noire se montre ensuite, et tout le reste de la surface est coloré en rouge.

On obtient des figures quelconques, des caractères ou dessins, en promenant soit la tranche du plateau sur le gâteau de l'électrophore, soit le bouton d'une bouteille de Leyde, soit enfin simplement le doigt, pourvu que le gâteau ait été fortement électrisé.

On nomme les dessins ainsi obtenus *figures de Leichtenberg*, du nom du physicien allemand qui a fait le premier ces expériences singulières. Les figures 106, 107 et 108 sont des facsimile de dessins qu'a faits obligeamment pour nous M. Saint-Edme au Conservatoire des Arts et Métiers. Les traits qui forment la lettre G de la figure 106 ont été obtenus par le con-

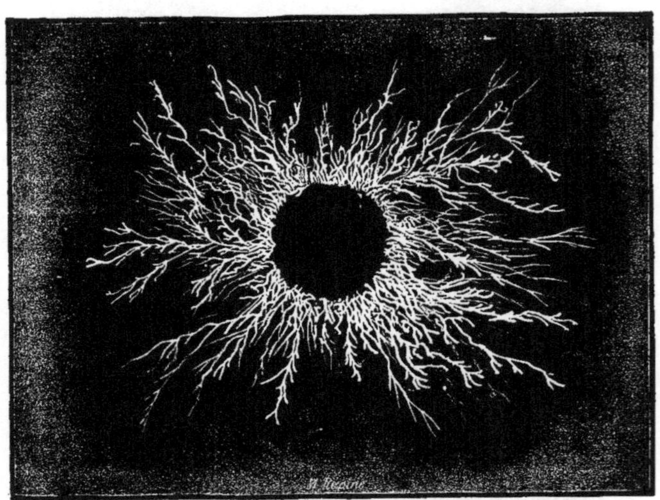

Fig. 107. — Figures de Leichtenberg. Électricité positive.

tact du gâteau de résine avec le bouton de l'armature intérieure d'une bouteille de Leyde, et montrent comment l'électricité positive se ramifie à la surface d'un corps mauvais conducteur. Les arcs extérieurs ont été tracés en prenant au contraire la bouteille par le crochet et en promenant sur le gâteau le bord inférieur de la même bouteille : comme on le voit par la comparaison de ces deux sortes de tracés, l'électricité négative affecte une distribution toute différente de l'autre. Cette différence est encore plus accusée dans les dessins des figures 107 et 108, qui montrent séparément les modes de distribution de chaque espèce d'électricité sur le gâteau de l'électrophore. Dans la dernière, on voit l'électricité négative former plusieurs zones concentriques séparées par des espaces neutres. Une expérience d'Æpinus, que le procédé des figures de Leichtenberg met en évidence d'une façon saisissante, montre également cette distribution des deux électricités, par zones alternatives, sur les mauvais conducteurs. Elle consiste à mettre en contact l'extrémité d'une tige de verre avec le conducteur d'une

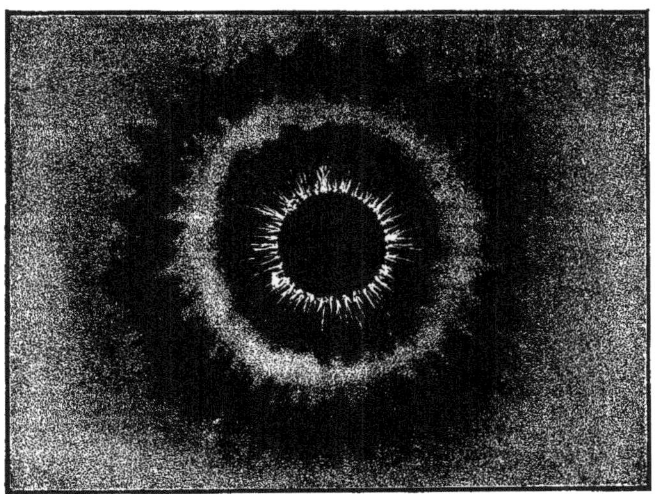

Fig. 108. — Figures de Leichtenberg. Électricité négative.

machine électrique. Après avoir laissé quelque temps le verre se charger d'électricité, on le retire, et l'on trouve à la surface de la tige, dans le voisinage du point de contact, une zone d'électricité positive, qui est celle de la machine, au delà une zone négative, puis une seconde zone positive. En projetant sur la tige de la poudre mélangée de minium et de soufre, on voit jusqu'à cinq ou six bandes alternativement jaunes et rouges.

Leichtenberg a varié de cent manières les expériences de ce genre. En voici encore une qui montre que, lorsque, après avoir fortement électrisé le gâteau de l'électrophore, on pose à sa surface le plateau métallique conducteur, il se produit en divers points de petites décharges et des étincelles. Ces décharges ont lieu aux points où a lieu le contact des deux surfaces : partout ailleurs elles restent séparées par une mince couche d'air. En effet, quand alors on enlève le plateau et qu'on saupoudre le gâteau isolant de la poudre de soufre et de minium, on aperçoit à la surface un grand nombre de petits points jaunes, qui indiquent les endroits où l'électricité positive du plateau s'est répandue. Cette électricité ne tarde pas à disparaître et peu à peu le gâteau reste électrisé négativement en tous ses points.

En résumé, les deux espèces d'électricité, que nous avons distinguées dès le début par la différence de leur mode d'action dans les phénomènes d'attraction et de répulsion, peuvent encore être caractérisées par la façon très différente dont elles se propagent à la surface des mauvais conducteurs. C'est à ce titre principalement que les expériences des figures de Leichtenberg sont intéressantes.

CHAPITRE IV

LES MACHINES ÉLECTRIQUES

§ 1. LES PREMIÈRES MACHINES ÉLECTRIQUES. — APERÇU HISTORIQUE.

A l'origine, les physiciens qui étudiaient les phénomènes électriques se bornaient, pour faire leurs expériences, à soumettre directement à la friction les corps qu'ils voulaient électriser. Ils employaient le plus souvent, ainsi qu'on l'a vu plus haut, des bâtons de résine ou de cire d'Espagne, des tubes de verre, etc. L'usage vint ensuite, pour obtenir une plus grande quantité d'électricité, de se servir d'un long tube de verre, de trois pieds de longueur environ, de 12 à 15 lignes de diamètre et d'une ligne d'épaisseur. On le frottait avec la main nue, bien sèche, ou, si la transpiration rendait celle-ci un peu humide, avec une feuille de papier gris préalablement séchée au feu. Otto de Guericke imagina une sorte de machine électrique formée d'un globe de soufre fondu qu'il faisait tourner autour d'un axe, à l'aide d'une manivelle : le tout était disposé comme la meule d'un rémouleur. Pendant qu'une personne imprimait au globe un mouvement de rotation rapide, une autre appuyait contre l'équateur de cette sphère les paumes des deux mains ; la friction développait à la surface du soufre une électricité abondante. L'expérimentateur enlevait alors le globe par son axe et s'en servait directement pour ses expériences. Plus tard (1740) un professeur de physique de Wittemberg, Bose, substitua au globe de soufre un globe de verre et

MACHINE ÉLECTRIQUE A GLOBE DE SOUFRE OU DE VERRE,
d'après les modèles usités vers 1754.

perfectionna le mécanisme qui produit le mouvement de rotation. Mais la plus importante modification apportée par ce physicien fut celle qui consista à recueillir l'électricité développée sur le verre. Il employait pour cela un cylindre métallique (en fer-blanc) suspendu au-dessus du globe de la machine par des cordons de soie, et par conséquent isolé. Pour faire passer sur ce conducteur l'électricité du verre, on disposait le cylindre de telle sorte que son extrémité se trouvât à une très petite distance au-dessus du diamètre vertical du globe. Des étincelles s'échappaient entre ce dernier et le cylindre, qui restait chargé de la même électricité que celle que le frottement avait produite à la surface du verre. On employait encore, pour communiquer l'électricité au conducteur, une chaîne métallique descendant du cylindre où elle était enroulée sur la sphère de verre: c'est ce mode d'accumulation qui est représenté dans la planche V, où l'on voit des amateurs se livrer à diverses expériences curieuses. La machine électrique dont ils se servent est celle que construisait l'abbé Nollet au milieu du dernier siècle, et qui n'est autre que celle de Bose modifiée.

Des perfectionnements successifs amenèrent peu à peu les machines électriques à frottement à la forme qu'on leur donne encore aujourd'hui dans la plupart des laboratoires de physique. Signalons-les brièvement.

On modifia d'abord la forme des corps soumis au frottement. Watson employa à la fois quatre globes de verre; Wilson, Cavallo, Nairne substituèrent la forme cylindrique à la forme sphérique; Sigaud de la Fond, Le Roy, Cuthberson et enfin Van Marum et Ramsden remplacèrent les globes et les cylindres par des plateaux de cristal ou de verre. L'avantage de cette substitution fut de permettre de donner une grande surface au corps frotté et d'éviter les inconvénients provenant d'une rotation rapide.

Un autre progrès consista dans l'emploi de coussins de laine ou de cuir, qu'on recouvrit de feuilles d'étain, d'amalgame d'étain ou de zinc; on se sert aujourd'hui d'or mussif (deutosulfure d'étain), qui adhère à la surface du cuir enduit préalablement d'une légère couche de suif. Ce sont en réalité ces corps qui constituent le corps frottant.

L'électricité passait sur les conducteurs métalliques par des décharges successives se manifestant par une série d'étincelles, ou encore, à l'aide de chaînes, de bandes d'étoffe réunissant le conducteur isolé aux globes de verre de la machine. Pour la première fois, Wilson utilisa à cet effet le pouvoir des pointes que Franklin venait de découvrir. Le conducteur de sa machine était un cylindre terminé par des boules et que soutenaient des cordons de soie. Une tige métallique descendait du conducteur au cylindre de verre, et lui présentait les pointes d'une sorte de peigne également métallique.

Tels sont les principaux perfectionnements qui signalent la construction des machines électriques à frottement depuis Otto de Guericke jusqu'à nos jours. Ce court aperçu historique nous permettra de mieux saisir la raison des dispositions adoptées aujourd'hui et que nous allons maintenant décrire.

§ 2. MACHINES ÉLECTRIQUES A FROTTEMENT.

Ce qui constitue une machine électrique, c'est la réunion de deux corps qui, par leur frottement mutuel, développent sur chacun d'eux une espèce d'électricité, et d'un troisième corps sur lequel vient s'accumuler, soit l'un, soit l'autre des deux fluides. Le passage de l'électricité, du corps frotté à l'accumulateur ou au conducteur, s'opère d'ailleurs soit par voie de contact, soit par influence. La machine d'Otto de Guericke ne répondait point à cette définition, en ce qu'elle n'avait point de conducteur. L'électrophore est une sorte de machine électrique à frottement, très simple, très commode et ayant même sur celles dont il va être question cet avantage que l'électricité développée une fois se conserve longtemps sur le gâteau de résine, et que le conducteur peut être en quelque sorte indéfiniment pourvu de charges électriques sans qu'il soit nécessaire de recommencer à chaque fois l'opération.

La machine que nous allons décrire maintenant est celle que l'on connaît sous le nom de Ramsden, du nom du constructeur qui lui a donné sa forme actuelle; mais il ne faut pas oublier qu'elle est le résultat d'une série de perfectionnements dus à divers physiciens, ainsi que nous l'avons dit sommairement dans le paragraphe qui précède. En suivant notre description sur la planche VI, on comprendra aisément tous les détails de la machine.

Un grand plateau en verre[1] de forme circulaire est monté verticalement sur un axe métallique, autour duquel on peut le faire tourner à l'aide d'une manivelle. En passant entre les deux montants en bois qui supportent l'axe du plateau, la surface de ce dernier frotte contre deux systèmes de coussins fixés aux montants. Le mouvement de rotation détermine donc l'électrisation du disque de verre, qui se charge d'électricité positive sur ses deux faces. Les coussins ne sont pas isolés, afin que l'électricité négative dont ils se chargent puisse s'écouler dans le sol; si cette électricité s'accumulait sur les coussins, il arriverait un moment où, son influence sur l'électricité positive du plateau, devenant égale à l'action due au frottement, limiterait nécessairement la charge de celui-ci; une chaîne métallique met donc les montants et les coussins en communication avec le sol.

Chaque coussin est rembourré de crin, et recouvert d'une enveloppe de cuir, dont la surface est enduite d'or mussif ou d'un amalgame de zinc, de bismuth, d'étain; l'expérience a prouvé que ces dernières substances ont une grande efficacité sur la production de l'électricité.

1. On a construit des machines électriques dont le plateau était en soufre. Voir, à ce sujet, une note de M. Richer dans les *Comptes rendus de l'Académie des sciences pour* 1865. Le choix du verre n'est pas indifférent. Les constructeurs électriciens ont reconnu que les plateaux formés d'anciennes glaces étaient les meilleurs. On croit que cette supériorité tient à la moindre proportion de potasse que renfermaient les verres de fabrication ancienne : leur surface serait, pour cette raison, moins hygrométrique. Le verre de bouteille de teinte olivâtre, le verre coloré en bleu par du cobalt, le cristal, sont également choisis comme propres à cet usage. Quelle que soit la nature du plateau, il importe de le nettoyer de temps en temps avec de l'alcool, pour enlever les matières qu'y laisse le frottement des coussins.

Telle est la disposition de la partie de la machine qui a pour objet le développement de l'électricité. Voici maintenant comment on s'en sert pour charger les *conducteurs*. On nomme ainsi deux longs cylindres en laiton, isolés sur des pieds de verre, terminés par des portions sphériques, et réunis entre eux par un cylindre transversal de plus petit diamètre. Les deux extrémités de ces cylindres voisines du plateau portent des mâchoires métalliques garnies de pointes, tournées vers le disque de verre, mais à une distance suffisante pour qu'il n'y ait pas contact pendant le mouvement de rotation. Voyons maintenant ce qui se passe, à mesure que le plateau de verre se charge d'électricité positive. Cette électricité agit par influence sur l'électricité neutre du conducteur, la décompose, attire l'électricité contraire, c'est-à-dire la négative, qui s'échappe par les pointes en neutralisant des quantités équivalentes de l'électricité positive du verre. L'électricité positive du conducteur est, au contraire, repoussée sur les deux cylindres métalliques, où elle s'accumule. On voit sur l'un d'eux un électroscope à cadran, dont le pendule montre, par son écart, la tension de l'électricité recueillie. Le verre s'électrise à mesure qu'il vient frotter les coussins, mais il se décharge en passant devant les pointes des mâchoires; il n'y a donc à la fois que deux secteurs du cercle qui soient électrisés. Ce sont ceux-là qu'on voit, dans la figure, protégés par des écrans de taffetas ciré, qui empêchent la déperdition causée par l'humidité de l'air. Pour que la machine fonctionne bien, il faut d'ailleurs que l'air de la chambre où elle se trouve soit sec et à une température suffisamment élevée : on essuie avec soin, avant l'opération, les supports en verre qui isolent les conducteurs.

En 1772, un physicien français, Le Roy, fit construire une machine électrique à plateau de verre, ne portant qu'une seule paire de coussins. Deux conducteurs cylindriques, tous deux isolés, étaient placés horizontalement aux extrémités du diamètre du plateau. L'un portait les coussins frotteurs, l'autre se

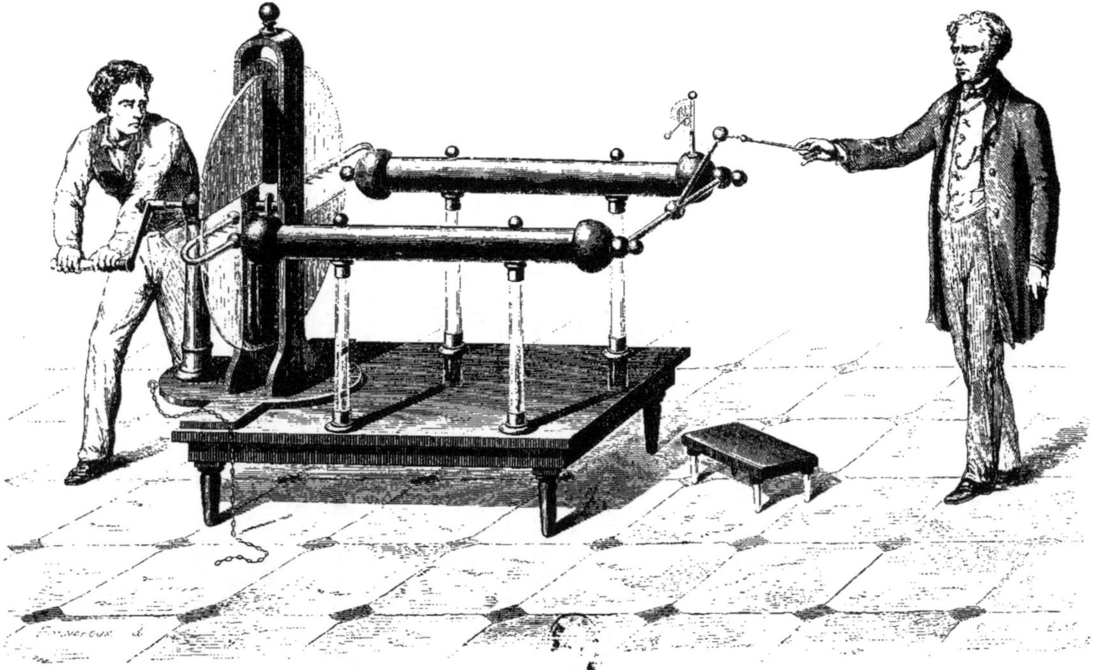

MACHINE ÉLECTRIQUE A PLATEAU DE VERRE,
dite de Ramsden.

terminait proche de la surface du verre. Ils recueillaient les deux électricités contraires.

Un constructeur autrichien, Winter, a légèrement modifié la machine de Le Roy et livre un modèle que représente la figure 109, et qui est aujourd'hui fort répandu en Allemagne. Ici les conducteurs sont des sphères : l'une est reliée aux coussins, l'autre porte une mâchoire formée par deux anneaux qui embrassent le plateau de verre à l'autre extrémité du

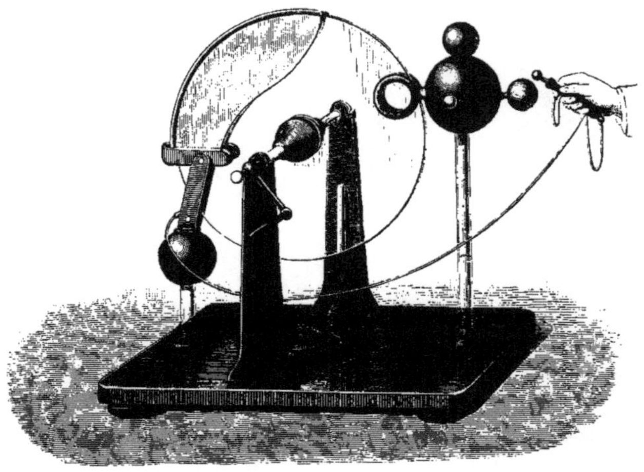

Fig. 109. — Machine électrique à plateau de Winter.

diamètre aboutissant au frottoir. La première sphère se charge d'électricité positive, la seconde d'électricité négative. La machine Winter ne fournit qu'une assez faible quantité d'électricité ; mais, en raison de l'éloignement des conducteurs, la tension est considérable et l'on peut en tirer de plus longues étincelles que des machines à plateau ordinaires.

Avec la machine de Nairne (fig. 110), on obtient aussi, sur deux conducteurs séparés, l'électricité positive et l'électricité négative. L'un des conducteurs est muni de pointes : il s'électrise donc positivement, comme ceux de la machine à plateau. L'autre conducteur porte le coussin dont le frottement, sur un grand cylindre de verre détermine la séparation des deux électricités formant l'électricité neutre du système ; une pièce de taffetas protège d'ailleurs la surface du verre contre la déperdition de l'électricité développée. Il résulte de là que, pendant que l'électricité positive s'accumule sur le verre, la négative est repoussée dans le coussin et de là sur le conducteur. On peut ne conserver que l'une des deux électricités recueillies : il suffit pour cela de faire communiquer avec le

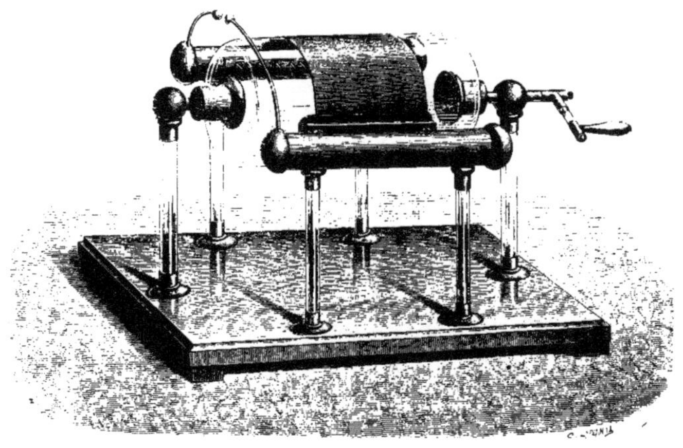

Fig. 110. — Machine de Nairne, fournissant les deux électricités.

sol, à l'aide d'une chaîne, le conducteur qui porte l'autre électricité.

Van Marum a imaginé une machine électrique (fig. 111) qui peut fonctionner à volonté, soit comme celle de Ramsden, soit comme celle de Nairne ; on peut recueillir sur ses conducteurs soit de l'électricité positive, soit de l'électricité négative, ou encore l'une et l'autre à la fois.

Si l'on agite du mercure bien sec dans un tube de verre, dans un tube barométrique par exemple, on voit dans l'obscurité des lueurs qui indiquent la production d'une certaine quantité d'électricité; et, en effet, le tube de verre attire alors les corps légers. Ainsi, le frottement des liquides contre les corps solides peut être aussi employé comme mode d'électrisation. Toutefois on ne savait pas l'utiliser, quand le hasard fit découvrir en 1840 un moyen très efficace d'obtenir de l'électricité par le frottement contre un solide d'un jet de vapeur

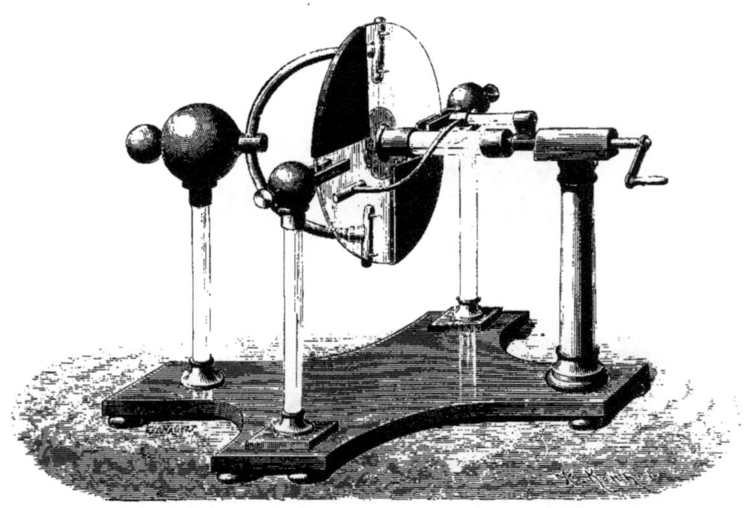

Fig. 111. — Machine de Van Marum[1].

mélangé de gouttelettes liquides. Tel est le principe de la machine électrique d'Armstrong que représente la figure 112[2].

1. Une machine du même physicien est célèbre dans l'histoire de la science; elle se trouvait parmi les appareils de la collection rétrospective envoyée par la Hollande à l'Exposition internationale d'Électricité. Construite en 1787 par Van Marum, elle reçut les années suivantes diverses améliorations dues à Cuthberson. Deux disques de 1m,62 de diamètre tournent parallèlement entre huit paires de coussins; les sphères métalliques terminant les conducteurs ont 30 centimètres de diamètre. Van Marum a fait avec cette machine de curieuses expériences, notamment sur les étincelles et aigrettes qu'il en obtenait et dont la longueur atteignait jusqu'à 60 centimètres. Il en sera question plus loin. Cette puissante machine figure maintenant au Musée Teyler, à Amsterdam.

2. La découverte du phénomène sur lequel repose la construction de cette machine, est due, paraît-il, au hasard. « Un ouvrier mécanicien occupé à réparer une machine à vapeur près de Newcastle, ayant une main dans le jet de vapeur qui s'échappait par une fuite, mit l'autre main sur le levier de la soupape à poids; il en tira une brillante étincelle et éprouva une violente commotion. Armstrong étudia les circonstances de ce phénomène, etc. ». (*Traité d'Électricité statique* de M. Mascart.)

Une chaudière, isolée par des pieds de verre et remplie d'eau distillée, produit de la vapeur à haute pression; celle-ci s'échappe dans l'air par une série de becs, après s'être en partie condensée dans son passage à travers une boîte d'eau pleine d'étoupes mouillées, qui imbibent constamment les tubes par où

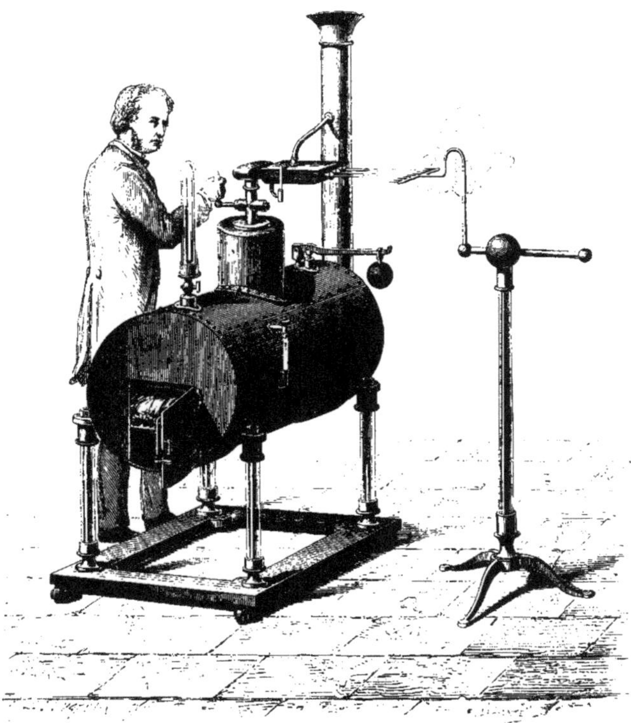

Fig. 112. — Machine hydro-électrique d'Amstrong.

s'échappe la vapeur. Les gouttelettes liquides, produites par la condensation de la vapeur, frottent avec force contre une lame de buis qu'elles contournent, avant de pénétrer dans les becs d'échappement, et aussi contre les parois de ceux-ci, formés du même bois. On voit dans la figure 113, qui représente en coupe l'un des becs en question, comment la vapeur vient frapper d'abord contre une lame métallique qu'elle contourne avant de s'engager dans le tube de buis par l'orifice duquel elle s'échappe en dernier lieu. De l'électricité se dégage ainsi avec d'autant plus d'abondance, que la pression de la vapeur est plus élevée : la chaudière se charge d'électricité positive, la vapeur d'électricité négative. Pour recueillir cette dernière, on présente aux jets de vapeur un conducteur isolé, muni d'une série de pointes.

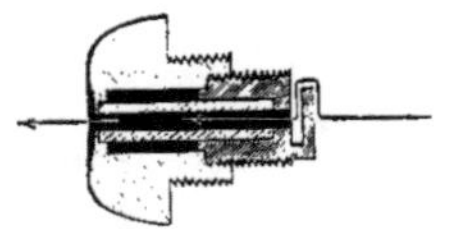

Fig. 115. — Orifice d'écoulement de la vapeur.

Les *machines hydro-électriques* ont une grande puissance; il est fâcheux que l'usage en soit peu commode ; aussi sont-elles aujourd'hui à peu près abandonnées. On cite, parmi les machines de ce genre, celle de l'Institut polytechnique de Londres, munie de quarante-six jets de vapeur, et donnant des étincelles de 60 centimètres de longueur; celle de la Sorbonne, à Paris, qui porte quatre-vingts becs, et fournit aussi des étincelles continues de plusieurs décimètres de longueur.

§ 3. MACHINES ÉLECTRIQUES BASÉES SUR L'INFLUENCE.

L'électricité dont se chargent les conducteurs, dans les machines que nous venons de décrire, est bien due à l'influence. Elle est, à tout instant, égale en quantité à celle que le frottement des coussins développe sur le plateau de verre; mais comme celle-ci est elle-même neutralisée par l'électricité contraire qui s'écoule par les pointes des mâchoires, à mesure qu'on dépense l'électricité produite sur les conducteurs, il faut renouveler l'électricité du plateau et manœuvrer la machine.

C'est pour cette raison que les machines décrites dans le précédent paragraphe sont dites des *machines électriques à frottement*. Dans l'électrophore, on a vu que les choses se passent d'une autre façon : le gâteau de résine une fois chargé, il n'est plus besoin de le frotter qu'à de longs intervalles. On peut y puiser pour ainsi dire indéfiniment à l'aide du plateau conducteur, qui s'électrise chaque fois par l'influence seule. C'est sur ce principe de l'électrophore que sont basées les diverses machines électriques dont nous allons parler maintenant : on n'y emploie le frottement que pour développer l'électricité nécessaire à l'action par influence ; la machine une fois amorcée ne fonctionne plus que par ce mode d'entretien.

La première machine à influence construite d'après ce principe date de 1865 ; elle a été inventée par un physicien allemand, M. Holtz. Dès l'année suivante, MM. Piche, Bertsch, Carré en France, et Tœpler en Russie, construisirent des appareils analogues. La machine de Holtz, ainsi que ces dernières, a reçu de nombreux perfectionnements : toutes sont aujourd'hui très répandues et plus appréciées pour les études d'électricité que les machines à frottement. Décrivons les plus importantes avec quelques détails.

La figure 114 représente la machine de Holtz sous sa forme la plus ordinaire. Elle est formée de deux plateaux de verre, A, B, disposés sur un même axe horizontal et dans deux plans verticaux, à faible distance l'un de l'autre. Le plateau A, de diamètre un peu plus grand que l'autre, est fixe et percé à son centre d'une large ouverture circulaire laissant passer l'axe autour duquel se fait la rotation du plateau mobile B. Aux extrémités de son diamètre horizontal, le plateau fixe est évidé : deux ouvertures pratiquées dans le verre, en forme de secteurs trapézoïdaux, sont munies chacune d'une armure de papier appliquée sur les deux faces et collée sur l'un des bords de l'ouverture. Deux pointes ou languettes f et f' s'avancent dans la partie évidée ou dans la fenêtre du plateau fixe. Deux conducteurs isolés présentent au plateau mobile deux peignes dont les pointes sont précisément tournées vis-à-vis les armures de papier des fenêtres. Ces conducteurs sont coudés à angle droit et terminés par des boules *mn*, qu'on peut approcher à volonté l'une de l'autre et amener au besoin jusqu'au contact. On voit sur la figure comment les diverses parties de la machine sont soutenues par des colonnes de verre qui les isolent et comment le plateau fixe est lui-même maintenu par des tiges horizontales reliées aux montants verticaux. Un système de poulies et de cordes de transmission permet, à l'aide d'une manivelle, d'imprimer au plateau mobile un mouvement rapide de rotation, de cinq à dix tours par seconde.

Pour mettre la machine en marche, on commence par amener

Fig. 114. — Machine électrique de Holtz.

au contact les boules du conducteur, ce que permet le manche isolant dont l'une d'elles est munie. On tourne alors la manivelle et le disque mobile dans une direction opposée à celle des pointes des armures en papier ; puis on électrise l'une de ces armures, ce qui se fait en lui présentant une plaque d'ébonite (caoutchouc durci) qu'on a frottée avec une peau de chat. Presque aussitôt on entend le crépitement qui indique que l'électricité s'échappe des pointes des peignes. La machine est en marche, et elle continue à fonctionner et à fournir de l'électricité tant qu'on entretient le mouvement de rotation. Si l'on écarte les boules terminales du conducteur, on voit jaillir entre elles un flux continu d'étincelles.

Essayons maintenant d'expliquer ce qui se passe et de donner la théorie au moins sommaire de la machine que nous venons de décrire. Dans la figure 115, C et D représentent les armures de papier du plateau fixe, A et B les conducteurs terminés par les pointes M et N qui figurent ici les peignes métalliques de l'appareil. Quant au plateau mobile, on l'a remplacé ici, pour rendre la démonstration plus commode, par un cylindre de verre dont le cercle teinté de la figure donne une coupe. Les flèches indiquent le sens de la rotation en sens inverse des pointes des armures.

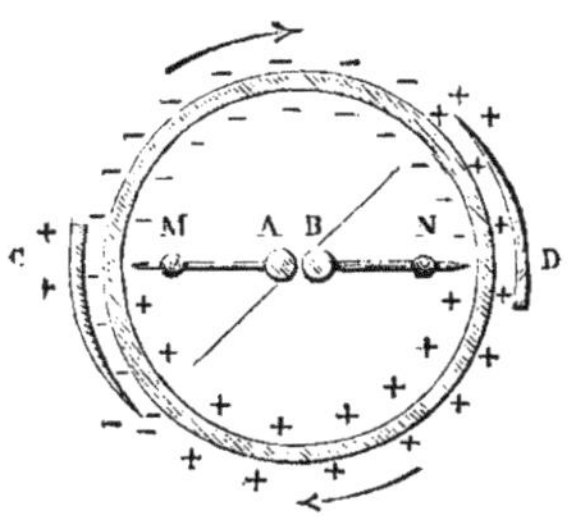

Fig. 115. — Théorie de la machine de Holtz.

On approche de la base de la feuille de papier C la plaque d'ébonite, électrisée négativement par la peau de chat. Le papier s'électrise par influence, se charge à sa base d'électricité positive, tandis que l'électricité négative s'échappe par la pointe et se répand sur le plateau ou, si l'on veut, sur le cylindre de verre en rotation. De même le conducteur AB, qui est continu, puisque les boules AB sont supposées en contact, s'électrise par influence ; la pointe du peigne M laisse échapper sur le verre de l'électricité négative et la pointe N de l'électricité positive. L'autre armure de papier D, subissant l'influence des portions du cylindre électrisées négativement et qui viennent au devant de sa pointe, laisse écouler par cette pointe de l'électricité positive et se charge à sa base d'électricité négative. Il en résulte que le cylindre de verre est chargé sur ses deux faces, intérieure et extérieure, d'électricité négative sur l'une de ses moitiés, d'électricité positive sur l'autre. Les réactions mutuelles de ces électricités contraires augmentent les flux d'électricité qui s'échappent par les pointes des armures comme par celles des peignes, et l'accumulation se fait en progression géométrique, si l'on fait abstraction de la déperdition par l'air ou par les supports.

La figure 116 représente la même machine, aux conducteurs de laquelle on a joint deux accumulateurs ayant pour objet d'accroître leur capacité électrique. Ce sont deux bouteilles de Leyde, E, F, dont les armatures externes sont réunies par une

Fig. 116. — Machine électrique de Holtz.

tige métallique, et dont les armatures internes communiquent séparément avec les deux pôles B et C. Avec cette adjonction, il faut un peu plus de temps pour amener les décharges électriques entre les deux pôles; mais, au lieu de se produire sous la forme de petites étincelles ou d'aigrettes, presque continues, elles s'effectuent par des étincelles beaucoup plus fortes et moins fréquentes.

La machine de Holtz est un appareil très puissant, mais délicat et sensible à l'influence de l'humidité atmosphérique. A dimensions égales, et pour une même vitesse de rotation, elle fournit de vingt à trente fois autant d'électricité qu'une machine à plateau de Ramsden. Mais si elle fonctionne bien dans un temps sec et froid, on a quelquefois de la peine à obtenir une marche satisfaisante par les temps humides, pendant les chaudes journées d'été, ou dans une atmosphère que la présence d'un grand nombre d'auditeurs charge de vapeur d'eau. On remédie à ces causes de mauvaise réussite, en chauffant et séchant l'air de la salle où se trouve la machine, ou mieux, en la disposant sur une table au-dessous de laquelle on allume un réchaud de braise et dont la tablette est percée de trous par où l'air chaud s'échappe et enveloppe les diverses parties de la machine.

On construit des machines de Holtz doubles, c'est-à-dire formées de quatre plateaux, dont deux fixes et deux mobiles, montés d'ailleurs sur le même axe. Les peignes des conducteurs se recourbent alors en forme de mâchoires qui viennent présenter leurs pointes aux armures de papier. Les machines doubles donnent plus d'électricité et fournissent des étincelles plus longues que ne le font les machines simples; mais elles ont surtout l'avantage de conserver plus longtemps leur charge; dans une atmosphère sèche, elles restent électrisées plusieurs heures et fonctionnent de nouveau, quand on recommence à tourner les plateaux, et sans qu'il soit nécessaire de les amorcer une seconde fois.

La figure 117 représente une nouvelle disposition donnée par M. Holtz à sa machine. Les plateaux de verre, de même diamètre, sont disposés horizontalement et sont tous deux mobiles; mais bien qu'ils aient même axe, ils tournent en sens contraires. Les plateaux fixes et les armures de papier sont supprimés dans cette machine, mais il y a quatre peignes conducteurs, communiquant deux à deux par des tringles de métal. Deux peignes aux extrémités d'un même diamètre sont au-dessus du plateau supérieur; deux autres sont au-dessous du plateau inférieur et leur direction forme un angle droit avec celle des premiers. Les conducteurs, isolés par des pieds en verre ou en ébonite, et réunis comme on vient de le dire, forment deux systèmes qu'on peut séparer ou réunir à volonté, comme dans les machines de Holtz ordinaires, à l'aide d'un excitateur à boules. Pour faire fonctionner la machine, on réunit les conducteurs et l'on fait tourner les plateaux. On approche la lame d'ébonite électrisée de l'un des peignes et bientôt le bruissement qui se produit marque que la machine est amorcée. On enlève la lame ; on écarte les boules de l'excitateur et l'on obtient un jet continu d'étincelles. La théorie est, à peu de chose près, la même que celle de la première machine de Holtz.

Fig. 117. — Machine de Holtz à deux rotations.

La machine de Tœpler est représentée sous sa forme la plus simple dans la figure 118.

Un disque de verre E tourne, par un système de cordes et de poulies, autour d'un axe vertical. Sur sa face inférieure sont collées deux feuilles d'étain en forme de segments qui se replient sur sa face supérieure en deux bandes CD séparées par un espace diamétral. Deux conducteurs NN′, portés par des pieds isolants, aboutissent aux deux extrémités de cet espace qu'ils surplombent, et les boules qui les terminent sont munies de deux petits ressorts flexibles *a*, *b* courbés en sens contraires. Sous le disque de verre mobile, un conducteur isolé D′, de même forme et de mêmes dimensions que les segments, reste fixe et joue le rôle d'inducteur. Supposons qu'on le charge d'électricité positive. Il électrise par influence le segment D et le conducteur N*a* qui forment un seul et même conducteur pendant que le ressort *a* appuie sur la bande d'étain : à ce moment de la rotation un peu antérieur à celui que représente la figure, D se

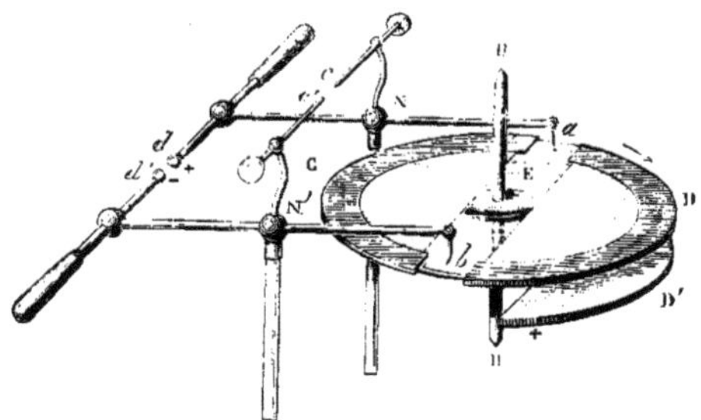

Fig. 118. — Machine de Tœpler.

charge donc d'électricité négative, et N, à l'extrémité opposée, d'électricité positive. En quittant le ressort *a*, le secteur D communique par le ressort *b* avec le conducteur N′ et lui porte son électricité négative. Mais le mouvement de rotation amène alors le second secteur C à la place du premier et ce secteur s'électrise à son tour par influence. Le même effet se reproduit ainsi indéfiniment, et l'électricité recueillie sur les conducteurs va en augmentant selon les termes d'une progression géométrique jusqu'à une valeur maximum, à partir de laquelle des décharges se produiraient sous forme d'étincelles entre les diverses parties de la machine. Deux pointes *c* et *c′* que des vis permettent de rapprocher à volonté, ou encore les deux boules *d* et *d′* d'un excitateur à manches d'ébonite, remédient à l'inconvénient dont nous venons de parler, en recueillant l'excès d'électricité à mesure qu'il se produit.

On voyait à l'Exposition internationale d'électricité des modèles de la machine Tœpler différents de celui que nous venons de décrire. La figure 119 reproduit l'un d'eux, et dans

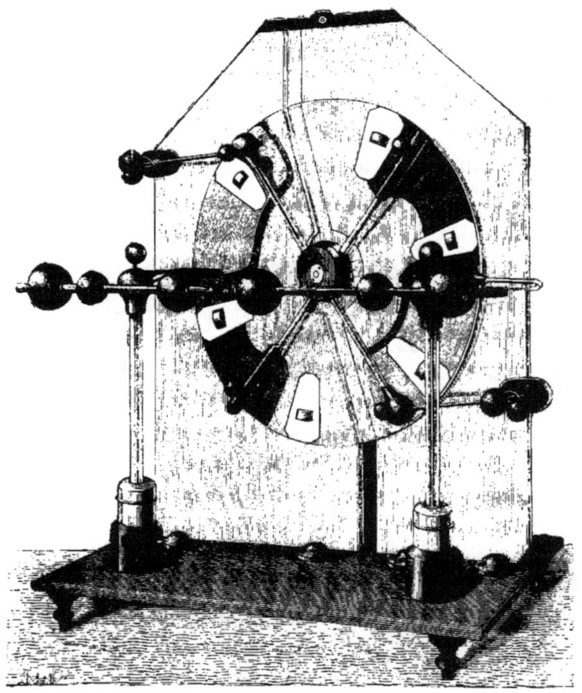

Fig. 119. — Machine de Tœpler à plaque fixe polygonale. Modèle de l'Exposition d'électricité.

la figure 120 on voit une machine du même physicien, formée de l'association de vingt plateaux, au lieu des deux qui constituent la machine simple. Le but est d'augmenter dans la même proportion la production et le débit de l'électricité.

Dans la machine de Tœpler que représente la figure 119, on retrouve à peu de chose près le dispositif ordinaire de la machine de Holtz. Le plateau fixe est ici formé par une plaque de verre de forme polygonale, que divise en deux parties une interruption diamétrale. A sa partie postérieure, cette plaque porte deux feuilles d'étain qui jouent le rôle d'inducteurs. En avant est un disque de verre mobile qui porte sur son pourtour des feuilles d'étain découpées en secteurs et munies chacune d'une petite proéminence métallique. Les peignes des conducteurs ont une de leurs pointes en forme de petit balai qui vient toucher les proéminences des secteurs d'étain à chaque fois que

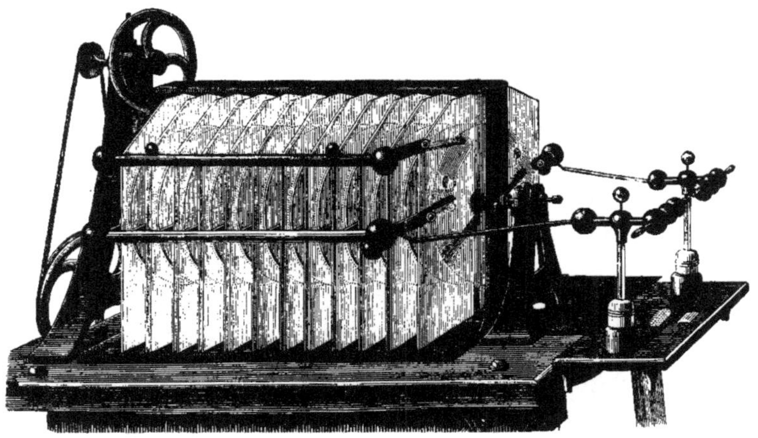

Fig. 120. — Machine de Tœpler à vingt plateaux.

le mouvement de rotation les amène sur le diamètre horizontal du disque. Ces secteurs sont soumis à l'influence des armures métalliques collées de l'autre côté de la plaque de verre fixe. En faisant tourner le disque mobile, après avoir préalablement chargé d'électricités contraires les armures fixes, chaque secteur, en passant au-devant, s'électrise par influence en sens opposé, et l'électricité dont il se charge s'écoule par les peignes sur les conducteurs. La suite de l'explication du fonctionnement de la machine est identique avec celle du premier appareil décrit plus haut.

Décrivons encore les appareils de MM. Bertsch et Carré. Le premier est représenté dans la figure 121.

Un disque D en ébonite tourne autour d'un axe horizontal, à l'aide d'un système de cordes et de poulies que l'on fait mouvoir au moyen d'une manivelle. En regard de la partie inférieure de ce plateau, on place un secteur de même substance préalablement électrisé par le frottement de la main ou d'une peau de chat. L'influence du secteur électrise le disque qui reçoit par

Fig. 121. — Électrophore tournant de M. Bertsch.

un peigne N l'électricité positive du conducteur C en communication avec le sol. La moitié supérieure du disque D agit par influence sur le conducteur A par le peigne M, et ce conducteur se trouve ainsi chargé d'électricité positive. On augmente la capacité de ce dernier en le mettant en communication avec un cylindre isolé E de plus grandes dimensions. Les conducteurs A et C sont nommés les pôles de l'appareil.

La machine que nous venons de décrire a été primitivement imaginée par M. Piche; M. Bertsch lui a donné, en la perfectionnant, sa forme actuelle. Il est aisé de voir que le secteur de caoutchouc durci joue ici le rôle du gâteau de résine de l'électrophore, tandis que la partie du disque qui l'avoisine joue celui du plateau conducteur. Le peigne inférieur en fait jaillir une étincelle, comme l'opérateur en tire une avec le doigt du plateau conducteur. Cette analogie a fait donner à l'appareil Bertsch le nom d'*électrophore tournant*.

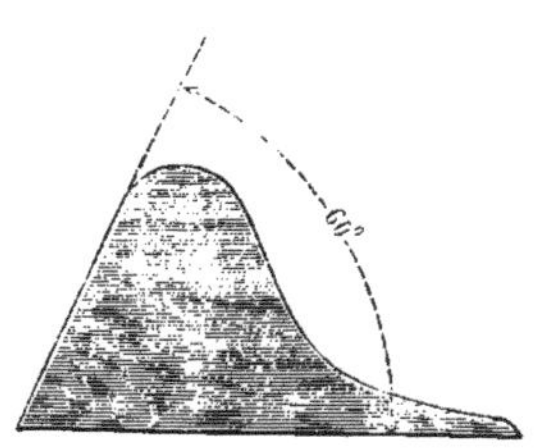

Fig. 122. — Secteur en caoutchouc de la machine Bertsch.

La machine Carré (fig. 123) ne diffère de la précédente que par la substitution au secteur de caoutchouc d'un disque PP, qui est lui-même mis en mouve-

Fig. 123. — Machine électrique de Carré.

ment, et qui tourne lentement entre deux coussins C. Il en résulte que le corps inducteur, au lieu de perdre graduellement son électricité comme il arrive au secteur de la machine Bertsch, reste électrisé pendant l'opération et ne cesse de l'être dès qu'on met la machine en marche. C'est la même manivelle qui, grâce à une combinaison de poulies de dimensions convenables, met en mouvement le grand plateau, comme le disque inférieur, le premier tournant rapidement, le second lentement au contraire, sur leurs axes respectifs.

Avec un disque inférieur de 38 centimètres de diamètre, induisant un plateau de 49 centimètres, les étincelles obtenues d'une machine Carré atteignent 20 centimètres de longueur. L'inconvénient de cet appareil, qui a l'avantage de fonctionner également bien par tous les temps, est la facile altération du grand disque d'ébonite sous l'influence des agents atmosphériques. On y remédie en polissant de temps à autre les surfaces du plateau avec du papier à l'émeri, opération qui enlève la mince couche altérée de l'ébonite.

§ 4. EXPÉRIENCES DIVERSES FAITES AVEC LES MACHINES ÉLECTRIQUES.

On fait dans les cours, à l'aide des machines dont on vient de lire la description, une série d'expériences curieuses. En reproduisant ici quelques-unes des plus intéressantes, notre but est moins d'étudier les effets de l'électricité, sur lesquels nous aurons bientôt l'occasion d'insister d'une façon plus complète, que de nous familiariser avec les explications des phénomènes généraux exposées dans les chapitres précédents.

Une règle métallique est suspendue, par une tringle de même nature, à l'un des conducteurs d'une machine électrique. Trois timbres sont suspendus à la règle, les deux extrêmes par deux chaînes de laiton, celui du milieu par un cordon de soie ; le dernier communique, en outre, avec le sol, par une chaîne de métal. Enfin, entre les timbres, des fils de soie soutiennent deux petites balles métalliques (fig. 124). Aussitôt que la machine fonctionne, l'électricité du conducteur se répand sur les timbres extrêmes, et les balles isolées sont attirées, puis repoussées dès qu'il y a eu contact. Le timbre du milieu, qui est à l'état naturel ou neutre, étant soumis à l'influence des deux balles électrisées, se charge d'électricité de nature contraire à celle des balles, les attire jusqu'au contact; le timbre alors, comme chaque pendule, revient à l'état naturel. Les balles sont de nouveau attirées par les timbres extrêmes et le phénomène se répète ainsi indéfiniment. Il résulte de là une série de chocs successifs et dès lors de sons, qui se produisent tant que le conducteur de la machine est chargé. De là le nom de *carillon électrique* donné à l'appareil, qui sert ainsi à indiquer si le corps auquel on le suspend est ou non électrisé.

Fig. 124. — Carillon électrique.

La figure 125 représente un appareil imaginé par Volta, qui crut expliquer, par le phénomène auquel il donne lieu, le mouvement des grêlons pendant les orages. C'est une cloche en verre, communiquant avec le sol, par le plateau sur lequel elle repose. Une tringle métallique est en contact, par son extrémité extérieure, avec le conducteur d'une machine électrique, et soutient par l'autre extrémité, à l'intérieur de la cloche, un plateau de métal. Sur le fond de la cloche se trouvent un certain nombre de balles de sureau.

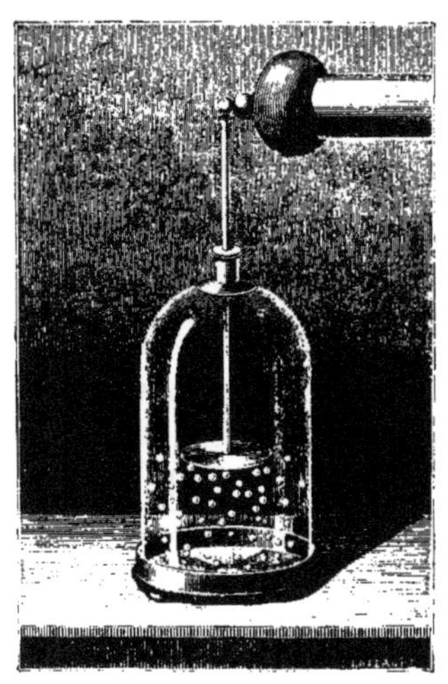

Fig. 125. — Grêle électrique.

Aussitôt que la machine est chargée, l'électricité se répand sur le plateau, attire les balles, qui s'électrisent par influence et viennent au contact ; alors elles sont repoussées et tombent sur le fond de la cloche, où elles se déchargent de leur électricité et reviennent à l'état neutre. Ces mouvements de va-et-vient continuent tant que le conducteur est chargé d'électricité. Le phénomène est connu sous le nom de *grêle électrique*. On remplace quelquefois les balles de sureau par de petits bonshommes construits avec la même matière, et l'on a alors ce qu'on nomme la *danse des pantins*.

L'*arrosoir électrique* sert à mettre en évidence la répulsion qu'éprouvent les unes pour les autres les molécules liquides électrisées. C'est un vase métallique percé de trous munis d'ajutages capillaires, par lesquels l'eau dont il est rempli s'écoule goutte à goutte, quand le vase n'est pas électrisé. Si l'on suspend l'appareil, par le crochet qui le surmonte, au conducteur d'une machine électrique, et qu'on fasse fonctionner la machine, l'eau se met à couler d'une manière continue, sous la forme de très minces filets ou de jets divergents de fines gouttelettes, qui paraissent lumineuses dans l'obscurité. La dépense d'eau n'étant pas augmentée, le phénomène n'a pas d'autre cause que la division des molécules liquides résultant de leur répulsion mutuelle, sous l'influence de l'électricité qui leur est communiquée par la machine.

Fig. 126. — Arrosoir électrique.

Ces quatre expériences ne font, comme on voit, que mettre en jeu, sous une forme amusante, les phénomènes d'attraction et de répulsion électriques. Étudions maintenant les effets de la décharge électrique entre les corps conducteurs.

Nous avons vu que si un corps isolant, un bâton de verre par exemple, est électrisé, en approchant le doigt d'un de ses points il y a production d'une étincelle, accompagnée d'un petit bruit sec ; mais le verre reste électrisé dans les points qui n'ont pas été touchés, ce qui s'explique par la non-conductibilité du corps employé. Si l'on substitue au corps isolant un conducteur, par exemple celui d'une machine électrique chargée, l'effet produit est beaucoup plus énergique et la décharge plus complète. D'ailleurs, les phénomènes qu'on observe alors dépendent de la façon dont s'opère la décharge, c'est-à-dire de la nature du milieu interposé entre le conducteur électrisé et le corps soumis à l'influence.

Si l'on approche le doigt ou toute autre partie du corps du conducteur de la machine, une étincelle jaillit, et l'on éprouve une commotion d'autant plus forte, que la charge est plus considérable. L'électroscope à cadran, placé sur le conducteur, retombe alors à zéro, indiquant par là que la machine est déchargée. Mais quand on tourne le plateau d'une façon continue, les étincelles se succèdent très rapprochées ; le bruit forme une sorte de pétillement et on ressent un picotement sans secousse brusque. Si la main n'est pas très rapprochée du conducteur, la tension des deux électricités, celle de la machine et celle développée dans le corps par influence, devient plus forte et, quand elle est suffisante pour vaincre la résistance que la plus grande distance oppose à leur recomposition, on voit jaillir une plus longue étincelle et la secousse ébranle tout le bras. Si, avant de tourner le plateau de la machine, on fait monter une personne sur un tabouret isolant ou à pieds de verre, et que cette personne pose la main sur le conducteur, elle se trouvera électrisée en même temps que ce dernier; son corps fait pour ainsi dire alors partie du conducteur. Une autre personne non isolée pourra donc en tirer des étincelles, et toutes les deux recevront ainsi à la fois la secousse que provoque la décharge.

Les effets lumineux que produit le dégagement de l'électricité méritent une étude spéciale et détaillée. Nous y reviendrons plus tard, quand nous aurons passé en revue les divers modes de production de l'électricité. Mais nous pouvons dès maintenant décrire quelques expériences où la production de l'étincelle donne lieu à des jeux de lumière singuliers.

On colle à la surface d'un tube de verre de petits losanges de feuilles d'étain, qui se succèdent de manière à former une courbe en forme d'hélice, tout en laissant entre eux un petit intervalle. Les deux extrémités de l'hélice et du tube sont deux anneaux métalliques, dont l'un s'accroche au conducteur de la machine électrique, tandis que l'autre communique avec le sol par une chaîne (celle-ci est oubliée sur la figure). Aussitôt qu'on charge la machine, il y a décomposition par influence de l'électricité neutre du premier losange d'étain, puis du second par le premier, et ainsi de suite de toute la série. La faible distance donne lieu à des décharges simultanées; des étincelles jaillissent à la fois sur tout le pourtour du tube, et le phénomène dure tant qu'on tourne le plateau (fig. 127). C'est l'expérience du *tube étincelant*.

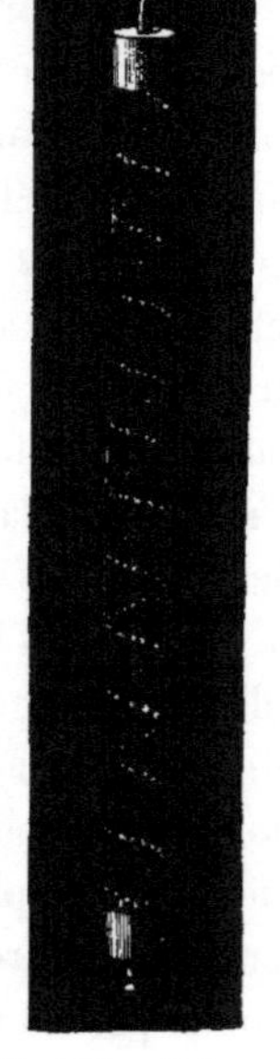

Fig. 127. — Tube étincelant.

On obtient des effets de lumière semblables avec un globe de verre à la surface duquel les petits losanges d'étain sont collés de façon à reproduire des dessins variés. C'est alors le *globe étincelant* (fig. 128).

Si sur une bande rectangulaire de verre on colle des bandes d'étain formant une série ininterrompue de lignes parallèles, comme le montre la figure 129, on pourra sur ce fond découper un dessin de forme quelconque à l'aide d'une pointe. Une étincelle jaillira à chaque solution de continuité, aussitôt qu'on mettra en communication les deux extrémités de la série, l'une avec le conducteur de la machine, l'autre avec le sol, et l'on verra, sous forme de lignes lumineuses, la figure dessinée sur le verre. C'est le *carreau étincelant*. Le *carreau magique* ne diffère du précédent que par la disposition irrégulière des parcelles de métal entre lesquelles jaillit la lumière électrique : on a jeté au hasard de la limaille métallique sur la surface du verre enduite d'une couche de gomme. Dès que le carreau est mis en communication d'un côté avec la machine, de l'autre avec le sol, on voit les étincelles jaillir et dessiner des lignes irrégulières et serpentantes, dont la position et la figure changent à tout moment.

Dans les expériences que nous venons de décrire, la décharge a lieu entre deux corps chargés d'électricités opposées, séparés l'un de l'autre par un milieu isolant, tels que l'air, le verre.

Fig. 128. — Globe étincelant.

Fig. 129. — Carreau étincelant.

On nomme *décharge disruptive* cette recomposition des deux électricités, parce qu'elle est accompagnée d'un mouvement violent des molécules du corps isolant, ainsi que le prouve l'expérience suivante.

Deux tubes communiquants, d'inégal diamètre, le plus gros complètement fermé, le plus petit ouvert par en haut, contiennent une certaine quantité d'eau (fig. 130). Dans le gros tube, deux tiges métalliques, terminées par des boules, sont fixées l'une à la base inférieure, l'autre à la base supérieure, et communiquent la première avec le sol, la seconde avec le conducteur d'une machine électrique. Dès que jaillit l'étincelle, on voit l'eau se soulever brusquement dans le tube ouvert; si l'étincelle est très forte, l'eau est projetée hors du tube. Cette secousse est produite à la fois par l'ébranlement violent des molécules de l'air, et par l'expansion due à une élévation de température, non par cette dernière cause seule, comme le crut d'abord Kinnersley, inventeur de l'expérience. Ce qui prouve que l'air a été dilaté par la chaleur, c'est que le liquide ne

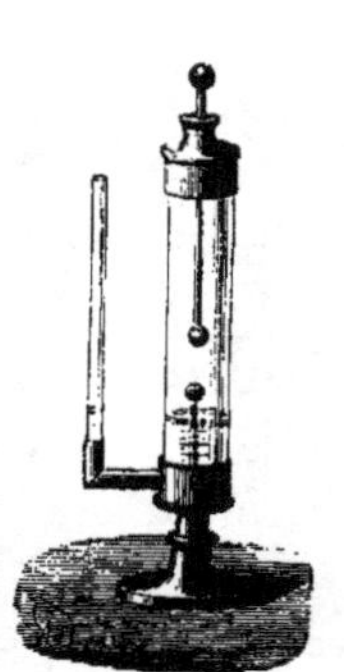

Fig. 130. — Thermomètre de Kinnersley.

Fig. 131. — Mortier électrique.

reprend pas immédiatement son niveau dans le petit tube. Le nom de *thermomètre de Kinnersley* est resté à l'appareil.

L'expansion brusque dont nous venons de parler a fait imaginer le *mortier électrique* (fig. 131), dont le jeu est facile à comprendre d'après ce qui précède. Au moment où l'étincelle jaillit, la balle est lancée au loin; l'effet est encore plus prononcé, si, avant d'opérer, on a mis au fond du mortier quelques gouttes d'éther que la chaleur réduit spontanément en vapeur.

On peut faire jaillir l'étincelle à travers l'eau. Pour cela, les deux tiges conductrices, qui communiquent l'une avec la machine en *m*, l'autre avec le sol en *t* (fig. 132), sont recouvertes d'une couche de gutta-percha qui les isole de l'eau et ne sont à nu qu'à leurs extrémités placées en regard au fond d'un vase. Dès que la décharge a lieu, l'étincelle jaillit, l'eau est projetée et la secousse est souvent assez forte pour briser le vase.

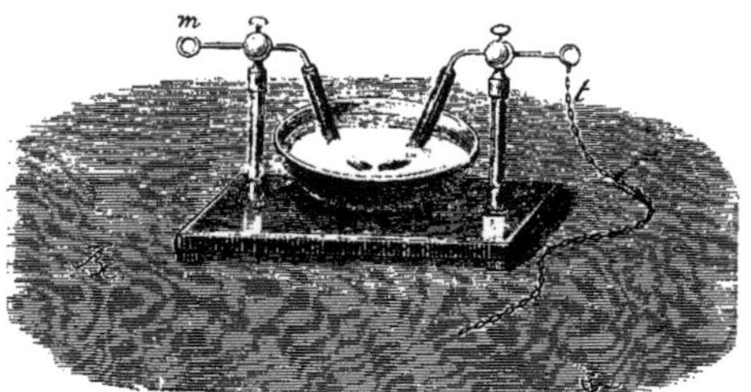

Fig. 132. — Décharge électrique dans un liquide.

Bornons-nous, pour le moment, à ces quelques expériences ; ceux de nos lecteurs qui sont en possession des appareils pourront aisément les répéter. Nous ne tarderons pas à compléter la description des effets mécaniques ou physiques de l'électricité, et nous y joindrons celle des effets chimiques, qui n'ont pas une moindre importance.

CHAPITRE V

LA BOUTEILLE DE LEYDE — LES CONDENSATEURS

§ 1. EXPÉRIENCES DE CUNÉUS ET DE MUSCHENBROEK : DÉCOUVERTE DE LA BOUTEILLE DE LEYDE.

Cunéus, élève de Muschenbroek, célèbre physicien du dernier siècle, voulut un jour électriser de l'eau contenue dans une bouteille à large goulot. Dans ce but, il prit la bouteille d'une main, après avoir introduit dans le liquide une tige de métal suspendue au conducteur d'une machine électrique. Quand il crut l'eau suffisamment chargée d'électricité, il voulut, sans cesser de soutenir la bouteille d'une main, enlever avec l'autre main le fil de fer en contact avec le conducteur. Il ressentit aussitôt une commotion dont la violence le remplit de surprise. Muschenbroek répéta l'expérience de Cunéus; mais la secousse qu'il éprouva dans les bras, les épaules et la poitrine fut si violente, qu'elle lui coupa la respiration et lui causa une frayeur si vive, qu'en faisant part à Réaumur de ce fait, nouveau parmi les phénomènes d'électricité connus à cette époque, il lui écrivait que, « pour rien au monde, lui offrit-on la couronne de France, il ne voudrait recommencer ». Mais d'autres physiciens furent moins timides. Allaman, Lemonnier, Winckler, l'abbé Nollet varièrent l'expérience de toutes les façons, et la science fut dotée d'un nouvel appareil électrique : c'est la *bouteille de Leyde*, ainsi nommée du lieu où l'expérience fut faite pour la première fois, en 1746[1]. Voici comment on construit aujourd'hui cet appareil.

On prend un flacon de verre, d'une faible épaisseur, dont on recouvre extérieurement le fond et les trois quarts de sa hauteur d'une lame métallique, ordinairement en étain : cette lame est ce qu'on nomme la *garniture* ou *armature extérieure* de la bouteille. La *garniture* ou *armature intérieure* est tantôt une lame de métal tapissant les parois internes, tantôt de la grenaille

Fig. 135. — Expériences de Cunéus ; bouteille de Leyde.

de plomb, ou encore un monceau de feuilles d'or ou de clinquant dont on remplit le flacon ; on a vu que, dans la bouteille de Muschenbroek, c'était une certaine quantité d'eau, c'est-à-dire dans tous les cas un corps conducteur. Enfin, une tige en laiton à crochet terminée extérieurement par une petite boule

1. Une observation à peu près semblable avait été faite l'année précédente par von Kleist, évêque de Poméranie. Ayant enfoncé une tige de fer dans le bouchon d'une bouteille renfermant du mercure, il prit cette bouteille à la main et présenta la tige au conducteur d'une machine électrique. Ayant touché accidentellement de l'autre main le conducteur pendant que la tige était en contact avec ce dernier, von Kleist ressentit dans le bras une violente secousse.

est fixée au bouchon de liège qui ferme le goulot, et en dedans elle communique avec la garniture intérieure de la bouteille. Pour éviter toute communication électrique entre les armatures, on a soin de vernir à la gomme laque le col de la bouteille. Sans cette précaution, le verre en se recouvrant d'une couche même très légère de vapeur d'eau n'isolerait pas complètement les deux armatures, et il pourrait arriver que des décharges se fissent entre elles et que des étincelles se produisissent en suivant la surface extérieure du verre.

Fig. 154. — Charge de la bouteille de Leyde.

Pour charger la bouteille de Leyde, on la suspend par sa tige au conducteur d'une machine électrique, en ayant soin d'établir, à l'aide d'une chaîne de métal, la communication entre le sol et son armature extérieure. On peut aussi plus simplement la prendre à la main par cette dernière, et présenter alors au conducteur de la machine le bouton de sa tige.

La bouteille ainsi chargée d'électricité, si on vient à unir à l'aide d'un corps conducteur quelconque les deux armatures extérieure et intérieure, il y aura décharge avec accompagnement d'étincelle et explosion. Par exemple, en tenant l'appareil d'une main et approchant l'autre main du bouton, la décharge se fera par l'intermédiaire des bras et du corps, et l'on éprouvera la commotion qui effraya si fort les premiers expérimentateurs. Si plusieurs personnes se tiennent par la main, deux à deux, la première de la série prenant la bouteille et présentant la tige à la dernière, aussitôt que le contact aura lieu, la commotion se fera sentir à la fois dans les membres de tous les opérateurs. Nollet fit cette expérience devant Louis XV : trois cents gardes françaises formèrent la chaîne, et reçurent simultanément la secousse produite par la décharge instantanée de la bouteille de Leyde.

Avant d'aller plus loin et de décrire plusieurs expériences curieuses qu'on peut faire avec cet appareil, essayons de donner l'explication théorique du double phénomène de la charge et de la décharge de la bouteille.

Observons d'abord que l'appareil se compose essentiellement de deux corps conducteurs, les deux garnitures métalliques extérieure et intérieure, et d'un corps isolant qui les sépare, la bouteille de verre. Quand on suspend le crochet au conducteur électrisé d'une machine, l'électricité de ce conducteur se répand sur toute la surface de l'armature intérieure, qui se trouve ainsi chargée d'électricité positive, par exemple. Cette électricité décompose par influence l'électricité neutre de l'armature extérieure, attire à la surface du verre l'électricité négative et refoule dans le sol l'électricité positive, par l'intermédiaire du corps de l'expérimentateur ou de la chaîne métallique. Ainsi se trouvent en présence deux charges d'électricités contraires, que l'interposition de la lame de verre isolante empêche de se combiner. Qu'on vienne à favoriser la réunion de ces deux électricités par un conducteur quelconque, et leur combinaison se fait avec explosion et étincelle.

Jusqu'ici, il ne semble pas qu'il y ait nécessité de faire intervenir aucune autre explication : l'explication qui précède est d'ailleurs celle qui rend compte des phénomènes d'électrisation par influence. Mais on va voir qu'elle est, en réalité, insuffisante.

D'abord, la grosseur de l'étincelle et la violence des commotions indiquent ici une tension électrique d'une énergie inaccoutumée : l'accumulation des deux électricités en aussi grande quantité ne paraît plus en rapport avec les faibles dimensions des conducteurs qui composent l'appareil. Voici maintenant un autre fait qu'il faut expliquer : Quand on a déchargé une bouteille de Leyde, et qu'on la laisse de côté un certain temps, on la trouve de nouveau chargée sans qu'on l'ait à nouveau mise en communication avec une source d'électricité. On peut en tirer une nouvelle étincelle, moins forte il est vrai que la première, puis une seconde, et ainsi de suite. C'est ce qu'on nomme des *décharges secondaires* et des *étincelles de résidus*. Il est donc évident que la *bouteille de Leyde* permet d'accumuler une quantité d'électricité supérieure à celle qu'on peut obtenir sur de simples conducteurs isolés. Pour cette raison, on lui donne, ainsi qu'à tous les appareils analogues, le nom de *condensateur*. D'où vient cette puissance d'accumulation, et quels phénomènes nouveaux interviennent pour la produire ? C'est ce que nous allons essayer de faire comprendre, en résumant, dans ce qu'elle a d'essentiel pour l'intelligence des phénomènes précédents, la théorie de la *condensation électrique*, qu'Æpinus a formulée le premier.

§ 2. THÉORIE DE LA CONDENSATION ÉLECTRIQUE.

Le condensateur imaginé par Æpinus est représenté dans la figure 135. Ce sont deux plateaux métalliques isolés, A, B, montés en regard l'un de l'autre sur deux colonnes de verre, et séparés par un disque de verre. En glissant sur une rainure, ils peuvent s'approcher autant qu'on voudra l'un de l'autre, ou du moins n'avoir plus entre eux que l'épaisseur du disque isolant. Des électroscopes à cadran sont fixés sur les tiges métalliques qui soutiennent les deux plateaux.

Supposons d'abord les plateaux éloignés l'un de l'autre, et mettons A en communication avec la machine électrique. Ce plateau se charge d'électricité positive dont la tension finit par être égale à celle de la source : son pendule diverge. De plus, cette tension est à peu près également distribuée sur les deux faces du plateau A. Après avoir supprimé la communication de A avec la machine électrique, approchons l'un de l'autre A et B; ce dernier va se charger, par induction, d'électricité négative sur la face regardant le disque de verre et d'électricité positive sur l'autre face; son pendule divergera aussi; mais l'attraction de l'électricité négative de B pour l'électricité posi-

Fig. 135. — Condensateur d'Epinus.

tive de A va accumuler celle-ci sur la face antérieure du plateau, et le pendule de A retombera à zéro.

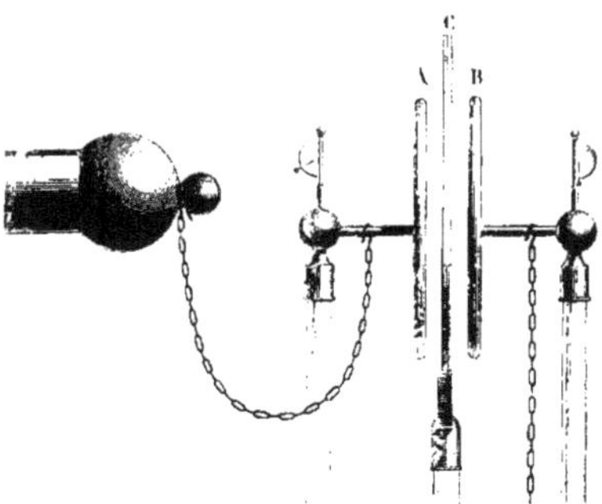

Fig. 136. — Charge du condensateur d'Epinus.

En ce moment, si l'on fait communiquer B avec le sol, le fluide positif s'écoule, une nouvelle décomposition se fait, l'électricité négative s'accumule sur la face antérieure de ce plateau, en quantité plus grande qu'auparavant; et par réaction, la tension sur le plateau A est devenue plus énergique sur la face antérieure, au détriment de la face postérieure qui revient à l'état naturel. Aussi, quand on rétablira la communication de A avec la machine électrique, une nouvelle quantité d'électricité positive passera sur A, et la condensation augmentera encore. La même série d'opérations, continuée à plusieurs reprises, amènera une condensation maximum sur l'un et l'autre plateau. L'action de ces deux charges d'électricités contraires sur un point extérieur est nulle, par la raison bien simple qu'il y a compensation entre deux actions opposées. Aussi donne-t-on quelquefois le nom d'*électricité dissimulée* à l'une ou à l'autre des électricités dont un condensateur est chargé. Mais ce qui prouve bien qu'il ne s'agit pas là d'un état électrique particulier, c'est que l'action des deux faces intérieures des plateaux du condensateur n'est pas nulle pour un point situé entre eux. On s'en assure aisément en touchant avec un plan d'épreuve l'une de ces faces; on reconnaît qu'il est chargé comme l'est le plateau lui-même.

Il est bien aisé de voir maintenant que le condensateur d'Æpinus et la bouteille de Leyde ne diffèrent que par la forme, et que les phénomènes, dont on peut observer la succession dans l'un, se passent de la même façon dans l'autre.

Maintenant, quel est le rôle du disque de verre? La théorie et l'expérience montrent qu'une lame de toute autre substance isolante, une lame d'air par exemple, interposée entre les conducteurs, donnerait lieu aux mêmes phénomènes; mais l'air offrant une résistance bien plus faible que le verre aux tensions opposées des électricités contraires, accumulées sur les faces en regard des conducteurs, ces électricités ne tarderaient pas à se combiner: une étincelle se produirait et l'appareil se trouverait déchargé spontanément. De là la nécessité d'interposer un corps offrant une plus grande résistance, comme le verre ou la résine.

Il y a plus : d'après les expériences nombreuses de Faraday

et de Matteucci, il est prouvé que les deux charges, positive et négative, ne sont pas seulement accumulées sur les surfaces en contact du verre et des armatures des condensateurs. Les électricités pénètrent dans le verre à une certaine profondeur. On met ce fait en évidence avec une bouteille de Leyde à armatures mobiles, formées de trois parties, telles que les représente la figure 157. Après avoir chargé la bouteille assemblée, on la pose sur un isolant; on enlève la garniture intérieure avec un crochet de verre, puis le bocal en verre, et l'on reconnaît qu'il y a très peu d'électricité sur les armatures, tandis que le bocal est fortement électrisé. Du reste, après avoir déchargé les deux garnitures, si on les remet en place, la bouteille fournit une étincelle aussi vive que si des décharges partielles n'avaient pas eu lieu.

Fig. 157. — Bouteille de Leyde à armatures mobiles.

La pénétration de l'électricité à une certaine profondeur dans le corps isolant des condensateurs explique fort bien, comme on voit, les décharges secondaires de la bouteille de Leyde. Elle montre en outre que les armatures métalliques ont aussi pour rôle de mettre en communication facile les divers points du verre, et l'on comprend que, grâce à leur conductibilité, la décharge se fasse instantanément avec toute son énergie[1].

1. « La force condensante d'une bouteille est d'autant plus grande que le verre est plus mince; mais on ne peut pas exagérer cette qualité, parce que les bouteilles sont bientôt traversées par la décharge électrique qui se produit d'une armature à l'autre en perçant le verre. L'épaisseur du verre doit donc être assez grande pour que la décharge spontanée, s'il arrive que la bouteille soit trop chargée, se produise plutôt de la tige supérieure à l'armature extérieure en longeant la surface du verre.

« Il est important que l'épaisseur du verre soit à peu près uniforme et qu'il n'y ait pas de parties bulleuses, sans quoi il se produit des décharges aux endroits où la résistance est plus faible, et la bouteille est percée. La nature du verre a aussi une grande influence; certains verres sont un peu conducteurs, de sorte que l'électricité y pénètre à une certaine profondeur, et une partie notable ne disparaît pas à la première décharge; on obtient alors des étincelles de résidus très nombreuses. » (Mascart, *Traité d'Électricité statique*.)

Décrivons maintenant quelques expériences curieuses, aisées à faire avec ce condensateur.

§ 3. EXPÉRIENCES DIVERSES FAITES AVEC LA BOUTEILLE DE LEYDE ET LES BATTERIES ÉLECTRIQUES.

La décharge d'une bouteille de Leyde peut se faire instantanément ou graduellement, sans que l'expérimentateur ait à redouter de commotion.

La décharge instantanée se fait à l'aide d'un *excitateur* : ce sont deux arcs métalliques, pouvant tourner autour d'une articulation commune et munis de manches en verre (fig. 158). On

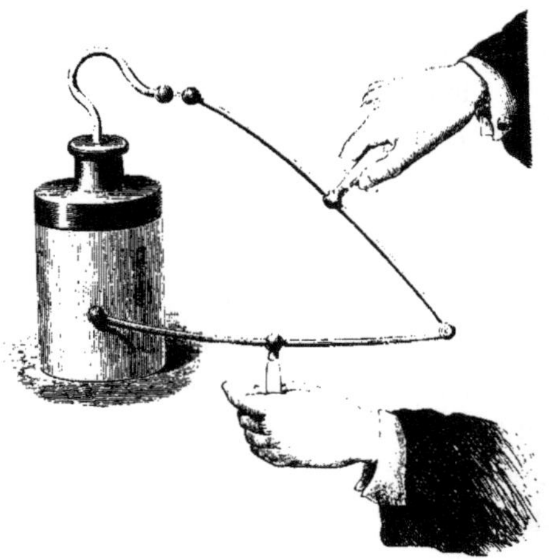

Fig. 158. — Décharge instantanée d'une bouteille de Leyde, à l'aide de l'excitateur.

prend un de ces manches à chaque main, et l'on approche les deux boules métalliques qui terminent les arcs, l'une du bouton de l'armature intérieure, l'autre de l'armature extérieure de la bouteille de Leyde : la décharge se fait alors dans les branches de l'excitateur.

Les décharges successives se font quelquefois avec la *bouteille de Leyde à carillon*. La figure 139 montre comment le petit pendule isolé qui surmonte un timbre monté sur un pied métallique est attiré, puis repoussé successivement par l'armature intérieure, et va subir ensuite les mêmes actions de l'autre timbre. A chaque contact, la balle prend, tantôt à l'une, tantôt à l'autre des deux armatures, une partie de son électricité. La bouteille est ainsi peu à peu déchargée.

On donne quelquefois à la balle du pendule la forme d'une araignée dont les pattes sont des brins de soie, en réminiscence d'une expérience due à Franklin.

Cet illustre physicien a imaginé à la même époque une autre

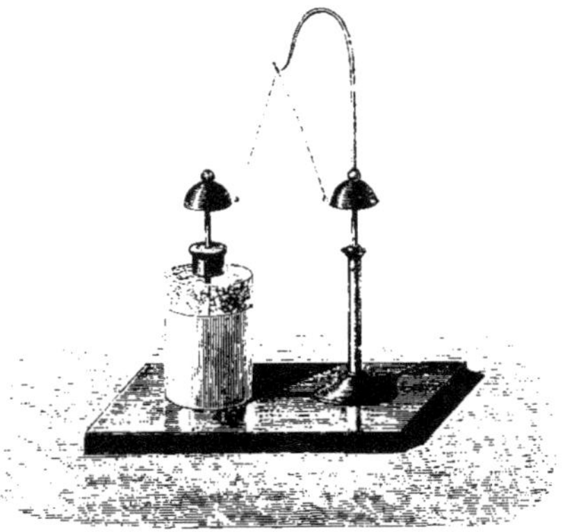

Fig. 139. — Décharges successives d'une bouteille de Leyde. Carillon.

curieuse expérience dans laquelle les actions opposées de deux bouteilles de Leyde chargées d'électricités contraires donnent lieu à un mouvement de rotation. Un disque de bois, de 12 pouces de diamètre, peut tourner librement autour d'un axe vertical formé par une petite flèche de bois passant par son centre. Trente morceaux de verre fixés à la circonférence, portant chacun à son extrémité un dé de cuivre, font du disque une sorte de roue dentée. D'un côté de l'un des diamètres, Franklin disposait l'une des deux bouteilles de Leyde, de façon que le bouton de l'armature intérieure se trouvât voisin d'un dé. Il y avait alors attraction du dé le plus voisin, et le mouvement de la roue commençait. « Ce dé dans le passage reçoit une étincelle, et dès lors étant électrisé, il est repoussé et chassé en avant, tandis qu'un second étant attiré approche du fil d'archal (de l'armature intérieure), reçoit une étincelle, et est chassé après le premier, et ainsi de suite jusqu'à ce que la roue ait achevé un tour. Alors les dés déjà électrisés approchant du fil d'archal, au lieu d'être attirés comme auparavant, sont au contraire repoussés, et le mouvement cesse à l'instant..... Mais si une autre bouteille qui a été chargée par les côtés est placée auprès de la même roue, son fil d'archal attirera le dé repoussé par le premier, et par là doublera la force qui fait tourner la roue.....; au lieu d'être repoussés lorsqu'ils reviennent vers la première bouteille, les dés sont plus fortement attirés, de sorte que la roue accélère sa marche, jusqu'à fournir avec une grande rapidité 12 ou 15 tours dans une minute, et avec une telle force que le poids de cent rixdales dont nous la chargeâmes une fois, ne parut en aucune manière ralentir son mouvement[1]. »

Fig. 140. — Bouteille de Leyde étincelante.

L'expérience de la bouteille étincelante (fig. 140) sert à montrer que, dans la décharge instantanée, l'électricité vient de tous les points du verre converger vers le point où a lieu la réunion des électricités accumulées sur les deux garnitures. L'armature extérieure est formée, comme dans le carreau magique, de fragments de limaille métallique ou de clinquant, fixés sur une couche de gomme. A l'armature intérieure est fixée une bande de métal qui aboutit à une très petite distance de la garniture extérieure. Quand la

1. *Nouvelles expériences et observations sur l'électricité*, Lettre III, 1748.

bouteille est chargée suffisamment, on voit des traits de feu sillonner en serpentant sa surface, à partir du point où commence la décharge.

Pour obtenir des effets plus énergiques, on donne à la bouteille de Leyde des dimensions plus considérables. Le bocal en verre a une large ouverture, qui permet de coller à l'intérieur une feuille d'étain semblable à la garniture extérieure : c'est ce qu'on nomme alors une *jarre électrique*. Plusieurs jarres

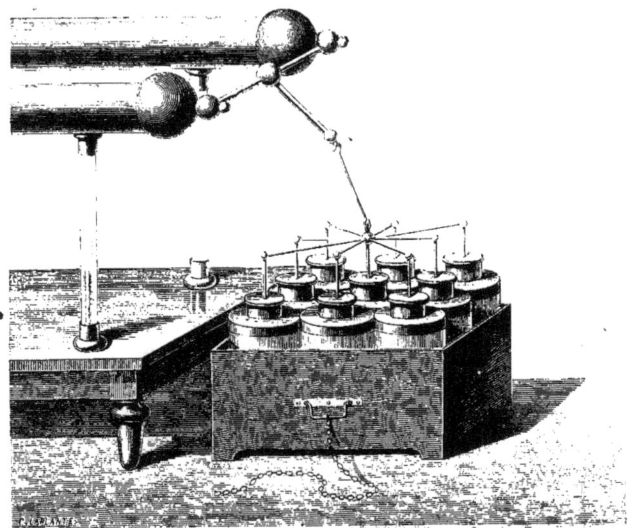

Fig. 141. — Batterie de jarres électriques.

assemblées, comme le montre la figure 141, forment une *batterie*. Alors toutes les garnitures intérieures communiquent ensemble à l'aide de tiges métalliques, partant du bouton de chacune d'elles et rayonnant vers la boule plus grosse de la jarre centrale : c'est cette dernière boule qu'on met en communication avec le conducteur de la machine électrique, quand on veut charger la batterie. Quant aux armatures extérieures, elles sont reliées entre elles par leur contact avec une feuille d'étain dont les parois intérieures de la boîte sont recouvertes, et qui communique elle-même au sol par l'intermédiaire d'une chaîne métallique.

La charge électrique que ces puissants condensateurs accumulent sur leurs armatures est considérable, et il faut beaucoup de temps pour leur fournir, à l'aide des machines ordinaires, toute l'électricité qu'ils sont susceptibles de condenser. On peut rendre l'opération plus rapide en divisant une batterie en plu-

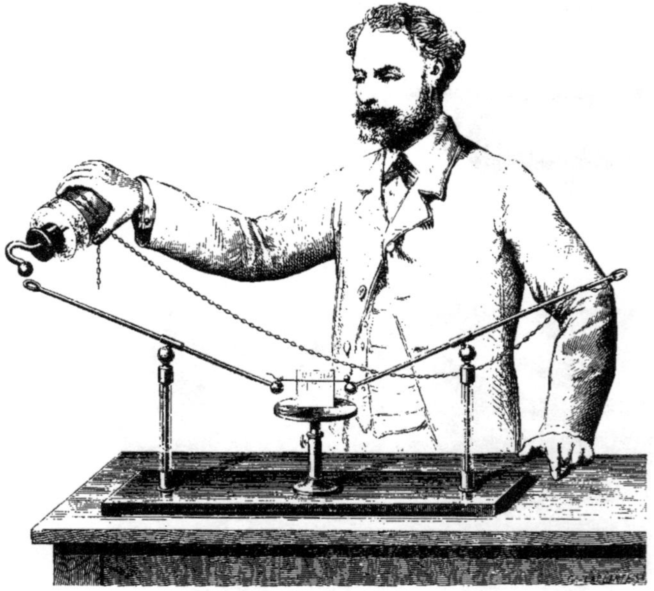

Fig. 142. — Excitateur universel.

sieurs batteries, renfermant chacune deux ou trois jarres, et en les faisant communiquer deux à deux par des tringles unissant les armatures intérieures. C'est ce qu'on nomme la *charge par cascade;* mais les batteries partielles sont alors inégalement chargées, selon l'ordre qu'elles occupent par rapport à la batterie qui est en rapport direct avec la source d'électricité.

Les décharges des batteries électriques sont d'autant plus dangereuses, que les jarres ont une plus grande surface et que leur nombre est plus considérable. Une batterie de six éléments de moyenne grosseur donnerait déjà des commotions très fortes, susceptibles de tuer certains animaux, par exemple des lapins, des chiens. Aussi doit-on prendre des précautions quand on veut les décharger. On peut employer dans ce but l'*excitateur universel*, qui sert du reste dans un grand nombre d'expériences. Cet appareil est formé de deux tringles en laiton, terminées chacune, d'un côté par un anneau où peut s'engager une chaîne, de l'autre par un bouton. Chaque tringle est isolée

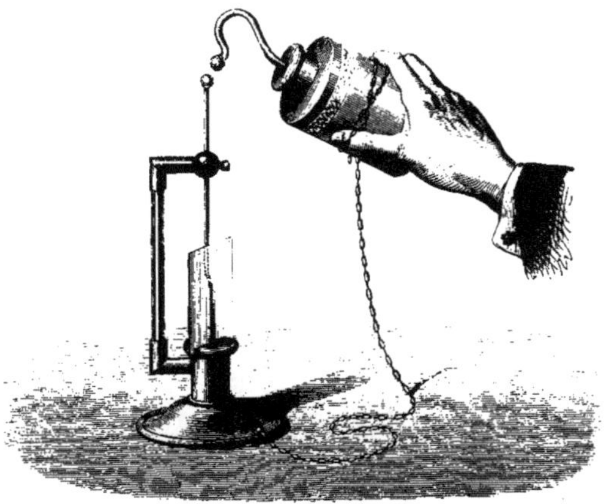

Fig. 145. — Expérience du perce-carte.

par un support en verre, et mobile autour d'un genou. Les deux boutons aboutissent au-dessus d'un support, sur lequel on place le corps à travers lequel on veut faire passer la décharge. L'une des chaînes communique avec le sol, l'autre avec la branche d'un excitateur ordinaire, à l'aide duquel on touche alors sans danger le bouton central de la batterie électrique.

Terminons par la description de quelques expériences qui nous feront connaître les divers effets mécaniques et physiques de l'électricité accumulée dans les condensateurs.

Dans les expériences du mortier électrique et du thermomètre de Kinnersley, nous avons déjà vu des exemples des effets mécaniques que produit la décharge disruptive. Le déplacement violent des molécules du corps interposé entre les deux conducteurs est encore rendu manifeste dans le *perce-carte* et dans le *perce-verre*.

Une carte est placée entre deux pointes de conducteurs métalliques séparés par un cylindre de verre. On prend à la main une bouteille de Leyde chargée, dont la garniture extérieure est mise en communication avec l'un des conducteurs par une chaîne métallique; puis on approche le bouton de la garni-

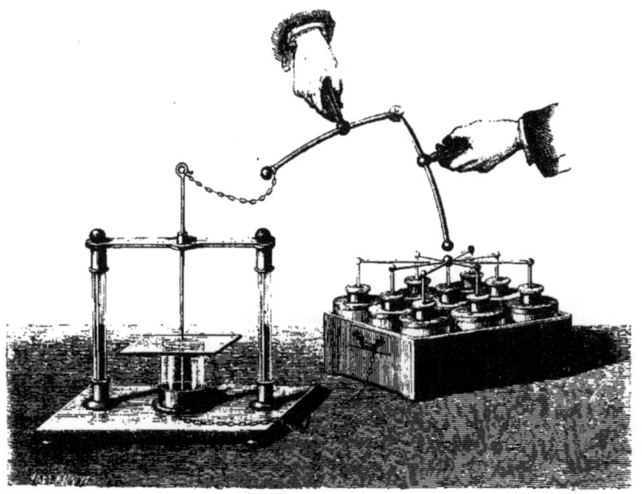

Fig. 144. — Expérience du perce-verre.

ture intérieure d'un point de l'autre conducteur. La décharge a lieu à travers la carte, qu'on trouve percée d'un trou entre les deux pointes. On n'explique guère comment il se fait que, dans l'air, le trou est plus près de la pointe négative que de la pointe positive, tandis qu'il n'en est plus ainsi dans le vide[1]. Il est à remarquer que les bords du trou sont relevés sur chaque face

1. On attribue toutefois communément cette différence à une moindre tension de l'électricité négative; celle-ci se transporte moins rapidement que l'électricité positive, de sorte que le point où a lieu la décharge et où se produit l'étincelle est plus rapproché de la pointe négative. Des expériences dues à Trémery ont en effet prouvé que le trou se rapproche d'autant plus du point milieu compris entre les deux pointes, que l'air était plus raréfié.

de la carte, de sorte qu'on doit admettre qu'il y a eu en réalité deux étincelles jaillissant entre chaque pointe et l'endroit où la carte, décomposée par influence, est traversée par le fluide.

On perce de la même façon une lame de verre de 1/2 à 1 millimètre d'épaisseur, placée horizontalement entre deux pointes. Il faut avoir soin seulement, pour éviter que l'électricité se diffuse sur le verre, d'imbiber d'une goutte d'huile chaque pointe métallique. Après la décharge, on aperçoit dans la lame un petit trou rond ; le verre a été pulvérisé par le passage de l'électricité. Pour que cette expérience réussisse, il est nécessaire d'employer une batterie puissante. Mais, alors même que la décharge n'est pas assez énergique pour percer le verre, la lame se trouve altérée et dépolie au point par où a jailli l'étincelle.

Les effets calorifiques de la décharge électrique ne sont pas moins intéressants que les effets mécaniques. Si l'on réunit les deux boules de l'excitateur universel (fig. 140) par un fil métallique très fin, d'argent doré par exemple, le fil s'échauffe, devient incandescent : et il est fondu et volatilisé, si la charge électrique est suffisamment énergique. Avec les puissantes batteries du Conservatoire des Arts et Métiers, on arrive à fondre des fils de fer de plusieurs mètres de longueur. Des fils de même diamètre et de même longueur exigent, du reste, des charges électriques fort différentes pour être fondus : le fer, le plomb et le platine se liquéfient plus facilement que l'or, l'argent et surtout le cuivre. La fusion est aussi plus aisément obtenue, si la décharge a lieu dans l'air, que si elle se fait dans le vide. Si l'on met entre les boules de l'excitateur universel un fil de soie doré, la décharge fond l'or et laisse la soie intacte. Les parcelles du métal volatilisé peuvent être recueillies sur une carte blanche, contre laquelle on fait appuyer le fil avant l'expérience. On voit alors sur la carte une tache noirâtre formée par une poudre très fine d'or volatilisé. En opérant sur différents métaux, on obtient des taches de couleurs variées, et si les métaux employés sont oxydables aux températures très hautes, les empreintes obtenues sont formées par les oxydes métalliques réduits en poudre impalpable. Van Marum a fait, au dernier siècle, de très belles expériences sur le transport des métaux par la décharge électrique. Fusinieri, ayant fait passer une décharge entre deux boules, l'une d'or, l'autre

Fig. 145. — Expérience du portrait de Franklin.

d'argent, observa que la première était argentée et la seconde dorée, autour des points entre lesquels avait jailli l'étincelle. Il est probable que les phénomènes dont nous venons parler sont complexes, et sont dus, tout à la fois, à l'élévation de tempéra-

Fig. 146. — Presse employée dans l'expérience du portrait de Franklin.

ture produite par la décharge et à un transport mécanique des molécules.

On a mis à profit cette propriété pour obtenir des empreintes métalliques reproduisant des dessins variés. Dans les cours, on fait l'expérience dite du *portrait de Franklin*. On voit dans la figure 145 une feuille de papier épais dans laquelle se trouve découpé le portrait de l'illustre physicien ; des lames d'étain sont collées de chaque côté de la feuille, qu'on recouvre par-dessus d'une feuille d'or et par-dessous d'un morceau de soie blanche. Après avoir rabattu sur la feuille d'or les parties du papier qu'on voit au-dessus et au-dessous du portrait, on place le tout dans une presse (fig. 146), dont on serre les écrous pour rendre le contact parfait, et la presse est elle-même placée sur le support de l'excitateur universel. Quand les boules de l'excitateur sont en contact avec les bandes d'étain qui débordent latéralement, on fait passer la décharge. La feuille d'or volatilisée donne sur la soie une empreinte noirâtre qui reproduit toutes les découpures, et le dessin se trouve ainsi imprimé par l'électricité.

La fusion des fils métalliques est une preuve certaine de l'élévation de température qui accompagne les décharges électriques, quand elles ont lieu à travers un conducteur. Les décharges disruptives, c'est-à-dire celles qui se font à travers un isolant, comme l'air, avec production d'étincelle, donnent lieu aussi à des effets calorifiques, bien qu'en tirant l'étincelle avec le doigt on n'éprouve aucune sensation de chaleur. On enflamme des matières combustibles, de la poudre, de l'éther, en faisant jaillir l'étincelle en un point quelconque de la substance. Cette expérience se faisait autrefois de la façon suivante : Une personne, montée sur un tabouret isolant, touchait d'une main le conducteur d'une machine électrique, et de l'autre présentait la pointe d'une épée à une faible distance d'une soucoupe pleine d'éther que tenait à la main une autre personne. Le liquide prenait feu dès que l'étincelle jaillissait. Watson réussit à enflammer de l'éther à l'aide d'une étincelle sortant d'un morceau de glace[1].

L'étincelle électrique produit encore des effets chimiques

1. L'expérience, rendue ainsi plus singulière ou plus frappante, n'a rien de plus étrange que celle qui consiste à enflammer un morceau d'amadou à l'aide d'une lentille biconvexe taillée dans la glace.

d'un haut intérêt. Si on la fait passer dans un mélange gazeux explosif, d'oxygène et d'hydrogène par exemple, l'explosion est instantanée. C'est sur ce fait qu'est basée la construction du *pistolet de Volta*. Les figures 147 et 148 représentent une coupe diamétrale et une vue extérieure de ce petit appareil. C'est un vase sphéro-cylindrique en métal, fermé par un bouchon, et qu'on remplit d'un mélange d'hydrogène et d'oxygène. Une tige en laiton terminée par deux boules traverse la paroi inférieure du cylindre, dont elle est isolée par un tube en verre. L'appareil étant en communication avec le sol, on approche le bouton extérieur du conducteur d'une machine électrique. La combinaison des deux gaz se fait avec explosion, et le bouchon est chassé avec force et projeté au loin.

Fig. 147. — Pistolet de Volta; vue intérieure.

Fig. 148. — Explosion du pistolet de Volta.

L'étincelle électrique provoque une foule de réactions chimiques; citons dans le nombre la formation de l'acide azotique avec l'oxygène et l'azote, la synthèse de l'eau, qu'on obtient par la décharge dans l'appareil eudiométrique dont il sera question plus loin, la décomposition de l'ammoniaque, etc.

Enfin, nous avons déjà parlé des effets de la décharge quand elle passe à travers les organes de l'homme et des animaux. Les commotions sont d'autant plus fortes, elles ébranlent une portion du corps d'autant plus étendue, qu'elles proviennent de charges plus puissantes; et nous avons déjà dit qu'il est dangereux de recevoir la décharge d'une batterie formée d'un petit nombre de bouteilles de Leyde. On fait avec un condensateur, qu'on nomme le *carreau fulminant*, une expérience où

Fig. 149. — Carreau fulminant.

la secousse ressentie produit un effet singulier et amusant. Le carreau fulminant n'est autre chose qu'une plaque rectangulaire de verre, dont chaque face se trouve recouverte d'une feuille d'étain : l'une des feuilles est tout à fait isolée, l'autre communique par une petite lame avec le cadre en bois, et de là, par une chaîne métallique, avec le sol. L'autre feuille communiquant avec une source d'électricité, le condensateur se charge. Une fois qu'il est chargé, si une personne veut prendre avec la main une pièce de monnaie posée sur la feuille supérieure, elle reçoit une secousse qui fait contracter ses doigts et l'empêche de saisir la pièce.

§ 4. ÉLECTROSCOPES ET ÉLECTROMÈTRES.

Après avoir décrit, avec tous les détails nécessaires, les appareils producteurs d'électricité et quelques-unes des expériences qu'ils permettent de réaliser, nous devons dire quelques mots des instruments d'observation et de mesure qui en sont le complément indispensable.

On donne le nom d'*électroscopes* aux instruments qui servent à reconnaître si un corps est ou n'est pas électrisé, et, dans le premier cas, la nature de l'électricité libre développée à sa surface. Les pendules simples ou doubles, dont il a été plus haut question, sont des électroscopes. On réserve le nom d'*électromètres* aux instruments destinés à mesurer les quantités d'électricité des corps. La balance à torsion de Coulomb, que nous avons décrite dans le paragraphe consacré à la détermination des lois des actions électriques, n'est autre chose qu'un électromètre.

Le *pendule électrique simple* est formé, comme on sait, d'une boule légère, liège ou moelle de sureau, suspendue par un fil qui est tantôt conducteur, tantôt isolant. Quand le fil est conducteur et en communication avec le sol par un pied métallique, l'appareil indique seulement, par l'attraction que subit la boule, si le corps qu'on en approche est électrisé ou à l'état naturel. Si le fil de suspension est en soie et le pied en verre verni à la gomme laque, le pendule sert à reconnaître la nature de l'électricité du corps. Pour cela, on l'approche de la boule qui est attirée, puis, après contact, repoussée. Cela fait, on prend un bâton de verre et un bâton de résine qu'on électrise en le frottant avec un morceau de drap ; on les approche successivement de la boule, et c'est celui des deux qui détermine une répulsion qui est électrisé comme le corps. On pourrait aussi procéder d'une façon inverse, électriser la boule du pendule en la faisant toucher par l'un ou l'autre bâton : électrisée par le verre, elle serait chargée d'électricité positive ; par la résine, d'électricité négative. Si le corps qu'on veut expérimenter repousse alors la boule du pendule, c'est qu'il est lui-même électrisé de la même manière.

Le double pendule formé de deux balles de sureau suspendues à des fils conducteurs (de lin par exemple), et qui restent au contact quand elles ne sont pas électrisées, divergent dès qu'on les charge de la même électricité. Dufay s'en servit dès 1733, puis l'abbé Nollet et enfin Cavendish (1781), qui mesurait la force de l'électrisation par la divergence plus ou moins grande des deux balles.

L'électroscope à cadran, *l'électroscope à feuilles d'or* sont en réalité des pendules simples ou doubles, qui peuvent aussi servir comme électromètres.

La figure 150 représente le premier de ces appareils, qui est, comme on voit, formé d'un support conducteur, surmonté d'un cadran en ivoire. Au centre du cadran, se trouve suspendue la tige d'un pendule à balle de sureau, tige très mince également en ivoire. Quand on place cet appareil sur un corps chargé d'électricité, celle-ci se répand sur toutes les parties de l'électroscope. La balle de sureau, d'abord en contact avec le support, est repoussée, et sa déviation d'avec la verticale est indiquée par les divisions du cadran, l'angle étant d'autant plus grand que la charge électrique du corps est plus considérable.

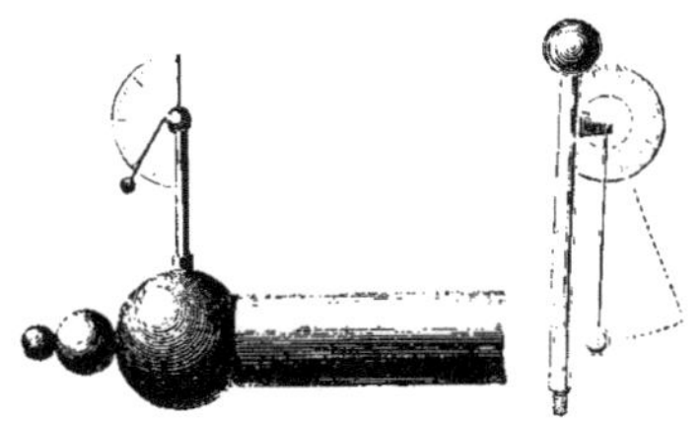

Fig. 150. — Électroscopes à cadran.

L'électroscope à feuilles d'or (fig. 151) se compose d'une cloche en verre posée sur une plaque de métal, à l'intérieur de laquelle pénètre une tige en laiton surmontée extérieurement d'une boule ou encore d'un plateau métallique. La tige métallique supporte deux feuilles d'or qui se maintiennent verticalement au contact quand la charge électrique de l'appareil est nulle, et qui divergent dans le cas contraire. Voici comment on fait usage de l'électroscope à feuilles d'or, quand on veut reconnaître si un corps est ou non électrisé :

On approche lentement le corps en question de la boule extérieure ; s'il n'est pas chargé d'électricité, les feuilles se maintiennent au contact. S'il est au contraire électrisé, positivement par exemple, l'électricité neutre du système formé par le bouton, la tige métallique et les feuilles d'or, sera décomposée par influence, l'électricité négative attirée dans le bouton, l'électricité positive repoussée dans les feuilles ; celles-ci s'écarteront donc alors l'une de l'autre, en formant entre elles un angle d'autant plus grand que la charge électrique du corps est plus considérable. Qu'on vienne maintenant à toucher le bouton avec le doigt, et l'électricité de même nature que celle du corps inducteur s'écoulera dans le sol ; c'est le fait que nous avons constaté plus haut en décrivant les phénomènes d'électrisation par influence. Les lames d'or se rapprocheront donc de la verticale, et le système sera chargé d'électricité négative, principalement accumulée dans le bouton. Si on enlève le doigt, et en même temps le corps inducteur, cette même électricité négative se répandra dans le système, et fera de nouveau diverger les feuilles d'or.

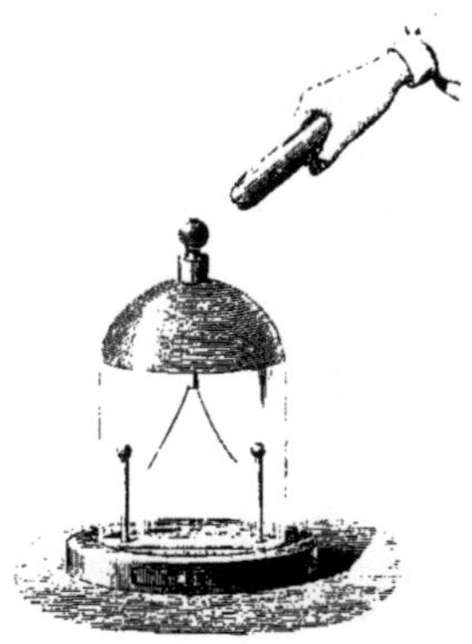

Fig. 151. — Électroscope à feuilles d'or.

De chaque côté des feuilles d'or de l'électroscope, on aperçoit deux petites tiges verticales terminées par des boules ; ces tiges qui reposent sur le plateau de l'appareil et qui dès lors communiquent avec le sol, prennent par influence une électricité contraire à celle des feuilles ; elles les attirent donc et par suite contribuent à augmenter leur divergence. Dans le cas où cette divergence deviendrait assez grande pour que les feuilles d'or allassent toucher les parois de la cloche de verre, les boules des tiges les arrêteraient. Par ce contact les feuilles perdent leur électricité et retombent dans la verticale; mais on évite ainsi l'inconvénient qui eût résulté de l'adhérence des feuilles aux parois de la cloche.

L'électroscope se trouve donc, par cette opération, chargé d'électricité, laquelle est toujours de nature contraire à celle du corps qu'on lui a présenté. En cet état, il peut servir à reconnaître quelle est la nature de cette électricité, au cas où elle serait ignorée. Voici comment on procède alors à cette détermination :

On approche du bouton de l'instrument un corps chargé d'une électricité connue, par exemple un bâton de résine, électrisé négativement. Dans le cas que nous avons supposé, c'est-à-dire les feuilles se trouvant chargées négativement, qu'arrivera-t-il? L'influence de l'électricité négative du bâton se manifestera par un accroissement de divergence des lames, l'électricité négative de la tige étant repoussée dans ces dernières, dont la tension se trouvera ainsi augmentée.

Si, au lieu d'un bâton de résine, on eût pris un bâton de verre, électrisé positivement, les électricités contraires des lames d'or et du verre se seraient attirées; la divergence, au lieu d'augmenter, aurait diminué jusqu'au contact. Mais dans ce cas il pourrait y avoir une cause d'erreur, en ce que, les lames étant arrivées au contact, l'influence du bâton de verre peut déterminer une décomposition nouvelle, et dès lors une divergence des lames d'or. Il vaut donc mieux, quand il n'y a pas tout d'abord divergence, faire une seconde épreuve avec un corps chargé d'une électricité opposée.

Quand la source dont on veut mesurer l'intensité est très faible, et qu'elle est impuissante pour produire une divergence appréciable des feuilles d'or, on emploie l'*électroscope condensateur de Volta*. Ce n'est autre chose qu'un électroscope à feuilles d'or dont la sensibilité a été augmentée par la substitution à la boule supérieure d'un disque ou plateau métallique recouvert à sa surface d'un vernis à la gomme laque. Sur ce disque, on en pose un autre semblable, de même dimension, muni d'un manche isolant, et verni comme le premier, de sorte que ce sont les deux faces isolantes qui se touchent. Supposons qu'on veuille étudier l'état électrique d'une faible source, par exemple d'une lame double de cuivre et de zinc soudés. On fait communiquer l'un des plateaux, le supérieur, avec le sol en y posant le doigt, comme le montre la figure 152; puis, tenant à la main le zinc de la lame, on fait toucher le plateau inférieur du condensateur par l'extrémité cuivre. Les deux plateaux se chargent, par influence, d'électricité contraire, les vernis isolants qui les séparent leur faisant jouer le rôle de condensateurs. On supprime alors les deux communications du plateau supérieur avec le sol et de l'inférieur avec la source d'électricité. L'électricité de cette source qui s'était accumulée sur le second et qui était retenue à la surface du disque par l'influence du condenseur, se répand sur toute la surface et, par suite, sur les feuilles d'or, qui se mettent à diverger. Volta avait pu apprécier ainsi des forces électriques extrêmement faibles : une source électrique qui, dans l'électroscope ordinaire, n'eût donné qu'une divergence de 0°,25, grâce à l'emploi du condensateur, produisait une divergence de 30°, c'est-à-dire 120 fois plus considérable.

Fig. 152. — Électroscope condensateur de Volta.

Un physicien anglais contemporain, W. Thomson, a imaginé diverses formes d'électromètres, dont le plus employé et le plus précis est celui qu'on nomme l'*électromètre à quadrants*, représenté dans la figure 153. Nous allons en indiquer le principe.

Une aiguille métallique très légère (en aluminium par exemple) et ayant la forme d'un 8, comme on la voit représentée en C dans la figure 154, est suspendue par deux fils parallèles, de manière à pouvoir osciller dans un plan horizontal comme une aiguille de boussole. Cette aiguille reçoit une forte charge électrique, et, dans le but d'éviter les pertes que cette charge pour-

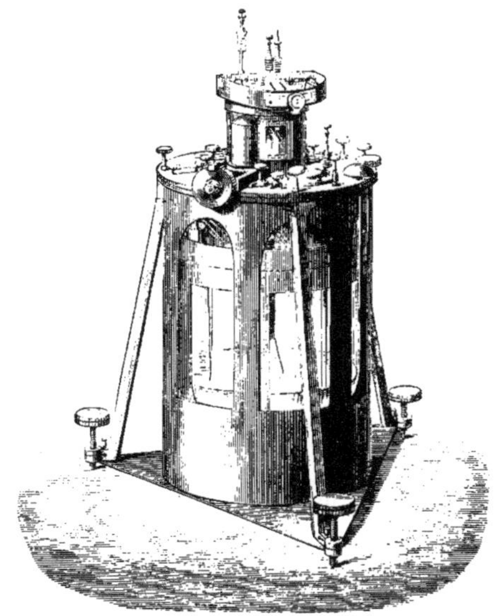

Fig. 153. — Électromètre à quadrants de Thomson.

rait subir, elle est reliée par un fil de platine à une bouteille de Leyde. Cette dernière est ainsi formée : un vase en verre, en forme de cloche renversée, est en partie rempli d'acide sulfurique concentré pur, constituant l'armature intérieure ; le même vase est recouvert extérieurement de feuilles d'étain qui forment l'armature extérieure du condensateur. L'aiguille est renfermée dans une sorte de boîte formée de quatre quadrants métalliques disposés horizontalement comme on le voit dans la figure 154. Chaque quadrant est isolé de ses voisins, mais relié à celui qui lui est diamétralement opposé, le tout formant ainsi deux systèmes électriques.

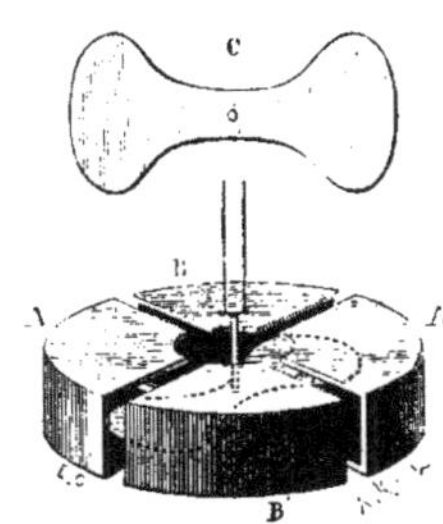

Fig. 154. — Aiguilles et quadrants de l'électromètre Thomson.

Supposons que l'aiguille soit chargée d'électricité positive, qu'on mette les quadrants A et A′ en communication avec le sol et les quadrants opposés B et B′ avec le conducteur dont il s'agit d'évaluer l'état électrique. L'électricité du conducteur passera sur les quadrants B et B′ et décomposera par influence l'électricité naturelle du système AA′, qui se chargera de l'électricité contraire. L'aiguille éprouvera une déviation, chacune de ses extrémités étant attirée par le système qui contient l'électricité négative, et repoussée par l'autre. Le sens de la déviation indiquera donc la nature de l'électricité qu'il s'agit de mesurer, et l'amplitude de cette déviation mesurera son intensité. Comme les déviations sont toujours très faibles (ne dépassant jamais 4° à 5°), pour les mesurer, on adapte à la tige de l'aiguille un petit miroir métallique concave M dans lequel on observe l'image réfléchie des divisions d'une règle graduée. On voit dans la figure 155, au-dessus du couvercle de la boîte qui renferme la bouteille de Leyde et le système des quadrants, une lanterne à l'intérieur de laquelle est le point de suspension de la tige de l'aiguille. C'est au travers de l'ouverture de cette lanterne qu'on observe le petit miroir fixé au-dessus de l'aiguille, non au-dessous comme le ferait croire la disposition purement théorique de la figure 155.

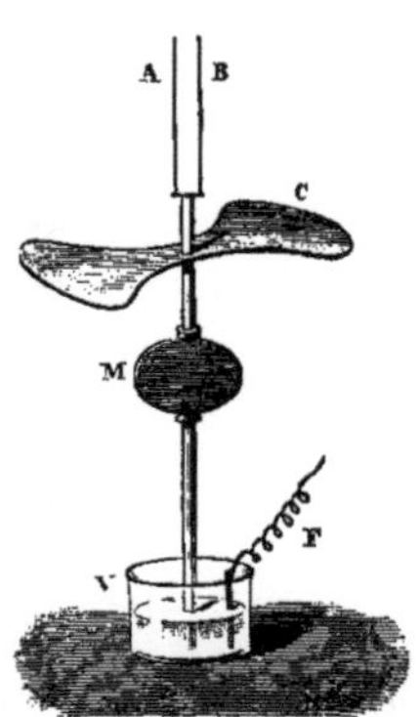

Fig. 155. — Suspension bifilaire et miroir de l'aiguille de l'électromètre à quadrants.

Nous nous bornons à ces indications sommaires, en renvoyant le lecteur aux traités spéciaux pour la description détaillée de l'électromètre de Thomson [1].

On mesure encore la charge électrique d'une source soit par l'intensité de l'étincelle qui se produit lorsqu'on la décharge, soit par le nombre des étincelles identiques qu'on tire de la

1. *Traité expérimental d'Électricité et de Magnétisme* de Gordon, *Traité d'Électricité statique* de Mascart, etc.

source. *L'électromètre de Lane* est un appareil basé sur ce dernier principe. Il est formé d'une bouteille de Leyde dont l'armature intérieure *a* est mise en communication avec la source dont on veut mesurer la charge. L'armature extérieure communique de son côté avec le sol et avec une boule *b* portée par une tige horizontale et qu'on peut à volonté approcher de la boule *a*, à l'aide d'une vis qui fait mouvoir la colonne supportant la tige. Lorsque, pour une distance convenable des deux boules, la charge électrique de la source (une machine électrique par exemple) aura atteint une valeur limite, une étincelle jaillira spontanément, et le phénomène se reproduira d'une manière continue. Il est bien clair que la quantité d'électricité qui s'écoule ainsi est proportionnelle au nombre des étincelles identiques produites entre les boules de l'appareil. Mais, pour pouvoir comparer des sources différentes, il faut que la distance à laquelle l'explosion se fait reste la même, ainsi que le conducteur qui unit la boule *b* à l'armature extérieure de la bouteille.

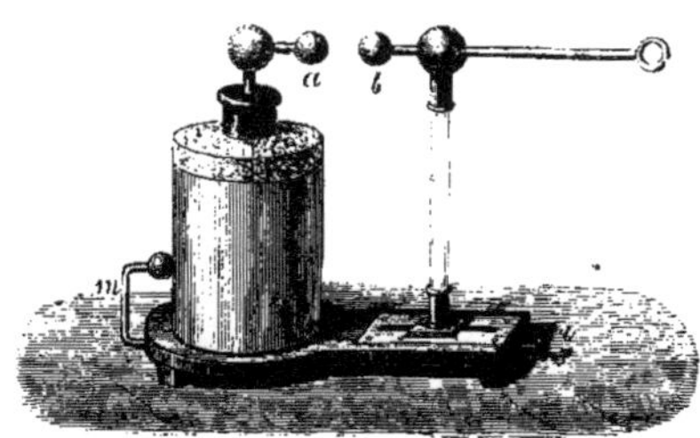

Fig. 156. — Électromètre de Lane.

Si l'on veut mesurer la charge d'une batterie en se servant de la bouteille électrométrique de Lane, on peut opérer de deux manières différentes : 1° Isoler la batterie, faire communiquer son armature interne avec l'appareil producteur d'électricité, son armature externe avec le bouton *a* de l'électromètre, le bouton *b* ainsi que l'armature extérieure de la bouteille communiquant au sol. A mesure que la batterie se charge d'électricité positive, son armature extérieure prend de l'électricité négative, et la bouteille de Lane reçoit de l'électricité positive. 2° Isoler la bouteille de Lane dont le bouton *a* est mis en communication avec la source, le bouton *b* étant relié à l'intérieur de la batterie dont l'armature communique au sol.

§ 6. EFFETS DES DÉCHARGES ÉLECTRIQUES.

Quand un corps est chargé d'électricité, on peut le ramener à l'état naturel de deux manières : ou bien en le mettant en communication avec le réservoir commun, le sol, par l'intermédiaire d'un corps conducteur, par exemple d'un fil métallique ; en ce cas, l'électricité du corps s'écoule spontanément et le phénomène qui a lieu alors a reçu de Faraday le nom de *décharge conductive*. On peut encore décharger le corps en approchant de sa surface électrisée un autre corps conducteur, mais sans qu'il y ait contact ; dans ce cas, la décharge a lieu, dans le milieu isolant interposé, l'air, par la production d'une étincelle, et elle se nomme *décharge disruptive*. Les effets qui résultent de ces deux modes de réduction de l'électricité sont très variés ; nous en avons déjà donné d'assez nombreux exemples dans diverses expériences décrites plus haut. Il est à propos de les compléter.

On peut classer les effets des décharges d'électricité statique en trois catégories principales : les *effets mécaniques et physiques*, les *effets chimiques*, les *effets physiologiques*, selon la nature des phénomènes qui se manifestent alors ; mais il arrive souvent que ces effets se produisent simultanément.

Commençons par les effets mécaniques. Les expériences du perce-carte et du perce-verre nous ont montré l'étincelle traversant des corps solides d'une faible épaisseur. Ce n'est pas tant la quantité d'électricité qui joue un rôle dans ce phénomène, que la *différence de potentiel*[1]. « C'est ainsi, dit

1. Nous ne pouvons mieux faire, pour donner une idée à la fois nette et concise de cette expression, que d'en emprunter la définition au *Traité expérimental* de Gordon, que nous avons déjà cité plusieurs fois :

« Toutes les fois que l'électricité se meut, ou tend à se mouvoir, d'une position à une autre, on dit qu'il y a une *différence de potentiel* entre ces deux positions.

« On dit que la position d'*où* l'électricité tend à s'éloigner a un potentiel plus élevé que l'autre.

« Supposons qu'une quantité d'électricité s'écoule d'un point à un autre : alors *la diffé-*

M. Mascart, qu'on pourra percer une lame de verre de quelques millimètres aussi bien et même plus facilement avec une seule bouteille qu'avec une batterie. Les étincelles directes d'une machine électrique conviennent mieux, parce qu'elles sont plus longues; les étincelles d'une machine de Holtz munie de ses bouteilles de condensation réussissent mieux encore, parce que ces bouteilles sont disposées en cascade : la différence des potentiels est alors très élevée et la quantité d'électricité assez grande. » On parvient ainsi à percer des plaques de plusieurs centimètres d'épaisseur; mais il faut prendre alors des précautions pour empêcher que l'étincelle ne suive la surface de la plaque en la contournant au lieu de la traverser.

Van Marum a fait éclater en deux morceaux un cylindre de buis ayant 8 centimètres de diamètre et autant de hauteur. Il avait enfoncé dans les bases les deux pointes de l'excitateur reliant les pôles d'une batterie de 15 mètres carrés de surface.

Un effet mécanique assez singulier, observé pour la première fois par Nairne et que M. E. Becquerel a étudié ensuite, est le raccourcissement que la décharge d'une batterie produit dans un fil métallique qu'elle traverse; par compensation, il y a une légère augmentation dans le diamètre du fil. Si la décharge passe entre deux corps métalliques, par exemple entre le bouton en laiton d'une bouteille de Leyde et une plaque d'argent, elle dépose sur la plaque une petite tache jaune, due au transport de parcelles détachées du bouton. Ce transport ne coïncide-t-il pas avec la volatilisation du métal qui résulte de l'élévation de température produite par l'étincelle?

rence de potentiel, ou ce qu'on appelle aussi la force électromotrice entre ces deux points, est une quantité qui représente la somme de travail que chaque unité d'électricité développerait dans son trajet, si ce travail pouvait être utilisé tout entier en l'appliquant à une machine parfaite dont il formerait la puissance motrice.

« La différence de potentiel est calculée comme il suit : supposons qu'on oblige une unité d'électricité à se déplacer dans la direction opposée à celle suivant laquelle les forces électriques tendraient à l'entraîner, le *travail mécanique* nécessaire à cet effet devra être fourni par un homme, une machine à vapeur, ou toute autre source de puissance.

« *La différence de potentiel entre deux points est définie comme numériquement égale à la somme de travail nécessaire pour forcer une unité d'électricité à se transporter d'un point à l'autre, dans la direction opposée à celle suivant laquelle elle tend à se mouvoir.* »

Cette question nous amène à dire un mot de l'échauffement que provoque la décharge électrique, aussi bien conductive que disruptive.

Quand on fait passer la décharge d'une batterie à travers un fil conducteur, ce fil s'échauffe; mais l'élévation de température dépend de la résistance qu'il offre au passage de l'électricité, et cette résistance elle-même dépend des dimensions du fil et de la nature du métal qui le constitue. Pour une même décharge électrique, la quantité de chaleur dégagée est proportionnelle à la longueur du fil et en raison inverse de sa section. Les fils sont supposés de même nature. Mais si l'on prend des fils de métaux différents, on trouve que l'élévation de température est en raison inverse de la densité du métal et de sa chaleur spécifique[1]. Si le fil métallique est assez fin et la force de la batterie assez grande, la température peut s'élever jusqu'à la fusion du fil, et même à sa volatilisation. Nous avons vu plus haut comment on dispose l'expérience en se servant de l'excitateur universel (fig. 142), et nous avons indiqué déjà quelques uns des effets obtenus en employant des fils de divers métaux. Ajoutons que l'on s'est servi de cette propriété des décharges électriques pour mesurer leurs puissances comparatives, et l'on a trouvé que la longueur limite qu'un fil doit atteindre pour être porté à la température de fusion sans la dépasser est proportionnelle au carré de la charge et en raison inverse de la surface de la batterie. Pour ces expériences, tous les métaux ne sont pas également bons : le laiton, par exemple, ne convient

1. On peut ainsi ranger les métaux en une série dans laquelle l'un d'eux, le platine par exemple, étant pris pour unité, chaque métal est caractérisé par des nombres mesurant sa résistance spécifique, son coefficient d'échauffement et sa résistance à la fusion. Le tableau suivant est le résultat d'expériences sur ce sujet dues à M. Riess :

Métaux.	Résistance spécifique.	Coefficient d'échauffement.	Résistance à la fusion.
Cuivre	0.1552	0.1155	4.895
Argent.	0.1045	0.1267	5.946
Or.	0.1746	0.2112	2.960
Fer	0.8789	0.7080	1.059
Platine.	1.	1.	1.
Nickel	1.180	0.8727	0.916
Cadmium.	0.4047	0.58	0.510
Étain.	1.055	1.57	0.072
Plomb	1.505	2.876	0.058

pas, parce qu'il se ramollit bien avant le point de fusion complète. Le fer, l'acier sont au contraire excellents, ces deux métaux se détachant en gouttelettes aussitôt que la température de fusion est atteinte. Donnons, d'après M. Mascart, un exemple de vérification de la loi qui vient d'être énoncée : « Si l'on charge une batterie, dit-il, par l'intermédiaire d'une bouteille de Lane, et si l'on règle la distance explosive de cette bouteille de façon que la batterie chargée par 50 étincelles soit capable de fondre 25 centimètres d'un fil de fer de $0^{mm},1$ d'épaisseur, par exemple, on vérifiera que des charges successives de 40, 30, 20 et 10 étincelles sont capables de fondre exactement des longueurs du même fil égales à 16, 9, 4 et 1 centimètres. » Ainsi la longueur limite de fusion d'un même fil est bien proportionnelle aux carrés des charges de la batterie.

La production de lumière qui accompagne les décharges disruptives est un des effets physiques les plus intéressants de l'électricité. Les formes variées que prend le phénomène, les lueurs, aigrettes, étincelles, leur durée, leur longueur, leur intensité, la couleur qu'elles affectent dans les divers milieux, méritent une étude à part qui nécessitera un chapitre spécial, quand nous aurons passé complètement en revue les divers modes de production de l'électricité. Nous ne voulons parler ici que de quelques-uns des effets physiques ou chimiques dont la lumière électrique est accompagnée.

L'étincelle électrique, lorsqu'elle se produit au contact ou au voisinage d'une substance combustible, peut en provoquer l'inflammation. Les physiciens du dernier siècle ont fait sur ce point de nombreuses expériences. La planche V dont les détails sont empruntés aux ouvrages de l'abbé Nollet, représente une expérience de ce genre. On a déjà vu dans le § 4 que l'on peut enflammer ainsi de l'alcool, de l'éther; on parvient aussi à rallumer une bougie éteinte lorsque la mèche fume encore, ou à provoquer l'explosion d'un amas de poudre. Pour que cette dernière expérience réussisse, il faut prendre certaines précautions, à moins que l'étincelle ne provienne d'une forte décharge, de celle d'une batterie par exemple. On mélange la poudre avec un autre corps combustible mais mauvais conducteur, comme de la résine en poudre, du camphre. L'échauffement qui résulte d'un accroissement de résistance est alors suffisant pour enflammer la poudre, qu'on peut aussi placer dans une cartouche en papier, entre deux pointes métalliques dont chacune est mise en communication avec une des armatures d'une bouteille de Leyde.

L'étincelle électrique provoque des phénomènes chimiques, soit des combinaisons de gaz, soit des décompositions de com-

Fig. 157. — Eudiomètre. Combustion de l'hydrogène et synthèse de l'eau.

posés binaires ou de dissolutions salines. Une expérience, qui date de 1784 et qui est due à Cavendish, a montré pour la première fois que l'*air inflammable* ou l'hydrogène se combine avec l'oxygène de l'air pour former de l'eau. On répète aujourd'hui, dans les laboratoires de chimie, cette expérience avec les appareils qui ont reçu le nom d'*eudiomètre*. La figure 157 représente l'eudiomètre à mercure. Il se compose d'une éprouvette formée par une garniture métallique que termine un bouton de même nature. Après avoir rempli l'éprouvette de mercure, on la renverse dans une cuve remplie du même liquide, et on y introduit successivement 2 volumes de gaz oxygène et 2 volumes d'hydrogène. Une spirale en fer traverse le mercure de l'éprouvette et va jusqu'auprès du bouton métallique. Les choses étant ainsi disposées, on approche de ce dernier le plateau d'un électrophore ; une étincelle se produit à l'intérieur du mélange gazeux. Le mercure monte dans l'éprouvette et laisse 1 volume d'un gaz qu'on reconnaît être de l'oxygène pur. Les 2 volumes d'hydrogène se sont combinés avec 1 volume d'oxygène pour former de l'eau, qui s'est déposée à l'état de vapeur sur les parois intérieures du verre.

L'étincelle électrique ne fait ici que déterminer, dans la couche de gaz où elle éclate, une élévation de température suffisante pour déterminer l'inflammation, c'est-à-dire la combinaison chimique de cette couche. La chaleur de cette combinaison se propage aux couches voisines, et le mélange tout entier subit la même action ; mais il faut pour cela que la proportion des gaz soit convenable. D'après Humboldt et Gay-Lussac, il n'y aurait plus d'inflammation dans le mélange détonant, si l'oxygène était en excès dans la proportion de 14 contre 3.

Parmi les exemples de combinaisons chimiques déterminées par l'aide de l'étincelle électrique, citons celle qu'a obtenue M. Berthelot : ce savant a reproduit l'acide cyanhydrique en faisant passer une série de décharges dans un mélange d'azote et d'acétylène.

On décompose aussi de la même manière certaines combinaisons, comme les oxydes métalliques, divers acides et un grand nombre de gaz composés. Le sulfure de mercure, les oxydes de plomb, de zinc, d'étain, de bismuth, l'acide carbonique, l'acétylène, l'oxyde de carbone, les acides chlorhydrique, hypoazotique, l'ammoniaque sont décomposés en leurs éléments, lorsqu'on les fait traverser par des séries de décharges ou d'étincelles électriques. Dans tous ces phénomènes, c'est à la chaleur dégagée par l'étincelle qu'on doit attribuer la séparation des éléments chimiques. Mais il est démontré aussi qu'indépendamment de cette action, les deux électricités positive et négative exercent une influence spéciale, analogue à celle que nous verrons plus tard être particulière aux courants voltaïques.

Comme dernier exemple d'effet chimique produit par les décharges électriques, nous citerons l'*ozone*, nom donné au gaz oxygène électrisé. Il y a quarante-deux ans, un chimiste Suisse, Schönbein, a reconnu dans l'oxygène électrisé des propriétés caractéristiques qui ont été depuis cette époque l'objet d'études importantes. L'ozone a une odeur très forte, nauséabonde et rappelant celle qu'on avait depuis longtemps remarquée, par les temps d'orage, dans les endroits où la foudre venait de tomber. Respiré en quantité un peu grande, il irrite les muqueuses des bronches et provoque des crachements de sang. L'ozone humide oxyde la plupart des métaux, décompose les couleurs organiques, enflamme le phosphore, décompose l'iodure de potassium[1]. Sec, il n'a pas, au contraire, d'autres propriétés oxydantes que celles de l'oxygène ordinaire. « A l'aide de ces caractères de l'ozone, dit M. Mascart, il est facile d'en constater la présence dans un grand nombre d'expériences d'électricité. L'air qui a passé entre les plateaux d'une machine de Holtz est très odorant. Les aigrettes qui se dégagent des conducteurs électrisés, les décharges des batteries, etc., produisent de l'ozone, et, quand on a répété un certain nombre d'expériences d'électricité dans une salle fermée, on sent bientôt partout cette odeur de soufre qui est due à une petite quantité d'ozone. » Aussi les observateurs n'avaient-ils pas attendu la découverte de Schönbein pour reconnaître la présence d'un agent caractéristique. Van Marum croyait que cette odeur était celle de la matière électrique; Franklin signalait une analogie de plus entre l'électricité dégagée dans les machines et l'électricité atmosphérique.

1. L'ozone bleuit un papier de tournesol rouge imprégné d'iodure de potassium, tandis qu'il n'a pas d'action décolorante sur un papier semblable qui ne renferme point d'iodure. M. Houzeau a déduit de cette propriété une méthode pour doser la quantité d'ozone que contient l'air atmosphérique.

Un des effets physiques les plus importants à considérer, que produit la décharge électrique, est son action sur une aiguille d'acier placée dans le voisinage. Elle peut lui communiquer la vertu magnétique si elle est à l'état neutre, ou si l'aiguille est déjà aimantée, elle peut en intervertir les pôles. C'est Franklin qui découvrit le premier ce moyen d'aimanter de petits barreaux d'acier; il se servait pour cela d'une bouteille de Leyde. Kinnersley, ayant fait passer une décharge électrique dans un fil de fer, vit une aiguille aimantée pirouetter sur son pivot au moment où le fluide traversait le fil. Ces faits ne prirent une réelle importance qu'en 1820, quand le physicien suédois Œrstedt découvrit l'influence des courants de la pile voltaïque sur l'aiguille aimantée. Nous étudierons plus loin ces faits, qui ont enrichi la science de l'électricité d'une branche nouvelle, l'Électromagnétisme.

Il nous reste, pour terminer ce paragraphe, à décrire les effets physiologiques de l'électricité. On entend par là les phénomènes qui se produisent quand on fait passer le flux d'une décharge électrique à travers le corps de l'homme ou celui des animaux.

Déjà nous avons signalé la secousse violente qui résulte de la décharge d'une bouteille de Leyde. Cette secousse se fait sentir principalement dans les articulations des bras et du poignet, des jarrets et des pieds. Quand plusieurs personnes font la chaîne, il n'y a pas de différence appréciable dans la force de la commotion éprouvée par les unes et les autres; elle est aussi vive pour les personnes placées au milieu que pour celles qui, placées aux deux extrémités, touchent les armatures de la bouteille. Cependant il n'en est plus ainsi quand le nombre des opérateurs est considérable; mais alors il est probable que la différence d'intensité provient d'une déperdition notable d'électricité causée par le défaut d'isolement.

Avec une seule bouteille de Leyde, on tue aisément de petits animaux, des oiseaux par exemple. Mais la sensibilité ne dépend pas seulement du volume du corps ou de la taille de l'animal : les espèces à sang froid, comme les reptiles, les batraciens, résistent à des décharges beaucoup plus fortes que les espèces à sang chaud.

Singer donne d'intéressants détails sur l'impression ressentie, selon que la décharge traverse telle ou telle partie du corps : « Le fluide électrique, dit-il, paraît agir très puissamment sur les nerfs, et quand une commotion traverse une partie quelconque du corps en suivant leur trajet, elle donne généralement lieu à de graves accidents. Lorsque la décharge d'une batterie passe à travers la tête d'un oiseau, les nerfs optiques sont toujours lésés ou détruits, et en répétant cette expérience sur un plus gros animal, on prétend qu'il en résulte une prostration générale de forces accompagnée de tremblement. Une fois, par accident, j'ai reçu au travers de la tête la charge d'une forte batterie : la sensation que j'éprouvai fut une commotion violente et universelle, suivie d'une perte momentanée de mémoire et de trouble dans la vue; mais ces accidents ne furent que passagers. Suivant M. Morgan, si le diaphragme est placé sur la route que doit suivre le fluide fortement accumulé sur une surface armée de deux pieds carrés, les poumons font un violent effort, suivi d'un cri perçant; mais lorsque la charge est petite, elle ne manque jamais de produire une grande envie de rire. Les personnes mêmes dont le flegme et la gravité ne sont point altérés par les circonstances les plus plaisantes, peuvent rarement résister au pouvoir *comique* de l'électricité. Une forte décharge produit sur le diaphragme un effet qui est fréquemment suivi de soupirs, de larmes involontaires, et quelquefois même d'un évanouissement. Si la commotion traverse la colonne vertébrale, elle détermine une grande faiblesse des membres inférieurs, tellement que, si une personne est alors debout, elle tombe quelquefois sur les genoux et souvent même est renversée.

« La commotion électrique pouvant donner lieu à des

accidents plus ou moins graves, surtout si on en fait un usage inconsidéré, il faut mettre beaucoup de précaution dans ces sortes d'expériences, lors même que c'est par amusement qu'on se propose de les répéter. Il paraît néanmoins qu'aucun résultat fâcheux n'est à redouter, quand c'est à travers le bras que le choc est dirigé. »

Les batteries à grande surface sont dangereuses pour l'homme et pour les gros animaux. On assure que la batterie du Musée Teyler, à Harlem, est assez puissante pour tuer un bœuf. « L'énergie de la secousse provoquée dans un être vivant, dit M. Mascart, augmente avec la différence de potentiel[1] des deux conducteurs que l'on met en relation, et surtout avec la quantité d'électricité. Ainsi on peut recevoir impunément des étincelles de 20 ou 30 centimètres fournies par une machine ordinaire à plateau ou même par une bobine d'induction, tandis que la décharge d'une batterie capable de donner seulement des étincelles de quelques millimètres peut être foudroyante. De même, à masse électrique égale, la décharge d'une cascade donne une secousse plus violente que celle d'une bouteille unique. Il semble donc résulter de ces indications générales que la secousse physiologique varie dans le même sens que l'énergie électrique de la décharge. Une autre circonstance cependant joue encore un rôle très important, c'est la durée du phénomène; la secousse est très faible quand on décharge une batterie par l'intermédiaire d'une corde mouillée; elle peut être encore supportable quand on touche avec les mains bien sèches les deux armatures de la même batterie, et elle devient sensiblement plus énergique si l'on a soin de mouiller les mains pour les rendre plus conductrices. »

L'influence physiologique de l'électricité, soit qu'on l'applique sous forme de décharges disruptives, avec production

1. Voir la note de la page 275.

d'étincelles isolées ou successives, soit qu'on l'emploie sous la forme de courants continus, demanderait de longs développements qui ne seraient point ici à leur place. En traitant des appareils d'électricité médicale, nous reviendrons sur ce sujet. Depuis l'abbé Nollet, de nombreux savants se sont occupés de cette question, qui exige que l'on joigne à une connaissance approfondie de la Physique une compétence spéciale en Biologie.

CHAPITRE VI

LA PILE

§ 1. EXPÉRIENCES DE GALVANI. — DÉCOUVERTES DE VOLTA.

Dans toutes les expériences que nous avons décrites jusqu'ici, la source unique de l'électricité développée à la surface des corps est une action mécanique, le frottement. C'était la seule qu'on connût à la fin du dernier siècle, quand un heureux hasard vint tout à coup révéler aux physiciens un nouveau mode de production du mystérieux agent, et provoquer une série de découvertes du plus haut intérêt, tant au point de vue de la science pure qu'au point de vue de ses applications pratiques. Deux grands noms se rattachent à l'origine de ce mouvement qui a fait accomplir à la science de l'électricité tant de progrès : ce sont ceux de Galvani et de Volta.

Galvani, savant médecin et professeur d'anatomie à l'université de Bologne, était, un soir de l'année 1780, occupé dans son laboratoire avec quelques amis à faire des expériences relatives au fluide nerveux des animaux. Sur une table, où se trouvait une machine électrique servant aux expériences, on avait placé par hasard des grenouilles fraîchement écorchées destinées à faire du bouillon ; l'un des aides de Galvani « approcha par mégarde la pointe d'un scalpel des nerfs cruraux internes de l'un de ces animaux : aussitôt tous les muscles des membres parurent agités de fortes convulsions. L'épouse de Galvani était présente ; elle fut frappée de la nouveauté du phénomène ; elle crut s'apercevoir qu'il concourait avec le dégagement de l'étincelle électrique. » (P. Sue, *Histoire du Galvanisme.*) Elle avertit son mari, qui s'empressa de vérifier ce fait curieux, et reconnut que les contractions musculaires de la grenouille avaient lieu, en effet, toutes les fois qu'on tirait une étincelle, tandis qu'elles cessaient si la machine était en repos.

Fig. 158. — Galvani.

Cette observation fut pour le médecin bolonais le point de départ de nombreuses expériences, par lesquelles il chercha à prouver l'identité du fluide nerveux des animaux et de l'électricité. En 1786, il continuait encore ce genre de recherches. Voulant voir un jour si l'influence de l'électricité atmosphérique sur les muscles des grenouilles serait la même que celle de l'électricité produite dans les machines, il avait, dans ce but, suspendu un certain nombre de grenouilles dépouillées au balcon d'une terrasse de sa maison. Les membres inférieurs de ces animaux se trouvaient accrochés au fer du balcon par un fil de cuivre qui passait sous les nerfs lombaires. Galvani remarqua avec surprise que, toutes les fois que les pattes venaient à toucher le balcon, les membres des grenouilles étaient contractés par de vives convulsions, bien qu'en ce moment il n'y eût aucune trace de nuage orageux, ni par conséquent d'influence électrique de l'atmosphère.

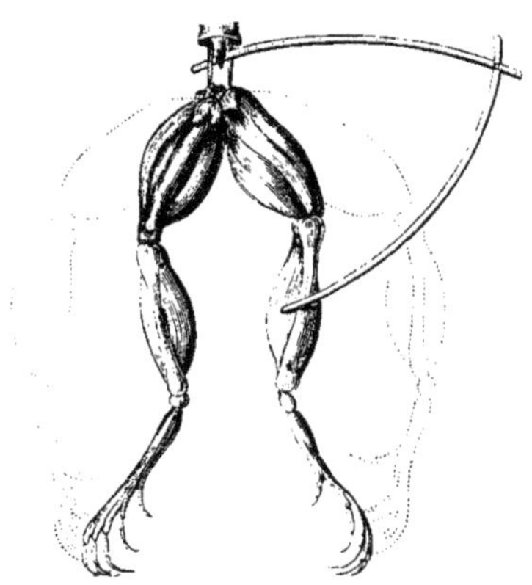

Fig. 159. — Contraction des muscles d'une grenouille. Répétition de l'expérience de Galvani.

Ces faits suggérèrent à Galvani l'idée qu'il existait une électricité propre aux animaux, inhérente à leur organisation, que cette électricité, sécrétée par le cerveau, réside spécialement dans les nerfs, par lesquels elle est communiquée au corps entier; que « les réservoirs principaux de cette électricité animale sont les muscles, dont chaque fibre doit être considérée comme ayant deux surfaces, et comme possédant par ce moyen les deux électricités positive et négative, chacune d'elles représentant en outre, pour ainsi dire, une petite bouteille de Leyde, dont les nerfs sont les conducteurs ». De là l'assimilation qu'il fit des contractions musculaires observées dans les grenouilles et d'autres animaux, aux commotions que donne la décharge d'une bouteille de Leyde.

Alexandre Volta, alors professeur à Pavie, répéta les expériences de Galvani, mais il ne tarda pas à modifier ses explications. Selon Volta, l'électricité développée était de même nature que celle que produisent les appareils électriques : c'est le contact des métaux hétérogènes qui donne lieu à la production d'électricité, l'un des métaux se chargeant d'électricité positive et l'autre d'électricité négative, lesquelles se combinent en traversant le milieu conducteur des muscles et des nerfs.

Une discussion s'engagea entre les deux célèbres physiciens, lutte honorable pour tous les deux, et surtout profitable à la science, qui s'enrichit d'une multitude de faits nouveaux. L'invention du merveilleux appareil qui reçut le nom de *pile de Volta* fit enfin prévaloir la théorie du professeur de Pavie, bien qu'aujourd'hui l'hypothèse de Galvani sur l'existence de l'électricité animale soit en partie reconnue vraie, et que, d'autre part, les idées de Volta aient été profondément modifiées. Ce n'est pas ici d'ailleurs le lieu de faire l'histoire de la lutte que nous venons de rappeler, ni des recherches de tout genre qui l'accompagnèrent et qui la suivirent : bornons-nous à décrire les phénomènes principaux qui se rapportent à cette branche de l'électricité et à exposer les explications qu'on en donne aujourd'hui.

On vient de voir que Volta pensait qu'il suffit du contact de deux métaux différents pour produire de l'électricité. Dans le but d'étudier les circonstances de cette production, il imagina un électroscope plus sensible que l'électroscope à feuilles d'or ; c'est l'électroscope dont nous avons donné la description dans le précédent chapitre. Prenant alors une lame formée de deux morceaux de cuivre et de zinc soudés ensemble, il mit le cuivre en contact avec l'un des plateaux du condensateur, tandis que par le doigt l'autre plateau se trouvait en communication avec le sol. Dès que les communications furent rompues, les feuilles d'or divergèrent, et il reconnut que le plateau inférieur était chargé d'électricité négative. Volta conclut de cette expérience que le simple contact des deux métaux avait suffi pour développer sur le cuivre l'électricité négative dont l'électromètre accusait la présence, et sur le zinc, de l'électricité positive qui s'écoule dans le sol par le corps de l'observateur. Ce qui le confirma dans cette idée, c'est qu'après plusieurs tentatives d'abord infructueuses, il finit par constater la présence de l'électricité positive dans le zinc, en touchant le plateau de l'appareil avec ce métal. A la vérité, il lui fallut, pour obtenir ce résultat, interposer entre le zinc et le cuivre du plateau un morceau de drap imbibé d'eau acidulée.

Dans tout cela, Volta ne tenait nul compte du contact des doigts, toujours plus ou moins humides, avec le zinc, métal très oxydable; ni, dans la seconde expérience, de l'influence de l'eau acidulée sur le même métal. Quoi qu'il en soit, il admit que le contact de deux métaux différents et, en général, de deux corps hétérogènes, donne lieu au développement d'une force qu'il nomme *force électromotrice*, parce qu'elle s'oppose à la combinaison des électricités opposées produites sur chacun de ces corps par le contact de leurs surfaces. Bien que ces vues théoriques soient aujourd'hui reconnues inexactes ou tout au moins incomplètes, le fait qu'elles avaient pour objet d'expliquer était réel, et ce fait suggéra à l'illustre physicien la construction d'un appareil qu'on a considéré, à juste titre, comme la découverte capitale des sciences physiques dans les temps modernes. Nous voulons parler de la pile qui porte son nom, de la *pile de Volta*, imaginée en l'année 1800.

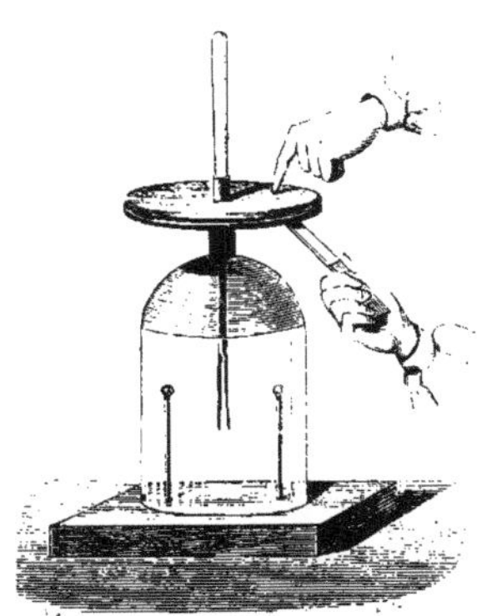

Fig. 160. — Condensateur de Volta : expérience sur l'électricité de contact.

Voici en quoi consiste cet appareil, aussi simple que merveilleux.

Deux disques superposés, l'un de cuivre, l'autre de zinc, forment ce que Volta appelait un *couple électromoteur*. Un certain nombre de ces couples sont placés les uns au-dessus des autres, de manière que les deux métaux soient toujours placés dans le même ordre, le cuivre en bas, le zinc en haut par hypothèse. De plus, deux couples quelconques sont séparés au moyen d'une rondelle de drap imbibé d'eau acidulée, additionnée par exemple de quelques gouttes d'acide sulfurique. L'ensemble de ces couples, formant une colonne cylindrique ou pile (fig. 161), est maintenu entre trois colonnes de verre et repose, par un disque isolant aussi de verre, sur un socle en bois. Telle est la pile, comme la construisait alors Volta, et qui a subi depuis de nombreuses modifications dont il sera question tout à l'heure. Voici maintenant quelles sont ses propriétés.

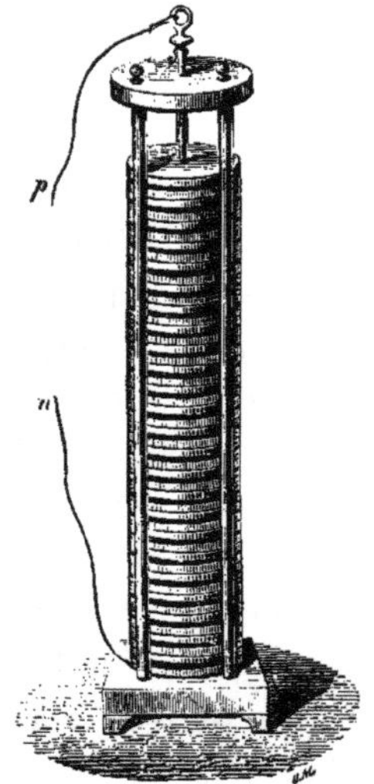

Fig. 161. — Pile de Volta ou à colonne.

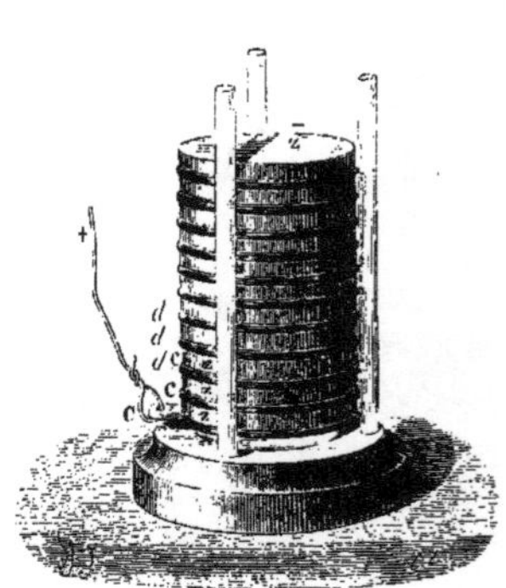

Fig. 162. — Disposition des couples dans la pile.

D'un bout à l'autre de la colonne cylindrique, chaque couple se trouve chargé d'électricité : électricité positive sur le zinc et négative sur le cuivre ; c'est ce dont il est facile de s'assurer à l'aide d'un électromètre condensateur. Mais la tension électrique varie selon la distance de chaque couple aux deux extrémités de la pile : au milieu, cette tension est nulle ; à partir de là, la tension négative va en croissant jusqu'au couple inférieur, et la tension positive va également en croissant jusqu'au couple supérieur. Plus le nombre des éléments ou des couples est considérable, plus ces tensions de l'électricité aux deux extrémités de la pile sont considérables elles-mêmes.

Dans la pile construite par Volta, et disposée comme nous venons de le dire, c'est un disque de cuivre qui forme l'extrémité inférieure, tandis que la supérieure est terminée par un disque de zinc. Ces deux disques sont supprimés dans les piles à colonnes telles qu'on les construisit par la suite. Voici pourquoi. Volta croyait que le véritable couple électromoteur était l'assemblage des deux métaux en contact, zinc et cuivre, et que la rondelle de drap humide jouait le simple rôle de conducteur. Aujourd'hui, il est démontré que la force électromotrice prend naissance à la surface de contact du drap humide et du zinc, sous l'influence de la combinaison chimique du métal et de l'acide : le véritable couple est donc formé du zinc et du cuivre, séparés par le liquide dont le drap est imbibé. Dès lors le disque cuivre de l'extrémité inférieure et le zinc de l'extrémité supérieure sont inutiles ; on les supprime donc. Mais, après cette suppression, les tensions électriques restent distribuées comme elles l'étaient auparavant : c'est-à-dire que la tension est négative sur le zinc inférieur, positive sur le cuivre supérieur. De là les noms de *pôle négatif* et de *pôle positif* donnés aux deux extrémités, zinc et cuivre, de la pile.

La pile ainsi construite et chargée, si l'on met en communication les deux pôles par un corps conducteur, les deux électricités opposées se combinent, et au moment du contact une décharge a lieu. Par exemple, en touchant le pôle positif avec une main, le pôle négatif avec l'autre, on éprouve une commotion analogue à celle que donne la bouteille de Leyde ; puis, le contact durant toujours, on éprouve dans les mains une sensation particulière de chaleur et de frémissement[1]. Si les deux

1. « La sensation qu'on éprouve lors des expériences de la pile, dit P. Sue dans son *Histoire du Galvanisme*, ressemble à l'effet d'une faible charge dans une très grande batterie électrique. Son action est si peu considérable, que son influence ne peut traverser la peau sèche. Il faut donc mouiller une partie de chaque main, puis avec une pièce de métal, qu'on tient dans chacune, toucher le bas et le haut de la pile, ou des conducteurs qui communiquent avec ses deux extrémités. On peut aussi faire arriver ces deux conducteurs dans deux

pôles sont réunis par deux fils métalliques soudés, l'un au cuivre, l'autre au zinc extrêmes, une étincelle se produit au moment où les fils vont se toucher ; mais, après cette décharge partielle, la pile se recharge aussitôt, et les mêmes phénomènes peuvent être reproduits pendant un temps assez long. C'est cette propriété de la pile de fournir de l'électricité d'une façon continue qui caractérise ce précieux appareil et donne lieu aux effets variés que nous décrirons plus loin.

§ 2. FORMES DIVERSES DE LA PILE DE VOLTA.

La pile de Volta a reçu des formes très diverses, imaginées dans le but d'en rendre l'emploi plus commode et surtout d'en accroître l'énergie. Dans la pile à colonne primitive, cette énergie était diminuée par l'écoulement du liquide que le poids des éléments faisait suinter à l'extérieur, d'où résultait le dessèchement des rondelles de drap et par conséquent la diminution de leur pouvoir conducteur. En outre, cette pile était longue à monter et d'un maniement peu commode. On a bientôt reconnu la nécessité d'en modifier la disposition et l'on a imaginé des piles de formes variées ; mais pour toutes celles que nous allons décrire, le principe est le même que celui de la pile de Volta.

La *pile à auges* (fig. 163), inventée par Cruikshank, est formée de plaques soudées de zinc et de cuivre, rangées parallèlement dans une caisse ou auge en bois. Les éléments, isolés par un mastic de résine, sont séparés par des compartiments qu'on remplit d'eau acidulée, quand on veut faire fonctionner la pile, en réunissant les deux fils métalliques qui partent des

vases d'eau séparés, dans lesquels on plonge un doigt de chaque main. La commotion est d'autant plus forte, que le nombre des pièces en contact est plus considérable. Vingt donnent un choc qui est senti dans les bras, lorsqu'on prend les précautions convenables. Avec cent pièces, on l'éprouve dans les épaules. Le courant d'électricité agit sur le système animal pendant tout le temps qu'il continue à faire partie du circuit ; et si l'on a la moindre coupure ou écorchure vers les extrémités en contact avec la pile, on éprouve, à l'endroit de l'écorchure, une sensation si douloureuse, qu'à peine elle est supportable. »

deux plaques extrêmes, le cuivre formant toujours le pôle positif ou l'*électrode positive*, le zinc l'*électrode négative*. Par cette disposition, les courants secondaires ne peuvent plus se produire, et le principal inconvénient de la pile à colonnes est supprimé.

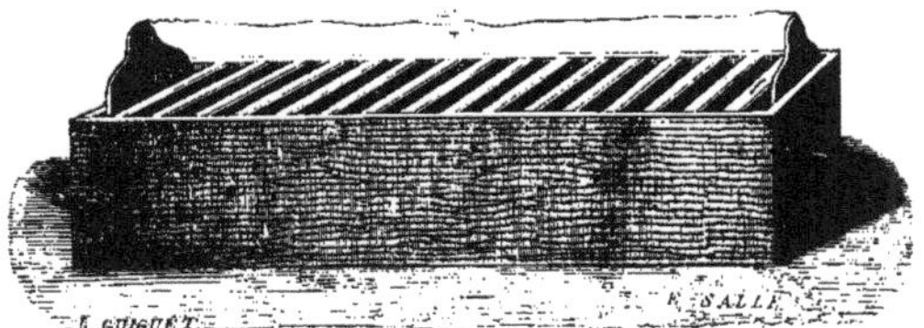

Fig. 163. — Pile à auges.

Volta, après avoir inventé la pile à colonnes, imagina la *pile à tasses*, dont la figure 164 fait connaître la disposition.

Imaginez une série de tasses ou de verres remplis d'eau acidulée. Une lame recourbée deux fois, formée d'un côté

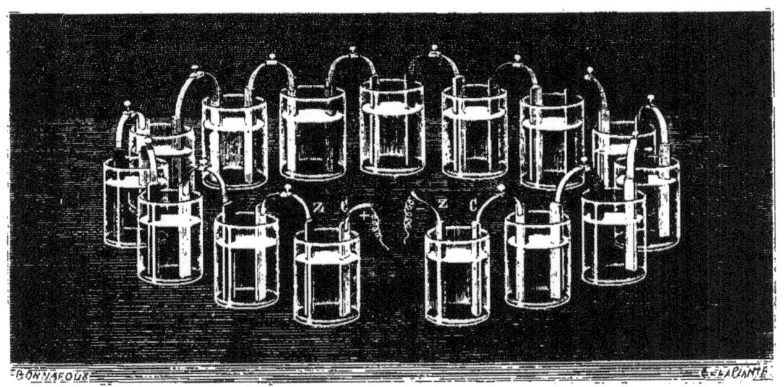

Fig. 164. — Pile à couronne ou à tasses.

de cuivre, de l'autre côté de zinc, plonge par chacune de ses extrémités dans le liquide de deux verres consécutifs, de sorte que, dans chacun de ceux-ci, se trouve à la fois une lame de cuivre et une lame de zinc. En réunissant par deux fils métalliques ou *rhéophores* les deux lames, cuivre et zinc, des vases extrêmes, on a la pile à tasses, qu'on nomme aussi *pile à couronne*, parce que l'on range ordinairement les éléments en cercle, ainsi que le montre la figure 164.

Wollaston a imaginé la disposition suivante : chaque lame rectangulaire de cuivre est recourbée de manière à envelopper sur ses deux faces la lame de zinc, dont elle est d'ailleurs séparée en haut et en bas par des morceaux de bois (fig. 165). Un ruban de cuivre est soudé au côté supérieur du zinc et, en se recourbant deux fois à angle droit, va rejoindre la lame de cuivre du système voisin. Enfin, tous les rubans semblables sont fixés à une traverse en bois, de sorte qu'on peut élever ou abaisser à volonté et à la fois tous les éléments. Des bocaux remplis d'eau acidulée sont dis-

Fig. 165. — Couple isolé de Wollaston.

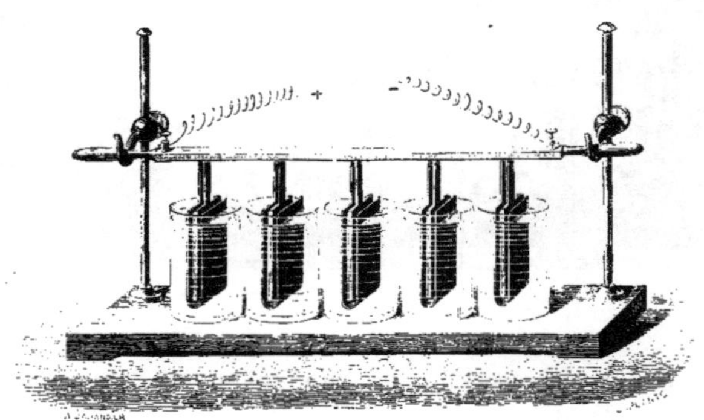

Fig. 166. — Pile de Wollaston.

posés au-dessous de chaque élément; il suffit donc d'abaisser la traverse pour faire fonctionner la pile (fig. 166). Les avantages de la pile de Wollaston sont, outre la facilité de manœuvre, la grande étendue de la surface du zinc qui se trouve en contact avec l'acide.

La pile de Muncke offre les mêmes avantages que celle de Wollaston; mais elle occupe un moindre espace, n'exigeant pas un vase séparé pour chaque couple. Elle est formée d'une série de lames de zinc et de cuivre pliées en U et s'enveloppant les unes les autres, ainsi que le montre la figure 167, qui représente une coupe horizontale des lames. L'ensemble est maintenu en dessus et en dessous par un cadre en bois que l'on plonge dans une auge contenant de l'eau acidulée, quand on veut faire fonctionner la pile.

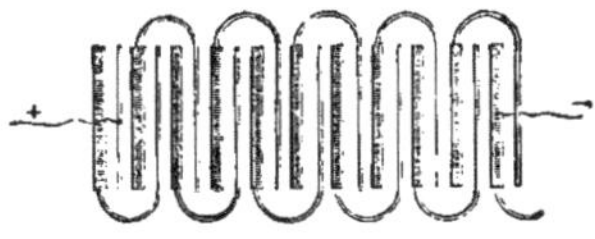

Fig. 167. — Pile de Muncke.

Au lieu de multiplier les couples ou éléments de la pile, on trouve quelquefois avantage à augmenter leur surface; on obtient alors de grandes quantités d'électricité sous une faible tension. La pile en hélice, dont le physicien américain Hare est l'inventeur, remplit ce but. Elle est formée de deux bandes longues et larges, de cuivre et de zinc, qui s'enroulent à la fois autour d'un cylindre de bois; mais deux spires consécutives des deux métaux sont toujours isolées par des baguettes de bois ou des morceaux de drap. Le tout est plongé dans un seau plein d'eau acidulée quand on veut faire fonctionner la pile (fig. 168). Pouillet fit construire, pour la Faculté des sciences de Paris, des piles en hélice du système Hare, dont chaque couple était composé d'éléments

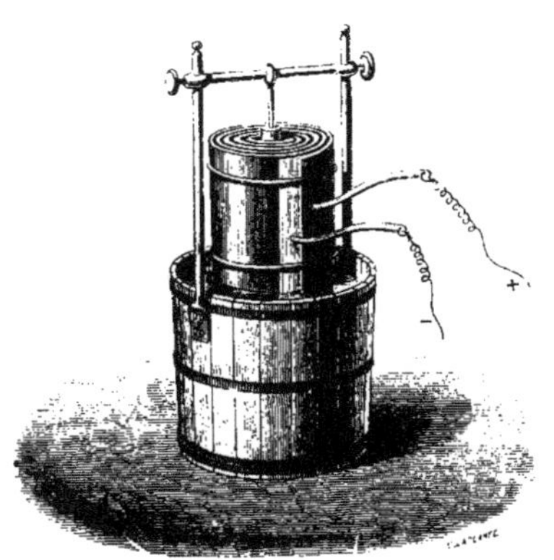

Fig. 168. — Pile en hélice de Hare.

de 5 à 6 mètres carrés de surface chacun. « Un seul de ces couples, dit-il, est capable de produire des effets physiques très énergiques, et, lorsqu'on réunit seulement 20 couples pareils, on a une batterie d'une puissance extraordinaire pour chauffer et liquéfier instantanément, non pas des fils, mais de véritables tiges de métal. » Hare avait fait construire une batterie si puissante, qu'il l'avait baptisée *deflagrator*.

Les piles que nous venons de décrire, ou d'autres offrant des dispositions analogues, ont été longtemps seules connues et employées dans les recherches scientifiques. On en a imaginé depuis un grand nombre de nouvelles et nous décrirons les plus remarquables et les plus usitées dans le paragraphe qui va suivre. Mais auparavant nous donnerons, d'après Pouillet, quelques détails sur les premières et sur leurs effets.

Dès 1806, la Société royale de Londres possédait une batterie de 2000 éléments d'après le système des piles à auges; chaque élément avait une surface de 5 à 6 décimètres carrés. C'est avec cet appareil que Davy parvint, deux ans plus tard, à faire la grande et belle découverte de la décomposition de la potasse et de la soude. A la même époque, Gay-Lussac et Thénard avaient fait construire pour l'École Polytechnique une batterie de 600 éléments de chacun 9 décimètres carrés de surface; ils s'en servirent pour leurs nombreux et importants travaux de chimie. « Les plus puissantes machines électriques ordinaires, ajoute Pouillet, n'ont rien qui approche de ces redoutables batteries. Il suffirait d'établir un instant, avec les mains, la communication entre les pôles pour être tué comme par la foudre. Les tiges de platine de 5 ou 6 millimètres de diamètre et de plus d'un mètre de longueur, placées entre les pôles, sont maintenues à l'état de la plus vive incandescence, et presque en fusion, pendant tout le temps qu'elles joignent les pôles; les autres métaux entrent pareillement en fusion ou en combustion, suivant qu'ils sont plus ou moins conducteurs de l'électricité, plus ou moins fusibles et plus ou moins oxydables. Enfin, il n'y a pas de composés chimiques conducteurs dont les éléments ne soient rapidement désunis, lorsqu'ils se trouvent placés entre les pôles de ces batteries. Cependant il est rarement nécessaire d'avoir recours à des appareils doués d'une telle puissance. Des piles à auges d'une centaine d'éléments, des piles de Wollaston de 20 ou 30 éléments, ou des piles en hélice de 15 ou 20 éléments, suffisent pour donner une idée de ces divers résultats. Alors les commotions deviennent faibles ; il est presque toujours nécessaire d'avoir les mains mouillées pour les ressentir. Les effets physiques de fusion et de combustion ne sont rendus sensibles que sur des feuilles minces d'or, d'argent ou d'étain, sur des fils de platine fins et de quelques centimètres de longueur, sur des fils de fer ou d'acier de même dimension, etc. Les effets physiques se produisent aussi avec une moindre intensité. »

§ 3. PILES A COURANT CONSTANT.

Dans toutes les piles que l'on vient de décrire, les courants et les effets qu'ils produisent diminuaient très rapidement d'intensité. Les raisons de cet affaiblissement sont aisées à concevoir. D'une part, le zinc s'oxyde en décomposant l'eau partiellement et en s'emparant de son oxygène; l'oxyde ainsi formé se combine avec l'acide sulfurique contenu dans la dissolution et donne lieu à la formation d'une certaine quantité de sulfate de zinc. Il y a donc, de ce chef, sous l'influence de cette action chimique, altération du liquide de la pile et, par conséquent, diminution de son activité et du courant qu'elle engendre. D'autre part, l'hydrogène de l'eau décomposée se porte à la surface de la lame de cuivre; les bulles qui se déposent sur cette surface la recouvrent bientôt d'une couche continue de gaz dont la conductibilité moindre fait obstacle au passage du courant. De plus, il arrive que le sulfate de zinc, devenu de plus en plus abondant, va déposer sous l'influence du courant une couche de zinc sur la lame de cuivre, de sorte que celle-ci ne diffère bientôt plus de l'électrode négative; alors l'activité de la pile finit par cesser tout à fait.

L'étude de ces causes d'affaiblissement et des moyens d'y porter remède est due à M. Becquerel, qui indiqua dès 1829 l'emploi de deux liquides différents séparés par un corps poreux et dont chacun renfermait l'une des électrodes. C'est en partant de ce principe que furent inventées les premières piles à courant constant, que nous allons maintenant décrire.

Commençons par la pile de Daniell, ainsi nommée du nom du savant qui l'a imaginée en 1836.

Fig. 169. — Couple de la pile de Daniell.

Le couple électromoteur de la pile de Daniell est représenté dans la figure 169. Il est formé de deux vases, l'un extérieur, en verre ou en faïence, l'autre placé dans le premier, en terre poreuse. Entre les deux vases, on verse de l'eau acidulée (acide sulfurique), et dans le vase poreux une dissolution saturée de sulfate de cuivre. Dans le premier liquide, on plonge une large lame de zinc amalgamé, de forme cylindrique, et dans l'autre un cylindre de cuivre. Voici comment a lieu le dégagement des deux électricités sur le cuivre et le zinc :

L'eau est décomposée ; son oxygène attaque le zinc, et il se forme de l'oxyde de zinc, qui se combine avec l'acide sulfurique du liquide du vase extérieur : le zinc prend une tension électrique *négative*. L'hydrogène de l'eau, traversant le vase poreux, attaque le sulfate de cuivre, dont l'oxyde se décompose ; du cuivre se précipite à l'état métallique sur le cylindre du même métal, qui prend une tension électrique *positive*. Chaque réaction engendre un courant, le premier du zinc à l'acide, le second du cuivre à la solution qui l'entoure. La force électro-

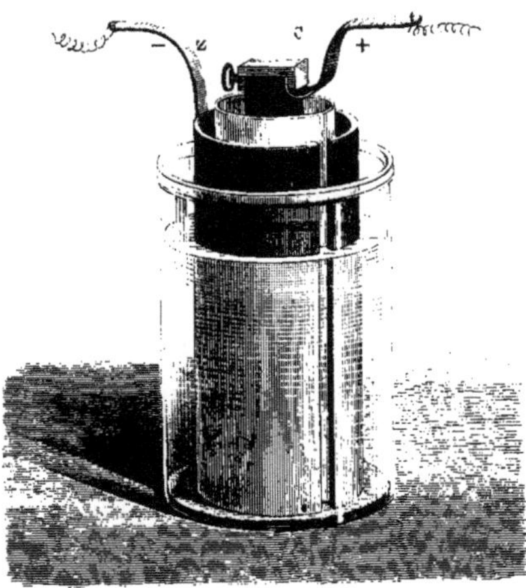

Fig. 170. — Couple de Bunsen.

motrice du couple de Daniell est la résultante de ces deux forces opposées. Le courant final n'a pas une grande énergie, mais il reste sensiblement constant, si l'on a soin de déposer des cristaux de sulfate de cuivre à l'intérieur du vase poreux. Le zinc et le cuivre conservent leurs surfaces intactes, sans aucun dépôt de matières étrangères ; mais tandis que le zinc diminue d'épaisseur, le cuivre augmente au contraire.

Le *couple de Bunsen* (fig. 170) est disposé comme celui de Daniell. Seulement, le cylindre de cuivre est remplacé par un cylindre de charbon de cornue, et la solution de sulfate de cuivre par de l'acide azotique étendu. Le couple de Bunsen est préférable au couple de Daniell au point de vue de l'énergie du courant, mais il lui est inférieur au point de vue de la constance. On lui donne quelquefois la forme indiquée par la figure 171, qui offre l'avantage d'électrodes d'une étendue plus grande pour un moindre volume liquide.

Fig. 171. — Éléments Bunsen de forme rectangulaire.

En réunissant plusieurs couples semblables par leurs pôles opposés, on forme des piles de Daniell ou de Bunsen, dont l'énergie est proportionnelle au nombre des éléments ainsi

Fig. 172. — Pile formée de cinq éléments Bunsen.

réunis. Le pôle négatif se trouve dans les deux piles sur le zinc du dernier élément, et le pôle positif sur le dernier cuivre dans la pile de Daniell, ou sur le dernier charbon dans la pile de Bunsen, comme le montre la figure 172.

La pile de Bunsen avait été précédée de celle de Grove, qui en différait en ce que, au lieu de charbon ou de cuivre, il y avait une lame de platine, métal très coûteux, et d'ailleurs finissant par s'altérer. Elle était plus puissante que la pile de Bunsen, mais celle-ci a l'avantage d'être beaucoup plus économique. Pour les applications exigeant une grande force, les piles de Bunsen sont très employées, mais elles offrent un grave inconvénient, celui de donner lieu à des dégagements de gaz dangereux pour la respiration (acides azotique et hypoazotique), de sorte qu'on ne peut guère les employer que là où l'air se renouvelle aisément. La pile de Daniell, moins puissante, n'a pas cet inconvénient; elle a d'ailleurs une constance qui la rend précieuse, toutes les fois qu'on n'a pas besoin de courants d'une grande intensité. Aussi est-elle d'un grand usage dans la télégraphie électrique.

Une modification a été apportée, il y a quelques années, à l'élément Daniell par un physicien anglais, sir W. Thomson. Voici en quels termes le professeur Clerk Maxwell décrit et apprécie cette modification, que représente la figure 173 : « Dans toutes les formes de l'élément Daniell, le résultat final est que le sulfate de cuivre parvient jusqu'au zinc, ce qui détériore la pile. Pour retarder indéfiniment ce résultat, sir W. Thomson a construit un élément Daniell de la forme suivante : Dans chaque élément la plaque de cuivre est placée horizontalement au fond, et on verse par-dessus une solution saturée de sulfate de zinc. Le zinc est en forme de gril, et placé horizontalement près de la surface de la solution. Un tube de verre est placé verticalement dans la solution, son extrémité inférieure juste au-dessus de la plaque de cuivre. On verse dans ce tube des cristaux de sulfate de cuivre; en se dissolvant dans le liquide, ils forment une solution de densité plus grande que celle du sulfate de zinc seul, et qui, par suite, ne peut arriver au zinc que par diffusion. Pour retarder ce phénomène de diffusion, un siphon, formé d'un tube de verre rempli par une mèche de coton, est placé, l'un des bouts à mi-distance du zinc et du cuivre, l'autre bout dans un vase extérieur à l'élément, de sorte que le liquide est aspiré lentement à peu près vers le milieu de sa hauteur. Pour le remplacer, on ajoute par le haut, quand il en est besoin, de l'eau ou une solution faible de sulfate de zinc. De cette manière, la plus grande partie du sulfate de cuivre qui s'élève à travers le liquide par diffusion, est enlevée par le siphon avant d'atteindre le zinc; or le zinc est entouré d'un liquide à peu près pur de sulfate de cuivre, et animé dans l'élément d'un mouvement très lent de haut en bas, qui retarde encore le mouvement de bas en haut du sulfate de cuivre. Pendant le travail de la pile, le cuivre se dépose sur la plaque de cuivre, et l'acide sulfurique se dirige lentement à

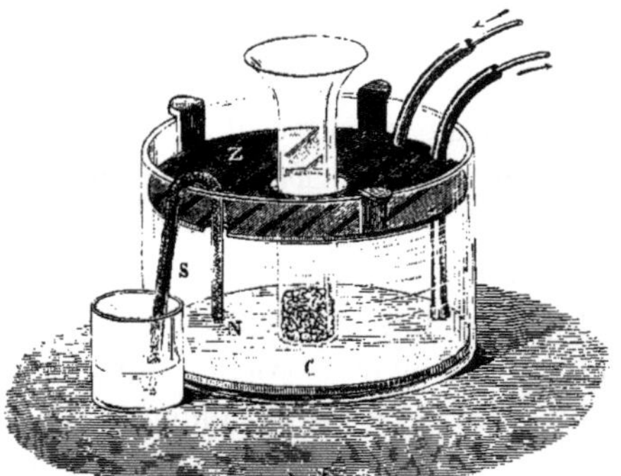

Fig. 175. — Élément Daniell modifié par W. Thomson.

travers le liquide vers le zinc, avec lequel il se combine en formant du sulfate de zinc. Ainsi, le liquide du fond devient moins dense par le dépôt du cuivre, et celui du haut devient plus dense par l'addition du zinc. Pour empêcher que cette action ne change l'ordre de densité des couches et ne produise dans le vase de l'instabilité et des courants visibles, on doit avoir soin de maintenir le tube bien garni de cristaux de sulfate de cuivre, et d'alimenter la pile par le dessus avec une solution de sulfate de zinc assez étendue pour être plus légère que toute autre couche de liquide qui se trouve dans l'élément. » La pile que nous venons de décrire est ce qu'on nomme une *pile de densité*. On comprend la raison de cette dénomination.

La pile au bichromate de potasse (fig. 174) est d'un emploi commode pour les expériences de cours ou de laboratoire. C'est un élément à un seul liquide, ainsi disposé : deux plaques de charbon de cornues à gaz reliées ensemble forment l'électrode positive; elles plongent toutes deux dans une solution saturée de bichromate de potasse, additionnée d'acide sulfurique, et sont fixées au couvercle d'ébonite du flacon de la pile. L'électrode négative est une lame de zinc ayant une longueur moitié moindre que celle du charbon, et qu'on introduit, à l'aide d'une tige à coulisse entre les deux plaques positives. Il se forme dans le liquide un sulfate double de chrome et de potasse, et l'oxygène dégagé s'unit à l'hydrogène pour former de l'eau, empêchant ainsi le dépôt d'hydrogène autour de l'électrode positive. Quand la pile ne fonctionne pas, on soulève la tige centrale et le zinc peut être ainsi retiré du liquide. Des deux bornes latérales, l'une est reliée aux plaques de charbon et forme le pôle positif, l'autre à la tige centrale et au zinc et forme le pôle négatif de la pile. L'emploi du bichromate de potasse est dû à Poggendorff.

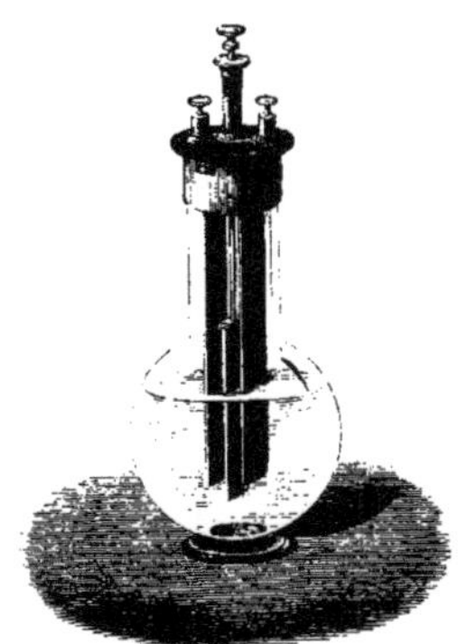

Fig. 174. — Pile au bichromate de potasse.

Nous mentionnerons encore, pour les retrouver dans les chapitres des *Applications* relatifs à la télégraphie électrique, les piles Marié-Davy, Callaud, Leclanché.

Un vase en verre de forme évasée et divisé en deux compartiments forme un élément double de la pile Marié-Davy. Sur le fond, une plaque de charbon couverte d'une pâte de sulfate d'oxydule de mercure; au-dessus, une lame de zinc munie d'une poignée et reposant sur des appuis métalliques fixés aux parois. De l'eau acidulée baignait les lames; le charbon d'un des compartiments était relié par un fil au zinc du compartiment voisin, et le tout formait une pile qu'on réunissait à de pareils couples pour constituer la pile. Cette première disposition a du reste été modifiée et la forme de la pile Marié-Davy ramenée à celle de Daniell, avec vase poreux et liquides séparés. Elle offre une grande constance; mais elle a un inconvénient grave : le sulfate d'oxydule de mercure est un sel très vénéneux et d'un dangereux emploi.

Fig. 175. — Pile Marié-Davy.

La pile Callaud, dont les figures 176, 177 et 178 représentent divers types, est une pile de densité; nous allons en donner la description d'après l'auteur lui-même.

« L'objet que s'est proposé l'inventeur, dit-il, est la suppression du vase poreux de la pile Daniell. L'application en a été faite avec les agents Daniell; la différence de densité des liquides est plus grande qu'avec les agents des autres piles...

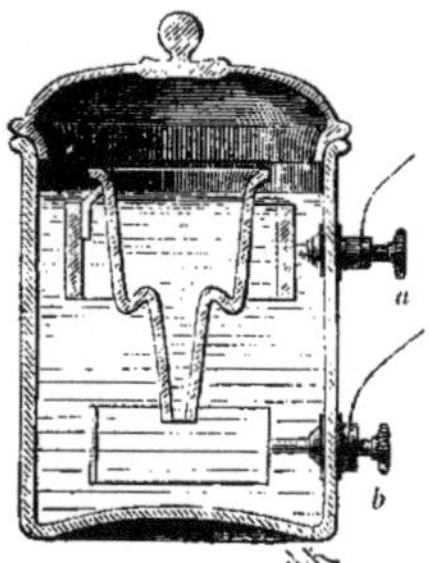

Fig. 176. — Pile Callaud, premier type modèle.

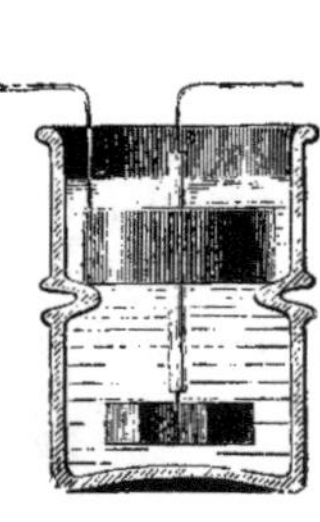

Fig. 177. — Pile Callaud, type de l'administration télégraphique.

Fig. 178. — Pile Callaud, type américain.

Le modèle qui est le type de cette pile est représenté dans la figure 176. Le vase principal a la dimension des piles de télégraphie; il est percé en *a* et *b*; dans chacun de ces trous passe un soutien, sorte de boulon terminé par une tige taraudée, auquel est soudé le zinc en haut, le cuivre en bas; une rondelle de caoutchouc sert de joint; un écrou vissé à l'extérieur maintient le tout en place; un serre-fil, vissé et serré par-dessus l'écrou, sert à recevoir les conducteurs. Un godet de verre, supporté par le zinc, plonge son petit tube inférieur au niveau de la lame de cuivre. On verse dans la pile de l'eau pure ou chargée d'une petite quantité de sulfate de zinc, de sel ou d'acide sulfurique, et dans le godet une solution de sulfate de cuivre; cette solution, très dense, tombe au fond du vase et soulève, sans s'y mêler, le liquide supérieur, qui vient alors baigner le zinc. Le courant apparaît immédiatement. On jette dans le godet de verre des cristaux de sulfate de cuivre qui entretiendront la solution saturée à mesure que le fonctionnement de la pile tendra à l'appauvrir. »

Dans le type de la figure 177, le zinc est supporté par un rebord que forme intérieurement le vase en verre vers le milieu de sa hauteur. La lame de cuivre du fond est enroulée en spirale, comme dans la pile Callaud du type américain (fig. 178), dans laquelle le zinc a la forme d'une roue d'horloge à quatre barettes, qu'une tige soutient à son centre. L'enroulement des lames en spirale a pour objet d'augmenter la surface des électrodes.

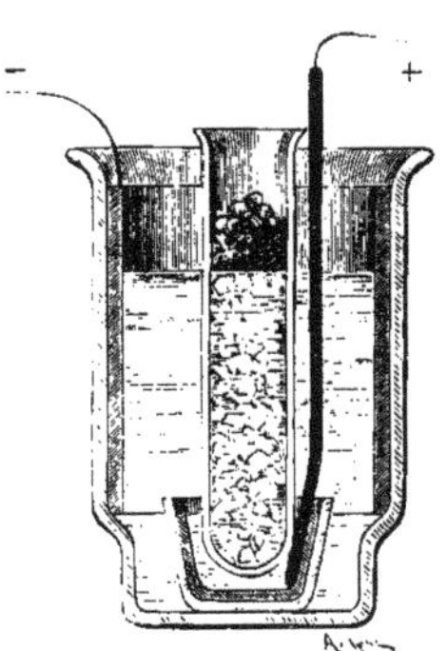

Fig. 179. — Pile Meidinger.

La pile Meidinger, dont l'élément est représenté dans la figure 179, est encore une autre forme de pile de densité; la coupe que nous en donnons rend une description superflue.

L'élément Leclanché est formé d'un vase extérieur en verre renfermant une solution de chlorhydrate d'ammoniaque; un vase poreux est rempli d'un mélange à parties égales de fragments de peroxyde de manganèse et de charbon de cornue à gaz, concassés en grains grossiers : c'est ce mélange qui constitue l'agent dépolarisant de la pile. Au centre du vase poreux est une plaque de charbon surmontée d'une tête de plomb, qui forme l'électrode positive. Un bâton de zinc s'engage par le goulot du vase extérieur dans la solution de chlorhydrate d'ammoniaque, et forme l'électrode négative. En fermant le circuit du zinc au charbon, le zinc est attaqué par l'acide chlorhydrique ; il se forme du chlorure de zinc, et l'hydrogène, en se portant à travers le vase poreux vers le charbon où il rencontre le peroxyde de manganèse, forme avec ce dernier du sesquioxyde de manganèse et de l'eau.

Dans le modèle de la figure 181, le vase poreux est supprimé ; le mélange de peroxyde de manganèse et de charbon, ayant été soumis par M. Leclanché à une pression considérable, a con-

Fig. 180. — Pile Leclanché.

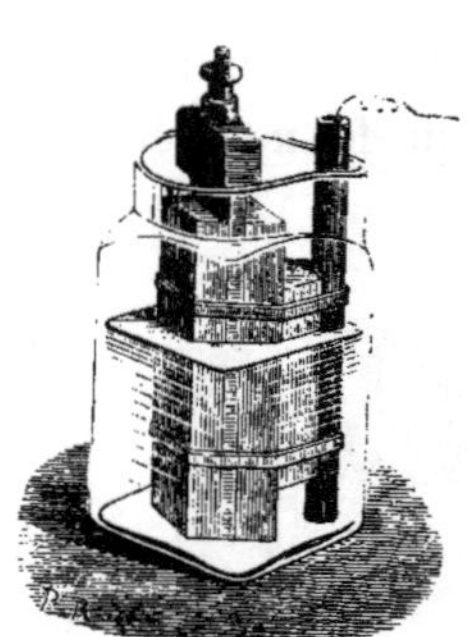

Fig. 181. — Pile Leclanché.

stitué une masse solide homogène, à laquelle est accolée la plaque de charbon. Le bâton de zinc isolé par un morceau de bois de l'électrode conductrice est maintenu avec elle par des bracelets de caoutchouc. Sous cette forme très simple, la pile Leclanché rend de grands services dans l'industrie télégraphique. Sa constance est telle, qu'elle peut fonctionner sans interruption pendant des mois, et la même pile peut servir pendant des années d'un usage continu.

§ 4. THÉORIE PHYSICO-CHIMIQUE DES PILES.

Dans les phénomènes que nous avons jusqu'ici passés en revue, les sources d'électricité ou, si l'on veut, les divers modes de production de l'agent électrique peuvent être classés en quatre catégories : le *frottement*, l'*induction*, le *contact*, les *actions chimiques*. Nous n'avons rien à ajouter à ce que nous avons dit des deux premiers modes. L'électricité développée par le frottement apparaît comme une transformation de la force mécanique en force électrique. En quoi consiste cette dernière force? quel est le genre de mouvement qui anime les molécules du corps électrisé, ou les atmosphères d'éther dont on les suppose enveloppées? On ne sait ; ou plutôt, on n'a pu émettre encore au sujet de ces délicates questions que des conjectures. Ce que l'on sait, ce que l'on connaît, ce sont les effets de l'électricité ainsi développée ; nous avons vu qu'ils se manifestent sous des formes variées : attractions et répulsions, chaleur, lumière, combinaisons et décompositions chimiques, c'est-à-dire encore mouvements visibles, ou bien mouvements moléculaires et atomiques. Ce que l'on sait, ce qu'on doit admettre comme une conséquence certaine d'un principe de mécanique aujourd'hui universellement proclamé, du principe de la conservation de la force, c'est qu'il y a équivalence entre le travail dépensé pour produire l'électricité et celui que l'on pourrait recueillir ou calculer en évaluant et en totalisant chacun des effets mécaniques, chimiques et physiques dont nous venons de donner l'énumération.

L'électricité développée au contact des corps hétérogènes, dont Volta s'est efforcé de démontrer l'existence, paraît aujourd'hui parfaitement démontrée. On a cherché à l'expliquer soit par des actions mécaniques, telles que la pression des métaux l'un contre l'autre, soit par des actions chimiques provoquées par l'humidité de la main ou celle des rondelles de la pile, soit à l'action des couches d'air ambiantes. Il est certain que, dans les expériences de Volta, ces diverses causes ont dû concourir à produire l'électricité dont son condensateur indiquait la présence ; mais des recherches plus approfondies ont décidément donné raison à l'illustre inventeur de la pile, et le simple contact de métaux hétérogènes est considéré comme une des sources de l'électricité[1].

Quant à l'électricité qui naît sous l'influence des actions chimiques, elle est démontrée par le fonctionnement des piles nombreuses, dont nous avons décrit les plus importantes. L'expérience suivante suffit du reste à en établir le principe :

Plongeons une lame de cuivre dans un verre qui contient de l'acide azotique étendu d'eau (fig. 182). Faisons communiquer la lame avec le plateau inférieur d'un électromètre condensateur, tandis que le liquide, ainsi que le plateau supérieur, communiquent avec le sol. Dès qu'on sépare les deux plateaux, les feuilles d'or divergent, et l'on trouve que l'appareil est chargé d'électricité négative. Vient-on à changer l'ordre des communications, à joindre l'acide par un fil métallique au plateau inférieur du condensateur, tandis que l'autre plateau et la lame communiquent avec le sol, l'appareil sera chargé d'électricité positive. Si à la place du cuivre on mettait un métal que n'attaque point l'acide azotique, du platine par exemple, il n'y aurait pas d'électricité dégagée.

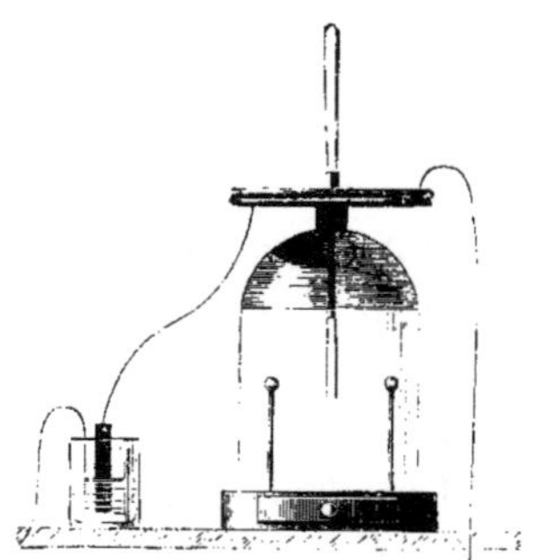

Fig. 182. — Électricité développée par les actions chimiques.

On obtient des résultats semblables, c'est-à-dire un dégage-

1. « L'incrédulité de la plupart des physiciens qui refusent de l'admettre, dit M. Mascart, provient surtout de ce qu'on croit pouvoir en déduire quelque conséquence analogue à celle du mouvement perpétuel ; mais nous avons vu que la loi de Volta n'exprime pas autre chose que l'impossibilité de produire de l'électricité sans travail. Lorsque deux plateaux hétérogènes sont mis en contact, par exemple, ils s'attirent sans doute par ce seul fait qu'ils sont électrisés en sens contraire ou portés à des potentiels différents ; mais, pour utiliser cette électricité, il est nécessaire de séparer les plateaux et de vaincre précisément l'attraction qui s'exerce entre eux. Il en est de même pour une aiguille d'acier que l'on met en contact avec un aimant : cette aiguille s'aimante elle-même, et l'énergie magnétique qu'elle acquiert est représentée par le travail que l'on est obligé de dépenser pour la détacher de l'aimant. L'électricité de contact est aussi impuissante que les aimants à produire un travail quelconque sans une dépense mécanique équivalente. » (*Traité d'électricité statique*, t. II, p. 551.)

ment plus ou moins énergique d'électricité en provoquant entre deux corps une action chimique quelconque. Deux solutions, l'une alcaline, l'autre acide, ou bien deux sels, l'un acide et l'autre neutre ou alcalin, mis en contact, donnent lieu à une production d'électricité, laquelle est positive sur le corps jouant le rôle d'acide, et négative sur celui qui joue le rôle de base.

Le moment est venu d'essayer de faire comprendre en quoi diffèrent l'électricité que l'on recueille des piles et celle qui provient des diverses machines électriques fonctionnant à l'aide du frottement ou de l'induction. Tout le monde sait qu'on distingue ces deux sortes d'électricités par deux dénominations différentes : on nomme *électricité statique* celle qu'on développe à la surface des conducteurs des machines électriques, ou sur les isolants comme le gâteau de résine d'un électrophore, ou encore que l'on condense dans les armatures d'une bouteille de Leyde. On appelle *électricité dynamique* celle qui s'écoule le long des fils ou des *rhéophores* d'une pile, lorsque ces fils mis au contact réunissent les pôles négatif et positif de l'appareil. La première électricité est considérée comme en repos à la surface des conducteurs ; la seconde est en mouvement continu.

Quand on fait fonctionner une machine électrique, une machine à plateau par exemple, l'électricité qui se développe sur le verre est transmise par influence au conducteur, dont la charge atteint bientôt une limite. Au delà de cette charge maximum, qui dépend d'ailleurs des dimensions du conducteur, l'électricité que produirait la machine, si l'on continuait à tourner la manivelle, se perdrait par l'air et par les supports. Si le conducteur, au lieu d'être isolé, était mis en communication avec le sol, l'électricité produite s'écoulerait au fur et à mesure de sa production, et l'on pourrait assimiler cet écoulement à un courant, comme l'est celui de la pile ; mais, en réalité, l'électricité recueillie sur un corps à l'aide des machines ordinaires reste en demeure à la surface de ce corps, et c'est pour cette raison que les phénomènes qui proviennent de ces sources sont dits des phénomènes d'*électricité statique*.

Dans la pile, au contraire, le courant électrique est continu tant que dure l'action chimique à laquelle la production de l'électricité est due. On peut du reste concevoir de deux manières différentes la liaison entre cette action chimique et la production de l'électricité; mais dans l'une ou l'autre explication la raison de la dénomination d'*électricité dynamique* ou *en mouvement* est évidente. Voici en quels termes Gordon résume ces deux explications dans son *Traité d'électricité*: « Si deux métaux sont placés l'un près de l'autre, mais sans qu'il y ait contact entre eux, dans un liquide qui exerce une action chimique plus énergique sur l'un que sur l'autre, les métaux se chargent de façon que celui qui est le moins attaqué se trouve à un potentiel plus élevé que celui qui est le plus attaqué. La différence de potentiel produite ne dépend que de la nature des métaux et du liquide, et non des dimensions ou de la position des plaques métalliques. Aussitôt que la différence de potentiel a atteint sa valeur constante, l'action chimique cesse.

« Mais si les métaux sont reliés par un fil métallique extérieur au liquide, la différence de potentiel commence à diminuer, et un courant électrique traverse le fil. Aussitôt que la différence de potentiel descend au-dessous du maximum correspondant aux deux métaux et au liquide, l'action chimique recommence et rétablit le maximum; ainsi, si aucune cause perturbatrice n'intervient, le courant continue jusqu'à ce que le métal le plus attaqué soit entièrement dissous.

« Cette manière de voir explique très bien les faits. Il n'est cependant pas encore certain que ce soit la véritable explication et on donne aussi la suivante. Au contact de deux métaux, soit directement, soit par l'intermédiaire d'un fil métallique, on observe une différence de potentiel. Si les deux métaux, toujours réunis, sont plongés dans un liquide qui agit sur l'un plus que sur l'autre, l'action chimique égalise les potentiels et, en agissant ainsi, détermine un flux d'électricité le long du fil de communication. Dès l'instant où l'égalisation des potentiels a commencé, la différence se rétablit au point de contact des métaux, et, de la sorte, si aucune cause perturbatrice n'intervient, un courant continu d'électricité s'établit jusqu'à ce que le métal le plus attaqué soit entièrement dissous. »

Dans l'une comme dans l'autre théorie, l'existence du courant provient d'une différence de charge électrique entre les deux corps qui constituent les électrodes de la pile ; seulement, dans la première, c'est l'action chimique qui est la cause de cette différence ; dans la seconde, c'est le contact. Mais dans les deux cas la force électromotrice du courant engendré correspond au travail de l'action chimique et est mesurée par la quantité de métal consommée.

CHAPITRE VII

ÉLECTROCHIMIE. — COURANTS THERMO-ÉLECTRIQUES ET COURANTS SECONDAIRES.

§ 1. PHÉNOMÈNES ÉLECTROCHIMIQUES. — ÉLECTROLYSE.

Quand le courant de la pile traverse un composé chimique, à l'état liquide ou en dissolution, il le décompose généralement en deux éléments constituants, dont l'un apparaît du côté du pôle positif et l'autre du côté du pôle négatif, c'est-à-dire aux deux points où le courant pénètre dans le liquide et en sort. Les effets chimiques de l'électricité voltaïque ont pris une telle importance, que leur étude forme toute une branche de la science, à laquelle on donne le nom d'ÉLECTROCHIMIE.

Le premier phénomène de décomposition connu est celui de l'eau, que Carlisle et Nicholson ont découvert en 1800. Ayant fait passer le courant d'une pile à colonne, formée de disques d'argent et de zinc, à travers de l'eau, ils virent vers l'extrémité du fil de cuivre qui partait du pôle négatif de la pile, se dégager des bulles gazeuses, qu'ils reconnurent pour de l'hydrogène; l'autre fil s'oxydait rapidement. En substituant au cuivre du platine, que n'attaque pas l'oxygène, des bulles de ce dernier gaz apparaissent également au pôle positif.

On emploie aujourd'hui pour effectuer cette décomposition un appareil auquel Faraday a donné le nom de *voltamètre*, et l'opération est disposée comme le montre la figure 183. Dans le fond d'un vase de forme conique on a percé deux petits trous par lesquels passent deux fils de platine ; pour boucher les interstices, on a soin de couler un peu de mastic au fond du vase. On réunit les deux fils de platine aux rhéophores d'une pile.

Le vase est alors rempli d'eau, dans laquelle on a soin de verser quelques gouttes d'acide sulfurique, pour rendre le liquide meilleur conducteur. Deux cloches graduées pleines d'eau sont renversées dans le vase, de façon à recouvrir les lames de platine. Aussitôt que le courant passe, on voit des bulles de gaz se dégager autour des lames et monter à la partie supérieure de chaque cloche. L'un de ces gaz est l'hy-

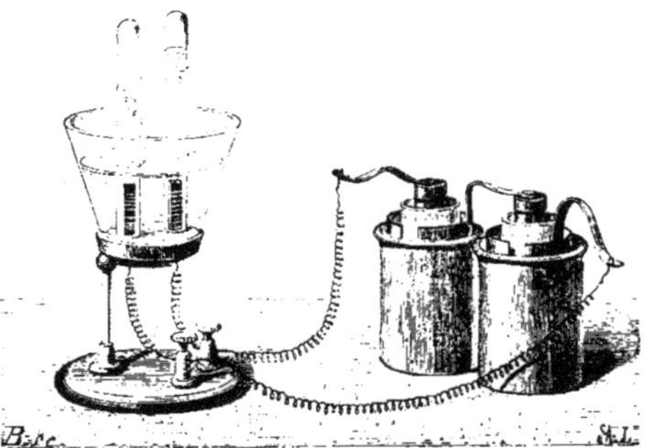

Fig. 183. — Décomposition de l'eau par la pile.

drogène, l'autre l'oxygène [1], et le volume du premier est toujours double du volume du second. De plus, c'est toujours autour de la lame qui est rattaché au rhéophore du pôle positif qu'a lieu le dégagement de l'oxygène, tandis que l'hydrogène se dégage au pôle négatif.

On nomme *électrolyse* l'opération par laquelle on résout, à l'aide de la pile, un composé chimique en ses corps constituants, et le corps qu'on soumet à l'électrolyse se nomme lui-

1. On sait qu'il est facile de distinguer ces deux gaz : une allumette qu'on vient d'éteindre se rallume presque aussitôt dans l'éprouvette d'oxygène ; si on la présente allumée à l'ouverture de l'éprouvette d'hydrogène où l'on a laissé pénétrer un peu d'air, il se fait aussitôt une petite explosion qui est caractéristique de la présence de l'hydrogène.

même un *électrolyte*. Les *électrodes* sont les portions des fils des rhéophores où s'opère la décomposition[1].

Quelques années après l'expérience de la décomposition de l'eau par le courant voltaïque, cette nouvelle méthode d'analyse a fourni à l'illustre Davy l'occasion de plusieurs brillantes découvertes. On avait jusqu'alors regardé la potasse, la soude, etc., comme des corps simples, et Lavoisier, qui soupçonnait que ces alcalis étaient composés, n'avait pu réussir à le prouver. Le chimiste anglais parvint à opérer cette décomposition mémorable et découvrit, dans la même année 1807, les cinq métaux suivants : le potassium, le sodium, le baryum, le strontium et le calcium. Voici en quels termes il décrit l'expérience qui le conduisit à la découverte du premier de ces métaux :

« Je plaçai, dit-il, un petit fragment de potasse sur un disque isolant de platine communiquant avec le côté négatif d'une pile électrique de 250 éléments (cuivre et zinc) en pleine activité. Un fil de platine communiquant avec le côté positif fut mis en contact avec la face supérieure de la potasse. Tout l'appareil fonctionnait à l'air libre. Dans ces circonstances, une action très vive se manifesta ; la potasse se mit à fondre à ses deux points d'électrisation. Il y eut à la face supérieure (positive) une vive effervescence, déterminée par le dégagement d'un fluide élastique ; à la face inférieure (négative) il ne se dégageait aucun fluide élastique, mais il y apparut de *petits globules d'un vif éclat métallique tout à fait semblables aux globules de mercure*. Quelques-uns de ces globules, à mesure qu'ils se formaient, brûlaient avec explosion et une flamme brillante ; d'autres perdaient peu à peu leur éclat et se couvraient finalement d'une couche blanche. Ces globules formaient

1. Faraday, à qui l'on doit ces expressions, a aussi nommé *cathode*, celle des électrodes qui est reliée au pôle négatif de la pile, et *anode*, l'électrode positive. Les produits de la décomposition électrolytique s'appellent des *ions : cations* désigne ceux qui vont sur la *cathode* et *anions* ceux qui se rendent à l'anode. L'eau est un *électrolyte*, puisque ses deux *ions*, l'hydrogène et l'oxygène, sont mis en liberté par la pile ; l'hydrogène est le *cathion* et l'oxygène l'*anion*.

la substance que je cherchais : c'était un principe combustible particulier, c'était la *base de la potasse*, le *potassium*. »

Voici comment on répète aujourd'hui la mémorable expérience de sir Humphry Davy : Sur une lame de platine reliée au pôle positif d'une pile (fig. 184) on pose un fragment de potasse dont la face supérieure, creusée en godet, reçoit un globule de mercure. Le rhéophore négatif de la pile plonge dans le mercure. Le circuit ainsi fermé, l'électrolyse commence : des bulles gazeuses d'oxygène se dégagent sur le platine, et du potassium se rend dans le mercure et s'y dissout, formant avec ce dernier métal un amalgame, qui soustrait le métal au contact de l'air. On chasse ensuite le mercure de l'amalgame par la chaleur dans un courant de gaz hydrogène sec, et l'on recueille le potassium à l'état de pureté.

Fig. 184. — Décomposition des métaux alcalins par la pile.

L'électrolyse de la soude, de la baryte, de la chaux, se fait par le même procédé. La magnésie et l'alumine résistent à la décomposition électrolytique ; mais si, au lieu d'employer ces bases, on soumet à la pile les chlorures de magnésium et d'aluminium, à l'état de fusion par la chaleur, on obtient de même ces deux métaux, qui se portent au pôle négatif.

Dans tous les composés binaires conducteurs qui ont été soumis à l'action électrolytique, c'est toujours le métal qui se porte à l'électrode négative, et le métalloïde à l'électrode positive. Les iodures, les bromures, les chlorures décomposés par la pile sont tous dans ce cas ; c'est l'iode, le brome, le chlore qui se rendent au pôle positif, c'est-à-dire qu'ils jouent le rôle de l'élément *électronégatif*, tandis que le métal joue celui de l'élément *électropositif*.

L'électrolyse des sels donne lieu à des phénomènes plus complexes. S'il s'agit d'un sel métallique en dissolution dans l'eau, par exemple d'une solution de sulfate de cuivre, le métal se rend au pôle négatif ; l'oxygène de l'oxyde et l'acide libre se rendent ensemble à l'électrode positive. C'est ce que l'on constate aisément à l'aide d'un tube en U (fig. 185) où l'on a renfermé la solution et dont chaque branche a été mise en communication, par un fil de platine, avec l'un des pôles d'une pile. On voit des bulles d'oxygène se dégager sur le fil positif et un dépôt rouge de cuivre recouvrir l'autre fil. Si l'on fait cette expérience en employant pour rhéophores des fils ou lames de cuivre, l'oxygène dégagé forme avec le métal de l'électrode positive de l'oxyde de cuivre, lequel se combinant avec l'acide sulfurique mis en liberté forme à nouveau du sulfate de cuivre, de sorte que la dissolution reste toujours dans le même état de saturation[1].

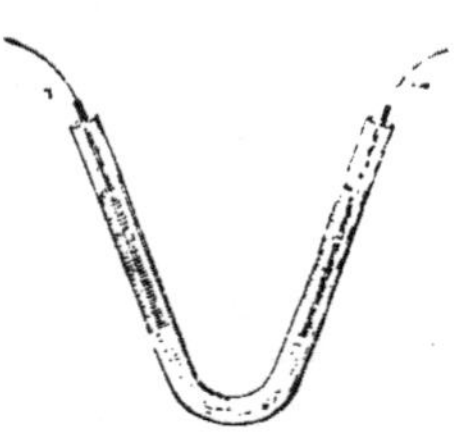
Fig. 185. — Électrolyse d'un sel métallique.

L'électrolyse d'un sel alcalin ne diffère de celle des sels métalliques que par une réaction chimique secondaire, aisée à expliquer. Considérons un sel de soude, le sulfate, et plaçons sa dissolution dans le tube en U, après l'avoir colorée avec du sirop de violette. Dès que passe le courant, on voit la dissolution se colorer en rouge au pôle positif et en vert autour de l'électrode négative. Des bulles d'oxygène et d'hydrogène se dégagent aux deux pôles comme dans la décomposition de l'eau. C'est qu'en effet le métal se rend bien au pôle négatif, mais le sodium décompose l'eau, forme de la soude avec son oxygène et laisse l'hydrogène libre. Quant à l'acide, il se rend avec l'oxygène de l'oxyde au pôle positif.

Il y a dans l'électrolyse de l'eau ou de tout autre composé binaire un fait digne de remarque : c'est que la décomposition paraît se faire uniquement dans le voisinage des deux électrodes, ou à leur contact ; c'est seulement en ces points, par

1. Nous verrons cette propriété utilisée en *galvanoplastie*, où il est important de maintenir constante la composition des bains métalliques. On nomme *électrodes solubles* celles que l'on forme du métal qui entre lui-même dans la dissolution saline soumise à l'action électrolytique.

exemple, qu'on voit se dégager des bulles gazeuses, soit d'oxygène, soit d'hydrogène. Il semblerait que dans le reste de la masse liquide le courant reste inactif. Voici comment on rend compte de cette apparente anomalie. Soit 1, 2, 3, 4, 5, 6 (fig. 186) une file de molécules d'eau situées entre les électrodes. Quand le courant passe, toutes ces molécules sans exception sont décomposées en leurs deux éléments, O, H, oxygène et hydrogène. Les atomes d'oxygène se rendent tous vers l'électrode positive ; ceux d'hydrogène, au contraire, se dirigent vers l'électrode négative ; mais dans ce cheminement incessant l'atome d'oxygène de la molécule 1 rencontrant l'atome d'hydrogène de la molécule 2 se combine à nouveau, et ainsi de suite, de sorte que chaque molécule d'eau décomposée est, pour ainsi dire,

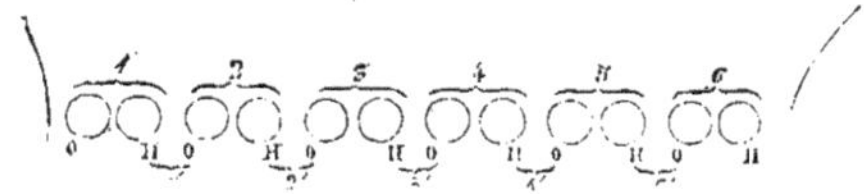

Fig. 186. — Transport des molécules décomposées dans l'électrolyse de l'eau.

reformée; il n'y a d'exception que pour les atomes extrêmes, O de la molécule 1 qui se dégage au pôle positif, et H de la molécule 6 qui se dégage pareillement au pôle négatif.

Cette théorie, due au physicien suédois Grotthuss, basée sur la mobilité ou le libre transport des molécules des électrolytes, est d'accord avec ce fait général que l'électrolyse ne se produit pas si le corps n'est pas à l'état liquide; ou bien, si elle se manifeste parfois dans les solides pâteux, c'est seulement en proportion de leur fluidité [1].

1. Il est intéressant de citer ici l'opinion du savant Clausius, ainsi résumée par Maxwell dans son ouvrage *Electricity* :

« Clausius, qui a beaucoup étudié la théorie de l'agitation moléculaire des corps, suppose que les molécules de tous les corps sont dans un état d'agitation constante, mais que dans les corps solides chaque molécule ne dépasse jamais une certaine distance de sa position primitive, tandis que, dans les fluides, une molécule, après s'être éloignée à une certaine distance de sa position primitive, est tout aussi libre de s'éloigner encore davantage que de revenir en arrière. Il en résulte que les molécules d'un fluide en repos apparent changent continuellement leurs positions, et passent sans aucune régularité d'une partie du fluide à

§ 2. LOIS DE FARADAY.

Le nom de *voltamètre* donné par Faraday à l'appareil qui sert à la décomposition de l'eau ou des autres composés binaires, indique nettement qu'il existe, entre les phénomènes d'électrolyse et le courant de pile qui leur donne naissance, un rapport constant qui peut servir de mesure à ce dernier. L'illustre physicien anglais a, en effet, découvert les lois qui régissent ces phénomènes, et justifié, comme on va le voir, la dénomination que nous venons de rappeler. Ces lois sont au nombre de trois. Nous nous bornerons, en les énonçant, à dire sommairement comment on les vérifie par l'expérience.

La première loi est relative à l'égalité de l'action chimique dans toutes les parties du circuit. Pour la vérifier, on n'a qu'à intercaler dans le circuit un certain nombre de voltamètres, et à recueillir, en les mesurant séparément, les gaz qui se dégagent dans chacun d'eux. On en fait autant pour le gaz qui provient de la réaction chimique effectuée au sein de chaque élément de la pile. On trouve ainsi que, pour un même temps donné, les quantités d'hydrogène provenant de chaque voltamètre intercalé dans le circuit sont égales, et qu'il en est de

l'autre. Dans un fluide composé, Clausius suppose que non seulement les molécules composées se déplacent de cette façon, mais que, dans les collisions qui se produisent entre les molécules composées, les molécules dont elles sont composées, sont souvent séparées et changent de partenaires, en sorte que le même atome individuel est à un certain moment associé avec un atome d'une espèce opposée, et à un autre moment avec un autre atome.

« Clausius suppose que cette manière d'être existe dans les liquides en tout temps ; mais lorsqu'une force électromotrice agit sur le liquide, les mouvements des molécules, qui auparavant avaient lieu indifféremment dans toutes les directions, sont maintenant influencés par la force électromotrice ; en sorte que les molécules chargées positivement ont maintenant une tendance plus grande à se diriger vers la cathode que vers l'anode, et que les molécules chargées négativement ont une tendance plus grande à se mouvoir dans la direction opposée. Par conséquent, les molécules de la cation, dans leurs intervalles de liberté, se précipiteront vers la cathode ; mais elles seront continuellement arrêtées dans leur course, parce qu'elles s'accouplent pour un moment avec les molécules de l'anion, qui se précipitent aussi à travers la masse, mais dans la direction contraire. »

Il est aisé de voir l'analogie qui existe entre ces vues de Clausius et la théorie de Grotthuss ci-dessus exposée sommairement.

même de l'hydrogène recueilli dans chaque élément de pile. Le résultat serait encore le même si, dans les divers voltamètres, l'eau était rendue conductrice par des proportions différentes d'un même acide, ou bien des substances différentes, sels, acides, alcalis. Enfin, la loi énoncée reste vraie, quel que soit l'électrolyte soumis à l'action du courant; dans chaque volta-

Fig. 187. — Michel Faraday.

mètre ou dans chaque élément de pile, on trouve que la même quantité de matière est déposée ou dégagée à chaque pôle. La première loi découverte par Faraday peut donc se formuler ainsi :

L'action électrolytique d'un courant est la même dans toutes les parties du circuit.

Supposons maintenant qu'un courant d'intensité donnée, après avoir traversé un premier voltamètre, se bifurque et traverse, après avoir été ainsi dédoublé, deux voltamètres identiques au premier. Voici ce que l'expérience constate dans ce cas : Si les deux voltamètres qui reçoivent le courant bifurqué, présentent la même résistance au passage du courant et par conséquent reçoivent la même quantité d'électricité, on trouvera dans chacun d'eux moitié de la quantité de gaz dégagée dans le premier voltamètre ; s'ils offrent une résistance inégale, les gaz recueillis ne seront plus en égale quantité, mais leur somme sera toujours égale à celle du gaz dégagé dans le voltamètre traversé par le courant avant sa bifurcation. Ainsi la quantité de gaz décomposée est proportionnelle à la quantité d'électricité que fournit le courant. En mesurant, à l'aide d'instruments que nous décrirons plus loin, les intensités de courants différents, ou l'intensité variable d'un même courant, Faraday a reconnu que les quantités de gaz dégagées pendant un même temps sont proportionnelles aux intensités des courants.

La seconde loi des phénomènes d'électrolyse peut donc se formuler en ces termes :

La quantité de gaz dégagée par minute est une mesure absolue de l'intensité moyenne du courant pendant cette minute ; et la quantité totale de gaz est la mesure de l'intensité totale du courant.

La troisième loi découverte par Faraday détermine la proportion des quantités électrolysées par un même courant, quand on soumet à son action des substances chimiquement différentes. Supposons, par exemple, qu'on fasse traverser au courant d'une pile une série de vases contenant les électrolytes suivants : eau, iodure de plomb fondu, chlorure d'étain fondu, chlorure d'argent ; on constate alors que, pour chaque 32,5 milligrammes de zinc dissous dans un quelconque des éléments de la pile, il y a production de

1	milligramme	d'hydrogène,
8	—	d'oxygène,
103,5	—	de plomb,
127	—	d'iode,
59	—	d'étain,
35,5	—	de chlore,
108	—	d'argent.

Or les nombres 32,5, 1, 8, 103,5, 127, 39, 35,5 ne sont autre chose que les équivalents chimiques des éléments. D'où cette loi, dont l'importance n'a pas besoin d'être signalée :

Quand un même courant agit chimiquement sur plusieurs électrolytes, les poids des éléments séparés par l'électrolyse sont proportionnels aux équivalents chimiques de ces éléments.

En résumé, les quantités de l'électricité qui sont en mouvement dans le courant d'une pile, ont un rapport constant avec les quantités d'action chimique. Comme l'a dit Tyndall en mentionnant ces belles découvertes de son illustre compatriote : « Les décompositions du courant voltaïque sont aussi définies dans leur nature que les combinaisons chimiques qui ont donné naissance à la théorie atomique. Cette loi des décompositions électrochimiques se place, par son importance, au même rang que la loi des proportions définies dans la chimie. »

§ 3. COURANTS ET PILES THERMO-ÉLECTRIQUES.

Quand on fait varier entre 10° et 150° la température d'une tourmaline, elle devient électrique ; les deux moitiés du cristal prennent les deux électricités contraires et l'on trouve au milieu un espace neutre. Mais il est à remarquer que cet état ne persiste qu'autant que la température varie ; dès qu'elle est devenue stationnaire, les signes d'électrisation disparaissent. Cette propriété, qui est depuis longtemps connue, n'est pas d'ailleurs particulière à la tourmaline seule ; elle se rencontre dans un certain nombre d'autres substances cristallines, comme la topaze, le silicate de zinc, le spath pesant, le cristal de roche, le sucre, et c'est pour cette raison que Brewster a donné à ces substances le nom de *pyro-électriques*. Un de nos savants électriciens contemporains, Gaugain, ayant réuni par leurs pôles de même nom une série de tourmalines ainsi électrisées, reconnut que l'effet produit était considérablement augmenté ; mais, en les disposant bout à bout et par leurs pôles opposés, il trouva que l'espèce de pile ainsi formée ne donnait pas plus d'électricité que chacun de ces éléments.

Ces expériences prouvent en tout cas que la chaleur est une source d'électricité, de même que le frottement, les actions chimiques, etc. Nous allons voir qu'elle peut servir à la production de courants électriques et à la construction de véritables piles. L'origine de la découverte des courants de ce genre, qu'on nomme pour cette raison *courants thermo-électriques*, remonte à une soixantaine d'années. Un physicien de Berlin, Seebeck fit, en 1821, l'expérience suivante : Il courba une lame de cuivre de manière à en faire les trois côtés d'un rectangle, dont le quatrième côté était un cylindre de bismuth soudé au cuivre. Chauffant alors l'une des soudures à l'aide d'une lampe à alcool, Seebeck reconnut que cette opération déterminait la production d'un courant électrique allant, comme l'indique la flèche de la figure 188, de la soudure chaude à la soudure froide, par la lame de cuivre. En refroidissant la même soudure, on obtient également un courant, mais il est de sens inverse, et dans les deux cas son intensité dépend de la différence de température des soudures des deux métaux. Le physicien berlinois avait mis à profit, pour reconnaître l'existence des courants ainsi engendrés, la découverte alors récente, faite par Œrsted, de l'influence des courants électriques sur l'aiguille aimantée. On voit entre les deux côtés parallèles du rectangle de cuivre une pareille aiguille montée sur un pivot. Pour faire l'expérience, il suffit de disposer les lames métalliques à peu près dans le plan du méridien magnétique. Dès que la différence de température des soudures se produit, la naissance du courant est rendue manifeste par une déviation notable de l'aiguille aimantée.

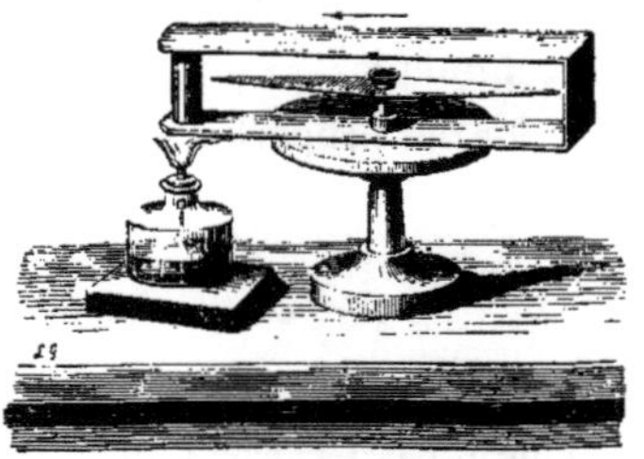

Fig. 188. — Expérience de Seebeck.

Les courants thermo-électriques ont été, depuis 1821, l'objet de travaux d'une grande importance. On a reconnu tout d'abord qu'on pouvait les produire avec des métaux différents quelconques, mais que leur sens et leur intensité dépendent de la nature des métaux soudés. Par exemple, le courant qui, dans l'expérience de Seebeck, va de la soudure chaude à la soudure froide par le cuivre, irait en sens contraire si l'on substituait l'antimoine au bismuth. Voici, d'après les expériences de M. Becquerel, une série de métaux rangés dans un ordre tel, que le courant, traversant la soudure chauffée, va du métal qui suit à celui qui le précède dans la série et avec lequel il est associé :

Antimoine, fer, zinc, argent, or, cuivre, étain, plomb, platine et *bismuth*.

Ce sont l'antimoine et le bismuth qui donnent les courants thermo-électriques les plus intenses ; d'après M. Becquerel, quand l'une des soudures reste à 0°, et que la température de l'autre est comprise entre 40° et 50°, l'intensité du courant est proportionnelle à la température ; au delà de 50°, elle croît de moins en moins, pour devenir insensible à un point qui dépend du couple des métaux associés : vers 300° pour un couple cuivre-fer, vers 225° pour un couple zinc-argent, un peu au-dessus de 150° pour un couple or-zinc, etc.

Les courants thermo-électriques s'obtiennent aussi quand le circuit, au lieu d'être formé de deux métaux différents, ne comprend qu'un seul métal. Seebeck avait déjà constaté le fait pour les métaux à structure cristalline, tels que l'antimoine, le bismuth. Mais M. Becquerel a également obtenu des courants à l'aide de métaux homogènes : seulement, il est nécessaire que, de part et d'autre du point échauffé, la propagation de la chaleur dans le métal ne se fasse point de la même manière, par suite d'une différence dans la structure du métal. Ainsi, quand on prend un fil de platine, dans lequel on a fait un nœud, ou dont une portion a été enroulée en hélice (fig. 189), un courant naît dès qu'on chauffe un point du fil voisin de l'hélice ou du nœud. Le même phénomène a été constaté par Sturgeon, Magnus, dans un fil continu, dans une barre d'acier par exemple, dont une partie est écrouie, tandis que l'autre est recuite.

Quelle est la cause de cette production d'électricité? comment la chaleur agit-elle pour décomposer l'électricité neutre du corps, pour établir entre les deux parties des circuits des différences de potentiel qui déterminent la production des courants constatés? D'après M. Becquerel, la propagation de la chaleur dans un conducteur quelconque serait accompagnée constamment d'un mouvement d'électricité. Quand le circuit est homogène de part et d'autre du point chauffé, les courants obtenus sont de sens contraires et de même intensité et s'entre-détruisent; s'il y a une différence de structure, l'un des courants l'emporte sur l'autre, et l'on constate cette prédominance par l'action sur l'aiguille du galvanomètre.

Fig. 189. — Courant thermo-électrique dans un fil de métal homogène.

D'après M. Le Roux, les phénomènes thermo-électriques ont pour cause la force électromotrice qui se développe au contact de deux substances hétérogènes : cette force augmente avec la température; d'autres forces électromotrices, ayant leur siège dans la masse de chaque substance, quand la température n'y est pas uniforme, viennent concourir aux effets thermo-électriques.

On a tiré parti des phénomènes que nous venons de décrire, pour construire des piles spéciales, auxquelles on a donné le nom de *piles thermo-électriques*. Décrivons quelques-uns de ces appareils, qui ne sont guère usités que pour l'étude des effets de la chaleur rayonnante, ou des différences de température dans des circonstances particulières.

La pile thermo-électrique de Nobili est formée de la façon suivante. Une série de barreaux d'antimoine AAA..., soudés bout à bout avec des barreaux de bismuth BBB... de même longueur, est repliée de telle sorte (fig. 190) que toutes les soudures paires sont d'un même côté et les soudures impaires de l'autre. En reliant ces deux séries par deux fils qui partent des barreaux extrêmes, on a un circuit dans lequel un courant électrique naîtra aussitôt qu'il y aura une différence de température entre les soudures opposées. On réunit un certain nombre d'éléments semblables en un paquet, auquel on donne la forme d'un prisme rectangle (fig. 191), dont deux faces opposées se trouvent contenir, l'une toutes les soudures paires, l'autre toutes les soudures impaires des barreaux. Deux bornes fixées à deux faces latérales du prisme, communiquant l'une au premier barreau de bismuth, l'autre au dernier barreau d'antimoine, portent les rhéophores de la pile.

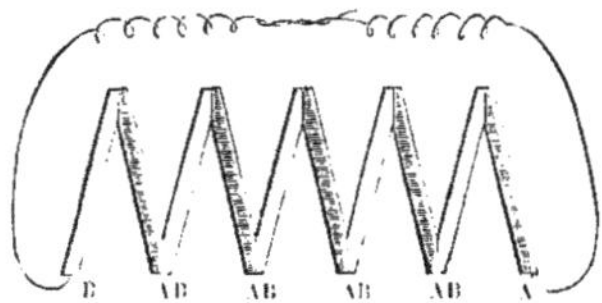

Fig. 190. — Élément de la pile thermo-électrique de Nobili.

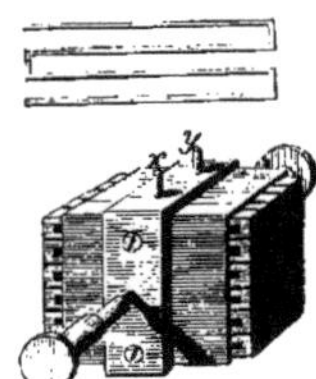

Fig. 191. — Disposition des barreaux dans le thermo-multiplicateur.

Quand on veut utiliser la pile de Nobili pour les recherches de radiation calorifique[1], on relie les deux pôles avec un galvanomètre (fig. 192); on protège les faces de la pile contre les variations irrégulières de température par des enveloppes en laiton de forme prismatique munies d'opercules qu'on ferme ou qu'on ouvre à volonté. Dès qu'une source de radiation vient à agir sur l'une des faces de la pile, un courant est engendré, et l'on observe une déviation dans l'aiguille du galvanomètre. Le sens de la déviation dépend de la face qui est échauffée, et sa grandeur mesure l'intensité du courant, qui lui-même, nous l'avons vu, peut servir à déterminer la différence de température des faces de l'appareil. La pile thermo-électrique ainsi

1. Nous retrouverons l'usage de cette pile quand nous exposerons les beaux travaux de Melloni sur la *chaleur rayonnante*, dans le quatrième volume du MONDE PHYSIQUE.

constituée est un instrument d'une grande sensibilité : il suffit de toucher du doigt l'une de ses faces, ou d'y envoyer par insufflation une bouffée d'air chaud, pour que l'aiguille aimantée éprouve une forte déviation.

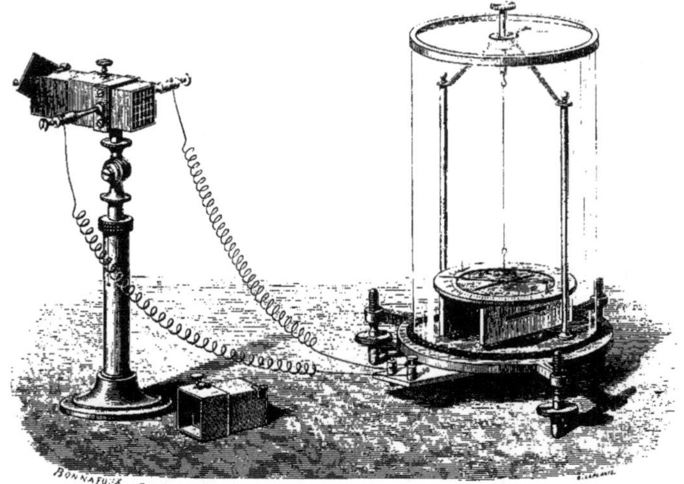

Fig. 192. — Pile thermo-électrique, ou thermo-multiplicateur de Nobili.

L'intensité du courant, toutes choses égales d'ailleurs, est en raison du nombre des soudures, c'est-à-dire des éléments

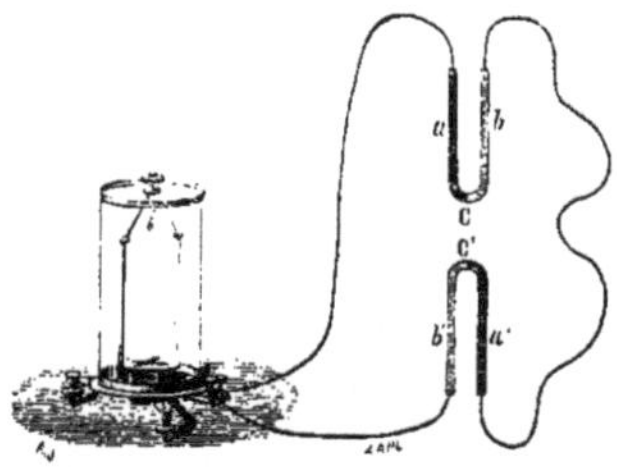

Fig. 193. — Pince thermo-électrique de Peltier.

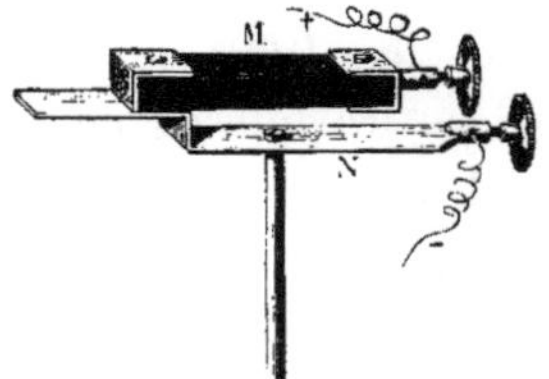

Fig. 194. — Couple thermo-électrique de maillechort et de sulfure de cuivre.

de la pile ; c'est pour cette raison qu'on donne à l'appareil de Nobili le nom de *thermo-multiplicateur*.

On doit à Peltier un instrument fort simple (fig. 193) destiné à saisir de faibles variations de température subies par un corps, par une tige ou une lame métallique par exemple. Deux couples *ab*, *a'b'*, d'antimoine et de bismuth, ont leurs soudures tournées l'une vers l'autre en CC'. Ces deux couples sont reliés ensemble d'un côté par un fil ; de l'autre ils communiquent avec un galvanomètre. Si l'on place le corps à explorer entre les deux soudures, toute variation de température, échauffement ou refroidissement, donnera lieu à la production d'un courant dont le sens et l'intensité seront accusés par la déviation de l'aiguille aimantée.

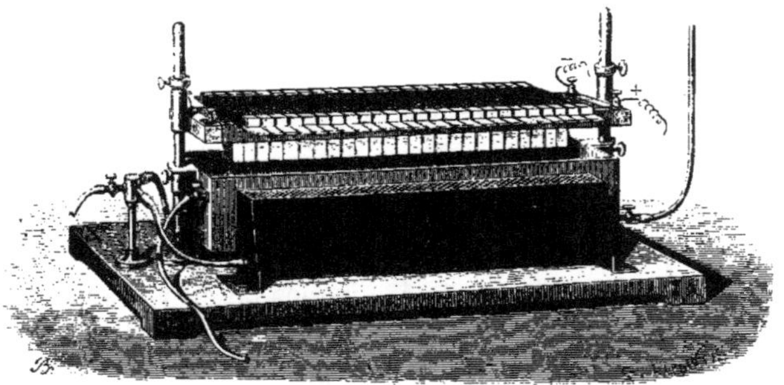

Fig. 195. — Pile thermo-électrique de M. Edmond Becquerel.

Pour mesurer la température des régions internes des corps vivants, on emploie des sortes de sondes thermo-électriques, formées de fines aiguilles en acier et cuivre soudés bout à bout.

Les figures 194 et 195 représentent, la première un couple thermo-électrique, et la seconde une pile formée d'éléments semblables associés, dont l'invention est due à M. Edmond Becquerel et qui est remarquable par son énergie. M est un barreau de sulfure de fer artificiel soudé à une lame de maillechort N. Les éléments sont réunis dans une monture rectangulaire et l'on se sert de gaz pour élever la température des soudures. Une pile de 30 ou 40 éléments ainsi formée a une force électrolytique assez grande pour décomposer l'eau. On peut s'en servir pour la télégraphie.

§ 4. COURANTS ET PILES SECONDAIRES.

Nous avons vu qu'une des causes de l'affaiblissement du courant dans les premières piles était l'existence de courants secondaires, résultant de la présence sur les lames métalliques des éléments de dépôts acides, alcalins ou gazeux. Becquerel montra comment on pouvait neutraliser ces courants, en ajoutant à la pile un second liquide séparé du premier par une cloison poreuse, ce liquide étant choisi de manière à absorber le gaz ou l'élément déposé sur la lame électronégative. De là les piles à courant constant décrites dans un paragraphe de ce chapitre.

Les courants secondaires avaient été découverts par Ritter en 1803. Ayant soumis à l'action d'une pile à colonne une autre pile formée uniquement de disques de cuivre séparés par des rondelles humides, il remarqua que cette seconde pile, bien qu'inactive par elle-même, donnait à son tour un courant électrique, de sens inverse du courant de la première. Ce courant, il est vrai, était faible et de courte durée. En 1826, M. de la Rive reconnut également l'existence d'un courant secondaire inverse dans les lames de platine autour desquelles s'étaient dégagés l'oxygène et l'hydrogène dans l'expérience de la décomposition de l'eau par la pile. Le phénomène prit le nom de *polarisation des électrodes*, et le courant lui-même celui de *courant de polarisation*.

Les courants secondaires furent depuis l'objet d'un grand nombre de travaux, dus à des physiciens parmi lesquels nous citerons Faraday, Wheatstone, Poggendorff, E. Becquerel, Gaugain. Mais c'est surtout depuis l'année 1859, où notre savant compatriote G. Planté étudia l'influence de divers métaux et de divers liquides sur la production des courants secondaires et sur leur intensité, que la question prit une importance justifiée par les belles applications scientifiques ou pratiques qui ont été la conséquence des recherches de ce physicien. Il expérimenta sur des voltamètres à fils de cuivre, d'argent, d'étain, d'aluminium, de fer et de zinc, d'or, de platine, et varia, pour chacun d'eux, la nature du liquide où plongeaient les électrodes. Il reconnut ainsi « que, tous les métaux s'oxydant au pôle positif de la pile, le courant secondaire obtenu après l'interruption du courant primaire était d'autant plus intense que l'oxydation était plus complète, si toutefois l'oxyde formé restait adhérent et peu soluble dans le liquide acidulé du voltamètre. L'or et l'argent ne résistaient pas eux-mêmes à l'action de l'oxygène de la pile; ils se couvraient de dépôts d'oxydes foncés et fournissaient un courant secondaire énergique. Le platine ne s'oxydait pas, il est vrai, d'une manière visible, mais aussi le courant secondaire inverse était de plus courte durée que celui des métaux se recouvrant d'une couche d'oxyde adhérente, et cet effet s'expliquait par la décomposition rapide de l'eau oxygénée produite autour de l'électrode positive du voltamètre. L'action de l'hydrogène était, d'un autre côté, plus forte avec le platine qu'avec tous les autres métaux, en ce sens que l'électrode autour de laquelle ce gaz s'était dégagé, fournissait, avec une autre électrode neutre, un courant secondaire plus intense. »

Le plus important résultat de ces recherches intéressantes, c'est celui qui assigna la plus grande intensité au courant secondaire produit par un voltamètre à électrodes de plomb. Mesurant la force électromotrice développée dans un pareil voltamètre, après la rupture du courant primaire, M. Planté trouva que « cette force était égale à une fois et demie environ (plus exactement 1,48 à 1,49) celle de l'élément voltaïque le plus énergique, comme celui de Grove ou de Bunsen. »

De là l'idée de construire des éléments secondaires et de les réunir en batterie, de manière à condenser ou accumuler le travail de la pile voltaïque, de la même manière que l'on condense l'électricité statique à l'aide de conducteurs à grande surface séparés par une matière isolante. M. Planté a donné aux appareils basés sur ce principe diverses formes. Nous allons décrire la dernière à laquelle l'ont conduit des perfectionnements successifs.

Deux longues et larges lames de plomb, séparées l'une de l'autre par deux paires de bandes de caoutchouc de 5 millimètres d'épaisseur, sont enroulées en spirale et terminées par

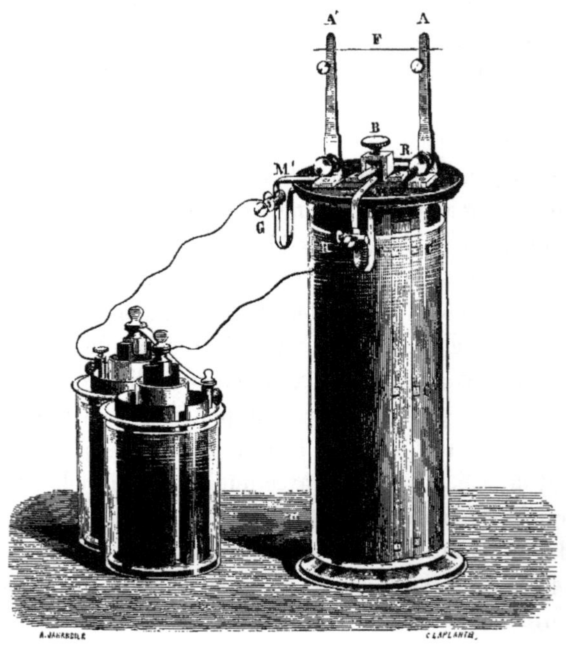

Fig. 196. — Élément ou couple secondaire d'une batterie Planté.

deux lamelles destinées à recevoir les rhéophores. Ces spires sont maintenues par de petits croisillons en gutta-percha, puis introduites dans un vase cylindrique en verre rempli d'eau acidulée au $\frac{1}{10}$ par l'acide sulfurique. Un couvercle en caoutchouc durci porte les pièces métalliques propres à la fermeture du circuit secondaire, après que le couple a été chargé. Les extrémités des deux lames de plomb du couple communiquent à l'aide de deux pinces G et H (fig. 196) avec les pôles d'une pile formée de deux éléments Bunsen de petite dimension, ainsi qu'avec deux lamelles de cuivre M et M'. L'une de celles-ci est en communication constante avec la pince A'; l'autre, à l'aide du bouton B, et d'une lamelle de cuivre R formant ressort, peut être mise à volonté en communication avec la pince A. Ce sont ces deux pinces qui reçoivent les fils F entre lesquels on veut faire passer le courant secondaire.

Un couple secondaire ainsi constitué n'est pas doué dès le début de toute son énergie. Il a besoin d'être *formé*, *préparé*, *vieilli*, selon l'expression de l'inventeur. « Quand un couple secondaire est neuf, dit M. Planté, quand il reçoit pour la première fois l'action de la pile primaire, il ne donne que des effets de courte durée. Mais si on le fait traverser plusieurs fois successivement dans un sens, puis dans l'autre, pendant un assez long espace de temps, pour produire le dépôt de peroxyde tantôt sur une lame, tantôt sur l'autre, avec des alternatives de repos de plusieurs jours, pour donner aux dépôts le temps de prendre de l'agrégation, les effets secondaires gagnent considérablement en durée et en intensité. Un couple convenablement formé [1] de la sorte peut donner des décharges d'une grande durée relative, « rougir par exemple un fil de platine d'un demi-millimètre de diamètre pendant vingt minutes et un fil de $\frac{2}{10}$ de millimètre pendant plus d'une heure. » De plus, il conserve sa charge fort longtemps. Un couple secondaire bien formé, qui a reçu pendant quelques heures le courant de la pile primaire, et qu'on abandonne à lui-même, sans fermer le circuit, pendant huit et même quinze jours, peut donner encore un courant assez intense pour rougir pendant quelques instants un fil de platine d'un demi-millimètre de diamètre.

1. « Quand un couple secondaire est considéré comme suffisamment *formé*, les intervalles de repos de plusieurs mois, loin d'être utiles, comme pour l'opération même de la *formation*, tendraient à augmenter la résistance des couples et à rendre leur charge plus longue et plus difficile. Il est donc préférable de les charger de temps en temps, ou de les maintenir constamment en charge par une pile faible, afin d'éviter la production, sur la surface de la lame positive, d'une couche de protoxyde de plomb peu conductrice provenant de la réduction lente et spontanée du peroxyde de plomb. » (*Recherches sur l'électricité*, par Gaston Planté, Paris, 1879.)

Les couples secondaires à électrodes de plomb qu'on vient de décrire, résolvent le problème qui consiste à *accumuler la quantité* d'électricité produite par une source voltaïque[1], mais ils ne peuvent donner une *tension supérieure* à celle de la source. Pour y parvenir, M. Planté a construit des appareils où les couples secondaires peuvent être associés en tension. La figure 197 représente une batterie secondaire de vingt couples, disposés en deux rangées dans un cadre de bois qui porte, à sa partie supérieure, une pièce CC′ permettant d'associer les éléments soit en quantité, soit en tension. On va voir quelle est la raison de l'adjonction de ce *commutateur*.

Fig. 197. — Batterie secondaire de Planté.

Quand on veut charger la batterie, les éléments doivent être associés en quantité, de façon que le courant de la pile de Bunsen (toujours formé ici de deux seuls éléments) ne rencontre d'autre résistance que la force électromotrice inerte d'un seul élément, dont la surface est rendue vingt fois plus grande. La figure théorique 198, où chaque couple est représenté par deux lames P_1P_2, P_3P_4..., etc., indique ce premier mode d'association : toutes les lames de rang impair P_1P_3... communiquent ensemble et prennent une charge négative ; de même, toutes celles de rang pair deviennent positives.

1. La perte ne dépasse pas $\frac{1}{10}$.

De cette façon, le courant de la pile primaire, qu'arrêterait l'interposition de vingt couples secondaires disposés à la suite les uns des autres ou en *tension* (comme on le voit dans la

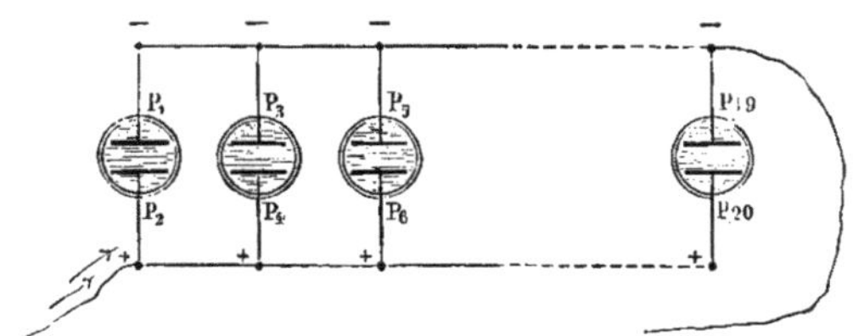

Fig. 198. — Association des couples secondaires en quantité.

figure théorique 198), peut traverser le système, et la batterie se charge. Une fois qu'elle est chargée, on tourne le commutateur; alors, au contraire, la communication avec la pile pri-

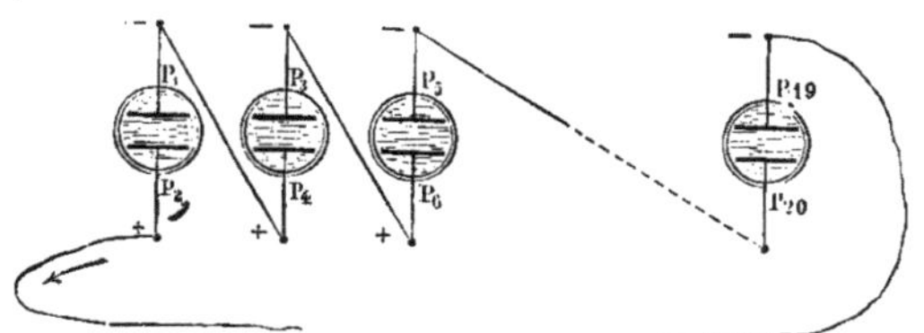

Fig. 199. — Association des couples secondaires en tension.

maire est interrompue, les vingt couples secondaires se trouvent disposés en tension, et comme la force électromotrice de chacun d'eux est environ, ainsi qu'on l'a vu plus haut, une fois et demie celle d'un élément Bunsen, il en résulte, pour la décharge, des effets égaux à ceux qu'on obtiendrait avec une pile de Bunsen de trente éléments.

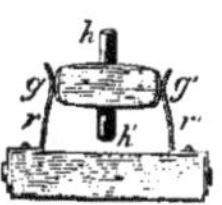
Fig. 200. — Position du commutateur pour l'association des couples en quantité.

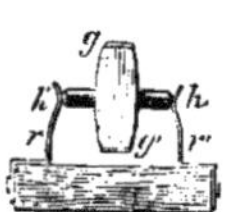
Fig. 201. — Position du commutateur pour l'association des couples en tension.

Un mot maintenant sur la disposition du commutateur qui rend possible cette double opération. C'est une règle en bois garnie sur ses bords de bandes en cuivre, et traversée par des fiches métalliques.

Quand on tourne le commutateur à l'aide du bouton B (fig. 197) de manière que la règle vue en coupe ait la position de la figure 200, chaque bande longitudinale *gg'* touche à la fois, la première les ressorts tels que *r* qui communiquent avec les lames impaires des couples, la seconde les ressorts *r'* qui sont liés aux lames paires : les couples se trouvent tous associés en surface. En tournant la règle à angle droit avec sa première position, ce sont les fiches telles que *hh'* (fig. 201) qui touchent ces ressorts deux à deux, de sorte que les couples se trouvent associés en tension. Dans la figure 197, le commutateur occupe la première position, celle qu'il doit avoir pendant la charge de la batterie.

Nous décrirons plus loin quelques-unes des remarquables expériences que l'inventeur des couples et des batteries secondaires a faites à l'aide de ses puissants appareils. Nous terminerons cet exposé en empruntant à M. Planté une comparaison qui fera saisir clairement, pensons-nous, l'importance de l'emploi qu'il a su faire de courants dont les physiciens n'avaient songé avant lui qu'à neutraliser les effets. « Les couples secondaires, dit-il, fonctionnent comme des appareils accumulateurs ou transformateurs du travail de la pile voltaïque, à l'instar de ces machines dont on fait un si fréquent usage dans la mécanique, et qui, sans être des moteurs par eux-mêmes, servent à accumuler ou transformer les forces. Un couple secondaire isolé, de surface plus ou moins grande, peut être exactement comparé à un simple levier de longueur plus ou moins grande ; le système plus complexe de la batterie, composé d'un certain nombre de couples secondaires que l'on peut décharger à volonté en *quantité* ou en *tension*, est tout à fait analogue à la machine connue en mécanique sous le nom de *mouton*. On sait que, dans cette machine, une masse pesante, soulevée peu à peu à une grande hauteur, par une série d'efforts successifs, est ensuite abandonnée à elle-même, et rend, par sa chute, sous forme d'un grand et unique effort, la majeure partie du travail dépensé pendant un certain temps. Dans la batterie secondaire, la somme des actions chimiques produites par une faible source d'électricité distribuée sur un grand nombre de couples secondaires développe une somme de forces électromotrices qui, réunies lors de la fermeture du circuit, *rendent*, sous forme d'un courant très intense de courte durée, la somme des actions accumulées pendant tout le temps qu'a duré la charge de la batterie. Les effets de *quantité* correspondent à la chute d'une masse très pesante soulevée à une petite hauteur ; les effets de *tension*, à la chute d'une masse moins pesante soulevée à une grande hauteur[1]. »

§ 5. MACHINE RHÉOSTATIQUE PLANTÉ.

Ainsi qu'on vient de le voir, les couples et les batteries secondaires de M. Planté ont pour objet l'accumulation et la transformation du travail de la pile voltaïque ; ces appareils permettent d'obtenir à volonté des effets temporaires de *quantité* ou de *tension* de beaucoup supérieurs à ceux de la pile employée. Le même physicien a imaginé une machine nouvelle qu'il a nommée *machine rhéostatique*, dont l'objet est tout différent : il s'agit, étant donnée « une quantité de force électrique prête à fournir un courant dynamique, de convertir cette force en une quantité correspondante d'effets électriques sous la forme statique ». Ayant constaté fréquemment que des batteries secondaires de 600 à 800 éléments permettaient de charger rapidement un condensateur à lame isolante suffisamment mince en verre, mica, gutta-percha, paraffine, etc., il réunit un certain nombre de condensateurs, de mica recouvert de feuilles d'étain, les disposa comme les couples de ses batteries secondaires, et réalisa ainsi la machine dont nous venons de parler.

1. *Recherches sur les courants secondaires et leurs applications*, conférence de M. G. Planté. Paris, 1874.

La figure 202 représente une machine rhéostatique de 80 condensateurs, construite d'après les données que nous venons de dire. Les condensateurs sont formés de lames de mica (de 18 centimètres sur 14) recouvertes de feuilles d'étain, et sont séparés par des plaques d'ébonite qui, en les isolant. leur donnent assez de rigidité pour les maintenir les uns près des autres dans une position verticale. A l'extrémité de chaque armature sont collés des fils de cuivre fins recouverts de gutta-

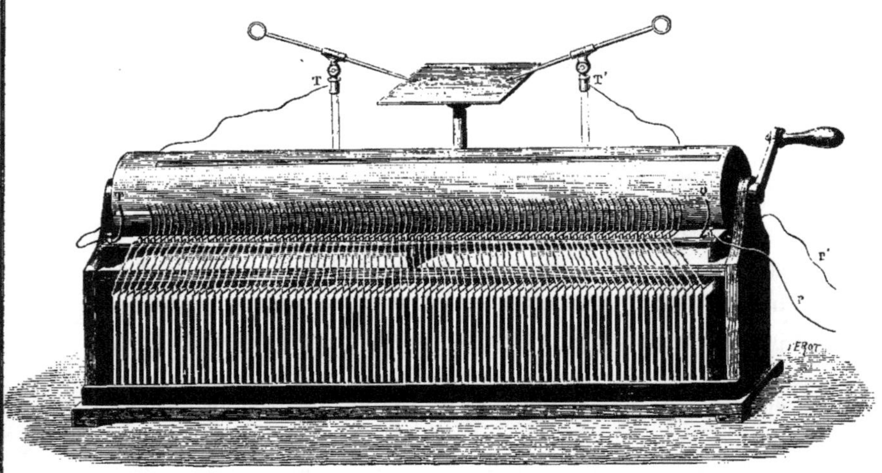

Fig. 202. — Grande machine rhéostatique Planté.

percha. Le commutateur est un cylindre en caoutchouc durci de 1 mètre de longueur sur 15 centimètres de diamètre, muni de lames métalliques longitudinales et de fiches métalliques comme celui des batteries secondaires, et permettant également de réunir les condensateurs en surface ou en tension, à volonté. Quand le commutateur est tourné de façon à présenter ses deux bandes métalliques aux ressorts communiquant avec les armatures paires d'un côté, impaires de l'autre, tous les condensateurs ne forment qu'un condensateur unique de grande surface, que l'on charge en faisant aboutir les bornes P et P' aux pôles de la batterie. Si, au contraire, le cylindre est tourné comme le montre la figure, les condensateurs sont réunis en tension. Les branches T et T' de l'excitateur communiquent avec les armatures des deux condensateurs extrêmes, et pendant ce temps la batterie ou la pile qui a chargé la machine se trouve en dehors du circuit. « Lorsqu'on met le commutateur en rotation, dit M. Planté, des étincelles apparaissent sur tous les points où les bandes métalliques viennent rencontrer les ressorts aboutissant aux condensateurs pour les charger en surface, et transforment le cylindre en un tube étincelant. Une autre ligne d'étincelles apparaît lorsque tous les condensateurs se trouvent réunis en tension et que la décharge se produit entre les branches de l'excitateur.

« Si une colonne d'eau distillée est interposée dans le circuit de la batterie secondaire, l'eau semble décomposée d'une manière continue, pendant que la machine est en mouvement. En réalité, cette décomposition n'a lieu qu'au moment où se produisent les étincelles *de charge;* car, pendant la décharge, le tube à eau, de même que la batterie secondaire, se trouve tout à fait en dehors du circuit.

« La quantité limitée d'électricité dynamique emmagasinée dans la batterie secondaire se dépense ainsi peu à peu pendant la charge même des condensateurs; mais cette dépense est très lente, et chaque charge des condensateurs, par suite chaque décharge, correspond à une très minime quantité d'action électrochimique consommée dans la batterie. »

M. Planté est parvenu, en augmentant le nombre des condensateurs et en diminuant l'épaisseur des lames isolantes, à faire fonctionner ses machines rhéostatiques et à leur faire produire tous les effets des autres machines électriques et bobines d'induction, sans employer de batteries de plus de 100, et même de 30 à 40 couples secondaires. Nous décrirons plus loin quelques-uns de ces effets.

CHAPITRE VIII

L'ÉLECTROMAGNÉTISME

§ 1. ACTION DES COURANTS SUR L'AIGUILLE AIMANTÉE.

Vingt ans après la découverte de la pile par Volta, un fait nouveau, d'une importance capitale, fut mis au jour par Œrsted, physicien danois, professeur à l'Université de Copenhague : ce savant reconnut que le courant électrique agit sur l'aiguille aimantée. Depuis longtemps on soupçonnait l'existence d'une relation entre les phénomènes magnétiques et ceux de l'électricité; on avait remarqué les perturbations éprouvées par la boussole sur les navires que frappe la foudre ou dont les mâts présentent le phénomène électrique connu sous le nom de feu Saint-Elme; on savait que les décharges des batteries agitent les aiguilles aimantées placées dans le voisinage des appareils. Mais ces faits ne donnaient que de vagues idées sur la corrélation dont il s'agit.

En 1820, l'année même où Œrsted fit sa découverte, Ampère étudia et formula les lois de cette action, et montra en outre que les courants agissent eux-mêmes sur les courants. Enfin, Arago découvrit l'aimantation du fer doux et celle de l'acier sous l'influence du courant de la pile. Les expériences de ces trois savants furent autant de points de départ d'une multitude d'expériences nouvelles, qui changèrent en peu de temps la face de cette partie de la science, en démontrant que le magnétisme et l'électricité sont des manifestations diverses d'une même cause. Nous verrons plus tard que les mêmes découvertes qui ont révélé la véritable nature du magnétisme et fait faire à la théorie tant de progrès, n'ont pas été moins fécondes en applications ingénieuses et utiles.

Revenons à l'expérience d'Œrsted.

Considérons une aiguille aimantée suspendue sur un pivot, et mobile dans un plan horizontal. Nous savons qu'elle se place alors d'elle-même dans le méridien magnétique, faisant un angle constant avec la ligne méridienne géographique Nord-Sud. Plaçons parallèlement à l'aiguille, et à une petite distance au-dessus, un fil métallique dont les extrémités sont reliées aux rhéophores d'une pile. Aussitôt que le courant passe, l'aiguille est déviée de sa position ; elle quitte le méridien magnétique et se met en croix avec le courant. Au lieu de placer le fil au-dessus de l'aiguille aimantée, supposons qu'on le place à la même distance au-dessous : l'aiguille se retourne bout à bout, se plaçant de nouveau en croix avec le courant. Répétons les deux mêmes expériences en changeant le sens du courant voltaïque : s'il allait d'abord du Sud au Nord, faisons-le marcher du Nord au Sud. L'aiguille dévie encore et, comme précédemment, se place en croix avec le courant, mais dans des directions précisément opposées à celles qu'elle avait prises sous l'influence du courant direct.

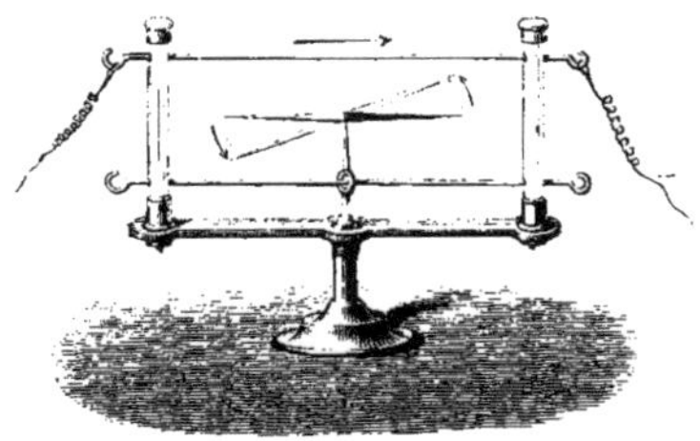

Fig. 203. — Action d'un courant électrique sur l'aiguille aimantée.

Enfin si, au lieu de disposer le fil parallèlement à l'aiguille, on le place perpendiculairement à sa direction, en face de l'un ou de l'autre pôle, on la verra subir encore les mêmes déviations, correspondant aux quatre dispositions nouvelles que l'on peut donner au courant voltaïque : de haut en bas, de bas en haut, et en face soit du pôle austral, soit du pôle boréal de l'aiguille.

Telles sont les expériences d'Œrsted. Voici maintenant comment Ampère est parvenu à formuler en un énoncé unique la loi de ces déviations. Il conçut l'idée ingénieuse de personnifier le courant, de le figurer par un personnage couché le long du courant, et dont la face est, dans toutes les positions possibles, toujours tournée vers le centre de l'aiguille. Le courant qui marche, comme on sait, du pôle positif de la pile au pôle négatif à travers le fil, est supposé entrer par les pieds du personnage et sortir par sa tête. Cela posé, le courant se trouve avoir une droite et une gauche, qui sont celles du personnage lui-même; alors, voici l'énoncé simple par lequel Ampère a réuni tous les cas différents que fournit l'expérience d'Œrsted :

Quand un courant électrique agit sur l'aiguille aimantée, le pôle austral de l'aiguille — c'est toujours celui qui se dirige vers le Nord — *est dévié vers la gauche du courant.*

Ainsi le courant marche-t-il parallèlement à l'aiguille et du Sud au Nord, c'est le cas des deux figures 204 et 205. Dans le

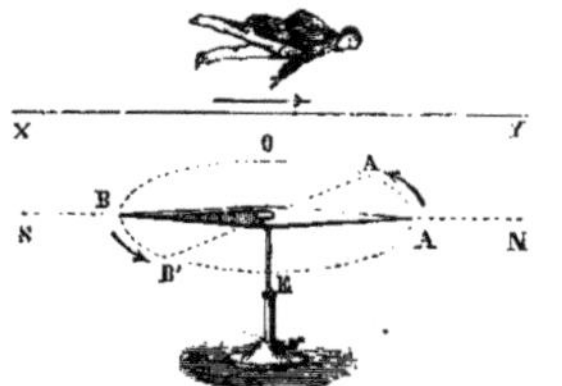

Fig. 204. — Déviation du pôle austral vers la gauche, sous l'influence d'un courant supérieur.

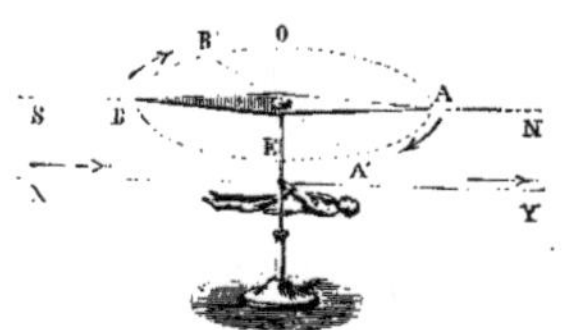

Fig. 205. — Déviation à gauche du courant. Courant inférieur.

cas du courant supérieur, le pôle austral A est dévié en A′ à gauche du courant, c'est-à-dire vers l'Ouest; si le courant passe au-dessous de l'aiguille, c'est toujours en A′ à la gauche du courant que dévie le pôle austral A, mais alors ce pôle marche vers l'Est. Change-t-on la direction du courant sans qu'il cesse d'être parallèle à l'aiguille, c'est-à-dire le fait-on marcher du Nord au Sud, c'est à l'Est que déviera le pôle austral dans le cas du courant supérieur, à l'Ouest dans le cas du courant placé au-dessous de l'aiguille. Enfin, quand le courant est vertical, il peut être ascendant ou descendant, et disposé soit vis-à-vis le pôle boréal de l'aiguille, soit vis-à-vis de son pôle austral. Dans le cas que représente la figure 206, on voit le pôle austral dévier à l'Est, c'est-à-dire à la gauche du courant. Nous laissons au lecteur le soin de trouver le sens de la déviation de l'aiguille dans les autres cas : c'est chose facile, grâce à l'énoncé d'Ampère.

Les lois qui régissent ces déviations ont été étudiées par Biot et Savart, et par Laplace : retenons seulement ce fait, que l'influence du courant dépend de son intensité, et, par suite, de la surface des couples de la pile employée ; il diminue à mesure que la distance à l'aiguille augmente : *L'intensité de la force électromagnétique est en raison inverse de la simple distance.* Il s'agit ici, il est vrai, d'un courant indéfini, et la force en question est la résultante de toutes les actions élémentaires des portions du courant qui sont susceptibles d'influencer l'aiguille. Si l'on ne considérait, comme l'a fait d'ailleurs Laplace, que la force électromagnétique d'un élément de courant, on retrouverait la loi des autres forces physiques, qui varient *en raison inverse des carrés de la distance.* Il ne faut pas oublier qu'en présence d'un courant voltaïque l'aiguille se trouve soumise à la fois à deux influences, celle du courant lui-même et celle de la Terre, qui agit sur l'aiguille comme un aimant. Les déviations observées sont donc un effet résultant de ces deux actions simultanées. Si par un moyen quelconque on parvient à rendre la direction d'une aiguille aimantée indépendante de l'action de la Terre — c'est alors ce qu'on nomme une aiguille *astatique* — le courant dévie toujours l'aiguille à angle droit, quelle que soit son intensité. La déviation indique alors seulement la présence du courant, sans prouver rien sur son énergie.

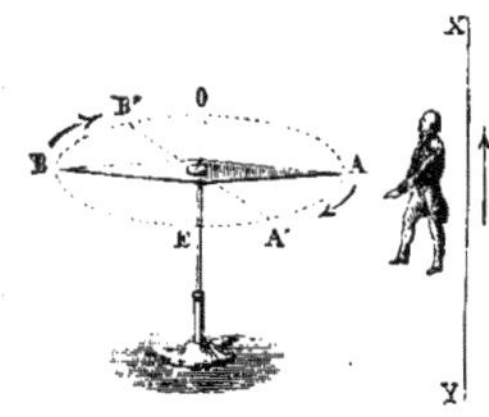

Fig. 206. — Déviation à gauche du courant. Courant vertical.

Nous allons voir maintenant comment on a utilisé l'action des courants électriques sur l'aiguille aimantée, pour construire des appareils qui servent à la fois et à constater la présence des courants les plus faibles et à mesurer leur intensité.

§ 2. MESURE DE L'INTENSITÉ DES COURANTS. — GALVANOMÈTRES.

Ampère eut le premier l'idée de faire servir la découverte d'Œrsted à la mesure de l'intensité des courants ; mais c'est à Schweigger qu'est due l'invention de l'appareil sur lequel est basée la construction des galvanomètres et la pensée heureuse de multiplier l'action de l'électricité sur l'aiguille aimantée, de façon à déceler l'existence du courant le plus faible.

Le multiplicateur de Schweigger consiste en un cadre de bois sur lequel un fil de cuivre s'enroule un grand nombre de fois. Le fil métallique est recouvert dans toute sa longueur d'une substance isolante, gutta-percha, soie, coton, de sorte qu'un courant électrique, entrant par l'une des extrémités du fil et sortant par l'autre, ne peut passer d'une spire à la suivante sans en avoir parcouru toute l'étendue; en un mot, il est obligé de parcourir toutes les spires successives. Si l'on place le cadre verticalement sur un des côtés, dans le plan du méridien magnétique, et si l'on dispose à l'intérieur une aiguille aimantée librement suspendue sur un pivot vertical, on aura un instrument très propre à accuser, par les déviations de l'aiguille, l'existence d'un courant électrique, si faible qu'il soit. Il suffira pour cela de rattacher les extrémités du fil du multiplicateur aux deux rhéophores de la pile ou de tout autre circuit voltaïque. Dès que le circuit sera fermé, la présence du courant se manifestera par une déviation plus ou moins forte de l'aiguille.

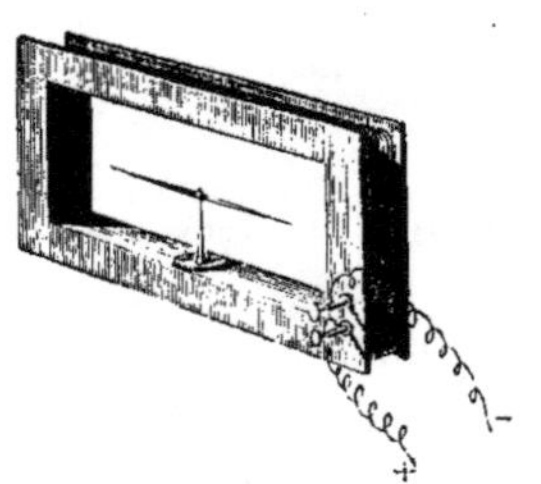

Fig. 207. — Multiplicateur de Schweigger.

Analysons maintenant ce qui se passe et voyons comme l'action du courant se trouve multipliée par la disposition que nous venons de décrire. Considérons (fig, 208) un des tours du fil autour du cadre : le courant passe de M en N, puis en Q, en P, et à partir de R s'éloigne de l'aiguille. Or, si l'on se rapporte à l'énoncé d'Ampère, on verra que chacune des quatre portions du courant tend à dévier le pôle austral *a* en *a'*, vers l'Est par conséquent, ou, si l'on veut, en avant de la figure; chacune d'elles agit comme un courant isolé, comme une portion de courant indéfini voisine de l'aiguille. La déviation totale sera donc plus forte que si le courant ne faisait que suivre l'un des côtés du rectangle. Or, à la spire suivante, le courant agit de nouveau de la même manière, et il en est de même pour toutes les spires successives, de sorte que son influence sur l'aiguille aimantée se trouve multipliée par le nombre des tours du fil. De là le nom de *multiplicateur* donné à l'instrument. Toutefois la multiplication du nombre des tours ne peut être indéfinie, de sorte que la sensibilité de l'appareil est nécessairement limitée. En effet, à mesure que cette augmentation a lieu, le fil que doit parcourir le courant croît en longueur, et en même temps croît la résistance opposée au circuit par le fil. Plus les courants qu'il s'agit de mesurer sont faibles, moins le nombre des spires doit être grand. Ce n'est que pour des courants d'une grande intensité que ce nombre peut être augmenté sans inconvénient.

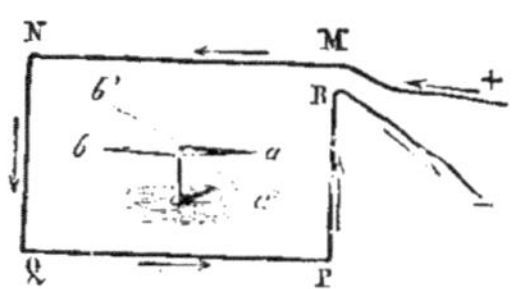

Fig. 208. — Actions concourantes des diverses portions du fil dans le multiplicateur.

L'aiguille aimantée est ici, comme nous l'avons déjà dit, soumise à deux forces, l'action directrice de la Terre, en vertu de laquelle elle se place dans le méridien magnétique, et l'action du courant, qui tend à lui faire prendre une position perpendiculaire à la première. La déviation de l'aiguille est produite par la résultante de ces deux actions. Pour rendre cette déviation plus forte, et donner une sensibilité plus grande au multiplicateur, Nobili a eu l'idée de substituer à l'aiguille aimantée un système de deux aiguilles aimantées parallèles *ab*, *a'b'*, mais fixées à un même axe, de façon que leurs pôles de même nom soient placés en sens inverse (fig. 209). L'axe étant suspendu à un fil de soie sans torsion, si les aiguilles ont la même force magnétique, leur système sera *astatique*, c'est-à-dire restera en équilibre quel que soit l'angle qu'il fasse avec le méridien. Toutefois un système rigoureusement astatique ne remplirait pas le but qu'on se propose, qui est de mesurer l'intensité des courants par la déviation, puisque alors la déviation, comme nous l'avons déjà dit, atteindrait toujours le maximum de 90°, quelle que soit la faiblesse du courant. Mais si l'une des aiguilles, l'inférieure par exemple, est un peu plus aimantée que la supérieure, le système continuera à être influencé par la Terre; cette action sera d'ailleurs très faible, et dès lors l'action des courants, par l'intermédiaire du multiplicateur, sera au contraire considérable, si les aiguilles du système sont elles-mêmes très fortement aimantées.

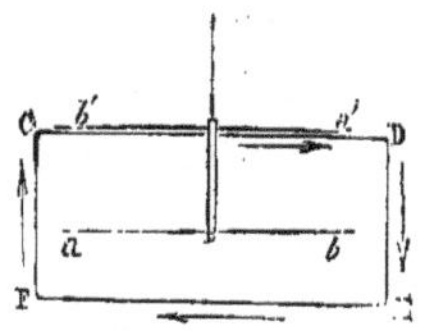

Fig. 209. — Système de deux aiguilles astatiques.

L'introduction des aiguilles compensées dans le multiplicateur de Schweigger a conduit Nobili à la construction du *rhéomètre* ou *galvanomètre*, l'appareil le plus sensible pour la constatation de l'existence et du sens des courants électriques les plus faibles. Voici comment est disposé cet instrument (fig. 210) et comment on s'en sert.

Le cadre en ivoire autour duquel s'enroule le fil multiplicateur porte au-dessus de lui un cadran divisé dont le centre coïncide avec le fil de soie de cocon qui porte le système des deux aiguilles. Ce cadre peut se mouvoir dans un plan horizontal, à l'aide d'une vis extérieure. On commence par l'amener dans le plan du méridien magnétique, et l'on reconnaît qu'il est dans ce plan, quand le zéro de la graduation du cadran correspond à l'une des extrémités de l'aiguille. Alors on est sûr que les spires du fil de cuivre sont parallèles aux deux aiguilles du système. Dans son mouvement, le cadre a entraîné une lame rectangulaire d'ivoire qui porte deux boutons de laiton, à chacun desquels aboutit l'une des extrémités du fil du multiplicateur. C'est à ces boutons qu'on attache les rhéophores du courant dont on cherche à constater le sens et l'intensité. Dès que le circuit est fermé, et que, dès lors, le courant parcourt les spires, on voit l'aiguille supérieure dévier à droite ou à gauche de sa position d'équilibre; le sens de cette déviation indique, d'après la loi d'Ampère, le sens du courant. L'appareil est muni de vis calantes, afin qu'on puisse le placer bien horizontalement, et une cloche de verre sert à protéger le fil suspenseur et les aiguilles elles-mêmes contre les agitations de l'air extérieur.

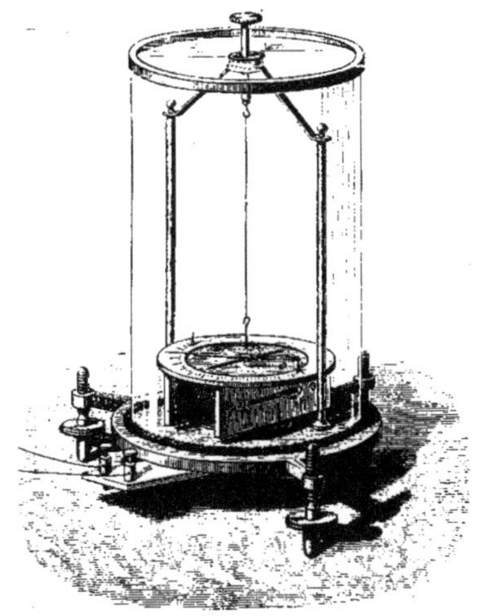

Fig. 210. — Galvanomètre.

Quant à l'intensité du courant, elle dépend de l'angle que fait l'aiguille avec le méridien magnétique, c'est-à-dire de l'arc parcouru par l'une de ses extrémités à partir du zéro de la graduation. On a reconnu que, si la déviation ne dépasse pas 20°, elle est sensiblement proportionnelle à l'intensité du courant. Lorsque cette déviation dépasse 20°, la proportion dont nous parlons n'existe plus, et, pour continuer à se servir du galvanomètre, il faut construire une table qui donne, pour chaque division, la valeur de l'intensité du courant produisant la déviation observée. La construction de la table en question, qui doit être faite spécialement pour chaque instrument, peut être obtenue à l'aide de divers procédés. Melloni employait une méthode où il utilisait les courants thermo-électriques. M. Becquerel comparait les deux courants de sens contraires qui traversaient simultanément deux fils enroulés autour du cadre d'un même multiplicateur. Il mesurait ainsi la différence de leurs actions sur l'aiguille, et nommait pour cette raison l'instrument ainsi disposé *galvanomètre différentiel*. Mais la méthode de graduation la plus simple est celle qui consiste à intercaler, dans le circuit des courants à mesurer, le galvanomètre lui-même et un autre appareil donnant exactement l'intensité. Cet appareil, que nous allons maintenant décrire, et qui est employé surtout quand il s'agit de mesurer des

Fig. 211. — Boussole des tangentes de Pouillet.

courants intenses, est la *boussole des sinus*, ou encore la *boussole des tangentes*. Ces deux rhéomètres ont été imaginés par M. Pouillet et la description qui suit est empruntée à leur auteur.

« La *boussole des tangentes*, que représente la figure 211, se compose d'un grand cercle de métal destiné à recevoir le courant; pour cela, il se termine inférieurement par deux appendices qui sont mis en communication avec les deux pôles de la pile au moyen de deux godets pleins de mercure. Ce cercle se place dans le plan du méridien magnétique; son centre coïncide avec celui d'une aiguille aimantée courte et épaisse, suspendue par des fils sans torsion et qui porte perpendiculairement un index assez long pour parcourir les divisions du cercle horizontal qui doit marquer les déviations. Aussitôt que le courant passe dans le cercle vertical, l'aiguille est déviée d'autant plus que le courant est plus intense ; et il est facile de démontrer que les intensités des courants sont précisément proportionnelles *aux tangentes des déviations* qu'ils produisent[1]. Il suffit donc de bien observer sur le cercle horizontal les nouvelles positions d'équilibre que prend l'aiguille aimantée sous l'influence de divers courants.

« La source électrique restant la même, on change les longueurs du circuit en y introduisant successivement une série de fils pareils, ayant seulement des longueurs différentes ; ces fils, recouverts de soie, sont repliés sur eux-mêmes et enveloppés extérieurement, pour être bien conservés dans le même état. L'une de ces séries est représentée (fig. 213). Les longueurs sont 5, 10, 40, 70 et 100 mètres ; on voit seulement les deux extrémités par lesquelles ces fils sont tour à tour ou simultanément introduits dans le circuit. Par là, on fait agir la même source électrique dans des circuits de longueur différente, on

1. Voici cette démonstration : *ab* (fig. 212) est la position de l'aiguille dans le méridien magnétique ; *a'b'* celle de l'aiguille déviée par l'action du courant, laquelle a nécessairement lieu perpendiculairement au plan du multiplicateur. Deux forces contribuent à maintenir l'équilibre dans cette position de déviation : l'une *a'm* est la force magnétique du globe, l'autre *a'k* est celle du courant. Toutes deux n'agissent efficacement sur l'aiguille que par leurs composantes normales et opposées, *a't* et *a't'*. La première est proportionnelle à sin α et peut s'écrire : T sin α, T étant une constante dépendant de la force terrestre et de l'aiguille. La seconde est proportionnelle à cos α et peut s'écrire : I cos α, I étant l'intensité du courant. On aura donc pour l'équilibre :

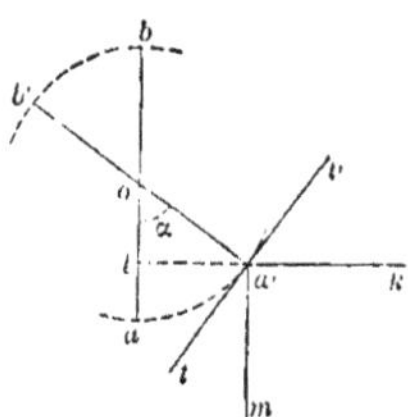

Fig. 212. — L'intensité magnétique d'un courant proportionnelle aux tangentes des déviations.

$$I \cos \alpha = T \sin \alpha,$$

d'où

$$I = \frac{T \sin \alpha}{\cos \alpha} = T \operatorname{tang} \alpha.$$

Si, comme cela a lieu pour la boussole des sinus que nous décrivons plus loin, on déplace le cadre du multiplicateur pour faire agir le courant dans le méridien magnétique, alors la force agissante du courant sur l'aiguille est I, et l'on a $I = T \sin \alpha$. En ce cas, cette force est proportionnelle aux sinus des angles de déviation.

détermine les déviations, et par suite les intensités correspondantes.

« La boussole des sinus est représentée (fig. 214); le cercle vertical est creusé en gorge pour recevoir un ou plusieurs tours du fil couvert par lequel passe le courant; au centre est encore une aiguille aimantée, ou suspendue, ou posée sur un pivot, et un seul repère correspondant au milieu de l'épaisseur du cercle pour marquer la position du pôle austral; mais il y a un cercle azimutal inférieur pour déterminer les déviations.

« Le cercle vertical étant dans le plan du méridien magnétique, l'aiguille est à son repère; aussitôt que le courant passe, elle est déviée : alors on fait tourner le cercle vertical pour suivre l'aiguille et lui porter son repère, de telle sorte que le plan du courant soit toujours dans le vertical de l'aiguille. Lorsqu'elle est arrêtée dans cette nouvelle position, le cercle azimutal donne l'angle de déviation, qui est d'autant plus grand que l'intensité du courant est elle-même plus considérable; et il est facile de démontrer que les intensités du courant sont précisément proportionnelles aux *sinus des déviations* (voir la fin de la note de la page 348). La source électrique restant la même, on change les longueurs du circuit en y introduisant des séries de fil, comme il a été dit plus haut. » (Pouillet, *Notions générales de Physique*.)

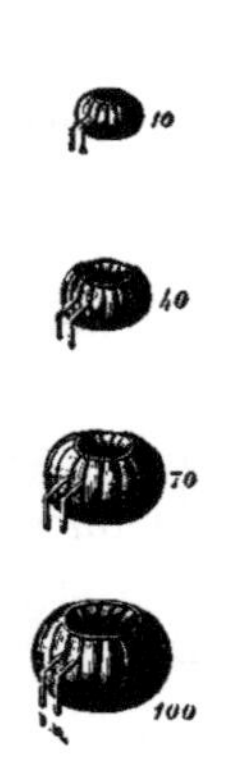

Fig. 213. — Série de fils pour les boussoles des tangentes et des sinus.

Sir W. Thomson a construit un *galvanomètre à réflexion*, dont nous allons indiquer le principe. La figure 215 représente une coupe du multiplicateur ou de la bobine, au centre de laquelle est suspendue l'aiguille aimantée. Cette aiguille très courte (elle a habituellement 5 millimètres de longueur) est collée derrière un petit miroir circulaire, et le tout, dont le poids est de 65 milligrammes, est suspendu par un simple fil de cocon, et renfermé avec la bobine dans un cylindre de laiton D (fig. 216). Deux bornes fixées à l'une des faces de ce cylindre servent à attacher les extrémités des fils du courant.

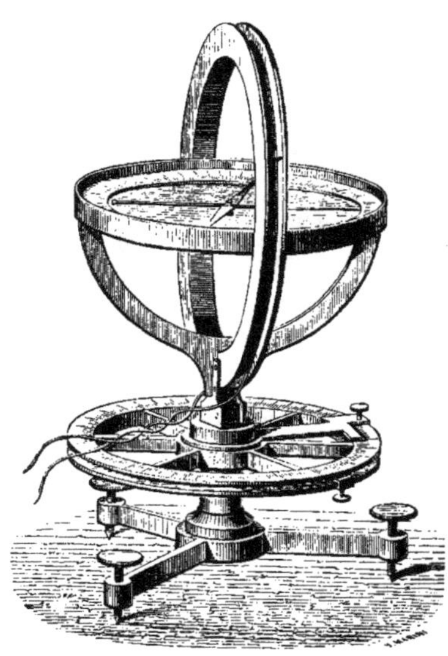

Fig. 214. — Boussole des sinus de Pouillet.

Les oscillations de l'aiguille aimantée, déviée par le passage du courant, s'observent de la façon suivante : A l'intérieur d'une boîte fermée de trois côtés est disposée une règle horizontale divisée, dont le zéro porte une petite ouverture par laquelle pénètre la lumière d'une lampe. Le faisceau lumineux R pénètre à travers l'ouverture centrale du cylindre du galvanomètre posé en face de la boîte ; il vient frapper le miroir de l'aiguille aimantée et se réfléchit suivant R′ au zéro même de l'échelle, quand l'aiguille ne subit pas de déviation. Aussitôt que le courant passe, l'aiguille et le miroir dévient ; le faisceau lumineux réfléchi se porte à droite ou à gauche du zéro de l'échelle, selon le sens de la déviation dont l'amplitude se lit sur les divisions mêmes. On voit au-dessus du cylindre du galvanomètre Thomson une tige verticale portant un grand aimant courbe E, faiblement aimanté. Cet aimant tourne à frottement dur autour de la tige ; il peut aussi glisser dans le sens vertical. L'objet de cette disposition est d'éviter d'avoir à placer toujours l'appareil dans le méridien magné-

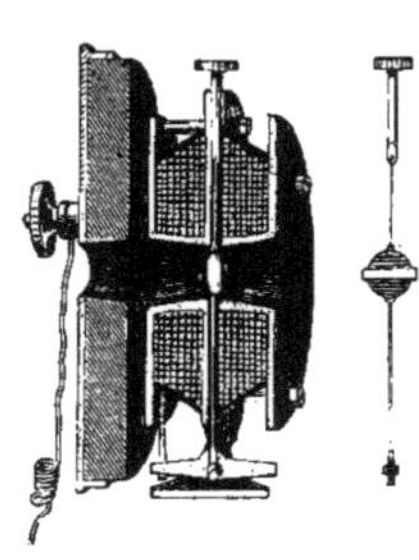

Fig. 215. — Coupe du galvanomètre à réflexion de Thomson.

tique, l'aimant courbe constituant un méridien magnétique

Fig. 216. — Galvanomètre à réflexion de Thomson.

artificiel, dont la force directrice contrebalance celle de la Terre.

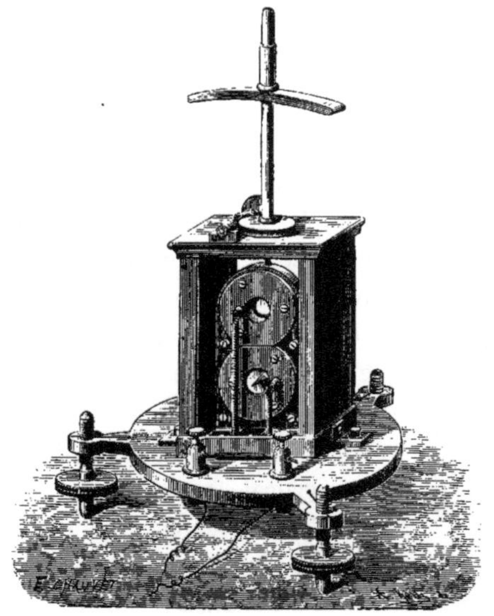

Fig. 217. — Galvanomètre à réflexion astatique de Thomson.

On dispose les pôles de cet aimant en sens contraire des pôles terrestres; on cherche le point de la tige où la neutralisation est complète, puis on soulève un peu l'aimant pour conserver une faible force directrice, suffisante pour ramener l'aiguille au zéro dans le méridien magnétique. On construit aussi des galvanomètres Thomson à forme astatique, qu'on emploie avec des multiplicateurs à long fil. Il y a alors pour chaque aiguille une bobine de fil, et le courant passe en sens contraire dans les deux bobines.

§ 3. ACTION DES AIMANTS SUR LES COURANTS.

Nous venons de voir quelle est l'action des courants voltaïques sur l'aiguille aimantée, et comment cette influence a été utilisée pour construire divers instruments de mesure de l'intensité des courants, parmi lesquels deux appareils d'une sensibilité extrême, propres à faire connaître le sens et l'intensité d'un courant quelconque. Disons maintenant que les aimants ont sur les courants une influence égale à celles qu'ils subissent eux-mêmes, mais de sens opposé. Ainsi, quand on place un fort barreau aimanté AB dans une position horizontale au-dessous ou au-dessus d'un fil métallique formant un circuit voltaïque (fig. 218), et libre de tourner autour des points de suspension, on voit aussitôt le fil se diriger en croix avec le courant, de manière que le pôle austral du barreau se trouve toujours à la gauche de la portion du courant qui en est le plus rapprochée. Qu'on vienne à changer le sens du courant, par l'interversion des rhéophores qui aboutissent aux deux

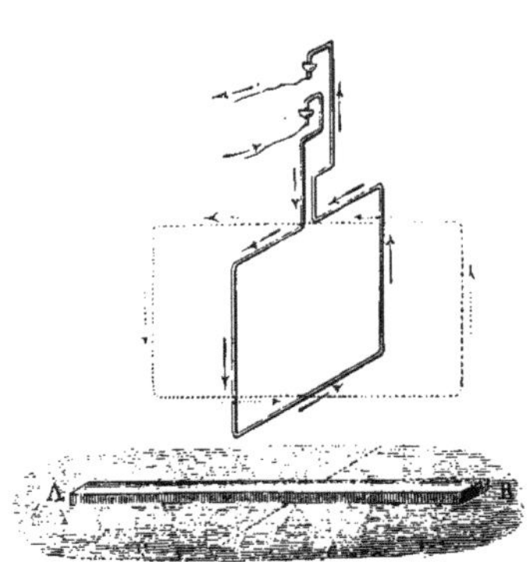

Fig. 218. — Action d'un aimant sur un courant.

extrémités du fil, à l'instant le courant fait sur lui-même une rotation de 180°, laquelle amène son plan dans une position perpendiculaire au barreau aimanté : le pôle austral de ce dernier est donc encore, d'après l'énoncé d'Ampère, à la gauche du courant.

Ainsi l'expérience vérifie ce qu'on pouvait prévoir en s'appuyant sur le seul principe de l'égalité de l'action ou de la réaction. La difficulté était ici de rendre le courant mobile sans interrompre sa continuité, et c'est à quoi est parvenu Ampère, grâce à l'ingénieuse disposition qu'il a imaginée et dont il a fait l'application, en la variant de toutes les manières, aux innombrables expériences sur les actions réciproques des courants et des aimants.

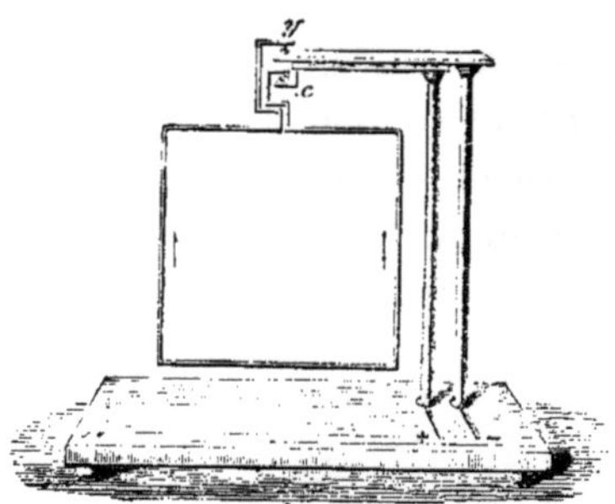

Fig. 219. — Équipage mobile d'Ampère pour l'étude des phénomènes électromagnétiques.

Cette disposition est représentée dans la figure 219. Deux colonnes métalliques sont fixées verticalement sur un plateau, où viennent aboutir les rhéophores + et — de la pile qui fournit le courant. Elles sont surmontées de deux bras horizontaux portant à leurs extrémités deux cupules x, y, contenant chacune une gouttelette de mercure. Le fil conducteur, contourné en rectangle ou en toute autre forme selon l'expérience à faire, se termine par un double coude et par deux pointes qu'on plonge dans les godets, de sorte que ces pointes sont à la fois sur le prolongement l'une de l'autre et dans la verticale du centre de gravité du conducteur.

Ce dernier est donc mobile ; son plan peut tourner dans les deux sens autour de la verticale et s'orienter d'une façon quelconque, selon les conditions d'équilibre que comportent les actions électromagnétiques qu'il s'agit d'étudier. C'est cette disposition qui a servi pour l'expérience qu'on vient de décrire.

Peu de temps après la découverte des premiers phénomènes électromagnétiques, Faraday fit une expérience dans laquelle l'action d'un aimant déterminait un mouvement continu de rotation d'un courant. Un cercle de cuivre (fig. 220), supporté par deux branches verticales du même métal, formait un équipage pouvant tourner autour d'une colonnette de cuivre que surmontait un godet contenant une goutte de mercure. L'anneau de cuivre baignait dans l'eau acidulée remplissant un vase de zinc en forme de couronne. L'action de l'acide sur le zinc produisait un courant qui circulait de l'anneau de cuivre au zinc par la colonnette verticale et qui, dès lors, était ascendant dans les deux branches du conducteur. En présentant alors le pôle A d'un aimant au-dessous du plateau de zinc, dans l'ouverture annulaire centrale, on voyait l'équipage prendre un mouvement de rotation continu, dont le sens changeait si l'on retournait l'aimant en présentant son autre pôle.

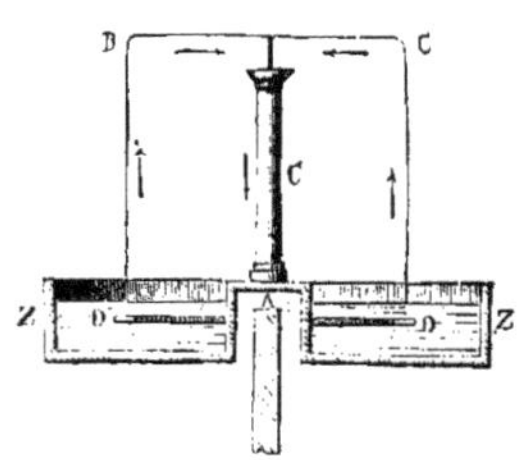

Fig. 220. — Expérience de Faraday. Rotation d'un courant par un aimant.

On doit à Ampère l'expérience inverse, celle du mouvement de rotation d'un aimant sous l'influence d'un courant ; la figure 221 montre comment l'illustre physicien produisait cette rotation. Dans une éprouvette en verre, remplie de mercure, il faisait flotter un aimant cylindrique, maintenu vertical par un contrepoids en platine, vissé au-dessous de lui. La base supérieure de l'aimant était creusée en godet ; on y versait un peu de mercure où venait plonger la pointe d'un conducteur vertical en communication avec l'un des pôles de la pile. L'autre pôle est mis en relation par un fil avec le mercure de l'éprouvette. Dès que le courant passe, on voit l'aimant tourner autour de son axe. Le sens du mouvement dépend de celui du courant et change avec lui ; il dépend de même de la nature du pôle en présence. Dans le cas où le courant arrive par la pointe du fil, si le pôle en présence est le pôle austral, la rotation a lieu en sens contraire des aiguilles d'une montre, c'est-à-dire de l'Est à l'Ouest en passant par le Nord.

A l'aide de l'appareil d'Ampère, Faraday a trouvé le moyen de produire un autre genre de mouvement de rotation. Au lieu

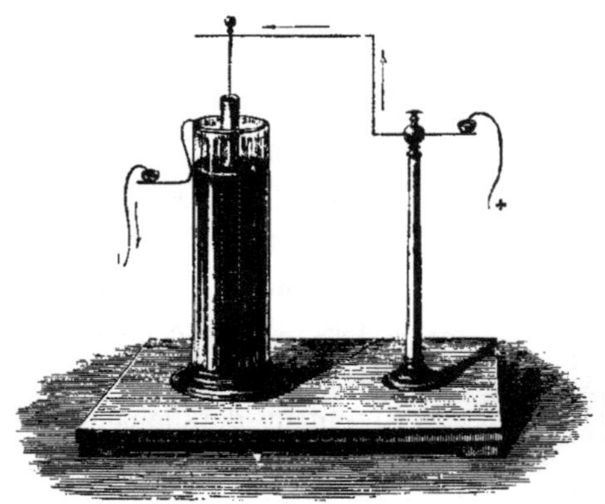

Fig. 221. — Expérience d'Ampère sur la rotation d'un aimant par un courant.

de faire arriver la tige conductrice dans la cavité supérieure creusée dans l'extrémité polaire de l'aimant, il la fit plonger dans le mercure du tube de verre. L'aimant, dans ce cas, tourne autour de la tige.

L'explication de ces phénomènes est facile, si l'on admet la théorie de la constitution des aimants, telle que l'a formulée Ampère, et dont nous donnerons bientôt l'exposé. Pour le moment, nous allons continuer de décrire les intéressants phénomènes découverts par ce grand physicien, et qui ont pour objet l'influence réciproque des courants voltaïques les uns sur les autres.

§ 4. ACTION DES COURANTS SUR LES COURANTS.

Quand on met en présence deux courants ou deux portions de courant, on peut avoir à considérer soit le sens dans lequel circule chacun d'eux, soit la forme ou l'étendue des portions des conducteurs qui agissent les uns sur les autres, soit enfin la position relative des éléments de courants considérés. Les courants peuvent ainsi être rectilignes, circulaires, sinueux, parallèles ou obliques; et dans ces deux derniers cas, ils peuvent être de même sens ou de sens contraires. Les cas particuliers assez nombreux qui se présentent ainsi, et dont l'étude forme la branche de la science à laquelle on donne le nom d'ÉLECTRODYNAMIQUE, sont régis par des lois simples, qu'Ampère a ramenées aux formules suivantes :

1° *Deux courants parallèles qui marchent dans la même direction, s'attirent; ils se repoussent, s'ils marchent en sens contraires.*

2° *Deux courants non parallèles s'attirent, si tous deux s'approchent ou s'éloignent à la fois du sommet de l'angle formé par leurs directions; ils se repoussent, si l'un des courants s'approche du sommet de l'angle, tandis que l'autre s'en éloigne.*

3° *Un courant sinueux agit sur un autre courant de la même manière qu'un courant rectiligne qui aboutit aux mêmes extrémités.*

La figure 222 représente sous forme de diagramme les trois cas d'attraction et les deux cas de répulsion que mentionnent ces lois. Donnons quelques exemples de la façon dont elles sont vérifiées par l'expérience.

La figure 223 montre la disposition de l'appareil qui sert à démontrer la loi d'action des courants parallèles. Deux colonnes métalliques sont mises en communication avec les pôles d'une pile. Le courant monte ici par la colonne de gauche et par la branche horizontale qui réunit les sommets des colonnes ; il entre dans le rectangle en fil de cuivre qui forme l'équipage mobile autour de l'axe vertical passant par les deux pointes et par les godets de mercure, et en parcourt toutes les parties dans le sens indiqué par les flèches. Il ressort par la branche supérieure horizontale, et traverse en descendant la colonne de droite. Il résulte de là que le courant ascendant de la première colonne *t* est parallèle au courant du côté voisin vertical *ed* du rectangle. La seconde colonne *v* et le côté voisin opposé *bc* du même rectangle sont de même traversés tous deux par deux courants descendants parallèles. Or l'expérience montre que ces parties voisines s'attirent ; si on les éloigne en

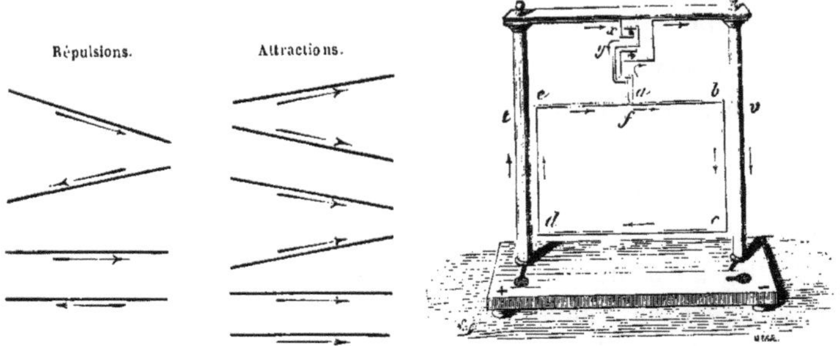

Fig. 222. — Loi des attractions et répulsions d'un courant par un courant.

Fig. 223. — Attraction des courants parallèles de même sens.

effet l'une de l'autre, par un déplacement angulaire de l'équipage mobile, elles se rapprochent vivement et se placent de manière que le plan de l'équipage coïncide avec celui des colonnes. Donc les courants parallèles de même sens s'attirent.

Si maintenant on substitue au rectangle qui vient de servir à cette expérience, celui de la figure 224, qui est disposé de façon à être parcouru par le courant dans un sens opposé, les portions verticales voisines de chaque colonne et des côtés du rectangle seront traversées par des courants toujours parallèles, mais de sens contraires. Aussi, quand on les approche respectivement les uns des autres, dès que passe le courant, on voit l'équipage subir une vive répulsion et se placer à angle droit avec le plan du cadre formé par les colonnes.

De cette première loi d'attraction ou de répulsion des courants parallèles, selon que leurs sens sont semblables ou contraires, il résulte que deux courants croisés ou obliques ont une tendance à devenir parallèles : les portions de courants qui concourent au point de croisement se rapprochent ou s'attirent ; celles qui, à partir de ce point, sont dirigées en sens contraire, s'éloignent ou se repoussent. On vérifie aisément ces conséquences, et la loi des courants non parallèles se trouve ainsi démontrée.

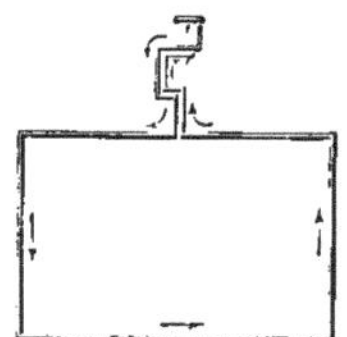

Fig. 224. — Expérience de la répulsion des courants parallèles de sens contraires.

Quand on considère les deux parties consécutives d'un même courant formant un certain angle, elles doivent, d'après ce qu'on vient de voir, se repousser mutuellement, et, à la limite, quand l'angle devient égal à 180°, ce qui revient à considérer deux parties consécutives en ligne droite, il en est encore ainsi. Ce fait se vérifie aussi par l'expérience, de la façon suivante. On prend une auge rectangulaire en bois séparée en deux portions par une cloison, comme le montre la figure 225. On remplit chacune d'elles de mercure,

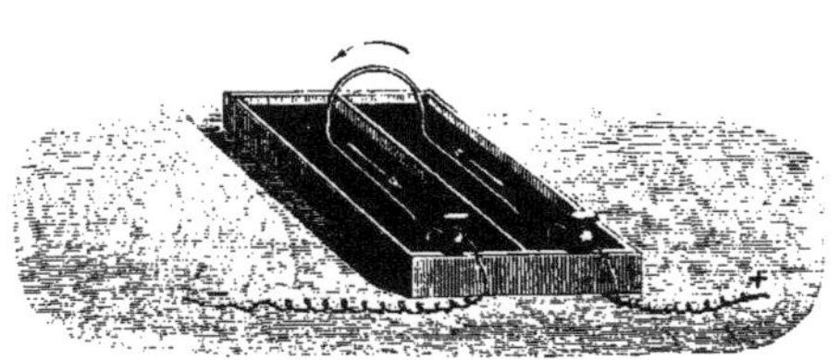

Fig. 225. — Répulsion des parties consécutives d'un même courant.

et l'on fait arriver dans l'une le fil positif, dans l'autre le fil négatif d'un courant de pile. On place sur le mercure un léger fil métallique à deux branches parallèles reliées par une partie courbe, de façon à mettre en communication le mercure de chaque compartiment. Ce fil complète le circuit, comme l'indiquent les flèches de la figure. Or, aussitôt que le courant passe, on voit le conducteur s'éloigner des points où les rhéophores plongent dans le mercure.

Voici encore comment on prouve que les courants sinueux agissent de la même manière que des courants rectilignes se terminant aux mêmes extrémités. On replie l'une contre l'autre les deux portions d'un fil traversé par un courant : l'une de ces portions est rectiligne, l'autre contournée comme le montre la figure 226. On approche l'ensemble de l'un des côtés du rectangle de l'équipage mobile d'Ampère. Or on n'observe aucun mouvement ni d'attraction ni de répulsion ; il faut donc que l'action du courant sinueux dont le sens est opposé à celui du courant rectiligne, soit exactement neutralisée par ce dernier. Donc il y a équivalence entre ces deux actions : ce qui montre que la forme et la longueur de la portion sinueuse du courant n'ont rien ajouté à son action.

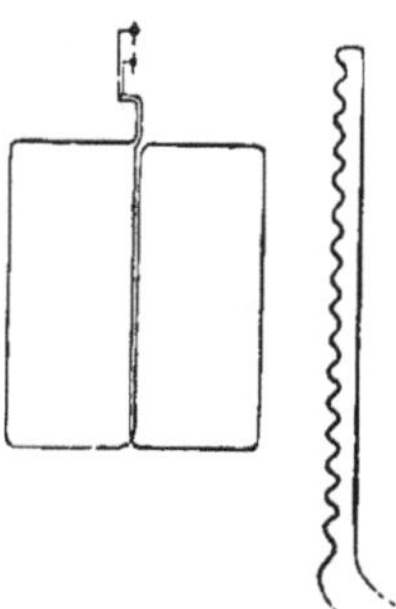
Fig. 226. — Action des courants sinueux.

Nous donnerons enfin l'exemple d'un mouvement de rotation continu déterminé par l'action d'un courant sur un courant.

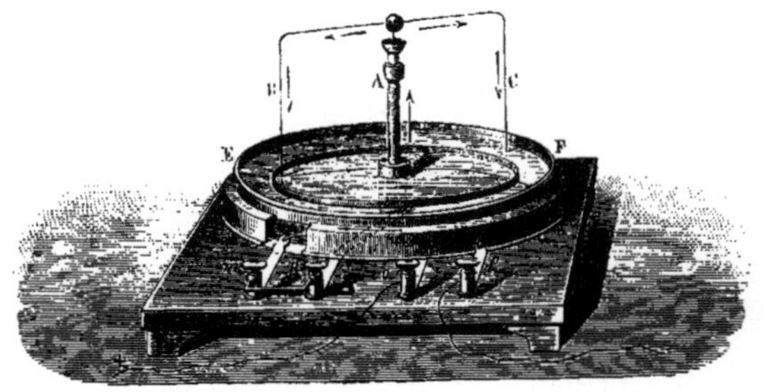

Fig. 227. — Rotation d'un courant fini sous l'influence d'un courant circulaire.

L'appareil dont on se sert pour cela (fig. 227) est disposé comme celui qu'avait employé Faraday pour la rotation d'un courant par un aimant. L'équipage BC, mobile autour du sommet de la colonne de cuivre A, plonge par un cercle en cuivre dans l'eau acidulée d'un vase EF. Autour de ce vase est enroulé extérieurement le fil d'une bobine dont l'une des extrémités reçoit en *o* le courant d'une pile. L'autre extrémité du fil est reliée aux bornes *m*, *n*, et par celles-ci à la colonne de l'équipage mobile. Le courant parcourt donc les différents côtés de cet équipage dans le sens marqué par les flèches ; il entre dans l'eau acidulée du vase et en sort en *p*. Dès que les communications établies ont déterminé la fermeture du circuit et le passage du courant, on voit l'équipage mobile tourner en sens contraire de celui du courant de la bobine, sens marqué par une flèche sur le bord du vase dans la figure.

En analysant le phénomène, on reconnaît aisément qu'il est une conséquence de la loi qui régit les mouvements des courants angulaires : une moitié du courant circulaire attire le courant fini du conducteur mobile, tandis que l'autre moitié le repousse ; ces deux actions concourent à lui faire effectuer sa rotation en sens contraire de celui du courant circulaire. Si l'on dispose l'expérience de façon que le courant de la pile parcoure la bobine dans le même sens, mais arrive par l'eau acidulée dans l'équipage et redescende, au lieu de monter, par la colonne centrale, le mouvement de rotation, comme on pouvait le prévoir, est inverse du précédent.

§ 5. ACTION DE LA TERRE SUR LES COURANTS. — THÉORIE DU MAGNÉTISME D'AMPÈRE.

Ainsi donc, d'une part, les courants électriques agissent sur les aimants, les aimants agissent sur les courants ; d'autre part, les courants agissent les uns sur les autres. De là à assimiler les aimants aux courants, il n'y avait qu'un pas ; Ampère le franchit, mais sans cesser d'appeler au secours de la théorie le contrôle de l'expérience. Il découvrit que la Terre ellemême agit sur les courants : que si l'on abandonne à lui-même un équipage rectangulaire semblable à celui de la figure 218 et parcouru par un courant électrique, l'appareil tourne autour de son axe vertical et vient se placer spontanément en croix avec le méridien magnétique ; c'est la portion ascendante du courant qui se porte à l'Ouest, la portion descendante à l'Est. M. Pouillet, à l'aide de dispositions fort ingénieuses, a fait voir qu'un courant vertical isolé, mobile autour d'un axe qui lui est parallèle, se transporte de lui-même à l'ouest ou à l'est magnétique, selon qu'il est ascendant ou descendant, tandis que l'action de la Terre sur les branches horizontales de l'appareil d'Ampère est nulle. S'emparant de ces faits, Ampère a construit des appareils astatiques, c'est-à-dire indifférents à l'action du globe terrestre. Il suffit pour cela de replier les

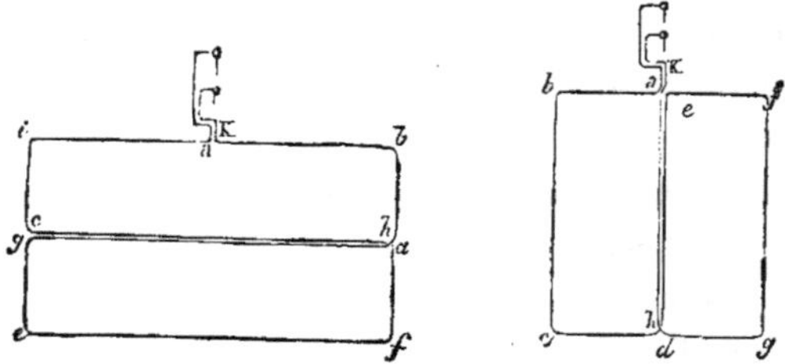

Fig. 228. — Conducteurs astatiques d'Ampère.

branches des conducteurs, de telle façon que l'action magnétique terrestre sur l'une quelconque d'entre elles soit neutralisée par l'action sur une branche égale et parallèle, traversée en sens opposé par le courant. La figure 228 représente deux modèles de ces conducteurs astatiques. Puis, faisant alors agir sur eux un courant fixe, placé horizontalement dans une direction perpendiculaire au méridien magnétique, de l'Est à l'Ouest, il a vu que l'action de ce courant était précisément la même que l'action de la Terre. Il en conclut que l'action magnétique de la Terre sur l'aiguille aimantée est due à des courants électriques qui circulent incessamment, sous l'horizon, perpendiculairement au méridien magnétique, et dont le sens est celui de l'Orient à l'Occident. Tous ces courants, quel qu'en soit le nombre, peuvent être considérés comme composant un courant unique, et l'expérience montre que, sous nos latitudes, sa position est située vers le sud.

Poursuivant ces belles généralisations, Ampère a fait voir qu'un aimant peut être assimilé à un assemblage de courants circulaires, verticaux, parallèles entre eux et de même sens. Un tel assemblage, en effet — l'expérience va nous le démontrer — étant suspendu librement de manière à pouvoir tourner dans un plan horizontal, soumis à l'action de la Terre, se place de lui-même dans le méridien magnétique : il se conduit de la

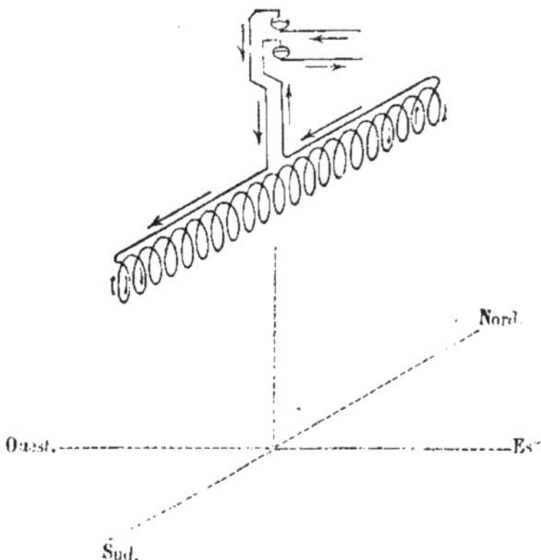

Fig. 229. — Direction d'un solénoïde dans le méridien, sous l'action de la Terre.

même façon qu'une aiguille aimantée. Voici comment Ampère a réalisé ce qu'on peut appeler *l'hélice* ou *l'aimant électrique*.

Il prit un fil métallique, et, l'enroulant autour d'un cylindre en spires équidistantes, il lui donna la forme que représente la figure 229, ramenant les deux extrémités des fils longitudinalement au-dessus des spires, puis les recourbant de façon que l'ensemble puisse librement tourner autour d'un axe vertical. Cela fait, il rattacha les deux bouts du fil aux rhéophores d'une pile. Une fois que le courant passe dans le sens marqué par les flèches, le *solénoïde* — c'est le nom donné à l'appareil par Ampère[1] — se place dans une position d'équilibre stable :

1. D'une manière plus générale, on donne le nom de *solénoïde* à tout système de courants

chaque spire se trouve dans un plan vertical dont la direction est de l'est à l'ouest magnétique; l'axe du solénoïde coïncide alors avec le méridien magnétique, tout comme le ferait une aiguille aimantée. Si l'on change alors le sens du courant, on voit le solénoïde se déplacer; puis, après avoir tourné de 180°, venir se placer dans sa position primitive; son axe longitudinal est toujours dans le méridien magnétique : seulement il se trouve retourné bout pour bout. Enfin un élément de solénoïde (fig. 231), suspendu de façon à pouvoir tourner librement autour d'un axe perpendiculaire au méridien magnétique, prend une inclinaison qui est précisément égale à celle de l'aiguille aimantée.

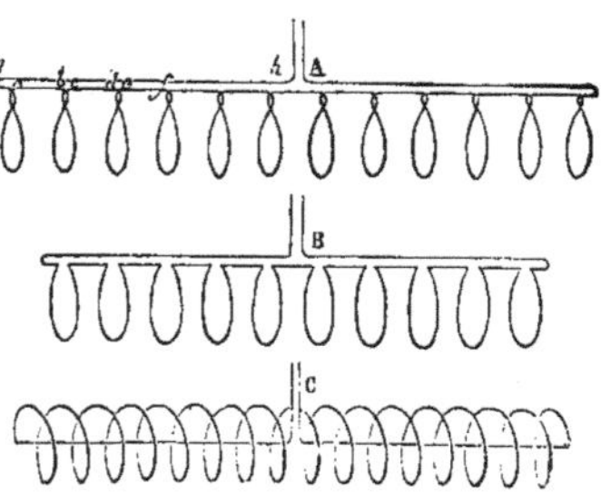

Fig. 230. — Formes diverses de solénoïdes.

Ainsi les aimants ordinaires et les solénoïdes, ou aimants électriques, se conduisent de même sous l'influence de l'action magnétique de la Terre. Mais l'analogie a été poussée plus loin. Ampère a fait voir que les extrémités ou pôles de deux solénoïdes exercent les uns sur les autres des attractions et des répulsions de même nature que les attractions et les répulsions des pôles des aimants : les pôles de même nom des solénoïdes se repoussent; les pôles de noms contraires s'attirent. Enfin, les mêmes actions se manifestent, si l'on présente le pôle d'un solénoïde à l'un ou à l'autre des deux pôles d'un aimant (fig. 232). L'assimilation est complète, et Ampère a pu formuler dans toute sa rigueur sa théorie du magnétisme, théorie qui ramène les phénomènes magnétiques aux phénomènes d'électricité dynamique. Voici un résumé sommaire de cette belle théorie :

Le globe terrestre est incessamment sillonné d'une multi-

circulaires, égaux entre eux et de même sens, disposés de façon que l'axe qui passe par les centres de tous les cercles soit perpendiculaire ou normal aux plans de chacun d'eux. On obtient ce résultat de diverses manières, et la figure 230 en représente plusieurs.

tude de courants électriques, engendrés par des actions chimiques qui ont lieu dans son sein. Tous ces courants, de sens et

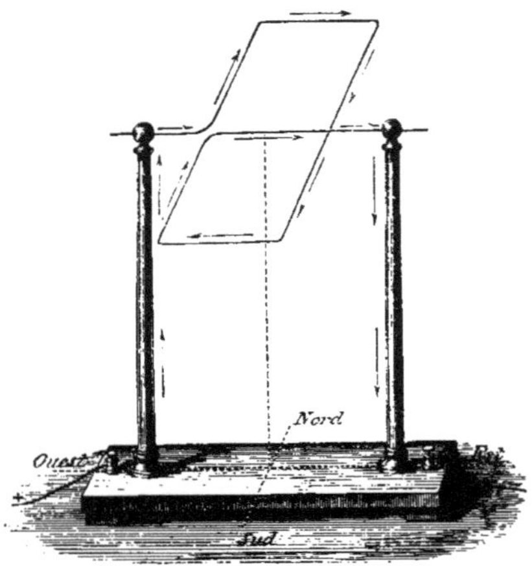

Fig. 251. — Inclinaison d'un élément de solénoïde sous l'influence de l'action magnétique terrestre.

d'intensités probablement divers et variables, produisent sur les aimants le même effet qu'un courant unique, résultant de la composition des courants élémentaires, et circulant de l'Est à l'Ouest, en sens contraire du mouvement de rotation de la Terre. Toute substance magnétique, fer, acier, etc., est de même le siège de courants électriques élémentaires circulant autour de certains groupes d'atomes. Dans le fer doux, et dans les corps magnétiques qui ne sont pas doués du magnétisme polaire, ces courants se trouvent orientés dans tous les sens, de sorte que l'effet résultant est nul. Dans les aimants au contraire, les courants particulaires ont tous la même orientation; par exemple, ils circulent comme l'indiquent les flèches de la

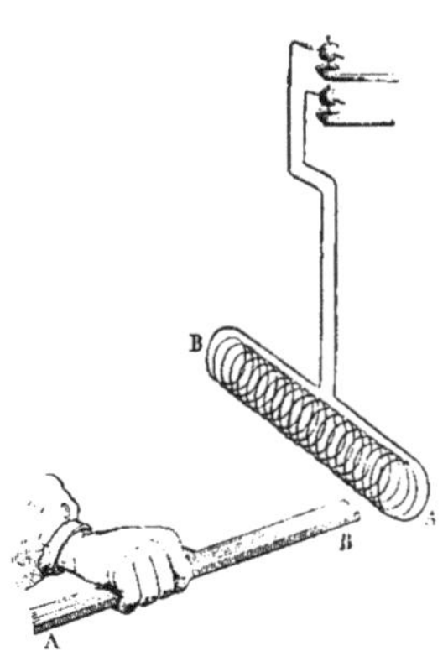

Fig. 252. — Actions mutuelles des aimants et des solénoïdes.

figure 233, où l'on voit représentée une section transversale d'un barreau aimanté. Dans les portions voisines ou contiguës, en *b*, *b'*, *a*, *a'*, etc., les courants sont de sens contraire et se détruisent; de sorte que l'effet total se réduit à l'effet extérieur : ce qui revient à considérer le contour de chaque tranche comme étant parcouru par un seul courant. La même chose aura lieu dans toutes les sections, et l'aimant sera constitué comme l'indique la figure 234.

On voit donc, d'après la théorie d'Ampère, que tout aimant peut être considéré comme équivalant à un solénoïde, ou mieux comme étant lui-même un ensemble, un faisceau de solénoïdes ou d'hélices formées par des courants particulaires circulant dans des plans à peu près perpendiculaires à la ligne des pôles.

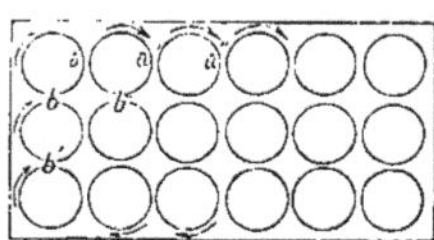

Fig. 233. — Courants particulaires des aimants.

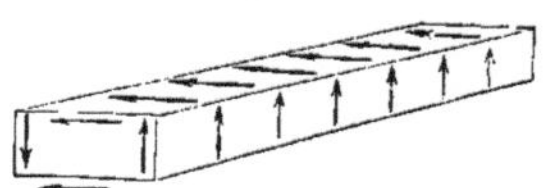

Fig. 234. — Courants résultants à la surface d'un aimant.

Quant aux substances magnétiques, telles que le fer doux, le voisinage d'un aimant leur fait acquérir momentanément le magnétisme polaire, par l'action que les courants du solénoïde exercent sur les courants dont ils sont eux-mêmes le siège. Cette influence modifie l'orientation de ces courants élémentaires, et fait que leur résultante n'est plus nulle : ainsi se conçoit l'aimantation par influence. Nous allons voir dans le paragraphe suivant que l'aimantation permanente s'explique aussi parfaitement dans la théorie d'Ampère. Mais là c'est l'expérience qui doit nous instruire, en nous révélant des phénomènes du plus haut intérêt. Avant d'aborder ce dernier sujet, insistons sur la profonde modification apportée par cette belle théorie aux vues hypothétiques qui faisaient du magnétisme une science isolée, malgré l'évidente analogie de ses lois avec les lois de l'électricité. Désormais il est prouvé que le principe des phénomènes magnétiques est l'électricité elle-même et l'unité se trouve assurée dans ces deux ordres si importants de phénomènes.

« Avant la grande découverte de l'aimant électrique, dit M. Quet[1], on admettait, pour expliquer les phénomènes magnétiques, l'existence d'un fluide austral et d'un fluide boréal, et l'on supposait que les particules homologues de ces fluides se repoussaient en raison inverse du carré des distances, tandis que les particules différentes s'attiraient suivant la même loi. Cette théorie suffisait pour expliquer les phénomènes qui étaient connus avant la découverte d'Œrsted, à la condition toutefois de lui adjoindre deux nouvelles hypothèses.

« On admettait que les fluides étaient confinés dans certaines parties du corps, et qu'un obstacle inconnu les empêchait d'en sortir pour circuler à la manière des fluides électriques. Sans cela, impossible d'expliquer pourquoi, lorsqu'on brisait un aimant en fragments très petits, chaque parcelle était un aimant, avec son pôle austral et son pôle boréal.

« Il était aussi nécessaire de supposer que, dans des volumes égaux de fer et de nickel, les deux fluides ne pouvaient pas être séparés en un même nombre de parties correspondantes : il fallait en effet que les deux volumes n'eussent pas le même pouvoir magnétique, comme l'indique l'expérience.

« Lorsque Œrsted découvrit que le courant électrique agissait sur l'aimant, la théorie avec ses deux hypothèses devint impuissante pour expliquer cette action nouvelle, et l'on fut obligé de regarder le fait comme primitif.

« Tous les embarras disparaissent avec la théorie d'Ampère. Les courants électriques siègent nécessairement dans les particules, et dès lors chaque parcelle d'aimant est un aimant complet. L'action des courants particulaires doit naturellement varier d'un corps à l'autre, puisqu'elle dépend à la fois et de la force électromotrice et des dimensions des particules ; la diffé-

1. *Rapport sur les progrès de l'Électricité et du Magnétisme.* Paris, 1867.

rence du fer et du nickel est donc une conséquence très simple de la théorie. Enfin l'action de l'aimant sur les courants électriques est, dans cette théorie, un phénomène électro-dynamique que l'on peut calculer et prévoir, et non un fait primitif.

« L'élégante théorie d'Ampère devait donc éliminer de la science l'ancienne hypothèse avec sa complication des deux fluides inutiles, de deux suppositions faites pour l'étayer, et d'un fait primitif qu'il fallait en outre accepter. Par elle, tout se coordonne, tout devient d'une clarté merveilleuse, tout est ramené au fait fondamental de l'action des courants les uns sur les autres ; enfin le mystère du magnétisme est dévoilé. »

§ 6. AIMANTATION PAR LES COURANTS.

Arago fit en septembre 1820, peu de temps après les découvertes d'Œrsted et d'Ampère, l'expérience suivante : Il plongea dans une masse de limaille de fer un fil de cuivre qui réunissait les deux pôles d'une pile ; en retirant le fil sans interrompre le courant, il le vit recouvert sur toute sa surface de parcelles de limaille, disposées transversalement; dès que le courant était interrompu, les parcelles se détachaient du cuivre et tombaient. Pour s'assurer qu'il s'agissait bien là d'une aimantation temporaire, et non de l'attraction d'un corps électrisé pour les corps légers, il substitua à la limaille de fer une substance non magnétique, et le phénomène n'eut plus lieu. En plaçant des aiguilles de fer doux, puis d'acier trempé, très près du fil de cuivre et en croix avec ce dernier, il reconnut que l'action du courant les transformait en aiguilles aimantées, ayant leur pôle austral toujours à gauche du courant, résultat conforme aux récentes expériences d'Œrsted.

Bientôt Arago et Ampère reconnurent que l'aimantation du fer doux ou de l'acier se développait avec bien plus d'énergie en plaçant l'aiguille à l'intérieur d'une hélice électrique. Ils enroulaient le fil rhéophore d'une pile autour d'un tube de verre; puis, ayant placé dans l'axe de ce dernier l'aiguille à aimanter, ils faisaient passer le courant. L'aimantation se produisait aussitôt; mais, comme on devait s'y attendre, elle était temporaire pour le fer doux, permanente pour l'acier.

On voit, d'après la figure 255, qu'il y a deux manières d'enrouler le fil autour du tube. En supposant le tube vertical, on peut enrouler le fil en allant de haut en bas, chaque spire s'enroulant de droite à gauche, sur la face du tube tournée vers l'opérateur : c'est l'hélice ou le solénoïde *dextrorsum* BA; ou bien on peut enrouler le fil toujours de la même façon, mais en allant de gauche à droite : c'est l'hélice ou le solénoïde *sinistrorsum* B'A'. Si le courant traverse les spires de l'hélice de haut en bas, comme l'indiquent les flèches, l'aimantation donnera à l'aiguille son pôle austral en bas dans l'hélice dextrorsum, c'est-à-dire du côté par où sort le courant; le pôle austral sera au contraire en haut dans l'aiguille de l'hélice sinistrorsum, ou du côté par où entre le courant. Dans les deux cas, c'est toujours à la gauche du courant, suivant la loi d'Ampère, que se trouve placé le pôle austral.

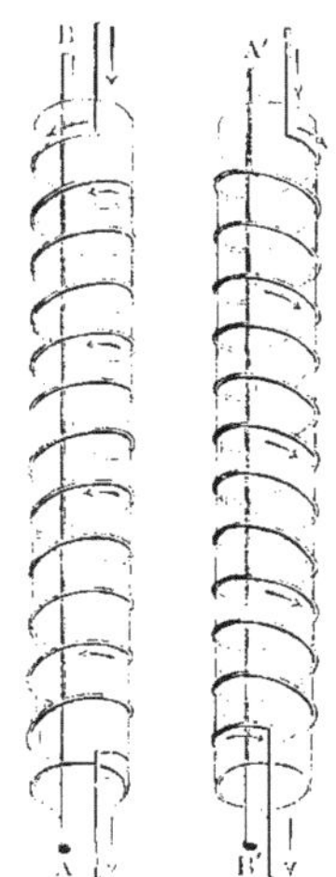

Fig. 255. — Aimantation d'une aiguille d'acier par un solénoïde : hélices dextrorsum et sinistrorsum.

Par ce procédé d'aimantation, si simple et si merveilleux, on peut à volonté produire des pôles secondaires sur les barreaux qu'on veut aimanter : ce qu'on nomme, nous l'avons vu plus haut, des *points conséquents*. Il suffit pour cela, comme Arago l'a fait voir le premier, après avoir enroulé le fil dans un sens autour du tube, de l'enrouler dans le sens opposé vis-à-vis chacun des points où doit exister un pôle secondaire. L'hélice totale se trouve ainsi formée d'une hélice sinistrorsum suivie d'une hélice dextrorsum, et ainsi de suite (fig. 257).

L'aimantation des barreaux d'acier se faisait autrefois par divers procédés que nous avons décrits dans le Livre du Magnétisme ; mais aujourd'hui l'emploi des courants électriques circulant dans une hélice est généralement préféré. On entoure le barreau à aimanter d'une bobine, dans laquelle on fait passer le courant, et pendant ce temps on fait glisser la bobine d'une

Fig. 256. — A.-M. Ampère.

extrémité à l'autre du barreau ; au bout d'un temps assez court, l'acier a pris son maximum d'aimantation.

Nous avons mentionné, en décrivant les méthodes d'aimantation, le procédé que MM. Elias (de Harlem) et Logemann emploient pour obtenir des aimants d'une grande puissance. En voici la description, d'après Gordon ; nous ajouterons seulement que l'acier dont se servent les inventeurs est un acier particulier et fortement trempé. « Ce procédé consiste à faire aller et venir sur le barreau que l'on veut aimanter une bobine en fil de cuivre dans laquelle circule un courant électrique. Quand on opère sur un fer à cheval, on place une bobine sur chacune des deux branches, on fait passer le courant dans les deux bobines, et on les fait aller et venir ensemble sur les deux branches du fer à cheval. On peut obtenir l'aimantation maxima

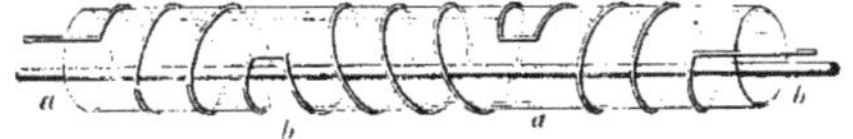

Fig. 257. — Aimantation par une hélice : production des points conséquents.

au moyen d'un seul couple de Grove et de Bunsen; seulement il faut que ce couple ait très peu de résistance, et que les bobines aimantantes en aient aussi très peu. M. Elias se servait d'un couple de Grove dont la résistance était égale à celle d'un fil de cuivre de 1 millimètre de diamètre et de 0^{m},66 de longueur. Sa bobine aimantante était formée d'un fil de 3 mil-

Fig. 258. — Procédé d'aimantation permanente par les hélices.

limètres de diamètre et de 7 à 8 mètres de longueur. Ce procédé offre une grande analogie avec celui de la double touche. »

La production de puissants aimants permanents a pris une grande importance depuis l'invention des machines magnéto-électriques et leur application à la lumière électrique et à la galvanoplastie. L'inventeur d'un de ces appareils, que nous décrirons bientôt, M. de Méritens, aimante très rapidement à saturation les 40 faisceaux d'aimants permanents qui composent l'une de ses machines. Il place deux aimants à la fois, les pôles en regard, séparés par une mince feuille de cuivre contre laquelle ils sont appliqués. Des bobines excitatrices ou magnétisantes enveloppent chaque faisceau, et, pour les animer, il envoie dans le fil le courant d'une machine Gramme qu'il laisse agir pendant vingt secondes, pour l'interrompre pendant vingt autres secondes. « A chaque reprise du courant, un violent mouvement moléculaire se produit, et l'aimantation est telle, que, si on laisse l'appareil fonctionner pendant plus de dix minutes, la chaleur apparaît aux pôles des aimants. » Par ce procédé, M. de Méritens arrive à aimanter à saturation ses

Fig. 239. — Électro-aimant en fer à cheval.

Fig. 240. — Électro-aimant à noyaux parallèles.

quarante faisceaux en moins d'une journée avec un seul homme.

Voilà pour ce qui concerne le procédé d'aimantation permanente.

Nous avons déjà vu que le fer doux enveloppé d'une hélice magnétisante prend une aimantation temporaire. La force magnétique ainsi développée est d'autant plus puissante que le fer est plus homogène et plus pur, et que le nombre des spires de l'hélice est plus considérable. Pour réaliser facilement cette dernière condition, on entoure le fil métallique d'une enveloppe isolante, comme dans le multiplicateur de Schweigger, par exemple de fil de soie ou de coton. On l'enroule alors autour du morceau de fer doux, en serrant les tours autant qu'on veut, de manière à obtenir un très grand nombre de spires. On a alors ce qu'on appelle un *électro-aimant*, c'est-à-dire un aimant dont la puissance magnétique subsiste pendant la durée du passage du courant de la pile, et cesse dès que le courant est interrompu[1].

On donne souvent aux électro-aimants la forme d'un cylindre recourbé en fer à cheval, dont chaque branche est recouverte par une portion du fil (fig. 239). Les hélices y paraissent enroulées en sens opposé, mais le sens de l'enroulement est en réalité le même dans les deux branches, si l'on suppose le cylindre de fer doux redressé. Aux deux extrémités se trouvent donc, dès que le courant passe, deux pôles de noms contraires. On fait aussi des électro-aimants avec deux cylindres de fer doux parallèles, réunis d'un côté par une lame de fer, de l'autre par une lame de cuivre (fig. 240). On donne du reste les formes les plus variées à ces appareils, selon l'usage auquel on les destine : on les fait cylindriques, carrés, plats, ellipsoïdaux ; on donne également à leurs armatures les formes les plus diverses.

L'électro-aimant que M. Pouillet a fait construire pour la Faculté des sciences de Paris est capable de supporter une charge de plusieurs milliers de kilogrammes. Un électro-aimant appartenant à M. Gordon, l'auteur du *Traité de l'électricité et du magnétisme* que nous avons cité si souvent, est formé d'un fer à cheval dont les branches, longues de 53 centimètres, ont 635 millimètres de diamètre ; les hélices ont 50,5 centimètres de long et 12,7 centimètres de diamètre extérieur ; elles ne contiennent pas moins de 1000 tours de fil de cuivre de 1^{mm},25 de diamètre, et pèsent chacune 15 kilogrammes. « Un tel aimant, mis les pôles en bas et traversé par un courant énergique, porterait probablement un poids de 1 à 3 tonnes attaché

1. L'intensité du magnétisme qu'on peut communiquer de cette manière à un barreau de fer doux dépend non seulement de l'intensité du courant, mais aussi du nombre des spires du fil qui l'entoure, de la longueur et du diamètre de ce fil. D'après M. Weber, pour de faibles intensités, il y a à peu près proportionnalité entre l'intensité magnétique et celle du courant ; mais quand celle-ci croît, la première tend vers une limite déterminée. « L'existence d'une limite à l'aimantation, dit M. Verdet, est d'ailleurs une conséquence évidente de la théorie d'Ampère : lorsque tous les éléments magnéfiques d'un barreau sont orientés parallèlement à son axe, leurs actions sont concordantes, et l'aimantation ne peut plus s'accroître. »

à son armature. » Avec des appareils aussi puissants, nous

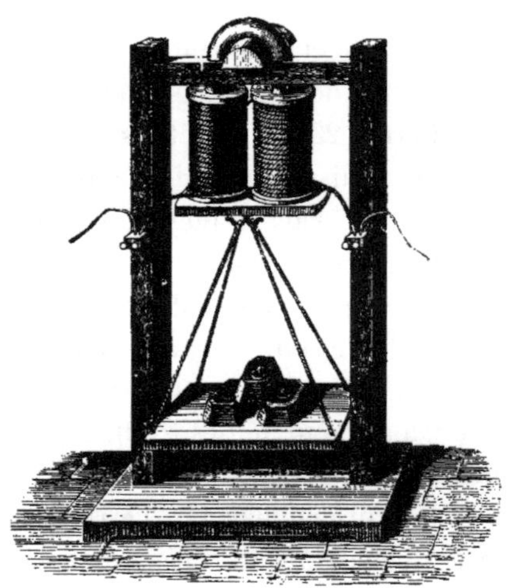

Fig. 241. — Électro-aimant avec sa charge

verrons bientôt l'action magnétique s'exercer sur des substances

Fig. 242. — Chaîne magnétique.

qui avaient jusqu'alors paru résister à leur influence. Indépendamment des nombreuses applications qu'ils reçoivent et que nous décrirons plus loin, les électro-aimants permettent encore de faire plusieurs expériences curieuses, par exemple de produire une chaîne magnétique, en disposant au-dessous des pôles un amas de substances magnétiques, de la limaille de fer, des clous, etc. Aussitôt que le courant passe, les petits corps sont attirés par les pôles, s'aimantent par influence et s'enchevêtrent comme le montre la figure 242. Dès que le circuit est ouvert, la chaîne se rompt, et tous les fragments tombent à la fois.

La promptitude avec laquelle, sous l'influence de l'électricité, le fer doux s'aimante, puis perd son aimantation dès que le courant cesse, a suscité de nombreuses et importantes applications de l'électro-aimant. Nous verrons ailleurs qu'on a utilisé cette propriété pour construire des machines motrices, peu puissantes il est vrai, mais précieuses pour les travaux qui exigent précision et régularité. Mais c'est surtout dans la télégraphie électrique que l'électro-aimant joue un rôle capital, bien propre à montrer combien les spéculations de la théorie la plus élevée touchent de près aux applications pratiques de la plus haute utilité sociale. Plus tard nous rendrons justice aux inventeurs des systèmes qui ont réalisé ce mode de communication, pour ainsi dire instantané, de la pensée ; maintenant ce sont les noms de Volta, d'Ampère, d'Arago qu'il faut signaler à la reconnaissance du monde civilisé, car c'est à ces hommes illustres qu'on doit la découverte des principes qui sont la base de cette invention merveilleuse.

§ 7. DIAMAGNÉTISME.

En décrivant les phénomènes généraux du magnétisme, nous avons vu qu'un petit nombre de substances, telles que le fer, le nickel, le cobalt, jouissent de la propriété d'être attirées par l'aimant ; quelques-unes de ces substances, qu'on nomme *magnétiques*, peuvent en outreacquérir d'une façon permanente le magnétisme polaire, c'est-à-dire devenir elles-mêmes des aimants. Dans la théorie des deux fluides, l'existence de ces substances en quelque sorte privilégiées, l'absence de cette propriété dans tous les autres corps, étaient autant d'hypothèses liées à celle même qui constituait la théorie. Mais, depuis que le magnétisme et l'électricité ont été rattachés à la même cause, ainsi que le prouvent clairement les nombreux phénomènes d'influence réciproque entre les aimants et les courants, on ne se rend compte que difficilement d'une distinction radicale entre les corps magnétiques et les corps non magnétiques. Si, comme l'exige la théorie d'Ampère, les particules des corps magnétiques doivent être assimilées à des éléments de pile voltaïque dont les courants fermés sont orientés dans tous les sens, si l'action d'un aimant ou d'une hélice magnétisante consiste précisément à diriger ou à orienter ces courants particulaires, d'où les attractions que constate l'expérience, on peut se demander pourquoi tant de corps sont dépourvus de cette propriété. On s'est posé en effet cette question, et le résultat des recherches faites à ce point de vue a été précisément la découverte de la généralisation de l'action des aimants. Il a fallu toutefois pour cela que les physiciens pussent disposer d'aimants d'une grande puissance, tels que les électro-aimants, que nous venons de décrire.

On avait bien fait, au siècle dernier et dans la première moitié de celui-ci, des recherches qui firent croire à l'action des aimants sur diverses substances considérées jusqu'alors comme non magnétiques ; Coulomb avait fait osciller dans sa balance de fines aiguilles d'or, d'argent, de verre, de cire, etc. ; mais ses propres expériences et celles de Biot lui firent reconnaître que l'action de l'aimant pouvait être, dans ces circonstances, attribuée à des parcelles de fer trop petites pour être décelées par l'analyse chimique. Toutefois un fait capital, déjà entrevu par Brugmans, fut mis hors de doute en 1828 par Lebaillif : c'est que le bismuth (auquel ce dernier joignit l'antimoine) exerce une répulsion sur l'aiguille aimantée. La présence du fer ou de toute autre substance magnétique dans ces deux métaux était impuissante à expliquer cette anomalie.

C'est à Faraday que revient l'honneur d'avoir démontré que la propriété magnétique est générale, ou du moins que presque tous les corps, solides, liquides ou gazeux, subissent l'influence de l'aimant. Seulement l'action est attractive pour les uns, répulsive pour d'autres, de sorte que les corps se divisent en deux classes distinctes, la première comprenant les substances qui, comme le fer doux, sont attirées par les pôles d'un aimant,

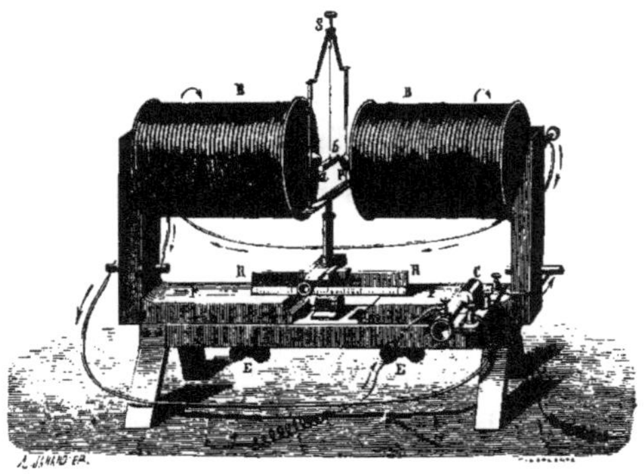

Fig. 243. — Appareil Ruhmkorff pour l'étude du diamagnétisme.

la seconde les substances qui, comme le bismuth, en sont repoussées. Faraday appelle les premières *paramagnétiques*, ou simplement magnétiques ; les autres sont les substances *diamagnétiques*.

Arrivons aux expériences qui ont servi à mettre en évidence ces propriétés nouvelles.

Ruhmkorff a construit, pour l'étude du diamagnétisme, un électro-aimant d'une grande puissance, disposé comme le montre la figure 243[1]. Les deux bobines B, B ont leurs noyaux

1. Faraday plaçait verticalement les branches de son électro-aimant. Les armatures, formées de blocs de fer doux, coniques par un bout, méplats de l'autre, étaient placées aux sommets des noyaux des bobines.

reliés par une double équerre de fer doux, dont les branches peuvent glisser horizontalement, et permettent de placer les pôles à la distance convenable ; des écrous EE les maintiennent à la position qu'on leur a donnée. Les axes et les pôles des bobines, c'est-à-dire les pôles opposés de l'électro-aimant, sont sur une même ligne horizontale et en regard l'un de l'autre. Les armatures P ont la forme de masses arrondies ou de cônes émoussés, quelquefois de surfaces planes et horizontales qui se vissent sur les extrémités des noyaux des bobines.

Pour étudier un corps solide, on le taille en forme de barreau allongé *ab*, qu'on suspend horizontalement à l'aide d'un support S au-dessus du milieu de la ligne qui unit les deux pôles. Alors on fait passer le courant. Si le corps qu'on expérimente est magnétique, il tourne autour de son point de suspension jusqu'à ce que son axe coïncide exactement avec la ligne des pôles de l'électro-aimant ; si l'on supprime la torsion du fil, il persiste dans cette position *axiale*. Si, au contraire, le corps qu'on expérimente est diamagnétique, on voit le barreau se diriger perpendiculairement à la ligne des pôles et prendre la position que Faraday a nommée *équatoriale*. Dans le premier cas, sous l'influence de l'électro-aimant, le barreau est devenu un aimant temporaire, avec deux pôles, qu'attirent les deux pôles opposés des armatures ; dans le second cas, le barreau étant diamagnétique, est repoussé par l'un et l'autre pôles de l'électro-aimant.

Ainsi les deux classes de substances paramagnétiques, ou diamagnétiques, se distinguent selon la direction axiale ou équatoriale que prennent les barreaux librement suspendus entre les pôles d'un électro-aimant puissant. « Avec cet appareil, dit M. Quet, il n'y a pas de corps solide qui ne se montre magnétique ou diamagnétique. Parmi les métaux, le fer, le nickel, le cobalt, le manganèse, le chrome, le cérium, le titane, le palladium, le platine et l'osmium sont magnétiques ; tandis que le bismuth, l'antimoine, le zinc, l'étain, le cadmium, le sodium, le mercure, le plomb, l'argent, le cuivre et l'or sont diamagnétiques. On peut remarquer que le crown-glass est magnétique, et le flint-glass diamagnétique; que la plupart des substances organiques sont diamagnétiques ; enfin que le vermillon, le minium, le peroxyde de plomb, l'asbeste, le papier, etc., sont magnétiques, et que les cristaux des cyanures jaune et rouge de fer et de potassium sont diamagnétiques. »

Voilà pour les solides. Les liquides sont de même influencés par l'électro-aimant et se partagent aussi en deux classes, selon qu'ils sont attirés ou repoussés. Pour reconnaître ces propriétés, Faraday renfermait les liquides dans un petit tube en verre très mince, qu'il suspendait horizontalement entre les pôles et qui prenait la direction axiale ou équatoriale, selon que le liquide était magnétique ou diamagnétique. M. Plucker plaçait le liquide dans un verre de montre posé sur les pièces polaires convenablement façonnées : ce liquide s'allongeait dans la direction axiale et se creusait ainsi vers le milieu, s'il était magnétique; au contraire, il devenait convexe selon la direction équatoriale, s'il était diamagnétique. M. Quet s'est servi, pour la même étude, d'un tube de verre horizontal placé entre les deux branches de l'électro-aimant, dans une direction perpendiculaire à la ligne des pôles. « Une goutte de liquide, dit-il, est mise dans le tube, et son milieu est placé à droite ou à gauche de la même ligne. Dès que l'électro-aimant est animé, la goutte est repoussée dans le tube, et la répulsion reste permanente, si le liquide est diamagnétique ; elle serait attirée et son milieu se placerait sur la ligne des pôles, si le liquide était magnétique... On a reconnu par ces divers procédés que l'eau, l'alcool, l'éther et la plupart des liquides organiques sont diamagnétiques. Aucun corps solide ou liquide ne reste indifférent lorsque l'électro-aimant est assez énergique, si ce n'est les mélanges, en proportions convenables, des liquides magnétiques avec les liquides diamagnétiques. » Bien qu'il contienne du fer, le sang est diamagnétique.

Les gaz subissent aussi l'influence des aimants. La flamme

d'une lampe, la fumée de cette même lampe, les vapeurs d'eau et d'alcool placées entre les pôles de l'électro-aimant, subissent une action répulsive. M. Quet a constaté l'action répulsive de l'aimant sur l'arc voltaïque. L'expérience était disposée comme le montre la figure 244. Les électrodes de charbon entre lesquelles jaillit la lumière de l'arc (comme nous le verrons bientôt) étaient placées entre les extrémités A et B des cônes polaires de l'électro-aimant. Dès que ce dernier était animé par le courant, l'arc s'allongeait suivant la direction équatoriale, en prenant la forme du dard qu'on obtient du chalumeau dans une flamme; sa longueur atteignait dix fois celle de l'arc. Un bruissement se faisait entendre, puis une forte détonation, quand la projection était assez forte pour rompre l'arc. Nous verrons plus tard d'autres effets intéressants de l'action magnétique sur les lumières électriques de formes diverses.

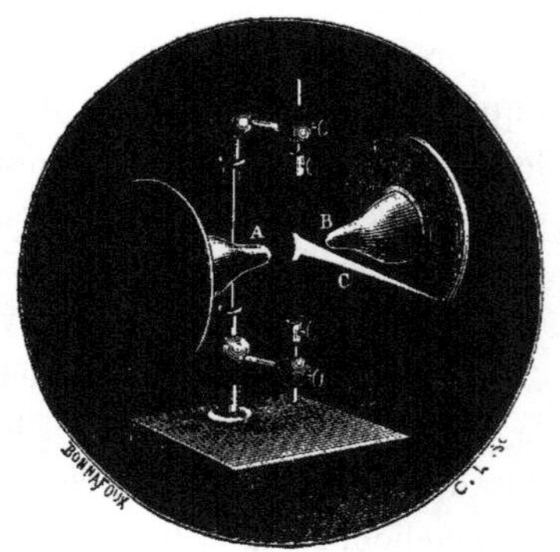

Fig. 244. — Répulsion de l'arc voltaïque.

Les pouvoirs paramagnétiques et diamagnétiques des corps varient considérablement d'une substance à l'autre. Faraday a étudié ces pouvoirs dans les métaux, et il a déduit de ses expériences la liste suivante, qui comprend d'une part les métaux magnétiques et de l'autre les métaux diamagnétiques, rangés par ordre de pouvoir décroissant à partir du fer et du bismuth : les métaux ayant les pouvoirs magnétiques ou diamagnétiques les plus faibles sont les plus voisins du point neutre ou 0. Mais il ne faut pas oublier que le magnétisme du fer est beaucoup plus intense que celui du bismuth : l'intensité du pôle d'un électro-aimant à noyau de fer est, d'après Gordon, de 32 à 45 fois celle de la force magnétisante; celle d'un noyau de bismuth n'en serait que la 400 000e partie. Dès lors le pouvoir magnétique du fer est de 15 à 18 millions de fois aussi grand que le pouvoir diamagnétique du bismuth.

LISTE DES MÉTAUX

Magnétiques.	Paramagnétiques.
Fer.	Bismuth.
Nickel.	Antimoine.
Cobalt.	Zinc.
Manganèse.	Cadmium.
Chrome.	Sodium.
Cérium.	Mercure.
Titane.	Plomb.
Palladium.	Argent.
Platine.	Cuivre.
Osmium.	Or.
	Arsenic.
	Urane.
	Rhodium.
	Iridium.
	Tungstène.

0

M. Edmond Becquerel a constaté que l'attraction exercée par les pôles d'un électro-aimant sur un centimètre cube d'oxygène à la pression normale est environ le cinquième de la répulsion que subit 1 centimètre cube d'eau dans les mêmes conditions : elle est égale à 0,18 ou à 0,187, selon que l'eau est dans l'air ou dans le vide. Si l'on tient compte des quantités de matière, on voit que le pouvoir magnétique de l'oxygène est 126 fois plus fort que le pouvoir diamagnétique de l'eau. Le magnétisme de l'oxygène, qui est le seul gaz magnétique connu, s'affaiblit avec sa densité, quand la température reste la même et que la pression tend à diminuer. Elle s'affaiblit beaucoup lorsque la température s'élève. L'air est cinq fois plus magnétique que l'oxygène, d'où il résulte que son magnétisme est dû à l'oxygène qu'il renferme.

La force magnétique de l'oxygène fit soupçonner à Faraday qu'elle doit intervenir dans les phénomènes de magnétisme terrestre. Il est intéressant de connaître les vues et les recherches de l'illustre physicien anglais sur ce sujet. En voici, d'après Tyndall[1], un court résumé. « L'oxygène, dit Faraday lui-même, ne peut pas exister dans l'atmosphère et y exercer une quantité si remarquable et si élevée de force magnétique, sans avoir une influence des plus importantes sur la disposition du magnétisme de la Terre considérée en tant que planète ; surtout si l'on se rappelle que son état magnétique est grandement modifié par les variations de sa densité et par les changements de sa température. Je crois voir ici la cause réelle des variations de cette force que l'on a observées et que l'on observe maintenant avec tant de soin sur les différentes parties de la surface du globe. La variation diurne et la variation annuelle doivent vraisemblablement en dépendre l'une et l'autre; il en est de même d'un grand nombre de variations irrégulières, continuelles, que les procédés d'enregistration photographique rendent si merveilleusement évidentes. Si cette espérance se confirme, si l'on trouve que l'influence de l'atmosphère est capable de produire de pareils résultats, nous trouverons probablement une nouvelle relation entre les aurores boréales et le magnétisme terrestre, à savoir, une relation établie plus ou moins à travers l'air lui-même avec les espaces supérieurs. Ajoutons que des relations et des variations magnétiques non encore soupçonnées pourront être rendues manifestes et mesurables par le développement futur de ce que je me risque à appeler le *magnétisme atmosphérique.* » Faraday consacra à l'étude de cette question intéressante deux mémoires, où il discute les effets de la chaleur et du froid sur le magnétisme de l'air, et l'action sur l'aiguille aimantée qui doit résulter des changements de température ; il applique les résultats de ses recherches à l'explication des variations annuelles, diurnes et irrégulières, telles qu'elles ont été constatées par les longues séries d'observations recueillies dans les observatoires magné-

1. *Faraday inventeur.*

tiques. Depuis, d'autres causes ont été invoquées, notamment les causes cosmiques, telles que la périodicité des taches du Soleil ; mais il ne nous semble pas qu'elles soient nécessairement exclusives de la cause invoquée par Faraday ; on peut en effet concevoir que l'action magnétique du Soleil s'exerce d'abord sur l'atmosphère et sur l'oxygène qui en est une fraction importante.

§ 8. ACTION DU MAGNÉTISME SUR LA LUMIÈRE POLARISÉE.

Les premiers travaux de Faraday sur le diamagnétisme avaient eu pour origine une découverte intéressante, dont nous allons dire ici quelques mots : elle est relative au pouvoir du magnétisme sur la lumière polarisée. Voici comment il décrit l'expérience qui lui révéla cette propriété. Étant parvenu à produire, en vue de perfectionner la fabrication du verre employé en optique, un verre pesant et d'un grand pouvoir réfringent (silico-borate de plomb), il s'en servit de la façon suivante : « Un fragment de cette espèce de verre, dit-il, dont les faces étaient planes et polies, ayant environ 26 centimètres carrés de surface et 15 millimètres d'épaisseur, fut placé entre les pôles d'un électro-aimant non encore excité par le courant électrique, de sorte que le rayon polarisé pût le traverser dans sa longueur. Le verre se comportait alors comme l'air, l'eau ou toute autre substance inactive : si l'analyseur a été préalablement tourné de façon à produire l'extinction du rayon polarisé, ou à rendre invisible l'image donnée par ce rayon, l'introduction du verre n'apporte aucune modification à cet état de choses. Tout restant dans cet état, on développe l'activité de l'électro-aimant, en envoyant le courant électrique dans les bobines : aussitôt l'image de la lampe d'où émanait le rayon de lumière *devint visible* et continua à être visible aussi longtemps que dura l'action magnétique. Dès que, par l'ouverture du courant électrique, la force magnétique cessa d'agir, la lumière disparut. Ces phénomènes pouvaient être renouvelés à volonté, en toute circonstance, à un moment quelconque, montrant ainsi clairement la parfaite dépendance de cause à effet[1]. »

Ces expériences furent étendues à une foule de corps solides monoréfringents, qui tous acquièrent le pouvoir rotatoire sous l'influence du magnétisme, les cristaux doués de la double réfraction y étant fort peu sensibles. Un nouveau chapitre fut de la sorte ajouté aussi bien à l'optique physique qu'au magnétisme et à l'électricité.

Les lois de ce mouvement rotatoire de la lumière polarisée sous l'influence de l'action des aimants, ont été étudiées par Faraday et par d'autres nombreux physiciens, parmi lesquels nous citerons Verdet. Les exposer ici nous ferait sortir de notre cadre, et nous renvoyons le lecteur désireux de s'en instruire à l'étude des mémoires spéciaux. Bornons-nous à dire que le sens dans lequel s'exerce la rotation est, dans beaucoup de substances, le même que celui des courants électriques de l'électro-aimant; cependant Verdet a montré qu'il est de sens opposé dans les composés de fer, de titane, de lanthane, de cérium, et tantôt direct, tantôt inverse, dans ceux de manganèse. Lorsque le rayon lumineux, qu'on suppose toujours pénétrer normalement dans le prisme, est parallèle à la ligne des pôles, l'angle de rotation est maximum; il est d'autant plus petit que sa direction est plus éloignée de ce parallélisme, pour devenir nul dans une direction perpendiculaire. Ceci suppose que l'intensité magnétique reste la même; si elle varie, l'angle de rotation, toutes choses égales d'ailleurs, varie proportionnellement.

L'importance théorique de ces phénomènes n'échappera à personne. C'est par des vues théoriques que Faraday a été conduit à sa brillante découverte du pouvoir magnétique des aimants sur la lumière. Aussi nous croyons devoir terminer

1. Au lieu d'employer un électro-aimant (qui était ici actionné par cinq couples de Grove et dont chaque pôle portait jusqu'à 26 kilogrammes), Faraday répéta la même expérience avec un bon aimant permanent en acier, en fer à cheval. Les résultats étaient plus faibles, mais suffisants pour montrer l'identité d'action sur la lumière des aimants ordinaires et des électro-aimants.

ce paragraphe par la citation du fragment suivant de ses conclusions générales, afin d'en bien préciser toute la portée : « Ainsi, dit-il, se trouvent établies, pour la première fois je pense, une relation, une dépendance vraiment directes entre la lumière et les forces électriques et magnétiques ; ainsi un fait important vient se joindre aux faits et aux vues tendant à démontrer la communauté d'origine et le lien de toutes les forces naturelles. Sans doute il est difficile encore, dans l'état actuel de la science, de dire d'une façon précise ce que nous espérons. J'ai dit qu'une des forces de la nature se trouve, par ces expériences, directement reliée aux autres forces ; peut-être aurais-je dû dire qu'une des formes du grand pouvoir de la nature y est distinctement et directement reliée à d'autres formes ; ou que ce pouvoir, qui se manifeste par des phénomènes particuliers sous des formes particulières, révèle une fois de plus son identité et se fait encore reconnaître par la relation directe établie entre sa forme lumière et ses formes électricité et magnétisme. » Un jour n'est sans doute pas éloigné où ce qui peut encore paraître obscur dans ces vues de l'illustre physicien, deviendra aussi clair que l'est aujourd'hui l'équivalence de la force mécanique et de la chaleur, ou la transformation de ces deux forces l'une dans l'autre.

CHAPITRE IX

L'INDUCTION

§ 1. PHÉNOMÈNES D'INDUCTION PAR LES COURANTS.

C'est encore le nom de Faraday qui se présente à l'origine des nouveaux et remarquables phénomènes qui furent mis au jour, il y a cinquante ans passés, et que nous allons décrire dans ce chapitre.

Faraday découvrit au mois de novembre 1831 ce fait remarquable : au moment où l'on introduit dans un fil métallique un courant électrique, il naît dans un fil voisin, parallèle au premier et séparé de lui par un corps isolant, un courant qui est de sens contraire au premier courant. L'existence du courant ainsi développé par influence ou induction peut être mise en évidence par la déviation spontanée que subit l'aiguille d'un galvanomètre avec lequel communique le fil. Il cesse d'ailleurs aussitôt, bien que le premier courant continue à circuler dans le fil principal; mais si l'on rompt celui-ci, un autre courant instantané se produit en sens inverse dans le fil parallèle et cesse encore immédiatement. On donne au courant primitif le nom de *courant inducteur ;* au courant produit quand ce dernier commence, le nom de *courant induit inverse*, et enfin au courant qui se développe quand on rompt le courant inducteur, le nom de *courant induit direct*[1].

1. Il est intéressant de voir comment Faraday est arrivé à la découverte de l'induction,

Les aimants font naître des courants d'induction, tout comme les courants voltaïques ; il en est de même, ainsi que l'a prouvé M. Masson en 1834, des décharges d'électricité statique. Nous allons rapidement passer en revue les principales expériences à l'aide desquelles on constate cette nouvelle série de phénomènes ; après quoi, nous décrirons les remarquables appareils dont la construction est basée sur les lois de l'induction, et qui servent aujourd'hui à produire l'électricité avec une puissance extraordinaire.

Pour obtenir des courants induits un peu intenses, il faut donner aux fils parallèles une longueur considérable. On évite l'inconvénient qui en résulte, en enroulant chacun des fils recouverts de soie autour d'un cylindre creux, de carton ou de bois. On a alors ce qu'on nomme une *bobine*. Les deux extrémités du fil viennent aboutir à deux boutons métalliques fixés sur l'une des bases du cylindre, et qui servent à mettre l'hélice ainsi formée en communication, soit avec les deux rhéophores d'une pile, soit avec un galvanomètre.

Prenons deux bobines, l'une d'un plus grand diamètre que

que des expériences d'Ampère, faites dix ans plus tôt, avaient d'ailleurs fait pressentir. Voici comment Tyndall raconte ce fait considérable :

« Faraday commença ses expériences sur l'induction des courants électriques en composant une hélice de deux fils isolés, qu'il enroula parallèlement l'un au-dessus de l'autre sur un même cylindre de bois. Les extrémités de l'un de ces fils furent reliées aux deux pôles d'une pile de dix éléments, les extrémités de l'autre à un galvanomètre très sensible. Quand la communication avec le pile était établie et que le courant circulait, aucun effet n'était accusé par le galvanomètre. Faraday n'acceptait un résultat qu'après avoir épuisé sur lui toute la force de sa volonté. Il alla de 10 à 120 éléments, mais sans succès. Le courant coulait tranquillement dans le fil du circuit, sans produire pendant son écoulement aucune déviation de l'aiguille du galvanomètre.

« *Pendant son écoulement !* c'est pendant cette période qu'on s'attendait à trouver l'effet cherché. Mais c'est ici que la puissance de vision latérale de Faraday, qui lui permettait d'observer en dehors de la ligne de mire, lui venait en aide : il remarqua que l'aiguille faisait un léger mouvement chaque fois qu'il fermait le circuit, qu'elle revenait ensuite à sa position d'équilibre et s'y maintenait tranquille, sans être influencée par le courant qui coulait. Mais, au moment où le circuit était rompu, l'aiguille se mouvait de nouveau, et cette fois dans une direction opposée à celle de la déviation observée dans la fermeture du circuit.

« Ce résultat et d'autres semblables le conduisirent à la conclusion que le courant de la pile à travers le premier fil devait faire naître dans le second fil un courant semblable, mais que ce courant ne durait qu'un instant, et ressemblait plus dans sa nature à l'onde électrique émanée d'une bouteille de Leyde ordinaire qu'au courant de la pile. » (Tyndall, *Faraday inventeur.*)

l'autre, de façon que la plus petite puisse pénétrer dans la cavité cylindrique de la plus grande. Celle-ci est en communication avec un galvanomètre, ce sera la *bobine induite ;* l'autre, la *bobine inductrice*, une fois introduite dans la première, est mise en communication avec les pôles d'un élément Bunsen. Dès que le courant est fermé, on voit l'aiguille du galvanomètre indiquer par sa déviation qu'un courant induit inverse a traversé les spires de la première bobine ; mais l'aiguille rétrograde aussitôt, revient au zéro après quelques oscillations, et y reste tant que le courant existe. Si alors on rompt le circuit inducteur, l'aiguille dévie en sens inverse, indiquant par conséquent la naissance d'un courant induit direct. Puis elle

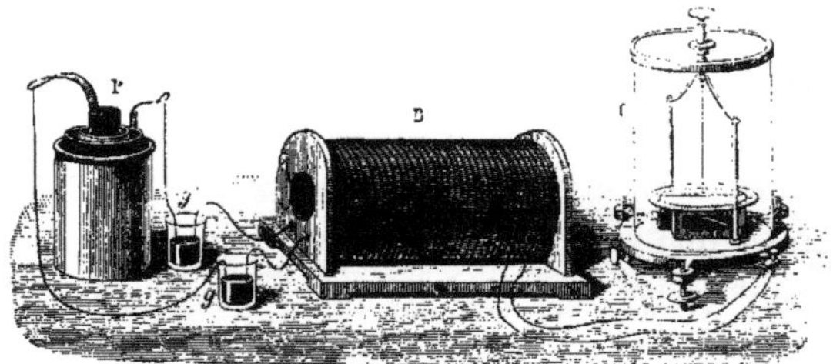

Fig. 245. — Induction par un courant.

revient de nouveau au zéro, et y persiste tant que le courant est rompu.

Que démontre cette première expérience? Que tout courant voltaïque développe dans un fil conducteur voisin, à l'instant où il commence, un courant inverse ; au moment où il finit, un courant direct ; enfin que son action inductrice est nulle pendant tout le temps de la durée du courant inducteur.

Maintenant, supposons la bobine inductrice en relation avec la pile, et le circuit fermé avant d'approcher les deux bobines l'une de l'autre, comme le montre la figure 246. Si alors on approche brusquement la bobine inductrice de la bobine induite, un courant inverse naît dans celle-ci ; c'est ce qu'indique la déviation de l'aiguille du galvanomètre. Aussitôt ce courant cesse; mais si on éloigne alors la bobine inductrice, un courant induit direct se développe et cesse immédiatement comme le premier. En un mot les choses se passent comme dans la première expérience et l'induction est ici la conséquence du mouvement relatif du conducteur et du courant.

Supposons maintenant enfin qu'on recommence les deux expériences qui précèdent, mais que, dans l'intervalle qui sépare la production des deux courants induits opposés, on vienne à accroître l'intensité du courant inducteur; à l'instant même où a lieu cet accroissement, l'aiguille du galvanomètre, qui était revenue au zéro, dévie et indique la naissance d'un

Fig. 246. — Induction par l'approche ou l'éloignement d'un courant.

courant induit inverse. Si l'intensité du courant vient, au contraire, à diminuer, il se produit un courant direct dans la bobine induite.

Pour réaliser cette dernière expérience, on met en communication deux points intermédiaires du circuit inducteur, à l'aide d'un fil de dérivation d (fig. 247), dont les extrémités plongent dans le mercure des godets g et g'. Au moment où cette dérivation est établie, l'intensité du courant diminue brusquement dans la bobine inductrice, parce que le fil de dérivation en absorbe une partie. Aussitôt la déviation de l'aiguille du galvanomètre indique dans la bobine induite la naissance d'un courant direct; puis elle revient à sa position première.

Mais si alors on vient à supprimer la dérivation, le courant inducteur reçoit une brusque augmentation d'intensité, et l'on constate la naissance d'un courant induit inverse.

On peut donc résumer de la façon suivante les phénomènes d'induction par un courant :

Un courant voltaïque développe par influence ou induction, dans un fil conducteur voisin, un courant de sens opposé au sien, c'est-à-dire un *courant induit inverse*, toutes les fois :

1° Qu'il commence ;

2° Qu'il s'approche ;

3° Qu'il augmente d'intensité.

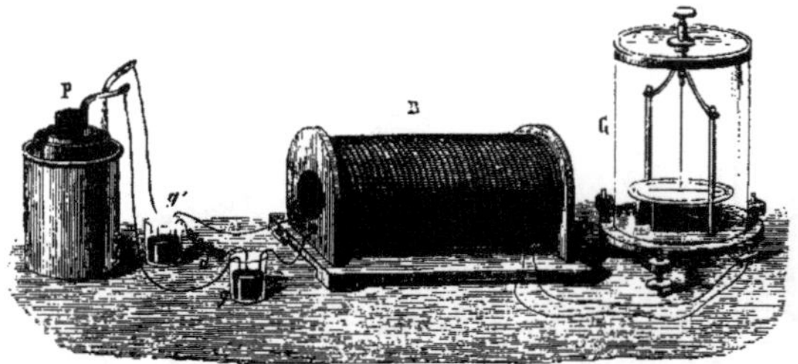

Fig. 247. — Induction par la variation d'intensité d'un courant.

Le même courant produit un *courant induit direct*, ou de même sens que le sien, toutes les fois :

1° Qu'il finit ;

2° Qu'il s'éloigne ;

3° Qu'il diminue d'intensité.

Nous allons voir maintenant les mêmes phénomènes se produire avec les courants magnétiques, c'est-à-dire avec les aimants, et la théorie d'Ampère recevoir ainsi des expériences de l'illustre Faraday une confirmation nouvelle.

§ 2. INDUCTION PAR LES AIMANTS.

Reprenons une bobine dont l'hélice ait ses extrémités en communication avec un galvanomètre. Plaçons un aimant dans l'axe du cylindre ; et approchons vivement l'un de ses pôles de la bobine : l'aiguille du galvanomètre est aussitôt déviée, puis elle retourne à zéro. Le sens de la déviation indique un courant opposé à celui qui, d'après la théorie d'Ampère, représente l'action du pôle voisin de la bobine. D'ailleurs le courant induit cesse aussitôt, et rien ne se manifeste plus, tant que l'aimant reste en présence (fig. 248). Vient-on à l'enlever subitement, l'aiguille du galvanomètre dévie en sens contraire, puis retourne au zéro après quelques oscillations. Elle a donc accusé la naissance d'un courant induit direct.

Fig. 248. — Induction par un aimant.

Avant d'approcher l'aimant, supposons qu'on ait introduit dans la bobine un cylindre de fer doux (fig. 249). Si maintenant on approche, en le faisant mouvoir selon l'axe du cylindre, un des pôles de l'aimant, il y aura induction et production d'un courant inverse pour une double raison : d'abord la présence

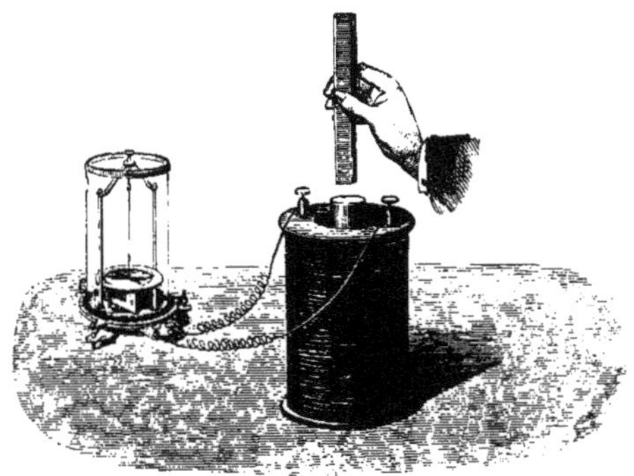
Fig. 249. — Induction par la naissance ou la disparition d'un pôle magnétique.

de l'aimant suffit à produire le courant induit ; de plus, le fer doux est lui-même aimanté par influence et il réagit sur l'hélice de la bobine. Ce qui le prouve, c'est que la déviation de l'aiguille du galvanomètre est plus forte que dans l'expérience précédente. La même remarque s'applique au courant induit direct, que l'éloignement rapide de l'aimant développe dans la bobine. Enfin, si l'on fait varier la distance de l'aimant au fer doux, l'aimantation de ce dernier augmente ou diminue, et l'on constate la naissance de courants induits opposés, dans ces deux circonstances.

En résumé, il y a induction d'un fil conducteur par un aimant et production d'un courant induit inverse, toutes les fois :

1° Que le pôle magnétique s'approche;

2° Qu'il s'établit;

3° Que son intensité augmente.

Il y a, au contraire, production d'un courant induit direct :

1° Si le pôle magnétique s'éloigne;

2° S'il est détruit;

3° Si son intensité diminue.

La Terre étant assimilée, dans la théorie du magnétisme d'Ampère, à un gigantesque aimant, ou mieux à un solénoïde dont les courants particulaires ont la direction Est-Ouest, elle doit, comme les aimants, être susceptible de produire des courants d'induction. C'est en effet ce qui a lieu et les expériences de Faraday ont encore confirmé cette prévision de la théorie. Prenant une hélice AB (fig. 250), dont les extrémités E et O formaient un axe autour duquel le système pouvait tourner, il plaçait cet axe horizontalement dans une direction perpendiculaire au plan du méridien magnétique, et donnait à l'hélice une position parallèle à l'aiguille d'inclinaison. Il lui imprimait alors brusquement un mouvement de rotation autour de EO : un galvanomètre communiquant avec les fils de l'hélice indiquait la naissance instantanée d'un courant, dont le sens changeait à chaque demi-révolution. Faraday avait commencé par placer dans l'hélice un barreau de fer doux qui s'aimantait sous l'influence de la Terre, de sorte que l'action inductrice de celle-ci s'exerçait par l'intermédiaire du barreau. Mais, comme le mouvement de rotation et le changement de direction qui en résultaient, faisaient varier l'aimantation du barreau, ces variations elles-mêmes donnaient naissance à des courants induits de même sens que ceux de la bobine, et leurs effets en s'ajoutant se confondaient.

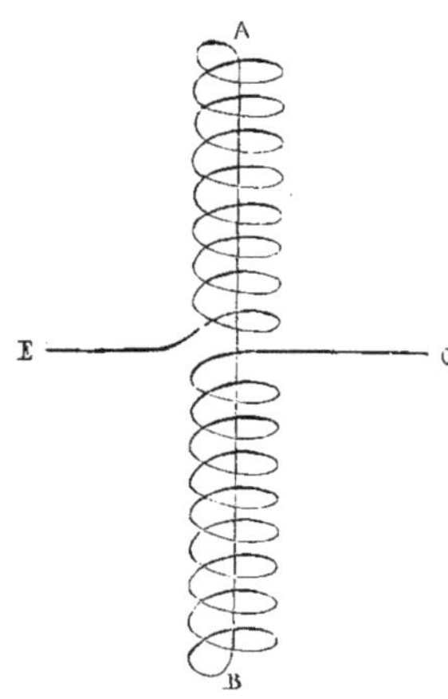

Fig. 250. — Action inductrice de la Terre.

On nomme *extra-courant* un courant induit qui se développe par l'action d'un courant sur lui-même, c'est-à-dire sur une partie de son propre circuit. C'est encore à Faraday qu'est due la démonstration de l'existence de ces sortes de courants induits. Voici comment l'illustre physicien a mis en évidence l'extra-courant. Une pile P (fig. 251) envoie un courant dans un circuit ACBD, qui est relié par un fil de dérivation CD à un galvanomètre G. Sous l'influence de ce courant continu, l'aiguille du galvanomètre dévie et prend une position d'équilibre xy. On ouvre alors le circuit en A, ce qui interrompt le courant; mais à l'aide d'une cale on conserve à xy sa position, pour l'empêcher de revenir en arrière en *ab*, position qu'elle occupait avant la fermeture du courant. On ferme de nouveau le circuit en A, et aussitôt on voit l'aiguille subir un excès de déviation, puis revenir sur elle-même en xy. Ainsi, au moment de la fermeture, un courant plus intense que le courant ordinaire s'est produit dans le circuit, ce qui ne peut s'expliquer que par l'induction des spires de l'hélice B les unes sur les autres. Le courant induit ainsi constaté circule donc dans le sens CD, puisqu'il a agi sur le fil du galvanomètre dans le même sens que le courant primaire; donc il est inverse

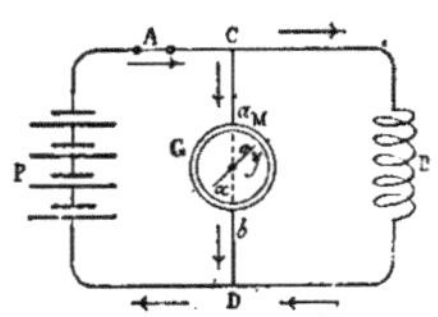

Fig. 251. — Expérience démontrant l'existence de l'*extra-courant*.

par rapport à ce dernier. Une nouvelle rupture du courant en A produirait une déviation contraire de l'aiguille, maintenue en *ab* par une cale placée en sens opposé, indiquant ainsi la naissance d'un extra-courant direct.

Tous les phénomènes d'induction que nous venons de décrire, et en général tous ceux qui ont été constatés, quelle que soit leur origine, suivent des lois qui peuvent se ramener à un seul énoncé, celui qui est connu sous le nom de *loi de Lenz*, du nom du physicien russe qui en a donné la formule. Voici cet énoncé :

Si, dans le voisinage d'un courant ou d'un aimant, on déplace un circuit ou conducteur fermé, il se développe dans ce circuit un courant dont le sens est tel, que, par la réaction du courant induit sur le courant ou sur l'aimant inducteur, il tende à s'opposer au mouvement. Il en est de même si l'on déplace le courant ou l'aimant, et que ce soit le conducteur qui reste immobile.

Terminons ce paragraphe en disant ce que l'on entend par *courants induits d'ordre supérieur*. Ce sont ceux qui sont produits par l'action inductrice de courants, induits eux-mêmes par l'une des causes que nous avons précédemment énumérées. L'expérience prouve en effet que des courants induits de cette première catégorie, ou du *premier ordre*, peuvent induire dans des circuits voisins des courants du *second ordre*, et ainsi de suite. Un courant induit de second ordre se trouvant développé par deux courants, dont l'un par exemple finit tandis que l'autre commence presque au même instant, est constitué par deux courants de sens opposés, de sorte que leurs effets sur l'aiguille d'un galvanomètre sont nuls ; mais il n'en est pas de même si on les fait agir convenablement sur un voltamètre : dans ce cas, l'un et l'autre produisent des dégagements de gaz aux deux pôles ; on peut encore constater leur influence physiologique, par exemple observer les contractions qu'ils produisent dans les muscles d'une grenouille.

§ 3. MAGNÉTISME DE ROTATION.

Arago a fait, en 1824, l'expérience suivante. Dans le but de déterminer l'intensité magnétique d'une aiguille aimantée, il la fit osciller horizontalement au-dessus d'un disque de bois portant un cercle gradué. Ayant répété la même expérience en employant un limbe de cuivre, il constata que la diminution d'amplitude était beaucoup plus prompte dans ce dernier cas que dans le premier ; les oscillations n'avaient pas changé de durée, mais il en fallait un moindre nombre pour obtenir la même réduction d'amplitude. Avec un disque plein, de cuivre, l'effet fut encore plus marqué : quand l'aiguille était suspendue à une très faible distance de la surface métallique, il ne fallait que 3 ou 4 oscillations pour la ramener au repos, tandis qu'on les comptait par centaines en l'absence du disque.

Arago substitua au disque de cuivre des disques d'autres substances. Il vit que l'énergie du phénomène dépendait de la nature de ces substances, étant généralement plus forte avec les corps conducteurs, tels que les métaux. Cependant l'eau, la glace, le verre même amortissaient les oscillations de l'aiguille.

Au lieu de faire mouvoir l'aiguille, Arago songea à mettre en mouvement le disque au-dessus duquel elle était suspendue. La prévision qu'il avait faite en disposant ainsi l'expérience, se vérifia : l'aiguille fut déviée dans le sens de la rotation. A mesure que la vitesse du plateau allait croissant, la déviation augmentait ; et quand elle avait atteint 90°, l'aiguille prenait un mouvement continu de rotation, moins rapide que celui du disque, mais de même sens. Arago avait eu soin de tendre une feuille de papier entre l'aiguille et le disque tournant, afin d'empêcher le mouvement de la couche d'air contiguë qui aurait pu troubler le phénomène. Le mouvement d'horlogerie qui déterminait la rotation était entièrement en cuivre, de façon à prévenir aussi toute action magnétique ordinaire.

On peut répéter l'expérience avec l'appareil que représente la figure 252. *aa* est l'aiguille suspendue sur un pivot; *bb* le disque tournant qui reçoit son mouvement de rotation d'un rouage d'angle actionné par une manivelle.

De nombreuses expériences ont montré que l'action du disque en mouvement est d'autant plus énergique que la substance qui le forme est meilleure conductrice (l'effet, maximum avec l'argent, est minimum avec le bismuth); qu'elle s'affaiblit considérablement si le disque est évidé, s'il offre de nombreuses solutions de continuité, telles que des fentes dirigées suivant des rayons; enfin que si l'on met les fils d'un galvanomètre en contact avec deux points du disque mobile, on constate la présence d'un courant.

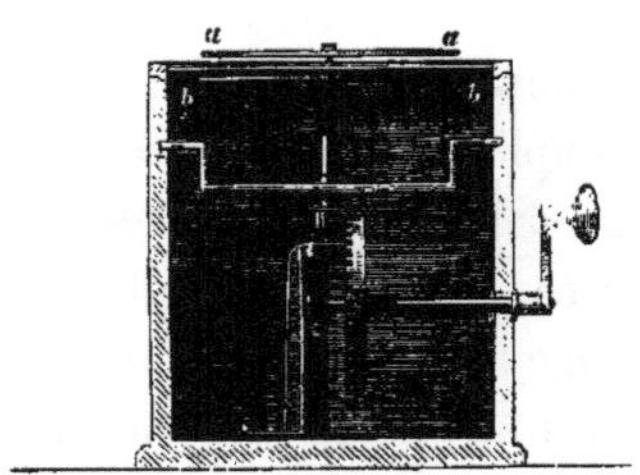

Fig. 252. — Appareil servant à développer le magnétisme de rotation.

C'est à l'ensemble de ces phénomènes qu'on donne le nom de *magnétisme de rotation*. Ils sont restés inexpliqués jusqu'à la découverte de l'induction. Faraday a prouvé alors qu'ils étaient dus à des courants induits dans le disque en mouvement, courants qui, par leur réaction sur l'aiguille, tendent à la faire marcher dans le sens de la rotation.

Fig. 253. — Disque de cuivre évidé en segments.

Reprenons l'appareil qui nous a servi à constater les phénomènes de diamagnétisme, et suspendons entre les deux pôles de l'électro-aimant un cube de cuivre (fig. 254), mais en tordant fortement le fil de suspension. Dès que le cube est abandonné à lui-même, le fil en se détordant imprime au cube un mouvement de rotation rapide. Si alors on rend l'électro-aimant actif, on voit le cube s'arrêter brusquement. Si l'on supprime l'aimantation dans l'électro-aimant, le mouvement de rotation du cube reprend. Des courants induits se développent dans le cuivre au moment où le courant de la pile est lancé dans l'électro-aimant, et c'est la réaction du magnétisme ou des courants particulaires de l'électro-aimant sur les courants induits qui détermine l'arrêt du cube. La suppression du magnétisme de l'aimant donne naissance à des courants induits de sens contraire, qui restituent au cube son mouvement primitif de rotation.

Cette expérience, due à Faraday, a été également faite par Plücker et par Tyndall[1].

La résistance qu'oppose l'influence de l'action magnétique au mouvement du cube, placé entre les pôles de l'électro-

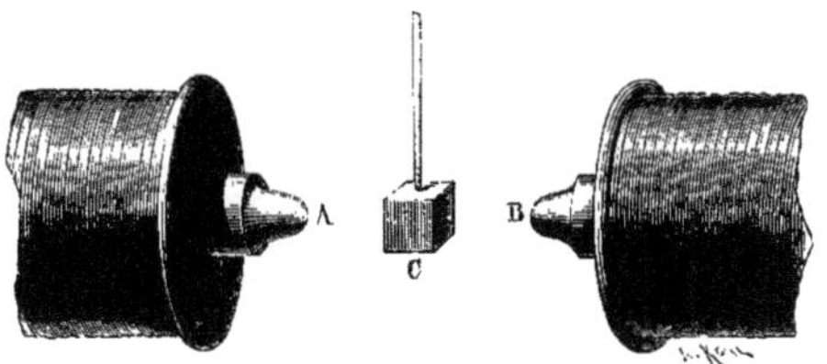

Fig. 2[illegible]4. — Expérience de Faraday et de Plücker.

aimant, dans l'expérience précédente, exige un certain travail pour être vaincue. En d'autres termes, on peut agir de manière que le mouvement persiste malgré l'influence de l'aimant. Le travail ainsi dépensé donne lieu à la production de nouveaux courants d'induction, et, par suite, dans les conducteurs, à un échauffement qui a été constaté par une belle expérience due à Léon Foucault, et que nous allons décrire d'après l'auteur.

« Entre les pôles d'un fort électro-aimant, dit-il, j'ai partiel-

1. Ce dernier physicien compare la résistance subie par le corps métallique entre les pôles de l'électro-aimant à celle d'un milieu visqueux. « Quoique l'œil, dit-il, ne découvre aucune résistance, si l'on force le cuivre à tourner dans le champ magnétique après l'excitation, on croirait qu'il est plongé dans un fluide visqueux. Si l'on imprime à une pièce plate de ce métal un mouvement de va-et-vient ou de scie entre les deux pôles, la résistance qu'on éprouve ressemble à celle qu'une masse de beurre ou de fromage oppose au couteau qui la traverse. Ce *frottement virtuel* du champ magnétique est tellement fort, que le cuivre qui recevrait entre les pôles une rotation rapide, s'échaufferait probablement jusqu'à la fusion. » Cette dernière prévision, comme on le verra plus loin, a été réalisée par Tyndall.

lement engagé le solide de révolution appartenant à l'appareil rotatif que j'ai nommé *gyroscope* et qui m'a précédemment servi pour des expériences d'une tout autre nature. Ce solide est un tore en bronze[1] relié par un pignon denté à un rouage moteur, et qui, sous l'action de la main armée d'une manivelle, peut ainsi prendre une vitesse de 150 à 200 tours par seconde. Pour rendre plus efficace l'action de l'aimant, deux pièces en fer

Fig. 255. — Expérience de Léon Foucault sur la chaleur développée par le magnétisme de rotation.

doux surajoutées aux bobines prolongent les pôles magnétiques et les concentrent au voisinage du corps tournant.

« Quand l'appareil est lancé à toute vitesse, le courant de six couples Bunsen, dirigé dans l'électro-aimant, éteint le mouvement en quelques secondes, comme si un frein invisible était appliqué au mobile : c'est l'expérience d'Arago développée par

1. Dans la figure 255, qui représente l'appareil tel qu'il est construit dans le but de reproduire spécialement l'expérience décrite ci-dessus, le tore est remplacé par un disque qui permet de rapprocher davantage les pôles de l'électro-aimant.

M. Faraday. Mais si alors on pousse à la manivelle pour restituer à l'appareil le mouvement qu'il a perdu, la résistance qu'on éprouve oblige à fournir un certain travail dont l'équivalent reparaît et s'accumule effectivement en chaleur à l'intérieur du corps tournant.

« Au moyen d'un thermomètre qui plonge dans la masse, on suit pas à pas l'élévation progressive de la température. Ayant pris, par exemple, l'appareil à la température ambiante de 16 degrés centigrades, j'ai vu successivement le thermomètre monter à 20, 25, 30 et 34 degrés; mais déjà le phénomène était assez développé pour ne plus réclamer l'emploi des instruments thermométriques : la chaleur produite était devenue sensible à la main.

« Quelques jours après, la pile étant réduite à deux couples, un disque plat formé de cuivre rouge s'est élevé en deux minutes d'action à la température de 60 degrés.

« Si l'expérience semble digne d'intérêt, il sera facile de disposer un appareil pour reproduire, en l'exagérant, le phénomène que je signale. Il n'est pas douteux que, par une machine convenablement construite et composée seulement d'aimants permanents, on n'arrive à produire de la sorte des températures élevées, et à mettre sous les yeux du public, assemblé dans les amphithéâtres, un curieux exemple de la conversion du travail en chaleur. »

Cette dernière forme donnée à l'expérience a été réalisée par J. Tyndall, qui l'a décrite dans ses conférences sur *la Chaleur considérée comme un mode de mouvement*. Le savant professeur de Royal Institution faisait tourner, entre les pôles d'un électro-aimant, un cylindre métallique solide dont le noyau était composé d'un métal plus fusible que celui de l'enveloppe extérieure; celle-ci était de cuivre par exemple, et le noyau d'un alliage pur, mais très fusible. L'électro-aimant étant rendu actif par le passage du courant, au bout de deux minutes d'expérience le noyau était fondu, et Tyndall pouvait verser le métal liquéfié sous les yeux de ses auditeurs.

§ 4. L'INDUCTION PÉRIPOLAIRE.

Dans le but de résoudre quelques difficultés et d'éclaircir quelques points obscurs de la loi de Lenz appliquée aux courants induits du magnétisme de rotation, M. Le Roux a disposé un appareil et effectué une expérience intéressante, que nous allons décrire d'après l'auteur.

« Voici, dit-il, la disposition de mon appareil (fig. 256),

Fig. 256. — Induction péripolaire. Appareil et expérience de M. Le Roux.

lequel a été construit par M. Ruhmkorff avec l'habileté qu'on lui connaît : un disque de cuivre rouge B de 15 centimètres de diamètre, d'une épaisseur de 2 millimètres environ, peut recevoir d'un système d'engrenages un mouvement de rotation de 180 tours environ au maximum par seconde. Ce disque se meut entre deux masses circulaires de fer doux, F, F, qui en sont rapprochées autant que possible et lui sont concentriques. Ces deux masses sont portées par une sorte de chassis rectangulaire en fer doux, dont elles occupent intérieurement le milieu des plus longs côtés; quatre bobines électro-dynamiques entourent les parties de ces châssis qui avoisinent les deux masses dont il vient d'être question, de telle façon que celles-ci acquièrent des polarités contraires. Tout est disposé avec la plus parfaite symétrie pour que la ligne des centres de figure de ces masses puisse être considérée comme contenant leurs pôles. Les choses étant ainsi disposées, on aimante l'appareil en y lançant le courant d'un certain nombre d'éléments de Bunsen.

« Si l'on applique à un tel système la loi de Lenz, il est facile de voir qu'il doit naître dans le disque des forces électromotrices qui sont toutes radiales ; il n'y aura donc de production de courant qu'autant que, au moyen de frotteurs convenablement disposés, on fera communiquer la circonférence du disque avec sa partie centrale. »

C'est en effet ce qui arrive. Si la communication dont on vient de parler n'est pas établie, la rotation du disque se fait aussi facilement que si le courant ne passait point. On n'éprouve pas la résistance que nous avons signalée dans les expériences de Foucault, ni l'échauffement du disque qui en est la conséquence. Il n'y a alors, quelque intense que soit l'aimantation, aucune autre dépense de force que celle qui est occasionnée par les frottements. Mais si, à l'aide d'une tige métallique *t* qui repose sur la circonférence du disque et que porte un bras horizontal *a* (fixé à une colonne P communiquant elle-même avec l'axe du disque), on met en relation le centre et la circonférence, les choses se passent tout autrement. L'existence d'un courant induit se manifeste aussitôt par de vives étincelles qui jaillissent d'une manière continue. « Le sens de ce courant, dit M. Le Roux, est bien d'accord avec la loi de Lenz ; il change avec le mouvement de rotation et aussi avec l'aimantation. J'ai trouvé, par la méthode d'opposition, que la force électro-motrice peut atteindre, suivant la vitesse de la rotation et l'intensité de l'aimantation, jusqu'à près de trois fois la force électromotrice de l'élément zinc amalgamé — sulfate de zinc, cadmium — sulfate de cadmium. On voit qu'il y a là une production d'électricité qui ne peut être attribuable à des causes accidentelles ; elle est comparable à celle qui se produit dans les machines magnéto-électriques fondées sur les variations de la distance à un pôle magnétique ou sur celles de son intensité. Il faut remarquer, en effet, qu'ici le circuit induit est très court, puisqu'il est réduit au rayon du disque. »

Ainsi, il n'est pas douteux que le mouvement d'un corps tournant autour d'un axe passant par un pôle d'aimant n'y induise des forces électromotrices radiales. Et, pour caractériser cette classe de phénomènes, ce mode d'induction, où les différents points du corps induit restent à la même distance du pôle inducteur, M. Le Roux l'a nommée *induction péripolaire*.

CHAPITRE X

LES MACHINES D'INDUCTION

§ 1. MACHINES D'INDUCTION ÉLECTROVOLTAÏQUES.

La découverte des phénomènes d'induction a fait naître presque aussitôt l'idée de construire des appareils ou machines ayant pour objet de recueillir les courants induits par l'action réciproque des courants et des aimants ou des électro-aimants, et d'obtenir par conséquent tous les effets mécaniques, physiques ou physiologiques des piles ou des condensateurs électriques. Et en effet, dès 1832, un constructeur d'instruments de physique, Pixii, inventait la machine qui porte son nom, et que suivirent bientôt de nombreux appareils basés sur le même principe.

Les machines d'induction aujourd'hui usitées, et dont nous décrirons les plus remarquables, peuvent se partager en trois classes principales, selon le mode de production de l'électricité qu'elles fournissent. Dans la première classe, c'est une action électrochimique, c'est-à-dire le courant d'une pile, qui induit soit son propre circuit, soit un circuit voisin : on peut donner à ces machines le nom de machines *électrovoltaïques*, ou encore *rhéo-électriques* comme l'a proposé M. Le Roux. La bobine de Ruhmkorff est le type de ce genre d'appareils. Dans la seconde classe, nous rangerons les machines qui demandent à la dépense d'une force mécanique, en présence d'un aimant permanent, la production d'un courant induit, auquel on fait ensuite induire soit son propre circuit, soit un circuit voisin ; comme, en ce cas, l'induction a lieu par le mouvement relatif d'un circuit et d'un aimant, on donne aux machines de cette seconde classe le nom de *machines magnéto-électriques*. La troisième classe comprend les machines d'induction qui n'emploient plus que la force mécanique seule pour la production des courants induits, et qui n'ont besoin, pour être amorcées, que du faible magnétisme rémanent qui existe dans le fer doux des électro-aimants eux-mêmes. On les nomme pour cette raison *machines dynamo-électriques*.

Commençons notre description par la bobine d'induction, machine rhéo-électrique dont l'idée première remonte aux recherches faites en 1842 par Masson, et qui porte aujourd'hui le nom du célèbre constructeur qui, en lui donnant sa forme actuelle, en a si considérablement accru la puissance : nous voulons parler de la *bobine de Ruhmkorff*.

La machine d'induction de Ruhmkorff est représentée dans la figure 257. Elle est composée de deux bobines : l'une intérieure, dont l'hélice est formée d'un fil d'assez gros diamètre (2 à 3 millim.), mais de faible longueur (50 ou 60 mètres par exemple), est la bobine inductrice ; on voit les deux extrémités du fil inducteur aboutir en f et f' à deux petites poupées en laiton. La bobine induite enveloppe la première, qui est logée concentriquement dans sa cavité intérieure ; son hélice est formée d'un fil extrêmement fin (un quart de millim.) et d'une longueur qui peut aller jusqu'à 120 kilomètres. Les deux extrémités du fil induit vont extérieurement se rattacher à deux poupées métalliques A et B, qui surmontent deux colonnes isolantes en verre. Enfin, à l'intérieur de la bobine inductrice est placé un faisceau cylindrique de gros fils de fer doux, reliés à leurs extrémités par deux disques de même métal.

Toutes les fois que le courant d'un électromoteur, celui d'une pile par exemple, sera lancé dans le fil inducteur et le parcourra, entrant en f et sortant par f', un courant induit naîtra dans le fil de la bobine extérieure, sous la double influence de l'hélice inductrice et de l'aimantation du faisceau de fer doux. Toutes les fois que le courant inducteur sera interrompu, il naîtra dans l'hélice induite un nouveau courant de sens contraire au premier. En multipliant le nombre des passages du courant et de ses interruptions, on produira une série de courants instantanés, si rapprochés les uns des autres et si intenses, que l'effet résultant sera supérieur à celui des plus puissantes batteries. Il nous reste à dire par quel mécanisme on obtient ces interruptions successives.

On voit en L, monté sur une colonne métallique, un levier métallique à deux branches, dont l'une porte une pointe qui

Fig. 257. — Machine d'induction de Ruhmkorff.

affleure à la surface du mercure contenu dans un verre M, tandis que l'autre est terminée par une masse de fer doux, arrivant à une petite distance du faisceau de fils de fer de la bobine inductrice. Quand la pointe touche la surface du mercure, la masse de fer de l'autre branche n'est plus en contact avec le faisceau ; et réciproquement si ce dernier contact a lieu, la pointe ne touche plus le mercure. Partons de la première hypothèse, et voyons ce qui se passe dans l'appareil. Le courant de la pile passe alors dans la colonne qui porte le verre plein de mercure, suit le liquide, la pointe en contact avec lui, la branche L du levier, descend le long de la colonne qui le porte, et par un ruban métallique va rejoindre le fil f' de la bobine inductrice. Le courant passe donc dans l'hélice inductrice, revient par f et retourne à l'autre rhéophore de la pile. Ainsi le contact de la pointe avec le mercure laisse passer le courant inducteur. Mais, au moment où ce courant commence, le faisceau de fer doux s'aimante, attire la petite masse du levier, d'où résulte le soulèvement de la branche portant la pointe : celle-ci quitte la surface du mercure et le courant est rompu. Alors l'aimantation du faisceau cesse, le contact de la masse de fer doux n'existe plus ; de nouveau la pointe plonge dans le mercure. Les mêmes phénomènes vont donc se produire de la même manière, tant que l'hélice inductrice se trouvera en communication avec la pile.

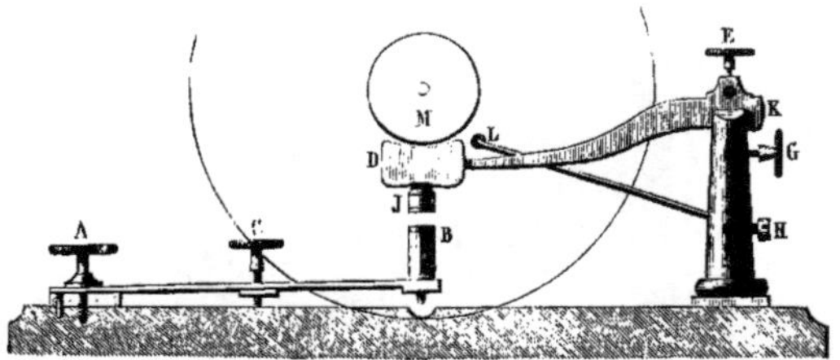

Fig. 258. — Interrupteur à marteau de la bobine d'induction.

L'interrupteur à mercure que nous venons de décrire a été imaginé par M. Léon Foucault. Il est surtout employé dans les plus puissantes bobines, et alors il est ordinairement actionné par une petite pile spéciale.

On produit encore l'ouverture et la fermeture automatique du courant inducteur avec l'*interrupteur à marteau*, dont la figure 258 montre la disposition. Le fil de la bobine inductrice L vient aboutir à la colonne métallique isolée HG, qui porte le marteau KD, dont la masse D porte un prolongement en platine J. Avant que le courant passe, le marteau repose sur la pièce B qui sert d'enclume, garnie également de platine à sa face supérieure. Dès que le courant passe, venant du fil L, suivant la colonne HG, le marteau et la pièce BA, le noyau de fer doux de la bobine inductrice M s'aimante, attire et soulève le marteau, et le courant se trouve interrompu : l'aimantation cesse, le marteau retombe sur l'enclume et le courant se rétablit. A ces fermetures et ouvertures successives du courant correspondent, ainsi qu'on l'a vu plus haut, les courants induits de la bobine extérieure, et la machine fonctionne.

On a imaginé diverses sortes d'interrupteurs, parmi lesquels nous citerons l'interrupteur à roues de Spottiswoode, et les interrupteurs rapides de ce dernier physicien et de Gordon. Ceux-ci ne donnent pas moins de 6000 ruptures du courant par seconde.

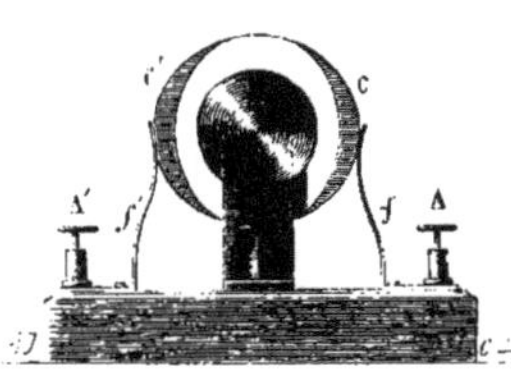

Fig. 259. — Commutateur de la machine Ruhmkorff. Plan et élévation.

Nous n'avons rien dit du commutateur C. On nomme ainsi un appareil qui a pour objet, soit de changer le sens du courant inducteur, soit de l'interrompre. Le commutateur de M. Ruhmkorff (fig. 259) remplit ces deux fonctions à volonté : il est à la fois *rhéotome* (interrupteur du courant) et *rhéotrope* (intervertisseur du courant). C'est un cylindre de buis ou de verre, dont la surface convexe est recouverte en partie de deux lames de cuivre C, C', épaisses au milieu et amincies sur les bords. Ces plaques laissent entre elles à découvert deux parties de la surface du cylindre isolant. De chaque côté, deux ressorts f, f' s'appuient latéralement contre le cylindre, quand il est tourné de manière à présenter aux ressorts l'épaisseur des lames de cuivre. Si, à l'aide d'un bouton dont son axe est muni, on tourne le cylindre de 90 degrés, les lames des ressorts se trouvent en face du verre, qu'elles ne touchent pas d'ailleurs. Dans la première position, le courant passe ; dans le second cas, il est interrompu. En effet, le courant arrive de la pile à la poupée A ; de là, par le ressort *f*, il passe à la lame de cuivre C. Cette dernière communique par une vis *g* à l'un des tourillons du cylindre, puis au bouton D, et parcourt le circuit dont une des extrémités se trouve fixée en ce dernier point. Il revient par l'autre extrémité au bouton D′, au second tourillon du cylindre, et par la vis *g′* à la plaque C′, et enfin par le ressort *f′* à la poupée A′, d'où il retourne à la pile. Que les ressorts *f*, *f′* ne touchent plus les plaques C, C′, et le courant ne peut plus passer. L'appareil est donc bien interrupteur ou *rhéotrope*.

Mais quand le courant passe comme nous venons de le dire, il suffit de tourner le bouton de 180° pour en changer le sens. Car alors c'est la plaque C′ qui touche le ressort *f*, et le courant ira de D′ en D, au lieu d'aller de D en D′. Ainsi l'interrupteur de Ruhmkorff est aussi à volonté *commutateur*, c'est-à-dire *intervertisseur* du courant ou *rhéotrope*. Il fait partie de la bobine d'induction ; mais il est clair qu'on peut l'employer toutes les fois qu'on aura besoin de faire, dans un courant, l'une des deux manœuvres pour lesquelles il est construit.

Il en est de même du commutateur Bertin, que représente la figure 260. En voici la description sommaire : Une rondelle cylindrique d'ébonite peut tourner autour de son centre à l'aide d'une manette qui est limitée dans son mouvement à droite et à gauche par deux taquets *c*, *c′*. Une languette métallique *a* communique par l'axe de la rondelle avec la borne P qui reçoit le fil positif de la pile. Une autre pièce métallique *mn*, entourant la première sous la forme d'un U, communique au contraire avec la borne N à laquelle est attaché le fil qui se rend au pôle négatif. Dans la position indiquée par la figure, la languette est en contact avec le ressort *r′*, et l'extrémité *m* de la seconde pièce touche le ressort *r*. Ces deux ressorts sont eux-mêmes fixés aux deux bornes B et A qui reçoivent les extrémités du circuit extérieur. Il suit de là que le courant va de P en *r′* par la languette *a*, revient par A et *r* à la pièce en U et de là enfin à la borne N : le sens du courant est marqué par les flèches de la figure. Si on tourne la manette et la rondelle vers la droite, il est aisé de voir que le courant sera interverti et suivra la route P, a, r, A, B, pour revenir par r' et n à la borne N. Si l'on plaçait la manette à égale distance des taquets c et c', il n'y aurait plus de contact entre les ressorts, la languette et la pièce en U : le courant serait interrompu. La vue seule de la position de la pièce mobile indique donc le sens du courant et son interruption.

Quand la bobine de Ruhmkorff fonctionne, si l'on rapproche suffisamment les deux extrémités du fil de l'hélice induite, on voit se succéder une série d'étincelles, avec une rapidité telle que le jet de lumière semble continu. Il est remarquable que,

Fig. 260. — Commutateur Bertin.

des deux courants induits de sens opposé qui naissent des interruptions successives du courant inducteur, le courant direct produit seul des étincelles : la tension du courant inverse n'est pas assez forte pour qu'il traverse l'air.

Avec les premières bobines, la longueur des étincelles atteignait au maximum 8 millimètres. Peu à peu des perfectionnements, parmi lesquels il faut signaler celui de M. Fizeau, qui consiste à interposer un condensateur, une bouteille de Leyde par exemple, dans le circuit, ont permis d'obtenir des étincelles beaucoup plus longues, de 10, 20 et 30 centimètres. En donnant à l'hélice induite une longueur de fil de 120 000 mètres, et en actionnant la bobine à l'aide d'une dizaine de couples de Bunsen, M. Ruhmkorff a pu tirer des étincelles de 45 centimètres de longueur : des blocs de verre de 1 décimètre d'épaisseur ont été percés d'outre en outre par la décharge. Les effets physiques qu'on obtient avec cette puissante machine sont extrêmement remarquables : on l'utilise pour charger des bouteilles de Leyde, des batteries électriques. C'est ainsi que M. Jamin, ayant chargé 120 bouteilles de Leyde avec quatre bobines accouplées, servies chacune par deux éléments de Bunsen, a pu fondre et volatiliser des fils métalliques de fer, d'argent et de cuivre de plus d'un mètre de longueur.

On a construit en Angleterre des bobines d'induction d'une grande dimension et d'une grande puissance. M. Spottiswoode a fait construire par M. Apps une bobine dont le poids est de 762 kilogrammes, la longueur de $1^{m},22$, le diamètre extérieur de $0^{m},508$. Le fil de la bobine inductrice a 546 mètres de longueur et un diamètre de 25 millimètres; celui de la bobine induite mesure 450 500 mètres. Avec 5 éléments Grove, cette bobine donne des étincelles de 71 centimètres de longueur; avec 10 éléments, la longueur atteint $0^{m},89$ et avec 30 éléments $1^{m},08$.

L'*Institut polytechnique* de Londres possède la plus grande bobine qu'on ait sans doute jamais construite. Elle a 3 mètres de longueur; le noyau en fil de fer pèse 46 kilogrammes, et la longueur du fil inducteur est 3450 mètres; il pèse 55 kilogrammes. Quant au fil induit, son diamètre n'est que $0^{mm},4$; il mesure 241 000 mètres en longueur. Cette machine, actionnée par 40 éléments Bunsen, donne des étincelles de 74 centimètres, qui percent des blocs de verre de 127 millimètres d'épaisseur.

§ 2. MACHINES D'INDUCTION MAGNÉTO-ÉLECTRIQUES.

La machine de Pixii, nous l'avons dit plus haut, est le premier appareil d'induction qui ait été construit. A ce titre, elle mérite une mention, bien que l'emploi en soit depuis longtemps abandonné.

A (fig. 261) est un fort aimant permanent en fer à cheval, monté sur un axe vertical C, et pouvant tourner autour de cet axe par l'action d'une manivelle et des rouages dentés R et P. Au-dessus de l'aimant, une bobine fixe, formée de deux noyaux de fer doux, autour desquels s'enroule un fil de cuivre isolé, a ses deux extrémités ou pôles placés à petite distance de ceux de l'aimant A. Dans le mouvement de révolution de celui-ci, ses pôles s'approchent et s'éloignent alternativement, à chaque tour, des pôles de l'électro-aimant BB'. Il naît donc, dans le fil de ce dernier, un courant d'induction dont le sens change à chaque demi-tour. A l'aide d'un commutateur convenablement disposé, que manœuvrait une came, les courants induits étaient ramenés tous au même sens, de sorte que les fils *a* et *b* de l'électro-aimant, d'abord parcourus par des courants opposés, en sortant du commutateur en *ff* donnaient un flux continu d'électricité.

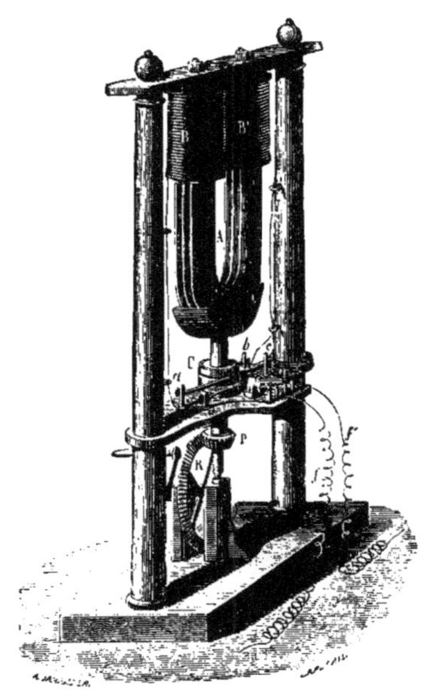

Fig. 261. — Machine de Pixii.

L'appareil de Pixii avait l'inconvénient d'une manœuvre pénible, tenant au poids de l'aimant. On reconnut en effet qu'il était utile d'augmenter le poids de cet aimant permanent, tandis qu'on pouvait rendre l'électro-aimant moins massif. Cet inconvénient suggéra l'idée de faire mouvoir ce dernier et de rendre au contraire fixe l'aimant. De là une première modification due à Saxton, qui en outre disposa l'aimant dans un plan horizontal et fit mouvoir la bobine induite autour d'un axe situé dans ce plan.

Clarke vint ensuite qui, tout en laissant l'aimant permanent vertical, fit mouvoir la bobine en face de ses pôles, comme on va le voir.

La machine de Clarke est représentée dans la figure 262. Un fort aimant AB, composé de plusieurs plaques en forme de fer à cheval, est solidement fixé à une pièce de bois verticale, de manière à présenter ses deux pôles en face de deux

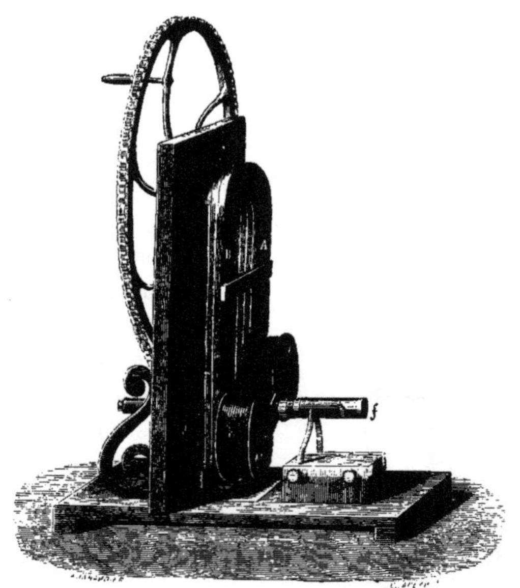

Fig. 262. — Machine magnéto-électrique de Clarke.

bobines, munies chacune d'un cylindre de fer doux. Les deux noyaux de fer doux sont reliés, du côté de l'aimant, par une plaque de cuivre, et du côté opposé par une plaque de fer *tt'*. Les deux bobines ainsi disposées ne sont autre chose, comme on voit, qu'un électro-aimant : elles peuvent d'ailleurs tourner ensemble autour d'un axe horizontal *f*, qui passe entre les branches de l'aimant et va s'engrener derrière la planche verticale avec une chaîne sans fin et une roue à manivelle. Quand on met la machine en mouvement, les deux bobines tournent autour de leur axe commun. Chacune d'elles se présente, à chaque révolution, en face de l'un et de l'autre pôles de l'aimant fixe AB; comme les fils, dont leurs hélices sont formées, sont enroulés en sens contraire, l'une d'elles est *sinistrorsum*, et l'autre *dextrorsum*. Il résulte de là que les courants induits, développés dans chacune d'elles par l'approche des deux pôles contraires de l'aimant fixe, sont de même sens. Le sens de ces courants change quand les bobines s'éloignent des deux pôles; mais il change à la fois dans toutes les deux, de sorte qu'à tout instant les courants induits sont tous deux directs, ou tous deux inverses. L'aimantation des cylindres de fer doux fait naître en outre des courants qui augmentent l'intensité de l'action inductrice. Les deux fils des bobines aboutissent à un appareil spécial qu'on nomme *commutateur*, et qui sert à volonté, ainsi qu'on l'a vu, soit à conserver au courant le même sens pendant toute la durée du mouvement, soit à laisser le sens de ce courant changer alternativement à chaque demi-révolution.

La figure 265 représente ce commutateur sur une plus grande échelle. Dans le prolongement de l'axe de rotation des bobines, est monté un manchon de matière isolante, à la surface duquel sont fixées deux lames métalliques E, E′ en forme de demi-viroles. Les intervalles qui séparent ces lames sont diamétralement opposés et dans le plan des axes des deux bobines. L'une de ces lames E′ communique par la languette *g* avec un collet *e* et avec l'une des extrémités du fil de l'électro-aimant (*dd′* sur la figure 264); l'autre lame E avec l'autre extrémité, par l'intermédiaire d'un axe métallique intérieur et d'une vis *v* qui traverse l'étui isolant. Deux ressorts *r*, *r′* s'appuient constamment sur les deux viroles et communiquent avec le circuit extérieur. A chaque demi-révolution, et au moment même où les courants induits dans la bobine changent de sens, la communication des fils se trouve intervertie, puisque le ressort *r* qui touchait par exemple la virole E′ vient s'appuyer sur la virole E, de même que *r′* s'appuie à son tour sur E′.

L'interversion coïncide donc avec le changement de sens des courants induits, et par suite le courant envoyé dans le circuit extérieur conserve précisément une direction constante.

Avec la machine de Clarke, on produit tous les effets des électromoteurs ordinaires, mais à un degré de tension bien supérieur à celui des piles par exemple. Des dispositions spéciales permettent de produire, tantôt des commotions violentes, tantôt des étincelles ou des effets calorifiques, tantôt des décompositions chimiques. Dans ce dernier cas, on fait en

Fig. 263. — Commutateur de la machine Clarke.

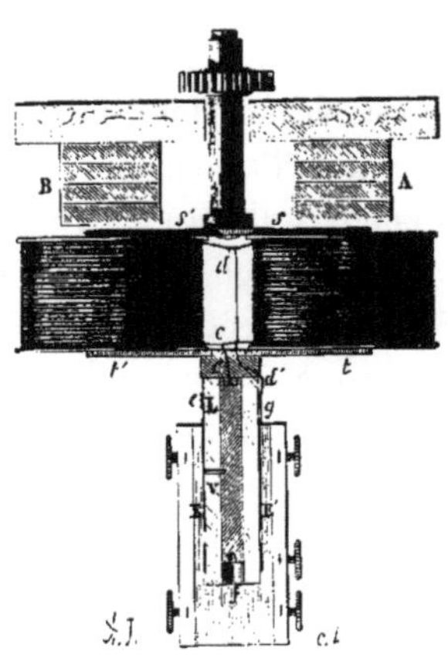

Fig. 264. — Commutateur Clarke; coupe de l'axe.

sorte que le sens du courant reste constant; dans les autres, au contraire, le circuit doit être alternativement fermé et rompu.

Les effets physiologiques, qui exigent une grande tension et pour lesquels on emploie une bobine à fils fins et très longs, s'obtiennent par la rupture des courants induits et la production de l'extra-courant. Une disposition spéciale du commutateur permet d'obtenir ce résultat. On ajoute alors un troisième ressort qui vient appuyer contre la lame *q* (fig. 263). La personne qui veut subir la commotion tient à la main les fils armés de poignées qui passent de N à N'. Aussitôt que ce ressort touche la lame, le courant est interrompu et cesse de passer par le corps de l'observateur, qui offre une trop grande résistance. Une commotion, renforcée par l'extra-courant, est la conséquence de cette interruption qui se reproduit à chaque révolution de l'axe.

Quand on veut obtenir des phénomènes calorifiques ou lumineux, on emploie une double bobine à fil gros et court, comme le montre la figure 265.

Vers 1849, un professeur de physique à l'école militaire de Bruxelles, Nollet, fit le plan, d'après les principes de la machine de Clarke, d'une machine d'induction qui avait pour objet la production industrielle de l'électricité. Mais il mourut avant de réaliser son projet et c'est un ouvrier, collaborateur de l'inventeur, aujourd'hui l'ingénieur Van Malderen, qui monta la machine de Nollet, utilisée par la compagnie l'*Alliance*, en vue de la production de la lumière électrique. En voici les dispositions essentielles :

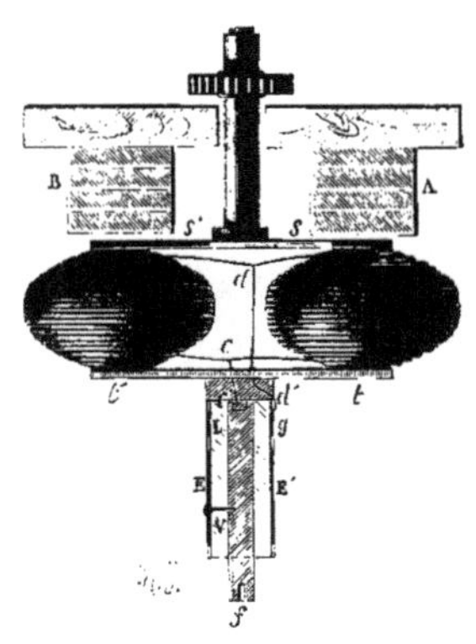

Fig. 265. — Bobine à gros fil de la machine Clarke.

Seize bobines régulièrement espacées (fig. 266) sont fixées à la circonférence d'une roue en bronze ; cette roue est mobile autour d'un axe horizontal que met en mouvement une machine motrice quelconque par l'intermédiaire de courroies. La roue tourne entre deux rangées d'aimants en fer à cheval, au nombre de huit en chaque rangée, disposés sur un bâti circulaire, de telle façon que les huit aimants présentent à la fois leurs seize pôles régulièrement espacés en face des armatures des pôles des seize bobines, qui s'approchent ou s'éloignent en même temps de chacun d'eux.

On multiplie ordinairement dans une même machine le nombre des roues, des bobines et des aimants, ces derniers étant montés parallèlement sur le même bâti, tandis que le même axe porte les roues et leurs bobines. Les extrémités des fils des bobines sont fixées à des plateaux en bois que portent les roues, et assemblées soit en tension, soit en quantité. Quand la machine fonctionne, à chaque fois que le mouvement amène les bobines en face des pôles des aimants, les courants induits cessent et changent de sens; ces courants se développent dans un sens, dès que les bobines dépassent un pôle boréal par exemple, et en sens contraire si c'est un pôle austral. Entre les deux pôles d'un même aimant, le courant induit conserve la

Fig. 266. — Machine d'induction électro-magnétique de Nollet et Van Malderen.

même direction; son intensité est maximum en face de chaque pôle, c'est-à-dire au moment même où l'interversion a lieu; elle est minimum entre les deux pôles. On peut, à l'aide d'un commutateur, obtenir que le courant total conserve le même sens.

La figure 266 représente une machine magnéto-électrique Nollet et Van Malderen, formée de six roues portant des bobines au nombre de 96, et par suite de 56 aimants fixes. Une machine à vapeur imprime à l'axe une vitesse de rotation de 300 à 400 tours par minute, vitesse qui correspond par conséquent à 80 ou 100 inversions du courant par seconde.

La machine de Méritens présente à peu de chose près la même forme et la même disposition que les machines de l'*Alliance*, ainsi qu'on peut le voir par la figure 267. Elle est formée aussi de bobines tournant devant des aimants fixes en acier; mais ces bobines sont disposées de façon à être actionnées par les faces extrêmes des aimants au lieu de l'être par les faces latérales. Avec 5 roues mobiles de 16 bobines chacune, il n'y a que 40 aimants fixes, dont chacun est constitué par un assem-

Fig. 267. — Machine magnéto-électrique de Méritens.

blage de 8 lames d'acier. Nous aurons l'occasion de reparler des machines Nollet et de Méritens, en traitant de l'éclairage électrique des phares.

La *bobine Siemens* est encore une machine d'induction magnéto-électrique basée sur le même principe que celle de Clarke; mais le perfectionnement important que la bobine a reçu de son inventeur a permis d'accroître considérablement la puissance de l'appareil, sans que son volume soit beaucoup augmenté. Les figures 268 et 269 donnent, la première la vue extérieure, la seconde une coupe de la bobine induite; elles

montrent en quoi consiste la modification introduite par M. Siemens. Le fil s'enroule sur un long cylindre ou noyau de fer *ab*, profondément évidé dans toute sa longueur, de sorte que les spires sont parallèles à l'axe du cylindre. La bobine est encas-

Fig. 268. — Machine magnéto-électrique Siemens.

trée dans une garniture métallique MN et peut tourner rapidement autour de son axe ; à chaque demi-révolution, elle présente latéralement ses pôles (qui sont les parties restées nues du cylindre de fer) aux pièces A et B, en fer doux, formant les

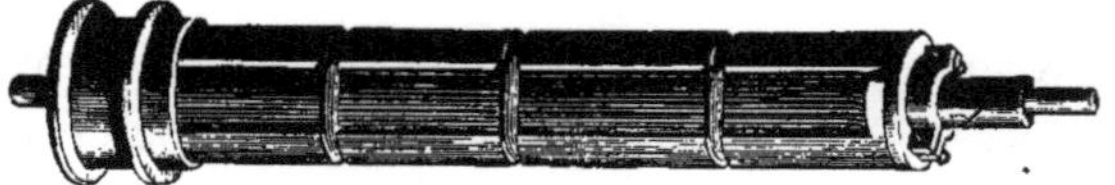

Fig. 269. — Bobine Siemens.

armatures de l'aimant permanent. Celui-ci est constitué par un faisceau d'aimants en fer à cheval, dont les régions polaires embrassent la bobine dans toute sa longueur. Grâce à cette disposition, l'action des pôles de l'aimant sur le fil de la bobine, au lieu de s'exercer sur un espace très limité, a un champ beaucoup plus grand et l'intensité des courants induits se trouve accrue dans une proportion considérable. De plus, la stabilité de l'appareil, résultant de sa forme et de sa position, permet de donner à la rotation une grande vitesse.

La figure 271 représente le commutateur permettant de redresser à volonté le sens des courants, sens qui change à chaque demi-révolution comme dans les machines de Clarke et de Nollet. Dans la vue d'ensemble de la bobine, ce commutateur a une forme un peu différente; mais d'ailleurs l'un et l'autre sont construits d'après les mêmes principes que le commuta-

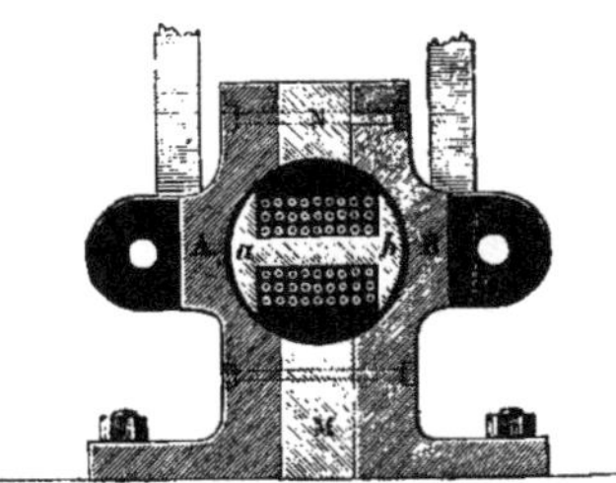

Fig. 270. — Coupe de la bobine Siemens.

Fig. 271. — Commutateur de la machine Siemens.

teur de la machine de Clarke, décrit plus haut, et donneraient lieu à la même explication.

La machine de Wilde (fig. 272) n'est autre chose que la réunion de deux bobines Siemens superposées.

La plus petite bobine, qu'on voit à la partie supérieure, donne des courants induits qui, au lieu d'être directement utilisés, sont envoyés dans le fil d'un électro-aimant AB remplaçant, dans la seconde bobine, le faisceau des aimants permanents. M est l'aimant permanent de la première bobine, *m*, *n* sont les armatures de fer doux de ses pôles. Les courants induits redressés par le commutateur se rendent par les bornes *p*, *q* au fil de l'électro-aimant AB. Les plaques de fer doux qui forment ce dernier, réunies à leur extrémité supérieure par une plaque de même substance servant de support à la petite bobine, s'appuient inférieurement sur les armatures TT, qui longent la grande bobine. Celle-ci, d'un diamètre à peu près triple du diamètre de la bobine supérieure, est induite par l'électro-aimant dont l'aimantation est notablement plus énergique que celle de l'aimant permanent, et c'est le courant qui en résulte, redressé s'il y a lieu, qu'on utilise extérieurement. L'avantage

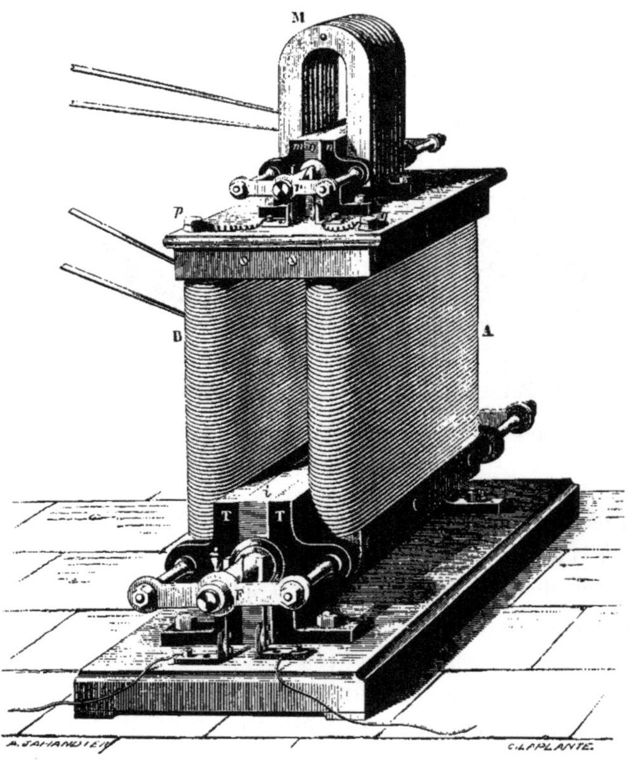

Fig. 272. — Machine magnéto-électrique de Wilde.

de la machine de Wilde est donc tout entier dans ce fait, que l'électro-aimant reçoit, avec les courants induits de la première bobine, une aimantation plus puissante que celle de l'aimant permanent inducteur. Mais elle exige, pour produire tout son effet, une vitesse de rotation considérable, allant jusqu'à 25 tours par seconde pour la grande bobine et à 40 tours pour la petite.

L'inventeur, M. Wilde, a construit une machine triple, c'est-à-dire où la seconde bobine induisait un second électro-aimant et celui-ci une troisième bobine. Elle exigeait une machine à vapeur de la force de 15 chevaux pour être mise en mouvement, et était si puissante, qu'elle fondait une barre de platine de 6 millimètres de diamètre et de 64 centimètres de longueur.

M. Gramme, physicien et constructeur français, a imaginé en 1870 une machine magnéto-électrique qui résout pratiquement le problème de la production de courants d'induction continus. Voici à l'aide de quelle ingénieuse disposition il est parvenu à atteindre ce but; nous verrons bientôt du reste que cette disposition est applicable aux machines dynamo-électriques construites par le même inventeur.

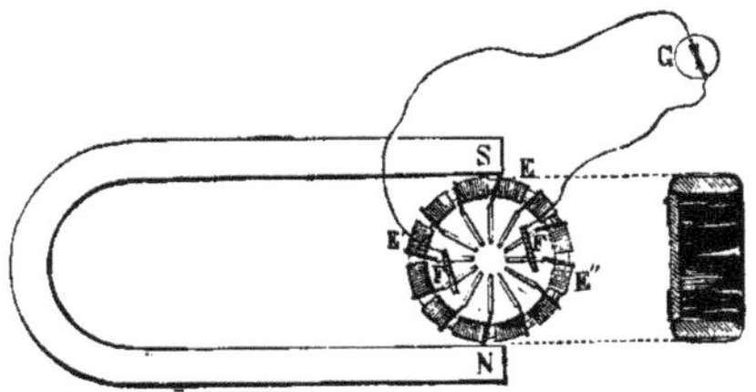

Fig. 275. — Diagramme de la machine magnéto-électrique Gramme.

SN (fig. 275) sont les pôles de l'aimant inducteur de la machine. Entre ces deux régions polaires, un anneau en fer doux continu reçoit un mouvement de rotation autour de son centre et dans son propre plan. Par le fait même de la position de ses diverses parties par rapport à l'aimant, l'anneau a toujours un pôle nord qui est développé par influence vis-à-vis du point S, et un pôle sud vis-à-vis du point N, tandis que, aux extrémités du diamètre parallèle aux branches de l'aimant, il existe une ligne neutre. Autour de l'anneau sont enroulées des bobines dont tous les fils sont réunis de façon à former un circuit continu, comme si les bobines étaient associées en tension. Considérons l'une d'elles, et analysons ce qui se passe par le fait de son mouvement de rotation. Lorsqu'elle part du point milieu où se trouve la ligne neutre, et qu'elle s'avance en E′ du côté du pôle S, il se développe dans son circuit un courant induit dont l'intensité va aller en augmentant en conservant le même sens, tant que la bobine marchera vers S ; à partir de ce moment, en E, le courant induit va diminuer d'intensité ; mais le sens du courant restera encore le même, puisque la bobine se présentera au pôle de l'aimant dans une situation diamétralement opposée. Quand celle-ci est arrivée à égale distance des deux pôles, le courant induit change de signe. Dans la seconde moitié de la révolution, les choses se passent de la même façon, sauf que le sens du courant induit est opposé au sens du courant induit pendant la première moitié. Si maintenant, au lieu de n'envisager qu'une seule bobine, on les considère toutes dans leur ensemble, il est aisé de comprendre que celles qui sont situées dans la demi-circonférence supérieure de l'anneau, sont parcourues par des courants induits d'intensité d'abord croissante, puis décroissante ; or ces courants s'ajoutent, puisque leur sens est le même, et que les bobines sont disposées ou associées en tension. Au contraire, toutes les bobines de la demi-circonférence inférieure de l'anneau sont parcourues par une série de courants induits, opposés aux premiers, mais s'ajoutant également.

En recueillant et unissant dans un même circuit ces deux courants totaux, on obtiendra donc un courant continu, et la machine sera en plein fonctionnement. Voici maintenant comment ce résultat est obtenu. Une série de pièces métalliques, isolées les unes des autres, mais dont chacune est rattachée au bout de fil sortant d'une bobine et au bout entrant de la bobine suivante ou voisine, rayonnent en nombre égal à celui des bobines autour de l'axe moteur de l'anneau. On les voit ensuite, recourbées à angle droit, parallèlement à cet axe, sortir du plan de l'anneau et former une sorte de cylindre de petit diamètre, tout en restant isolées les unes des autres. C'est sur ces pièces RR (fig. 274) que les courants sont recueillis. Les collecteurs sont formés de balais, ou de pinceaux métalliques formant ressort, qui appuient sur les pièces R, au moment où elles arrivent dans le plan de la ligne neutre.

On voit que, par cette disposition, les courants induits dans les deux moitiés de l'anneau sont réunis dans le circuit extérieur, de la même manière que les courants de deux éléments de pile associés en surface ou en quantité. Ce résultat est obtenu sans qu'on soit obligé de redresser le sens des courants par un commutateur, et la continuité est réalisée en évitant les inconvénients qui résultent de l'adjonction de ce dernier organe.

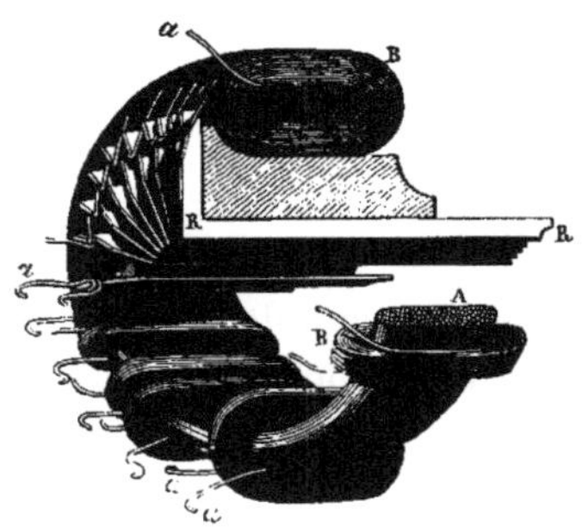

Fig. 274. — Détails de l'anneau Gramme.

La figure 275 représente un modèle de la machine magnéto-

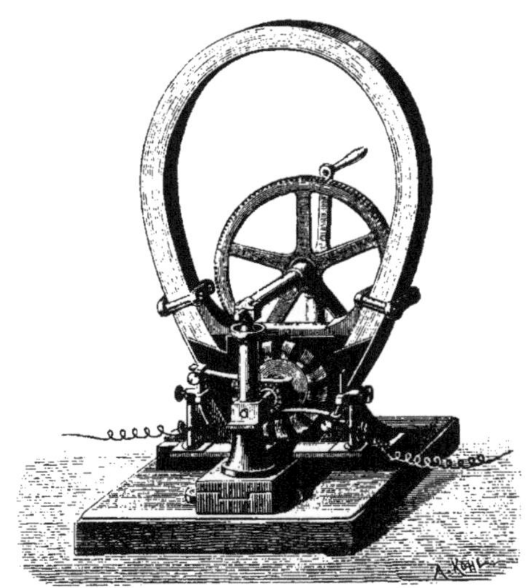

Fig. 275. — Machine Gramme à aimant Jamin.

électrique Gramme, où les aimants feuilletés Jamin ont été

adoptés. Elle est fort avantageuse comme machine de cours, pouvant se manœuvrer aisément à la main, et se prêtant dès lors à de nombreuses expériences sans aucun des préparatifs que nécessite l'emploi des piles, par exemple[1]. On l'emploie avantageusement en galvanoplastie et dans la pratique de l'électricité médicale.

L'intensité du courant fourni par une machine Gramme donnée varie avec la vitesse de rotation et croît avec elle jusqu'à un maximum de 7 ou 800 tours par minute; pour une même vitesse de rotation, elle dépend de la longueur et de la grosseur du fil des bobines; pour les effets de quantité, le fil doit être gros et court; il doit être long et fin si l'on veut obtenir des effets de tension.

§ 3. MACHINES DYNAMO-ÉLECTRIQUES.

Jusqu'ici les machines d'induction que nous avons décrites ont toutes pour inducteur, soit le courant d'une pile, comme dans la bobine de Ruhmkorff, soit la force magnétique d'un aimant permanent, comme on l'a vu dans les machines magnéto-électriques de Clarke, de Gramme, etc. Celles dont nous

1. Voici en quels termes un savant qui est un juge compétent en ces matières, M. Niaudet-Bréguet, fait ressortir ces avantages :

« On construit des machines Gramme d'une grandeur moyenne qui se meuvent à la main et qui permettent de faire la plupart des expériences des cours de physique; ces appareils sont également utiles dans les laboratoires de recherches de physique ou de chimie, pour toutes les expériences qui ne sont pas de longue durée; ils épargnent l'embarras de monter une pile de Bunsen, opération qui prend un temps assez long et qu'on hésite souvent à faire quand on songe que l'expérience poursuivie ne durera que quelques minutes ou quelques secondes. Il va sans dire que, dans tous les cas, l'emploi de la machine Gramme fait réaliser une économie notable d'acides et de zinc, sans parler du temps des aides ou préparateurs. D'ailleurs, pour une foule de recherches, il est intéressant de savoir au juste quelle est la force du courant au moment où il produit un phénomène déterminé; avec l'appareil en question, il suffit pour cela de mesurer exactement la vitesse à un instant précis, ce qui se fait aisément au moyen d'un diapason dont les vibrations s'écrivent sur un plateau partageant le mouvement de l'anneau. » (*La Nature*, novembre 1873.)

La machine Gramme à aimants Jamin, à l'avantage de l'augmentation de puissance qui résulte de l'emploi de ces aimants, joint celui de la grande facilité que présente le montage et le démontage des lames, ou leur remplacement.

allons nous occuper dans ce paragraphe ont pour principe l'induction qui naît sous la seule influence du magnétisme rémanent du fer doux ou de celui de la Terre. En un mot, le courant inducteur sera lui-même donné par un électro-aimant. L'idée de faire servir à la production de courants électro-magnétiques de puissance croissante, grâce à l'emploi de la force mécanique, la très faible intensité magnétique qui réside dans un noyau de fer doux ordinaire, est venue simultanément à Wheatstone et à Siemens dans le commencement de l'année 1867. On comprend l'importance de cette découverte, si l'on se rappelle qu'à poids égal la puissance inductive d'un électro-aimant est beaucoup plus grande que celle d'un aimant permanent.

La première application de ce principe remonte à la même époque ; elle est due à un constructeur anglais Ladd, dont la machine *dynamo-électrique* porte le nom.

La machine de Ladd n'est autre chose, sauf la disposition des organes, qu'une machine de Wilde, à deux bobines Siemens, dans laquelle l'aimant permanent de la petite bobine a été supprimé. L'électro-aimant BB' (fig. 276) est formé de deux larges plaques de fer enveloppées de fil et formant ainsi deux électro-aimants droits et parallèles. Les masses polaires de fer doux M et N, qu'on voit sur la gauche, entourent une bobine Siemens *a'*, destinée à servir d'excitatrice, en envoyant les courants induits qui s'y développent dans les électro-aimants, dont ils entretiennent et accroissent le magnétisme. Ceux-ci ont leurs pôles de droite également armés de deux masses polaires M et N qui entourent une seconde bobine Siemens *a*, plus grosse que la première. Ce sont les courants induits de cette seconde bobine qu'on envoie dans le circuit extérieur et qui produisent l'électricité qu'on veut utiliser. Les deux bobines *a* et *a'* sont disposées de telle sorte que, lorsque la première présente ses parties non évidées aux appendices polaires des électro-aimants, l'autre bobine se trouve à angle droit et par conséquent vient d'abandonner les appendices qui agissaient sur elles. Deux courroies, commandées par le même tambour, mettent en mouvement les deux bobines à la fois.

A l'origine, Siemens employait une pile pour amorcer la machine ; mais il fut bientôt reconnu que cela était inutile, et que le simple contact des noyaux de fer doux avec un aimant permanent, ou même le faible magnétisme développé par l'influence de la Terre suffisaient.

Divers perfectionnements ont été apportés à la machine de Ladd par Ruhmkorff, Gaiffe; mais l'invention de nouvelles

Fig. 276. — Machine dynamo-électrique de Ladd.

machines dynamo-électriques mieux conçues au point de vue du but de l'inventeur, qui était la production de la lumière électrique, l'a fait abandonner.

Parmi ces appareils, les machines de Gramme à électro-aimants, dont la figure 277 représente un modèle, ont eu dès l'origine (1870) et ont encore aujourd'hui un légitime succès. Le principe est le même que celui de la machine Gramme à aimants que nous avons décrite plus haut : l'emploi de l'anneau permet la production de courants continus, et la substitution des électro-aimants aux aimants permanents que nous avons vue déjà réalisée dans les machines de Wilde et de Ladd, a permis d'en augmenter grandement la puissance.

Dans le type de la figure 277, l'anneau Gramme tourne autour d'un axe horizontal, que met en mouvement une poulie mue elle-même par une courroie de transmission. La rotation de la bobine se fait entre deux pièces de fer doux qui sont les armatures des électro-aimants inducteurs et qui entourent l'anneau sur les trois quarts de sa circonférence, de manière à obtenir une meilleure répartition du champ magnétique et à

Fig. 277. — Machine dynamo-électrique Gramme; type d'atelier.

accroître les effets de l'induction. Les deux électro-aimants sont situés, l'un à droite, l'autre à gauche de l'anneau, et les bobines de chacun d'eux sont dans la même verticale. Ils se présentent leurs pôles de même nom, lorsque le même courant les traverse. Le courant induit qui se produit dans l'anneau par suite de sa rotation passe d'abord dans les bobines des deux électro-aimants, dont ils renforcent la puissance magnétique; puis, par les balais collecteurs que nous avons décrits plus haut, ils vont dans le circuit extérieur, pour être utilisés selon la destination de la machine.

Le type que nous venons de décrire, qui est dit *type d'atelier*, peut être appliqué aux objets les plus divers, dans une multitude d'industries. Il est remarquable par la simplicité de sa construction, son rendement en électricité qui est évalué à 85 ou 90 pour 100 du travail dépensé sur l'arbre moteur, par la réduction du poids en comparaison de la puissance et, comme conséquence, par la modicité relative de son prix.

De nombreuses machines dynamo-électriques, construites d'après les mêmes principes que la machine Gramme, sont aujourd'hui en usage. Nous allons en citer quelques-unes, nous

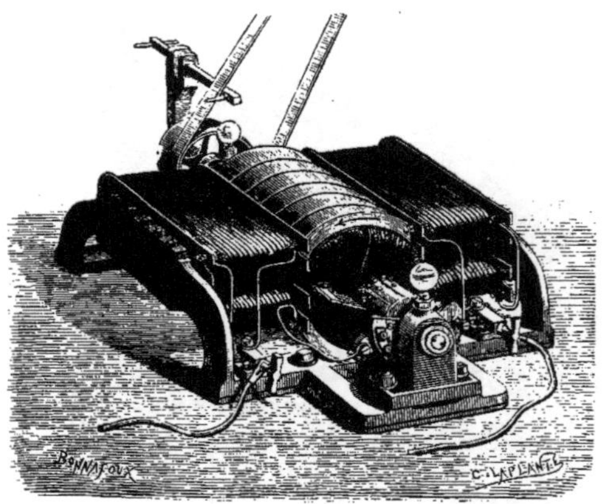

Fig. 278. — Machine dynamo-électrique Hefner-Alteneck (Siemens).

réservant de revenir sur les plus importantes, quand nous aurons à décrire les multiples applications de l'électromagnétisme.

La machine Hefner-Alteneck (fig. 278), ainsi nommée du nom de son inventeur, ingénieur de la maison Siemens de Berlin, diffère de la machine Gramme par son armature cylindrique et par l'enroulement des fils de la bobine induite, qui ne recouvrent que la partie extérieure du cylindre métallique remplaçant l'anneau; les branches des électro-aimants sont des lames de fer plus larges que longues, et leurs armatures enveloppent en dessus et en dessous la bobine induite. Les collecteurs à balais sont ceux de la machine Gramme.

La machine Brush est un anneau Gramme, dont les bobines,

Fig. 279. — Machine Brush.

au nombre de huit ou de douze seulement, séparées par un intervalle assez large, sont reliées deux à deux, et tournent

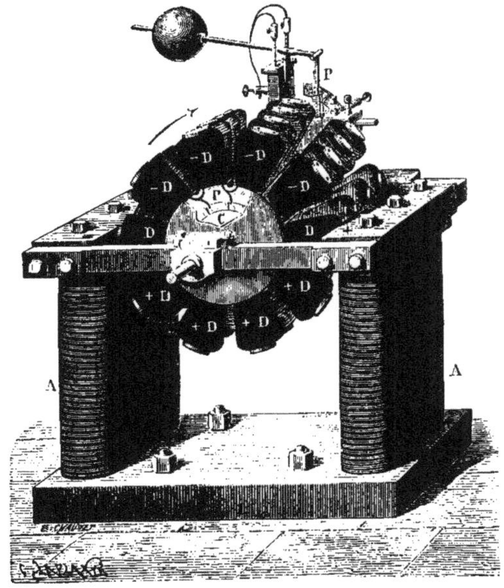

Fig. 280. — Machine dynamo-électrique Lontin.

entre les pôles de deux électro-aimants en fer à cheval, de

forme oblongue, et disposés de telle façon que leurs pôles de même nom tournent en face l'un de l'autre. Il résulte de cette disposition que les courants induits sont inverses dans les deux moitiés de l'anneau enveloppées latéralement par ces pôles, ce qui a nécessité l'emploi d'un commutateur et de quatre frotteurs.

La figure 280 représente la machine dynamo-électrique de Lontin. Entre les branches AA d'un électro-aimant ordinaire reposant sur une culasse de fer tourne un noyau de fer, nommé par l'inventeur *pignon magnétique*. Sur ce noyau sont adaptées et alignées dans le sens des génératrices du cylindre, ou obliquement en hélice, des dents de fer, dont chacune, enveloppée de fils de cuivre isolés, forme une bobine ou hélice. Toutes ces bobines DDD... au nombre de quarante, réunies entre elles comme celles de l'anneau Gramme, sont reliées de même à un collecteur qui recueille les courants induits sur les deux moitiés du cylindre induit.

Cette machine est surtout employée comme excitatrice de la machine à division de lumière inventée aussi par M. Lontin et que nous décrirons dans le chapitre consacré à l'éclairage électrique.

CHAPITRE XI

LA LUMIÈRE ÉLECTRIQUE

§ 1. L'ÉTINCELLE ÉLECTRIQUE.

Les décharges électriques, nous avons eu plusieurs fois l'occasion de le constater, donnent lieu le plus souvent à une production de lumière. Les premiers observateurs ont signalé les étincelles qui jaillissent des corps électrisés, quand on approche le doigt de leur surface : Otto de Guericke, le docteur Wall, Gray, Dufay, Hauksbee ont commencé l'étude de ce mode intéressant de manifestation de la force électrique ; Franklin a vu le fluide s'échapper sous forme de lueur ou d'aigrette d'une pointe métallique ; il a fait plus : il a découvert ce que Gray et Wall n'avaient fait que pressentir, l'identité de la faible étincelle et du crépitement sec qui l'accompagne, avec les grandioses phénomènes de la foudre, l'éclair et le tonnerre. Depuis, Davy, utilisant le courant d'une pile puissante, montra comment on pouvait faire jaillir, entre deux cônes de charbon placés aux pôles, la plus intense des lumières artificielles connues, l'arc voltaïque.

Tous ces effets lumineux des décharges électriques ont un grand intérêt : leurs apparences variées, l'étude des conditions dans lesquelles ils se produisent, sont aussi importantes à considérer, à un point de vue purement scientifique, que les nombreuses applications dont la lumière électrique commence, depuis un certain nombre d'années, à être l'objet, le sont au

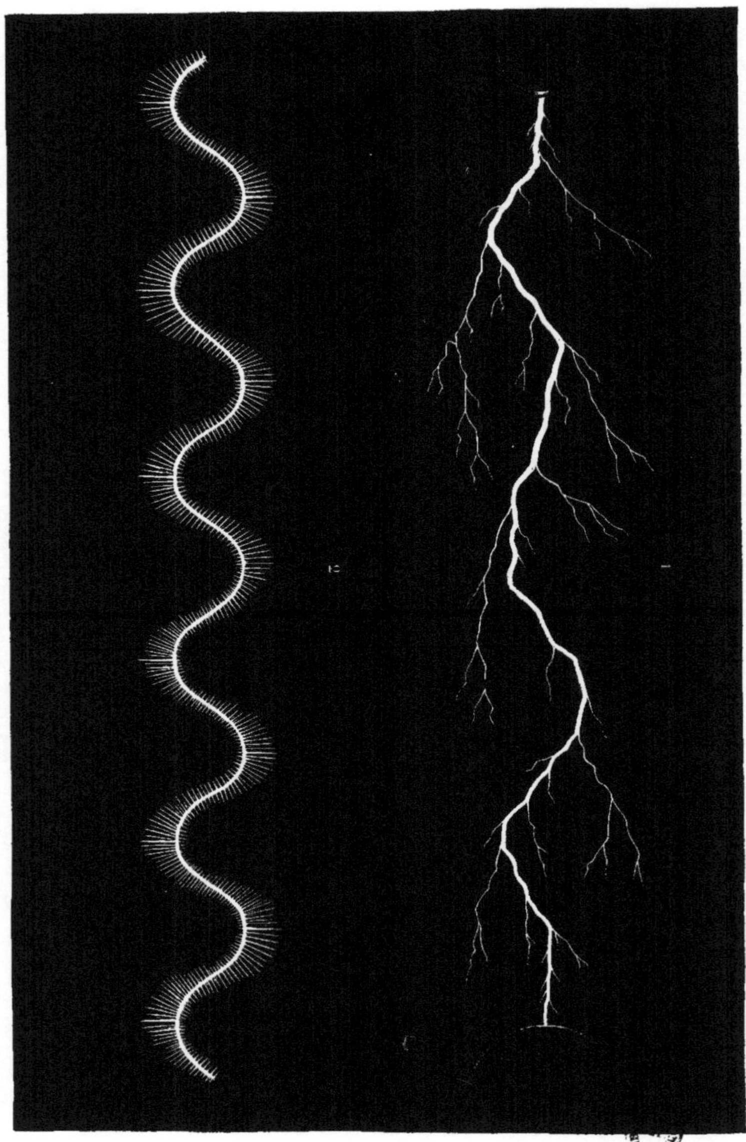

LA LUMIÈRE ÉLECTRIQUE.
Étincelle sinueuse et étincelle ramifiée, d'après Van Marum.

point de vue pratique. Nous avons déjà décrit quelques-uns de ces effets, à propos d'expériences curieuses qu'on fait dans les cours au moyen des machines électriques, des condensateurs, etc. C'est le moment, maintenant que nous connaissons les plus puissants appareils producteurs de courants, de compléter ce que nous avions à dire de la lumière électrique.

Revenons au point de départ, à l'*étincelle*, qui se produit, nous l'avons vu, toutes les fois que deux corps chargés d'électricités opposées, à une tension suffisamment grande, se trouvent en présence, et qu'un intervalle non conducteur, un milieu résistant, est interposé entre les deux corps. La tendance qu'ont les électricités contraires à se réunir pour se combiner et reconstituer de l'électricité neutre, se trouvant contrariée par la résistance du milieu non conducteur, il y a transformation de forces vives, transformation de l'électricité en chaleur et en lumière. De là l'étincelle sous toutes ses apparences.

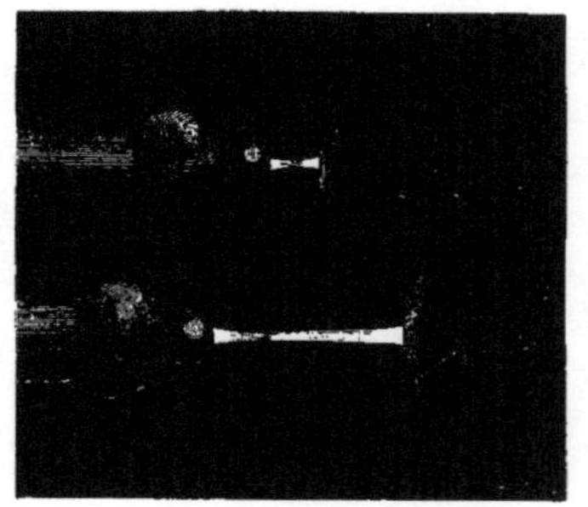

Fig. 281. — Étincelles rectilignes.

Ce sont ces apparences variées que nous allons maintenant passer en revue, en distinguant tout d'abord l'*étincelle* proprement dite de l'*aigrette*, de la *lueur* et de la *décharge obscure*, selon la classification de Faraday.

L'*étincelle* est cette ligne lumineuse, ce trait de feu qui jaillit entre le conducteur électrisé et le plateau qu'on en approche et qui doit être, comme on l'a vu, en communication avec le sol. Si elle est courte, ou si la distance explosive est faible, l'étincelle a la forme rectiligne ; elle est très brillante, d'éclat uniforme et de même largeur dans toute son étendue. Cette largeur et cet éclat dépendent du reste de la quantité d'électricité qui s'écoule ou de la capacité électrique du conducteur. Si la distance augmente, l'étincelle s'allonge en restant tout d'abord rectiligne (fig. 281), mais elle s'amincit et paraît plus large et plus lumineuse à ses deux extrémités qu'au milieu.

La distance explosive vient-elle à augmenter encore, à dépasser par exemple 6 ou 8 centimètres, l'étincelle présente le plus souvent une forme irrégulière, tantôt constituée par des traits rectilignes continus, en zig-zag (fig. 282), tantôt offrant des ramifications sinueuses, serpentines, indiquant que la résistance éprouvée par le flux d'électricité, dans son passage d'un conducteur à l'autre, est fort inégalement distribuée. La planche VII représente deux formes curieuses d'étincelles observées et dessinées par Van Marum : la première est bordée de pointes lumineuses normales à la courbure générale et qui semblent distribuées en spirale autour du principal sillon lumineux ; la seconde, beaucoup moins régulière, a l'aspect d'une artère fluviale principale, où affluent, comme autant de petites rivières, une multitude de rameaux lumineux.

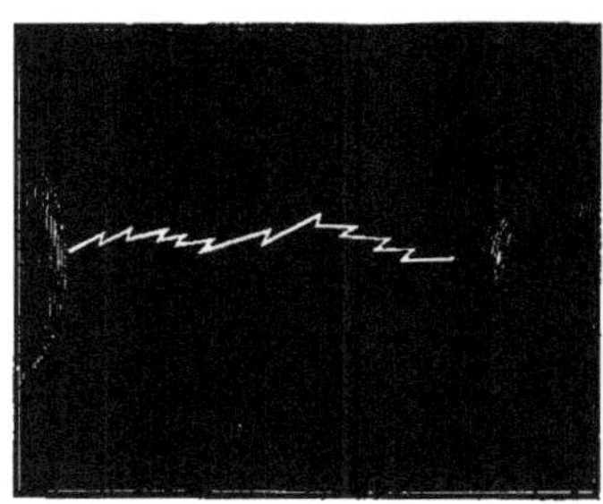

Fig. 282. — Étincelle en zig-zag.

La couleur de la lumière des étincelles est d'un blanc bleuâtre dans l'air atmosphérique, sous la pression normale ; une légère teinte pourprée se voit aux extrémités. La couleur varie avec la pression et aussi avec la nature du gaz dans lequel elle se produit ; nous donnerons bientôt des exemples de ces modifications.

§ 2. L'AIGRETTE ÉLECTRIQUE.

A mesure qu'on accroît la distance à laquelle a lieu la décharge, l'étincelle prend une apparence plus compliquée ; le trait de feu se ramifie de plus en plus en s'affaiblissant à l'extrémité la plus éloignée du conducteur et finit par se transformer en une *aigrette*. L'aigrette est ordinairement constituée par un trait brillant, d'où partent mille filets divergents de couleur violacée, et accompagnée d'un bruissement pareil à celui d'un jet de vapeur. La figure 285 reproduit une aigrette lumineuse, d'après une observation de Van Marum. Entre le plateau et l'aigrette, tantôt il existe un espace obscur ; tantôt une masse de lumière beaucoup plus resserrée, et ayant sa base sur le bord du plateau, va rejoindre le sommet de l'aigrette. Nous supposons ici que le conducteur est chargé d'électricité positive, et alors le plateau électrisé par influence est

Fig. 285. — Aigrette.

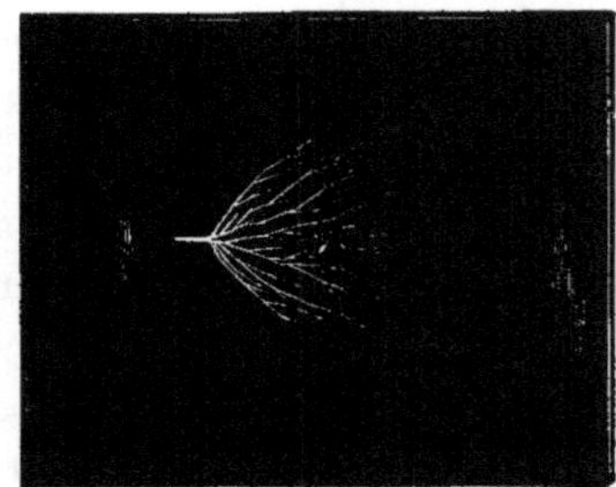

Fig. 284. — Aigrette ramifiée.

chargé lui-même d'électricité négative. Si l'inverse avait lieu, l'aigrette à larges ramifications s'échapperait du plateau, et l'aigrette étroite, du conducteur. Faraday, qui a étudié les formes des aigrettes positives et négatives, a montré que cette différence tient à l'inégale tension des deux électricités, quand a lieu la décharge. L'électricité négative exige, pour sa décharge, une tension beaucoup moins grande que l'électricité positive.

La lumière électrique peut se produire dans différents milieux, dans l'air et les autres gaz, et même dans les liquides mauvais conducteurs : ses apparences, c'est-à-dire sa forme et sa couleur, changent suivant ces milieux ; et quand la décharge a lieu dans un gaz, elles varient avec la pression ou le degré de raréfaction de ce dernier.

Dans l'air à la pression ordinaire, nous avons vu que l'étincelle est d'un blanc éclatant. D'après Van Marum, qui a fait sur ce sujet de nombreuses expériences, sa couleur est bleuâtre, teintée de pourpre, dans l'azote; très blanche dans l'oxygène;

Fig. 285. — Aigrette électrique, d'après Van Marum.

rouge-violacé dans l'hydrogène; verdâtre dans l'acide carbonique; vert-rougeâtre dans le gaz hydrogène carboné, et blanche dans l'acide chlorhydrique.

Le tronc des aigrettes lumineuses positives est dans l'air, à la pression ordinaire, d'une couleur violette, teintée de pourpre, tandis que les ramifications sont plus blanches, ce qui tient peut-être à ce que la lumière s'y trouve moins condensée. Dans les autres gaz, la couleur des aigrettes varie, comme les expériences de Faraday l'ont fait voir : ainsi, dans l'hydrogène, dans le gaz d'éclairage, elle est légèrement verdâtre ; dans l'oxygène, elle est blanche comme l'air, mais beaucoup moins belle ; dans l'azote raréfié, elle est au contraire magnifique ; dans l'oxyde de carbone, l'acide carbonique, elle est courte, verdâtre dans le premier gaz, et légèrement pourpre dans le second.

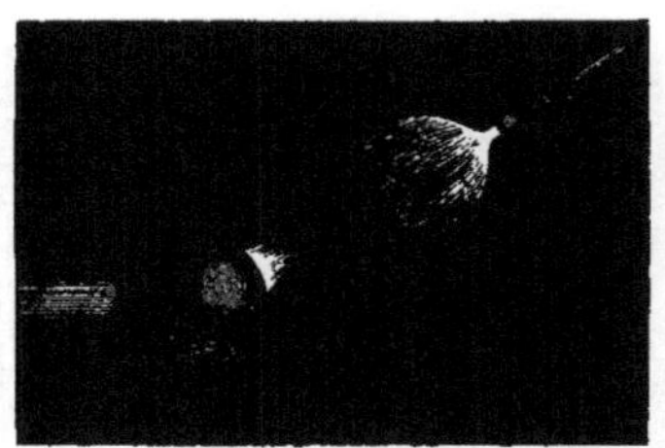

Fig. 286. — Aigrettes positive et négative.

Pour observer et comparer plus aisément les couleurs de la lumière électrique dans divers gaz, on peut employer une série de tubes disposés comme ceux de la figure 287. Ces

Fig. 287. — Couleurs de la lumière électrique dans divers gaz.

tubes a, a', a'', préalablement remplis des gaz en question, sont traversés par des fils de platine qui les relient électriquement à l'extérieur, et qui laissent entre eux, à l'intérieur de chaque tube, un petit intervalle. D'un côté on relie le fil à une boule isolée d, de l'autre en b avec le sol. Dès que la boule est approchée de la machine électrique, l'étincelle jaillit simultanément à l'intérieur de tous les tubes, et l'on peut observer d'un coup d'œil la couleur des traits de feu dans les divers gaz.

Ces différentes formes de la lumière électrique, l'étincelle ou trait de feu, la lueur, l'aigrette, s'observent séparément lorsqu'on se sert des machines d'électricité statique; mais avec la bobine d'induction on peut les obtenir simultanément. Pour faire l'expérience, on emploie une bobine assez puissante pour donner des étincelles de 20 centimètres de longueur. On réunit l'électrode positive à l'une des tiges de l'excitateur, terminée en pointe, et l'électrode négative à l'autre tige, dont l'extrémité est munie d'un plateau métallique de 15 centimètres de diamètre. A une distance convenable, on aperçoit une lueur autour de la pointe positive; le trait de feu jaillit avec ses sinuosités ou ses ramifications entre la pointe et le plateau, et enfin une aigrette faiblement lumineuse, en forme de cône, enveloppe l'étincelle et couvre une grande partie du plateau.

Si l'on rapproche les pôles, l'aigrette se resserre, l'étincelle augmente de grosseur et d'éclat, et finit par se diviser en plusieurs branches. Pour une distance plus petite que 2 centimètres, le trait de feu redevient simple et il est entouré d'une auréole plus étendue et plus brillante. Il semble que les nombreux traits lumineux se soient réunis et condensés en un seul : c'est une *étincelle composée* (fig. 288).

M. Cazin, à qui nous empruntons ces détails, a fait voir qu'on peut en effet analyser ou décomposer une étincelle simple en apparence. Voici comment il décrit l'expérience qui permet de constater que cette ligne de feu est quelquefois en réalité formée de traits brillants se succédant par centaines dans un intervalle de temps qui ne dépasse pas un centième de seconde :

« Un exemple de ce genre d'étincelle, dite *composée*, dit-il, est fourni par la décharge de la bobine de Ruhmkorff, dont les pôles sont reliés par des fils de métal, d'une part aux armatures d'une bouteille de Leyde, d'autre part à deux boules métalliques, entre lesquelles jaillit l'étincelle et dont l'intervalle est inférieur à un millimètre. Une lentille convergente convenablement placée reçoit les rayons lumineux partis de l'étincelle et les dirige en faisceau parallèle sur le bord d'un disque de carton tournant rapidement autour de son centre (*phénakisticope*)... L'appareil est installé dans une chambre obscure, et on vise avec une lunette l'ouverture du diaphragme.

« Lorsqu'une étincelle *simple* éclate au foyer lumineux, on ne voit dans la lunette qu'une seule fente du disque tournant. Mais lorsqu'elle est *composée*, on aperçoit la fente mobile, qui passe derrière l'ouverture, dans les diverses positions qu'elle occupe au moment où jaillissent les filets lumineux qui composent l'étincelle. On voit donc plusieurs traits brillants et leur nombre est celui des étincelles simples qui jaillissent pendant qu'une fente du disque tournant traverse le champ de la lunette. Quand le nombre des filets lumineux est considérable, on ne peut pas les compter avec la disposition qui vient d'être indiquée. Alors on fait passer la fente devant le diaphragme pendant un temps inférieur à la durée de l'étincelle totale, et on augmente la rapidité du disque jusqu'à ce qu'on aperçoive dans la lunette un petit nombre de traits brillants, équidistants. On est alors certain que les filets lumineux se succèdent à des intervalles de temps égaux et il est possible de calculer le nombre total de ces filets.

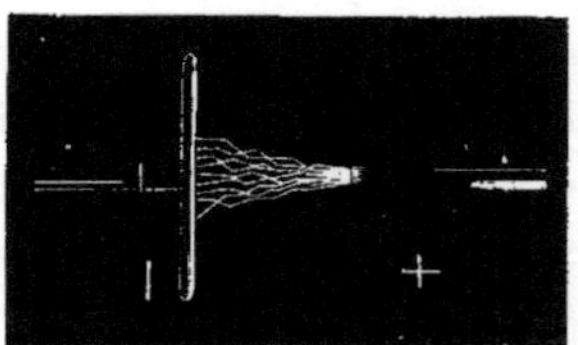

Fig. 288. — Étincelle électrique.

« Avec un disque de 180 fentes effectuant 35 tours par seconde, on a compté dans une expérience de ce genre 6 traits brillants, équidistants. On déduit de là que 6 filets lumineux se succédaient dans un intervalle de temps égal à la fraction de seconde $\frac{1}{35 \times 180}$. D'autre part on trouvait que la durée totale de l'étincelle composée était de 0,015. Autant de fois ce nombre contient la fraction précédente, autant de fois les 6 filets lumineux sont répétés successivement dans l'étincelle, ce qui donne un total de 537 étincelles simples dans l'étincelle composée que l'on observait. » (Cazin, *Journal de Physique*, juillet 1873.)

§ 3. LA LUMIÈRE ÉLECTRIQUE DANS LES GAZ RARÉFIÉS.

Jusqu'à présent il n'a été question que de la lumière obtenue par la décharge électrique dans l'air, ou dans un autre gaz, à la pression ordinaire. Les phénomènes lumineux que nous allons étudier maintenant sont ceux qui se passent dans le vide ou dans les milieux gazeux plus ou moins raréfiés.

Lorsqu'on fait le vide dans un tube surmonté d'un entonnoir contenant du mercure soutenu par une rondelle de bois coupée perpendiculairement aux fibres, la pression précipite le liquide au travers des pores du bois, et donne lieu au phénomène connu dans les cours sous le nom de *pluie de mercure*. Les gouttelettes brillantes du métal liquide s'électrisent dans leur chute en se frottant les unes contre les autres et l'on aperçoit une lueur assez vive si l'on opère dans l'obscurité. Depuis longtemps on avait constaté la production de semblables lueurs dans le vide barométrique, lorsque le niveau du mercure est brusquement déplacé. Enfin on doit à Hauksbee de curieuses et nombreuses expériences sur les effets de lumière qui se produisent dans des tubes ou des globes de verre, à l'intérieur desquels il avait fait le vide. L'intérieur de ces vases se remplissait d'une belle lueur pourprée, soit en faisant frotter dans le vide deux corps comme le verre et la laine, soit en faisant tourner le globe avec rapidité et en appuyant la main sur sa surface extérieure. Cette lumière était due évidemment à l'électricité développée.

Plus tard Cavendish, puis Davy, firent des expériences sur la production de la lumière électrique dans le vide barométrique et sur l'influence que la température exerce sur la vivacité de cette lumière. L'appareil de la figure 289 consiste en un tube recourbé, contenant des colonnes de mercure dans chacune de ses branches, qui plongent dans deux cuvettes isolées. On met le mercure de l'une de ces cuvettes en communication avec le sol par un fil métallique, l'autre avec le conducteur d'une machine électrique. Dès que celle-ci fonctionne, et que l'électricité passe d'une cuvette à l'autre par l'intermédiaire de l'espace vide compris entre les deux colonnes, on voit une faible lueur remplir cet intervalle. En chauffant le mercure, Davy vit la lueur augmenter d'éclat et prendre une teinte verdâtre, qui passa au bleu, puis au pourpre, par l'introduction de quelques bulles d'air. De ces expériences, Davy crut pouvoir conclure que la faible lueur observée dans le vide barométrique à la température ordinaire était due à la vapeur de mercure, puisque la lumière était plus intense à une température plus élevée, c'est-à-dire quand la production de vapeur s'accroît.

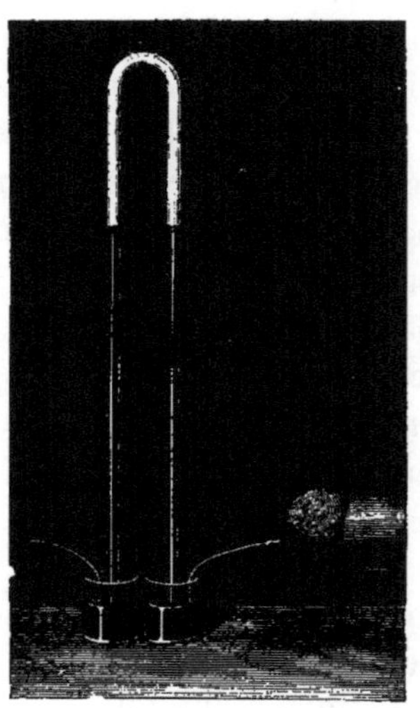

Fig. 289. — Lueur électrique dans le vide barométrique.

La question de savoir si la lumière électrique se produit dans le vide absolu n'était donc pas tranchée par ces expériences. Un physicien anglais, M. Gassiot, à qui l'on doit de très intéressantes expériences sur la lumière électrique dans les gaz raréfiés, a prouvé que, dans un vide suffisant, la décharge électrique ne produit plus de lumière. Voici, d'après M. Cazin, comment M. Alvergniat a répété à Paris l'expérience de M. Gassiot : « On soude deux fils de platine, dit-il, aux extrémités d'un tube de verre peu fusible, laissant entre eux un intervalle de un ou deux millimètres. Ce tube est muni d'une tubulure latérale que l'on soude ensuite au conduit d'une machine pneumatique à mercure (fig. 290). Le vide étant fait une première fois, on chauffe au rouge sombre le tube de verre et l'on fait fonctionner la machine pneumatique plusieurs fois, afin d'enlever toute trace d'air ou de vapeur adhérant aux parois intérieures du tube et aux fils de platine. Après une manipulation d'une heure, si l'on adapte aux fils de platine les conducteurs d'une bobine d'induction, on ne voit plus d'étincelle jaillir entre les fils. On sépare alors le tube de la machine pneumatique, en effilant au chalumeau la tubulure latérale, et l'appareil hermétiquement clos par la fusion de la partie effilée sert à répéter indéfiniment l'expérience. » (*L'Étincelle électrique.*)

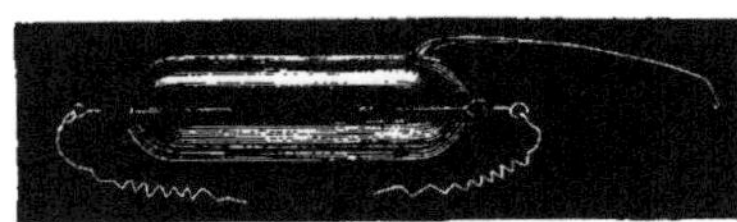

Fig. 290. — Absence d'étincelle dans le vide. Tube de M. Alverguiat.

Pour étudier les effets lumineux que produit la décharge électrique dans les milieux gazeux raréfiés, on se sert de l'appareil représenté dans la figure 291, qu'on nomme l'*œuf électrique*. Deux tiges métalliques terminées chacune par une boule et communiquant avec les garnitures également conductrices de l'appareil peuvent être approchées ou éloignées à volonté. L'œuf peut se détacher de son pied et se visser sur la machine pneumatique, de sorte qu'on y peut raréfier l'air à volonté, faire le vide, puis y introduire un gaz à une pression quelconque.

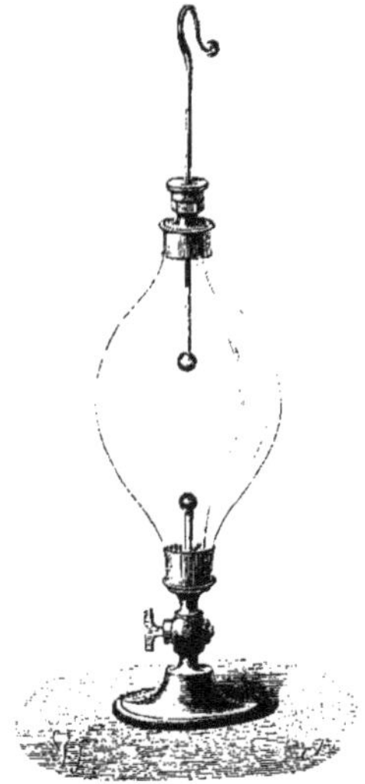

Fig. 291. — Œuf électrique.

Dans l'air à la pression ordinaire, l'étincelle part entre les deux boules, toute semblable à celle que nous avons décrite en commençant. Mais à mesure qu'on raréfie l'air, la lumière change d'apparence : elle s'échappe en gerbe ramifiée de la boule positive ; à la pression de 60 millimètres, elle offre l'aspect de la figure 292. On voit qu'alors elle se compose d'un certain nombre de bandes lumineuses de couleur pourpre, les unes divergeant latéralement, les autres venant aboutir à la boule négative, qui est elle-même enveloppée d'une épaisse couche de lumière violacée. Quand la pression est réduite à quelques millimètres, les bandes se réunissent en une gerbe lumineuse, en forme de fuseau.

Fig. 292. — Lumière électrique dans l'air raréfié. Bandes pourprées.

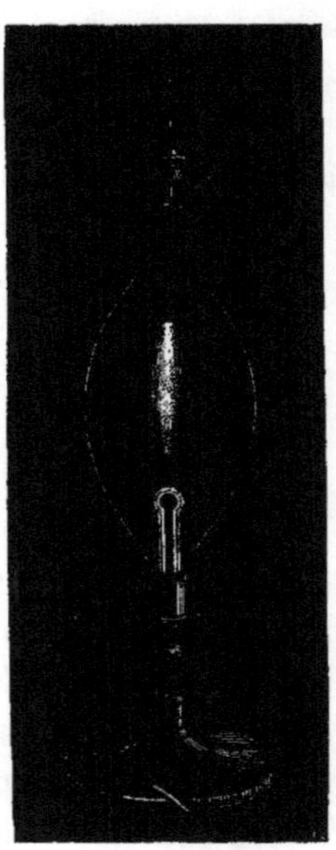

Fig. 293. — Gerbe lumineuse dans l'air raréfié. Décharge des courants d'induction.

Voyons maintenant ce qui se passe quand on substitue les courants d'induction à l'électricité des machines électriques ordinaires.

Raréfions l'air contenu dans l'œuf électrique à la pression de 2 ou 3 millimètres, et mettons les boules intérieures en communication avec les pôles d'une bobine de Ruhmkorff. Nous verrons aussitôt une magnifique gerbe lumineuse, d'un beau rouge, jaillir de la boule positive, tandis que la boule et la tige négatives sont enveloppées d'une couche de lumière, d'un pourpre bleuâtre. Qu'on renverse le sens du courant à l'aide du commutateur, aussitôt les deux lumières vont s'intervertir; la gerbe partira alors de la boule inférieure, tandis que l'auréole violette enveloppera la boule supérieure.

§ 4. STRATIFICATIONS DE LA LUMIÈRE ÉLECTRIQUE.

Si, avant de raréfier l'air, on a introduit des vapeurs de plusieurs substances, par exemple d'alcool, de phosphore, d'essence de térébenthine, la gerbe lumineuse prend un aspect particulier qui a été découvert presque en même temps par MM. Ruhmkorff, Grove et Quet. La lumière rouge de la gerbe se trouve interrompue transversalement par des bandes obscures, très serrées, de sorte qu'elle est alternativement formée par des strates obscures et par des strates brillantes. A partir du milieu de la gerbe, où les strates sont rectilignes, elles se courbent en deux sens opposés, de manière à regarder chacune des boules par leur concavité. C'est à ce phénomène qu'on donne le nom de *stratification de la lumière électrique*.

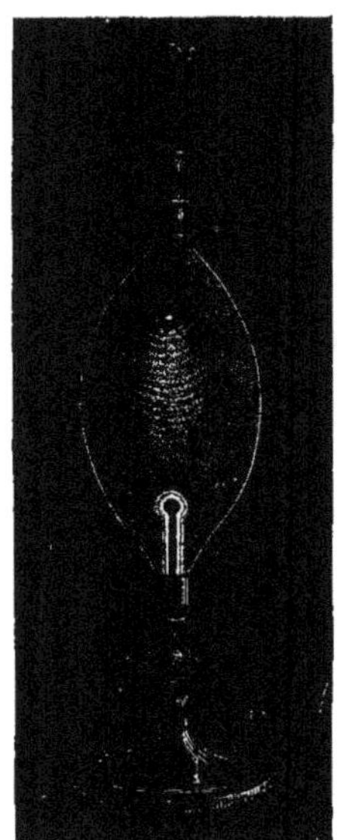

Fig. 294. — Lumière stratifiée dans un gaz raréfié.

On a depuis donné diverses formes aux vases qui contiennent les vapeurs raréfiées, propres à la production de la lumière électrique stratifiée. La planche VIII, dont les divers dessins ont été dessinés d'après nature, reproduit quelques-unes des expériences les plus curieuses de ce genre, faites dans les tubes connus sous le nom de *tubes de Geissler*. La beauté de ces effets lumineux est encore rehaussée par les phénomènes de phosphorescence que la lumière électrique produit dans le verre d'urane, dans le strontium et le calcium, et enfin dans le sulfate de quinine.

Le brillant phénomène que nous venons de désigner sous le nom de *stratifications* de la lumière électrique, qu'on nomme aussi en Angleterre *stries* ou *bandes*, a été observé pour la première fois par M. Abria, en 1843. Ayant opéré la décharge d'une bobine d'induction dans un tube qui renfermait de l'air à la pression de 2 millimètres, il obtint une aigrette partant du pôle positif et n'arrivant pas tout à fait jusqu'au pôle négatif, dont elle restait séparée, ainsi qu'on l'a vu plus haut, par un

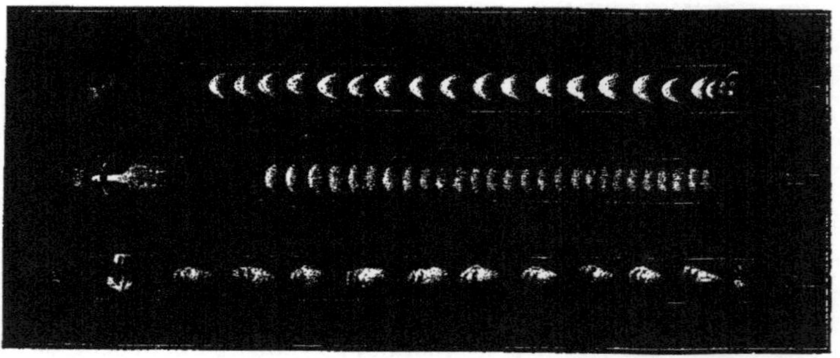

Fig. 295. — Stries observées par Warren de la Rue dans les tubes à gaz raréfiés.

espace obscur (la *décharge obscure* de Faraday). En outre, cette aigrette présentait à sa partie supérieure, c'est-à-dire la plus rapprochée de la pointe négative, des zones alternativement lumineuses et obscures. Ce sont ces strates que, vers 1852, MM. Grove en Angleterre et Quet en France étudièrent presque en même temps, et qui depuis ont été l'objet de recherches fort intéressantes de la part de divers physiciens, Gassiot, De la Rive, De la Rue et Muller, Spottiswoode, etc. Disons-en quelques mots.

M. Quet, ayant observé que les bandes brillantes paraissent animées quelquefois d'un mouvement ondulatoire et progressif, ou giratoire, constata que ce n'était là qu'une illusion due à ce que le lieu des zones brillantes varie continuellement, à cause de la discontinuité des décharges. En réalité, la lumière est complètement discontinue, stratifiée, c'est-à-dire formée de tranches brillantes que séparent très nettement des tranches obscures. Pour donner au phénomène tout son éclat, M. Quet mélangeait à l'air de l'œuf électrique, avant de faire le vide, l'une des vapeurs d'esprit de bois, d'essence de térébenthine, d'huile de naphte, d'alcool, de sulfure de carbone, ou encore du fluorure de silicium. On a obtenu aussi de brillants effets de lumière stratifiée avec les vapeurs métalliques, notamment avec celle du sodium.

Les lumières des deux pôles sont l'une et l'autre stratifiées[1]. En approchant l'une de l'autre les boules du récipient, M. Quet constata que le pôle négatif restait seul illuminé, et que l'espace obscur qui séparait les strates des deux pôles envahissait le pôle positif. Dans le vide fait sur du fluorure de silicium, il vit la lumière violette du pôle positif disparaître, et en même temps se raviver la lumière jaune du pôle négatif; en rapprochant les pôles encore davantage, la lumière négative s'affaiblissait et des anneaux pourpres se formaient sur la boule positive. M. Warren de la Rue a constaté qu'un changement d'intensité du courant produit souvent une modification complète dans les couleurs des stries : par exemple, dans un tube à hydrogène, elles passent du bleu de cobalt au rose.

Les phénomènes de stratification n'avaient été observés d'abord que dans les décharges produites à l'aide des courants d'induction, mais Van der Villingen les obtint avec la bouteille de Leyde; seulement il fallait interposer une résistance convenable dans le trajet du courant, par exemple une corde mouillée. Quet et Seguin obtinrent le même résultat, en affaiblissant la

1. D'après Warren de la Rue, toutes les stratifications ont leur origine au pôle positif. « Ainsi, dit-il, avec un tube donné et un certain gaz, il y a une pression pour laquelle on obtient une simple lueur qui se forme au pôle positif; quand on diminue la pression peu à peu, cette lueur se détache, se meut vers le pôle négatif, et est suivie successivement de plusieurs autres, dont le nombre croît graduellement jusqu'à une certaine limite. »

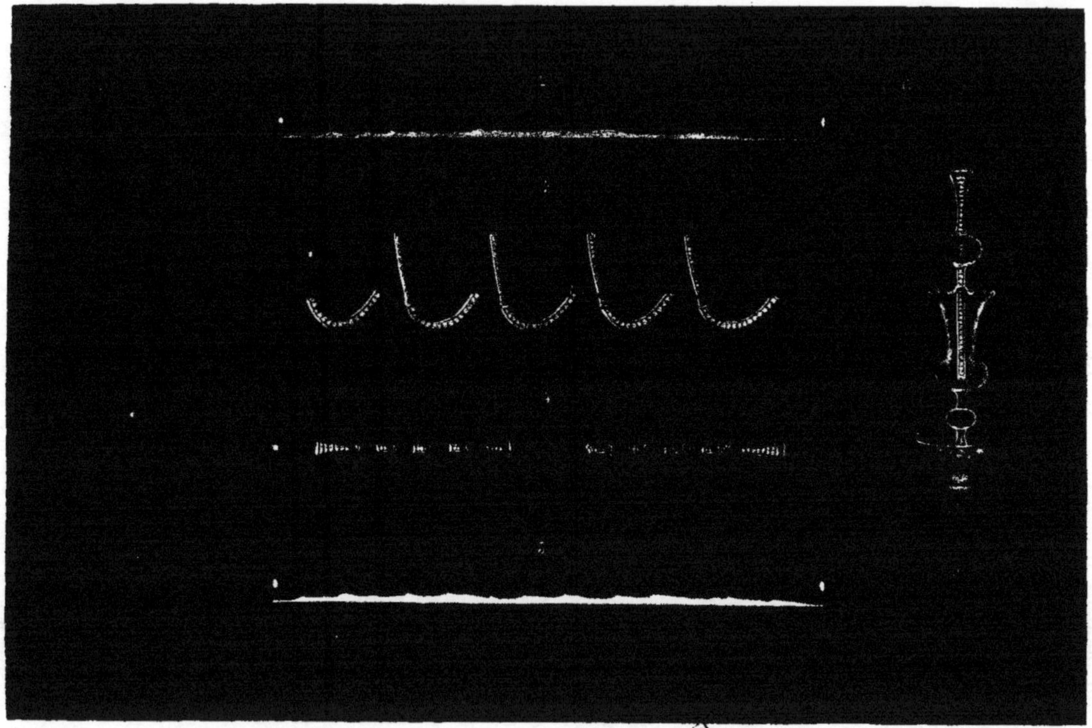

LA LUMIÈRE ÉLECTRIQUE

charge de la bouteille; en recouvrant la surface extérieure d'un tube de Geissler d'une feuille d'étain, de manière à le transformer en condensateur, et en la faisant communiquer avec le sol, ils produisirent dans le tube un véritable flot de lumière stratifiée, par la décharge d'une machine à plateau de verre. Enfin M. Gassiot, employant une pile à eau de 3520 éléments isolés, ou une pile de 400 éléments de Grove, obtint des stratifications dans un tube à acide carbonique raréfié.

Diverses hypothèses ont été proposées pour expliquer le phénomène des stratifications. Grove considère les étincelles d'une bobine d'induction comme formées par une succession rapide de décharges partielles, et regarde les stratifications comme le résultat d'une sorte d'interférence entre ces décharges successives et contraires, établissant ainsi une analogie entre ces phénomènes et les bandes d'interférence des ondes lumineuses ou sonores. Mais, comme le fait observer M. Mascart, « il n'est pas facile de concevoir comment peuvent se produire des interférences entre deux systèmes de décharges qui ne sont pas simultanées, mais alternantes, et si ces deux courants interviennent dans le phénomène, le mécanisme de la production des strates ne doit présenter aucune analogie avec les interférences de la lumière et du son. »

D'autres physiciens, comme MM. Gaugain et Reitlinger, regardent les stries comme produites par des actions chimiques, combustion, combinaisons et décompositions simultanées. Pour M. de la Rive, « le phénomène consisterait dans des contractions et dilatations alternatives du milieu gazeux, produites par la série des décharges toujours plus ou moins discordantes dont le jet électrique est formé. » Les stratifications seraient ainsi un phénomène analogue à celui des ondes sonores. C'est une hypothèse qui se rapproche de celle de Grove, et aussi de celle de M. Gassiot. « Les bandes noires, dit ce dernier, ne pourraient-elles pas être les nœuds d'ondulations dus à des impulsions semblables provenant de décharges positives et négatives ? Les stratifications lumineuses que nous obtenons dans le circuit fermé du fil secondaire d'une bobine d'induction et dans le circuit d'une pile voltaïque, ne seraient-elles pas l'image des pulsations qui passent le long du fil de la bobine dans le premier cas, à travers la pile dans le deuxième cas, pulsations produites probablement par l'action de la décharge le long des fils? »

Terminons par l'explication du phénomène que donnent MM. Quet et Seguin, explication basée sur le mode de propagation de l'électricité, propagation qui n'a pas lieu par un mouvement de transport du fluide électrique, mais, selon ces savants, par le mouvement des décompositions et recompositions successives. L'exemple du phénomène des tubes étincelants leur sert de terme de comparaison. « Lorsque l'électricité arrive sur les conducteurs métalliques de l'œuf électrique, la colonne

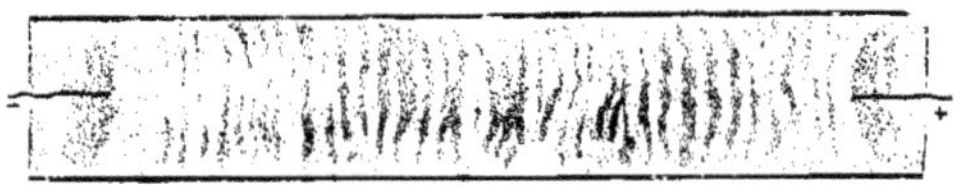

Fig. 296. — Stratification de l'étincelle d'induction dans la poussière de charbon. Expérience de MM. Quet et Seguin.

de gaz raréfié se partage en couches successives dont les unes jouent le rôle des lamelles métalliques d'un tube étincelant, et les autres celui des lames d'air où éclatent les étincelles de ces tubes. Dans les premières couches, les deux fluides électriques qui s'y trouvent développés par influence tendent à se porter l'un du côté de la boule positive, et l'autre du côté opposé. Les molécules très mobiles du gaz y reçoivent ainsi des mouvements contraires qui raréfient ces couches et condensent les autres. Ces dernières, qui séparent les électricités opposées, s'échauffent et s'illuminent lorsque la décharge a lieu, tandis que les couches raréfiées, et par conséquent plus conductrices, restent obscures. Avec cette théorie, MM. Quet et Seguin sont parvenus à rendre compte de toutes les circonstances que présente la stratification de la lumière électrique. D'ailleurs ils ont pu imiter ce phénomène de diverses manières.

Ainsi, après avoir secoué de la poussière de charbon dans le voisinage des fils de décharge, ils ont fait passer dans l'air l'étincelle d'induction, et ils ont constaté que cette étincelle se stratifiait transversalement, tout en prenant une longueur considérable ; c'était comme un long chapelet à grains lumineux. Cet effet se produit aussi dans une flamme fuligineuse et même dans la partie obscure de la flamme d'une bougie. Au sommet d'une flamme d'essence de térébenthine, les points brillants sont remplacés par de petites flammes distinctes[1]. »

§ 5. L'ARC VOLTAÏQUE.

Les piles sont des producteurs d'électricité à basse tension. Il n'est donc pas étonnant qu'au moment de la séparation des rhéophores d'une pile chargée, il ne se produise pas d'étincelle, ou, du moins, qu'on n'en obtienne qu'une fort petite : c'est celle qu'on nomme l'*étincelle de rupture*. Mais si l'on emploie une pile très puissante, composée d'un très grand nombre d'éléments, et si, au lieu de fermer le circuit en mettant les fils en contact, on laisse entre leurs extrémités un petit intervalle, on voit jaillir des étincelles très rapprochées, qui forment même une lumière continue si les deux fils sont terminés par deux cônes de charbon. C'est à cette lumière continue qu'on donne le nom d'*arc voltaïque*[2]. Davy, à l'aide d'une pile de 2000 couples dont chacun avait 4 décimètres carrés de surface, obtint une lumière éblouissante qui jaillissait d'une façon continue dans l'intervalle des deux pointes de charbon. Cet intervalle n'était d'abord que d'un demi-millimètre ; mais, une

1. *Rapport sur les progrès de l'Électricité et du Magnétisme.*

2. La dénomination d'*arc voltaïque* est due à cette circonstance, qu'à l'origine on disposait les charbons sur une ligne horizontale ; le mouvement ascendant des couches d'air échauffées faisait courber la ligne lumineuse qui jaillissait entre les électrodes ; cette incurvation n'existe plus quand on dispose les charbons verticalement ; mais la dénomination primitive a continué d'être employée, bien que l'apparence du phénomène cesse alors de la justifier.

fois la lumière produite, il put écarter les charbons jusqu'à 11 centimètres. Il vit alors un phénomène d'une grande beauté. La lumière électrique s'étendait entre les deux électrodes sous la forme d'un arc convexe vers le haut, et d'un éclat si intense, que l'œil en pouvait à peine supporter l'éclat. Dans le vide, la longueur de l'arc est plus grande que dans l'air. Depuis Davy, la production de l'arc voltaïque a été rendue plus facile, grâce aux appareils d'induction que nous avons décrits dans le précédent chapitre, grâce aussi à la substitution du charbon de cornue au charbon de bois calciné, tel que l'employait Davy[1].

L'arc développe une chaleur d'une intensité extrême : les métaux y fondent comme de la cire dans la flamme d'une lampe. Les corps les plus réfractaires ont été fondus et volatilisés par Despretz, d'abord à l'aide d'une pile de 600 couples, puis par l'emploi des appareils d'induction. Les oxydes de zinc et de fer, la chaux, la magnésie, l'alumine furent réduits en globules; du graphite, volatilisé, déposa sur les électrodes une poussière qui, examinée au microscope, fut reconnue comme formée de très petits cristaux de forme octaédrique; avec cette poudre on put polir des rubis, d'où l'on a conclu que le graphite, qui est, comme le diamant, du carbone pur, s'était cristallisé sous l'influence de la chaleur intense de l'arc, et transformé en très petits diamants.

On vient de voir qu'il faut, pour que l'arc lumineux se produise, placer les pointes de charbon très rapprochées l'une de l'autre; mais, une fois que le courant a vaincu la résistance de l'air interposé et produit la lumière, on peut écarter les cônes; Davy, en opérant dans l'air raréfié, a obtenu, avec sa puissante pile de 2000 couples, un jet de lumière de 18 centimètres de longueur. L'intensité lumineuse de l'arc voltaïque est si

1. Davy se servait de baguettes de charbon de bois éteintes dans l'eau ou dans le mercure. C'est à Foucault que l'on doit l'usage du charbon des cornues à gaz, qui est plus dense, plus homogène et plus résistant. Il le taillait en baguettes prismatiques carrées de 2 ou 3 millimètres de côté; on a depuis cherché à purifier le charbon de cornue; on a essayé de le remplacer par diverses combinaisons ou mélanges. Nous parlerons des substances adoptées par les inventeurs des divers systèmes d'éclairage électrique.

considérable, que l'œil en peut à peine supporter l'éclat. D'après des expériences comparatives dues à MM. Fizeau et Foucault, cette intensité est près de cinquante fois celle de la lumière Drummond, c'est-à-dire de la lumière déjà si vive qu'on obtient en dirigeant sur un fragment de chaux un jet enflammé de gaz oxyhydrogène ; la lumière solaire n'a guère qu'une intensité triple de celle de l'arc voltaïque. Ces deux savants opéraient avec une pile de Bunsen de 92 couples, disposés en deux séries. Il s'agit ici, bien entendu, de la comparaison de l'éclat intrinsèque. Nous verrons plus tard, dans les applications de la lumière électrique à l'éclairage, quel est le pouvoir éclairant de l'arc voltaïque.

La longueur de l'arc, comme l'a remarqué Despretz, dépend du nombre des éléments de la pile et de leur disposition. Ayant employé des piles de 50, 100, 200 et 600 couples, la longueur de l'arc obtenu allait en croissant d'abord de 1 à 4; mais cette proportion ne continuait pas : l'arc donné par 200 couples, n'était plus guère que le triple de celui de 100, et celui de 600 était seulement de sept à huit fois plus long.

En étudiant le phénomène si intéressant de l'arc voltaïque, on a reconnu que le courant d'électricité qui passe d'une manière continue entre les deux cônes, entraîne de l'un à l'autre des particules de charbon très ténues : ce transport de matière se fait avec plus d'abondance du pôle positif au pôle négatif, de sorte que les charbons s'usent inégalement : le charbon négatif grossit donc aux dépens de l'autre. La figure 297 montre l'apparence des deux cônes vus par projection et agrandis. Laissons décrire le phénomène par le savant physicien à qui nous devons la communication de ce dessin. Voici comment s'exprimait M. Le Roux, dans une conférence sur l'application de l'électricité à l'éclairage des phares, faite par lui à la *Société d'Encouragement pour l'industrie nationale* :

« Pour examiner directement ce qui se passe dans l'arc voltaïque, il faudrait de grandes précautions pour mettre l'organe de la vue en garde contre l'intensité considérable de la lumière; mais cette même intensité va nous permettre de faire jouir toute l'assemblée des plus petits détails de la surface des charbons. Il suffit d'interposer entre eux et cet écran une lentille d'un foyer convenable : vous apercevez l'image des char-

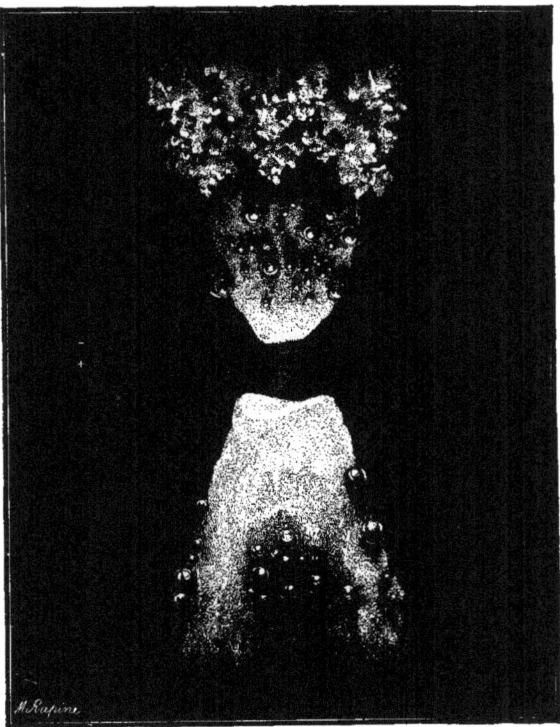

Fig. 297. — Arc voltaïque. Cônes de charbon.

bons agrandie une centaine de fois; cette projection vous permet de juger, sans fatigue, de l'ensemble du phénomène. Voici des charbons entre lesquels passe le courant continu d'une pile de Bunsen : vous voyez l'un des charbons grossir aux dépens de l'autre; celui qui s'use le plus est le charbon positif, c'est lui qui communique avec le côté charbon de la pile; s'il est moins pointu que l'autre, c'est bien qu'il perd de la matière tandis que l'autre en gagne. Nous pouvons, en effet, intervertir le sens du courant : vous voyez le charbon qui tout à l'heure était le plus pointu s'épointer, tandis que l'autre s'effile ; d'ailleurs de temps en temps quelques parcelles plus grosses se détachent, traversent l'espace sous forme de petites masses incandescentes et indiquent bien le sens du transport. Vous voyez de petits globules bouillonner çà et là à la surface des charbons : ce sont des globules de silice fondue; vous remarquerez que ces globules n'apparaissent pas aux points des charbons où la température est la plus élevée : ils sont volatilisés avant que l'usure des charbons les ait atteints. Nous voici dans une veine très impure, une quantité trop considérable de ces globules de silice se montre; l'éclat de l'arc faiblit, et si on souffle légèrement en travers des charbons, le courant d'air incline la flamme et nous montre son développement. Nous atteignons maintenant une partie des charbons où leur pureté paraît ne rien laisser à désirer. Vous voyez comme l'arc est tranquille, la marche régulière, les surfaces nettement terminées. Vous apercevez la douce lumière bleuâtre de l'arc contrastant avec le blanc éclatant de certaines parties des charbons ; l'arc forme une sorte de cône tronqué, renflé dans sa partie moyenne, dont les deux bases sont sur les charbons ; ces deux bases sont les parties les plus éclairantes, c'est sur elles que la température est la plus élevée ; c'est là que viennent frapper les molécules transportées par le courant. »

C'est ce transport des particules d'un pôle à l'autre dans l'arc qui explique comment il se fait qu'après avoir fait jaillir la lumière en maintenant au début les charbons très voisins l'un de l'autre, on peut ensuite les écarter progressivement. Ces particules forment comme une série de conducteurs discontinus, entre lesquels l'étincelle éclate : l'arc est constitué par la réunion de toutes les lumières partielles qui résultent de ces décharges.

La longueur de l'arc, nous l'avons vu plus haut, dépend du

nombre des éléments de la pile ; elle dépend aussi de la substance des électrodes. Les corps les plus fusibles et doués de la moindre ténacité, donnent les arcs les plus longs. D'après Grove, les métaux peuvent se ranger, à ce point de vue, dans l'ordre suivant, en commençant par ceux qui donnent les arcs les plus longs et aussi les plus brillants : *potassium, sodium, zinc, mercure, fer, étain, plomb, antimoine, bismuth, cuivre, argent, or, platine.*

§ 6. ACTION DU MAGNÉTISME SUR LA LUMIÈRE ÉLECTRIQUE.

Une expérience intéressante, précédemment décrite, nous a montré l'influence de l'aimant sur la lumière de l'arc voltaïque : les particules incandescentes de l'arc étant diamagnétiques subissent l'action répulsive de l'aimant. On peut obtenir un effet

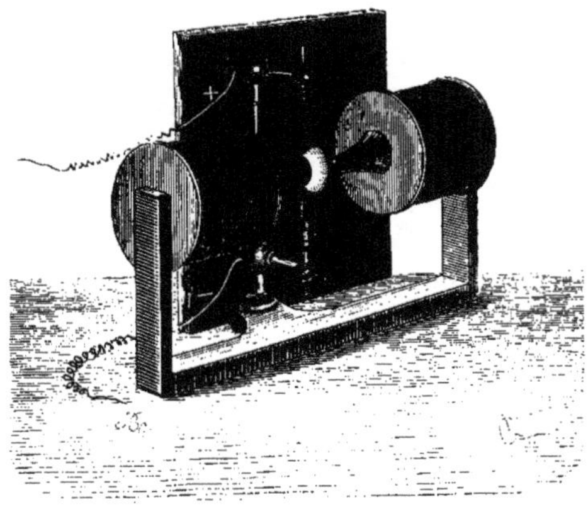

Fig. 298. — Action d'un aimant sur l'étincelle d'étincelle.

analogue en opérant sur les étincelles d'induction, par exemple sur celles qu'on obtient avec la bobine de Ruhmkorff. La figure 298 montre comment on dispose cette expérience. Aussitôt que l'électro-aimant est animé, l'étincelle qu'on a fait jaillir entre ses deux pôles prend la forme d'une nappe lumineuse en forme de demi-cercle, d'où jaillissent comme autant de rayons une multitude de traits de feu. La nappe présente sa partie concave à l'un des pôles et sa partie convexe à l'autre ; mais elle se renverse si l'on intervertit le sens du courant de la bobine d'induction ; il en est de même si l'on change le sens du courant qui anime l'électro-aimant et, par suite, l'ordre des pôles de ce dernier.

On doit à MM. Plücker, Gassiot, de la Rive, d'intéressantes recherches sur cette influence des aimants dans l'aspect que prennent les lumières électriques de divers ordres. Les figures 299, 300 et 301 reproduisent les modifications subies

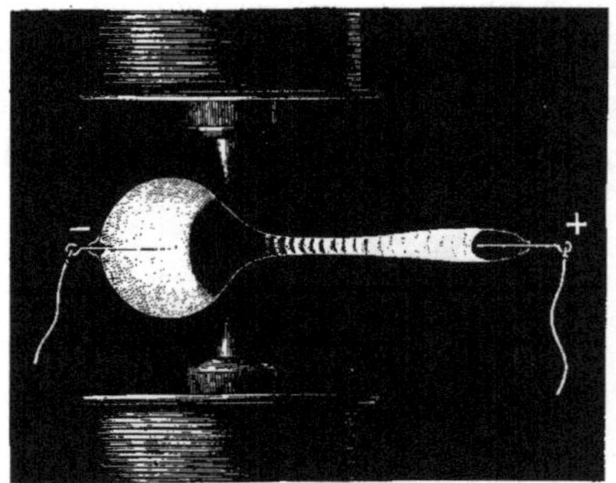

Fig. 299. — Action d'un aimant sur la lumière électrique.

par la lumière du pôle négatif d'un tube de Geissler lorsqu'on le place entre les pôles d'un électro-aimant. La lueur violette qui remplit le tube autour de l'électrode négative se transforme en une couche mince et plane dès que l'électro-aimant reçoit le courant qui l'anime. La forme et la position de l'espace obscur séparant cette lumière des stratifications du pôle positif changent selon que le pôle négatif est à droite ou à gauche de la ligne des pôles de l'électro-aimant, et que la direction du tube est perpendiculaire ou parallèle à cette ligne.

M. Plücker, dans les expériences que nous venons de résumer, avait remarqué que l'action magnétique déterminait des changements dans la couleur de la lumière des tubes. Ce dernier phénomène a été l'objet des études de M. Trèves, qui employait des tubes de Geissler dont la partie médiane était capillaire. Il plaçait cette partie entre les armatures coniques d'un

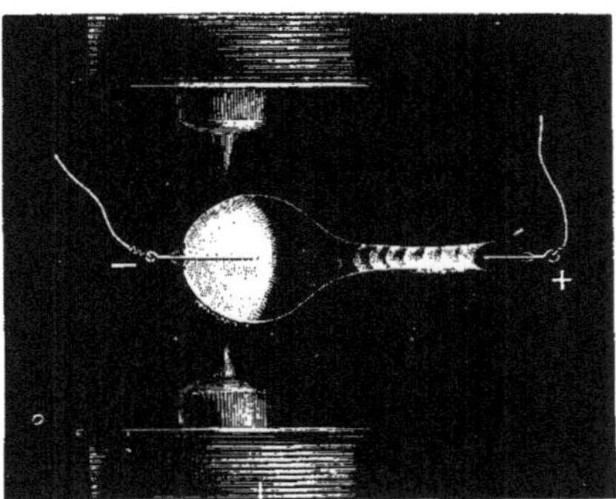

Fig. 300. — Action d'un aimant sur la lumière électrique dans les gaz raréfiés.

électro-aimant, dans une direction perpendiculaire à la ligne des pôles (fig. 302). Aussitôt que le courant passait et animait l'électro-aimant, la couleur de la lumière du tube était modifiée; ces changements étaient d'ailleurs caractéristiques de la nature

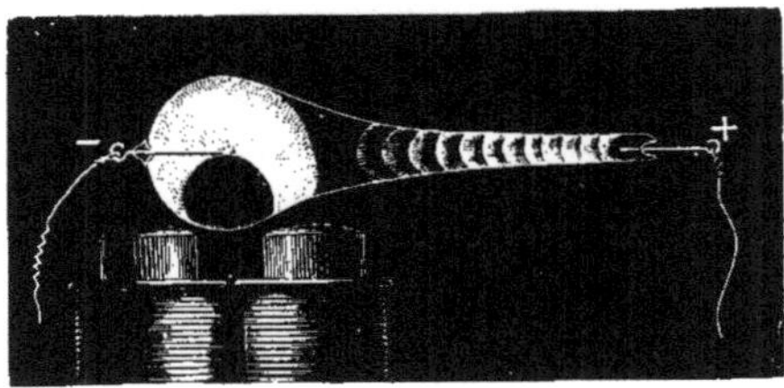

Fig. 301. — Action d'un aimant sur la lumière électrique.

des gaz raréfiés. Si le tube contenait de l'hydrogène, auquel cas la lumière est violacée aux pôles et rouge dans la partie capillaire, le rouge disparaissait pour faire place à une lumière blanche. L'oxygène donne un effet précisément inverse : la lumière blanche passe au rouge; dans l'azote, c'est du bleu pâle au bleu foncé, et dans l'acide carbonique du blanc au bleu. Dans un tube de fluorure de silicium, les extrémités sont verdâtres, la partie capillaire est bleuâtre, le magnétisme rend celle-ci d'un bleu violacé. Dans un tube de brome, elle passe du violacé au bleu, et dans un tube de chlore, du blanc bleuâtre au bleu foncé.

Quelle est la cause de cette influence du magnétisme sur la lumière des courants d'induction, et en général sur la lumière électrique? C'est un point de théorie qui n'a pas encore été

Fig. 302. — Variations de couleur de la lumière électrique sous l'influence d'un aimant.

élucidé. Tout ce qu'on peut dire, c'est que la lumière des gaz raréfiés est un véritable conducteur, et que le courant qui le traverse est soumis comme les autres à l'action des courants et des aimants voisins, selon les lois découvertes par Ampère. M. de la Rive a éclairé ce point de vue par diverses expériences, parmi lesquelles nous allons mentionner la rotation de l'étincelle par un aimant. L'appareil que représente la figure 303 est celui qui a servi à l'illustre physicien. Il se compose d'un œuf électrique, à l'intérieur duquel pénètre un cylindre en fer doux AB, dont la surface latérale est recouverte d'une épaisse couche de gomme laque à l'intérieur du vase, et au dehors est enveloppée par une bobine E. Quand l'air de l'œuf électrique, mélangé d'une petite quantité d'éther, a été convenablement raréfié, on y fait passer à l'aide des fils R et R′ le courant d'une bobine d'induction. Un arc lumineux jaillit entre le sommet C du cylindre de fer et l'anneau de cuivre qui enveloppe son extré-

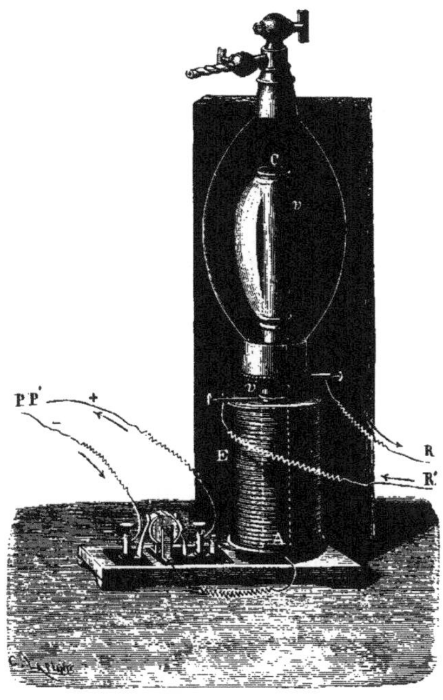

Fig. 303. — Rotation de l'arc voltaïque sous l'influence d'un aimant.

mité inférieure dans l'œuf, anneau qui communique lui-même avec la tubulure d'où part le fil R. Cet arc est formé d'un ou plusieurs jets recourbés qui se mettent à tourner autour du cylindre, dès que la bobine reçoit le courant de la pile PP′, c'est-à-dire dès que l'électro-aimant devient actif. Le sens de la rotation est conforme aux lois d'Ampère, et il varie quand on fait varier le sens de la décharge d'induction, ou qu'on fait intervertir les pôles de l'électro-aimant.

§ 7. PHÉNOMÈNES LUMINEUX DES COURANTS SECONDAIRES.

Nous allons compléter ce que nous avions à dire des effets lumineux de l'électricité par la description de quelques phénomènes qui ont été obtenus au moyen de courants de haute tension, en employant les batteries secondaires et la machine rhéostatique. C'est à l'inventeur de ces appareils, M. Planté, que nous empruntons les éléments de cette description.

En faisant agir sur un voltamètre à eau distillée le courant de 20 batteries secondaires composées chacune de 40 couples, voici les phénomènes qu'il a observés : « L'électrode positive étant plongée d'avance dans l'eau distillée, on obtient, en approchant le fil négatif de la surface de l'eau, et le relevant aussitôt, une flamme jaune, presque sphérique, de 2 centimètres environ de diamètre. Le fil de platine, d'un diamètre de 2 millimètres, fond avec vivacité et se maintient en fusion à une hauteur de 14 à 15 millimètres, au-dessus du liquide. Cette flamme est formée par l'air raréfié incandescent, par la vapeur du métal de l'électrode, et par les éléments de la vapeur d'eau décomposée ; l'analyse spectrale y montre surtout clairement la présence de l'hydrogène.

Fig. 304. — Étincelle d'une batterie secondaire. Globe de feu.

« Si, pour éviter la fusion du métal, on diminue l'intensité du courant en interposant une colonne d'eau dans le circuit, l'étincelle apparaît sous la forme très nette d'un petit *globe de feu* de 8 à 10 millimètres de diamètre (fig. 304). En relevant un peu plus l'électrode, ce globe prend une forme ovoïde; des points bleus lumineux dont le nombre varie continuellement, disposés en cercles concentriques, apparaissent à la surface de l'eau (fig. 305, 1). Des rayons de même couleur partent bientôt du centre et joignent ces points (fig. 305, 2). Par intervalles, les rayons prennent un mouvement giratoire, tantôt dans un sens, tantôt dans l'autre, en décrivant des spirales (fig. 305, 3, 4). Quelquefois les points et rayons disparaissent tous d'un même côté, et des courbes variées, formées par le mouvement de ceux qui restent, se dessinent à la surface du liquide. Finalement, quand la vitesse du mouvement giratoire augmente, tous les rayons s'évanouissent, et l'on ne voit plus que des anneaux bleus concentriques (fig. 305, 5). Les anneaux se trouvent être le dernier terme de ces transformations qui sont très curieuses à suivre à l'œil nu, ou avec une lunette, et constituent un véritable *kaléidoscope électrique*.

« La production de ces figures, ajoute M. Planté, s'explique par la grande mobilité des arcs ou filets lumineux qui com-

Fig. 305. — Flammes globulaires et anneaux lumineux : expériences de M. Planté avec les batteries secondaires.

posent la lumière ovoïde, formée entre l'eau et l'électrode. En examinant avec soin cette forme particulière d'étincelle, on reconnaît que c'est, en réalité, une sorte de houppe ou d'*aigrette voltaïque*, analogue aux aigrettes de l'électricité statique, mais mieux fournie, à cause de la quantité plus grande d'électricité en jeu. Ces filets lumineux étant dans un état d'agitation continuelle, les points où ils rencontrent la surface du liquide se déplacent constamment et forment les rayons observés. Leur mouvement giratoire provient de la réaction due à l'écoulement du flux électrique. Quant aux anneaux, ils se forment d'une manière visible, sous l'œil de l'observateur, par le mouvement de plus en plus rapide des points bleus et par la persistance de l'impression sur la rétine. » (*Recherches sur l'électricité*.)

Les décharges de la machine rhéostatique produisent des effets lumineux analogues à ceux que donnent les machines électriques et les bobines d'induction, mais présentant aussi quelques particularités intéressantes. Ainsi l'étincelle a une forme toute spéciale quand les branches de l'excitateur entre lesquelles elle jaillit forment un angle très obtus. « Cette forme consiste en un trait de feu partant en ligne droite dans le prolongement de la branche positive, s'élevant notablement au-dessus de la pointe négative, et venant la rejoindre par un crochet, en décrivant, sur ce point, de nombreuses sinuosités (fig. 306). La même forme se retrouve dans l'aigrette que donne la machine, quand on augmente de 1 ou 2 millimètres la distance des pointes. Un jet lumineux conique s'élance du pôle positif, parcourt les trois quarts environ de la distance au pôle

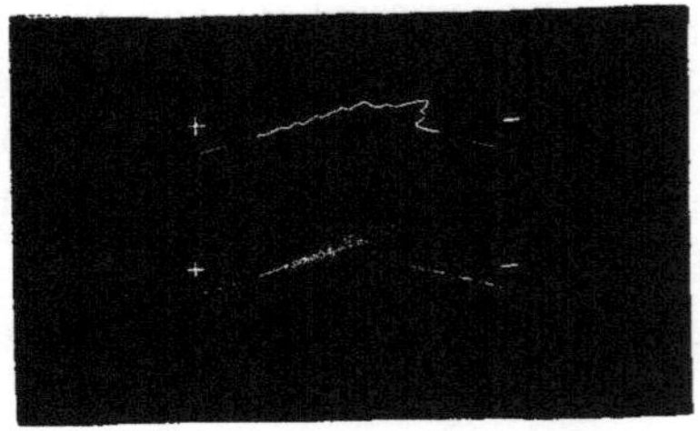

Fig. 306. — Étincelles et aigrettes en crochet de la machine rhéostatique Planté.

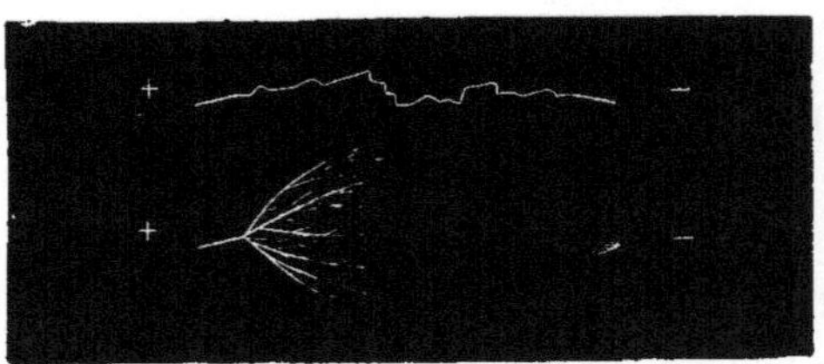

Fig. 307. — Étincelles et aigrettes de la machine rhéostatique.

négatif et se recourbe vers la courte aigrette formée autour de la pointe négative (fig. 306). » M. Planté attribue cette différence de forme à ce que la machine rhéostatique ne donne pas, comme les bobines d'induction, un flux d'électricité alternativement positive et négative, mais toujours de même sens. Avec des machines de 30 à 50 condensateurs, les étincelles atteignent des longueurs de 4 à 5 centimètres, mais elles sont moins continues et leur forme est moins constante; leurs sinuosités s'élèvent ou s'abaissent irrégulièrement au-dessus ou au-dessous de la ligne droite joignant les deux pointes de l'excita-

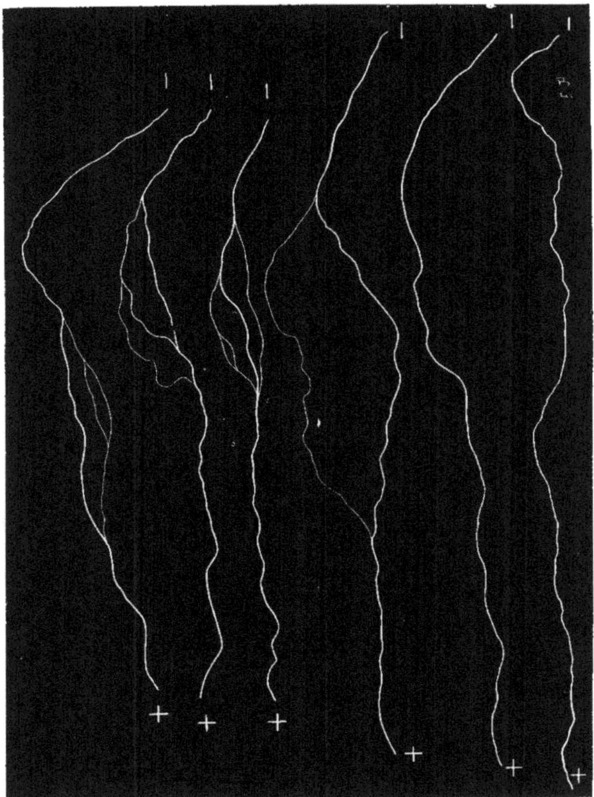

Fig. 508. — Étincelles sinueuses de la machine rhéostatique.

teur (fig. 507). Les aigrettes qui apparaissent au pôle positif ont une forme ovoïde et ramifiée, semblable du reste à celles que nous avons décrites plus haut et que donnent les décharges des machines électriques.

La longueur des étincelles produites dans l'air par la machine rhéostatique a été trouvée, par M. Planté, sensiblement proportionnelle au nombre des condensateurs dont elle est formée. Ainsi avec 10, 30, 80 condensateurs, les étincelles avaient des longueurs de 1,5, de 4,5 et de 12 centimètres. En répandant une poudre conductrice entre les pointes de l'excitateur, la machine de 80 condensateurs donnait des étincelles de 15 centimètres de longueur. La poudre répandue était de la fleur de soufre; avec de la limaille métallique, la longueur atteignit jusqu'à 70 centimètres.

En traversant la fleur de soufre, les étincelles laissent sur leur passage un sillon sinueux de 2 à 3 millimètres de largeur :

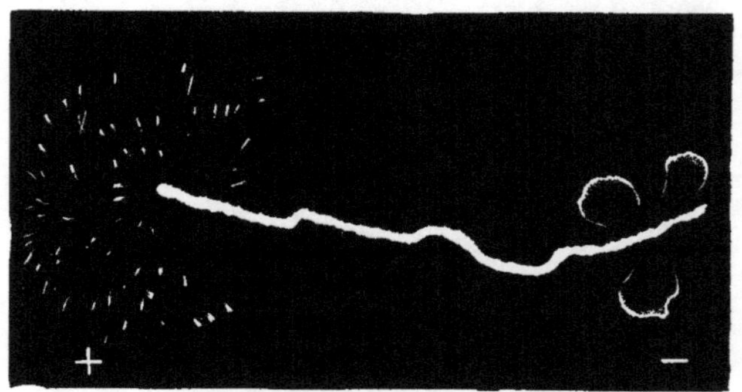

Fig. 309. — Sillon de l'étincelle de la machine rhéostatique.

c'est une ligne bleuâtre très nette, quand la surface isolante sur laquelle est répandu le soufre est un mélange de résine et de paraffine : on peut donc conserver la forme fidèle du sillon en suivant la ligne à l'aide d'une pointe. Les figures 308 et 309 montrent en vraie grandeur diverses étincelles obtenues de cette façon. Quelques-unes, surtout celles qui n'atteignaient point la longueur maximum, offrent des embranchements fermés semblables à des *anastomoses*, ou encore aux bras d'un fleuve, lorsque le cours de ce dernier se divise pour former des îles.

Si l'on donne un léger choc à la lame isolante qui contient la fleur de soufre, et sur laquelle nous venons de dire que les étincelles laissent leur sillon, on voit apparaître des *arbori-*

Fig. 310. — Arborisations obtenues par la décharge de la machine rhéostatique.

sations qui montrent de quelle façon, dans la décharge, s'est distribué le fluide électrique. La figure 310 représente, en grandeur naturelle, les arborisations formées sur le trajet d'une étincelle de 15 centimètres de longueur produite par la machine rhéostatique. « Ces effets, dit M. Planté, permettent de s'expliquer les empreintes d'apparence végétale que l'on a observées quelquefois sur le corps de personnes foudroyées, et qui ne sont que le résultat des ramifications du trait de la foudre elle-même[1]. » Dans la figure 309, les traces de l'étincelle sont telles qu'on les voit avant qu'on ait donné à la lame le choc qui fait apparaître les arborisations. Le sillon, plus large au pôle positif, va en s'amincissant du côté du pôle négatif, où se voient des traces circulaires correspondant aux contours des bouquets arborescents. Tout autour du pôle positif se voient des traits divergents qui rayonnent comme les rameaux de l'arborisation, beaucoup plus découpés, ainsi qu'on peut le voir dans la figure 310, que ceux du pôle négatif.

Cette différence entre les deux pôles, nous avons eu l'occasion de la constater maintes fois, par exemple dans les étincelles et les aigrettes de l'électricité statique, comme dans celles des décharges d'induction ; les figures de Lichtenberg, obtenues avec l'électrophore, nous en avaient fourni des exemples caractéristiques. M. Planté a obtenu des figures analogues en

1. Voici un exemple récent de ces singulières traces de la foudre, que M. Planté rapporte d'après le journal *The Lancet*, de Londres : « Un berger du comté de Leicester gardait son troupeau dans les champs, lorsqu'un orage éclata, et naturellement, comme bien des gens s'obstinent à le faire, il chercha un refuge sous un arbre. Peu de temps après, il sentit une commotion au-dessus de l'épaule gauche, et, perdant tout à coup l'usage de ses jambes, il tomba. Lorsqu'on le transporta à son domicile, il avait encore toute sa connaissance; mais il se plaignit de douleurs dans le dos et dans les jambes. L'examen auquel se livra le médecin appelé pour lui donner des soins, lui fit découvrir un assez bizarre effet du coup de foudre. De l'épaule gauche jusqu'en bas, occupant tout le dos, apparaissait, admirablement reproduite en sailllie sur la peau et dans une teinte écarlate brillante, une tige d'arbuste avec de nombreuses branches délicatement tracées comme avec une pointe d'aiguille. Le tronc avait à peu près trois quarts de pouce de largeur, et l'aspect général était celui d'un pied de fougère à six ou huit branches. Le tout était fort bien reproduit et comme imprimé sur le dos du patient. On peut se rendre compte facilement, ajoute M. Planté, du cas dont il s'agit, par son analogie avec ce qui se passe dans l'expérience précédente. Au moment où l'étincelle se produit, on voit la fleur de soufre projetée en l'air, surtout autour des deux pôles. De même, dans le cas de la chute de la foudre, la poussière du sol ou de toute autre matière placée sur le passage de la décharge, doit être projetée, et l'on conçoit que cette matière, portée à une très haute température, puisse produire, sur le corps humain, un effet de cautérisation instantanée sous une forme arborescente. »

faisant éclater l'étincelle de sa machine rhéostatique sur de la résine pure, et en insufflant ensuite un mélange de poudres de

Fig. 311. — Figure de Leichtenberg obtenue avec la machine rhéostatiques. — Aigrette.

soufre et de minium. Nous reproduisons deux de ces intéressants spécimens des traces de la décharge, qui, ayant été produites en faisant varier la distance des pointes de l'excitateur, montrent bien en quoi l'aigrette diffère de l'étincelle. La figure 311 est celle qu'on obtient quand la distance des pointes est

Fig. 312. — Figure de Leichtenberg de la machine rhéostatique. — Étincelle.

trop grande pour que l'étincelle puisse éclater. En ce cas, une aigrette seule se montre ; le mouvement électrique émané du pôle négatif et qui est caractérisé par la poudre rouge de minium restée adhérente à la résine, ne s'étend pas jusqu'au pôle positif. Ce dernier pôle est caractérisé au contraire par les rayons divergents formant une couronne de fleurs de soufre tout autour de lui ; cette couronne ne présente à son centre aucune trace de minium.

Il n'en est plus ainsi, si la distance des pointes est assez faible pour que l'étincelle éclate : alors le minium se répand jusqu'au pôle positif, dont la couronne est ouverte et remplie à son intérieur de cette poudre (fig. 312), montrant ainsi que le mouvement électrique parti du pôle négatif s'est étendu jusqu'au point d'où part l'électricité positive.

§ 8. ANALYSE SPECTRALE DE LA LUMIÈRE ÉLECTRIQUE.

Nous avons vu, dans le second volume du MONDE PHYSIQUE, que les premières observations des raies du spectre solaire remontent à l'année 1802 et sont dues à Wollaston. Le même physicien observa la lumière d'une bougie, qui lui parut divisée en cinq images de couleurs diverses, séparées par des intervalles obscurs. Enfin il constata une division semblable, quoique un peu différente, dans une ligne bleue de lumière électrique. Frauenhofer étudia cette dernière lumière, où il distingua plusieurs raies brillantes, notamment une ligne verte, une autre ligne dans l'orangé un peu plus faible que la première, et, à l'extrémité rouge du spectre, une autre raie encore plus faible.

On ignorait alors quelle interprétation on pouvait donner de la présence de ces lignes dans les spectres des lumières, aussi bien des lignes sombres que des raies brillantes observées dans les diverses sources. Mais nous savons maintenant[1] que la découverte du renversement des raies par Foucault, bientôt suivie des remarquables travaux de Kirchhoff, a mis sur la voie d'une nouvelle méthode d'analyse, laquelle permet, d'après le

1. *La Lumière*, t. II du MONDE PHYSIQUE.

nombre, la position et la nature des lignes spectrales, de reconnaître les substances dont l'incandescence produit la lumière analysée.

Des recherches nombreuses ont été faites, à ce point de vue, sur la composition des lumières électriques, de l'étincelle d'électricité statique comme de l'étincelle d'induction, de l'arc voltaïque comme des lueurs qu'on observe dans les gaz raréfiés. Essayons d'en donner une idée.

Dès 1835, Wheatstone avait étudié les spectres de la lumière électrique; observant à l'aide d'un télescope la lumière provenant d'une machine magnéto-électrique, il trouva que le spectre de l'étincelle tirée du mercure contenait sept bandes lumineuses séparées par des espaces obscurs : deux bandes dans l'orangé, une de vert brillant, deux bandes vert-bleuâtre et une bande violette. En faisant varier la nature des métaux servant d'électrodes et entre lesquels jaillissait l'étincelle, il vit les raies observées varier de nombre et de position avec la substance; l'influence du milieu lui parut nulle, les résultats restant les mêmes, que l'étincelle éclatât dans l'air, dans le vide barométrique, dans l'acide carbonique ou dans l'oxygène. L'influence des métaux sur la nature des raies est si marqué, que Wheatstone, ayant pris pour électrodes des fils formés d'alliages divers, reconnut dans le spectre de l'étincelle ainsi obtenue les lignes brillantes des deux métaux qui composaient l'alliage. Les expériences de Masson confirmèrent celles du physicien anglais, mais en y ajoutant un fait important : les raies de la lumière électrique dépendaient bien de la nature des électrodes, mais quelques-unes d'entre elles étaient communes aux différents métaux, ne variant que d'intensité de l'un à l'autre. En faisant éclater l'étincelle dans l'air ou dans des gaz différents, à divers degrés de pression, il trouva que l'intensité des raies changeait avec la nature du gaz et avec la pression; mais leur nombre et leurs positions n'étaient point modifiées. La conclusion était la même, on le voit, que celle qu'on pouvait tirer des expériences, beaucoup moins nombreuses et complètes, de Wheatstone.

Mais les raies communes observées par Masson dans les spectres de la lumière électrique obtenue avec des métaux différents ont été reconnues par Angström comme dépendantes de la nature du milieu, c'est-à-dire du gaz dans lequel jaillissait l'étincelle. Ce mélange des raies caractéristiques des métaux avec les raies caractéristiques du milieu ambiant rend très délicates toutes les recherches de ce genre.

Si les extrémités des électrodes sont très rapprochées, et l'étincelle courte, les raies du métal deviennent prédominantes, sans que toutefois celles du milieu disparaissent. Plus l'étincelle s'allonge, plus les premières s'affaiblissent, laissant alors la prédominance aux raies du milieu ambiant (fig. 515, 3 et 4).

La lumière qu'on obtient par la décharge de la bobine d'induction dans les tubes de Geissler, à gaz raréfiés, donne un spectre absolument indépendant de la nature des conducteurs. Mais le nombre et l'éclat des raies varient considérablement avec les conditions de l'expérience : les dimensions du tube employé, la pression du gaz, l'intensité de la décharge sont autant de facteurs qui influent sur le spectre obtenu. Nous avons vu, dans le chapitre de la LUMIÈRE consacré à l'analyse spectrale, les procédés d'observation qu'on a adoptés pour l'étude des spectres gazeux, et les précautions qui sont nécessaires pour éviter les causes d'erreur.

Nous donnons ici (fig. 515) un certain nombre de spectres de la lumière électrique déterminés par M. Lecoq de Boisbaudran. Nous les faisons suivre de quelques notes propres à indiquer les circonstances des expériences qui les ont produits; ces notes sont empruntées à l'auteur[1].

Fig. 515, 1. — « Ce spectre appartient à l'effluve lumineux qui s'étend depuis le pôle positif jusqu'à une petite distance du pôle négatif d'une étincelle d'induction de longueur moyenne tirée dans l'air à la pression ordinaire. Le présent spectre diffère à peine de celui d'un tube à Az (azote) raréfié (partie

1. *Spectres lumineux*, par Lecoq de Boisbaudran, texte et atlas. Paris, 1874.

capillaire) ; il a été successivement obtenu avec des électrodes de platine, de palladium, d'argent et d'aluminium.

Fig. 313, 2. — « Ce spectre est celui de la gaine bleue négative d'une étincelle d'induction éclatant dans l'air à la pression ordinaire : il a été successivement produit avec des électrodes de platine, palladium, argent et aluminium.

Fig. 313, 3. — « Le présent spectre est celui du trait de feu qui prend naissance lorsqu'on écarte suffisamment les électrodes ou lorsqu'on dirige un courant d'air sur une étin-

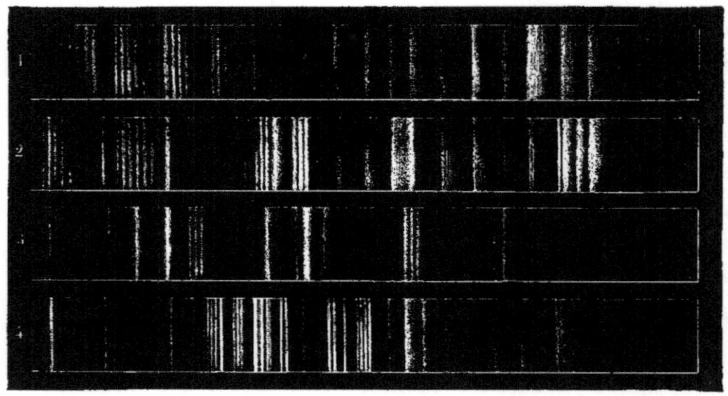

Fig. 313. — Spectres de la lumière électrique, d'après M. Lecoq de Boisbaudran : 1, lumière positive d'une étincelle d'induction non condensée ; 2, gaine bleue du pôle négatif de la même étincelle ; 3, étincelle longue ; 4, étincelle très courte et solution d'acide chlorhydrique.

celle de longueur modérée. Ce spectre est à peu près identique avec celui qu'on obtient par l'addition d'une bouteille de Leyde au circuit induit ; je l'ai reproduit successivement avec des électrodes de platine, palladium, argent et aluminium.

Fig. 313, 4. — « Lorsqu'une étincelle de longueur moyenne jaillit entre un fil de platine et une solution de HCl (acide chlorhydrique), le spectre produit est semblable à ce qui s'obtient entre deux électrodes de platine (étincelle pôle positif, étincelle pôle négatif, étincelle longue). La raie rouge de l'hydrogène acquiert cependant beaucoup plus d'intensité. »

Les physiciens que nous avons cités plus haut, Wheatstone, Foucault, Masson, ont étudié pareillement le spectre de l'arc voltaïque. En général, les raies observées sont les mêmes que celles de l'étincelle pour les mêmes électrodes ; mais elles sont moins nombreuses dans le spectre de l'arc, ce que Masson a attribué à la moindre tension électrique qui donne naissance à ce dernier, qu'il considère comme formé d'une série d'étincelles moins vives que l'étincelle ordinaire. Voici quelques détails sur la nature des spectres électriques donnés par différents métaux employés comme électrodes :

Avec le cadmium, le spectre donne des raies bleues et vertes très brillantes. L'antimoine donne un grand nombre de raies brillantes; mais aucune couleur ne prédomine, ce qu'explique la blancheur de l'étincelle. Il en est de même du bismuth. Le spectre obtenu avec le plomb est remarquable par l'étendue de la région du violet, où l'on distingue de belles raies. Une bande vert pomme caractérise le spectre du zinc. Celui de l'argent est très brillant dans le vert, où l'on voit plusieurs raies; le jaune et le violet sont particulièrement lumineux dans le spectre de l'étincelle qui éclate entre des électrodes d'or. Le fer, le platine, l'étain n'offrent rien de particulier. Enfin les électrodes de charbon fournissent une lumière dont le spectre se distingue par une multitude de raies brillantes.

Nous avons dit que les raies des métaux sont les mêmes pour l'arc voltaïque que pour l'étincelle. Mais il y a une différence qui a été constatée par Masson et confirmée par les expériences de Van der Villingen : c'est que le spectre de l'arc n'est pas modifié par l'influence du milieu ambiant, tandis que nous avons vu que ce dernier ajoute ses raies spécifiques à celles des métaux qui servent d'électrodes.

Nous terminerons par une remarque générale sur les spectres de la lumière électrique : ils sont caractérisés tous par la grande étendue et par l'intensité de la région ultra-violette, c'est-à-dire qu'ils sont très abondants en rayons chimiques.

§ 9. PROPAGATION ET VITESSE DE L'ÉLECTRICITÉ.

Quel que soit le mode de mouvement qui détermine la propagation de l'électricité à la surface des corps conducteurs ou à l'intérieur des fils formant un circuit voltaïque, on conçoit que cette propagation ne soit pas instantanée, et l'on peut, comme on l'a fait pour le son, pour la lumière, chercher à calculer sa vitesse. C'est un problème qui, dès le milieu du dernier siècle, a été l'objet des expériences des physiciens. Deluc à Genève, Le Monnier en France, Watson en Angleterre ne purent le résoudre, ou du moins le résultat de leurs recherches fut que la vitesse de l'électricité est comparable à celle de la lumière. Voici comment procéda le second de ces savants. « Après quelques tentatives dont le résultat ne lui parut pas assez décisif, M. Le Monnier disposa deux fils de fer parallèles autour d'un grand clos; chacun d'eux avoit 950 toises et leurs quatre extrémités se trouvoient à l'un des angles de ce clos, voisines les unes des autres : un homme prit un bout de chacun de ces fils de chaque main; par ce moyen il se forma une communication de l'un à l'autre; et ils ne firent plus qu'un seul corps de 1900 toises de long, au milieu duquel étoit placé l'homme qui tenoit les deux bouts des fils.

« Par l'arrangement que nous venons de décrire, cet homme, quoique placé au milieu de la longueur totale du corps à électriser, étoit très voisin des deux autres bouts, et pouvoit juger aisément s'il sentiroit la commotion au moment qu'il verroit éclater l'étincelle; ce fut effectivement ce qui arriva. M. Le Monnier ayant pris d'une main le bout d'un des fils de fer, approcha de celui de l'autre fil le fil d'archal de la bouteille électrique, qu'il tenoit de l'autre main; et dans le même instant que parut l'étincelle, lui et l'homme placé au milieu de la longueur des fils de fer ressentirent la commotion, sans qu'il fût jamais possible d'apercevoir le plus petit intervalle de temps entre l'étincelle et le coup, quoiqu'il eût été facile de discerner jusqu'à un quart de seconde, s'il s'y étoit trouvé.

« Le même physicien, pour acquérir une preuve encore plus complète de ce phénomène, fit quelque temps après une autre expérience un peu différente, dont le succès lui confirma celui de la précédente. Ayant choisi un endroit commode dans une plaine des environs de Paris, il l'entoura d'un fil de fer de 4000 toises de longueur, qui font deux lieues. Les deux extrémités de ce fil furent disposées à six ou sept pieds de distance l'une de l'autre. Pendant que M. Le Monnier tenoit dans sa main l'un des bouts de ce fil de fer, un autre observateur, qui portoit la bouteille électrique, approcha le fil d'archal de cette bouteille de l'autre bout du fil de fer. Dans le même instant les deux observateurs ressentirent la commotion dans les bras dont ils tenoient l'un le fil de fer, et l'autre la bouteille. La commotion est moins forte dans cette expérience qu'elle ne l'est dans la précédente, parce que sa violence est partagée entre les deux observateurs; chacun n'éprouva qu'environ la moitié de la commotion qu'il ressentiroit si le cercle de communication de l'un à l'autre étoit achevé; mais le résultat n'en est pas moins sûr pour le but qu'on s'étoit proposé. L'expérience fut répétée, et le même effet s'ensuivit toujours également, sans qu'on put trouver le moindre instant saisissable entre l'apparition de l'étincelle et la sensation du choc. Ainsi l'électricité parcourt un espace de deux lieues dans un instant imperceptible[1]. »

Des expériences toutes semblables furent faites par Watson en Angleterre, en 1748, et conduisirent à la même conclusion, et ce n'est guère qu'un siècle plus tard qu'on parvint à déterminer numériquement la vitesse de propagation de l'électricité. On continua à la supposer fort grande, mais sans pouvoir lui assigner de limites. Biot, venant de décrire quelques-uns des effets mécaniques et physiques de la force électrique, ajoute : « Aussi nous devons concevoir la plus haute idée de l'énergie

1. *Histoire de l'Académie royale des sciences*, 1746.

de cette force et de l'énorme vitesse que doit posséder la matière électrique, pour que, sans aucune masse appréciable aux balances les plus sensibles, elle puisse imprimer à des corps pesants et solides des quantités de mouvement si considérables. On sait, en effet, que, quand un corps met un autre corps en mouvement par son choc, la somme des produits des masses par les vitesses est la même avant et après le choc. Quelle vitesse ne faut-il pas supposer à l'électricité, pour que cette loi rigoureuse de la mécanique soit observée dans les phénomènes que nous avons décrits? Le diamètre même de la Terre entière serait peut-être trop petit pour en rendre la transmission sensible. »

Les expériences de Wheatstone, en 1834, sont venues dissiper ce qu'il y avait nécessairement d'obscur ou de conjectural dans ces vues théoriques. La méthode qu'imagina ce physicien n'est autre que celle du miroir tournant, dont nous avons vu Léon Foucault faire une application si heureuse à la détermination de la vitesse de la lumière. Le principe étant le même dans les deux méthodes, nous nous bornerons à dire sommairement quelle disposition avait adoptée l'inventeur pour le but spécial qu'il se proposait, la mesure de la vitesse de propagation de l'électricité.

Supposons qu'on dispose, en avant d'un miroir M et suivant une ligne parallèle au diamètre horizontal qui est l'axe de rotation du miroir, six boules métalliques espacées en trois groupes A, B, C. Les deux boules du milieu sont reliées chacune aux boules extrêmes par deux fils métalliques d'une certaine longueur, 567 mètres par exemple; la seconde et la cinquième communiquent, chacune par un fil, aux deux armatures d'une bouteille de Leyde. Dès que la décharge a lieu au travers de ce système, trois étincelles jaillissent en A, B, C. Si l'électricité se propage avec une vitesse infinie, ou du moins assez grande pour parcourir les portions P et Q' du fil conducteur en un temps inappréciable, les étincelles seront ou du moins paraîtront absolument simultanées. Dans le cas contraire, on va voir comment le miroir M permettra de reconnaître cette non-simultanéité et de mesurer le temps écoulé de l'une à l'autre.

Rappelons que l'image d'un point lumineux dans un miroir tournant autour d'un de ses diamètres se déplace en décrivant

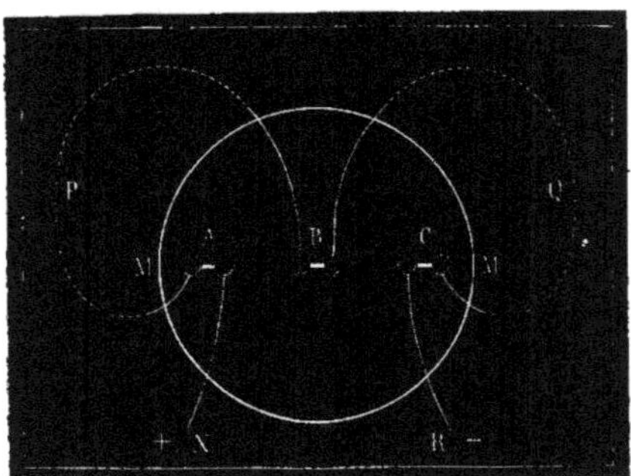

Fig. 314. — Expérience du miroir tournant de Wheatstone.

un arc ayant pour centre un point de l'axe de rotation, et que la valeur angulaire du déplacement, c'est-à-dire de l'arc en question, est précisément double de l'angle de rotation du miroir. Si le point lumineux a une courte durée, son image décrira un arc limité, dont la grandeur dépendra d'ailleurs de la vitesse de rotation du miroir. Comme la durée de l'impression lumineuse est environ d'un dixième de seconde, l'œil verra à la fois toutes ces images successives sous la forme d'un trait lumineux, à la seule condition que le phénomène ait une durée moindre qu'un dixième de seconde. C'est ce qui arrive pour l'étincelle électrique, qui, pour une vitesse du miroir tournant d'environ 800 tours par seconde, apparaît sous la forme d'une bande lumineuse. Wheatstone a mesuré l'amplitude de cette bande, et il l'a trouvée de 24°. Pendant ce temps, le miroir avait donc tourné lui-même d'un angle moitié moindre,

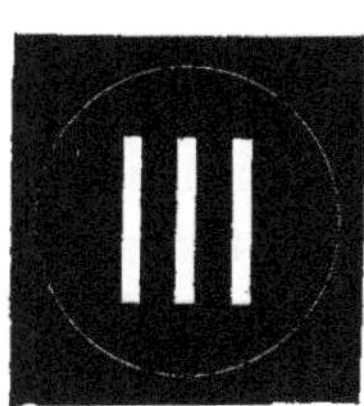

Fig. 315. — Aspect des bandes lumineuses dans l'hypothèse d'une vitesse infinie.

c'est-à-dire de 12°, ou encore de la 30e partie d'une circonférence. Ce premier résultat donne déjà une valeur approchée de la durée des étincelles dans les conditions où se faisait l'expérience. Cette durée était de $\frac{1}{30 \times 800}$ ou de la 24000e partie d'une seconde (0s,000042).

Voyons maintenant comment Wheatstone a pu mesurer la vitesse de propagation du flux électrique. Trois étincelles, avons-nous dit, jaillissent au moment de la décharge entre les boules de chaque groupe. Trois bandes lumineuses ont ainsi pu être observées par réflexion dans le miroir tournant; elles étaient toutes trois de même longueur, marquant ainsi l'égalité de la durée de chacune d'elles. Mais elles n'avaient pas com-

Fig. 316. — Image des étincelles dans le miroir tournant.

mencé au même instant. En effet, s'il en eût été ainsi, les trois bandes auraient dû occuper sur le miroir des positions identiques relativement à l'axe; les extrémités des trois lignes parallèles auraient eu même hauteur, comme dans la figure 315. Au lieu de cela, celle du milieu a paru située un peu plus haut ou un peu plus bas que les deux extrêmes, selon que le miroir tournait dans un sens ou dans l'autre (fig. 316). Que conclure de là? C'est que l'étincelle jaillissant entre les deux boules médianes était toujours en retard sur les deux autres, et ce retard était évidemment dû au temps que l'électricité avait mis à parcourir chacun des fils de 367 mètres, reliant les groupes de boules entre deux solutions de continuité successives.

Donc la vitesse de l'électricité n'est pas infinie. Pour la mesurer, il ne restait plus qu'à évaluer la quantité angulaire dont la bande lumineuse médiane se trouvait au-dessus ou au-dessous de chacune des autres. Wheatstone a trouvé que l'étincelle qui lui correspond était toujours en retard d'un demi-degré environ sur chacune des autres, correspondant à un mouvement de rotation du miroir d'un quart de degré, ou de la 1440[e] partie d'une circonférence. Le miroir effectuant 800 rotations par seconde, c'est en une fraction de seconde marquée par le dénominateur $1440 \times 800 = 1\,152\,000$, que l'électricité a franchi chaque intervalle de 367 mètres. La vitesse de propagation est donc de $367 \times 1\,152\,000$ mètres ou environ 425000 kilomètres par seconde.

L'exacte position de symétrie des deux bandes extrêmes, quel que soit le sens de rotation du miroir, prouve aussi deux choses : la première, que l'électricité ne se propage pas dans un seul sens, mais dans les deux sens à la fois, et que la vitesse de sa propagation est indépendante du sens du courant.

Les expériences de Wheatstone ont été faites en 1834. Mais depuis cette époque, la télégraphie électrique ayant pris un grand développement, on put mesurer la vitesse de l'électricité en utilisant les longs fils métalliques isolés qui relient les stations entre lesquelles s'échangent les signaux ou les dépêches. Nous résumons dans le tableau suivant les différents nombres obtenus par divers physiciens. Ces nombres présentent des différences considérables, qui tiennent à plusieurs causes. Il y a, en premier lieu, la différence des méthodes et les erreurs des observations qui leur sont pour ainsi dire inhérentes, mais qui sont loin de pouvoir rendre compte des divergences accusées. A la vérité, la vitesse de propagation de l'électricité n'est pas, comme la vitesse de la lumière, susceptible d'une définition unique; ou plutôt, elle varie avec les conditions de l'expérience : la nature du circuit conducteur, la tension électrique de la source. Faraday, après les expériences de Wheatstone, avait soupçonné qu'elles conduiraient à des résultats différents, si l'on mettait les extrémités des fils en communication immédiate avec de grandes surfaces métalliques isolées, jouant le rôle de condensateurs. Les prévisions ont été vérifiées sur des fils télégraphiques souterrains, ainsi que sur les câbles sous-marins dont l'enveloppe isolante en gutta-percha plongée dans l'eau de mer forme avec le fil comme un condensateur. Il en résulte une augmentation considérable de la capacité électrique des fils et un retard correspondant dans la vitesse de propagation du courant.

VITESSE DE PROPAGATION DE L'ÉLECTRICITÉ.

OBSERVATEURS	KILOMÈTRES PARCOURUS en une seconde.	NATURE DU CONDUCTEUR et OBSERVATIONS	
Wheatstone.........	425 000	fils de cuivre.	Décharge d'une bouteille de Leyde.
Fizeau et Gounelle....	100 000	— fer.	Télégraphe de Paris à
Fizeau et Gounelle....	180 000	— fer.	Amiens et à Rouen.
O'Mitchell	45 600	— fer.	Télégraphe de Cincinnati à Pittsbourg.
Walker.............	30 000	— fer.	Télégraphe de Philadelphie à Cambridge.
Observatoires de Greenwich et d'Édimbourg	12 200	— cuivre.	Télégraphe aérien.
Observatoires de Greenwich et de Bruxelles.	4 300	— cuivre.	Câble sous-marin.
Faraday............	1 200	— cuivre.	Fil souterrain.
Felici........... ..	260 000	— cuivre.	Décharge d'une bouteille de Leyde.
Gould..............	25 600	— fer.	Télégraphe de Saint-Louis à Washington.

CHAPITRE XII

LES MÉTÉORES ÉLECTRIQUES

§ 1. IDENTITÉ DE LA FOUDRE ET DES PHÉNOMÈNES ÉLECTRIQUES.

Les phénomènes d'électricité que nous avons eu jusqu'à présent l'occasion de décrire sont, à peu près sans exception, des phénomènes provoqués ; c'est grâce aux procédés imaginés par le physicien que leurs effets si variés et parfois si puissants ont pu se manifester à nos yeux. Le rôle de l'observation pure a été presque nul dans leur découverte, et la science de l'Électricité comme celle du Magnétisme (qui du reste aujourd'hui ne fait qu'un avec la première) est, en ce qui concerne les phénomènes en question, une science expérimentale, ou, pour être plus précis, une science d'observation exclusivement expérimentale. Aucun des faits qui la constituent ne pouvait s'offrir spontanément à l'étude du savant; et voilà sans doute ce qui explique pourquoi le Magnétisme et l'Électricité ont été les dernières branches de la Physique qui se soient constituées, pourquoi de longs siècles se sont écoulés sans que l'objet même de ces sciences se soit présenté à la curiosité investigatrice des chercheurs. Les deux seuls faits de l'attraction de l'aimant naturel pour le fer, de l'ambre frotté pour les corps légers ont été les modestes points de départ de chacune de ces sciences, que le génie d'Ampère a fini par fondre en une seul e.

Ce serait là, on en conviendra, une singulière exception dans l'histoire des sciences physiques et naturelles, si ce que nous venons de dire était vrai d'une manière absolue. On sait qu'il n'en est rien. En réalité, dès l'origine des temps, la Nature signalait à l'homme d'une manière éclatante, dans des phénomènes grandioses, la matière d'une science nouvelle. Les aurores polaires, quoique relativement rares dans les climats tempérés, là où la civilisation grandissante avait permis à l'homme, devenu philosophe et homme de science, de spéculer sur les phénomènes dont il était témoin, étaient connues et observées dès la plus haute antiquité. La foudre, les éclairs, le bruit du tonnerre, et d'autres phénomènes semblables ne pouvaient manquer d'être l'objet des recherches scientifiques. Mais la foudre, comme l'aurore polaire, est restée une énigme jusqu'au moment, bien rapproché de nous, où les attractions et les répulsions électriques se montrèrent accompagnées de certains effets lumineux, dans les premières et modestes expériences des Otto de Guericke, des Wall et des Gray, et où Benjamin Franklin démontra, par une heureuse et hardie expérience, l'identité de la foudre et de l'électricité.

Le mémoire dans lequel l'illustre physicien américain compare les effets de la foudre à ceux de l'électricité, date de novembre 1749; il était donc de deux ans et demi antérieur à ses propres expériences sur les nuages orageux, et à celles du physicien français Dalibard, les unes et les autres ayant été réalisées en mai 1752. Il venait à cette époque de reconnaître le pouvoir des pointes; deux expériences ingénieuses où ce pouvoir était mis en jeu lui fournirent une analogie nouvelle et lui suggérèrent l'idée de vérifier sur les nuages orageux la vérité de ses conjectures. Ayant suspendu, par des fils de soie, au plafond de sa chambre un tube de carton doré, de 10 pieds de longueur et d'un pied de diamètre, Franklin le chargea d'électricité. Présentant alors au tube, à un pied de distance, la pointe d'une aiguille, le tube était déchargé en un instant; si, au contraire, il lui présentait un corps émoussé, un poinçon de fer arrondi à son extrémité, il fallait l'approcher de 3 pouces avant de pouvoir opérer la décharge, « qui alors, dit-il, se fait avec un coup et un craquement ». Suspendant de la même manière de grandes balances de cuivre, dont les bassins étaient soutenus par des cordes de soie, à un pied du plancher, il électrisait l'un des bassins. La torsion du fil de suspension faisant tourner circulairement la balance, il plaçait le poinçon en dessous, en un point de la circonférence décrite. Quand le bassin électris

Fig. 517. — Benjamin Franklin.

venait à passer au-dessus, il s'abaissait davantage, arrivait au contact et se déchargeait ainsi. Mais si l'extrémité du poinçon était munie d'une aiguille, la pointe en haut, le bassin passait au-dessus sans s'approcher, la décharge se faisant alors en silence. « Maintenant, dit Franklin, si le feu de l'électricité et celui de la foudre est le même, comme j'ai tâché de le montrer au long dans un écrit précédent, ce tube de carton et ces bassins peuvent représenter les nuages électrisés. Si un tube long seulement de 10 pieds frappe et décharge son feu sur le poinçon à 2 ou 3 pouces de distance, un nuage électrisé, qui est peut-être de 10000 acres, peut frapper et décharger son feu sur la terre à une distance proportionnellement plus grande. Le mouvement horizontal des bassins sur le plancher peut représenter le mouvement des nuages sur la terre, et le poinçon élevé les montagnes et les plus hauts édifices, et alors nous voyons comment les nuages électrisés passant sur les montagnes et sur les bâtiments à une trop grande hauteur pour les frapper, peuvent être attirés en bas jusque dans la distance qui leur est nécessaire pour cet effet; et enfin si une aiguille est fixée sur un poinçon, la pointe en haut, ou même sur le plancher au-dessous du poinçon, elle attirera le feu du bassin en silence, à une distance beaucoup plus grande que la distance requise pour frapper, et préviendra ainsi sa descente vers le poinçon : ou si dans sa course le bassin étoit venu assez près pour frapper, il ne le pourroit parce qu'il auroit été d'abord privé de son feu, et par là le poinçon est garanti du choc. »

Cette analyse minutieuse des effets résultant du pouvoir des pointes et cette comparaison d'expériences faites sur une petite échelle aux météores qu'on observe dans les orages, ne restent point stériles dans la pensée de Franklin; il ne manque pas d'en tirer immédiatement une conséquence pratique, l'invention des paratonnerres, en même temps qu'il conçoit une méthode d'observation propre à démontrer l'exactitude de ses vues théoriques. Il continue ainsi, en effet : « Je demande, cette supposition admise, si la connaissance du pouvoir des pointes ne pourroit pas être de quelque avantage aux hommes, pour préserver les maisons, les églises, les vaisseaux, etc., des coups de la foudre, en nous engageant à fixer perpendiculairement sur les parties les plus élevées de ces édifices des verges de fer faites en formes d'aiguilles, et dorées pour prévenir la rouille, et du pied de ces verges un fil d'archal abaissé vers l'extérieur du bâtiment dans la terre, ou autour d'un des haubans d'un vaisseau, ou sur le bord jusqu'à ce qu'il touche l'eau. Ces verges de fer ne tireroient-elles pas probablement le feu électrique en silence hors du nuage, avant qu'il vînt assez près pour frapper? Et par ce moyen ne pourrions-nous pas être préservés de tant de désastres soudains et effroyables?

« Pour décider cette question, savoir si les nuages qui contiennent la foudre sont électrisés ou non, j'ai imaginé de proposer une expérience à tenter en un lieu convenable à cet effet. Sur le sommet d'une haute tour ou d'un clocher, placez une espèce de guérite assez grande pour contenir un homme et un tabouret électrique : du milieu du tabouret élevez une verge de fer, qui passe en se courbant hors de la porte, et de là se relève perpendiculairement à la hauteur de 20 ou 30 pieds, et qui se termine en une pointe fort aiguë. Si le tabouret électrique est propre et sec, un homme qui y sera placé, lorsque des nuages électrisés y passeront un peu bas, peut être électrisé et donner des étincelles, la verge de fer lui attirant le feu du nuage[1]. »

Franklin fut bien le premier instigateur des expériences qui démontrèrent l'identité de la foudre et de l'électricité, mais il ne fut pas le premier à les réaliser. C'est à un physicien français, Dalibard, que revient cet honneur. Il avait fait dresser, dans un jardin de Marly, plusieurs tiges de fer isolées et terminées en pointe. Un nuage orageux étant venu à passer, il put tirer des étincelles du pied de l'une d'elles qui avait 14 mètres de hauteur, charger des bouteilles de Leyde, etc. Un coup de tonnerre se fit entendre au même instant. Cette expérience décisive eut lieu le 10 mai 1752. Un mois plus tard, Franklin fit en Amérique, avec son fils, la fameuse expérience du cerf-volant, qui fut répétée l'année suivante par de Romas. Gay-Lussac, dans son *Instruction sur les paratonnerres*, rapporte, d'après Priestley, les circonstances détaillées des observations du dernier de ces physiciens. Elles sont assez intéressantes pour que nous les reproduisions ici.

1. *Expériences et observations faites à Philadelphie*, 1749.

« Le cerf-volant avait 7 pieds 1/2 de hauteur et 3 de largeur. La corde était une ficelle de chanvre dans laquelle était entrelacé un fil de fer, et M. de Romas, l'ayant terminée par un cordon de soie sec, il mit l'observateur, par une disposition particulière de son appareil, en état de faire toutes les expériences qu'il jugea à propos, sans courir aucun danger pour sa personne.

« Au moyen de ce cerf-volant, le 7 juin 1753, vers 1 heure après-midi, après qu'il l'eut élevé à 550 pieds de terre au moyen d'une corde de 780 pieds de long, qui faisait un angle de près de 45 degrés avec l'horizon, il tira de son conducteur des étincelles de 3 pouces de longueur et 3 lignes d'épaisseur, dont le craquement se fit entendre de près de 200 pas. En tirant ces étincelles, il sentit comme une espèce de toile d'araignée sur son visage, quoiqu'il fût à plus de 3 pieds de la corde du cerf-volant ; sur quoi il ne crut pas qu'il y eût de la sûreté pour lui de rester si proche, et il cria à tous les assistants de se retirer, et lui-même s'éloigna d'environ 2 pieds.

« Se croyant alors en sûreté et n'ayant plus personne auprès de lui, il porta son attention sur ce qui se passait dans les nuages qui étaient immédiatement au-dessus du cerf-volant ; mais il n'aperçut d'éclair ni là, ni nulle autre part, ni même le moindre bruit de tonnerre, et il ne tomba point du tout de pluie. Le vent, qui venait de l'ouest et était assez fort, éleva le cerf-volant de 100 pieds au moins plus haut qu'auparavant.

« Ensuite, jetant les yeux sur le tube de fer-blanc qui était attaché à la corde du cerf-volant, et à environ 3 pieds de terre, il vit trois pailles, dont une avait près de 1 pied, la seconde 4 à 5 pouces, et la troisième 3 à 4 pouces, se lever toutes droites et former une danse circulaire, comme des marionnettes sous le tube de fer-blanc et sans se toucher l'une l'autre. Ce petit spectacle, qui réjouit beaucoup plusieurs personnes de la compagnie, dura près d'un quart d'heure ; après quoi, quelques gouttes de pluie étant tombées, il sentit encore la toile d'araignée sur son visage, et en même temps il entendit un bruit continu, semblable à celui d'un petit soufflet de forge. Ce fut un nouvel avertissement de l'accroissement de l'électricité, et, dès le premier instant que M. de Romas aperçut sauter la paille, il n'osa plus tirer aucune étincelle, même avec toutes ses précautions, et il pria de nouveau les spectateurs de s'éloigner encore davantage.

« Immédiatement après arriva la dernière scène, et M. de Romas avoua qu'elle le fit trembler. La plus longue paille fut attirée par le tube de fer-blanc; sur quoi il se fit trois explosions dont le bruit ressemblait fort à celui du tonnerre. Quelqu'un de la compagnie le compara à l'explosion des fusées volantes, et d'autres au bruit que ferait une grande jatte de terre en se brisant contre un pavé. Il est certain qu'on l'entendit du milieu de la ville, malgré les différents bruits qui s'y faisaient.

« Le feu qu'on aperçut à l'instant de l'explosion avait la figure d'un faisceau de 8 pouces de long et 5 lignes de diamètre; mais la circonstance la plus étonnante et la plus amusante fut que la paille qui avait occasionné l'explosion suivit la corde du cerf-volant. Quelqu'un de la compagnie la vit, à 45 ou 50 brasses de distance, attirée et repoussée alternativement, avec cette circonstance remarquable, qu'à chaque fois qu'elle était attirée par la corde on voyait des éclats de feu et l'on entendait des craquements, qui n'étaient cependant pas si éclatants que dans le moment de la première explosion.

« Il faut remarquer que, depuis le temps de l'explosion jusqu'à la fin des expériences, on ne vit point du tout d'éclair, et à peine entendit-on du tonnerre. On sentit une odeur de soufre fort approchante de celle des écoulements électriques lumineux qui sortent du bout d'une barre de métal électrisée. Il parut autour de la corde un cylindre lumineux de 3 à 4 pouces de diamètre, et, comme c'était pendant le jour, M. de Romas ne douta pas que, si c'eût été pendant la nuit, cette atmosphère électrique n'eût paru de 4 à 5 pieds de diamètre. Enfin, après que les expériences furent terminées, on découvrit un trou dans le terrain, précisément sous le tuyau de fer-blanc, d'une grande profondeur et d'un demi-pouce de largeur, qui probablement fut fait par les grands éclats qui accompagnèrent les explosions.

« Ces expériences remarquables finirent par la chute du cerf-volant, attendu que le vent passa tout d'un coup à l'est, et qu'il survint une pluie très abondante mêlée de grêle. Lorsque le cerf-volant tomba, la corde s'accrocha sur un auvent, et elle ne fut pas sitôt dégagée, que celui qui la tenait éprouva un tel coup à ses mains et une telle commotion dans tout son corps, qu'il fut obligé de la lâcher, et la corde, tombant sur les pieds de quelques autres personnes, leur donna aussi un coup, mais bien plus supportable.

« La quantité de matière électrique que ce cerf-volant tira une autre fois des nuées est réellement étonnante. Le 28 août 1756, on en vit sortir des courants de feu de 1 pouce d'épaisseur et de 10 pieds de longueur. Cet éclat surprenant, qui aurait peut-être produit des effets aussi pernicieux qu'aucun dont il soit fait mention dans l'histoire, fut conduit avec sécurité, par la corde du cerf-volant, à un conducteur placé tout auprès, et le bruit en fut égal à celui d'un pistolet. »

Des expériences analogues furent faites par un grand nombre de savants, en France, en Angleterre, en Italie, en Russie, non sans danger, comme le prouva la mort de Richmann à Saint-Pétersbourg. Ce physicien avait disposé, sur le toit de son laboratoire, une tige de fer verticale isolée, qui communiquait, par une chaîne également isolée, à une tige métallique fixée au plafond et terminée par une boule. S'étant trop approché de celle-ci, Richmann fut frappé à la tête par une étincelle et tomba foudroyé.

Que résultait-il évidemment de ces expériences multipliées ? Que les conjectures de Gray et de Wall, que les affirmations si précises de Franklin étaient justes et légitimes, que les nuages orageux, en un mot, sont chargés de quantités considérables d'électricité, et que l'éclair et le bruit du tonnerre sont, sur une échelle immensément plus vaste, les mêmes phénomènes, que les physiciens obtiennent, dans leurs laboratoires, lorsqu'ils opèrent la décharge des appareils électrisés. Une révision rapide des principaux effets de la foudre et des phénomènes que présentent les orages, achèvera cette démonstration importante.

§ 2. ÉCLAIRS ET TONNERRE. — FORMES DIVERSES, COULEURS, DURÉE ET LONGUEUR DES ÉCLAIRS.

L'*éclair* est l'étincelle qui jaillit soit entre deux nuages, soit entre un nuage et la terre. Après un intervalle de temps qui dépend de la distance où l'observateur se trouve de la région de l'atmosphère où s'opère la décharge, on entend le bruit du *tonnerre*, tantôt éclatant comme celui d'une brusque détonation, tantôt formé de roulements plus ou moins sourds ou prolongés. Le plus souvent les nuages orageux sont constitués par des masses agglomérées et superposées[1], qui, outre un mouvement général de translation dans la direction du vent régnant, sont animées de mouvements intestins, se réunissent ou bien se divisent et se déchirent, comme s'il y avait entre ces divers fragments des attractions et des répulsions. L'explication de ces derniers phénomènes est aisée, si l'on admet que les masses nuageuses soient chargées, les unes d'électricité positive, les autres d'électricité négative. Quand deux nuages superposés sont chargés d'électricités contraires, ils s'attirent, se rapprochent et, dès que la distance est suffisamment petite, une décharge a lieu et l'éclair jaillit. Le plus ordinairement, cette décharge n'est que partielle, ce qu'explique l'imparfaite conductibilité des masses vaporeuses constituant le nuage, et une série d'éclairs, suivis chacun de la détonation, succède à la première étincelle. Il est probable d'ailleurs que les mêmes causes qui ont développé l'électricité dans le nuage orageux, persistent

1. Arago cite toutefois plusieurs exemples de nuages orageux isolés et de dimensions restreintes, d'où l'on a vu jaillir éclairs et tonnerres.

après ces premières décharges et donnent lieu à une production nouvelle de fluide qui prolonge la durée du phénomène.

La forme des éclairs est très variable. La plus fréquente est celle d'un trait sinueux; quelquefois c'est une série de traits rectilignes en zigzag, semblables aux étincelles de nos machines électriques. Mais il est possible que la forme réelle soit alors spiroïdale et que les angles apparents proviennent de ce que les contours de l'hélice lumineuse sont vus en perspective oblique.

Plus rarement un même éclair se divise en deux branches, quelquefois en trois ou quatre. Ces éclairs *bifurqués*, *trifurqués*, *ramifiés* ont leur point de départ dans la nue; le trait, d'abord unique, se partage en deux ou plusieurs rameaux en arrivant vers la terre. Arago en cite divers exemples. Kæmtz dit que, « pendant de violents orages, l'éclair principal émet des branches latérales ou paraît ramifié à son origine ». Nous avons vu nous-même et dessiné en un seul orage plusieurs éclairs bifurqués et un éclair à quatre branches, très nettement séparées.

Si les éclairs multiples paraissent rares en Europe (Arago ne cite qu'un seul exemple d'éclair bifurqué, sauf toutefois ceux qu'observa l'abbé Ferrara en 1765, dans la fumée de l'Etna), il n'en est pas de même au Brésil. M. Liais, dans l'*Espace céleste*, donne la relation d'un orage qu'il a observé à Rio de Janeiro le 30 janvier 1859. Nous y lisons ceci : « A sept heures, quelques éclairs commencèrent à paraître dans l'est, et à sept heures dix minutes l'orage avait acquis toute son intensité. En cet instant, partaient continuellement, à un intervalle de une à deux secondes, des jets électriques en zigzag, dont plus du tiers se bifurquaient... Outre les éclairs bifurqués, et ceux *à trois ou quatre branches*, qui étaient aussi *très fréquents*, il ne s'écoulait pas de minute sans que l'on vît ce qu'on pourrait appeler des éclairs arborescents. C'étaient des traits de feu qui se divisaient en plusieurs branches principales, lesquelles se partageaient à leur tour en une multitude de rameaux. L'un d'eux que j'ai remarqué particulièrement, et qui paraissait se propager en descendant, se divisait d'abord en trois parties, qui se subdivisaient ensuite de manière à former en tout une quinzaine de branches.

« J'ai remarqué même des éclairs d'un nombre de rameaux plus grand encore et tellement nombreux que la totalité des détails ne pouvait se graver dans l'esprit. Le plus remarquable de ces derniers était rayonnant et non en arbre, c'est-à-dire que sa propagation se fit en tous sens à la fois, en partant d'un centre, d'où jaillirent six branches, se subdivisant en une multitude de traits secondaires[1]. »

La couleur des éclairs est un blanc éblouissant ; toutefois ils

Fig. 518. — Éclairs de la première classe, simples ou ramifiés.

affectent aussi fréquemment une teinte violacée, pourpre, plus rarement verdâtre. La couleur violette est celle de l'étincelle dans les gaz raréfiés ; or Kæmtz fait remarquer que cette teinte a été surtout observée lorsque les éclairs étaient fort élevés, et jaillissaient ainsi dans des régions où l'air est plus rare.

Arago, dans sa belle notice *sur le Tonnerre*, distingue les éclairs en trois classes : la première comprend ceux dont nous venons de parler, et qu'on désigne en Italie sous le nom de *saette*. « Suivant une opinion fort répandue chez nous, dit-il,

1. M. Liais ajoute qu'il a revu fréquemment depuis le même phénomène d'éclairs divisés, qui a été noté également par M. Poey à la Havane, et semble fréquent dans toutes les contrées orageuses de la zone intertropicale.

tant parmi les physiciens que dans la masse du public, ce seraient principalement, sinon exclusivement, les *saette*, les éclairs *resserrés*, les éclairs en *sillon*, en *zigzag*, qui porteraient avec eux l'incendie et la destruction ; ces éclairs, en un mot, constitueraient *la foudre* proprement dite. » Dans la seconde classe se rangent les éclairs dont la lumière, « au lieu d'être concentrée dans des traits sinueux presque sans largeur

Fig. 519. — Éclairs diffus ou de la seconde classe.

apparente, embrasse, au contraire, d'immenses surfaces. Elle n'a d'ailleurs ni la blancheur, ni la vivacité de la lumière des éclairs fulminants. Souvent sa teinte est un *rouge très intense*. Le *bleu* ou le *violet* y dominent aussi de temps en temps. » Il est probable que nombre d'éclairs de cette seconde classe ne sont tels qu'en apparence et appartiennent en réalité à la première : il suffit que le trait lumineux jaillisse derrière d'épaisses masses nuageuses qui le masquent à l'observateur. Dans ce cas, ce sont les contours seuls de ces nuages qui paraissent illuminés.

Les véritables éclairs de seconde classe sont dus sans doute à des décharges partielles qui se font entre les parties intérieures d'un même nuage ; on les compare aux lueurs qui se produisent sur une lame de verre humide, quand on s'en sert pour décharger une machine électrique. La troisième classe d'éclairs comprend les *éclairs en boule*, qu'on désigne encore sous le nom de *foudre globulaire* : cette forme particulière de la lumière électrique dans les orages est plus rare que les deux autres ; elle s'en distingue aussi par la lenteur de son mouvement ou par sa durée qui dépasse de beaucoup celle des éclairs ordinaires. Le fait suivant, que nous rapportons d'après Peltier, donnera une idée de la singularité du phénomène de la foudre globulaire.

« Le 28 août 1839, dit-il, au milieu d'un violent orage, dont les nues noires et surbaissées touchaient presque au sommet des bâtiments, la foudre tomba au milieu de la cour du bureau central de l'octroi de la ville de Paris, encore inachevé. Cette foudre avait la forme d'un gros globe de feu, et elle était accompagnée d'une traînée de vapeur : elle frappa le sol formé de remblais nouveaux, elle y creusa un enfoncement de 18 centimètres de diamètre ; elle s'y agitait violemment en tournant sur elle-même, enleva les terres meubles, puis elle rejaillit pour retomber à 3 mètres plus loin, où elle fit une nouvelle excavation de 9 centimètres de diamètre, s'agitant toujours violemment. Ce globe de feu sauta bientôt de cette excavation sur le mur de clôture, dont il suivit le chaperon dans une longueur d'environ 30 mètres. Arrivé à l'angle du mur, en face l'hôpital Saint-Louis, ce globe, déjà très diminué de volume, s'élança dans la rue sur le pavé mouillé par la pluie ; il s'y traîna en long sillon serpentant, traversa la porte cochère de l'hôpital, et disparut au milieu de la cour, en face de l'église. A mesure que le temps s'écoulait, et que son contact se prolongeait, on voyait incontestablement sa masse s'amoindrir ; lorsqu'elle arriva au milieu de la cour de l'hôpital Saint-Louis, ce n'était plus qu'une lanière mince, peu lumineuse, qui disparut tout à coup. Au moment de la chute de ce globe de feu dans la cour de l'octroi, tous les ouvriers et les employés qui s'étaient mis à l'abri sous les hangars ressentirent une vive commotion électrique, et tous furent impressionnés par la forte odeur sulfureuse qu'il laissa après lui. »

Sur une vingtaine de cas de foudre globulaire que cite Arago, cinq ont offert cette particularité que le globe éclata en détonant violemment à la fin de sa course. L'éclair qui frappa, en 1752, le physicien Richmann, avait la forme d'un globe de feu.

Cette troisième forme des éclairs qu'on observe pendant les orages est restée longtemps inexpliquée. Les étincelles sinueuses, en zigzag, bifurquées, avaient leurs analogues dans les décharges électriques de nos machines. On ne connaissait rien de semblable aux globes fulminants dont on vient de lire la description, quand M. Planté obtint, avec ses batteries secondaires, les remarquables effets lumineux dont il a été question dans un précédent chapitre. En se reportant aux flammes globulaires que représentent les figures 304 et 305, il est difficile en effet de n'être point frappé de l'analogie qu'elles offrent avec les éclairs de la troisième classe. L'opinion de l'auteur de ces expériences est que la nature des globes fulminants observés pendant les grands orages est vraisemblablement la même que celle des étincelles globulaires produites à l'aide de courants électriques d'une haute tension. Le vide produit par le passage du flux électrique détermine une agglomération des molécules de l'air et de l'eau ; celle-ci, non seulement est vaporisée, mais encore décomposée par la haute température développée sur le passage du courant. Ainsi le globe serait formé « d'air raréfié incandescent et des gaz résultant de la décomposition de la vapeur d'eau, également à l'état de raréfaction et d'incandescence ». Il est probable qu'à ces matières viennent s'ajouter les particules cosmiques que rencontre le courant dans l'atmosphère ; bien que ces particules n'existent dans l'air qu'en quantité minime, on sait que celles qui ont une origine minérale, comme le fer, la chaux, la silice, etc., sont des substances douées d'un grand pouvoir d'irradiation ; leur incandescence contribue sans doute, pour une grande part, à l'éclat lumineux des éclairs en boule.

Quelquefois il arrive que les globes de feu sont multiples, soit que le globe primitif se divise en fragments, soit que la chute des parties soit successive. Dans ce cas, le phénomène se rattacherait à une forme spéciale d'éclairs, que M. Planté nomme *éclairs en chapelet*. Dans un orage qui éclata sur Paris le 18 août 1876, notre savant compatriote fit l'observation suivante : « Vers sept heures du matin, dit-il, au moment où l'orage commençait à descendre sur Paris, un éclair remarquable entre tous s'élança de la nue vers le sol en décrivant une courbe semblable à un S allongé, et resta visible pendant un instant appréciable, en formant comme *un chapelet de grains brillants*, disséminés le long d'un filet lumineux très étroit (fig. 520). » D'après les récits des journaux, la foudre était tombée à diverses reprises, sous forme globulaire. « Ce genre d'éclair, ajoute M. Planté, nous a paru constituer un phénomène indicatif montrant la transition de la forme ordinaire de la foudre en traits sinueux ou rectilignes à la forme globulaire. On conçoit, en effet, que les grains de l'éclair puissent acquérir un certain volume et donner naissance à des globes de feu. Nous avons conclu de cette observation que les globes fulminants qui tombent en plus ou moins grand nombre, accompagnés du bruit du tonnerre, et qui disparaissent immédiatement, pouvaient être considérés comme dérivant d'un *éclair en chapelet*. Cette formation de grains lumineux alternant avec des traits de feu doit être une conséquence de l'écoulement du flux électrique au travers d'un milieu pondérable et peut être comparée soit au chapelet de globules incandescents que présente un long fil métallique fondu par un courant voltaïque, et dont les extrémités restent un instant suspendues en fusion aux pôles de la pile, soit encore aux renflements résultant de l'écoulement de toute veine liquide. De telles agglomérations de matière électrisée et lumineuse doivent être naturellement plus lentes à se dissiper que le trait lui-même qui les relie, et ainsi s'explique la persistance de l'éclair observé. »

Divers observateurs, MM. Renou, Van Tricht, Daguin, Joule, ont constaté depuis des cas semblables d'éclairs divisés en points ou en traits lumineux distincts, de sorte qu'il semble légitime de former une quatrième classe d'éclairs, intermédiaire entre la première et la troisième, celle des *éclairs en chapelet.*

On voit quelquefois, dans les chaudes soirées d'été, l'horizon

Fig. 320. — Éclair en chapelet, d'après une observation de M. Planté du 18 août 1876.

sillonné de lueurs, d'*éclairs sans tonnerre*, qu'on nomme aussi *éclairs de chaleur*. L'absence de nuages a longtemps fait croire qu'il s'agissait là d'un phénomène tout spécial. En réalité, ce sont des orages ordinaires, trop éloignés pour que les roulements du tonnerre puissent franchir la distance qui en sépare l'observateur, tandis que la lumière des éclairs, reflétée par les couches supérieures de l'atmosphère, se distingue aisément à cette distance[1].

1. Supposons deux points éloignés l'un de l'autre de 111 kilomètres, ou d'un degré moyen. L'un des horizons surplombe l'autre de 971 mètres. Il suit de là qu'un éclair qui jaillit à une

Quand le trait lumineux d'un éclair de première classe vient à frapper la vue, il paraît généralement avoir une durée sensible. L'image ne s'efface qu'après un intervalle qu'on évaluerait volontiers à une fraction de seconde ; mais ce n'est là qu'une impression due à la persistance de la sensation lumineuse sur la rétine.

Wheatstone a mesuré pendant la nuit, à l'aide d'une méthode fort ingénieuse, la durée moyenne des éclairs. Il se servait d'une roue portant un grand nombre de rayons d'argent mat, qu'il faisait tourner avec une grande rapidité sur son axe. La roue étant subitement illuminée pendant sa rotation par une lumière dont la durée est appréciable, par exemple de $\frac{1}{10}$ de seconde, chaque rayon se déplaçant pendant ce temps semblera élargi à cause de la persistance des impressions lumineuses sur la rétine ; le champ de la roue paraîtra plus ou moins continu. C'est ainsi que la roue d'une voiture qui passe rapidement devant nous, nous semble avoir une multitude de rais. Or Wheatstone eut beau accroître la rapidité de la rotation : toujours, quand un éclair venait à illuminer la roue, celle-ci semblait immobile, et tous ses rais restaient distincts pour la vue et en repos. Il conclut de nombreuses expériences que l'éclair ne dure pas même un millième de seconde.

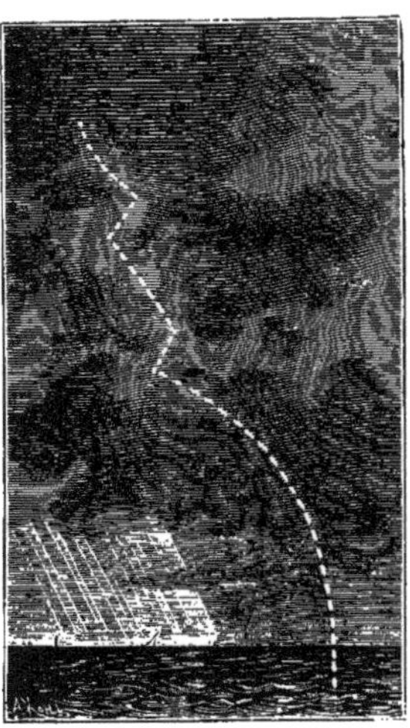

Fig. 521. — Éclair en chapelet observé par M. Joule le 16 août 1877.

La violence de la décharge qui s'effectue entre deux nuages orageux donne lieu au bruit que nous connaissons sous le

hauteur verticale d'un kilomètre est visible à l'autre station. A plus forte raison cette visibilité a-t-elle lieu pour des lueurs jaillissant à l'altitude de 2 ou 3 kilomètres ou réfléchies par des nuées de cette hauteur. La réfraction ajoute encore à cette possibilité. Or, à une bien moindre distance, il est reconnu que le bruit du tonnerre a cessé d'être perceptible.

nom de tonnerre. Il est à remarquer que l'explosion est d'autant plus brusque et plus éclatante que l'éclair jaillit à une moindre distance de l'observateur; mais dans presque tous les cas la détonation est accompagnée d'un roulement prolongé. La cause de cette persistance du bruit de la décharge est due probablement à deux causes. D'abord, on a constaté que les éclairs ont souvent plusieurs kilomètres de longueur. Les deux extrémités peuvent être plus voisines l'une que l'autre de la personne qui écoute ; et, bien que le son soit produit au même instant sur toute l'étendue de l'éclair, comme il met une seconde à parcourir 340 mètres, c'est près de trente secondes pour une différence de distance de 10 kilomètres. De plus, le bruit se répercute sur les nuages et sur le sol, donnant lieu à des échos plus ou moins prolongés. La forme des éclairs en zigzag explique bien aussi comment il se fait que le roulement du tonnerre ne s'affaiblit pas d'une manière continue, et que, pendant sa durée, on l'entend redoubler de force à plusieurs reprises.

Tout le monde sait qu'entre l'instant où l'éclair brille et celui où se fait entendre le tonnerre, il s'écoule un temps plus ou moins long; et l'on comprend que cet intervalle est dû à la différence considérable qui existe entre la vitesse de la lumière et la vitesse du son. En notant exactement la durée de cet intervalle, on peut en déduire, par un calcul fort simple, la distance qui sépare de l'observateur le point de l'éclair qui en est le plus rapproché. En prenant la vitesse du son à la température de 15°, soit 340 mètres, il suffira de multiplier ce nombre par celui qui marque le nombre des secondes écoulées. Arago rapporte une observation faite par de Lisle en 1712, d'après laquelle il y aurait eu un intervalle de 72 secondes entre l'éclair et le bruit du tonnerre : cela donne, pour la distance du nuage à l'observateur, plus de 24 kilomètres.

Si l'on considère le roulement du tonnerre comme dû exclusivement à la durée de la propagation du son sur toute la longueur de la ligne où la lumière de l'éclair a brillé, en notant la durée de ce roulement on pourra conclure un minimum de la longueur en question. En effet, cette durée n'est alors autre chose que la différence entre le temps que met le son à venir en ligne droite des extrémités A et B de l'éclair jusqu'à l'oreille de l'observateur. En la multipliant par 340 mètres, on aura la différence des deux lignes BC, AC. Or la ligne droite CB est plus grande que cette différence ; à fortiori en est-il de même de l'éclair avec ses zigzags ou ses sinuosités. On a observé des coups de tonnerre dont le roulement durait jusqu'à 45 secondes. Le calcul donne, dans ce cas et dans l'hypothèse où

Fig. 322. — Mesure de la longueur des éclairs.

nous nous sommes placé, 15 kilomètres pour la longueur minimum de l'éclair.

Le bruit du tonnerre est évidemment d'autant plus intense que la distance à laquelle on se trouve de l'éclair est moindre. Mais il est vraisemblable qu'il y a une différence caractéristique entre certains coups de tonnerre et d'autres. Quand la foudre tombe, c'est-à-dire quand la décharge électrique se fait, non d'un nuage à l'autre, mais du nuage à la terre, la détonation est brusque, saccadée : ce sont des craquements, comme des déchirements formidables, indices évidents de la violence avec laquelle a eu lieu la recomposition de l'électricité atmosphérique et de l'électricité opposée du sol.

Mais, dans un cas comme dans l'autre, quelle est la cause physique du bruit du tonnerre[1]?

1. Les Anciens, qui ne connaissaient pas l'électricité, ne pouvaient concevoir le tonnerre

Il n'est pas douteux que le phénomène est de même nature que celui du craquement des plus petites étincelles électriques : l'échelle seule diffère. La recomposition brusque des électricités en présence détermine dans l'air, sur toute la longueur du sillon lumineux, un ébranlement, une vibration qui, en se propageant dans le milieu ambiant, produit le son, dont l'intensité est en rapport avec la masse ainsi mise en mouvement. On peut expliquer cet ébranlement de plusieurs façons. Les uns croient que l'électricité s'ouvre un passage au travers de la matière, faisant ainsi le vide derrière elle, à peu près comme un projectile lancé avec une grande vitesse. Le son serait produit, dans cette hypothèse, par la brusque rentrée de l'air, comme il arrive dans l'expérience du crève-vessie. Pouillet considérait cette explication comme insuffisante, et faisait remarquer que le passage d'un boulet de canon dans les airs ne produisait qu'un sifflement et rien qui ressemblât au bruit de la foudre. Voici l'explication qu'admettait ce savant physicien : « Quand l'étincelle part entre deux corps, dit-il, il y a décomposition et recomposition d'électricité entre toutes les couches où elle paraît, et par conséquent vibration plus ou moins violente dans leur matière pondérable ; c'est une espèce de déchirement ou de brusque séparation, comme on le voit dans l'expérience du perce-carte : c'est une vibration qui fait le bruit, en se propageant ensuite dans toute la masse environ-

que comme le résultat d'un choc tout mécanique. Sénèque, partant du fait que les deux mains frappées l'une contre l'autre produisent un bruit éclatant, en conclut que la collision de deux énormes nuées doit retentir avec un fracas autrement grand ; il compare encore le tonnerre, « dont le son est aigu, aigre même, à l'éclat d'une vessie qu'on brise sur la tête de quelqu'un ». Lucrèce explique aussi le tonnerre par le choc des nuages ou leur déchirement. « Une autre raison, dit-il, pour laquelle souvent le tonnerre semble ébranler le monde avec de si horribles secousses, au point qu'on croirait à la ruine et au renversement de la vaste machine de la nature, c'est lorsque tout à coup un ouragan, formé d'une troupe de vents rapides, s'engouffre dans les nuages, et, enfermé là, amasse incessamment par ses tourbillons nuage sur nuage en faisant qu'il reste un creux au centre de cette épaisseur. Puis quand sa violence et son impétueuse énergie a tout ébranlé, voilà qu'avec un fracas effrayant il s'élance, il s'en va : et cela n'est point merveilleux, puisqu'une petite vessie pleine de vent, si elle vient soudain à crever, produit un bruit pareil. » Pour Descartes, l'explication du bruit du tonnerre est analogue à celle du bruit que font les avalanches : les nuées les plus hautes sont projetées sur les plus basses. C'est au fond l'opinion de Sénèque.

nante. » M. Planté admet que c'est le vide produit dans la masse de matière pondérable traversée et raréfiée par la décharge, qui détermine le bruit du tonnerre. Il ajoute : « Mais comment l'électricité produit-elle le vide, s'est-on demandé pendant longtemps? Nos expériences permettent, croyons-nous, d'y répondre simplement : Par l'action calorifique puissante et instantanée que développe l'électricité et qui vaporise toute matière placée sur son passage. »

§ 3. EFFETS PHYSIQUES, CHIMIQUES ET PHYSIOLOGIQUES DE LA FOUDRE.

Les effets de l'électricité atmosphérique, quand elle se manifeste par l'éclair, le tonnerre, la chute de la foudre, sont si étonnamment variés, si prodigieusement bizarres le plus souvent et en apparence si difficiles à expliquer, qu'il faudrait un volume entier pour les décrire et les commenter. Ce que nous nous proposons seulement ici, c'est, par quelques exemples choisis, de faire voir que ces effets sont identiques, à la grandeur près, à ceux des décharges des machines électriques, et qu'ainsi la foudre et l'électricité sont des phénomènes de même nature.

Parlons d'abord des *effets mécaniques*. On y rencontre les extrêmes, des phénomènes d'une violence inouïe, d'autres phénomènes d'une inconcevable délicatesse, des œuvres de précision, pourrait-on dire. Voici quelques faits que nous empruntons à la notice d'Arago *Sur le tonnerre*. « Dans la nuit du 14 au 15 avril 1718, un coup de tonnerre fit sauter *le toit et les murailles* de l'église de Couesnon, près de Brest, comme aurait fait une mine. Des pierres avaient été lancées *dans tous les sens* jusqu'à la distance de 51 mètres. Le 6 août 1809, à Swinton, distant d'environ 5 milles de Manchester, le tonnerre produisit sur une partie de la maison de M. Childwick des effets mécaniques remarquables..... A deux heures après midi, après des décharges répétées d'un tonnerre éloigné et qui semblait s'approcher, une explosion épouvantable se fit entendre. Elle fut immédiatement suivie de torrents de pluie. Pendant quelques minutes une vapeur sulfureuse entoura la maison. Le mur extérieur du petit bâtiment, cave et citerne, fut ARRACHÉ *de ses fondations et* SOULEVÉ *en masse;* l'explosion le porta verticalement, SANS LE RENVERSER, à quelque distance de la place qu'il occupait d'abord. L'une de ses extrémités avait marché de 9 pieds, l'autre de 4. Le mur ainsi *soulevé et transporté* se composait, sans compter le mortier, de 7000 briques et pouvait peser environ 26 tonnes. » Voici encore un fait de transport cité par M. Daguin : « En 1852, à Cherbourg, la foudre brisa le bas-mât d'un navire désarmé; un fragment de 2 mètres de long et de 20 centimètres d'équarrissage au plus gros bout, est lancé avec une telle force, qu'il va frapper, à une distance de 90 mètres, une cloison en chêne de 3 centimètres d'épaisseur, dans laquelle il s'engage par le gros bout, en y faisant un trou semblable à celui qu'aurait fait un boulet de canon. » C'est par milliers qu'on citerait les effets destructeurs des coups de foudre. D'autre part, elle laisse quelquefois des traces pour ainsi dire imperceptibles de son passage, perçant par exemple de plusieurs trous de quelques millimètres de diamètre les vitres d'une fenêtre sans les briser.

Parmi les *effets physiques* de la foudre, la *fusion des métaux* est sinon un des plus fréquents, du moins un des plus certains et des plus caractéristiques. Si Sénèque et Pline, si Lucrèce ont été entraînés par leur imagination, lorsqu'ils racontent que « la foudre fond l'épée dans le fourreau, l'argent dans la bourse, et fait couler le fer du javelot le long du bois, sans que ni fourreau, ni bourse, ni bois ne prennent feu, qu'elle dissout l'airain et fait bouillonner l'or », du moins il a été parfaitement constaté par des observateurs consciencieux que la foudre est capable de fondre et de volatiliser des fils de métal, de souder entre eux les anneaux d'une chaîne de fer. En 1827, le paquebot *le New-York* ayant été foudroyé, la pointe de son paratonnerre, formant un cône de 30 centimètres de longueur, de 6 millimètres de diamètre à la base, fut fondue; il en fut de même de la chaîne qui reliait cette pointe à la mer, qui était formée d'une série de fils de 6 millimètres de diamètre et de 45 centimètres de longueur, unis entre eux par des anneaux intermédiaires. « Cette chaîne allait obliquement de l'extrémité du grand mât de perroquet à la mer. Sa longueur n'était certainement pas au-dessous de 40 mètres. Après le coup de tonnerre, tout ce qui en restait, tout ce qu'on en retrouva avait à peine *un mètre de long*. Environ 8 centimètres de cette ancienne chaîne restaient encore attachés à la base de la baguette métallique supérieure. Ce qui fut recueilli sur le front du navire se réduisait à deux crochets avec l'anneau intermédiaire complètement boursouflés, et à un petit fragment de chaînon. » Après l'explosion, le pont du *New-York* se trouva parsemé de globules de fer qui brûlèrent le bois du pont et celui des lisses en cinquante endroits différents, quoique en ce moment la pluie tombât par torrents et qu'il y eût presque partout de la grêle à une hauteur de 6 à 8 centimètres.

Franklin constata en 1787, sur sa propre maison de Philadelphie, qu'un coup de foudre avait fondu une baguette conique de cuivre de 24 centimètres de long et de 8 millimètres de diamètre à la base et volatilisé un fil de la grosseur d'une aiguille à tricoter et de 6 mètres de longueur. On pourrait multiplier les citations de faits analogues.

Un effet de fusion extrêmement curieux est celui que produit le passage de l'étincelle atmosphérique dans les terrains sablonneux et humides. Les *fulgurites* ou *tubes de foudre*, découverts dès 1711, en Silésie, par le pasteur Herman, furent de nouveau reconnus en 1805 par le docteur Hentzen, qui en indiqua le premier la véritable origine. Ce sont des cylindres ou des cônes, le plus souvent creux, dont les parois sont constituées par une matière vitrifiée, parfaitement lisse à l'intérieur et environnée extérieurement d'une croûte composée de grains de quartz agglutinés. Le plus souvent, c'est un tuyau unique qui s'enfonce verticalement dans le sable, et atteint jusqu'à 10 mètres de longueur. D'autres fois, le tube est oblique à l'horizon ; il se partage aussi quelquefois en deux ou trois branches principales, dont chacune à son tour donne naissance à de petits rameaux latéraux d'une longueur qui varie entre 3 et 30 centimètres. « La croûte extérieure des fulgurites, dit Arago, est quelquefois arrondie ; le plus souvent elle offre une série d'aspérités assez semblables, quant à l'aspect, aux rugosités dont les petites branches de l'orme de Hollande sont couvertes, ou à l'écorce crevassée qui revêt la souche des vieux bouleaux. Les irrégularités du canal vitreux correspondent à celles de la surface extérieure ; on dirait que le tube en fusion a été plié *en totalité* dans divers sens. Examinés à la loupe, les grains noirs et blancs qui composent la croûte extérieure des fulgurites paraissent arrondis comme s'ils avaient éprouvé un commencement de fusion. »

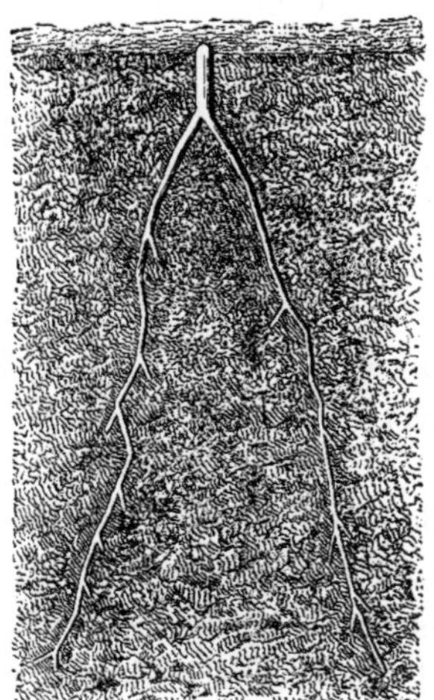

Fig. 323. — Fulgurite.

Il a été constaté, dans plusieurs circonstances, que des fulgurites se trouvaient aux points mêmes où la foudre venait de tomber. En 1823, près d'un arbre foudroyé, le professeur Hagen de Königsberg découvrit deux trous étroits et profonds, dont l'un contenait, à partir d'une profondeur d'un tiers de mètre, un tube vitrifié.

D'autre part, on a obtenu artificiellement des tubes semblables aux fulgurites en déchargeant de fortes batteries électriques à travers des couches de sable mêlé de sel ou de verre pilé. Ces expériences ont été faites notamment par Beudant, Hachette et Savart, à l'aide de la grande batterie du Conservatoire des Arts et Métiers de Paris.

Nous avons eu déjà l'occasion de dire que la foudre agit sur les aiguilles des boussoles, dont elle altère ou détruit le magnétisme. C'est un de ses effets physiques les plus dangereux, du moins pour les navires que la foudre frappe en pleine navigation, et dont la direction et la marche peuvent ainsi être entièrement modifiées. On cite des navires dont les boussoles ont eu leurs pôles renversés, le nord étant passé au sud et réciproquement; d'autres qui, sous l'influence du même météore, avaient vu les aiguilles de leurs compas tournées d'une manière permanente vers le nord-ouest, le nord-nord-ouest, le sud-ouest, etc. « Vers l'année 1675, deux bâtiments anglais marchaient de conserve dans un voyage de Londres à la Barbade. A la hauteur des Bermudes, la foudre brisa le mât d'un d'entre eux et en déchira les voiles; l'autre ne reçut aucun dommage. Le capitaine de ce second bâtiment ayant remarqué que le premier virait de bord, et paraissait vouloir retourner en Angleterre, demanda la cause de cette détermination subite, et n'apprit pas sans étonnement que son compagnon croyait suivre encore la première route. Un examen attentif des *boussoles* du bâtiment foudroyé montra alors que les fleurs de lys des roses des vents, qui d'abord, comme c'est l'habitude, se dirigeaient au nord, marquaient au contraire le sud, en sorte que les pôles avaient été totalement renversés par le tonnerre. Cet état se maintint pendant tout le reste du voyage[1]. »

On a reconnu également un autre genre de perturbation produit par la foudre, et d'où peut résulter un danger non moins grand pour les navigateurs. C'est celui qui résulte de l'aimantation des diverses pièces en acier entrant dans la composition des chronomètres et particulièrement de leur balancier. C'est ainsi que les chronomètres du paquebot *le New-York*, dont nous avons parlé plus haut, se trouvaient, à l'arrivée du navire à Liverpool, en avance de 35 minutes 58 secondes sur le temps qu'ils auraient dû marquer, dans le cas où la foudre n'eût pas frappé le bâtiment.

1. Arago, *Notice sur le tonnerre.*

L'éclair, qui est capable de fondre des métaux ou d'autres substances réfractaires, provoque aussi, au sein de l'atmosphère qu'il sillonne, des *combinaisons chimiques*. Il n'y a là rien que de très facile à concevoir, puisque nous avons vu l'étincelle électrique produire la synthèse de l'eau dans l'eudiomètre. Il a été reconnu par Liebig que les eaux de pluie recueillies après des orages renferment des nitrates d'ammoniaque ou de chaux, en beaucoup plus grande proportion que les pluies ordinaires. On en a conclu que l'azote de l'air s'est combiné avec l'oxygène, sous l'influence des décharges atmosphériques ; on croit que l'acide nitrique ainsi formé est l'origine des salpêtrières artificielles. Un fait qui semble corroborer cette opinion est celui qui a été constaté par Boussingault. Ce savant a remarqué que le salpêtre qu'on trouve en Amérique aux environs de Rio-Bamba, est beaucoup plus abondant dans les localités où il tonne fréquemment.

L'odeur prononcée que laisse la foudre dans les endroits où elle a exercé ses ravages, a été le plus souvent comparée à celle que dégagent, pendant leur combustion, des matières sulfureuses. Cette odeur est sans doute complexe, et il est probable qu'elle est composée de celle de l'ozone, que nous avons vue être caractéristique des décharges électriques, et d'autres odeurs qui proviennent des matières organiques ou autres rencontrées par le feu de l'éclair. Parmi ces matières, il peut arriver qu'il y en ait où le soufre se trouve en combinaison et qui, décomposées par la haute température de l'étincelle, donnent lieu à la production de l'acide sulfureux et justifient la dénomination généralement admise par les observateurs ; mais il est bien probable, comme l'a fait remarquer Boussingault[1], que l'habitude de désigner par l'épi-

1. Notre illustre compatriote, rendant compte à l'Académie des sciences des effets d'un coup de foudre qui avait fendu en deux et en partie carbonisé le tronc d'un poirier, ajoute ceci : « Ce coup de foudre n'a rien que de très ordinaire, et je me serais dispensé d'en parler sans la circonstance que voici : le feu fut découvert à quatre heures du matin par un homme qui en porta la nouvelle au propriétaire de l'arbre, en assurant que le poirier exhalait une odeur insupportable de soufre. Tous les visiteurs qui ont vu cet arbre après qu'il eut cessé

thète de *sulfureuse* l'odeur laissée par les coups de foudre, vient de ce qu'on ne sait pas définir autrement toute odeur forte et nauséabonde d'origine inconnue.

Terminons ce paragraphe par la description sommaire des *effets physiologiques* de la foudre. Ce sont de beaucoup les plus terribles.

La foudre tue ou blesse grièvement les hommes et les animaux qu'elle frappe. Tantôt les cadavres foudroyés ne présentent aucune lésion apparente; tantôt ils offrent des plaies, des contusions, des brûlures sous forme de longs sillons où la peau est enlevée. Dans le premier cas, l'autopsie indique, soit une congestion cérébrale, soit des épanchements sanguins dans les organes internes. En un mot, comme l'a dit Gay-Lussac, la cause de la mort par la foudre est, soit la paralysie du système nerveux, soit la lésion des organes ou du système vasculaire. On a remarqué que les cadavres des foudroyés entrent très rapidement en putréfaction : ce qui arrive fréquemment dans les cas de mort subite. Y a-t-il dans ce fait une action décomposante propre à l'électricité, ou bien cette corruption des chairs est-elle due à la chaleur humide des temps d'orage? On affirme que le sang extrait des veines des foudroyés a perdu la propriété de se coaguler.

Il semble que certaines personnes soient plus que d'autres en danger d'être frappées et tuées par la foudre. Les femmes seraient moins exposées que les hommes; d'après une statis-

de brûler, se sont accordés pour reconnaître l'odeur sulfureuse. La personne qui m'accompagnait a partagé et partage encore aujourd'hui cette opinion, car je n'ai pas réussi à la convaincre. Cependant je puis affirmer que l'odeur très pénétrante que répandaient les parties charbonnées du poirier, quand je l'ai examiné, n'était aucunement sulfureuse. Cette odeur rappelait précisément celle que l'on perçoit dans les usines où l'on fait du vinaigre en distillant du bois; il n'y avait pas à s'y méprendre. J'ai eu de fréquents démêlés avec la foudre. Un nègre a été tué à mes côtés; la maison que j'habitais à Zupia a été incendiée pendant un orage; sept fois j'ai vu des arbres foudroyés en ma présence; en Europe, le tonnerre est tombé dans ma chambre. Placé si souvent dans les circonstances les plus favorables pour bien observer, n'est-il pas étonnant que je n'aie jamais pu constater l'odeur de l'acide sulfureux? Je crois qu'on est trop généralement porté à prendre pour des vapeurs sulfureuses toutes les vapeurs pénétrantes, nauséabondes, qui se développent nécessairement toutes les fois qu'un corps organique est soumis à la chaleur intense que peut occasionner le passage de l'électricité. » (*Lettre à M. Arago, Comptes rendus de l'Académie des sciences pour* 1846.)

tique des victimes de la foudre en France, recueillie par le docteur Boudin, pour la période comprise de 1835 à 1863, il y aurait eu 2238 tués. Sur 880 morts pendant les dix dernières années de cette période, on ne comptait que 243 femmes ou 27 pour 100. Y a-t-il là une immunité physiologique spéciale au sexe féminin, ou la différence tiendrait-elle à ce que les hommes sont plus exposés aux coups de foudre par leurs occupations ou par le manque de prudence. On cite des cas de troupeaux de moutons totalement détruits par la foudre, alors que le berger, resté au milieu de ses animaux, était épargné.

Les personnes foudroyées sont frappées avant d'avoir vu l'éclair et entendu le coup de tonnerre. C'est du moins ce qu'ont toujours dit celles qui, n'ayant été que blessées ou évanouies, ont été rappelées à la vie. Lors de la catastrophe, fameuse dans les fastes de la foudre, qui, en juillet 1819, coûta la vie à 9 personnes et en blessa 82 dans l'église de Châteauneuf-de-Moustiers, une relation circonstanciée fut adressée à l'Académie des sciences ; elle renferme sur les effets de la foudre des détails intéressants, que nous allons en partie reproduire.

« Le 11 juillet 1819, jour de dimanche, M. Salomé, curé de Moustiers et commissaire épiscopal, alla à Châteauneuf pour y installer un nouveau recteur. Vers les dix heures et demie, on se rendit en procession de la maison curiale à l'église. Le temps était beau, on remarquait seulement quelques gros nuages. La messe fut commencée par le nouveau recteur.

« Un jeune homme de dix-huit ans qui avait accompagné le curé de Moustiers, chantait l'épître, lorsqu'on entendit trois détonations de tonnerre qui se succédèrent avec la rapidité de l'éclair. Le missel lui fut enlevé des mains et mis en pièces ; il se sentit lui-même serré étroitement au corps par la flamme, qui le prit de suite au cou. Alors, par un mouvement involontaire, ce jeune homme, qui avait d'abord jeté de grands cris, ferma la bouche, fut renversé, roulé sur les personnes rassemblées dans l'église, qui toutes avaient été terrassées et jetées ainsi hors de la porte. Revenu à lui, sa première idée fut de rentrer dans l'église, pour se rendre auprès de M. le curé de Moustiers, qu'il trouva asphyxié et sans connaissance. Ce jeune homme fixa sur ce respectable et infortuné pasteur l'attention et les soins de ceux qui, légèrement blessés, pouvaient donner du secours. On le releva, on éteignit la flamme de son surplis, et, par le moyen du vinaigre, on le rappela à la vie, environ deux heures après son étourdissement. Il vomit beaucoup de sang. Il assura n'avoir pas entendu le tonnerre et n'avoir rien su de ce qui se passait. On le porta au presbytère. Le fluide électrique avait touché fortement la partie supérieure du galon d'or de son étole, coulé jusqu'en bas, enlevé un de ses souliers qu'il porta à l'extrémité de l'église, et brisé la boucle de métal. Le siège sur lequel il était assis fut aussi brisé.

« Le surlendemain, M. le curé fut transporté dans son presbytère à Moustiers, pour être pansé de ses blessures, qui n'ont été cicatrisées que deux mois après. Il avait une escarre de plusieurs travers de doigt à l'épaule droite; une autre s'étendant du milieu postérieur du bras du même côté jusqu'à la partie moyenne et extérieure de l'avant-bras ; une troisième escarre profonde partait de la partie moyenne et postérieure du bras gauche, et allait jusqu'à la partie moyenne de l'avant-bras du même côté; une quatrième, plus superficielle et moins étendue, au côté externe de la partie inférieure de la cuisse gauche, et une cinquième sur la lèvre supérieure jusqu'au nez. Il a été fatigué d'une insomnie absolue pendant près de deux mois; il a eu le bras paralysé[1] et souffre des différentes variations de l'atmosphère.

« Un jeune enfant fut enlevé des bras de sa mère et porté à

1. Il est curieux de voir que la foudre, qui en certains cas cause la paralysie, dans d'autres guérit de la même affection. M. Daguin cite les deux faits suivants : « En 1762, à Kent, le pasteur Winter, paralysé depuis un an à la suite d'une attaque d'apoplexie, voit tomber la foudre dans sa chambre et reçoit une violente commotion, après laquelle il se trouve radicalement guéri. En août 1819, à Niort, un malade atteint depuis plusieurs années d'un rhumatisme au bras gauche qui le faisait horriblement souffrir, voit le mal disparaître pour ne plus revenir, après qu'il a été renversé par la commotion de la foudre. »

six pas plus loin. On ne le rappela à la vie qu'en lui faisant respirer le grand air. Tout le monde avait les jambes paralysées. Toutes les femmes, échevelées, offraient un spectacle horrible. L'église fut remplie d'une fumée noire et épaisse : on ne pouvait distinguer les objets qu'à la faveur des flammes des parties des vêtements allumées par la foudre.

« Huit personnes restèrent sur place. Une fille de dix-neuf ans fut transportée sans connaissance à sa maison, et expira le lendemain matin, en proie aux douleurs les plus horribles, à en juger par ses hurlements ; de sorte que le nombre des personnes mortes est de neuf ; celui des blessés est de quatre-vingt-deux.

« Le prêtre célébrant ne fut point atteint de la foudre, sans doute parce qu'il avait un ornement de soie.

« Tous les chiens qui étaient dans l'église furent trouvés morts dans l'attitude qu'ils avaient auparavant.

« Une femme qui était dans une cabane, à la montagne de Barbin, au couchant de Châteauneuf, vit tomber successivement trois masses de feu qui semblaient devoir réduire ce village en cendres.

« Il paraît que la foudre frappa d'abord la croix du clocher, qu'on trouva plantée dans la fente d'un rocher, à une distance de 16 mètres. Le feu électrique pénétra ensuite dans l'église par une brèche qu'il fit à la voûte, à la distance d'un demi-mètre de celle par où passe la corde d'une cloche. La chaire fut écrasée. On trouva dans l'église une excavation d'un demi-mètre de diamètre, prolongée sous les fondements du mur jusque sur le pavé de la rue, et une autre qui entrait sous les fondements d'une écurie qui est en dessous, et où l'on trouva morts cinq moutons et une jument.

« On sonnait les cloches quand la foudre tomba sur l'église. »

La plupart des effets mécaniques, physiques et physiologiques de la foudre qui ont été mentionnés plus haut, se trouvent rassemblés dans l'évènement remarquable dont on vient de lire le récit. Le narrateur attribue au vêtement isolant dont était revêtu le prêtre célébrant, la préservation qui l'empêcha d'être au nombre des victimes; il est possible que telle soit en effet la raison de ce fait, de même que la foudre peut se porter de préférence sur les personnes qui portent des objets métalliques, bons conducteurs de l'électricité. Mais il ne faut pas oublier que des faits authentiques se trouvent contredire ces sortes de prévisions. Les vêtements de substance isolante ne suffisent pas toujours à préserver ceux qui les portent; la foudre d'ailleurs passe souvent entre la surface du corps et les objets dont il est recouvert, comme si elle trouvait dans cette mince couche d'air, rendue humide par la transpiration, un passage plus facile. Le 20 mars 1784, la foudre étant tombée sur le théâtre de Mantoue tua deux spectateurs et en blessa dix, sur 400 environ que la salle renfermait. Or on constata ce fait extrêmement curieux, que « le tonnerre fondit des boucles d'oreilles, des clés de montre, cliva des diamants, et cela sans blesser en aucune manière les personnes qui portaient ces divers objets ».

Les faits singuliers, extraordinaires, bizarres qu'on trouve dans l'histoire des coups de foudre, sont sans doute difficiles à expliquer, parce que l'explication scientifique exigerait qu'on connût toutes les circonstances relatives à l'état physique du milieu et des objets qui s'y trouvaient, condition toujours impossible à remplir; mais aucun de ces faits n'est en contradiction réelle avec les propriétés connues de l'électricité. Les conditions du libre passage du fluide à travers des conducteurs d'une capacité suffisante pour que son écoulement ait lieu sans qu'il en résulte d'effets destructeurs, les conditions opposées, où il rencontre une résistance dangereuse pour les corps interposés, sont dans la nature trop complexes et trop variables pour qu'on puisse les analyser dans tous leurs détails. Aussi la science de l'électricité ne s'est-elle pas constituée en procédant de l'observation des phénomènes électriques de l'atmosphère aux expériences de laboratoire. C'est la marche inverse qu'elle devait suivre, et nous savons que c'est celle qu'elle a suivie en réalité.

§ 4. FEU SAINT-ELME.

Les orages proprement dits, les orages électriques, sont de véritables drames de l'atmosphère, qui, pour un même lieu du moins, ont leur prologue, leurs divers actes et entr'actes et leur dénouement. Nous ne disons rien ici de leur propagation : c'est un point de vue d'une grande importance météorologique, mais qui est étranger à ce que nous avons à en dire ici. C'est la manifestation du phénomène en tant qu'il révèle l'état électrique de l'atmosphère qui doit nous occuper.

Or, en dehors des orages ainsi définis, l'électricité atmosphérique donne lieu à d'autres phénomènes non moins intéressants que la chute de la foudre. Les Anciens les avaient observés. César, dans ses *Commentaires*, raconte que, pendant une nuit orageuse, le fer des javelots de la cinquième légion parut en feu. Sénèque, Tite-Live, Plutarque rapportent des faits semblables, qui alors étaient considérés comme des prodiges, comme des présages des Dieux. Quand une aigrette lumineuse paraissait seule à l'extrémité d'une vergue ou d'un mât d'un navire, c'était un signe menaçant : on le nommait alors *Hélène*. Si deux flammes se montraient à la fois, elles prédisaient aux navigateurs du beau temps et un heureux voyage : c'étaient alors les *Dioscures*, *Castor et Pollux*, c'est-à-dire les dieux tutélaires de la navigation. Au moment où la flotte du général lacédémonien Lysandre sortit du port de Lampsaque pour livrer combat à la flotte athénienne, Plutarque raconte que l'on vit se placer aux deux côtés de la galère qui portait Lysandre, les deux feux qu'on appelle les étoiles de Castor et de Pollux. Pour les marins du moyen âge, et sans doute encore des temps modernes, la superstition avait changé : c'était le corps d'un saint, saint Elme, entouré de cierges allumés, qui faisait ainsi son apparition sur un navire, en présageant la disparition de la tempête.

Ces aigrettes lumineuses qu'on voit, dans les temps d'orage, s'échapper des parties saillantes des objets, surtout des parties métalliques, sont d'ailleurs de tout point analogues à celles que Franklin a le premier observées aux extrémités d'une pointe métallique présentée à une certaine distance du conducteur de la machine électrique. On cite de nombreux et curieux exemples de cette décharge silencieuse de l'électricité de l'atmosphère. Empruntons-en quelques-uns à la notice d'Arago *Sur le Tonnerre.*

Fig. 524. — Feu Saint-Elme à la pointe de la flèche de Notre-Dame de Paris.

« Le 25 janvier 1822, pendant une forte averse de neige, M. de Thielaw qui se rendait alors à Freyberg, remarqua sur la route que les extrémités des branches de tous les arbres étaient lumineuses. La lumière paraissait légèrement bleuâtre.

« Le 14 janvier 1824, *à la suite* d'un orage, M. Maxadorf ayant porté ses regards sur un chariot chargé de paille qui se trouvait au-dessous d'un gros nuage noir, au milieu d'un champ près de Cothen, observa que tous les brins de paille se redressaient et paraissaient en feu. Le fouet même du conducteur jetait une vive lumière. Ce phénomène disparut dès que le vent eut emporté le nuage noir. Il avait duré dix minutes.

« Le 8 mai 1831, après le coucher du soleil, des officiers d'artillerie et de génie se promenaient tête nue pendant un orage sur la terrasse du fort Bab-Azoun à Alger. Chacun, en regardant son voisin, remarqua avec étonnement aux extrémités de ses cheveux tout hérissés, de petites aigrettes lumineuses. Quand ces officiers levaient les mains, des aigrettes se formaient aussi au bout de leurs doigts. »

Fig. 525. — Feux Saint-Elme aux mâts et aux vergues d'un navire.

On a vu, pendant de grands orages, les gouttes de pluie devenir lumineuses au moment de toucher terre ; le grésil, les flocons de neige ont quelquefois présenté le même phénomène.

§ 5. LA GRÊLE ; DESCRIPTION DU MÉTÉORE.

Si tous les physiciens ne s'accordent pas sur l'origine ou les causes de formation de la grêle, il est toutefois incontestable que c'est un météore qui prend naissance dans les nuages orageux, quand l'électricité de l'atmosphère est le plus fortement développée. « Il suffit de suivre quelques instants la marche d'un électromètre atmosphérique aux approches de la grêle, dit Arago, pour reconnaître que l'électricité change alors très fréquemment, non seulement d'intensité, mais encore de nature : il n'est pas rare dans ces circonstances de voir les passages du positif au négatif et du négatif au positif se répéter jusqu'à dix ou douze fois par minute. »

C'est au printemps, en été et le plus souvent pendant le jour qu'ont lieu les plus abondantes chutes de grêle. Cependant il n'est pas rare d'en voir tomber la nuit ou au point du jour. L'aspect des nuages à grêle diffère des nuages orageux ordinaires par une nuance gris-cendré très prononcée ; leurs bords sont déchiquetés et leur surface présente des protubérances irrégulières ; elle paraît boursoufflée. Une circonstance qui a été fréquemment observée, c'est que ces nuages sont rassemblés par des vents contraires, soufflant avec violence de deux points opposés de l'horizon. Les nuages à grêle sont peu élevés. « Plus d'une fois, dit Arago, on a vu des nuages d'où la grêle devait quelques minutes plus tard s'échapper par torrents, couvrir comme un voile épais toute l'étendue d'un vallon, pendant que les collines voisines jouissaient à la fois d'un ciel pur et d'une douce température. »

Peu d'instants avant la chute d'une averse de grêle, on entend dans la nue un bruit singulier, une sorte de craquement, que l'on a comparé à celui d'une charrette roulant sur un terrain rocailleux, ou encore à celui que produit un sac de noix qu'on remue ou qu'on vide. Ce signe précurseur du fléau, que les gens de la campagne connaissent aussi bien que les météorologistes, est quelquefois si intense qu'il couvre les roulements du tonnerre. A l'approche d'un orage, Peltier, se trouvant alors à Ham, entendit un bruit si fort, qu'il crut qu'un escadron de cavalerie arrivait au galop sur la place de la ville. Il n'en était rien ; mais vingt secondes à peine s'étaient écoulées, qu'une épouvantable averse de grêle vint lui donner l'explication du phénomène.

Le caractère éminemment électrique des orages à grêle ne résulte pas seulement des signes précurseurs, tels que ceux dont Arago a parlé. Des décharges multipliées se produisent au sein des nuées orageuses, entre les couches superposées amenées par les courants opposés dont il a été question plus haut. Le 7 mai 1865, un orage à grêle dévasta la vallée de l'Escaut; un ingénieur, M. Lermoyez, en a décrit les péripéties dans une note adressée à l'Académie des sciences, et nous y lisons ce qui suit : « A trois heures, de gros nuages, formant des couches superposées, se montrèrent au sud-ouest, et bientôt le tonnerre se fit entendre. Au-dessus de leur masse se dressait un épais cumulus d'un blanc livide, dans lequel se produisait *un pétillement continu d'éclairs;* en dessous, plusieurs couches de nuées, de teintes sombres, s'approchant du sol, formaient une large base à cette sorte de pyramide. Le roulement du tonnerre était continu, mais sans intensité ni fracas; un fourmillement non interrompu d'éclairs engendrait une espèce de crépitation sans intermittence, et les explosions semblaient se concentrer dans l'intérieur de la plus forte nuée[1]. » Dix ans plus tard, un autre orage à grêle sévissait sur la vallée du Rhône, et M. Colladon donnait les détails suivants sur les phénomènes électriques qui accompagnèrent cette averse destructive : « Ces phénomènes, dit-il, étaient très remarquables sur les parties centrales du nuage à grêle; les éclairs se succédaient avec une telle rapidité, depuis minuit à une heure et quelques minutes, que l'on comptait en moyenne 2 ou 3 éclairs par seconde, ce qui ferait 8000 à 10000 par heure..... Des phénomènes intenses de phosphorescence électrique ont été remarqués avant et pendant la grêle : sur le sol, sur des animaux, sur des objets saillants; les grêlons aussi étaient phosphorescents. Une odeur d'ozone très violente a été remarquée immédiatement après la grêle; pour la plupart des observateurs, cette odeur était comparée à celle de l'ail. Les cas de chute de

1. *Comptes rendus de l'Académie des sciences pour* 1865, I, 1020.

foudre ont été remarquablement rares; les décharges électriques incessantes se faisaient d'un nuage supérieur à des nuages immédiatement inférieurs, d'où tombait la grêle, et l'on n'entendait que de très rares détonations[1]. »

Tels sont les principaux caractères du météore dans son ensemble ; il reste maintenant à décrire les éléments de la grêle même ou les *grêlons*, qui, d'un orage à l'autre, varient de forme, de grosseur et de structure, mais qui, pour une même averse, ont généralement des figures à peu près semblables.

Considérons d'abord la grêle dans la matière même qui la constitue, dans les grains congelés, de formes et de dimensions variées, dont la chute sur le sol caractérise essentiellement le phénomène. On confond quelquefois le *grésil* et la grêle. Cependant il y a tout d'abord, entre ces deux produits aqueux et solides que nous envoie l'atmosphère, cette différence que c'est au printemps, à l'époque des giboulées, que le grésil tombe, et que les bourrasques d'où il provient ont fort rarement le caractère électrique des véritables orages à grêle. De plus, outre leur petitesse relative, les grains de grésil sont opaques, d'un blanc mat qui les fait croire saupoudrés de farine ; enfin, leur forme est plus souvent polyédrique ou pyramidale que sphérique.

La structure des grêlons diffère notablement de celle des grains de grésil. La ressemblance consiste en ce que, au centre du grêlon, on observe presque toujours une partie opaque, qu'on dirait formée par une petite pelote de neige, en un mot un grain de grésil. Mais ce noyau spongieux est enveloppé d'une série de couches de glace transparente. Quelquefois les couches dont nous parlons sont alternativement diaphanes et opaques. Voici comment M. Colladon décrit les grêlons qu'il a recueillis pendant l'orage du 7 juillet 1875, dont il a été question plus haut :

« La grosseur des grêlons variait de 10 à 30 millimètres ;

1. *Comptes rendus de l'Académie des sciences pour* 1875, II, 105.

pour le plus grand diamètre jusqu'à 60 et même 100 millimètres; pour plusieurs, le poids, six heures après leur chute, dépassait 300 grammes. Tous ces grêlons avaient pour centre un noyau de grésil variant de 5 à 10 millimètres de diamètre. Ce noyau était enveloppé de quelques couches concentriques alternativement transparentes et opaques; on en comptait en moyenne 6 ou 8, les deux dernières étant notablement plus épaisses, la dernière opaque et mamelonnée. Les gros grêlons, pour la plupart, étaient aplatis. On les a comparés en plusieurs endroits à des tranches de citron, et ces grêlons plats ou lenticulaires ne provenaient évidemment pas de gros grêlons brisés. »

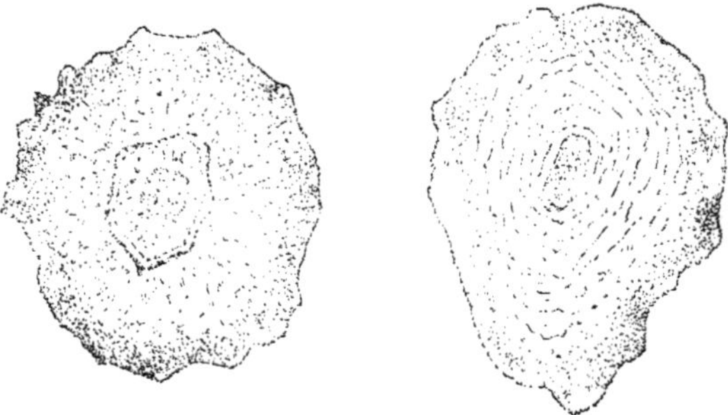

Fig. 326. — Structure interne des grêlons.

On voit, par cet exemple, quelles dimensions, quels poids considérables atteignent parfois les grêlons. On en pourrait citer beaucoup d'autres, provenant de témoins dignes de foi, c'est-à-dire habitués, comme le savant que nous venons de nommer, à la précision des observations et des mesures. C'est ainsi que, le 29 avril 1697, il tomba dans le Flintshire des grêlons dont Halley évalua le poids à 150 grammes. Parent, de l'Académie des Sciences, vit tomber en mai 1703, dans le Perche, des grêlons de la grosseur du poing. Volta affirme que, dans un orage qui éclata en août 1787 sur la ville de Côme et ses environs, il tomba des grêlons gros comme des œufs de poule et pesant jusqu'à 280 grammes.

Maintenant est-il vrai qu'en 1829 une grêle qui ravagea Cazorta, en Espagne, donna des blocs du poids de 2 kilogrammes? Faut-il ajouter foi au récit d'un missionnaire, M. Huc, qui affirme avoir vu tomber en Mongolie des grêlons du poids de 6 kilogrammes? Est-il vraisemblable enfin « qu'en 1843, pendant un grand orage, il tomba dans un champ un morceau de glace plus gros qu'une meule de moulin. On le cassa avec des haches, et, quoiqu'on fût au temps des plus fortes chaleurs, il fut trois jours à se fondre entièrement ».

Il n'est pas impossible que de tels blocs aient été vus après une averse de grêle; mais ce qu'on a pris pour des grêlons isolés n'était sans doute qu'un agglomérat d'une multitude de grains soudés entre eux après la chute. Voici des faits qui autorisent cette interprétation. « Le 11 juillet 1753, dit Arago, M. Montignot ramassa à Toul des grêlons qui avaient la forme de polyèdres irréguliers de près de *trois pouces* (8 centimètres) de diamètre en tous sens. Ces gros grêlons étaient un assemblage de grêlons plus petits, qui s'étaient collés entre eux avant de tomber à terre. » M. Lermoyer, que nous avons cité déjà à propos de l'orage à grêle du 7 mai 1865, s'exprime ainsi sur les dimensions des grêlons : « A Vendhuile, dit-il, ils avaient la grosseur d'une balle de fusil; plus loin, au Catelet, ils atteignaient la grosseur d'œufs de pigeon et même d'œufs de poule; mais, en examinant attentivement ces derniers, on reconnaissait qu'ils n'étaient qu'une agglomération de très petits grêlons faciles à distinguer... » Jusqu'ici, il ne s'agit que de grains dont la soudure aurait eu lieu sans doute avant la chute; mais allons plus loin. « Le fait le plus extraordinaire réside dans l'incalculable quantité de grêle qui est tombée à Vendhuile et au Catelet. Un petit contrefossé du canal de Saint-Quentin, qui sert à l'assèchement de 500 hectares de terre, a reçu un tel volume d'eau et de grêle, que le flot a franchi les hauts cavaliers du canal, balayant devant lui un tas de 800 hectolitres de charbon, avec lequel il s'est précipité dans le lit de la voie navigable, qu'il a obstruée de la manière la plus complète. J'ai constaté le lendemain de l'orage que ce dépôt de grêle, s'étendant sur une longueur de 462 mètres et une largeur de 20 mètres, présentait en certains points une hauteur qui dépassait 5 mètres; il formait ainsi un volume de plus de 40000 mètres cubes tellement compact, que l'eau d'amont, bien qu'élevée de $0^m,60$ au-dessus de l'eau d'aval, n'a pas baissé de 1 millimètre en vingt-quatre heures. Ce dépôt constituait un véritable glacier, sur lequel on pouvait marcher sans le moindre danger. Lorsque je suis parvenu à y pratiquer une tranchée pour établir des chasses qui devaient l'emporter, il se détachait par *masses considérables qui flottaient dans l'eau comme des banquises*. »

Cette dernière phrase du récit du savant ingénieur aidera, pensons-nous, à faire accepter le grêlon tombé au Mongol, et gros, selon le P. Huc, comme une meule de moulin, avec la restriction toutefois de l'hypothèse d'une agglomération de grêlons survenue après la chute.

Un mot maintenant de la forme et de la structure des grêlons. Nous avons déjà vu qu'il en est dont la forme est celle d'une pyramide terminée par une base courbe, ou d'un secteur sphérique ; ne sont-ce pas des fragments de grêlons ayant primitivement la forme d'une sphère? Une observation de l'ingénieur-géographe Delcros rendrait cela vraisemblable. Dans un orage de juillet 1819, il ramassa « plusieurs de ces grêlons entiers dans lesquels on remarquait un premier noyau sphérique d'un blanc assez opaque, offrant des traces de couches concentriques ; une enveloppe de glace compacte, rayonnée du centre à la circonférence, et terminée extérieurement par douze grandes pyramides entre lesquelles des pyramides moindres étaient intercalées. Le tout formait une masse sphérique de près de 9 centimètres de diamètre ».

Une autre forme curieuse de grêlons est celle d'une masse arrondie, grossièrement sphéroïdale, mais entourée d'aspérités ou de pointes donnant aux grêlons l'aspect de galets épineux. Le terrible orage de grêle qui étendit ses ravages sur toute l'étendue de la France et jusque dans les Pays-Bas, le 13 juillet 1788, fournit des grains de cette forme singulière, allongée et armée de pointes. On a vu des grêlons affecter d'abord la forme de secteurs pyramidaux à six pans, puis, dans le même orage, la direction du vent ayant changé, tomber sous la forme

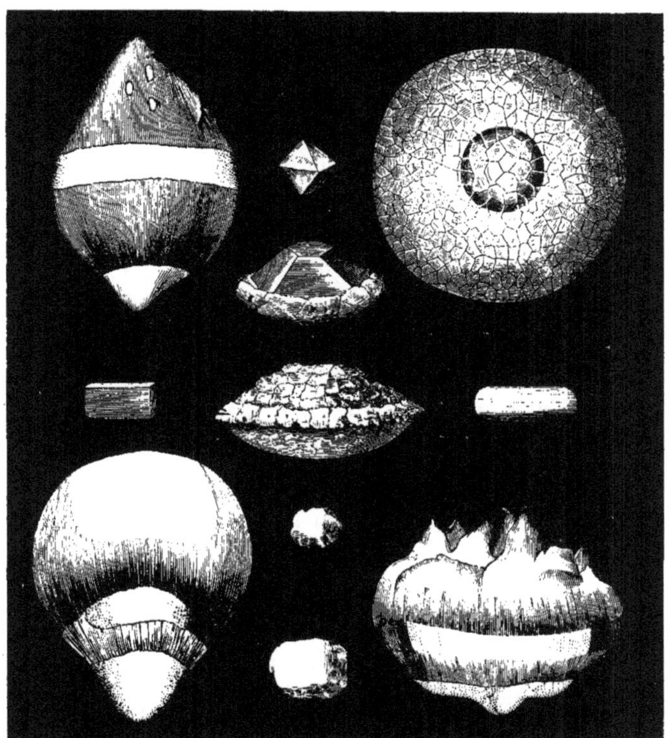

Fig. 527. — Formes diverses des grêlons.

de lentilles plan-convexes, si transparentes et si régulières qu'elles servaient de loupes, grossissant les objets sans les défigurer.

Nous venons de dire quels sont les caractères principaux des orages à grêle, de décrire l'aspect du phénomène dans son ensemble et dans ses détails. Il nous reste à exposer les principales hypothèses qu'on a jusqu'ici proposées pour expliquer les faits.

§ 6. THÉORIE DE LA GRÊLE.

Y a-t-il une théorie de la grêle, basée sur l'analyse des faits, d'accord avec les principes de la physique, susceptible en un mot de rendre compte, comme la théorie de la rosée, ce chef-d'œuvre de Wells, de toutes les circonstances caractéristiques du météore? Telle est la question qu'il nous reste à examiner.

Volta est sans contredit le premier qui ait cherché à résoudre le problème dans toute sa complexité; toutefois les tentatives antérieures, fort incomplètes, de l'explication du phénomène offrent un certain intérêt de curiosité, parce qu'on y trouve le germe de plusieurs idées adoptées par les météorologistes de ce siècle. Citons quelques-unes des principales.

Musschenbroek attribuait la formation de la grêle aux *particules congelantes* qui, répandues dans l'air en certaines circonstances, glacent les gouttes de pluie. Qu'est-ce que ces particules congelantes, et en quelles circonstances flottent-elles dans l'atmosphère? C'est sur quoi le physicien ne s'exprime pas. Peut-être a-t-il puisé cette opinion dans le *Traité des Météores* de Descartes. Ce grand philosophe si peu porté, dans les théories scientifiques qu'il a soutenues, à faire appel à l'observation, à s'appuyer sur elle, a conçu pour expliquer la grêle une forme de nuages dont il n'avait certes pas constaté expérimentalement l'existence. Il supposa que « les nues où la grêle se forme sont composées de très petites parcelles de neige ou de glace, qui se fondent à demi et qui se réunissent; un vent froid qui survient achève de les geler; d'autres fois la neige se fond totalement, et alors le vent doit être extrêmement froid pour convertir ces gouttes d'eau en grêle ».

De Ratte, en rapportant cette hypothèse de Descartes dans l'*Encyclopédie*, la déclare insoutenable dans sa totalité, et voici la raison qu'il en donne : « Tout le monde sait aujourd'hui, dit-il, que les nuages ne sont pas des amas de glaçons, mais des brouillards semblables à ceux que nous voyons si souvent s'élever et se répandre sur la superficie de la terre. » Or les ascensions aérostatiques ont donné raison à Descartes, non pour sa théorie de la grêle, évidemment fort insuffisante, mais pour le fait de l'existence, au plus fort de l'été, de nuages formés de particules de glace. Il est curieux de voir que ce qui aujourd'hui reste vrai dans cette hypothèse, est précisément ce qui la faisait rejeter au dernier siècle. Enfin, il faut dire que la théorie de Descartes est encore celle qu'on donne aujourd'hui pour expliquer la formation du grésil.

La difficulté, pour les physiciens d'il y a un siècle, c'était de comprendre comment, à une faible hauteur relative, celle des nuages orageux, il pouvait survenir en été un froid assez intense pour congeler des masses d'eau aussi considérables que celle des gros grêlons. Descartes avait supposé un vent froid sans indiquer son origine. L'explication d'Hamberger n'était guère admissible : selon ce savant, « quand la partie supérieure d'un gros nuage est directement opposée aux rayons du soleil, et que l'inférieure est à l'ombre, celle-ci se refroidit au point que toutes les gouttes d'eau qui la composent et celles qui leur succèdent se convertissent en glace. » De Mairan fait intervenir l'évaporation, qui, nous le verrons, joue un grand rôle dans la théorie de Volta. L'auteur d'un Mémoire couronné en 1752 par l'Académie de Bordeaux a recours, pour expliquer la congélation des grêlons, au froid qui résulte du mélange de certaines substances chimiques.

« La grêle, selon lui, est un mélange d'eau glacée, de sel volatil, de sel concret et de soufre. C'est le résultat d'une congélation artificielle pareille à celle que nous faisons tous les jours par le moyen des sels. » De Ratte, qui trouve qu'il y a dans la dissertation de cet auteur « des vues très ingénieuses », admet cette bizarre hypothèse; il y joint l'effet de l'évaporation, qu'il ne confond point avec celui d'un vent froid; puis il explique longuement l'influence des exhalaisons atmosphériques sur la formation des grêlons et le développement de l'électricité.

Toutes ces conjectures sont aujourd'hui surannées et ne méritent guère le nom de théories. Aussi bien une théorie digne de ce nom était alors impossible. Les observations précises manquaient.

Nous l'avons dit, c'est à Volta qu'il faut remonter pour trouver une théorie de la grêle fondée sur des observations exactes et appuyée sur des raisons véritablement scientifiques. Telle que ce grand physicien l'a formulée, elle est loin d'être à l'abri d'objections, et l'on en a fait de très sérieuses; mais elle forme un tout qui s'enchaîne, et elle compte encore des partisans, qui se croient d'autant mieux autorisés à persister dans leurs idées, qu'aucune théorie aussi complète et aussi bien liée n'a été proposée jusqu'ici pour la remplacer.

Voici en substance quelle est cette théorie :

On y peut distinguer deux parties principales : l'une qui a pour objet de donner l'origine du froid intense nécessaire à la formation des grêlons; l'autre faisant voir comment les grêlons, une fois formés, se soutiennent assez longtemps dans l'air pour acquérir l'énorme grosseur que des observations nombreuses ont si fréquemment constatée. La première cause, celle du froid, est une évaporation active; la seconde cause, celle de la suspension et de l'accroissement des grêlons, est l'électricité des nuées orageuses. En joignant à ces deux causes les circonstances connues de la naissance des orages de grêle, Volta s'est efforcé de rendre compte de tous les détails du phénomène. Voyons comment il a résolu ce problème complexe; nous examinerons ensuite si la solution est ou non attaquable.

Supposons formé, dans la région moyenne des nuées, un nuage exposé pendant une chaude journée d'été à la radiation solaire. D'après des observations réitérées de Deluc et de Saussure, l'air qui surmonte ce nuage est, à cette époque et à ce moment de la journée, dans un état de sécheresse extrême. L'évaporation de la surface supérieure du nuage, favorisée par la double condition de l'intensité considérable des rayons du soleil et de la sécheresse du milieu ambiant, sera donc très active ; mais elle est, selon Volta, favorisée encore par une autre cause, et là commence l'intervention de l'électricité. Les nuages étant considérés comme formés de petites vésicules creuses, à enveloppe liquide, sont dans un état très voisin de l'état élastique ; la moindre cause tend à les réduire à ce dernier état ; or les nuages orageux sont chargés d'électricité et les expériences des physiciens démontrent que l'évaporation d'un liquide électrisé est plus rapide que celle d'un liquide à l'état neutre.

Ainsi, pour toutes ces raisons, il y a évaporation rapide et abondante. De là un refroidissement considérable qui, atteignant les particules non vaporisées, les congèle, les transforme en flocons de neige, embryons des grêlons futurs.

Les noyaux des grêlons une fois formés, il restait à en expliquer le grossissement. Jusqu'à présent, ce n'est qu'un flocon de neige, ou, si l'on veut, un grain de grésil, comme d'ailleurs on a vu que les grêlons en ont presque toujours à leur centre. On avait bien, avant Volta, attribué l'accroissement de dimension des grêlons aux congélations successives des parties aqueuses qu'ils rencontraient dans leur chute, congélations dues à la température très basse du noyau. Mais il est difficile, il est impossible d'admettre qu'un grêlon qui, au départ, a au plus les dimensions d'un petit pois, puisse grossir jusqu'à acquérir le volume d'une noix, d'un œuf de poule, pendant la durée nécessairement limitée de sa chute. Comme le remarque fort bien Arago, « les nuages orageux sont presque toujours très bas, et certainement la grêle qui s'en détache n'emploie pas plus d'une minute pour arriver au sol. Volta a donc cru nécessaire de supposer que la grêle déjà formée reste suspendue dans l'espace, non pas seulement cinq, dix, quinze minutes, mais peut-être même des heures entières. » Mais quelle est la cause d'une telle suspension prolongée de corps que leur poids devrait précipiter à la surface du sol ? La voici :

Volta se fondait sur l'existence simultanée de deux nuages superposés ; le plus bas est le nuage orageux dont il a été question déjà, et qu'il suppose s'être formé le premier. L'autre nuage serait le produit de la vapeur accumulée que l'évaporation du nuage inférieur a entraînée dans les hautes régions de l'air ; la température relativement basse de ces régions condense cette vapeur dès que l'air en est saturé, et donne ainsi naissance au second nuage. Nous avons vu dans le paragraphe qui précède, que l'observation confirme, au moins en partie, la formation de cette nouvelle nuée orageuse : on a très souvent constaté l'existence de ces strates de nuages superposés, qui, suivant Volta, se chargent d'électricités opposées. Il arrive même, comme l'illustre physicien l'a observé lui-même à l'aide d'un électromètre atmosphérique, que le passage d'un état électrique à l'état contraire, du positif au négatif et réciproquement, s'opère dans une même nuée en un temps fort court ; il a compté, en une minute de temps, jusqu'à quatorze changements de ce genre. Du reste, les décharges fréquentes, continues pour ainsi dire, que nous avons vues et observées au sein des nuages de grêle, témoignent assez de la rapidité de ces modifications électriques.

Ces points admis, Volta avait recours à une expérience bien connue dans les cabinets de physique (voy. la fig. 125, p. 240), sous le nom de *danse des pantins*, et qui consiste dans le mouvement perpétuel de va-et-vient de petits corps, tels que des balles de sureau, entre deux plateaux métalliques, l'un fixé au conducteur d'une machine électrique, l'autre communiquant avec le sol. C'est un mouvement analogue qui se produirait par des causes identiques entre les deux strates des nuées orageuses. Les flocons de neige du nuage inférieur, amenés par le vent à l'état de grésil, possèdent la même électricité que ce nuage, et dès lors sont repoussés par lui, attirés par le nuage supérieur dont ils partagent l'électricité, dès qu'ils sont arrivés au contact. Repoussés alors vers le bas, ils retombent dans le nuage inférieur, et ainsi de suite. Ces oscillations durent un temps plus ou moins long, pendant lequel les grêlons grossissent aux dépens des vapeurs vésiculaires qu'ils condensent et qu'ils congèlent. Dans ces allées et venues, les grêlons s'entrechoquent et déterminent ainsi ce bruit singulier, ce crépitement précurseur de la chute. Devenus trop volumineux, ils cèdent enfin à l'action de la pesanteur et sont précipités sur le sol.

Telle est, en résumé, la théorie de la grêle de Volta. Nous avons dit qu'elle n'est point à l'abri d'objections graves, d'objections basées sur les faits, d'abord. Par exemple, un disciple de Volta, Bellani, fit dès l'origine observer que la grêle ne devrait se former que le jour, puisque le froid qui la produit est dû à l'évaporation causée par les rayons du soleil. Or il y a des exemples assez nombreux d'averses de grêle tombées pendant la nuit. Bellani cita notamment un orage du mois de juillet 1806, orage commencé avant le lever du soleil, pendant lequel il tomba une prodigieuse quantité de grêle, et qu'aucun indice n'avait annoncé la veille au soir sur toute l'étendue de l'horizon visible.

Une objection plus grave, celle-là théorique, a été formulée en ces termes par Arago : « La première congélation des nuages résulte, dit Volta, de l'évaporation qu'éprouve leur surface supérieure sous l'action des rayons solaires. Si cette évaporation avait quelque analogie avec celle que le vent détermine sur la terre, un certain degré de froid en serait la conséquence nécessaire ; mais il semble bien difficile d'admettre que la lumière solaire ou toute autre cause calorifique puisse hâter l'évaporation d'un liquide quelconque sans amener son échauffement. Chauffer un corps ne saurait jamais être un moyen de le refroidir, de quelque manière qu'on fasse intervenir l'évaporation. »

Nous passons sous silence d'autres objections de détail, que Bellani, Arago, Kaemtz, Pouillet et d'autres physiciens ont consignées dans leurs ouvrages, et nous abordons un autre côté de la question qui paraît avoir échappé à Volta. C'est celui de l'origine des deux groupes de nuages, qu'il fait naître l'un de l'autre, tandis que l'observation les montre indépendants, animés même presque toujours de mouvements opposés. S'il était prouvé que les deux couches de nuées qui déterminent la formation et la chute de la grêle ont une origine indépendante, la première partie de la théorie de Volta, bien ébranlée déjà par les objections ci-dessus formulées, croulerait complètement. Or c'est un fait qui résulte des observations. Il paraît même que, le plus fréquemment, ce sont les nuages les plus élevés, les cirri, qui se forment les premiers, à des hauteurs d'ailleurs considérables dans l'atmosphère. Or on sait, depuis l'ascension aérostatique de MM. Bixio et Barral, en 1850, que des nuages semblables peuvent être entièrement composés de particules de glace, de fines aiguilles entrecroisées ou de flocons neigeux. Kaemtz pensait que c'est au sein de ces nuages, formés dans des régions à température très basse, qu'il fallait chercher la source du froid nécessaire pour la formation des grêlons. « A mesure, dit-il, que la couche supérieure de cirrus devient plus dense et s'abaisse, il se forme aussi des cumulus qui s'accroissent avec une rapidité extraordinaire. On reconnaît alors que le vent présente des directions opposées résultant de l'inégale répartition des nuages dans le ciel et de l'abaissement de la température qui accompagne leur présence. » Dans la pensée de ce météorologiste, l'action des vents opposés qui se combattent, les tourbillons ascendants qui en résultent, ont une grande influence sur la condensation des vapeurs aqueuses inférieures et sur l'accroissement de volume des grêlons.

Arrivons maintenant à une hypothèse qui a assez de ressemblance avec les conjectures de Kaemtz, mais qui est plus nettement formulée.

Nous voulons parler de la théorie nouvelle de la grêle, proposée par M. Faye[1].

Cette théorie est basée sur les considérations suivantes, que

1. *Comptes rendus de l'Académie des sciences pour* 1875

nous résumons dans leurs traits fondamentaux. M. Faye se demande quels sont les caractères essentiels des orages où peut se former la grêle, et il trouve qu'ils se réduisent à trois : 1° forte tension électrique des nuages, qui en temps ordinaire sont à l'état neutre : 2° formation de masses énormes de glace dans des nuages situés à une altitude où règne ordinairement une température bien supérieure à zéro ; 3° rapidité extraordinaire avec laquelle se déplacent les nuages à grêle.

Ces trois points établis, énorme quantité de mouvement, production continue de glace, tension électrique sans cesse renouvelée, « en chercherons-nous l'origine, dit M. Faye, dans les régions inférieures, dans des courants ascendants formés, on ne sait comment, au sein des couches basses de l'atmosphère? Si nous agissions ainsi, le problème des orages resterait insoluble ; car, dans ces régions basses règnent : 1° un calme complet, 2° une chaleur étouffante, et 3° une tension électrique insensible. » C'est donc dans les hautes régions de l'air qu'il faut chercher ces trois éléments essentiels des orages. Il s'appuie en premier lieu sur ce fait d'observation que la tension électrique subit un accroissement continu à mesure qu'on s'élève dans l'atmosphère. « L'air des régions supérieures est fortement chargé d'électricité positive, dont le maximum n'a pas été atteint par l'observateur. L'air voisin du sol est au contraire sans tension, ou s'il en possède une, c'est une faible tension négative comme celle du sol. » M. Faye considère le globe comme enveloppé, à une altitude dépassant une ou deux lieues, d'une vaste nappe fortement électrisée et isolée du réservoir commun par les couches d'air inférieures. Cette nappe est en mouvement continuel vers l'un et l'autre pôle, et c'est par les orages, par les aurores boréales qu'elle perd son électricité dans le sol, tantôt avec fracas, tantôt silencieusement.

En second lieu, M. Faye s'appuie sur le fait que nous venons de constater, il y a un instant, celui de l'existence en plein été, dans les hautes régions de l'air, de nuages à température très basse, formés de fines aiguilles de glace; sur cet autre fait, que les cirrus sont précurseurs des orages. « Si donc, ajoute-t-il, par un mécanisme quelconque, l'air supérieur pouvait être entraîné, avec des nuages glacés, jusque dans la région basse des nimbus, et cela d'une manière continue et persistante, on s'expliquerait aisément d'abord la formation de ces nimbus eux-mêmes, puis la congélation de leur eau vésiculaire, malgré la haute température normale de ces régions. »

Nous arrivons maintenant à ce qui constitue l'originalité de la théorie proposée par M. Faye. Il lui faut, disait-il plus haut, outre une source d'électricité et une source de froid, une cause de mouvement, propre à expliquer la translation rapide des orages. C'est encore dans les hautes régions, dans les courants généraux supérieurs qui charrient les cirrus glacés, qu'il va emprunter le troisième élément indispensable à son hypothèse.

On sait que l'éminent astronome a été amené à s'occuper de météorologie par ses études sur la constitution physique du Soleil, dont les taches sont dues, suivant lui, aux mouvements giratoires, aux tourbillons dont les couches de l'atmosphère solaire sont le siège incessant. Pour répondre aux objections qui lui furent faites, il a été conduit à étudier les mouvements du même genre de l'atmosphère terrestre : les trombes, les tornados, les cyclones. Sans entrer à cet égard dans des détails qui nous entraîneraient trop loin, disons que M. Faye considère les tourbillons comme dus à des inégalités de vitesse des couches contiguës de l'air, comme ayant une tendance à se propager de haut en bas, d'autant plus prononcée que le mouvement de giration est plus violent.

De pareils tourbillons entraînent rapidement en bas tous les matériaux charriés par les courants supérieurs, et par suite les cirrus glacés qui y voyagent : « Les aiguilles de glace refoulées à la périphérie à cause de leur densité s'y rencontrent et s'y agglomèrent de manière à former de petits noyaux opaques. Ceux-ci, trouvant dans les nuées inférieures de l'eau vésiculaire, la congèlent en une mince couche transparente. Si, dans ce mouvement tourbillonnaire, où les spires de rayons variés, centrés sur le même axe, ont toutes sortes de vitesses, ces petits grêlons passent successivement dans des régions occupées par l'air glacial venu d'en haut et dans d'autres remplies de vapeurs vésiculaires ; ils croîtront en volume par couches successives, jusqu'à ce qu'ils échappent, par leur poids ou par l'effet de la force centrifuge, à l'action du tourbillon... L'air entraîné vers le bas n'amènera pas seulement ces aiguilles de glace; il amènera aussi sa forte tension électrique. Celle-ci s'accumulera progressivement à la surface du nuage placé à l'extrémité du tourbillon, et acquerra bientôt une tension suffisante pour s'échapper en traits fulgurants vers les nuages voisins, et finalement vers le sol. »

Telle est la solution que propose le savant académicien. On voit qu'elle est absolument différente de celle de Volta ou de la théorie électrique de la grêle. Au froid produit par évaporation, M. Faye substitue un transport mécanique des couches congelées des hautes régions ; quant à l'action de l'électricité, il la supprime en tant que cause productrice de la grêle. L'accroissement des grêlons est bien toujours attribué à des mouvements d'oscillation des noyaux au sein des nuées vaporeuses, mais ce n'est plus l'attraction ni la répulsion électriques, c'est une action purement mécanique, celle du mouvement tourbillonnaire, qui rend compte de la suspension prolongée des glaçons.

Un savant météorologiste français, M. Renou, pense que la température des nuages à grêle peut s'abaisser considérablement — jusqu'à 22° au-dessous de zéro — sans que les vésicules des nuages cessent d'être à l'état liquide. Un pareil état est éminemment instable; on sait qu'il suffit du contact d'un mince cristal de glace pour que de l'eau à l'état de surfusion se congèle spontanément : de là la naissance des grêlons. M. Rosensthiel, qui a observé à Mulhouse, en 1872, de gros grêlons, dont la structure indique une cristallisation immédiate, croit aussi que de tels cristaux proviennent de la congélation dans un milieu à l'état de surfusion; mais il pense que la théorie de M. Faye explique fort bien la présence des cristaux étrangers qui ont déterminé la congélation dans tout le milieu.

Ces diverses théories se ressemblent par un point; elles excluent toutes l'intervention de l'électricité, si manifeste cependant, au moins en apparence, dans tous les orages à grêle. Mais elles sont loin d'avoir l'assentiment de tous les physiciens, et l'origine électrique du météore est toujours considérée comme très vraisemblable. D'autre part, la théorie de Volta paraît devoir être modifiée en des points essentiels. C'est ainsi que M. Colladon, s'appuyant sur des faits d'observation très précis, n'admet pas qu'il n'y ait que deux nuages en présence, placés l'un au-dessus de l'autre à une assez grande distance, et entre lesquels les grêlons montent et descendent. Suivant lui, « ces groupes orageux se composent, en réalité, d'un grand nombre de centres électriques, assez rapprochés, quoique bien distincts, et pouvant être assemblés de plusieurs manières variables. La théorie de la formation de la grêle, dit-il, devient alors beaucoup moins problématique; les grêlons sont ballottés et attirés vers un de ces centres, puis vers un autre, par l'effet de leur énorme tension positive ou négative; dans ces oscillations successives, les grêlons s'enveloppent alternativement de gouttes d'eau glacée, ou d'aiguilles de glace et de grésil. La vitesse de l'oscillation doit se ralentir à mesure que les grêlons grossissent et acquièrent plus de masse, ce qui rend assez bien compte de l'épaisseur croissante, du centre à la circonférence, des couches successives qui entourent le grain de grésil placé au centre du grêlon. En outre, on peut concevoir que, pendant que les grêlons sont ainsi suspendus au sein des nuages et fortement électrisés, plusieurs d'entre eux, pourvus de protubérances, doivent prendre un mouvement giratoire comme le feraient des tourniquets électriques; ils grossissent plus rapidement dans le sens du rayon de rotation, et doivent finalement acquérir la forme de grêlons plats et réguliers, comme ceux qui sont tombés en grand nombre le 7 juillet 1875[1]. »

Terminons ce paragraphe par l'exposé succinct d'une théorie électrique de la grêle due à M. Planté, et dont le point de départ est une expérience de laboratoire effectuée par le savant physicien.

Quand on décharge une batterie de quatre cents couples secondaires à la surface d'un liquide, on voit jaillir une gerbe de globules aqueux de forme ovoïde qui se succèdent avec une excessive rapidité et sont projetés à plus d'un mètre de distance du vase où se fait l'expérience. Pour M. Planté, le phénomène qui se produit alors est l'image de ce qui se passe au sein des nuages à grêle. « Les nuages, dit-il, ne sont point, il est vrai, des masses liquides proprement dites, mais ceux des régions élevées sont composés, comme on le sait, de très fins et très légers cristaux de glace, dont la cohésion est moins grande que celle de la glace ordinaire et qui peuvent être considérés comme équivalant à peu près à une masse liquide suspendue dans l'atmosphère. On conçoit donc que les décharges électriques puissent y produire un effet analogue à celui qu'elles produisent sur un liquide, et que l'eau de ces cristaux de glace, liquéfiée et pulvérisée sur les points où éclatent les décharges, soit lancée en gerbes de globules, comme dans notre expérience. De plus, en raison de la basse température de l'ensemble du nuage lui-même ou des régions élevées dans lesquelles le phénomène se produit, ces globules peuvent être congelés instantanément et donner naissance à des grêlons. »

En résumé, M. Planté considère *la grêle comme résultant de la congélation, dans les hautes et froides régions de l'atmosphère, de l'eau des nuages pulvérisée et vaporisée par les décharges électriques*. Pour expliquer la structure des grêlons formés de couches alternativement opaques et transparentes,

1. *Comptes rendus de l'Académie des sciences pour* 1875, II.

il admet plusieurs vaporisations et congélations successives, séparées par des intervalles où le grêlon subit un mouvement giratoire. « L'opacité du noyau neigeux qui forme ces grêlons semble attester, en effet, le saisissement et la congélation subite de la vapeur d'eau ; car on sait que c'est le caractère des cristallisations rapides de donner lieu à des cristaux enchevêtrés non transparents. Ce premier noyau formé, la giration au sein de l'humidité du nuage produit tout autour une couche de glace formée plus lentement, et par conséquent transparente. A la suite d'une nouvelle décharge électrique, une autre émission de vapeur a lieu, et en même temps qu'il en résulte de nouveaux grêlons, ceux qui tournent encore peuvent se recouvrir d'une seconde couche de vapeur qui se congèle brusquement à l'état neigeux, et ainsi de suite. »

§ 7. LES TROMBES MARINES ET LES TROMBES TERRESTRES.

Au nombre des météores qui paraissent avoir avec l'électricité de l'atmosphère des rapports plus ou moins intimes, on range les *trombes*, sortes de tourbillons qui se forment entre les nuages et le sol; on peut les diviser en deux catégories, selon qu'elles se produisent au-dessus de la mer ou au-dessus de la terre : les *trombes marines*, les *trombes terrestres*.

Donnons d'abord une description sommaire des phénomènes qui caractérisent ces deux sortes de trombes. Le savant directeur de l'Observatoire de Paris, le commandant, aujourd'hui amiral Mouchez, décrivait de la sorte, il y a quelques années, les circonstances dans lesquelles se produisent habituellement les trombes de mer. C'est au bord inférieur d'un *nimbus* épais et très bas qu'elles prennent ordinairement naissance, par un calme plat ou une très faible brise; un vent même modéré les dissipe presque aussitôt formées. En général le ciel est alors dégagé en quelques points de l'horizon, couvert dans d'autres de nuages très denses, que surmontent des masses floconneuses plus claires. « Quand ces circonstances se présentent, dit-il, avec d'autres encore inconnues, on voit se former près de la partie inférieure du nuage une protubérance qui descend lentement vers la mer et prend bientôt la forme d'une colonne ou tube, qui reste verticale si le calme est absolu, et s'ondule légèrement s'il existe quelque souffle de brise. Lorsque ce tube, dont la partie supérieure est toujours enveloppée d'un second tube ou manchon plus diffus, a atteint les 4/5 environ de la hauteur du nuage, on voit la surface de l'eau commencer à bouillonner

Fig. 528. — Formation d'une trombe marine.

légèrement sous la trombe si celle-ci est verticale, et en faisceau oblique faisant l'angle de réflexion égal à l'angle d'incidence si la trombe est inclinée. Pendant que cette émission de vapeur ou d'eau a lieu, le tube s'éclaircit de plus en plus et finit par ne plus apparaître que sous la forme de deux traits noirs très déliés. Quand le jet de vapeur a cessé, la trombe paraît avoir terminé son œuvre, car elle commence à se dissoudre par sa partie inférieure et à remonter vers le nuage dans lequel elle va bientôt se perdre.

« Quelquefois, au lieu d'un seul tube, on en voit deux ou trois l'un dans l'autre, tous parfaitement concentriques, réguliers et toujours limités par des lignes fort nettes. La finesse et la netteté de ces lignes noires est un fait très curieux et très caractéristique. Il arrive fréquemment que l'axe lui-même est dessiné par une ligne centrale se prolongeant en dehors du tube jusqu'à la mer. »

On a vu fréquemment plusieurs trombes sortir d'un même nuage, les unes se dissiper avant leur complet développement et les autres se réunir en une seule. Parfois la colonne se dé-

Fig. 329. — Trombes marines.

chire à sa partie inférieure, laissant échapper, sous forme de jet ou de gerbe liquide, son contenu dans la mer. Le docteur Bonafons a observé, sur les côtes d'Algérie, le phénomène inverse. La colonne descendant vers la surface de la mer, l'eau s'éleva comme attirée jusqu'à sa rencontre ; aussitôt que le contact eut lieu, « un mouvement d'ascension, pareil à celui d'un siphon où le vide a été fait, s'établit dans l'intérieur de la colonne. Le mouvement, que nous avons vu distinctement, se faisait en spirale, depuis le sommet, en forme de suçoir, jusqu'à sa base, qui se confondait avec le nuage. Cette spirale, dans laquelle on distinguait le courant ascendant et rapide de l'eau, suivait les dimensions de la trombe, qui, très étroite à sa partie inférieure, allait en s'élargissant. Parvenu à la partie supérieure, le volume d'eau semblait se raréfier pour se confondre avec le nuage qu'il grossissait à vue d'œil. »

On a vu des trombes qui, au lieu de commencer par en haut, prenaient naissance par en bas (fig. 328). Tel est le cas d'une trombe qui fut observée en 1846, dans le golfe de Bougie, par un lieutenant de vaisseau, M. Leps. « On aperçut un tourbillon à la surface de la mer; l'eau jaillit à une hauteur assez considérable, puis, toujours en s'élevant et en tourbillonnant, alla faire sa jonction avec un gros nuage noir. »

Les nuages qui donnent naissance aux trombes sont souvent sillonnés d'éclairs accompagnés de coups de tonnerre, surtout au moment de la formation de la colonne descendante[1]; mais ce n'est pas là un phénomène général, et il arrive fréquemment aussi que des trombes se forment et se dissipent sans qu'on aperçoive ces signes d'électrisation des nuages d'où elles proviennent.

Les trombes de mer sont assez rarement dangereuses, en premier lieu parce qu'elles occupent un espace fort restreint et que les marins les évitent aisément, en second lieu parce que beaucoup sont dues à des mouvements tourbillonnaires sans grande importance. Toutefois on cite des trombes qui, ayant atteint des navires, leur ont causé de sérieuses avaries.

Les trombes terrestres, heureusement beaucoup moins fréquentes que les trombes marines, sont aussi généralement moins bénignes. On en va juger par un exemple. Nous choisissons, parmi beaucoup d'autres, la trombe qui a ravagé, le

1. On cite toutefois des cas où c'est après la disparition de la trombe; c'est ce qui arriva dans le cas d'une double trombe observée en avril 1826, sur la côte de Floride, par le docteur Lincoln. Cook, après avoir décrit plusieurs trombes qu'il a observées en 1774, au sud de la Nouvelle-Zélande, dit qu'après la disparition de la dernière trombe il y eut un éclair sans explosion.

18 juin 1839, la commune de Châtenay (Seine-et-Oise). Le récit en est emprunté au *Traité des trombes* de Peltier.

« Dès le matin, un orage s'était formé au sud de Châtenay et s'était dirigé, vers les dix heures, dans la vallée entre les collines d'Écouen et le monticule de Châtenay. Les nuages étaient assez élevés, et après s'être étendus jusqu'au-dessus de l'extrémité est du village, ils s'arrêtèrent ; le tonnerre grondait, et ce premier orage suivait la marche ordinaire, lorsque vers midi un second orage, venant également du sud et marchant assez rapidement, s'avança vers la même plaine et le même monticule. Arrivé vers l'extrémité de la plaine, au-dessus de Fontenay, en présence du premier orage qui le dominait par son élévation, il y eut un temps d'arrêt à distance : sans doute les deux orages se présentaient l'un à l'autre par leurs nuages chargés de la même électricité, et ils agissaient l'un sur l'autre par répulsion.

« Jusque-là le tonnerre s'était fait entendre dans le second orage, lorsque tout à coup un des nuages inférieurs, s'abaissant vers la terre, se mit en communication avec elle en formant une sorte de cône renversé ayant sa base aux nuages supérieurs et son sommet à quelques mètres du sol. Ce sommet était terminé par une calotte enflammée d'un rouge vif. En ce moment toute explosion parut cesser. Une attraction prodigieuse eut lieu : toute la poussière, tous les corps légers qui recouvraient la surface du sol, s'élancèrent vers la pointe du nuage ; un roulement continuel et confus s'y faisait entendre ; de petits nuages voltigeaient et tourbillonnaient autour du cône renversé et montaient et descendaient rapidement. Les arbres placés au sud-est de la trombe en furent atteints dans la moitié nord-ouest qui la regardait ; l'autre moitié n'en fut pas endommagée et conserva son état normal. Les portions atteintes éprouvèrent une altération profonde dont nous parlerons plus bas, tandis que les autres portions gardèrent leur sève et leur végétation. La trombe descendit dans la vallée à l'extrémité de Fontenay, vers des arbres plantés le long d'un ruisseau sans eau, mais encore humide ; puis, après avoir tout brisé et déraciné, elle traversa la vallée et s'avança vers d'autres plantations d'arbres à mi-côte qu'elle détruisit également. Là, la trombe s'arrêta quelques minutes : elle était parvenue au-dessous des limites du premier orage et celui-ci, jusque-là stationnaire, commença à s'ébranler et à reculer vers la vallée ouest de Châtenay. La trombe, ayant desséché et bouleversé le plant Thibault, s'avança en renversant tout sur son passage vers

Fig. 330. — Trombes terrestres.

le parc du château de Châtenay, qu'elle transforma en un lieu de désolation. Les plus jeunes arbres seulement, placés à l'extrémité et en dehors de la trombe, sont les seuls qui restent. Les murs sont renversés, le château et la ferme ont perdu leurs toitures et leurs cheminées ; des arbres ont été transportés à plusieurs centaines de mètres ; des pannes, des chevrons, des tuiles, ont été projetés jusqu'à 300 mètres et plus.

« La trombe, ayant tout ravagé, descendit le monticule vers le nord, s'arrêta au-dessus d'un étang, renversa et dessécha la moitié des arbres, tua tous les poissons, marcha lentement le long d'une allée de saules dont les racines baignaient dans l'eau, et perdit dans ce passage une grande partie de son étendue et de sa violence; elle chemina plus lentement encore dans une plaine située à la suite; puis, à 1000 mètres environ de là, près d'un bouquet d'arbres, elle se partagea en deux portions, l'une s'élevant en nuages, l'autre s'éteignant sur la terre. Quelques instants après, le ciel était serein comme aux plus beaux jours.

« Les effets de cette trombe ne comportent pas une largeur de plus de 150 mètres ; son parcours, depuis le point d'origine jusqu'à son évanouissement, est d'environ 4 kilomètres. Tous les arbres frappés présentent les mêmes caractères : toute leur sève a été vaporisée; le ligneux est resté seul et a perdu presque toute sa cohésion; il est desséché comme si on l'avait tenu pendant quarante-huit heures dans un four chauffé à 150°; il ne reste plus vestige de substance humide. Cette quantité immense de vapeur formée instantanément n'a pu s'échapper qu'en brisant l'arbre, en se faisant jour de toutes parts, et, comme les fibrilles ligneuses sont moins cohérentes dans le sens longitudinal que dans le sens horizontal, ces arbres ont tous été clivés en lattes dans une portion du tronc.

« Quinze cents pieds d'arbres ont évidemment servi de conducteurs à des masses d'électricité, à des foudres continuelles, incessantes. La température, fortement élevée par cet écoulement du fluide électrique, a vaporisé instantanément toute l'humidité de ces conducteurs végétaux, et cette vaporisation les a fait éclater tous longitudinalement. L'arbre ainsi desséché, ainsi clivé et devenu un mauvais conducteur, ne pouvait plus servir à l'écoulement du fluide, et comme il avait perdu toute sa force de cohésion, la tourmente qui accompagnait la trombe le cassait au lieu de l'arracher.

« En suivant la marche de ce phénomène, on voit la transformation d'un orage ordinaire en trombe, on voit deux orages en présence, un supérieur, l'autre inférieur, se présentant par les nuages chargés de la même électricité. Le premier repoussant l'autre vers la terre, les nuages en tête du second s'abaissent et communiquent au sol par des tourbillons de poussière et par les arbres ; cette communication une fois établie, le bruit du tonnerre cesse aussitôt. Les décharges ont lieu par un conducteur formé des nuages abaissés et des arbres de la plaine ; ces arbres, traversés par l'électricité, ont leur température tellement élevée, qu'en un instant toute leur sève est réduite en vapeur, dont la tension produit entre leurs couches ligneuses le clivage mentionné.

« On a vu des flammes, des boules de feu, des étincelles accompagner ce météore ; une odeur de soufre est restée dans les maisons pendant plusieurs jours ; des rideaux ont été roussis. »

Diverses théories ont été proposées pour expliquer les phénomènes des trombes, soit marines, soit terrestres. Les unes font intervenir des causes purement mécaniques, et assimilent ces météores aux tourbillons qu'on voit se former dans les cours d'eau, lorsque des obstacles se présentent au fond du lit ou à la surface, ou à ceux qu'on observe quand deux courants d'air, deux vents de directions différentes, viennent à se rencontrer et entraînent les objets légers ou les poussières. Mais ces théories, qui ont eu d'illustres partisans, les Franklin, les Monge, sont pour le moins insuffisantes : nous avons vu les observateurs s'accorder à reconnaître que c'est le plus souvent par les temps de calme qu'ont lieu les trombes à la surface de la mer. A la fin de la description, empruntée à Peltier, de la trombe de Châtenay, on voit que ce météorologiste attribuait à l'électricité les principaux effets observés. Selon lui, si un nuage orageux rapproché du sol est assez dense, assez épais, les masses inférieures subissant l'attraction électrique de la terre s'allongent vers celle-ci ; les objets légers et mobiles sont attirés vers le cône du nuage, puis repoussés après en avoir pris l'électricité. Telle est la cause du nuage de poussière qu'on voit accompagner les trombes terrestres. Les mouvements d'attraction et de répulsion, les décharges électriques, qui ont lieu au sein du météore et sur tout son parcours, entre le sol et le nuage, suffisent pour expliquer les effets destructeurs des trombes terrestres. On a vu notamment comment la nature électrique du météore sert à rendre compte de certains phénomènes inexplicables sans elle.

Mais il est possible et même probable que les météores qui ont reçu le nom de trombes n'ont pas tous la même origine. Sur 157 trombes dont Peltier a transcrit la relation dans son Traité, 53 se sont produites par un temps calme, 37 ont été caractérisées par un mouvement tourbillonnaire, 25 ne présentaient pas ce mouvement. D'après Pouillet, le météore qui a ravagé en 1845 les environs de Rouen, et notamment la vallée comprise entre Malaunay et Monville, ne présentait aucun des caractères des phénomènes électriques. Mais cette opinion a été combattue, et d'autres physiciens ont fait remarquer que cette trombe s'est portée de préférence sur les usines remplies de machines, de masses de métal, c'est-à-dire offrant à l'électricité un passage plus facile et plus rapide.

CHAPITRE XIII

L'ÉLECTRICITÉ ATMOSPHÉRIQUE

§ 1. ÉLECTRICITÉ DE L'AIR. — INSTRUMENTS ET MÉTHODES D'OBSERVATION.

Si les nuages, par les temps orageux, sont chargés d'électricité, s'il arrive un moment où leurs tensions sont telles que l'équilibre est rompu, et que l'éclair, le tonnerre et tous les phénomènes que nous venons de décrire manifestent avec la dernière évidence la crise météorologique qui sert à rétablir cet équilibre, on a dû se demander quelle est la cause de cette production extraordinaire d'électricité et chercher si, dans l'état habituel de l'atmosphère, en dehors des orages, on n'en trouve pas la trace et l'origine.

C'est un physicien du dernier siècle, Le Monnier[1], qui a résolu le premier cette question importante, en faisant voir qu'un ciel serein, calme, donne des signes d'électrisation. Il se servit pour cela d'une tige métallique isolée, dressée verticalement ; tel était l'appareil employé par Dalibard pour reconnaître l'électricité des nuages orageux. Il parvint à en tirer des étincelles, alors que l'atmosphère n'était chargée d'aucune apparence de nuages. Lorsque le ciel était couvert de nuages marchant lentement, par les temps humides mais non pluvieux, et enfin lorsque le vent soufflait avec violence, il n'obtint aucun indice de l'électrisation de l'atmosphère.

1. Les expériences de Le Monnier se firent dans un jardin de Saint-Germain en 1775. Elles durèrent pendant une sécheresse presque continue de six semaines, depuis la mi-septembre jusqu'à la fin du mois d'octobre. C'est à peine si, dans cet intervalle, la sérénité du ciel fut troublée par quelques nuages.

Depuis Le Monnier, de nombreuses observations ont été faites sur ce point intéressant de météorologie; avant d'en indiquer les principaux résultats, nous allons passer en revue les méthodes, ou les appareils employés pour constater la présence de l'électricité atmosphérique, en reconnaître la nature et autant que possible en mesurer l'intensité.

Aux tiges de fer isolées de Dalibard et de Le Monnier, on ne tarda pas à substituer les cerfs-volants, que Franklin avait si heureusement utilisés pour l'étude de l'électricité des nuages orageux. Mais ces appareils ne pouvaient servir pour des observations permanentes. Beccaria étudia, pendant quinze années consécutives, l'électricité atmosphérique à l'aide du procédé suivant. Son observatoire, situé au sommet de la montagne de Garzegna, près de Mondovi, dominait les plaines du Piémont; son appareil était un long fil de métal qui s'étendait d'un cerisier à un bâton fixé sur une cheminée; les extrémités du fil étaient isolées à l'aide de tubes de verre enduits de cire à cacheter; une tige conductrice, partant du fil, pénétrait dans sa chambre à travers un carreau de vitre. C'est là qu'il fit toutes ses observations sur l'électricité ainsi recueillie. Plus tard, il se servit d'une corde isolée, longue de 500 mètres, qu'il avait fait tendre au-dessus du Pô.

Un physicien anglais, Read, avait imaginé l'appareil suivant. C'était une perche de sapin de 20 pieds de longueur, fixée et isolée à sa partie inférieure par des supports en verre enduits de cire d'Espagne, dans la chambre la plus élevée de sa maison. Son extrémité traversait le plafond et le toit sans les toucher, et une sorte de chapeau en fer-blanc, fixé au dehors à la perche, mettait la partie inférieure à l'abri de la pluie. Une tige de fer surmontait la perche de sapin et était reliée à l'intérieur de la chambre par des fils de fer descendant le long du mât; ceux-ci venaient se réunir à une boule isolée située à l'intérieur de la chambre, et dont Read étudiait l'état électrique. Il avait eu soin de disposer auprès de la boule un conducteur communiquant au sol, et qu'on mettait en contact avec elle, quand un carillon marquait une tension électrique trop considérable.

L'appareil qu'adopta Saussure n'était autre chose qu'un électromètre à balle de sureau, surmonté d'un chapeau et d'une pointe métallique plus ou moins longue. Le chapeau a pour objet de préserver de la pluie la couche de cire d'Espagne dont la cloche de l'électromètre est revêtue. Au lieu de balles de sureau, on emploie également des pailles ou des feuilles d'or, dont la divergence est plus ou moins forte selon que l'électricité a une plus ou moins grande tension. Une graduation marquée sur le verre de la cloche permet de lire l'angle d'écartement des feuilles, et, à l'aide d'une table construite empiriquement, de comparer les tensions de l'électricité observée. Volta prolongeait l'effet de la tige en allumant un morceau d'amadou à l'extrémité de la pointe. La fumée étant conductrice, la colonne qu'elle formait allait recueillir l'électricité de l'air à une hauteur plus grande. On a employé, dans le même but, un artifice très simple qui consiste à attacher par un fil conducteur d'une grande longueur une balle métallique qu'on lance verticalement avec force ; le fil est attaché à un anneau qui glisse le long de la tige de l'électromètre. Quand la balle est parvenue à une grande hauteur, le fil tendu se sépare de la tige. Becquerel et Breschet ont fait au grand Saint-Bernard des observations d'électricité atmosphérique en lançant avec un arc une flèche reliée de la même façon à la tige, qui alors ne doit pas être terminée par une pointe, sans quoi, l'appareil ne conservant pas son électricité, on ne pourrait plus déterminer sa nature. Quant à la tension atmosphérique, elle est marquée par la divergence des pailles au moment où l'anneau quitte la

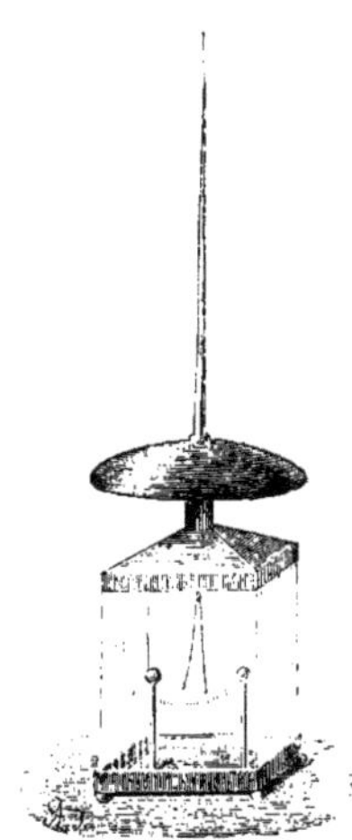

Fig. 331. — Électromètre de Saussure, à pailles ou à feuilles d'or, pour l'étude de l'électricité atmosphérique.

tige et elle se rapporte à la couche de l'air où a pénétré à ce moment le projectile.

Peltier, à qui l'on doit des recherches suivies sur l'électricité atmosphérique, employait un électromètre (fig. 332) dont la tige extérieure était surmontée d'un chapeau et d'un globe creux en cuivre, et se terminait, à l'intérieur de la cage de verre, par un anneau vertical. Cet anneau portait un pivot sur lequel était suspendue une aiguille recourbée en cuivre *bb*, qui restait ainsi, comme la petite aiguille aimantée *aa* avec laquelle elle est solidaire, dans un même plan vertical, en communication constante avec la tige et le conducteur extérieur. Une autre aiguille plus longue et plus forte *cc* est fixée au-dessous de la première au même pivot ; ce pivot, engagé dans un tube de verre rempli de gomme laque, se trouve ainsi isolé. Pour observer, on commence par placer l'électromètre dans une position telle, que la grosse aiguille soit dans le même plan vertical que les deux autres, c'est-à-dire dans le méridien magnétique. Cela posé, le globe de l'électromètre recevant l'électricité de l'air, celle-ci passe, par l'intermédiaire de la tige et de l'anneau, sur les deux aiguilles métalliques, qui, se trouvant électrisées de la même façon, se repoussent jusqu'à ce que leur répulsion soit équilibrée par la force directrice de la petite aiguille aimantée. La boule de l'appareil étant électrisée par influence, conserve l'électricité opposée à celle de l'air, l'électricité de même nom charge les aiguilles ; si alors on touche avec la main la petite boule de l'électromètre, cette dernière électricité s'écoule dans le sol, et l'appareil conserve de l'électricité contraire à celle de l'atmosphère.

L'électromètre de Peltier est considéré comme un des mieux adaptés à l'étude de l'électricité atmosphérique.

En Angleterre, on emploie pour constater la présence et le signe de cet agent, et pour en mesurer la tension, l'électromètre à quadrant de Thomson convenablement modifié. Nous avons décrit cet appareil et nous renvoyons le lecteur au chapitre qui contient cette description et fait connaître le principe de l'instrument. La figure 553 le représente tel qu'il a été modifié par M. Branly et qu'il est employé à l'Observatoire météorologique de Montsouris. On voit, à l'intérieur d'une cage prismatique, les quatre secteurs entre lesquels est suspendue l'aiguille d'aluminium taillée en forme de 8. Deux des secteurs sont reliés ensemble et à l'un des pôles d'une pile de 50 très petits éléments qu'on voit au-dessous de la caisse de l'électromètre ; les deux autres communiquent avec l'autre pôle. L'ex-

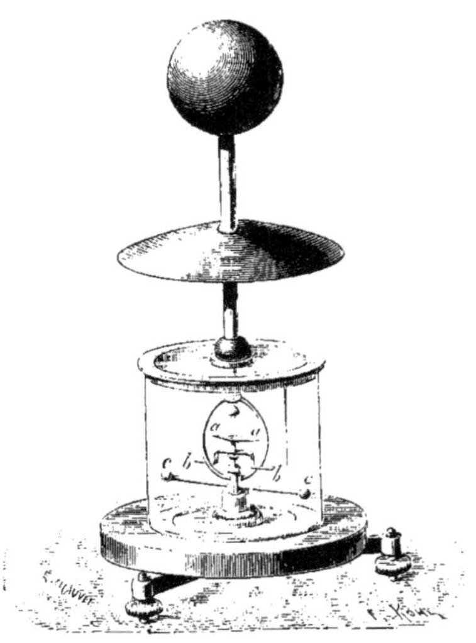

Fig. 552. — Électromètre de Peltier pour l'étude de l'électricité atmosphérique.

trémité supérieure du fil de suspension est en communication avec le collecteur de l'électricité atmosphérique. Le collecteur a une forme toute particulière. Il est situé à l'extérieur de l'observatoire et à 11 mètres de l'électromètre. C'est « un vase cylindrique en cuivre de $0^m,20$ de diamètre sur $0^m,50$ de haut, et muni d'un tuyau latéral de 1 mètre de long pour l'écoulement de l'eau. Ce vase est porté par trois pieds de verre au-dessus d'une colonne de fonte creuse haute de $1^m,80$. Un chapeau en cuivre abrite les pieds de verre. Un fil de cuivre, recouvert d'une double gaine de gutta-percha renfermée elle-même dans une enveloppe de plomb, descend du réservoir dans l'axe de la colonne de fonte et vient par un conduit souterrain se mettre en communication avec l'électromètre. Le jet d'eau qui sort du réservoir a $0^m,001$ de diamètre, afin d'augmenter la rapidité de la charge de l'instrument et de diminuer l'influence des pertes d'électricité par les conducteurs. Un tuyau abducteur amène

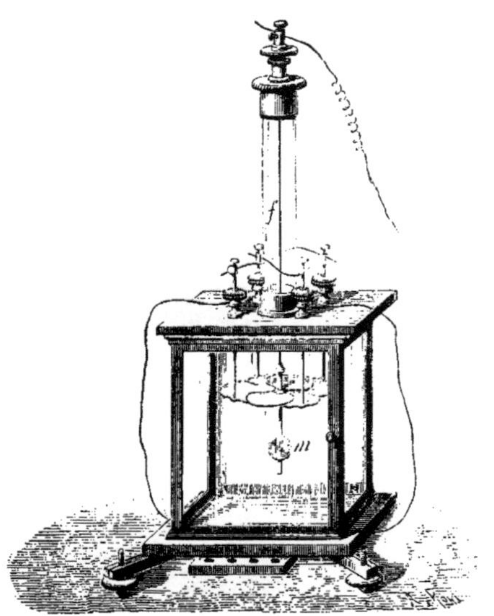

Fig. 555. — Électromètre Thomson modifié par Branly.

l'eau un peu au-dessus du réservoir, qu'on remplit à nouveau à chaque expérience[1]. »

Voici maintenant en deux mots comment fonctionne l'appareil. Le vase ou collecteur que nous venons de décrire est électrisé par l'influence de l'atmosphère. Quand le filet d'eau coule, il entraîne l'électricité de l'eau ou du vase qui est de signe contraire à l'électricité de l'air ; l'électricité de même signe est refoulée dans l'électromètre, et ce dernier accuse à la fois la nature de l'électricité repoussée et son degré de tension.

1. *Annuaire météorologique de l'Observatoire de Montsouris.*

Voyons maintenant à quels résultats sont arrivés les physiciens et les météorologistes qui ont employé les diverses méthodes d'observation qu'on vient de passer en revue.

§ 2. ÉLECTRICITÉ DE L'ATMOSPHÈRE.

L'électricité de l'air, par un ciel serein, est toujours positive. Celle du sol est négative et s'observe surtout en tous les points qui se présentent en saillie. Entre les couches élevées de l'air et le sol existe une couche neutre, dont l'épaisseur varie entre un ou plusieurs mètres. Mais les instruments ne donnent de signes d'électrisation qu'autant qu'ils sont placés dans un endroit bien découvert, et qu'ils ne sont dominés ni par des arbres, ni par des maisons, en un mot par aucun objet terrestre. Aussi, dans les vallées, sous les arbres, dans les rues des villes, on ne trouve ordinairement pas trace d'électricité, contrairement à ce qu'on observe en rase campagne ou sur les plateaux.

La tension de l'électricité atmosphérique augmente avec l'altitude. Les observations de B. de Saussure, d'Ermann, de Becquerel et Breschet, de Peltier confirment également ce résultat. De Saussure observait avec son électromètre, en s'élevant progressivement sur les flancs des montagnes. Nous avons vu que Becquerel, sur les plateaux du Saint-Bernard, lançait une flèche armée d'une pointe métallique et reliée à la tige de l'électroscope par un anneau et un fil de soie recouvert de clinquant. Peltier se servait de cerfs-volants.

Toutefois on ne connaît pas la loi de variation que suit l'électricité de l'air avec l'altitude : ce n'est que pour de faibles hauteurs que Quételet a trouvé, à Bruxelles, la tension proportionnelle à la hauteur.

La tension positive de l'électricité atmosphérique a été constatée à de grandes hauteurs pendant les ascensions aérostatiques. Quand Biot et Gay-Lussac s'élevèrent, en 1804, à une hauteur verticale de 7000 mètres, ils suspendirent au-dessous de la nacelle du ballon une boule de cuivre supportée par un fil métallique de 50 mètres de longueur. L'extrémité supérieure du fil étant mise en contact avec l'électromètre, ce dernier donna des signes évidents d'électrisation, qui augmentaient d'intensité avec la hauteur. Quant à l'électricité du fil, elle fut toujours négative; mais, comme c'est par influence qu'elle s'était accumulée, il en résultait que celle des couches d'air était au contraire positive. Il est vrai que les couches inférieures, agissant également par influence, décomposaient le fluide neutre de la boule et du fil et refoulaient l'électricité positive vers le haut du fil; c'est la différence de ces deux actions opposées, donnant une résultante négative, qui démontrait que les couches supérieures possédaient en réalité un excès d'électricité positive.

Biot et Gay-Lussac observaient par un temps serein. Et ce que nous avons dit de l'électricité positive de l'atmosphère n'est vrai que sous cette même condition. Quand, au contraire, le ciel se couvre de nuages, l'état électrique est très variable; les signes d'électrisation indiquent des variations, non seulement dans la tension, mais encore dans la nature de l'électricité de l'air.

On a reconnu aussi que, pour une même altitude, pour une même station voisine du sol, la tension de l'électricité varie avec l'heure du jour. D'après les observations de B. de Saussure et de Schübler, elle atteint un *premier maximum* vers six ou sept heures du matin en été, vers huit ou neuf heures au printemps ou en automne, et en hiver entre dix heures et midi. Parvenue à son maximum, la tension diminue rapidement d'abord, puis plus lentement et atteint un *premier minimum* entre quatre et six heures du soir en été, vers trois heures en hiver. Puis, quand le soleil approche de son coucher, l'électricité atmosphérique commence à croître de nouveau, augmente très sensiblement quand l'astre passe sous l'horizon, continue à s'accroître pendant le crépuscule, et atteint un *second maximum* une heure et demie à deux heures après le coucher du soleil. Ce maximum atteint à peu près la même valeur que celui du matin, mais il dure moins longtemps, et une diminution lente lui succède jusque vers le lever du soleil.

Voilà pour la période diurne. Mais l'électricité atmosphérique des temps sereins subit également des variations annuelles. Elle a généralement une tension plus forte en hiver qu'en été. Quelles sont les causes de ces oscillations? sont-elles liées aux autres éléments ou agents de l'atmosphère, à son état hygrométrique, à sa température? D'autre part, quelle est l'origine de l'électricité positive de l'air, et comment, pendant les temps d'orage, les nuages se chargent-ils au contraire d'électricité négative? Enfin, l'électricité négative du sol est-elle le résultat de la décomposition par influence exercée par la tension positive de l'air, ou bien, comme le pensent d'autres physiciens, est-elle une électricité propre à l'écorce solide, et dans ce cas quelle en est l'origine? Sur toutes ces questions, la science est encore loin d'avoir dit son dernier mot; les observations continues en divers lieux, à diverses hauteurs, sont encore trop peu nombreuses pour qu'il soit permis de formuler une théorie à l'abri de toutes les objections.

Voici, en ce qui concerne les variations diurnes et annuelles, quelle est l'explication la plus généralement admise.

Les effets observés dans les électromètres proviennent de l'échange continuel qui s'opère entre le sol d'une part et les couches élevées de l'air d'autre part. Dès lors, ces effets seront d'autant plus intenses que le milieu interposé, c'est-à-dire la couche d'air médiane, offrira un passage plus facile à l'électricité négative qui s'élève du sol dans l'atmosphère et à l'électricité positive qui descend de celle-ci vers la terre. Or, comme la conductibilité de l'air est d'autant plus grande qu'il est plus humide, il en résulte que les maxima et les minima de l'électricité atmosphérique devront être en correspondance avec ceux de l'état hygrométrique des couches aériennes.

Voilà pourquoi nous avons vu un premier maximum suivre

de quelques heures le lever du soleil : les vapeurs, au moment du lever, se trouvent condensées dans les couches les plus voisines du sol ; la communication électrique est interrompue entre ces couches et les couches supérieures. Lorsque, par l'effet de la radiation, ces vapeurs s'élèvent peu à peu, elles rétablissent la communication, et l'intensité électrique ne tarde pas à atteindre son maximum ; elle diminue ensuite par le fait de l'augmentation de la chaleur de l'air, qui se dessèche sous l'influence des rayons solaires, et arrive à son minimum de l'après-midi. Quand le soleil se couche, le refroidissement qui suit détermine la condensation des vapeurs dans toute l'épaisseur de la couche atmosphérique ; l'échange électrique recommence, et les indications de l'électromètre deviennent plus marquées, pour diminuer peu à peu pendant la nuit.

On a fait remarquer avec raison que les signes d'électricité donnés par les appareils, dépendant à la fois des quantités d'électricité accumulées dans l'atmosphère et du pouvoir conducteur plus ou moins grand des couches intermédiaires, ne pouvaient être la mesure de ces quantités. Pendant l'hiver, la conductibilité étant plus forte que pendant l'été, l'électromètre indique seulement que le courant qui s'établit entre les hautes régions et le sol est plus intense ; on doit donc être porté à en conclure que ces régions possèdent une électricité moins abondante qu'en été, où le pouvoir isolant de l'air est plus considérable. Ainsi s'explique la fréquence des orages pendant la saison chaude.

La question de l'origine de l'électricité atmosphérique est plus controversée. Le fait général dont nous venons de constater la réalité est celui-ci : l'atmosphère possède une tension électrique positive qui va en croissant avec la hauteur. Le sol au contraire a une tension négative. D'où vient l'électricité positive des hautes régions ? Si cette origine était parfaitement déterminée, il est clair que l'électricité du sol s'expliquerait par un effet d'influence de l'enveloppe aérienne du globe sur sa partie solide.

On a d'abord invoqué le mouvement des masses d'air les unes contre les autres, c'est-à-dire le frottement, et cela était naturel, puisque le frottement fut d'abord la seule cause connue de la production de l'électricité. Puis on a substitué à cette explication celle de l'électricité développée par deux influences qui agissent d'une façon presque continue à la surface de notre globe, l'évaporation et la végétation. Volta montra le premier que l'évaporation est une source d'électricité; de Saussure, Lavoisier et Laplace confirmèrent l'exactitude du phénomène. En dernier lieu, Pouillet en a étudié et précisé les conditions. Il reconnut que si l'eau qui s'évapore est pure, la vapeur est à l'état naturel ; mais si elle contient des sels en dissolution, elle est chargée d'électricité; enfin cette électricité est positive lorsqu'il s'agit d'eau salée. L'énorme évaporation qui se fait d'une façon continue à la surface des mers est donc une cause incessante de production d'électricité; mais les eaux douces ne sont elles-mêmes jamais pures; les terrains imprégnés d'eau de pluie sont dans le même cas, et voilà une première source qui suffirait à donner l'explication de la tension positive des hautes régions de l'air. Il en est de même de l'acte de la végétation, qui consiste en actions chimiques productrices d'électricité; l'acide carbonique qui provient des combustions de toute nature emporte de même dans l'air de l'électricité positive, tandis que l'électricité négative reste dans le sol. On a fait, il est vrai, à cette théorie une objection assez grave, en disant que l'évaporation et la végétation sont le plus actives en été, tandis que c'est en hiver que les électromètres marquent la tension électrique la plus prononcée. Mais comme on l'a vu plus haut, rien ne prouve qu'en effet l'électricité des couches supérieures ne soit pas plus abondante en été; l'apparente contradiction tiendrait à ce que le pouvoir isolant de l'air est alors plus grand et que l'échange électrique entre le sol et l'air est moindre. Des expériences de Matteucci paraissent avoir confirmé les vues de Pouillet.

Néanmoins Becquerel, sans rejeter cette explication de l'électricité positive de l'air, la considère comme insuffisante. En un mot, il n'admet pas que toutes les causes physiques, chimiques et physiologiques qui dégagent de l'électricité à la surface de la terre, puissent fournir les quantités énormes d'électricité répandues dans les espaces planétaires, et qu'on est obligé d'admettre si l'on veut expliquer les phénomènes des aurores polaires. « Si cela était, dit-il, pourquoi la tension de l'électricité positive irait-elle en augmentant, quand le contraire devrait avoir lieu, en s'éloignant de la source d'électricité. » Le savant physicien a donc cherché une autre cause, et il a cru la trouver dans les phénomènes qui se passent à la surface du soleil. Les dégagements d'hydrogène qui se manifestent sous la forme de protubérances rosées, et que les astronomes observent maintenant d'une façon si continue, donnent lieu à une production d'électricité positive qui se répand dans les espaces planétaires, par l'intermédiaire d'un milieu cosmique pondérable, d'une excessive rareté. « Cette électricité arrive dans l'atmosphère terrestre, puis dans la terre même, en diminuant d'intensité, à cause de la résistance qu'elle éprouve en traversant les couches d'atmosphère de plus en plus denses. »

Nous devons mentionner encore la théorie de Peltier, qui n'admet pas que l'atmosphère des temps sereins contienne d'électricité positive, malgré les indications des électromètres. Selon lui, les phénomènes observés sont dus à l'influence de l'électricité négative du sol. Mais alors il resterait à trouver l'origine de cette électricité négative, et la difficulté ne serait que déplacée.

§ 3. LES PAYS ÉLECTRIQUES.

Arago, dans sa *Notice sur le Tonnerre*, consacre un certain nombre de paragraphes à résoudre les questions suivantes :

« *Y a-t-il des lieux où il ne tonne jamais?*

« *Quels sont les lieux où il tonne le plus?*

« *Tonne-t-il tout autant en pleine mer qu'au milieu des continents?*

« *Des circonstances locales influent-elles sur la fréquence de ce phénomène?*

« *Tonne-t-il aujourd'hui aussi souvent que dans les siècles passés?*

« *Quelle est de nos jours, quant à la fréquence, la distribution géographique des orages?* »

La discussion des faits d'observation qu'avait alors en sa possession l'illustre secrétaire perpétuel de l'Académie des sciences, lui a permis de formuler la réponse à quelques-unes de ces questions. Il paraît prouvé que c'est dans les régions équinoxiales que le tonnerre se fait le plus souvent entendre, ou que les orages électriques sont le plus fréquents. A mesure qu'on approche des hautes latitudes, le phénomène devient plus rare. Il paraît inconnu au Spitzberg, et en général au delà du 75e degré ; en Islande, il ne tonne presque jamais. Les circonstances locales ont évidemment une influence marquée, puisque, dans le Bas-Pérou, à Lima, le tonnerre est inconnu. Il est plus fréquent sur les continents et les îles qu'en mer, et devient plus rare à mesure qu'on s'éloigne des côtes. Les faits historiques qui se trouvent mentionnés dans les auteurs anciens paraissent « donner quelque probabilité à l'idée que depuis les temps anciens les orages ont diminué d'intensité ».

Des recherches récentes dues à M. J. Fournet ont fait voir que certaines régions sont plus que d'autres le siège de phénomènes électriques extraordinaires, et qu'ainsi l'influence des circonstances locales ne se manifeste pas seulement par l'absence ou la fréquence du tonnerre. Pour caractériser cette influence, M. Fournet a donné le nom de *pays électriques* aux régions qui jouissent de ces propriétés singulières.

C'est principalement sur le continent américain qu'on les a constatées. Entrons à ce sujet dans quelques détails.

Volney, dans la relation du voyage qu'il fit aux États-Unis en 1797, avait déjà remarqué l'intensité et l'abondance de l'électricité en ce pays, même en dehors des orages, et il attribuait ce phénomène à la sécheresse de l'air, à la rapidité avec laquelle s'y fait l'évaporation. Un savant contemporain, le professeur Loomis, décrit ainsi les effets qu'occasionne à New-York la présence d'une excessive quantité d'électricité dans l'atmosphère :

« En hiver, les cheveux sont fréquemment électrisés, et spécialement lorsqu'ils ont été peignés avec un peigne fin. Souvent ils se dressent, et plus on les travaille pour rendre la chevelure unie, plus ils refusent de se tenir en place. Ils se dirigent alors vers les doigts qu'on place devant eux, et pour remédier à cet inconvénient, il suffit de les mouiller.

« Dans cette même saison, toutes les parties des vêtements de laine, les pantalons surtout, attirent les duvets, les poussières qui flottent dans l'air ; ces particules se fixent principalement vers les pieds, et la brosse ne fait que les rendre plus adhérentes. Une éponge humide est toujours le remède à appliquer en pareil cas.

« Pendant la nuit, les tapis épais des salons chauffés font entendre de petits craquements; ils brillent lorsqu'on s'y promène, et si l'on passe deux ou trois fois avec rapidité, le jet peut atteindre quelques centimètres de longueur, de façon à faire sentir une piqûre cuisante. Un objet en métal, comme par exemple le bouton d'une porte, envoie une étincelle à la main qui s'en approche, et parfois ces étincelles effrayent les enfants. On peut même quelquefois allumer un bec de gaz avec son doigt après s'être promené sur le tapis isolant. »

Sur les plateaux des Andes, l'extrême sécheresse donne lieu à des phénomènes analogues. Il en est de même des déserts de l'Afrique australe ; selon Livingstone, lorsque souffle le vent chaud du nord, la tension électrique est telle, que les plumes d'autruche se chargent d'elles-mêmes et déterminent de vives commotions ; la seule friction du vêtement fait jaillir des gerbes lumineuses. Sur les plateaux élevés du Mexique, d'après H. de Saussure, la sécheresse devient excessive à la fin de l'hiver, et le contact des objets donne lieu à des étincelles électriques d'une intensité remarquable. Un physicien de Mexico, M. Craveri, a décrit les phénomènes observés par lui dans une ascension faite en mai 1845 au Nevado de Toluca : « Les sensations électriques qu'éprouvèrent ses guides et lui, dit M. Fournet, à toutes leurs extrémités, aux doigts, au nez, aux oreilles, furent aussitôt suivies d'un bruit sourd, et pourtant le tonnerre ne grondait pas encore ; les longs cheveux des Indiens se tenaient raides et hérissés, en donnant à la tête de ces hommes une grosseur énorme, de façon que la vue de cet effet aggrava leur terreur superstitieuse. Enfin le bruit devint fort intense, paraissant général dans la montagne et semblable au craquement que produiraient des cailloux alternativement attirés et repoussés par l'électricité ; mais il était probablement dû au pétillement des myriades d'étincelles jaillissant d'un sol rocailleux. »

M. Fournet cite des faits analogues rapportés par divers explorateurs des montagnes du Jura et des Alpes. Nous terminerons par le récit curieux des phénomènes observés, en 1865, par le même physicien H. de Saussure, dont nous venons de mentionner les observations sur les plateaux mexicains. C'est pendant une ascension faite au Piz Surley, montagne granitique des Grisons. « Vers une heure du soir, dit-il, nous fûmes assaillis par un grésil fin, clairsemé, en même temps que des giboulées analogues enveloppaient la plupart des aiguilles rocheuses, telles que les Piz Ot, Piz Julier, Piz Languard et les cimes neigeuses de la Bernina, tandis qu'une forte averse de pluie fondait sur la vallée de Saint-Moritz.

« Le froid augmentait, et à 1 heure 30 minutes du soir, arrivés au sommet du Piz Surley, la chute du grésil devenant plus abondante, nous nous disposâmes à prendre notre repas près d'une pyramide en pierres sèches qui en couronne la cime. Appuyant alors ma canne contre cette construction, j'éprouvai dans le dos, à l'épaule gauche, une douleur fort vive, comme celle que produirait une épingle enfoncée lentement dans les chairs, et en y portant la main, sans rien trouver, une piqûre analogue se fit sentir dans l'épaule droite. Supposant alors que mon pardessus de toile contenait des épingles, je le jetai ; mais, loin de me trouver soulagé, les douleurs augmentèrent, envahissant tout le dos d'une épaule à l'autre, et elles étaient accompagnées de chatouillements, d'élancements douloureux comme ceux qu'aurait pu produire une guêpe ou tout autre insecte se promenant dans mes vêtements, où il me criblait de piqûres.

« Otant à la hâte mon second paletot, je n'y découvris rien qui fût de nature à blesser les chairs, tandis que la douleur prenait le caractère d'une brûlure. Sans y réfléchir davantage, je me figurai que ma chemise de laine avait pris feu et j'allais me déshabiller complètement, lorsque notre attention fut attirée par un bruit qui rappelait les stridulations des bourdons. C'étaient nos bâtons qui chantaient avec force, en produisant un bruissement analogue à celui d'une bouilloire dont l'eau est sur le point d'entrer en ébullition; tout cela peut avoir duré environ quatre minutes.

« Dès ce moment, je compris que mes sensations douloureuses provenaient d'un écoulement électrique très intense, qui s'effectuait par le sommet de la montagne. Quelques expériences improvisées sur nos bâtons ne laissèrent apercevoir aucune étincelle, aucune clarté appréciable de jour, mais ils vibraient dans la main de façon à faire entendre un son intense. Qu'on les tînt verticalement, la pointe soit en haut, soit en bas, ou bien horizontalement, les vibrations restaient identiques, mais le sol demeurait inerte. Alors le ciel était devenu gris dans toute son étendue, quoique inégalement chargé de nuages.

« Quelques instants après, je sentis mes cheveux et ma barbe se dresser en produisant sur moi une sensation analogue à celle qui résulte d'un rasoir passé à sec sur des poils raides. Un jeune homme qui m'accompagnait s'écria qu'il sentait tous les poils de sa moustache naissante, et que, du sommet de ses oreilles, il partait des courants très forts. D'autre part, en élevant la main, je vis des courants non moins prononcés s'échapper de mes doigts. Bref, une forte électricité s'écoulait des bâtons, habits, cheveux, barbe et de toutes les parties saillantes de nos corps.

« Un coup de tonnerre lointain vers l'est nous avertit qu'il était temps de quitter la cime, et nous descendîmes rapidement jusqu'à une centaine de mètres. Nos bâtons vibrèrent de moins en moins à mesure que nous avancions, et nous nous arrêtâmes lorsque leur son fut devenu assez faible pour ne plus être perçu qu'en les approchant de l'oreille. La douleur au dos avait cédé dès les premiers pas de la descente, mais j'en conservais encore une impression vague. Dix minutes après le premier, un second roulement de tonnerre se fit entendre encore à l'ouest dans un grand éloignement, et ce furent les seuls. Aucun éclair ne brilla, et une demi-heure après notre départ de la cime le grésil avait cessé; les nuages se rompaient. Enfin, à deux heures trente minutes du soir, nous atteignîmes de nouveau le point culminant du Piz Surley pour y trouver le soleil. Mais, le même jour, il régnait un violent orage sur les Alpes Bernoises, où une dame anglaise fut foudroyée....

« Le phénomène électrique qui vient d'être décrit, et que l'on pourrait appeler le *chant des bâtons* ou le *bourdonnement des roches*, n'est pas rare dans les hautes montagnes, sans pourtant y être très fréquent. Parmi les guides que j'ai interrogés à ce sujet, les uns ne l'avaient jamais observé, les autres ne l'ont entendu qu'une ou deux fois dans leur vie. Toutefois il convient de faire observer qu'il se présente précisément dans les journées où le ciel menaçant éloigne les voyageurs des cimes culminantes. »

Des phénomènes analogues avaient été observés deux ans auparavant par M. Watson et une réunion de touristes et de guides visitant le col de la Yungfrau. Au lieu d'une chute de grésil, c'était une abondante averse de neige qui accompagna ces singulières manifestations de la tension électrique dans les hautes régions; aux sifflements des bâtons, haches et autres

LA YUNGFRAU
vue prise des ruines du château d'Unspunnen.

objets saillants, se joignait le bruit des flocons de neige pareil, dit M. Watson, à celui de la chute d'une vive ondée de grêle.

En résumé, on voit que certains pays semblent doués à un haut degré de la propriété d'émettre dans les temps secs de l'électricité à tension considérable; il en est de même des points du sol que leur altitude ou leur forme saillante et aiguë rend éminemment propres à l'écoulement de l'électricité accumulée à la surface de la terre. Dans le premier cas, les phénomènes s'expliquent par la persistance de certains vents, par l'évaporation abondante qu'ils provoquent, par la sécheresse de l'air qui en est la conséquence, et qu'on sait être une condition de la manifestation des signes d'électricité. Mais si l'on peut ainsi, *grosso modo*, donner la raison des faits observés, on sait encore peu de chose sur les circonstances complexes de leur production et sur leur liaison avec les autres phénomènes météorologiques.

DEUXIÈME PARTIE

APPLICATIONS DES PHÉNOMÈNES ET DES LOIS DU MAGNÉTISME ET DE L'ÉLECTRICITÉ

CHAPITRE PREMIER

LA BOUSSOLE

§ 1. BOUSSOLE DE DÉCLINAISON. — SES USAGES DANS LA NAVIGATION MARITIME.

Bien avant que l'on connût les lois des phénomènes magnétiques, on se servait de la boussole pour naviguer loin des côtes, quand le ciel, masqué par les nuages ou les brumes, ne donnait plus aucune indication astronomique de la direction que devaient suivre les navires en mer. C'est un des exemples les plus frappants d'une application des phénomènes de la physique précédant de très loin la découverte des lois ou de la théorie. « Mille ans et plus avant notre ère, dit Humboldt, à l'époque si obscure de Codrus et du retour des Héraclides dans le Péloponèse, les Chinois avaient déjà des *balances magnétiques*, dont un des bras portait une figure humaine qui indiquait constamment le sud; et ils se servaient de cette boussole pour se diriger à travers les steppes immenses de la Tartarie. Déjà au troisième siècle de notre ère, c'est-à-dire sept cents ans au moins avant l'introduction de la boussole dans les mers européennes, les jonques chinoises naviguaient sur l'océan Indien d'après l'indication magnétique du sud. » (*Cosmos.*)

Nous avons dit ce qu'étaient les *chars indicateurs du sud* dont parle Humboldt; dans leur plus ancienne forme, ils consistaient en une petite statuette tournant sur un pivot vertical; l'un des bras se tournait étendu vers le sud, parce qu'il renfermait une aiguille aimantée dont le pôle boréal était vers la main, tandis que le pôle nord ou austral était vers l'épaule. Plus tard, au deuxième siècle, la boussole chinoise reçut une autre disposition, qui des Arabes fut transmise aux navigateurs européens, à l'époque des premières croisades : c'était une aiguille aimantée posée sur un flotteur. Ce n'est guère que vers la première moitié du quatorzième siècle que cet instrument si utile à la navigation, si précieux aujourd'hui pour l'étude de la physique du globe, reçut un perfectionnement nouveau, et que l'aiguille aimantée de la boussole fut suspendue sur un pivot[1].

La boussole de déclinaison sert fréquemment aux navigateurs, en leur fournissant un des éléments nécessaires à la direction de la route des navires en mer, c'est-à-dire l'angle que fait l'axe du vaisseau avec le méridien du lieu où il se trouve. Dans la navigation par estime, l'autre élément qu'on détermine au moyen de l'instrument appelé *loch*, est la vitesse du navire.

La boussole prend alors, dans le langage des marins, le nom de *compas de route*. On l'installe à demeure, à l'arrière, à proximité du gouvernail, dans une sorte de boîte ou d'armoire qu'on appelle l'*habitacle*. L'habitacle est le plus souvent divisé en trois compartiments : un au milieu, contenant une lampe qui sert

1. Ce perfectionnement parait dû à un Napolitain, Flavio de Gioia, à qui l'invention de la boussole fut d'abord attribuée. La boussole à aiguille flottante se trouve décrite dans les vers d'un vieux poète français du douzième siècle, Guyot de Provins :

Icelle estoile ne se muet,
Un art font qui mentir ne puet;
Par vertu de la marinette,
Une pierre laide, noirette,
Où li fers volontiers se joint, etc.

Alors, comme on voit, la boussole se nommait *marinette*. Selon Littré, son nom actuel a été pris de l'italien assez tard : il vient de *bossolo*, petite boite.

aux observations de nuit, les deux autres renfermant chacun une boussole, de manière à permettre un contrôle immédiat.

Dans le compas de route, l'aiguille aimantée repose sur un pivot, au centre de la *cuvette* ou cylindre de cuivre; elle porte un disque léger, sur lequel est tracée une rose des vents, et qui, en outre, rend les oscillations de l'aiguille moins fortes. La cuvette, lestée par une masse de métal, est elle-même portée par l'habitacle à l'aide d'une *suspension à la Cardan*[1], de sorte que le plan du limbe reste horizontal, quels que soient les mouvements du navire. Un trait ou une étoile marque sur la cuvette,

Fig. 334. — Compas de route ou boussole marine.

sur le bord d'avant, la direction de la quille ou de l'axe du navire : ce point est ce qu'on nomme le *cap du compas*.

On peut donc à chaque instant lire, sur la rose des vents, l'angle que fait l'aiguille aimantée avec le *cap du compas*. En ajoutant à cet angle la déclinaison magnétique, ou en la retran-

1. Ce mode de suspension est employé toutes les fois qu'on veut conserver à un objet sa position relativement au plan de l'horizon, quels que soient les mouvements du support. On y arrive en suspendant l'objet par deux tourillons, en sorte qu'il peut prendre un mouvement de rotation autour de l'axe de ces tourillons. Ces derniers reposent eux-mêmes sur les bords d'un cadre mobile autour de deux autres tourillons, dont l'axe a une direction perpendiculaire à celle du premier axe, et qui reposent sur le support de tout le système. La pesanteur ramène sans cesse l'objet suspendu dans sa position primitive d'équilibre, grâce aux deux rotations simultanées autour des axes. Dans le cas de la boussole marine, les deux tourillons de la cuvette ont une direction perpendiculaire à la quille; les deux autres tourillons sont dirigés parallèlement à celle-ci.

chant du même angle, suivant les cas, on trouvera pour résultat l'orientation du navire.

L'emploi du compas de route pour la navigation maritime suppose, ainsi qu'on vient de le voir, la connaissance de la valeur de la déclinaison magnétique dans les lieux où observe le marin ; mais il faut pour cela qu'il n'existe point, à côté de

Fig. 555. — L'habitacle sur un navire de guerre.

lui, de causes de perturbations propres à le jeter dans une erreur d'autant plus grave qu'il s'en croirait plus à l'abri. Or une telle cause d'erreur existe, c'est celle qui résulte de l'action des masses de fer que contient le navire sur l'aiguille aimantée. C'est surtout l'aimantation temporaire que détermine l'influence du globe sur ces masses qui est à craindre, parce qu'elle varie avec la position et avec l'orientation du navire.

L'influence du fer des vaisseaux sur la direction de l'aiguille de la boussole a été d'ailleurs depuis longtemps reconnue. Divers savants navigateurs, Parry, Ross, Sabine, Duperrey, ont essayé d'y remédier; d'abord en éloignant toute pièce de fer de l'endroit où se place la boussole à l'arrière du navire, puis en étudiant à l'avance la déviation produite, et en cherchant à la compenser par l'action de masses de fer convenablement placées. Les *compensateurs magnétiques* ou *plaques de correction* proposées par Barlow exigent qu'on étudie d'abord les déviations subies par le compas sous l'action du fer du navire orienté dans des positions différentes, en comparant les indications de sa boussole à celles d'une boussole placée sur le rivage; puis, qu'on cherche par tâtonnement où l'on doit placer la plaque de correction pour produire des déviations égales. En observant ensuite la boussole deux fois, la première en enlevant la plaque de correction, la seconde en la mettant en place, la différence est égale au double de l'erreur cherchée.

Mais la difficulté consiste toujours en ce que l'état magnétique des masses de fer du navire ne reste pas constant, pas plus que celui des plaques de correction. Ils varient tous deux avec la température, avec les changements de latitude. D'ailleurs, aujourd'hui que le nombre de navires dont la coque est de fer, ou qui sont revêtus d'une cuirasse de même métal, va en croissant, une pareille cause d'erreur n'a fait que s'accentuer, et il paraît certain que la déviation de l'aiguille aimantée sur les vaisseaux ainsi construits a été la principale cause de sinistres nombreux. Quand on rive les boulons d'une coque de fer, on développe un magnétisme puissant, on détermine la formation d'un aimant, dont la direction dépend de celle de l'axe du navire en construction. Ce magnétisme agit sur l'aiguille aimantée de la boussole installée ensuite à l'arrière, et cette action produit une déviation qu'il faut ou calculer ou définir, pour éviter les erreurs d'observation. L'installation d'une boussole-type en un autre point du navire permet de faire la correction nécessaire; on emploie aussi un moyen qui consiste à placer en des endroits convenables des barres de fer doux ou des aimants susceptibles de détruire la déviation. Malheureusement, comme nous venons de le dire, il arrive que, pendant le voyage, le magnétisme propre au navire change de direction et d'intensité, et alors on risque d'autant plus, qu'on se croit davantage en sûreté.

Soit qu'on emploie le procédé qui consiste à déterminer, pour chaque navire, la loi des perturbations que subit son compas et à en déduire par le calcul une table des corrections à appliquer à chacune de ses indications, soit qu'on neutralise les effets de déviation par l'emploi d'aimants puissants, il est certain que ces deux procédés peuvent être et sont souvent mis en défaut. Ainsi que l'expérience le prouve, il se produit, pendant le voyage, des changements dans la polarité des navires en fer et dans la position des aimants relativement au méridien, d'où résultent nécessairement de graves erreurs. « La déviation du compas par l'action du fer, dit M. Evan Hopkins dans une note sur ce sujet lue à l'Académie des Sciences, menace d'être fatale à la vie et à la propriété de beaucoup de personnes. Le nombre des navires que l'on construit en fer surpasse de beaucoup celui des navires en bois, surtout de ceux qui sont destinés au transport des passagers. Des accidents nombreux ont eu lieu dans la Manche et ailleurs, et plusieurs navires, pendant les dernières années, ont naufragé en conséquence des grandes déviations de leur compas. Bien que ces faits soient à présent bien constatés, on suppose que ce sont des maux incurables, inséparables des navires en fer et auxquels il faut se résigner parce qu'on ne peut pas les éviter. »

Le même savant énumère ainsi qu'il suit les remèdes proposés pour prévenir ces dangers des perturbations du compas dans les navires en fer :

« 1° Neutraliser ou détruire la polarité acquise par un navire en fer, pendant sa construction, par le moyen d'un aimant en fer à cheval ;

« 2° Élever le compas de route à une hauteur telle, qu'il soit hors de la sphère d'activité de l'attraction exercée par le fer forgé du navire;

« 3° Placer un réflecteur près du compas, de manière que la rose puisse être vue comme le cadran d'une horloge, et lue exactement à une distance de 20 pieds du gouvernail;

« Placer une rose muette en face du gouvernail pour établir la marche du navire, pour guider le timonier, et éviter ainsi les méprises provenant des indications verbales, la rose du compas et la rose muette étant réglées pour correspondre l'une avec l'autre;

« 5° Construire et employer des aiguilles aimantées ayant la plus grande force directrice, pour éviter l'instabilité et les oscillations excessives;

« 6° Employer des aiguilles recourbées disposées pour la navigation sous de hautes latitudes, où les aiguilles droites sont paresseuses dans leurs mouvements, et, par suite, ont souvent une direction incertaine[1]. »

M. E. Duchemin a construit une boussole circulaire, dont la figure 336 représente la disposition, et qui paraît avoir sur les aiguilles des compas ordinaires une certaine supériorité. Elle répond en effet au desideratum exprimé dans la cinquième condition énumérée par M. Hopkins : une plus grande force directrice et une stabilité plus assurée. Elle est formée de deux cercles d'acier concentriques, aimantés, reliés par une traverse en aluminium. Aux points marqués N S, *nord* et *sud*, l'aimantation est maximum ; de ces points, elle décroît régulièrement jusqu'aux extrémités du diamètre perpendiculaire *nn*, où elle est nulle, et qui est ainsi la ligne neutre du système des cercles aimantés. Elle est suspendue par un pivot sur une chape en onyx.

De nombreuses expériences comparatives ont été faites sur des navires de l'État, dans le courant des années 1874, 1875, etc., et ont été favorables à l'emploi de la boussole Duchemin. Sa

1. *Comptes rendus de l'Académie des sciences*, pour 1867, t. II, 282. Voir aussi sur ce sujet une note de M. Faye, insérée dans les *Comptes rendus* de 1865.

sensibilité a été reconnue supérieure à celle des aiguilles des boussoles marines ordinaires, ce qui tient sans doute à ce que, à égalité de poids, un anneau circulaire est susceptible d'emmagasiner une plus grande quantité de magnétisme qu'un barreau. Elle est aussi plus stable; ses oscillations sont plus lentes que celles de l'aiguille; « comme rose de beau temps, elle est excellente, car elle ne dort pas, dit l'auteur du rapport fait sur les expériences effectuées à bord de l'aviso-école *le Faon;* comme rose de gros temps, elle offre une stabilité mécanique qui doit la faire préférer à la boussole ordinaire. »

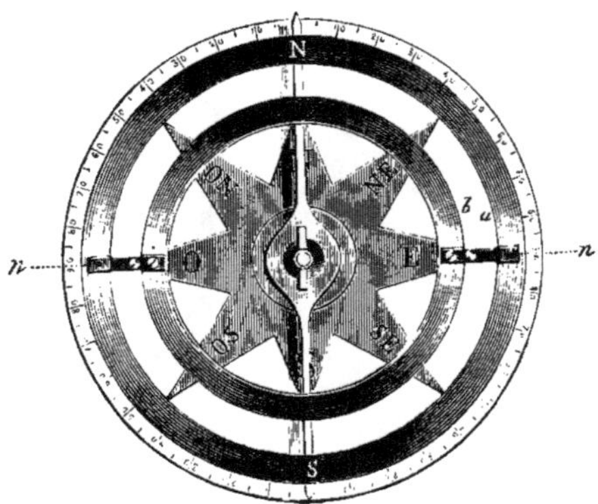

Fig. 336. — Boussole circulaire de M. E. Duchemin.

On se sert aussi, dans la marine, d'une boussole qui a pour objet précisément de déterminer la déclinaison magnétique par une opération entièrement semblable à celle que nous avons décrite plus haut (voy. § 2 du chapitre IV du MAGNÉTISME, p. 71). On observe un astre connu, on mesure son angle azimutal, ce qui donne, à l'aide d'un calcul où entre l'heure de l'observation, la direction de la méridienne, et l'on en conclut la déclinaison. La boussole prend alors le nom de *compas de variation.* Elle est portative, comme la boussole de la figure 42, et n'en diffère essentiellement qu'en ce que la lunette est remplacée par une alidade concentrique, à pinnules P, P′, diamétralement opposées. La boîte portant l'aiguille aimantée, avec limbe divisé, est suspendue à la Cardan. Deux fils croisés à angle droit sont tendus sur le bord de la boîte qui contient l'aiguille, et l'un d'eux donne la direction des fentes des pinnules et par conséquent celle du plan de visée. L'une des pinnules porte à 45° un miroir où l'observateur voit se réfléchir l'arc et les divisions correspondantes du limbe, en même temps qu'il voit l'astre au travers des fentes des pinnules et d'un trait du miroir où le tain a été enlevé.

Pendant qu'un observateur vise l'astre, étoile, lune, soleil,

Fig. 337. — Compas de variation ou boussole de relèvement.

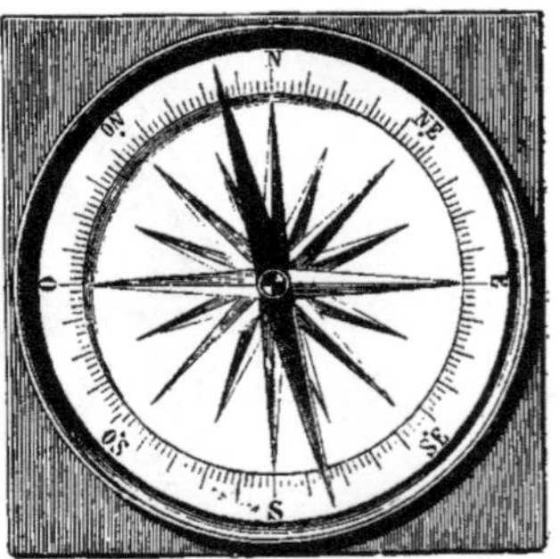

Fig. 338. — Boussole de déclinaison portative.

ou un objet terrestre, et lit dans le miroir la division qui marque l'angle de l'aiguille aimantée avec le vertical de l'objet visé, un autre observateur fait une seconde lecture à l'aide du fil qui est tendu à angle droit sur la direction des pinnules ; cette seconde lecture sert de contrôle à la première. Avec cet instrument, on ne peut guère viser que des objets peu élevés au-dessus de l'horizon, au maximum de 15° à 20°.

On installe quelquefois le compas de variation sur une plate-forme, au-dessus du dôme de l'escalier de l'arrière.

§ 2. LA BOUSSOLE DE DÉCLINAISON EMPLOYÉE EN GÉOGRAPHIE ET DANS L'ARPENTAGE.

Les voyageurs, dans leurs explorations géographiques continentales, les géologues qui veulent connaître la direction des chaînes de montagnes ou des autres accidents du sol, emploient la boussole comme les marins. Seulement, comme l'instrument est plus facile à installer dans une situation fixe, il n'exige point un mode de suspension aussi complexe; il suffit d'un pied à trois branches auquel la boussole est fixée par un genou à coquilles, et d'un niveau à bulle d'air pour s'assurer de l'horizontalité du limbe. Une petite lunette à fils réticulaires, qui se meut parallèlement à la ligne de foi dans un plan vertical, permet de viser dans la direction de la ligne qu'il s'agit d'orienter. Les boussoles plus simples portent, au lieu de lunette, une alidade à pinnules.

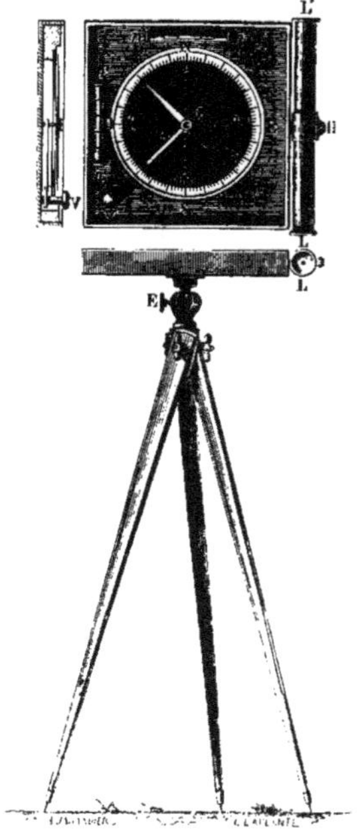

Fig. 559. — Boussole des géomètres.

Puisque la boussole permet de trouver rapidement, quand la déclinaison magnétique d'un lieu est connue, l'angle d'une ligne avec la méridienne ou son orientation, il est clair que, si l'on a déterminé de la sorte les angles azimutaux d'une série de lignes horizontales, par exemple ceux des côtés d'un polygone, on n'aura plus qu'à faire la différence entre ces angles pour obtenir les angles que les lignes font elles-mêmes entre elles. Bien plus, si l'on n'a en vue que la détermination des angles du polygone, elle s'obtiendra de la même façon, sans qu'on ait besoin de connaître la déclinaison magnétique. Il suffit que, pendant l'opération, la direction de l'aiguille aimantée reste constante, ce qui est vrai dans une mesure suffisante, pendant la durée ordinaire des opérations topographiques. Tel est le principe qui préside à l'emploi de la boussole dans l'arpentage. Mais la mesure des angles par ce procédé n'est plus assez exacte quand on veut pouvoir répondre de plus d'un demi ou d'un quart de degré; l'oscillation de l'aiguille, qui rend difficile la lecture de l'angle, les variations diurnes de la déclinaison parfois assez considérables, sont les causes principales de ce défaut de précision.

On a construit pour les levers expéditifs, par exemple pour les reconnaissances militaires, des boussoles qui ne donnent pas même l'approximation dont nous parlons, par la raison toute simple qu'à une installation fixe de l'instrument est substituée l'observation à la main. Nous allons donner, d'après le *Dictionnaire des mathématiques appliquées*, de Sonnet, la description de deux ou trois de ces appareils qui peuvent rendre de grands services dans les circonstances spéciales où on les emploie.

« La *boussole de Burnier*, contenue dans une boîte elliptique, se compose d'une aiguille aimantée portant une bande cylin-

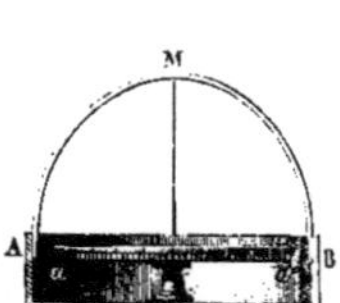

Fig. 340. — Boussole de Burnier : plan.

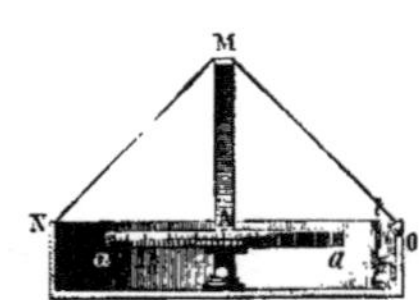

Fig. 341. — Boussole de Burnier; coupe suivant le petit axe.

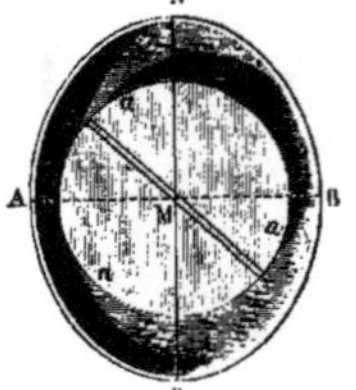

Fig. 342. — Boussole de Burnier; coupe suivant le grand axe.

drique très mince *aaa* (fig. 340 et 341) qui sert de limbe et sur laquelle on a tracé des divisions verticales. La ligne de visée est déterminée par un crin OMN, fixé par les deux bouts aux deux extrémités d'un diamètre de la boîte, et que l'on tend au moyen d'un arc elliptique AMB, qui pivote autour des points A et B et peut à volonté prendre la position verticale qui sert à tendre le fil, ou bien se rabattre dans la boîte. Les divisions du limbe vertical se lisent par un orifice circulaire O pratiqué à la boîte dans le plan du crin tendu; cet orifice est muni d'une loupe *ll* pour faciliter la lecture. En même temps qu'on vise un point éloigné en se servant du crin comme alidade, on lit par le trou oculaire le numéro de la division du limbe vertical qui apparaît devant l'œil; c'est la mesure de l'angle que la ligne de visée fait avec le méridien magnétique.

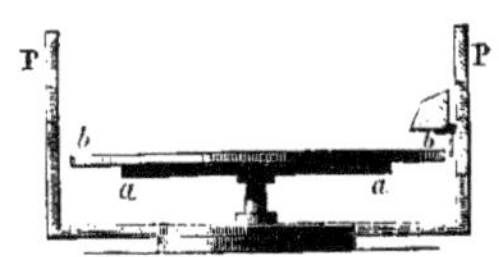

Fig. 343. — Boussole du capitaine Kater; coupe.

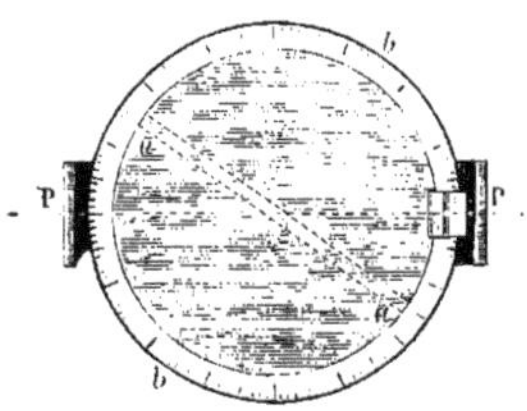

Fig. 344. — Boussole du capitaine Kater; plan.

« Dans la *boussole du capitaine Kater* (fig. 343 et 344) l'aiguille *aa* porte un limbe horizontal divisé *bb;* en même temps qu'on vise un objet au moyen des pinnules PP, l'œil peut apercevoir par double réflexion totale, à travers un prisme *mnpq* (fig. 345), le numéro de la division du limbe qui se présente au-dessous du prisme dans le plan vertical de la ligne de visée. On remplace souvent le prisme par un miroir plan incliné à 45° et qui produit le même effet.

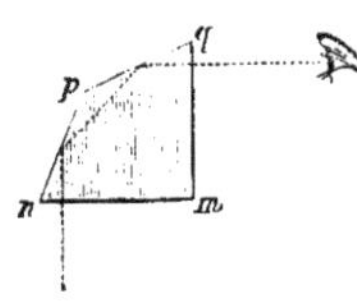

Fig. 345. — Prisme à réflexion totale.

« Dans la *boussole d'Hossard* (fig. 346 et 347), le limbe est fixé à la boîte ; celle-ci porte un couvercle qui s'ouvre à charnière et dont la face interne est un miroir. Dans le plan vertical de symétrie de ce miroir on a tracé une ligne bien visible *ab;* et au milieu du bord opposé de la boîte s'élève une tige verticale *tt* qui peut se rabattre horizontalement quand on veut fermer la boîte. Pour viser un objet, il faut lui tourner le dos, et faire en sorte que son image soit coupée verticalement par la tige *tt*, par l'image de celle-ci et par la raie *ab* du miroir. La mesure de l'angle que fait la ligne

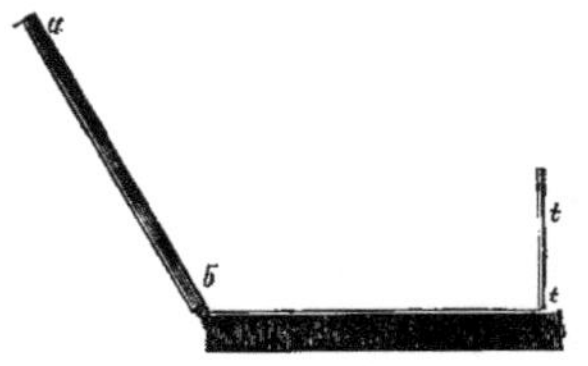

Fig. 346. — Boussole d'Hossard; coupe.

Fig. 347. — Boussole d'Hossard.

de visée avec le méridien magnétique se lit directement sur le limbe en même temps qu'on vise. »

Ces trois boussoles ont des dimensions assez petites pour qu'on les tienne à la main pendant l'expérience et qu'on les mette dans la poche quand elle est terminée.

§ 3. LA BOUSSOLE ET LA RECHERCHE DES MINES DE FER.

Un savant suédois, M. Thalén, a étudié l'influence que le voisinage des minerais de fer d'une certaine étendue produit dans les indications de la boussole de déclinaison, et il a déduit des résultats de cette étude des règles qui peuvent avoir, au point de vue technique, une importance pratique réelle pour l'art de l'ingénieur géognostique.

Quand on observe en un lieu quelconque une boussole de déclinaison, et que, par la méthode des oscillations par exemple, on détermine la valeur de la composante horizontale du magnétique terrestre en ce lieu, cette composante ne varie pas sensiblement en général sur une étendue assez considérable. Mais il en est autrement si l'observateur se trouve en une région où existent, au-dessous du sol, des masses plus ou moins grandes d'oxyde de fer, s'il est en un mot voisin d'un minerai.

En ce cas, l'intensité magnétique qu'il détermine à l'aide de la boussole est la résultante des actions combinées du globe d'une part, et des masses perturbatrices d'autre part. En se déplaçant dans différents sens, il obtiendra des valeurs différentes de l'intensité, parce que si la composante horizontale du magnétisme terrestre reste, comme nous venons de le dire, sensiblement constante, il n'en est plus de même de l'action magnétique des masses de minerai, dont l'épaisseur et la distance à la boussole varient pendant le déplacement de l'observateur. La résultante de ces deux actions varie donc au voisinage des mines de fer, et l'étude de ces variations peut fournir des indications sur l'étendue et la profondeur du gisement.

En prenant la valeur de l'intensité en un grand nombre de points, on trouvera au moins deux points *a*, A, où cette valeur atteint un minimum et un maximum. En réunissant par des lignes les points du terrain où cette intensité est la même et est comprise entre les deux valeurs extrêmes, on aura des courbes qu'on peut appeler *isodynamiques*, par analogie avec les isodynamiques terrestres. Ces deux courbes forment deux systèmes enveloppant, l'un le point d'intensité minimum *a*, l'autre le point d'intensité maximum A, et séparés par une ligne à peu près droite d'où l'intensité est moyenne entre le maximum et le minimum. C'est la *ligne neutre*.

Or M. Thalén a démontré : 1° que la direction générale de la couche de minerai magnétique est celle de la ligne joignant les deux points qui forment les centres des deux systèmes ; 2° que la distance du méridien magnétique du point A au point d'intersection de la ligne neutre avec A*a* est égale à la moitié de la distance du centre de la masse du minerai au sol, si toutefois cette masse est située à une grande profondeur. Le savant suédois déduit de là cette règle pratique, *qu'il faut commencer à creuser, pour l'exploitation, au-dessous du point* A. Cette règle s'applique *à fortiori* au cas où le minerai est très voisin du sol.

Les lois du magnétisme rendent compte des résultats des recherches de M. Thalén. Mais ces résultats ont été confirmés en outre par des vérifications expérimentales faites sur des mines connues et exploitées, d'où il est aisé de conclure que l'emploi de la boussole à la recherche des mines d'oxyde de fer magnétique sera désormais un indispensable ou du moins très utile auxiliaire de l'art de l'ingénieur.

CHAPITRE II

LES PARATONNERRES

§ 1. PRINCIPES QUI SERVENT DE BASES A LA CONSTRUCTION DES PARATONNERRES.

Arago, dans sa belle *Notice sur le Tonnerre*, passe en revue les divers procédés auxquels, depuis l'antiquité jusqu'à Franklin, et même jusqu'à nous, le préjugé populaire ou le préjugé des hommes de science attribue la propriété de dissiper les orages ou de préserver de la foudre. Un grand nombre de ces procédés ne sont que des pratiques ayant pour origine une croyance superstitieuse et ne méritent pas d'être mentionnés. Quelques-uns sont fondés sur des hypothèses que l'expérience n'a pas justifiées, ou au sujet desquelles l'observation a fourni jusqu'à présent des résultats contradictoires.

Par exemple, on a pensé que de grands feux allumés en plein air enlevaient aux nuées, au moins en partie, leurs propriétés fulminantes. C'était l'opinion de Volta, basée sans doute sur ce fait d'expérience, que les flammes, les gaz chauds sont de bons conducteurs de l'électricité. Mais, dans le cas de feux allumés en plein air, les colonnes gazeuses s'élèvent-elles à une hauteur suffisante pour atteindre les nuages orageux? On a cité, en tout cas, des localités où les paysans avaient l'habitude d'allumer, à l'approche des orages, des monceaux de paille, distribués çà et là dans les champs, et ces localités n'avaient pas été, en effet, maltraitées par la foudre ou par la grêle. Mais, d'autre part, des incendies considérables ont eu lieu un peu avant ou pendant de grands orages, sans que les nuées même les plus rapprochées du lieu du sinistre aient paru le moins du monde dépouillées de leur électricité. L'efficacité de ce moyen est donc au moins douteuse.

Un autre moyen de dissiper les nuées de toute espèce, et par conséquent les nuées orageuses, a été assez fréquemment employé par les marins ou par les agriculteurs. C'est celui qui consiste à produire des détonations d'artillerie, à tirer des coups de canon ou de boîtes à feu. Mais les exemples très précis que cite Arago pour et contre cette méthode prouvent qu'elle est loin d'être d'une efficacité certaine. Il n'est même pas prouvé qu'elle ait eu jamais une influence quelconque sur la dispersion des nuages, et l'on pourrait tout aussi bien tirer des faits connus une conclusion opposée.

Il faut en dire autant du son des cloches. L'usage de mettre en branle les cloches des églises pendant les orages n'a pas d'autre origine que la superstition, et le plus sûr effet de cette pratique est de faire courir aux sonneurs un danger réel, pour écarter un danger beaucoup moindre à l'aide d'un secours imaginaire. La foudre, en effet, frappe de préférence les objets élevés, surtout ceux qui, comme les clochers, sont presque toujours surmontés de pièces métalliques isolées.

Depuis Franklin, qui est, comme on sait, l'inventeur des paratonnerres, la science ne peut donc recommander aucun autre moyen de préserver de la foudre les édifices, les maisons et leurs habitants, que cet appareil simple et presque toujours efficace, s'il est construit et établi d'après les conditions que l'expérience et la théorie s'accordent à regarder comme nécessaires.

Le paratonnerre est une application du pouvoir qu'ont les pointes métalliques de décharger les corps électrisés placés dans leur voisinage, et l'idée d'utiliser cette propriété, que l'illustre physicien américain venait de découvrir, était une suite naturelle de son opinion sur l'identité de la foudre et du tonnerre avec les phénomènes électriques. On sait que les expériences qui démontrèrent cette identité eurent lieu presque simultanément, en 1752, en Amérique et en France. Franklin lançait à cette époque, aux environs de Philadelphie, son fameux cerf-volant armé d'une pointe, et tirait des étincelles d'un nuage orageux. Le physicien français Dalibard faisait, à la même époque, la vérification des idées suggérées par Franklin, en établissant une barre de fer isolée, de 14 mètres de hauteur, dans la plaine de Marly-la-Ville.

Peu de temps après, les premiers paratonnerres étaient établis à Philadelphie. D'Amérique, ces appareils passèrent en Europe, et le premier qu'on ait vu en France fut posé à Dijon par Guyton de Morveau.

L'instruction la plus récente[1] sur l'emploi et la construction des paratonnerres est due à une commission de l'Académie des sciences, qui a fait son rapport le 14 janvier 1867, par l'organe de M. Pouillet. C'est ce rapport qui va nous fournir les éléments de notre description.

Commençons par exposer la théorie des nuages orageux et celle de l'action des paratonnerres sur l'électricité qu'ils contiennent.

« 1. Les nuages orageux qui portent la foudre ne sont autre chose que des nuages ordinaires chargés d'une grande quantité d'électricité.

« L'éclair qui sillonne le ciel est une immense étincelle électrique, dont les deux points de départ sont sur deux nuages éloignés et chargés d'électricités contraires.

« Le tonnerre est le bruit de l'étincelle.

« La foudre est l'étincelle elle-même ; c'est la recomposition des électricités contraires.

« Quand l'un des points de départ de l'éclair est à la surface du sol, on dit que le tonnerre tombe, ou plutôt que la foudre

1. Le premier rapport fait sur cette question intéressante date du 24 avril 1784, et la commission qui l'avait élaboré comptait dans son sein Coulomb, Laplace et Franklin lui-même.

En 1799, 1807, 1823 et 1855, des instructions nouvelles furent aussi rédigées par des commissions spéciales et soumises à l'approbation de l'Académie des sciences.

tombe, et que les objets terrestres sont foudroyés. Alors tous les points du sillon de l'éclair sont encore la recomposition ou la neutralisation des deux électricités contraires, dont l'une est fournie par le nuage et l'autre par la terre elle-même.

« Comment la terre, qui est en général à l'état naturel et sans électricité apparente, se trouve-t-elle ainsi chargée d'électricité, et d'une électricité contraire à celle du nuage au moment même où elle est foudroyée?

« Telle est la première question que nous avons à examiner.

« 2. Avant que la foudre éclate, le nuage orageux qui la porte, bien qu'il soit à plusieurs kilomètres de hauteur, agit par influence pour repousser au loin l'électricité de même nom et pour attirer l'électricité de nom contraire. Cette influence tend à s'exercer sur tous les corps, mais elle n'est réellement efficace que sur les bons conducteurs : tels sont, à des degrés différents, les métaux, l'eau, le sol très humide, les corps vivants, les végétaux, etc.

« Le même conducteur éprouve de la part du nuage des effets très différents, suivant sa forme et ses dimensions, et surtout suivant sa parfaite ou imparfaite communication avec le sol.

« Un arbre, par exemple, quand il se trouve dans une terre médiocrement humide, ne reçoit qu'une très faible influence, parce que l'électricité de même nom ne peut pas être repoussée au loin dans cette terre, qui n'est qu'un très mauvais conducteur pour les grandes charges électriques.

« Si cet arbre, au contraire, se trouve dans une terre très humide et d'une vaste étendue, il sera fortement influencé, parce que l'électricité de même nom peut s'étendre au loin dans ce bon conducteur. Enfin, il sera influencé autant qu'il peut l'être, si ce bon conducteur, vers ses limites, est lui-même en bonne communication avec d'autres nappes d'eau indéfinies.

« Quand il s'agit de l'électricité de nos machines, la surface de la terre telle qu'elle se présente est ce qu'on appelle le *sol* ou le *réservoir commun*. On peut l'appeler ainsi, puisque la conductibilité est suffisante pour disperser ou neutraliser toutes ces petites charges électriques.

« Quand il s'agit de la foudre, la terre végétale, dans son état habituel, n'est plus ce que l'on peut appeler le réservoir commun ; elle devient relativement un mauvais conducteur, ainsi que les formations géologiques de diverses natures sur lesquelles elle repose. Il faut arriver à la première nappe aquifère, c'est-à-dire à la nappe des puits qui ne tarissent jamais (nous l'appellerons ici *la nappe souterraine*), pour trouver une couche dont la conductibilité soit suffisante. Celle-ci, à raison de son étendue et de ses ramifications multipliées, ne peut pas être isolée des cours d'eau voisins, et avec eux, avec les fleuves et les rivières, avec la mer elle-même, elle constitue ce qu'on doit appeler le réservoir commun des nuages foudroyants, et par conséquent le réservoir commun des paratonnerres.

« En effet, pendant que le nuage orageux exerce partout au-dessous de lui son influence attractive sur le fluide de nom contraire et répulsive sur le fluide de même nom, c'est surtout la nappe souterraine qui reçoit cette influence avec une incomparable efficacité. Alors toute sa surface supérieure se charge d'électricité contraire que le nuage y accumule par son attraction, tandis que l'électricité de même nom est repoussée et dispersée au loin dans le réservoir commun. Aussi, quand la foudre éclate, les deux points de départ de l'éclair sont, l'un sur le nuage, et l'autre sur la nappe souterraine, qui est en quelque sorte le deuxième nuage nécessaire à l'explosion de la foudre.

« C'est ainsi que le globe de la Terre, sans cesser d'être à l'état naturel dans son ensemble, se trouve éventuellement électrisé sur quelques points par la présence des nuages orageux.

« Les édifices, les arbres, les corps vivants, frappés par la foudre, ne doivent être considérés que comme des intermédiaires qui se trouvent sur son chemin et qu'elle frappe en passant.

« Toutefois il ne faudrait pas en conclure que ces intermédiaires sont essentiellement passifs, et qu'ils ne contribuent jamais à modifier ou même à déterminer la direction du coup de foudre. Il est certain, au contraire, qu'ils exercent à cet égard une action d'autant plus grande qu'ils ont une étendue plus considérable et une conductibilité meilleure. Par exemple, quand un vaisseau est foudroyé au milieu de la mer, il est très probable que la foudre n'a pas pris le chemin qui aurait été géométriquement le plus court pour arriver à l'eau qu'elle cherche et où elle doit être neutralisée par le fluide contraire, mais qu'elle a choisi le chemin qui était électriquement le plus court, à raison des décompositions par influence que le nuage avait préalablement produites sur les mâts, les agrès et autres corps conducteurs du bâtiment, plus ou moins haut placés et plus ou moins conducteurs.

« Ce phénomène est analogue à celui que nous offre l'étincelle tirée à grande distance des conducteurs d'une puissante machine électrique : elle peut être détournée de son chemin le plus direct par la présence d'un ou de plusieurs conducteurs isolés que l'on dispose près de son trajet ; elle vient frapper le même but, mais elle y arrive par une voie électriquement plus courte, bien qu'elle soit plus longue en apparence.

« Ces conducteurs isolés changent ici la direction de l'étincelle ; les intermédiaires dont nous parlions tout à l'heure changent la direction de l'éclair.

« Nous nous bornons au simple énoncé de ce principe fondamental, que nous ne pouvons pas développer ici ; il contient l'explication de tous les mouvements, quelquefois si bizarres, des coups de foudre et de tous les effets destructeurs qu'ils produisent ; on ne peut jamais s'en rendre compte sans en avoir bien reconnu les deux points de départ, et entre ces deux points la série des intermédiaires qui ont été frappés par le sillon de l'éclair, tantôt simple, tantôt multiple. »

Là se termine la partie théorique du rapport, celle qui, dans la pensée des membres de la commission, sert de base aux indications pratiques formulées ensuite pour la construction et l'installation des paratonnerres. Résumons maintenant ces indications dans ce qu'elles ont d'essentiel.

§ 2. DESCRIPTION ET DISPOSITION DES PARATONNERRES.

Un *paratonnerre* n'est autre chose qu'un bon conducteur, non interrompu, dont l'extrémité supérieure s'élève à une hauteur suffisante pour dominer l'édifice qu'il doit protéger et dont l'extrémité inférieure communique largement avec la nappe d'eau souterraine.

Comme la foudre peut fondre ou volatiliser des fils métalliques d'un petit diamètre (jusqu'à 6 millimètres), mais qu'il est sans exemple qu'elle ait pu échauffer, au point de les porter au rouge sombre, des tiges de fer carrées de 15 millimètres de côté, on composera le conducteur des paratonnerres de barres de fer ayant cette dimension.

Le paratonnerre est formé de deux parties principales, la *tige* et le ou les *conducteurs*. Voici la description de chacune d'elles :

La tige de fer, qui forme l'extrémité supérieure, doit être terminée par un cylindre de cuivre rouge de 2 centimètres de diamètre et de 20 à 25 centimètres de longueur, s'ajustant à vis sur la tige (fig. 548). Ce cylindre est lui-même terminé en cône à son sommet. Au-dessous, la tige est carrée et augmente progressivement d'épaisseur jusqu'au point d'insertion avec le conducteur : là, sa section mesure environ 4 à 5 centimètres de côté. Enfin, selon les circonstances, la hauteur totale de la tige varie entre 3 et 5 mètres.

Autrefois on recommandait de terminer la tige par une pointe fine et très aiguë, d'or ou de platine. Il arrivait alors qu'aux premiers temps orageux l'électricité s'écoulait par la pointe, sous forme d'une aigrette lumineuse visible dans les ténèbres; l'air vivement électrisé, en se transportant jusqu'au nuage, neutralisait, pensait-on, une portion du fluide de ce dernier. Mais aussi l'intensité du flux électrique était

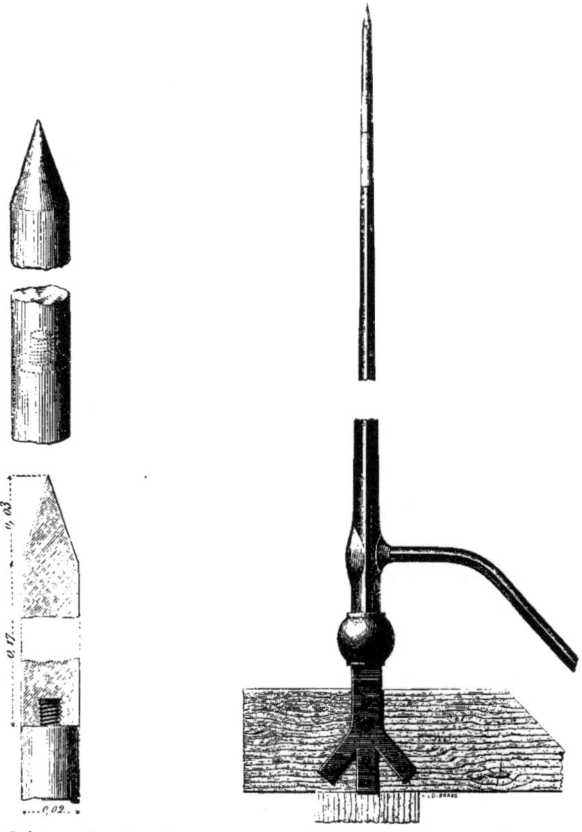

Fig. 348. — Pointe conique de cuivre rouge du paratonnerre.

Fig. 349. — Tige verticale du paratonnerre.

assez vive pour déterminer la fusion de la pointe d'or ou de platine, de sorte qu'au bout de quelque temps la pointe aiguë disparaissait, remplacée par un large bouton de fusion du métal.

L'action préventive de la pointe aiguë provoquant l'écoulement de l'électricité sous forme d'aigrette lumineuse n'était donc assurée que pour un temps limité ; mais c'était là d'ailleurs un faible avantage, s'il est vrai que l'air électrisé par la tige, au lieu d'être transporté jusqu'au nuage, était plutôt emporté latéralement par le vent. Telle est la raison qui fait aujourd'hui donner la préférence aux tiges terminées par un cylindre et un cône de cuivre. Néanmoins, nous verrons plus loin les pointes aiguës préférées dans le système des paratonnerres à pointes multiples.

Ainsi formée, la pointe du paratonnerre donnera plus rarement le spectacle des aigrettes lumineuses ; mais, à raison de sa forme et de la grande conductibilité du cuivre, elle résistera beaucoup mieux à la fusion, sans être moins efficace au point de vue de la protection de l'édifice. L'essentiel est que le courant électrique, qui passe du nuage au paratonnerre quand la foudre éclate, trouve un chemin ininterrompu depuis la tige jusqu'à la nappe d'eau souterraine.

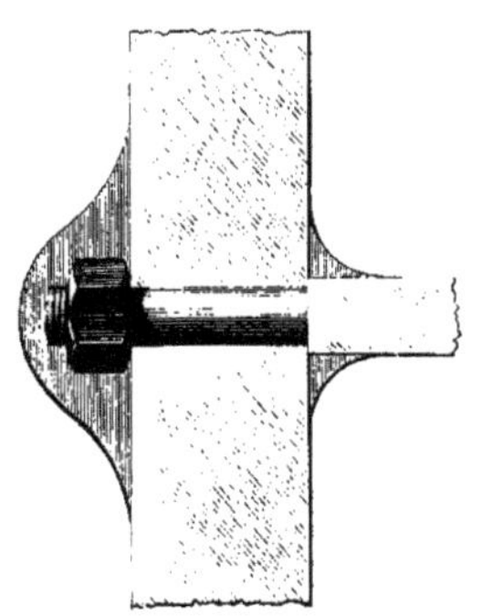

Fig. 350. — Soudure de la tige verticale et du conducteur.

La barre métallique servant de conducteur et ayant, comme on l'a vu, une section d'environ 15 millimètres de diamètre, doit être soudée avec soin à la tige (fig. 350), qui elle-même est solidement fixée à la charpente du faîte de l'édifice. Toutes ses parties successives, horizontales, verticales ou inclinées, seront reliées par des courbes et soudées avec le même soin aux points de jonction. La fixité en sera maintenue par des supports de fer à fourchettes, qui permettent le glissement longitudinal de la barre sans aucun ballottement latéral.

On remplace quelquefois les barres rigides qui forment le conducteur par des câbles composés de trois ou quatre torons de fils de fer goudronnés pour éviter la rouille[1]. Il faut alors veiller à ce que la communication du câble avec la tige ait lieu par le contact le plus large possible des surfaces métalliques de la tige et des fils ; ceux-ci doivent être parfaitement décapés et soudés au fer de la tige.

De plus, condition essentielle, toutes les parties métalliques de l'édifice, les faîtages et chéneaux de plomb ou de zinc, les charpentes ou planchers de fonte ou de fer, devront être reliées ensemble et communiquer toutes avec le conducteur du paratonnerre.

Nous arrivons maintenant à la condition la plus essentielle, à celle qui, négligée, ferait du paratonnerre, au lieu d'un protecteur contre la foudre, un appareil dangereux en temps d'orage. Il faut que le conducteur, une fois arrivé au sol, y pénètre assez profondément pour être en communication constante avec la nappe souterraine. Pour cela, on devra creuser un puits spécial tel, que, dans les plus grandes sécheresses, l'eau y conserve une hauteur d'au moins un mètre. Si des cours d'eau, fleuves ou rivières, assez importants pour ne point tarir dans les sécheresses, si des lacs ou de vastes étangs, se trouvent à proximité du conducteur, il pourra suffire de mettre celui-ci en communication constante avec la masse liquide.

Du reste, rien n'empêche de faire communiquer le conducteur avec la couche supérieure du sol, qui forme un réservoir supplémentaire, quand la pluie l'a suffisamment imbibée; mais cette précaution serait tout à fait insuffisante, si elle n'était combinée avec la condition principale d'un puits où le

1. Le conducteur ne doit jamais être formé par une chaîne métallique; comme dit Pouillet dans l'*Instruction supplémentaire* de l'Académie des sciences, publiée en 1854 : « la forme de chaîne n'est jamais admissible; elle doit être exclue très sévèrement de tout emploi de cette nature. En voici les raisons : les anneaux ne se touchent qu'imparfaitement, à cause des altérations du métal et des souillures diverses qui s'y attachent; et, en admettant même que les surfaces des points de contact soient bien nettes et métalliques, il arrive toujours qu'elles sont trop étroites, et qu'une faible décharge, resserrée sur ces points, suffit pour y mettre le fer en fusion et en combustion. »

conducteur baigne par plusieurs branches, ainsi que le montre la figure 351. Quand une branche latérale est mise en contact avec le sol, on a soin de l'entourer d'une couche de braise, corps bon conducteur de l'électricité, et servant, en outre, à préserver le fer de la rouille.

La surface immergée du conducteur doit être la plus grande possible. Les expériences de Pouillet et celles d'E. Becquerel ont montré que la résistance de l'eau distillée au passage de l'électricité est au moins 900 millions de fois aussi grande que celle du fer. Il faudrait donc, pour que la nappe d'eau où vient baigner le conducteur du paratonnerre ne fût pas foudroyante, que la surface immergée eût une étendue 900 millions de fois aussi grande que celle de la section du conducteur, c'est-à-dire atteignît environ 4000 mètres carrés dans l'hypothèse d'une barre de fer de 15 millimètres de diamètre. En réalité, l'eau des nappes souterraines est loin d'être pure; sa conductibilité dépasse de beaucoup celle de l'eau pure, à cause des sels qu'elle tient en dissolution, et la surface immergée peut être beaucoup moindre. Deux constructeurs, qui se sont beaucoup occupés des conditions d'efficacité des paratonnerres, MM. Perrot et Callaud, ont depuis longtemps appelé l'attention sur ce point délicat.

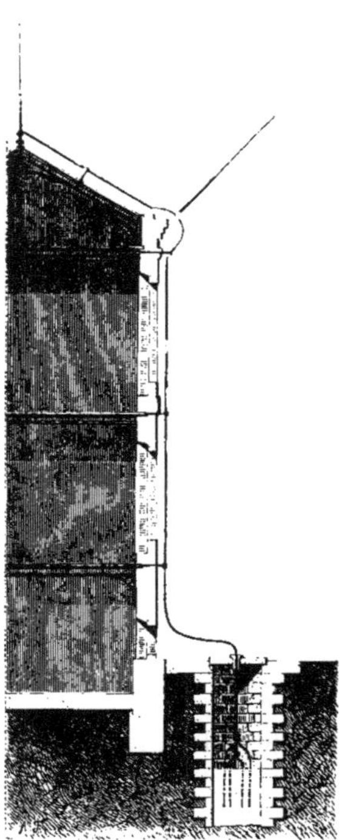

Fig. 351. — Installation d'un paratonnerre : tiges verticales et obliques.

Des faits nombreux démontrent l'efficacité des paratonnerres;

mais, pour que cette efficacité soit réelle, il importe que les appareils établis remplissent toutes les conditions ci-dessus énumérées. Il faut aussi que le nombre des paratonnerres et la hauteur des tiges soient en rapport avec les dimensions des édifices qu'ils doivent protéger. L'expérience a montré que plus est grande la hauteur de la tige verticale au-dessus du faîte de l'édifice, c'est-à-dire au-dessus du point d'insertion de cette tige avec le conducteur, plus la sphère d'action protectrice est considérable. D'ailleurs le rayon de cette sphère est environ égal au double de la hauteur de la tige. Ces données suffisent pour déterminer le nombre des paratonnerres qu'il

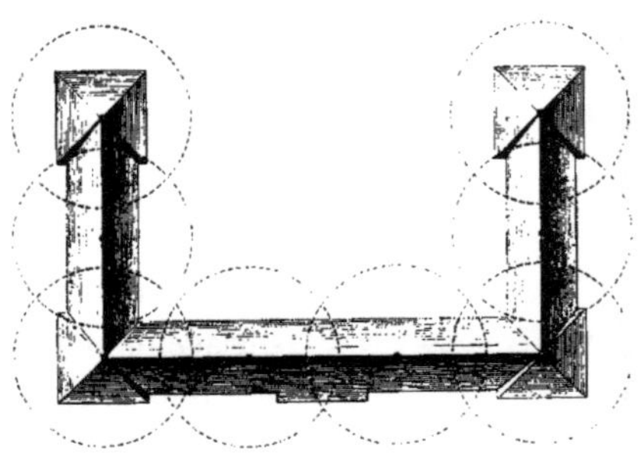

Fig. 352. — Limites de protection d'un système de paratonnerres installés sur un édifice.

faut faire construire sur une maison, un bâtiment quelconque. On peut, avec Arago, donner cette règle générale : « Moins les tiges auront de hauteur, plus elles devront être multipliées. Leur nombre sera suffisant, lorsqu'il n'y aura sur un comble, sur une terrasse, etc., aucun point dont la distance horizontale à la tige la plus voisine soit plus grande que le double de la hauteur de cette tige au-dessus de sa base. »

Des paratonnerres verticaux peuvent suffire quand l'édifice est peu élevé. Dans le cas contraire, les parties latérales ont besoin d'être protégées spécialement, car on a des exemples de bâtiments foudroyés en des points beaucoup moins élevés que leurs sommets. Des tiges placées soit obliquement, soit même horizontalement, auront pour effet de décharger les lambeaux de nuages qui, dans les temps orageux, descendent souvent à peu de distance du sol, et contre lesquels les pointes verticales des paratonnerres n'ont pas d'action neutralisante. Il est bien entendu que ces tiges obliques doivent avoir leurs conducteurs comme les verticales. D'ailleurs il sera avantageux de mettre toutes les tiges des paratonnerres d'un même édifice en communication par des barres métalliques courant le long des faîtages; mais, autant que possible, chacune aura néanmoins son conducteur séparé : plusieurs conducteurs peuvent sans inconvénient se rendre au même puits; mais si l'on réunit plusieurs barres en une seule, il faudra donner à celle-ci une section en proportion avec le nombre des conducteurs qu'elle remplace.

Parmi les édifices qu'il importe le plus de préserver de la foudre, sont les magasins qui contiennent des matières explosives ou fulminantes, les capsuleries, les poudrières, etc. Mais alors, au lieu de surmonter directement les bâtiments de paratonnerres, on préfère entourer l'enceinte de mâts de charpente ou de maçonnerie, à l'extrémité desquels on établit les tiges. La raison de cette disposition et de cette précaution est aisée à comprendre : il ne suffit pas ici d'empêcher les édifices d'être foudroyés; il faut encore éviter le contact du flux électrique, qui s'écoule par les tiges et les conducteurs, avec les masses d'air voisines des magasins où l'on fabrique ou bien où l'on dépose les matières dangereuses. Dans cet air flotte une fine poussière de molécules inflammables, dont il faut éloigner le plus possible le courant de l'électricité orageuse.

Les navires en mer, par la forme et la hauteur de leur mâture, sont fort exposés aux coups de foudre. Aussi est-il très important de les munir d'un ou de plusieurs paratonnerres, dont les tiges verticales sont fixées au sommet des mâts. Les conducteurs peuvent être, soit des barres, soit des câbles métalliques, qui vont rejoindre les hauteurs, et de là l'armure de cuivre de la carène. La communication avec la masse immense de la mer, toujours assurée, rend la protection de ces appareils toujours efficace.

Un Anglais, M. Harris, a imaginé, pour les paratonnerres des navires, un système de conducteurs qui est adopté par la marine militaire anglaise, et qui offre sur les câbles ou barres métalliques l'avantage de se prêter à tous les mouvements, à toutes les positions variables de la mâture. Ce système consiste en larges feuilles de cuivre qui enveloppent le mât et communiquent au doublage du navire. Il en résulte que dans les gros temps, quand les mâts sont brisés par la violence du vent, la foudre trouve toujours un système de conducteurs suffisants pour la décharge du coup et la rendant inoffensive. Arago rapporte que la frégate anglaise *Dryad* se trouva plusieurs fois exposée, sur la côte d'Afrique, aux violents orages que les navigateurs appellent *tornados* (le navire était muni des nouveaux paratonnerres de M. Harris). La matière fulminante descendait alors le long de ces tuyaux de cuivre continus en telle quantité, qu'elle donnait naissance à une sorte d'atmosphère lumineuse et à un bruit semblable à celui de l'eau qui bout très fortement. Le navire fut ainsi toujours préservé.

§ 3. SYSTÈMES DE PARATONNERRES A POINTES MULTIPLES.

D'après des expériences effectuées en 1862 par M. Perrot, les tiges métalliques exercent une action neutralisante d'autant plus considérable que leur pointe terminale est plus aiguë; de plus, il suffit de multiplier les pointes terminales d'une tige métallique pour augmenter son action neutralisante; mais cette action ne s'exerce que dans la région située au-dessus d'un plan horizontal passant par chaque pointe. En rendant compte de ces expériences, M. Gavarret en concluait qu'il y aurait avantage à faire subir quelques modifications à la construction des paratonnerres. Voici en quels termes le savant professeur formulait ces modifications :

1° On rendrait *l'action neutralisante du paratonnerre beaucoup plus efficace* en armant son *extrémité supérieure* d'une couronne de pointes;

2° On le mettrait à l'abri des coups foudroyants lancés latéralement sur la tige par les lambeaux de nuages orageux rabattus par le vent, en armant cette tige, de la base au sommet d'un certain nombre de pointes latérales convenablement disposées et espacées. Ces pointes multiples, tout en augmentant considérablement la quantité d'électricité fournie par le paratonnerre dans un temps donné, auraient l'avantage de diviser les flux. Chacune d'elles ne serait ainsi traversée que par un courant trop faible pour la fondre, même par les orages les plus violents.

Les paratonnerres à pointes multiples sont aujourd'hui adoptés dans divers pays, notamment en Belgique, où des physiciens distingués, MM. Glœsener, Melsens, ont étudié les conditions de leur établissement sur les édifices publics et privés. Selon M. Melsens, « au lieu d'employer une seule tige longue et pointue, d'un placement coûteux, il est plus avantageux d'employer des aigrettes à 6 ou 7 pointes, hautes de 1 mètre à $1^m,50$ ou 2 mètres au plus, et d'en multiplier le nombre sur les conducteurs, ce qui peut se faire à très peu de frais. En effet, une dizaine d'aigrettes en cuivre de 1 mètre ne coûtent pas autant, avec leurs 60 à 70 pointes effilées, qu'une seule tige de l'ancien modèle, et, si l'on se contente de fer galvanisé, travaillé en pointe, deux ou trois cents pointes, dispersées sur le faîte des édifices, sous forme d'aigrettes à 5, 6 ou 7 pointes effilées, ne coûteront pas autant qu'une tige unique de hauteur moyenne. J'emploie en général, dit le même savant, des aigrettes assez courtes, de $0^m,50$ à $1^m,50$ et même 2 mètres, dont les pointes sont inclinées à 45° et étalées en éventail ou en corbeille, autour de la pointe centrale, plus longue que les autres; elles ont de $0^m,006$ à $0^m,008$ de diamètre à la base. On peut les prendre en cuivre rouge ou en fer zingué; on peut employer aussi un fil de fer zingué, terminé par une pointe effilée en cuivre rouge, disposition analogue à celle employée par l'Académie pour les grandes tiges. »

C'est d'après ce système que l'Hôtel de Ville de Bruxelles a été muni d'un système protecteur de pointes et d'aigrettes très nombreuses surmontant la flèche et toutes les parties saillantes, clochetons, faîtes, etc., et reliées par un réseau de conducteurs qui enferment tout l'édifice comme dans une sorte de cage métallique. La communication avec la terre est d'ailleurs

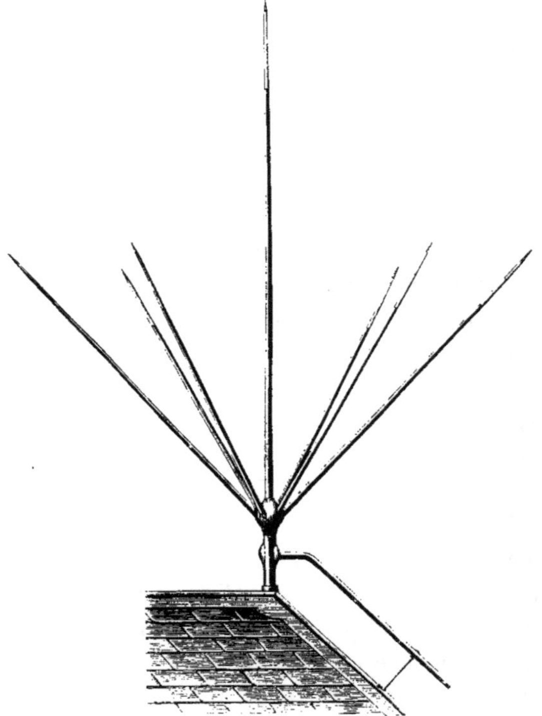

Fig. 355. — Paratonnerre à pointes multiples.

très largement établie; les conducteurs du paratonnerre aérien aboutissènt dans une caisse de fonte galvanisée d'où partent trois séries de fils souterrains : l'une des séries aboutit à un puits; les deux autres sont reliées aux tuyaux de conduite d'eau et de gaz.

Le monument du roi Léopold, à Laeken, est protégé par un

semblable système d'aigrettes et de conducteurs multiples : un modèle de cet édifice a figuré à l'Exposition d'électricité de Paris, en 1881, et l'on a pu se rendre compte de tous les détails d'application du système Melsens.

En France, on cite la maison de sûreté de Nîmes au nombre des édifices publics où les paratonnerres à pointes multiples ont été adoptés. Une communication faite à ce sujet, en 1879, à la réunion des *Sociétés savantes des Départements*, tenue à la Sorbonne, a donné lieu à une remarque d'un des assistants, remarque que nous croyons intéressante à reproduire. D'après M. Alluard, le système de paratonnerre en question existait depuis vingt ans au Puy de Dôme, ce qui fait remonter l'invention à une époque antérieure de trois ans à la communication mentionnée au début de ce paragraphe et due à M. Perrot.

CHAPITRE III

LA TÉLÉGRAPHIE ÉLECTRIQUE

§ 1. INVENTION DE LA TÉLÉGRAPHIE ÉLECTRIQUE.

La *télégraphie*, ou l'art de communiquer à distance, de manière à transmettre des ordres, des nouvelles, des instructions d'une façon détaillée et précise, est une invention toute moderne, un art pour ainsi dire contemporain. Nous avons dit, dans le chapitre consacré à la téléphonie, quels étaient les moyens élémentaires de communication dont tous les peuples ont usé, de temps immémorial, pour correspondre rapidement à des distances considérables : les signaux de feu, les porte-voix, la voix humaine transmise de vedette en vedette, les coups de canon, les signaux maritimes consistant en combinaisons d'objets visibles, tous ces procédés reposaient sur la propagation rapide, sinon instantanée, de deux agents physiques, l'un néanmoins beaucoup plus lent que l'autre, le son, la lumière.

Mais ce n'est qu'à la fin du dernier siècle que l'on songea à perfectionner la télégraphie, de façon à la faire servir à la transmission des dépêches gouvernementales, à assurer le secret de ces dépêches, tout en leur donnant le même degré de précision que le langage lui-même. Les télégraphes aériens de Chappe furent adoptés en 1793 par la Convention nationale, et peu après se répandirent dans tous les pays civilisés. Mais, avant même qu'ils fussent conçus, des essais se faisaient dans une voie toute différente : une science nouvelle, l'électricité, était venue révéler l'existence d'un agent qui se propageait avec une vitesse comparable à celle de la lumière, et la pensée d'utiliser les phénomènes de cet ordre pour les communications rapides se fit jour de tous côtés. Cinquante années étaient à peine écoulées, que le télégraphe électrique était inventé et détrônait le télégraphe aérien.

Aujourd'hui, les fils métalliques qui servent à transmettre la pensée humaine avec la vitesse de la foudre, pour les besoins du commerce, de la politique, de la science, aussi bien que pour les correspondances privées, sillonnent le globe tout entier. Ils forment un réseau d'une prodigieuse longueur, qui ne couvre pas seulement les continents, mais qui traverse les océans et les mers et unit toutes les nations du monde, d'Europe aux Indes, en Afrique, en Australie, en Amérique. Du continent américain, cette merveilleuse chaîne va bientôt, traversant toute l'étendue du Pacifique, rejoindre le Japon et la Chine, et compléter ainsi l'enlacement du sphéroïde terrestre. Nous donnerons plus loin la statistique de la télégraphie électrique universelle. Achevons d'esquisser l'histoire de cette invention merveilleuse.

Pour donner cette histoire dans tous ses détails, c'est un chapitre, disons mieux, c'est un volume entier qu'il nous faudrait. Il nous suffira d'en marquer rapidement les principales phases, et de montrer comment ces phases se relient aux progrès mêmes de la science.

Avant l'invention de la pile, les projets de communication électrique, bien qu'assez nombreux, ne produisirent aucune application sérieuse pratique. Dans le système de Lesage (1774), l'électricité d'une machine se transmettait, par des fils métalliques isolés, à des électroscopes dont les mouvements marquaient les lettres de l'alphabet : il y avait donc vingt-quatre fils, autant que de lettres. Plus tard, en 1798, Béthencourt substitua les décharges d'une bouteille de Leyde à celles d'une machine ordinaire, et le système fut appliqué entre Aranjuez et Madrid, sur une distance qui n'est pas moindre de 44 kilomètres. C'est un système analogue qu'avait construit, dès 1787, le physicien français Lomond. Reiser en 1794, Cavallo en 1795, Salva en 1796, et enfin Ronald en 1823, utilisèrent également l'électricité statique pour la transmission de signaux, en modifiant le mode d'indication, par exemple en employant les étincelles qu'on fait jaillir sur des carreaux étincelants.

La découverte de la pile dirigea les inventeurs dans une voie plus intéressante et plus voisine de la solution vraie. L'Américain Coxe en 1800, Sœmmering en 1811, et enfin Schweigger, l'inventeur du multiplicateur, en 1828, eurent successivement l'idée d'utiliser les propriétés chimiques du courant voltaïque. Les bulles d'oxygène et d'hydrogène provenant de la décomposition de l'eau indiquaient, en se dégageant à l'une des stations, divers signaux convenus qu'on produisait à l'autre station, c'est-à-dire à l'extrémité opposée des fils conducteurs, par des interruptions successives du courant.

Un nouveau progrès de la science, la découverte de l'action des courants sur l'aiguille aimantée (Œrsted, 1820), fut le point de départ de nouvelles recherches, qui enfin conduisirent au but. L'année même de cette découverte capitale, Ampère définissait ce but, et indiquait en ces termes les moyens de l'atteindre :

« On pourrait, dit cet illustre physicien et philosophe, au moyen d'autant de fils conducteurs et d'aiguilles aimantées qu'il y a de lettres, établir à l'aide d'une pile placée loin de ces aiguilles, et qu'on ferait communiquer alternativement par ces deux extrémités à celles de chaque conducteur, former une sorte de *télégraphe* propre à écrire tous les détails qu'on voudrait transmettre, à travers quelques obstacles que ce soit, à la personne chargée d'observer les lettres placées sur les aiguilles. En établissant sur la pile un clavier dont les touches porteraient les mêmes lettres, et établiraient la communication par leur abaissement, ce moyen de correspondance pourrait avoir lieu avec facilité, et n'exigerait que le temps nécessaire pour toucher d'un côté et lire de l'autre chaque lettre. »

L'idée d'Ampère ne fut pas réalisée telle qu'il l'avait formulée; le nombre des galvanomètres, dont chacun devait correspondre à une lettre de l'alphabet ou à tout autre signe à transmettre, eût été trop considérable; mais on verra bientôt, quand nous décrirons le télégraphe électromagnétique à aiguilles, que c'est le même principe qui a présidé à sa construction. C'est à un savant anglais, Wheatstone, qu'on doit les perfectionnements et les simplifications qui ont donné à la conception d'Ampère toute son importance pratique.

Mais, avant d'en arriver à une réalisation complète, cette conception fut appliquée de diverses manières : par Schilling en 1833, par Gauss et Weber en 1835, par Richtie et Alexander en 1837. Le premier de ces savants appliqua son système à Saint-Pétersbourg, mais sur une petite échelle. « Cinq fils de platine renfermés dans un câble de soie aboutissaient, chacun par l'une des extrémités, à un multiplicateur, et, par l'autre, à un clavier semblable à celui d'un piano. On lançait le courant d'une pile dans l'un quelconque des fils, en abaissant la touche qui lui correspondait, et, suivant le sens du courant, l'aiguille était déviée d'un côté ou de l'autre : ce qui formait, avec les cinq aiguilles, dix signes différents. MM. Richtie et Alexander construisirent en 1837, à Édimbourg, un appareil dans le même système. Il y avait trente aiguilles, correspondant à autant de fils tendus entre les deux stations et à un égal nombre de signes. MM. Gauss et Weber employèrent aussi ce genre d'appareil pour faire communiquer le cabinet de physique et l'observatoire de Gœttingue. » (Daguin.) Toutefois le courant transmis était d'origine électromagnétique : les déviations à droite et à gauche de l'aiguille du galvanomètre correspondaient aux mouvements d'une bobine, reliée aux fils de la ligne, autour d'un fort aimant cylindrique; d'où naissaient des courants alternativement de sens contraires.

L'époque arrive (1837 et 1838) où la télégraphie électrique va passer de la période des tâtonnements et des essais dans celle de la réalisation vraiment pratique, et les noms des Wheatstone, des Steinheil, des Morse, des Masson, des Bréguet, rappellent les importants travaux, découvertes et perfectionnements qui caractérisent les divers systèmes successivement adoptés. Nous allons donc laisser là les aperçus historiques, pour entrer dans la description de ces systèmes; mais nous devons, en terminant, rappeler encore, par un exemple, à quel point les applications de la science sont liées aux progrès purement scientifiques. Sans la découverte de piles nouvelles, sans la substitution des courants constants aux courants des premières piles, dont l'intensité décroissait si rapidement, il est probable que l'art merveilleux de la télégraphie électrique serait encore dans l'enfance. Ce serait une application curieuse de la physique, non une invention d'une utilité et d'un usage universels.

§ 2. LE TÉLÉGRAPHE ÉLECTRIQUE. — THÉORIE GÉNÉRALE.

Nous avons vu qu'un morceau de fer doux, autour duquel s'enroule une hélice ou spirale faite d'un fil métallique isolé, constitue un *électro-aimant*, c'est-à-dire un aimant temporaire, un aimant dont la puissance magnétique subsiste pendant la durée du passage d'un courant électrique, et cesse dès que ce courant est interrompu. Nous savons aussi que cette aimantation temporaire est instantanée; qu'elle cesse avec la même rapidité qu'elle a pris naissance. Il en résulte que si, par un moyen quelconque, on parvient à faire passer un flux d'électricité dans l'hélice de l'électro-aimant, puis à l'anéantir dans une série rapide d'opérations composées de cette double opération élémentaire, l'attraction des pôles de l'aimant pour son armature se reproduira et cessera le même nombre de fois. Cette propriété est utilisée pour obtenir une suite de mouvements alternatifs de l'armature; il suffit, pour cela, d'armer celle-ci d'un ressort qui la maintienne à une faible distance des pôles, sans l'empêcher d'arriver au contact toutes les fois que passe le courant.

Sur ce principe, on a basé la construction de machines qui ont reçu le nom de *machines électromotrices*, parce qu'en effet l'électricité est la source du mouvement qu'elles produisent. Ce mouvement, qu'on a cherché à utiliser au point de vue purement mécanique, ainsi que nous le verrons dans un chapitre ultérieur, sert à la production de signaux qu'on peut transmettre avec une très grande rapidité à des distances considérables, grâce à la vitesse énorme avec laquelle se propage l'électricité dans un fil conducteur. Tel est, réduit à sa plus grande simplicité, le mode de mouvement le plus généralement adopté dans les divers systèmes qui composent la télégraphie électrique.

Cependant, dans certains de ces systèmes, le courant électrique agit soit directement sur les aiguilles d'un galvanomètre, soit indirectement par ses propriétés chimiques ou électrolytiques. Mais, quel que soit d'ailleurs le mode d'action de l'électricité, un télégraphe électrique se compose toujours nécessairement des quatre parties suivantes :

Premièrement, d'un appareil producteur du courant, c'est-à-dire d'un *électromoteur :* c'est une pile voltaïque ; mais on pourrait employer également, et l'on emploie quelquefois une machine d'induction magnéto-électrique ;

Deuxièmement, d'un appareil de transmission, formant un circuit ou *conducteur* électrodynamique : c'est le fil ou les fils de ligne reliant les stations de départ et d'arrivée des signaux ;

En troisième lieu, d'un appareil producteur de signaux qu'on nomme le *manipulateur :* c'est celui que manie la personne qui expédie la dépêche ;

Enfin, en dernier lieu, d'un appareil récepteur, où les signaux expédiés se reproduisent à la station d'arrivée : c'est ce qu'on nomme le *récepteur*.

Nous verrons bientôt qu'il y a dans un télégraphe électrique d'autres appareils secondaires, tels que les sonneries ou avertisseurs, les relais, les paratonnerres ; nous les décrirons en leur lieu.

Tels sont les principes de la télégraphie électrique, telle qu'elle a été jusqu'à présent pratiquée. Le nombre des systèmes qui ont été et qui sont encore en usage dans le réseau universel est assez grand. Nous ne pouvons nous proposer de décrire que les plus usités, et parmi ceux-ci les systèmes les plus originaux, c'est-à-dire ceux qui se distinguent par une idée caractéristique, par un mécanisme spécial ou un mode particulier de signaux. A ce dernier point de vue, on peut classer les divers télégraphes électriques connus en cinq groupes :

1° Les *télégraphes à aiguilles*. Ce sont ceux dont les récepteurs sont composés d'aiguilles aimantées soumises à l'action immédiate du courant qui circule dans le fil de ligne : il en résulte des déviations à droite ou à gauche qui sont les éléments mêmes des signaux.

2° Les *télégraphes à cadran*, dont le récepteur consiste en un cadran muni d'une aiguille indicatrice dont la marche est réglée par un électro-aimant, soumis lui-même à l'action du courant alternativement lancé dans le fil et interrompu.

3° Les *télégraphes écrivants*, où la dépêche expédiée se trouve tracée dans le récepteur, sur une bande de papier qui se déroule d'une manière continue; les traits gaufrés ou marqués à l'encre sont produits par un style dont le mouvement est dû au passage et à l'interruption du courant.

4° Les *télégraphes imprimeurs*, où la dépêche est elle-même imprimée en caractères typographiques et ne nécessite dès lors aucune traduction.

5° Enfin les *télégraphes autographiques*, qui reproduisent non seulement le texte, mais le fac-simile même de l'écriture de la dépêche; de sorte que des signatures, des dessins peuvent être expédiés et reproduits avec leur forme originale. Ces appareils ont reçu aussi, pour ce motif, le nom de *pantélégraphes* (du grec πᾶν, qui signifie *tout*).

Abordons maintenant dans les détails de leur mécanisme les principaux systèmes de télégraphie dont on vient de lire l'énumération.

§ 5. LES TÉLÉGRAPHES ÉLECTRIQUES A AIGUILLES.

Commençons par les *télégraphes à aiguilles*, qui, nous l'avons vu plus haut, sont ceux qui ont reçu les premiers la sanction d'une expérience sérieuse et pratique.

C'est à M. Wheatstone qu'en est due l'invention.

A l'origine, cet illustre électricien anglais employait cinq galvanomètres, ce qui exigeait, en y comptant le fil de retour, six fils de ligne. Voici comment étaient disposées les cinq aiguilles. Elles se trouvaient rangées au devant et sur la ligne centrale d'un losange, et les galvanomètres correspondants étaient placés derrière le cadre, ainsi que les bouts des fils de chacun d'eux. Quand, à l'aide du manipulateur, on faisait passer le courant à travers deux des cinq galvanomètres dans un sens différent, les deux aiguilles déviaient à la fois, se plaçaient en diagonale et pointaient vers une des lettres inscrites sur le cadre. Par exemple, les aiguilles 1 et 4 (fig. 554), dirigeant leurs pointes supérieures vers le haut du côté gauche du cadre, indiquent la lettre B; le courant passant dans ces deux galvanomètres en sens opposé, les aiguilles dirigent leur pointes inférieures vers le bas du cadre, et marquent la lettre V. Quand une aiguille seule marche, elle indique l'un des chiffres écrits sur les bords inférieurs du cadre.

Deux cadrans semblables reliés par les cinq fils de la ligne donnaient à la fois les mêmes indications, quand l'expéditeur de la dépêche manœuvrait le manipulateur. Dans l'inactivité, tous les circuits se trouvaient fermés les uns par les autres. En appuyant sur deux des boutons marqués des chiffres 7, 8, 9, 10, 11, 12, 13, 14, 15, 16, 17 et 18, placés en deux rangées horizontales différentes, le courant passait à travers les deux galvanomètres correspondants, après avoir suivi à la fois les fils de la ligne et mis en action les mêmes aiguilles du cadran récepteur.

Nous ne décrirons pas le mécanisme du manipulateur de ce

système, qui fonctionna cependant avec succès sur le chemin fer de Londres à Birmingham, mais qui fut remplacé par un système plus simple. En effet, M. Wheatstone, associé avec M. Cooke, le modifia bientôt en réduisant le nombre des galvanomètres à deux et même à un. Il en résulta les télégraphes à une aiguille et à deux aiguilles, qui furent adoptés sur les lignes télégraphiques anglaises et que nous allons décrire. Le mécanisme en est, ainsi qu'on va le voir, d'une grande simplicité.

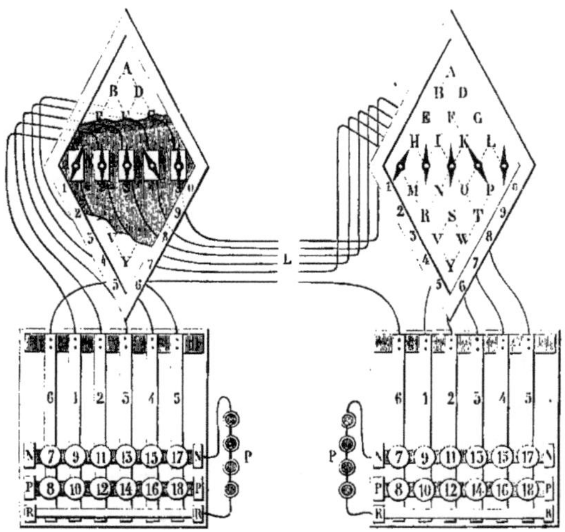

Fig. 554. — Télégraphe à cinq aiguilles de Wheatstone.

La figure 555 représente, à gauche, la face antérieure de l'appareil, qui est identique aux deux stations de départ et d'arrivée. Au centre, on voit l'aiguille extérieure du galvanomètre, dont les déviations à gauche et à droite sont marquées par les chiffres 1 et 3, et sont limitées de chaque côté par un bouton d'ivoire. A la partie inférieure est la poignée du manipulateur, que l'expéditeur tourne à gauche ou à droite, selon le sens de la déviation qu'il veut produire. En combinant l'ordre et le nombre des déviations de l'aiguille à droite et à gauche, il suffit de 1, 2, 3 ou 4 mouvements pour représenter les lettres de l'alphabet, les chiffres de la numération et les signaux de convention.

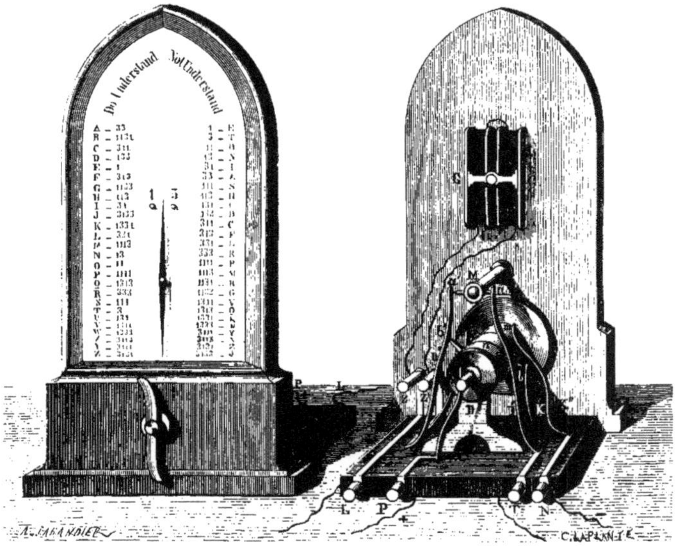

Fig. 355. — Télégraphe à une aiguille de Cooke et Wheatstone ; manipulateur et récepteur.

Voici quels étaient ces signes conventionnels en Angleterre :

A	33	H	113	O	11	V	1311
B	1131	I	31	P	1111	W	1333
C	311	J	3133	Q	1313	X	3113
D	133	K	1331	R	333	Y	3111
E	1	L	331	S	111	Z	3131
F	313	M	1113	T	3		
G	1133	N	13	U	131		

Les chiffres sont indiqués par le nombre et l'ordre des déviations à droite et à gauche de la pointe inférieure de l'aiguille. On passe des lettres aux chiffres et des chiffres aux lettres par un signal convenu. Disons une fois pour toutes que ces combinaisons de signes sont tout à fait arbitraires : ainsi les signaux adoptés en Belgique, pour ce système de télégraphes, étaient différents de ceux qu'on vient de voir. Mais le mécanisme n'est pas changé pour cela.

Voici quel est le manipulateur du télégraphe de Wheatstone à une seule aiguille (*single needle*).

Comme on le voit sur la droite de la figure 355, qui montre l'appareil sur sa face postérieure, le galvanomètre G est placé au centre de la borne verticale qui est représentée sur sa face antérieure dans la même figure. L'aiguille indicatrice est montée sur le même axe que l'aiguille aimantée du galvanomètre : elles sont d'ailleurs toutes deux aimantées, en formant un système compensé, comme dans le galvanomètre de Nobili. Ce qui constitue, à vrai dire, le manipulateur ou commutateur, est situé au-dessous du galvanomètre. Il se compose d'un cylindre de buis porté sur deux tourillons métalliques, dans l'axe de la poignée extérieure, et pouvant tourner, comme elle, à droite ou à gauche. Extérieurement, ce cylindre est enveloppé de deux feuilles métalliques isolées l'une de l'autre, m, n. Le tourillon D est en contact constant avec le ressort R, et aussi avec la feuille n. Deux pointes métalliques b et b' partent de chacune des feuilles, et, selon leur position, viennent buter, la première contre le ressort K, la seconde contre le ressort U. La feuille m est en contact permanent avec le ressort K″. On voit en M une tige métallique

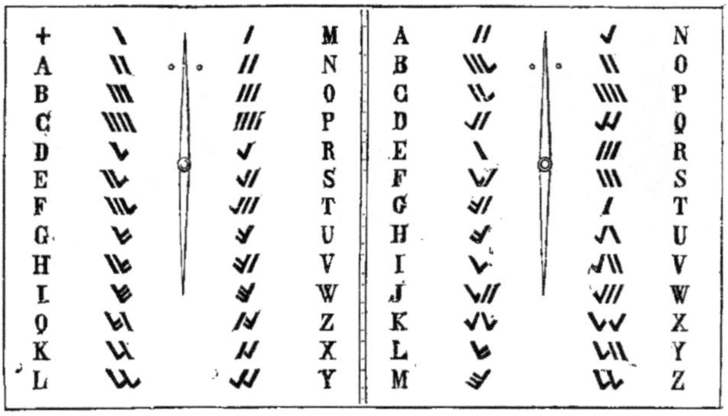

BELGE.		ANGLAIS.	
+	M	A	N
A	N	B	O
B	O	C	P
C	P	D	Q
D	R	E	R
E	S	F	S
F	T	G	T
G	U	H	U
H	V	I	V
I	W	J	W
Q	Z	K	X
K	X	L	Y
L	Y	M	Z

Fig. 356. — Vocabulaire belge et vocabulaire anglais du télégraphe à une aiguille.

munie latéralement de deux pointes qui, selon la position de la poignée, touchent en *a* et *a'*, soit le ressort U', soit le ressort U. Enfin les fils du galvanomètre aboutissent aux deux bornes Z et Z', reliées elles-mêmes, la première avec la borne L du fil de ligne, la seconde avec les ressorts U'K' et le fil du pôle positif de la pile; d'autre part, les ressorts K et U sont reliés au fil de terre T, et K'' au fil négatif N de la pile.

Cela posé, imaginons la poignée du manipulateur verticale. En ce cas, les pointes *b*, *b'* sont elles-mêmes verticales, et les parties métalliques du cylindre restent isolées : le courant de la pile ne peut passer de l'une à l'autre, ni par suite entrer dans les fils du galvanomètre.

Supposons la poignée tournée à droite : c'est le cas de la figure 355. Les deux pointes *b* et *b'* appuient contre les ressorts K et U', éloignant ce dernier du contact de la pièce M. Le courant suivra alors le chemin marqué par la série des lettres correspondantes aux diverses pièces du manipulateur, dans l'ordre que voici : PRD*nb'*Z'GZL; le courant qui arrive ainsi dans le fil de ligne, après avoir fait dévier à droite la pointe supérieure de l'aiguille du galvanomètre expéditeur, poursuit sa route, entre dans l'appareil récepteur et fait dévier dans le même sens l'aiguille de son galvanomètre, puis il se perd dans la terre. Comme nous le verrons plus loin, la terre joue le rôle de fil de retour, de sorte que le pôle négatif de la pile de l'appareil expéditeur achève le circuit par l'intermédiaire des pièces TK*bm*K''N.

Quand, au contraire, la poignée est tournée à gauche, le sens du courant est renversé, par le fait des pointes *b* et *b'*, dont la première appuie sur le ressort K', la seconde sur le ressort U qu'elle éloigne en même temps de la pièce M. Le chemin suivi par le courant est alors indiqué par la série des lettres :

NK''*mb*K'Z'GZL, la ligne, puis TU*b'n*RP.

Le courant a circulé en sens contraire, et dévié à gauche

l'aiguille du galvanomètre expéditeur en même temps que celle du récepteur.

On voit donc que le courant voltaïque, dans ce système, traverse à la fois et dans le même sens les galvanomètres des deux postes télégraphiques extrêmes; il est interrompu simultanément dans l'un et dans l'autre. Les signaux expédiés se trouvent donc reproduits au même instant.

Le *télégraphe à deux aiguilles* des mêmes inventeurs est basé

Fig. 357. — Télégraphe à deux aiguilles.

sur le même principe que le précédent. Les deux appareils du poste expéditeur et du poste récepteur sont composés chacun d'un double galvanomètre et d'un double manipulateur, d'ailleurs indépendants l'un de l'autre. L'employé qui les manœuvre prend, de chaque main, les deux poignées qui font mouvoir les manipulateurs de droite et de gauche; puis il les tourne dans un sens ou dans l'autre, séparément ou simultanément, de manière à reproduire les signaux qui constituent l'alphabet et les chiffres conventionnels dont la figure 358 donne le tableau.

Au sommet de l'appareil (fig. 357) est la sonnerie, qui sert à annoncer l'envoi d'une dépêche. Sur le côté sont deux bandes métalliques qui servent à mettre la sonnerie en communication avec le courant de la ligne. L'employé récepteur, une fois prévenu, répond par un signal convenu qu'il est prêt à recevoir, puis il tourne la poignée qu'on aperçoit sur le côté de l'appareil, de manière à supprimer la communication électrique avec la sonnerie et à interrompre le carillon pendant toute la durée de la réception.

Le cadran placé en bas des poignées des manipulateurs est

Aiguille gauche		*Les deux aiguilles ensemble*			*Aiguille droite*	
+	\	R ou 8	\	\	\	H ou 4
A	\\	S	\\	\\	\\	I
B	\\\	T	\\\	\\\	\\\	K
C ou 1	\/	U ou 9	\/	\/	\/	L ou 5
D ou 2	✓	V ou 0	✓	✓	✓	M ou 6
E ou 3	/	W	/	/	/	N ou 7
F	//	X	//	//	//	O
G	///	Y	///	///	///	P
		Z	/	\		
		Q	\	/		

Fig. 358. — Vocabulaire du télégraphe à deux aiguilles.

muni d'une aiguille qui, suivant sa position sur le cadran, soustrait tel ou tel poste de la ligne à l'action du courant, ou divise la ligne en deux fragments indépendants. C'est ce qu'on nomme l'*appareil silencieux*. Grâce à ce commutateur, on peut restreindre la communication télégraphique aux stations directement intéressées, et le service peut continuer indépendamment entre toutes les autres.

Dans les télégraphes à deux aiguilles, comme dans le télégraphe à une aiguille, les déviations sont limitées par deux petites colonnettes d'ivoire, qui ont en outre l'avantage de faire saisir à l'oreille, par les petits coups secs de l'aiguille sur l'ivoire, le nombre des battements.

D'autres inventeurs ont construit divers systèmes de télégraphes à aiguilles qui ont fonctionné avec succès. Nous citerons quelques-uns d'entre eux, en indiquant seulement le principe de leur construction.

Mentionnons d'abord le télégraphe à deux aiguilles de M. Glœsener, qui n'est autre chose qu'une modification de celui de M. Wheatstone. Cette modification consiste principalement dans l'adjonction au multiplicateur du récepteur de deux électro-aimants, dont chacun réagit sur un pôle différent des trois aiguilles aimantées composant le galvanomètre. L'hélice magnétisante de ces électro-aimants est la continuation du multiplicateur. D'après M. Glœsener, cette addition double la force de l'appareil de Wheatstone.

Le télégraphe à une aiguille de M. Bain repose sur un principe différent de ceux qu'on vient de décrire. L'organe électro-magnétique est un électro-aimant dont les bobines réagissent sur deux aimants permanents en forme de demi-cercles, mobiles autour d'un axe qui porte l'aiguille indicatrice. Les attractions et répulsions simultanées dans un sens ou dans l'autre, produites dans les pôles de l'électro-aimant et des aimants permanents par le passage du courant voltaïque, font dévier l'aiguille à gauche ou la ramènent dans sa position verticale. Le manipulateur est un simple commutateur à renversement de pôles, qu'on manœuvre à l'aide d'une manivelle : des ressorts à boudin ramènent celle-ci dans la verticale. Le télégraphe Bain a fonctionné dès 1846 sur la ligne d'Édimbourg à Glasgow.

Le télégraphe à aiguilles d'Henley a pour organe moteur une machine magnéto-électrique. Un électro-aimant peut tourner au devant des pôles d'un fort aimant permanent en forme de faisceau en fer à cheval. A l'aide d'une pédale d'ivoire qu'on presse avec le doigt, on fait naître un courant d'induction qui circule dans la ligne et le récepteur, et, aussitôt le doigt levé, un second courant de sens contraire. Le récepteur est lui-même un électro-aimant muni de deux morceaux de fer doux à ses deux pôles : c'est entre ces morceaux en forme de fer à cheval qu'est placée l'aiguille aimantée, dont les déviations sont répétées par une aiguille indicatrice parallèle montée sur le même axe. Les signaux du télégraphe d'Henley sont semblables à ceux du vocabulaire Morse qu'on trouvera plus loin.

Enfin, deux de nos compatriotes, MM. Foy et Bréguet, ont imaginé un système de télégraphe à aiguilles ayant pour objet de reproduire les signaux du télégraphe aérien de Chappe. Ce système a fonctionné dès 1845 sur la ligne de Paris à Rouen (145 kilomètres), et a donné, paraît-il, d'excellents résultats.

Fig. 559. — Récepteur du télégraphe à aiguilles, système Foy et Bréguet.

Comme le télégraphe à deux aiguilles de Wheatstone, il exigeait deux fils de ligne; mais les inventeurs ont construit des appareils à une seule aiguille, n'exigeant qu'un fil et donnant encore de 100 à 120 signaux par minute.

La figure 559 représente le récepteur, qui est formé de deux appareils symétriques et indépendants, correspondant chacun avec une des aiguilles indicatrices. Ces aiguilles, moitié noires et moitié blanches, peuvent prendre chacune huit positions autour de leurs centres, deux horizontales, deux verticales et quatre à 45° de chacune des autres, ce qui donne un nombre total de 64 signaux disponibles. Le mécanisme du récepteur a beaucoup d'analogie avec celui du télégraphe à cadran Bréguet, que nous décrirons plus loin en détail. En tournant la poignée M du manipulateur, qui est double aussi (fig. 360), et lui donnant l'une des huit positions correspondant aux huit crans d'une roue fixe, on fait mouvoir une autre roue montée sur l'axe de la manivelle et sur le plan de laquelle est tracée une gorge creuse et sinueuse. Le ressort Bc prend alors, soit la position qu'on lui voit dans la figure, et alors la pièce l touche la pièce métallique v, soit une position plus rapprochée du centre; l va en ce cas toucher la pièce gauche v'. Les deux pièces v et v' sont isolées par un morceau d'ivoire de la partie métallique du manipulateur, auquel aboutissent les fils de la pile, de la ligne et du récepteur. Il y a donc tantôt passage, tantôt interruption du courant, ce qui produit dans le récepteur des mouvements correspondants de l'aiguille indicatrice.

Fig. 360. — Manipulateur du télégraphe à aiguilles Foy et Bréguet.

La figure 361 donne le vocabulaire alphabétique qui était adopté pour le télégraphe à aiguilles français. Le trait horizontal est commun à tous ces

A	N
B	O
C	P
D	Q
E	R
F	S
G	T
H	U
I	V
J	W
K	X
L	Y
M	Z

Fig. 361. — Vocabulaire du télégraphe à aiguilles Foy et Bréguet.

signaux et n'exige aucune opération. Sept lettres, A, B, C, D, E, F, G, W, ne demandent que l'action du manipulateur de gauche; six lettres, H, I, K, M, N, O, que celle du manipulateur de droite. Les treize autres signes exigent le mouvement simultané des deux manipulateurs et des deux appareils. Ce système a été employé longtemps par les administrations des lignes télégraphiques françaises.

§ 4. LES TÉLÉGRAPHES ÉLECTRIQUES A CADRAN. — SYSTÈME BRÉGUET.

Le *télégraphe électrique à cadran* est surtout employé dans le service des chemins de fer, ou dans les lignes secondaires du réseau télégraphique de France. La principale raison de la préférence donnée à ce système par les administrations des voies ferrées consiste dans la facilité de manœuvre de l'appareil, qui, après un très court apprentissage, permet à un employé quelconque des lignes de manipuler pour l'envoi d'une dépêche et de lire les signaux à leur réception.

C'est à Wheatstone qu'est due l'invention du premier télégraphe de ce genre : les premiers essais en furent faits en France, en juin 1844, sur le chemin de fer de Paris à Versailles. Depuis, un grand nombre de systèmes analogues ont été expérimentés ou adoptés sur diverses lignes télégraphiques en différents pays. Nous en mentionnerons plus loin quelques-uns des plus remarquables, en indiquant sommairement en quoi diffèrent leurs principes ou leurs mécanismes. Bornons-nous, en ce moment, à décrire le système qui est, de tous les télégraphes à cadran, le plus répandu sur les chemins de fer de France : c'est celui de M. Bréguet, qui est dérivé du télégraphe à cadran de Wheatstone.

Les figures 362 et 363 représentent le manipulateur.

C'est un cadran de laiton porté par trois colonnes métalliques sur un socle horizontal de bois. Deux zones concentriques, divisées chacune en vingt-six secteurs, reproduisent, l'une les vingt-cinq lettres de l'alphabet et une croix, l'autre les nombres successifs de 1 à 10, plus une suite de signes ou des signaux spéciaux. Ces signes étaient, dans l'ancien modèle, remplacés par les nombres de 10 à 25 (fig. 363). Sur un axe qui traverse le centre du cadran est articulée une manivelle M qu'on peut faire tourner dans le sens du mouvement des aiguilles d'une montre, et arrêter sur l'une quelconque des lettres ou sur l'un des chiffres marqués : à cet effet, la manivelle porte une dent

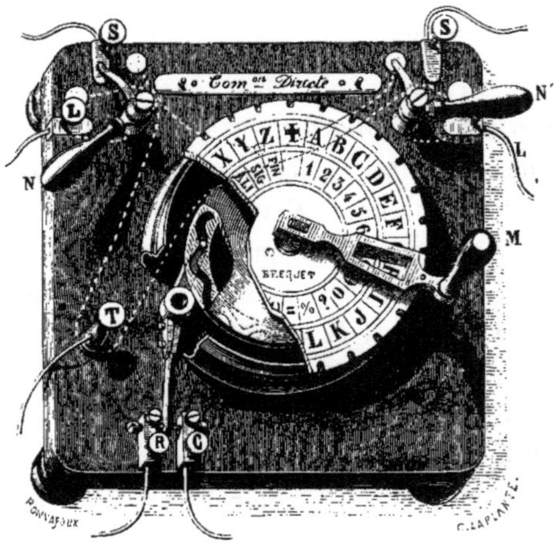

Fig. 362. — Manipulateur du télégraphe à cadran, système Bréguet, nouveau modèle.

qui vient s'engager dans l'échancrure dont la circonférence du cadran est percée au milieu de chacun des vingt-six secteurs.

Le mouvement de la manivelle entraîne celui de son axe et d'une roue mobile dans laquelle est creusée une gorge sinueuse qu'on voit dans la partie du cadran que la figure suppose enlevée. Les sinuosités de cette gorge sont en même nombre que les secteurs, c'est-à-dire qu'elle comprend treize arcs convexes et treize arcs concaves correspondant tous aux lettres ou aux chiffres. Un levier coudé T articulé en *a* (fig. 363) porte une petite tige sur laquelle roule un galet d'acier trempé. Le mouvement de la roue se communique ainsi au galet qui entre dans la gorge sinueuse, de sorte que l'extrémité du levier, tantôt s'approche, tantôt s'éloigne du centre, exécutant ainsi autant d'oscillations que la manivelle parcourt de divisions successives sur le cadran.

Voyons maintenant comment ce mouvement imprimé à la manivelle du manipulateur permet de produire une série d'envois et d'interruptions du courant dans le fil de la ligne. Mais auparavant il faut décrire les diverses pièces du manipulateur et les communications qu'elles permettent d'établir entre les piles, les fils de ligne et les appareils eux-mêmes.

Fig. 363. — Manipulateur Bréguet, ancien modèle.

Le fil qui part du pôle positif de la pile arrive à la borne R, qui est reliée par une bande métallique à la vis P. En face de la pointe de cette vis est celle d'une autre vis Q, laquelle communique de la même manière avec la borne R', où aboutit le fil du récepteur. C'est entre les pointes de ces vis qu'oscille la branche du levier T, qui touche tantôt l'une, tantôt l'autre. Supposons le manipulateur au repos ou sa manivelle sur la croix : c'est la position indiquée par la figure 363. En ce cas, le courant ne passe pas, le circuit n'est pas fermé, et il en est de même toutes les fois que le levier a la même position, c'est-à-dire toutes les fois que la manivelle passe sur une division paire, sur les lettres B, D, F... ou les chiffres 2, 4, 6... Si, au contraire, la manivelle en mouvement passe devant une division impaire ou s'y arrête, le courant entre par le levier T dans la roue mobile du manipulateur. Il reste à faire voir comment il est lancé dans l'un ou l'autre des fils de ligne, à droite ou à gauche de la station. C'est en L et L' qu'aboutissent ces fils. Les deux languettes métalliques L et L' communiquent d'une façon permanente avec deux commutateurs à ressort *r*, *r'*, qu'on peut tourner à l'aide d'une poignée, et dont les ressorts se placent à volonté sur les languettes S*m*, S' *m'*, ou sur les extrémités de la bande métallique CD.

Veut-on correspondre avec le poste télégraphique de gauche, on place le ressort du commutateur *r* sur *m* ; pour correspondre à droite, c'est le ressort *r'* qu'on appuie sur *m'*. Les deux pièces *m* et *m'* sont reliées métalliquement à la roue mobile du manipulateur. Donc, si le courant de la pile arrive dans celle-ci, elle passe par *m*, le ressort *r*, la borne L et le fil de gauche, par hypothèse. Le courant est lancé dans la ligne, arrive au récepteur du poste, de là dans le fil de terre de ce poste, et revient, par la terre même, au pôle négatif de la pile du poste expéditeur. Même résultat pour la ligne de droite, si c'est le commutateur de droite dont on a placé le ressort sur la languette *m'*.

En résumé, si l'on imprime un mouvement de rotation à la manivelle du manipulateur, de manière à lui faire accomplir une rotation complète, il y aura eu *treize* passages du courant dans le fil de ligne et alternativement *treize* interruptions de ce même courant. Supposons qu'on veuille expédier le mot PARIS, c'est-à-dire envoyer les cinq lettres P, A, R, I, S. Après un avertissement sur lequel nous reviendrons, l'expéditeur fait tourner la manivelle depuis la croix jusqu'à la lettre P, et il la fixe un instant dans l'échancrure correspondante, puis il achève le tour jusqu'au signe +. Il arrête de nouveau la manivelle sur A, revient de nouveau à la croix, puis passe aux lettres R, I, S, de la même manière.

A chaque fois ou à chaque tour, le nombre des envois et des interruptions du courant est de vingt-six, mais il y a un temps d'arrêt correspondant au moment où la manivelle s'arrête sur la lettre qu'on veut expédier. Ces envois et interruptions et ces arrêts sont reproduits dans le même ordre au poste récepteur, et il nous reste à faire voir comment ils se manifestent dans l'appareil récepteur de ce poste, en faisant marcher sur le cadran de cet appareil une aiguille qui reproduit identiquement les mouvements de la manivelle.

Décrivons donc maintenant ce récepteur.

La figure 364 en représente la disposition extérieure. C'est une boîte munie d'un cadran ayant les mêmes divisions que le cadran du manipulateur. A l'intérieur est logé un mouvement d'horlogerie, dont la roue d'échappement et l'aiguille du cadran

Fig. 364. — Récepteur du télégraphe à cadran Bréguet; vue extérieure.

ont même axe ; de sorte que toutes les fois qu'une dent de cette roue échappe, l'aiguille marche d'une division. Le courant lancé sur la ligne par le manipulateur du poste expéditeur arrive à l'une des bornes qu'on voit sur la base du récepteur, suit le fil des bobines d'un électro-aimant placé à la partie interne et inférieure du récepteur, agit sur un mécanisme particulier que nous allons décrire, et va se perdre dans le sol par l'autre borne. Nous n'avons donc plus qu'à montrer quel est le mode d'action du courant et de l'électro-aimant sur la roue d'échappement, pour achever de faire comprendre comment les signaux, lettres ou chiffres expédiés, se reproduisent sur le cadran au moyen de l'aiguille. C'est ce qui sera rendu facile par l'étude des figures 365 et 366, qui représentent le mécanisme spécial de l'appareil récepteur.

On voit à la base de cet appareil, reposant sur le socle, l'électro-aimant dans les spires duquel passe le courant lancé dans la ligne par le poste expéditeur. En face de ses pôles, se trouve une armature de fer doux M, portée par deux vis, entre lesquelles elle peut osciller autour de son arête horizon-

Fig. 365. — Récepteur Bréguet; vue du mécanisme.

tale supérieure. Quand le courant passe, elle est attirée par les pôles, alors actifs, de l'électro-aimant, et elle s'applique contre eux. Quand le courant est interrompu, elle s'éloigne des mêmes pôles par un mouvement opposé vers la face antérieure du récepteur où est fixé le cadran. C'est le mouvement de va-et-vient de l'armature M qui se communique par un mécanisme particulier à l'aiguille indicatrice.

Elle porte à cet effet une tige L verticale, qui oscille comme l'armature, mais en sens inverse (fig. 366). Cette tige, limitée dans ses mouvements par deux vis, porte à son extrémité une goupille *e* qui s'engage dans une fourchette *f*, de sorte que celle-ci oscille tantôt en avant, tantôt en arrière, en communiquant ses propres oscillations à un arbre *ba*, et, par suite, aux palettes *pp'*, dont le rôle est, en définitive, de laisser échapper ou d'arrêter les dents de la roue d'échappement R.

Supposons le récepteur au repos, l'aiguille indicatrice étant sur la croix, la palette *p'* se trouve butée contre la dent 1 de la roue; le rouage est immobile. Qu'une émission de courant ait lieu, c'est-à-dire que l'aiguille du manipulateur s'avance

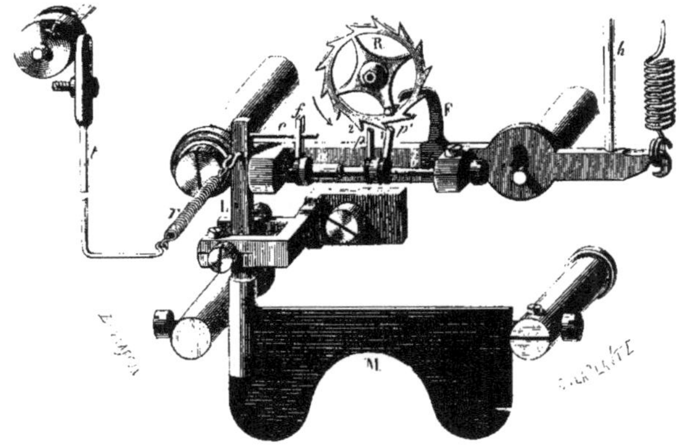

Fig. 566. — Détails du mécanisme dans le récepteur Bréguet.

de la croix sur la lettre A, le courant suit la ligne, entre dans le récepteur et dans l'électro-aimant qui attire au contact l'armature M. Le mouvement de celle-ci détermine la rotation en sens contraire de l'arbre *ab*, de la palette *p'* qui laisse échapper la dent 1, et la palette *p* vient buter contre la dent 2, dès que le rouage mis en marche par le fait de l'échappement a fait tourner la roue. L'aiguille indicatrice s'est donc avancée d'une division et s'arrête sur A.

Dès que le courant cesse, l'armature revient à sa position première sous l'action du ressort *r*; la palette *p* laisse échapper la dent 2, le rouage marche de nouveau, et c'est la palette *p'* qui arrête à son tour la dent 2 : l'aiguille a marché d'une nouvelle division.

Une disposition très simple permet de faire retourner l'aiguille à la croix sans émission de courant (ce qui est quelquefois nécessaire). A l'aide d'une tige *h* qu'on voit sur la droite, on abaisse l'arbre qui porte les palettes et les palettes elles-mêmes ; celles-ci ne butant plus contre les dents de la roue d'échappement, le rouage se met en marche jusqu'à ce qu'une goupille F rencontre un arrêt convenablement placé, qui correspond à la position pour laquelle l'aiguille est sur la croix.

Le petit cadran qu'on voit (fig. 364) au côté droit supérieur du récepteur, sert à régler le ressort *r*. Si ce ressort n'était pas convenablement tendu, l'amplitude des oscillations de l'armature pourrait être ou trop grande ou trop petite : dans le premier cas, les palettes sont exposées à sortir du plan de la roue d'échappement, et le rouage marche sans interruption ; dans le second cas, les palettes ne peuvent pas se dégager des dents, et l'échappement n'a pas lieu : le récepteur ne fonctionne pas.

Il nous reste à montrer comment sont disposés les appareils d'un poste, et nous prendrons pour exemple un poste intermédiaire, pouvant correspondre sur la ligne avec deux postes voisins, situés l'un à droite, l'autre à gauche du premier.

Soit le poste de Sèvres, sur la ligne télégraphique de Versailles à Paris. La figure 367 représente les appareils manipulateur et récepteur. Le manipulateur est fixé sur une table, et l'on voit de chaque côté les boussoles-galvanomètres qui accusent les transmissions des courants sur chaque fil de ligne. Plus haut, sur une même tablette horizontale, se trouve rangé le récepteur, et de chaque côté la sonnerie qui avertit de l'envoi d'une dépêche, soit du côté de Paris, soit du côté de Versailles. Nous verrons plus loin comment fonctionnent ces sonneries.

Examinons les divers cas qui peuvent se présenter, et voyons comment l'employé de poste manœuvrera dans ces circonstances.

Les appareils étant au repos, les manettes des commutateurs sont appuyées sur S et S′ (voy. la fig. 565), où viennent aboutir les fils des deux sonneries. Si le poste de Paris veut expédier une dépêche de Sèvres, il fait décrire à la manette de son manipulateur un tour entier. Le courant ainsi lancé sur la ligne pénètre dans le poste de Sèvres par le fil de gauche, en faisant dévier l'aiguille de la boussole, et va agir sur le mécanisme de la sonnerie de gauche. Averti par le bruit, l'employé met le

Fig. 567. — Poste d'un télégramme à cadran.

commutateur de droite sur la borne *m′*; puis, faisant décrire à la manette de son manipulateur un tour entier, il en résulte un mouvement semblable de l'aiguille indicatrice du récepteur de Paris : c'est le moyen d'annoncer qu'il est prêt à recevoir la dépêche. La dépêche expédiée et comprise, le poste de Sèvres expédie à son tour les deux lettres CO (*compris*).

Pour expédier des *chiffres*, on fait précéder l'envoi des signaux de la lettre deux fois répétée C.

Ce que nous venons de dire suffit pour faire comprendre la manœuvre qu'aurait à faire le poste de Sèvres, s'il avait à expédier une dépêche à Paris. L'explication serait de tout point identique, sauf l'ordre des manœuvres, qui se ferait à gauche, s'il s'agissait d'une correspondance entre Sèvres et Versailles.

Supposons maintenant que les postes de Paris et de Versailles veuillent correspondre directement. Le poste expéditeur envoie à Sèvres le nom de la station à laquelle il veut expédier la dépêche, en faisant suivre ce nom du nombre de minutes nécessaire à l'envoi. L'employé de Sèvres répond CO (*compris*), puis il met ses deux commutateurs sur la plaque de communication directe CD. Toute correspondance est interrompue pour le poste pendant tout le temps que passe la dépêche, temps que l'agitation des boussoles suffit, du reste, à préciser. La dépêche passée, l'employé replace ses commutateurs sur les contacts des sonneries.

§ 5. TÉLÉGRAPHES A CADRAN. — SYSTÈMES SIEMENS ET HALSKE ; SYSTÈME FROMENT.

Nous avons dit que les systèmes de télégraphes électriques à cadran sont nombreux. Nous avons déjà cité le premier en date, celui de Wheatstone, qui a été pratiqué en France. Nous nous bornerons à mentionner les systèmes suivants :

Le système Drescher, dont le transmetteur est un disque divisé en secteurs alternativement conducteurs et isolants, qui est mis en mouvement par un rouage d'horlogerie. On arrête le mouvement en appuyant sur l'une des vingt-six touches d'un cadran, celle qui correspond à la lettre à expédier. L'aiguille du récepteur s'arrête sur la même lettre.

Le système Paul Garnier est un télégraphe dont les cadrans, manipulateur ou récepteur, sont mobiles ; les signaux, lettres ou chiffres, apparaissent simultanément dans deux ouvertures ou guichets ménagés sur la circonférence.

Le télégraphe à cadran système Mouilleron présente un

mécanisme particulier qui sert à régler la tension du ressort antagoniste du télégraphe Bréguet.

M. Glœsener a construit plusieurs systèmes de télégraphes à cadran, dont il serait trop long d'indiquer les principes.

Le système de M. Lippens a cela de particulier qu'il fonctionne à l'aide de courants d'induction magnéto-électriques, application qui avait été faite antérieurement aux appareils télégraphiques par Gauss et Weber en 1835, par Steinheil à Munich, par Wheatstone en 1840, et enfin en 1848 par M. Glœsener.

Citons encore le système Kramer et le système à écran de Regnard; puis entrons dans quelques détails sur deux télégraphes à cadran, celui de M. Froment et celui de MM. Siemens et Halske.

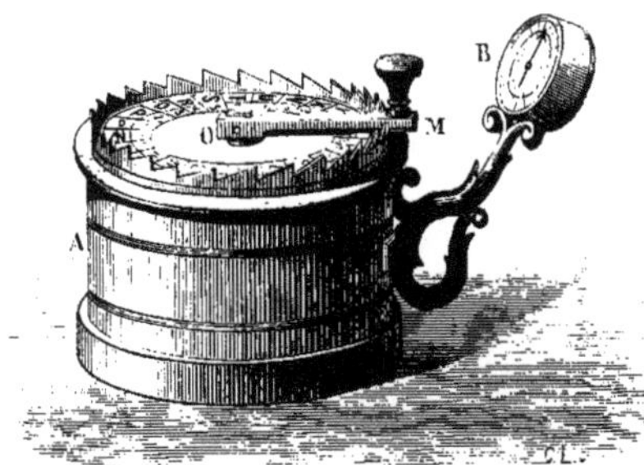

Fig. 368. — Télégraphe à cadran, système Siemens et Halske.

Ce dernier, construit pour les lignes télégraphiques bavaroises, a été employé exclusivement sur les lignes de la grande Société des chemins de fer russes, à Londres, à Dantzig, à Kœnigsberg par les compagnies de pompiers, et enfin sur diverses lignes anglaises. Le moteur de l'appareil consiste dans une batterie d'aimants permanents, autour des pôles desquels tourne un cylindre de fer doux revêtu, dans le sens de ses génératrices, d'un fil isolé formant l'hélice magnétisante. La rotation de ce cylindre sur son axe développe des courants induits alternativement de sens contraires. Ces courants, lancés dans la ligne l'un après l'autre, vont agir sur l'électro-aimant du récepteur et en font osciller l'armature, qui elle-même agit sur la roue d'échappement portant l'aiguille indicatrice. La figure 368 représente extérieurement l'appareil complet, qui est, comme on voit, d'une grande simplicité. A est un tambour ou caisse cylindrique contenant le transmetteur ou manipulateur, et B est le récepteur. MO est la manivelle que l'expéditeur tourne en l'arrêtant successivement sur les lettres d'un cadran, selon la teneur de la dépêche. L'aiguille du cadran du récepteur B suit tous les mouvements de la manette du manipulateur.

Voici maintenant, d'une façon sommaire, quelles sont les dispositions principales du mécanisme de chacune des parties de l'appareil.

A (fig. 369) est le disque de métal qui porte le cadran :

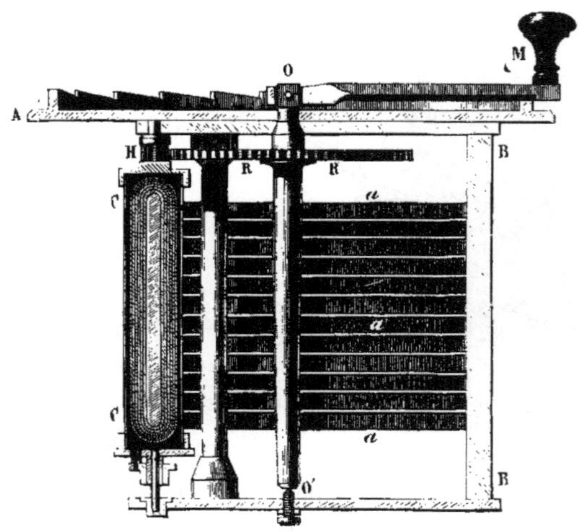

Fig. 369. — Manipulateur du télégraphe à cadran Siemens et Halske.

vingt-six dentelures extérieures correspondent aux vingt-six divisions servant de points d'arrêt à la manivelle. Sur l'axe OO' est fixée une roue dentée RR, qui engrène avec le pignon H. Quand cette roue s'avance d'un 26e de sa circonférence, c'est-à-dire quand la manivelle passe d'une lettre à l'autre, le pignon fait une demi-révolution sur lui-même, ainsi que le cylindre CC. Sur la colonne de fer BB sont fixés, par leurs pôles de même nom, des aimants permanents *a*, *a*, *a*..., rangés en deux séries, dont l'une présente au cylindre C le pôle nord d'un côté de ce cylindre, et l'autre série le pôle sud de l'autre côté.

C'est sur ce cylindre de fer doux C que s'enroule l'hélice magnétisante, et c'est en tournant sur lui-même, et en présentant alternativement l'une ou l'autre de ses faces, séparées par l'hélice, aux pôles des aimants *a*, que se développent les courants induits successivement lancés sur la ligne. Pour chaque révolution du cylindre C naissent deux courants de sens contraires. Il reste à montrer comment ces courants produisent dans le récepteur les mouvements correspondants de l'aiguille indicatrice : c'est ce que la figure 370 permet de comprendre aisément.

Elle représente le mécanisme de réception placé au-dessous du cadran du récepteur. M et M′ sont les deux hélices de l'électro-aimant, qui est influencé par les courants de sens contraires envoyés sur la ligne ; P, P′ sont les deux pôles de cet électro-aimant. Entre ces pôles passe la branche d'une fourchette de fer doux *abb′*, laquelle est constamment polarisée par son contact avec les pôles de l'aimant permanent AA′. Il résulte de là que, selon le sens du courant envoyé, la branche *a* est tantôt attirée par le pôle P et repoussée par P′, tantôt attirée par P′ et repoussée par P. Ces oscillations, au nombre de vingt-six quand la manette du manipulateur fait une révolution entière, déterminent à chaque mouvement l'échappement d'une des vingt-six dents de la roue R, et par suite l'avancement d'une division de l'aiguille du cadran, qui est montée sur le même axe que la roue.

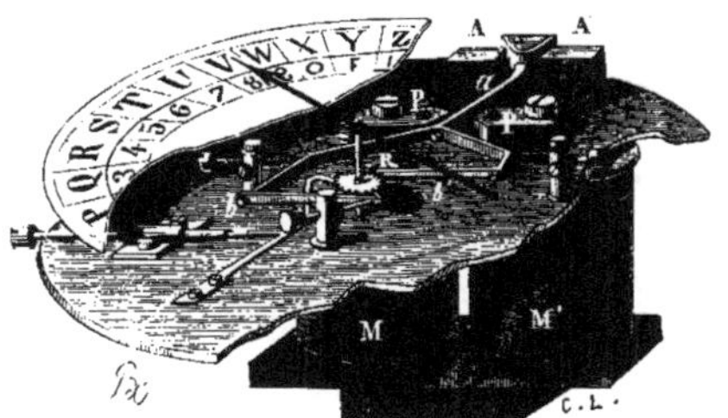

Fig. 370. — Récepteur du télégraphe Siemens et Halske.

Dans le télégraphe à cadran du système Froment, le récepteur ne diffère pas de celui du système Bréguet. Mais le manipulateur se distingue par un mode particulier de transmission et d'interruption des courants. C'est toujours (fig. 371) une roue à gorge sinueuse B qui détermine par sa rotation les oscillations d'un levier A, dont une des branches est engagée dans les sinuosités de la gorge. On comprend donc, sans plus de détails, comment l'autre branche du levier oscillant sert à lancer et à interrompre les courants successifs. Ce qu'il faut expliquer, c'est la manière dont M. Froment a réalisé cette transmission de mouvement, de manière que le nombre des émissions de courant soit, pour chaque signal, celui qui convient à l'ordre de sa situation sur le cadran.

Fig. 371. — Télégraphe à cadran système Froment; manipulateur.

Un rouage d'horlogerie donne le mouvement à la roue B. Mais pour que ce mouvement se produise, il faut que la dent que cette roue porte à sa circonférence soit dégagée d'un cliquet *e* avec lequel elle est en prise. Ce dégagement se fait par le jeu d'un clavier dont chaque touche correspond à une lettre ou à un chiffre. En abaissant l'une de ces touches, on fait agir sur le cliquet une barre qui le relève, et la rotation de la roue commence sous l'influence du rouage, avec une vitesse de deux ou trois tours par seconde. Au-dessous du clavier est un arbre métallique, un cylindre DE qui tourne avec la roue B et sur le même axe : cet arbre est armé d'autant de chevilles qu'il y a de touches, formant deux séries rangées en spirales; chaque cheville correspond à l'une des touches, et sa position angulaire sur le cylindre dépend de l'ordre de la lettre correspondante sur le cadran. Au-dessous de chaque touche est une dent qui, lorsque la touche est abaissée, vient buter contre la cheville correspondante, aussitôt que l'angle de rotation correspondant à la lettre est décrit. A ce moment, le mouvement s'arrête, et le nombre des émissions et des interruptions de courant effectuées est, comme on voit, en rapport avec l'ordre de la touche ou de la lettre. L'aiguille du récepteur a donc parcouru le même nombre de divisions, et dès lors s'est arrêtée sur la lettre expédiée. La touche devenue libre, le cliquet *e* s'abaisse, la dent de la roue B est de nouveau en prise, jusqu'à ce qu'une nouvelle touche abaissée la dégage, détermine une nouvelle rotation et un nouvel arrêt.

Au-dessus du clavier se trouve un cadran dont l'aiguille marche d'accord avec le transmetteur, et sert de contrôle à l'employé qui expédie une dépêche.

M. Froment a construit, dans ce système, des appareils qui fonctionnent sans mouvement d'horlogerie; ceux qui possèdent ce mécanisme moteur sont construits pour le fonctionnement sur de longues lignes. Mais les uns et les autres, d'après l'unanime témoignage de gens compétents, sont d'un jeu d'une précision surprenante. « Quels que soient les mouvements, dit M. Du Moncel, que l'on ait exécutés sur le clavier, de quelque manière qu'on ait abaissé les touches, dès que le doigt s'arrête sur l'une d'elles, la lettre correspondante apparaît sur le cadran. »

CHAPITRE IV

LA TÉLÉGRAPHIE ÉLECTRIQUE

§ 1. LES TÉLÉGRAPHES ÉCRIVANTS. — TÉLÉGRAPHES MORSE, MORSE-DIGNEY.

Les télégraphes à aiguilles et les télégraphes à cadran, que nous venons de décrire, forment d'assez nombreux systèmes, dont chacun a ses inconvénients et ses avantages. Aux premiers, qui sont d'une construction très simple, il suffit de courants faibles, mais ils sont très sensibles aux causes de perturbation. Les seconds, dont le mécanisme est bien plus compliqué, ont l'avantage d'une manipulation facile qui n'exige qu'un court apprentissage. Les uns et les autres enfin offrent un inconvénient grave : ils ne laissent des dépêches aucune trace sensible qui permette d'en contrôler l'exactitude, en cas de fausse interprétation, de perturbation ou de fraude.

Les appareils que nous allons décrire maintenant n'offrent pas cet inconvénient. Ils ont, sur les appareils à aiguilles et à cadrans, cet avantage considérable d'imprimer la dépêche, au départ comme à l'arrivée, sur une bande de papier qui conserve ainsi la trace du texte expédié et reçu.

Le télégraphe Morse, dont l'invention remonte à 1838, est le type des télégraphes écrivants. L'universalité de son adoption sur la grande majorité des lignes télégraphiques est justifiée par la simplicité de son mécanisme et par la sûreté de ses indications. Décrivons d'abord l'appareil Morse lui-même, et nous indiquerons ensuite les modifications qu'on lui a fait subir, et qui en ont notablement perfectionné les signaux.

Le manipulateur est représenté dans les figures **372** et **373**. Il se compose d'un socle de bois sur lequel sont fixées deux bornes *b* et *d*, et au milieu une courte colonne à fourchette, entre les branches de laquelle un levier A peut osciller dans le plan vertical. A la borne *d* se rattache le fil P, qui vient du pôle positif de la pile ; *b* communique avec le fil R qui aboutit au récepteur, et la colonne du milieu reçoit le fil de ligne L. Le levier A est muni, à chacune de ses extrémités, de deux vis *a* et *c*, dont chacune peut appuyer sur la borne correspondante *b* ou *d* située au-dessous.

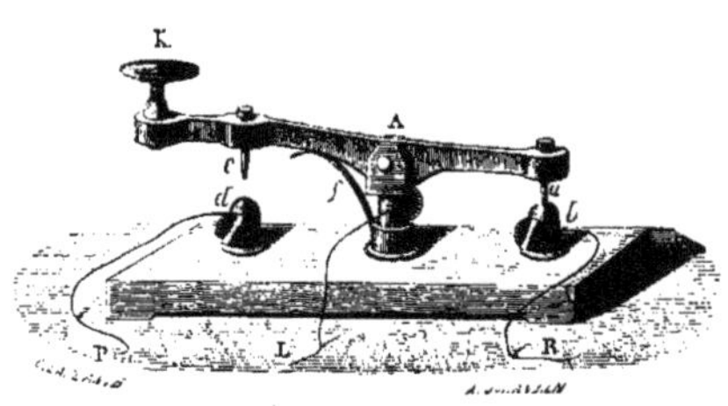

Fig. 372. — Manipulateur Morse.

Dans la position de repos ou d'attente, le ressort *f* suffit à éloigner la vis *c* du contact *d*, et alors c'est la vis *a* qui touche *b*. C'est la position de réception ; car, sitôt qu'un courant lancé dans la ligne arrive au poste, il passe de L dans le levier du manipulateur, et, par *a* et *b*, dans le récepteur. Si, au contraire, il s'agit d'expédier une dépêche, c'est-à-dire une série de courants discontinus, l'employé n'aura qu'à appuyer sur la poignée de bois K du levier, de manière à vaincre la résistance du ressort, à éloigner *a* du contact *b*, et à amener au contraire *c* au contact de *d*. Au moment où ce dernier contact a lieu, le courant passe de P dans le manipulateur, et de là dans le fil de ligne L ; le courant lancé est interrompu dès que le contact cesse. Rien de plus simple, on le voit, que le manipulateur Morse, dont les figures **372** et **373** représentent deux modèles.

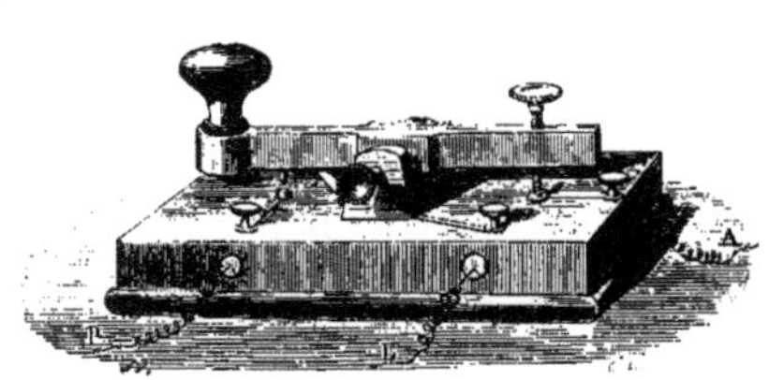
Fig. 373. — Manipulateur Morse, autre modèle.

Le récepteur (fig. 374) n'est pas beaucoup plus compliqué. C'est un électro-aimant dont la bobine magnétisante forme, d'un côté, le prolongement du fil de ligne, et, de l'autre, aboutit à la terre. La série des courants lancés dans le poste expéditeur vient aimanter et désaimanter le fer doux de l'électro-aimant dans le même ordre, et avec les mêmes alternatives et les mêmes durées que les signaux du manipulateur. L'armature de fer doux, en forme de levier, du récepteur est donc attirée, puis ramenée à sa position par un ressort antagoniste, ou repoussée quand ce courant cesse. Ce levier oscille autour d'un

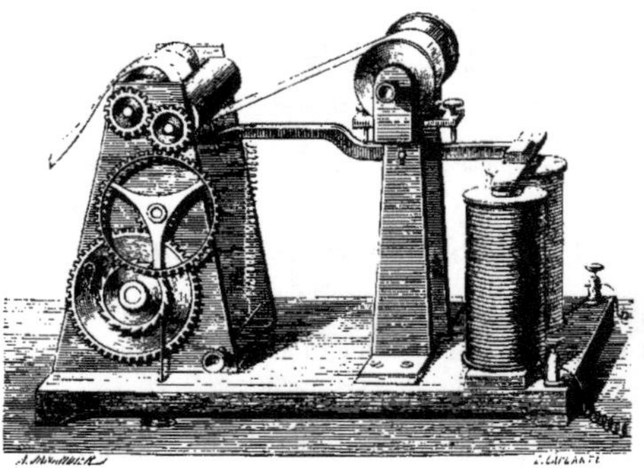

Fig. 374. — Récepteur du télégraphe Morse.

axe horizontal et est limité dans ses oscillations par deux vis. Son extrémité opposée aux pôles de l'électro-aimant porte une pointe qui vient appuyer sur une bande de papier, et y laisse une empreinte gaufrée dont la longueur est proportionnelle à la durée du passage du courant. Les intervalles de ces marques sont au contraire d'autant plus grands, que l'interruption du courant est elle-même plus longue. Un rouage d'horlogerie, qu'on met à volonté en mouvement en agissant sur un encliquetage, déroule d'une façon continue le papier qui est enroulé sur un cylindre, et se déroule sur deux autres cylindres, à mesure que le style y a imprimé la série des traits qui constituent la dépêche.

A l'origine, le levier du récepteur portait un crayon dont la pointe traçait des traits sur le papier; mais la pointe s'émoussait promptement, et c'est pour cette raison que l'inventeur a substitué à l'empreinte à la mine de plomb le gaufrage produit par une pointe métallique. A la vérité, ce dernier procédé exige une force assez grande que le courant de la pile de ligne était généralement trop faible à produire. De là la nécessité d'employer à la station de réception une pile locale et un relais.

On nomme *relais* un appareil supplémentaire destiné à accroître la force du courant de la ligne, courant suffisant pour la transmission des signaux, mais, comme on vient de le dire, insuffisant pour produire la marque matérielle des signaux.

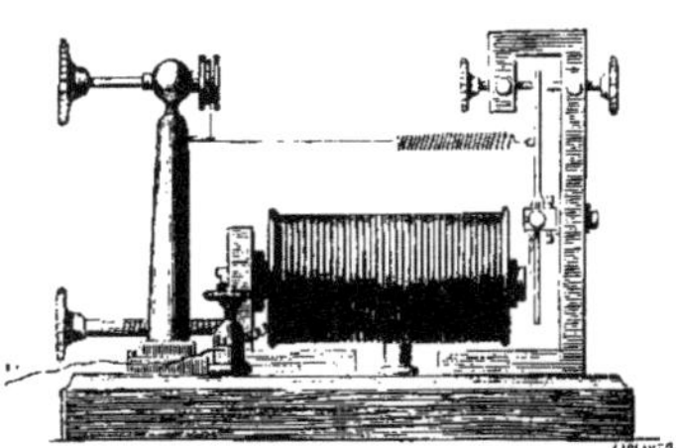

Fig. 375. — Relais Froment.

On va comprendre aisément le rôle du relais en suivant, sur la figure 376, la marche du courant qui parvient au poste de réception par le fil de ligne.

Ce courant, qui pénètre en *c* dans le manipulateur, gagne le relais R' par *a*, et aboutit à un électro-aimant qui se trouve polarisé par son action. L'armature, ou levier mobile, est attirée, et va au contact de la vis de gauche, donnant passage au courant qui gagne la bobine du récepteur, tout en formant le circuit de la pile locale; l'action de cette dernière pile va donc s'ajouter à celle du courant de la ligne pour mettre en mouvement le levier écrivant du récepteur R. Le courant de ligne est-il interrompu, la polarisation de l'électro-aimant du relais cesse, l'armature est ramenée au contact de la vis de droite, et le circuit de la pile locale est ouvert, en même temps que le récepteur ne reçoit plus le courant de la ligne.

Il y a des relais de systèmes différents; celui qu'on voit dans la figure 376, et qui est représenté à part dans la figure 375, est dû à M. Froment.

Le récepteur du télégraphe Morse, tel qu'il fonctionnait sur

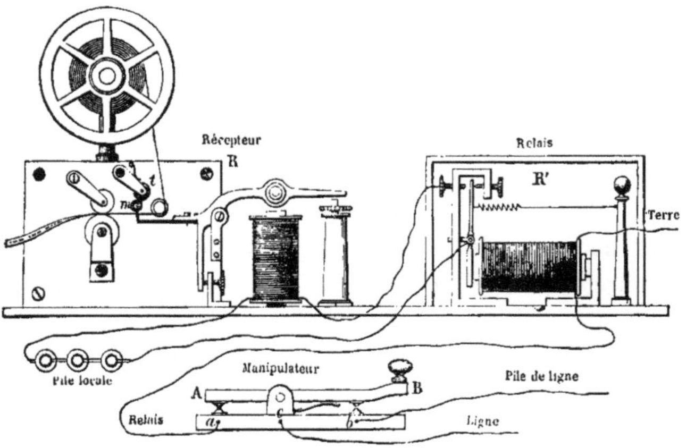

Fig. 376. — Appareil télégraphique Morse avec relais.

les lignes télégraphiques françaises, a été modifié, perfectionné

Fig. 377. — Récepteur du système Morse-Digney.

par M. Digney, de manière à substituer au gaufrage des signes tracés à l'encre et exigeant moins de force pour leur empreinte.

Aussi le système Morse-Digney peut-il fonctionner sans relais. Les figures 377 et 378 en donnent la disposition générale, ainsi que les détails essentiels. Suivons ces détails sur la figure 377.

K est le rouleau-magasin qui fournit la bande de papier *ppp* destinée à recevoir la dépêche, et dont la rotation est donnée par le rouage d'horlogerie du récepteur. Le même rouage fait tourner le cylindre H contre le tampon L chargé d'encre grasse. BB' est le levier qui est mis en action par le passage du courant, et dont la pointe *l* appuie le papier contre le cylindre

Fig. 378. — Poste télégraphique du système Morse-Digney.

encré. La pointe ou le trait qui, dans le système Morse ordinaire, était marqué dans le papier même, est donc ici simplement tracé à l'encre; il laisse une empreinte plus visible, en même temps qu'il exige, comme nous l'avons déjà dit, une force motrice moindre.

L'appareil Digney peut se passer de relais si la ligne a une faible longueur. On y adjoint des relais quand la ligne est longue, ou encore pour agir sur les marteaux des sonneries, qui sont, il est inutile d'insister, des appareils communs à tous les systèmes télégraphiques. La figure 378 représente l'inté-

ALPHABET MORSE

LETTRES

a	· —	ñ	— — · — —
ä	· — · —	o	— — —
á	· — — · —	ö	— — — ·
b	— · · ·	p	· — — ·
c	— · — ·	q	— — · —
d	— · ·	r	· — ·
e	·	s	· · ·
é	· · — · ·	t	—
f	· · — ·	u	· · —
g	— — ·	ü	· · — —
h	· · · ·	v	· · · —
i	· ·	x	— · · —
j	· — — —	y	— · — —
k	— · —	z	— — · ·
l	· — · ·	w	· — —
m	— —	ch	— — — —
n	— ·		

CHIFFRES.

1	· — — — —	7	— — · · ·
2	· · — — —	8	— — — · ·
3	· · · — —	9	— — — — ·
4	· · · · —	0	— — — — —
5	· · · · ·	Barre de division	— — — — — —
6	— · · · ·		

SIGNES DE PONCTUATION ET AUTRES.

.	· · · · · ·	'	· — — — — ·
,	· — · — · —	Alinéa	· — · — · ·
;	— · — · — ·	Parenthèse	— · — — · —
:	— — — · · ·	Guillemet	· — · · — ·
?	· · — — · ·	Souligné	· · — — · —
!	— — · · — —	Séparation	— · · · —
-	— · · · · —		

INDICATIONS DE SERVICE.

Télégramme d'État	· · ·	Télégr. remis ouvert	· — · · — — —
— de service	· —	Appel préliminaire	— · — · —
— privé urgent	— · ·	Compris	· · · — ·
— privé ordinaire	· — — ·	Erreur	· · · · · · · ·
Réponse payée	· — · · · — — ·	Fin de la transmission	· — · — ·
Télégr. collationné	— — · — ·	Invitation à transmettre	— · · · · · — ·
Accusé de réception	— · — · · — ·	Attente	· — · · ·
Télégr. à faire suivre	· · — · · · ·	Réception terminée	· · — · · — · — ·
Poste payée	· — — · · — — · ·		
Exprès payé	— · · — · — — · —		

Fig. 579. — Vocabulaire du système Morse.

rieur d'un poste télégraphique Morse-Digney sans relais. A droite, on voit le manipulateur, qui communique avec la boussole et le parafoudre. Au centre est le récepteur, dont le rouage d'horlogerie est muni de sa clef de remontage. A gauche, et par derrière, se trouve la sonnerie.

Nous avons déjà dit que le système Morse est adopté sur un grand nombre de lignes télégraphiques, à l'étranger comme en France : c'est qu'en effet, comme le dit fort bien M. Bontemps, « le premier de tous les appareils imprimeurs, le roi, est encore le télégraphe Morse ; pour la simplicité, il n'a pas

Fig. 380. — Fac-simile d'une dépêche Morse.

de rival ». En vertu d'une convention généralement adoptée[1], voici (fig. 379) quel est le vocabulaire de ce système pour les lettres, les chiffres, les signes de ponctuation et les signaux réglementaires. La figure 380 reproduit le fac-simile d'une dépêche et sa traduction dans l'alphabet ordinaire.

1. Le vocabulaire Morse, que nous reproduisons ici, est celui qui a été adopté pour le service télégraphique international par la conférence qui s'est tenue à Londres, le 28 juillet 1879. L'article 4 de cette convention contient un paragraphe ainsi conçu : « Les appareils Morse et Hughes restent concurremment adoptés pour le service des fils internationaux, jusqu'à une nouvelle entente sur l'introduction d'autres appareils. »

On remarquera que plusieurs des signaux affectés aux indications de service ne sont autre chose que la reproduction d'une ou deux lettres de l'alphabet. Ainsi *télégr. privé urgent* est D; *réponse payée*, RP; *télégramme collationné*, TC; *accusé de réception*, CR; *télégr. à faire suivre*, FS; *poste payée*, PP; *exprès payé*, XP; *télégr. remis ouvert*, RO.

Voici en outre quelles règles sont prescrites pour l'espacement et la longueur des signes :

1° Une barre est égale à 3 points.

2° L'espace entre les signaux d'une même lettre est égal à 1 point.

3° L'espace entre deux lettres est égal à 3 points.

4° L'espace entre deux mots est égal à 5 points.

§ 2. LES TÉLÉGRAPHES IMPRIMEURS. — SYSTÈME HUGHES.

Les divers systèmes de télégraphie électrique que nous avons étudiés jusqu'à présent ont tous, malgré la diversité de leur construction et des procédés employés pour produire des signaux, un principe commun qu'on pourrait énoncer ainsi :

Envoi par le poste expéditeur d'une série déterminée de courants et d'interruptions de courants, qui produisent dans les appareils du poste récepteur une suite de mouvements constituant les signaux convenus. Les mouvements du manipulateur et ceux du récepteur peuvent être ou non identiques; mais l'essentiel est qu'il y ait entre eux une relation, sinon de simultanéité absolue, du moins de synchronisme, de sorte qu'il y ait identité parfaite entre le signal envoyé et le signal reproduit : cette dernière condition, le synchronisme des mouvements du manipulateur et du récepteur, est surtout indispensable dans le télégraphe imprimeur de Hughes, que nous allons décrire maintenant.

L'idée d'obtenir la dépêche imprimée n'est pas nouvelle. Dès l'origine de l'invention de la télégraphie électrique (1841), Wheatstone prenait un brevet pour un système qui permettait d'imprimer en lettres ordinaires, sur une bande de papier, les termes de la dépêche. Depuis, plusieurs inventeurs ont poursuivi la même idée et l'ont réalisée avec plus ou moins de succès : citons les systèmes de MM. Vaïl, Bain, Brett, Du Moncel, Freitel, Theyler, Dujardin, Thomson, Digney, etc. Mais le plus parfait de tous ces systèmes, celui surtout qui a résolu le problème de la rapidité la plus grande de transmission, est le télégraphe imprimeur du professeur américain Hughes. C'est un appareil plus compliqué et plus coûteux que l'appareil Morse, d'un entretien et d'une manipulation plus difficiles, qui exige des employés plus exercés, mais qui offre en revanche sur ce système l'avantage, fort important sur les lignes où la circulation télégraphique est très active, d'une transmission en moyenne trois fois plus rapide que le télégraphe Morse. Le système Hughes n'exige en effet qu'une transmission de courant au lieu de trois ou quatre, pour chaque lettre ou signal.

Le système Hughes offre cette particularité que, le manipulateur étant en fonction dans le poste expéditeur, le récepteur de ce poste fonctionne en même temps et de la même manière que le récepteur du poste où est transmise la dépêche : par conséquent, cette dépêche est imprimée à la fois au départ et à l'arrivée, de sorte qu'il en résulte un double contrôle. Si donc nous parvenons à faire bien comprendre comment a lieu cette impression dans l'appareil du poste expéditeur, il ne nous restera plus qu'à montrer de quelle manière est obtenu le synchronisme des mouvements de l'appareil, à la station d'arrivée, par le fait des envois et des interruptions successifs du courant sur la ligne.

La planche X représente l'appareil complet, où manipulateur et récepteur sont en partie confondus. Un mouvement d'horlogerie d'une grande puissance, mis en action par un poids moteur d'au moins 50 kilogrammes, est disposé sur une table en avant de laquelle on voit le clavier du manipulateur, composé de vingt-huit touches, dont vingt-six sont affectées aux lettres, chiffres et autres signes marqués sur leur surface visible, et deux servent, l'une à produire les blancs ou intervalles des mots, l'autre à imprimer à volonté, s'il y a lieu, le signe, chiffre ou signal, que chaque touche porte marqué au-dessus de la lettre alphabétique.

Le rouage d'horlogerie, étant mis en mouvement, fait tourner avec des vitesses différentes, trois axes ou arbres dont deux sont horizontaux et l'autre vertical. Le premier de ces arbres est l'*axe des types*, qui porte extérieurement une roue T (fig. 381 et 382) sur le pourtour de laquelle sont gravées en relief les lettres de l'alphabet, et dans les intervalles les chiffres, signes de ponctuation ou autres signaux nécessaires à la composition des dépêches. En arrière de la roue des types et sur le même axe est la *roue correctrice* T', dont la fonction est de rétablir

TÉLÉGRAPHE ÉLECTRIQUE IMPRIMEUR DE HUGHES.

le synchronisme des mouvements, au cas où il y aurait retard ou avance des deux récepteurs l'un sur l'autre. Deux autres roues dentées servent à transmettre le mouvement aux deux autres axes.

Le second arbre, *axe imprimeur* ou *axe des cames*, tourne avec une vitesse beaucoup plus considérable que l'axe des types. Il porte une série de quatre cames *u*, *w*, *x*, *y* (fig. 381), dont nous verrons la fonction, l'une d'elles ayant pour principal objet de presser le rouleau imprimeur M contre le papier, et celui-ci contre les lettres de la roue des types encrées par un tampon K. Le second arbre est divisé en deux parties réunies

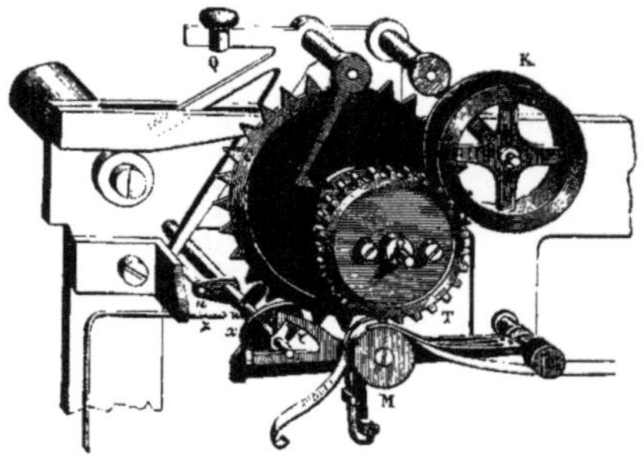

Fig. 381. — Relation entre l'axe des types et l'axe imprimeur.

par un encliquetage, de sorte que la partie dont le mouvement détermine l'impression ne marche qu'autant qu'il y a eu abaissement des touches du clavier manipulateur, production de courant et action d'un mécanisme particulier résultant du passage du courant.

Le troisième arbre *a*, qui est vertical (pl. X), reçoit son mouvement de l'axe des types par une roue d'angle, et, en tournant, fait marcher un chariot sur un disque horizontal G, de façon à faire décrire à ce chariot une circonférence entière dans le même temps que la roue des types effectue une rotation complète. Le disque G est percé de vingt-huit trous, c'est-à-dire d'autant de trous qu'il y a de touches dans le clavier et de lettres sur le pourtour de la roue des types. Or le mouvement des diverses pièces du mécanisme est tellement réglé, qu'au moment précis où le chariot passe au devant d'un trou correspondant à une touche déterminée, c'est la lettre marquée par cette touche qui se trouve, sur la roue des types, au bas de cette roue, c'est-à-dire en face du point du rouleau imprimeur qui va être pressé par le fait de l'action de l'axe des cames. Mais comment cette position du chariot, comment le jeu du

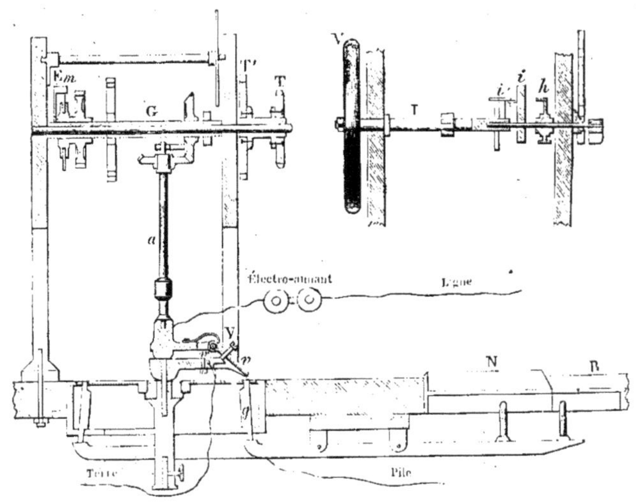

Fig. 582. — Mécanisme des touches; rôle de l'arbre vertical et du chariot dans le télégraphe Hughes.

clavier déterminent-ils l'action de cet axe? C'est ce qu'il faut expliquer. La figure 582 va nous le permettre. C'est une coupe faite dans l'appareil par le plan qui contient à la fois l'axe des types et l'arbre vertical *a*, qui porte le chariot.

L'arbre vertical est formé de deux parties métalliques qu'isole un cylindre d'ivoire, et le bras de cet arbre constituant le chariot est lui-même composé de deux parties *v* et *v'*, qui sont reliées par une vis V. La pièce *v*, dans le mouvement de rotation de l'axe, passe précisément au-dessus des trous du disque; tant qu'elle reste abaissée dans la position marquée par la figure, le courant voltaïque arrive dans la partie inférieure de l'arbre, et, par l'intermédiaire de la vis V, va se perdre dans la terre (voyez aussi la figure 383, poste récepteur). Mais une touche du clavier est-elle abaissée, son extrémité soulève un goujon *g*, qui lui-même relève la pièce *v* du chariot et isole les deux parties de l'arbre *a*. Alors le courant, partant du pôle positif de la pile, suit le chemin indiqué par les flèches (fig. 383), en passant par les points *t*GB*a*..., pénètre dans les spires de l'électro-aimant E, et de là dans le fil de ligne L'; le

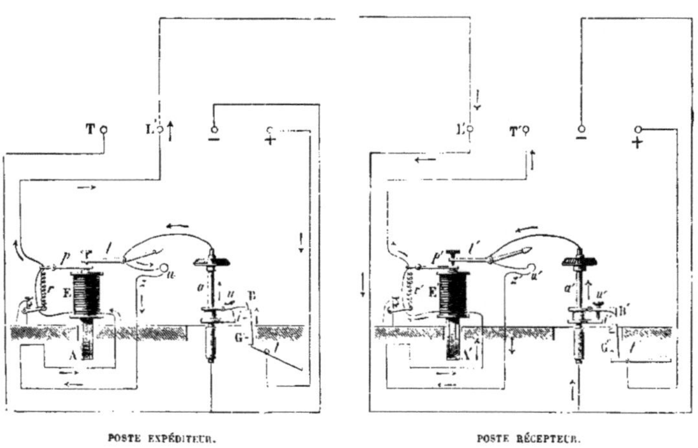

Fig. 383. — Émissions de courant dans le télégraphe Hughes.

courant est lancé et va produire son effet dans l'appareil du poste récepteur. A chaque abaissement d'une touche, pareil effet se produit; mais dès qu'elle se relève, le courant est interrompu, l'effet cesse.

Voilà pour les émissions et les interruptions de courant.

Il faut examiner maintenant en quoi consiste l'action alternative du courant, soit dans l'appareil expéditeur, soit dans l'appareil récepteur, dont les mouvements sont d'ailleurs absolument synchroniques. L'électro-aimant E (fig. 383) a une disposition spéciale : il est formé de deux pièces de fer doux autour desquelles s'enroulent les bobines, et qui sont placées sur les pôles d'un aimant permanent A en fer à cheval. Quand le courant ne passe pas, la palette du levier *p* est attirée par les armatures de l'électro-aimant, et s'appuie contre elles; mais aussitôt que le courant passe, comme il agit en sens contraire du magnétisme permanent, le fer doux est désaimanté; le levier *p* cède à l'action d'un ressort *r* et quitte les armatures. Dans son mouvement, la palette relève un levier *l* qui lui-même agit sur l'encliquetage de la partie immobile de l'axe des cames, et ce dernier axe enfin participe au mouvement des autres axes; puis, après un tour effectué, le cliquet se dégage et l'axe s'arrête.

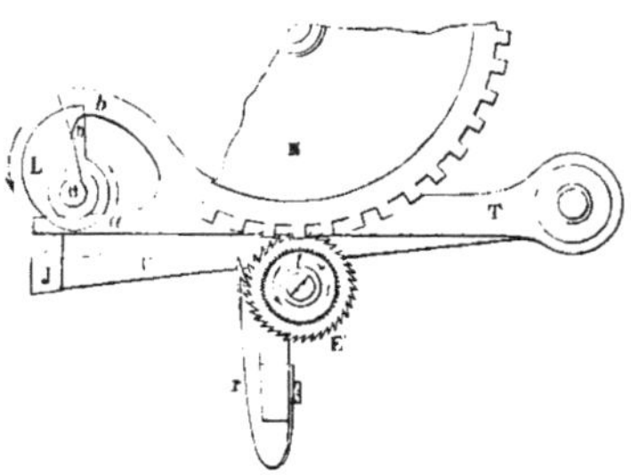

Fig. 584. — Mécanisme de l'impression dans le système Hughes.

Voyons donc comment cet axe a déterminé l'impression de la lettre dont la touche abaissée a produit, avec l'envoi du courant, les effets mécaniques que nous venons de décrire.

L'axe imprimeur O porte une came aiguë *p* (fig. 584) qui, à chaque mouvement de rotation, vient buter contre la dent *b* d'un levier *ab*T et la soulève; ce levier force ainsi le rouleau imprimeur M (fig. 582) à venir appuyer la bande de papier contre la lettre encrée de la roue des types qui passe en ce moment. Or cette lettre, à chaque passage du courant, est précisément celle dont la touche abaissée a déterminé le soulèvement du goujon dans le trou du disque G et la pièce du chariot passant au-dessus. La lettre est imprimée au vol, pour ainsi dire, puisque la roue des types ne cesse pas son mouvement. Les trois autres cames de l'axe imprimeur servent, l'une, en forme de limaçon, à abaisser le levier JU, qui porte un cliquet *r* et fait marcher d'une dent la roue à rochet E : la bande de papier avance ainsi; la troisième came sert à agir sur les dents de la roue correctrice, de manière à réparer les écarts, retards ou avances de cette roue, et à rétablir la concordance parfaite entre la roue des types et le chariot; enfin une quatrième came sert à replacer les appareils au repère, c'est-à-dire au blanc de la roue des types.

Voici comment on procède pour l'expédition d'une dépêche :

L'employé du poste expéditeur, pour attaquer le poste de la ligne auquel elle est destinée, soulève le frein du volant du rouage d'horlogerie, qui se met en marche ; puis il abaisse une touche blanche, ce qui produit le mouvement de sonnerie dans le poste récepteur. Celui-ci, averti, met son appareil en marche, et simultanément les deux employés, appuyant sur la pédale Q, règlent leurs appareils, c'est-à-dire mettent les roues des types au blanc; puis ils essayent s'il y a synchronisme, en répétant un certain nombre de fois une même lettre, la lettre A par exemple. S'il y a accord de vitesse, cette lettre se répète toujours la même ; sinon, c'est la lettre précédente ou la suivante qui succède à l'A, et marque le retard ou l'avance. Le réglage se fait en agissant sur un régulateur à pendule conique ou sur une lame vibrante.

Les appareils réglés, le poste expéditeur envoie successivement, en jouant sur le clavier, les lettres dont se compose la dépêche : celle-ci s'imprime simultanément dans les deux postes, et les bandes imprimées, découpées en fragments de même longueur, puis collées sur une feuille de papier, sont livrées telles quelles au public.

On voit, par cette description déjà longue, bien que nous ayons dû négliger certains détails du mécanisme, que le télégraphe imprimeur de Hughes est notablement plus compliqué que les systèmes décrits plus haut. Mais cette complication, nécessitée par toutes les difficultés du problème à résoudre, ne fait que rendre plus admirable le résultat obtenu, résultat véritablement merveilleux, quand on songe que la rapidité de transmission est deux ou trois fois plus considérable que celle de l'appareil Morse. Tandis qu'on obtient en moyenne avec ce dernier vingt à vingt-cinq dépêches de vingt mots par heure, le télégraphe Hughes permet d'en imprimer de cinquante-cinq à soixante dans le même temps. Aussi est-il d'un usage très répandu dans le réseau télégraphique européen et surtout en France, sur les lignes les plus encombrées de dépêches.

§ 3. LES TÉLÉGRAPHES AUTOGRAPHIQUES. — SYSTÈMES CASELLI, MEYER, EDISON.

Nous avons vu que l'idée d'utiliser les propriétés électrolytiques de la pile pour transmettre des signaux remonte aux premières années de ce siècle : les noms de Coxe, de Sœmmering et de Schweigger se rattachent à ces premières tentatives. Les signaux étaient indiqués dans le télégraphe du second de ces savants par le dégagement de bulles d'hydrogène. En 1839, E. Davy se servit des réactions électrochimiques pour imprimer les signaux sur une feuille de papier ou d'étoffe convenablement préparée. Douze ans plus tard, M. Bain construisait un télégraphe écrivant, basé sur la propriété qu'a le courant voltaïque de décomposer le cyanure de potassium et de produire un composé coloré, le bleu de Prusse, qui se dépose sur le papier du récepteur, toutes les fois que le courant passe et pendant toute la durée de ce passage. Les appareils manipulateur et récepteur étant identiques à ceux du télégraphe Morse, M. Bain obtenait sur la bande de papier des points ou des traits bleus plus ou moins longs, dont la combinaison fournissait les éléments de la dépêche. A l'origine, M. Bain faisait décrire au style métallique du récepteur une spirale serrée sur une feuille de papier ordinaire, mais le principe était le même.

D'autres télégraphes électrochimiques ont été inventés depuis, mais notre but ne peut être de les décrire. Nous voulons seulement rattacher ces systèmes aux appareils connus aujourd'hui sous les noms de *télégraphes autographiques* ou de *pantélégraphes*, et qui ont reçu la sanction d'une expérience vraiment pratique.

Il ne s'agit plus, dans ces télégraphes imprimeurs d'un nouveau genre, de transmettre des signaux qui laissent, comme les télégraphes écrivants, des traces de la dépêche, ou même qui la reproduisent et l'impriment en caractères alphabétiques. Le problème posé, et résolu avec une ingéniosité merveilleuse, consistait à obtenir au poste récepteur la reproduction fidèle, le vrai fac-simile de l'écriture de la dépêche, ou même des dessins, cartes, plans, portraits. C'est un véritable autographe que reçoit ainsi de l'expéditeur même celui à qui la dépêche est destinée, de manière à avoir entre les mains, au besoin, un document authentique. Quoi de plus extraordinaire, au premier abord, que la solution d'un tel problème, et cependant on va voir que rien au fond n'est plus aisé à comprendre que les moyens par lesquels cette solution a été réalisée.

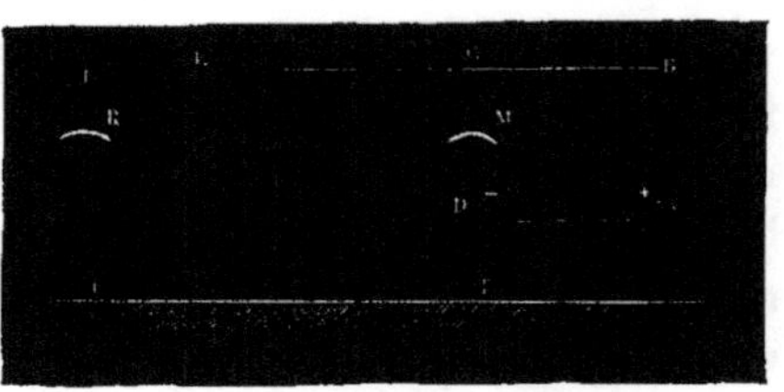

Fig. 385. — Principe du télégraphe autographique Caselli.

Supposons qu'on ait disposé, dans les deux postes expéditeur et récepteur, deux plaques de cuivre M, R (fig. 385), communiquant en T avec le sol. Sur la plaque M de la station du départ est posée une feuille de papier métallisé : c'est sur cette feuille que la dépêche est écrite de la main même de l'expéditeur en encre grasse, isolante. A l'autre station, sur la plaque R, on place une feuille de papier imprégnée préalablement de cyanure jaune de potassium et de fer. Deux styles de fer *s*, *s'* se trouvent en relation avec la pile et avec le fil de ligne, et peuvent se mouvoir en décrivant synchroniquement, avec la même vitesse, des lignes parallèles très rapprochées sur les deux feuilles de papier. Nous verrons plus loin comment le mouvement est donné à ces styles, et comment il est régularisé par des pendules qui oscillent simultanément dans chacune des deux stations. Un autre mouvement permet aux feuilles de se déplacer, au fur et à mesure que les lignes dont nous parlons se trouvent tracées, de sorte que si le style s parcourt totalement sur la plaque du manipulateur la surface du papier où se trouve écrite la dépêche, le style s' aura précisément, dans le même temps, parcouru une surface égale sur le papier chimique de la plaque du poste récepteur.

Du système de communication électrique marqué par la figure, il résulte ceci : toutes les fois que le style s se trouve sur la partie métallique ou conductrice de la dépêche, le courant de la pile est lancé dans le circuit ABCD, qui offre à l'électricité une résistance beaucoup plus faible que le fil de ligne, dont la longueur est relativement considérable ; le courant s'écoule dans le sol, à la station de départ. L'appareil récepteur n'est pas influencé, dès lors il ne reçoit rien.

Au contraire, le style du manipulateur vient-il à toucher les parties isolantes, c'est-à-dire à reposer sur les traits mêmes de l'écriture ou du dessin de la dépêche, le circuit est fermé en ABCD, mais il est ouvert sur la ligne, et un courant est lancé dans le style s' du récepteur. Sous l'influence de ce courant, le point de la feuille cyanurée par où passe le courant pour aller au sol, est influencé chimiquement ; il y a décomposition du cyanure, production de bleu de Prusse et impression sur le papier. Cette impression se reproduit toutes les fois que le style du manipulateur rencontre des parties marquées à l'encre isolante ; et le nombre des traits, leur longueur, sur chaque ligne parcourue synchroniquement par les deux styles, seront identiques à la station d'arrivée et à celle de départ. La dépêche se trouvera donc identiquement reproduite sur le papier cyanuré en traits bleus ; la seule différence avec l'original consistera en ce que les lignes successives des styles n'étant pas absolument en contact, les traits de la dépêche reproduite ne seront point rigoureusement continus. L'effet sera analogue à celui que produiraient, sur une gravure en relief, sur un bois, les tailles parallèles et très fines dont le graveur surcouperait toute la surface laissée en relief sur le bois. La figure 386 donne une idée très exacte de cette différence ; mais on voit que la forme générale de la dépêche primitive n'est nullement altérée, et qu'à juste titre le télégraphe de ce système peut s'appeler *télégraphe autographique*.

Le télégraphe dont on vient de décrire le principe est celui de M. Caselli. Comme rien n'empêche de reproduire ainsi toutes sortes d'écritures, de dessins, en un mot de signes quelconques, pourvu qu'ils soient tracés sur le papier métallique adopté, on comprend la raison de la dénomination de *pantélégraphe* donnée aux appareils de ce système.

Entrons maintenant dans quelques détails sur la manière dont les dispositions précédentes sont réalisées, et sur le mécanisme du récepteur et du manipulateur.

Fig. 386. — Fac-simile d'un dessin reproduit par le pantélégraphe Caselli.

Le moteur du pantélégraphe Caselli est un pendule dont la tige métallique, longue de 2 mètres, est suspendue à un solide bâti de fonte, et dont la lentille est une masse rectangulaire de fer doux, du poids de 8 kilogrammes. A la partie moyenne de la tige sont articulées deux bielles, destinées à communiquer le mouvement oscillatoire du pendule, d'un côté à l'appareil *transmetteur*, de l'autre à l'appareil *récepteur*. Comme ces deux appareils fonctionnent séparément, l'une des bielles est détachée quand l'autre reçoit son mouvement de va-et-vient. C'est cette bielle qui détermine le mouvement du style sur la surface du transmetteur, là où se trouve placée la dépêche. Voici comment :

La bielle est elle-même articulée au levier qui porte le style.

Dans ses oscillations successives, elle fait décrire à ce levier et à la pointe traçante une série d'arcs de cercle parallèles entre eux et à la surface de la feuille cylindrique de métal sur laquelle est appliqué le papier métallisé de la dépêche (fig. 387).

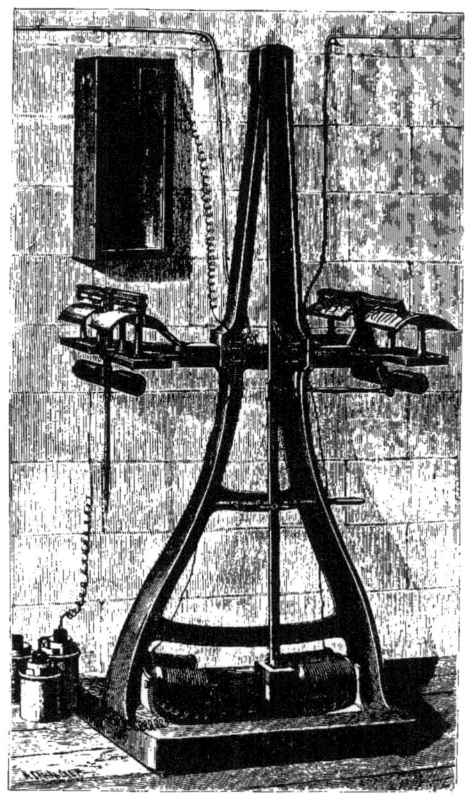

Fig. 387. — Pantélégraphe Caselli.

Quand le pendule fait une oscillation complète, le style curseur se meut de gauche à droite et parcourt la dépêche dans toute sa largeur. A la fin du mouvement, le curseur vient rencontrer un butoir, et le choc fait tourner la tige qui porte le style, de sorte que ce dernier se trouve soulevé et éloigné du papier pendant toute la durée de l'oscillation suivante. L'appareil ne fonctionne donc que pendant une moitié du mouvement du pendule. La raison de cette disposition vient de ce que l'expérience a montré qu'il n'y avait pas identité entre les effets produits par les oscillations de sens contraires ; mais, pour utiliser ces oscillations, l'appareil transmetteur est double : seulement, les mécanismes sont renversés, et il en est de même pour les récepteurs. Il résulte de là qu'aucun temps n'est perdu, et que deux dépêches peuvent être, l'une envoyée et l'autre reçue simultanément.

Fig. 388. — Transmetteur et récepteur du pantélégraphe Caselli.

Une condition essentielle du bon fonctionnement du pantélégraphe Caselli, c'est qu'il y ait un synchronisme parfait entre les mouvements du pendule de la station de départ et du pendule de la station d'arrivée. Non-seulement leurs oscillations doivent être isochrones, mais elles doivent avoir des amplitudes parfaitement égales, afin que les styles se meuvent aux deux stations simultanément, et soient animés au même instant de vitesses égales. Ce résultat est atteint par la disposition suivante. A chacune des extrémités de l'arc que décrit la masse de fer du pendule, se trouve un électro-aimant dirigé dans le sens même de l'arc, et ayant ses armatures en face de la masse de fer, quand celle-ci parvient au bout de chaque oscillation, à droite ou à gauche. A ce moment, un courant lancé par un chronomètre régulateur — c'est celui qu'on voit à gauche et au-dessus de la figure 587 — vient animer l'électro-aimant et son armature, qui attire la masse du pendule, l'immobilise un instant, et par conséquent le ramène, à chaque oscillation, au même écart. L'interruption du courant se fait par le mouvement même du pendule du chronomètre, qui, à chaque double oscillation, écarte un petit ressort et ouvre le circuit. Le commutateur, qui a pour fonction d'ouvrir et de fermer le courant, reçoit lui-même son mouvement d'une pièce articulée à frottement dur sur la tige du pendule.

Ainsi le réglage des deux pendules, aux stations de départ et d'arrivée, se trouve dépendre de la concordance des mouvements des pendules chronométriques qui accompagnent les premiers. Ces chronomètres régulateurs, dont les pendules marchent à une vitesse double des pendules du pantélégraphe, sont réglés séparément avec toute l'exactitude désirable, exactitude que rendent facile les mécanismes d'horlogerie qui les composent.

Le papier cyanuré sur lequel s'impriment les dépêches doit être préparé avec soin, et maintenu à un degré d'humidité convenable. La qualité du papier lui-même est importante. Quant aux feuilles métallisées, qui servent à écrire les dépêches avec une encre particulière, ce sont des feuilles de papier blanc soigneusement argentées à la presse, avec de larges marges. Elles portent trois raies : l'une servant de point de repère pour le départ du style curseur, les deux autres marquant les limites de la dépêche.

Rien de plus simple, du reste, que le fonctionnement du pantélégraphe. La dépêche écrite, on la place sur la surface du cylindre transmetteur. L'employé du poste fait les signaux d'avertissement (sonnerie ou autre), puis met en marche le pendule. La transmission de la dépêche se fait automatiquement, sans que l'employé ait besoin d'aucune manipulation, et par conséquent sans être obligé d'acquérir de connaissances spéciales. Comme on peut envoyer simultanément deux dépêches, et qu'en outre rien ne s'oppose à l'emploi d'un système d'écriture abréviatif, de la sténographie par exemple, la rapidité de la transmission peut être considérable. « Les longs pendules du télégraphe Caselli, dit M. Quet, accomplissent ordinairement quarante oscillations par minute, et les styles tracent quarante hachures espacées de 1/5 de millimètre. En une minute, les hachures extrêmes parcourues par les styles sont donc éloignées l'une de l'autre de 13 millimètres, et, en vingt minutes, de 260 millimètres. Comme on donne aux hachures une longueur de 11 centimètres, il s'ensuit qu'en vingt minutes l'appareil Caselli fournit le fac-simile de l'écriture, des portraits ou des dessins qui sont tracés sur une feuille métallisée de 11 centimètres de large sur 26 centimètres de haut. La netteté de la reproduction exige que l'écriture primitive soit très lisible et en gros caractères. » (*Rapport sur les progrès de l'électricité et du magnétisme.*)

En 1865, la ligne de Paris à Lyon et à Marseille a été ouverte au public pour la transmission des dépêches de ce système vraiment merveilleux, aujourd'hui abandonné[1].

Un employé de la télégraphie française, M. Meyer, a imaginé et construit un télégraphe autographique, dont le principe est différent du pantélégraphe Caselli, mais qui fonctionne

1. « Si son usage n'a pas reçu plus d'extension, dit avec raison M. Ch. Bontemps, c'est qu'il dépasse en quelque sorte les besoins courants ; le public paraît n'attacher qu'un intérêt médiocre à la reproduction autographique de l'écriture. Quant à l'envoi télégraphique de dessins ou de figures quelconques, il ne peut être considéré que comme un cas tout à fait exceptionnel. L'appareil Caselli se prête à beaucoup de combinaisons ; nous citerons seulement, à titre d'expérience curieuse, la reproduction télégraphique d'un dessin à plusieurs couleurs. La pointe de fer animée par le courant donne avec le cyanure de potassium une teinte bleue. Quand on la remplace par une pointe de cuivre, on a une teinte rouge. On obtient avec d'autres métaux et d'autres dissolutions des couleurs différentes. Si donc, à la station de départ, on décompose le dessin en plusieurs feuilles dont chacune porte les parties qui correspondent à une couleur déterminée, et si, à l'arrivée, on reçoit les transmissions successives sur un même papier, en ayant soin d'employer pour chacune d'elles la pointe et la dissolution convenables, on reproduit le dessin à plusieurs couleurs. » (*Les systèmes télégraphiques*. Paris. 1876.)

aussi avec une régularité et une rapidité remarquables, en reproduisant le fac-simile des dépêches expédiées.

Le transmetteur du télégraphe autographique Meyer (fig. 389) est un cylindre métallique autour duquel on enroule la dépêche écrite comme dans le système Caselli. Ce cylindre reçoit un mouvement uniforme d'un rouage d'horlogerie qui est régula-

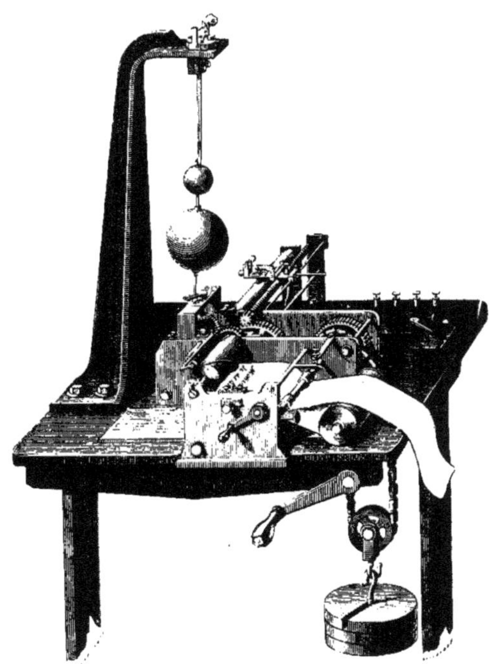

Fig. 389. — Télégraphe autographique Meyer.

risé par une lame vibrante. Un style métallique porté par un petit chemin de fer se meut lui-même dans le sens des génératrices du cylindre, à la surface duquel il décrit, par conséquent, une hélice ou spirale à tours très rapprochés. Il est relié à la pile et au fil de ligne, et par suite il ferme ou il ouvre le circuit entre les deux stations qui correspondent, selon qu'il rencontre, sur le papier métallisé de la dépêche, des parties conductrices ou des parties isolantes, c'est-à-dire selon qu'il touche la couche d'argent du papier ou les traits à l'encre de la dépêche elle-même. Jusque-là, sauf la différence entre les genres de mouvements, le principe de la transmission est le même que dans le pantélégraphe décrit plus haut.

L'appareil récepteur se compose d'un cylindre qui est animé d'un mouvement de rotation absolument identique avec celui du cylindre transmetteur. Pendant que l'un fait un tour, l'autre fait aussi, avec la même vitesse uniforme, un tour entier. Or sur la surface du cylindre récepteur est fixée une hélice saillante qui s'enroule sur toute sa longueur, et dont le pas est précisément égal à la longueur de la circonférence du cylindre transmetteur. Considérons maintenant une feuille de papier disposée parallèlement à la génératrice inférieure du cylindre récepteur, et à une petite distance au-dessous, et supposons que l'appareil fonctionne. Toutes les fois que le courant est lancé dans la ligne, c'est-à-dire quand le style du transmetteur rencontre des parties isolantes ou des traits de la dépêche, le papier est soulevé par le mouvement d'une palette et appliqué contre la pointe de l'hélice saillante qui se trouve en ce moment sur la génératrice inférieure. Pendant le tour entier que décrit simultanément chaque appareil, ce contact s'établit et se rompt autant de fois que le style traceur rencontre des traits de la dépêche ou les abandonne. Or, l'hélice saillante étant constamment imprégnée d'encre grasse par un rouleau, il en résulte, sur une ligne droite occupant la largeur du papier, une série de points ou de traits noirs qui reproduisent identiquement la figure de la ligne rencontrée par le style traceur sur un tour de la dépêche. Comme le papier se déplace sous le cylindre de façon à avancer à chaque tour d'une quantité égale aux intervalles des tours de spirale du style, on aura à la fin, sur la feuille du récepteur, une succession de marques dont l'ensemble formera le fac-simile de la dépêche.

Comme le télégraphe Caselli, le télégraphe Meyer exige un synchronisme parfait des mouvements des appareils aux stations de départ et d'arrivée. Toute la question est de régler en conséquence le mouvement d'horlogerie qui sert de moteur. On voit que si l'appareil Caselli est une combinaison du télégraphe électrochimique de Bain, avec un mécanisme particulier où le synchronisme est réglé par l'électricité, l'appareil Meyer peut être considéré comme une combinaison du télégraphe Caselli avec certaines parties des systèmes Morse et Hughes.

Les télégraphes autographiques Meyer et Caselli figuraient à l'Exposition d'Électricité de 1881. Un troisième système, dû à M. Lenoir, s'y voyait également, ainsi que le télégraphe autographique d'Edison. Dans l'appareil Lenoir, la dépêche est encore écrite sur papier métallique à l'aide d'une encre isolante ; au poste récepteur, l'impression se fait au moyen d'un tube capillaire en iridium rempli d'encre à la glycérine ; à chaque passage du style de l'appareil transmetteur sur une partie isolée, c'est-à-dire sur un trait de la dépêche, l'armature de l'électro-aimant du poste récepteur fait appuyer la pointe du tube sur le papier et imprime un trait semblable. Grâce au synchronisme des mouvements des appareils transmetteur et récepteur, l'ensemble des traits ainsi tracé reproduit en fac-simile la dépêche.

L'inventeur américain Edison avait également exposé un télégraphe autographique. Les appareils de transmission et de réception de ce système sont identiques. Le mouvement est donné par un moteur électrique et régularisé par un pendule conique ; il fait tourner synchroniquement à chaque poste un cylindre ; sur le cylindre du poste transmetteur on enroule la dépêche écrite et sur l'autre le papier qui la doit recevoir. La dépêche à expédier est tracée sur un papier un peu tendre, à l'aide, non d'une encre grasse isolante, mais de la pointe d'un crayon ordinaire un peu dur. Il en résulte sur le papier un gaufrage ; tous les traits de l'écriture ainsi formée se trouvent tracés en creux sur le papier. Or la rotation du cylindre transmetteur détermine à sa surface le mouvement en spirale d'une lame étroite percée d'un trou à son extrémité, et dans ce trou est engagée une petite pointe mobile d'acier qui s'appuie sur le papier de la dépêche. Tant qu'elle rencontre les parties unies du papier, la pointe reste au niveau de la lame; mais si elle passe en regard d'un creux, c'est-à-dire d'une partie écrite, la pointe descend. Ce mouvement détermine, par un contact convenable, l'envoi d'un courant sur la ligne. Le style du cylindre récepteur, actionné par ce courant, produit au même instant une trace bleue sur le papier qui l'enveloppe, et il en est ainsi toutes les fois que la pointe se trouve abaissée par le gaufrage de la dépêche à expédier. L'ensemble des traits ainsi obtenus donne donc la reproduction autographique de l'écriture de la dépêche.

Tous les appareils que nous venons de décrire sont fort ingénieux ; mais, comme nous l'avons déjà dit à propos du pantélégraphe Caselli, ils offrent plutôt un intérêt théorique qu'une réelle importance pratique, à cause de la rareté des cas où les particuliers ont besoin de transmettre l'autographie de leur écriture.

CHAPITRE V

LA TÉLÉGRAPHIE ÉLECTRIQUE — APPAREILS A TRANSMISSION RAPIDE

§ 1. TRANSMISSION AUTOMATIQUE. — LE JACQUARD ÉLECTRIQUE WHEATSTONE.

La correspondance télégraphique a pris, depuis trente ans, une extension si prodigieuse, surtout sur certaines lignes de grand parcours, ou dans le rayonnement immédiat des grands centres de population, que les systèmes les plus perfectionnés au point de vue de la simplicité des signaux et de la rapidité de leur transmission se sont montrés de plus en plus insuffisants. L'habileté des meilleurs télégraphistes n'a pu suppléer à cette insuffisance, et dans beaucoup de points, à certains jours, les bureaux se trouvaient encombrés de dépêches dont l'expédition restait en souffrance. La diminution progressive du prix des correspondances n'a fait qu'accroître les inconvénients de cette situation.

Comment y remédier ? Par quels procédés augmenter le débit des lignes télégraphiques ? Tel est le problème dont la solution s'est imposée à la recherche des administrateurs et des ingénieurs de ces lignes.

L'idée qui parut d'abord la plus naturelle, la plus simple, fut de multiplier le nombre des fils sur les lignes les plus encombrées et d'accroître en proportion le nombre des employés chargés de la transmission et de la réception des dépêches. Cette solution pouvait en effet s'appliquer sur les lignes de faible parcours, à l'intérieur des grandes cités, et c'est aussi, dans ces conditions, la plus économique. Mais elle est impraticable sur les longues lignes, parce qu'alors la dépense de premier établissement devient excessivement coûteuse.

Il a fallu chercher ailleurs la solution du problème posé, imaginer des procédés propres à augmenter la capacité de transmission d'un même fil ou, comme nous l'avons dit plus haut, son débit télégraphique. On y est arrivé de diverses manières, et l'on classe ordinairement les systèmes de transmission rapide en trois groupes.

Dans le premier groupe se rangent les appareils *transmetteurs automatiques :* dans ce système, les dépêches, préparées en dehors de la ligne, sont transmises par séries, d'une façon continue, sans exiger le travail d'un employé spécial ; en un mot, la transmission s'y fait automatiquement.

Le second groupe comprend des appareils ou des dispositions particulières des systèmes connus, permettant l'envoi de plusieurs dépêches à la fois sur le même fil, dans le même sens ou dans les deux sens opposés : c'est le système de la *transmission simultanée.*

Enfin, le troisième groupe comprend les appareils à l'aide desquels un même fil peut être utilisé par plusieurs transmetteurs, utilisant les émissions des courants sur la ligne à tour de rôle, et pendant des périodes très courtes. Ce sont les *transmetteurs multiples.*

Un bon employé, se servant de la clef Morse, ne peut guère expédier, en moyenne, plus de 500 mots par heure, soit 25 dépêches de 20 mots, chaque mot comprenant une moyenne de 5 lettres. Cependant le fil pourrait transmettre un nombre de signaux beaucoup plus considérable. Les transmetteurs automatiques suppléent à cette impossibilité de maintenir, sans une fatigue croissante de l'employé, la vitesse maximum à la la transmission. Nous allons décrire, comme exemple de ce premier mode, le *transmetteur automatique* ou *Jacquard électrique* de Wheatstone. Cette dernière dénomination provient de la similitude de cet appareil avec le métier à tisser inventé par le célèbre mécanicien lyonnais.

Les dépêches sont préparées à l'avance. Cette préparation consiste à perforer des bandes de papier de trous dont la disposition et l'espacement correspondent aux points, aux traits

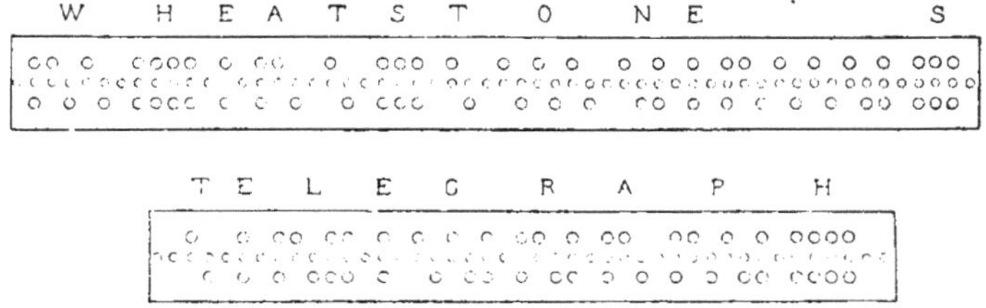

Fig. 590. — Bandes perforées du Jacquard électrique.

et aux intervalles nécessaires pour constituer une dépêche écrite dans l'alphabet Morse.

La figure 590 donne un exemple de cette perforation, qui va nous servir à expliquer le fonctionnement de cette partie de

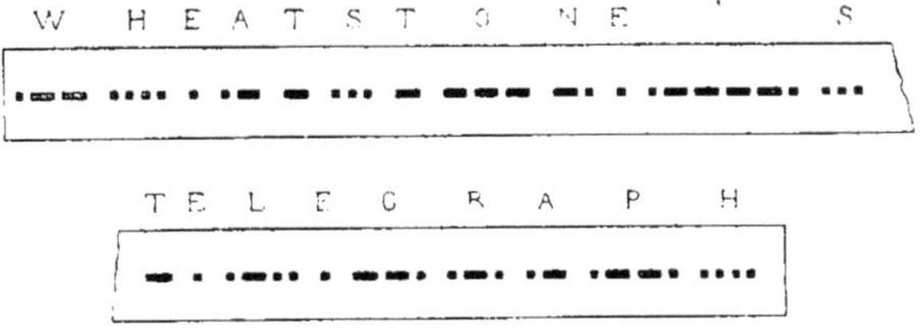

Fig. 591. — Dépêche imprimée automatiquement au poste d'arrivée.

l'appareil Wheatstone. Au milieu de la bande on voit une succession de trous également distants, dont le rôle est de permettre le déroulement régulier du papier sur le *transmetteur* : un disque denté, qui reçoit lui-même son mouvement du rouage d'horlogerie du transmetteur, s'engage dans les perforations centrales et entraîne la bande.

Les deux autres lignes de trous forment les *points* et les *traits* des signaux Morse, deux trous en ligne droite ou vis-à-vis l'un de l'autre formant un point, deux trous en diagonale indiquant un trait. Un trou isolé de la bande centrale correspond à l'intervalle de deux lettres, trois trous à celui de deux mots. On voit donc par là que la portion de bande perforée de la figure 390 devra se traduire sur la bande du récepteur imprimeur par les signaux de la figure 391, qui eux-mêmes se traduisent ainsi dans le langage ordinaire :

WHEATSTONE'S TELEGRAPH

L'appareil qui sert à préparer ou à perforer les dépêches, le *perforateur Wheatstone*, est représenté dans la figure 392 en plan et en élévation. Trois boutons *a*, *b*, *c* correspondent à trois leviers, dont l'un produit les perforations marquant un point, le second celles qui indiquent les traits, et celui du milieu les trous de la ligne centrale : la dépression d'une pointe en acier sur la bande de papier en mouvement, PP′, forme les trous qui se trouvent distancés et disposés comme nous l'avons dit plus haut.

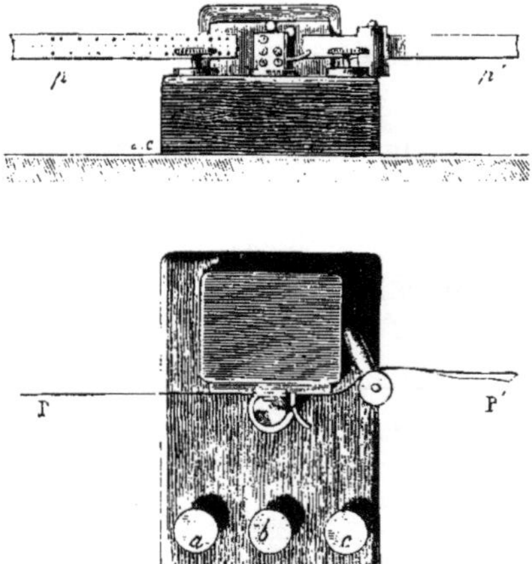

Fig. 392. — Perforateur Wheatstone.

Ainsi, les dépêches peuvent être composées ou écrites séparément par des employés spéciaux, sans qu'on utilise le fil de la ligne. Il en résulte que le temps nécessaire à cette préparation n'est pas pris sur celui qui est nécessaire à la transmission, et celle-ci se faisant automatiquement, d'une manière régulière et continue, va comporter une rapidité beaucoup plus grande que celle de la transmission effectuée par l'employé le plus habile.

Essayons maintenant de faire comprendre comment les bandes perforées vont pouvoir transmettre au fil les signaux qui s'y trouvent inscrits à l'avance. Suivons pour cela le diagramme de la figure 393 qui représente les divers organes du transmetteur. R est un balancier en ébonite, en forme de losange, qui reçoit des rouages de l'appareil un mouvement oscillatoire, chaque phase de ce mouvement régulier et uniforme correspondant à l'avancement de la bande perforée, de l'un à l'autre des trous de la ligne centrale. Deux goupilles 1 et 2, fixées à ce balancier, en s'appuyant alternativement contre les bras des leviers mé-

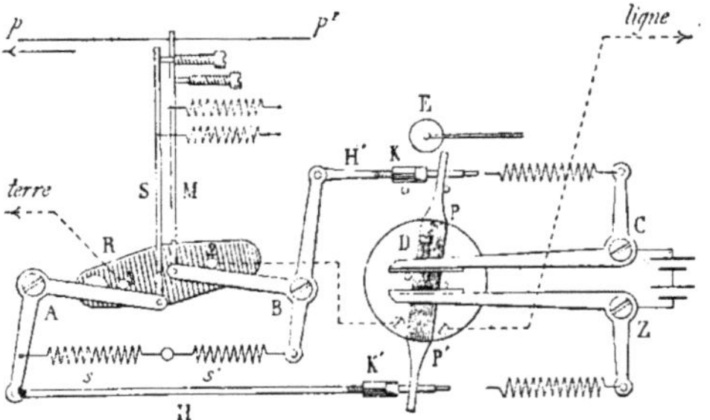

Fig. 393. — Télégraphe automatique Wheatstone. Diagramme de la transmission des signaux.

talliques A et B, leur communiquent un mouvement de balancement en parfait unisson avec celui de R. Deux tiges M et S, fixées aux extrémités des mêmes bras de levier, oscillent verticalement juste au-dessous des deux lignes de perforation de la bande *pp'* correspondant aux signaux de la dépêche ; si, dans leur mouvement de bas en haut, ces tiges rencontrent une de ces perforations, elles passent au travers de la bande; si elles rencontrent au contraire un intervalle plein, elles se trouvent limitées dans leur mouvement d'ascension. On va voir que, dans le premier cas, un courant positif ou négatif est envoyé dans la ligne; que, dans le cas contraire, la communication est interrompue ou qu'aucun courant ne passe.

En effet, par le jeu de deux tiges H et H′ et des deux collets K et K′ qui les terminent, les bras de levier A et B mettent en mouvement un disque D, dont les deux segments métalliques sont isolés par une bande centrale. Ce disque oscille autour de son centre, comme le balancier R : deux leviers C et Z en communication constante, le premier avec le pôle positif de la pile, le second avec le pôle négatif, s'appuient tantôt contre l'une, tantôt contre l'autre, de deux goupilles fixées sur chaque moitié du disque. La figure 394 montre les positions successives occu-

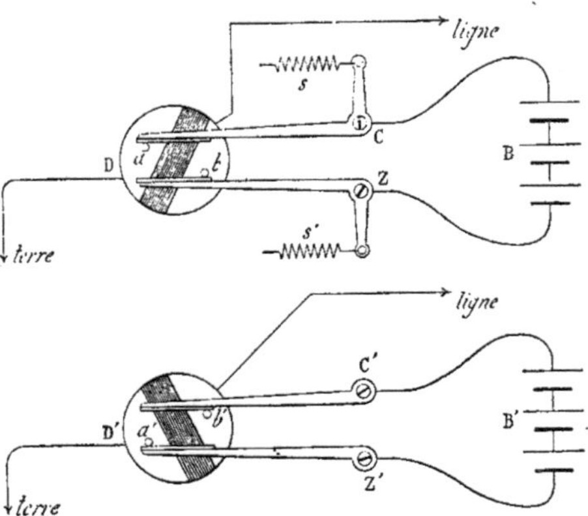

Fig. 394. — Transmission des signaux du Jacquard électrique Wheatstone.

pées par le disque à chaque moitié d'une de ses oscillations complètes. Il est aisé de voir que dans la première position un courant positif est lancé dans la ligne ; dans la seconde position, c'est un courant négatif. Ces courants alternativement positifs et négatifs se succèderaient d'une manière ininterrompue, si la bande perforée *pp′* n'était pas en place, parce qu'alors les tiges S et M ne seraient pas limitées dans leurs mouvements d'ascension, et que, par l'intermédiaire des goupilles 1 et 2, et *a* et *b*, le circuit serait maintenu complet. C'est ce qui arriverait aussi tant que les tiges, rencontrant des trous, pourraient passer à travers la bande en place et en mouvement.

Au contraire, aux points où la bande n'est pas perforée, le jeu des tiges étant limité, les leviers coudés ne suivent plus jusqu'au bout les bornes 1 et 2. En ce cas, il est facile de voir que la communication avec la terre ou avec la ligne est coupée; aucun courant ne passe plus.

Ainsi, à chaque oscillation, un *point* de la dépêche donne un courant renversé; ce n'est qu'à la seconde oscillation, s'il s'agit d'un *trait*.

Il nous reste à indiquer comment la succession des courants renversés, lancés sur la ligne aux intervalles que comportent

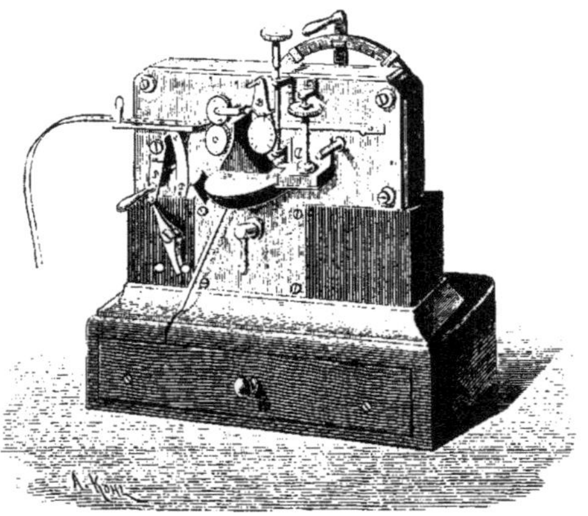

Fig. 595. — Récepteur du télégraphe automatique de Wheatstone.

les signaux de la bande perforée, s'enregistre automatiquement dans l'appareil récepteur et y reproduit, en caractères Morse, les lettres et autres signes dont se compose la dépêche.

Le récepteur n'est autre chose qu'un Morse *encreur* ou *imprimeur*, dont la figure 595 donne une vue d'ensemble. Mais cet appareil se distingue par un point essentiel de ceux qui sont utilisés pour la réception dans le système Morse ordinaire.

Le papier sur lequel les signaux de la dépêche doivent être inscrits se déroule toujours d'une manière uniforme en face du cylindre encreur. Il reçoit une empreinte lorsque la molette imprimante est amenée en contact avec le papier et l'appuie contre le cylindre. Le mouvement qui détermine cette pression est donné par l'axe *a* (fig. 396), qui est entraîné par les armatures T et T', lesquelles sont des pièces de fer doux fixées aux pôles de l'aimant permanent NS. Ces armatures sont donc constamment polarisées ; elles sont engagées entre les branches de l'électro-aimant EE qui reçoit les courants alternatifs lancés dans la ligne.

Aussitôt qu'un courant passe, les armatures sont attirées, et elles ne reviennent à leur position normale que quand un courant contraire arrive dans l'électro-aimant. Cet effet se produit instantanément, lorsque le signal transmis est un *point*, puisque, comme nous l'avons vu plus haut, le point est donné par un courant momentané suivi immédiatement d'un courant inverse très court. Alors le contact de la molette imprimante avec la bande de papier a lui-même une durée très courte, et c'est un *point* qui est tracé. Si le signal qui suit est un *trait*, dans ce cas il y a un courant de courte durée, mais qui n'est suivi d'un courant inverse qu'après un intervalle plus long. Le contact de la molette avec la bande est plus long lui-même, et la trace imprimée est un *trait*.

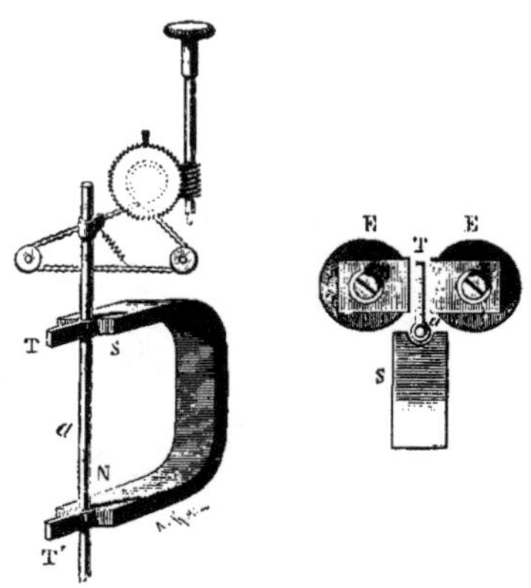

Fig. 396. — Détails du récepteur imprimeur Wheatstone.

On voit donc comment les perforations de la bande du transmetteur, suivant leur espacement et leur position, donnent lieu, sur la ligne, à des successions plus ou moins rapides de courants inverses, qui eux-mêmes produisent, dans le récepteur, des signaux imprimés reproduisant fidèlement ceux de la dépêche transmise.

Voici maintenant un aperçu du progrès réalisé par l'adoption du Jacquard électrique de Wheatstone. Les détails qui suivent sont empruntés à l'ouvrage de M. Bontemps[1], inspecteur des lignes télégraphiques, qui les a traduits du recueil anglais *The Nature* :

« Pour se faire une idée de la valeur du système automatique rapide sur des lignes télégraphiques d'un développement considérable, il suffit de comparer, dans les mêmes conditions, l'appareil Morse avec le Jacquard électrique.

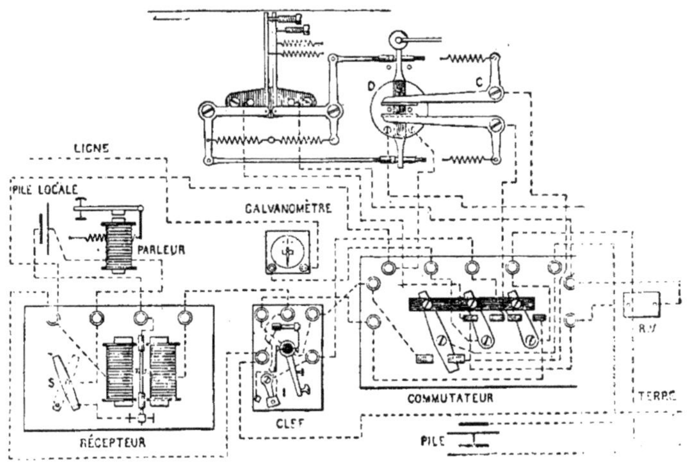

Fig. 597. — Plan d'ensemble d'un poste du télégraphe automatique Wheatstone.

« Pour utiliser un appareil alliant une telle célérité de transmission à d'aussi puissants moyens d'enregistrement, il devenait nécessaire d'adopter un système spécial de transmission et de réception pour économiser le travail manuel et tirer du fil le maximum de rendement. Les dépêches passent donc en groupes à la machine qui doit les transmettre par le fil, ce qui veut dire que, pour un circuit d'une longueur de 500 kilomètres, 12 dépêches de 50 mots sont poinçonnées sur un ruban continu et

1. *Les systèmes télégraphiques*. Paris, 1876.

envoyées par le transmetteur à la fois et *vice versâ*. Le fil de Londres à Birmingham, par exemple, peut envoyer quatre groupes distincts de 12 dépêches chacune, et recevoir trois groupes semblables dans une heure. Cela équivaut à 84 dépêches de 30 mots chacune; sur une moyenne de 5 lettres par mot, cela forme un total de 12 600 lettres, et 210 lettres par minute. Cela revient encore à 42 mots par minute, en y comprenant tous accusés de réception et formalités d'usage.

« Une semblable rapidité peut se maintenir par un beau temps ordinaire et n'exige qu'un personnel de cinq employés aux stations de réception et de transmission, à savoir : deux pour poinçonner les dépêches sur le papier-bande, deux pour écrire et transmettre, et un cinquième pour manier l'appareil, accuser les réceptions, demander les répétitions, etc. S'il s'agit de dépêches parlementaires ou de journaux, l'on obtient une rapidité beaucoup plus grande, d'abord parce qu'il n'y a plus de nécessité de grouper les dépêches, et ensuite parce que généralement les transmissions n'ont lieu que dans un seul sens, que les dépêches soient reçues ou expédiées, circonstances qui réduisent considérablement le délai initial de la transmission. Pour le fil d'Aberdeen à Londres, on peut arriver à 40 mots; pour celui de Londres à Édimbourg, on obtient jusqu'à 50 mots; entre Newcastle-upon-Tyne et Londres, on est monté jusqu'à 60; enfin, entre Glascow et Liverpool, jusqu'à 120. La vitesse est en raison inverse de la longueur de la ligne[1]. »

Il est question aujourd'hui d'un appareil à transmission automatique ayant pour principe, comme celui de Wheatstone, la perforation préalable des bandes qui servent à la transmis-

1. « Les appareils automatiques servent sur presque tous les grands circuits d'Europe. Il est évident que l'avantage principal d'un système automatique consiste non seulement dans sa grande exactitude, mais encore dans l'augmentation de vitesse qu'on obtient dans l'expédition du travail. On peut dire qu'il double la capacité des fils.... Mais le Wheatstone entraîne des frais additionnels d'exploitation. Quand il fonctionne pendant des heures consécutives, il exige deux employés perforateurs, un ajusteur et trois écrivains à chaque bout. » (Ternant, *Les Télégraphes*.)

sion des dépêches, et qui fonctionne, dit-on, entre Boston et New-York, sur une ligne de 250 milles (400 kilomètres). Les perfectionnements apportés au système par les inventeurs, MM. Foote, Romdal et Anderson, seraient tels, que la vitesse de transmission atteindrait 1000 à 1200 mots *par minute*. D'après *la Nature*, à qui nous empruntons ces détails, « un seul fil, desservi par quinze perforateurs, quinze copistes et deux bons employés à chaque extrémité pour la transmission et la réception, permet de préparer, transmettre et distribuer 1200 télégrammes par heure, chiffre qui n'avait jamais été atteint jusqu'ici *avec un seul fil*. » En quoi consistent les perfectionnements qui assureraient à cet appareil la supériorité sur le Jacquard Wheatstone, c'est ce que nous ne pouvons dire encore[1].

§ 2. TRANSMISSION SIMULTANÉE. — SYSTÈMES DUPLEX ET QUADRUPLEX.

Une deuxième solution au problème de l'accroissement du débit d'un même fil télégraphique est celle qui consiste à expédier en même temps deux dépêches sur ce fil, soit en sens contraires, soit dans le même sens. Quand la *transmission simultanée* des deux dépêches s'effectue en sens contraires, c'est-à-dire quand deux postes communiquent ensemble et à la fois, on nomme le mode de transmission *système duplex* ou simplement *duplex*. Si les deux dépêches parcourent à la fois le fil dans le même sens, on a le système *diplex*. Enfin, le *quadruplex* consiste dans la combinaison du duplex et du diplex, de sorte qu'un même fil sert alors à la transmission simultanée

1. La Compagnie américaine qui exploite cet appareil a imaginé un moyen d'accroître le débit de sa ligne, qui n'est possible que là où la télégraphie électrique est une industrie privée. Elle cède à ses clients des perforateurs qui leur permettent de préparer eux-mêmes leurs dépêches par bandes perforées. De plus, au lieu de copier et de transcrire en caractères ordinaires les dépêches reçues en signaux Morse, ce sont les bandes elles-mêmes qui sont remises aux destinataires. La Compagnie économise de la sorte du temps et des employés. Les dépêches sont tarifées d'après leur longueur : elles se payent *au yard* sans compter les mots.

de quatre dépêches, deux dans le même sens et deux en sens contraires.

Disons tout d'abord que ces dénominations ne s'appliquent pas à des appareils télégraphiques d'une nature spéciale. Ce sont des dispositions adoptées pour la combinaison des organes de transmission électrique sur une ligne, des agencements imaginés en vue des effets que nous venons de définir, et qui sont généralement applicables à tous les appareils télégraphiques, Morse, Hughes, Wheatstone, etc.

La première idée, la première solution trouvée pour ce problème remonte à l'année 1853; c'est à un savant autrichien, le

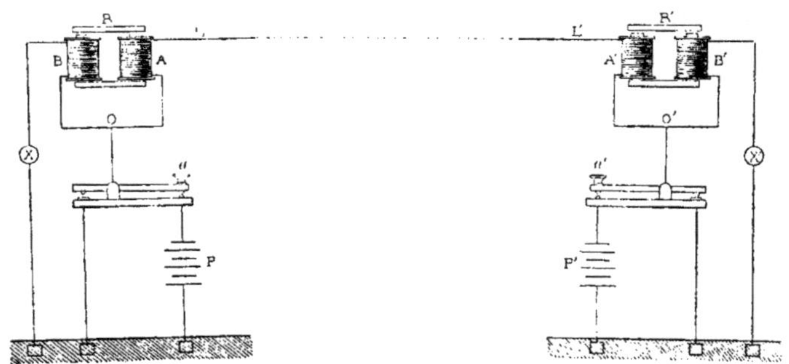

Fig. 398. — Schéma d'un système duplex.

docteur Gintl, de Vienne, qu'en revient l'honneur. Toutefois ce n'est que beaucoup plus tard que l'application en est devenue possible. Le système duplex de M. Stearn est le premier qui ait fonctionné sur la ligne de New-York à Buffalo; en France il a été appliqué, sur la ligne de Paris au Havre, à l'appareil Hughes; mais, ainsi que nous l'avons dit, il peut l'être indifféremment, comme tout autre système duplex, à un appareil télégraphique quelconque. Depuis, un grand nombre de systèmes analogues ont été inventés; ce qu'il importe donc de connaître, c'est le principe général de leur fonctionnement.

Considérons (fig. 398) deux postes du système Morse reliés

par le fil de ligne LL′. Ils sont montés tous deux de la même manière, ou composés d'appareils symétriques, que nous réduirons, pour plus de simplicité, aux manipulateurs ou clefs a, a' reliés aux piles P et P′ et aux récepteurs R et R′. Les armatures de ces récepteurs sont en face des pôles des électro-aimants A, B et A′, B′; mais les fils des bobines sont enroulés de telle sorte que, si un même courant ou deux courants d'égale intensité les traversent à la fois, l'effet résultant est nul sur leurs pôles[1]. En un mot, l'aimantation que les courants tendent à communiquer au noyau de fer doux de l'électro-aimant, se faisant à la fois dans les deux sens opposés, est nulle. Il ne se produit aucune action sur l'armature du récepteur.

Cela posé, nous allons examiner ce qui se passe lorsque la transmission a lieu seulement à l'un des deux postes, celui de gauche par exemple. L'employé de ce poste appuie sur le bouton de la clef a. Un courant parti de la pile P passe dans le fil qui se divise en O. Le courant se divise lui-même : une moitié passe par la bobine A dans le fil de ligne; l'autre moitié va dans la bobine B, et de là à la terre, de sorte que, comme nous l'avons dit plus haut, le récepteur R n'en est nullement affecté. Que faut-il pour que les deux parties bifurquées du courant transmis se neutralisent de la sorte? Évidemment, qu'elles soient égales en intensité, et par suite que les circuits soient équivalents ou offrent une résistance égale au courant. Pour obtenir ce résultat, il faut que le circuit de la bobine B soit accru par l'interposition d'une résistance artificielle convenable. Le rhéostat ou la boîte de résistance X est calculée pour produire précisément cet effet.

Grâce à cet artifice, qui est le principe essentiel de tout système duplex, le récepteur du poste d'où part le signal ou le courant ne reçoit aucun mouvement; il reste libre de recevoir les signaux de la station opposée.

1. Au lieu de deux bobines fonctionnant isolément en sens inverse l'une de l'autre, on peut employer une seule bobine : dans ce cas cette bobine est formée de deux hélices séparées, absolument identiques, enroulées autour du noyau de fer doux. Le sens de l'enroulement étant le même, les courants s'annulent quand ils sont égaux et de sens opposés. Ils se doublent si leur direction est la même.

Voyons maintenant comment la portion du courant qui a suivi le fil de ligne agit à l'autre station. Il traverse la bobine A', et se rend par O' à la terre. Une autre portion du courant, se bifurquant en O', passe aussi dans la bobine B', mais dans le même sens que la première, de sorte que le noyau de fer doux est aimanté sous cette double influence et l'armature R' du récepteur attirée. Le signal est transmis.

La disposition décrite plus haut est donc telle, que tout signal transmis par un des postes n'agit point sur le récepteur de ce poste, mais seulement sur le poste d'arrivée. Voyons maintenant ce qui se passe quand les deux postes transmettent à la fois, ce qui est l'objet même de tout système duplex.

Supposons donc que les deux clefs a, a' soient toutes deux en même temps mises au contact. Deux courants, partant des deux piles parfaitement égales au point de vue de leur force électromotrice, sont lancés à la fois dans le fil de ligne, où ils se détruisent ou se contrebalancent, puisqu'ils sont égaux et de sens contraires. Mais alors les portions de chaque courant qui, après leur bifurcation en O et O', se sont rendues à la terre par les bobines B et B' et les boîtes de résistance X et X', agissent directement sur les récepteurs; les armatures sont mises en mouvement et les signaux transmis. En un mot, quand la transmission est unique, le récepteur du poste de départ est immobile; celui du poste d'arrivée reçoit les signaux comme à l'ordinaire. Si la transmission est simultanée, chaque récepteur reçoit le signal du poste opposé par l'action différentielle des deux portions du courant qu'il envoie, l'une d'elles étant annulée par celle qui est lancée dans la ligne à l'autre poste.

Les systèmes duplex sont aujourd'hui très nombreux, les combinaisons basées sur le même princpe pouvant varier de bien des manières. On les rapporte à deux types principaux : le premier type est celui dont nous avons cherché à définir le principe, et on le nomme *système différentiel*. Les autres sont fondés sur l'emploi du *pont de Wheatstone*, dont nous dirons plus loin quelques mots. Décrivons encore, d'après M. Du Moncel[1], un des duplex qui ont figuré à l'*Exposition internationale d'Électricité* de 1881 : c'est le système de M. Tommasi, dont l'essai a eu lieu, entre Mantes et Paris, sur l'une des lignes du chemin de fer de l'Ouest.

« Dans ce système, on emploie, à chaque poste, deux piles, dont l'une a une intensité double de celle de l'autre, et on interpose dans le circuit une résistance additionnelle qui est double de celle de l'électro-aimant du récepteur correspondant. La clef elle-même a une disposition particulière qui permet de la faire réagir comme conjoncteur et disjoncteur du courant. Son extrémité est, à cet effet, munie d'un manchon isolé *c*, *c'*, avec vis de contact qui oscille entre deux ressorts *r*, *s*, *r'*, *s'*, et elle forme elle-même interrupteur de courant en *a*, *a'*.

« Comme on le voit sur la figure 399, les électro-aimants des récepteurs sont réunis entre eux par le fil de ligne, et sont reliés aux manchons isolés *c*, *c'* des deux clefs. Les clefs elles-mêmes sont mises en rapport avec la ligne par une dérivation dans laquelle est interposée la résistance R, R', qui est double de celle des électro-aimants correspondants. Enfin, les piles P, *p* et P', *p'*, étant reliées aux appareils, comme on le voit sur la figure 399, c'est-à-dire en sens inverse d'une station à l'autre, voici ce qui a lieu quand on correspond :

« A l'état de repos des deux postes, la ligne et les électro-aimants E, E' sont en rapport avec le sol par les manchons *c*, *c'* et les ressorts *s*, *s'* qui communiquent à la terre. Aucune pile n'est donc dans le circuit.

« Si c'est la station de gauche qui transmet, la pile P est mise en communication avec la ligne par la dérivation R; mais à sa rencontre avec le fil de ligne L le courant trouve deux voies pour se diriger, l'une à droite à travers la ligne, l'autre à gauche à travers l'électro-aimant E. Mais, de ce côté, il ne trouve pas d'issue, car d'un côté le ressort *s* n'est plus en contact avec le manchon *c*, et le chemin qui pourrait lui être ouvert

1. Voir le numéro de la *Lumière électrique* du 17 septembre 1881, auquel nous empruntons la description et la figure du système duplex Tommasi.

par le ressort *r*, alors en contact avec le manchon *c*, est intercepté par la pile *p* dont le courant est de sens contraire. Toutefois, comme ce dernier courant est moitié moins intense que celui de la grande pile, on pourrait croire qu'une partie pourrait s'écouler de ce côté; mais comme le courant de la grande pile est affaibli par la résistance R, et que ce n'est que le courant dérivé à travers E qui pourrait passer par cette voie, il ne passe par le fait aucun courant de ce côté, et le courant de la pile P va à peu près en entier animer l'électro-aimant de la station de droite en s'écoulant en terre par le ressort *s*. Tout se passe donc alors comme dans une transmission ordinaire. Il en

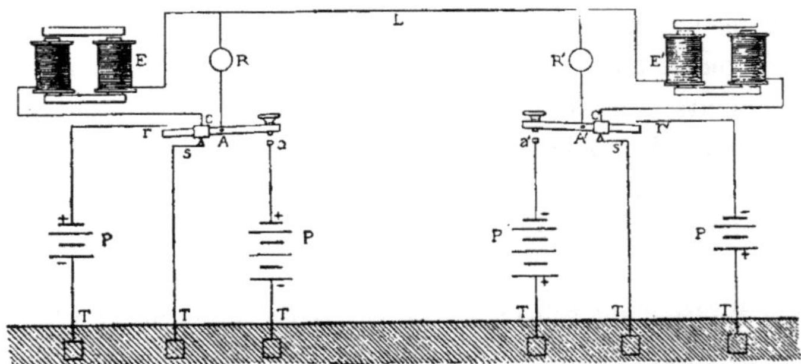

Fig. 399. — Schéma du système duplex Tommasi.

serait de même naturellement si c'eût été la station de droite qui eût transmis.

« Si maintenant les deux stations transmettent en même temps, les courants des deux piles de ligne s'ajoutent en tension aux deux stations et produiraient une action double sur les récepteurs, s'ils ne rencontraient les dérivations par R et R' et les deux piles *p*, *p'*, qui agissent pour rétablir l'équilibre. En effet, le courant de la pile P arrivant à la station de droite, passe partie par l'électro-aimant E', partie par la dérivation R'. Sur cette dernière voie, il se trouve renforcé en *a'* par la pile P', mais il se trouve également renforcé en E' par la pile *p'* avec laquelle il se trouve relié par l'intermédiaire du contact *r'* et du manchon c' ; comme la résistance dans la dérivation, en R′, est double de celle de l'électro-aimant E′, et que d'un autre côté la pile *p* est moitié moins forte que la pile P, il y compensation dans les effets produits, et les choses se passent, sur le récepteur, comme si la pile seule du transmetteur eût réagi. Naturellement les mêmes effets se produisent à l'autre poste, puisque les dispositions du circuit sont exactement symétriques. »

§ 3. TRANSMISSION SIMULTANÉE. — TÉLÉGRAPHE HARMONIQUE DE GRAY.

Un savant américain, dont nous retrouverons le nom dans le chapitre consacré au téléphone, M. Elisha Gray, a imaginé un système de transmission simultanée dont le principe est différent de celui que nous venons d'exposer, et est emprunté en partie à la loi de synchronisme des vibrations sonores, propagées par les courants électriques. De là le nom de *télégraphe harmonique* donné à ce système.

Le télégraphe harmonique de Gray résout le problème de la transmission simultanée de plusieurs signaux de la façon suivante. Chaque signal, émanant d'un transmetteur spécial, correspond à l'émission d'un courant d'intensité variable, et les variations de courant sont liées elles-mêmes aux vibrations d'une lame rendant un son déterminé et fixe. Le fil de ligne transmet ce courant variable, cette onde électrique, à l'appareil récepteur, et communique à une lame élastique les vibrations du récepteur, parce que cette lame est accordée de manière à être affectée par ces seules vibrations, en un mot parce qu'elle est accordée à l'unisson du transmetteur. Deux, trois, quatre appareils fonctionnant en même temps et transmettant à la fois sur le même fil autant d'ondes d'électriques distinctes, ces ondes se trouvent triées au poste d'arrivée : chacune d'elles anime le récepteur synchrone correspondant, et chaque signal, chaque dépêche se trouve ainsi, après avoir voyagé de conserve sur le fil avec toutes les autres, transmise d'une façon indépendante.

Nous allons essayer de faire comprendre, en réduisant le télégraphe harmonique à ses organes essentiels, comment ce but peut être atteint.

P P′ P″... est la pile du poste transmetteur, qui est d'un côté reliée à la terre et de l'autre au fil de ligne. Cette pile est divisée en autant de groupes qu'il y a, dans le poste, de transmetteurs spéciaux, et sur chacun d'eux est disposé en dérivation un circuit qui comprend une lame vibrante V V′ V″ et une vis de contact A A′ A″.

Les courants qui sont lancés sur la ligne par le poste transmetteur traversent au poste d'arrivée des électro-aimants E E′ E″

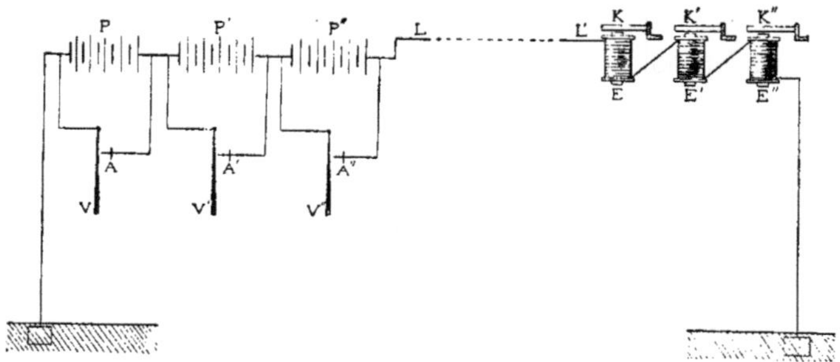

Fig. 400. — Schéma du système harmonique de Gray.

disposés en série. Les tiges vibrantes K K′ K″ placées en regard de leurs pôles et fixées solidement par l'une de leurs extrémités sont réglées de manière à donner trois notes distinctes à l'unisson des trois lames vibrantes du poste transmetteur. Les vibrateurs du poste de départ, mis en action chacun par une pile et un électro-aimant spécial, se trouvent animés d'une façon constante d'un mouvement vibratoire déterminé, qui fait rendre à chacun d'eux le son fondamental pour lequel il est réglé. Chaque fois que l'un d'eux touche son contact, le courant est affaibli par suite de la fermeture du circuit dérivé correspondant, pour reprendre, aussitôt le contact cessé, son intensité première. De là des variations du courant dont la rapidité dépend du nombre des oscillations du vibrateur ; ces variations déterminent autant d'ondes électriques qu'il y a de vibrateurs distincts. Ces trois séries d'ondes transmises simultanément sur la ligne trouveront, en arrivant au poste récepteur, trois tiges en accord avec chacune d'elles, et dont chacune vibrera sous la seule influence de l'onde synchrone.

Supposons maintenant qu'on arrête le mouvement d'un des vibrateurs : aussitôt l'onde électrique correspondante est supprimée, et la tige du récepteur qu'elle faisait vibrer s'arrête pareillement. Si l'arrêt du vibrateur est court, celui de la tige réceptrice le sera également; de même, s'il est long. Une suite d'arrêts longs ou courts au poste transmetteur se reproduira identiquement au poste d'arrivée; et si, par exemple, ils correspondent aux signaux de l'alphabet Morse, on comprend qu'il en résultera une dépêche transmise qui, en Amérique, est recueillie par un *parleur*, mais qu'on pourrait également recevoir par un appareil Morse ordinaire.

Les trois ou quatre transmetteurs fonctionnant simultanément, les tiges vibrantes des récepteurs sont affectées à la fois, mais chacune l'est seulement par les arrêts du vibrateur correspondant. On voit donc que la simultanéité de la transmission est assurée par ce système.

La description qui précède n'a qu'un objet, celui d'essayer de faire comprendre sur quel principe s'est appuyé M. Elisha Gray pour concevoir son télégraphe harmonique. Elle serait insuffisante, si l'on voulait se rendre compte du fonctionnement détaillé de toutes ses parties, dont nous donnons ici la représentation d'après les modèles qui ont figuré à l'Exposition internationale d'Électricité.

La figure 401 représente la disposition du vibrateur, dont la lame V est fixée au point *o* et vibre sous l'influence alternative des électro-aimants A, B, dont les noyaux sont aimantés simultanément par une pile spéciale, mais dont l'un, A par exemple, entouré d'un fil ayant une longueur calculée convenablement, offre une résistance cinq ou six fois plus grande que l'autre. Attirée d'abord par le plus fort, elle touche un contact qui dérive le courant et l'affaiblit ; l'autre électro-aimant devient plus fort à son tour et attire la lame. Puis, le courant se trouvant de nouveau rompu, la dérivation cesse, les électro-aimants reprennent leur intensité relative première ; A attire de nouveau la lame, et ainsi de suite. De là une série de vibrations.

Le *transmetteur* (fig. 402) est un appareil composé d'une clef Morse, qu'on voit à droite, et d'une disposition spéciale ayant pour objet de régler l'intensité des courants que les arrêts des vibrateurs feraient sans cela varier dans des proportions beaucoup trop fortes.

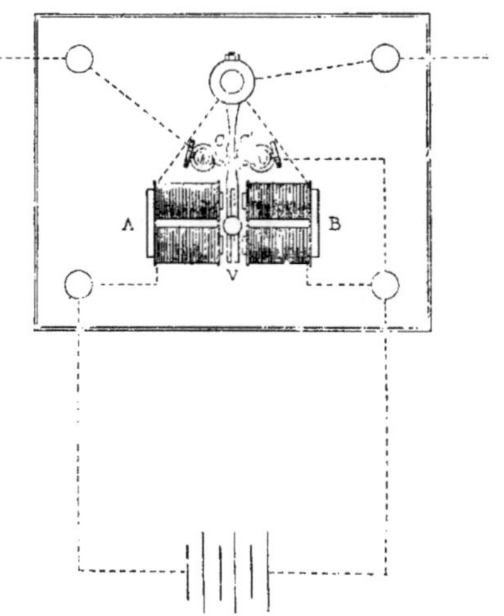

Fig. 401. — Vibrateur du télégraphe harmonique Gray.

Enfin, la figure 403 représente le récepteur et le parleur. Ce dernier appareil est généralement usité aux États-Unis, où les employés chargés de recevoir se contentent d'écouter les signaux, sans en conserver de traces écrites. La pièce principale du récepteur est une tige d'acier, fixée solidement par une de ses extrémités et réglée de manière à donner, lorsqu'elle vibre, une note parfaitement à l'unisson avec celle que rend la lame du vibrateur correspondant. Son autre extrémité se trouve en regard d'un électro-aimant qui est traversé par les courants lancés sur la ligne ; mais, pour que les variations produites dans ces courants par les transmetteurs affectent la tige d'acier, il faut qu'elles soient d'accord avec le nombre des vibrations qui correspond à cette note. Il y a donc un triage des variations du courant opéré par les récepteurs eux-mêmes.

Les expériences du télégraphe harmonique de Gray, faites en Amérique pendant deux mois sur la ligne de la Western-Union,

Fig. 402. — Transmetteur du télégraphe harmonique.

entre Boston et New-York (320 kilomètres), ont donné d'excel-

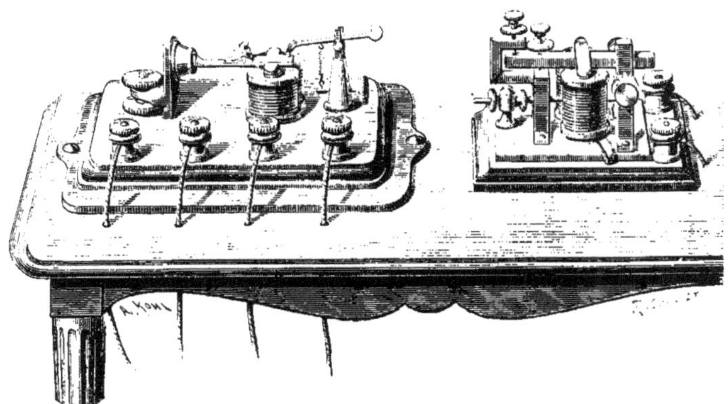

Fig. 403 — Récepteur du télégraphe harmonique.

lents résultats. Bien qu'elles aient eu lieu dans des conditions peu favorables, le succès a été complet. « Dans une des expériences, dit M. A. Guéroult[1], cinq employés ont transmis, dans l'espace de neuf heures, 2124 dépêches, soit 236 dépêches en tout par heure, ou 47 dépêches par homme ou par heure. Une autre fois, quatre employés, choisis parmi les meilleurs, ont transmis, en cinq heures, 1184 dépêches, soit 59 dépêches par employé et par heure. »

§ 4. TRANSMISSION MULTIPLE. — TÉLÉGRAPHE MEYER ; TÉLÉGRAPHE BAUDOT.

La rapidité d'un mode quelconque de transmission dépend du nombre des émissions de courant que ce système permet d'effectuer sur le fil en un temps donné, par exemple en une seconde. Le rapport entre ce nombre réel d'émissions, tel que la pratique le constate, et le nombre possible, idéal, qui marque la capacité du fil, est très faible. Cette rapidité dépend encore du nombre d'émissions qu'exige chaque *caractère* (lettre, chiffre ou blanc séparant les mots) et de l'habileté de l'employé qui manipule l'appareil. On admet, en moyenne, qu'un Morse ordinaire expédie 1,5 ou 2 caractères par seconde ; le télégraphe Hughes va jusqu'à 3, et ces nombres sont ordinairement doublés si l'on applique le duplex à ces systèmes. Or les télégraphes automatiques montrent qu'on peut lancer 100 émissions, soit environ 25 caractères par seconde sur un fil (avec le Morse), de sorte que les meilleurs systèmes sont loin d'utiliser la réceptivité électrique d'un fil. De là les systèmes ou méthodes perfectionnées de transmission que nous venons de passer en revue.

On en a imaginé une nouvelle, dont l'idée première remonte à 1860. C'est à cette époque, en effet, qu'un inspecteur des lignes télégraphiques françaises, M. Rouvier, a publié son projet de transmission multiple dont le principe général est celui-ci : Diviser le temps de la transmission en intervalles réguliers et

1. *Lumière électrique* de janvier 1882.

périodiques dont chaque période est affectée à un manipulateur distinct; un certain nombre d'employés utilisent le fil de ligne chacun à leur tour, de sorte que les temps d'activité et de repos se succèdent alternativement pour eux, et que le fil de ligne, grâce à cet artifice, est dans un état d'activité continue. Le premier système de transmission multiple basé sur ce principe a été inventé par M. Meyer en 1871 et appliqué aux signaux Morse; il fonctionne notamment sur la ligne de Paris à Lyon et sur les grandes lignes des réseaux suisses et autrichiens.

Les appareils transmetteurs du télégraphe multiple Meyer sont des manipulateurs à clavier. Chacun d'eux est composé de quatre touches blanches et de quatre touches noires; en abaissant une de celles-ci, on produit une émission brève du courant, un *point;* en abaissant une touche blanche, on a un *trait.* En appuyant simultanément sur les unes ou les autres, on a une combinaison de points et de traits, dont l'ensemble forme, comme dans l'alphabet Morse, une lettre, un chiffre ou tout autre signe.

Les récepteurs ont chacun pour organe imprimeur une fraction d'hélice d'un quart de circonférence (s'il y a quatre manipulateurs). La pointe d'un levier formant l'armature d'un électro-aimant appuie le papier sur l'hélice pendant un temps égal à la durée de l'émission de courant : il en résulte un trait ou un point sur la bande qui se déroule avec une vitesse de 5 millimètres par tour devant les cylindres qui portent les fractions d'hélice. Les signaux sont ainsi imprimés transversalement. Il en résulte l'impossibilité d'une confusion entre deux lettres consécutives, et aussi une grande réduction dans la longueur de la bande qui constitue la dépêche. Ajoutons que chaque manipulateur comporte deux récepteurs, l'un au poste de départ, l'autre au poste d'arrivée, et qu'il y a ainsi double contrôle.

Mais l'organe principal du télégraphe Meyer est le *distributeur* chargé de diriger le courant de la pile sur le fil de ligne, de façon que les émissions émanées de chaque manipulateur passent successivement au récepteur correspondant du poste qui expédie, et de là au récepteur du poste qui reçoit. Le distributeur Meyer est une roue métallique fixe, isolée, divisée à sa circonférence en 48 parties égales. Chaque quart de cercle formé de 12 divisions est affecté au service d'un manipulateur. Quatre groupes de divisions doubles sont reliés par un faisceau de huit fils isolés aux huit touches de son clavier ; les quatre autres divisions comprises entre les groupes sont reliées à la terre.

Un mouvement d'horlogerie, régularisé par un pendule conique, met en mouvement à la fois les hélices des récepteurs et une tige élastique ou frotteur qui parcourt la circonférence du disque du distributeur. Le frotteur met ainsi chaque manipulateur et le récepteur correspondant en contact avec la ligne pendant la durée d'un quart de rotation. Chacun des quatre employés a donc ainsi la ligne à sa disposition pendant cette durée. Il est averti d'ailleurs par le bruit d'un petit levier, du moment où le signal qu'il envoie est fait.

On comprend qu'un système de ce genre a pour condition essentielle le synchronisme des mouvements des appareils aux deux postes. On a déjà vu comment cette condition peut être réalisée, quand nous avons décrit le télégraphe imprimeur Hughes.

Le télégraphe multiple imprimeur Baudot, que nous allons décrire maintenant, imprime en caractères ordinaires, comme l'appareil Hughes, les dépêches qu'il transmet. C'est une véritable merveille de précision et de rapidité ; aussi son auteur a-t-il obtenu à l'Exposition internationale d'Électricité une des plus hautes récompenses, le diplôme d'honneur. Il faudrait plusieurs chapitres pour faire saisir le fonctionnement de tous les organes de ce système ; nous ne pourrons qu'essayer d'indiquer nettement ce qu'il y a de plus essentiel dans ses diverses parties.

Considérons deux postes aux extrémités d'une ligne, tous

deux composés de six manipulateurs et de six récepteurs, et voyons d'abord comment les signaux envoyés successivement et à tour de rôle par les employés du premier poste sont distribués sur le fil de ligne et viennent affecter chacun les récepteurs correspondants de l'autre poste.

L'installation complète comprend, dans cette hypothèse, pour un même fil, six manipulateurs, un distributeur et six récepteurs imprimeurs pour chacun des postes. Mais ce sont les mêmes employés qui transmettent et reçoivent selon les besoins des communications réciproques.

Fig. 404. — Manipulateur du télégraphe Baudot.

Le *manipulateur* du système Baudot, représenté dans la figure 404, comprend un clavier de cinq touches partagées en deux groupes, l'un de deux touches qui sont manipulées par le médium et l'index de la main gauche, l'autre de trois touches manipulées par l'index, le médium et l'annulaire de la main droite. La bande qui sépare ces deux groupes laisse entre eux un espace où la place des pouces est ménagée; il porte une manette T qui sert, suivant sa position, à mettre le manipulateur à l'état de *repos* ou de réception, et à l'état d'*activité* ou de transmission. Dans la boîte B sont les pièces qui servent à mettre chaque touche en communication avec les piles et avec le fil de ligne. A l'état de repos, les cinq touches du manipulateur donnent lieu, quand le distributeur dont il va être question se trouve dans la position convenable, à des émissions de *courants négatifs;* abaissées ou dans l'état de travail, elles lancent au contraire dans la ligne des *courants positifs*. A chaque tour du distributeur, il y a donc, pour chacun des six manipulateurs, cinq émissions de courants, soit positifs, soit négatifs, et c'est de la combinaison de ces courants sur les cinq touches du clavier que M. Baudot a tiré tous les signaux nécessaires à la communication télégraphique. Le nombre des combinaisons de cinq signes étant 32 ou mieux 31 (puisque le manipulateur en repos donne seul la première), c'est 31 signaux, qui se trouvent d'ailleurs doublés par un artifice analogue à celui que nous avons vu employé dans le système Hughes. Voici un tableau montrant la signification des combinaisons de courant, et par suite le doigté du manipulateur :

Repos	— — — — —	Erreur	— — — + +
A ou 1	+ — — — —	N ou N°	— + + + +
B 8	— — + + —	O 5	+ + + — —
C 9	+ — + + —	P °/o	+ + + + +
D 0	+ + + + —	Q /	+ — + + +
E 2	— + — — —	R —	— — + + +
É etc	+ + — — —	S ;	— — + — +
F '	— + + + —	T !	+ — + — +
G 7	— + — + —	U 4	+ — + — —
H "	+ + — + —	V '	+ + + — +
I "	— + + — —	W ?	— + + — +
J 6	+ — — + —	X , ...	— + — — +
K (.	+ — — + +	Y 3	— — + — —
L —	+ + — + +	Z :	+ + — — +
M)	— + — + +	τ	+ — — — +
Blanc-chiff	— — — + —	Blanc-lett	— — — — +

Les trois premiers signes correspondent aux trois touches de droite du manipulateur ; les deux suivants aux touches manipulées par la main gauche. Si, par exemple, on a à expédier la lettre M, le médium de la main droite appuie seul sur la touche correspondante, et les deux doigts de la main gauche abaissent simultanément leurs touches ; le signal expédié sera caractérisé par la combinaison suivante de courants : — + — + +.

Voyons maintenant comment ces courants sont lancés sur le fil de ligne et reçus au poste d'arrivée. Ce sont les *distributeurs* qui remplissent ce double rôle.

Ce sont des disques en matière isolante, à la surface desquels sont réparties circulairement des pièces métalliques mises en relation avec les touches des manipulateurs. Chaque disque est divisé en six secteurs égaux portant chacun cinq contacts, autant qu'il y a de touches dans chaque manipulateur. Chaque secteur est affecté à un poste ; mais il y a en outre un secteur spécial, qu'on nomme *secteur de correction*, parce que sa fonction est de transmettre des courants destinés à régulariser le mouvement ou à obtenir le synchronisme des deux distributeurs du poste de départ et du poste d'arrivée.

Un levier mobile autour de l'axe ou du centre du disque porte un frotteur animé d'un mouvement uniforme de rotation. Ce frotteur, à chacune des circonférences qu'il décrit, passe successivement sur les six secteurs, et comme il est en relation avec la ligne, il lance sur celle-ci les courants qu'il recueille sur les cinq divisions de chacun d'eux, courants tantôt négatifs, tantôt positifs, selon que les touches de chaque manipulateur sont à l'état de repos ou de travail.

Pour préciser, suivons sur la figure 405 la marche de la transmission des courants d'un signal envoyé par l'un des six secteurs A, B, C, D, E, F.

Les touches du manipulateur correspondant, lorsqu'elles sont au repos, mettent les divisions 1, 2, 3, 4, 5 du secteur en relation avec le pôle négatif d'une pile dont le pôle positif est à la terre. Si au contraire une quelconque d'entre elles est abaissée, elle vient au contact d'un butoir dit *butoir de travail*, qui relie la division correspondante au pôle positif d'une seconde pile dont le pôle négatif est à la terre. En examinant la partie gauche de la figure qui est le poste de transmission, on voit que les touches 1 et 3 sont au repos, tandis que les touches 2, 4 et 5 sont au travail. Dès lors, aussitôt que le frotteur passera sur les cinq divisions du secteur A, les courants lancés dans la ligne se succèderont dans l'ordre suivant : — + — + + ; le signal correspondant à la lettre M se trouvera transmis. En continuant son mouvement sur les autres secteurs B, C, D, E, F, le frotteur transmettra de même et successivement les courants positifs et négatifs envoyés pour ces secteurs, selon l'état des touches de chaque manipulateur. Ainsi de suite, à chaque rotation complète du frotteur sur les divisions du disque.

Voyons maintenant comment ces signaux sont reçus au poste d'arrivée. Un distributeur en tout semblable à celui dont nous venons de dire la fonction, divisé de la même manière en six secteurs, plus un secteur de correction, est animé d'un mouvement également uniforme. Le frotteur, qui parcourt les divisions du disque, passe sur chacune d'elles au même instant que le frotteur du distributeur de la station de départ; le synchro-

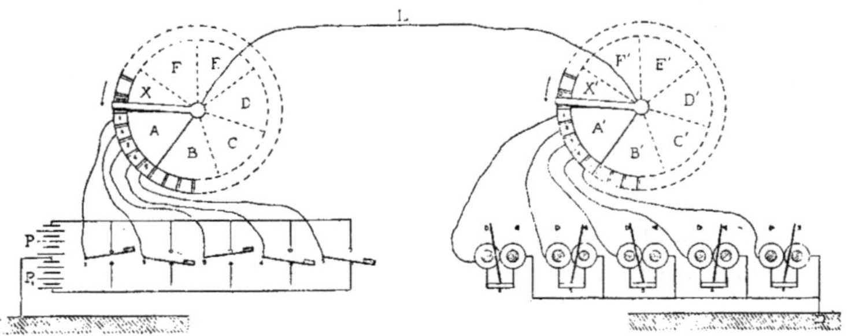

Fig. 405. — Diagramme de la transmission et de la réception dans le télégraphe multiple Baudot.

nisme de leur mouvement est d'ailleurs constamment réglé ou corrigé, comme nous le dirons plus loin. Mais chaque division, pour la réception, se trouve reliée à un électro-aimant qui, dès que le frotteur passe, est animé par le courant lancé sur le fil de ligne. Une armature polarisée oscille entre les pôles de l'électro-aimant et est limitée dans son mouvement par deux butoirs contre lesquels elle s'applique, selon le sens du courant transmis.

Elle y reste appliquée jusqu'au passage d'un courant contraire. En examinant les positions occupées par les cinq armatures après le passage du frotteur sur le secteur A, on voit qu'elles traduisent la combinaison — + — + + que nous avions supposée transmise par le manipulateur correspondant.

Tel est l'exposé fort sommaire de la transmission et de la réception dans le télégraphe Baudot. Mais il est nécessaire de compléter la description de l'organe principal, c'est-à-dire du distributeur, que nous avons jusqu'ici réduit, pour plus de clarté, à un degré de simplicité qui ne permettrait point d'en comprendre toute l'importance. La figure 406 le représente au $\frac{1}{8}$ de sa grandeur d'exécution. P est une poulie à gorge qui reçoit son mouvement de rotation d'un moteur spécial et le

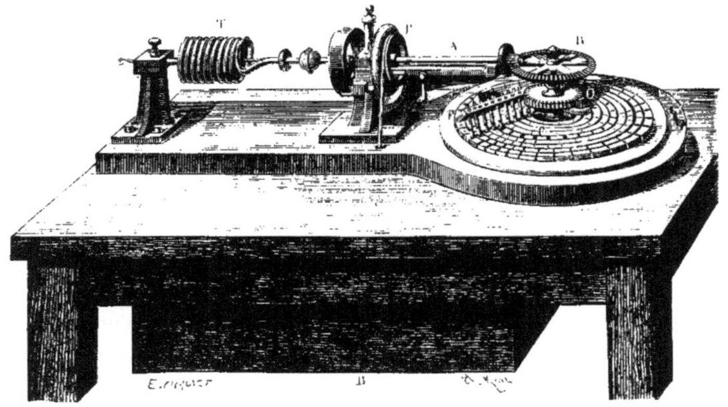

Fig. 406. — Distributeur du télégraphe Baudot.

communique à l'arbre horizontal A; cet arbre est muni d'un volant qu'on voit accolé à la poulie, et d'un régulateur de vitesse à lame vibrante à hélice T. L'arbre porte à son extrémité un pignon qui engrène avec la roue d'angle R. C'est l'axe vertical de cette roue qui porte le bras F muni, non pas d'un seul frotteur, mais de dix frotteurs en forme de balais, semblables à ceux des commutateurs de la machine Gramme.

Le disque horizontal en ébonite C porte neuf rangées circulaires concentriques de contacts métalliques, dont chacune est parcourue par l'un des neuf frotteurs disposés sur le bras mobile. Les deux premières rangées extérieures sont consacrées à la transmission ; l'une d'elles est reliée à la ligne, l'autre aux godilles de chaque manipulateur, que nous avons vues reliées les unes à la pile négative, les autres à la pile positive de ligne. Les deux rangées suivantes sont consacrées à la réception : l'une sert au *contrôle au départ* et à l'*impression en local;* une pile spéciale est consacrée à cet usage ; l'autre rangée communique avec les électro-aimants des relais récepteurs. La cinquième rangée, dont le frotteur est relié à celui de la huitième, ne contient que quatre contacts très courts dans chaque secteur ; ils servent à la mise à la terre entre deux émissions consécutives de courant, de manière à atténuer les défauts légers de synchronisme et à donner plus de sûreté au fonctionnement des relais récepteurs. Pour cela la rangée 8, qui est continue, est reliée à la terre. Les frotteurs des rangées 6 et 7 envoient le courant d'une pile locale à divers contacts de la sixième rangée : l'un communique avec le manipulateur et produit un signal qui avertit l'employé un peu avant le moment où le frotteur va traverser le secteur particulier à son poste, et où il doit composer la combinaison des touches pour le signal suivant. Enfin la neuvième et dernière rangée a un frotteur qui est relié à un dixième frotteur parcourant la quatrième rangée un peu avant le frotteur de cette rangée ; une pile négative locale envoie ainsi un courant qui a pour objet de ramener au repos les armatures des relais récepteurs.

Les courants du septième secteur ou du *secteur de correction* ont pour objet, par l'intermédiaire d'un électro-aimant spécial, d'opérer l'embrayage ou le désembrayage du manchon porte-frotteur dans le distributeur du poste d'arrivée, lorsqu'on veut régler son mouvement sur celui du distributeur du départ, ce dernier ayant sa vitesse normale. Ce décalage se fait par l'intermédiaire d'un pignon satellite O mù par un mécanisme du relais, qu'il serait trop long de décrire.

Nous arrivons au relais récepteur, dont la figure 407 représente la disposition actuelle.

AA sont les branches d'un aimant en fer à cheval dont la partie courbe est noyée dans le bois du support.

Entre les appendices polaires de cet aimant, un cylindre de fer doux, qu'une pièce de cuivre partage en deux portions inégales, portant transversalement une lame rectangulaire, repose par deux pointes, à la hauteur de son axe sur les pôles mêmes, et constitue ainsi une armature polarisée pouvant osciller autour de l'axe. Sous l'influence de celui des pôles avec lequel l'armature est en communication, la lame transversale oscille en effet, tantôt à droite, tantôt à gauche, selon qu'elle est attirée par l'un ou l'autre des pôles d'un électro-aimant placé au-dessous et en regard, et dont les bobines reçoivent les courants, soit positifs, soit négatifs, émis sur la ligne.

Fig. 407. — Relais récepteur du télégraphe Baudot.

Les oscillations de l'armature sont amplifiées par une tige de fer doux, dont l'extrémité est située entre deux butoirs, l'un de repos *a*, l'autre de travail *b*; celui-ci porte seul un contact d'argent susceptible d'établir la communication électrique. Quand un courant négatif vient de la ligne, les noyaux B et B′ des bobines de l'électro-aimant reçoivent des polarités qui font occuper à la tige de l'armature la position à gauche contre le butoir de repos; c'est à droite qu'elle se place, si les polarités sont contraires, c'est-à-dire si l'émission est positive : nous avons vu déjà comment les bobines sont reliées aux contacts du distributeur et à la terre; les cinq armatures des relais, quand les frotteurs de réception ont passé dans le secteur correspondant, se disposent de façon à conserver la combinaison reçue; puis, par l'envoi

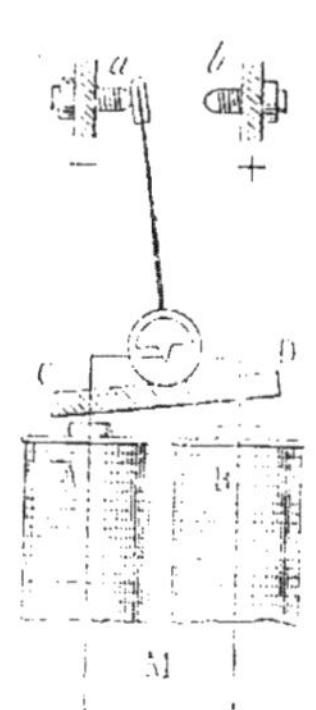

Fig. 408. — Relais-récepteur; coupe.

d'un courant local au contact du septième frotteur, la même combinaison est transmise aux électro-aimants du récepteur, où va se faire l'impression.

Dans les premiers appareils, la disposition était autre. Sur la semelle de fer doux de l'un des pôles de l'aimant en fer à cheval était pratiquée une encoche, dans laquelle reposait, par une pointe en arête de couteau, une armature verticale de fer doux. La partie médiane de cette armature, se trouvant en face des noyaux des deux électro-aimants droits placés en regard sur le même axe, oscillait entre ces noyaux; son extrémité supérieure oscillait en même temps entre deux butoirs, dont l'un, le *butoir de repos*, correspondait aux émissions négatives des courants, l'autre, le *butoir de travail*, aux émissions positives. L'armature était polarisée par l'aimant avec lequel elle se trouvait en contact et elle restait maintenue par l'attraction de l'un ou l'autre noyau, jusqu'à ce que le dixième frotteur du distributeur l'eût remise au repos, un peu avant l'envoi de la combinaison suivante. Chaque groupe de deux secteurs opposés possédait une série de cinq relais qui servait alternativement à l'un et à l'autre, et il y avait en outre un relais isolé destiné à la correction. Avec la disposition nouvelle, chaque manipulateur possède cinq relais récepteurs indépendants, de sorte que sur une même table d'un poste de six transmetteurs il y a trente relais.

Nous n'avons décrit jusqu'à présent que les organes du télégraphe Baudot qui intéressent la transmission et la réception. On a vu comment les six manipulateurs d'un poste et les six récepteurs correspondants[1] peuvent échanger, à tour de rôle, d'une manière continue, leurs signaux par l'intermédiaire d'un distributeur commun qui utilise ainsi toute la capacité de débit du fil de ligne. Le mouvement de rotation, en plein fonction-

1. Il est bien entendu que les six manipulateurs du poste ne sont pas d'ordinaire tous à la fois occupés à la transmission; les uns transmettent, tandis que les autres reçoivent. Il suffit, pour passer de l'une à l'autre de ces fonctions de l'appareil, d'établir les communications convenables entre chaque groupe de secteurs, et l'on a vu que la position de la manette du manipulateur détermine à volonté la transmission ou la réception.

nement de l'appareil, atteint de 150 à 180 tours par minute, ce qui fait de 2,5 à 3 tours par seconde; un calcul facile montre que chaque manipulateur est mis en communication avec le récepteur correspondant, une fois par tour, pendant un temps compris entre $\frac{1}{16}$ et $\frac{1}{20}$ de seconde. C'est pendant ce court intervalle que l'employé transmet la lettre ou le signe qui résulte de la combinaison des cinq touches; entre un tour et le suivant a lieu la préparation du signal qui doit suivre. Avec les vitesses dont il vient d'être question, un poste de six employés pourra transmettre dans un sens ou dans l'autre 900 ou 1080 signaux par minute, 54 000 ou 64 800 signaux par heure. En tenant compte des blancs de séparation des mots et en comptant 5 lettres en moyenne par mot, cela ferait de 450 à 540 dépêches de 20 mots par heure. En réalité, les interruptions, les erreurs, les répétitions ne permettent point une aussi grande rapidité; toutefois le débit d'un fil, avec l'appareil Baudot, ne monte pas à moins de 300 dépêches de 20 mots par heure, ce qui dépasse de beaucoup la rapidité de tous les autres systèmes. D'ailleurs les dépêches sont transmises imprimées, et il nous reste à décrire sommairement les organes qui servent à cette impression.

Ce n'est pas la partie la moins remarquable de cet admirable système. Comment les combinaisons de courants positifs et négatifs, transmises par chaque secteur et reçues par les électro-aimants récepteurs de chaque secteur correspondant, se transforment-elles en lettres imprimées sur la bande de papier sans fin qui se déroule à l'un et à l'autre des deux postes? C'est ce que nous allons essayer de faire comprendre, sans toutefois entrer dans les détails minutieux qui seraient nécessaires pour une intelligence complète du mécanisme.

Le récepteur comprend trois parties principales : nous avons déjà décrit les relais récepteurs. La figure 409 représente l'appareil imprimeur proprement dit, qui, ayant une grande analogie avec l'imprimeur de l'appareil Hughes, n'a pas besoin d'une description spéciale. Mais pour que la roue des types E

UN POSTE DU TÉLÉGRAPHE MULTIPLE IMPRIMEUR BAUDOT.

remplisse sa fonction, pour que la came d'impression soit soulevée au moment voulu, c'est-à-dire quand la lettre convenable passe en regard du papier, et appuie le papier contre la lettre, il faut qu'un mécanisme spécial établisse une correspondance entre cette came et la combinaison des cinq armatures des électro-aimants récepteurs. Ce mécanisme, cet organe de traduction a reçu le nom de *combinateur* : c'est la partie la plus ingénieuse et à coup sûr la plus originale du télégraphe Baudot.

Fig. 409. — Récepteur imprimeur du télégraphe Baudot.

Le combinateur se compose d'un disque horizontal fixe sur lequel sont tracées cinq travées concentriques à l'axe du disque, divisées chacune en deux voies et séparées par des zones de même largeur que les voies. Les 360 degrés du cercle sont partagés, suivant des rayons, en 31 secteurs de chacun 10 degrés, correspondant aux 31 combinaisons effectives ou signaux du système, et les 50 degrés restants forment le *secteur neutre*. Les deux voies de chaque travée correspondent, l'une, la plus rapprochée de la circonférence, à la position de repos de l'armature d'un électro-aimant récepteur, l'autre, la plus voisine du centre, à la position de travail. Pour cette raison, la voie extérieure est dite *voie de repos;* la voie intérieure, *voie de travail.* L'une et l'autre sont creusées en forme de rainure, mais à des profondeurs différentes suivant le rang de la travée et le secteur. Considérons par exemple la lettre M, à laquelle est affecté le 20e secteur; nous savons que la combinaison qui lui est relative est représentée par les signes — + — + +.

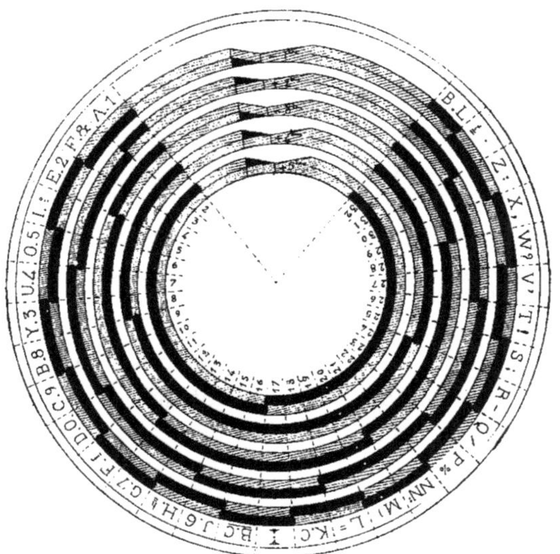

Fig. 410. — Combinateur du télégraphe Baudot.

Dans les travées 1 et 3, c'est la voie de repos qui sera creusée le plus profondément; dans les travées 2, 4 et 5, ce sera au contraire la voie de travail, ainsi que le montre la coupe de ce secteur, ou le profil des doubles voies des cinq travées.

Cela posé, imaginons un arbre mobile autour de l'axe du disque. Son mouvement de rotation a la même vitesse angulaire que la roue des types. Cet arbre porte un chariot composé d'un cadre dans lequel sont engagés 5 leviers *ttt*..., terminés par des goujons verticaux *ggg*... reposant sur le fond de chaque travée. Les leviers peuvent osciller dans le plan du cadre, et s'orienter de manière à s'engager soit dans la voie de repos, soit dans la voie de travail. C'est pendant que le chariot parcourt le secteur neutre que se fait cette orientation, qui est déterminée par un mécanisme lié au mouvement de chaque armature dans les électro-aimants récepteurs. Supposons que ces électro-aimants aient reçu la combinaison de signes qui

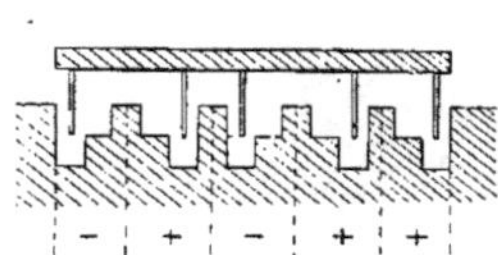

Fig. 411. — Coupe des cinq travées d'un secteur. (M.)

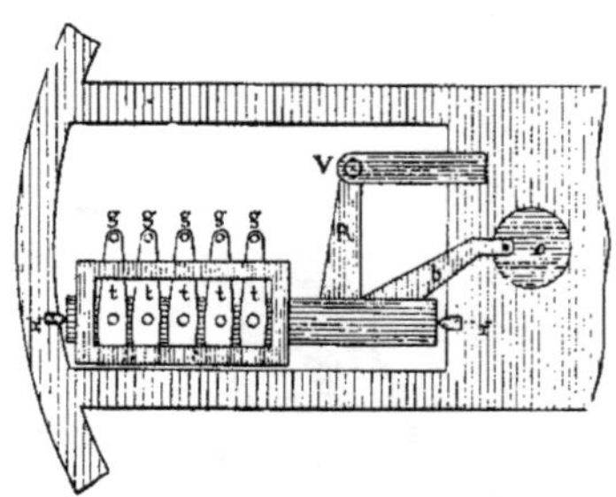

Fig. 412. — Chariot du combinateur.

donne la lettre M. Dans ce cas, les leviers sont aiguillés, ainsi que les goujons dont ils sont armés, de telle sorte que ceux-ci se trouveront :

Dans la voie de repos pour la première travée.
— de travail pour la deuxième travée.
— de repos pour la troisième travée.
— de travail pour la quatrième travée.
— de travail pour la cinquième travée.

Les cinq goujons à la fois se trouveront donc, quand ils passeront au-dessus du secteur M, au-dessus d'un creux, ainsi qu'on peut le voir dans la figure 411. Au contraire, en passant au-dessus de l'un quelconque des 30 autres secteurs, il y aura toujours au moins un des goujons qui restera soutenu au niveau ordinaire des travées. Dans ces conditions, le cadre qui porte les leviers n'étant plus soutenu, descend sous l'action d'un ressort. Ce mouvement de descente commande celui de la came d'impression, et le papier de la bande se trouve appuyé contre la lettre de la roue des types qui se trouve en regard en ce moment. Or cette lettre est la lettre M, puisque la rotation de la roue des types est parfaitement synchronique de la rotation du chariot autour de l'axe du combinateur[1].

Il nous resterait à dire comment se fait l'aiguillage des leviers ou des goujons dans le secteur neutre, et à donner en détail le mécanisme qui relie le mouvement des armatures des électro-aimants aux pièces du chariot, et de là aux cames de l'appareil imprimeur. Mais ces détails nous entraîneraient beaucoup trop loin et il nous suffira d'avoir expliqué sommairement le rôle des principaux organes.

La description que nous venons de donner de cette admirable invention, est trop écourtée malgré son étendue relative, pour que nous espérions autre chose que d'en avoir fait saisir l'esprit et la portée. Les détails des divers organes, la liaison des divers mécanismes exigeraient des chapitres entiers pour être parfaitement compris. Mais la méthode qui a présidé à la conception de tout le système est telle, que toutes les parties concourent au but à atteindre ; tout en étant solidaires les unes des autres, elles semblent en même temps indépendantes. C'est le principe de la division du travail appliqué à l'un des plus intéressants problèmes de mécanique électrique.

1. Dans les premiers modèles du récepteur, cet appareil était double et servait à un groupe de deux secteurs opposés; les cinq relais étaient communs; le combinateur avait deux chariots distincts et les organes imprimeurs étaient naturellement distincts aussi. Mais, la solidarité des postes-récepteurs ayant présenté des inconvénients dans la pratique, M. Baudot a construit de nouveaux modèles de récepteurs uniques, indépendants, comme étaient ses premiers appareils.

Les combinateurs de ces récepteurs nouveau modèle ont été complètement modifiés. Le principe reste le même, c'est-à-dire que le déclanchage qui produit l'impression d'un signe de la roue des types provient toujours de la chute d'un système de cinq pièces dans les rainures creuses des voies de repos et de travail du combinateur. Mais, grâce à une ingénieuse combinaison dans la succession des 31 signaux qui constituent le vocabulaire, les cinq travées se trouvent réduites à une seule. Au lieu d'arriver simultanément aux positions qui conviennent à la combinaison reçue, les cinq pièces s'y trouvent engagées successivement dans l'une ou l'autre des deux voies. C'est au moment de corriger les épreuves de ce paragraphe que nous avons pu examiner cette nouvelle et ingénieuse disposition, que l'absence de figures ne nous permettrait pas de décrire d'une façon intelligible pour nos lecteurs.

CHAPITRE VI

LES LIGNES TÉLÉGRAPHIQUES

§ 1. LIGNES TÉLÉGRAPHIQUES AÉRIENNES. — LIGNES SOUTERRAINES.

Nous n'avons parlé jusqu'à présent que des appareils qui servent à produire ou à recevoir les signaux. Il nous reste à décrire les fils qui les transmettent, c'est-à-dire qui donnent passage aux courants électriques, principe véritable de la télégraphie.

Une ligne de télégraphie électrique aérienne est constituée par des fils métalliques ordinairement supportés par des poteaux de bois plantés à des distances égales sur le parcours de la ligne. A l'origine, ces fils étaient de cuivre, de 2 millimètres de diamètre. Le métal choisi avait l'avantage d'être fort bon conducteur de l'électricité; mais, outre son prix élevé, il avait l'inconvénient de perdre son élasticité sous l'influence des changements de température, et de devenir cassant. Le cuivre, généralement abandonné, a été remplacé par le fer recuit, plus résistant, moins coûteux, et auquel on donne un diamètre de 3, 4 ou 5 millimètres; le fil de 3 millimètres s'emploie sur les lignes longeant les voies ferrées, celui de 4 millimètres est réservé aux lignes du service intérieur et celui de 5 au réseau international. Enfin, sur les lignes un peu longues, où il importe d'avoir la moindre résistance possible au passage des courants, on emploie du fil de fer de 6 millimètres à $6^{mm},5$ de diamètre : c'est en Angleterre que ces gros fils sont employés.

Les fils de fer des lignes télégraphiques sont galvanisés, c'est-à-dire qu'après avoir été décapés dans de l'eau acidulée, ils sont recouverts d'une mince couche de zinc : celle-ci s'oxyde à l'air, ce qui préserve le fer de la rouille, et de plus empêche, par une action électrique, l'oxydation des parties qui se trouvent accidentellement mises à nu. Quelques constructeurs préfèrent néanmoins le fer non galvanisé, mais alors ils suppléent à la couche de zinc par une augmentation de diamètre du fil.

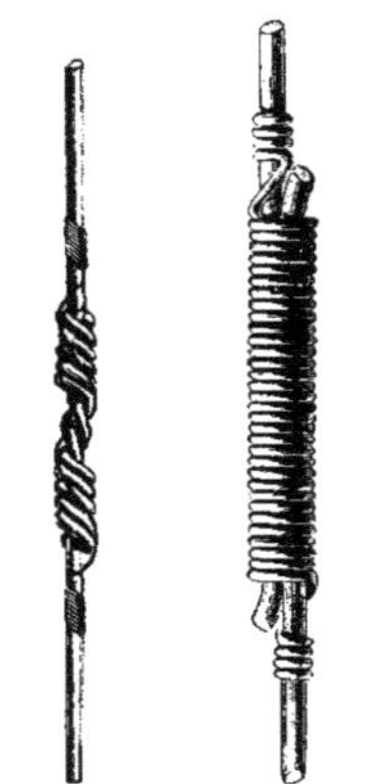

Fig. 413. — Modes d'assemblage et de serrage des fils télégraphiques.

Le mode de raccordement des bouts des fils qui constituent la ligne est pour beaucoup dans la bonne conductibilité électrique de cette dernière. La figure 413 donne deux modes usités d'assemblage. On emploie aussi des manchons en fer, dans lesquels les bouts des fils sont introduits, serrés et aplatis, puis noyés dans de la soudure qu'on verse par l'ouverture du manchon. Ce système, usité en France, donne de bons résultats, soit au point de vue du contact, soit pour la solidité des joints.

Les poteaux de suspension de bois de sapin[1], injectés de sulfate de cuivre, sont isolants quand ils sont secs. Mais, pour empêcher la déperdition de l'électricité par les temps humides ou pluvieux, le fil n'est point directement attaché sur les poteaux. Il en est isolé par des cloches de suspension de verre ou de porcelaine, quelquefois de grès ou de caoutchouc durci. Les figures 414 et 415 montrent comment ces isolateurs sont disposés sur les poteaux, et comment ils maintiennent les fils, soit dans les parties droites de la ligne, soit aux points où elle fait des coudes brusques et exige une disposition

1. Dans l'Inde, en Australie, dans l'Amérique du Sud, où le bois dure peu à cause des ravages des insectes, on emploie fréquemment des poteaux en fer.

particulière (supports en anneau) pour éviter les effets de traction.

L'espacement des poteaux est en moyenne de 100 mètres, mais cette distance est ordinairement plus petite dans les courbes, et plus grande au contraire dans les vallées, où les fils peuvent avoir, de poteau en poteau, des portées de 400 à 500 mètres. La hauteur de chaque poteau, de 8 à 10 mètres, est plus grande quand la ligne franchit des rivières, des routes, etc. Dans les villes, on fixe les cloches isolatrices de porcelaine sur des consoles de bois appliquées contre les murs des maisons et des édifices, quelquefois sur des potelets dépassant les toitures ; mais, depuis quelques années, on a trouvé préférable de remplacer les fils

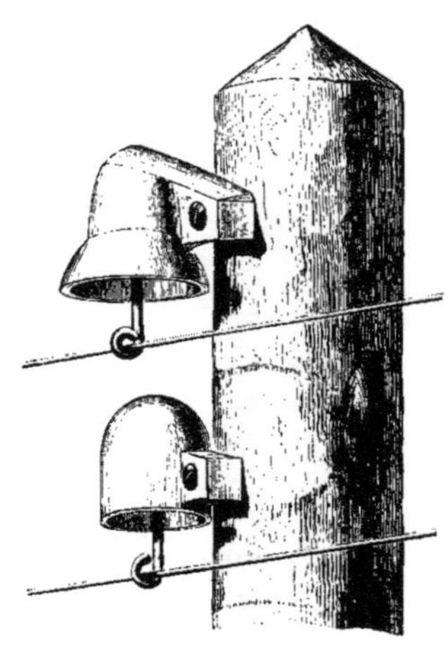

Fig. 414. — Lignes télégraphiques aériennes : poteaux de suspension ; cloches isolantes.

Fig. 415. — Cloches isolantes en champignon ; en anneau.

aériens par des fils souterrains, qu'on établit aussi dans les parties humides du trajet, sous les tunnels par exemple.

Chaque poteau supporte ordinairement plusieurs fils, qu'on fixe à des intervalles de 25 à 30 centimètres, en les alternant de chaque côté en avant et en arrière, de manière à contre-balancer les effets de traction qui tendent à renverser le poteau. De kilomètre en kilomètre (c'est en France la longueur habituelle de chaque fil), on dispose des *tendeurs*, isolés de la même manière par leur suspension à des cloches de porcelaine : c'est la lame de fer réunissant les deux treuils qui sert alors à joindre électriquement les deux portions du fil (fig. 416). Cette tension des fils est nécessaire pour empêcher les fils multiples de se toucher et de s'entremêler.

Fig. 416. — Treuils tendeurs des fils télégraphiques.

En Angleterre et en Allemagne on emploie d'autres procédés de tension des fils, que les figures 417 et 418 permettront de saisir sans plus de détails.

Au début de la télégraphie électrique, on ne s'était pas fié au système de suspension des fils en plein air, qu'on croyait soumis à des causes de déperdition électrique trop fréquentes, et qui d'ailleurs paraissaient exposés à la destruction par la malveillance. En Prusse notamment et en Russie, on enfouissait les fils dans la terre, à une profondeur de 50 à 60 centimètres. Mais ce système de lignes télégraphiques, beaucoup trop dispendieux, a été abandonné à peu près partout; il était réservé il y a quelques années et il l'est encore généralement aujourd'hui, comme nous l'avons dit plus haut, aux portions de ligne qui pénètrent à l'intérieur des villes ou qui ont à traverser les tunnels des voies ferrées. Voici comment dans ce cas étaient disposés les divers conducteurs.

Les fils étaient de cuivre, recouverts chacun d'une couche de gutta-percha et réunis en un câble qu'on entourait lui-même de filin goudronné. Ce câble était alors placé à l'intérieur d'un tube de fonte, de bois créosoté ou de plomb, qu'on enfouissait à une profondeur maximum d'un mètre, sur un lit de sable

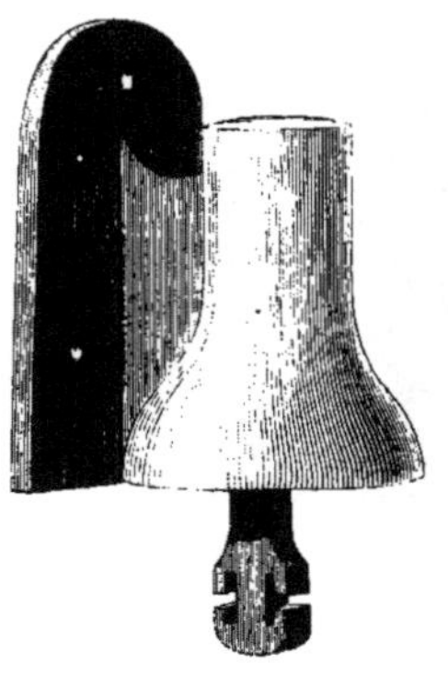

Fig. 417. — Tendeur anglais, système Siemens et Halske.

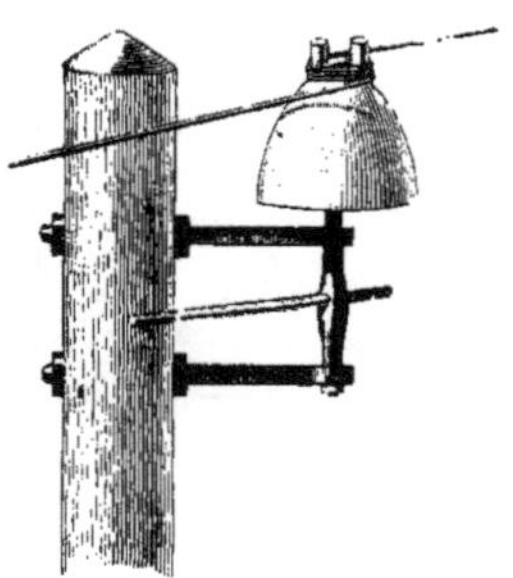

Fig. 418. — Tendeur des lignes allemandes.

ou de terre tamisée. Telle était la ligne souterraine reliant, à Paris, l'Administration centrale des télégraphes à l'Observatoire, au Luxembourg, aux gares de Montparnasse et des chemins de fer de Lyon et d'Orléans. Elle n'a donné des résultats qu'à demi satisfaisants, et plusieurs fois les fils ont subi des déperditions assez fortes pour qu'il fût nécessaire de les mettre hors de service.

Un autre système consistait à employer des fils de fer galvanisés semblables à ceux des lignes aériennes, réunis en blocs de quatre, six et dix fils, isolés les uns des autres par des masses de bitume. Le câble ainsi formé était noyé dans une masse de bitume coulée au fond d'une tranchée d'un peu plus d'un mètre de profondeur. Telle était, à Paris, la ligne reliant l'Administration des Télégraphes aux Tuileries, au Louvre, à l'Hôtel de Ville, à la Bourse, à la Préfecture de Police, et qui ne fonctionne plus qu'en partie; puis une ligne de 1200 mètres de longueur établie à Bordeaux. Ce procédé a donné d'excellents résultats, mais les tranchées doivent être mises à l'abri des infiltrations du gaz, qui, à la longue, altèreraient le bitume.

Dans les tunnels, on disposait aussi les fils contre la voûte, mais en les protégeant contre l'humidité par une couche de gutta-percha qui les réunît en un seul câble; mais on a reconnu que l'enveloppe isolante s'altère assez rapidement sous l'action des agents atmosphériques.

Comme nous venons de le dire, les lignes souterraines étaient, il y a peu d'années, une exception dans le réseau de plus en plus multiplié de la télégraphie électrique générale. Mais précisément, à mesure que l'usage de ce mode si avantageux de correspondance, en se répandant, augmentent les exigences du service, les inconvénients des lignes aériennes se faisaient de plus en plus sentir. Ces inconvénients sont graves; les influences de l'électricité atmosphérique sur les fils produisent de temps à autre, pendant les temps d'orage par exemple, des perturbations qui troublent la régularité du fonctionnement des fils; les intempéries, vents, gelées, neiges, les coups de foudre causent des accidents qui mettent les lignes hors de service jusqu'à ce que les dégats soient réparés. Dans le terrible hiver de janvier 1879, les fils ont été brisés en nombre d'endroits par le poids du verglas. Enfin, les fils, en cas de troubles, de guerre, sont exposés aux violences et à une destruction des plus aisées.

Aussi revient-on au système adopté à l'origine, et depuis quelques années de grands États, l'Angleterre, l'Allemagne, la France, ont entrepris de substituer, au moins sur les longs parcours et sur les lignes les plus importantes, les lignes souterraines aux lignes aériennes. Nous ne pouvons entrer dans le détail des procédés techniques employés pour la pose des câbles souterrains, opération qui n'a d'ailleurs qu'un rapport indirect avec notre sujet ; nous nous bornerons à donner quelques détails sur la situation actuelle de cette coûteuse substitution.

« Dans ces quatre dernières années, l'Allemagne et la France sont résolument entrées dans cette voie ; nous ajouterons que la Grande Bretagne avait en 1873 fait un essai de ce genre et une ligne de 1207 kilomètres avait été construite ; elle se comporta mal, et en six ans elle fut mise hors de service et remplacée par une ligne aérienne... En 1876, l'Allemagne vit se produire une nouvelle expérience : on posa, entre Berlin et Halle, distance de 193 kilomètres, un câble du type que l'on comptait employer ; les résultats ayant paru satisfaisants, d'autres lignes furent construites, et au 1er janvier 1881 on comptait jusqu'à 4000 kilomètres de lignes complètement achevées. A cette époque, Berlin était relié à Mayence par Halle, Cassel, Francfort-sur-le-Mein ; à Cologne par Magdebourg, Brunswick, Hanovre, Minden, Munster, Wesel et Düsseldorf ; à Hambourg et à Kiel. Une ligne existe de Francfort-sur-le-Mein à Strasbourg par Darmstadt, Mannheim, Carlsruhe, Rastadt, Kehl ; une autre, de Cologne à Metz par Coblentz et Trèves. Enfin Metz et Strasbourg sont en communication souterraine.

« D'autres embranchements de moindre importance étaient aussi exécutés à la même date ; mais des lignes semblables à celles que nous venons de mentionner sont en exécution ou en projet, et l'on n'annonce pas moins, pour le réseau complet, de 30 000 kilomètres.

« La France a commencé plus tard que l'Allemagne un travail analogue, mais l'exécution vivement poussée des nouvelles lignes permettra de les achever dans un temps relativement fort court. D'ici peu de temps, chacune des grandes voies ferrées comportera à quelque distance d'elle une ligne télégraphique souterraine qui aura le même parcours général ; d'autres conducteurs seront aussi établis pour relier entre elles directement les principales villes de ces premières artères, et une interruption de communications télégraphiques pareille à celle de l'hiver 1879-1880, deviendra théoriquement impossible[1]. »

§ 2. LIGNES TÉLÉGRAPHIQUES SOUS-MARINES. — CABLES TRANSOCÉANIQUES.

La transmission des courants électriques et des signaux constituant la télégraphie électrique, transmission qui se fait, comme on vient de le voir, dans l'air et au sein de la terre à l'aide de fils métalliques convenablement isolés, est-elle possible dans l'eau?

Cette question intéressante a été résolue dès le début. En 1839, en effet, M. O'Shaughnessy reliait télégraphiquement les deux rives de l'Hougly, dans l'Inde, à l'aide d'un fil métallique isolé et plongé dans les eaux du fleuve. L'année suivante, M. Wheatstone, dont on retrouve le nom à chaque phase progressive de la télégraphie électrique, proposait de relier Douvres et Calais par un câble. Ce projet ne fut réalisé qu'en 1850 : l'ingénieur français Brett posa, à cette dernière date, un fil de cuivre isolé par une enveloppe de gutta-percha, entre le cap Gris-Nez et Douvres. Le câble fut rompu[2], mais la possibilité de la communication télégraphique sous-marine était démontrée, et un nouveau câble fut définitivement établi en 1851 à travers le détroit. Il fallut encore quinze ans d'essais, de tentatives plus ou moins heureuses pour résoudre le problème dans toute sa généralité. Mais alors la réussite de la pose et du fonctionnement de l'immense câble transatlantique qui relie l'Europe à l'Amérique, entre l'Irlande et Terre-Neuve, fut le point de départ d'un développement prodigieux du

1. *Lumière électrique*, n° du 3 juin 1882.

2. « Quelques dépêches (environ 400) passèrent; mais, subitement, le fil resta muet. Un pêcheur l'avait relevé dans ses filets, et s'était empressé d'en couper un morceau, qu'il apporta triomphalement à Boulogne pour montrer cette singulière production, production marine à centre d'or. » (W. Huber, *le Réseau télégraphique du globe*.)

réseau télégraphique universel. A cette heure, le globe terrestre est sillonné, non seulement à travers les continents, mais dans les profondeurs de la mer, de fils qui portent partout, avec la rapidité de la foudre, les dépêches privées et publiques de toutes les nations civilisées.

Entrons dans quelques détails sur les lignes sous-marines, sur la structure des câbles qui contiennent les fils et sur le mode d'immersion adopté.

Le fil conducteur d'un câble sous-marin est recouvert de plusieurs enveloppes qui ont pour objet, soit de l'isoler, soit de le protéger contre les chances de destruction. C'est, soit un fil de cuivre de 1 ou 2 millimètres de diamètre, soit une corde formée de cinq ou six fils très fins tordus en hélice : cette dernière disposition est préférée aujourd'hui, parce qu'en cas d'accident ou de rupture des fils intérieurs, il suffit qu'un ou deux de ces fils résistent, pour que les communications ne soient pas interrompues.

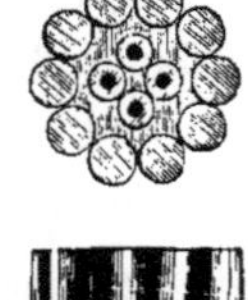

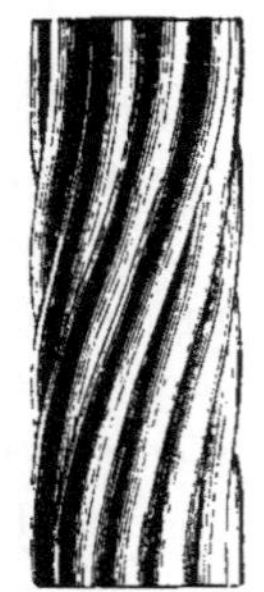

Fig. 419. — Câble sous-marin à plusieurs fils.

Ce qui est très important, c'est que les fils soient noyés dans une enveloppe de gutta-percha ; on met ordinairement quatre couches de cette substance, d'une épaisseur totale de 3 à 4 millimètres. La gutta-percha est non seulement un très bon isolateur, mais elle est à peu près inaltérable dans l'eau de mer. A l'origine, on se bornait à cette enveloppe, mais on eut bientôt reconnu la nécessité de la protéger extérieurement contre les avaries. Tout autour on met donc une couche épaisse de filin goudronné, et enfin, extérieurement, cette couche se trouve maintenue et protégée par une série de fils de fer galvanisés enroulés en hélice. Nous reproduisons ici, en vraie grandeur, quelques-uns des câbles fonctionnant aujourd'hui sur diverses lignes télégraphiques sous-marines. On peut voir que ces échantillons diffèrent de grosseur, mais la fabrication est à peu près identique; toutefois, dans les anciens câbles, on avait cru pouvoir loger plusieurs fils distincts (fig. 420), afin de multiplier les communications. On a renoncé généralement à cette méthode, parce qu'on a reconnu les inconvénients des fils multiples; ils nécessitent, en effet, un volume et un poids considérables, qui rendent difficile l'opération de la pose; mais surtout le voisinage des fils détermine la production de courants induits qui entravent la transmission. On préfère donc, si l'activité des correspondances l'exige, établir entre les stations extrêmes plusieurs câbles, d'autant plus que tout accident grave arrivé à l'un d'eux laisse généralement les autres disponibles.

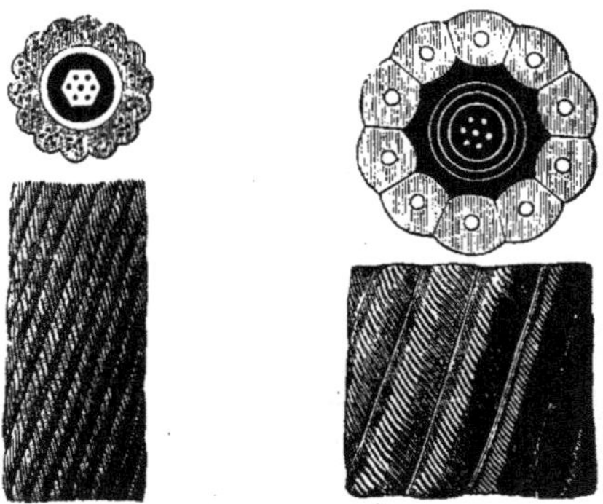

Fig. 420. — Câbles sous-marins; vue extérieure et coupe.

Sur une même ligne, le câble diffère ordinairement de grosseur, selon la portion du parcours qu'il traverse. Tout près des côtes, là où la mer est peu profonde, où le câble est exposé aux accidents provenant de l'agitation de la mer pendant les gros temps, de la rencontre des ancres des navires et des filets des pêcheurs, la grosseur du câble est maximum; l'enveloppe métallique est formée de fils d'un gros diamètre qu'on revêt d'un composé siliceux, ayant pour objet d'accroître la résistance à l'usure venant du frottement contre les rochers. C'est le *câble d'atterrissage*. Pour les profondeurs moyennes, on adopte un diamètre moindre, et pour l'ensemble du câble et pour les fils de l'enveloppe métallique. Enfin, pour la portion destinée à être submergée en pleine mer, dans les eaux les plus profondes, on adopte le minimum de grosseur (fig. 422), le câble n'ayant plus à redouter les agitations de la surface, et sa pose étant grandement facilitée par la diminution de son poids.

Ce poids est en effet quelque chose d'énorme pour les lignes sous-marines tant soit peu longues. Le câble de Douvres à

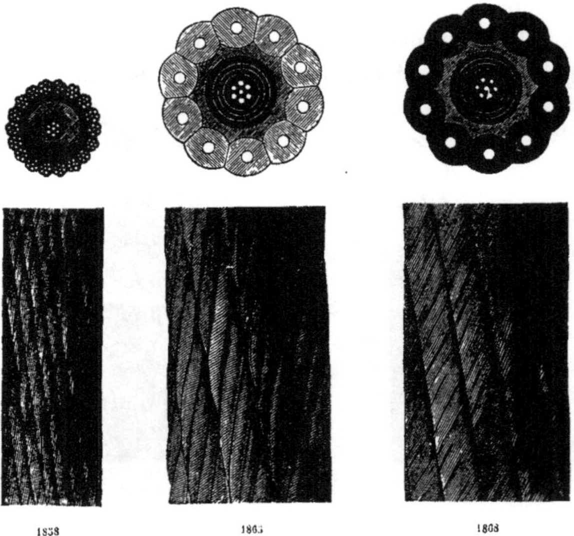

Fig. 421. — Câbles transatlantiques de la ligne de Valentia à Terre-Neuve.

Calais, posé en 1851, qui n'avait que 41 kilomètres de longueur, pesait toutefois plus de 180000 kilogrammes. Les câbles transatlantiques reliant Valentia et Brest à l'Amérique pesaient, le premier, 865 kilogrammes par kilomètre, le second 836. Cela fait, pour le poids total, 4500 tonnes pour le premier, et près de 4000 tonnes pour le second, en n'y comprenant que la section comprise entre Brest et l'île Saint-Pierre. Un seul navire, le colosse des mers, le *Great-Eastern*, était capable d'embarquer une charge pareille. Mais l'inconvénient d'un tel poids, qui diminue, il est vrai, pour la partie immergée du câble, est surtout grave quand la pose se fait dans les grandes profondeurs, quand la portion en suspension se déroule à une profondeur de 2500 brasses (4^{kilom},06). Mais nous n'avons point à décrire ici les péripéties de la pose d'un câble sous-marin qui

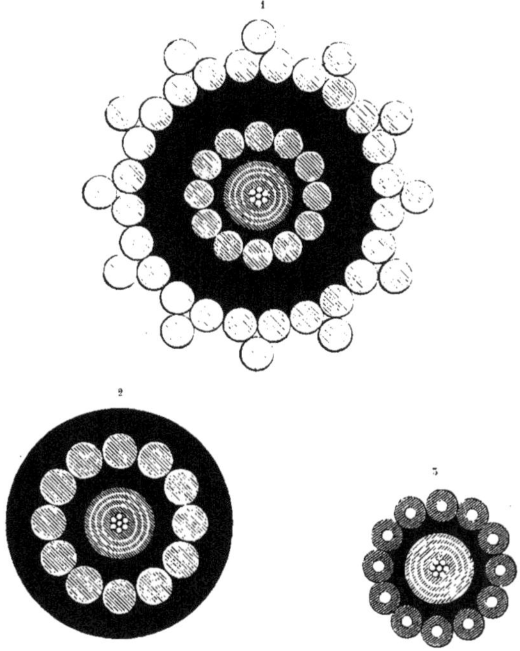

Fig. 422. — Câble transatlantique de la ligne de Brest à Saint-Pierre, posé en 1867; coupe de grandeur naturelle : 1, câble côtier; 2, câble des profondeurs moyennes; 3, câble des grandes profondeurs.

franchit un aussi grand parcours. Revenons au côté physique de la question.

Avant la réussite, bien des personnes doutaient de la possibilité de transmettre des signaux sous-marins à de grandes distances, par exemple du continent européen au continent américain, à travers l'Atlantique. Ce n'était pas tant la distance même que cet inconnu d'un câble immergé à des profondeurs énormes, plongé dans un élément éminemment conducteur, l'eau de mer, qui les effrayait. Comment ce fil se comporterait-il quand les courants électriques y seraient lancés? Son isolement serait-il suffisant? La force du courant serait-elle suffisante pour parvenir, sans perturbation, d'un bout à l'autre de l'immense ligne sans relais? Ces craintes, qui étaient d'abord formulées assez vaguement, parurent un instant justifiées quand, en août 1858, après quelques dépêches échangées entre les États-Unis et l'Irlande, on vit les appareils peu à peu ne plus donner que des signaux confus, et finalement cesser de fonctionner. La cause de l'interruption resta d'abord ignorée.

Il fallut donc reprendre à nouveau, ou mieux commencer sérieusement l'étude expérimentale et théorique de la transmission des courants dans un fil isolé et submergé, de manière à se rendre compte des obstacles et à les vaincre par des moyens efficaces. Plusieurs savants français et étrangers — citons MM. Faraday, Wheatstone, Guillemin, Gaugain, Siemens — se mirent à l'œuvre, et tous contribuèrent à la solution de cette question importante.

Il fut reconnu qu'un câble immergé dans l'eau de mer se transforme, quand un courant électrique le parcourt, en un condensateur analogue à la bouteille de Leyde : la charge électrique du fil de ligne intérieur agit sur les conducteurs extérieurs, armature métallique et eau de la mer, à travers l'enveloppe isolante, composée, comme on l'a vu, de gutta-percha. Les courants induits qui naissent ainsi sous l'influence du courant lancé dans la ligne par les appareils, persistent après la rupture pendant un certain temps, de sorte que l'envoi d'un courant nouveau n'est possible qu'après ce temps; sans quoi les choses se passeraient comme si la ligne était parcourue par un flux continu d'électricité : les signaux deviendraient impossibles. Il est également prouvé que la conductibilité de la gutta-percha n'est pas nulle, et que le courant s'affaiblit par une déperdition qui se fait au travers de l'enveloppe isolante.

Une fois les causes reconnues, il devint possible d'en combattre les effets. Aux électromoteurs voltaïques, à la pile, on a d'abord substitué des appareils d'induction magnéto-électrique, produisant des courants d'une plus grande intensité, et qui se propagent avec une rapidité plus grande que les courants ordinaires. De plus, pour neutraliser les courants induits, on a imaginé des procédés divers : l'un, dû à M. Whitehouse, consiste à lancer dans le câble, alternativement, des courants de sens contraires ; les courants induits qui en résultent sont eux-mêmes de sens contraires, de sorte qu'ils se détruisent ou se neutralisent. M. Varley a interposé, entre le manipulateur et la ligne, un condensateur à très large surface (de 40 000 pieds carrés anglais). Voici, d'après M. Du Moncel, comment agit ce condensateur pour neutraliser les courants induits : « Au moment du contact du manipulateur (c'est un simple inverseur de courant à touches), un flux électrique est envoyé à travers le câble pour agir sur le récepteur, et ce flux est positif ou négatif, suivant celle des deux touches du manipulateur qui est abaissée. Mais aussitôt que cette touche s'est relevée, une communication se trouve établie entre le condensateur et la terre, et l'électricité condensée peut s'écouler en terre des deux côtés de la ligne. Il arrive alors que la charge de nom contraire à celle qui a fourni le premier flux d'électricité qui agit sur le récepteur, rencontre celle-ci à travers le câble et la neutralise instantanément, en détruisant à la fois l'effet d'induction produit par elle dans l'enveloppe du câble. De cette manière, le câble se trouve remis, instantanément pour ainsi dire, à l'état neutre, et devient susceptible de fournir immédiatement un nouveau signal. »

Voici, du reste, quel est le système adopté dans la grande ligne transatlantique de Brest à Saint-Pierre. L'appareil télégraphique est un télégraphe à aiguille : la raison de ce choix tient à l'extrême sensibilité des galvanomètres, dont les aiguilles peuvent osciller sous l'action de courants peu intenses. Néanmoins, pour accroître encore cette sensibilité, et permettre aux employés du poste récepteur de lire les signaux sans hésitation, M. Varley a modifié de la façon suivante les galvanomètres de Thomson. « Dans cet appareil, dit M. Du Moncel, l'organe sensible est un petit miroir lenticulaire dirigé magnétiquement par une petite aiguille aimantée, et celle-ci est rappelée dans une position fixe par un aimant. Un rayon lumineux est projeté sur ce petit miroir et renvoyé par lui sur un écran placé à une distance de huit pieds. Avec cette amplification, le moindre mouvement, imperceptible à l'œil nu, se trouve accusé par le déplacement de l'image projetée, et les positions que cette image occupe successivement, à gauche ou à droite d'une ligne de repère fixe, peuvent indiquer les points et les traits de l'alphabet Morse. On obtient ainsi toutes les combinaisons nécessaires à l'interprétation des dépêches, qui se lisent sur un écran dans une chambre noire. »

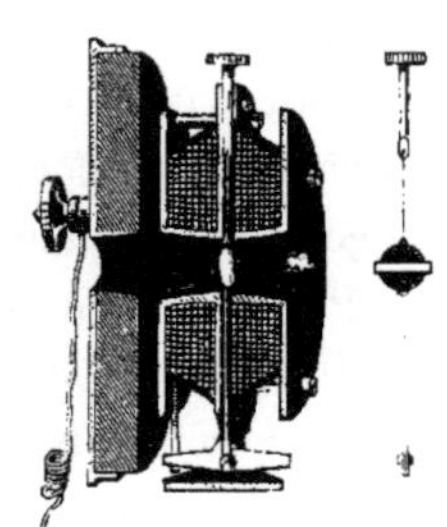
Fig. 423. — Coupe du galvanomètre Thomson dans l'appareil télégraphique du câble transatlantique de Brest.

Les figures 423 et 424 représentent l'appareil télégraphique du câble transatlantique français, tel qu'il est installé à la station de Brest. La première est une coupe du galvanomètre de Thomson; la seconde montre la disposition d'ensemble de l'appareil. Au centre de la bobine, on voit le petit miroir circulaire qui porte l'aiguille aimantée rendue astatique par un aimant E suspendu à une tige verticale surmontant le galvanomètre. Un fil de cocon supporte le miroir, dont les mouvements se trouvent ralentis par une palette suspendue elle-même au-dessous du système. C est le commutateur de l'appareil; B, le manipulateur à double touche, analogue au manipulateur Morse, lançant alternativement des courants positifs et négatifs : aux courants négatifs correspondent les déviations à gauche de l'aiguille et du miroir; les courants positifs font au contraire dévier l'aiguille à droite. F est une chambre obscure renfermant l'échelle sur laquelle viennent se former les images de la flamme de la lampe située par derrière. Le faisceau lumineux traverse un trou pratiqué dans la paroi de la chambre, suit la route R, tombe sur le miroir, et se reflète, par R′, au zéro de la division quand le miroir est immobile. A chaque passage du courant transmis par le câble, le miroir oscille à droite ou à gauche, comme on vient de le voir, et l'image oscille horizontalement de part ou d'autre du zéro. En A, est la pile formée de 20 éléments Daniell; en J, se fait la communication du fil avec la terre.

Fig. 424. — Télégraphe transatlantique de Brest à Saint-Pierre; vue de l'ensemble de l'appareil.

L'employé du poste, dès qu'il a reçu l'avis qu'une dépêche est transmise, met son commutateur à la réception ; puis il fixe les yeux sur l'échelle divisée de la chambre obscure, notant tous les signaux indiqués par les oscillations successives de l'image lumineuse, signaux qui correspondent, nous l'avons dit, au vocabulaire conventionnel du système Morse. Il n'y a plus ensuite qu'à traduire la dépêche et à l'écrire en caractères ordinaires.

Nous avons vu, quand nous avons rapporté les nombres qui mesurent la vitesse de l'électricité dans divers conducteurs, que cette vitesse est relativement très faible dans les fils de cuivre des câbles sous-marins. Les courants lancés avec des piles puissantes dans les câbles d'une grande longueur ne prennent pas non plus instantanément l'intensité correspondant à la force électromotrice et à la résistance du circuit : ce n'est que graduellement qu'ils arrivent à leur intensité normale ; ainsi, de Valentia à Terre-Neuve, il faut plus de trois secondes pour que le courant atteigne l'intensité maximum. Ces retards, joints à l'influence des courants les uns sur les autres, produisent dans les signaux des irrégularités qui ont empêché jusqu'ici l'emploi des appareils tels que le système Morse, et l'on a dû, comme nous venons de l'exposer, recourir au galvanomètre à miroir.

Mais l'inconvénient de l'ingénieux système de sir W. Thomson est celui de tous les systèmes qui ne laissent aucune trace des dépêches transmises : les signaux fugitifs produits par les mouvements du rayon lumineux, que l'employé du poste récepteur doit saisir au vol pour ainsi dire, outre qu'ils sont cause d'une fatigue assez prompte chez cet employé, occasionnent d'assez fréquentes erreurs, qui obligent aux répétitions et accroissent encore la lenteur des signaux. Aussi les câbles transatlantiques ne permettent-ils guère d'expédier plus de seize mots par minute, c'est-à-dire 40 à 50 dépêches à l'heure.

On est parvenu à résoudre cette difficulté, et c'est encore à l'inventeur du galvanomètre à miroir qu'est dû le nouvel appareil qui, sous le nom de *siphon recorder* (fig. 425 et 426), permet de transformer les signaux fugitifs du galvanomètre en signaux tracés sur une bande de papier : ce qui permet à la fois la lecture et le contrôle de la dépêche.

Le siphon recorder tire son nom du tube capillaire en verre, doublement recourbé en forme de siphon, dont la plus courte branche plonge dans un petit vase plein d'une solution de bleu d'aniline. La pointe de l'autre branche est éloignée, de quelques millimètres, de la bande de papier qui se déroule au devant d'une façon continue. L'encre est constamment électrisée par une petite machine de Holtz. Pendant la transmission ou la réception d'une dépêche, le tube du siphon reçoit, par l'in-

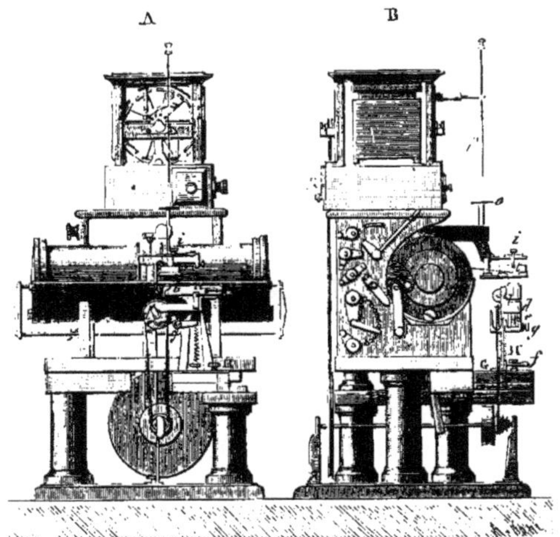

Fig. 425. — Siphon recorder de W. Thomson ; vue d'ensemble.

termédiaire de fils de cocon convenablement tendus, des mouvements de droite et de gauche, selon le sens des courants transmis, et l'encre qui s'échappe par sa pointe est projetée sur la bande de papier, où elle trace, par ses fines et nombreuses gouttelettes, des sinuosités dont le nombre et la position forment les caractères conventionnels des lettres ou signaux.

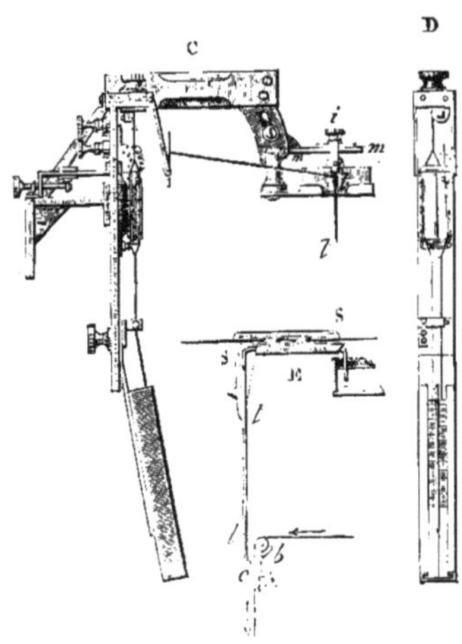

Fig. 426. — Siphon recorder ; détails de la suspension du siphon.

Le moteur des fils du tube est une bobine très légère suspendue par des fils verticaux entre les deux pôles d'un électro-aimant puissant. Suivant le sens du courant qui est envoyé par la ligne et qui traverse la bobine, celle-ci se meut à droite ou à gauche dans le champ magnétique de l'électro-aimant et communique, comme nous venons de le dire, son mouvement au siphon. C'est une pile spéciale qui anime l'électro-aimant, et fait aussi mouvoir la petite machine de Holtz qui sert à électriser l'encre d'aniline, en même temps qu'elle détermine le déroulement continu de la bande de papier.

Le siphon recorder ne donne pas une plus grande rapidité de transmission que le galvanomètre à miroir seul. Mais il a le grand avantage de conserver trace des dépêches, soit transmises, soit reçues. Monté en duplex, l'appareil Thomson arrive à un débit de 40 à 45 mots par minute : c'est plus du double de ce qu'on obtenait auparavant des câbles sous-marins.

§ 3. LES PILES EMPLOYÉES EN TÉLÉGRAPHIE.

Les divers systèmes de télégraphes que nous avons décrits, comme ceux que nous n'avons fait que mentionner, peuvent se diviser, sous le rapport de la source électromotrice, en deux classes : la première comprenant les appareils qui fonctionnent à l'aide d'une pile à courant constant, et la seconde ceux dont le principe est emprunté aux machines d'induction magnéto-électrique.

Nous avons consacré aux piles un chapitre entier de la première partie ce volume. Il est bon toutefois de revenir sur ce sujet au point de vue exclusif de l'application de la pile à la télégraphie.

Les anciennes piles de Bunsen et de Daniell ont été les premières usitées, et la seconde est encore généralement employée en France, tandis que la pile de Bunsen ne l'est plus guère que sur quelques lignes américaines. En Angleterre, le service de la télégraphie électrique se fait au moyen de piles à auges, dont les compartiments renferment du sable imprégné d'une dissolution de chlorhydrate d'ammoniaque ou d'eau acidulée ; une plaque de zinc amalgamée et une de cuivre sont plongées dans chaque compartiment. Cette pile fournit un courant de peu d'intensité, mais qui peut convenir de préférence aux systèmes télégraphiques à aiguille. On emploie aussi en Angleterre la pile Thomson dont nous avons donné la description, et qui est en réalité une modification de l'élément Daniell. Les piles Siemens et Halske (type Daniell modifié, fig. 428, 1) ont une grande force électromotrice et conviennent dès lors pour l'exploitation des longues lignes : ce sont les seules en usage sur la ligne de la Compagnie indo-européenne entre Londres et Téhéran.

La pile Minotto (fig. 428, 2, 3), très portative puisqu'elle ne

Fig. 427. — Pile de Daniell employée dans la télégraphie (modèle de Bréguet).

contient pas de liquide (remplacé par de la sciure de bois humide), est exclusivement employée dans les stations lointaines, dans les Indes anglaises, sur les lignes de câbles sous-marins.

Les piles du type de Daniell sont d'un entretien facile. Il suffit de verser de temps à autre du liquide pour réparer les pertes qui se font par évaporation, soit dans le vase renfermant l'eau acidulée, soit dans le vase poreux contenant la dissolution de sulfate de cuivre ; puis de veiller à ce que les cristaux de sulfate qui reposent sur le diaphragme soient toujours en suffisante quantité. Enfin, il faut enlever de temps à autre les efflorescences cristallines qui se déposent sur les parois, et remplacer les lames de zinc quand l'amalgamation est altérée. La constance du courant dans l'élément Daniell, qui a pu fonctionner pendant près de trois mois, sans entretien, sur une ligne aussi fréquentée et aussi longue que celle de Paris à Berlin, en fait un bon électromoteur. Le nombre des éléments Daniell employés pour des distances de 100, 200, 400 kilomètres est de 30, 50 et 70.

On emploie également en France les piles de Callaud, de Leclanché, de Maiche, en Allemagne celle de Meidinger. Nous avons décrit la plupart de ces électromoteurs. Du reste, le nombre des appareils électromoteurs inventés à l'étranger et en France, pour le service de la télégraphie électrique, est

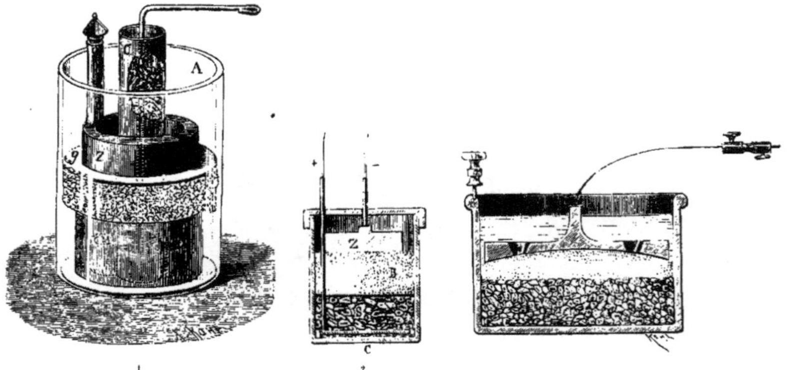

Fig. 428. — Piles employées dans la télégraphie : 1, pile Siemens-Halske; 2, pile Minotto; 3, autre forme de la même pile.

si considérable, que la place nous manquerait pour les énumérer, à plus forte raison pour les décrire. Dans le nombre, beaucoup sont remarquables par telle ou telle qualité particulière et ont été expérimentés avec succès. Il est d'ailleurs aisé de concevoir que le succès de cet emploi dépend des appareils télégraphiques auxquels la pile est destinée, et qui exigent des forces électromotrices plus ou moins grandes.

Disons, pour terminer, qu'il y a lieu de distinguer entre les piles de ligne, qui lancent des courants à grandes distances, et les piles locales, qui ont seulement pour objet le service des appareils du poste : ces dernières, dont le circuit est très court et qui n'ont pas à fournir d'électricité à la ligne, sont formées d'un petit nombre d'éléments, dont la force électromotrice totale est naturellement très inférieure à celle des piles de ligne.

§ 4. LES SONNERIES.

Parlons maintenant des sonneries, dont nous avons indiqué le rôle en décrivant les appareils télégraphiques, sans entrer dans aucun détail sur le mécanisme qui les met en activité. Les systèmes de sonneries sont au moins aussi nombreux que ceux des appareils eux-mêmes. Bornons-nous à faire comprendre un ou deux de ces systèmes.

Le plus simple et le plus généralement adopté dans les lignes télégraphiques françaises est celui dont la figure 429 donne une vue intérieure. Un électro-aimant reçoit dans sa bobine le courant envoyé à la borne A, et de là, par le manche du marteau BM en contact avec un ressort R, il sort par le bouton *b* et la borne D qui communique avec les piles, et le circuit se trouve alors fermé. La tige du marteau qui joue le rôle d'armature est attirée par l'électro-aimant, et le marteau vient frapper le timbre. Mais le contact avec le ressort a par là même cessé : le courant est interrompu, la tige du marteau retombe sur le ressort : ce qui donne naissance à un nouveau courant, et ainsi de suite, tant que le circuit passe par l'appareil de sonnerie, c'est-à-dire, comme nous l'avons vu en décrivant le télégraphe à cadran de Bréguet, tant que le commutateur est sur le bouton correspondant.

Il résulte donc de là une série de chocs répétés, très rapprochés les uns des autres : d'où le nom de *sonnerie trembleuse* donné à l'appareil. Le principe du mécanisme est dû à Neef, et c'est un électricien belge, M. Lippens, qui l'a appliqué le premier aux sonneries.

Quand on veut obtenir des sonneries prolongées et plus intenses, on adapte au système de sonnerie trembleuse décrit plus haut un mécanisme déclancheur qui introduit dans l'appareil le circuit d'une pile locale. Telle est la sonnerie de M. Aubine (fig. 430). Un levier coudé est retenu contre le manche du marteau par une dent latérale. Quand la sonnerie est mise en action par le courant de ligne, le marteau, attiré par l'électro-aimant, dégage le levier, qui tombe alors sur le ressort r', en abandonnant le ressort r. Il est aisé de voir alors que le courant de la ligne est rompu, tandis que celui de la pile locale PN est fermé. La sonnerie se trouve ainsi mise en activité par un courant plus énergique, qui dure tant que l'employé averti

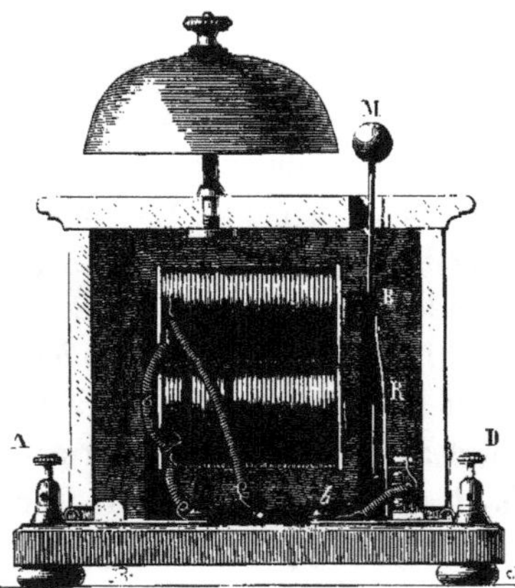

Fig. 429. — Sonnerie trembleuse de Bréguet.

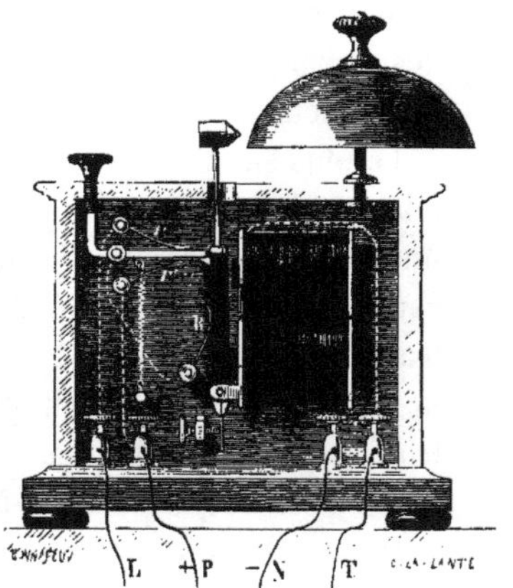

Fig. 430. — Sonnerie trembleuse à déclancheur, système Aubine.

n'a pas remis en place le levier déclancheur, ce qui se fait au moyen d'un bouton extérieur qui termine le levier, et qu'on voit à la partie supérieure de la boîte.

Les sonneries électriques ont reçu dans les mines une application d'un haut intérêt pour la vie des mineurs. La seule présence du grisou, quand sa proportion dans l'air d'une mine est assez grande pour devenir dangereuse, peut être indiquée automatiquement à l'aide d'un appareil dont la communication électrique est établie avec une pile et une sonnerie. Voici sur quel principe cet appareil, imaginé par M. Ansell, est basé.

On sait que si deux gaz de densités inégales sont séparés par une membrane poreuse, chacun d'eux traversera la membrane avec une vitesse qui lui est propre. Au bout d'un certain temps, il y aura mélange ; mais comme le gaz le moins dense traverse la cloison poreuse en plus grande abondance que l'autre, il en résultera, pour le milieu occupé par ce dernier, une augmentation de pression. Voyons comment ce phénomène est utilisé dans l'*indicateur du grisou* (fig. 431).

Un tube recourbé a l'une de ses branches terminée en entonnoir, ou sous la forme d'un vase fermé par une plaque *m* de substance poreuse. Le tube contient du mercure, dont le

Fig. 431. — Indicateur du grisou de M. Ansell.

niveau est le même pour chaque branche dans les circonstances ordinaires, c'est-à-dire quand l'air de la galerie est pur. Mais si l'hydrogène carboné vient à se dégager autour de l'appareil, le gaz explosif, pénétrant par la plaque poreuse, augmentera la pression dans cette branche du tube et refoulera le mercure dans l'autre branche. Le mercure, en s'élevant de la sorte, met en contact, par l'intermédiaire d'une tige métallique *f*, les deux électrodes positive et négative *a*, *b*, d'une pile. Le courant passe, met en branle une sonnerie ou envoie un signal télégraphique quelconque, soit à l'intérieur, soit au dehors de la mine.

Le même appareil peut servir à signaler la présence d'un gaz plus dense que l'air, comme l'acide carbonique, l'acide sulfhydrique. Il suffit alors d'établir le contact dans la partie du tube qui est située au-dessous de la plaque poreuse.

L'indicateur du grisou de M. Ansell a été expérimenté avec succès dans diverses mines en Angleterre et en France.

§ 5. LES PARAFOUDRES.

La supériorité de la télégraphie électrique sur la télégraphie aérienne résulte principalement de la rapidité avec laquelle les dépêches publiques et privées peuvent être transmises, quelle que soit, pour ainsi dire, la distance des stations extrêmes : quelques secondes, quelques minutes au plus suffisent à l'agent docile pour franchir des milliers de kilomètres. Mais ce n'est pas là la seule raison qui a fait rejeter, comme suranné, un mode de correspondance qui paraissait, il y a quarante ans tout au plus, une merveille de célérité : il faut y joindre la constance, la continuité presque absolue du fonctionnement des appareils, à la seule condition d'entretenir avec soin le bon état des piles, de la ligne et des mécanismes transmetteur et récepteur. Le télégraphe optique de Chappe ne marchait que le jour, et encore par les temps clairs ; que de fois une dépêche importante n'arrivait qu'en partie à destination, portant cette mention : *Interrompue par la brume*... ou *par la nuit!*

Rien de semblable n'est à craindre pour le télégraphe électrique, qui peut fonctionner l'année entière, le jour et la nuit. Faisons une réserve toutefois : la transmission des courants électriques est parfois entravée. Pendant les orages, les fils de ligne sont partiellement électrisés ; de là des perturbations dans les dépêches qui viennent de points éloignés du phénomène accidentel. Les aurores boréales produisent des effets analogues et des irrégularités auxquelles on n'a pas encore su remédier par des moyens certains.

Ces perturbations peuvent être assez fortes pour causer des

dégâts, soit sur la ligne, soit dans les postes et les appareils. Pendant les orages d'une certaine violence, la foudre peut briser les poteaux, les supports de porcelaine ; les aimants, les aiguilles des boussoles, peuvent être désaimantés, ce qui n'étonnera point le lecteur, s'il veut bien se reporter aux phénomènes électromagnétiques que nous avons décrits dans la première partie de ce volume. Au contraire, les armatures ou les barreaux de fer doux des électro-aimants peuvent recevoir, dans ces circonstances, une aimantation permanente qui les mette hors de service.

A cela il n'y a d'autre remède que la surveillance de la ligne et des appareils de poste, la vérification répétée de leur bon fonctionnement, surtout dans les saisons des orages, ou dans le cas où des aurores auraient fait leur apparition. En cas d'avarie, il faut remplacer les objets brisés ou détériorés ; mais, comme tout cela est aujourd'hui prévu, les lignes bien organisées possèdent, en tous leurs postes importants, les pièces de rechange indispensables ; et, en somme, l'interruption ne dure relativement que peu de temps.

Il y a toutefois un danger qu'on peut prévenir et qu'on est parvenu à prévenir efficacement : c'est celui qui menace les employés des postes, leur sécurité et leur vie. Il est arrivé, à l'origine de la télégraphie électrique, que de fortes étincelles ont éclaté entre des objets métalliques : la décharge brisait les pièces, les projetait au loin, et blessait ou tuait les personnes qui se trouvaient sur le passage du fluide. Chaque poste a été depuis lors muni de petits appareils fort simples, ayant pour objet de faire écouler l'électricité orageuse dans le sol, et d'épargner à la fois les instruments télégraphiques et les employés. Ces *paratonnerres* ou *parafoudres* sont variés de principes et de formes. Décrivons quelques-uns des plus usités.

Le parafoudre Bréguet, que représente la figure 452, est d'une grande simplicité. Il consiste essentiellement en deux plaques métalliques dentelées, dont les dents sont en regard les unes des autres ; en un tube qui renferme un fil de fer très en reliant électriquement les bornes *a* et *b*, et enfin en un commutateur P. Quand la touche de ce dernier occupe la position indiquée par la figure, le courant de la ligne passe de L en F, et de là dans les appareils du poste. L'électricité dynamique provenant de la pile n'a pas une tension assez forte pour s'écouler par les pointes des plaques, elle continue son trajet ordinaire ; mais l'électricité atmosphérique, au contraire, s'écoule par les pointes, et de là, par le fil T, dans la terre.

En cas d'orage un peu violent, cette voie d'écoulement peut devenir insuffisante, et dans ce cas l'électricité passe par le fil,

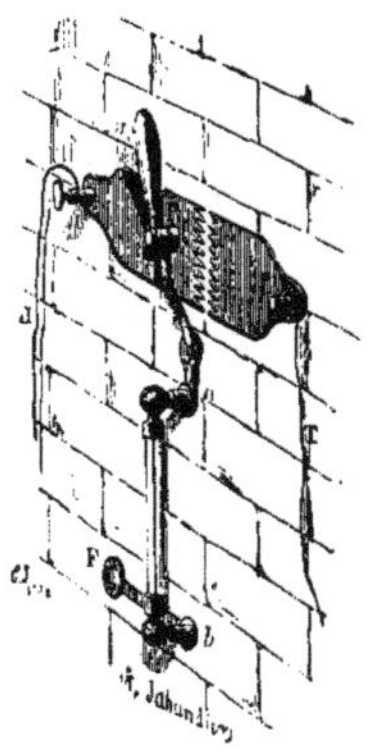

Fig. 452. — Parafoudre Bréguet.

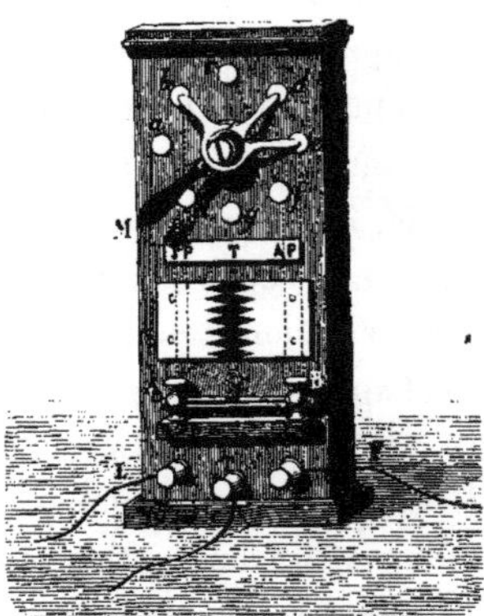

Fig. 453. — Parafoudre des lignes télégraphiques françaises.

qu'elle rougit et même peut fondre. Mais dans ce dernier cas l'interruption avec le poste résulte de la fusion même du fil. et l'électricité orageuse s'écoule dans la terre. Si l'orage a été prévu, l'employé porte la touche du commutateur sur la borne du fil de terre, et toute communication est interrompue avec le poste.

La figure 453 représente une autre disposition du parafoudre également basée sur le pouvoir des pointes et sur la manière différente dont se comporte l'électricité, selon qu'elle émane des courants voltaïques ou qu'elle est due à une perturbation atmosphérique. Le commutateur est pourvu de trois touches.

Quand celle du milieu est sur le bouton *d*, comme l'indique la figure, le courant de la ligne va directement dans le poste, ainsi qu'il est aisé de s'en rendre compte en suivant les lignes pointillées qui marquent la liaison électrique des diverses parties de l'appareil. De la borne L du fil de ligne, le courant va dans le commutateur, et de là dans la borne F du poste; il ne passe point par le fil *f*. En cas d'orage, on pose la touche du milieu sur le bouton *b*, et alors le courant traverse les plaques à pointes et le fil avant d'arriver au poste. Enfin, si l'orage est violent, on pose le commutateur vis-à-vis de la lettre T (*terre*), sa touche médiane sur le bouton *c*. Tous les courants électriques s'écoulent directement dans le sol, sans avoir aucune communication avec les appareils télégraphiques du poste, mis ainsi à l'abri de tout danger.

Le parafoudre Bianchi est aussi fondé sur le pouvoir des pointes; en cas d'électricité orageuse fournie par la ligne, cette électricité s'écoule par les pointes rangées dans une boule de verre tout autour d'une sphère métallique qui, par un anneau également métallique, est en communication permanente avec le sol. En faisant le vide dans la boule de verre, l'écoulement est plus prompt, mais cette précaution n'est pas absolument nécessaire.

Les parafoudres que représentent les figures 454 et 455 ne sont plus basés sur le pouvoir des pointes métalliques, mais seulement sur l'inégalité de tension de l'électricité dynamique ou des courants réguliers de la ligne et de l'électricité atmosphérique ou orageuse. Tandis que la première est arrêtée par une feuille isolante et pénètre dans les appareils, l'autre s'écoule à travers le conducteur plus large, qui est offert à sa propagation, malgré l'interposition du corps isolant. Elle peut donc ainsi se perdre dans le sol, sans causer dans le poste aucune perturbation ni aucun dégât.

Le parafoudre de Siemens et Halske (fig. 454) se compose d'une plaque de fonte qui communique avec la terre; au-dessus, aussi près que possible, mais sans qu'il y ait de contact métallique, reposent deux plaques plus petites A, B, reliées d'une part aux fils de ligne L, L_2, d'autre part aux appareils par les fils F, F_2. Les courants voltaïques n'ont pas assez d'intensité pour vaincre la résistance qui résulte de la distance des conducteurs et de la plaque de terre; mais, en cas d'orage, l'électricité atmosphérique suit au contraire cette dernière voie, et les appareils se trouvent préservés.

Le parafoudre adopté sur les lignes belges (fig. 455) consiste aussi en plaques métalliques *pp*, *df*, séparées par une feuille isolante de papier mince. Les fils de ligne des deux postes voisins de gauche et de droite aboutissent en L et L′, et ceux des

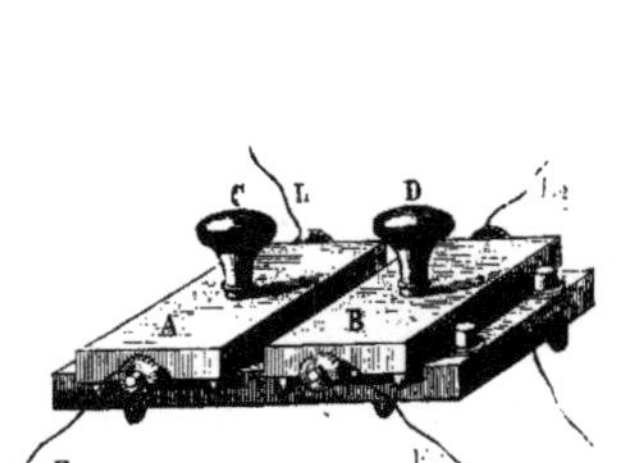

Fig. 454. — Parafoudre du système Siemens et Halske.

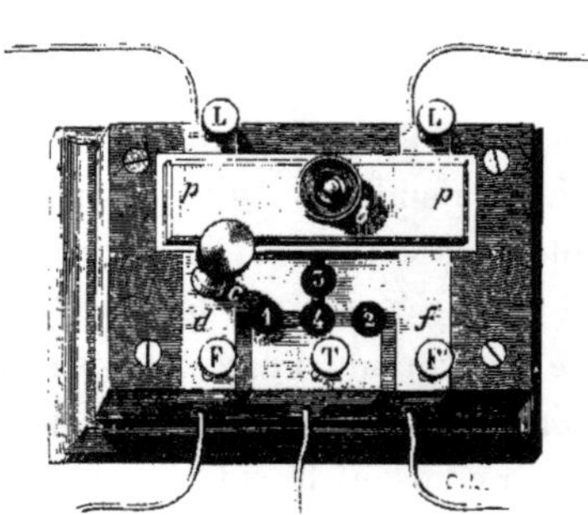

Fig. 455. — Parafoudre des lignes télégraphiques belges.

appareils du poste en F et F′; T communique avec le bouton *b* et avec la terre. Quatre trous, 1, 2, 3, 4, pratiqués dans le socle de bois qui porte les plaques, sont destinés à recevoir une cheville métallique *c*, qui met alors en communication les diverses pièces du parafoudre. En temps normal, la cheville reste en place dans la position marquée par la figure : alors les postes voisins communiquent avec les appareils du bureau télégraphique; la correspondance est libre des deux côtés. Un orage est-il annoncé à droite, on place la cheville sur le trou 2; l'électricité atmosphérique se perd dans le sol par la plaque et le fil T. Si la perturbation se fait sentir à gauche, la cheville est placée dans le trou 1. Enfin on la place au trou 4 dans le cas où l'orage menacerait à la fois les deux lignes. Le trou 5 sert à établir la communication directe entre les deux lignes, de sorte que l'appareil sert à la fois de parafoudre et de commutateur.

Pour terminer ce paragraphe, signalons une cause de perturbation qui, pour être moins grave que celle des orages, n'en produirait pas moins sur les lignes de regrettables irrégularités : c'est le mauvais état de la communication des appareils avec la terre[1]. Voici ce qu'en dit un de nos ingénieurs télégraphistes distingués :

« Quand plusieurs fils de ligne aboutissent à un même poste, un seul conducteur sert ordinairement à mettre le pôle négatif de la pile de ligne et tous les récepteurs du poste en communication avec la terre. Dans ces conditions, une mauvaise communication avec le sol peut produire des perturbations très gênantes pour la correspondance. Si le poste reçoit, et si tous les manipulateurs sont en position de réception, le courant qui arrive traverse comme à l'ordinaire le récepteur correspondant au fil en communication avec le manipulateur qui expédie ; mais, au lieu de se perdre tout entier dans le sol, il rétrograde, du moins en partie, à travers tous les autres récepteurs et les autres fils de ligne qui aboutissent à ce poste. Il en résulte que tous les récepteurs de ladite station marchent à la fois, et que même, si la communication avec la terre est très mauvaise, les courants rétrogrades conservent assez d'intensité pour mettre en mouvement les récepteurs du poste qui expédie. Dans le cas où le bureau dans lequel existe une mauvaise communication avec la terre expédie lui-même, le flux d'électricité négative de la pile, rencontrant une trop grande résistance du côté du sol,

1. Au début de la télégraphie, on croyait nécessaire, pour fermer le circuit, d'établir deux fils différents entre deux stations ; le second fil était le fil de retour. Mais, dès 1837, Steinheil prouva que ce second fil n'était pas nécessaire pour l'établissement du courant, la terre pouvant remplacer le fil de retour. Seulement alors chaque appareil, transmetteur et récepteur, doit être mis à terre, c'est-à-dire communiquer avec le sol à l'aide d'un fil spécial, de quelques mètres de longueur, plongeant dans la terre humide. Ordinairement on rend le contact plus complet en soudant les fils de terre à des lames métalliques d'une certaine surface, d'un mètre carré par exemple, de sorte que la communication électrique avec le sol se fasse par un grand nombre de points.

traverse les récepteurs, se propage le long des divers fils de ligne et gagne les récepteurs du poste correspondant. Avec une communication très mauvaise, il peut arriver que tous les récepteurs des deux stations correspondantes marchent en même temps.

« Ces quelques indications suffisent pour faire comprendre la nature et l'importance des perturbations qui peuvent survenir sur les lignes télégraphiques, par suite d'une mauvaise communication des appareils avec le sol. On ne saurait veiller avec trop de soin à l'établissement et à l'entretien des fils de terre. » (Ch. Bontemps, *Les systèmes télégraphiques*.)

§ 6. LE RÉSEAU TÉLÉGRAPHIQUE UNIVERSEL.

Il est inutile, croyons-nous, de faire ressortir l'importance de la télégraphie électrique au point de vue des relations privées, publiques et internationales. Cette application d'une des branches de la physique qui ont fait le plus de progrès depuis un siècle, est une conquête si éclatante du génie humain sur le temps et les distances, que personne ne saurait en méconnaître l'immense portée. Restreinte, à l'origine, aux correspondances publiques ou gouvernementales, aux dépêches de la diplomatie, elle a pris tout son développement, depuis qu'on a senti la nécessité de la mettre au service des intérêts privés. L'usage du télégraphe s'est depuis lors prodigieusement étendu, et s'accroît tous les jours encore, à mesure qu'augmente le nombre des stations ouvertes à la circulation : c'est ainsi, pour ne parler que de la France, qu'il y a vingt ans dix-sept bureaux télégraphiques envoyaient à peine annuellement 9000 dépêches, tandis qu'aujourd'hui 3500 bureaux en expédient plus de 6 millions.

La dépêche télégraphique ne sert pas seulement aux relations de famille ou d'amitié, mais encore et surtout aux relations d'affaires, au commerce, à l'industrie, aux spéculations de bourse. Voilà pour les intérêts privés. La diplomatie, la guerre, les travaux publics, l'administration, la politique, la police, en font un usage continu. Dans un domaine plus élevé et plus serein, celui de la science, elle rend les services les plus grands, en fournissant aux astronomes le moyen de déterminer avec précision la longitude, en signalant à tous les observatoires les découvertes des astres nouveaux, comètes ou planètes, et en faisant ainsi gagner des semaines à la vérification, à l'enregistrement des découvertes. En météorologie, le service télégraphique annonce les perturbations prochaines du temps, les crues des cours d'eau, prévient les ports des bourrasques, et dote ainsi la navigation d'avertissements précieux qui ont déjà fait épargner bien des sinistres aux navires et à leurs équipages.

Cette énumération des services rendus par la télégraphie est bien incomplète. Mais le meilleur moyen d'en démontrer toute l'importance, c'est de transcrire ici quelques chiffres indiquant l'état actuel du réseau de lignes aériennes et de lignes sous-marines qui fonctionne aujourd'hui sur la terre entière.

Le développement des fils, sur le globe terrestre, n'atteint pas moins de 2 millions de kilomètres : c'est, comme on voit, cinquante fois la longueur de la circonférence de la Terre. Sur ce chiffre total, la télégraphie sous-marine compte pour 80 000 kilomètres, répartis entre 251 câbles, de longueurs d'ailleurs fort inégales.

En Europe, il y a dix ans, les lignes aériennes mesuraient 270 000 kilomètres, et la longueur totale des fils 700 000 kilomètres; à la fin de 1877, le réseau européen avait une longueur de lignes télégraphiques de 450 087 kilomètres et 1 200 000 kilomètres de fils. La France possédait alors 44 000 kilomètres de lignes, et 125 000 kilomètres de fils; à la fin de l'année 1880, la longueur des lignes télégraphiques françaises mesurait 59 152 kilomètres; en 1851, le nombre des fils ne s'élevait qu'à 2000 kilomètres.

Les autres pays d'Europe qui ont les réseaux les plus étendus possédaient, à la fin de 1880, des lignes télégraphiques ayant

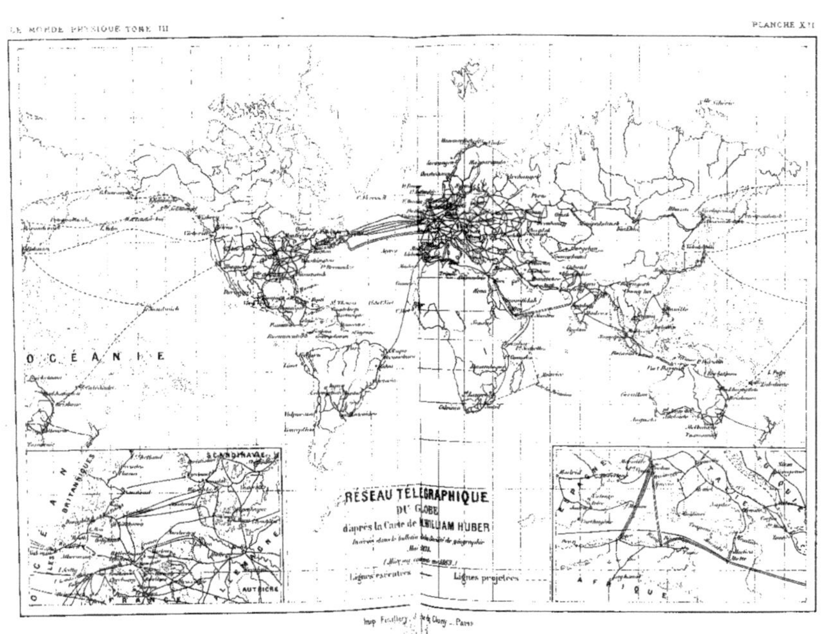

Imp. Fraillery, … de Cluny _ Paris

les longueurs suivantes, qui ne comprennent point celles des nombreuses lignes affectées au service spécial des chemins de fer :

Russie.	89 872	kilomètres.
Allemagne.	66 289	—
Autriche-Hongrie.	48 644	—
Angleterre.	35 449	—
Turquie.	27 336	—
Italie	25 082	—

L'Australie avait alors un réseau de 42 947 kilomètres ; celui des Indes anglaises s'élevait à 29 120 kilomètres.

Le nombre des dépêches expédiées s'est accru dans une proportion énorme. Pour donner une idée de l'activité de la correspondance dans les pays industriels, citons l'Angleterre, qui, dans le cours de l'année 1870, a vu passer dans son réseau environ 10200000 dépêches, 203600 dépêches par semaine. M. W. Huber, à qui nous empruntons ces détails statistiques, nous apprend que le 18 juillet 1870, jour où la déclaration de guerre entre la France et la Prusse fut connue à Londres, 20592 dépêches ont passé par la seule station centrale. Le réseau télégraphique indien a expédié, en 1871, 33000 dépêches ; malgré le prix élevé de la correspondance par les câbles transatlantiques, 240000 dépêches ont franchi, en une seule année, l'Océan. Aux États-Unis, où la longueur des lignes, au 1er janvier 1881, s'élevait à 272 164 kilomètres et celui des fils à 500 000 kilomètres, le nombre des télégrammes expédiés pendant l'année 1880 avait dépassé 33 millions. Dans ces chiffres, les fils réservés au service spécial des chemins de fer ne sont pas non plus compris.

Ces données statistiques suffisent pour qu'on se fasse une idée de l'essor qu'ont pris les correspondances rapides en divers points du globe ; mais elles seront complétées heureusement, croyons-nous, par l'examen de l'état actuel du réseau universel, que représente la carte de la planche XII. Cette carte est une reproduction de celle qui accompagnait la notice, citée plus haut, de M. W. Huber, moins cependant les lignes ou projets abandonnés, ceux-ci n'offrant plus qu'un intérêt rétrospectif, mais mise au courant des acquisitions nombreuses faites par le réseau depuis dix ans. Les lignes télégraphiques intérieures des diverses contrées d'Europe et d'Amérique n'auraient pu être indiquées sans confusion. Celles-là seulement sont figurées, qui desservent les grandes lignes générales et relient les continents par l'intermédiaire des lignes sous-marines. L'Europe est en communication directe avec le continent américain du nord par sept câbles, dont cinq partent de Valentia (Irlande), et deux de Brest, pour aboutir à Trinity-Bay, dans l'île de Terre-Neuve, et à Saint-Pierre-Miquelon, puis gagner de là le territoire des États-Unis. L'Amérique du Sud est aussi reliée à l'Europe par une ligne sous-marine qui passe par Madère, les îles du Cap-Vert, et aboutit à l'extrémité la plus orientale de l'Amérique, au cap Saint-Roque (Brésil).

Dès maintenant, les Indes sont en communication télégraphique avec l'Europe par deux câbles sous-marins : tous deux suivent la mer Rouge, puis, par la Méditerranée, se ramifient en diverses branches, qui vont en Sicile et en Italie, en France, et enfin en Angleterre, en côtoyant le Portugal, d'où elles gagnent la pointe sud-ouest de la Grande-Bretagne par l'Atlantique ; d'autres lignes se ramifient également, à partir du golfe Persique, en plusieurs lignes aériennes qui gagnent la Russie, l'Allemagne, la Syrie. Enfin, l'Australie elle-même communique avec le réseau indien; de sorte qu'une dépêche partie de Sydney arrive directement à New-York ou à Boston, et de là, par le télégraphe qui traverse le continent américain, jusqu'à San-Francisco, sur les bords de l'océan Pacifique. 270° de longitude, et, en distance effective, plus de 30000 kilomètres, sont franchis par les signaux électriques en moins d'une heure. Le fait suivant, dont nous empruntons le récit à M. Huber, suffira pour donner une idée de la rapidité de la correspondance électrique :

« Le 12 novembre dernier, dit-il, un banquet réunissait au

même moment, à Londres et à Adélaïde, les intéressés à cette grande ligne de 35 852 kilomètres, dont 28 kilomètres de câbles sous-marins (la ligne transaustralienne). A Londres, un appareil télégraphique avait été installé derrière le fauteuil du président. A l'ouverture du banquet, une dépêche de félicitation part pour l'Australie. A la fin du banquet, la réponse, terminée par un *hurrah!* arrivait d'Adélaïde[1]. »

L'examen de la carte montre qu'une lacune existe encore pour que la circonférence entière du globe soit enlacée par le réseau. L'Amérique et l'Asie ne communiquent pas encore directement ensemble. Mais quatre lignes, dont deux entièrement sous-marines, sont projetées : l'océan Pacifique sera sans doute bientôt traversé par les courants électriques, comme l'Atlantique l'est depuis seize années. Dès maintenant, les dépêches arrivent à Paris et à Londres de tous les points les plus éloignés du globe, et on lit le soir dans les journaux le récit des évènements principaux arrivés pendant le jour (et aussi la nuit) dans les cinq parties du monde. C'est à chacun de conjecturer quelle sera, pour l'avenir, l'influence de ces communications continues au point de vue des relations politiques, commerciales, industrielles, en un mot, au point de vue de la civilisation progressive.

1. La *Nature* cite les exemples suivants de transmission rapide de dépêches à grandes distances. Le jour de l'ouverture de l'Exposition de Melbourne, un télégramme fut adressé à la reine d'Angleterre par le commissaire général, lord Normanby. Expédié à midi cinquante minutes, ce télégramme est arrivé à Londres à trois heures quarante-huit minutes du matin. Au départ, l'heure de Londres était, à cause de la différence des longitudes, trois heures dix minutes. La durée du transit n'était donc que de *trente-huit minutes* pour une distance surpassant 16 000 kilomètres. Le télégramme était composé de 66 mots. Un autre exemple de rapide transmission est celui d'une dépêche de Londres à Sydney, expédiée en une heure vingt minutes, mais qui n'a mis que trente-cinq secondes à franchir la distance de Singapore à Sydney, c'est-à-dire 8160 kilomètres.

CHAPITRE VII

LE TÉLÉPHONE ET LE MICROPHONE

§ 1. ORIGINE ET DÉCOUVERTE DU TÉLÉPHONE.

Dans le premier volume du MONDE PHYSIQUE, nous avons étudié, sous le nom de *Téléphonie*, divers systèmes de transmission du son, ayant pour objet de correspondre soit par la parole même, soit par des signaux acoustiques convenus, à une distance supérieure à celle que permet la propagation des ondes sonores à l'air libre. Mais depuis l'invention du merveilleux instrument que nous allons décrire dans ce chapitre, le nom de téléphonie ne s'entend plus guère que de la transmission des sons par l'intermédiaire de l'électricité. Comme ce mode de transmission fait participer les ondes sonores à la vitesse énorme de propagation que nous avons vu être le privilège des ondes électriques, il en résulte qu'aujourd'hui la téléphonie rivalise pour ainsi dire, au point de vue de la rapidité et de la grandeur des distances parcourues, avec la télégraphie électrique.

On peut faire remonter l'origine de cette invention toute récente à l'année 1837, époque à laquelle un physicien américain, Page, a remarqué pour la première fois le phénomène de la production des sons au sein de substances magnétiques au moment de leur aimantation. Ayant approché rapidement les pôles d'un aimant en fer à cheval d'une spirale plane traversée par un courant, il entendit un son musical ; de la Rive,

Gassiot, Marrian observèrent le même phénomène dans une barre de fer doux entourée d'une hélice, au moment où cette hélice est parcourue par un courant. En faisant passer le courant par intermittences très rapprochées, le son est plus intense; il est très faible si l'on substitue une barre d'acier trempé à la barre de fer doux.

L'étude des sons produits par l'électricité est restée longtemps dans le domaine de la théorie; les physiciens, tout en étudiant avec soin les circonstances dans lesquelles se produisaient ces phénomènes, se préoccupaient surtout d'en expliquer les causes, par les mouvements moléculaires résultant de l'orientation des éléments magnétiques. D'après M. de la Rive, le courant discontinu qui parcourt les spires de l'hélice enveloppante tend à disposer les molécules de la barre qui subit l'aimantation en files longitudinales, et, chaque fois que le courant est interrompu, les molécules vibrent en vertu de leur élasticité en reprenant leur position d'équilibre. La mobilité plus grande qu'elles ont dans le fer doux explique la plus grande intensité du son produit sur celui que font entendre les barres d'acier trempé.

Quelle que soit la valeur des théories proposées sur cette intéressante question de physique moléculaire, les faits nouveaux mis au jour par la découverte du téléphone ont acquis une telle importance et leurs applications ont pris un tel développement, que nous avons hâte d'arriver à leur description.

Les premiers sons qu'on soit parvenu à transmettre à distance par l'électricité sont les *sons musicaux;* les appareils construits dans ce but reproduisent, avec leur intensité et leur hauteur relatives, les notes émises par un instrument de musique, les sons d'une mélodie; mais ils sont impuissants à transmettre les nuances de timbre ou d'articulation. Ce sont les *téléphones musicaux* (*tone telephone*). Le téléphone inventé en 1860 par M. Reiss est le premier qui ait résolu complètement le problème de la transmission des sons dans ces conditions restreintes.

Seize ans plus tard, le professeur Graham Bell inventait le *téléphone d'articulation* (*articulating telephone*), qui est capable de transmettre les sons de toute nature, les articulations de la voix humaine notamment; de sorte qu'il permet à deux personnes de converser à une grande distance, à l'aide d'un fil conducteur et des appareils que nous allons incessamment décrire.

Commençons par les téléphones musicaux.

§ 2. TÉLÉPHONES MUSICAUX.

Un téléphone se compose, comme un système télégraphique quelconque, de deux parties distinctes, reliées par le fil de ligne, un *transmetteur* et un *récepteur*.

La figure 456 représente le transmetteur et le récepteur du téléphone musical de Reiss.

K est la boîte sonore destinée à recueillir les vibrations qui entrent par le tuyau cylindrique T, servant d'embouchure ou de porte-voix. Cette boîte concentre et renforce les sons de l'air musical que l'on joue à la station au devant du transmetteur. Une mince membrane de caoutchouc, tendue en face d'une ouverture circulaire pratiquée à la partie supérieure de la boîte, reçoit les ondes sonores et vibre à l'unisson des sons successivement émis. Cette membrane porte, à son centre, un léger disque de platine *o* collé à sa surface; un levier coudé *cba* a ses deux tiges *a* et *c* reliées métalliquement avec la clef Morse *t* et l'électro-aimant A, d'où part le fil de ligne. Une pile dont le pôle positif est relié au bouton Z communique avec le disque de platine *o*. Dès lors, toutes les fois que la tige *b* touchera le disque, un courant sera envoyé dans la ligne, et ce courant se trouvera interrompu quand la tige ne sera plus en contact avec lui. On comprend donc que toutes les vibrations de la membrane produiront une série d'émissions et d'interruptions de courant, dont le nombre sera identique avec celui des vibrations du son qui lui donne son mouvement et variera avec lui.

Voyons maintenant comment fonctionne le récepteur. Il consiste essentiellement en une tringle en fer *dd*, de la grosseur d'une aiguille à tricoter, supportée par deux chevalets sur une caisse sonore B. Une bobine électromagnétique *g* entoure la tringle dans la plus grande partie de sa longueur, et le fil dont les spires de cette bobine sont formées communique par la borne 4 à la terre, par la borne 3 au fil de ligne, dont il

Fig. 456. — Téléphone musical de Reiss.

complète ainsi le circuit. La clef Morse *t*, comme celle du transmetteur, sert à la correspondance télégraphique des deux postes.

Aussitôt que fonctionne le transmetteur, les émissions et interruptions de courant déterminées par les vibrations de la membrane affectent l'hélice du récepteur, et le fil de fer *dd*, sous leur influence, est mis en vibration, comme le faisaient prévoir les phénomènes observés par Page, de la Rive, etc. Les sons de l'air musical joué au devant de l'embouchure du transmetteur se reproduisent ainsi avec leur intensité et leur hauteur relatives. Pour renforcer les sons transmis, la caisse sonore du récepteur porte une sorte de couvercle à l'aide duquel on peut renfermer la tige vibrante et la bobine.

Les sons transmis par le téléphone musical de Reiss sont un peu faibles et un peu nasillards. En outre, ils ne conservent pas le timbre particulier aux instruments qui exécutent l'air à transmettre. Les premiers de ces défauts ont été corrigés en partie par des perfectionnements dus à MM. Yeates et Van der Weyde. Ce dernier renforça les vibrations dans le transmetteur en les faisant réfléchir à l'intérieur de la boîte par des parois creuses; et, dans le récepteur, en introduisant dans la bobine plusieurs fils de fer au lieu d'un seul. Les sons devinrent ainsi plus pleins et plus intenses. MM. Cécil et Léonard Wray sont parvenus au même résultat en introduisant dans le téléphone musical de Reiss les perfectionnements suivants. Le transmetteur, outre la membrane qui porte le disque de platine, en a une seconde qui forme à l'intérieur de la caisse une cloison la divisant en deux capacités distinctes. L'interrupteur est constitué par une petite pointe de platine que porte un levier à ressort articulé au-dessus du disque de platine. Celui-ci est relié au circuit par deux petits fils de platine plongeant dans deux godets remplis de mercure; la membrane vibrante de l'ouverture circulaire est ainsi plus libre et entre plus aisément en vibration. Le récepteur diffère de celui de Reiss en ce qu'il est formé de deux bobines enveloppant chacune une tige de fer; les deux tiges reposent sur deux lames de cuivre maintenues par des piliers à écrous; elles sont, comme les bobines, sur le prolongement l'une de l'autre, et leurs extrémités en regard sont à une très petite distance sans se toucher.

Dans le téléphone musical de Gray, les sons du transmetteur sont produits par les vibrations de lames métalliques qui servent d'interrupteurs à une bobine d'induction. Un clavier commutateur est muni d'autant de touches qu'il y a de lames vibrantes distinctes; et comme celles-ci sont réglées de façon à émettre des sons musicaux de diverses hauteurs, les notes d'une gamme à plusieurs octaves par exemple, on conçoit qu'en manipulant les touches de ce clavier, le courant primaire de la bobine d'induction, en circulant dans les électro-aimants des interrupteurs, produira des sons qui seront transmis au récepteur par les courants secondaires provenant des courants primaires interrompus. Le récepteur n'est autre chose qu'un électro-aimant, portant au-dessus de ses pôles une caisse cylindrique en métal, percée de deux ouvertures comme la boîte d'un violon et jouant ainsi le rôle de caisse sonore. Les aimantations et désaimantations successives des noyaux de l'électro-aimant engendrent des vibrations dont le nombre est celui des interruptions de courant et par conséquent des lames vibrantes du transmetteur. Nous avons vu le même principe appliqué par l'inventeur, M. Elisha Gray, à la transmission simultanée des signaux, dans son *télégraphe harmonique*.

§ 3. TÉLÉPHONES D'ARTICULATION OU TÉLÉPHONES PARLANTS.

Les appareils que nous venons de décrire reproduisent à distance les sons musicaux simples ; mais ils sont impuissants à donner le timbre, cette qualité qui dépend, comme nous l'avons vu, de la coexistence d'un certain nombre d'harmoniques du son fondamental ; les intonations des voyelles, les articulations de la voix humaine échappent aussi par conséquent à ce mode de transmission du son, qui ne permet que la reproduction des mélodies musicales, et n'offre dès lors, sous le rapport de ses applications, qu'un intérêt bien restreint. Heureusement, l'invention du téléphone articulant devait suivre de près celle des téléphones musicaux, et le problème de la transmission de la parole, avec toutes ses inflexions, toutes ses nuances, est aujourd'hui complètement résolu. Six ans à peine se sont écoulés depuis cette invention, qu'un savant anglais, sir W. Thomson, a caractérisée dès son début en l'appelant *la merveille des merveilles*, et déjà l'usage du téléphone est répandu partout; déjà cent autres applications dérivées de l'appareil de G. Bell ont montré quelle impulsion féconde une idée originale donne toujours au génie de la découverte, dans le champ des recherches scientifiques.

C'est en 1876 que Graham Bell, physicien américain originaire d'Édimbourg, produisit à l'Exposition de Philadelphie le premier téléphone parlant qui ait vu le jour. L'inventeur a exposé la série des idées et des expériences qui l'ont conduit progressivement à la construction de l'appareil que nous allons décrire. Il serait trop long de le suivre dans ce récit[1], et nous nous bornerons à en extraire la première expérience décisive qui fut faite avec l'appareil transmetteur dont la figure 457 donne la disposition. Mais commençons par décrire l'appareil lui-même. M est un électro-aimant animé par le courant d'une pile, dont les pôles sont en regard d'une membrane tendue sur un disque de fer; au centre de la membrane est fixée une armature consistant en un ressort de pendule de la grandeur de l'ongle du pouce; des vis *vvv*, adaptées à l'ouverture E en forme d'entonnoir ou de cornet acoustique, permettaient de tendre plus ou moins la membrane, de même que les pôles du système électromagnétique pouvaient être à volonté approchés ou éloignés de l'armature par le mouvement d'une vis soutenant ce système. Le récepteur était d'abord un appareil semblable, auquel M. Bell substitua celui que représente la figure 458, comme on va le voir.

En parlant dans l'embouchure, les vibrations de l'air se transmettaient à la membrane, dont l'armature, en oscillant devant les pôles de l'électro-aimant, déterminait une série de

1. *Mémoire lu à la Société des Ingénieurs télégraphistes de Londres*, le 31 octobre 1877. Ce document a paru en entier dans la *Nature* d'avril 1878. Les passages que nous citons sont empruntés à l'ouvrage de M. Du Moncel, *le Téléphone*. La quatrième édition de cette remarquable monographie nous a fourni la plupart des dessins que nous reproduisons dans ce chapitre; elle abonde en renseignements pleins d'intérêt sur les modifications, déjà si nombreuses, apportées par une foule de savants à l'invention du physicien américain, et nous ne pouvons qu'en recommander la lecture à ceux qui désirent connaître en détail tout ce qui se rattache à ce sujet

courants induits ; ceux-ci, transmis au récepteur par le fil de communication, réagissaient sur l'électro-aimant de cet appareil : l'armature et la membrane reproduisaient ainsi les mouvements vibratoires et les sons correspondants.

Avec un appareil ainsi disposé, M. Bell obtint avec un de ses amis, M. Thomas Watson, des transmissions téléphoniques qui lui prouvèrent qu'il était dans la bonne voie. « Je me souviens, dit-il, d'une expérience faite alors avec ce téléphone, qui me remplit de joie. Un des deux appareils était placé à Boston dans une des salles de conférences de l'Université, l'autre dans le soubassement d'un bâtiment adjacent. Un de mes élèves

Fig. 437. — Téléphone Bell; transmetteur primitif.

observait ce dernier appareil, et je tenais l'autre. Après que j'eus prononcé ces mots : *Comprenez-vous ce que je dis?* quelle a été ma joie quand je pus entendre moi-même cette réponse à travers l'instrument : « Oui, je vous comprends parfaitement. » Certainement l'articulation de la parole n'était pas alors parfaite, et il fallait l'extrême attention que je prêtais pour distinguer les mots de cette réponse; cependant l'articulation de ces mots existait, et je pouvais croire que leur manque de clarté devait être rapporté uniquement à l'imperfection de l'instrument. Sans entrer dans le détail de tous les essais que je dus entreprendre pour améliorer la construction de cet appareil, je dirai qu'au bout de quelque temps je fus conduit à employer comme téléphone de réception l'appareil représenté figure 438, et c'est ce modèle, joint à celui de la figure 437, combiné comme transmetteur, qui fut admis à l'Exposition de Philadelphie.

« Dans ce nouveau modèle de récepteur, la membrane était remplacée par une lame vibrante de fer L fixée sur l'enveloppe cylindrique d'un électro-aimant tubulaire C, et le système était monté sur un pont P qui servait de caisse sonore. Les articulations produites par cet appareil étaient bien distinctes ; mais son grand défaut était qu'il ne pouvait servir d'appareil transmetteur : il était donc nécessaire d'avoir deux appareils à chaque station, l'un pour la transmission, l'autre pour la réception.

« Je cherchai alors à changer la disposition du téléphone transmetteur en variant les conditions de ses éléments consti-

Fig. 438. — Téléphone Bell : récepteur primitif.

tuants, tels que les dimensions et la tension de la membrane, le diamètre et l'épaisseur de l'armature, la grandeur et la puissance de l'aimant et même les hélices de fil enroulées sur ce dernier; j'ai pu en reconnaître empiriquement les meilleures conditions d'organisation et combiner la meilleure forme à donner à l'appareil. Ainsi j'avais reconnu, par exemple, qu'en diminuant la longueur de la bobine du fil de l'hélice magnétisante et la surface de la lame de fer attachée à la membrane, j'augmentais non seulement l'intensité des sons, mais encore leur netteté d'articulation ; ce qui me fit naturellement abandonner la membrane en or battu pour n'employer qu'une simple plaque de fer, et comme il m'était démontré depuis longtemps que l'intervention du courant traversant la bobine de l'électro-aimant n'était utile que pour magnétiser celui-ci, je me décidai à supprimer la pile et à employer pour noyau magnétique un aimant permanent. Toutefois, à l'époque où ces instruments devaient être exposés pour la première fois en public, les résultats obtenus avec ce dernier système étaient moins satisfaisants qu'avec celui qui mettait à contribution la batterie voltaïque ; je ne voulus exposer que cette dernière disposition d'instruments, ce qui donna l'occasion à certaines personnes, et entre autres au professeur Dolbear, du collège de Tufts, de réclamer la priorité pour l'introduction des aimants permanents dans le téléphone ; mais j'en avais eu l'idée dès le commencement de mes recherches et alors que je m'occupais des transmissions simultanées des sons musicaux. »

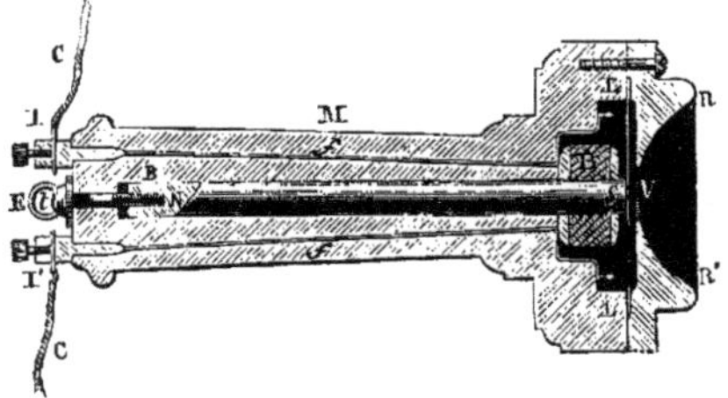

Fig. 439. — Coupe du téléphone Bell.

Le téléphone de Bell, sous cette première forme, avait l'inconvénient d'exiger deux appareils complets, un transmetteur et un récepteur, pour chaque station. Celle qui est aujourd'hui généralement adoptée est plus simple, puisque c'est le même appareil qui sert à la fois de récepteur et de transmetteur. La figure 439 en représente une coupe transversale qui va permettre d'en comprendre aisément le mécanisme et le fonctionnement. Au fond d'une boîte circulaire en bois percée en forme d'entonnoir et munie d'une ouverture V, est fixée une plaque vibrante LL découpée dans une feuille de tôle très mince (0^{mm},1 à 0^{mm},2) et recouverte, pour empêcher l'oxydation, d'une couche de vernis ou d'étain. Cette lame s'appuie par ses bords sur une bague en caoutchouc serrée entre la boîte dont nous venons de parler à l'extrémité d'un manche en bois M, qui renferme à son intérieur l'aimant cylindrique NS et la bobine B. Le pôle de l'aimant est placé en regard du centre de la plaque vibrante dont il est très rapproché, mais qu'il ne doit pas toucher, lorsqu'elle oscille sous l'influence des vibrations de la voix. Une vis *t* permet d'ailleurs d'avancer ou de reculer ce pôle ; c'est en cela que consiste le réglage du téléphone. Les bouts du fil de la bobine communiquent par deux tiges *f*, *f*, logées dans l'épaisseur du manche, aux boutons d'attache I, I', auxquels on fixe les fils C et C' du circuit.

Fig. 440. — Téléphone Bell.

Pour rendre compte de la transmission des sons à l'aide de cet appareil, il faut expliquer ce qui se passe quand on parle au devant de l'embouchure : 1° dans le transmetteur, 2° à l'extrémité de la ligne ou dans le récepteur.

Les sons de la voix, concentrés par la forme conique évasée de l'embouchure, transmettent leurs vibrations à la lame élastique, dont les mouvements reproduisent, avec toutes leurs variations de hauteur, d'amplitude et de timbre, celles de l'air lui-même ébranlé par la voix. Les mouvements de la plaque, approchant ou éloignant celle-ci du pôle voisin du barreau aimanté, ont pour effet de modifier en conséquence la distribution du magnétisme dans le barreau. En un mot, le magnétisme de ce barreau subit, dans son intensité et dans sa position, des variations qui correspondent aux déformations de la plaque vibrante et qui équivalent dès lors à des changements d'intensité et de distance de l'aimant. De là, dans le fil de la bobine, des courants d'induction, dont le sens et l'intensité varient, et qui, par le fil de ligne, vont se transmettre à la bobine du récepteur.

Tels sont les phénomènes dont le transmetteur du téléphone est le siège. Dans le récepteur, ces phénomènes sont plus complexes.

Il n'est d'abord pas douteux que les courants de sens et d'intensité variables, qui ont été lancés dans la bobine du récepteur, doivent déterminer dans le magnétisme de son aimant des changements semblables à ceux que nous avons vus développés dans l'aimant du transmetteur, et que ces variations, en agissant sur la plaque vibrante, provoqueront des mouvements semblables à ceux de la première plaque. La plaque du récepteur, par ses vibrations, réagira sur l'air de l'embouchure, et la personne qui en approchera l'oreille entendra les mêmes sons, avec toutes leurs nuances, qui ont été émis au point de départ. Cela revient à dire qu'il se passe, dans les diverses parties du récepteur, des phénomènes en tout semblables à ceux que les vibrations de la parole ont produits dans les parties similaires du transmetteur, avec cette différence toutefois que leur ordre est inverse, de sorte que ce qui est cause dans l'un des appareils est effet dans l'autre.

Cette première explication des phénomènes qui se passent dans le récepteur du téléphone Bell est aujourd'hui considérée, sinon comme inexacte, du moins comme insuffisante. Le rôle de l'aimant sur la plaque vibrante paraît tout autre que celui qu'on lui assignait d'abord; au lieu de regarder ses vibrations comme dues aux attractions et répulsions magnétiques du barreau aimanté, on incline à croire qu'elles proviennent de la communication de la plaque avec la masse du récepteur, et que les vibrations de ce dernier ont pour cause les mouvements moléculaires que les courants induits produisent dans le barreau par suite de ses aimantations et désaimantations successives. Diverses expériences ont conduit les physiciens à adopter cette manière de voir. La mesure de l'intensité des courants développés dans un téléphone Bell a montré qu'ils sont beaucoup trop faibles pour rendre compte des effets produits dans la plaque du récepteur, si ces effets devaient être attribués à des attractions de masse. Il ne s'agit là que d'une difficulté théorique; mais les expériences de M. Ader, qui a construit des téléphones dépourvus de plaque vibrante et même d'aimant, et a obtenu la transmission de la voix avec des aimants de la grosseur d'un fil de fer fixé à une planchette, et mis en communication avec une masse métallique, les expériences de M. Bréguet, qui a remplacé la mince plaque de Bell par des plaques de 15 centimètres d'épaisseur, prouvent assez que les effets moléculaires s'ajoutent, dans le récepteur Bell, à ceux de l'attraction magnétique pour reproduire les sons du transmetteur. En résumé, les actions et réactions en jeu dans le téléphone sont moins simples qu'on ne l'avait cru d'abord, et la théorie de cet admirable instrument est encore à faire[1].

Un mot, avant de finir, sur la manière de se servir du téléphone ordinaire de Bell. Le transmetteur, tenant l'appareil à la main par le manche, doit parler au devant de l'embouchure, en articulant avec netteté les paroles du message qu'il envoie :

1. Après avoir analysé les expériences dont nous venons de parler et celles de plusieurs autres physiciens, M. Du Moncel, qui a le premier soutenu l'influence des vibrations moléculaires du noyau magnétique, arrive à la conclusion suivante : « Si l'on résume par la pensée tous les effets dont il a été question précédemment, on arrive à conclure que dans un téléphone électromagnétique tel que celui de Bell, il existe plusieurs modes de reproduction de la parole : 1° l'un qui est dû aux vibrations moléculaires du noyau magnétique et de son armature par suite des aimantations et des désaimantations effectuées en eux sous l'influence des courants ondulatoires; 2° un autre qui, dans le cas de courants électriques assez forts, résulte de véritables attractions électromagnétiques; 3° un troisième qui peut être engendré par la réaction des spires de l'hélice magnétisante les unes sur les autres; 4° un quatrième qui peut résulter des réactions échangées entre l'hélice et le barreau magnétique; 5° enfin un dernier qui peut résulter de la transmission mécanique des vibrations du système électromagnétique par les différentes parties accessoires composant l'appareil téléphonique.

« D'après M. Flemming Jenkin, il y aurait même encore un autre système de reproduction de la parole qui devrait être attribué aux réactions d'induction de l'hélice magnétisante sur le diaphragme, qui, d'après les expériences de M. Blyth, pourrait être constitué avec des matières non magnétiques; mais, d'après les expériences de M. l'abbé Laborde, la reproduction des sons, dans ce cas, devrait plutôt être attribuée à une transmission mécanique des sons du noyau magnétique par les supports du diaphragme. » (*Le Téléphone*, 4e édition.)

plus l'articulation sera distincte, plus les sons émis seront pleins et clairs, sans être forts, plus la transmission sera nette elle-même. Pendant ce temps, l'auditeur placé à l'autre station tiendra son téléphone, l'embouchure contre l'oreille. Si les deux appareils sont reliés par les deux fils attachés à chacun, le circuit sera fermé ; mais dès que la distance est un peu considérable, un seul fil suffit, à la condition, bien entendu, que le second fil de chaque appareil soit mis à la terre. On emploie le plus souvent deux téléphones à chaque station. Le transmetteur en tient un à l'oreille et l'autre à la bouche ; l'auditeur les applique tous deux à l'une et à l'autre oreille, et de cette façon entend mieux.

Plusieurs auditeurs peuvent entendre à la fois, par autant de téléphones mis en communication avec la ligne par des fils de dérivation qui aboutissent à chacun d'eux. Si la distance est grande, on emploie une caisse sonore ou renforçante fermée par deux membranes dont l'une est en contact avec la lame vibrante du récepteur. Des tubes acoustiques partant de cette caisse aboutiront à l'oreille de chaque auditeur.

Enfin « on peut obtenir encore, dit M. Du Moncel, des auditions simultanées du téléphone en les interposant dans un même circuit, et les expériences faites à New-York ont montré qu'on pouvait ainsi en faire parler cinq échelonnés en différents points d'une ligne télégraphique. Dans des essais téléphoniques faits sur les lignes des écluses du département de l'Yonne, on a constaté que, sur un fil de 12 kilomètres où l'on avait placé à des distances différentes plusieurs téléphones, trois ou quatre personnes ont pu causer entre elles à travers ces téléphones, chacune entendant ce que disaient les autres. Les réponses et les demandes, tout en se croisant, restaient perceptibles. On a pu même, en plaçant un téléphone sur un second fil de 10 kilomètres éloigné du premier de 50 centimètres, et le suivant sur une longueur de 2 kilomètres seulement, saisir la conversation échangée sur l'autre fil. On pouvait même distinguer très bien les timbres des voix des deux interlocuteurs.

« Depuis l'apparition du téléphone en Europe, beaucoup d'inventeurs prétendent être parvenus à faire parler un téléphone de manière qu'il soit entendu des différents points d'une vaste salle. Nous avons vu que M. Bell avait déjà obtenu ce résultat, et sous ce rapport on est arrivé dans ces derniers temps à des résultats qu'on prétend meilleurs. Mais ce qui est certain, c'est qu'un téléphone ordinaire peut parfaitement émettre des sons musicaux susceptibles d'être entendus dans une pièce assez grande, tout en étant attaché à la muraille. » (*Le Téléphone.*)

Le réglage des appareils est une des conditions essentielles de leur bon fonctionnement. Aussi croyons-nous devoir reproduire ici intégralement une lettre intéressante adressée à l'auteur que nous venons de citer, par un officier français, M. le colonel de Champvallier. On aura en outre une idée des services que le téléphone peut rendre à l'armée.

« Vous savez peut-être que l'École d'artillerie de Clermont se sert couramment du téléphone Bell, non seulement pendant les écoles à feu, mais encore pour communiquer de mon bureau au champ de tir, situé à 15 kilomètres. Depuis plus d'un an, cette ligne téléphonique est installée, et les communications n'ont jamais été interrompues un seul instant. Nous parlons à voix basse, et tout le monde se sert indistinctement de nos téléphones, sans jamais perdre un mot de son correspondant. Il est si facile de parler et d'entendre, que pendant l'hiver un sous-officier faisait chaque matin une dictée de deux pages au canonnier, assez illettré, qui garde notre poste à 1000 mètres d'altitude ; celui-ci épelait tous les mots, et on a pu ainsi lui donner avec succès des leçons d'orthographe et même de prononciation. Or la dictée et la répétition ne prennent jamais plus d'une demi-heure, juste le temps qu'il faudrait pour les mêmes opérations si le maître et l'élève étaient dans la même pièce.

« Chaque poste téléphonique comprend trois téléphones : un, muni d'un cornet de 30 centimètres de long pour parler, est placé dans une position invariable à 45°, sur la table; les deux autres téléphones, adaptés à un chapeau spécial qui les place de lui-même aux deux oreilles, permettent d'entendre au milieu du bruit et sans que les personnes placées dans le bureau téléphonique soient obligées d'interrompre leurs conversations. Les deux correspondants ont ainsi leurs mains libres.

« Notre fil n'est pas seul sur les poteaux qui le supportent, et, tout en écoutant le correspondant téléphonique, on entend les dépêches Morse ou Hughes qui passent sur les fils voisins, et même les dépêches téléphoniques échangées sur le fil qui relie l'observatoire du Puy de Dôme à l'observatoire de Clermont. Tous ces bruits étrangers nous gênent peu; j'ai même pu causer à *demi-voix* à 65 kilomètres, entre Saint-Germain-des-Fossés et Clermont, malgré un tic-tac très fort, produit par le passage des dépêches Morse continues sur plus de dix fils voisins. Tous ces résultats ne concordent pas avec ceux obtenus dans la plupart des stations téléphoniques, où l'on a presque renoncé à l'usage de ce merveilleux instrument, parce qu'on trouve que, très nette et très sensible d'abord, l'audition devient par la suite difficile et irrégulière. Le secret de notre succès, vous l'avez deviné, vient uniquement de notre méthode de réglage, et c'est là le but unique de ma communication.

« Les téléphones ordinaires portent une vis de réglage que l'on est obligé de faire marcher avec un tourne-vis sans jamais savoir où l'on en est, et si même on ne force pas l'aimant contre la plaque vibrante en détériorant celle-ci, ce qui arrive fréquemment dans les stations qui, comme la nôtre, sont livrées à tous : habiles et maladroits ou ignorants.

« Avec le concours d'un habile électricien amateur de Clermont, M. Chatard, nous avons remplacé la tête de la vis de réglage par un bouton moleté qui porte à la base de son axe une aiguille perpendiculaire à cet axe. Cet aiguille se meut à la surface d'un cercle de cuivre dont la circonférence est divisée en douze parties égales, portant les numéros 1, 2, 3, etc.

« On commence par régler le téléphone en faisant lire sur

le même ton son correspondant, et en tournant le bouton régulateur jusqu'au maximum de netteté de l'audition; si le téléphone ne doit servir qu'à entendre (ce qui est préférable dans un bureau bien installé), le téléphone se trouve réglé.

« S'il doit servir uniquement à parler, on le règle par l'opération inverse, en lisant soi-même et en tournant à droite ou à gauche le bouton, jusqu'à ce que le correspondant vous avertisse que vous êtes arrivé au maximum de netteté dans la parole. Si le téléphone doit servir à parler et à entendre, après l'avoir réglé des deux manières ci-dessus décrites, et noté les deux positions de l'aiguille sur la circonférence du limbe, positions toujours très voisines, mais différentes, on donne à la pointe de l'aiguille une position intermédiaire.

« Quoi qu'il en soit, une fois le téléphone bien réglé, il faudra très peu éloigner ou rapprocher l'aimant de la plaque vibrante pour le régler à nouveau suivant la température, l'état électrique ou humide de l'air, la force d'aimantation changeante du barreau, etc. L'expérience nous a appris que, avec le pas de vis adopté par nous, une demi-circonférence parcourue par la pointe de l'aiguille à droite ou à gauche était toujours suffisante pour revenir à un réglage parfait. Nous plaçons alors un arrêt sur la limite à 180° de la position de l'aiguille quand le téléphone est réglé pour la première fois, et nos plaques vibrantes se trouvent à l'abri de toutes les maladresses, volontaires ou non, des visiteurs ou des indiscrets. Chaque téléphone porte un numéro d'ordre, et sur un registre matricule ouvert *ad hoc*, vis-à-vis du numéro du téléphone, on inscrit dans une première colonne son point de réglage, c'est-à-dire la division où se trouve la pointe de l'aiguille. Si le réglage doit être changé, ce qui est rare, on s'y décide après examen, et on l'inscrit dans la colonne suivante avec la date.

« Grâce à ce procédé si simple, on peut livrer à tous et sans surveillance les téléphones, et on peut toujours, sans hésitation, replacer l'aimant à sa position sans tâtonnement. Tous ceux qui voudront, comme nous, employer le procédé précité, arriveront à se servir sans mécompte du merveilleux instrument inventé par M. Bell, le meilleur et le plus simple de tous, et qu'il est, selon moi, inutile de perfectionner, au moins pour les petites distances.

« Que peut-on demander, en effet, de plus à un instrument que de transmettre à 15 ou 20 kilomètres la voix, avec son timbre et sensiblement toute sa puissance, même quand on la fait entendre à la fois, comme je l'ai fait, à vingt personnes, en plaçant dans le même circuit vingt téléphones ? »

§ 4. TÉLÉPHONES ARTICULANTS DE DIVERSES FORMES.

Depuis l'invention de Graham Bell, on a modifié les dispositions du téléphone d'une multitude de manières, dans le but de le perfectionner; la plupart de ces modifications n'ayant qu'une importance secondaire, nous ne décrirons que deux ou trois des plus intéressantes.

Le téléphone de M. Siemens se distingue du téléphone Bell par l'aimant en forme de fer à cheval, dont les deux appendices polaires portent chacun une bobine en regard de la plaque vibrante, et par un avertisseur en forme de sifflet qui se visse à l'orifice de l'embouchure. Une tige fixée à l'anche du sifflet vient appuyer sur la plaque, et, quand on souffle dans l'instrument, communique les vibrations de l'anche au diagramme. Il en résulte, dans le récepteur, un signal assez fort pour être entendu à une certaine distance. L'appel entendu, on dévisse le sifflet et on parle comme à l'ordinaire.

Le téléphone Siemens a l'inconvénient d'être un peu lourd; mais il rachète ce défaut par sa puissance : celui qui parle peut s'éloigner de l'embouchure jusqu'à près de 2 mètres, et l'auditeur peut comprendre la parole à une notable distance de l'appareil récepteur. Il est adopté pour le service de l'armée et de la marine allemandes.

Le système Gower est également remarquable par la puissance des sons émis, qui a permis de faire entendre les paroles transmises à l'aide d'appareils bien construits, dans de vastes salles comme celles des séances de l'Institut ou de la Société d'Encouragement. Malheureusement les sons y ont un timbre métallique très prononcé et la parole n'a pas toute la netteté désirable.

La figure 441 montre quelle est la disposition de l'appareil. En C, on voit que l'aimant a la forme d'un anneau semi-circulaire dont les branches viennent, suivant un diamètre, présenter leurs appendices polaires, de forme oblongue, en regard l'un de l'autre, à peu de distance du centre. Des hélices de fil

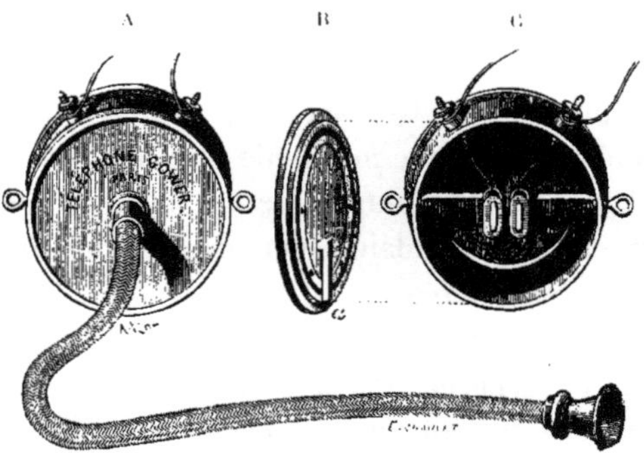

Fig. 441. — Téléphone Gower.

très fin les enveloppent et se trouvent reliées aux bornes d'attache du circuit à l'extérieur du téléphone. Le diaphragme, plus épais et beaucoup plus grand que les plaques ordinaires, est fixé à une boîte plate en laiton B, qui forme le couvercle de la boîte C. Au centre de ce couvercle, un tuyau acoustique sert, soit à parler en appliquant la bouche contre l'embouchure, soit à entendre en le mettant à l'oreille. On voit en *a* un tube recourbé contenant une anche qui vibre lorsqu'on souffle dans le tuyau acoustique ; les vibrations de cette anche, directement transmises au diaphragme, et par les courants induits au récepteur, produisent un son assez, fort comme celui d'un cornet, qui sert d'avertisseur.

Quand on parle à voix basse, on se sert aux deux stations du cornet acoustique qu'on voit dans la figure. Mais si la parole doit être transmise à distance, aux divers points d'une salle, par exemple, on substitue au tuyau du récepteur un grand cornet résonnateur ou porte-voix. La puissance de ce téléphone est due à la force magnétique de son aimant, aux grandes dimensions de la plaque vibrante et à la boîte métallique sonore qui amplifie les sons émis.

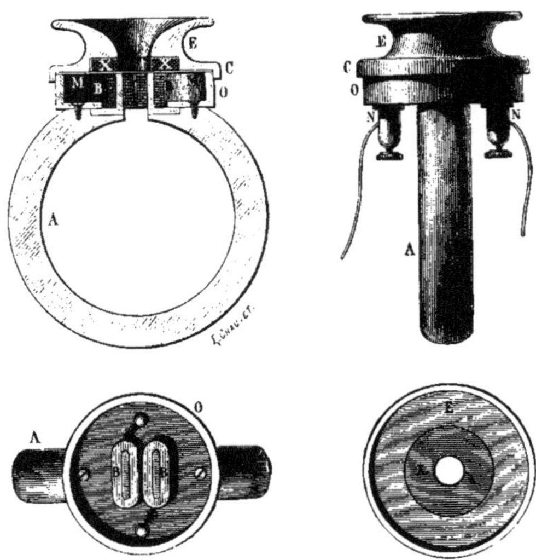

Fig. 442. — Téléphone Ader

Le téléphone Ader, dont la figure 442 représente les diverses parties vues en coupe ou extérieurement, se distingue surtout du téléphone Bell par l'addition d'une pièce en fer doux, en forme d'anneau XX, qui sert d'armature excitatrice. L'aimant, de forme circulaire, a ses deux pôles entourés des hélices BB, comme dans le téléphone Gower, et aboutissant en face de l'anneau, devant la plaque constituant le diaphragme. L'influence de l'armature est d'accroître, par sa masse, l'intensité des réactions magnétiques entre le diaphragme et les pôles de l'aimant et, par suite des courants induits développés dans les fils des bobines par les mouvements vibratoires de la plaque.

Le système Ader fonctionne surtout comme récepteur, et, dans ce cas, on emploie un transmetteur microphonique, ainsi que nous le verrons plus loin en parlant des téléphones à piles. Mais il peut également être employé en utilisant le même appareil comme transmetteur et comme récepteur : il fonctionne alors sans pile comme le téléphone Bell.

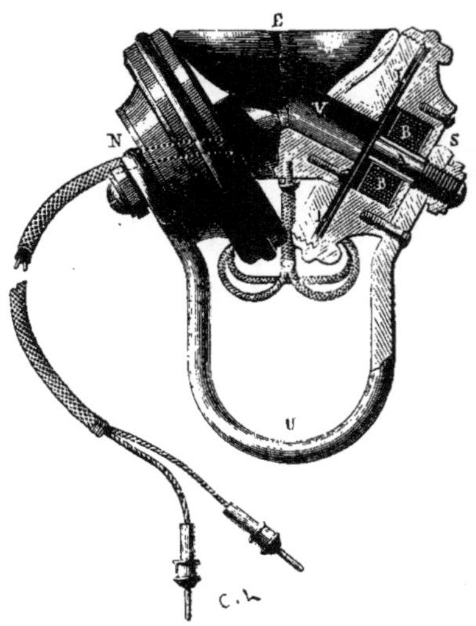

Fig. 445. — Téléphone Gray à double diaphragme.

Nous ne ferons que mentionner, en terminant ce paragraphe, les systèmes de téléphones à diaphragmes multiples. Le but que se sont proposé les inventeurs de ces appareils est d'accroître l'intensité des courants développés sous l'influence de la voix ; pour cela, ils font réagir les vibrations de l'air, dans l'embouchure ou l'enveloppe du transmetteur, sur deux ou plusieurs diaphragmes isolés, armés chacun de leur organe électromagnétique.

Tantôt, comme dans le téléphone d'Elisha Gray, ce sont deux téléphones Bell accolés, ayant une embouchure commune E et, à droite et à gauche, deux conduits aboutissant chacun à un diaphragme qui vibre en regard du pôle A de l'aimant en fer à cheval U. Tantôt, comme dans le système Trouvé, un aimant tubulaire est placé normalement aux deux diaphragmes, dont l'un est percé à son centre d'un trou *a* de même diamètre que la partie creuse de l'aimant. L'hélice enveloppe ce dernier dans toute sa longueur. D'autres séries de lames vibrantes *nnn* sont placées entre les premières et dans une direction parallèle. Voici, d'après M. Trouvé, quels sont les avantages de cette disposition :

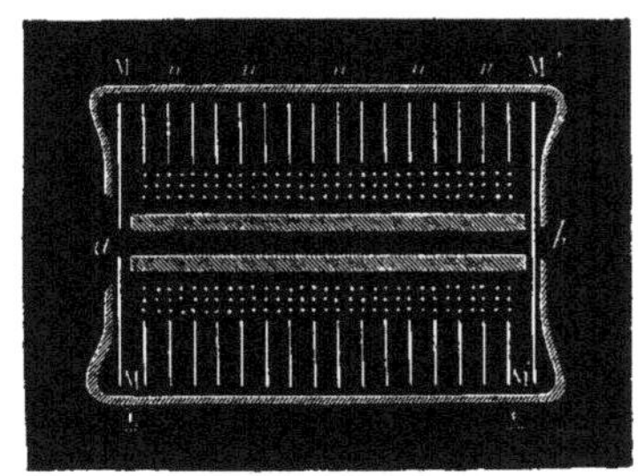

Fig. 444. — Système à diaphragmes multiples de M. Trouvé.

« L'oreille placée en *a*, dit-il, perçoit directement les sons produits par la première lame M, et ceux de la seconde lui arrivent par l'intérieur du tube aimant. Cette nouvelle disposition est des plus heureuses pour comparer expérimentalement les résultats fournis par un téléphone à membrane unique (téléphone Bell), et ceux fournis par un téléphone à membranes multiples. En effet, il suffit d'écouter alternativement aux deux faces de ce téléphone pour s'apercevoir immédiatement de la différence d'intensité des sons perçus. Ceux recueillis en *a*, du côté de la membrane percée, paraissent sensiblement doubles en intensité de ceux recueillis en *b* du côté de la membrane pleine qui constitue le téléphone ordinaire.

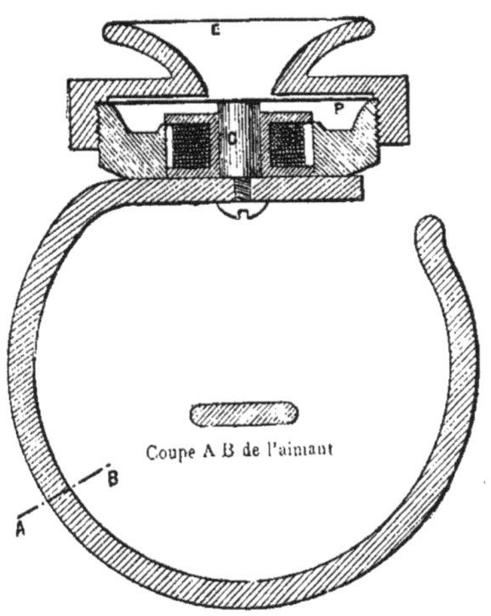

Fig. 445. — Pony-crown telephone de Phelps.

« La différence est encore plus frappante, si, en transmettant ou recevant un son invariable d'intensité à travers un téléphone multiple, on empêche à plusieurs reprises la membrane pleine M′ de vibrer. »

Au lieu de multiplier les plaques vibrantes, on a aussi imaginé d'accroître le nombre des aimants sur lesquels ces plaques agissent. Nous citerons parmi les appareils de ce genre le *crown-telephone* ou *téléphone à couronne* de M. Phelps, dont le nom est tiré de la forme extérieure que lui donnent six aimants contournés en anneau. Les six pôles de même nom de ces aimants convergent vers le centre du diaphragme du téléphone, tandis que les six autres pôles s'appuient sur le bord extérieur du même disque. Par là, le champ magnétique se trouve étendu et renforcé, et la puissance de l'instrument en est accrue. Il faut croire toutefois que l'avantage de cette disposition n'est pas considérable, car le même inventeur lui a substitué le *pony-crown* (fig. 445), qui ne diffère du téléphone de Bell que par la forme en anneau plat de son aimant, et par le cylindre de fer doux G, qui sert de noyau à la bobine et vient se placer normalement au centre du diaphragme.

§ 5. TÉLÉPHONES A PILES.

Les appareils téléphoniques que nous venons de décrire et qui, sauf des modifications plus ou moins heureuses de telle ou telle partie, ne sont que des reproductions du téléphone de Bell, ont pour principe commun la transmission de courants induits variables, provoqués par les vibrations d'une plaque métallique au devant du pôle d'un aimant. Ce sont des *téléphones magnétiques*. Au point de vue de la répétition des sons articulés sur une ligne dont l'isolement serait parfait, ils fonctionnent aussi bien que possible.

Mais dans la pratique, où les fils conducteurs des lignes téléphoniques sur un parcours un peu long éprouvent des perturbations de toute nature, effets d'induction de la part des fils voisins, dérivations par les supports et par la terre, influence des courants télégraphiques, etc., ce bon fonctionnement des téléphones ordinaires n'est qu'exceptionnel ; les courants induits sont d'intensité trop faible pour qu'en arrivant aux appareils récepteurs, le travail mécanique de la voix n'ait pas perdu notablement de sa valeur. Les sons reproduits sont plus faibles que ceux du transmetteur, et, en tout cas, ne peuvent jamais les dépasser en intensité.

On a cherché à tourner ou à vaincre cette difficulté. Pour cela, au lieu d'utiliser les vibrations de la plaque du transmetteur à engendrer les courants dont les variations doivent être lancées dans le conducteur, on se borne à les employer pour produire les mêmes variations dans un courant emprunté à une source indépendante, à une pile. Les modifications à apporter aux appareils concernent donc uniquement le transmetteur, dans la composition duquel doit entrer une matière spéciale, susceptible d'une résistance électrique variable, lorsqu'elle reçoit les vibrations du transmetteur. Cette matière, disposée dans le circuit de la pile, peut être un liquide ou un solide. Divers essais ont été faits avec les liquides, l'eau, le mercure : mais comme ils n'ont donné aucun résultat pratique, nous parlerons seulement des téléphones à piles qui emploient les solides doués d'une variabilité de résistance convenable, et notamment le charbon. Le transmetteur à charbon d'Edison, le microphone de Hughes ont été inventés à deux années d'intervalle, en 1876 et en 1878, et ont donné également la solution du problème. Plus loin, nous parlerons du microphone ; occupons-nous en ce moment du téléphone à charbon. Mais, avant de le décrire, n'oublions pas que c'est à un de nos compatriotes, à M. Du Moncel, que revient l'honneur de la découverte du principe scientifique sur lequel est basée la construction du transmetteur à charbon d'Edison, comme celle du microphone de Hughes[1]. Ce principe peut s'énoncer ainsi : *La pression exercée au point de contact entre deux corps conducteurs*

1. C'est ce que reconnaît en ces termes le savant physicien anglais sir W. Thomson : « Il est vrai que le principe physique appliqué par M. Edison dans son téléphone à charbon et par M. Hughes dans son microphone est le même ; mais il est également le même que celui employé par M. Clérac, fonctionnaire de l'administration des lignes télégraphiques françaises,

appuyés l'un sur l'autre peut influer considérablement sur l'intensité électrique développée, et encore : *L'accroissement de l'intensité d'un courant avec la pression exercée au point de contact est d'autant plus grande que les conducteurs présentent plus de résistance, qu'ils sont plus ou moins durs et qu'ils sont plus ou moins bien décapés.*

Le modèle le plus ancien du transmetteur à charbon d'Edison (fig. 446) ne ressemble qu'extérieurement au téléphone Bell. Voici quelle en est la disposition intérieure : A et B sont deux lames minces de platine, reliées aux boutons d'attache du circuit P et P'. Entre ces lames est un disque de charbon C, obtenu en comprimant légèrement du noir de fumée provenant de la combustion de lampes à pétrole en espace clos. Cette pastille de charbon, intercalée comme on vient de voir dans le circuit de la pile, constitue le solide à résistance variable du transmetteur. Les variations de pression déterminées par les mouvements vibratoires de la plaque vibrante LL sont transmises par l'intermédiaire d'un tampon formé d'un disque de liège H et d'un anneau de caoutchouc G. Le réglage de l'instrument se fait par le mouvement du bouton de vis F et du piston E qui permet d'approcher le système microphonique à une distance convenable de la plaque.

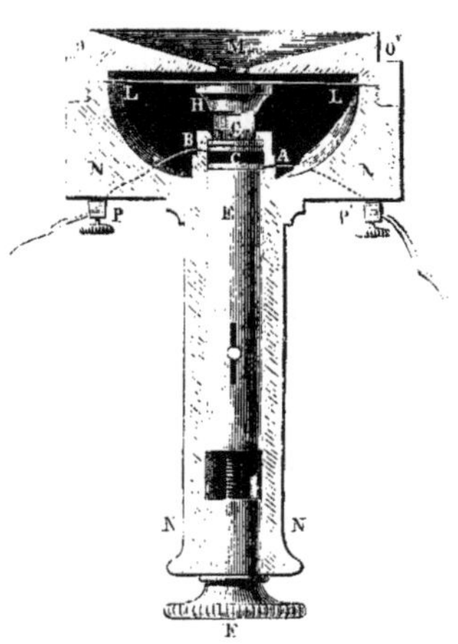

Fig. 446. — Téléphone à charbon Edison; transmetteur.

Dans le modèle que représente la figure 447, le manche de

dans son tube à résistance variable qu'il avait donné à M. Hughes et à d'autres, en 1866, pour des usages pratiques importants, appareil qui, du reste, dérive entièrement de ce fait, signalé il y a longtemps par M. Du Moncel, que l'*augmentation de pression entre deux conducteurs en contact produit une diminution dans leur résistance électrique.* »

l'appareil est supprimé, le réglage se faisant au moyen d'une vis située au-dessous de *e*. La lame de platine *p* est appuyée sur le conducteur au charbon C par un disque *b* en aluminium,

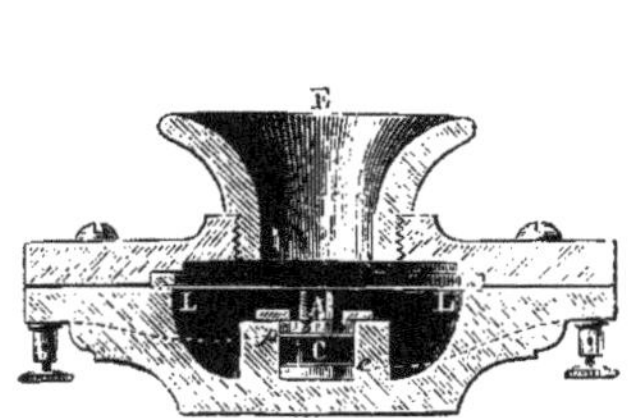

Fig. 447. — Téléphone à charbon Edison.

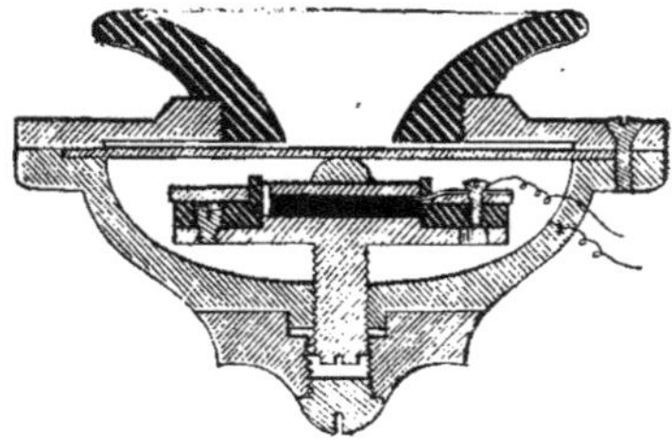

Fig. 448. — Nouveau modèle de transmetteur à charbon d'Edison.

surmonté lui-même d'un petit cylindre en fer A, en contact avec la lame vibrante LL.

Enfin, la dernière modification apportée à son transmetteur par M. Edison est celle dont la figure 448 donne la coupe. Le disque de charbon est placé sur un support, qu'une vis permet d'écarter ou de rapprocher à volonté de la lame vibrante, et le contact se fait au centre de celle-ci par l'intermédiaire d'une lame de platine que surmonte un bouton en ivoire en forme de goutte de suif.

Fig. 449. — Appareils d'un poste téléphonique du système Edison.

Quant au récepteur, ce n'est autre que celui qui a été décrit plus haut (fig. 445) sous le nom de *pony-crown*. Il importe de remarquer que les courants de la pile, après avoir subi les variations que les vibrations de la plaque leur communiquent par l'intermédiaire du conducteur à résistance variable, ne sont pas envoyés directement au récepteur; ils traversent le fil inducteur d'une petite bobine d'induction et c'est le fil induit qu'on met en relation avec l'appareil récepteur. La figure 449 montre comment sont disposés les appareils de ce système dans un poste téléphonique. On voit à gauche le transmetteur qu'un support articulé permet de maintenir, avec une inclinaison convenable, à la hauteur de la bouche de celui qui doit expédier le message; au-dessous du pupitre et à droite, on voit le *pony-crown* récepteur suspendu à la position de repos; dès que la sonnerie indique une correspondance à recevoir, on le décroche et on le porte à l'oreille. Cette disposition s'applique aux téléphones des abonnés; dans les bureaux téléphoniques, le transmetteur et le récepteur sont réunis par un ressort recourbé qui sert de manche, et on peut ainsi les tenir simultanément, l'un à l'oreille, l'autre à la bouche.

Les téléphones qu'il nous reste à décrire ont aussi des transmetteurs à charbon; mais ils diffèrent tellement de ceux qui sont plus ou moins dérivés du transmetteur Bell, et, au contraire, ils ont avec le microphone de telles ressemblances, que nous allons d'abord donner la description de ce dernier appareil, dont l'inventeur est M. Hughes.

CHAPITRE VIII

LE MICROPHONE — LE PHOTOPHONE

§ 1. LE MICROPHONE.

De même que le microscope rend perceptibles à la vue des objets qui lui échappent par leur petitesse, le microphone permet à l'ouïe de saisir des sons que leur faible intensité lui empêche d'entendre dans les circonstances ordinaires. D'une manière plus générale, c'est un amplificateur des vibrations sonores ou mieux des effets mécaniques qui les accompagnent[1].

L'inventeur du microphone, M. Hughes, a été conduit à sa découverte par une série d'expériences ayant pour objet de rechercher quelle influence les vibrations sonores pouvaient avoir sur la conductibilité électrique. Voici l'une de ces expériences, qui est par elle-même fort curieuse.

On prend deux clous en fer, deux pointes de Paris, qu'on pose sur une planchette horizontale à une faible distance l'un de l'autre (fig. 450). On les attache aux deux fils du circuit d'une pile, qui comprend aussi un récepteur téléphonique. Si l'on ferme le circuit à l'aide d'un troisième clou posé transversalement sur les deux autres, on a un système très sensible,

1. Il faut bien se garder de croire que l'analogie du microscope et du microphone, analogie qui se traduit par leurs noms, soit autre que celle des effets produits. Rien ne prouve que ce soient les sons eux-mêmes qui sont amplifiés. Bien que la théorie du microphone ne soit pas plus achevée que celle du téléphone, il paraît probable qu'il s'agit plutôt d'une transformation de mouvements moléculaires en vibrations sonores que d'une véritable amplification.

qui permet de percevoir de faibles bruits, par exemple celui de la respiration ordinaire. C'est par le contact imparfait des deux pointes en métal avec celle qui les unit et qui presse légèrement sur elles, que se fait la transmission des vibrations sonores : les mouvements qui les constituent, se communiquant aux conducteurs, modifient la pression et la conductibilité aux points de contact, et ces variations qui suivent celles des bruits, des sons quelconques émis à une faible distance, transforment dans le fil les courants de la pile, et vont agir sur le récepteur du téléphone.

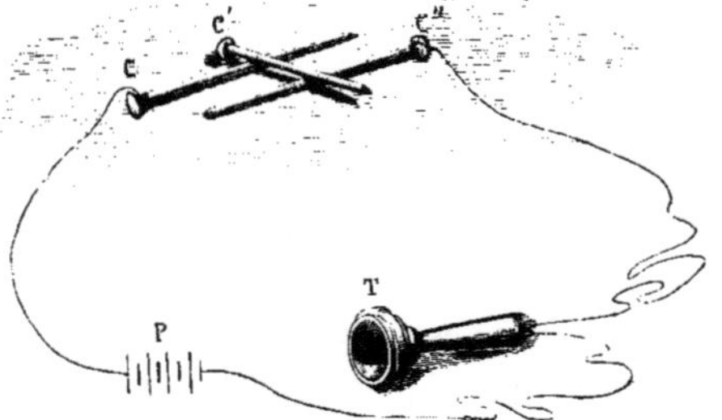

Fig. 450. — Expérience de M. Hughes.

Au lieu de contacts métalliques, M. Hughes reconnut qu'il y avait avantage à employer le charbon qui permet d'obtenir une pression légère et constante sur les contacts, et est d'ailleurs inoxydable[1]. Voici comment il disposa son microphone : A et B (fig. 451) sont des cubes de charbon disposés l'un au-dessus de l'autre contre un bloc de bois M. Ils sont percés de deux cavités

1. « En alliant le mercure au charbon, dit M. Hughes, les effets sont néanmoins meilleurs. Je prends pour cela le charbon employé par les artistes pour leurs dessins, je le chauffe graduellement au blanc, et le plongeant ensuite tout d'un coup dans le mercure, ce métal s'introduit instantanément en globules dans les pores du charbon et le métallise pour ainsi dire. J'ai essayé aussi du charbon recouvert d'un dépôt de platine ou imprégné de chlorure de platine, mais je n'ai pas eu un effet supérieur à celui que j'obtenais par le moyen précédent. Le charbon de sapin chauffé à blanc dans un tube de fer contenant de l'étain et du zinc ou tout autre métal s'évaporant facilement se trouve également métallisé, et il est dans de bonnes conditions si le métal est à l'état de grande division dans les pores de ce corps, ou s'il n'entre pas en combinaison avec lui. Le fer introduit de cette manière dans le charbon est un des métaux qui m'ont donné les meilleurs effets. Le charbon de sapin, quoique mauvais conducteur, acquiert de cette manière un grand pouvoir conducteur. »

contre lesquelles reposent les deux pointes d'un crayon de charbon taillé en fuseau qui se trouve ainsi ballotté, à la moindre secousse, dans le trou supérieur, autour de sa position d'équilibre instable qui est la position verticale. Chaque cube est muni d'un contact métallique et relié au circuit d'une pile P, dans lequel est en outre intercalé un téléphone T. Cet appareil fort simple repose sur une planchette en sapin.

Quand on doit se servir du microphone, il importe de placer la planchette sur un coussin ou sur des bandes ou tubes en caoutchouc, de manière à intercepter ou à amortir toute vibration étrangère. Cela fait, l'appareil est d'une extraordinaire sensibilité pour les plus faibles bruits. Le tic-tac d'une montre, les bruits légers imperceptibles, tels que ceux que produit le mouvement des pattes d'un insecte sur le plateau, retentissent dans le récepteur du téléphone avec une sonorité incroyable.

Fig. 451. — Microphone de Hughes.

On a varié de bien des manières la disposition du microphone, et nous allons passer en revue quelques-uns des transmetteurs microphoniques construits sur le même principe. Mais auparavant nous signalerons un fait prouvant bien que ce ne sont pas seulement les vibrations sonores qui sont amplifiées, mais les mouvements mécaniques qui sont communiqués aux charbons et font varier la conductibilité électrique par les contacts. Quand on suspend la boîte contenant l'appareil microphonique (modèle de M. Trouvé), on entend à peine le bruit des objets, montre ou insecte, placés sur la planchette; au contraire alors, les vibrations sonores transmises par l'air, comme celles de la voix, ont plus de netteté.

Dans le but d'accroître la sensibilité des transmetteurs, on a multiplié les contacts. Dans le transmetteur microphonique de M. Ader, le nombre des crayons de charbon est porté à douze, disposés sous la forme d'une double grille entre trois baguettes de charbon percées de 24 trous comme le montre la figure 453,

Fig. 452. — Autre disposition du microphone de Hughes.

où l'appareil est vu par-dessous. Cette grille EE est fixée à la face inférieure d'une petite planchette en sapin D (fig. 454) qui forme comme le couvercle incliné d'un pupitre. En B, on voit la bobine d'induction du transmetteur. C est un crochet de suspension qui sert en même temps de commutateur pour le circuit de sonnerie, dont le bouton d'appel est en M. L'appareil repose sur un socle en plomb porté lui-même par des pieds en caoutchouc, dans le but d'arrêter ou d'amortir les vibrations ou secousses étrangères aux sons qu'il a pour objet de transmettre. Nous verrons plus loin les transmetteurs de ce système employés aux auditions théâtrales qui ont excité si vivement la curiosité des visiteurs de l'Exposition d'Électricité dans l'automne de 1881.

Dans le microphone de MM. Paul Bert et d'Arsonval, les baguettes de charbon sont groupées en quantité. Voici, d'après M. Du Moncel, la description des trois systèmes combinés par les inventeurs et qui sont représentés dans les figures 455, 456 et 457.

« Celui de la figure 455 se compose d'une série de crayons de charbons enfilés verticalement dans deux plaques percées

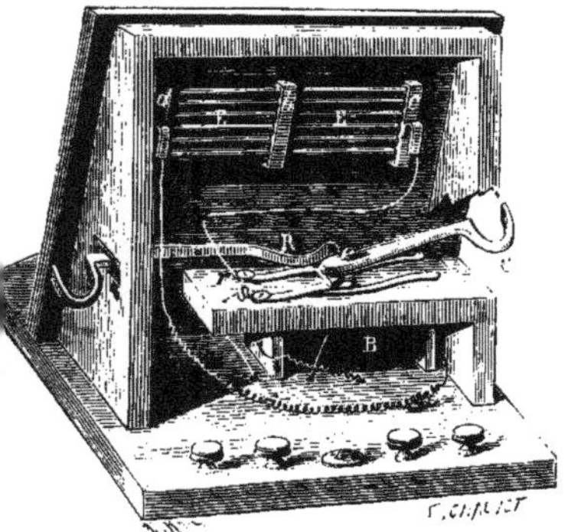

Fig. 453. — Transmetteur microphonique Ader.

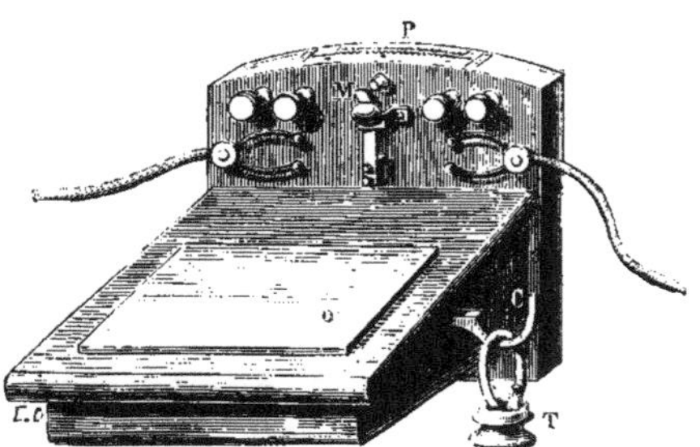

Fig. 454. — Vue extérieure du transmetteur Ader.

de trous qui leur servent de guide. Leur partie inférieure trempe dans un bain de mercure contenu dans le tube, et ce liquide, en exerçant une poussée égale sur chacun d'eux, constitue un ressort d'une grande douceur. La partie supérieure de ces mêmes charbons vient appuyer légèrement sur un diaphragme métallique nickelé ou platiné qui reçoit les vibrations de la voix. Le courant entre par la membrane, descend en se divisant entre les charbons, et ressort par le bain de mercure.

« La pression des charbons contre le diaphragme est facilement réglée en faisant varier le niveau du mercure dans le tube, et, de plus, elle est la même pour chaque charbon, ce qui réalise l'une des bonnes conditions de construction de ces appareils. Cet instrument a fourni de très bons résultats, mais comme l'emploi du mercure n'était guère pratique, MM. Paul Bert et d'Arsonval ont dû chercher une combinaison plus simple, et ils sont arrivés à celles que nous représentons figure 456 et 457, et qui sont fondées sur les effets de la pesanteur. Toutefois ces modèles ne sont pas applicables dans les mêmes conditions. L'un, celui de la figure 458, peut transmettre la parole à

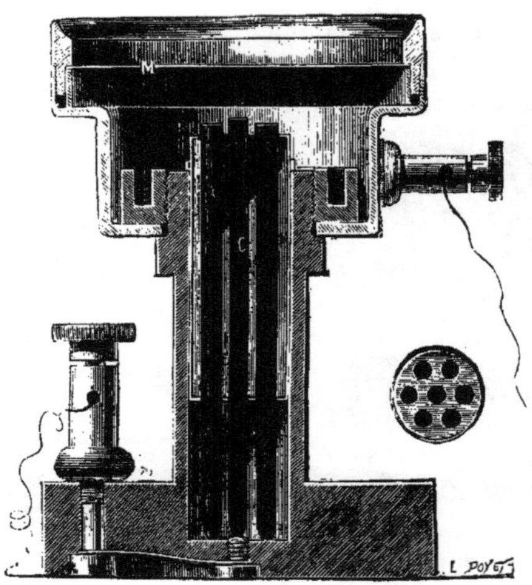

Fig. 455. — Microphone de MM. Bert et d'Arsonval.

grande distance, avec facilité, pour la personne qui parle, de ne pas être entendue de son voisin. Le second appareil, au contraire, au lieu d'éviter les bruits extérieurs, saisit la parole ou le chant à une assez grande distance de leur point d'émission.

« Le premier de ces deux systèmes se compose d'un diaphragme vibrant platiné ou nickelé sur lequel viennent reposer normalement à sa surface une série de crayons de charbon enfilés dans des tubes nickelés, lesquels tubes glissent librement dans deux anneaux percés de trous, et les charbons ne dépassent leur longueur que de quelques millimètres; ils sont donc bons conducteurs. A travers les deux anneaux portant les tubes passe un tube central terminé à l'extérieur par une embouchure et dont l'autre extrémité C vient s'ouvrir au centre de la membrane.

« Les vibrations de la voix recueillies par l'embouchure sont transmises au diaphragme par l'intermédiaire de ce tube. Le

Fig. 456. — Microphone Bert et d'Arsonval (deuxième système).

diaphragme est fixé dans une boîte de caoutchouc durci, et reçoit le courant par la bague de serrage. Ce courant se transmet ensuite aux crayons, et de là aux anneaux qui le conduisent au pied de l'appareil. Ce pied, entièrement métallique, porte une charnière qui permet d'incliner plus ou moins l'instrument, et par ce moyen on fait varier très simplement la pression des crayons sur le diaphragme. Ce transmetteur peut être traversé sans inconvénient par des courants ayant une intensité de 15 à 20 ampères, et la voix produit des variations de 1/3 à

1/2 ampère, suffisantes pour actionner plusieurs télégraphes Morse. Dans ces conducteurs, la voix est transmise avec une grande intensité.

« Naturellement, on emploie avec ce système une bobine d'induction, et comme appareil récepteur, un téléphone ordinaire.

« Le second système, représenté figure 457, est exactement

Fig. 457. — Microphone Bert et d'Arsonval (troisième système).

fondé sur le même principe. Il se compose d'une caisse résonnante semblable à celle des instruments à cordes, ou d'une simple planchette légère d'ébonite ou de sapin qui porte la série de contacts. Ces contacts consistent en une série de petits cylindres de charbon nickelés, enfilés sur un axe commun métallique pendant verticalement sur une des faces de la boîte. Leur mouvement est indépendant, et chacun d'eux vient s'appuyer sur une baguette transversale de charbon à lumière servant de collecteur et qui reçoit les vibrations de la caisse de résonnance ou de la planchette. La pression des charbons sur le collecteur est plus ou moins forte, suivant l'inclinaison qu'on donne à la caisse, qui peut être montée sur un pied à charnière ou suspendue dans une salle par les deux fils qui lui portent le courant. Le courant arrive par l'axe supérieur, se divise entre les crayons, et sort par le collecteur. Le nombre des contacts peut être aussi grand qu'on le désire, ainsi que les dimensions de la caisse.

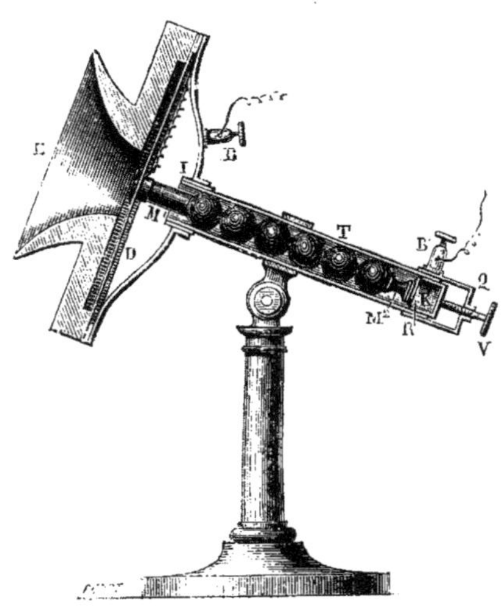

Fig. 458. — Microphone de M. Boudet, de Paris.

« Suivant M. d'Arsonval, cet appareil recueille les sons et les moindres bruits avec une merveilleuse facilité et constitue pour ainsi dire une large oreille d'une grande finesse. Une conversation à voix très modérée est saisie à plus de 10 mètres de l'instrument sans que le timbre soit altéré le moins du monde. » (*Le Téléphone.*)

Le transmetteur microphonique de M. Boudet, de Paris (fig. 458), consiste dans la réunion de six sphères de charbon de cornue à l'intérieur d'un tube de verre d'un diamètre un peu plus fort que celui des sphères. Ces dernières peuvent donc glisser dans le sens de la longueur du tube sans éprouver de déviation latérale sensible : on a de la sorte six contacts réunis en tension. Un cylindre de cuivre M_1 s'appuie d'un côté sur le centre d'un diaphragme en ébonite adapté à une embouchure téléphonique E. Une vis V qui appuie contre une pièce creuse K en cuivre, permet de presser plus ou moins une petite masse évidée de cuivre M_2 contre la dernière des boules du tube, et sert ainsi au réglage de l'appareil. Les fils de la pile et du circuit téléphonique viennent s'attacher aux bornes B et B' qui communiquent métalliquement avec les masses M_1 et M_2. Le tube est monté sur un pied à genou, ce qui permet de lui donner, comme à une lunette, toutes les inclinaisons possibles. Les variations de résistance produites par les vibrations se communiquent instantanément à toutes les sphères, comme il arrive dans l'expérience connue des billes élastiques. L'inventeur a obtenu de très bons résultats en métallisant les boules avec du mercure, comme le fait M. Hughes pour les charbons de son microphone.

Nous pourrions citer encore divers transmetteurs microphoniques à charbon, tels que ceux de MM. Maiche, Gower-Bell, Herz, Locht-Laby, etc. Mais, le principe étant toujours le même, ces appareils ne diffèrent de ceux que nous avons décrits, que par les dispositions variées des contacts multiples, associés soit en quantité, soit en tension. Dans le dernier, celui de M. Locht-Laby, il n'y a toutefois qu'une simple pastille de charbon collée sur une plaque de liège suspendue par de légers ressorts à un châssis : cette pastille est pressée par un butoir métallique.

Tous ces systèmes de transmetteurs fonctionnent d'ailleurs avec des récepteurs téléphoniques ordinaires. Mais nous devons ajouter que, s'il en est ainsi dans la pratique, on a cependant constaté qu'il était possible de recevoir les sons par un simple appareil microphonique : ce fait extraordinaire confirme la théorie qui admet, pour les phénomènes dont le téléphone et le microphone sont le siège, la prédominance des mouvements moléculaires des substances employées. Ceci nous amène à dire encore qu'on a pu transmettre la parole par l'intermédiaire de téléphones sans plaques vibrantes, de même qu'à l'origine on transmettait des sons musicaux.

§ 2. APPLICATIONS DIVERSES DU TÉLÉPHONE ET DU MICROPHONE.

Six ans à peine se sont écoulés depuis que M. G. Bell a présenté au public le merveilleux instrument qui permet la reproduction à distance, par l'intermédiaire de l'électricité, des sons de la voix articulée. Cent inventions dérivées de la première ont résolu le même problème à l'aide de combinaisons plus ou moins variées, plus ou moins appropriées aux conditions que les inventeurs s'étaient imposées, mais, on peut le dire, sans jamais dépasser en perfection le premier téléphone. Il nous reste à dire un mot des applications diverses des appareils téléphoniques.

On aurait pu espérer que le téléphone serait appelé à succéder au télégraphe électrique. Ce mode de correspondance a en effet un grand avantage sur le premier : c'est que, pour s'en servir, il n'est besoin d'aucune éducation préalable, tandis que les appareils télégraphiques les plus simples ne peuvent fonctionner que par le moyen d'employés qui ont dû faire un apprentissage méthodique, quelquefois assez long et difficile. Mais à côté de cet avantage, qui n'est point à dédaigner, la correspondance téléphonique a des inconvénients graves : le premier de tous, qui lui est commun avec les télégraphes à à cadran, c'est qu'elle ne laisse aucune trace des messages transmis. Un autre défaut, c'est la lenteur relative des communications : on a vu, dans les chapitres qui précèdent, quels efforts, d'ailleurs heureux, ont été faits pour obtenir, par des appareils perfectionnés, systèmes automatiques, duplex, télégraphes imprimeurs multiples, etc., la rapidité de transmission qui est nécessaire sur les lignes encombrées. Le téléphone ne peut rivaliser, sous ce rapport, avec les appareils en question. Enfin, ce système de correspondance est sujet à des perturbations dont nous avons déjà dit un mot, et qui tiennent aux pertes de courants sur les lignes, aux influences des fils voisins, aux mélanges de signaux produits par les dérivations des courants voisins.

La correspondance téléphonique ne paraît donc pas devoir être jamais une rivale dangereuse pour la télégraphie électrique. Néanmoins elle a déjà conquis une grande importance pratique, dans des conditions toutes spéciales. Dans les grandes adminis-

Fig. 459. — Mode de suspension des téléphones; système Pollard et Garnier.

trations, dans l'armée, dans la marine, dans les grandes usines, les mines, les ports de commerce, etc., des installations téléphoniques sont susceptibles de rendre et rendent en effet les services les plus signalés. Partout où il y a des ordres fréquents à transmettre, ce système est grandement préférable à la télégraphie, par la raison, donnée plus haut, que le premier venu peut transmettre ou recevoir les ordres en question. Dans les centres importants de commerce ou d'industrie, dans les agglomérations urbaines, le téléphone est dès aujourd'hui un mode de correspondance obligé. Des compagnies se sont formées pour servir d'intermédiaires entre les particuliers : dans toutes les villes un peu importantes des États-Unis, en Angleterre, dans les grandes villes du continent européen, des bureaux téléphoniques voient peu à peu leur clientèle s'accroître, et ce mouvement ne peut que s'accentuer dans un avenir prochain.

Nous ne pouvons entrer dans tous les détails qui seraient

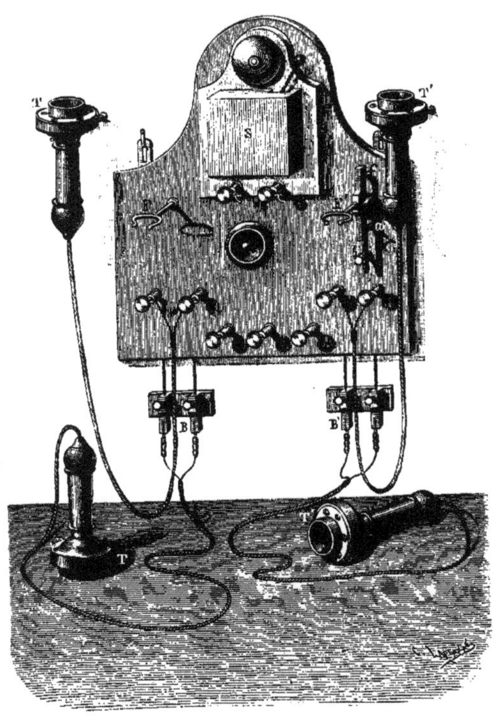

Fig. 460. — Mode de suspension des téléphones; système Bréguet et Roosevelt : S, sonnerie; F et F', crochets de suspension; *cab*, commutateur à bascule, mettant la sonnerie en rapport avec la ligne, quand le téléphone est sur son crochet de suspension.

nécessaires pour faire comprendre comment une telle installation peut fonctionner. Essayons toutefois d'en donner une idée sommaire.

Le rôle d'un bureau téléphonique est de mettre en rapport tous les abonnés d'une même ville. Chacun de ceux-ci a une ligne spéciale, qui aboutit au bureau central; lorsqu'il veut correspondre avec l'un quelconque des autres abonnés, il envoie

Fig. 461. — Correspondance du bureau avec un abonné

un signal qui correspond avec la sonnerie du bureau central.

Fig. 462. — Salle du bureau téléphonique central à Paris

Un électro-aimant correspondant au numéro de l'abonné devient actif, le circuit local de la sonnerie d'appel se ferme et en même temps une petite plaque, en tombant avec un petit bruit sec, découvre le numéro de l'abonné appelant. Au-dessous du guichet qui porte les numéros des abonnés rangés par ordre avec leurs plaques indicatrices, se trouvent disposés les commutateurs qui permettent d'établir la liaison soit entre deux abonnés quelconques, soit entre le bureau et l'un d'eux. L'appel entendu, un employé accroche le fil de son téléphone à une barre

Fig. 465. — Salle d'arrivée des fils au bureau central.

de cuivre qui correspond à la ligne spéciale, et la conversation s'engage. L'abonné demande à être mis en communication avec tel autre abonné du même bureau (ou d'un autre bureau dans la même ville). Dans le premier cas, l'employé appuie sur un bouton qui fait agir la sonnerie du numéro demandé; puis il met en communication les deux numéros par un fil : à ce moment, la correspondance entre les deux abonnés est établie. Si les abonnés qu'il s'agit de mettre en relation n'appartiennent point au même bureau, la liaison se fait par une communication électrique d'un bureau à l'autre ; il y a un intermédiaire de plus, mais la correspondance est tout aussi aisée.

L'installation d'un système de bureaux téléphoniques dans une grande ville (à Paris, il y a dix bureaux, avec un bureau central) ne s'est pas faite sans qu'il y ait eu à résoudre de minutieux problèmes de mécanique électrique ; les solutions, fort ingénieuses, mériteraient d'être décrites ; mais la place nous manque et nous sommes dans l'obligation de renvoyer le lecteur aux ouvrages spéciaux[1].

§ 3. AUDITIONS THÉATRALES.

La téléphonie, à ses débuts, a été l'objet de l'enthousiasme, disons de l'engouement qui se manifeste fort naturellement toutes les fois que se révèle une invention importante et quelque peu inattendue. On entrevit aussitôt mille applications plus intéressantes les unes que les autres. Nous avons cité quelques-unes de celles qui sont dès maintenant passées dans l'usage courant, au moins dans les grandes villes. Il nous reste à dire un mot des essais qui ont été faits dans une autre direction pour répondre à l'un des desiderata du premier moment. On s'était promis que, grâce à ces appareils merveilleux, chacun pourrait bientôt jouir à domicile des concerts, des représentations théâtrales, assister aux assemblées, aux conférences, aux sermons, sans avoir à se déranger du coin de son feu. Des essais, des expériences ont eu lieu, qui ont prouvé, en effet, que ces applications de la téléphonie n'étaient point absolument irréalisables. Mais de là à pouvoir être considérées comme réellement pratiques, il y a peut-être encore loin.

Nous ne pouvons passer sous silence la plus remarquable de ces expériences, et aussi la plus décisive : nous voulons parler des auditions téléphoniques qui ont été organisées dans l'au-

1. Voir notamment l'excellente monographie de M. Du Moncel, *le Téléphone*, ouvrage qui fait partie de la *Bibliothèque des merveilles*.

tomne de 1881, au Palais de l'Industrie, dans quatre salles de l'Exposition d'Électricité. Un public nombreux et impatient a pu, chaque soir, assister par l'ouïe aux représentations du théâtre de l'Opéra, entendre les voix des chanteurs, les accompagnements de l'orchestre, et même les murmures et les applaudissements des spectateurs.

Les appareils adoptés pour ces auditions étaient les téléphones du système microphonique Ader, dont nous avons décrit les récepteurs, puis les transmetteurs. La distance séparant l'Opéra des salles d'audition étant de 2 kilomètres, il a

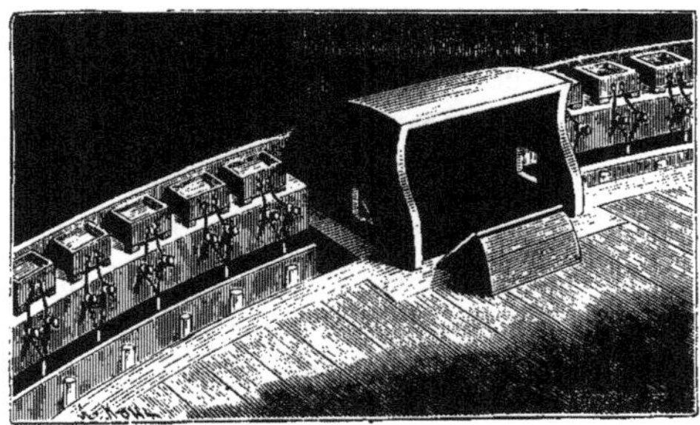

Fig. 464. — Auditions téléphoniques. Disposition du transmetteur Ader sur la scène de l'Opéra.

suffi d'un transmetteur pour animer, avec une pile convenable, 4 doubles téléphones, ou 8 récepteurs à surexcitation.

Douze transmetteurs, ayant chacun sa pile et sa bobine d'induction, étaient disposés de chaque côté du trou du souffleur, le long de la rampe, en face de la scène de l'Opéra (fig. 464). Des fils souterrains mettaient en communication les transmetteurs avec les récepteurs des salles d'audition; nous n'aurions rien à ajouter à ces indications générales, s'il n'était utile d'entrer dans quelques détails sur les précautions prises pour rendre l'audition aussi parfaite que possible dans ces circonstances exceptionnelles.

Rappelons d'abord que les transmetteurs microphoniques Ader sont fixés sur des socles en plomb reposant sur des pieds en caoutchouc. Le motif de cette disposition est d'éviter les crachements qui résulteraient des secousses du plancher de la scène dues aux mouvements des acteurs, et notamment des ébranlements beaucoup plus forts qui ont lieu pendant les ballets. L'inertie des masses de plomb, métal d'ailleurs doué d'une faible élasticité, s'oppose efficacement à ces perturbations.

Une innovation intéressante apportée par M. Ader au mode d'audition est celle qui consiste à mettre en rapport chaque auditeur avec les deux côtés de la scène. Tandis que l'un des téléphones, celui qu'on place par exemple à l'oreille droite, est relié à un transmetteur situé d'un côté de la scène, l'autre téléphone, qu'on place à l'oreille gauche, est relié au contraire à un transmetteur situé de l'autre côté. On comprendra aisément quelle est la raison de cette disposition. Tous les transmetteurs sont bien affectés à la fois par les mêmes sons, par exemple par les vibrations de la voix d'un chanteur. Mais ce chanteur, suivant la place qu'il occupe sur la scène, n'est pas à la même distance de chacun d'eux : dès lors le chant sera reproduit avec d'autant plus d'intensité par un transmetteur que sa distance à la source sonore sera moindre. La sensation transmise à l'oreille droite, je suppose, sera plus forte que celle transmise à l'oreille gauche. Que l'acteur vienne à se déplacer, ce rapport change et c'est le tour de l'oreille gauche d'être plus fortement impressionnée. Le résultat de ces modifications est de donner à l'auditeur l'idée des positions respectives des chanteurs sur la scène, de leurs mouvements, et de produire dès lors une certaine illusion analogue à celle d'un auditeur qui assisterait réellement à la représentation et se bornerait à fermer les yeux.

Le succès de ces auditions a été grand; mais l'installation en a été fort coûteuse[1], et nous doutons d'ailleurs qu'elles excitent jamais d'autre intérêt que celui de la curiosité. A quel-

1. Les frais de cette installation se sont, paraît-il, élevés à 160 000 francs.

que perfection qu'on arrive sous le rapport de la fidélité de transmission des sons des instruments et des voix, les auditions téléphoniques ne suppléeront jamais à l'absence de la vue

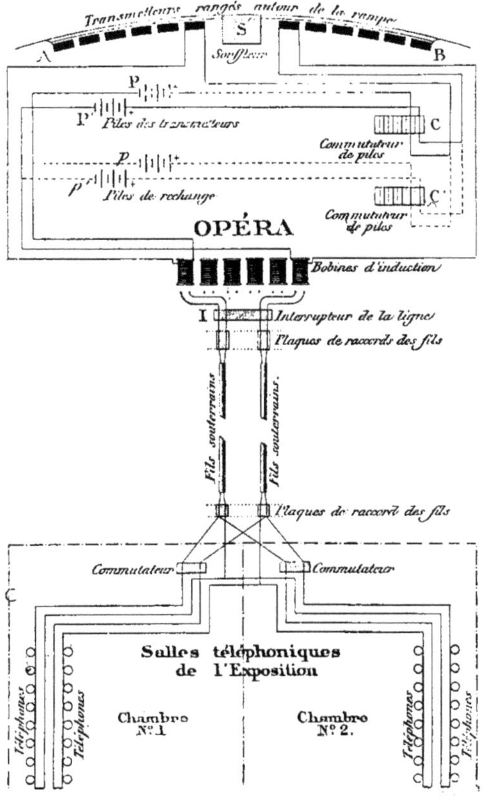

Fig. 465. — Disposition des communications téléphoniques entre les transmetteurs et les récepteurs dans les auditions de l'Opéra.

du jeu des acteurs, de leurs gestes et physionomies, et enfin n'auront pas ce charme particulier qui provient de l'association de tous les attraits dont se compose une représentation musicale ou dramatique. Les concerts de musique instrumentale échapperaient seuls peut-être à l'ennui d'une audition aveugle et solitaire. Ces réserves sur l'avenir de cette application spéciale du téléphone ne doivent d'ailleurs diminuer en rien notre admiration pour la perfection avec laquelle a été résolu le problème de la transmission des sons et des voix d'un orchestre et d'une scène comme la scène et l'orchestre du Grand Opéra.

Disons encore quelques mots d'une application des appareils microphoniques à la reproduction des airs musicaux. Nous voulons parler d'une combinaison qui a été réalisée par M. Ader à l'Exposition d'Électricité, et à l'aide de laquelle les visiteurs

Fig. 466. — Fanfare Ader.

ont pu entendre, dans tous les points du Palais de l'Industrie, des quatuors d'airs de chasse exécutés par quatre chanteurs au devant d'un transmetteur de forme spéciale. L'ensemble constituait ce qu'on a appelé la *fanfare d'Ader*.

Comme le montre la figure 467, le transmetteur est constitué par une embouchure téléphonique munie d'un fort diaphragme au centre duquel est fixé un disque de platine. Une pointe du même métal permet de régler à volonté le contact avec le disque du diaphragme.

Les quatre récepteurs rangés en arc de cercle, comme le fait voir la figure 466, se composent chacun d'une trompette émergeant d'une caisse dont l'intérieur renferme en face de l'ouverture du pavillon une lame de sapin très mince LL (fig. 468). Derrière cette lame, un aimant en fer à cheval AA porte deux lamelles minces de fer doux disposées, dans l'intervalle de ses pôles, sur le prolongement l'une de l'autre; ce sont ces lamelles qu'enveloppent, sur une certaine longueur, les fils des bobines du circuit téléphonique; elles sont réunies par une pièce de cuivre,

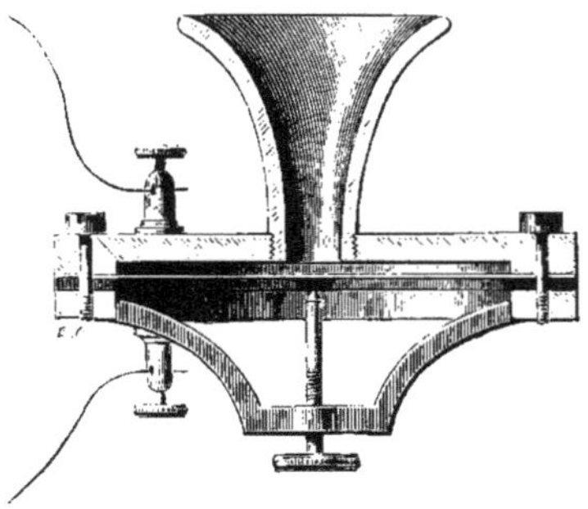
Fig. 467. — Transmetteur de la fanfare Ader.

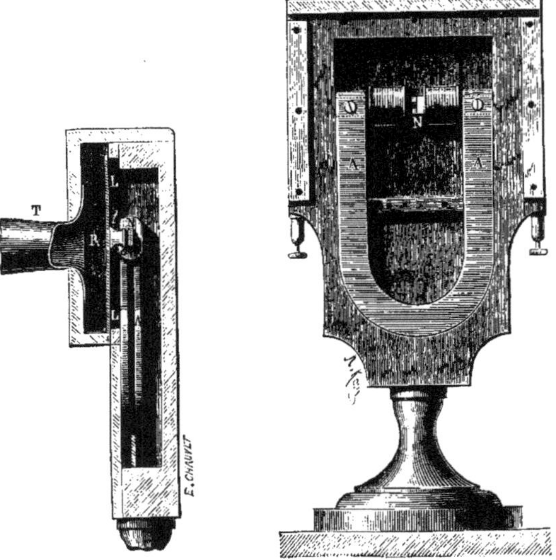

Fig. 468. — Récepteur de la fanfare Ader.

et dans l'intervalle entre les bobines, presque au contact avec le prolongement des armatures des bobines, se trouve une petite armature de fer doux *a* soutenue par un taquet en bois *t* fixé lui-même au centre du diaphragme en sapin.

Quand le transmetteur fonctionne, les courants ondulatoires déterminent dans l'aimant des variations d'intensité magnétique et par suite, dans l'armature, des vibrations, de véritables chocs contre les appendices polaires. Sous cette influence les vibrations sonores du diaphragme deviennent très énergiques ; en s'échappant par les pavillons des trompettes, elles ont toute l'ampleur des sons de cors de chasse.

§ 4. LA RADIOPHONIE. — LE PHOTOPHONE DE GRAHAM BELL.

A peine Graham Bell venait-il de recevoir de l'Institut de France, pour sa belle invention du téléphone, le grand prix Volta, la plus haute des récompenses scientifiques de notre pays, qu'il enrichissait la science d'une découverte nouvelle, plus étonnante, pour ainsi dire, que la première.

Il ne s'agissait de rien moins que de la transmission des sons musicaux ou articulés par un rayon de lumière : d'où le nom de *photophone* donné à l'appareil imaginé par M. Bell pour réaliser cette transmission. Entre le transmetteur et le récepteur du téléphone, quel que soit le système, il y a un intermédiaire, un conducteur matériel, propageant, sous la forme de courants électriques variables ou ondulatoires, les vibrations des ondes sonores ; entre le transmetteur et le récepteur du photophone, ce conducteur matériel, ce fil métallique a disparu, et c'est la lumière qui lui est substituée, de sorte que le son pourrait se transmettre à travers un espace vide (vide de matière pondérable), puisque les radiations lumineuses se propagent elles-mêmes dans le vide. Depuis deux ans que le photophone a fait son apparition, le principe sur lequel il repose a été d'ailleurs élargi ; il est aujourd'hui prouvé, comme le pensait dès l'origine l'inventeur, que les radiations calorifiques, comme les radiations actiniques ou chimiques, jouissent du même pouvoir que les radiations lumineuses ; pour cette raison, et d'un commun accord, on a donné le nom de *radiophonie* à l'ensemble des phénomènes par lesquels se manifeste ce pouvoir.

Ce sont les curieuses propriétés d'un corps simple, du sélénium, métalloïde découvert il y a soixante-cinq ans par Berzélius, qui ont conduit M. Bell à l'invention du photophone. Ce corps est conducteur de l'électricité, soit lorsqu'il est fondu (vers 210°), comme l'a montré Knox en 1837, soit à la température ordinaire, quand il affecte l'état allotropique spécial décrit en 1852 par Hittorf. De couleur brun foncé, presque noir à la lumière diffuse et très brillant quand il est à l'état vitreux, le sélénium est rouge et transparent sous la forme de pellicules minces. Si, après l'avoir fait fondre, on le laisse refroidir lentement, il prend un aspect granuleux, cristallin et d'apparence métallique. C'est cette variété de sélénium qui est conductrice de l'électricité à la température ordinaire. Mais cette conductibilité est très variable, comme le reconnurent MM. May et Willoughby Smith en expérimentant l'emploi du sélénium dans les câbles sous-marins. Ces savants reconnurent que cette variabilité dépendait de l'action de la lumière, et la découverte de cette propriété fut le point de départ des recherches d'un grand nombre de savants qui étudièrent la conductibilité du sélénium à l'aide du galvanomètre. L'idée vint alors à M. G. Bell de substituer à ce dernier instrument le téléphone, dont la sensibilité est beaucoup plus grande. « En étudiant la question, dit-il, je vis que je devais procéder autrement qu'ils ne l'avaient fait, d'abord parce que, les causes de l'audition dans le téléphone étant analogues à celles qui déterminent l'induction électrique, on ne peut obtenir d'effet qu'autant que le courant électrique employé passe d'un état plus fort à un état plus faible, et *vice versâ*, et en second lieu, parce que l'effet total est proportionnel à la somme des différences d'intensité du courant. Il était donc évident pour moi que le téléphone ne pouvait répondre à l'effet produit dans le sélénium qu'au moment de son passage de la lumière à l'obscurité, et *vice versâ*, et que, pour obtenir des résultats plus susceptibles d'être appréciés, il fallait multiplier assez ces changements lumineux pour donner lieu à des vibrations sonores, en un mot, rendre *intermittente* l'action de la lumière. J'avais, en effet, remarqué depuis longtemps que des sons isolés pouvaient être imperceptibles au téléphone, alors que, multipliés et rapprochés les uns des autres par des interruptions rapides du courant transmetteur, ils devenaient appréciables.

« Je fus alors frappé de l'idée de produire des sons sous l'influence de la lumière, et, en étudiant plus à fond la question, je pensai que tous les effets d'audition produits sous l'influence électrique pouvaient être obtenus par des changements d'intensité d'un rayon lumineux projeté sur le sélénium, et qu'ils ne pouvaient avoir pour limite que celle à laquelle s'arrête l'action de la lumière sur cette substance; or, comme cette limite peut être assez reculée par la projection de rayons parallèles concentrés sur la plaque sensible par un réflecteur parabolique, je pensai qu'il serait possible d'établir, par ce moyen, des communications téléphoniques d'un point à un autre sans le secours d'aucun fil conducteur entre le transmetteur et le récepteur. Il était évidemment nécessaire, pour rendre cette idée pratique, de construire un appareil susceptible d'actionner la lumière sous l'influence de la parole, et c'est ainsi que je fus conduit au système dont je parle aujourd'hui. »

La citation que nous venons de faire montre par quelle suite d'idées M. Bell fut amené à concevoir le photophone. Voyons maintenant comment il réalisa cette conception. Les expériences ont été nombreuses et les appareils variés de bien des façons; nous nous bornerons à décrire les deux formes de photophone qu'on peut caractériser par les deux dénominations suivantes : le *photophone musical* et le *photophone d'articulation*.

M (fig. 469) est un miroir plan à la surface duquel on fait tomber un faisceau de rayons lumineux parallèles, tels que sont les rayons solaires. Le faisceau, après s'être réfléchi, est reçu par une lentille L″ et concentré à son foyer en D. Après s'être croisés en ce point, les rayons lumineux sont reçus par une seconde lentille de même distance focale que la première et redeviennent parallèles. Une troisième lentille L les projette sur une plaque de sélénium S interposée dans le circuit téléphonique d'une pile P.

Pour faire varier la résistance électrique du sélénium, on dispose en D un disque percé à sa circonférence d'un certain nombre de trous, analogue aux disques d'un phénakisticope. Le disque est placé normalement à l'axe des lentilles et de telle sorte que leur foyer coïncide avec l'un des trous. Si alors on imprime au disque un mouvement de rotation plus ou moins rapide autour de son axe, le faisceau lumineux passera toutes les fois qu'il se trouvera en regard d'un trou, mais il sera intercepté, quand c'est un des intervalles pleins du disque, entre deux trous, qui passera sur sa route. Le nombre des interruptions du faisceau lumineux sera évidemment d'autant plus grand que celui des trous le sera plus lui-même, et que la vitesse de rotation imprimée au disque sera plus considérable. Supposons 40 trous et une vitesse de 25 tours par seconde : le nombre des interruptions du faisceau lumineux sera de 1000 dans le même intervalle de temps. Un nombre égal de variations dans la conductibilité de la plaque de sélénium et par suite dans le courant qui parcourt le circuit téléphonique en résultera, et dès lors donnera lieu à autant de vibrations du diaphragme de l'instrument. Et en effet, l'auditeur A entendra un son musical dont la hauteur sera proportionnée à la vitesse de rotation du disque.

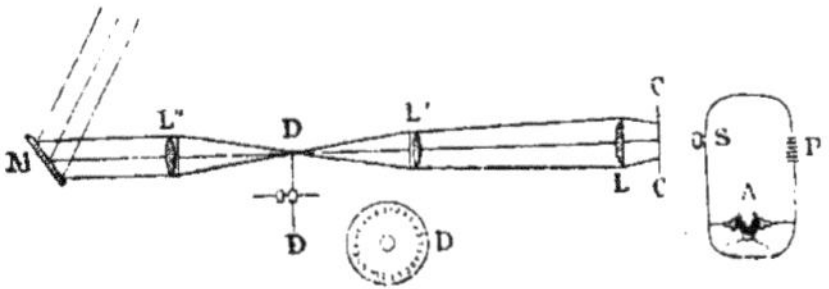

Fig. 469. — Photophone musical de G. Bell.

Le photophone que nous venons de décrire n'est pas, à vrai dire, un transmetteur des vibrations sonores. C'est la lumière elle-même qui détermine, qui crée ces vibrations par ses intermittences, par l'influence que ces intermittences exercent sur la conductibilité du sélénium. Mais M. Bell a montré qu'on pouvait, sous cette forme, utiliser le téléphone musical comme transmetteur de signaux. Pour cela, à côté du disque tournant, il disposait un levier coudé ML*l*, qui fonctionnait comme une clef Morse; la plus courte branche étant mobile entre deux butoirs VV, l'autre branche venait se placer au devant du trou du disque par lequel s'effectuait le trajet des rayons lumineux. Ces rayons se trouvaient ainsi interceptés, ce qui produisait une interruption dans les sons du récepteur. Selon que l'obturation était plus ou moins prolongée, ce qui dépendait de la manœuvre de la clef, on obtenait des sons brefs ou prolongés, séparés par des silences; on pouvait donc ainsi transmettre tous les signaux de l'alphabet Morse et correspondre télégraphiquement à l'aide d'un rayon lumineux.

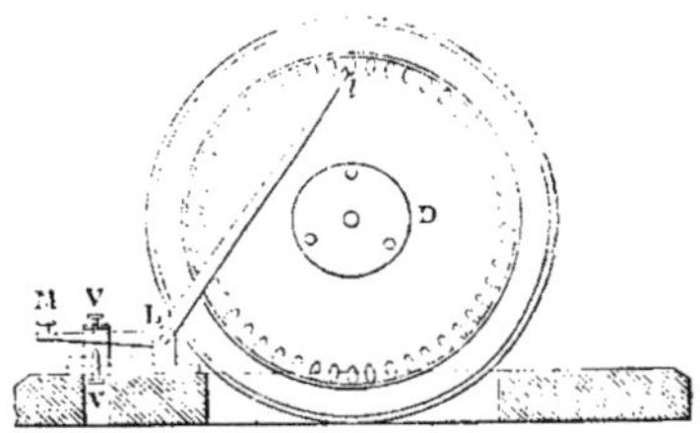

Fig. 470. — Disque du photophone musical, muni de son obturateur.

Au lieu de faire tomber les rayons lumineux intermittents sur le sélénium, M. Bell essaya leur action sur une foule d'autres substances réduites en lames minces : l'or, l'argent, le platine, le fer, l'acier, le laiton, le cuivre, le zinc, le plomb, l'antimoine, l'argent allemand, le métal de Jenkin, le métal de Babitt, l'ivoire, la cellulose, la gutta-percha, le caoutchouc durci, le caoutchouc flexible, le papier, le parchemin, le bois, le mica et le verre argenté. De toutes ces substances, c'est le caoutchouc durci qui donna les meilleurs résultats, les sons les plus accentués; l'antimoine, le papier et le mica, qui donnèrent les sons les plus faibles. La figure 471 montre comment était disposée l'expérience. L'auditeur se servait d'un tube acoustique adapté à la boîte ayant pour diaphragme la lame mince expérimentée.

Nous n'insisterons pas plus longtemps sur ces dernières expériences photophoniques, fort intéressantes scientifiquement parlant, mais qui sortent de notre sujet, puisque l'intervention de l'électricité disparaît.

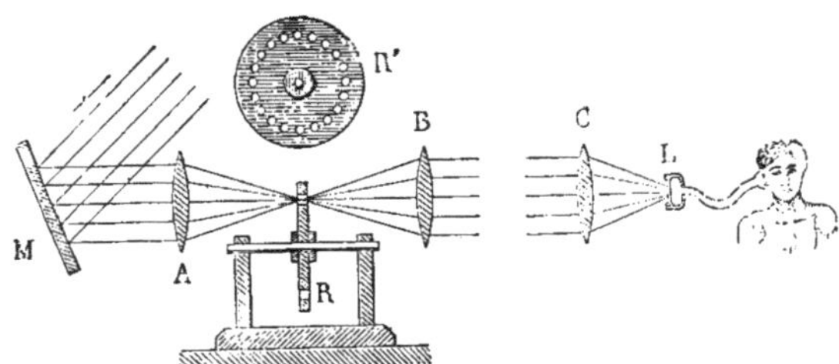

Fig. 471. — Expériences de G. Bell. Photophones musicaux.

Fig. 472. — Expériences photophoniques de G. Bell.

Nous arrivons au photophone d'articulation.

Dans cet appareil, le transmetteur est nécessairement modifié, puisque ce sont les vibrations de la parole qui doivent être transmises, non de simples rayons lumineux intermittents.

On voit dans la figure 473 le premier système adopté par l'inventeur. C'est une simple boîte téléphonique TT munie d'une embouchure E et d'une lame vibrante *ll*. A cette lame est fixée une plaque mobile PP percée de fentes. Une autre dlaque semblable à la première est disposée derrière elle de

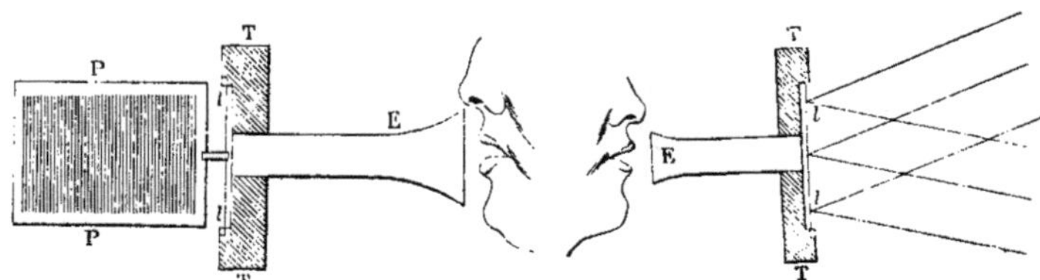

Fig. 473. — Photophone d'articulation. Disposition primitive du transmetteur.

Fig. 474. — Transmetteur du photophone d'articulation.

façon que les fentes se correspondent rigoureusement, lorsque l'appareil ne fonctionne pas. Un faisceau lumineux pourra alors traverser normalement les deux plaques. Mais si les vibrations de la voix viennent à agir sur le diaphragme, les mouvements de celui-ci détermineront ceux de la plaque mobile qui s'y

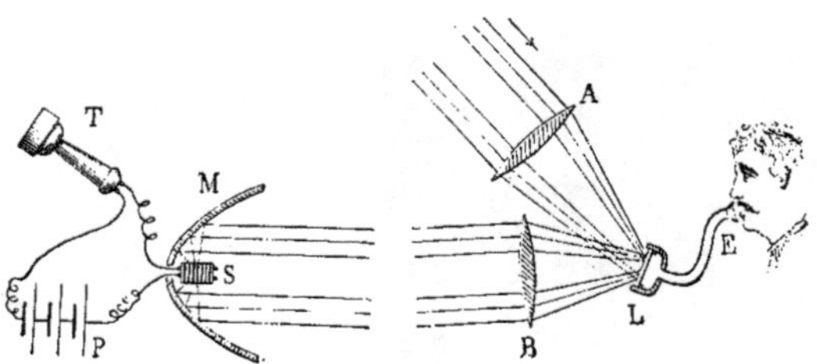

Fig. 475. — Marche des rayons lumineux dans le photophone d'articulation.

trouve attachée. De là, dans le faisceau lumineux, des extinctions, des modifications plus ou moins grandes, qui à leur tour iront agir sur le sélénium du récepteur et sur les courants du circuit téléphonique disposé comme nous l'avons vu plus haut.

Toutefois cette première disposition a été abandonnée, et voici celle qui a prévalu.

La forme du transmetteur est la même que celle du précédent; mais le diaphragme (fig. 474) est une lame mince *ll* de verre ou de mica argenté, formant ainsi un miroir sur lequel viennent tomber les rayons d'une source lumineuse puissante, de la lumière électrique ou mieux du soleil. Réfléchi à la surface de la lame, le faisceau lumineux, après avoir traversé une lentille qui rend parallèles les rayons dont il se compose, est dirigé sur le récepteur. Cette seconde partie du photophone (fig. 475) est formée d'un réflecteur parabolique en cuivre argenté M d'environ 70 centimètres de diamètre, au foyer duquel est fixé le sélénium qui communique avec le circuit téléphonique. Voici quelle forme a été donnée à cette partie importante du récepteur, qui joue le même rôle dans le photophone que le charbon dans les appareils microphoniques. Une série de disques en laiton sont séparés par des disques de mica d'un diamètre un peu plus petit : l'ensemble a la forme d'un cylindre dont la surface extérieure est sillonnée de rainures circulaires parallèles. Ce sont ces interstices que remplit le sélénium, dont la surface est ainsi considérable eu égard à sa faible masse, tandis que sa résistance est faible. Les disques de laiton sont reliés de deux en deux à l'un des fils du circuit, les autres disques le sont à l'autre fil. Toutes les fois que la lumière réfléchie par le miroir parabolique vient frapper la surface du sélénium, sa résistance électrique est diminuée, et cela en proportion de l'intensité des rayons lumineux. On peut se rendre compte alors de ce qui se passe quand on parle au devant de l'embouchure du transmetteur. Le faisceau lumineux qui, pendant le repos de la plaque, était transmis sans variations, va se trouver modifié par le fait des changements de forme que les vibrations de la voix impriment à la surface de la lame réfléchissante. De là, dans l'intensité de ce faisceau, des variations qui, correspondant aux variations des ondes sonores, engendrent, par l'intermédiaire du sélénium, c'est-à-dire d'une substance à résistance variable, des courants variables dans le circuit téléphonique.

Le photophone reproduit avec une grande netteté, soit la parole articulée, soit les airs ou les chants musicaux. Voici comment M. Bell décrit l'une des premières expériences qui furent faites avec l'appareil construit comme nous venons de le dire :

« M. Tainter[1] était chargé du transmetteur, placé au sommet de la maison d'école de Franklin, à Washington, et j'étais moi-même auprès du récepteur, installé dans mon laboratoire à une

Fig. 476. — Expérience du photophone Bell. Transmetteur.

distance de 213 mètres de la première station. En plaçant le téléphone à mon oreille, j'entendis distinctement les mots suivants, transmis par l'appareil de projection : *Si vous entendez ce que je dis, venez à la fenêtre et agitez votre chapeau.* Dans nos expériences de laboratoire, le récepteur et le transmetteur étaient toujours assez éloignés l'un de l'autre pour que l'oreille ne fut pas impressionnée par les sons directs, et nous avions d'abord placé les téléphones dans une pièce différente de celle où se trouvaient la plaque de sélénium et le système projecteur. Or nous avons constaté que la parole pouvait être reproduite

1. Le nom de M. Sumner Tainter doit être associé à celui de M. G. Bell, dont il a été le collaborateur assidu dans la plupart des expériences qui ont conduit à l'invention du photophone.

avec de la lumière oxyhydrique et même avec la lumière d'une lampe de Kerosem. »

Après avoir répété à Paris, dans le courant d'octobre 1880, ses expériences avec le photophone articulant, M. G. Bell présenta son admirable appareil à l'Académie des sciences, ayant pour interprète M. A. Bréguet, chez qui les expériences avaient été répétées, sans autre secours toutefois que la lumière électrique. Cette présentation fut accueillie avec une curiosité enthousiaste par le savant auditoire, comme d'ailleurs elle le méritait.

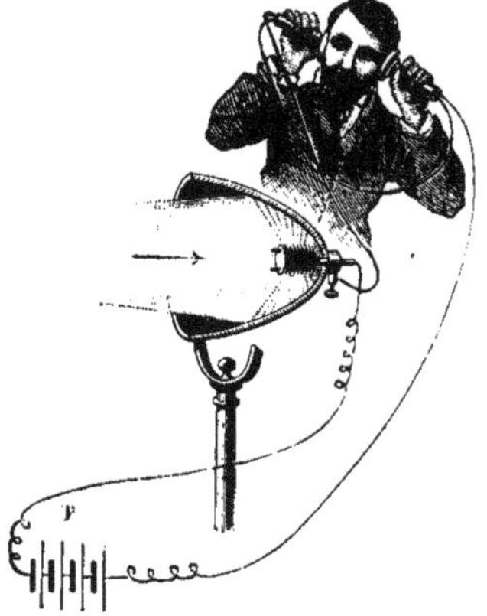

Fig. 477. — Expérience du photophone d'articulation. Récepteur.

Et maintenant quel avenir est réservé au photophone? Quelle importance pratique ce nouveau mode de communication peut-il avoir? Le téléphone a-t-il à craindre la concurrence du photophone? C'est peu probable. La distance à laquelle a fonctionné jusqu'à présent le nouvel appareil, est très faible, même quand on emploie la lumière solaire ; de plus, il est indispensable que les stations de départ et d'arrivée entre lesquelles voyage le faisceau lumineux, ne soient séparées en ligne droite par aucun obstacle. L'avantage que le photophone pourrait avoir sur le téléphone consisterait surtout dans l'absence de conducteurs intermédiaires, toujours fort coûteux. Mais cet avantage serait bien compensé par la faiblesse de la distance, inconvénient qui ne disparaîtrait qu'autant qu'on trouverait le moyen d'établir d'un point à un autre des postes de relais. M. A. Bréguet, en mentionnant la possibilité de l'emploi de miroirs pour dévier le faisceau lumineux à chaque relais, fait avec raison remarquer que les réflexions successives absorberaient une fraction notable de ce faisceau et en réduiraient ainsi la portée. Dans ces circonstances toutes spéciales, comme les opérations militaires, les sièges, etc., on pourra peut-être obtenir du photophone les services qu'on demande aujourd'hui à la télégraphie optique[1].

1. Si les applications pratiques du nouvel appareil sont encore d'une utilité douteuse, il n'en est pas de même de la haute importance théorique ou scientifique de la radiophonie. Ne pouvant entrer ici dans les développements nécessaires, nous nous bornerons à mentionner les conclusions de recherches remarquables faites dans cette branche nouvelle de la

Fig. 478. — Appareil Mercadier pour l'étude des lois de la radiophonie.

science par un de nos savants compatriotes, M. Mercadier, à l'aide de l'appareil que représente la figure 478. Voici ces conclusions, dont la première partie est relative aux sons produits sous l'influence directe des rayons lumineux :

« 1° La radiophonie ne paraît pas être un effet produit par la masse de la lame réceptrice vibrant transversalement dans son ensemble, comme une plaque vibrante ordinaire. La nature des molécules du récepteur et leur mode d'agrégation ne paraissent pas exercer sur la production des sons un rôle prédominant.

« Le phénomène radiophonique semble résulter principalement d'une action exercée à la surface du récepteur, et il est très amplifié quand cette surface est recouverte de substances telles que le noir de fumée, le noir de platine, etc.

« 2° Les sons radiophoniques résultent bien de l'action directe des radiations sur les récepteurs. Les sons radiophoniques sont produits principalement par des radiations de grande longueur d'onde dites *calorifiques*.

« 3° Le milieu où se produit la vibration radiophonique est bien la couche d'air en contact avec les parois du récepteur. La couche d'air condensée sur les parois des récepteurs, surtout quand ils sont enfumés ou recouverts d'une substance très absorbante pour la chaleur, est alternativement chauffée et refroidie par les radiations intermittentes, et il en résulte des dilatations et contractions périodiques et régulières; d'où un mouvement vibratoire communiqué aux couches gazeuses voisines, qui d'ailleurs peuvent vibrer directement sous la même influence.

« 4° Les sons radiophoniques ne peuvent se produire que quand le milieu qui entoure les surfaces impressionnées est aériforme. En conséquence, un milieu liquide et même solide ne peut les produire; mais un milieu gazeux au sein duquel se trouvent des vapeurs, et en particulier les vapeurs d'ammoniaque et d'éther, les développe d'une manière remarquable, et ce sont les vapeurs qui ont le pouvoir thermique le plus absorbant qui donnent les effets les plus considérables. »

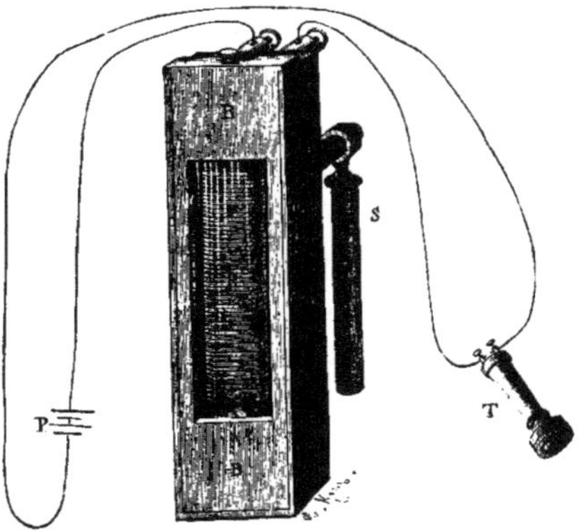

Fig. 479. — Récepteur à sélénium de M. Mercadier.

Quant aux sons produits sous l'influence des variations de conductibilité électrique, qui caractérisent certaines substances, telles que le sélénium, lorsqu'elles sont soumises à l'action intermittente des rayons de lumière, M. Mercadier démontre qu'ils sont bien dus à une action propre à la lumière, non à une action thermique. Pour arriver à cette démonstration, il substitue au récepteur de la figure 478 celui que représente la figure 479, qui est un récepteur à sélénium offrant une disposition nouvelle.

Nous ne pouvons, en terminant cette note, passer sous silence une application, due au même savant, des lois de la radiophonie. Il s'agit d'un système de télégraphie pour des transmissions multiples et simultanées. L'inventeur donne à ce système le nom de *Téléradiophone électrique multiple autoréversible*. « J'appelle, dit-il, *téléradiophone multiple* un système de télégraphie électrique où les signaux sont produits par des effets radiophoniques. En outre, le système permet de transmettre sur un conducteur quelconque plusieurs signaux *simultanés*, à volonté dans un sens ou en sens inverse, d'où la qualification abréviative de multiple autoréversible. Le mot *autoréversible* indique d'ailleurs que la réversibilité est automatique; elle ne nécessite pas d'appareils accessoires, tels que lignes artificielles, relais différentiels, etc. » Des essais faits par l'auteur d'un système de ce genre ont déjà donné, dit-il, de bons résultats.

CHAPITRE IX

HORLOGERIE ÉLECTRIQUE

§ 1. LES COMPTEURS ÉLECTROCHRONOMÉTRIQUES.

La rapidité avec laquelle se propagent les courants électriques, la presque instantanéité avec laquelle se produisent les mouvements de deux mécanismes convenablement disposés et reliés par un fil conducteur, ont suggéré l'idée d'appliquer à l'horlogerie le principe de la télégraphie électrique elle-même. Le synchronisme de ces mouvements permet, en effet, de faire marcher en parfaite concordance un nombre quelconque de cadrans installés en des points plus ou moins éloignés les uns des autres, par exemple dans les diverses stations d'une ligne de chemin de fer. Il suffit de mettre en relation électrique chacun de ces cadrans avec un régulateur unique. C'est un premier problème qui est en effet résolu, et les systèmes imaginés dans ce but fonctionnent depuis longtemps, soit sur les voies ferrées, soit dans quelques villes, dont les horloges publiques sont réglées de cette manière.

Mais il y a un autre problème qui a été également résolu : c'est celui qui consiste à appliquer l'électricité au mouvement même de l'horloge régulatrice. C'est aux appareils de ce dernier genre qu'on réserve ordinairement le nom d'*horloges électriques;* les mécanismes qui ont pour objet de transmettre au loin à des cadrans le mouvement d'un régulateur ordinaire ont reçu le nom de *compteurs électrochronométriques*.

Enfin, on a demandé aussi à l'électricité le service de solidariser un certain nombre d'horloges, ayant chacune leur moteur et leurs mécanismes séparés, de manière à rétablir régulièrement l'accord de leurs marches indépendantes : c'est le système des *remises à l'heure*, et c'est ce mode d'application de l'électricité à l'horlogerie qui semble aujourd'hui l'emporter dans la pratique.

Dans ces diverses applications, comme en télégraphie, les systèmes sont nombreux. Nous devrons donc nous borner à décrire, parmi ceux qui ont reçu la sanction de l'expérience, un ou deux types propres à bien faire comprendre tout ce qu'il y a d'ingénieux dans cette nouvelle application de l'électro-magnétisme.

Nous décrirons d'abord les compteurs *électrochronométriques*.

Deux parties distinctes composent un système de ce genre, absolument comme tout appareil télégraphique. Il y a d'abord à considérer le mécanisme adjoint à l'horloge régulatrice, qui a pour objet de transmettre et d'interrompre périodiquement, à intervalles égaux, le courant de la pile ou de tout autre électromoteur. Ce courant communique le mouvement à l'appareil récepteur, c'est-à-dire au mécanisme qui fait mouvoir l'aiguille de chaque cadran : c'est l'*indicateur*.

Prenons pour exemple le compteur de M. P. Garnier.

L'horloge-type est une horloge ordinaire. Voici la disposition très simple à l'aide de laquelle cette horloge en mouvement permet le passage et la rupture successive du courant dans le circuit. Le dernier mobile du rouage ordinaire porte sur son axe un moulinet m à quatre dents excentriques. La rotation de ce moulinet, tantôt soulève le crochet d du levier l, tantôt le laisse retomber. Dans le premier cas, que représente la figure 480, les deux pôles + et — de la pile communiquent par le contact des deux leviers métalliques t et l : le circuit est fermé, le courant passe. Dans l'intervalle du passage d'une dent à l'autre, le levier l retombant, le contact cesse, le circuit est ouvert et le courant interrompu. Les contacts des deux pièces sont en or ou en alliage de platine et d'or, afin d'éviter l'oxydation que provoque le passage de l'électricité. L'*indicateur* du compteur Garnier est représenté, dans ses parties essentielles, par la figure 481. Un électro-aimant EE attire ou repousse, selon que le courant lancé par l'horloge-type passe ou est interrompu, une armature M, qui elle-même, par la tige T, soulève le levier LL. Une des extrémités de ce levier porte un cliquet *c* qui, en se soulevant, fait avancer d'une dent la roue à rochet R. Deux butoirs, *b* et *b'*, empêchent d'ailleurs cette roue d'avancer de plus d'une dent ou de reculer. Le courant est-il rompu, l'armature retombe sur la vis que porte

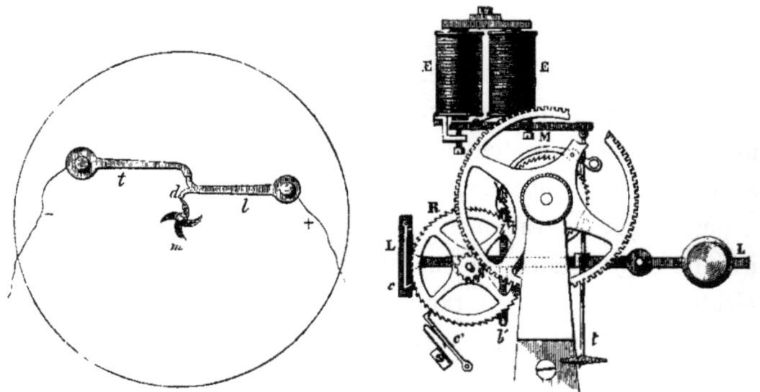

Fig. 480. — Compteur électrochronométrique Garnier ; mécanisme transmetteur.

Fig. 481. — Indicateur du compteur électrochronométrique Garnier.

une des bobines sur son bord inférieur ; le levier LL s'abaisse, et le cliquet *c* vient se mettre en prise avec la dent suivante, qu'il entraîne de nouveau, dès que le circuit fermé anime l'électro-aimant.

De la roue à rochet le mouvement passe, par des engrenages convenablement combinés, à la minuterie qui fait marcher les deux aiguilles du cadran. L'horloge-type et l'indicateur étant donc réglés pour marcher d'accord une première fois, cet accord se continue tant que dure l'action de la pile, et que cette action a une énergie suffisante pour l'attraction de l'armature.

Voici maintenant de quelle manière une série d'indicateurs est reliée à l'horloge-type, et comment ils peuvent marcher tous sous l'influence unique de l'impulsion de la première, sans qu'une interruption dans l'un d'eux puisse réagir sur les autres.

Deux gros fils métalliques AB, CD partent de la pile P, après avoir traversé, comme nous l'avons vu, l'horloge-type H. De chacun de ces fils partent d'autres paires de fils *ab*, *a'b'*, etc., de plus petit diamètre, qui communiquent avec chaque indicateur *o*, *o'*, *o''*... Par ce moyen, le circuit principal se divise en autant de circuits dérivés qu'il y a d'appareils horaires, et communique indépendamment le mouvement à chacun d'eux. On peut aussi embrancher les fils *cd*, *c'd'*, d'un ou de deux indicateurs, tels que *o'''*, *o''''*, sur ceux d'un autre, *o''*.

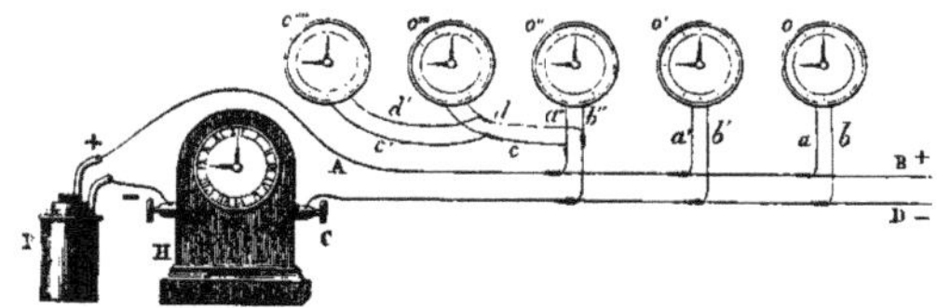

Fig. 482. — Liaison télégraphique de l'horloge-type et des indicateurs.

On voit que c'est la pesanteur qui agit comme force antagoniste dans le compteur de M. P. Garnier : il en résulte que ces appareils ne peuvent fonctionner qu'à une condition, c'est d'être placés dans une position verticale. L'avantage est dans la constance ou l'invariabilité de cette force, constance qui n'existe pas quand elle est due à l'élasticité des ressorts.

Dans le système Froment, l'horloge-type était, à l'origine, une horloge ordinaire portant une roue à rochet dont les dents venaient, à chaque seconde, effleurer un ressort fixe. Ce ressort n'était autre chose qu'une mince lame d'or, en communication avec l'un des pôles de la pile, la roue étant elle-même reliée électriquement à l'autre pôle. Il y avait donc, à chaque seconde, passage, puis interruption du courant. Depuis, M. Froment a substitué un régulateur électrique à l'horloge-type ordinaire.

Quant au compteur ou indicateur, la figure 483 en représente la disposition. L'armature MN est composée, dans sa partie ON, d'une rallonge de cuivre, à laquelle vient s'articuler le système de deux leviers SPQN, dont les branches SQ, QN tendent à se redresser lorsque, par le passage du courant, l'armature est attirée. La tige PQ agit alors sur le levier coudé P*i*, et le cliquet *i* fait avancer d'une dent la roue à rochet R. Quand le courant est interrompu, l'armature est ramenée par l'action du ressort *l*, les branches SQN s'infléchissent de nouveau, et l'encliquetage laisse libre la roue à rochet. Le cliquet *b* empêche tout mouvement de recul.

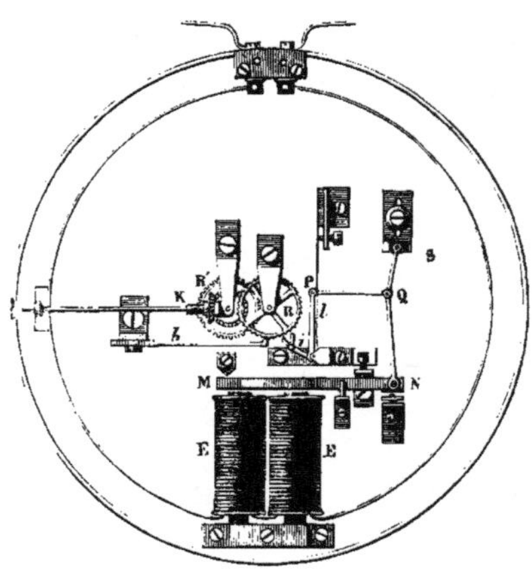

Fig. 483. — Compteur électrochronométrique Froment; indicateur.

Le mouvement est communiqué à la minuterie de l'appareil par le pignon de la roue R′, et un engrenage de roue d'angle permet de remettre les aiguilles à l'heure à l'aide de la tige K, qui est terminée par un carré aboutissant vers la circonférence du cadran.

L'originalité du compteur Froment réside surtout dans l'emploi du *répartiteur* SPQN. Cet intermédiaire mécanique a pour objet de proportionner la résistance avec la force attractive de l'électro-aimant sur l'armature. Cette attraction est maximum quand la distance est la plus petite possible, c'est-à-dire au moment du contact : c'est donc au moment où le mouvement va cesser que la vitesse des pièces atteindrait sa plus grande valeur, ce qui offrirait un grave inconvénient pour le mécanisme. Grâce au répartiteur en question, la résistance croît dans la même mesure que l'attraction, de sorte que la force attractive de l'électro-aimant reste ainsi constante.

Les compteurs électrochronométriques de MM. Bain, Bréguet, Robert Houdin, Nollet mériteraient également d'être décrits; mais nous devons nous borner aux systèmes précédents, en mentionnant seulement les applications qui ont été faites avec succès. A Paris, à Lyon, à Marseille, à Bruxelles,

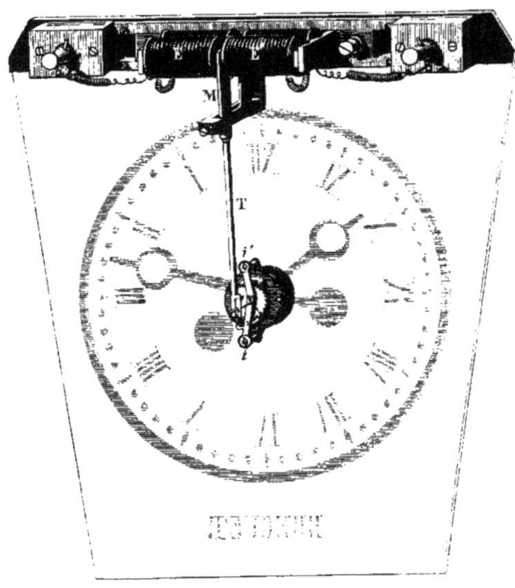

Fig. 484. — Lanterne-horloge de M. Bréguet.

à Gand, à Leipzig, des compteurs de ces différents systèmes ont fonctionné ou fonctionnent encore aujourd'hui, répartissant l'heure avec régularité et concordance dans les divers quartiers de ces villes.

Les *lanternes-horloges* ne sont autre chose que des réverbères à gaz, à l'intérieur desquels sont disposés les compteurs, et qui portent sur une ou deux de leurs faces les cadrans horaires. MM. Nollet à Gand, Detouche à Paris, Bréguet à Lyon ont construit des appareils de ce genre. La figure 484 représente extérieurement et intérieurement l'une des vingt-quatre lanternes-horloges installées à Lyon par M. Bréguet. On voit que les électro-aimants E, E′ y sont doubles; ils sont placés de telle façon que leurs pôles opposés se regardent, de sorte que l'armature M, qui est aimantée, est à la fois attirée par l'un, repoussée par l'autre, et inversement, selon que le courant circule dans l'un ou dans l'autre des électro-aimants. La tige T qu'elle porte agit, par une fourchette munie d'une goupille, sur deux pièces ou cliquets *i*, *i′*, qui jouent le rôle d'une ancre d'échappement, et font mouvoir les dents d'une roue à rochet, dont l'axe porte l'aiguille des minutes.

Pour que des compteurs électrochronométriques, quel que soit d'ailleurs le système adopté, fonctionnent avec constance et régularité, il est clair qu'il faut une surveillance et des soins continus. Le bon état des diverses pièces, celui de l'horloge-type, et surtout l'entretien de la pile, sont des conditions de toute nécessité. Elles sont si évidentes, que nous n'insistons pas. Mais comme, après tout, l'une d'elles peut manquer, il est clair que ce qui fait la supériorité d'une installation de ce genre sur l'horlogerie ordinaire, la solidarité des horloges d'une même ville ou d'une ligne, constituerait un grave inconvénient en cas d'interruption. Il importe donc, non seulement que les compteurs soient indépendants, comme on l'a vu dans le système de M. Garnier, mais aussi que l'impulsion ne soit pas donnée par un régulateur unique : en divisant une ville par quartiers, dont chacun possède un régulateur, on diminue dans une égale proportion l'inconvénient signalé.

§ 2. HORLOGES ÉLECTRIQUES PROPREMENT DITES.

Nous avons vu, dans le livre consacré à la pesanteur, que la force motrice des horloges est empruntée, soit à un poids, soit à un ressort, et que le pendule sert à régler le mouvement communiqué aux rouages par le moteur. La régularité de leur marche dépend de celle avec laquelle s'effectuent les oscillations du pendule, dont les amplitudes doivent rester autant que possible invariables. Le mouvement du pendule est d'ailleurs entretenu par la réaction de l'ancre d'échappement.

Le problème qu'ont cherché à résoudre les inventeurs d'horloges électriques consistait à donner au pendule, directement et sans l'emploi du moteur et des rouages ordinaires, une impulsion empruntée à l'électricité, propre à perpétuer

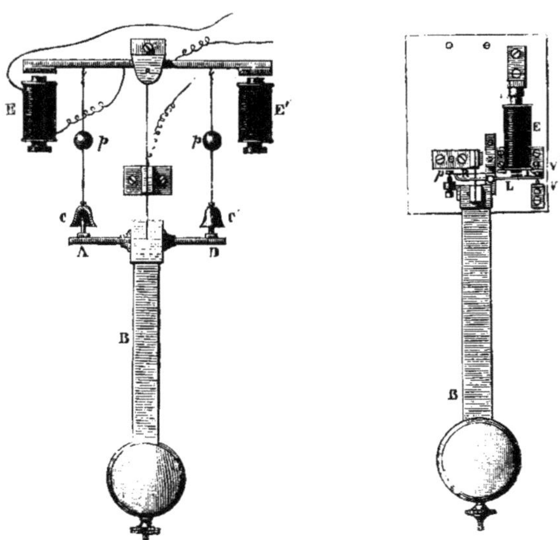

Fig. 485. — Horloge électrique Vérité. Fig. 486. — Pendule électrique Froment.

et à régulariser son mouvement. Voici quelques exemples de pendules électriques où cette condition se trouve réalisée.

Celle que représente la figure 485 est une des plus anciennes; elle est due à un savant et habile horloger de Beauvais, M. Vérité.

Le pendule B, suspendu au moyen d'une suspension à ressort ou isochrone, porte une traverse rigide AD, munie de deux chevilles qui se meuvent librement à l'intérieur de deux cloches métalliques C et C'. Celles-ci sont suspendues, par des fils d'argent très fins armés de contre-poids p, p, à une bascule horizontale dont les deux branches sont isolées en leur milieu au moyen d'une pièce d'ivoire. Deux électro-aimants E et E′ ont leurs pôles placés en face de deux armatures de fer doux portées par la bascule, et chacun d'eux est relié métalliquement à la branche correspondante de cette bascule, et d'autre part avec l'un des pôles de la pile. L'autre pôle communique par un fil avec la suspension du pendule.

Quand le pendule occupe, au repos, une position verticale, les chevilles de la traverse AD ne sont en contact avec aucune des deux cloches. Mais le contact a lieu avec l'une d'elles, celle de droite, par exemple, si le pendule est mis en mouvement vers la droite. Par ce contact, le circuit est fermé et anime l'électro-aimant E′, qui attire la branche droite de la bascule. La cloche C′ s'abaisse, et par son poids agit sur la cheville en imprimant au pendule une impulsion qui donne à celui-ci un mouvement rétrograde.

Par le fait de ce mouvement, le contact de la cheville avec C′ cesse, le courant est rompu. Mais le pendule, en s'écartant vers la gauche, détermine le contact de la cheville de gauche avec la cloche C; le circuit est fermé de ce côté; l'électro-aimant E agit sur la branche gauche, et à son tour la cloche C pèse sur le côté A de la traverse du pendule, et ainsi indéfiniment.

L'horloge électrique de M. Froment (fig. 486) reçoit son mouvement de l'action périodique d'un petit poids p, qui vient s'appuyer sur une vis latérale, toutes les fois que le circuit est fermé. Voici comment est disposé et fonctionne le régulateur. Le pendule B, suspendu par un ressort isochrone, est en communication directe avec le pôle positif de la pile. L'autre pôle est relié au fil de l'électro-aimant E, qui communique avec une lame de ressort, à l'extrémité de laquelle est soudé le poids p. La branche R d'un levier RL soutient cette lame et le poids, quand le circuit est ouvert; l'autre branche L porte une armature qui est attirée par l'électro-aimant toutes les fois que le circuit est fermé et que le courant passe. Or l'ouverture et la fermeture du circuit sont produites successivement à chaque oscillation du pendule. Pendant la moitié de cette oscillation qui a lieu vers la gauche, la vis vient toucher le poids *p*; le circuit est fermé, l'armature attirée, et la branche R du levier cesse de soutenir la lame et le poids, qui agit alors sur la vis, et par suite sur le pendule, pour lui donner une impulsion rétrograde. Alors le contact cesse, le circuit s'ouvre, l'armature reprend sa position primitive, et le poids cesse d'agir. Deux vis V et V′ limitent d'ailleurs la course de la branche L du levier. C'est, comme on voit, l'action d'un poids constant qui, à chaque oscillation, entretient le mouvement du pendule.

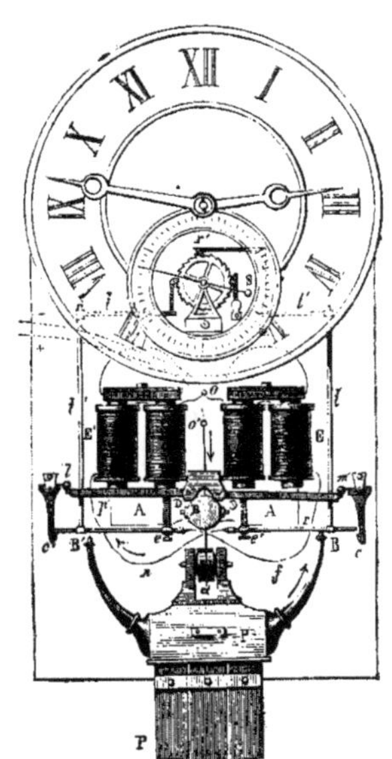

Fig. 487. — Pendule électrique Robert Houdin.

Le régulateur électrique de M. Robert Houdin est représenté dans la figure 487. Le ressort de suspension du pendule P est, en *o*′, en communication avec le pôle positif de la pile. Il est muni de deux bras arqués B et B′, qui viennent alternativement en contact avec deux lames de ressort, et ferment ainsi le circuit, tantôt par l'électro-aimant E, tantôt par l'électro-aimant E′.

Supposons que l'oscillation du pendule ait lieu du côté droit de la figure, et que le contact se fasse alors par le bras B. Le courant, suivant les fils dans le sens marqué par les flèches, passe par E′; la branche de gauche de l'armature AA, étant attirée, soulève la lame de ressort qui agit, par l'intermédiaire des tiges *t*′, *t* et d'un cliquet, sur la roue à rochet, pour la faire avancer d'une dent. Le même mouvement soulève la petite masse *l* et amène le crochet *c'* au-dessous de la lame, qui se trouve ainsi encliquetée, tandis que la lame de droite est dégagée du crochet *c* et peut agir par son poids pendant le mouvement rétrograde du pendule. Alors le contact cesse, le courant est interrompu, l'armature de gauche cesse d'être attirée, la tige *t'* s'abaisse et repousse le cliquet correspondant au-dessus d'une nouvelle dent de la roue à rochet.

Le mouvement du balancier vers la gauche amène le contact de B' avec la lame de ressort de gauche. Le courant circule à travers l'électro-aimant E, l'armature de droite est attirée, et les mêmes mouvements que nous venons de décrire se produisent sur les pièces symétriquement placées; de sorte que c'est maintenant la lame du ressort de gauche qui, dégagée, va agir par son élasticité et son poids sur le bras B' du pendule, et le cliquet *r'* fera avancer à son tour la roue à rochet d'une dent. Deux contre-poids *e*, *e'*, qu'on peut fixer à des distances différentes sur les lames de ressort, permettent de régler l'action motrice de ces lames, et par suite de régler la pendule elle-même.

Décrivons encore une pendule électrique fort ingénieuse, qui, comme les précédentes, peut être à volonté construite pour marcher seule, ou pour servir de régulateur ou d'horloge-type à une série de cadrans reliés électriquement avec elle. Elle est due à un horloger de Neuchâtel, M. Hipp.

Décrivons d'abord le mécanisme du régulateur. Il se compose d'une minuterie à laquelle le mouvement est communiqué par les oscillations d'un pendule. Tant que les oscillations du pendule conservent une amplitude suffisante, l'électricité n'intervient pas. Au contraire, si cette amplitude diminue, le courant agit par l'attraction des pôles d'un électro-aimant, et une impulsion donnée au pendule rend à celui-ci le mouvement dont il a besoin et l'entretient d'une façon régulière.

Voici comment.

L'électro-aimant E est fixé solidement au-dessous du pendule, de façon que la ligne de ses pôles se trouve un peu à côté de la tige dans sa position verticale. Le pendule porte en A une armature qui, à chaque oscillation, passe à une très faible distance des pôles (environ une double épaisseur de papier). Au-dessous et à son extrémité est fixée une palette p ou petite plaque d'acier, articulée sur un axe horizontal autour duquel elle peut se mouvoir librement, et terminée en lame de couteau.

Cette palette, à chaque oscillation du pendule, va et vient avec lui et glisse, sans appuyer, sur une pièce saillante munie de deux coches, qu'on nomme la détente, et qui est portée par une lame de ressort r communiquant par une de ses extrémités avec le pôle négatif de la pile. Quand le mouvement du pendule a une suffisante amplitude, la palette dépasse la détente ; mais si ce mouvement se ralentit, elle s'arrête dans la position marquée par la figure, et, au commencement de l'oscillation opposée, elle vient heurter contre l'une des coches. Si la détente alors ne pouvait s'abaisser, le pendule s'arrêterait, mais la lame de ressort qui porte la détente cède, le contact se fait avec la borne qui reçoit l'autre fil de pile, et le circuit est fermé. L'électro-aimant animé, l'armature du pendule est attirée, et c'est cette attraction qui détermine l'impulsion nécessaire à l'entretien du mouvement du pendule. A l'oscillation suivante, tout est rétabli dans l'ordre primitif, et c'est seulement quand une nouvelle impulsion devient nécessaire, que l'électricité est mise en jeu.

Le temps qui s'écoule entre deux impulsions successives dépend de la force de la pile : c'est ce que M. Hipp nomme la *durée d'impulsion*. Elle peut être de plusieurs minutes, ou seulement de plusieurs secondes. Avec un élément de pile Leclanché, un régulateur de ce système peut marcher sans interruption plusieurs mois.

Arrivons maintenant au mécanisme distributeur, qui permet de transmettre l'heure du régulateur à un nombre quelconque de compteurs chronométriques reliés électriquement avec lui et avec la pile.

La roue à rochet R, dont les dents sont au nombre de soixante, et qui, à chaque impulsion du pendule, marque une seconde, porte sur son axe un rayon ou branche métallique *b* qui fait un

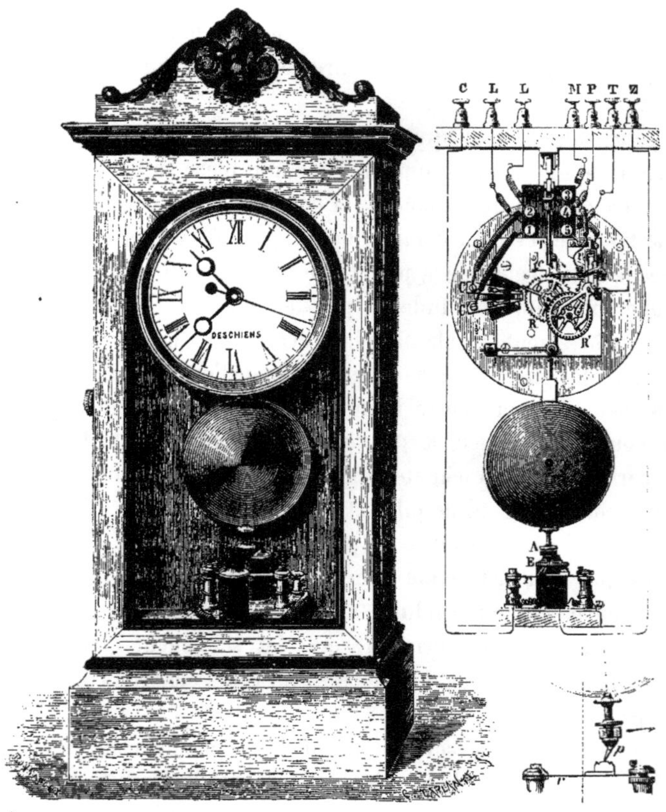

Fig. 488. — Horloge électrique de M. Hipp; vue extérieure.

Fig. 489. — Détails du mécanisme régulateur et distributeur.

tour par minute comme le rochet, et qui vient, à un moment donné, toucher une, deux ou plusieurs palettes reliées en CC aux fils de ligne. Un courant par minute est lancé ainsi dans chaque compteur, dont le mécanisme marche sous son influence. Comme ce mécanisme, que nous ne décrivons pas ici, exige un changement périodique du sens du courant, le régulateur porte un inverseur, dont le détail est représenté sur la droite de la figure. Une roue R', mue par un pignon de la roue à rochet, porte sur ses rayons des chevilles qui appuient sur les branches d'un levier à fourchette *f* et le font osciller autour de son point d'appui. Deux lames de ressort, fixées à l'autre branche du levier, oscillent de cette façon autour d'une position moyenne, et vont l'une après l'autre établir le contact, soit avec le pôle positif, soit avec le pôle négatif de la pile.

Les horloges électriques du système Hipp fonctionnent régulièrement dans plusieurs villes de Suisse.

Nous nous bornerons à ces exemples d'horlogerie électrique, qui suffisent pour donner une idée de la façon dont la force des courants a pu être utilisée pour suppléer à la force des ressorts des horloges ordinaires. L'Exposition internationale d'Électricité renfermait un grand nombre de spécimens de cet art nouveau; pendules et horloges électriques, compteurs électrochronométriques, réveils-matin, etc., abondaient dans les galeries du palais. Mais, au point de vue pratique, tous ces systèmes, qui n'offraient d'ailleurs rien de bien nouveau, se sont trouvés distancés par les divers systèmes de remise à l'heure adoptés, pour la distribution et l'unification de l'heure dans ses horloges publiques, par la ville de Paris. Entrons à cet égard dans quelques détails.

§ 3. DISTRIBUTION ÉLECTRIQUE DE L'HEURE.

Bien que le problème de l'horlogerie électrique proprement dite ait reçu un grand nombre de solutions ingénieuses, dont plusieurs font honneur à ceux qui les ont trouvées, l'usage des horloges de ce genre ne s'est pas propagé. Nous venons de citer quelques exemples de leur application à la distribution publique de l'heure dans les villes; mais aujourd'hui ce système est presque partout abandonné. Cela tient à la difficulté de maintenir toujours les piles et les communications électriques dans un état convenable sans une surveillance incessante dont la nécessité ôte précisément aux systèmes leur principal avantage. L'emploi des compteurs électrochronométriques, en solidarisant tous les indicateurs à la régularité de marche d'une horloge-type, offre à côté de cette précieuse propriété l'inconvénient, bien autrement grave, de la solidarité de tous les arrêts ou de toutes les erreurs du mécanisme central. Comme le dit avec grande raison M. Niaudet, « il suffit que le régulateur s'arrête, ou qu'un élément de pile se casse, ou que le fil se rompe en un point, pour que tout le système soit arrêté. Il suffit d'un maladroit ou d'un mauvais plaisant pour priver de l'heure ou induire en erreur quantité de personnes. On peut à ces défauts trouver quelques palliatifs, mais l'objection subsiste quoi qu'on fasse. »

On a donc dû poser la question de la distribution électrique de l'heure dans les grandes agglomérations urbaines d'une autre façon. On s'est servi de l'électricité, non plus pour donner le mouvement à des mécanismes spéciaux, non plus même pour corriger de seconde en seconde ou de minute en minute toutes les horloges publiques, par un courant parti du régulateur central. Dans le nouveau système qui fonctionne aujourd'hui avec un plein succès dans la ville de Paris, toutes les horloges qu'il s'agit de faire marcher synchroniquement ont leurs mouvements indépendants. Le rôle du courant électrique parti du régulateur type, placé à l'Observatoire, est de maintenir le synchronisme entre le pendule de cette horloge et le mouvement des pendules d'un certain nombre de régulateurs qui sont distribués dans les principaux quartiers de la ville et sont les *centres horaires* pour toutes les horloges publiques de chacun de ces quartiers. Ces régulateurs, à leur tour, sont reliés électriquement avec ces horloges; elles leur envoient toutes les heures, par exemple, un courant dont la durée est suffisante pour corriger leurs avances ou leurs retards, et les remettre à ce moment à l'heure exacte de l'Observatoire, de sorte que l'écart, dans les intervalles de ces *remises à l'heure*, ne peut jamais dépasser l'erreur propre au mécanisme particulier de chaque horloge pour une durée d'une heure au maximum.

Entrons dans quelques détails qui feront mieux comprendre comment fonctionne cette organisation. Nous prendrons pour guide le Rapport du directeur de l'Observatoire, M. le contre-amiral Mouchez, sur le service des horloges en 1880.

La pendule directrice, chargée de donner la seconde de temps moyen, est une pendule Berthoud ; elle est contrôlée chaque

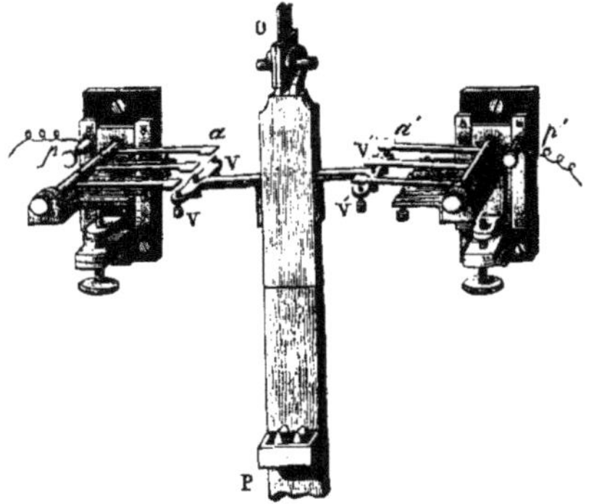

Fig. 490. — Régulateur de la pendule directrice.

jour par un astronome de service, soit à l'aide des observations astronomiques, soit, en cas de mauvais temps, par la comparaison de ses indications avec celles de la pendule des caves, « dont la haute précision et la grande régularité de marche ne se sont jamais démenties ». Les corrections de cette pendule directrice se font par l'addition ou la soustraction de petits poids amovibles qu'on voit (fig. 490) placés dans une coupelle fixée au balancier. En ajoutant un poids, on fait avancer le régulateur; en enlevant un poids, on produit un retard.

Deux autres horloges sont placées dans la même pièce que l'horloge directrice, avec laquelle elles sont reliées électriquement de façon à battre la seconde avec elle synchroniquement.

Ces deux régulateurs sont les têtes de ligne de deux circuits urbains, l'un le *circuit ouest*, l'autre le *circuit est*, qui comprennent chacun un certain nombre de régulateurs ou de centres horaires[1].

Dans un caveau de l'Observatoire sont trois piles, dont l'une est conduite par la pendule directrice et dessert les deux régulateurs voisins, ainsi qu'une troisième pendule installée dans le pavillon du concierge; c'est le circuit local de l'Observatoire. Les deux autres piles sont affectées, l'une au circuit ouest, l'autre au circuit est, ayant les deux régulateurs dont nous venons de parler pour têtes de ligne.

Fig. 491. — Régulateur d'un centre horaire.

Faisons voir maintenant, à l'aide des figures 490 et 491, comment le synchronisme est produit dans les mouvement des pendules.

Le balancier de l'horloge-type est muni, comme on voit, à sa partie supérieure, de deux tiges terminées en forme de T portant chacune sur la traverse du T les pointes de trois vis V, V′, correspondantes à trois leviers indépendants *a*, *a′* qui peuvent pivoter autour du même axe horizontal. Quand le pendule, dans son mouvement d'oscillation de part et d'autre de la verticale, se porte vers la droite, les pointes des

1. Ces centres sont au nombre de 16, distribués dans les points suivants :

CIRCUIT OUEST.	CIRCUIT EST.
1. Mairie du VIe arrondissement.	1. Asile rue Victor-Cousin.
2, 3. Pavillon de Flore.	2. Rue de la Coutellerie, 3.
4. Mairie du IIe arrondissement.	3. Arts-et-Métiers.
5. Rue de la Trinité.	4. Mairie du Xe arrondissement.
6. École Saint-Philippe-du-Roule	5. Mairie du XIe arrondissement.
7. Télégraphes rue de Grenelle.	6. École boulevard Diderot.
8. École de la rue Éblé.	7 Marché aux Chevaux.
9. Place Denfert-Rochereau	

vis de ce côté se relèvent et vont toucher les extrémités des leviers de droite ; quand il se porte à gauche, le contact cesse à droite et au contraire s'établit avec les leviers de gauche. Pendant toute la durée de l'un ou de l'autre de ces contacts, le courant de la pile locale passe par la suspension du pendule, par la tige transversale et les trois leviers, qui le conduisent à la ligne, tantôt dans le circuit ouest, tantôt dans le circuit est.

Nous venons de voir comment, à chaque battement de seconde, la pendule directrice envoie un courant aux régulateurs ou centres horaires des deux circuits urbains. Voyons maintenant comment ce courant sert à corriger la marche de ces régulateurs. Leur balancier porte à son extrémité inférieure une pièce de fer doux qui, à chacune de leurs oscillations à droite et à gauche, se porte au-devant des pôles d'un électro-aimant qui fait partie du circuit de la ligne. Le courant envoyé à chaque seconde par la pendule directrice anime cet électro-aimant, au moment où le balancier vient se placer en regard ; la pièce de fer doux est attirée, la durée de l'oscillation, qui sans cela serait un peu trop courte, est prolongée et le synchronisme avec le mouvement du pendule de l'horloge de l'Observatoire est établi et maintenu.

Cette première partie du service assure, comme on voit, la concordance parfaite des seize régulateurs des deux circuits avec l'heure de l'Observatoire. En consultant les cadrans de ces centres horaires, le public peut régler ses montres sur le temps moyen, avec l'exactitude de la seconde. La distribution de l'heure ne se borne point là. Chaque centre horaire (et c'est la raison de sa dénomination) forme lui-même un nouveau réseau de distribution qui relie télégraphiquement son régulateur à toutes les horloges publiques voisines. Mais le système ne consiste plus qu'à envoyer toutes les heures un courant qui remette à l'heure les aiguilles des cadrans de ces horloges. Les systèmes de remise à l'heure employés sur les divers réseaux ne sont pas identiques ; on a voulu permettre aux principaux horlogers de Paris, inventeurs de procédés particuliers, d'expérimenter chacun leurs systèmes. On aura une idée du fonctionnement de cette seconde partie du service, en voyant comment il est organisé dans le centre horaire le plus important, celui qui est installé à la Préfecture de la Seine (en ce moment aux Tuileries). Le réseau rayonne sur les vingt mairies de Paris, qui sont en communication télégraphique avec la Préfecture. « Les fils de ce réseau, dit M. Niaudet, sont coupés environ deux minutes toutes les heures pour remettre l'horloge de chaque mairie d'accord avec le régulateur de l'Hôtel de Ville (Tuileries). A côté de ce régulateur sont placés vingt relais, dans lesquels il envoie toutes les heures un courant qui a pour effet de couper la ligne d'avec le télégraphe; cette communication se fait cent secondes avant l'heure. Le même régulateur, environ trente secondes avant l'heure, envoie le courant d'une seconde pile sur les lignes; il l'interrompt à l'heure exacte et par conséquent le maintient continu pendant trente secondes. Enfin dix secondes après l'heure, les relais sont ramenés, par la suppression du premier courant, dans leur position normale, c'est-à-dire que les lignes sont ramenées au télégraphe. D'autre part, soixante-cinq secondes avant l'heure, chacune des horloges de mairie fait sa commutation, c'est-à-dire coupe la ligne d'avec le télégraphe et la met avec l'électro-aimant de l'horloge. Et cinq secondes après l'heure, elle fait la commutation inverse et remet la ligne au télégraphe, cinq secondes, comme on voit, avant la reprise par le télégraphe au centre horaire des Tuileries.

« Comme les horloges sont ainsi réglées toutes les heures, leurs écarts sont extrêmement petits et les opérations de section de ligne et d'envois de courant se succèdent à très peu près comme nous l'avons dit. Si cependant une horloge se dérange brusquement ou s'arrête, qu'arrive-t-il? Le voici : Le courant du centre horaire est envoyé dans le télégraphe de la mairie pendant trente secondes de suite; ce fait anormal annonce aussitôt au télégraphiste que l'horloge est dérangée et il peut donner des ordres pour la faire remettre en ordre. » (*Nature.*)

En résumé, le système adopté par la Ville de Paris, pour la distribution et l'unification électrique de l'heure dans les horloges publiques de la grande cité, réunit le double avantage de la solidarité de ses diverses parties et de leur indépendance. La régularité et la continuité du service sont d'ailleurs encore assurées par les dispositions suivantes. Une pendule de haute précision, construite par M. Fenon, est à la disposition de l'Observatoire pour contrôler et suppléer au besoin la pendule des caves. Un commutateur permet aussi, à volonté, de totaliser les deux circuits en y intercalant non seulement les deux piles totalisées, mais encore les contacts de seconde de l'une ou de l'autre des pendules têtes de ligne, de sorte que l'une d'elles conduise toutes les horloges des deux circuits urbains, et qu'on puisse disposer de l'autre pour la nettoyer ou la réparer.

§ 4. CHRONOGRAPHES ET CHRONOSCOPES.

On utilise aussi la propriété que possède l'électricité de se propager d'une façon presque instantanée, à la mesure précise des intervalles de temps très courts, par exemple à la mesure du temps que mettent les projectiles d'artillerie à parcourir la distance entre la bouche de l'arme et le but frappé. On nomme *chronoscopes* ou *chronographes* les appareils imaginés dans ce but, la seconde de ces dénominations étant particulièrement réservée à ceux qui enregistrent cette durée et en conservent une trace écrite. C'est encore le nom de Wheatstone qui se présente au début de l'invention de cette ingénieuse application de l'électricité. Le chronoscope qu'il imagina en 1840 était d'abord disposé de la manière suivante.

A la station de tir, en A, est installé un appareil d'horlogerie C ayant un poids pour moteur et susceptible de donner, sur deux cadrans distincts, E, D, des dixièmes et des millièmes de seconde. Un électro-aimant placé derrière la boîte contenant le rouage est muni d'une armature qui, attirée quand le courant d'une pile passe, embraye le mouvement et arrête l'horloge. Il résulte de cette disposition que, si le courant cesse d'agir avec le départ du projectile et se trouve rétabli quand ce dernier frappe la cible, l'horloge marchera seulement pendant son trajet, dont elle indiquera par conséquent la durée précise. Voici comment cette condition se trouve réalisée. La pile P communique d'une part avec le chronoscope, d'autre part avec la cible M, et, par un fil dérivé, au canon C. Le fil f passe au devant de la bouche H de l'arme.

Un peu avant de commencer l'expérience, on ferme le circuit dérivé et le courant passe; dès lors l'horloge est arrêtée. Alors on commande le feu : le fil est coupé par le boulet, le circuit

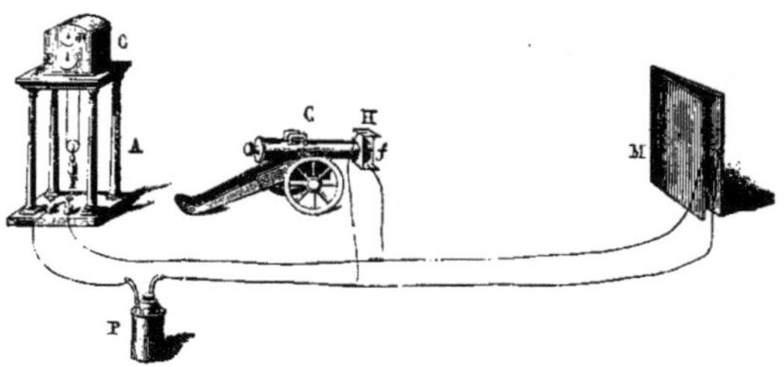

Fig. 492. — Chronoscope de Wheatstone.

est rompu, et l'horloge désembrayée marche, jusqu'au moment où, en frappant la cible, le projectile met en contact les deux fils qui s'y rattachent et ferme de nouveau le circuit. L'horloge est arrêtée de nouveau, et la marche des aiguilles sur les deux cadrans permet de lire, en secondes et fractions de seconde, la durée exacte du trajet.

M. Wheatstone reconnut lui-même les inconvénients de ce premier appareil : le magnétisme rémanent de l'armature était cause que son contact était maintenu un peu après la rupture du courant; d'autre part, les mouvements des aiguilles n'étaient pas arrêtés instantanément aussitôt après le choc de la cible : si petites que fussent ces différences, elles suffisaient pour rendre incertaines les indications du chronoscope, surtout pour d'aussi faibles fractions de seconde. L'inventeur parvint à corriger en partie ces causes d'erreur, en n'employant au début qu'un courant d'une très faible intensité et en disposant les fils du circuit de manière qu'à l'instant du choc de la cible, une pile beaucoup plus énergique pût agir pour refermer le circuit et donner le mouvement convenable à l'armature.

M. Hipp a aussi modifié le chronoscope Wheatstone, en rendant indépendants les mouvements de l'horloge et ceux des aiguilles indicatrices : que celles-ci soient ou non en repos, le rouage continue sa marche. Les aiguilles ne sont en mouvement que pendant le trajet du projectile.

Nous nous bornerons à mentionner : le chronoscope de M. Pouillet, qui était fondé sur la grandeur de la déviation qu'un courant d'une intensité connue imprime à l'aiguille d'un galvanomètre, selon le temps pendant lequel le courant passe; — le chronographe de MM. Bréguet et Constantinoff, qui consiste en un cylindre tournant, à la surface duquel deux styles, maintenus par des électro-aimants, venaient successivement tracer une ligne, quand le projectile rompait deux fils au départ et à l'arrivée, et interrompait ainsi les circuits : la position des lignes tracées sur le cylindre indiquait la fraction de tour que ce dernier avait parcourue pendant le trajet du projectile ; — le chronographe du capitaine Navez, qui a servi avec succès à de nombreuses expériences balistiques, en Belgique et en Hollande ; — les chronographes de M. Martin de Brettes, à l'aide desquels ce savant officier d'artillerie a pu constater la vitesse initiale des projectiles et leur vitesse en un point quelconque de leurs trajectoires ; — le chronoscope à pointage de M. Bréguet; enfin l'électrodiapason à mouvement continu de M. Mercadier. Dans cet appareil ingénieux, l'une des branches d'un diapason est attirée par un électro-aimant, quand l'autre branche, munie d'un fil de platine, vient par un fil au contact d'un disque du même métal, et ferme le circuit d'une pile ; le courant passe, l'électro-aimant agit, le diapason vibre de lui-même, et son mouvement continue tant que la pile fonctionne.

En munissant la première branche d'un style enregistreur, on peut enregistrer sur un cylindre en mouvement recouvert de noir de fumée les vibrations du diapason, dont la durée se détermine aisément et peut permettre de mesurer des centièmes de seconde. Si l'on inscrit sur le même cylindre un phénomène quelconque, on mesurera sa durée avec cette même approximation.

M. Wheatstone a appliqué les méthodes chronoscopiques à l'étude et à la constatation des lois de la chute des corps. Dans le premier volume du Monde physique, nous avons décrit deux appareils servant l'un et l'autre à la constatation de ces lois, et qui ne sont autre chose que des chronographes électriques. Dans le premier, on utilise l'interrupteur d'une bobine Ruhmkorff pour faire jaillir une série d'étincelles entre un cylindre métallique recouvert d'une feuille de papier et la pointe de platine que porte le corps pesant dans sa chute. Les traces laissées sur le papier par les étincelles se suivent suivant une courbe dont les abscisses horizontales mesurent les temps écoulés depuis l'origine de la chute. L'appareil peut être nommé *chronographe à étincelles*. Le second appareil enregistreur, dû à M. Bourbouze, consiste en un cylindre dont la vitesse de rotation est uniforme ou accélérée, selon que le poids qui l'entraîne a lui-même, dans sa chute, un mouvement uniforme ou accéléré. Une lame vibrante trace par sa pointe sur la surface enfumée du cylindre des sinuosités dont l'espacement permet de vérifier les lois de la chute du corps grave.

On se sert aussi de chronographes pour la détermination de la différence de longitude entre deux lieux donnés, reliés télégraphiquement; pour la mesure de la vitesse de la lumière : en se reportant au second volume du Monde physique, on y trouvera la description sommaire et la figure du chronographe employé par M. Cornu pour cette dernière détermination. Enfin M. Marey a montré comment les méthodes chronographiques servent à mesurer la durée des actes physiologiques ou psychiques.

CHAPITRE X

LES MOTEURS ÉLECTRIQUES

§ 1. MOTEURS ÉLECTRIQUES OSCILLANTS.

Dans la télégraphie, dans l'horlogerie électrique, c'est la force vive des courants de la pile ou des courants d'induction qui est le principe des mouvements à l'aide desquels s'effectuent et se transmettent les signaux; en un mot, l'électricité y est employée comme agent mécanique ou force motrice. Mais l'emploi de cette force n'est pas de développer de la puissance, et même, le plus souvent, elle ne sert qu'à régler le jeu d'une autre force, celle de la pesanteur par exemple, dont elle permet de suspendre ou de rétablir périodiquement l'action.

L'électricité ne peut-elle être employée directement comme force motrice, c'est-à-dire jouer le rôle de la vapeur dans les machines qui, après avoir produit et emmagasiné une certaine quantité de mouvement, le distribuent à d'autres machines, où il se trouve transformé selon les besoins industriels? Cette question a reçu plusieurs solutions positives et pratiques, mais on va voir dans quelle mesure restreinte.

Bien que l'on cite diverses tentatives déjà anciennes, celle de Salvator del Negro, de Padoue, qui construisit en 1831 une machine où un aimant oscillait entre les pôles d'un électro-aimant, celle d'un Allemand, Jedlick, inventeur d'une machine électromotrice à rotation directe, c'est à Jacobi, de Saint-Pétersbourg, qu'on doit faire remonter la première invention sérieuse de ce genre. En 1839, un essai en grand fut fait de la machine de ce savant. « On l'appliqua, dit M. Du Moncel, à mettre en marche une petite barque chargée de douze personnes, et munie à cet effet de roues à palettes. On put, il est vrai, naviguer pendant plusieurs heures sur les eaux de la Néva ; mais la force développée, bien que provenant d'une pile de 128 grands éléments de Grove, ne put jamais dépasser les trois quarts d'un cheval-vapeur. Un si faible effet mécanique, déterminé par un courant si énergique, découragea complètement l'inventeur, qui depuis lors a toujours considéré cette application de l'électricité comme impraticable pour les travaux industriels. »

Nous diviserons, comme l'a fait M. Verdet, les machines électromagnétiques en deux classes, correspondant à deux types distincts, celui des *machines oscillantes* et celui des *machines rotatives*, et nous donnerons d'abord quelques exemples de chacun de ces types, dont l'importance n'a guère été, jusqu'à ces derniers temps, que théorique. Puis nous insisterons sur les moteurs dont l'invention est de date plus récente, et qui sont aujourd'hui les seuls usités.

Disons d'abord, d'après le même physicien, quels sont les principes caractéristiques de ces deux types de machines. « Dans les *machines oscillantes*, une hélice ou un électro-aimant fixe attire, lorsqu'il est traversé par un courant voltaïque de direction convenable, soit une autre hélice ou un autre électro-aimant, soit un barreau aimanté, soit même un simple morceau de fer doux. Lorsque la pièce mobile approche du contact de la pièce fixe, le jeu de la machine fait mouvoir un commutateur par lequel l'attraction est changée en répulsion, ou remplacée par l'attraction d'une autre pièce située à l'opposé. La direction du mouvement est ainsi renversée, et, ces attractions se répétant indéfiniment, on en peut tirer le même parti que du va-et-vient du piston de la machine à vapeur. Dans les *machines rotatives*, les pièces mobiles et les pièces fixes sont disposées suivant les rayons de deux roues concentriques ; le passage du courant fait marcher la roue mobile vers une position d'équilibre stable ; mais au moment où elle l'atteint, le jeu du commutateur change le sens de l'action des forces, et le mouvement de rotation se continue indéfiniment dans le même sens[1]. »

La machine électromotrice de M. Bourbouze appartient au premier type. Voici quelles en sont les dispositions essentielles.

Deux hélices magnétisantes EE, E'E' sont disposées par paire de chaque côté d'un arbre vertical surmonté d'un balancier comme dans les machines à vapeur, et jouent le rôle des cylindres ou corps de pompe. Intérieurement et jusqu'à moitié de la hauteur des bobines, se trouvent des cylindres de fer doux, qui s'aimantent quand le courant de la pile passe dans les spires de chaque hélice. Aux extrémités du balancier sont articulées deux tiges, dont chacune porte deux cylindres de fer doux qui se meuvent librement en pénétrant dans les bobines, et qui sont attirés alternativement par les barreaux aimantés, dès que le courant communique à ceux-ci leur force magnétisante. On comprend donc que, si le courant passe successivement et alternativement dans chaque paire d'hélices, il en résultera un mouvement de va-et-vient des cylindres et de leurs tiges, et par suite un mouvement circulaire alternatif du balancier. A l'aide d'une bielle et d'un excentrique, ce mouvement est transformé en mouvement circulaire continu de l'arbre moteur de la machine et de son volant.

Il reste à montrer comment le courant de la pile est introduit successivement dans les spires de chaque hélice. Dans ce but, à l'arbre moteur de la machine est calé un excentrique, qui fait mouvoir dans une glissière une plaque d'ivoire *aob*, recouverte sur une partie de sa longueur d'une bande métallique.

Le fil du pôle positif de la pile communique par *p* avec les deux électro-aimants, et chacun de ceux-ci avec une des extrémités inférieures de sa glissière, qui, en son milieu *o*, communique de son côté avec le pôle négatif de la pile. Supposons

1. Verdet, *Exposé de la théorie mécanique de la chaleur*, leçons professées en 1862 devant la Société chimique de Paris.

que la plaque *ab* occupe la position indiquée par la figure[1]. Le courant suit alors le chemin *p*E*eaon*, car le circuit est fermé de *p* en *n* en passant par les spires des bobines E, E. L'excentrique, en se mouvant vers la droite, ouvrira ce dernier circuit, mais alors il fermera celui qui passe par E′, E′, et c'est le fer doux de cet électro-aimant qui sera aimanté à son tour. Ainsi, à tour de rôle, les cylindres moteurs seront attirés à gauche et à droite, et le va-et-vient des tiges et du balancier en sera la conséquence.

Fig. 493. — Machine électromotrice, système Bourbouze.

Les deux cylindres mobiles restent toujours très rapprochés des cylindres intérieurs fixes ; cela est rendu indispensable par la loi qui, comme on sait, régit la force attractive des aimants ; cette force croît avec une rapidité extrême, à mesure que les masses attirées et attirantes approchent plus du contact. Aussi allonge-t-on le balancier par un levier assez grand, pour que le mouvement communiqué à la bielle de l'arbre moteur ait une amplitude suffisante.

Rien, comme on voit, n'est plus aisé à comprendre que ce

1. Une erreur a été commise sur le dessin, relativement à la position de cette glissière. C'est le fil *a* qui doit toucher la plaque métallique, tandis que *b* repose sur l'ivoire. Nous prions le lecteur de supposer cette erreur corrigée pour suivre l'explication du texte.

mode de transformation du mouvement produit par l'attraction électromagnétique en un mouvement alternatif, que la mécanique sait transformer elle-même en mouvement circulaire continu.

§ 2. MOTEUR ÉLECTRIQUE A ROTATION CONTINUE.

Voyons maintenant un type de machine magnéto-électrique donnant directement un mouvement de rotation continu. C'est l'électromoteur Froment que nous prendrons pour exemple. La figure 494 en donne l'aspect général.

Fig. 494. — Machine électromotrice à rotation continue, système Froment.

Six paires d'électro-aimants — la figure n'en représente que quatre, afin qu'on puisse voir les roues mobiles et leurs armatures — sont disposées selon les rayons d'une circonférence et sont fixées au bâti de la machine qui porte l'arbre moteur, arbre dont l'axe horizontal coïncide avec le centre de la même circonférence. Des roues concentriques à celle-ci portent huit armatures de fer doux, rangées parallèlement à l'axe de rotation, et venant, pendant le mouvement, se placer deux par deux en regard des pôles des électro-aimants.

Les huit armatures étant distribuées à intervalles égaux sur la circonférence de la roue mobile, et le nombre des électro-aimants pareillement distribués n'étant que de six, quand deux armatures opposées seront exactement en regard des deux électro-aimants E, E, les autres armatures se trouveront en avance ou en retard, selon le sens du mouvement. Supposons-le dans le sens des flèches, ou de droite à gauche. En ce cas, le courant de la pile se trouve lancé dans les bobines E′, E′, et il a quitté les bobines E, E. Les armatures qui suivent dans le sens du mouvement vont donc être attirées, et le mouvement se continuera dans le même sens, jusqu'à ce que ces armatures se trouvent en face des pôles E′, E′. A ce moment, le courant quitte ces dernières bobines pour passer dans E″, E″, et ce sera maintenant au tour des armatures suivantes d'être attirées, et ainsi indéfiniment. Il est clair que, pendant un tour entier, il y aura autant d'attractions que l'angle d'avance des électro-aimants sur les armatures est contenu de fois dans la circonférence, c'est-à-dire vingt-quatre (la différence entre $\frac{1}{6}$ et $\frac{1}{8}$ est en effet $\frac{1}{24}$).

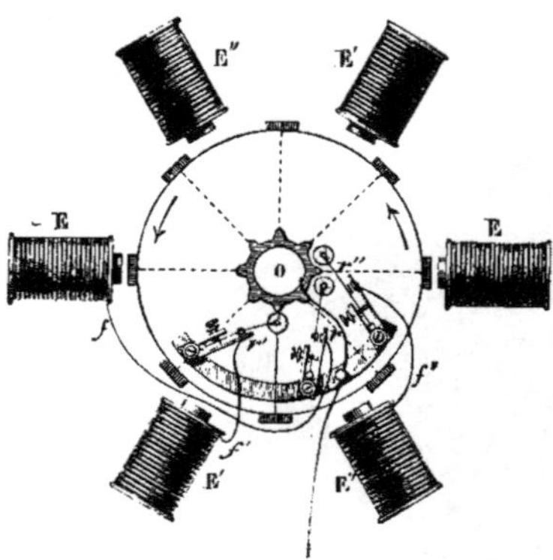

Fig. 495. — Électromoteur Froment; action des courants sur les armatures.

Ces interruptions et ces passages alternatifs du courant dans les bobines de la machine s'obtiennent à l'aide d'un distributeur, dont les figures 495 et 496 feront facilement comprendre la disposition et le rôle. Ce distributeur consiste en une roue R, centrée sur l'axe de rotation et munie de huit dents ou cames en nombre égal à celui des armatures et se mouvant avec elles : cette pièce est en communication constante avec le pôle positif de la pile. Trois ressorts r, r', r'', fixés à un secteur circulaire immobile et reliés chacun avec les paires diamétralement opposées des électro-aimants par des fils f, f', f'', ont leurs extrémités placées, par rapport aux dents de la roue, de la même manière que les bobines relativement aux armatures de fer doux. Quand deux armatures sont exactement en regard de E, E, le ressort r qui communique avec les électro-aimants E, E est en avance sur une dent qu'il vient de quitter, tandis que r' touche la dent précédente et ferme le circuit dans les bobines E', E'. Après un vingt-quatrième de tour, r' quittera la dent, et c'est r'' qui en touchera une à son tour, en lançant le courant dans les bobines E'', E''. En un mot, le circuit se trouvera fermé à chaque fraction de tour égale à $\frac{1}{24}$, et passera, par le ressort en contact avec une dent, dans les bobines qui se trouvent en avant des armatures de la même quantité angulaire. Le courant revient, après avoir animé chaque paire de bobines, au pôle négatif par un fil commun. Il ne cesse d'ailleurs d'agir sur un électro-aimant qu'après être passé dans le suivant, disposition ingénieuse par laquelle on affaiblit l'étincelle qui se produit en vertu de la naissance de l'extra-courant. L'oxydation des contacts que cette décharge cause à la longue se trouve ainsi en grande partie atténuée.

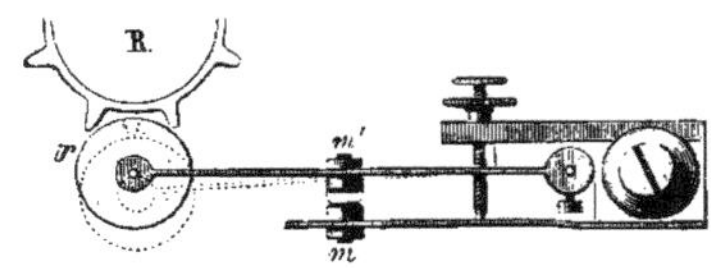

Fig. 496. — Distributeur de la machine électromotrice Froment.

§ 3. MOTEURS ÉLECTRIQUES ACTUELS.

Le moteur Froment que nous venons de décrire figurait encore à l'Exposition d'Électricité, parmi les objets constituant les collections rétrospectives. Nous donnerons, dans le paragraphe qui va suivre, quelques exemples curieux des applications auxquelles l'inventeur l'avait employé. Quelques électro-moteurs fondés sur le même principe, d'autres basés sur l'attraction et la répulsion simultanées des électro-aimants, n'ont offert qu'un médiocre intérêt, à cause des applications tout à fait restreintes dont ils sont susceptibles. On ne peut leur demander qu'un service exigeant une très faible dépense de travail : faire tourner une roue de ventilation, ou encore une molette pour gravure sur verre, faire mouvoir des jouets scientifiques.

Ce n'est que ces dernières années que les électriciens, invoquant un principe de mécanique établi par Carnot, celui de la réversibilité, ont tourné leurs idées, leurs vues et leurs projets vers une application beaucoup plus rationnelle de la force électrique. Ils se sont dit que, puisque en dépensant une certaine quantité de force, en produisant une certaine quantité de mouvement dans une machine électrodynamique, on obtenait pour résultat un courant électrique d'une certaine intensité, réciproquement on devait, en fournissant à la même machine ou à une machine semblable un courant électrique, mettre la machine en mouvement. En un mot, dans la première hypothèse, c'est du travail qui se transforme en électricité ; dans la seconde, c'est de l'électricité qui se transforme en travail. La vérification de ce principe ne pouvait manquer de donner gain de cause à la théorie. Elle est due à l'un de nos savants électriciens, M. H. Fontaine, qui eut l'idée, à l'Exposition universelle de Vienne, en 1873, d'accoupler à distance deux machines Gramme. L'une d'elles était actionnée par un moteur à gaz : les courants ainsi produits étaient envoyés par un fil métallique à la seconde machine située à une distance d'un kilomètre de la première, la mettaient en mouvement et lui permettaient de manœuvrer une pompe centrifuge. Depuis, tous les inventeurs de machines électrodynamiques à courant continu n'ont pas manqué d'appliquer à leurs machines le principe de la réversibilité, de sorte qu'elles peuvent être à volonté utilisées comme des générateurs d'électricité ou comme des électromoteurs.

Nous reviendrons plus loin sur les grands moteurs de cette catégorie, en parlant de l'importante question que cette application nouvelle a soulevée : nous voulons parler de la *transmission de la force à de grandes distances*.

La réversibilité a été appliquée pour la première fois aux petits moteurs, à ceux dont la force se mesure par quelques kilogrammètres, par un de nos savants compatriotes, M. Marcel Deprez, qui dès 1878 eut l'idée de transformer la machine dynamo-électrique Siemens en électromoteur. Il reconnut bientôt l'avantage qu'il y avait à prendre pour inducteur, au lieu

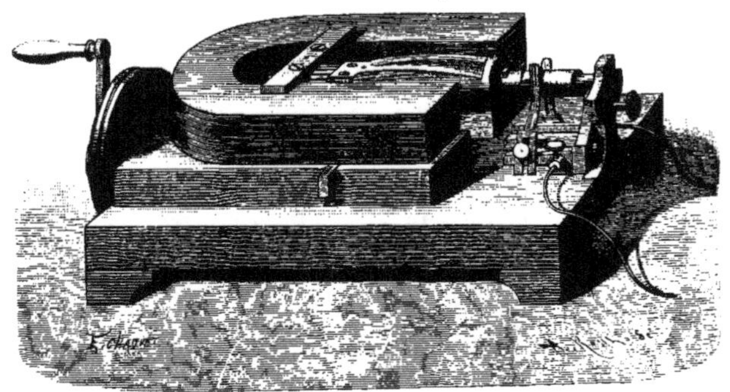

Fig. 497. — Moteur électrique Marcel Deprez.

d'un électro-aimant, un aimant permanent dont la masse devait être grande relativement à celle de l'électro-aimant mobile. Puis, au lieu de placer la bobine transversalement, comme le faisait M. Siemens dans sa première machine magnéto-électrique, M. Deprez la disposa parallèlement aux jambes de l'aimant, de façon à mieux utiliser la puissance magnétique de ce dernier. La figure 497 montre la disposition à laquelle s'est arrêté l'inventeur.

Entre les branches d'un aimant permanent en fer à cheval, formé de plusieurs lames superposées, on voit la bobine Siemens à double T, tournant sur son axe, quand le courant d'une pile vient, par les balais en laiton d'un commutateur à renversement de pôles, traverser la bobine et polariser ses surfaces polaires. L'attraction des pôles de noms contraires et la répulsion des pôles de même nom de la bobine et de l'aimant déterminent le mouvement de rotation, qui changerait de sens à chaque demi-tour, sans le changement de sens du courant que produit le commutateur. Les balais sont portés par un système mobile autour de l'axe de la bobine, qui permet, en les inclinant plus ou moins, d'écarter à volonté leurs points de contact de la fente du commutateur, de façon à graduer la vitesse engendrée par un courant d'intensité donnée; on peut même changer le sens de la rotation sans toucher aux fils de pile : il suffit, pour cela, d'incliner assez le système des balais pour que leurs contacts avec les coquilles du commutateur se trouvent alternés.

Le moteur Deprez porte aussi un régulateur de vitesse, qui consiste en un petit ressort communiquant d'un côté à l'un des bouts du fil de la bobine; de l'autre côté est une vis de réglage présentant sa pointe à une pièce de platine soudée au commutateur. Cette extrémité du ressort est plus épaisse que l'autre, et avec l'augmentation de la vitesse elle tend à s'écarter par l'effet de la force centrifuge. Alors le contact de la pointe avec le commutateur cesse, le circuit est rompu; la vitesse diminue, et le circuit est de nouveau fermé lorsque cette vitesse a repris sa valeur normale.

Des expériences nombreuses dues à M. d'Arsonval sur le *rendement des moteurs électriques*[1], il résulte que les moteurs électriques du système Deprez sont susceptibles de rendre de grands services, lorsque le travail dont on a besoin ne dépasse pas 2 ou 3 kilogrammètres par seconde. Un petit modèle, dont la bobine n'avait que 30 millimètres de diamètre sur 35 millimètres de longueur, et pesait 200 grammes, dont l'aimant pesait 1700 grammes, dont le poids total était ainsi inférieur à 2 kilogrammes, a fourni avec 5 éléments Bunsen un travail de

1. Voir la *Lumière électrique*, année 1881.

51 kilogrammètres par minute avec une vitesse de 204 tours. Chaque gramme de zinc brûlé dans la pile ne rendait pas moins de 134 kilogrammètres. Un autre modèle, dont la bobine pesait 400 grammes et l'aimant 1700 grammes, a développé 2,5 kilogrammètres par seconde, avec une vitesse de 3000 tours par minute. Le courant était fourni par 8 éléments Bunsen plats, modèle de Ruhmkorff.

Les expériences de M. d'Arsonval ont porté sur la comparaison des moteurs du même type, composés d'une bobine Siemens tournant entre des électro-aimants, comme sont disposées les machines Siemens et Ladd, et d'autres petits moteurs dérivés du même système, et ses conclusions sont que, quel que soit le groupement des deux circuits, fixe et mobile, qu'on les réunisse en tension, en dérivation ou qu'on les maintienne indépendants, les *moteurs à aimants permanents ont un rendement supérieur aux mêmes moteurs à électro-aimants.* Ce sont ces considérations qui ont déterminé M. Deprez à conserver l'aimant permanent dans son moteur électrique.

La plupart des petits moteurs électriques qui ont été produits depuis la construction de celui que nous venons de décrire, sont basés sur le même principe, celui de la rotation d'une bobine Siemens, tantôt entre les branches d'un aimant permanent, tantôt entre celles d'un électro-aimant. Dans le moteur Trouvé, l'électro-aimant en U reçoit d'abord dans son fil le courant de la pile, qui de là passe dans celui de la bobine mobile. Les faces polaires de cette dernière sont légèrement excentrisées; « au lieu d'être des portions d'un cylindre dont l'axe coïncide avec celui du système, dit l'inventeur, elles sont en forme de limaçon, de telle sorte qu'en tournant elles approchent graduellement leurs surfaces de celles de l'aimant. L'action de répulsion commence alors, de sorte que le point mort est pratiquement évité[1]. » Les branches de l'électro-aimant du

1. M. Deprez, pour supprimer cet inconvénient du point mort qui est la conséquence de l'inversion de sens du courant à chaque demi-tour de la bobine, fractionna l'armature de Siemens en deux parties égales dans le sens de la longueur, mais en les disposant de façon

moteur Trouvé portent un cadre en cuivre, où sont fixés les divers accessoires, balais frotteurs, contre-pointes entre lesquelles pivote la bobine, etc. « Une roue dentée est montée verticalement par un pont sur l'électro-aimant, de manière à répondre à toutes les applications grâce à la variété de ses transmissions, soit par corde, par chaîne Galle ou Vaucanson, soit par engrenage. Un modèle du poids de 3300 grammes développe par seconde 3,75 kilogrammètres; la pile qui l'actionne est une pile au bichromate de potasse, dont la consommation équivaut à celle de 1 gramme de zinc pour 94 kilogrammètres. M. Trouvé, pour obtenir des forces plus grandes, double ou triple le nombre des bobines et celui des batteries qui les actionnent.

Nous en reparlerons plus loin en mentionnant les applications qui en ont été faites aux machines à coudre, à la navigation, à l'aérostation. C'est surtout aux machines à coudre qu'ont été appliqués également d'autres petits moteurs électriques, qu'on remarquait à l'Exposition de 1881, celui de M. Griscom (fig. 498), ceux de MM. Burgin, Borel, etc.

Dans le moteur Griscom, on voit que la bobine mobile tourne entre les deux pôles d'un électro-aimant annulaire, et se trouve ainsi entièrement renfermée dans l'inducteur. Une pile au bichromate de potasse de 6 éléments sert à l'actionner, quand on veut l'utiliser à faire mouvoir une machine à coudre. Sa longueur ne dépasse pas 10 centimètres.

Nous avons dit plus haut que les moteurs électriques à renversement de courant, qu'ils soient magnéto-électriques ou

à faire un angle de 90 degrés. Dans un moteur où les bobines ainsi conjuguées à angle droit étaient placées dans le même aimant, le rendement se trouva considérablement diminué; en donnant un aimant excitateur séparé à chaque bobine, le rendement fut meilleur. Il semble résulter de là que la suppression du point mort, qui peut être utile dans certaines circonstances, n'est pas avantageuse au point de vue économique. Les autres dispositions ayant le même objet sont-elles préférables? Ce n'est point l'opinion de M. d'Arsonval, qui pense que, dans les bobines à renversement de courants, la modification des joues ne résout le problème qu'en apparence, qu'il n'y a de moteurs véritablement sans points morts que ceux qui ont deux bobines à angle droit, à moins qu'il ne s'agisse des machines munies du collecteur de Gramme, développant pendant leur rotation une force électromotrice continue.

dynamo-électriques, ne sont utilisables que là où le travail exigé ne dépasse pas quelques kilogrammètres par seconde. Pour des forces supérieures, il faut employer les machines à courant continu, comme celles de Gramme. C'est en effet, comme nous allons le voir plus loin, à des moteurs de ce genre que l'on a demandé la solution d'un problème de mécanique pratique d'un grand intérêt, celui de la *transmission de la force à distance*.

Les moteurs du type Marcel Deprez peuvent être utilisés

Fig. 498. — Moteur électrique W. Griscom.

dans une foule de cas où la force est peu considérable : nous avons déjà cité les machines à coudre; les machines à diviser, les tours d'horloger et tous les outils qui exigent régularité, précision avec faible puissance sont dans le même cas. Ce sont des moteurs Deprez qui font mouvoir les appareils télégraphiques du système multiple imprimeur Baudot.

A l'Exposition internationale d'Électricité, la curiosité du public s'est portée avec intérêt sur deux applications du moteur Trouvé dont nous allons dire quelques mots. On voyait, sur l'eau du bassin du centre du palais, évoluer un canot qui était mû par l'électricité. Quelques mois auparavant, des expériences faites sur la Seine et sur le lac du bois de Boulogne avaient donné des résultats fort satisfaisants : dans les premières, le canot, monté par trois personnes, remonta aisément le cours du fleuve avec une vitesse d'un mètre par seconde, puis à la descente il acquit la vitesse de $2^{m},50$. Le moteur, situé à la partie supérieure du gouvernail, était un moteur élec-

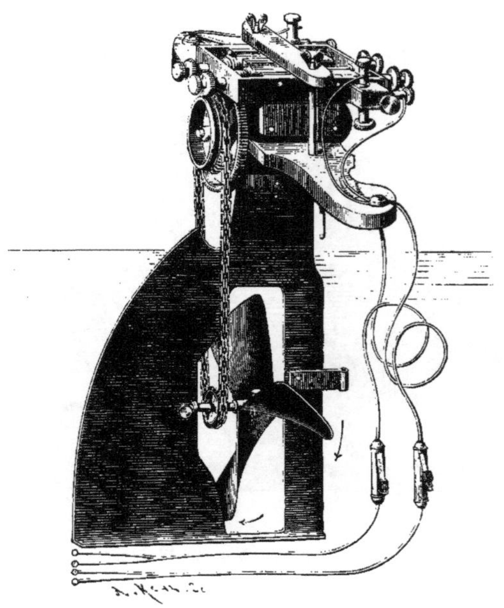

Fig. 499. — Moteur en hélice du canot Trouvé.

trique Trouvé à deux bobines, actionné par deux batteries au bichromate de potasse installées sur le milieu du bateau. La figure 499 montre comment le mouvement était communiqué, à l'aide d'une transmission à la chaîne de Vaucanson, à une hélice encastrée dans le gouvernail même, à sa partie inférieure. La communication des piles avec les organes moteurs a lieu au moyen des *tire-veilles*, qui servent à la manœuvre du gouvernail; elles sont formées de cordons métalliques souples, recouverts plusieurs fois de soie et de coton et en dernier lieu d'un tube en caoutchouc qui les met à l'abri des accidents et de l'humidité. Celui qui dirige le bateau tient de chaque main

Fig. 500. — Expérience de navigation électrique faite sur la Seine par M. Trouvé.

l'une des tire-veilles par une poignée ou manche adapté en son milieu et pourvu d'un contact à verrou ; par un simple mouvement du pouce agissant sur le contact à verrou, il peut

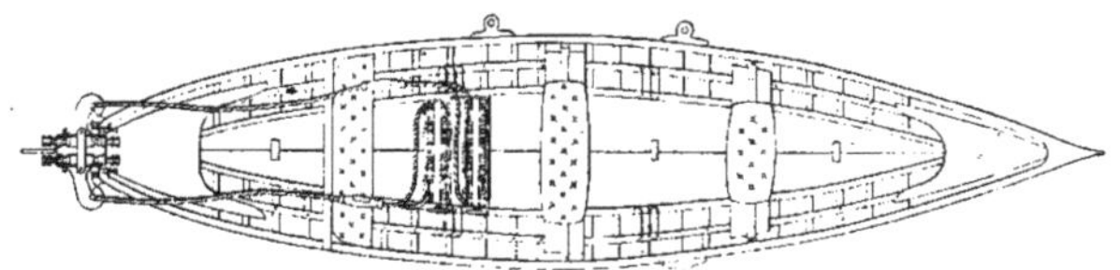

Fig. 501. — Canot électrique Trouvé à deux bobines et à deux batteries.

donc à volonté mettre le moteur en activité ou l'arrêter immédiatement. La figure 501 montre la disposition générale et l'installation d'un moteur à deux bobines et à deux batteries sur un canot de plaisance.

Cette ingénieuse application des moteurs électriques à la navigation est-elle susceptible d'une extension à des bateaux d'un certain tonnage? Sous cette forme, la réponse à cette question nous paraît au moins douteuse. La pile, en effet, n'est pas seulement une source d'électricité coûteuse, elle est embarrassante et la durée de son fonctionnement est fort limitée. Tant qu'on n'aura pas découvert une source plus puissante, un accumulateur permettant d'emmagasiner sous un petit volume une somme un peu considérable d'énergie électrique, il nous paraît évident que la navigation par l'électricité sera forcément restreinte au canotage[1] et restera affaire de luxe et de curiosité.

Les mêmes réserves ne pourraient s'appliquer qu'en partie à la navigation aérienne électrique. En effet, le grand avantage d'un moteur électrique sur un moteur à vapeur, c'est l'absence de feu et de fumée, absence dont l'importance est capitale quand l'aérostat est un ballon gonflé d'hydrogène, c'est-à-dire d'un gaz essentiellement inflammable. Toute la question, en ce cas, sera donc dans l'invention d'un accumulateur dont le poids soit très réduit, eu égard à la force emmagasinée. Un autre avantage du moteur électrique, c'est de conserver un poids constant, n'ayant pas à abandonner à l'air des produits de combustion qui, délestant sans cesse l'aérostat, tendent à le faire monter dans l'atmosphère.

M. G. Tissandier, l'auteur du projet d'aérostat dirigeable mû par l'électricité, dont un petit modèle figurait à l'Exposition, a fait une série d'expériences tout à fait encourageantes, et qui prouvent qu'on peut espérer le succès en grand, dans la mesure où il est possible. C'est un moteur Trouvé, actionné par un élément secondaire Planté, qui servait de propulseur à son aérostat. Ce dernier, dont la forme rappelait le type de l'aérostat allongé de M. Giffard ou de M. Dupuy de Lôme, mesurait $3^m,50$

1. Le canotage lui-même est une sorte de sport qui tire tout son intérêt de la vigueur musculaire et de l'adresse développée par ceux qui s'y livrent : c'est en outre un utile exercice de gymnastique pour les jeunes gens. La substitution à la rame d'un moteur mécanique, si puissant qu'il soit, serait précisément la mort du canotage.

dans son grand axe et $1^m,80$ de diamètre à sa partie médiane. Gonflé d'hydrogène pur, sa force ascensionnelle était de 2 kilogrammes. Le poids du moteur était de 220 grammes, celui de l'élément Planté aussi de 220 grammes. La rotation de la bobine était communiquée par engrenage à l'axe du propulseur, qui consistait en une hélice à deux branches fort légère, mesurant 40 centimètres de diamètre. Dans un air calme, l'hélice effectuait 6 tours 1/2 par seconde et la vitesse de propulsion était de 1 mètre; le mouvement durait jusqu'à 40 minutes. « Avec deux éléments secondaires montés en tension, dit M. Tissandier, et pesant 500 grammes chacun, je puis adapter au moteur une hélice de 60 centimètres de diamètre qui donne à l'aérostat une vitesse de 2 mètres environ à la seconde pendant 10 minutes environ. Avec trois éléments la vitesse atteint 3 mètres. »

Voici dans quelles conditions le savant directeur de la *Nature* pense que les résultats obtenus sur une petite échelle auraient chance d'être encore plus favorables, si les expériences se faisaient en grand :

« Dans les conditions actuelles, dit-il, les moteurs dynamo-électriques peuvent donner 6 chevaux-vapeur sous un poids de 300 kilogrammes environ, avec 900 kilogrammes d'éléments secondaires. Il serait facile d'enlever avec soi ce matériel d'un poids total de 1200 kilogrammes, dans un aérostat allongé, de 3000 mètres cubes, gonflé d'hydrogène, analogue à ceux qui ont été conduits dans les airs en 1852 par M. Giffard et en 1872 par M. Dupuy de Lôme[1]. L'aérostat aurait 40 mètres de longueur et $13^m,50$ de diamètre au milieu ; sa force ascensionnelle totale serait de 3500 kilogrammes environ ; il pèserait, avec tous ses agrès, 1000 à 1200 kilogrammes ; il resterait donc encore plus de 1000 kilogrammes pour les voyageurs et le lest. Par un temps calme, cet aérostat, actionné par une hélice de 5 à 6 mètres de diamètre, aurait une vitesse propre de 20 kilomètres à l'heure environ, et dans un air en mouve-

1. Voir le premier volume du *Monde physique* pour le détail de ces expériences.

ment il se dévierait de la ligne du vent; il ne fonctionnerait assurément que pendant un temps limité; mais il permettrait d'entreprendre des expériences de démonstration tout à fait décisives. »

§ 4. APPLICATIONS DIVERSES DES MOTEURS ÉLECTRIQUES.

Les moteurs électriques que nous venons de décrire ne peuvent, en aucune façon, lutter de puissance avec les moteurs ordinaires, tels que la machine à vapeur. On n'est guère parvenu à en construire dont la force équivaille à plus d'un cheval-vapeur. La raison en est donnée par les principes de la théorie mécanique de la chaleur : le travail des machines électromotrices est une autre forme de la puissance calorifique que les actions chimiques de la pile développent ; mais, comme ce mode de production de la chaleur est beaucoup plus coûteux que celui qui consiste à brûler la houille nécessaire à la production de la vapeur, il en résulte nécessairement que la force électromotrice est beaucoup moins économique que celle de la vapeur d'eau. C'est ce que l'expérience a, du reste, entièrement confirmé.

Mais si les moteurs électriques légers ne peuvent lutter, sous ce rapport, avec la machine à vapeur ou avec les autres moteurs industriels, si leur emploi dans la grande industrie a paru longtemps impossible, il est des services d'un autre ordre qu'ils peuvent rendre toutes les fois qu'il s'agit d'obtenir une force peu considérable, mais exigeant régularité, grande vitesse, action à grande distance. Dans ces conditions, ils ont une supériorité qu'augmentent encore la facilité de leur mise en train, de l'interruption du travail, l'absence de tout danger, le peu de place qu'ils nécessitent. Nous venons de donner quelques exemples des applications variées dont ils sont aujourd'hui reconnus susceptibles; mais dès les premiers essais on avait compris quel genre de services ils étaient appelés à rendre. C'est ainsi que l'inventeur de la machine à rotation directe que nous avons décrite plus haut, l'habile et regretté M. Froment, se servait de machines semblables pour les délicates opérations de mécanique scientifique auxquelles il se livrait. Il les utilisait à mouvoir des tours, des machines à diviser, ces engins si précis qui traçaient sur un tube de verre des divisions d'une extrême finesse, jusqu'à 1000 traits dans l'intervalle d'un millimètre. La précision, la délicatesse infinie de cette machine en faisaient une merveille mécanique. Qu'on en juge par ce passage d'un rapport de M. Dumas :

« Nous trouvant réunis à Londres, à l'occasion de l'Exposition, M. Froment, au milieu d'une séance, tire sa montre, et nous dit : « Il est midi moins dix secondes. A l'ordre de la pendule de mon cabinet, à Paris, mon diviseur entre en mouvement. Le diamant trace cinq traits en l'air, pour se mettre en train et pour réchauffer les huiles des jointures de ses supports. Il trace cinq traits inutiles sur la plaque de verre, pour s'assurer qu'il y mord. Il avance jusqu'à la place où doit commencer son travail ; il trace ses traits définitifs, courts pour les millièmes de millimètre, plus longs de cinq en cinq, un peu plus longs encore de dix en dix. Il en a tracé cinq cents. Il a fini sa tâche et reste en place, la pointe en l'air, prêt à recommencer. Mais, à son tour, il marque à la pendule midi trente secondes, pour qu'en revenant à Paris le maître puisse s'assurer que son esclave électrique lui a scrupuleusement obéi. »

CHAPITRE XI

TRANSMISSION ÉLECTRIQUE DE LA FORCE

§ 1. TRANSMISSION DE LA FORCE.

Nous avons vu plus haut que le principe de la réversibilité, appliqué aux machines électriques, avait été le point de départ de progrès importants dans la construction des moteurs empruntant à l'électricité la source de leur puissance. Tant que la source du courant a été la pile, tant que la génération de l'électricité a été empruntée à une combinaison chimique telle que la combustion du zinc, opération coûteuse et encombrante, on a dû se restreindre aux petits moteurs, à ceux que nous venons de décrire dans le chapitre qui précède. Mais la question a changé de face, quand on a songé à employer comme machines génératrices les grandes machines dynamo-électriques à courant continu, comme la machine de Gramme, dans lesquelles la source de l'électricité est la force mécanique d'un moteur quelconque. Si, en effet, on fait mouvoir une machine de Gramme, à l'aide de la vapeur par exemple ou d'une chute d'eau, puis qu'on la mette en communication électrique avec une seconde machine identique à la première, celle-ci va se mettre en mouvement à son tour, transformant ainsi en travail mécanique l'énergie électrique produite elle-même par un travail mécanique. Il est bien entendu d'ailleurs que dans cette transformation une partie du travail de la machine génératrice se trouverait absorbée, sous forme d'échauffement des machines et du circuit. Dès lors l'utilité de la transformation d'électricité en travail par ce mode de transmission serait nulle ou même négative, si elle ne permettait de résoudre un problème jusqu'ici resté sans solution : nous voulons parler du problème de la transmission de la force à distance.

Actuellement, dans les grandes usines, la transmission de la force du moteur, roue hydraulique ou machine à vapeur, est nécessairement restreinte à des distances peu considérables. Elle se fait par l'intermédiaire de courroies et de poulies, de câbles télédynamiques. Dans le cas de moteurs à gaz ou de chutes d'eau, la puissance du moteur peut être transmise par une canalisation, ou employée à comprimer de l'air qui circule ensuite dans des tuyaux : nous en avons vu des exemples dans les grands travaux qui ont eu pour objet la perforation des tunnels des Alpes, au col de Fréjus ou au Saint-Gothard. Mais dans tous ces cas la distance est nécessairement limitée et la transmission exige d'ailleurs des travaux d'installation coûteux. L'électricité, au contraire, passe instantanément pour ainsi dire de la machine génératrice à la machine réceptrice ou motrice, sans autre intermédiaire qu'un fil conducteur métallique, convenablement isolé.

Des exemples intéressants de la possibilité de cette transmission ont déjà consacré cette nouvelle application de l'électricité aux travaux industriels. Avant d'en décrire quelques-uns, insistons sur un point très important, celui de savoir quelle influence la distance peut avoir sur le rendement des machines, et dans quelle mesure la grosseur des fils conducteurs doit croître avec la grandeur du travail à transmettre. M. Marcel Deprez, à qui l'on doit une étude très complète de la question de la transmission électrique du travail à distance, a établi que le rendement en question est égal au rapport de la force contre-électromotrice développée par la rotation de la seconde machine, à la force électromotrice de la première, que, ce rapport étant indépendant de la résistance du circuit, le rendement est lui-même indépendant de la distance. Théoriquement un fil d'un diamètre aussi petit qu'on voudra pourrait transmettre une quantité d'énergie illimitée, mais à la condition que la tension électrique sera d'autant plus élevée que la section du fil est plus faible. C'est cette dernière condition qui impose une limite à la petitesse des dimensions du fil, à cause des difficultés d'isolement pour une tension considérable[1].

Appliquant les principes théoriques ci-dessus au calcul du rendement que donneraient deux machines Gramme identiques (du type C, expérimenté à Chatam pour la lumière électrique) liées par un fil de cuivre pur de 4 millimètres de diamètre, M. Deprez a trouvé que ce rendement serait de 65 pour 100. « Il est possible, dit-il, avec deux machines identiques du type C, de transmettre un travail utile de 10 chevaux à 50 kilomètres de distance, au moyen d'un fil télégraphique ordinaire, la force motrice initiale étant d'environ 16 chevaux. »

Il est aisé de se rendre compte de l'immense portée qu'aura pour l'avenir une pareille application, si toutes les difficultés qui peuvent se présenter dans la pratique, sont résolues. Non seulement les forces développées sur place par les moteurs actuels pourront ainsi être transmises à des points éloignés et

1. Voici quelques-unes des considérations que M. M. Deprez émet à cet égard : « Dans les récits des expériences les plus connues, faites sur ce sujet (Sermaize, Noisiel), on avait toujours donné à entendre que la distance était un élément très nuisible, et que plus elle était considérable, plus les conducteurs devaient être gros. Des savants étrangers, amplifiant encore cette influence néfaste, allèrent jusqu'à écrire que, pour transmettre au loin le travail des chutes du Niagara, il faudrait une quantité de cuivre dépassant tout ce que recèlent les gisements du lac Supérieur. J'avais donc, on en conviendra, quelque mérite à affirmer une vérité aussi méconnue.

« Mais, depuis peu de temps, cette vérité s'est fait jour, et, par une réaction assez commune dans l'histoire des sciences, on n'a pas craint dans des conférences, dans des articles de journaux scientifiques, d'affirmer, sur l'autorité de savants anglais et américains, que, pour répandre dans le monde entier le travail des chutes susnommées, il suffirait d'un petit câble de 1/2 pouce anglais (environ 13 millimètres de diamètre). Quand on réfléchit que la quantité de travail dont il s'agit représente *au moins deux millions de chevaux-vapeur*, et probablement beaucoup plus, il faut reconnaître que les savants en question n'ont pas une idée bien nette de ce que représente ce chiffre, ou qu'ils ont commis des erreurs de calcul que l'absurdité du résultat aurait dû leur faire apercevoir. » M. M. Deprez fait voir en effet qu'en se contentant d'un rendement de 50 pour 100 et d'une transmission à 75 kilomètres seulement, il faudrait que la machine génératrice, si l'on tient compte de la résistance intérieure, développât une force électromotrice de un million et demi de volts, « nombre effrayant et dont les phénomènes de la foudre peuvent seuls, dit-il, donner une idée ».

distribuées; mais nombre de forces naturelles, inutilisées parce que les points où elles existent sont à une trop grande distance des centres de population, répandront de tous côtés les milliers, les millions de chevaux qui mesurent leur puissance actuellement perdue. Arrivons maintenant aux expériences déjà réalisées et qui prouvent que la transmission électrique de la force n'est pas restée à l'état de prévision théorique. Nous avons déjà dit qu'en 1873, à l'Exposition universelle de Vienne, un de nos savants compatriotes, M. H. Fontaine, a fait la première application du principe de la réversibilité. Sont venues ensuite l'application de l'électricité aux travaux agricoles, réalisée par M. Félix à Sermaize, par M. Menier à Noisiel, l'installation à Berlin des chemins de fer et tramways électriques de M. Siemens, et enfin, à l'Exposition internationale d'Électricité, la réunion de ces applications diverses, que nous allons maintenant rapidement passer en revue.

§ 2. LABOURAGE ET AUTRES TRAVAUX AGRICOLES PAR L'ÉLECTRICITÉ.

Dans le courant de mai 1879, une intéressante expérience a été faite par M. Félix, dans sa ferme-sucrerie de Sermaize (Marne). Elle avait pour objet le labourage à l'électricité, par un système de transmission qui, de l'usine, envoyait le courant électrique et la force jusqu'au champ à expérimenter. Voici quelle était la disposition adoptée.

La charrue qu'il s'agissait de mouvoir était une charrue double à renversement, portant trois socs de chaque côté, semblable en un mot à celles qui sont en usage dans le labourage à vapeur. Sur deux treuils placés aux deux extrémités du sillon à tracer, s'enroulait d'un côté et se déroulait de l'autre le câble d'acier entraînant la charrue. Les chariots à quatre roues, porteurs des treuils, portaient également chacun deux machines Gramme, mises en mouvement par le courant électrique envoyé de la sucrerie ; là deux autres machines Gramme, commandées par la machine à vapeur, étaient reliées à chaque treuil par deux fils dont la section était de 30 à 40 millimètres carrés. Le mouvement des machines motrices se communique à chaque treuil de la façon suivante : Sur chaque chariot un arbre central porte à l'une de ses extrémités une poulie entraînée par le frottement de galets tournant sur les machines ; à l'autre extrémité sont deux pignons, dont l'un engrène sur le treuil tandis que l'autre commande l'essieu des roues. Quand le sillon est achevé dans un sens, on fait, à l'aide d'un commutateur, passer le courant dans les machines Gramme du deuxième treuil, qui à son tour fait mouvoir la charrue dans un autre sens. Enfin, le double sillon tracé, les chariots sont eux-mêmes déplacés en avant par l'action des machines sur le second pignon de l'arbre central. Voici maintenant, d'après M. Barral[1], quelques détails sur les résultats obtenus dans cette expérience : « Dans les conditions ordinaires, dit-il, on prend une force de trente chevaux sur les machines motrices de l'usine ; quinze chevaux peuvent être transmis jusqu'à la distance de 2 kilomètres, pour tirer sur la charrue. L'utilisation de la force est donc de 50 pour 100 ; mais elle diminue avec la distance, et à 5 ou 6 kilomètres elle n'est plus que de 40 pour 100. Il y a encore à cet égard de grands progrès à réaliser ; l'emploi d'isolants plus parfaits est un problème à résoudre. Il ne faudrait pas d'ailleurs craindre d'employer des appareils plus puissants, lorsque l'importance de l'exploitation le permet ; on pourra ainsi rayonner à plusieurs kilomètres autour du centre de la ferme. Vous comprenez facilement qu'au lieu de la charrue, vous pouvez atteler au câble des herses, des rouleaux, des scarificateurs, des semoirs, des moissonneuses, tous les appareils en un mot qui travaillent dans les champs. Le prix des appareils de labourage, comprenant les deux machines Gramme de l'usine, les deux treuils avec leurs machines électriques, les câbles de traction et les conducteurs en cuivre

1. *Conférence sur les applications de l'Électricité à l'agriculture*, octobre 1881.

pour 1 ou 2 kilomètres, est d'environ 50 000 francs. Ces machines peuvent, en outre, servir à tous les autres usages et, au besoin, faire l'éclairage électrique. »

La charrue de Sermaize laboure, dit-on, entre 30 et 40 ares par heure, 3 et 4 hectares dans une journée de dix heures. Le même système de transmission a été appliqué par MM. Félix et Chrétien à décharger les bateaux qui amenaient les betteraves la sucrerie, et à en charger les wagons qui les transportaient

Fig. 502. — Expérience de labourage à l'électricité faite par M. Félix à Sermaize en mai 1879.

à l'usine ; par M. Arbey, à faire mouvoir deux scies, l'une rotative, servant à diviser en planches des troncs d'arbres entiers, l'autre verticale. faisant des travaux plus délicats ; par M. Piat, à une hâveuse de M. Chénot servant dans les carrières, à des concasseurs de pierre, à un marteau-pilon fort ingénieux. M. Barral, à qui nous empruntons une partie de ces détails, mentionne aussi l'application de l'électricité pour commander des pompes centrifuges. « Sur l'axe de la pompe, dit-il, on fixe une poulie qui est entraînée par la simple friction des galets montés sur la machine Gramme. Un levier qu'on manœuvre sans effort, à la main, augmente ou diminue l'adhérence pour accélérer ou ralentir la vitesse de la pompe. Ces grandes pompes rotatives sont employées aujourd'hui aux usages les plus variés : sur les bords de la mer, par exemple dans les watringues du Nord, dont le sol est au-dessous du niveau des hautes eaux, on les emploie pour faire les dessèchements ; dans le Midi, on les utilise pour les irrigations et pour la submersion des vignes. C'est ainsi qu'actuellement, dans l'arrondissement de Béziers, M. Dumont organise des installations pour appliquer la transmission électrique à la submersion des vignes. L'avantage est manifeste, si l'on considère qu'on n'a plus besoin de monter une machine à vapeur à côté de chaque pompe, si l'on remarque en outre qu'avec les machines électriques prenant leur force sur une machine fixe à vapeur centrale, on peut employer les moteurs à condensation et diminuer de beaucoup la quantité de combustible nécessaire. »

Pour revenir au labourage à l'électricité, nous devons dire qu'il a été également expérimenté par M. Menier à son usine de Noisiel. Là, la force motrice qui faisait mouvoir les machines génératrices Gramme était une chute d'eau, naturellement plus avantageuse au point de vue économique que la vapeur. Du reste, on comprend assez que la transmission électrique de la force, dont nous venons de décrire ou de citer quelques applications, conviendra surtout aux cas où la force sera donnée par la nature, ou, si cette force est empruntée à la vapeur, aux usines dans lesquelles il reste de la force disponible ; elle serait encore avantageuse dans les usines où, le travail des machines étant intermittent, il y a tout intérêt à les utiliser pendant leurs périodes de chômage.

§ 3. CHEMINS DE FER ET TRAMWAYS ÉLECTRIQUES.

Parmi les applications de la transmission de la force par l'électricité, l'une des plus intéressantes et peut-être aussi des plus importantes, est celle qui consiste à faire mouvoir par l'électricité un ou plusieurs wagons sur les rails d'un chemin de fer, ou sur ceux d'un tramway. C'est à MM. Siemens, de Berlin, qu'on doit les premiers essais de ce genre.

Pendant toute la durée de l'Exposition qui eut lieu dans la capitale de la Prusse en 1879, un premier système de chemin de fer électrique fonctionna d'une façon très satisfaisante. Le train se composait d'une petite machine locomotive à quatre roues remorquant trois voitures de six places chacune et à quatre roues également. Le moteur était une machine à courants continus du système Siemens, placée à un niveau supérieur à celui des roues. Les courants étaient envoyés à la bobine par l'intermédiaire d'une paire de balais, analogues aux collecteurs Gramme, qui s'appuyaient d'une façon continue sur un rail central, barre de fer posée de champ au milieu de la voie et isolée par des tasseaux en bois. Ce rail était en communication constante avec la machine génératrice fixe, du même type que la première, et dont l'autre pôle était relié métalliquement aux deux rails ordinaires. Après avoir animé et mis en mouvement la bobine du remorqueur, le courant repassait par les roues et les rails. D'ailleurs toutes les roues des wagons comme celles de la locomotive communiquaient par des fils de cuivre.

Le conducteur de la machine était assis au-dessus et avait à sa disposition, à main gauche, un commutateur qui lui permettait d'établir les communications électriques, c'est-à-dire de mettre le train en marche, ou de les interrompre pour l'arrêter. Dans ce dernier cas, de la main droite il manœuvrait un frein à main qui enrayait les roues d'avant du remorqueur et contribuait à l'arrêt du train.

La vitesse moyenne, dans ce premier essai, atteignit de 2 mètres environ à 3^{m},50 par seconde, et le travail développé (non compris celui du remorquage de la machine) s'éleva entre deux chevaux-vapeur et trois chevaux et demi.

Deux ans après, MM. Siemens et Halske inauguraient un petit chemin de fer électrique, avec des dispositions nouvelles, entre l'Institut central des cadets et Lichterfelde, station du chemin de fer d'Anhalt à Berlin, sur une longueur totale de 2450 mètres. Dans ce nouveau système, le rail central est supprimé, et ce sont les rails de la voie eux-mêmes qui servent de conducteurs; il y a donc eu nécessité de les isoler de tout contact avec le sol, sauf avec les traverses en bois sur lesquelles ils reposent. La machine génératrice fixe, installée dans un bâtiment de la gare de Lichterfelde, est actionnée par une machine à vapeur rotative. Des câbles partent des pôles du générateur électrique, passent sous le sol, et vont porter le courant aux rails, d'où il passe à la machine locomotive. Cette dernière n'est autre chose qu'une voiture ordinaire de tramway, de sorte qu'il n'y a plus, comme à l'Exposition de Berlin, un remorqueur et des voitures pour les voyageurs. Ceux-ci, au nombre de 26, occupent les places de l'intérieur de la voiture. Entre les deux paires de roues du véhicule est installée la machine Siemens qui met ces roues en mouvement; une poulie centrée sur l'axe de la bobine porte deux courroies qui s'enroulent chacune sur une gorge ménagée à la circonférence de chaque roue d'un même côté de la voiture, de sorte que les deux essieux se trouvent mis en mouvement à la fois. Quant au courant, voici de quelle manière il passe de la machine génératrice à la locomobile du tramway. Nous avons vu que les rails servent de conducteurs. Dès lors le contact direct des roues métalliques le fait passer à la circonférence de ces roues et, de là, par des bandes de métal à une boîte cylindrique sur laquelle des balais collecteurs en relation avec la machine appuient constamment. A l'aide d'un commutateur, que le conducteur peut manœuvrer de chaque extrémité du véhicule, on peut mettre en marche ou arrêter.

Le poids total de la voiture locomobile du chemin de fer électrique, chargée de son chiffre maximum de voyageurs, est de 4800 kilogrammes : elle doit marcher avec la vitesse moyenne réglementaire de 20 kilomètres à l'heure; mais en ligne horizontale cette vitesse peut atteindre de 35 à 40 kilomètres; la machine motrice, qui pèse 500 kilogrammes, développe dans ces conditions un travail de 5,5 chevaux-vapeur.

Dans ce nouveau système du chemin de fer électrique de Lichterfelde, MM. Siemens et Halske ont pu, comme on vient de le voir, employer les rails de la voie comme conducteurs d'aller et de retour. Ces rails, du système Vignole, sont éloignés du sol, dont ils se trouvent isolés d'ailleurs par les traverses en bois. Mais ce mode de communication de la machine génératrice fixe avec la machine motrice du véhicule n'est plus possible quand il s'agit de tramways qui ont à franchir les voies publiques, que doivent pouvoir traverser à tout instant les voitures ordinaires, les cavaliers et les piétons. Aussi, à l'origine, MM. Siemens avaient-ils demandé l'autorisation d'établir une ligne aérienne; c'est, pour ce mode de chemin de fer, la solution la plus rationnelle des difficultés : l'isolement des rails conducteurs eût été de la sorte aussi complète que possible, et la circulation ordinaire n'eût pas été gênée par une voie établie à la hauteur du premier étage. Mais l'autorisation demandée ayant été refusée, les inventeurs ont dû faire leur essai sur une ligne établie au niveau du sol, isolée alors de la circulation comme les autres voies ferrées. Ayant obtenu toutefois la concession d'une ligne de tramways entre Charlottenburg et Spandau, mais toujours à niveau du sol, ils ont dû imaginer une disposition spéciale pour établir la communication électrique des machines. Cette disposition consiste en un contact mobile, en un chariot roulant sur un conducteur aérien qui est soutenu lui-même par des poteaux, comme le sont les fils télégraphiques. Ce conducteur aérien servant, à l'aller, pour la transmission du courant, les rails devaient servir de fil de retour.

Telle est du reste, à peu près, la disposition qui a été adoptée pour le tramway électrique que les visiteurs de l'Exposition d'Électricité ont pu voir fonctionner, en 1881, entre la place de la Concorde et l'entrée Est du Palais de l'Industrie. Seulement, les rails ne pouvant servir comme conducteurs de retour, à cause de l'impossibilité où l'on fut de les isoler du sol, ce sont deux conducteurs aériens et deux contacts mobiles qu'il fallut établir pour la communication électrique. Ces conducteurs étaient des tubes de laiton, fixés de part et d'autre à des barres de bois supportées le long des poteaux par des câbles analogues à ceux des ponts suspendus. A l'intérieur des tubes courait une espèce de navette en laiton, d'où descendaient deux tiges verticales sur lesquelles glissait une traverse portant un galet s'appuyant contre les tubes à la partie supérieure

Fig. 503. — Tramway électrique de l'Exposition d'Électricité, système Siemens.

de sa circonférence. Une fente longitudinale permettait à ce système de contact de courir le long des conducteurs. De chaque contact partait un fil isolé qui se reliait au pôle de la machine motrice. Celle-ci était, comme dans le wagon de Lichterfelde, placée entre les roues du véhicule, auxquelles elle communiquait son mouvement de rotation à l'aide d'une chaîne de Galle.

La longueur du parcours était de 500 mètres environ, que la voiture locomobile franchissait en moyenne en 2 minutes, soit avec une vitesse de 17 kilomètres par heure. Elle aurait pu marcher quatre fois plus vite. Complètement chargée de ses 50 voyageurs, la voiture pesait environ 9000 kilogrammes. La voie présentait deux courbes prononcées, l'une de 55 mètres, l'autre de 30 mètres de rayon, et sur une certaine partie du parcours une rampe de 2 centimètres par mètre. Le travail développé par la machine était en moyenne de 5,5 chevaux-vapeur sur la voie droite en palier; sur les courbes, il atteignait 7,5 chevaux, et sur la rampe, 8,5 chevaux. De là la nécessité d'un régulateur de vitesse. Dans ce but, le conducteur avait à sa disposition la manette d'un rhéostat, avec laquelle il introduisait à volonté dans le circuit les résistances convenables. Il se servait du même moyen un peu avant les instants où, par la rupture du circuit, il voulait produire l'arrêt de la voiture[1].

1. « Dans le réglage de la vitesse interviennent aussi les phénomènes signalés par M. Frœlich et M. Siemens dans l'accouplement de deux machines fonctionnant, l'une comme génératrice, l'autre comme réceptrice du courant. Quand la locomobile électrique est abandonnée à elle-même sur un terrain plat, où la résistance à la traction est faible, sa vitesse s'accélère jusqu'au moment où il y a une différence constante entre le courant de la machine génératrice et le contre-courant de la machine réceptrice; la vitesse de la voiture est alors uniforme. Lorsqu'il y a une pente à monter et que l'effort à faire est plus grand, la vitesse diminue jusqu'à ce que le contre-courant se soit affaibli dans une certaine mesure, et qu'il se soit établi une certaine différence entre lui et le courant de la machine génératrice.

« A ce moment la vitesse devient encore uniforme. Si enfin la voiture descend une pente et qu'il se produise ainsi une nouvelle force de propulsion dans le même sens que celle due au courant, le contre-courant augmente d'intensité, et, à partir d'une certaine limite, fait frein en quelque sorte, parce que la machine locomobile agit plutôt comme productrice de courant et réagit sur la machine fixe.

« Dans la transmission de force à distance à l'aide de deux machines dynamo-électriques, la résistance des conducteurs interposés intervient notablement, et l'on n'a un bon rendement que si cette résistance ne dépasse pas celle des machines. Dans le chemin de fer électrique fonctionnant sur des rails uniformes, cette résistance augmente continuellement à mesure que la locomobile s'éloigne de la génératrice : il y a donc eu lieu de chercher les moyens d'empêcher cette résistance de dépasser une certaine limite. Avec des voies de longueur modérée comme celle de Lichterfelde, la section des rails est assez grande pour que leur résistance n'atteigne jamais une trop grande valeur. S'il s'agissait cependant de franchir une plus grande distance, on pourrait augmenter la conductibilité très facilement, soit en leur ajoutant latéralement des bandes conductrices, soit en les montant, comme cela était projeté pour les chemins de fer aériens, sur des charpentes longitudinales en fer et faisant servir également ces charpentes de conducteurs. Mais la question pourra être plutôt résolue autrement, sans se préoccuper de diminuer la résistance des conducteurs, en augmentant au contraire celle du fil des machines. On n'aura alors qu'à approprier les machines à la distance que devra parcourir la voiture. » (A. Guéroult, *Lumière électrique*, juillet 1881.)

D'après les expériences que nous venons de rapporter, la traction des tramways par l'électricité semble pouvoir entrer dans le domaine de la pratique. Nous ne disons rien, bien entendu, du côté économique de la question. Pour les grandes villes, là surtout où il y aura possibilité d'établir des voies aériennes, il n'est pas douteux que ce mode de propulsion aura de nombreux avantages. La substitution d'une machine fixe aux locomotives à vapeur supprimant, sur la voie, le feu et le combustible, par conséquent la vapeur, la fumée, les escarbilles du charbon, supprimera du même coup tous les inconvénients qui ont empêché jusqu'ici la circulation des locomotives ordinaires à l'intérieur des villes. Ces avantages seraient plus sensibles encore pour la traction électrique dans les chemins de fer souterrains. Dans ce cas particulier, la force du générateur pourrait en outre produire la lumière indispensable à l'éclairage des grands tunnels.

MM. Siemens ont proposé l'application de leur système au transport des dépêches et colis postaux. Mais dès le mois d'août 1879 un électricien français, M. Ch. Bontemps, avait eu la même idée, et des expériences d'un petit chemin de fer électrique postal furent faites alors dans la cour de l'*Administration des Télégraphes* sous la direction de M. Marcel Deprez; la locomotive électrique que ce savant avait fait construire dans ce but devait circuler à l'intérieur des égouts parisiens. Ce projet de *poste électrique*, qui a été abandonné, mériterait certainement d'être repris. La locomotive électrique de M. Deprez figurait à l'Exposition, ainsi que le petit train postal de MM. Siemens, qui se composait d'une machine motrice Siemens montée sur un chariot à quatre roues. Le courant lui arrivait par les rails et les roues, et son mouvement entraînait celui des boîtes métalliques montées également sur roues, où se trouvaient renfermées les dépêches. Les calculs de M. Deprez prouvent qu'une force de 12 chevaux suffirait au transport des dépêches sur tout le réseau souterrain de Paris; actuellement, ce travail fait par la poste pneumatique exige une force de 120 chevaux.

Terminons ce paragraphe en citant une application intéressante de l'électricité à la traction des chemins de fer, bien qu'il ne s'agisse plus ici de transmission de force à distance. L'importante blanchisserie de toile de lin de M. P. Duchesne Fournet, à Le Breuil-en-Auge (Calvados), possède un petit chemin de fer servant au transport des pièces de toile et à leur relevage sur le terrain où elles sont chaque jour exposées à l'action du soleil. La locomotive est mue par une machine dynamo-électrique Siemens à renversement de marche, qui est actionnée par des accumulateurs Faure, situés dans un tender attelé à la locomotive. En agissant sur la manette d'un commutateur, le conducteur peut à volonté mettre en marche le train dans un sens ou dans l'autre, en régler la vitesse, ou bien mettre le moteur en prise avec un treuil qui sert au relevage des toiles étendues sur le pré. Les accumulateurs sont chargés par le courant de la machine Gramme qui sert à éclairer l'usine.

§ 4. APPLICATIONS DE LA TRANSMISSION ÉLECTRIQUE DE LA FORCE DANS LES MINES.

On commence à faire usage des machines électriques dans l'exploitation des mines, pour l'extraction des minerais ou de la houille. Nous citerons comme exemple de cette application de la transmission de la force par l'électricité l'installation faite aux mines de la Péronnière par les ingénieurs MM. Charousset et Bague. Il s'agissait de faire mouvoir un treuil installé à 555 mètres de profondeur dans la mine à la tête d'une descente, de manière à amener les bennes de houille extraites 40 mètres plus bas, jusqu'au niveau de roulage de l'un des puits d'extraction. Une machine à vapeur horizontale, système Meyer, fut installée à l'extérieur d'un autre puits, situé à 1200 mètres du treuil; elle donne le mouvement à deux machines Gramme à l'aide de deux poulies agissant par friction sur deux galets en papier comprimé dont l'axe de chaque machine est muni à ses extrémités. La vitesse de rotation des deux génératrices est de 1500 tours par minute. Deux autres machines Gramme, installées à l'intérieur de la mine auprès du treuil, reçoivent le courant engendré par les premières à l'aide de deux câbles réunissant pour chaque couple les pôles de noms contraires de la machine génératrice et de la machine motrice[1]. Ces conducteurs sont formés chacun de 16 fils de cuivre parfaitement pur, de 1 millimètre de diamètre. Les machines motrices tournent avec une vitesse qui varie entre les 0,6 et les 0,9 de celle des génératrices. Dans ces conditions, le treuil peut monter jusqu'à 4 bennes de 400 kilogrammes en 160 secondes, effectuant ainsi un travail utile de 400 kilogrammètres par seconde, puisque la hauteur est de 40 mètres. La machine à vapeur développant un travail de 1530 kilogrammètres, le rendement pratique est d'un peu plus de 26 pour 100. Mais si l'on considère le rendement électrique des machines Gramme motrices comparées aux machines génératrices, le rendement s'élève à 61 pour 100. Les ingénieurs qui ont fait cette installation, résument en ces termes les conclusions résultant des observations faites pendant les six premiers mois : « Nous croyons que l'électricité, disent-ils, employée pour transmettre la force (dans les mines), pourra remplacer avantageusement, au point de vue du rendement, du coût de l'installation, et surtout de l'entretien, l'air comprimé et la traction mécanique, principalement dans les cas suivants :

« 1° Lorsque la mine ne sera pas trop grisouteuse ;

« 2° Lorsque la distance entre la source d'électricité et le récepteur sera longue ;

« 3° Lorsque les galeries, devant recevoir les organes de trans-

1. Le parfait isolement des fils des conducteurs a une grande importance. Cet isolement, dans le cas que nous citons, était ainsi obtenu : les fils étaient recouverts de deux couches de coton paraffiné ; d'une couche de 5 millimètres de gutta-percha ; de deux tresses de toile chattertonnée, et d'une forte tresse de coton goudron. Pour préserver l'enveloppe en coton contre l'humidité et les gaz chauds, MM. Charousset et Bague ont enduit les câbles d'une matière très collante et très isolante, formée de 57 parties de goudron de Norvège, de 38 de résine et de 5 de suif. Cette dernière précaution n'est indispensable que dans les parties humides du parcours des conducteurs.

mission comme câbles, tuyaux ou chaînes, seront sinueuses, et surtout lorsqu'on ne disposera, pour la pose de la transmission, que d'une série de galeries et faux puits se raccordant à angle droit. »

Nous pourrions multiplier les exemples de cette belle et nouvelle application des puissants générateurs électriques transformés en moteurs, application qu'a rendue possible l'invention des machines de Gramme à courants continus. Il nous suffirait, du reste, pour cela, de rappeler ce qu'ont pu admirer les visiteurs du Palais de l'Industrie pendant la magnifique Exposition internationale d'Électricité. Là une multitude de machines, d'outils de toute sorte, tours, machines à raboter, à fraiser, à tisser, à broder, à coudre, etc., travaillaient sans relâche, mues par une force invisible. Mais, à ce sujet, il y aurait lieu de parler d'une autre question qui se lie à celle de la transmission de la force, et sur laquelle nous reviendrons quand nous aurons décrit les nombreux appareils d'éclairage électrique : nous voulons parler de la distribution de l'électricité. Toutefois, ajoutons dès maintenant que des expériences toutes récentes, faites en Bavière sur la ligne de Munich à Miesbach, ont confirmé les calculs de M. Marcel Deprez. La transmission de force, entre deux machines Gramme identiques, reliées par un fil conducteur en fer galvanisé de $4^{mm},5$ de diamètre, s'est faite avec une perte de moins de 40 pour 100. La distance des deux stations est de 57 kilomètres.

CHAPITRE XII

LA LUMIÈRE ÉLECTRIQUE

§ 1. RÉGULATEURS DES LAMPES PHOTO-ÉLECTRIQUES.

Après la lumière du soleil, la lumière électrique, celle qui jaillit entre les deux cônes de charbon terminateurs des rhéophores d'une pile puissante, d'une forte machine d'induction, est la plus éblouissante de celles qu'on sait produire artificiellement à la surface de la terre. Aussi n'a-t-on pas manqué d'utiliser cette lumière pour un grand nombre d'applications industrielles, militaires, scientifiques : on commence un peu partout à s'en servir pour l'éclairage public des rues et des places des grandes cités, pour les travaux qui demandent à ne pas être interrompus pendant la nuit, pour les constructions sous-marines, les travaux des galeries de mines, les reconnaissances militaires nocturnes, la marine, les phares, enfin pour les effets singuliers de décoration dans les représentations théâtrales. Dans la plupart de ces applications si diverses, le succès a couronné les tentatives faites, mais non sans nécessiter des recherches spéciales et la solution de difficultés particulières.

La production de l'arc voltaïque n'est pas le seul moyen qu'on ait trouvé d'obtenir une lumière électrique assez intense pour qu'on puisse la faire servir à l'éclairage. Quand on interpose dans le circuit d'un courant une substance d'une conductibilité relative assez faible ou offrant une grande résistance, comme une baguette de charbon, un fil de métal peu fusible,

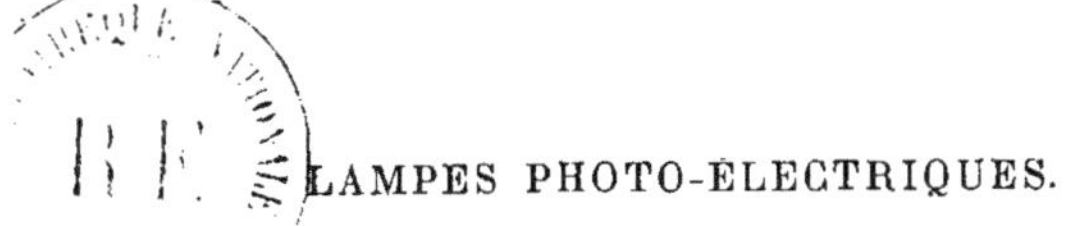

platine ou iridium, il se produit une élévation de température considérable qui porte la substance en question à l'incandescence, et peut l'y maintenir assez longtemps pour que la lumière qui en provient puisse être employée à l'éclairage. De là deux catégories d'appareils pour l'éclairage électrique : ceux qui utilisent l'arc voltaïque, ceux qui emploient la lumière produite par incandescence. Nous allons commencer par la description des appareils de la première catégorie, qui sont aussi les plus anciens.

Une des principales difficultés de l'emploi de l'*arc voltaïque* consiste dans sa discontinuité. On sait en effet que, lorsque se produit le jet lumineux entre les deux cônes de charbon, le courant transporte d'un cône à l'autre des parcelles excessivement ténues de matière : l'un des charbons paraît s'allonger aux dépens de l'autre; mais, en définitive, par le fait de la combustion, la distance des deux pointes va en augmentant; à mesure qu'elles s'émoussent, le courant s'affaiblit, l'intensité de la lumière décroît et, au bout d'un certain temps, peut finir par s'éteindre. Dans le cas où le courant employé est celui d'une pile voltaïque ou d'une machine génératrice à courants continus, c'est-à-dire conserve constamment le même sens, l'usure des cônes de charbon est dans le rapport de 1 à 2 : c'est le charbon positif qui s'use le plus vite. Si la machine employée est une machine d'induction, où le courant change de sens à chaque révolution, chacun des charbons se trouve être alternativement positif et négatif; l'usure est la même pour tous les deux. Dans tous les cas, on comprend la nécessité où l'on se trouve, pour obtenir une source de lumière continue, de maintenir les pointes des deux cônes à une distance sensiblement constante. C'est à quoi on est parvenu au moyen des appareils qu'on nomme *régulateurs*.

Le principe des régulateurs de la lumière électrique est le courant lui-même : c'est la force électrique qu'on a précisément chargée de rapprocher les charbons, de les maintenir à une distance convenable. Pour cela, on fait traverser au courant les spires de la bobine d'un électro-aimant; une armature de fer doux vient au contact de ses pôles, quand le courant a une intensité suffisante, c'est-à-dire pendant tout le temps que les extrémités des cônes de charbon sont assez rapprochées pour donner lieu à un arc lumineux d'intensité convenable. En ce cas, l'armature est en rapport avec un mécanisme moteur, avec un rouage d'horlogerie qu'elle embraye; ce rouage ne fonctionne point, c'est-à-dire ne peut rapprocher les tiges qui portent les deux cônes de charbon. Ces derniers s'usent peu à peu, leur distance augmente, la résistance au passage du courant s'accroît et l'intensité du courant diminue. Un ressort antagoniste, qui maintient l'armature, finit par l'emporter sur l'attraction de l'électro-aimant; le contact cesse et le mouvement de l'armature désembraye le rouage moteur. Ce rouage fonctionne donc de façon à rapprocher l'un de l'autre, dans une mesure convenable, les deux cônes. Alors le courant reprend peu à peu son intensité, un nouveau contact de l'armature s'ensuit, et le mouvement s'arrête, pour recommencer et s'arrêter ainsi indéfiniment.

Le principe des régulateurs bien compris, — la première réalisation et la première idée en sont dues à Léon Foucault, — on comprendra sans peine le mécanisme et le fonctionnement des plus usités de ces appareils.

Voici d'abord le *régulateur Duboscq*, qui avait été imaginé pour utiliser les courants continus fournis par les piles : ce savant et habile constructeur avait surtout en vue les applications scientifiques de la lumière électrique, et les auditeurs des cours publics de physique à la Sorbonne et ailleurs peuvent se rappeler avoir vu fonctionner son régulateur dans les expériences de projections microscopiques. L'arc voltaïque suppléait ainsi aux rayons solaires absents.

La figure 504 représente ce régulateur.

c et *c'* sont les deux crayons de charbon entre les pointes desquels jaillit l'arc lumineux. Le courant qui détermine la production de la lumière part du pôle positif de la pile, entre par la borne R, suit le fil *q*, la bobine de l'électro-aimant BB, la tige T, passe de c en c', et de là, par les tiges T' et T, jusqu'à la borne R' qui est en communication avec le pôle négatif de la pile.

Un contact mobile K, placé en regard du noyau de fer doux de l'électro-aimant, est attiré par les pôles de celui-ci quand le courant conserve une intensité suffisante, c'est-à-dire quand les charbons sont suffisamment rapprochés. Alors ce contact appuie sur le bras horizontal du levier coudé L, mobile autour de F'. Le bras vertical L de ce levier, par l'intermédiaire d'un levier plus court *lm*, embraye une roue dentée que porte le régulateur g du rouage. Le mouvement de ce rouage est donc arrêté tant que le contact a lieu.

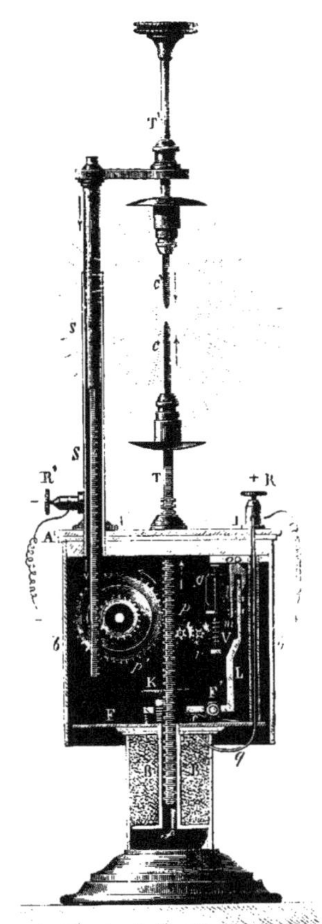

Fig. 504. — Régulateur photo-électrique Duboscq.

L'usure des charbons, le trop grand éloignement qui en est la conséquence, affaiblit le courant; le ressort antagoniste s l'emporte, éloigne l'armature des pôles de l'électro-aimant, et le désembrayage a lieu. Le rouage pp' se met alors en mouvement, et les deux tiges à crémaillère S et T marchent en sens contraire; les charbons c et c' se rapprochent, le courant et l'arc lumineux reprennent leur première intensité, ce qui détermine un nouveau contact et un nouvel arrêt. Et ainsi indéfiniment. La roue dentée qui fait marcher la crémaillère T a un rayon double de celui de la roue qui fait descendre la crémaillère S. Ainsi le charbon positif fait un chemin double du chemin parcouru par le charbon négatif. L'arc lumineux demeure ainsi à une hauteur constante.

Voyons maintenant les *régulateurs Foucault* et *Serrin*, tous les deux employés dans les applications industrielles de la lumière électrique. La figure 505 représente le premier de ces appareils.

Les tiges à crémaillère H et D qui portent les charbons sont à peu près disposées comme dans le régulateur Duboscq ; seulement les roues dentées qui les font mouvoir peuvent tourner dans deux sens opposés, parce qu'elles sont en relation avec un double mouvement d'horlogerie, dont l'un est embrayé pendant que l'autre est en marche. De la sorte, les cônes de charbon sont susceptibles soit de se rapprocher, soit au contraire de s'éloigner l'un de l'autre. Ce recul automatique des charbons dispense de la mise en train à la main, et prévient aussi leur contact accidentel, d'où résulterait une extinction de l'arc lumineux.

Les deux rouages sont munis de deux volants ou régulateurs à ailettes *o*, *o'*, sur chacun desquels vient agir alternativement la tête *t* d'un levier T, que fait mouvoir l'armature de l'électro-aimant E. Quand le volant *o* est en prise, le rouage correspondant est arrêté, mais alors *o'* est dégagé et son rouage moteur libre. Un mouvement inverse de l'armature et du levier T produit un effet opposé. Disons maintenant dans quelles circonstances et par quel mécanisme se produisent ces mouvements contraires.

F est l'armature que les pôles de l'électro-aimant E attirent au contact, si l'intensité du courant dépendant de la distance des charbons est suffisante pour vaincre l'action du ressort antagoniste R. Celui-ci agit non directement sur la branche P du levier F, mais sur un levier situé au-dessus et mobile en X. Quand le courant a son intensité normale, la tige T est verticale, et les deux rouages, tous deux embrayés, sont immobiles. Le courant vient-il à s'affaiblir, F s'éloigne des pôles, la branche T s'incline vers la droite, et le volant *o'* est seul embrayé : c'est le rouage de gauche, déterminant le rapprochement des charbons, qui se met en mouvement. Le courant reprend progres-

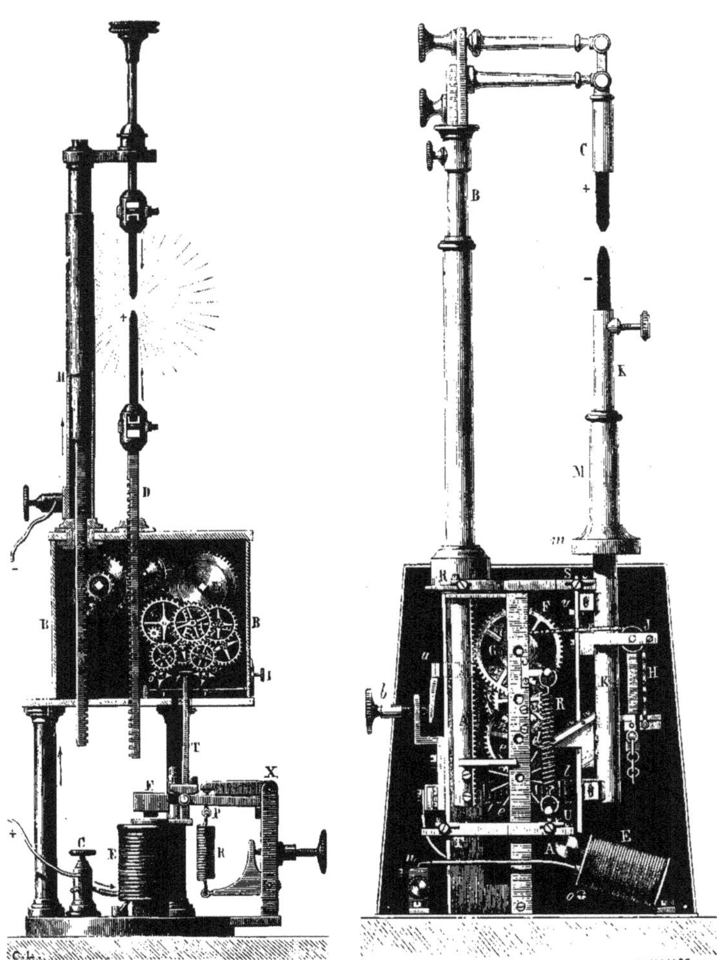

Fig. 505. — Régulateur photo-électrique Foucault.

Fig. 506. — Régulateur de la lampe photo-électrique Serrin.

sivement sa force, le levier marche en sens contraire; et si l'intensité dépasse une certaine limite, c'est-à-dire si les charbons se rapprochent plus qu'il n'est nécessaire, c'est le rouage produisant le recul qui se met en marche, pendant que l'autre est arrêté. A l'aide d'une vis qui agit sur le ressort R, on peut régler convenablement la tension de ce ressort, suivant l'intensité du courant employé. Enfin, en modifiant l'une des pièces du mécanisme, on peut rendre égales les vitesses des deux crayons, ou bien faire marcher le charbon positif deux fois plus rapidement que l'autre. Le régulateur peut donc fonctionner aussi bien avec une pile qu'avec une machine magnéto-électrique.

Le levier X qui agit sur la branche P de l'armature a sa face inférieure légèrement courbée, de sorte que le point où ce levier agit change de position : l'action du ressort est donc elle-même variable, et cela selon l'intensité du courant. Comme la courbure dont il s'agit est très faible, il en résulte que les mouvements oscillatoires de l'armature sont eux-mêmes très petits, et que le rapprochement ou le recul des charbons n'a lieu que par une gradation presque insensible. De là une constance remarquable dans l'intensité de la lumière.

Dans le *régulateur Serrin* (fig. 506), le porte-charbon supérieur AB porte une crémaillère qui engrène avec la roue dentée F; par son propre poids, il tend à descendre, à faire descendre avec lui le charbon *c*, et à faire tourner la roue dentée. Sur l'axe de celle-ci est calée une poulie G, qui, par une chaîne galle et une poulie de renvoi J, communique un mouvement ascendant à la tige KK portant le charbon inférieur. Ce mouvement a lieu toutes les fois que le courant ne passe pas, et amène ainsi les charbons au contact. Dès que le circuit est fermé et le courant introduit dans l'appareil, l'électro-aimant E détermine l'attraction d'un cylindre de fer doux A; ce dernier fait partie d'un quadrilatère oscillant TUSR qui s'abaisse avec l'armature, et fait descendre le tube porte-charbon KK avec lequel il est lié. Une pièce de forme triangulaire *d*, du système oscillant, vient alors buter contre l'une des palettes du moulinet d'encliquetage *ee*, ce qui produit l'arrêt du rouage. Les deux charbons se trouvent alors séparés, et il y a formation instantanée de l'arc voltaïque. La lampe à cet instant commence à fonctionner.

Mais peu à peu, les charbons se consumant, leur écartement augmente ; l'arc voltaïque croît en dimensions, et l'intensité du courant diminue par suite de l'accroissement de la résistance. Il résulte de là une aimantation moins énergique du fer doux de l'électro-aimant, et une moins forte attraction de l'armature A, qui cède à l'action des ressorts antagonistes tels que R. Le système oscillant remonte alors, entraîne vers le haut le cliquet *d*, de sorte que le moulinet se trouve dégagé, et le rouage fonctionne à nouveau. De là un nouveau rapprochement des cônes de charbon, par suite intensité plus grande du courant, attraction de l'armature, et ainsi indéfiniment, jusqu'à ce que l'usure des charbons soit trop considérable et nécessite leur renouvellement. Le fonctionnement de la lampe et la durée de la lumière produite se trouvent ainsi assurés d'une façon continue, et ne dépendent plus que du choix convenable de la longueur des charbons, calculés pour le temps qu'on veut assigner à l'éclairage.

Le courant arrive par une borne au tube AB, passe du charbon supérieur au charbon inférieur, suit le tube KK, et, par une lame *l* à forme ondulée, entre dans la bobine de l'électro-aimant; de là il va au bouton *n*, qui communique lui-même avec le pôle négatif de la pile ou de la machine magnéto-électrique employée.

Ajoutons que les diamètres de la roue F et de la poulie G sont calculés de façon à avoir le même rapport que les chemins parcourus par les deux charbons, chemins inégaux, puisque l'usure des charbons est inégale, et qu'il importe de maintenir le point lumineux à une hauteur constante.

La maison Siemens et Halske, de Berlin, construit un régulateur imaginé par M. Hafner Alteneck pour fonctionner avec sa machine magnéto-électrique. Ce système, qui est fort employé en Prusse, est représenté dans la figure 507. Les porte-charbons, tous deux mobiles, sont reliés par les crémaillères de leurs tiges et par l'intermédiaire d'une roue dentée. Par son poids, la tige A fait descendre le charbon positif en même temps que remonte le charbon négatif. Par ce mouvement de rapprochement des pôles, l'intensité du courant augmente ; l'électro-aimant E attire une armature M, prolongement d'un levier L coudé autour de Y. Un cliquet d'arrêt Q est mis en mouvement par l'extrémité de la tige L, réagit par la roue à rochet I sur les rouages du mécanisme, et détermine l'éloignement des pointes de charbon. Au même instant un contact s'établit en X ; le courant subit une dérivation qui affaiblit l'électro-aimant, et provoque le retour de l'armature à sa position initiale. Le levier reprend aussi la sienne, le contact est détruit en X ; une nouvelle attraction a lieu, et ainsi de suite. En résumé, par l'action du poids du porte-charbon positif sur les rouages, les charbons se rapprochent et, au début, arrivent au contact. Les charbons rougissent, l'électro-aimant devient actif, l'action de l'armature et du levier provoque un mouvement des rouages en sens inverse ; l'arc naît, grandit avec l'usure des charbons, et dès que l'écart devient trop grand, l'affaiblissement du courant faisant cesser l'action de l'électro-aimant, c'est le mouvement

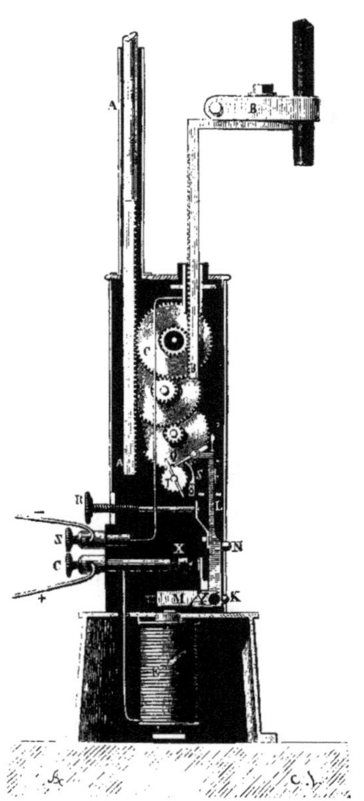

Fig. 507. — Régulateur Siemens.

inverse, c'est-à-dire le rapprochement des charbons qui a lieu. Des vis de réglage et des ressorts permettent d'ailleurs d'équilibrer et de régulariser ce double mouvement; d'autres servent à faire mouvoir simultanément les deux charbons, de manière à déplacer le point lumineux sans éteindre la lumière.

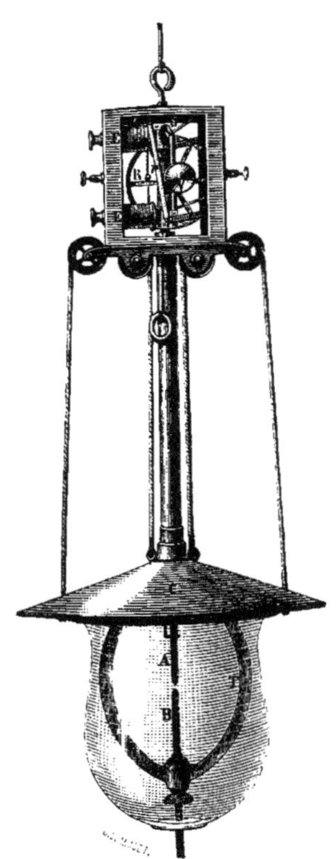

Fig. 508. — Lampe Burgin.

Parmi les appareils régulateurs fondés sur l'action des électro-aimants, citons encore ceux de M. H. Fontaine, de M. Hiram Maxim, de M. Lontin, de M. Gramme, de M. Burgin, de M. Mersanne. On voit, par cette énumération, qui est loin d'être complète, combien les systèmes qui ont pour objet la production de la lumière électrique ou mieux de l'arc voltaïque sont déjà nombreux. Cependant nous n'avons fait que passer en revue l'une des catégories de régulateurs que nous avons dû nous proposer de décrire. En effet, les régulateurs dont il vient d'être question sont basés sur les variations d'intensité du courant qui fournit l'arc voltaïque; ces variations agissent sur un électro-aimant dont l'armature commande les rouages qui règlent la distance des pointes des charbons. Dans d'autres régulateurs, les variations d'intensité agissent sur un solénoïde. Tel est le principe de l'appareil imaginé, dès 1848, par M. Archereau. Le charbon supérieur étant fixe, l'action d'un contrepoids convenablement calculé tendait à remonter le charbon inférieur au fur et à mesure de l'usure des pointes; mais, d'autre part, le charbon inférieur ou négatif reposait sur un cylindre mi-partie en fer et en cuivre placé dans un solénoïde traversé par le courant. L'action de ce solénoïde, en attirant la tige de fer, maintenait l'écart des charbons. L'inconvénient de ce système, provenant de ce que le point lumineux ne conserve pas une position fixe dans l'espace, l'a fait abandonner.

Dans le régulateur Jaspar (fig. 509), c'est, comme dans le système Archereau, l'action d'un solénoïde qui produit et maintient l'écart des charbons. Mais le charbon positif n'est pas fixe ; il tend à descendre par le poids de la tige qui le supporte ; celle-ci, à son extrémité inférieure, tire sur une corde engagée dans la gorge d'une poulie qui tend à tourner dans un sens contraire à celui des aiguilles d'une montre. Une seconde poulie, de diamètre moitié moindre, tourne solidairement avec la première, et, par l'intermédiaire d'une corde attachée au porte-charbon négatif, tend à faire monter ce charbon d'une quantité moitié moindre que celle dont s'est abaissé le charbon positif, de sorte que la position du point lumineux reste constante. La distance des deux charbons est d'ailleurs réglée, ainsi que nous l'avons dit, par l'action du solénoïde sur la tige de fer doux du charbon négatif. L'équilibre entre les deux mouvements opposés qui tendent, l'un au rapprochement, l'autre à l'écart des charbons, est d'ailleurs obtenu à l'aide d'un contre-poids disposé sur un levier presque horizontal et qu'une tige permet de mouvoir le long de ce levier.

Fig. 509. — Régulateur Jaspar.

On peut d'ailleurs, à volonté et selon les besoins, disposer le mécanisme au-dessus ou au-dessous du point lumineux.

Le régulateur de M. Gaiffe a ses deux porte-charbons mobiles, comme dans les régulateurs Foucault et Serrin, et le

Fig. 510. — Lampe Jaspar.

point lumineux reste fixe ; mais c'est l'action magnétique d'une bobine sur la tige en fer doux du porte-charbon négatif qui détermine l'écart des pointes et le maintient après la production de l'arc.

La lampe Carré, que représente la figure 511, est, comme

le dit M. Du Moncel, à qui nous en empruntons la description, un perfectionnement ingénieux des régulateurs d'Archereau et de Gaiffe. « L'action électromagnétique est en effet, comme dans ces régulateurs, basée sur les effets attractifs des solénoïdes, mais ces effets, par une disposition ingénieuse, se trouvent très amplifiés, et l'action mécanique est produite, comme dans les régulateurs de Serrin, Foucault, etc., par des rouages d'horlogerie agissant sur deux crémaillères D, E, adaptées aux porte-charbons, et commandés par un cliquet de détente mis en jeu par le système électromagnétique. Ce système se compose de deux bobines BB′, dont l'axe est légèrement recourbé et dans lesquelles s'engagent les extrémités d'un noyau de fer doux AA′ recourbé en S, et qui pivote en C sur sa partie centrale. Un double système de ressorts antagonistes rr', conduits par un système extenseur dépendant d'une vis de réglage V, permet de régler convenablement la force opposée à l'attraction des bobines, et une tige t, adaptée au noyau magnétique, réagit sur le cliquet de la détente du mécanisme d'horlogerie, dont les rouages, en défilant, font avancer les deux crémaillères dans le rapport convenable pour maintenir le point lumineux fixe. Le courant qui fournit l'arc voltaïque traverse les deux bobines, et, suivant que son intensité est plus ou moins forte, le noyau de fer est attiré plus ou moins à l'intérieur des bobines, déterminant,

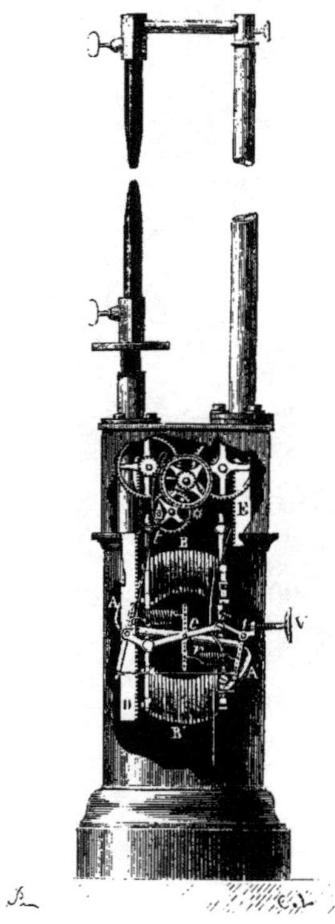

Fig. 511. — Régulateur Carré.

pour un affaiblissement suffisant, un mouvement de cliquet de détente assez prononcé pour dégager le mécanisme d'horlogerie, et il en résulte le rapprochement des charbons. » L'avantage principal du régulateur Carré est dans le mouvement d'écart des charbons qui se produit franchement et sans oscillations, ce qui tient à ce que la course de la pièce mobile du système électromagnétique est suffisamment grande, et l'effet attractif beaucoup moins brusque qu'avec les armatures articulées de l'électro-aimant des autres systèmes.

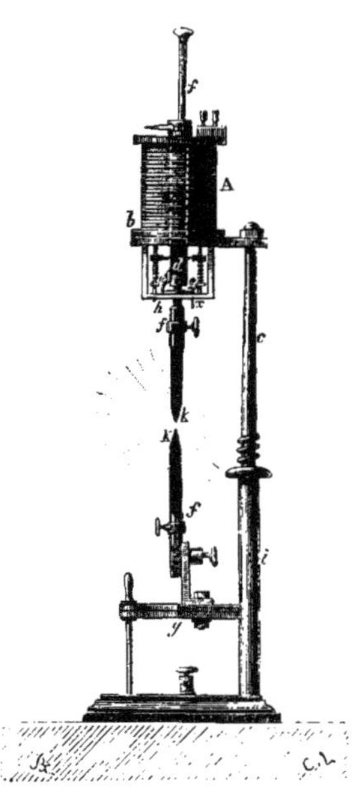

Fig. 512. — Régulateur Brush.

La lampe Brush est un régulateur basé, comme les précédents, sur l'attraction d'un solénoïde A. A l'intérieur de la bobine que soutient un bras horizontal *b*, se meut un noyau cylindrique en fer doux *d*, qui est creux lui-même et est traversé par la tige en cuivre *ff* du porte-charbon supérieur. Le porte-charbon inférieur est foré. Quand le régulateur ne fonctionne pas, les deux pointes de charbon *kk* sont au contact; mais si l'on met les deux tiges en communication avec le courant, celui-ci traverse le système avec une intensité maximum. Le noyau magnétique *d* est soulevé; un crochet qu'il porte en *e* soulève en même temps un collier *h* qui enserre la tige de cuivre et entraîne celle-ci, de sorte que le charbon supérieur s'écarte du charbon inférieur, et l'arc voltaïque jaillit. Peu à peu l'usure des charbons agrandit leur distance, et quand une certaine limite est dépassée, l'affaiblissement du courant devient assez grand pour que l'attraction de la bobine cesse; le noyau magnétique retombe et, avec lui, la tige supérieure ainsi que le collier.

Les charbons se rapprochent jusqu'à ce que, le courant reprenant son intensité, une nouvelle ascension se reproduise.

§ 2. RÉGULATEURS A DIVISION OU POLYPHOTES.

La plupart des appareils que nous avons décrits jusqu'ici sont destinés à régulariser un seul foyer lumineux. En disposant plusieurs lampes sur le même circuit, en tension, le fonctionnement ne tarderait pas à se déranger ; en d'autres termes, celles dont les charbons s'useraient avec le plus de rapidité, dont les arcs s'allongeraient, absorberaient une portion du courant aux dépens des autres. Cependant la division de la lumière produite par une même source électrique a une trop grande importance pratique pour qu'on n'ait pas cherché à obtenir l'indépendance des lampes placées sur le même circuit et à les régler chacune, sans qu'on ait à craindre que, l'une d'elles venant à manquer pour une cause quelconque, le autres cessent de fonctionner régulièrement. Les appareils qui remplissent cette condition sont des régulateurs *polyphotes* ou *à division*, tandis que ceux qui n'admettent qu'une seule lumière sont des régulateurs *monophotes*.

On est parvenu à résoudre la difficulté de deux manières différentes, et les régulateurs polyphotes se divisent ainsi naturellement en deux catégories, selon que le principe de leur fonctionnement appartient à l'une ou à l'autre des méthodes, que nous allons faire connaître chacune par un exemple.

M. Lontin est l'inventeur du premier régulateur polyphote *à dérivation*. Son appareil n'est autre chose qu'un régulateur à parallélogramme oscillant, analogue au système Serrin ; seulement l'électro-aimant qui détermine le mouvement de l'armature, au lieu d'être établi dans le circuit du courant général, l'est sur une dérivation. C'est là qu'est tout le principe du réglage, comme on va s'en rendre aisément compte.

Soit CD le levier portant l'armature M, S la bobine de l'électro-aimant. Le courant qui produit l'arc passe par CD et arrive au charbon positif A, de là au charbon négatif B, puis va alimenter un autre régulateur : c'est, comme on voit, une dérivation du courant principal qui passe dans les spires de la bobine. Lorsque, par suite de l'écart des charbons, la résistance s'accroît dans l'arc, la portion du courant principal s'affaiblit, tandis qu'au contraire l'intensité du courant dérivé augmente jusqu'à ce que cet accroissement soit suffisant pour que la bobine agisse sur l'armature et que le mécanisme correspondant détermine le rapprochement des charbons. Dans le régulateur Lontin, la palette de l'armature est disposée de telle

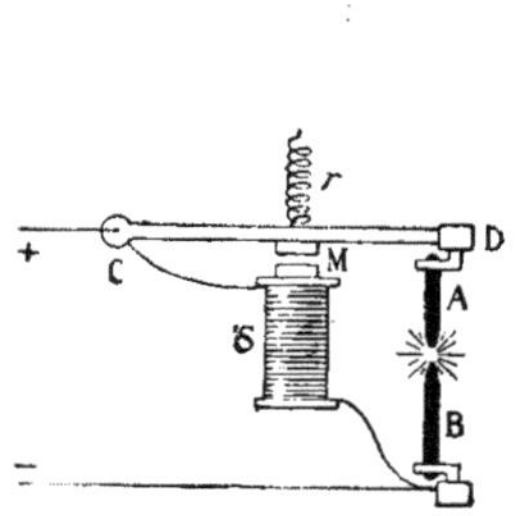

Fig. 513. — Principe des régulateurs polyphotes à dérivation.

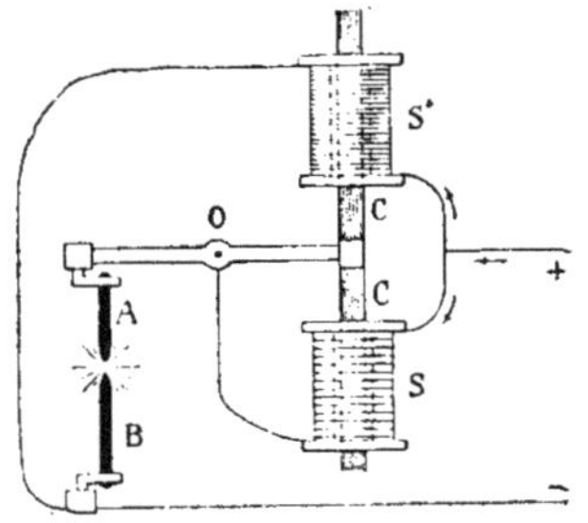

Fig. 514. — Principe des régulateurs polyphotes différentiels.

sorte que la lampe est toujours embrayée, et que le débrayage se produit seulement quand l'arc s'allonge par l'usure des charbons : c'est le contraire de ce qui arrive dans le régulateur Serrin.

En résumé, dans un régulateur à dérivation, ce ne sont plus les variations d'intensité du courant lui-même qui agissent sur le mécanisme, mais seulement celles du courant dérivé. Les appareils intercalés dans le circuit général sont de la sorte indépendants les uns des autres. Aussi M. Lontin a-t-il pu placer sur un même circuit et alimenter à l'aide d'une seule machine jusqu'à douze régulateurs en tension. En se servant pour générateur d'une de ses machines à division, que nous décrirons plus loin, le nombre des lampes de ce système a pu être porté à trente et un. Ce sont les régulateurs Lontin qui servent à l'éclairage de la gare de Lyon-Méditerranée, à Paris.

Parmi les régulateurs polyphotes basés sur le principe de la dérivation, citons ceux de MM. Gramme, Mersanne, Gérard, Cance, Hippolyte Fontaine.

La seconde catégorie de régulateurs polyphotes forme ce qu'on nomme les lampes *différentielles*, dont la lampe de Siemens est le type. Le principe de ces appareils consiste dans la différence d'action de deux solénoïdes, dont l'un, à gros fil, est établi sur le courant principal, tandis que l'autre, à fil fin, est placé en dérivation. Le diagramme de la figure 514 suffira pour faire comprendre comment fonctionnent les régulateurs de ce système. S et S' sont les deux solénoïdes en question. Le premier reçoit le courant principal, celui qui va alimenter l'arc des deux charbons A et B. Le second, dont la résistance est beaucoup plus considérable, ne reçoit qu'un courant dérivé. Un cylindre de fer doux CC' s'engage par chacune de ses extrémités dans la partie creuse intérieure des bobines, et porte un levier qui oscille autour du point O selon que l'attraction du solénoïde S est plus forte ou moins forte que celle du solénoïde S'. Ce levier est relié au porte-charbon positif, et conserve une position horizontale ou d'équilibre, pour une résistance convenablement réglée de l'arc voltaïque : l'écart des charbons est alors normal. Mais, par leur usure, l'arc grandit, sa résistance augmente; l'action de S sur la pièce de fer doux diminue, tandis que celle de S' augmente, puisque le courant principal a faibli et que l'intensité du courant dérivé s'est accrue en proportion. Le cylindre de fer doux est attiré vers le haut, d'où résulte une oscillation du levier qui abaissera le charbon supérieur. Telle est l'explication théorique du mécanisme des régulateurs différentiels.

Dans la lampe différentielle Siemens, l'action prépondérante de la bobine de dérivation sur le fer doux détermine le déclanchement d'un encliquetage qui retenait le porte-charbon supérieur; ce dernier peut alors descendre par son propre poids, et le rapprochement des charbons ne se fait ainsi que du côté positif. Le charbon inférieur ou négatif est fixe. Il en résulte donc un abaissement continu du point lumineux ; mais l'inconvénient est faible, parce que le mécanisme est situé au-

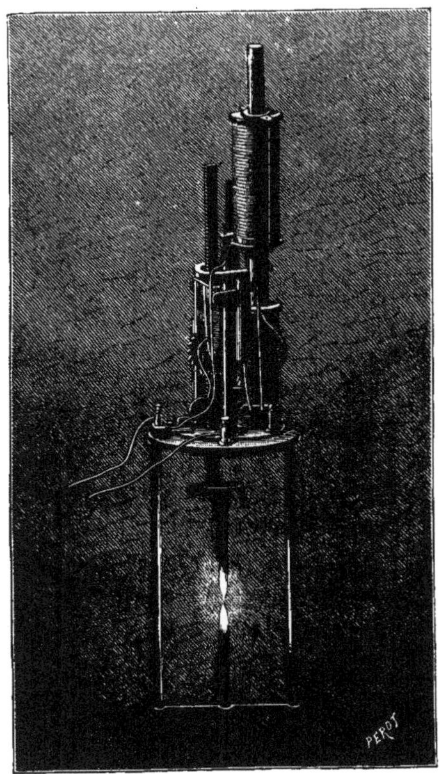

Fig. 515. — Lampe différentielle Siemens.

dessus de l'arc, et que d'ailleurs, le réglage se faisant d'une manière pour ainsi dire continue, le changement de position du foyer est graduel. D'autre part, l'avantage de cette graduation du mouvement des charbons est notable, car il contribue à la fixité de la lumière. Une même machine peut alimenter jusqu'à vingt foyers, dont chacun a une intensité de 25 becs Carcel.

Parmi les régulateurs polyphotes différentiels, citons les lampes Brush, Weston, qui sont fondées sur le même principe que la lampe Siemens. Nous avons décrit le régulateur Brush dans le paragraphe précédent, sans insister sur le caractère qui le range parmi les appareils différentiels. La bobine, qui renferme à l'intérieur un noyau magnétique dont le mouvement détermine celui du porte-charbon supérieur, n'est pas simple. Elle est formée par deux hélices indépendantes, enroulées en sens inverse; l'une de ces hélices, à fil gros et court, reçoit le courant principal; l'autre, dont le fil est fin et long, est reliée en dérivation aux deux bornes de l'appareil. Comme le sens des courants qui agissent sur le noyau de fer doux est contraire dans les deux fils, c'est la différence de leurs intensités qui tantôt le soulève et tantôt l'abaisse, déterminant ainsi le réglage de l'écart des charbons et par suite celui de l'arc lui-même.

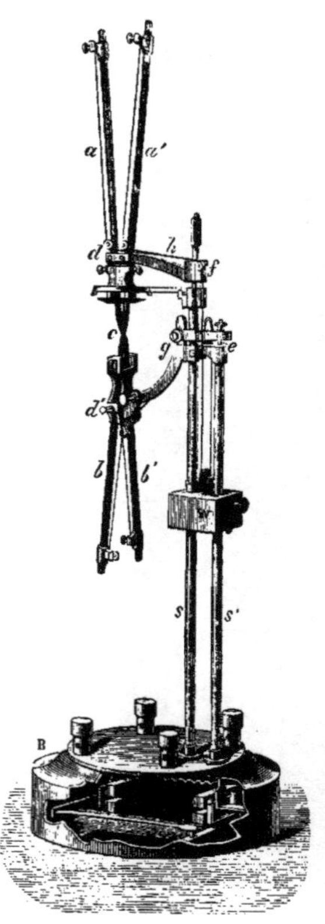

Fig. 516. — Lampe Rapieff.

La lampe Weston a beaucoup d'analogie avec la lampe Brush; elle renferme comme elle un solénoïde à double enroulement de fils.

La lampe Rapieff est le type d'une sorte d'appareils qui se règlent d'eux-mêmes et pour ainsi dire sans mécanisme, l'écart des charbons restant toujours le même, malgré leur usure. Elle se compose de deux paires de charbons *aa'*, *bb'*, disposés comme les branches d'un X, ou mieux comme les branches de deux V opposés par le sommet, avec cette circonstance toutefois que celles du V inférieur sont dans un plan perpendiculaire au plan du V supérieur. A l'aide d'un contrepoids W et d'un système de cordons et de poulies de renvoi, chaque couple de charbons est sollicité, celui d'en haut à descendre et celui d'en bas à remonter, à mesure que la combustion de l'arc tend à séparer les baguettes en diminuant leur longueur. De la sorte, le parfait contact électrique qui constitue chacun des pôles de l'arc est maintenu constant, et la position du point lumineux reste parfaitement fixe.

Les colonnes qui guident le contrepoids dans sa course, servent aussi de conducteurs au courant. Les charbons des deux pôles étant d'abord au contact, on fait passer le courant qui anime un électro-aimant placé dans le socle, fait mouvoir l'une des deux branches, mobile, de cet électro-aimant, puis, par une tige logée dans l'une des colonnes, produit l'écart des charbons et détermine la formation de l'arc.

La longueur des charbons de la lampe Rapieff est illimitée, car, la portion de cette longueur que traverse le courant restant constante et d'ailleurs étant très faible, la résistance que les charbons introduisent dans le circuit est faible elle-même et ne varie point. Avec des charbons de 50 centimètres de longueur et de 5 ou 6 millimètres de diamètre, la durée de la lumière d'une lampe de ce système va de sept à dix heures.

Son intensité est de 100 à 120 becs Carcel. En employant une machine Gramme comme générateur, on peut placer jusqu'à 10 lampes Rapieff dans le même circuit. Les ateliers de composition et les bureaux du journal anglais *le Times* sont éclairés par 24 lampes. L'extinction de l'une d'elles n'entraîne pas celle des autres lampes du circuit; quand cette extinction se produit, l'électro-aimant du socle, que nous avons vu destiné à amener l'écartement des charbons, réagit sur un commutateur qui complète le circuit, en faisant passer le courant dans une dérivation dont la résistance est égale à celle du circuit de la lampe elle-même.

La lampe Gérard dispose les deux paires de charbon en V en

un faisceau situé tout entier au-dessus du point lumineux; les charbons descendent ainsi par leur propre poids sans l'aide des cordons et poulies de la lampe Rapieff. Les deux couples formant les pôles sont séparés avant que le passage du courant produise l'allumage; le rapprochement nécessaire est produit par un électro-aimant à fil très fin, monté en dérivation, et qui devient inactif aussitôt que, l'arc se produisant, le courant passe presque entier dans les charbons.

Le régulateur à plaques de charbon de M. Wallace-Farmer est aussi une lampe où l'écart des pôles reste fixe. Deux larges lames de charbon dont les bords sont taillés en biseau sont placées l'une au-dessus de l'autre. La lame inférieure est fixe, et celle qui la surmonte est portée par l'armature d'un petit

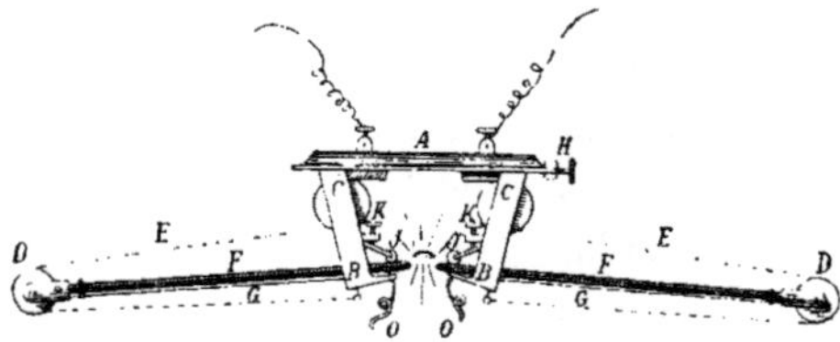

Fig. 517. — Lampe Solignac.

électro-aimant qui la soulève dès que le courant passe. L'arc jaillit alors au point des bords où la résistance est minimum, puis va se déplaçant au fur et à mesure de la combustion. Les plaques se rapprochent, l'arc revient sur ses pas. La durée de la lumière est considérable.

Citons encore le régulateur Solignac, dont la disposition est à la fois très simple et très originale. Les charbons sont disposés horizontalement sur une même ligne, et, par l'action de deux barillets sur des chaînettes qui s'enroulent autour de deux poulies fixées à leurs extrémités, tendent sans cesse à se rapprocher à mesure que leurs extrémités s'usent par la combustion. Le courant est transmis par deux galets qui servent de guide aux charbons, et la portion traversée par lui avant de former l'arc reste ainsi limitée à un ou deux centimètres. Les charbons sont munis par-dessous de petites baguettes de verre dont l'extrémité voisine de l'arc vient s'arrêter contre des butoirs en nickel; de cette façon le rapprochement des pôles est limité. Quand l'arc grandit, la chaleur de la partie incandescente des charbons devient assez grande pour ramollir les extrémités des baguettes qui se recourbent et permettent ainsi aux charbons de se rapprocher de nouveau. D'après l'inventeur, avec une machine génératrice d'un cheval, cette lampe donne une lumière dont l'intensité est mesurée par 100 becs Carcel, et avec trois chevaux de force on pourrait alimenter six lampes sur le même circuit.

§ 3. BOUGIES ÉLECTRIQUES.

Une *bougie électrique* se distingue des autres appareils à arc voltaïque par la disposition parallèle des charbons, qui ne sont plus placés bout à bout sur une même ligne horizontale ou verticale, ni de façon à former entre eux un angle plus ou moins aigu. Grâce à cet artifice fort simple, l'arc jaillit entre les extrémités des charbons placés côte à côte, et tout mécanisme devient inutile.

C'est un officier russe, M. Jablochkoff, qui a le premier réalisé, en 1876, cette ingénieuse solution, économique et pratique, de l'éclairage à l'électricité.

Les deux charbons sont deux cylindres ou baguettes, séparés par une substance isolante à froid et devenant, à la température de l'arc voltaïque, sensiblement conductrice; cette substance, à laquelle on donne le nom de *colombin*, fut d'abord le kaolin, qui donnait beaucoup de régularité à la lumière; on préfère aujourd'hui un mélange à parties égales de plâtre et de baryte (sulfate de chaux et sulfate de baryte), qui ne fond pas comme le kaolin, mais se volatilise dans l'arc et augmente l'intensité de sa lumière. Pour l'allumage, les extrémités libres des charbons sont réunies par une petite couche de charbon *a* maintenue par une bande *ab* de papier d'amiante, ou encore plus simplement imprégnée d'une couche d'un mélange de gomme et de plombagine. Dès que le courant arrive aux charbons, cette couche rougit et sert d'amorce à l'arc voltaïque.

Comme la combustion, lorsque l'arc est alimenté par une machine à courant continu, est beaucoup plus rapide au pôle

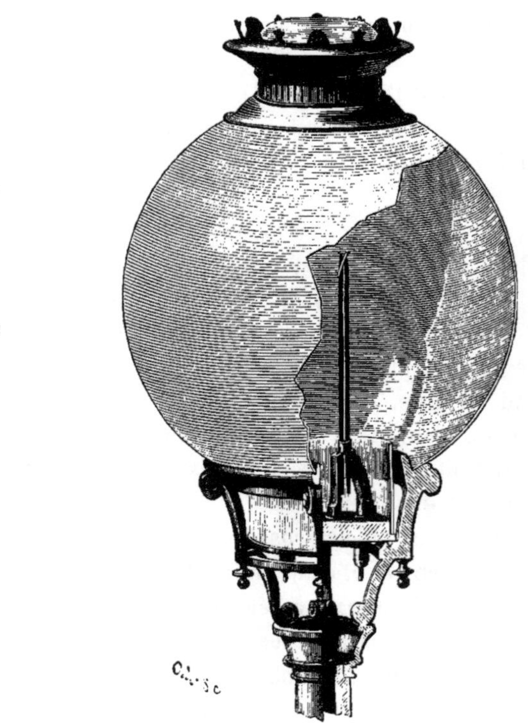

Fig. 518. — Bougie Jablochkoff.

Fig. 519. — Lampe Jablochkoff.

positif qu'au pôle négatif, M. Jablochkoff, à l'origine, essaya de remédier à ce défaut grave qui, en entraînant une différence de niveau entre les pointes, eût amené une prompte extinction de la bougie; il donna au charbon positif une section double de celle du crayon négatif. Mais l'expérience a montré qu'alors ce dernier, à cause de sa plus grande résistance, rougit sur une trop grande longueur. On a donc préféré l'emploi des générateurs à courants alternatifs, avec lesquels l'usure des deux charbons reste constamment égale. Les machines de l'Alliance, de Lontin, de Gramme, de Siemens, de Wilde ont été expérimentées; mais la machine auto-excitatrice de Gramme a paru donner les meilleurs résultats. Une machine de ce genre à quatre circuits alimente vingt bougies, cinq bougies par circuit. Dans les expériences qui ont été faites à Londres avec les bougies Jablochkoff pour l'éclairage des quais de la Tamise, on a pu allumer et entretenir une bougie à 14 kilomètres de la source électrique. Mais c'est là un résultat exceptionnel; en réalité et dans la pratique courante, la distance moyenne la plus avantageuse est de 150 mètres; au delà, il est préférable d'installer un nouveau centre moteur, ou d'employer l'électricité à faire mouvoir une machine formant relais.

La Compagnie qui exploite le système d'éclairage Jablochkoff fabrique trois espèces de bougies. La première, dont les charbons ont un diamètre de 6 millimètres, donne une lumière de 60 becs Carcel et exige par bougie une force de 1 cheval et demi. La bougie de 4 millimètres de diamètre vaut 45 becs et absorbe 1 cheval. Enfin la petite bougie de 3 millimètres équivalant à 25 ou 30 becs exige 4 à 5 chevaux pour une série de 12 bougies. Avec une longueur de 22 à 25 centimètres, la durée de la lumière va de une heure et demie à deux heures.

La figure 519 montre comment on dispose les bougies Jablochkoff à l'intérieur du globe diffusant. On en met quatre dans chaque globe; elles sont maintenues dans des pinces à ressort dont les deux branches isolées sont en communication avec les fils conducteurs. On fait d'abord passer le courant dans l'une d'elles, puis, quand elle est consumée, à l'aide d'un commutateur à main le surveillant fait passer le courant dans une seconde, et ainsi de suite. L'éclairage se trouve ainsi assuré pour une durée totale de huit heures.

La bougie Wilde (fig. 520), formée comme la bougie Jablochkoff de deux charbons parallèles, en diffère d'abord en ce que les charbons ne sont pas séparés par une substance isolante. En outre, l'un d'eux est fixe, tandis que l'autre est mobile. Le courant amené d'un côté au charbon fixe, de l'autre au charbon mobile, passe par un électro-aimant situé à la base du système, et dont l'armature est reliée au charbon mobile par un levier. Avant l'introduction du courant, le charbon mobile s'appuie contre l'autre, ainsi que le marquent les lignes pointillées de la figure; mais quand le circuit est fermé, l'armature est attirée; elle entraîne le mouvement du levier et celui du charbon qui prend une position parallèle à l'autre et la garde pendant toute la durée du courant. L'écart des pointes détermine la production de l'arc qui jaillit entre elles et se maintient jusqu'à complète usure des charbons. La bougie Wilde est alimentée par des courants alternatifs, que fournit une machine de l'Alliance ou une machine Wilde. Quand un arc vient à s'éteindre, les charbons reviennent au contact et le rallumage se fait automatiquement et pour ainsi dire instantanément.

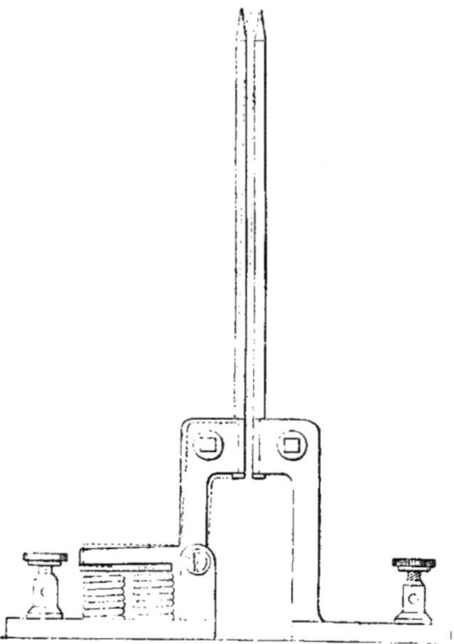

Fig. 520. — Bougie électrique de Wilde.

Se fondant sur ce que l'arc voltaïque n'est autre chose qu'une portion de courant, soumise comme les courants aux lois d'Ampère sur les actions réciproques des éléments parallèles, M. Jamin a imaginé d'entourer les charbons des bougies d'un cadre *directeur* formé de 40 tours de fil de cuivre fin et isolé.

Les courants alternatifs destinés à alimenter l'arc de la bougie passent dans les fils du cadre en suivant un chemin parallèle à celui qu'ils ont dans les charbons voisins. Dès lors, si par le contact des deux charbons en un point quelconque de leur longueur par un troisième charbon on vient à déterminer l'amorçage, l'arc voltaïque, suivant les lois d'Ampère, subissant l'action concourante des quatre côtés du cadre directeur, se transportera à l'extrémité des charbons, où il restera maintenu. Dès lors on peut placer la bougie dans une position quelconque, sans que l'arc cesse, sous l'influence dont nous venons de parler, de passer par l'extrémité des charbons. La conséquence de cette disposition est que le point lumineux peut être placé en bas, ce qui évite les ombres ; de plus, l'isolant de la bougie Jablochkoff n'est plus nécessaire.

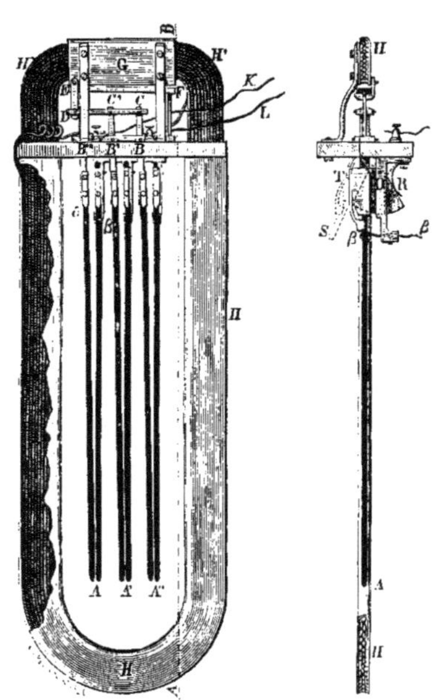

Fig. 521. — Lampe Jamin.

Voici la description que fait M. Jamin de la dernière forme donnée à sa lampe électrique : « Elle repose, dit-il, sur une base d'ardoise (fig. 521) que l'on fixera dans des globes ou lanternes, suivant les besoins de la décoration, et qui soutient vers le bas une gouttière de cuivre HHHH, large, mais peu épaisse, afin d'éviter les ombres, et vers le haut une gouttière en fer doux G, destinée à s'aimanter et à attirer une palette mobile EF. Le courant alternatif d'une machine Gramme passe d'abord dans un fil de cuivre fin, replié quinze ou vingt fois dans les deux gouttières et qui constitue le circuit directeur. C'est au milieu de ce cadre et dans son plan que se placent les bougies ou couples de charbon entre lesquels va jaillir l'arc. Il y en a trois, mais on peut en placer un plus grand nombre, si l'on veut prolonger l'éclairage. On introduit chacun de ces charbons dans un support tubulaire de cuivre, où ils se tiennent verticalement, serrés par un ressort, la pointe en bas. L'opération n'offre aucune difficulté et n'exige aucune adresse. Il n'y a point de matière isolante entre les charbons. Ceux de droite BA... sont fixes et verticaux; ceux de gauche *a*... pendent librement autour des articulations BB′B″; les sommets de leurs supports sont reliés par une barrette CC′, qui leur imprime un mouvement commun; la palette EF est rattachée par un levier ED à cette barrette qu'elle pousse vers la gauche par son poids, ce qui rapproche les charbons jusqu'à ce que l'un d'eux vienne buter contre son compagnon. Il est à remarquer que le contact ne se fera que pour une seule des bougies, la plus longue, ou celle dont les pointes sont le plus rapprochées; c'est celle qui s'allumera.

« Le courant électrique, après avoir traversé le circuit directeur, arrive à la fois aux trois charbons mobiles et peut revenir indifféremment par les trois charbons fixes; il passe entre ceux qui se touchent et les allume. Aussitôt l'aimantation se fait, la palette est attirée; les trois couples de charbons s'écartent à la fois, deux restant froids et l'arc s'étalant dans le troisième. Il persiste tant qu'il y a de la matière à brûler, maintenu aux pointes par l'action du courant directeur et y revenant nécessairement si une cause étrangère l'en écartait. Quand le courant s'arrête, la palette retombe et le contact se rétablit; s'il passe de nouveau, les charbons se rallument et s'écartent comme la première fois. Ainsi l'allumage est automatique, instantané et renouvelable à volonté[1]. »

M. Jamin montre alors comment, quand une première bougie

1. *Comptes rendus de l'Académie des sciences*, mai 1880.

est consumée, une seconde lui succède, et par quel artifice il obvie à l'extinction possible et subite d'une des lampes dans le circuit et il énumère en ces termes les avantages de sa bougie électrique : « En résumé, notre lampe réunit plusieurs qualités essentielles : elle s'allume et se rallume autant de fois qu'on le veut ; elle n'exige qu'un circuit pour toutes les bougies voisines ; elle remplace automatiquement celles qui ont brûlé en totalité par des charbons neufs ; elle n'emploie aucune matière isolante de nature à altérer la couleur des flammes, ni aucune préparation préliminaire de charbons, ce qui diminue notablement la dépense. »

Avec un moteur de 8 chevaux et la machine Gramme dite à 4 lumières, M. Jamin est parvenu à alimenter jusqu'à 24 foyers. « Quant à la lumière de chaque lampe, dit-il, elle diminue avec leur nombre ; une seule avec la vitesse de 1500 tours vaut 154 carcels, 2 se réduisent chacune à 115, et quand on en a 14, elles ne valent plus que 50. » La distance à laquelle on peut conduire la lumière va en croissant avec la vitesse de rotation de la machine ; à 1500 tours, on peut introduire 1 kilomètre de fil de cuivre de 1 millimètre dans le circuit ; à 2000 tours jusqu'à 4 kilomètres de même fil ou à 16 kilomètres de fil à 2 millimètres. D'où M. Jamin conclut la possibilité d'éclairer toute une grande ville par une usine unique rayonnant dans tous les sens.

On reproche à la bougie Jamin les défauts suivants : variations dans l'intensité lumineuse, provenant des allongements et raccourcissements de l'arc, qui manque de fixité ; absorption de force par le cadre directeur, et enfin ombre projetée par ce dernier. Les bougies Wilde et Jablochkoff ont aussi le défaut d'être variables d'intensité ou de coloration, mais elles sont plus simples que celle de M. Jamin et plus économiques.

Bien que les crayons de charbon de la *lampe-soleil* ne soient pas disposés parallèlement comme ceux de la bougie Jablochkoff, sa lumière est, comme cette dernière, due à l'arc voltaïque augmenté de l'incandescence d'un conducteur continu imparfait, et elle exige, comme les bougies, un générateur à courants alternatifs.

Les inventeurs MM. Clerc et Bureau donnent à leur lampe la forme que représente la figure 522. Les deux charbons, de forme hémicylindrique, font entre eux un angle d'environ 40° ; ils glissent, sous leur propre poids, à travers des ouvertures ménagées dans un bloc rectangulaire constitué par un assemblage de matières réfractaires (granit, pierre blanche et marbre). Leurs extrémités aboutissent à l'intérieur d'une cavité creusée sous le bloc en forme de toit ; l'arête de ce dièdre en marbre ou en magnésie agglomérée se trouve précisément léchée par l'arc voltaïque que produit le passage du courant (pour l'amorçage, on relie les deux pointes des charbons par une baguette fine de charbon qui s'échauffe et se consume presque aussitôt). L'arc produit se maintient à la distance fixe des pointes de charbon, grâce à la substance réfractaire que la haute température rend conductrice et incandescente.

Fig. 522. — Lampe-soleil de MM. Clerc et Bureau.

Avec la disposition que nous venons d'indiquer, la lumière de la lampe est projetée en un faisceau conique très ouvert de haut en bas. Mais on peut pratiquer la cavité sur l'un des côtés du bloc, si l'on veut un éclairage latéral, ou renverser la lampe, s'il s'agit de projeter la lumière vers le haut, d'éclairer un plafond, par exemple. Dans ce dernier cas, des ressorts sont nécessaires pour pousser les charbons. Dans les essais d'éclairage du foyer de l'Opéra par la lampe-soleil, les charbons mobiles avaient été remplacés par deux blocs de charbon un peu volumineux; à mesure que la combustion rongeait les blocs, l'arc s'agrandissait; mais il ne s'éteignait qu'après une durée de plusieurs heures.

La fixité du point lumineux, celle de la lumière même, dont la teinte légèrement jaunâtre est agréable à l'œil et point fatigante, la simplicité provenant de l'absence de tout mécanisme, sont les qualités principales qui distinguent la lampe-soleil. Comme tous les appareils fonctionnant au moyen de courants alternatifs, elle laisse entendre un ronflement désagréable; mais ce bruit disparaît dans les appareils où la lampe est renfermée dans des lanternes parfaitement closes. L'usure des charbons est très lente; elle varie de 8 à 15 millimètres par heure, et comme leur longueur peut atteindre 25 centimètres, la durée de l'éclairage va jusqu'à seize heures. D'après des expériences faites à Bruxelles en 1881, l'intensité lumineuse en carcels de 2 lampes alimentées par une machine Gramme (à 2000 tours) était 580; avec 12 lampes dans le circuit, l'intensité maximum atteignait 140 carcels.

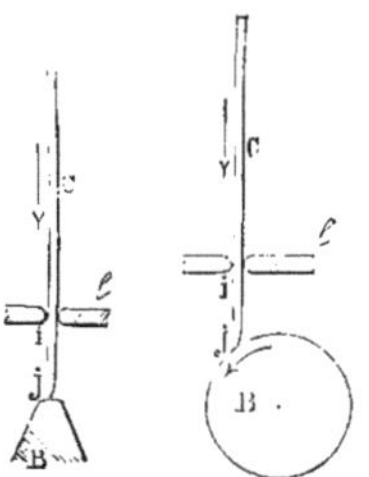

Fig. 523. — Principe de construction de la lampe Reynier.

M. E. Reynier a imaginé en 1878 une lampe dont le principe est décrit en ces termes par l'inventeur : « Une baguette de charbon cylindrique ou prismatique C est traversée en *i* et *j* (fig. 523) par un courant continu ou alternatif, assez intense pour la rendre incandescente dans cette portion. Le courant entre ou sort par le contact *l*, et il sort ou entre par le contact B. Le contact *l*, qui est élastique, presse la baguette latéralement; le contact B la touche *en bout*. Dans ces conditions le charbon s'use à son extrémité *j* plus vite qu'en toute autre place, et tend à se raccourcir. Par conséquent, si le charbon C est poussé continuellement dans le sens de la flèche de manière à buter sans cesse sur le contact en bout B, il avancera graduellement à mesure qu'il s'usera, en glissant dans le contact latéral *l*. La chaleur développée par le passage du courant dans la baguette est grandement accrue par la combustion du carbone.

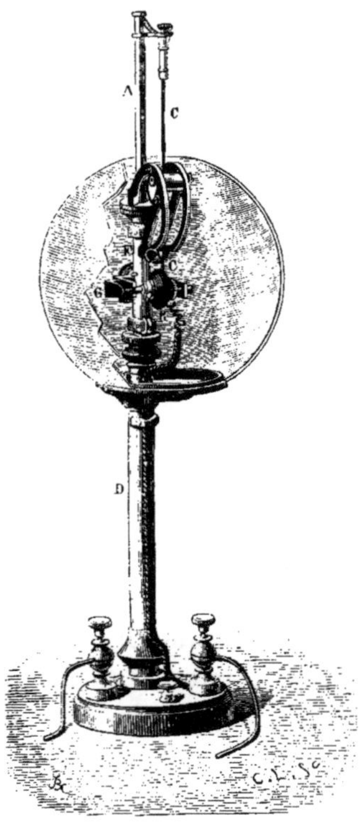

Fig. 524. — Lampe Reynier.

« Dans la pratique, je remplace le contact fixe par un contact tournant B qui entraîne les cendres du charbon. La rotation du contact en bout est rendue solidaire du mouvement de progression de la baguette du charbon, de sorte que la position de celle-ci sur le contact en bout fait frein sur le mécanisme moteur. »

Voici maintenant quelle disposition M. E. Reynier a adoptée pour la construction d'une lampe fonctionnant d'après le principe exposé.

CC (fig. 524) est une baguette de charbon de 2 millimètres de diamètre, soutenue par une tige A qui s'engage dans une colonne creuse D où elle peut glisser entre des galets qui la guident. Son extrémité vient s'appuyer sur un cylindre R en charbon mobile autour d'un axe horizontal porté par la colonne. A une distance de 5 ou 6 millimètres de la pointe, la baguette est enserrée par un contact muni d'un frein, et c'est par ce contact qu'arrive le courant positif; par le cylindre de charbon et un conducteur qui longe la colonne, le courant retourne à la machine. A mesure que, par l'incandescence de l'extrémité de la baguette, celle-ci s'use et descend, son mouvement de descente fait accomplir au cylindre un mouvement continu de rotation; dans ce but la direction de la baguette ne passe point par l'axe du cylindre, mais un peu excentriquement, comme on peut le voir par le figure 523. De cette façon, les cendres accumulées au point de contact par la combustion de l'arc tombent incessamment.

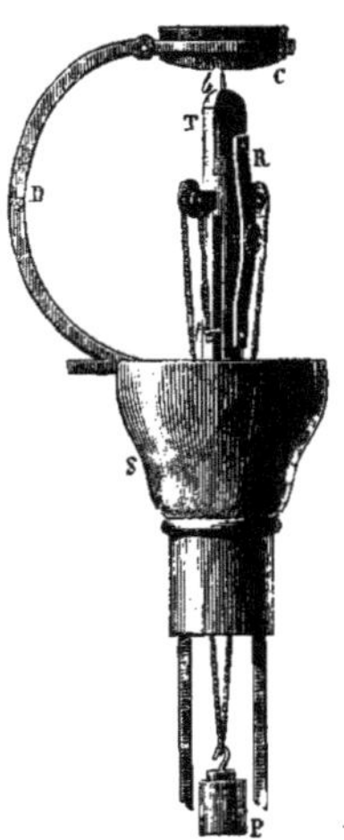

Fig. 523. — Lampe Werdermann.

La lampe Werdermann est, à peu de chose près, la lampe Reynier renversée. Une baguette de charbon mobile à l'intérieur du tube métallique T qui la guide et par lequel arrive le courant positif, est soulevée par l'action d'un contrepoids P et vient buter contre un disque épais de charbon C, formant le pôle négatif de l'arc. La portion très courte de la baguette comprise entre le disque et le tube qui la porte est seule traversée par le courant; elle devient incandescente et sa lumière s'ajoute à celle du très petit arc voltaïque qui jaillit dans l'intervalle des deux charbons. C'est la grande résistance que le contact imparfait de ceux-ci oppose au passage du courant qui, dans la lampe Werdermann comme dans la lampe Reynier, détermine la haute température et l'incandescence de la baguette. Cette pointe brûle avec un grand éclat, et les particules de charbon qui se volatilisent et rayonnent tout autour d'elle, constituent en réalité un véritable arc voltaïque. Les lampes de cette catégorie ne sont donc pas des lampes à incandescence pure : elles forment une transition entre ces dernières et les appareils à arc voltaïque proprement dit.

C'est par la description des lampes à incandescence que nous allons terminer cette énumération, déjà longue et cependant bien incomplète, des appareils inventés pour appliquer la lumière électrique à l'éclairage.

§ 4. LAMPES ÉLECTRIQUES A INCANDESCENCE.

On fait remonter la date des premiers essais d'éclairage électrique par l'incandescence à l'année 1841 ; à cette époque un Anglais, F. de Moylens, construisit en effet une lampe dont la lumière était due à l'incandescence d'un fil de platine. Cette tentative fut renouvelée en 1844 par Starr et King, en 1849 par Pétrie, qui employa le platine iridié, puis en 1857 par M. de Changy, qui essaya aussi de minces baguettes de charbon de cornue enfermées dans des ampoules en verre où le vide était fait. La propriété que possède le charbon d'acquérir un grand pouvoir rayonnant, sa résistance beaucoup plus considérable que celle du platine, et surtout son infusibilité, le firent substituer au platine dans les recherches des savants et des inventeurs. Citons les noms de MM. Lodyguine, Konn, Bouliguine et Sawyer, qui, de 1875 à 1879, construisirent des lampes fondées sur l'incandescence du charbon dans l'air, dans le vide, ou dans un milieu impropre à la combustion, comme l'azote.

Enfin, après différents essais, nouveaux mais infructueux, du platine, l'emploi du charbon fut repris, et divers systèmes de lampes à incandescence réussirent à surmonter les difficultés pratiques qui avaient arrêté les premiers inventeurs. Nous allons successivement décrire les quatre lampes qui ont fonctionné avec succès à l'Exposition d'Électricité. Elles ont d'ailleurs entre elles une grande analogie.

Dans les lampes Edison (fig. 526), le charbon contourné en U est un filament constitué par des fibres de bambou carbonisé par un procédé spécial. Malgré son extrême finesse, ce filament a acquis une grande rigidité ; ses extrémités, qui offrent un renflement, sont pressées par des sortes de pinces en platine, d'où partent des fils conducteurs également en platine. Le tout est scellé dans le verre d'un récipient de forme oblongue, à l'intérieur duquel on fait le vide au moyen d'une pompe à mercure. Au moment où l'on fait le vide, on porte le charbon à l'incandescence, de sorte qu'en expulsant par cette opération les dernières bulles gazeuses logées dans les pores du filament,

Fig. 526. — Lampes Edison à incandescence.

on donne à celui-ci une dureté et une densité extraordinaires. Dans ces conditions, l'incandescence a lieu sans qu'il y ait combustion, et la désagrégation des particules carbonées qui se produisait dans les premiers essais et avait fait échouer les inventeurs, n'est plus à craindre. M. Edison construit deux types de ces lampes, dont il évalue l'intensité à 1,6 bec carcel pour le premier type, à 0,8 pour le second. Le charbon finit nécessairement par s'user, mais la durée de la lumière atteint, dit-on, 1200 heures. Nous verrons plus loin la grande machine à lumière due au même savant, et qui est capable d'alimenter 2400 lampes du second type sur le même circuit.

Le filament de charbon de la lampe à incandescence imaginée par M. Lane-Fox est formé de brins de chiendent carbonisés. Ses extrémités sont introduites dans deux petits cylindres de plombagine, qui reçoivent eux-mêmes les fils de platine conducteurs du circuit. Comme dans le système Edison, on

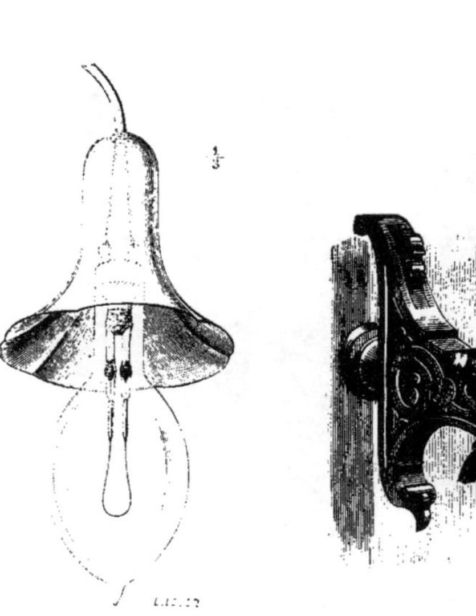

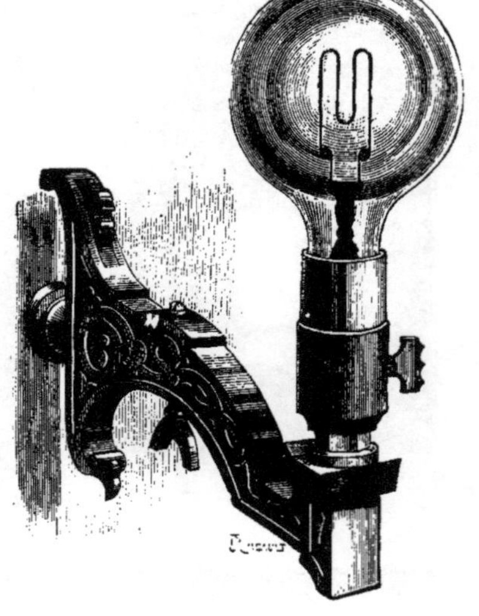

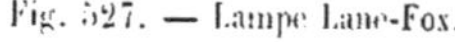

Fig. 527. — Lampe Lane-Fox.

Fig. 528. — Lampe Maxim.

porte le charbon à l'incandescence en même temps qu'on fait le vide dans la cloche en verre à l'aide de la pompe à mercure. On assure qu'une force de 2 chevaux-vapeur suffit à l'alimentation de 15 lampes Lane-Fox, dont chacune aurait une intensité de 1,2 carcel.

Dans les lampes Maxim (fig. 528) le charbon est contourné en forme d'un M, découpé dans du carton bristol préalablement carbonisé entre deux plaques de fonte chauffées à un degré convenable. Après avoir fait le vide dans le récipient en verre, on y introduit la vapeur d'un hydrocarbure (gazoline); on renouvelle le vide en faisant passer le courant. Il se forme alors, à la surface du filament de charbon, un dépôt des particules carbonées de la gazoline, qui le rendent plus tenace et plus résistant. La forme du charbon, ses dimensions plus fortes que dans les autres lampes à incandescence, contribuent à donner à la lumière des lampes Maxim une grande intensité. Par cheval de force, l'inventeur assure qu'il peut alimenter 6 lampes de 2,6 carcels d'intensité chacune.

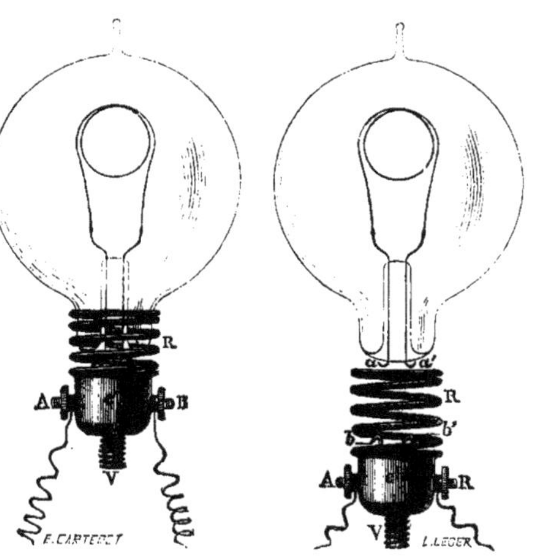

Fig. 529. — Lampe Swan.

Le dernier système d'éclairage électrique par incandescence que nous ayons à décrire est celui dont M. Swan est l'inventeur. La disposition de ses lampes est à peu près celle des précédentes, comme le montre la figure 529. Le charbon est constitué par des fils ou des tresses de coton d'un décimètre de longueur, qui ont été parcheminés par un trempage dans l'acide sulfurique étendu. Sa forme est celle d'un U avec boucle à l'extrémité (dans le but de concentrer plus de lumière en ce point). Les extrémités du charbon présentent un renflement et sont fixées dans des porte-charbons en platine soudés dans le fond du récipient et reliés aux conducteurs. On fait le vide et l'on fait passer le courant comme nous l'avons vu faire dans les précédents systèmes et pour les mêmes motifs. La lumière des lampes Swan est très blanche; on peut, dit-on, en alimenter 15 avec une force d'un cheval-vapeur.

Maintenant que nous avons passé en revue les plus importants des systèmes d'éclairage par l'électricité, il nous reste à compléter ce que nous savons des générateurs qui les alimentent, et à décrire quelques machines qui ont été spécialement combinées pour la production et la division de la lumière.

§ 5. LES MACHINES A LUMIÈRE.

Les générateurs d'électricité que nous avons décrits dans le chapitre X de la première partie de ce volume, sont susceptibles de bien des applications diverses; mais les progrès considérables réalisés dans ces dernières années dans les appareils d'éclairage ont conduit les constructeurs de machines magnéto ou dynamo-électriques à des recherches qui ont eu pour objet leur application spéciale à la production de la lumière. Ils se sont ingéniés à améliorer leur rendement, puis à résoudre deux questions particulières, essentiellement liées à la solution pratique de l'éclairage public ou privé par l'électricité. L'une de ces questions est celle de la *division de la lumière*, c'est-à-dire d'une combinaison qui permît d'alimenter avec la même machine, sur un même circuit ou sur plusieurs circuits dérivés, le plus grand nombre possible de foyers lumineux. Dans certains cas, sans doute, il ne s'agit que de produire le foyer le plus intense possible et, à l'aide de projecteurs, de concentrer la lumière sur un espace restreint. Mais ce qui est un avantage dans les cas auxquels nous faisons allusion est au contraire un obstacle s'il s'agit de l'éclairage public, soit extérieur, soit intérieur : alors la division, la répartition de la lumière de l'arc en un grand nombre de lampes qui la diffusent, est une condition essentielle de la réussite de l'application.

D'autre part, l'invention des bougies électriques et d'autres appareils analogues, en nécessitant l'emploi de courants alternatifs, a entraîné la modification des machines existantes, précisément disposées pour la production des courants continus.

La solution de cette seconde question était des plus simples en ce qui concerne les machines magnéto-électriques. Nous avons vu en effet que ces machines donnent naturellement, à chaque tour, deux courants de sens contraires et que, pour les redresser et obtenir des courants continus, on les munit d'un commutateur. Il suffit donc de remplacer cet appareil par un simple collecteur de courants pour obtenir la transformation voulue. Du reste, les grandes machines de Nollet et Malderen, ou de l'*Alliance*, et celle de M. de Méritens qu'on emploie dans l'éclairage des phares, sont des machines à courants alternatifs. La solution n'est plus aussi aisée s'il s'agit des machines dynamo-électriques, où le courant continu de la machine sert à l'aimantation des inducteurs. On a dû alors employer deux machines : l'une a reçu le nom d'*excitatrice*, parce qu'elle sert à animer ou à exciter les électro-aimants de la seconde ; celle-ci prend le nom de *machine à lumière* ou *à division de lumière*, parce que sa fonction est de fournir les courants alternatifs nécessaires à l'alimentation des foyers lumineux.

C'est à M. Lontin que revient l'honneur d'avoir donné le premier la solution de ce double problème. Nous avons déjà décrit la machine que ce savant emploie comme excitatrice de sa machine à division. Il nous reste à parler de cette dernière.

Les deux systèmes, inducteur et induit, qui la composent, sont formés par deux cylindres concentriques dont l'un, extérieur, est fixe, et l'autre, intérieur, qui constitue l'inducteur, est mobile. Ce dernier est semblable au pignon magnétique de la machine excitatrice (voir la page 428 et la figure 280), c'est-à-dire est formé d'une série d'hélices A dont les noyaux sont rivés suivant les rayons du cylindre. Les spires de ces hélices, au nombre de 24, sont enroulées de l'une à l'autre en sens contraire, de sorte que, sous l'influence du courant de l'excitatrice qui arrive dans le pignon par les deux bornes FF, les polarités de deux hélices consécutives sont alternées. Le cylindre ou la couronne formant l'induit comprend également 24 bobines magnétisantes, B, réunies deux à deux de manière à former douze systèmes électro-magnétiques complets. Quand le mouvement de rotation du système inducteur a lieu, les pôles magnétiques des bobines inductrices passent successivement, sans les toucher, devant les pôles des bobines de l'induit. Il en résulte dans celles-ci des courants d'induction alternatifs, dont le sens, à chaque tour, change 24 fois. Ces courants sont recueillis par des fils qui aboutissent à des bornes fixées sur les côtés de la machine en MN, et, de là, sont envoyés dans les

Fig. 550. — Machine à division de lumière de Lontin.

lampes établies sur le circuit. Avec cette disposition, la machine Lontin peut donc alimenter 12 foyers lumineux. Mais, à l'aide d'un commutateur à manettes placé en M, et de plaques de contact, on peut grouper comme on veut les courants des bobines induites, établir au besoin 24 circuits, diviser en un mot la lumière en foyers d'intensités égales ou inégales, selon les besoins de l'éclairage.

« Cette machine, dit M. Du Moncel, a été appliquée à l'éclairage de la gare du chemin de fer de Lyon, où elle fournissait 31 foyers lumineux. Ces foyers résultaient d'un seul générateur électrique et de deux systèmes induits de 24 bobines chacun. En accouplant ensemble ces bobines et interposant sur chacun de leurs circuits plusieurs régulateurs électriques du système Lontin, on a pu, par une combinaison convenable de ces bobines, eu égard à la longueur du circuit extérieur, porter à 31 le nombre de foyers, dont chacun était à peu près équivalent à 40 becs Carcel. » Ces machines sont pareillement installées à la gare Saint-Lazare à Paris. Elles y alimentent 12 foyer lumineux, dont 2 sont situés à 700 mètres du générateur.

La figure 531 représente le type des machines Gramme à division de lumière, dont l'induit est fixe et dont le système inducteur est excité par un générateur Gramme semblable à celui que nous avons décrit page 426 et représenté sous la dénomination de *type d'atelier* dans la figure 277.

Le système inducteur mobile est constitué par un axe en acier portant huit noyaux d'électro-aimants B rangés autour du moyeu octogonal de l'arbre. Les bobines de ces électro-aimants reçoivent, par l'intermédiaire de deux balais en fil de cuivre argenté, le courant de la machine excitatrice. Les huit pôles du système inducteur sont alternés de manière qu'un pôle boréal succède à un pôle austral, et ils portent des armatures épanouies laissant entre elles un faible intervalle. L'induit se compose de 32 bobines extérieures enroulées autour d'un fer doux annulaire ou sur une série de segments circulaires en fer doux ajustés bout à bout. Les bobines en cuivre peuvent être à volonté accouplées par 2, 4 ou 8 de manière à obtenir 16, 8 ou 4 courants distincts, ou rester indépendantes, ce qui porte le nombre des courants à 32. Par son mouvement de rotation, le système inducteur développe dans les bobines de l'induit des courants alternativement de sens contraires.

C'est cette machine qui fonctionne depuis janvier 1878 pour alimenter les foyers électriques de la place de l'Opéra.

M. Hefner Alteneck a fait construire, par la maison Siemens, une machine à courants alternatifs et à division de lumière qui diffère des machines Lontin et Gramme en ce que les électro-aimants inducteurs sont fixes et les bobines induites mobiles. Le système inducteur est double, et c'est dans l'espace annulaire qui sépare les deux parties que tourne l'induit. Enfin les bobines plates dont ce dernier se compose ne renferment pas de noyau de fer, de sorte que le courant ne s'y développe

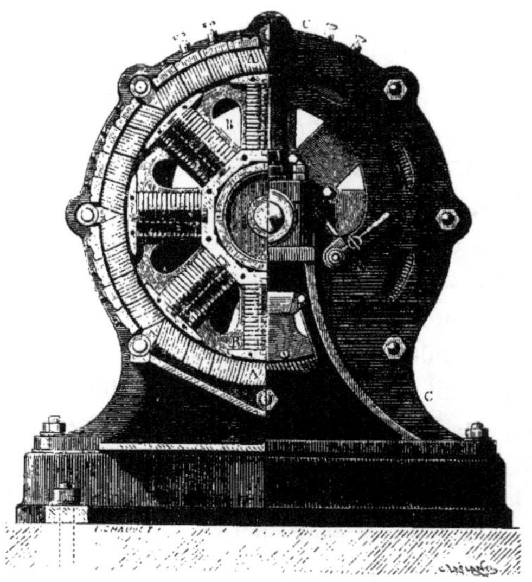

Fig. 531. — Machine Gramme à division de lumière[1].

que par le mouvement de leurs spires traversant les noyaux magnétiques des inducteurs. Une machine de ce genre comprenant 16 bobines peut alimenter, en deux circuits, 20 lampes différentielles de Siemens.

1. Comparant la machine Gramme à division de lumière avec les autres machines semblables à courants alternatifs, M. H. Fontaine fait remarquer que leur différence fondamentale réside dans la position réciproque des bobines et des électro-aimants. « M. Gramme, en effet, dit-il, fait agir ses armatures magnétisées directement sur les spires de cuivre, tandis qu'avant son invention on faisait agir les électro-aimants et les bobines fer contre fer. Dans les anciennes machines, le fer polarisé par les électros réagissait sur les spires qui l'enveloppaient; il était donc un intermédiaire qui naturellement ne rend pas 100 pour 100 de l'effet utile. Dans la nouvelle machine, le fer ne sert qu'à exciter les rayons magnétiques, pour leur faire traverser les spires de cuivre superposées, et qu'à détruire presque complètement les réactions directes qu'exerceraient, sans lui, les pôles de l'électro-aimant les uns contre les autres. » (H. Fontaine, *l'Éclairage à l'Électricité*.)

GRANDE MACHINE A LUMIÈRE
de M. Thomas Edison.

Il y avait à l'Exposition d'Électricité un grand nombre de machines ayant pour objet principal la production de la lumière, presque autant que de systèmes de lampes électriques. Mais, parmi cette cinquantaine de générateurs, bien peu se distinguaient par une véritable originalité. Comme nous avons décrit les principaux, nous nous bornerons à citer les machines Weston, Bürgin, Hiram-Maxim, et à donner quelques détails sur celle du grand inventeur américain, Thomas Edison.

Fig. 532. — Machine à lumière Wallace-Farmer.

Avant d'imaginer lui-même et de construire une machine spéciale pour l'alimentation de ses lampes à incandescence, Edison avait songé à employer un générateur inventé en 1875 par M. Farmer de Boston, et perfectionné par un autre constructeur américain, M. Wallace. On voit, par l'examen de la figure 532 qui représente la machine Wallace-Farmer, qu'elle est formée de deux parties semblables qui peuvent fonctionner séparément. L'induit est un disque de fer portant sur ses deux faces deux couronnes d'électro-aimants droits, ayant la forme de deux bobines méplates reliées en tension et dont les fils vont se réunir sur l'axe de rotation à un collecteur Gramme. Ce système tourne, de chaque côté, entre deux gros électro-aimants à branches aplaties, opposés par leurs pôles contraires, qui forment l'inducteur de la machine.

Arrivons à la grande machine d'Edison, dont la planche XIII donne une vue d'ensemble. Sur la gauche du dessin se voit le moteur à vapeur, de la force de 125 chevaux, qui agit directement sur l'axe de rotation de la machine génératrice, et qui repose sur le même bâti que cette dernière.

L'inducteur est formé de 8 gros électro-aimants, disposés horizontalement, 3 au-dessous de l'induit et 3 au-dessus. Deux énormes masses de fer constituent les pôles des électro-aimants, entre lesquels tourne la bobine induite. Quant aux fils dont sont enroulés les noyaux des inducteurs, ils sont relativement fins et montés en dérivation. La partie originale de la machine est la façon dont est disposée la bobine induite. Au lieu de fils enroulés comme dans la bobine Siemens parallèlement aux génératrices du cylindre, ce sont des barres de cuivre qui communiquent entre elles deux à deux par un nombre égal de minces disques annulaires de cuivre, placés aux deux bouts du cylindre et isolés par des lames de mica. Chaque disque, en vue de cette liaison, porte deux oreilles saillantes à peu près diamétralement opposées, dont chacune reçoit l'une des barres de cuivre que l'on veut relier ensemble. Le noyau de la bobine qui porte à son centre l'axe de rotation, comporte, autour de cet axe, un noyau en bois portant des disques de fer séparés par des rondelles en papier ; de la sorte, la masse magnétique subit plus facilement les aimantations et désaimantations successives. L'induit porte 138 barres de cuivre, dont on voit les extrémités former autour du tambour une courbe en spirale, provenant du mode de liaison que nous venons de décrire.

Cette machine gigantesque a été construite en vue d'alimenter 2400 lampes du second type Edison ou de 0,8 bec Carcel, ou 1200 lampes du premier type. Ce n'est du reste que l'un des douze générateurs qui doivent servir à l'éclairage électrique de tout un quartier de New-York, d'après un système de canalisation et de distribution combiné par l'inventeur.

CHAPITRE XIII

L'ÉCLAIRAGE A L'ÉLECTRICITÉ

§ 1. ÉCLAIRAGE ÉLECTRIQUE DES PHARES.

Les nombreux appareils, lampes et générateurs, inventés depuis une période qui remonte à peine à quarante années, mais qui se sont si extraordinairement multipliés dans ces derniers temps, indiquent assez quels progrès a faits l'éclairage électrique. Nous ne pouvons donc nous dispenser de signaler les plus importantes de ses applications. Nous commencerons par celle qui a pour objet l'éclairage des côtes ou l'illumination des phares.

Nous avons vu, dans le second volume du MONDE PHYSIQUE, consacré à la Lumière, comment l'invention des lentilles à échelons avait porté à un haut degré de perfection le système de protection des côtes de France. Grâce aux admirables appareils lenticulaires de Fresnel, les feux de premier ordre ont, en temps ordinaire, une portée bien suffisante pour le service des côtes; mais il n'en est pas de même dans les nuits où l'atmosphère est brumeuse, et où précisément il y aurait le plus d'utilité et d'intérêt pour les marins d'être renseignés sur leurs routes. Augmenter le nombre des becs de lampes Carcel employées n'eût pas été une solution, car la portée ne dépend pas seulement du diamètre apparent de la lumière, mais de son éclat intrinsèque. L'emploi de la lumière électrique, dont l'intensité est si considérable, se trouvait naturellement indiqué;

mais l'application n'en était pas possible avant qu'on eût trouvé un appareil régulateur convenable et des machines produisant une quantité de lumière assez grande. Les régulateurs tels que ceux de Foucault et de Serrin satisfaisaient à la première de ces conditions ; les machines magnéto-électriques de Nollet, que nous avons décrites, ont permis de satisfaire à la seconde. C'est en 1863 que la lumière électrique a été pour la première fois inaugurée aux phares de la Hève. Depuis, elle l'a été pareillement au phare de Gris-Nez, puis au phare de Planier. L'Angleterre possède six phares électriques, un à Dungeness, un autre à Souter Point, deux feux fixes à South Foreland et deux feux fixes au cap Lizard. Ces deux derniers sont alimentés par des machines dynamo-électriques de Siemens, les autres par des machines magnéto-électriques de Holmes. Enfin, dans le reste du monde, il existe encore quatre phares électriques, l'un à Odessa, l'autre à Port-Saïd, les deux autres à White Rock et aux Border Flats (Etats-Unis). Le Mémoire sur l'éclairage électrique des phares par M. E. Allard laisse prévoir que cette intéressante application va recevoir en France de nouveaux et prochains développements.

Revenons maintenant au système adopté dans les phares électriques français. Les machines magnéto-électriques des deux phares de la Hève sont mises en mouvement par deux machines à vapeur locomobiles dont la force est de 8 à 10 chevaux. Avec une vitesse de rotation de 400 tours par minute, on obtient le maximum de l'intensité lumineuse. La lumière renvoyée à l'horizon, c'est-à-dire prise au dehors de l'appareil lenticulaire, produite par une machine à quatre disques, équivaut à 3500 becs de lampes Carcel ; avec une machine à six disques, on obtient l'effet de 5000 lampes, et la portée du feu est de 27 milles marins, ou de 50 kilomètres. Cette puissante source de lumière résulte donc de l'association des courants d'induction qui naissent de l'action instantanée de 48 aimants sur les 96 bobines en mouvement dans chaque machine magnéto-électrique.

Quatre machines semblables fonctionnent dans les phares de la Hève. Tous les appareils s'y trouvent en double, afin que la substitution immédiate d'une lampe à une autre ne laisse aucune discontinuité dans les feux. Les lampes sont installées sur les rails de petits chemins de fer qui viennent aboutir aux centres des deux appareils lenticulaires fixés l'un au-dessus de l'autre dans la même lanterne. Les régulateurs employés sont ceux du système Serrin.

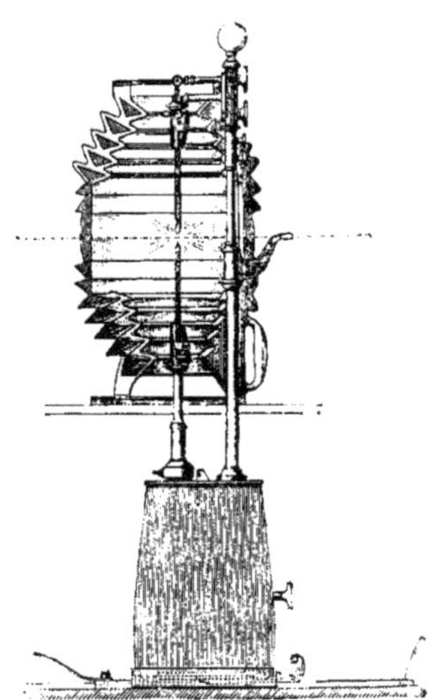

Fig. 535. — Appareil photo-électrique du phare de la Hève.

Non seulement la lumière électrique fournie par les machines de la compagnie *l'Alliance*, construites par M. Van Malderen, surpasse en intensité celle des appareils éclairés à l'huile au moins dans le rapport de 5 à 1, mais encore elle est plus économique[1]. Tandis qu'un phare à feu fixe du premier ordre nécessite une dépense de 3 fr. 70 c. par heure, un phare électrique tel que ceux de la Hève ne coûte que 2 fr. 79 c. (machine à 4 disques) ; à intensité égale, le prix de revient est sept fois moindre. Mais il s'agit ici d'un service qui ne permet aucune interruption ; dans l'industrie, le prix de revient serait certainement bien moindre, pourvu toutefois que l'emploi de la lumière fût chaque jour au moins d'une dizaine d'heures. Dans le cas où, en outre, la force motrice pourrait être empruntée à de puissantes machines fonctionnant pour d'autres besoins, comme dans beaucoup d'usines, la lumière électrique, ainsi que le fait remarquer

1. M. Van Malderen vient de construire de nouvelles machines à quatre disques plus puissantes, à vitesse égale, que les machines à six disques : elles donnent 230 becs Carcel au lieu de 180.

M. Le Roux[1], coûterait à peine plus que l'amortissement du prix de la machine magnéto-électrique et du régulateur.

D'intéressantes expériences comparatives ont été faites, il y a quelque temps, au Dépôt des phares, entre les machines magnéto-électriques construites par M. Van Malderen, la machine de M. de Meritens que nous avons décrite dans un précédent chapitre et trois machines dynamo-électriques de Gramme. La conclusion tirée de ces expériences est que « les machines Gramme donnent plus d'intensité lumineuse que celles de l'Alliance pour la même dépense de force. Les nouvelles machines de ce dernier système réalisent un progrès sérieux par rapport aux anciennes, puisque leur intensité est augmentée de plus de moitié, mais en même temps elles exigent un accroissement de force à peu près proportionnel. Les machines Gramme donnent, pour la même dépense de force, 40 ou 45 de lumière de plus. Malgré les incontestables garanties que présentent les machines de l'Alliance au point de vue de la sécurité et de la continuité du service, il est impossible de ne pas tenir compte de l'augmentation de rendement que présente l'autre système, et l'on

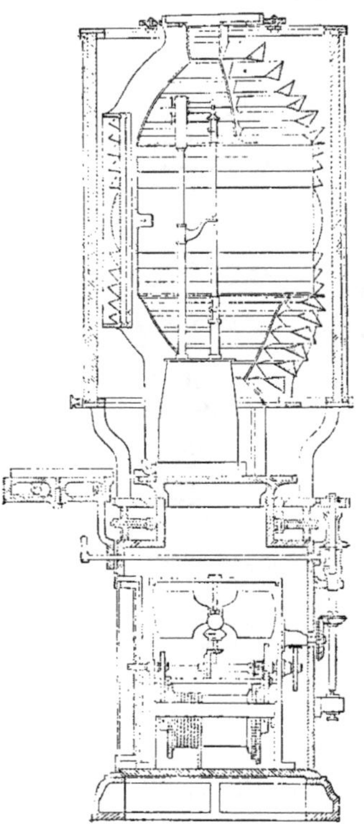

Fig. 554. — Appareil photo-électrique du phare de Planier.

1. *Les machines magnéto-électriques françaises et l'application de l'électricité à l'éclairage des phares*, deux leçons faites à la Société d'encouragement pour l'industrie nationale.

est nécessairement conduit à en faire l'essai pratique dans les phares[1]. » La machine de Meritens a donné à peu près le même rendement que les machines Gramme par cheval de force, mais elle est relativement plus coûteuse, bien qu'elle offre l'avantage de marcher avec les courants alternatifs, ce qui permettrait d'utiliser les régulateurs Serrin du type adopté dans les phares.

La lumière électrique est particulièrement favorable aux feux scintillants à groupes d'éclats blancs ou rouges, mais surtout d'éclats blancs, dont l'intensité est plus considérable. En cal-

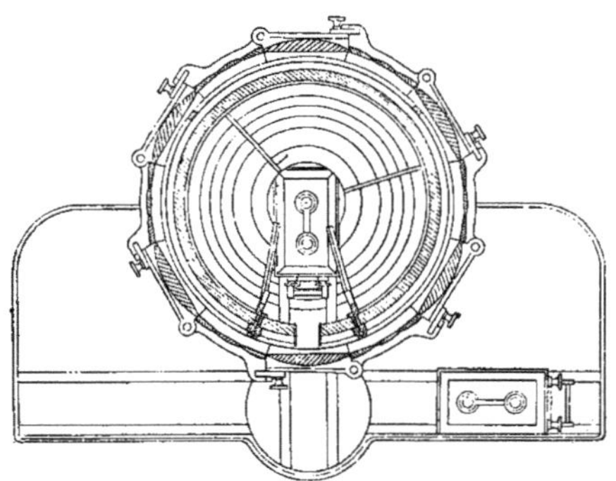

Fig. 535. — Plan de l'appareil photo-électrique du phare de Planier.

culant les intensités totales des lumières projetées à l'horizon par les appareils à feu fixe, on trouve qu'elles équivalent à 12 000 becs pour les machines de l'Alliance, à 20 000 becs pour les machines Gramme du type C. Dans les tambours qui admettent un éclat rouge, l'intensité dans l'axe est 5 fois celle du feu fixe; elle atteint jusqu'à 7 fois ½ cette valeur dans les tambours qui n'ont que des éclats blancs. « En prenant pour l'intensité de ce feu, dit M. Allard, les valeurs que nous venons d'indiquer, on trouve pour l'intensité des éclats, en nombres ronds :

	Machines de l'Alliance.	Machine Gramme n° 2.
Feu scintillant à éclats blancs et rouges.	60 000 becs	100 000 becs
— à groupes d'éclats blancs.	90 000	150 000

1. *Mémoire sur les phares électriques, comprenant le programme de l'éclairage électrique des côtes de France*, par M. E. Allard, inspecteur général des Ponts et Chaussées.

L'avis de la Commission des phares de France est qu'il y a lieu de transformer successivement 42 des feux existants en phares électriques, ce qui nécessiterait une dépense totale d'environ sept millions de plus. En ajoutant un million à ce chiffre, on complèterait le système de la protection des côtes par l'adjonction de 20 signaux sonores, ou de trompettes à sirène à vapeur.

Terminons ce paragraphe en empruntant au savant Mémoire de M. Allard quelques chiffres sur l'intensité lumineuse des diverses machines et sur le prix de revient de la lumière électrique comparé à celui de l'éclairage à l'huile minérale.

TRAVAIL ABSORBÉ PAR LES MACHINES ÉLECTRIQUES ET INTENSITÉ LUMINEUSE PAR CHEVAL.

		Nombre de tours.	Travail en chevaux[1].	Intensité totale.	Intensité par cheval.
Machine de l'Alliance. . . .		450	4,62	275 becs	59,5 becs
Machine de Gramme	n° 1.	550	11,48	1010	88,0
	n° 2.	600	5,45	493	90,5
	n° 3.	680	4,20	342	81,4

PRIX DE L'UNITÉ DE LUMIÈRE DANS LES PHARES ÉCLAIRÉS PAR L'ÉLECTRICITÉ OU PAR L'HUILE, EN FRANCE ET EN ANGLETERRE.

Phares français	à huile minérale.			406 fr.
	électriques	de Gris-Nez (machines anciennes)		109
		de la Hève (machines anciennes)		97
		de Gris-Nez (mach. nouvelles)	Alliance. .	75
			Gramme. .	48
		de la Hève (mach. nouvelles)	Alliance. .	67
			Gramme. .	45
Phares anglais	à huile minérale.			525
	électriques	de Dungeness		575
		de Souter Point		295
		de South Foreland		221
		du cap Lizard		79

On voit par ces tableaux l'avantage, au point de vue économique, de la lumière électrique employée à l'éclairage des phares.

1. Déduction faite du travail de la transmission.

§ 2. L'ÉCLAIRAGE ÉLECTRIQUE DANS L'INDUSTRIE.

Une des premières applications de la lumière électrique produite par les appareils à arc voltaïque, a été l'éclairage des grands ateliers de construction, toutes les fois qu'il y eut un intérêt urgent à presser l'achèvement des travaux et à joindre aux équipes de jour des équipes de nuit. La première tentative de ce genre, du moins à notre connaissance, date de la reconstruction du pont Notre-Dame à Paris ; depuis on a utilisé la lumière électrique pour les travaux des Docks, pour ceux de l'édification du nouveau Louvre, du pont de Kehl, etc. Mais depuis quelques années cette application est devenue si fréquente en France et à l'étranger, qu'il serait fastidieux de faire la simple énumération des travaux de ce genre. Bornons-nous à dire que c'est à elle qu'on a dû le rapide achèvement du palais du Trocadéro à l'Exposition de 1878, celui de la salle du Sénat au Luxembourg, et la prompte reconstruction du pont des Invalides.

Nous nous bornerons à citer, parmi les applications récentes, celle que représente la planche XIV, et qui a pour objet la reconstruction des grands magasins du *Printemps*, situés à l'angle du boulevard Haussmann et de la rue du Havre à Paris, et détruits il y a deux ans par un incendie. L'appareil employé pour éclairer les travaux était la bougie Jablochkoff; une machine auto-excitatrice Gramme, mue par une locomobile de la force de 6 chevaux, suffisait pour alimenter 8 foyers fixés en des points convenables dans les charpentes. Ceux qu'on voit dans la figure portent les bougies sans aucune enveloppe et sont munis de réflecteurs, mais il y en avait quatre garnis de globes opalins.

Nous citerons encore, comme une des plus remarquables applications de l'éclairage électrique aux travaux publics, celle qui en a été faite pour l'agrandissement de l'avant-port du Havre. Il importait, pour l'exécution des maçonneries à bas niveau, le battage des pieux, etc., travaux qui n'étaient possibles qu'à marée basse, de pouvoir utiliser les marées basses de nuit comme celles de jour. Le directeur de l'entreprise, M. Chéron, fit installer dans ce but deux machines Gramme. Voici, d'après M. H. Fontaine à qui nous empruntons ces détails, comment fonctionnait cette remarquable installation :

« En visitant en détail, dit-il, les travaux en cours d'exécution, par une nuit sombre, dépourvue d'étoiles, nous avons

Fig. 556. — L'éclairage électrique des chantiers pour les travaux de nuit.

constaté que des hommes, placés à des distances variant de 20 à 120 mètres des lampes, pouvaient se livrer à tous les travaux ordinaires, sans le moindre inconvénient. Les mineurs perforaient l'ancien mur à 115 mètres du foyer le plus rapproché d'eux, et produisaient la même somme de travail que pendant le jour. Une locomotive, remorquant 10 wagons, circulait sur une voie de 1500 mètres, amenant des matériaux à pied d'œuvre et transportant les déblais aux emplacements désignés. Une équipe battait des pieux à l'aide d'une sonnette

ÉCLAIRAGE ÉLECTRIQUE DES TRAVAUX DE NUIT.
Chantiers des Magasins du Printemps, à Paris.

à vapeur. Des maçons, des charpentiers, des terrassiers, etc., exécutaient, çà et là, des travaux de toute nature. Plus de 150 ouvriers, sur un espace d'environ 30 000 mètres carrés, travaillaient sans autre éclairage que celui produit par les deux machines Gramme. Les foyers, placés dans des lanternes, sur un terre-plein, à 5 mètres de hauteur, se trouvaient en réalité à 15 mètres d'élévation de la plupart des parties en construction ou en démolition. A 115 mètres, nous lisions distinctement un journal mieux que nous ne l'eussions fait, éclairé par un bec de gaz placé à 5 mètres. Chaque lampe répandait une lumière de plus de 500 becs Carcel. » (*Éclairage à l'électricité.*)

Après l'éclairage électrique des grands chantiers nocturnes, celui des gares de chemins de fer, des halles aux marchandises, était tout indiqué. Et en effet, nous avons eu l'occasion de dire déjà que ce mode d'éclairage avait été adopté par les Compagnies du Paris-Lyon-Méditerranée et de l'Ouest en France. Depuis cinq ans, pareille mesure a été prise pour la gare des marchandises de la Compagnie du Nord à la Chapelle. Quatre lampes suffisent pour éclairer une halle de 1750 mètres, un hangar de 1050 mètres et une cour de 20 mètres de large qui les sépare. Le résultat est excellent : la manutention des colis, petits et grands, les écritures qu'elle nécessite, la distribution et le chargement, tout s'exécute avec une telle facilité et une telle célérité, qu'on évalue à 25 pour 100 l'économie de personnel réalisée par l'adoption de cet éclairage. La dépense s'élève à 75 centimes par lampe et par heure.

Les installations de ce genre se multiplient d'ailleurs partout en France et à l'étranger.

Il en est de même de l'éclairage des usines, ateliers, magasins. Nombre de filatures, de tissages, de teintureries, des ateliers de mécaniciens, des imprimeries, etc., ont substitué à la lumière du gaz celle des lampes électriques. Le problème à résoudre n'était pas tout à fait le même, dans nombre de cas, que pour les grands chantiers ou les halles, où l'éclat et l'abondance de la lumière projetée peuvent suffire. Il fallait ici obtenir à la fois une lumière abondante et une diffusion aussi complète que possible. Pour des travaux souvent délicats, une lumière unique et trop vive, outre qu'elle fatigue la vue, a l'inconvénient de produire des oppositions de lumière et d'ombre fâcheuses[1]. Mais l'invention des appareils à division, en permettant de multiplier les foyers alimentés par une même machine, a fait disparaître en grande partie les défauts des foyers uniques et trop puissants. Un des grands avantages de la lumière électrique comparée à celle du gaz, c'est la suppression presque complète de la chaleur dégagée par les anciens becs et de la viciation de l'air par la combustion. Sous le rapport de l'hygiène, l'avantage est donc considérable. Mais, à un autre point de vue, il n'est pas moindre pour certains travaux. Partout où les ouvriers ont besoin de juger des couleurs et de leurs nuances, dans les ateliers de tissage, de teinturerie, de papeterie, etc., le nouvel éclairage a la propriété précieuse de ne point altérer les couleurs, de conserver aux nuances, même les plus délicates, leurs véritables valeurs respectives. On évite ainsi beaucoup d'erreurs qui étaient presque inévitables à la lumière jaune-rougeâtre des becs de gaz.

Sans être nuls, les dangers d'incendie sont moindres aussi avec l'éclairage à l'électricité qu'avec l'éclairage au gaz. On comprend donc que les propriétaires des grands magasins n'aient pas hésité à installer les appareils électriques, machines et lampes, qui donnent aux étalages tant de richesse et d'éclat. Les salles, cours et jardins des grands hôtels, des grands établissements financiers sont, depuis quelques années, éclai-

1. En décrivant le mode d'éclairage des ateliers de MM. Sautter et Lemonnier, les fabricants si connus des appareils lenticulaires des phares, ateliers dont la surface de 1800 mètres carrés est éclairée par la lumière que donnent trois machines Gramme de chacune 150 becs Carcel, M. Fontaine ajoute : « On pourrait croire que, dans un atelier de cette sorte, les ombres portées par les outils, par les courroies, par les colonnes, sont une grande gène pour le travail, et que partout où la lumière n'arrive pas directement, le contraste fait paraître l'obscurité plus grande qu'avec un autre mode d'éclairage. Il n'en est rien. La lumière diffuse ou, en d'autres termes, la lumière réfléchie par tous les points éclairés est telle, qu'il n'y a point, à proprement parler, dans l'atelier de recoin sombre, et qu'un ouvrier distingue facilement les objets placés au fond de son tiroir. »

rées, soit par des lampes à arc voltaïque, munies de globes opalins pour diffuser et adoucir la lumière, soit de lampes à incandescence de divers systèmes.

Les essais d'éclairage électrique se poursuivent pour d'autres grands établissements publics, qui sont éminemment intéressés à ce que les essais réussissent. Nous voulons parler des Bibliothèques, des Musées, des Théâtres. Déjà la salle de lecture du British Museum est éclairée par le système Siemens; tout le monde a entendu parler des brillantes expériences d'éclairage qui ont eu lieu au grand Opéra à Paris, et où divers systèmes ont été simultanément essayés avec le gaz: le grand escalier, la salle et la scène, les foyers ont reçu un certain nombre de lampes et l'on a pu juger du brillant effet que produirait ce système d'éclairage. Depuis, la salle du théâtre des Variétés est conquise à la lumière électrique. Ce n'est pas tant, on le comprendra, au point de vue artistique que l'adoption de ce mode d'éclairage est désirable pour les établissements que nous venons de citer; c'est surtout au point de vue de la sécurité et de l'hygiène. Les catastrophes terribles qui ont détruit le Ring Théâtre à Vienne, le théâtre de Nice et d'autres encore, et qui ont fait périr tant de victimes, deviendraient, sinon impossibles, du moins très difficiles avec les foyers électriques. La certitude de cette quasi-impossibilité, en rassurant les spectateurs, empêcherait probablement le retour des paniques, qui font encore plus de victimes que le feu.

En parlant de cette application de la lumière électrique, nous avons en vue l'éclairage proprement dit; c'est là une question assez complexe, à cause des exigences multiples et souvent contradictoires des services qui incombent à une administration théâtrale. Au contraire, s'il ne s'agit que de l'emploi de la lumière électrique pour produire sur la scène certains effets de décor, alors la question est autre. En effet, dès 1846, à la première représentation du *Prophète* à l'Opéra, elle fut employée pour produire un effet de soleil levant, et le succès fut complet. En 1860, à la reprise de *Moïse*, M. J. Duboscq obtint, avec l'arc voltaïque et une combinaison convenable de lentilles, d'écran et de prisme, un météore lumineux très difficile à imiter avec les anciens procédés de décor, l'*arc-en-ciel ;* puis, ce furent les incendies, les zigzags des éclairs, des effets magiques, les cascades ou les fontaines lumineuses, etc. Pour ces applications spéciales, on produit la lumière, non plus par les machines électriques, mais par la pile; la raison en est simple : les installations et la mise en activité des machines et de leurs moteurs exigent du temps et s'appliquent bien à l'éclairage qui doit durer plusieurs heures. Pour des effets isolés et courts, comme ceux dont il vient d'être question, l'emploi de la pile est beaucoup plus simple.

§ 3. ÉCLAIRAGE ÉLECTRIQUE DES PORTS, DES TUNNELS, DES GALERIES DES MINES.

L'éclairage électrique des ports, des passes, commence à rendre à la navigation de grands services. Les ports de Belfast, de Hull, du Havre sont dès maintenant éclairés par l'électricité. 34 foyers Jablochkoff, répartis en 6 circuits, de 4 à 6 foyers chacun, sont alimentés aux quais du Havre par 4 machines auto-excitatrices de Gramme, actionnées par 2 machines à vapeur de chacune 35 chevaux. On comprendra l'importance de cette installation, en se rappelant que le port du Havre n'est accessible aux grands navires qu'aux heures de pleine mer. Quand les deux marées quotidiennes ont lieu de jour, le bâtiment qui, pour une circonstance quelconque, un coup de vent par exemple, vient à manquer la première, n'a plus qu'à attendre la seconde et à subir ainsi un retard inévitable de onze à douze heures. Mais aux époques où l'une des marées tombe pendant la nuit, en manquant la marée de jour, le capitaine du navire était dans l'obligation de rester vingt-quatre heures à l'ancre en rade avant de pouvoir profiter de la marée. Dès maintenant, grâce à la puissance des lampes électriques, l'en-

ÉCLAIRAGE ÉLECTRIQUE D'UN PORT.
Entrée de nuit d'un remorqueur.

trée des navires se fait avec la même facilité, pour ainsi dire, la nuit que le jour.

Les docks du port de Limerick sont éclairés par les foyers Siemens; ceux de l'Albert-Dock à Londres le sont par les lampes du même système sur une longueur de façade de plus de 6 kilomètres.

Une application tout indiquée de la lumière électrique est celle de l'éclairage des longs tunnels, comme le Saint-Gothard, le Mont-Cenis, ou des chemins de fer souterrains dans les grandes villes. Mais, au lieu d'éclairer la voie, on a fait des essais ayant pour objet d'éclairer les trains eux-mêmes, en munissant la locomotive à l'avant d'une lampe électrique avec projecteur, de sorte que l'état de la voie puisse être exploré en tout temps et de loin par le mécanicien et le conducteur. Un appareil spécial, la lampe électrique à liquide, du système Sedlaczek et Wikullil, a servi à ces expériences; elle était alimentée par un générateur Schuckert, qu'un petit moteur Brotherhood actionnait, le tout placé sur l'avant-train d'une locomotive. Les essais faits entre Paris et Dammartin sur le chemin de fer du Nord et aussi en Allemagne ont été très bons. « La lampe, dit M. Geraldy dans la *Lumière électrique*, est fixe et éclatante, elle permet de distinguer les édifices, les ponts, jusqu'à 400 ou 500 mètres, la visibilité des signaux n'est pas altérée; et le train ainsi signalé peut être aperçu à une distance de plus de 1500 mètres. » L'aspect d'un train muni de son projecteur électrique est représenté dans la planche XVII. Toutefois les ingénieurs des compagnies ne sont pas favorables à ce système d'éclairage des trains. Ils considèrent qu'à la dépense d'installation, assez coûteuse, ne répondraient pas des services proportionnés; il n'est pas si essentiel qu'un train voie devant lui, il serait préférable que le train fût vu de loin et à l'arrière, un train en détresse, arrêté ou en retard étant l'obstacle le plus dangereux. Il faudrait donc installer la lumière électrique à l'arrière, ce qui offre beaucoup de difficultés.

On a fait aussi et l'on poursuit des essais d'éclairage des wagons par l'électricité. En ce cas, l'emploi des lampes à incandescence et leur alimentation par des piles ou mieux par des accumulateurs étaient naturellement indiqués de préférence à celui des régulateurs ou des bougies. En Angleterre, on a fait des expériences avec des accumulateurs Faure. Sur la ligne de l'Est en France, on a essayé l'éclairage des compartiments d'un train par 31 lampes Maxim qui recevaient leur alimentation d'une machine de Gramme; cette dernière, placée dans le fourgon d'avant, était commandée par une liaison mécanique avec l'essieu. Dans les ralentissements et les arrêts, les courants de la machine Gramme étant annulés, trois séries d'accumulateurs suppléaient à leur action. Chacune de ces séries de 24 accumulateurs, système Meritens, était d'ailleurs liée à la machine et chargée par elle pendant le mouvement.

Si, pour éviter les accidents de chemins de fer, rencontres de trains ou d'obstacles quelconques, l'emploi de puissants moyens d'éclairage est désirable, des motifs de même ordre, mais encore plus pressants, ont fait songer à appliquer la lumière électrique aux navires. Les collisions en mer, surtout dans les temps de brume, se sont accrues avec les développements de la navigation, d'une façon vraiment inquiétante, et maintes catastrophes dont les péripéties terribles sont encore présentes à toutes les mémoires militent en faveur de cette application.

Les premiers essais remontent à quinze ans. Le directeur de la compagnie l'Alliance, M. Berlioz, fit installer sur le yacht *le Prince-Napoléon* une machine de Malderen fournissant la lumière à un régulateur fixé à quelques mètres au-dessus du pont et muni d'un projecteur qui dirigeait sur l'horizon le faisceau lumineux. Le succès de ces premières expériences amena d'autres installations semblables, sur les navires *le Saint-Laurent*, *le Forfait*, *le d'Estrées*, *la France*, *l'Aigle*, *l'Hirondelle*. Mais divers inconvénients, dont un des principaux consistait dans la disparition des feux réglementaires vert et rouge en présence d'un feu électrique fixe d'une trop grande intensité, ont fait abandonner ces premières tentatives. Depuis quelques années, des expériences nouvelles ont eu lieu, sous la direction de M. Fontaine, sur le paquebot transatlantique *l'Amérique*, d'autres par MM. Sautter et Lemonnier sur les navires russes *Livadia* et *Pierre-le-Grand*, les navires français *le Suffren* et *le Richelieu*, et enfin par M. Dalmau sur les cuirassés espagnols *Numancia* et *Vitoria*. Les générateurs

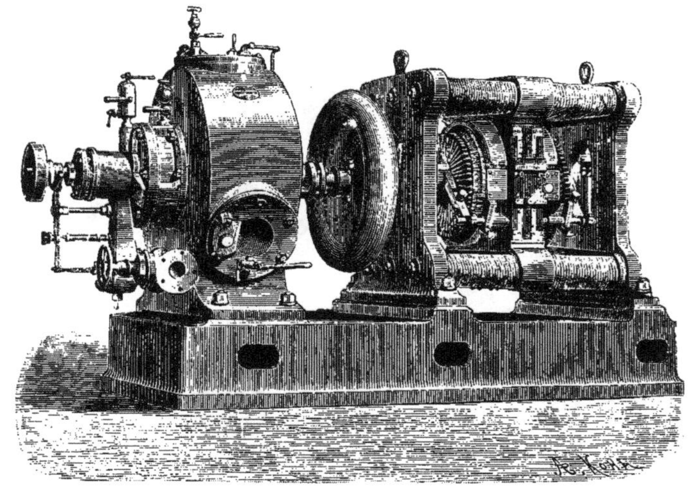

Fig. 537. — Machine Gramme animée par un moteur Brotherhood.

employés sont ordinairement des machines Gramme mues par des moteurs Brotherhood, et les projecteurs de lumière sont de l'un des systèmes Sautter et Lemonnier, Mangin ou Siemens. Nous représentons ces divers appareils dans les figures 537, 538, 539 et 540.

Dans l'expédition de Tunisie, nos navires étaient munis de sous les appareils nécessaires à la production de la lumière électrique, et nous verrons dans le chapitre suivant qu'ils en ont fait un fréquent usage. Nous connaissons déjà la machine

Gramme (dont la figure 537 donne le type D). Voici quelques détails sur les appareils de projection.

Le projecteur Sautter et Lemonnier (fig. 540) contient, dans un tambour cylindrique, un appareil lenticulaire analogue à celui des phares électriques ; seulement le système optique est composé de manière à concentrer et à projeter sous la forme

Fig. 538. — Projecteur Siemens.

Fig. 539. — Projecteur Mangin.

d'un faisceau cylindrique les rayons de l'arc voltaïque émanés d'un régulateur Serrin. Le tambour en fonte qui porte ce système optique est mobile autour de son axe vertical et peut osciller autour de son axe horizontal sans que les positions relatives de la lentille et du point lumineux changent. On peut donc envoyer dans toutes les directions et sous toutes les inclinaisons le faisceau de lumière.

On peut d'ailleurs installer le projecteur en un point quel-

LUMIÈRE ÉLECTRIQUE APPLIQUÉE AUX CHEMINS DE FER.

Locomotive éclairant la marche d'un train.

conque du navire, soit sur la passerelle du commandant, soit sur une plate-forme disposée à l'avant.

Dans le projecteur Siemens (fig. 538), l'appareil de projection est un réflecteur parabolique, et les deux systèmes lenticulaires qui l'accompagnent n'ont pour objet que de per-

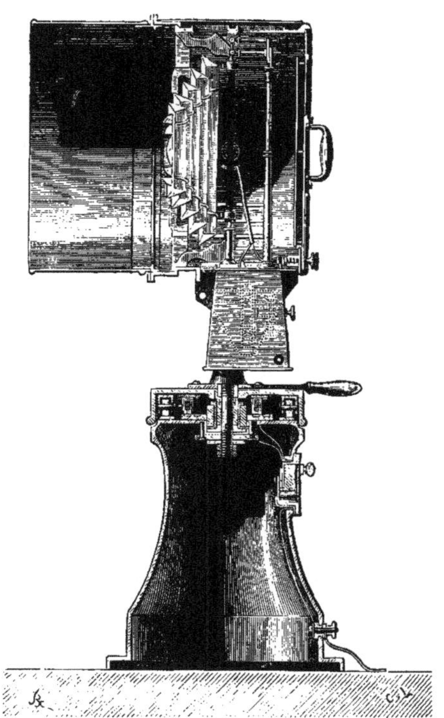

Fig. 540. — Projecteur Sautter et Lemonnier

mettre le réglage de la lampe en projetant les charbons sur un écran. Le projecteur Mangin (fig. 539) est composé d'un miroir sphérique concave; mais la surface intérieure est la surface réfléchissante, de sorte que les rayons lumineux traversent deux fois l'épaisseur du miroir avant d'être renvoyés au dehors. Les surfaces, intérieure et extérieure, du miroir n'appartenant pas à une sphère de même rayon, l'inventeur a calculé leurs rayons de manière à ramener au parallélisme les rayons lumineux réfléchis. Son but était d'éviter ainsi l'emploi des appareils lenticulaires toujours coûteux et les réflecteurs paraboliques dont la forme est difficile à obtenir avec précision. Les charbons sont mus à la main, à l'aide de vis à pas différents, à cause de leur inégale usure. Il n'y a pas de régulateur, de sorte que la surveillance de l'appareil en marche doit être continue. On a voulu ainsi supprimer tout mécanisme délicat qui ne dispense pas d'une certaine surveillance.

La lumière électrique, employée dans la marine comme nous venons de le dire, ne sert pas à l'éclairage des navires, tout au contraire ; le navire lui-même reste dans l'obscurité et le fanal qu'il porte, ou bien éclaire sa route et signale sa présence aux navires qui sont dans les mêmes eaux, ou bien sert à explorer l'horizon. Quant à l'éclairage de l'intérieur du navire, c'est tout autre chose. La question a été également abordée depuis quelques années, surtout depuis l'invention des lampes à incandescence. Les paquebots des grandes lignes transatlantiques ont donné le signal. Les navires *City of Richmond*, *Servia*, *Château-Léoville* sont éclairés par des lampes Swan ; 6 lampes de 30 jets illuminent le grand salon du premier de ces navires et 11 autres lampes servent à l'éclairage des autres points du navire. Le paquebot *City of Worchester* a dû recevoir 270 lampes Edison.

§ 4. ÉCLAIRAGE ÉLECTRIQUE DES VILLES, RUES, PLACES, MONUMENTS PUBLICS.

Malgré le succès incontestable des expériences, déjà nombreuses et prolongées, qui ont eu pour objet la substitution de la lumière électrique au gaz, pour l'éclairage des places publiques, des boulevards, rues, quais, ports, etc., le nouveau système n'est pas encore accepté d'une façon décisive. Mais les difficultés, les obstacles ne sont plus désormais, à vrai dire, du domaine de la science ; ce n'est plus qu'une question d'économie, de prix de revient. Depuis l'époque, relativement récente, où ont été faites les premières expériences un peu importantes (rappelons seulement pour mémoire, à Londres l'éclairage du pont de Waterloo et des quais de la Tamise, à Paris celui de l'avenue de l'Opéra et des places de l'Opéra, du Carrousel et du Théâtre-Français), que de progrès, de perfectionnements pratiques ont été apportés aux appareils, lampes ou machines ! C'est ce dont nos lecteurs pourront se faire une idée en se reportant au chapitre qui précède. La plupart des défauts de la lumière électrique, notamment le manque de fixité, les foyers trop puissants et aveuglants, ont été évités. Il resterait à comparer et à apprécier sous tous les rapports les divers systèmes. On les a vus presque tous fonctionner à l'Exposition d'Électricité, ou encore à l'Opéra ; mais la confusion des lumières rendait difficile un jugement sérieusement motivé. Ce sont les expériences de longue haleine, comme celles qui continuent de se faire dans la plupart des grandes villes, qui permettront aux électriciens de se prononcer en connaissance de cause, et au public, qui ne juge que les effets, d'arriver par l'habitude à une saine appréciation des nouveaux modes d'éclairage.

Ce qui semble dès maintenant acquis, c'est que les régulateurs, les lampes à arc voltaïque, alimentés par les puissantes machines à lumière aujourd'hui connues, sont plus avantageux que les lampes à incandescence (et de beaucoup) et même que le gaz, toutes les fois qu'il s'agit d'obtenir des foyers lumineux d'une intensité considérable. Nous l'avons vu notamment en ce qui concerne les phares, l'éclairage des grands ateliers, des chantiers, des ports, etc. Il est vrai qu'à mesure qu'on la divise, la lumière coûte proportionnellement davantage, et c'est ce qui explique l'hésitation des administrations lorsqu'il s'agit de l'éclairage des avenues, rues et places. Mais, même en admettant que le prix de revient du bec électrique continue à dépasser notablement celui d'une intensité lumineuse égale obtenue avec le gaz, il est probable qu'on adoptera l'éclairage à l'électricité pour les grandes voies des cités, dans les quartiers riches ; ce sera un éclairage de luxe, les avantages d'une lumière plus abondante et plus blanche l'emportant sur les inconvénients d'une plus forte dépense.

Quant aux salles de théâtre, de concerts, selon les cas, on préfèrera tantôt les lampes à régulateur ou à arc voltaïque, tantôt les lampes à incandescence.

Reste la question de l'éclairage privé. Ici, tout est subordonné à la question de la distribution de l'électricité à domicile. Les Américains, plus hardis que les peuples de l'ancien monde, paraissent devoir nous devancer sous ce rapport. En décrivant la grande machine Edison, nous avons dit qu'un projet d'éclairage de tout un quartier de New-York est en projet et sans doute déjà en voie d'exécution. Le fécond inventeur a combiné tout un système de canalisation, de distribution des courants et de division pour ainsi dire indéfinie de la lumière électrique. Dans l'usine centrale établie au milieu du quartier, douze machines à vapeur doivent actionner autant de générateurs dynamo-électriques capables chacun d'alimenter, comme on l'a vu plus haut, 2400 lampes de 8 candles ou 1200 lampes de 16 candles, soit en tout 28800 foyers du premier type ou 14400 du second. D'autre part, on annonce que le savant électricien anglais Gordon vient de faire construire une grande machine dynamo-électrique assez puissante pour utiliser le travail de 500 chevaux-vapeur, et d'alimenter de 5000 à 7000 lampes à incandescence.

Le moment ne peut donc tarder beaucoup où le problème de la distribution de l'électricité à domicile, et par suite celui de l'éclairage électrique privé, aura reçu tout au moins une première solution. Ce sera ensuite à l'expérience à prononcer sur les avantages et les inconvénients relatifs de cette nouvelle application de la science.

CHAPITRE XIV

L'ÉLECTRICITÉ A LA GUERRE

§ 1. LA TÉLÉGRAPHIE ÉLECTRIQUE DANS LES OPÉRATIONS MILITAIRES.

Qu'on ait songé à utiliser, pour la transmission des ordres et la communication rapide des divers corps d'une armée, les lignes télégraphiques existantes, cela est si naturel, que nous n'aurions rien à ajouter à ce qui a été dit plus haut de cette application de l'électricité à tous les genres de correspondance, si l'on n'était allé plus loin, en créant un service spécial de télégraphie militaire. On fait remonter à l'année 1857, époque de la conquête de la Grande Kabylie par le maréchal Randon, le premier emploi qu'aient fait les armées françaises de la télégraphie ambulante. Pendant la guerre de la sécession, les Américains ont fait un usage constant de ce mode de correspondance pour le service des armées en campagne. Les troupes allemandes, en 1870 et 1871, étaient dès le début de la guerre accompagnées de brigades de télégraphistes parfaitement exercés à la pose des lignes et à leur fonctionnement, qui n'avait pas seulement pour objet les opérations purement militaires. mais l'approvisionnement du matériel. Voici quelques détails d'un grand intérêt que nous empruntons à l'ouvrage de M. Ternant sur les *Télégraphes*, et qui résument la relation faite par un ingénieur allemand, M. von Chauvin, des résultats de la télégraphie militaire prussienne pendant la guerre de 1870 :

« En Prusse, dit-il, et durant la paix, on avait dressé au

service de la guerre de nombreux opérateurs tirés des bureaux de l'administration civile. Peu après l'ouverture de la campagne, 300 télégraphistes étaient prêts à partir avec l'avant-garde de l'armée, et une communication fut promptement établie avec l'arrière-garde. Le corps télégraphique était muni d'appareils du système Morse, et l'on n'employa en aucun cas le parleur. La brigade accompagnant l'avant-garde était munie de poteaux légers et de fils de cuivre, utilisant aussi des fils isolés ou câbles disposés sur le terrain, ou bien encore suspendus suivant les nécessités du parcours. Les appareils Morse avaient à peu près le même poids que ceux du service civil.

« Une seconde brigade établissait sur des poteaux de petite dimension une ligne moins légère, fournissant les communications au moyen desquelles les vivres et les munitions de guerre pouvaient être expédiées de Prusse. Une troisième brigade de télégraphistes, suivant l'arrière-garde dans son avance sur le territoire français, changeait les lignes temporaires de la seconde brigade en lignes définitives, de la même force et des mêmes dimensions que celles employées par le gouvernement. L'utilité du télégraphe a été surtout démontrée dans le cas du siège des villes et des forteresses. Un circuit de 150 kilomètres de lignes télégraphiques entourait Paris, et l'on comprend aisément que cet espace énorme n'aurait pu être comblé de soldats. Deux lignes de fils aériens furent ainsi établies hors de portée des projectiles français. Chacune d'elles portait 4 fils établissant des communications avec 24 stations différentes, et des milliers de dépêches étaient transmises chaque jour autour de Paris. L'empereur d'Allemagne exprima son avis à Moltke que, *sans le télégraphe, il n'eût pas été possible de faire le siège de Paris ou de maintenir celui de Metz pendant si longtemps*. Un autre avantage du télégraphe se rapportait à l'approvisionnement et au maintien du matériel au moyen des communications télégraphiques. Toutes les subsistances de cette armée immense étaient puisées en Allemagne ; car on ne pouvait trouver dans les pays occupés les rations suffisantes. »

Aujourd'hui le service télégraphique militaire est organisé dans toutes les armées européennes, en France, en Autriche, en Angleterre, en Italie, en Russie, etc. On a pu voir à l'Exposition d'Électricité des modèles des appareils, des voitures, en un mot du matériel adopté par ces divers pays. L'installation d'une ligne télégraphique militaire comprend un petit nombre d'opérations : le transport et le déroulement des fils, la pose des poteaux si la ligne est aérienne, l'installation des postes. L'Amérique et la Suède emploient trois voitures pour ces divers objets, une pour porter les fils ou les câbles, l'autre pour les poteaux avec leurs isoloirs, la troisième pour les appareils du poste. La Belgique n'emploie qu'une voiture, mais seulement dans le cas d'une ligne posée directement sur le sol, sans poteaux isolants; et elle est divisée en trois compartiments, un coupé découvert, le poste et l'endroit où sont placés les câbles.

Le déroulement des fils se fait ordinairement d'une façon automatique. Un treuil mis en mouvement par les roues débite le fil au fur et à mesure de l'avancement de la voiture. Dans les voitures anglaises destinées aux télégraphes de campagne, il y a deux rangées de trois bobines de fils, tournant à l'aide de poulies folles, reliant leur axe à l'un des essieux. Ces bobines sont disposées à l'arrière de la voiture; à l'avant et sous le siège, des boîtes contiennent la pile, le parleur, le galvanomètre. Enfin, dans l'espace longitudinal compris entre les deux rangées de bobines, on place 20 poteaux légers en fonte formés de parties qui emboîtent les unes dans les autres, et qu'on tire comme les tubes d'une longue-vue, quand il s'agit de la pose.

Voici comment on procède en France pour la pose d'une ligne télégraphique militaire. Le matériel se compose de *voitures-postes* divisées en deux compartiments, dont l'un sert de bureau et l'autre contient les bobines. La longueur des fils des 8 bobines étant de 16 kilomètres, pour de plus grandes distances les voitures-postes sont précédées de chariots porte-bobines qui reçoivent, outre les fils, les lances et les outils de toute sorte utiles à la pose. Quand on opère en pays de montagne, inaccessible aux voitures, le matériel est porté par des mulets, et pour le déroulement on se sert aussi de brouettes sur lesquelles on place les bobines.

Chaque atelier de construction comporte un sous-officier, deux caporaux et douze hommes. Le sergent, en tête, trace la ligne, et les soldats se divisent en trois groupes, dont l'un creuse les trous pour les lances, quand la ligne est aérienne; le second déroule les bobines, fait les épissures et les joints; le troisième enfin attache le fil aux lances et les dresse.

On peut se faire une idée, en jetant un coup d'œil sur la planche XVIII, des différentes phases de la pose d'une ligne militaire.

Nous n'avons rien dit des appareils employés pour la transmission et la réception des dépêches. Ce sont ordinairement ceux du système Morse; toutefois, aux États-Unis, la lecture se fait *au son :* autrement dit on se sert comme récepteur d'un *parleur*, ainsi du reste que cela est l'usage en Amérique pour la télégraphie ordinaire. Sans être beaucoup plus simple ni moins volumineux que le Morse écrivant, le parleur a un grave inconvénient en campagne : c'est de ne pas laisser trace écrite des dépêches, condition si importante pour la garantie des responsabilités. En France, le parleur ne s'emploie que pour les reconnaissances, pour les opérations ayant pour objet l'installation des lignes ou dans les postes de passage. Il va de soi d'ailleurs que les dépêches sont écrites en langage chiffré. Pour les communications qui pourraient être verbales, l'emploi du téléphone peut rendre de grands services. Aussi a-t-on généralement adjoint des téléphones magnétiques à tous les postes télégraphiques militaires.

M. Trouvé a combiné, pour la correspondance à petites distances ou ce qu'on pourrait appeler la télégraphie volante, un système ingénieux d'appareils d'une grande simplicité et qui peut rendre en campagne, à côté de la télégraphie militaire que nous venons de décrire, d'importants services.

TÉLÉGRAPHIE MILITAIRE.

Opérations pour la pose d'une ligne en campagne.

Deux correspondants, un officier ou sous-officier et un soldat, constituent les deux postes ou stations. Chacun d'eux est muni

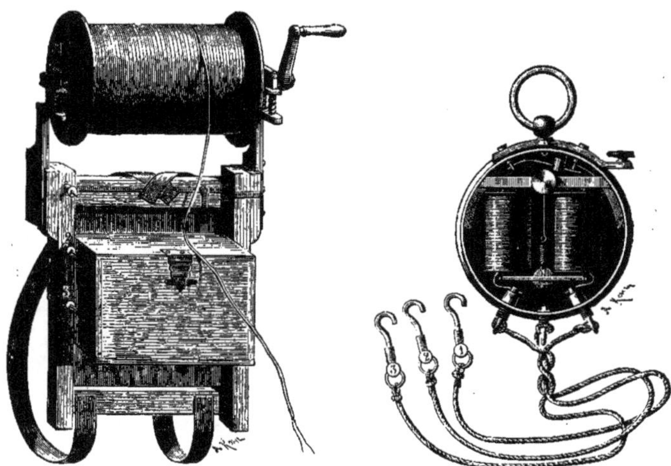

Fig. 541. — Bobine et pile portatives. Système de télégraphie militaire Trouvé.

Fig. 542. — Parleur du système Trouvé.

d'une pile et d'un appareil manipulateur et récepteur. La ligne est constituée par un câble à deux fils[1], enroulé sur une grosse bobine fixée à la partie supérieure d'une sorte de crochet que le soldat porte sur son dos comme le sac réglementaire. Au-dessous de la bobine, dont le fil se déroule sur le sol à mesure que le porteur marche en avant, est une boîte qui contient la pile (pile humide du système Daniell). L'officier porte une pile semblable en bandoulière.

Fig. 543. — Montre télégraphique.

Pour la correspondance, chacun des deux stationnaires prend son appareil d'où partent trois fils conducteurs, l'un qui le relie à la pile

1. Les deux conducteurs qui forment, l'un le fil d'aller, l'autre le fil de retour, sont isolés, recouverts de gutta-percha, et tous deux ensemble sont réunis sous une enveloppe de ruban

et les deux autres qui communiquent avec les deux conducteurs de la ligne. La figure 542 représente le *parleur*, qui comprend un manipulateur, ou clef Morse, fixé à l'extérieur d'une boîte en forme de montre, et au dedans un électro-aimant avec son armature. Le manipulateur se manœuvre aisément avec le bout de l'index de la main droite, pendant que la main gauche tient la boîte. Les signaux Morse ainsi transmis par la ligne déterminent les mouvements correspondants de l'ar-

Fig. 544. — Mode d'emploi de l'appareil Trouvé pour la télégraphie militaire.

mature qui, en frappant contre un bouton monté sur le fond de la boîte, produit une série de petits bruits secs, courts ou longs. L'audition de ces bruits permet la lecture de la dépêche.

M. Trouvé a construit un autre appareil, auquel il donne le nom de *montre télégraphique* (fig. 543). C'est une sorte de manipulateur-récepteur à cadran, qui se manœuvre en tournant un bouton moleté, comme on opère pour la remise à l'heure des aiguilles dans les montres à remontoir.

caoutchouté. Le câble ainsi protégé peut donc reposer sur un sol sec ou humide ou être exposé à la pluie.

§ 2. LA LUMIÈRE ÉLECTRIQUE EN CAMPAGNE. — SIÈGES. — RECONNAISSANCES TERRESTRES OU MARITIMES.

Nous avons décrit dans le chapitre XIII les appareils qui servent, sur les grands navires, à projeter un faisceau de lumière électrique vers un point quelconque de l'horizon, en vue d'éclairer leur route et de les mettre en garde contre les collisions. On comprend qu'en temps de guerre ces mêmes appareils peuvent être utilisés pour les reconnaissances, pour les opérations de nuit, soit terrestres, soit maritimes, et enfin pour la production des signaux.

Un service spécial de ce genre fut organisé en 1871, pendant le siège de Paris par les Prussiens. Les régulateurs Foucault avaient été adoptés pour la production de la lumière; mais à cette époque les machines magnéto-électriques étaient rares encore, et sauf un cas dont nous allons dire un mot, c'est à la pile qu'on avait recours. « La lampe, dit M. Saint-Edme[1], était placée dans une caisse spéciale, à volet mobile, de façon à produire, à volonté, des éclairs lumineux rapides; le faisceau était réfléchi par un puissant miroir disposé de manière à rendre, à volonté, le faisceau convergent, parallèle ou divergent. Des écrans de couleur permettaient enfin d'obtenir des faisceaux rouges, verts ou bleus, nécessaires à la télégraphie optique. La pile fut forcément la source électrique invoquée; on manquait de machines magnéto-électriques, et, du reste, le charbon nécessaire pour l'alimentation des machines à vapeur eût fait défaut avant la fin du siège. Seul le fanal de la redoute de Montmartre (pl. XIX) fut entretenu par le courant d'une machine magnéto-électrique. L'arc fourni par le courant de la machine magnéto-électrique était nécessairement bien plus intense que ceux qui provenaient de piles à acide nitrique, composées de 50 couples, puisque cette machine équivaut, en

1. *L'Électricité appliquée aux arts mécaniques, à la marine, au théâtre.* Paris, 1871.

puissance effective, à 100 de ces couples. Ce fanal, habilement conduit, balayait de ses rayons le plateau d'Argenteuil, et son faisceau plongeait dans la redoute même d'Orgemont, située à plus de 10 kilomètres, à vol d'oiseau. Les Allemands ont en vain tenté, à plusieurs reprises, de surprendre nos forts pendant la nuit; la lumière électrique faisait bonne garde.

« Les assiégeants employaient également l'arc voltaïque, soit pour étudier nos travaux de nuit, soit pour éclairer le tir de leurs batteries : la portée des faisceaux indiquait suffisamment que, de leur côté, le générateur d'électricité était de l'ordre magnéto-électrique. L'habileté qui présidait à l'installation et à la manœuvre des appareils prouvait aussi que les états-majors renfermaient de savants électriciens. » Douze années se sont écoulées pour nous depuis l'année terrible, où la défense était obligée d'improviser ses moyens, tandis que l'attaque les avait longuement étudiés et prémédités. Espérons que les enseignements de l'expérience auront été depuis mis à profit et que nos futurs adversaires nous trouveront prêts.

Les principales circonstances où, pendant la guerre, la lumière électrique peut rendre des services utiles sont ainsi résumées par un de nos officiers distingués, M. Martin de Brettes : « Pour reconnaître une fortification, dit-il, l'assiégeant a besoin de produire un éclairage momentané suffisant à ses projets et pas assez long pour éveiller l'attention de l'assiégé. Pour diriger le tir d'une batterie sur un but déterminé, il faut que ce but soit éclairé assez longtemps pour permettre un bon pointage. Pour n'être pas surpris lors de l'ouverture de la tranchée, l'assiégé doit éclairer d'une manière continue le terrain où cette opération a des chances d'être exécutée. L'éclairage d'un champ de bataille, d'une brèche, lors de l'assaut, demandent aussi un éclairage d'une durée indéfinie. » Cette énumération concerne principalement les travaux de siège, pour l'attaque ou la défense, et dans ce cas les appareils peuvent s'établir à poste fixe.

Pour les reconnaissances en campagne, il faut un système

LA LUMIÈRE ÉLECTRIQUE AU SIÈGE DE PARIS.

Poste de la Butte Montmartre.

mobile. On a, en vue de cet objet, disposé à demeure sur une locomobile la machine génératrice, qui peut ainsi être transportée partout où le besoin l'exige, ainsi que le projecteur, qu'on installe à peu de distance du générateur, soit sur un support à 4 roues, soit sur une selle pivotante. La figure 545 représente le système adopté en France pour ce service. C'est une machine magnéto-électrique du type Gramme, actionnée par un moteur à vapeur à trois cylindres, système Brotherhood. Des

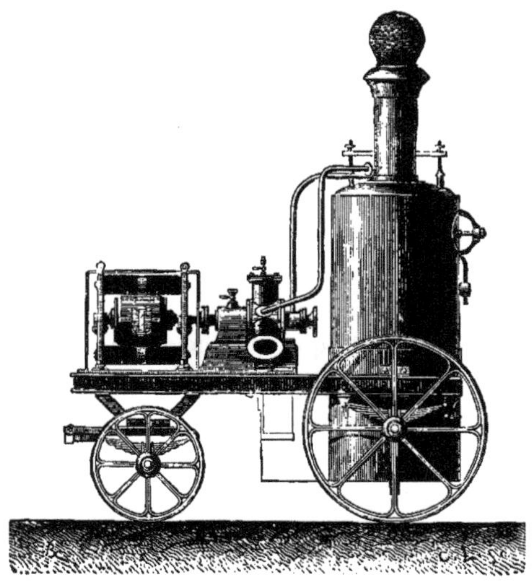

Fig. 545. — Locomobile à lumière pour les reconnaissances en campagne.

expériences fort intéressantes ont été faites avec un système semblable et ont donné d'excellents résultats. Citons d'après M. H. Fontaine, qui parle comme témoin, ceux qui ont été obtenus par une commission d'officiers français au fort du Mont-Valérien : « En employant, dit-il, la machine Gramme à 4 colonnes donnant, couplée en 1500 tension, becs Carcel, et couplée en quantité 2500 becs Carcel, on rendit visibles, pour les observateurs placés à côté de l'appareil de projection de lumière, des mouvements de troupes, des maisons, des chariots à une distance de 5000 mètres; on put, à une distance de 2700 mètres, apercevoir des soldats et reconnaître qu'ils s'escrimaient à la baïonnette. » D'autres expériences non moins favorables ont été faites à Toulon et à Cherbourg. Les appareils photo-électriques étaient ceux que construisent MM. Sautter et Lemonnier, joints au projecteur Mangin, décrit plus haut. Il a été unanimement reconnu que l'ensemble de ces appareils constituait une protection efficace contre les bateaux torpilles qui essayeraient de franchir la passe (celle de la Caraguc à Toulon). « Ces bateaux seraient découverts à temps pour être battus par les feux du fort, et des officiers placés dans des postes spéciaux pourraient provoquer l'explosion des torpilles noyées, au moment précis où lesdits bateaux ennemis arriveraient dans leur rayon d'action. Ces expériences ont été faites par une nuit sombre. Une légère brume empêchait l'atmosphère d'être absolument pure. » (H. Fontaine, *Éclairage à l'électricité*.)

La lumière électrique, que nous avons vue installée sur les navires pour la production des signaux, peut rendre dans les opérations de la marine de guerre les services les plus signalés. La plupart des navires de la flotte française qui ont concouru à l'expédition de Tunisie étaient munis des machines magnéto-électriques et des appareils projecteurs décrits dans le précédent chapitre. Dès le début, la frégate *la Surveillante* utilisa sa lumière en éclairant les points suspects de l'île de Tabarka. Depuis, même usage de la lumière électrique fut fait par divers navires de guerre pour l'éclairage nocturne de Sfax, de Gabès, de Sousse. La planche XX représente ce dernier épisode de l'expédition tunisienne.

Nous venons de voir que l'approche des bateaux porte-torpilles pouvait être démasquée par la projection d'un faisceau électrique émané d'un point de la côte ou du port menacé. Mais il est aisé de comprendre que le même moyen de protection est à la disposition des navires pourvus des appareils convenables. Nous n'insisterons pas sur ce point. Quant à

LA LUMIÈRE ÉLECTRIQUE EN TUNISIE.

Éclairage de Sousse par la flotte française.

l'inflammation des torpilles dormantes, nous allons voir que c'est encore l'électricité qui la produit. Ceci nous amène à terminer ce chapitre par un dernier paragraphe qui ne sera pas exclusivement consacré au côté militaire de la question, mais à l'inflammation des mines en général, que celle-ci ait ou non un but spécialement industriel.

§ 3. EXPLOSION DES TORPILLES ET INFLAMMATION DES MINES.

L'explosion des fourneaux de mines par les anciens procédés est une opération souvent dangereuse, et les accidents qu'elle cause de temps à autre sont malheureusement trop graves pour qu'on n'ait pas songé à les prévenir. Pour enflammer la poudre enfermée dans ces fourneaux, voici comment on procédait. On faisait communiquer l'intérieur de la mine avec des traînées de poudre plus ou moins longues déposées à la surface du sol, par des tubes de toile pleins de poudre, et que, dans le langage technique, on nomme des *saucissons*. Puis, à l'extrémité de la traînée, on mettait en contact avec elle un long morceau d'amadou qu'on allumait par le bout opposé, les dimensions de cette amorce étant calculées pour que l'ouvrier chargé de cette opération eût le temps de s'éloigner. Inutile d'insister sur le danger qui résultait d'une inflammation trop prompte : souvent c'est le retard subi par cette inflammation qui était cause des accidents, surtout si l'on faisait sauter à la fois plusieurs mines, si l'on ignorait quelles étaient celles qui n'avaient pas fait explosion, ou enfin si l'on croyait éteintes des mèches qui en réalité ne l'étaient point.

En se servant des courants électriques, de l'étincelle qui jaillit au moment où l'on ferme le circuit à distance, tout danger devait disparaître et a disparu en effet. On emploie dans ce but tantôt la pile, tantôt la bobine d'induction de Ruhmkorff, ou encore les courants induits des machines magnéto-électriques.

Dès l'origine de cette nouvelle application de l'électricité on s'est servi de la pile. Mais il faut une pile puissante et des conducteurs métalliques d'un gros diamètre. Une spirale de platine noyée dans la poudre est portée à l'incandescence dès que le circuit est fermé, et l'explosion a lieu. On se sert maintenant d'une batterie composée d'éléments au bichromate de potasse,

Fig. 546. — Pile au bichromate de potasse pour l'inflammation des mines.

renfermés dans une caisse et disposés de manière qu'un mécanisme fort simple fait plonger à la fois tous les zincs dans le liquide. Ce procédé, qui avait été abandonné pour ceux que nous allons décrire, a été repris depuis quelques années et perfectionné.

C'est dans les grands travaux du port de Cherbourg qu'a été inaugurée la méthode d'inflammation des mines par l'étincelle d'induction de la bobine de Ruhmkorff. Cette méthode, proposée par M. Du Moncel, ne réussit pas d'abord, le pouvoir calorifique de l'étincelle, à la distance où devait se faire l'explosion, n'étant pas assez grand pour enflammer la poudre. Heureusement, un ingénieur anglais, M. Statcham, venait d'inventer une fusée douée d'une inflammabilité beaucoup plus grande que celle des fusées ordinaires; M. Ruhmkorff adopta ce nouvel engin, et le succès répondit complètement à son attente. Voici en quoi consiste ce nouveau genre de fusée.

Fig. 547. — Fusée Statcham pour l'inflammation des mines.

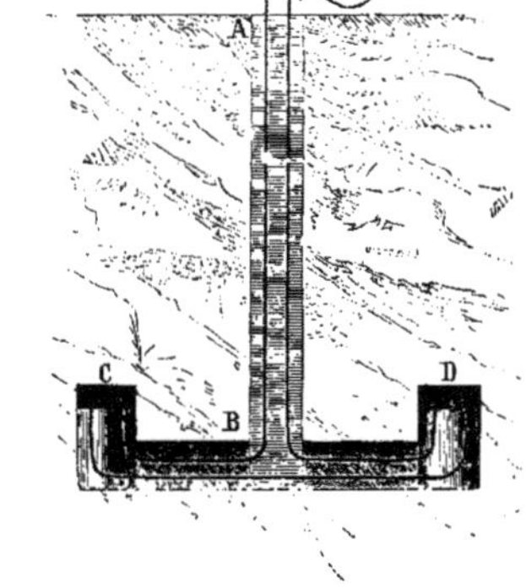

Fig. 548. — Fourneaux de mine.

Ce sont deux bouts de fil de cuivre rouge, enveloppés d'une couche de gutta-percha, et dont les extrémités libres A, B (fig. 547), sont, après avoir été recourbées, introduites dans une sorte de capsule de gutta-percha vulcanisée[1]. Les deux bouts viennent aboutir à 1 ou 2 millimètres de distance, dans une sorte de boîte CD qu'on remplit de poudre après avoir enduit les pointes du fil de fulminate de mercure. « Les premiers essais en grand, dit M. Du Moncel, de l'application de l'appareil d'induction de Ruhmkorff aux mines ont été faits, en 1853,

1. C'est-à-dire combinée avec du soufre. Le contact avec un fil de cuivre détermine un dépôt de sulfure très inflammable.

par le colonel espagnol Verdu, dans les ateliers de M. Herkmann, fabricant de fil recouvert de gutta-percha, à la Villette. On a expérimenté successivement sur des longueurs de fil de 400 mètres, de 600, 1000, 4800, 5000, 6400, 2600, 25 000, 26 000 mètres, et le succès a toujours été complet, soit avec un circuit composé de deux fils, soit en faisant entrer la terre dans le circuit. On n'avait employé pour cela que deux éléments de Bunsen. » (*Exposé des applications de l'électricité*, t. III.)

Pour faire éclater des mines monstres, c'est-à-dire chargées de centaines ou de milliers de kilogrammes de poudre, logées dans plusieurs cavités reliées entre elles, et obtenir leur explosion presque simultanée, on se sert d'un commutateur dont la touche est successivement mise en contact avec des lames de cuivre reliées avec chaque fourneau. Les explosions ont ainsi lieu l'une après l'autre, mais à intervalles si rapprochés, qu'on pourrait les croire simultanées.

L'emploi de l'électricité pour l'inflammation des mines n'est pas seulement avantageux au point de vue de la sécurité, il offre aussi, par la facilité qu'il donne de produire des effets mécaniques gigantesques dus à la simultanéité des explosions, une économie considérable (jusqu'à 60 pour 100) sur l'ancien procédé des traînées. En 1854, dans les travaux de creusement d'un bassin au port de Cherbourg, il suffit de l'explosion de six mines pour détacher d'un coup un bloc de 50 000 mètres cubes de rocher.

Voici maintenant un appareil exploseur dont la puissance calorifique est due au développement des courants induits et de l'extra-courant magnéto-électrique. L'invention en est due à M. Bréguet.

Un électro-aimant a ses pôles en regard de deux faisceaux aimantés énergiques en fer à cheval, disposés de manière à avoir leurs pôles tournés en sens contraires. Il en résulte, dans le fer à cheval de l'électro-aimant, une aimantation qu'on rend plus forte au moyen d'une armature fixe. En avant de celle-ci est une pièce de fer doux, maintenue au contact de l'armature par un ressort antagoniste, et qui peut en être séparée brusquement par le mouvement rapide imprimé au bouton d'une poignée. Cet éloignement, par la diminution de force qui en résulte dans l'armature de l'électro-aimant, donne naissance à un courant induit dans les fils des bobines, et en outre à un extra-courant, dont l'intensité s'ajoute à celle du courant induit. C'est surtout la puissance de l'extra-courant qui est utilisée pour la production de l'étincelle, et M. Bréguet a imaginé une disposition permettant d'employer cette puissance au moment précis où elle acquiert sa valeur maximum.

Fig. 549. — Exploseur magnétique pour l'inflammation des mines, système Bréguet.

Dans ce but, une lame de ressort, en contact avec une vis, ne s'en sépare qu'à la fin du mouvement de la pièce de fer doux. Or les fils des bobines de l'électro-aimant aboutissent, l'un à la vis, l'autre au ressort, de sorte que, tant que le contact dure, le circuit reste fermé sur lui-même, et l'extra-courant arrive à son maximum quand le contact cesse; alors la décharge se fait à travers le circuit aboutissant à la mine.

Pour éviter les accidents, quand l'appareil est mis en communication avec plusieurs mines, un verrou empêche la bascule de la poignée; celle-ci ne peut fonctionner que quand, tout étant prêt, le verrou est tiré. On peut alors sans crainte donner le signal.

Les appareils que nous venons de décrire peuvent être et sont en effet employés non seulement pour faire sauter les mines, mais pour produire à distance toute inflammation d'engins dangereux, ou de matières gazeuses telles que le grisou, ou enfin simplement pour l'allumage de becs de gaz qui doivent servir de signaux. Un officier de marine, M. Trève, a proposé l'adoption, dans la flotte, d'un télégraphe nautique destiné à remplacer les signaux de nuit qui, comme on sait, se font à l'aide des fanaux de combat. Ces fanaux consistent en lanternes munies de lentilles à échelons semblables aux lentilles des phares, qu'on hisse sur une ou deux drisses au point le plus élevé du navire. L'allumage et la manœuvre nécessaires pour la mise en place de ces fanaux prennent beaucoup de temps. M. Trève a proposé de rendre ce mode de communication beaucoup plus prompt, en remplaçant les bougies des lanternes par le gaz d'éclairage, et en fixant les fanaux à la place qu'ils doivent occuper. Des tuyaux de plomb ou de caoutchouc, partant d'un réservoir de gaz situé sur la dunette, vont aboutir aux fanaux ; en ouvrant ou fermant un robinet, on peut fournir à l'un ou à l'autre le gaz nécessaire. Un appareil d'induction, une bobine de Ruhmkorff par exemple, fonctionnant à ce moment, la lumière est distribuée à ceux des fanaux dont les robinets sont ouverts, et le commandant, de sa cabine, peut aisément faire faire tous les signaux que comporte ce mode de télégraphie nocturne.

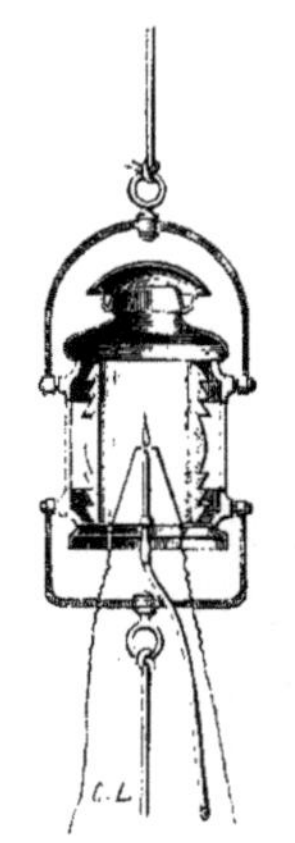

Fig. 550. — Fanal de M. Trève pour la télégraphie nautique nocturne.

L'inflammation à distance des matières explosives par l'électricité sert à la protection des ports et des abords, nous l'avons vu plus haut, des places fortes. Tout le monde a entendu parler de ces engins formidables qu'on nomme des *torpilles*, et dont l'explosion est si terrible, qu'une seule, si elle éclate à propos, peut faire couler le plus grand navire de guerre. Les torpilles ont joué un rôle important dans la guerre de la sécession aux États-Unis : un assez grand nombre de navires leur ont dû leur perte. Voici comment était disposée la torpille (*torpedo*) américaine :

L'engin dont il s'agit était une caisse d'étain dont la capacité atteignait jusqu'à 45 ou 50 litres, et qui était divisée en deux parties par une cloison transversale : l'une des parties recevait

Fig. 551. — Explosion des torpilles par l'électricité ; système de défense des ports et des côtes, du général Chazal.

la charge de poudre, l'autre servait de chambre à air. Une verge de fer, noyée dans la poudre et coiffée d'une capsule, recevait le choc d'un marteau, quand un navire, en passant au-dessus du point où la torpille était immergée, touchait un flotteur muni d'une corde en communication avec l'encliquetage du marteau.

L'explosion n'était donc pas primitivement produite par l'électricité. Mais on songea bientôt aux avantages pouvant résulter d'une inflammation à distance, et qui restait à la volonté des autorités chargées de la défense. L'ex-ministre de la guerre en Belgique, le général Chazal, a combiné l'emploi de l'électricité avec celui de la chambre noire, d'une façon très ingénieuse pour la défense de l'Escaut par les torpilles.

Sous une tente protégée par un terre-plein, se trouve disposée la pile ou l'appareil d'induction qui détermine la production de l'étincelle (fig. 551). Là aboutissent séparément tous les fils qui relient électriquement les lignes de torpilles à l'appareil, et chacun d'eux est numéroté, de façon à rendre toute erreur impossible.

Sur une table est placé un plan de l'Escaut, où les positions des lignes de torpilles sont indiquées, et qui n'est autre chose que la reproduction de la projection optique du fleuve par l'appareil de la chambre noire disposé au sommet de la tente. Supposons qu'un navire ennemi soit aperçu remontant le fleuve. L'officier chargé de la surveillance et du commandement pourra suivre de minute en minute la position qu'il occupe relativement aux lignes d'immersion des torpilles. Au moment opportun, il donnera l'ordre au marin chargé de l'appareil électrique, et indiquera le numéro du fil dont celui-ci doit fermer le circuit. Aussitôt l'explosion aura lieu. Des expériences faites il y a quelques années ont été, paraît-il, couronnées de succès.

Paris, pendant le siège, eut les abords de ses remparts et de ses forts protégés par un réseau de torpilles. Mais aucune attaque de vive force n'ayant eu lieu contre la grande cité de la part de l'armée assiégeante, ce système de défense, d'ailleurs parfaitement organisé, n'a joué nécessairement qu'un rôle préventif.

CHAPITRE XV

LA GALVANOPLASTIE

§ 1. INVENTION DE LA GALVANOPLASTIE ; RÉSUMÉ HISTORIQUE.

Nous avons vu l'électricité transmettre à distance, avec une rapidité prodigieuse et sous les formes les plus variées, les signaux confiés aux appareils de télégraphie, tantôt se bornant à de simples mouvements oscillatoires des aiguilles du galvanomètre, tantôt écrivant, imprimant même en caractères connus les lettres d'une dépêche, tantôt enfin reproduisant avec une fidélité incroyable le fac-similé de l'écriture ou du dessin constituant le message expédié. La télégraphie est donc une application mécanique de l'électricité ou mieux de l'électro-magnétisme, puisque le principe est l'action réciproque des courants voltaïques et des aimants. C'est encore en utilisant les répulsions et les attractions électromagnétiques qu'on a inventé l'horlogerie électrique, les chronographes, les enregistreurs automatiques des phénomènes physiques, les moteurs électriques, et une foule d'appareils aujourd'hui employés dans les industries et les arts les plus divers.

L'électricité ne produit pas seulement du mouvement, elle échauffe les corps, et cela d'une façon si énergique, qu'elle fond et volatilise les métaux et les substances les plus réfractaires ; qu'elle enflamme à distance les fusées des mines, les torpilles protectrices des côtes et des ports. La lumière éblouissante qui se dégage entre les deux cônes de charbon rivalise d'intensité avec les rayons solaires. Grâce à un mécanisme dont le mouvement est réglé par les variations d'intensité du courant et par la combustion même, la lumière de l'arc voltaïque a pu être aussi utilisée dans maintes applications : dès maintenant elle perce les brumes pendant les nuits les plus obscures, et les phares, dont l'invention de Fresnel avait fait de si puissants auxiliaires de la navigation, ont vu accroître encore leur éclat et leur portée.

Il nous reste, pour compléter ce tableau des applications de l'électricité, à rendre compte de celles qui sont basées sur les effets chimiques des courants, c'est-à-dire sur les phénomènes encore mystérieux qu'on s'accorde à regarder dans la science comme les générateurs mêmes de l'électricité dynamique.

La *galvanoplastie*, l'*électrochimie*, sont les noms sous lesquels on range habituellement ces applications, dont la science, l'industrie et l'art ont également su faire leur profit. Un mot sur leur principe commun suffira pour justifier la distinction que nous venons de faire.

Rappelons d'abord les phénomènes qui se produisent quand on fait passer un courant voltaïque au travers d'une dissolution saline. Prenons pour exemple une dissolution de sulfate de cuivre. Sitôt que le circuit est fermé et que le courant se produit, la décomposition du sel a lieu : des bulles d'oxygène se dégagent autour de l'électrode positive; du cuivre se dépose à l'état métallique autour de la lame qui forme l'électrode négative. Ce phénomène de décomposition était déjà connu des physiciens qui n'avaient à leur disposition que les premières piles de Volta; seulement, à cause de l'irrégularité du courant, de son affaiblissement rapide, le dépôt métallique n'était le plus souvent qu'un dépôt pulvérulent, impropre aux applications industrielles. La science en fit toutefois son profit, et les chimistes parvinrent ainsi à isoler, à découvrir des métaux jusqu'alors inconnus. L'invention des piles à courant constant, de la pile de Daniell par exemple, modifia d'une façon heureuse le phénomène. Nous avons eu plus haut l'occasion de citer la découverte du premier moteur électrique, celui qu'imagina Jacobi pour faire mouvoir une barque sur la Néva. Si cette invention n'eut pas le succès qu'en espérait son auteur, elle fut l'occasion d'une découverte plus heureuse, d'où est née en définitive la galvanoplastie.

Jacobi, qui avait employé pour son expérience une pile de Daniell dont le pôle positif était formé de lames de cuivre très pur, très malléable, fut étonné de voir que les lames de platine de l'électrode négative s'étaient recouvertes d'un dépôt rugueux, formé de petites lamelles de cuivre cassantes, et dont la surface interne reproduisait fidèlement toutes les inégalités du métal sur lequel elles s'étaient formées. L'illustre physicien recommença, en la variant, la même expérience; il obtint des dépôts métalliques homogènes, et qui, au lieu d'être pulvérulents, avaient toute la consistance, la compacité, la ductilité des métaux les plus purs, tels que les fournissent les opérations métallurgiques. De plus, en remplaçant la lame de cuivre de la pile par des moules de médailles, de planches gravées en relief ou en creux, il obtint des reproductions fidèles en creux ou en relief des types originaux[1]. Telle est l'origine de la galvanoplastie, qu'un savant anglais, M. Spencer, découvrait d'ailleurs de son côté l'année suivante. Bientôt cette invention prit un grand développement; elle fut le point de départ de nombreuses applications artistiques et industrielles qui reçurent elles-mêmes des perfectionnements importants.

Les procédés qui constituent la galvanoplastie proprement dite donnent des dépôts qui se moulent exactement sur les objets à reproduire, mais sans y adhérer. Mais on peut aussi obtenir des dépôts très minces, qui adhèrent à la surface de l'objet et lui servent de couche protectrice, sans en altérer sensiblement les contours ni la forme : les procédés employés

1. C'est le 7 octobre 1838 que le savant physicien russe put présenter à l'Académie des sciences de Saint-Pétersbourg une plaque en cuivre où se trouvait reproduite en relief l'empreinte des dessins gravés en creux sur une plaque semblable.

dans ce cas constituent la dorure, l'argenture, le cuivrage, le nickelage... galvaniques, selon que le métal déposé est l'or, l'argent, le cuivre, le nickel, etc. Telle est, quant au résultat, la différence qui existe entre la *galvanoplastie* et ce qu'on nomme quelquefois l'*électrochimie*, la *galvanisation*. Le principe est le même, les procédés sont différents ; de plus, comme on va le voir, ils ont été découverts d'une façon indépendante. L'invention de la dorure galvanique remonte, en effet, à une date bien plus éloignée que la galvanoplastie.

Dès 1805, un professeur de chimie à l'université de Pavie, Louis Brugnatelli, découvrait le moyen de dorer les médailles et les petits objets d'argent à l'aide de la pile. Il se servait d'une dissolution de chlorure d'or dans l'ammoniaque (ammoniure d'or), dans laquelle était plongé l'objet à dorer, et faisait communiquer ce dernier par un fil d'acier ou d'argent au pôle négatif d'une pile. A la vérité, cette invention resta longtemps inconnue et inappliquée, et c'est la découverte de la galvanoplastie qui provoqua des recherches dans cette voie et fit revivre pour ainsi dire la découverte de Brugnatelli. En 1840, M. de la Rive, l'illustre physicien de l'Académie de Genève, après de longues recherches faites dans le but de soustraire les ouvriers doreurs aux dangers de l'emploi du mercure, parvint à dorer le laiton, le cuivre et l'argent au moyen de la pile. La dissolution qu'il employait était « une solution de chlorure d'or aussi neutre que possible et très étendue (de 5 à 10 milligrammes d'or par centimètre cube), dans un sac cylindrique formé d'une membrane de vessie ; ce diaphragme est plongé dans un vase de verre contenant de l'eau convenablement acidulée, et il baigne lui-même dans la dissolution d'or ». Un cylindre de zinc uni par un fil d'argent à l'objet à dorer déterminait la production du courant électrique, qui devait être très faible. Divers perfectionnements furent apportés au procédé de M. de la Rive par plusieurs savants, MM. Elsner, Bœttger, Perrot, Smée ; mais bientôt une méthode nouvelle, presque simultanément découverte par un Anglais, M. Elkington (septembre 1840), et un Français, M. de Ruolz (1841), vint donner à cette application de l'électrochimie une impulsion féconde. La galvanoplastie, à partir de ce moment, devint un véritable art industriel entre les mains de M. Christofle, qui acquit les brevets des deux inventeurs.

Sans entrer dans l'histoire détaillée des phases par lesquelles est passée la galvanoplastie depuis trente ans, décrivons les divers procédés tels qu'ils sont généralement employés aujourd'hui.

§ 2. LA GALVANOPLASTIE PROPREMENT DITE.

Occupons-nous d'abord de la *galvanoplastie proprement dite*, de l'art qui permet de reproduire par un dépôt métallique homogène, mais non adhérent et suffisamment épais, le relief d'un objet quelconque, de médailles, statues, bas-reliefs, ornements architecturaux, bijoux, etc.

Selon le but qu'on se propose, la reproduction galvanoplastique d'un objet peut se faire de deux manières différentes. Veut-on obtenir une reproduction identique, où le relief et les creux soient ceux du modèle même, il faut en ce cas commencer par faire un moule dont les creux sont les reliefs du modèle, et réciproquement : les procédés ordinaires du moulage sont ceux qu'on emploie alors ; mais il est clair qu'on pourrait obtenir d'abord le moule à l'aide de la galvanoplastie, puis, par une seconde opération faite avec cette contre-épreuve, reproduire l'objet. La première de ces opérations suffira, si c'est une reproduction en creux des reliefs du modèle qu'on se propose de faire.

Dans tous les cas, la surface du moule sur laquelle le courant viendra déposer le métal voulu devra être bonne conductrice de l'électricité : c'est ce qui arrivera si le moule est métallique. Si, comme cela a lieu le plus souvent dans la pratique, le moule est de cire, de soufre, de plâtre, ou mieux de gélatine ou de gutta-percha, il faudra préalablement en *métalliser* la surface. On y parvient de plusieurs manières. Le procédé le plus simple consiste à recouvrir le moule, à l'aide d'un pinceau ou d'une brosse, d'une couche mince et uniforme de poudre de plombagine ; c'est à M. Jacobi qu'est dû ce moyen de rendre le moule bon conducteur. On peut aussi se servir d'une solution de nitrate d'argent dans l'alcool. On expose la surface ainsi humectée du moule aux émanations de l'acide sulfhydrique ; il se forme alors une couche noire, extrêmement mince, de sulfure d'argent, et ce dernier composé est un excellent conducteur. Ce second moyen est employé surtout quand on veut reproduire des objets délicats, des fleurs, des fruits, ou encore des objets de verre, de cristal.

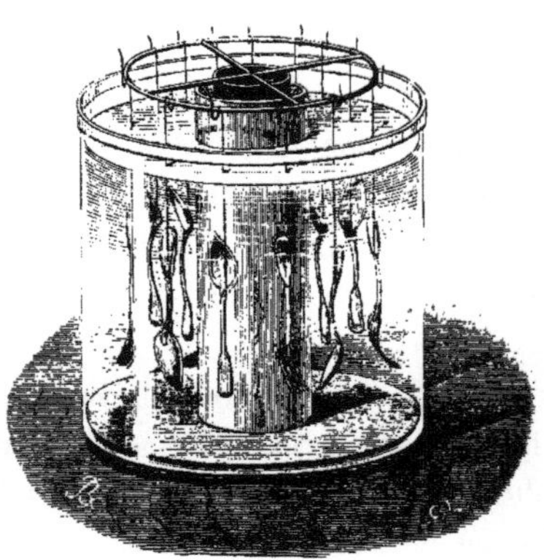

Fig. 552. — Appareil simple pour la galvanoplastie.

Le moule obtenu et prêt à recevoir le dépôt métallique, il faut préparer le bain et l'appareil galvanoplastique. Ce qu'on nomme l'*appareil simple* consiste précisément dans le bain lui-même, qui constitue, à vrai dire, une pile à courant constant, telle que celle de Daniell. Supposons qu'il s'agisse de reproduire un objet en cuivre : c'est le métal le plus fréquemment employé. On met dans une cuve, dans un vase de verre, une dissolution de sulfate de cuivre (c'est la substance connue dans le commerce sous le nom de *couperose bleue*). Au centre de la cuve, on place un vase poreux rempli lui-même d'eau acidulée avec de l'acide sulfurique, et dans lequel plonge une lame ou un cylindre de zinc formant le pôle négatif de la pile. C'est à ce pôle qu'on suspend par un fil métallique, qui l'enveloppe de manière à être en contact avec la couche conductrice (plombagine ou sulfure d'argent), le moule de l'objet à reproduire. La figure 552 montre comment on dispose l'appareil, qui sert également à la dorure et à l'argenture électrochimiques. Dans ce cas, la nature du bain varie, ainsi que nous le verrons bientôt.

L'appareil simple n'est donc autre chose qu'une pile, dans laquelle le moule et le zinc forment le pôle négatif, tandis que la solution de sulfate de cuivre est le pôle positif : le fil métallique de suspension réunit les deux électrodes.

Dès que le courant est établi, le sulfate de cuivre est décomposé, et le dépôt du métal se fait sur toute la surface du moule. Mais à mesure que ce dépôt se forme, le bain s'appauvrit par

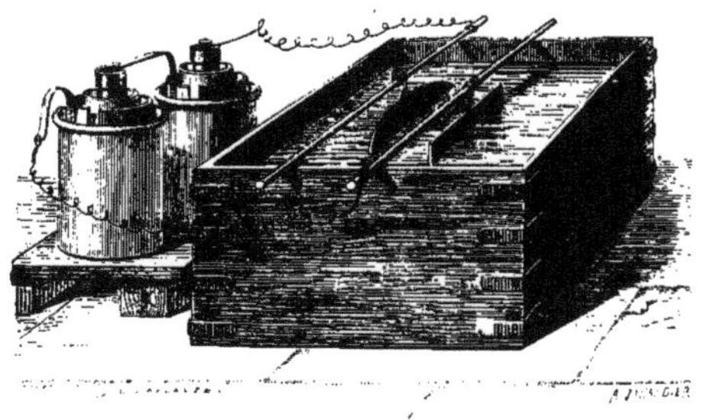

Fig. 553. — Appareil composé pour la galvanoplastie.

cela même, devient de plus en plus acide, et le métal déposé perdrait ses propriétés plastiques, sa cohérence, si la solution n'était maintenue à son état normal de saturation par des cristaux de sulfate de cuivre qu'on place dans le bain, à l'intérieur d'un sac.

Ce qu'on nomme en galvanoplastie l'*appareil composé* ne diffère de l'appareil simple qu'en ce que la pile est extérieure au bain; pour empêcher le bain de s'appauvrir, on y maintient plongée une lame de cuivre, qu'on fait communiquer avec le pôle positif de la pile, tandis que le moule est relié métalliquement au pôle négatif. Cette lame rend incessamment à la solution la quantité de cuivre qui se dépose, de sorte que la concentration du bain reste constante. Jacobi, à qui l'on doit cette dernière disposition, a donné à la lame de cuivre de l'appareil composé le nom d'*électrode soluble*.

Depuis quelque temps on remplace avec avantage la pile par les machines dynamo-électriques dans les usines galvanoplastiques. Dès 1872, M. Gramme livrait pour cet usage à M. Christofle une machine à deux bobines et à quatre électro-aimants qui, en absorbant la force d'un cheval-vapeur, était capable de déposer 600 grammes d'argent à l'heure. L'année suivante, l'inventeur fournissait un nouveau type, spécialement destiné à la galvanoplastie, et bien supérieur à celui dont nous venons de parler. La nouvelle machine n'a plus qu'une bobine au lieu de deux et deux électro-aimants au lieu de quatre. Son poids est quatre fois moindre et, pour une force motrice de 50 kilogrammètres, permet le dépôt de 600 grammes d'argent à l'heure, comme la précédente.

Les machines dynamo-électriques destinées à cet usage spécial diffèrent, en un point important, des machines à lumière. Dans celles-ci, il faut de la tension plus que de la quantité ; pour les opérations électrochimiques, il faut au contraire de la quantité et une faible tension. C'est à quoi on parvient en employant, pour les électro-aimants inducteurs et la bobine, des fils d'une faible résistance. Dans ses machines à galvanoplastie, M. Gramme emploie pour la garniture des électro-aimants, au lieu du fil rond dont il se servait d'abord, d'une seule feuille de cuivre mince, recouvrant toute la largeur d'une demi-barre d'électro-aimant ; quant au fil de la bobine, il est méplat et très épais, devant d'ailleurs offrir assez de rigidité pour pouvoir résister aux effets de la force centrifuge développée par une vitesse de rotation de 500 tours à la minute.

§ 5. APPLICATIONS DIVERSES DE LA GALVANOPLASTIE.

Entrons maintenant dans quelques détails sur les diverses applications industrielles ou artistiques de la galvanoplastie.

Les procédés que nous venons de décrire s'appliquent tels quels à la reproduction des médailles, des cachets, de toutes les pièces de petites dimensions dont une face seule est gravée. On les utilise aujourd'hui pour la reproduction des planches gravées sur bois, sur acier ou sur cuivre, planches qui s'altèrent ou s'usent assez rapidement, quand on les soumet à un tirage direct, et dont la galvanoplastie permet de conserver indéfiniment les types.

Un bois gravé donne au maximum un tirage de dix mille

Fig. 554. — Reproduction d'une médaille par la galvanoplastie ; moule en creux.

Fig. 555. — Médaille reproduite en relief par la galvanoplastie.

épreuves. Voici comment on reproduit autant de clichés qu'on voudra, pouvant servir à l'impression. On commence par métalliser la surface du bois avec de la plombagine, puis on prend une empreinte avec la gélatine ou la gutta-percha. On soumet le moule ainsi obtenu et métallisé à l'action galvanoplastique ; une couche de cuivre[1] s'y dépose, en reproduisant avec la plus

1. Depuis quelques années, certains clicheurs ont substitué le nickel au cuivre pour le clichage des gravures. Comme le nickel est trois fois plus résistant que le cuivre, un dépôt de 3 à 4 dixièmes de millimètre de ce métal remplacera un dépôt de cuivre de 1 millimètre d'épaisseur. A cet avantage il faut joindre le prix peu élevé du nickel ; cette application du nickelage aux clichés est pratiquée par MM. Boudreaux, Christofle, Lionnet, mais elle s'opère aussi pour un grand nombre de pièces dans les machines industrielles ou scientifiques.

grande fidélité les moindres traits de la gravure. Au bout d'un temps qui ne dépasse guère vingt-quatre heures, l'épaisseur de la feuille métallique atteint un vingtième de millimètre ; ce n'est pas assez pour offrir une résistance à l'action des presses typographiques, mais on renforce la plaque en coulant sur le revers un alliage de plomb et d'antimoine (composition des caractères d'imprimerie). Puis on le redresse, on enlève les bavures, on le monte sur bois, et le cliché ainsi obtenu est prêt à servir au tirage. Il peut supporter alors, sans déformation ni altération, l'impression de quatre-vingt mille exemplaires. Quant au type gravé sur bois, il reste absolument intact et peut fournir indéfiniment des clichés semblables.

Un procédé analogue permet de reproduire des planches gravées sur cuivre ou sur acier ; d'ordinaire l'empreinte elle-même s'obtient par l'épreuve galvanoplastique, et, avec ce moule, on opère de façon à reproduire la planche type. Il y a seulement, pour éviter l'adhérence, une précaution à prendre : c'est d'exposer la planche, avant de la mettre dans le bain, aux vapeurs d'iode. C'est ainsi, par exemple, qu'on procède pour l'impression des timbres-poste. On réunit deux ou trois cents empreintes ou matrices du type de la gravure, et l'on obtient de la sorte des planches permettant l'impression de feuilles répétant le même nombre de timbres. On comprendra l'utilité de cette multiplication du type primitif, quand on saura qu'en France on tire chaque jour plus de deux millions de timbres-poste. Pour éviter les contrefaçons, que les reports sur pierre rendraient faciles, le papier sur lequel sont tirés les timbres est enduit d'une encre blanche de sûreté qui se trouverait reportée sur la pierre lithographique comme les traits du dessin : à l'impression, on n'obtiendrait plus qu'une tache uniforme recouvrant toute la feuille.

C'est à l'aide de la galvanoplastie que M. Smée a fabriqué les clichés permettant l'impression typographique des billets de la Banque d'Angleterre. Pour donner une idée de la résistance de ces clichés, nous citerons les lignes suivantes du mémoire où ce savant physicien rend compte des procédés employés pour cette reproduction. « L'électrocuivre, dit-il, est d'une telle durée, qu'on peut à peine assigner la limite au delà de laquelle il est hors d'usage; et au journal *le Times*, on assure qu'un moulage de ce genre a déjà fourni un tirage de vingt millions sans être complètement usé. Jusqu'à présent on n'a pas encore atteint la limite de la durée des électromoulages pour l'impression des billets de la Banque, et l'on a déjà imprimé au delà d'un million de billets sans effet bien sensible. »

En France, dès 1848, M. Hulot a aussi employé la galvanoplastie à la reproduction et à l'impression des billets de banque, puis à celle des figures des cartes à jouer.

Si la galvanoplastie rend les plus signalés services à l'impression des gravures de divers genres, elle n'est pas moins utile à la correction des planches gravées : par exemple à l'introduction de détails nouveaux dans les cartes géographiques ou topographiques. Ces modifications sont indispensables dans les grandes publications, telles que la grande Carte de France de l'État-major : rectification des routes, addition de routes nouvelles, de chemins de fer, de canaux, de travaux industriels, etc., tout cela n'était possible que par des procédés de retouche, de refoulage au marteau qui risquaient d'endommager les planches types. M. Georges a imaginé une méthode de correction par laquelle ces graves inconvénients sont évités. On enlève au grattoir les parties à modifier ; on y fait, en prenant les précautions nécessaires, un dépôt de cuivre par la galvanoplastie. Puis on plane avec soin ; on prend une épreuve où les parties à modifier viennent en blanc ; les dessinateurs tracent les nouvelles lignes, qui, reportées sur la planche, sont alors livrées au graveur.

On sait combien il importe, dans les impressions chromotypographiques, d'avoir un repérage rigoureux pour le tirage des planches de diverses couleurs. La galvanoplastie permet d'obtenir une justesse parfaite pour le repérage des planches de ce genre. L'Imprimerie nationale a pu ainsi tirer en couleur de nombreuses cartes, et notamment la grande Carte géologique de France, qui est elle-même basée sur le tracé de l'État-major pour tout ce qui regarde la partie topographique.

Mais la galvanoplastie ne permet pas seulement de reproduire des planches identiques aux planches gravées : elle est appliquée à la gravure directe, dans le genre de la taille-douce ou de l'eau-forte. Seulement alors ce n'est plus par un dépôt métallique, et la plaque sur laquelle est tracé le dessin à reproduire, au lieu d'être placée dans le bain au pôle négatif, est disposée comme anode soluble. En effet, sa surface étant recouverte d'une mince couche de vernis isolant, et le dessin tracé à la pointe ayant mis à nu le métal, ce dernier est attaqué par l'action électrolytique ; il se creuse de la même manière que dans le procédé à l'eau-forte, et la gravure se trouve faite sans que l'opérateur ait à redouter l'action nuisible des émanations nitreuses.

Les procédés Dulos, Gillot, Garnier, pour la gravure en relief sur cuivre et sur zinc, sont aussi basés en partie sur la galvanoplastie ; mais les détails des opérations nécessitées par ces procédés sont trop minutieux pour que nous puissions les reproduire ici : ils nous entraîneraient d'ailleurs en dehors de notre sujet.

Disons maintenant quelques mots des applications de la galvanoplastie à la reproduction des objets en ronde bosse, des bustes, des statues, des vases, chapiteaux et autres ornements d'architecture.

Le principe est toujours le même. Seulement la reproduction de pièces de grandes dimensions offrait, à l'origine, des difficultés qu'on a heureusement surmontées. Il s'agissait surtout d'éviter l'inégalité d'épaisseur des dépôts dans les diverses parties du moule, et en même temps d'obtenir partout une épaisseur qui donnât à l'objet d'art reproduit une solidité suffisante. Supposons un moule de statue, dont les parties sont rapprochées de manière à former le creux qu'occupait le modèle avant le moulage. La question est d'obtenir, sur toutes les parois intérieures, un dépôt de cuivre égal et régulier. On avait d'abord employé une anode soluble, qu'on plaçait à l'intérieur du moule ; la dissolution rapide de cette anode ne donnait qu'un dépôt inégal et d'une épaisseur insuffisante. M. Lenoir imagina d'employer une anode insoluble, constituée par des

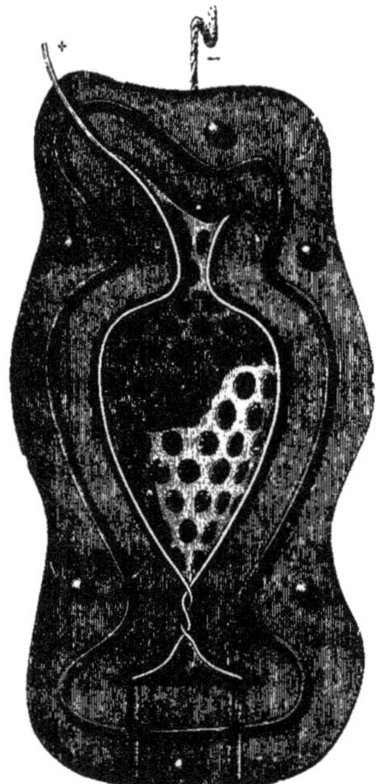

Fig. 556. — Disposition du moule pour la galvanoplastie en ronde bosse.

Fig. 557. — Vase reproduit par la galvanoplastie.

fils de platine contournant toutes les parties du moule sans le toucher. Des cristaux de sulfate de cuivre, renfermés dans une poche de gutta-percha percée de trous, fournissaient le cuivre nécessaire à la reconstitution de la dissolution, à mesure que le dépôt l'épuisait ; mais c'était un moyen coûteux et dès lors applicable seulement aux petits objets. M. Planté eut l'idée de remplacer le platine par le plomb : on introduit dans le moule un noyau de plomb percé de trous, reproduisant grossièrement la forme du moule un peu plus petite, de façon à laisser entre le noyau et les parois un intervalle convenable.

La figure 556 montre, dans une des moitiés du moule qui a servi à la reproduction galvanoplastique du vase de la figure 557, comment est disposé le noyau de plomb dont il s'agit. Grâce au procédé dont nous venons de donner une idée, le moulage des plus belles et des plus grandes œuvres de la statuaire est devenu possible : des statues de 2 mètres, et même de 4 mètres 1/2 de hauteur, destinées à la nouvelle salle de l'Opéra, ont été moulées par l'électricité avec une perfection que ne pouvait dépasser l'ancien art du fondeur. Une statue de 9 mètres, pesant 5500 kilogrammes, a été faite de la même façon. L'épaisseur du cuivre n'est pas moindre de $4^{mm},5$; mais il n'a pas fallu moins de deux mois et demi pour mener à fin cette opération. Ces travaux remarquables ont été exécutés par une de nos grandes maisons industrielles, la maison Christofle et Cie. On doit à M. Oudry la reproduction galvanoplastique en cuivre des bas-reliefs qui composent la colonne Trajane : ces bas-reliefs, au nombre de 600, ont chacun en moyenne une superficie de 1 mètre carré. On voit, par l'importance de ce travail, que l'art galvanoplastique, si remarquable par la fidélité et la perfection de ses produits, est devenu, entre les mains de nos savants et de nos fabricants, une véritable et grande industrie.

§ 4. ÉLECTROCHIMIE. — DORURE ET ARGENTURE GALVANIQUES.

Le principe sur lequel reposent les méthodes de dorure, d'argenture, et en général de dépôt d'un métal sur la surface d'un objet en couche mince adhérente, est le même que celui de la galvanoplastie proprement dite : c'est toujours la propriété électrolytique d'un courant voltaïque, lequel, en traversant une dissolution d'or, d'argent..., la décompose et transporte le métal au pôle négatif.

Mais, le principe connu, il restait des difficultés pratiques à vaincre : il fallait déterminer les conditions d'adhérence du dépôt, trouver la meilleure composition du bain, le meilleur mode de préparation des objets à recouvrir, etc. Nous avons vu que c'est à MM. Elkington et Ruolz que sont dus les premiers procédés véritablement industriels de dorure et d'argenture.

Les appareils employés, composés ou simples, sont les mêmes que nous avons décrits en galvanoplastie. La préparation de l'objet consiste principalement dans le décapage de la surface, laquelle doit être parfaitement dépouillée de toute substance étrangère. Si l'objet est de bronze, on lui fait subir un recuit au rouge sombre. S'il est de laiton, on le lave dans une dissolution de soude concentrée; mais il reste toujours alors une légère couche d'oxyde qu'on fait disparaître par le dérochage, opération qui consiste dans une immersion de l'objet au sein d'un bain acide. Enfin, si l'objet à dorer ou à argenter est de fer, d'acier, de zinc, d'aluminium, il faut le recouvrir préalablement, par la galvanoplastie, d'une légère couche de cuivre, sans quoi l'or ou l'argent déposé à sa surface ne serait pas adhérent.

Maintenant il s'agit de préparer le bain. Pour la dorure, c'est une dissolution de cyanure d'or dans un excès de cyanure de potassium; pour l'argenture, sa composition est toute semblable : c'est une dissolution de cyanure d'argent dans un excès de cyanure de potassium. Mais, tandis que pour l'argenture on peut opérer à la température ordinaire, pour la dorure il est bon que la température du bain pendant l'opération soit maintenue à un degré assez élevé, à 70° d'ordinaire : à froid, la couleur du dépôt serait moins belle. On met au pôle positif une lame d'or ou une lame d'argent, par laquelle le courant entre dans la dissolution, et qui sert d'anode soluble. L'objet à dorer ou à argenter forme le pôle négatif. Dès que l'action électrolytique est commencée, le cyanure d'or se décompose, l'or est transporté au pôle négatif, où il recouvre peu à peu toute la surface de l'objet; mais le cyanogène, en se rendant au pôle positif, s'y combine avec l'or, et du cyanure d'or se reforme en même quantité que le courant en décompose. Le titre de la dissolution ne change donc pas, condition essentielle de l'opération. Les phénomènes sont tout à fait semblables au sein du bain d'argent.

Les figures 558 et 559 montrent comment sont disposés les appareils composés de dorure ou d'argenture. Une grande cuve de bois, dont les parois sont enduites intérieurement de gutta-percha, reçoit le bain. Les objets y sont suspendus à des tringles de cuivre posées sur un châssis métallique qui com-

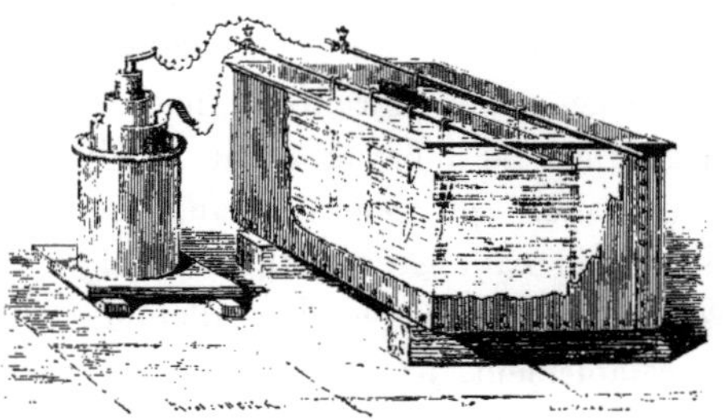

Fig. 558. — Argenture galvanoplastique; appareil composé.

munique avec le pôle négatif de la batterie électrique. Un autre châssis isolé du premier porte des tringles auxquelles sont suspendues les lames d'or ou d'argent formant les anodes solubles.

La force du courant doit être réglée de manière à donner un dépôt parfaitement adhérent. L'épaisseur de la couche déposée dépend d'ailleurs de la durée de l'opération. En pesant préalablement les pièces décapées avant de les mettre au bain, en faisant une nouvelle pesée après leur sortie, on se rend un compte exact du poids du métal précieux déposé, de l'épaisseur de la dorure ou de l'argenture.

On peut, du reste, employer un appareil qui règle automatiquement la durée de l'opération, toutes les fois qu'on veut déposer sur les objets à recouvrir un poids fixé d'avance du métal précieux, or ou argent. Cet appareil, imaginé par M. Roseleur, n'est autre qu'une balance disposée comme l'indique la figure 560.

A gauche, on voit l'appareil placé au-dessous du fléau, de manière que les objets à dorer ou à argenter soient supportés par ce dernier, lorsqu'ils plongent dans le bain. Une tringle horizontale, fixée à la colonne de la balance, porte d'un côté

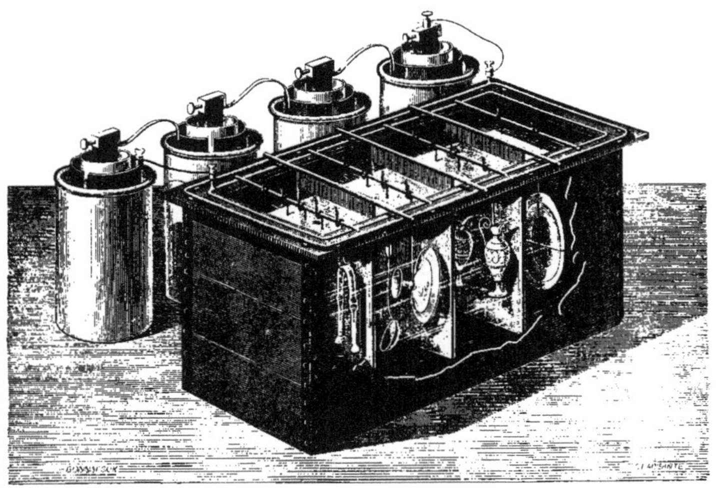

Fig. 559. — Appareil composé pour la dorure ou l'argenture galvanoplastique.

l'anode soluble qui plonge dans le bain, et communique de l'autre avec le pôle positif de la pile. L'autre fléau porte un double bassin : dans le bassin supérieur, on place une tare qui produit l'équilibre et maintient le fléau horizontal. Dans cette position, le courant ne passe pas, attendu que les tringles portant les objets qui doivent former le pôle négatif ne communiquent pas avec la pile. Mais, si l'on place alors dans le second bassin de la balance les poids marqués formant le poids du métal précieux qu'on veut déposer sur les objets immergés, l'équilibre est rompu, le fléau penche vers la droite ;

une pointe métallique dont il est muni plonge dans un godet rempli de mercure relié au pôle négatif de la pile, et dès lors le circuit est fermé : l'opération commence.

L'opération dure, sans surveillance, tant que le dépôt n'a pas atteint l'excès de poids déterminé ; mais aussitôt que cette

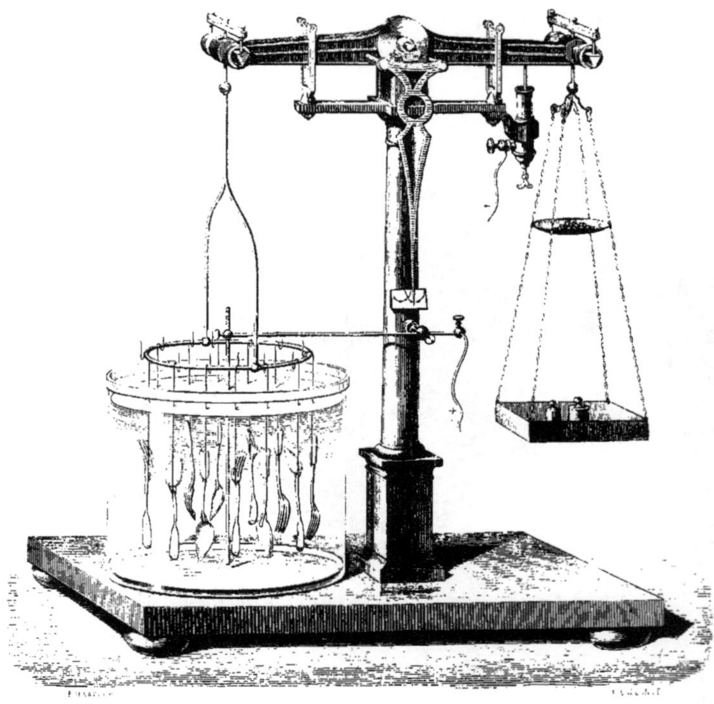

Fig. 560. — Balance Roseleur pour l'argenture ou la dorure galvanoplastique.

limite va être dépassée, l'équilibre se rétablit, le contact cesse, et le courant est interrompu.

Nous n'entrerons pas dans le détail des opérations purement techniques qui suivent le dépôt de la couche d'or ou d'argent sur les objets, dès qu'on les a retirés du bain. Disons seulement que la couleur mate de cette couche est rendue brillante par le *gratte-bossage* et le *brunissage*, c'est-à-dire par le frottement des parties qui doivent être polies, à l'aide d'une brosse de laiton animée d'un mouvement rapide de rotation, puis au moyen de pierres dures ou de morceaux d'acier montés sur des manches que manient les ouvriers.

Le brillant de l'argenture s'obtient directement en plaçant dans le bain, pendant l'opération, une très petite quantité de sulfure d'argent. Ce procédé a été imaginé par M. Planté.

La méthode électrochimique d'argenture et de dorure est aujourd'hui, dans tous les pays du monde, appliquée sur la plus vaste échelle ; elle a permis l'introduction, dans les plus modestes intérieurs, d'un luxe de bon aloi, qui est en même temps un auxiliaire de la propreté, puisqu'une foule d'objets usuels acquièrent, par le revêtement de métal précieux dont l'électrochimie les recouvre, la précieuse qualité de l'argent ou de l'or : l'inaltérabilité. Mais en même temps l'humanité y a trouvé son compte, car l'abandon des anciens procédés de dorure au mercure soustrait ainsi de nombreux ouvriers à l'influence délétère des émanations mercurielles. Enfin une quantité considérable de métaux précieux, immobilisés auparavant dans l'orfèvrerie massive, ont été rendus de la sorte à la circulation.

Pour donner une idée de l'importance que cette industrie a prise seulement en France, citons ces lignes des *Grandes Usines* de M. Turgan :

« Quelques chiffres pris au hasard, dit-il, donneront une idée de l'importance acquise par l'électrométallurgie dans la maison Christofle, qui n'est plus seule depuis l'expiration des brevets Elkington. Il a été argenté (1865) 5 600 000 couverts, qui ont retiré de la circulation 33 600 kilogrammes d'argent valant 6 700 000 francs. Une pareille quantité de couverts exécutés en argent massif aurait fait disparaître de la circulation un million de kilogrammes d'argent, c'est-à-dire plus de 200 millions de numéraire. 33 600 kilogrammes d'argent, à l'épaisseur adoptée pour les couverts, c'est-à-dire à 5 grammes par décimètre carré, couvriraient une superficie de 112000 mètres carrés. » Depuis dix-sept ans que ces lignes sont écrites, cette industrie intéressante s'est encore développée.

La dorure et l'argenture galvaniques sont appliquées aujourd'hui dans une multitude de circonstances, par exemple aux ornements ciselés dont sont ornés les meubles. La variété des effets qu'on obtient en faisant ce qu'on nomme des *réserves*, c'est-à-dire en dorant certaines parties des objets, en argentant les autres, en employant ici l'or vert, là l'or rouge, etc., a permis d'introduire dans l'ornementation des meubles de luxe une richesse vraiment remarquable. Comme les réserves peuvent être creusées à une épaisseur aussi grande qu'on veut, et remplies de métaux de toutes sortes, la richesse dont nous parlons n'exclut pas la solidité.

L'or et l'argent ne sont pas les seuls métaux appliqués par l'électricité en couches adhérentes. On sait aujourd'hui obtenir des dépôts de platine, de laiton, d'étain, d'acier, de nickel, en employant des dissolutions convenables de ces métaux. Pour le platine, c'est une dissolution de phosphate double de platine et de soude. On étame les objets de fer dans un bain de pyrophosphate de soude et de protochlorure d'étain. On étame aussi galvaniquement le plomb et le zinc.

Une importante application de la galvanoplastie est celle qui consiste à aciérer les planches gravées sur cuivre. La surface de ces planches acquiert ainsi une dureté qui les préserve, au tirage, de toute altération. Dès que la mince couche d'acier ainsi déposée s'use et laisse voir la teinte rouge de la planche sous-jacente, un nouvel aciérage prévient une altération ultérieure.

Pour terminer cet exposé sommaire des applications des propriétés électrolytiques des courants, parlons d'une industrie récente, basée sur les mêmes procédés, et qui a pris entre les mains de son inventeur, M. Oudry, des développements considérables. Il s'agit du cuivrage des objets de grande dimension, vases, statues, candélabres, etc. Parmi les difficultés pratiques à vaincre, nous ne mentionnerons ici que celle qui concernait l'opération fondamentale, c'est-à-dire l'adhérence du dépôt de cuivre sur des pièces que leurs dimensions ne permettaient pas de préparer, de décaper avec

Fig. 561. — Meuble artistique orné d'incrustations obtenues par la galvanoplastie.

le soin minutieux des objets d'orfèvrerie. Se borner à recouvrir la surface d'une couche de plombagine eût été absolument insuffisant. L'acidité des bains eût attaqué les surfaces métalliques bien avant que le dépôt eût pris l'épaisseur convenable. M. Oudry les recouvre donc préalablement d'un enduit isolant inattaquable aux acides, qui est appliqué au pinceau, après un nettoyage et des retouches à la lime et au burin dans les parties de l'ornementation qui les exigent. Cet enduit, à base de benzine, une fois sec, la pièce est plombaginée extérieurement et recouverte d'une pâte terreuse non conductrice, partout où le cuivrage ne doit pas être appliqué. On la plonge alors dans l'un des appareils, ou grandes cuves, qui contiennent les bains (fig. 562). Au bout de cinq ou six

Fig. 562. — Atelier de cuivrage galvanoplastique de l'usine Oudry.

jours, l'épaisseur du dépôt atteint un millimètre, et l'opération est terminée. Il ne reste plus qu'à donner au cuivrage l'apparence du bronze, ce qui se fait en frottant la surface avec une brosse trempée dans une solution d'acétate de cuivre et d'ammoniaque.

Les candélabres de la ville de Paris, les fontaines monumentales de la place Louvois et de la place de la Concorde, les portes extérieures du nouvel Opéra, nombre d'ornements métalliques d'architecture, ont été cuivrés par ce procédé, qui substitue des objets beaux et durables aux anciens modèles de fonte, que la peinture ne préservait pas de la rouille et de la destruction. L'industrie électrométallurgique, par les services de tout genre qu'elle peut rendre aux autres industries, est indubitablement appelée à un grand avenir.

§ 5. APPLICATION DES COURANTS ÉLECTROLYTIQUES A LA RECTIFICATION DES ALCOOLS ET A LA MÉTALLURGIE.

Une industrie importante, celle de la fabrication des alcools, paraît devoir mettre à profit les propriétés électrolytiques des courants électriques, pour une des opérations qui laissaient le plus à désirer, celle de la rectification des alcools de mauvais goût. D'après M. L. Naudin, ces alcools doivent leur mauvaise odeur et leur saveur détestable à des composés qui se forment pendant la fermentation et la distillation, principalement à des aldéhydes, qui ne sont autre chose, comme leur dénomination l'indique, que des alcools incomplets, des alcools déshydrogénés. Les procédés usités pour transformer les eaux-de-vie mauvais goût en alcools bon goût, c'est-à-dire en alcools n'ayant plus ni odeurs ni saveurs étrangères, sont de diverses sortes : la rectification et la concentration, l'emploi des dissolvants et des absorbants, enfin celui des réactifs chimiques. M. Naudin a imaginé de traiter les flegmes par les courants électriques; la décomposition de l'eau qu'ils contiennent fournit l'hydrogène qui se porte sur les aldéhydes, et ces derniers se transforment en alcools. Le procédé employé consiste à faire passer les flegmes au contact d'une sorte de pile constituée par des rognures ou des lames de zinc, à la surface desquelles on a obtenu une précipitation chimique de cuivre dans une solution aqueuse de sulfate de cuivre. Un courant d'eau chaude circulant dans un serpentin maintient dans la cuve qui renferme les flegmes une température convenable, d'environ 25 degrés.

Suffisante pour les alcools provenant de la distillation du maïs, cette opération ne l'est plus pour les flegmes d'eau-de-vie de betterave. Dans ce cas, M. Naudin fait passer les flegmes traités par le procédé que nous venons de décrire sommairement, dans un électrolyseur actionné par une machine magnéto-électrique. Grâce à ces procédés nouveaux, le rendement en alcool de bon goût s'élève de 45 à 85 pour 100. La méthode de rectification des alcools par l'électricité, de M. L. Naudin, est appliquée depuis quelque temps avec succès à l'usine de Bapaume-lès-Rouen, où l'on a traité ainsi, en une seule saison, 700 000 litres de flegmes de maïs et de betterave.

Un Allemand, M. Eisenmann, de Berlin, avait exposé l'an dernier le modèle d'un appareil à l'aide duquel il purifie les alcools au moyen de l'ozone, oxygène rendu plus actif par son électrisation que l'oxygène ordinaire. Il prépare l'ozone en faisant passer un courant électrique dans un tube de verre que traverse un courant d'air. Puis, à l'aide d'un jet de vapeur, il aspire l'ozone formé, qui barbote dans le réservoir contenant les flegmes, maintenus par un serpentin d'eau chaude à la température de 70 degrés.

Signalons encore comme une intéressante application des propriétés électrolytiques des courants celle qui a pour objet le traitement des minerais de cuivre et de zinc et l'extraction des métaux précieux.

Lorsque dans les eaux sulfatées des mines de cuivre on dépose des barres de fer, une quantité équivalente au cuivre contenu dans ces liquides se dissout, et le cuivre se précipite à l'état pulvérulent. Ce dépôt est activé si l'on se sert de la pile, mais depuis quelques années on a substitué à ce procédé où l'électrolyse joue déjà un rôle, un procédé nouveau beaucoup plus avantageux, et qui consiste à employer des machines dynamo-électriques. Dans les mines d'Oker, trois machines Siemens fonctionnent nuit et jour, desservant chacune 10 à 12 bassins, et fournissent quotidiennement chacune

250 à 300 kilogrammes de cuivre métallique. Des procédés analogues viennent d'être appliqués à la métallurgie du zinc : M. Létrange soumet les minerais de ce métal, calamine ou blende, après une opération qui consiste à les transformer en sulfates, à la réduction électrolytique opérée par des machines Gramme et Siemens.

Enfin, « M. Tichenor, de San-Francisco, vient, dit la *Lumière électrique*, de faire breveter un nouveau procédé d'extraction des métaux nobles. Dans ce procédé, le minerai est versé dans un entonnoir, d'où une chaîne à godets l'amène au fond d'une chaudière contenant du plomb fondu. Un courant électrique, que l'on fait passer en même temps, aide à l'alliage des métaux avec le plomb. La gangue monte à la surface et on l'enlève facilement. Quand le plomb est assez chargé, on sépare les métaux nobles par coupellation. »

CHAPITRE XVI

APPLICATIONS DIVERSES DE L'ÉLECTRICITÉ

§ 1. APPAREILS D'ÉLECTRICITÉ MÉDICALE.

Avons-nous donné la description ou seulement épuisé la liste de toutes les applications de l'électricité? Il s'en faut de beaucoup : nous avons dû nous restreindre aux plus importantes, à celles qui sont le plus généralement adoptées. Notre but, d'ailleurs, qu'on se le rappelle, était surtout de mettre en relief les phénomènes physico-électriques de divers ordres et les lois de leur manifestation.

Nous ne terminerons pas cependant ce livre sans mentionner encore un certain nombre d'applications scientifiques, qui paraissent appelées à un grand développement : tel est l'emploi de l'électricité en médecine, et celui des appareils enregistreurs électriques destinés aux observations météorologiques continues.

Il ne nous appartient nullement, on le comprendra, d'apprécier en elle-même la valeur thérapeutique et médicale de l'électricité. Ce qui est incontestable, c'est que cet agent produit des effets physiologiques, des sensations plus ou moins vives, des commotions ou secousses nerveuses dont on a cherché à tirer parti depuis longtemps en médecine. On employa d'abord les décharges de l'électricité statique, la bouteille de Leyde ; mais c'est surtout depuis les découvertes de Galvani et de Volta que le mode d'action des courants électriques a été étudié, et qu'on a pu en faire une sérieuse application au traitement de diverses maladies.

Les appareils électromédicaux sont tantôt des piles d'une construction particulière, tantôt des machines d'induction disposées, en général, de façon à permettre d'employer à volonté, et suivant le cas, des courants induits de divers ordres.

Fig. 563. — Éléments de la pile ou chaîne de Pulvermacher.

Parmi les piles, la *chaîne de Pulvermacher* est la plus généralement adoptée. Les figures 563 et 564 indiquent comment est formée cette pile et de quelle manière elle fonctionne. Chaque élément se compose d'un rouleau de bois dont la surface est creusée en gorges hélicoïdales. Deux fils métalliques, l'un en cuivre, l'autre de zinc, s'enroulent autour de ces rainures sans se toucher, et leurs bouts s'unissent, d'un élément à l'autre, du zinc au cuivre, et réciproquement. Le tout forme une sorte de chaîne terminée par deux armatures que le malade tient à la main, ainsi que le montre la figure 564.

Fig. 564. — Fonctionnement de la chaîne galvanique de Pulvermacher.

Pour faire fonctionner la chaîne de Pulvermacher, on la plonge dans un vase contenant du vinaigre étendu d'eau : le liquide imbibe le bois; l'action chimique de l'acide sur le zinc produit le courant, qui se trouve fermé par les membres et le corps de l'expérimentateur.

Quand on veut obtenir des secousses, il faut interrompre le courant. Une disposition ingénieuse permet des interruptions successives. L'une des armatures contient, à l'intérieur, un rouage d'horlogerie qui fait mouvoir une roue dont une dent vient presser, à chaque tour, sur un ressort. Le contact de la pile avec la paroi de l'armature cesse à ce moment, et le courant se trouve interrompu. On peut régler d'ailleurs la rapidité des interruptions et rendre les secousses plus ou moins rapprochées.

Les appareils électromédicaux fondés sur l'induction ne se distinguent pas les uns des autres par leurs effets ; mais on peut les classer, comme le fait M. Le Roux[1], en deux catégories, selon la nature de la force primitive que l'on met en œuvre. Dans la première, ce savant range les appareils dans lesquels on dépense de la force mécanique pour produire un courant induit, auquel on fait induire ensuite son propre circuit, ou un autre voisin. Ces appareils sont fondés sur le mouvement relatif d'un circuit et d'un aimant : on les appelle *magnéto-électriques*. Les appareils dans lesquels on demande à une action électrochimique le courant qui doit induire son propre circuit, ou un autre voisin, forment la seconde classe, et M. Le Roux les appelle appareils *rhéo-électriques*. Les appareils de Pixii et de Clarke appartiennent à la première classe, et la bobine de Ruhmkorff à la seconde. Voici (fig. 565) un appareil portatif de ce dernier genre, dû au même constructeur, et qui est principalement usité dans la pratique civile.

La pile génératrice de l'électricité est formée de deux éléments à bisulfate de mercure, qu'on voit à droite de la figure. Le courant est lancé dans une double bobine, et de là passe par les rhéophores aux deux armatures, qu'on voit rangées dans la boîte et que l'expérimentateur prend à chaque main. Les interruptions du courant sont produites par un interrupteur ou trembleur de Neef. Enfin, la graduation dans l'énergie du courant et, par suite, dans celle des secousses se fait de la manière suivante. On peut voir, sur la figure, que chaque bobine est enveloppée d'une chemise de cuivre qu'on peut, à

1. *De l'induction et des appareils électromédicaux.*

l'aide d'une vis extérieure, faire mouvoir, de manière à grandir ou à diminuer à volonté la longueur des parties des bobines recouvertes par ces sortes de manchons. Des courants induits se développent dans le cuivre extérieur aux bobines ; et, comme ces courants sont de sens contraires à ceux qui parcourent les fils des hélices, ils se neutralisent en partie. On peut donc commencer les expériences par des courants d'abord très faibles, puis de plus en plus forts, jusqu'au maximum d'énergie, qui a lieu quand les bobines sont entièrement mises à découvert.

MM. les docteurs Duchenne (de Boulogne), Tripier, Legros et Onimus, et divers constructeurs, MM. Gaiffe, Trouvé, Chardin,

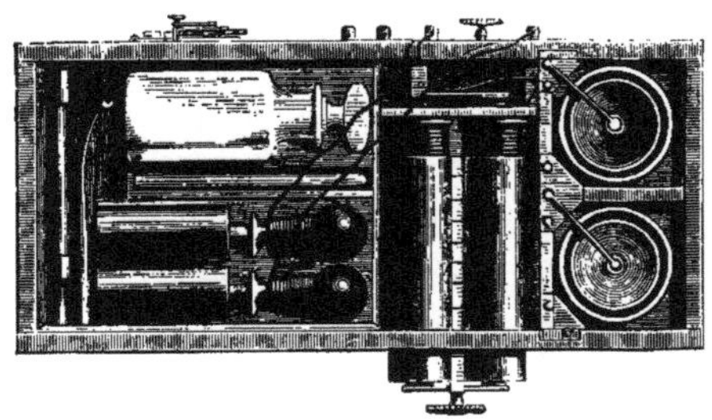

Fig. 565. — Appareil électromédical d'induction de Ruhmkorff.

Siemens et Halske, etc., ont imaginé des appareils électromédicaux dans la description desquels il serait trop long d'entrer, notre but étant seulement de donner une idée de cette application spéciale de l'électricité.

Certaines opérations chirurgicales sont grandement facilitées par l'emploi de l'électricité. Par exemple, les courants des couples secondaires de M. Planté, par leurs effets calorifiques, sont très avantageux pour les cautérisations dans les opérations de courte durée. Le savant électricien a disposé spécialement dans ce but l'un de ses couples dans une boîte portative, munie à sa partie supérieure de deux fiches métalliques communiquant avec les pôles, et auxquelles s'adaptent les conducteurs qui aboutissent aux appareils cautérisateurs.

Une fois chargé, le couple a une provision d'électricité assez grande pour qu'on puisse, sans avoir à la recharger, exécuter plusieurs opérations successives. C'est ainsi que M. le docteur Onimus a pu, en 1875, faire successivement sur sept ou huit sujets des cautérisations de la glande lacrymale.

Pour les petites opérations, telles que celles de la chirurgie dentaire, le même savant a construit des couples secondaires d'assez faibles dimensions pour pouvoir être renfermés dans un étui et facilement transportés dans la poche. Ces couples bien *formés* qui permettent de rougir un fil de platine d'un demi-millimètre de diamètre pendant deux à trois minutes, et un fil de $0^{mm},2$ pendant cinq à six minutes, M. le docteur Moret les a employés avec succès pour traiter des névralgies par voie de cautérisation dite *transcurrente*, et pour arrêter instantanément des hémorrhagies artérielles.

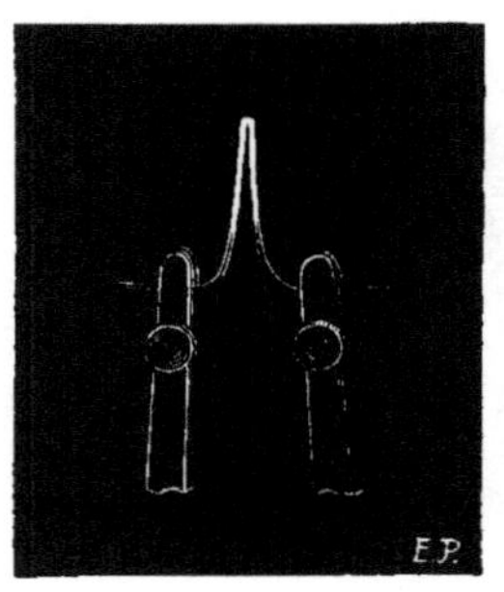

Fig. 566. — Éclairage des cavités obscures.

En faisant passer la décharge d'un couple secondaire à travers un fil fin de platine recourbé en pointe ainsi que le montre la figure 566, la lumière très vive qui résulte de l'incandescence peut être utilisée pour l'éclairage des cavités obscures du corps humain. M. Trouvé a construit sur ce principe un appareil qu'il nomme *polyscope*. Les fils de platine disposés au foyer de petits réflecteurs concaves, sphériques ou paraboliques, sont adaptés à des manches à pédale qui permettent d'obtenir ou de faire cesser à volonté la communication avec les pôles du couple. Un rhéostat à fil de platine permet de graduer l'intensité du courant selon le diamètre et la longueur du fil, ou selon l'usage qu'on en veut faire.

On a construit aussi des sondes exploratrices des plaies, afin de rechercher et d'extraire les projectiles métalliques. Lorsque le stylet dont est muni l'appareil vient à toucher le métal, le circuit d'une petite pile est fermé et un trembleur est mis en mouvement, indiquant la présence du corps étranger. Nous ne pouvons que signaler ici la belle application de la balance d'induction à la recherche des projectiles dans les plaies. C'est à MM. Graham Bell, Hughes et Hopkins que l'on doit cette intéressante application, qui n'exige plus que l'on introduise des sondes dans le corps du patient, mais seulement qu'on applique extérieurement l'appareil. La place nous manque pour décrire la balance de Hughes et pour expliquer comment elle fonctionne dans ce cas. Disons seulement que, dès que l'appareil se trouve appliqué au-dessus du point où gît le projectile, un son se fait entendre dans le téléphone qui fait partie de l'appareil. La première application de cette méthode eu lieu à l'occasion de la recherche de la balle dont fut frappé le Président de la République des États-Unis, M. Garfield.

§ 2. L'ÉLECTRICITÉ APPLIQUÉE AUX OBSERVATIONS MÉTÉOROLOGIQUES.

La météorologie est une science qui, sous beaucoup de rapports, est encore dans l'enfance, et cela ne paraîtra point étonnant à ceux qui se rendent compte de la complexité infinie des phénomènes dont elle se propose d'étudier les lois. Les éléments de ces phénomènes sont multiples : pression atmosphérique, température des couches d'air à diverses hauteurs, température du sol et des eaux, hygrométrie, force et direction des vents, quantité de pluie tombée, sont autant de données qu'il s'agit de recueillir sur le plus grand nombre de points possible du globe terrestre, et qui exigent des observateurs, pour en enregistrer toutes les variations, une assiduité des plus laborieuses, des plus pénibles. Aussi les savants qui se vouent à cette tâche sont-ils généralement obligés de se restreindre à l'observation des instruments à des heures déterminées du jour et de la nuit, d'où résultent inévitablement des lacunes fâcheuses.

On a cherché, depuis longtemps, à remédier à cette insuffisance des moyens d'observation, en imaginant des instruments qui laissent la trace automatique de leurs indications, et ainsi rendent inutile l'intervention immédiate ou directe de l'observateur. Les thermomètres à maxima et à minima sont des exemples de ces sortes d'instruments ; mais ils ne servent qu'à donner des indications d'éléments singuliers, isolés : ils ne résolvent nullement la question, autrement importante, d'un enregistrement continu ou à périodicité très courte, qui donnerait par exemple la courbe des variations de la température.

L'idée de substituer des enregistreurs automatiques aux instruments de physique ordinaires n'est pas nouvelle. Dès 1782, Magellan avait imaginé un *météorographe perpétuel*, mais il ne paraît pas qu'il l'ait mis en pratique. Le principe de cet appareil était purement mécanique, c'est-à-dire qu'il empruntait au mouvement même, causé par les variations des éléments, la force nécessaire à l'enregistrement des indications. Beaucoup d'appareils enregistreurs ont été et sont encore fondés sur ce principe, qui a le mérite de la simplicité et de l'économie, mais qui, malheureusement, pèche par insuffisance, à cause du peu d'intensité de la force ainsi utilisée.

Un autre système consiste à employer la photographie, c'est-à-dire à faire reproduire sur papier sensible l'image, amplifiée à l'aide d'un appareil optique convenable, du niveau des colonnes mercurielles du baromètre, du thermomètre, etc. Ce système est naturellement plus coûteux que le système mécanique, d'autant plus qu'il est nécessaire d'y joindre un rouage d'horlogerie, pour imprimer un mouvement continu à la bande de papier sur laquelle se font les indications photogéniques.

Enfin, il y a un troisième système, qui consiste à employer l'électricité comme agent enregistreur : les appareils télégraphiques, notamment ceux des systèmes écrivants ou imprimeurs, suffisent à faire concevoir de quelle manière sont employés les courants électromagnétiques pour l'enregistrement des indications météorologiques. Par exemple, les index des instruments se trouvent munis d'aiguilles qui pénètrent dans une bande de papier sans fin, toutes les fois qu'elles sont mises en mouvement par les armatures d'électro-aimants, ce qui arrive quand il y a fermeture ou interruption du circuit électrique ; une horloge règle la périodicité de ces fermetures,

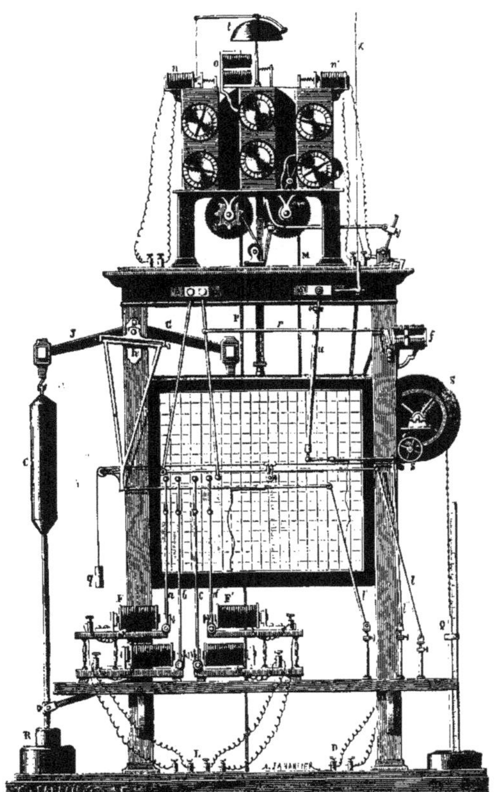

Fig. 567. — Météorographe Secchi.

en même temps que son rouage fait avancer le papier où se fait l'enregistrement.

Citons quelques-uns des instruments enregistreurs électro-magnétiques employés dans les observations de météorologie.

Le premier *anémographe* construit en France a été imaginé par M. Du Moncel, puis modifié par M. Salleron, et enfin introduit par le P. Secchi dans la grande machine météorographique que ce savant avait exposée au Champ de Mars en 1867. L'anémomètre proprement dit est formé d'une girouette, pour donner la direction du vent, et d'un moulinet de Woltmann, pour en indiquer la vitesse. Un commutateur azimutal, divisé en huit secteurs isolés les uns des autres, est en relation, par huit fils qui aboutissent à chaque secteur, d'une part avec le même pôle de la pile, d'autre part avec l'appareil récepteur. Sur ce commutateur appuie constamment un frotteur à piston qui est dirigé suivant l'axe de la girouette, établissant sans cesse, entre cet axe et les secteurs, un contact métallique intime. L'axe étant d'ailleurs en communication avec l'autre pôle de la pile, il en résulte que le circuit est toujours fermé à travers le secteur sur lequel appuie le frotteur, c'est-à-dire précisément dans la direction du vent. Une communication électrique analogue a lieu entre le moulinet, la pile et l'appareil récepteur. Celui-ci est un cylindre qui est mû par un mouvement d'horlogerie, d'une manière uniforme, de façon à faire une révolution sur lui-même en douze heures et à avancer d'une quantité constante, sur son axe, de 2 millimètres par exemple, à chaque révolution. Huit électro-aimants, dont les armatures sont pourvues de crayons, sont disposés au devant du cylindre, et toutes les fois que le circuit de l'un d'eux est fermé, le crayon correspondant trace sur le cylindre, à la surface duquel le mouvement de l'armature l'appuie, un trait dont la longueur indique la durée du vent en même temps que sa direction.

Le nombre des tours accomplis par le moulinet est indiqué d'une façon analogue, et par suite la vitesse du vent se trouve régulièrement enregistrée.

Le météorographe du P. Secchi, représenté dans la figure 567, a l'une de ses faces surmontée d'une horloge, et contient un tableau qui enregistre les indications du baromètre, du thermomètre sec, du thermomètre humide, et donne l'heure de la pluie. Ce tableau fait sa course en deux jours et demi, et présente ainsi des courbes très développées, sur lesquelles on peut apprécier les détails des phénomènes, surtout pendant les bourrasques. Sur le tableau de la seconde face se trouvent enregistrées la force et la direction du vent, ainsi que les indications du thermographe métallique ; de plus celles qui sont relatives au baromètre et à la pluie y sont répétées. Ce tableau fait sa course en dix jours et présente un résumé des variations de ces éléments qui permet aisément d'en faire la comparaison.

On voyait figurer à l'Exposition internationale d'Électricité, dans la section belge, un remarquable appareil enregistreur des observations météorologiques, le *télémétéorographe* de M. Van Rysselberghe, construit par un ingénieur mécanicien, M. Schubart : nous allons essayer d'en donner une idée sommaire.

Les figures 568 et 569 représentent les deux parties de l'appareil. La première montre comment sont disposés et groupés les mécanismes mesureurs, qui comprennent : 1° un baromètre à siphon à branches d'égal diamètre ; 2° un thermomètre sec ; 3° un thermomètre mouillé ; 4° un udomètre ; 5° un anémomètre ; 6° le système indicateur des directions du vent. La seconde figure représente l'appareil enregistreur, composé d'un cylindre vertical R sur la surface duquel est tendue et enroulée une mince feuille de zinc recouverte d'un vernis et d'un burin S mobile le long d'une colonne verticale ; ce burin, porté par l'armature d'un électro-aimant E, est constitué par une pointe de diamant qu'écarte du cylindre un ressort antagoniste, mais qui s'en approche et marque un trait sur le vernis aussitôt qu'un courant traverse l'électro-aimant.

Un mouvement d'horlogerie d'une grande précision, muni d'un régulateur isochrone à ailettes et à force centrifuge, est disposé au-dessous du cylindre enregistreur. C'est le moteur de tout le mécanisme. Toutes les dix minutes, le mécanisme de l'horloge produit un contact électrique, envoie un courant dans un électro-aimant spécial et il en résulte le désembrayage du cylindre enregistreur. Ce dernier se met alors à tourner lentement, effectuant une rotation entière en 90 secondes ; puis il revient au repos. C'est pendant cette rotation que le burin S remplit ses fonctions, en traçant à la surface du cylindre les indications qui lui parviennent du système des appareils mesureurs. L'ordre réel de cet enregistrement est celui-ci : 1° thermomètre sec ; 2° thermomètre mouillé ; 3° udomètre ; 4° girouette ; 5° baromètre ; 6° vitesse du vent. Essayons de faire comprendre par un exemple comment s'effectue automatiquement cet enregistrement. Considérons le baromètre.

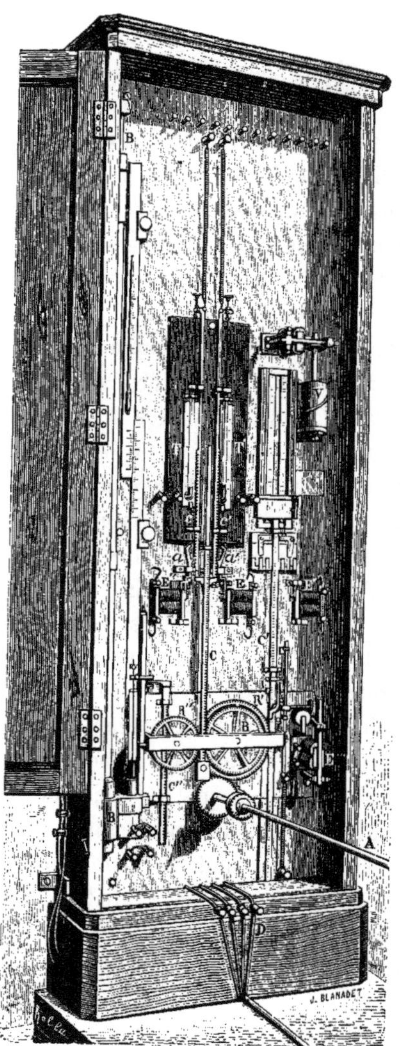

Fig. 568. — Météorographe de M. Van Rysselberghe.

Aussitôt que commence le mouvement de rotation du cylindre enregistreur, ce mouvement se transmet par un système de rouages et par la tige A à une roue dentée R, et de là à une crémaillère C″ qui porte une sonde en platine au-dessus de la branche ouverte du baromètre-siphon.

La crémaillère descend, puis remonte, et la sonde de platine, après avoir plongé dans le mercure du baromètre, en sort.

Or dès le début du mouvement de rotation du cylindre enregistreur un courant passe dans l'électro-aimant du style traceur, et celui-ci marque un trait sur le vernis. Aussitôt que la pointe de la sonde vient à toucher le mercure, le courant est ouvert, le burin interrompt sa trace et cette interruption

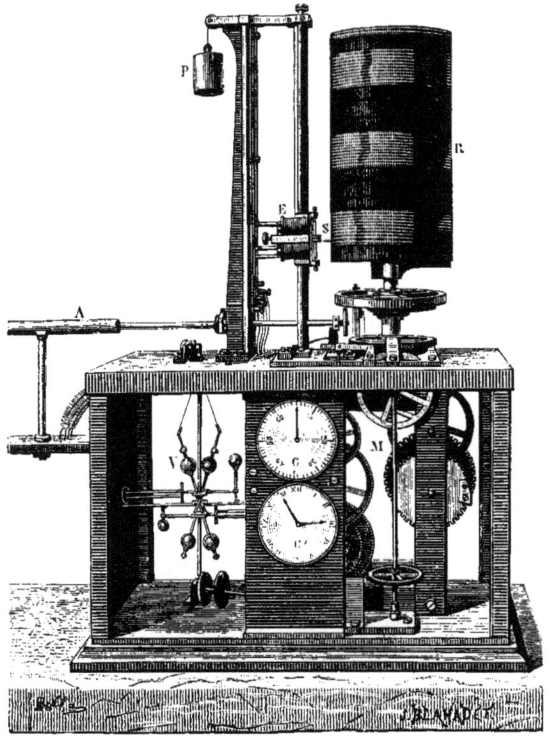

Fig. 569. — Appareil enregistreur du météorographe Van Rysselberghe.

se prolonge jusqu'à ce que la crémaillère, ayant atteint l'extrémité de sa course, commence son mouvement rétrograde. Ainsi le point de départ du trait interrompu sur le cylindre dépend du moment où l'interruption du courant a eu lieu, c'est-à-dire où la pointe de la sonde a commencé à toucher le mercure; sa position dépend donc du mercure dans la petite branche du siphon. De dix en dix minutes, le burin descend, sur la tige qui le guide, d'une quantité suffisante pour que les traits ne se confondent pas. Au bout d'un temps donné on obtient de la sorte une série de traits parallèles qui ne sont autre chose que les ordonnées d'une courbe reproduisant les variations du baromètre. Des mécanismes plus ou moins analogues à celui dont nous venons de donner l'idée, déterminent, sous l'influence de la fermeture d'un courant électrique ou de son interruption, des indications semblables pour les autres éléments météorologiques. Quand la feuille de zinc, au bout d'un certain temps, se trouve entièrement remplie, on lui en substitue une nouvelle. Chacune peut être gravée par les procédés de la gravure à l'eau-forte, et servir ensuite à l'impression.

La raison qui a fait donner à cet appareil par son inventeur le nom de télémétéorographe est celle-ci : on peut faire correspondre un certain nombre d'appareils mesureurs, situés dans des stations éloignées les unes des autres, et, une fois le synchronisme établi entre leurs mouvements, faire tracer leurs indications séparées, sur un même appareil enregistreur. Le météorographe de M. Van Rysselberghe fonctionne depuis quatre ans à l'Observatoire de Bruxelles.

L'espace nous manque pour décrire avec les détails nécessaires les barométrographes, les thermométrographes et autres instruments météorologiques enregistreurs spéciaux, dont la construction est basée sur l'intervention de l'électricité[1]. Il nous suffit ici d'avoir donné une idée générale de cette application, et nous terminerons en insistant sur l'importance que cette méthode d'observation ne peut manquer d'avoir pour les progrès de la science. Divers systèmes sont pratiqués aujourd'hui dans les principaux observatoires météorologiques : à Kew, à Greenwich, à Bruxelles, à Rome, à Berne, à Paris. Le jour où des stations du même genre seront disséminés sur tout le globe,

1. Mentionnons cependant encore le météorographe imprimeur de M. Theorell, qui imprime tous les quarts d'heure, sur une bande de papier, les indications des appareils, données en chiffres ordinaires.

dans les continents et les îles, et où le relevé d'observations exactes, continues et embrassant de longues années pourra se faire avec le soin nécessaire, on pourra établir des formules de plus en plus rigoureuses pour représenter les lois des mouvements de l'atmosphère et des autres phénomènes dont l'enveloppe aérienne du globe est le siège,

Déjà maintenant certaines données peuvent être représentées d'une façon générale, et marquer les variations des éléments météorologiques, suivant les lieux. Nous avons donné dans la planche I les lignes qui figurent, en direction et en intensité, la distribution du magnétisme à la surface de la Terre. Le volume du MONDE PHYSIQUE qui traitera de la Chaleur donnera de même les lignes isothermes de l'année, celles des saisons hivernales et des saisons estivales.

§ 3. APPLICATIONS DIVERSES DE L'ÉLECTRICITÉ.

Pour terminer cet exposé, nécessairement bien incomplet, des applications dont les phénomènes électriques de divers ordres sont susceptibles, nous allons encore passer en revue quelques-unes de celles qui n'ont pu trouver place dans les chapitres précédents. Les unes sont déjà anciennes, d'autres sont toutes nouvelles ; nous n'avons plus besoin d'ajouter que, parmi celles que nous sommes dans l'obligation de passer sous silence, il s'en trouve de tout aussi intéressantes ; mais nous devions nécessairement nous borner. Commençons par quelques applications purement mécaniques.

La force qui anime les électro-aimants, toutes les fois qu'un courant est lancé dans les fils de leurs bobines, a été utilisée dans l'opération métallurgique qui consiste à trier certains minerais, à séparer les parties les plus riches en métal des composés d'une autre nature. C'est ce qu'on peut faire pour les oxydes métalliques qui deviennent magnétiques par le grillage ou la réduction. On se sert alors d'une machine inventée par un ingénieur français, M. Chenot, et qui a reçu le nom d'*électrotrieuse*. La figure 570 donne la vue d'ensemble de cet appareil.

On voit, à gauche, une trémie qu'on emplit de minerai en poudre destiné au triage. Le minerai s'écoule par le fond de la trémie, sur une toile métallique enroulée autour de deux cylindres, et de là est entraînée au-dessous de trois roues verticales munies d'électro-aimants fixés sur leur pourtour. Ces électro-aimants sont en rapport avec un commutateur fixé sur l'axe commun de rotation. A mesure que le mouvement les amène à la partie inférieure de l'appareil, ils reçoivent le courant et

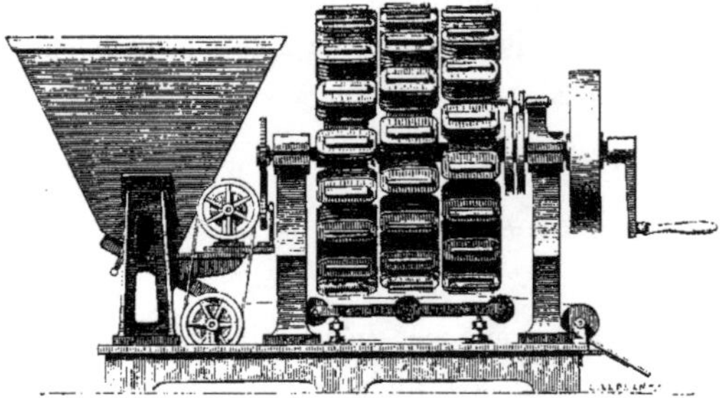

Fig. 570. — Électrotrieuse de M. Chenot.

deviennent actifs. La partie magnétique du minerai est seule attirée, et elle reste au contact des électro-aimants jusqu'au moment où le courant, cessant d'animer ceux-ci, va passer dans les bobines qui les remplacent. Alors ces parties retombent, tandis que les fragments non magnétiques sont rejetés en arrière, dans une seconde trémie. Le triage s'opère ainsi d'une façon continue.

Le même inventeur a construit une électrotrieuse où ce sont des électro-aimants fixes, constamment animés par le courant, qui attirent les matières magnétiques. Celles-ci sont alors transportées, au fur et à mesure de leur séparation, par un ramasseur tournant. Il est clair que ces machines peuvent être utilisées ailleurs qu'en métallurgie, dans toutes les industries qui emploient des métaux magnétiques et des métaux non magnétiques, et qui, par exemple, ont besoin de séparer des limailles mélangées.

Plusieurs électrotrieuses figuraient à l'Exposition d'Électricité ; nous citerons notamment celle de M. Vavin, composée de deux cylindres en bronze munis d'aimants puissants, devant lesquels se meuvent deux systèmes de brosses tournantes qui détachent les limailles attirées. La trémie où l'on jette les limailles est disposée au-dessus du premier cylindre, sur la surface duquel elle est étendue par un distributeur ; de là la limaille passe à la surface du second cylindre, qui achève la séparation que le premier a commencée.

Fig. 571. — Électrotrieuse Edison.

L'électrotrieuse Siemens emploie, comme celle de M. Chenot, des électro-aimants. Ces électro-aimants circulaires très minces sont échelonnés à l'intérieur d'un cylindre incliné à 25°, où l'on fait tomber, par l'intermédiaire d'une trémie, le minerai en grain dont il faut opérer le triage. Une vis d'Archimède se meut à l'intérieur et selon l'axe du cylindre, et conduit les produits magnétiques séparés dans un réservoir spécial, tandis que les autres restent à la partie inférieure du cylindre et s'écoulent dans un autre compartiment.

L'électrotrieuse d'Edison, que représente la figure 571, est construite d'après un autre principe que les précédents appareils. La trémie qui reçoit les minerais magnétiques est placée à la partie supérieure de la trieuse. Les particules du minerai, dans leur chute verticale, passent devant la paroi d'une boîte où se trouve enfermé l'électro-aimant séparateur. Les pôles de ce dernier affleurent cette paroi, de sorte que, sous leur influence, le triage se fait spontanément pour ainsi dire et sans effort. Les particules de fer attirées sont déviées de la verticale et tombent dans l'un des compartiments inférieurs, tandis que les particules non magnétiques continuent leur route et se rendent dans l'autre compartiment. Cet appareil, d'une grande simplicité, est beaucoup employé aux États-Unis.

On voyait aussi, dans la section américaine de l'Exposition, un appareil fort curieux destiné à la séparation du son et de la farine, sans production d'aucune poussière. Le principe sur lequel repose cette *bluterie électrique* est celui-ci : un cylindre en matière isolante (caoutchouc durci), étant frotté par un coussin de laine à l'état floconneux, s'électrise ; il attire les particules les plus légères des recoupes de gruau ou de farine, qui s'y attachent et s'y accumulent. La farine tombe sur une étoffe en gaze qui la tamise. Plus de quatre cents appareils de ce genre fonctionnent en divers points des États-Unis.

On sait que les voitures, les locomotives et tenders des trains de chemins de fer sont pourvus de mécanismes qui ont pour objet de ralentir ou d'arrêter au besoin le mouvement du train. On donne à ces organes mécaniques le nom de *freins*. Un ingénieur français, M. Achard, a eu l'idée d'emprunter à la force vive elle-même du train en marche la puissance qui doit peu à peu serrer les sabots des freins contre les roues des véhicules. Seulement, pour désembrayer le mécanisme qui doit agir dans ce sens, c'est à la force d'attraction d'un électro-aimant qu'il s'est adressé. Voici l'une des solutions du problème qu'il s'est posé et qu'il a résolu, car son système est appliqué sur diverses lignes.

L'essieu A du wagon porte un excentrique C qui produit le mouvement de va-et-vient de la bielle B, et l'oscillation d'un axe O rattaché à la bielle par un bras de levier. Cet axe porte lui-même un levier *e* dont l'extrémité est munie d'une palette de fer doux *p*, laquelle vient, à chaque oscillation, se placer en regard des pôles d'un électro-aimant E. Tant que le courant n'est pas lancé dans celui-ci, il n'y a pas d'attraction, et l'électro-aimant reste suspendu à la tige qui le porte. Mais si le mécanicien ou le garde-frein, à l'aide d'un commutateur à sa portée, ferme le circuit de la pile, aussitôt l'électro-aimant et la palette sont en contact magnétique, et tous deux oscillent ensemble. La tige de suspension de l'électro-aimant porte un cliquet K qui est maintenu par un ressort *r* contre la roue dentée B. Une des huit dents de cette roue est ainsi poussée à chaque oscillation; la roue tourne d'un huitième de circonférence, et avec elle le mécanisme particulier du frein. Quant au frein lui-même, ce n'est pas le lieu de le décrire. Il nous suffit de voir comment l'embrayage et le désembrayage sont déterminés par le passage d'un courant ou sa rupture.

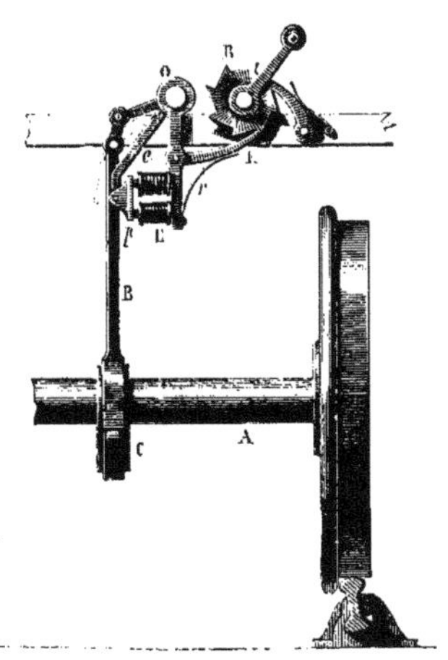

Fig. 572. — Frein électrique Achard; mécanisme de désembrayage.

La *plume électrique* d'Edison, que la figure 573 représente en fonction, est un petit appareil fort ingénieux, qui est utile surtout quand on veut obtenir la copie d'un manuscrit quelconque à un certain nombre d'exemplaires. Les traits que l'on obtient en se servant de cette plume sur du papier ordinaire ne sont pas continus; ils sont formés par une multitude de trous très fins qu'une pointe d'acier fait en venant toucher le papier. Cette pointe termine une tige qui traverse le tube du porte-plume; elle est animée, d'un mouvement excessivement rapide, puisque, lorsqu'elle fonctionne à vide, le nombre de ses battements n'est pas moindre de 180 par seconde. A chaque oscillation, elle dépasse l'extrémité du tube d'une très faible quantité, assez toutefois pour perforer le papier. Celui qui s'en sert la promène de manière à former les traits de l'écriture, moins vite naturellement que s'il se servait d'une plume ou d'un crayon ordinaire. Mais le résultat est celui-ci. Le papier se trouve criblé d'un nombre considérable de trous qui permettent de s'en servir comme d'un cliché négatif. On emploie pour cela une presse à copier, sur le corps de laquelle on place une feuille de papier blanc. Le papier percé, placé dans le couvercle, est rabattu. A l'aide d'un rouleau à manche, on le couvre d'une couche d'encre, qui pénètre à travers les trous et détermine l'impression.

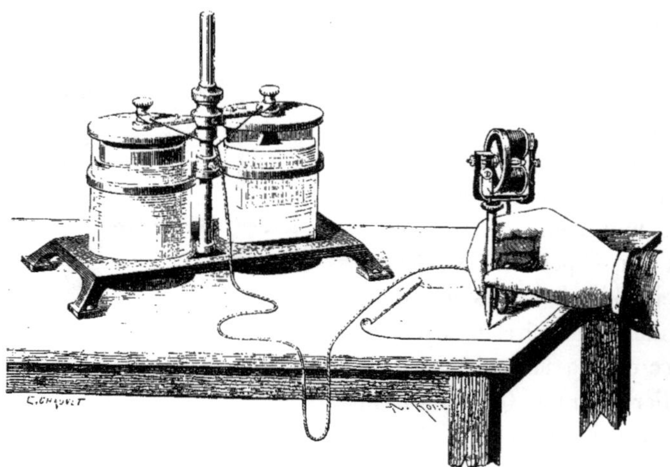

Fig. 575. — Plume électrique Edison.

Il nous reste à dire en quelques mots comment s'obtient électriquement le mouvement de la tige perforatrice. C'est à l'aide d'un électromoteur minuscule, porté à la partie supérieure du porte-plume. La tige se termine par une fourchette qui embrasse un excentrique à trois cames monté sur l'axe du moteur. Sur cet axe, une petite plaquette de fer doux forme l'armature mobile d'un électro-aimant fixe devant lequel elle tourne avec rapidité; un commutateur interrompt le courant deux fois par révolution, comme cela a lieu dans les petits moteurs électriques que nous avons décrits. Quant au courant électrique qui anime l'électro-aimant, il est fourni par une pile au bichromate de potasse, à deux éléments, qu'on pose sur la table auprès de l'écrivain. A l'aide d'une disposition fort simple, on plonge ou l'on sort à volonté les électrodes dans le liquide, de manière à ne faire fonctionner la pile qu'au moment où la plume est utilisée.

Nous aurons terminé ce que nous avions à dire de la lumière électrique et de ses applications, en rappelant ce que nous avons déjà dit ailleurs de l'emploi avantageux qu'on en a fait aux projections microscopiques; puis de son usage en photographie : dans ces deux cas, la lumière électrique supplée ainsi à l'absence du soleil. Nous dirons aussi un mot des lampes photo-électriques inventées pour l'éclairage des mines, et qui sont en même temps des lampes de sûreté. La lumière produite dans ces appareils n'est plus l'arc voltaïque : il n'est pas nécessaire, dans ce cas, d'une intensité aussi considérable. L'étincelle d'induction, telle que nous l'avons vue se produire dans un milieu raréfié ou dans le vide, donne une lumière assez faible, mais suffisante cependant pour l'éclairage des mines. On l'a donc utitisée pour construire des lampes de sûreté, dont la figure 574 donne un échantillon.

Un tube capillaire contourné en spirale est placé dans un cylindre de verre; deux fils de platine communiquant avec la bobine sont mastiqués aux deux extrémités, et c'est entre eux que se font les décharges successives, comme dans les tubes de Geissler. La lampe est attachée à une boîte qui porte l'appareil d'induction et la pile (fig. 575).

Ce système d'éclairage met les mineurs à l'abri de tout

danger. En effet, la gerbe lumineuse se produit dans le vide, sans aucune communication avec l'air contenu dans le verre

Fig. 574. — Lampe photo-électrique des mineurs, système Dumas et Benoit.

cylindrique et, à plus forte raison, avec l'air de la mine; d'ailleurs, si l'appareil vient à se briser, la rentrée de l'air

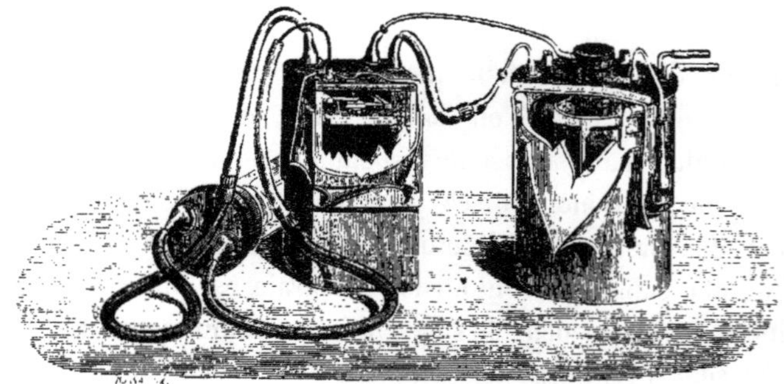

Fig. 575. — Appareil électromagnétique de la lampe des mineurs.

détruit brusquement l'étincelle, et avec l'extinction de la lumière tout danger d'inflammation disparaît.

M. Gaston Planté a imaginé une disposition fort ingénieuse de ses couples secondaires, qui permet de les utiliser, sous une forme commode, pour obtenir instantanément du feu, soit dans les laboratoires, soit dans les usages domestiques. Il a donné le nom de *briquet de Saturne* à cette sorte d'allumoir électrique. C'est un petit couple secondaire à lames de plomb *bien formé,* renfermé dans une boîte dont la base et les parois portent un système de communications disposées de manière à rougir un fil de platine. Le fil est fixé entre deux pinces placées vers le sommet de la boîte et le porte-bougie se trouve entre elles de sorte que l'incandescence du platine détermine aussitôt

Fig. 576. — Briquet de Saturne; allumoir électrique Planté.

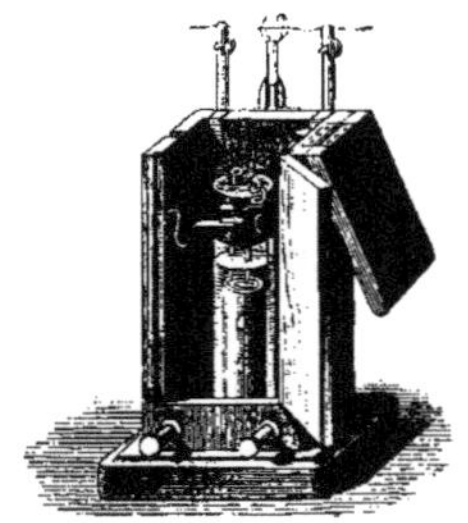

Fig. 577. — Couple secondaire de l'allumoir Planté; vue intérieure.

l'allumage de la mèche. Il suffit pour cela de la simple pression du doigt sur la touche métallique qu'on voit à la base. Pour charger l'appareil ou pour le maintenir en charge, on appuie deux contacts placés derrière la boîte contre deux lamelles métalliques d'une autre boîte renfermant une pile de trois couples Daniell ou Callaud. On peut du reste, si l'on veut, éloigner la pile et appuyer le briquet de Saturne contre une petite planchette munie des contacts nécessaires et reliée à la pile même par des conducteurs dissimulés. « Avec la provision d'électricité que renferme le petit couple secondaire chargé au maximum par le passage longtemps prolongé du courant de la pile, on peut, dit M. Planté, produire jusqu'à une centaine d'incandescences ou d'inflammations consécutives. Il en résulte qu'il n'est pas nécessaire de maintenir le couple secondaire constamment en charge sous l'action de la pile, et le communicateur a pour objet de ménager le courant de cette pile, lorsqu'on juge que le couple secondaire, n'ayant point été épuisé par un certain nombre de décharges successives, peut produire encore une série d'inflammations sans être rechargé.

« L'inflammation d'une bougie sous l'influence du platine rougi au blanc se produit sans bruit ni crépitation, plus instantanément que par tout autre moyen. L'incandescence du fil de platine ne modifiant, en aucune manière, la composition de l'air, il n'y a point de développement de fumée, de gaz délétère ou suffocant, comme cela a lieu avec le soufre ou les chlorates. On n'a point à redouter les dangers d'incendie ou d'empoisonnement que présente le phosphore. On peut enfin considérer ce moyen d'inflammation comme très économique; car, d'une part, le couple secondaire n'exige par lui-même aucune dépense ou entretien, le plomb et le liquide étant mis une fois pour toutes, sans devoir jamais être renouvelés; et, d'autre part, il suffit, pour entretenir le faible courant de la pile destinée à charger le couple secondaire, d'ajouter de temps en temps quelques cristaux de sulfate de cuivre, dont la consommation est très minime, vis-à-vis du grand nombre d'inflammations qu'on peut obtenir. »

FIN DU TROISIÈME VOLUME.

TABLE DES FIGURES

PLANCHES EN NOIR ET EN COULEUR

FIGURES INSÉRÉES DANS LE TEXTE

FIN DE LA TABLE DES FIGURES.

TABLE DES MATIÈRES

LE MAGNÉTISME ET L'ÉLECTRICITÉ

PREMIÈRE PARTIE

LES PHÉNOMÈNES ET LEURS LOIS

LIVRE PREMIER

LE MAGNÉTISME

LIVRE DEUXIÈME

L'ÉLECTRICITÉ

DEUXIÈME PARTIE

APPLICATIONS DES PHÉNOMÈNES ET DES LOIS DU MAGNÉTISME ET DE L'ÉLECTRICITÉ

FIN DE LA TABLE DES MATIÈRES.

5198. — Imprimerie A. Lahure, rue de Fleurus, 9, à Paris.

www.ingramcontent.com/pod-product-compliance
Ingram Content Group UK Ltd.
Pitfield, Milton Keynes, MK11 3LW, UK
UKHW021128260726
13994UKWH00001B/37